에듀윌과 함께 시작하면,
당신도 합격할 수 있습니다!

학교 졸업 후에도 취업을 위해 바쁜 시간을 쪼개며
전산응용건축제도기능사 자격시험을 준비하는 취준생

비전공자이지만 더 많은 기회를 만들기 위해
전산응용건축제도기능사에 도전하는 수험생

건축직 업무를 수행하면서 승진을 위해
전산응용건축제도기능사에 도전하는 주경야독 직장인

누구나 합격할 수 있습니다.
시작하겠다는 '다짐' 하나면 충분합니다.

마지막 페이지를 덮으면,

**에듀윌과 함께
전산응용건축제도기능사 합격이 시작됩니다.**

전산응용건축제도기능사

이제 국비무료 교육도
에듀윌

 전산응용건축제도기능사 취득 및 IT·4차산업 등 취업 교육
국민내일배움카드제

서울	구로	02)6482-0600	구로디지털단지역 2번 출구
경기	성남	031)604-0600	모란역 5번 출구
인천	부평	032)262-0600	부평역 5번 출구
인천	부평2관	032)263-2900	부평역 5번 출구

수강생을 반겨주는 에듀윌의 환한 복도 (구로)

언제나 전문 학습 매니저와 상담이 가능한 안내데스크 (부평)

고품질 영상 및 음향 장비를 갖춘 최고의 강의실 (구로)

재충전을 위한 카페 분위기의 아늑한 휴게실 (부평)

다용도로 활용이 가능한 휴게실 (성남)

에듀윌이
너를
지지할게
ENERGY

처음에는 당신이 원하는 곳으로
갈 수는 없겠지만,
당신이 지금 있는 곳에서
출발할 수는 있을 것이다.

– 작자 미상

에듀윌
전산응용
건축제도기능사

실기 2주끝장

CAD로 취업 준비 완성!

도면을 작성하는 프로그램, CAD

CAD는 컴퓨터 지원설계(Computer Aided Design)의 약어로 컴퓨터를 이용하여 각종 설계를 하여 자동으로 도면을 작성하는 프로그램입니다.

CAD가 없던 과거에는 사람이 직접 종이에 자와 제도샤프를 가지고 설계도면을 그렸습니다. 손으로 그린 도면은 정확도가 떨어지고 그리는 데 시간이 오래 걸립니다. 현재는 CAD 프로그램을 통해 빠르고 정확하게 도면을 작도할 수 있으며 3D CAD, SketchUP 등의 3D 모델링 프로그램을 이용하여 CAD로 그린 도면을 3D로 구현할 수 있어 도면대로 실제 건축물을 건축할 수 있습니다.

CAD로 도면 작성

CAD를 이용하여 도면을 그리는 것이 건축물을 만드는 첫 번째 단계입니다.

3D 모델링 작업

3D 모델링 프로그램을 이용하여 CAD로 그린 도면을 3D 형상으로 구현합니다.

실제 건축물 완성

작성된 도면과 3D 형상을 이용하여 건축시공기술자가 건축물을 완성합니다.

CAD 기본상식 | AutoCAD와 CAD는 무슨차이 일까요?

다양한 CAD 프로그램 중 미국의 Autodesk 회사에서 만든 Auto-CAD가 전 세계적으로 시장 점유율이 가장 높습니다. 따라서 대부분의 업체에서 CAD 프로그램은 AutoCAD를 사용합니다. 국내업체에서 만든 CAD 프로그램도 있지만 아직은 시장 점유율이 매우 낮은 상황입니다.

산업현장에서 일반적으로 CAD라고 하면 대부분 AutoCAD를 의미합니다.

CAD를 이용한 자격증

CAD는 컴퓨터로 도면을 그리는 것으로 도면 작성이 필요한 모든 산업 분야에 적용됩니다.
한국산업인력공단에서 시행하는 국가기술자격증 중에는 다음과 같이 CAD를 활용한 자격증이 많이 있습니다.

전산응용건축제도기능사 취득으로 취업 분야 확대

전산응용건축제도기능사는 CAD를 이용한 자격증 중 가장 대표적인 자격증입니다.
전산응용건축제도기능사를 취득하면 각종 건축설계에서 의도한 바를 현장에 필요한 도면으로 표현하는 업무를 하기 때문에 다양한 회사에 취업할 수 있습니다.

전 차시 무료특강 제공!
전산응용건축제도기능사 실기 2주끝장

PART 01 AutoCAD 입문 + 무료특강 2강

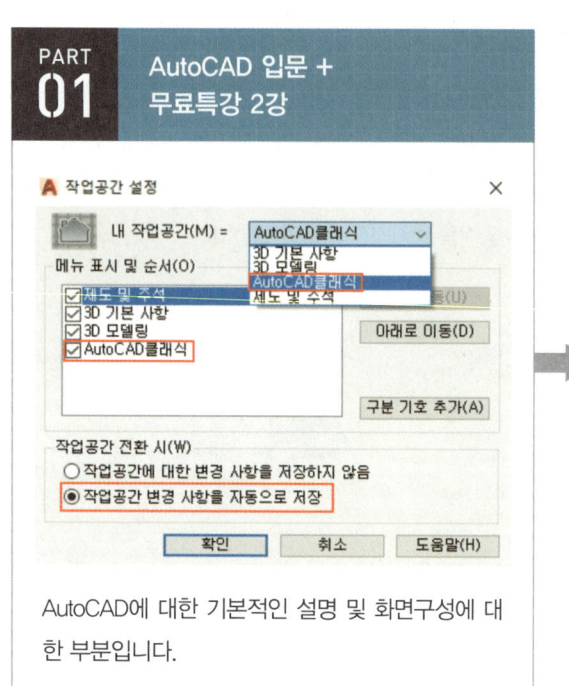

AutoCAD에 대한 기본적인 설명 및 화면구성에 대한 부분입니다.

PART 02 기본명령어 + 무료특강 4강

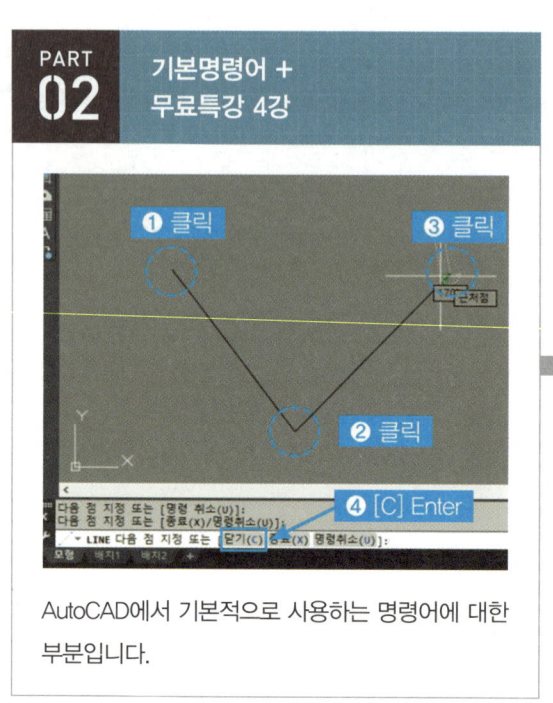

AutoCAD에서 기본적으로 사용하는 명령어에 대한 부분입니다.

PART 08 기출예제 문제풀이 + 무료특강 43강

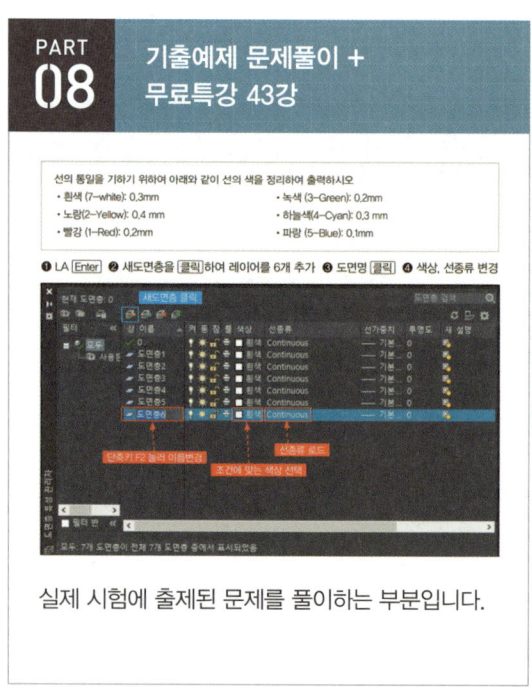

실제 시험에 출제된 문제를 풀이하는 부분입니다.

PART 07 대표유형 문제풀이 + 무료특강 39강

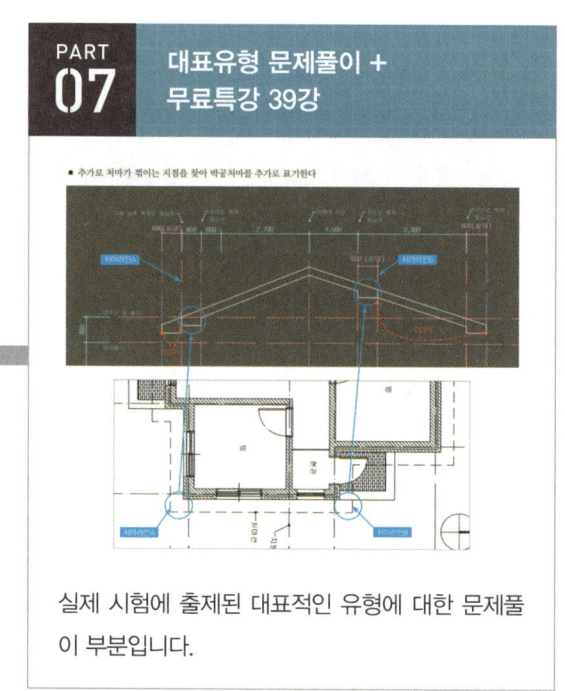

실제 시험에 출제된 대표적인 유형에 대한 문제풀이 부분입니다.

도면/D-1 핵심노트 파일경로

에듀윌 도서몰(https://book.eduwill.net) → 도서자료실 → 부가학습자료 → 전산응용건축제도기능사 검색(회원가입 후 다운가능)

PART 03	도면 그리기 설정 + 무료특강 3강

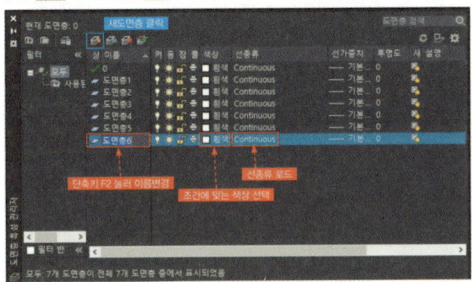

실제 도면을 그리기 전에 AutoCAD를 설정하는 파트입니다.

PART 04	도면 그리기 기본 요소 + 무료특강 3강

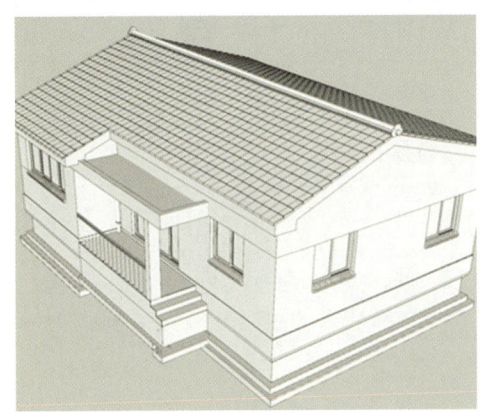

주택 도면을 그릴 때 기본적으로 필요한 요소에 대한 부분입니다.

PART 06	입면도 그리기 + 무료특강 2강

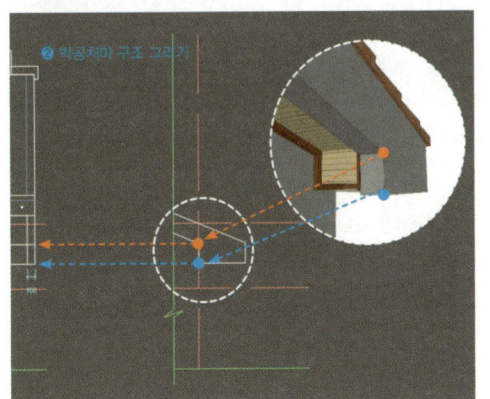

실제 도면을 그리기 전에 AutoCAD를 설정하는 방법입니다.

PART 05	단면상세도 그리기 + 무료특강 6강

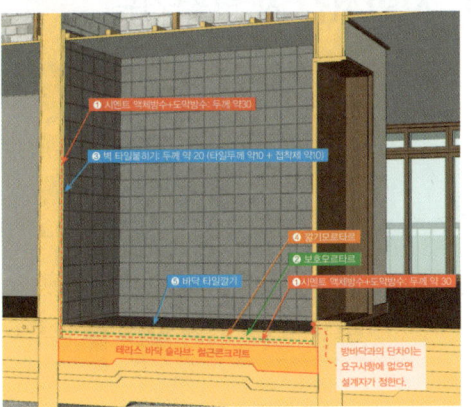

단면상세도에 작도하는 구조부에 대한 부분입니다.

무료특강 수강경로

에듀윌 도서몰(https://book.eduwill.net) → 동영상강의실 → 전산응용건축제도기능사 검색(회원가입 후 수강가능)

전산응용건축제도기능사 시험정보

■ 시험일정 & 합격자 발표시기

구분	원서접수	실기 시험시행	합격자 발표
1회	2월	3월	4월
2회	5월	6월	7월
3회	7월	8월	9월
4회	10월	11월	12월

※ 정확한 시험일정은 한국산업인력공단(Q-net) 참고
※ 기능사 시험은 연 4회 시행되고, 산업수요 맞춤형 고등학교 및 특성화고등학교 필기시험 면제자 전형이 추가로 1회 실시됨

■ 응시자격

한국산업인력공단에서 실시하는 기능사 시험은 응시자격 없이 누구나 응시할 수 있습니다. 전산응용건축제도기능사도 기능사 시험이므로 응시자격에 제한이 없습니다.

■ 시험시간 & 합격기준

구분	내용
시험 평가항목	• 계획설계도면, 기본설계도면, 실시설계도면 등 건축설계도서를 CAD 작업을 통해 작성할 수 있다. • CAD 및 건축 컴퓨터그래픽 작업으로 건축물을 2D, 3D를 시각화할 수 있다
시험시간 및 합격기준	• 시험시간은 4시간 정도이다. • 100점 만점으로 60점 이상 획득하면 합격이다.

2주 완성 학습 플래너

- 하루 6시간 이상 학습
- PART 순서에 따라 전과정 무료 강의 학습

WEEK	DAY	학습내용		완료	공부한 날
WEEK 01	DAY 01	PART 01 AutoCAD 입문		☐	__월__일
		PART 02 기본명령어		☐	
	DAY 02	PART 03 도면 그리기 설정		☐	__월__일
		PART 04 도면 그리기 기본요소		☐	
	DAY 03	PART 05 단면상세도 그리기		☐	__월__일
		PART 06 입면도 그리기		☐	
	DAY 04	PART 07 대표유형 문제풀이	A,B	☐	__월__일
	DAY 05		C,D	☐	__월__일
	DAY 06		E,F	☐	__월__일
	DAY 07		G,H	☐	__월__일
WEEK 02	DAY 08	PART 08 기출예제 문제풀이	1,2,3	☐	__월__일
	DAY 09		4,5,6	☐	__월__일
	DAY 10		7,8,9	☐	__월__일
	DAY 11		10,11,12	☐	__월__일
	DAY 12		13,14	☐	__월__일
	DAY 13	D-1 핵심노트		☐	__월__일
	DAY 14	복습		☐	__월__일

출간기념 설문조사 이벤트

교재에 대한 의견을 보내주신 분 중 매월 5분께 GS25 모바일 상품권을 선물로 드립니다.

참여 방법	QR 코드 스캔 ▶ 설문조사 참여
의견 수집 기간	2023년 3월~2025년 3월
당첨자 선정	매월 5명 선정 후 당첨자 개별 연락
경품	GS25 편의점 모바일 상품권 5천 원권

설문조사 참여

차례 CONTENTS

PART 01 — AutoCAD 입문

1	AutoCAD 시작하기	16p
2	AutoCAD 화면구성	17p
3	작업환경 설정	18p
4	옵션 설정 [OP] OPTION	22p
5	AutoCAD 상태표시줄 이해하기 · [OS] OSNAP 설정하기	27p
6	마우스 사용법	31p

PART 02 — 기본명령어

1	선 [L] LINE	34p	14	길이조절 [S] STRETCH	55p
2	지우기 [E] ERASE	35p	15	배열복사 ARRAYCLASSIC	56p
3	좌표	36p	16	무한선 [XL] XLINE	58p
4	확대/축소 [Z] ZOOM	39p	17	폴리선 [PL] POLY LINE	59p
5	이동 [M] MOVE	42p	18	다각형 [POL] POLYGON	60p
6	복사 [CO] COPY	42p	19	패턴 [H] HATCH	61p
7	원 [C] CIRCLE	43p	20	호 [A] ARC	66p
8	간격복사 [O] OFFSET	44p	21	분해하기 [X] EXPLODE	66p
9	자르기 [TR] TRIM	45p	22	폴리라인 수정하기 [PE] PEDIT	67p
10	모깎기 [F] FILLET	47p	23	도넛 [DO] DONUT	68p
11	연장 [EX] EXTEND	49p	24	등분 [DIV] DIVIDE	68p
12	대칭복사 [MI] MIRROR	52p	25	정렬 [AL] ALIGN	69p
13	회전 [RO] ROTATE	53p			

PART 03 도면 그리기 설정

1	도곽	72p
2	레이어 설정 [LA] LAYER	76p
3	문자 스타일 설정 [ST] STYLE	80p
4	치수 스타일 [D] DIMSTYLE	83p
5	라인타입 만들기 [LT] LINE TYPE	89p
6	라인타입 축척값 세팅하기 [LTS] LTSCALE	90p
7	객체스냅 설정 [OS] OSNAP	91p
8	모깎기 기본 세팅 [F] FILLET	92p
9	자동저장기능 [OP] OPTION	93p
10	출력하기 [P] PLOT	95p

PART 04 도면 그리기 기본요소

1	도면의 이해	104p
2	표제란 그리기	109p
3	도면명 그리기	111p
4	G.L 단면 그리기	113p
5	방문 그리기	116p
6	현관문 그리기	121p
7	창호 그리기	126p
8	거실창호 그리기	132p
9	나무 · 화단 그리기	136p

차례 CONTENTS

PART 05 단면상세도 그리기

1	건축과정 이해하기	140p
2	기초 단면상세도 – 내벽	162p
3	기초 단면상세도 – 외벽	165p
4	테라스 바닥 상세도	168p
5	방 바닥 단면상세도 그리기	175p
6	현관 바닥 상세도 그리기	182p
7	방 벽체 단면상세도 그리기	191p
8	거실 벽체 단면상세도 그리기	208p
9	지붕구조 및 처마 단면상세도 그리기	217p
10	지붕 기와 상세도 그리기	222p
11	지붕 용마루 단면상세도 그리기	225p
12	실내 천장 단면상세도 그리기	228p

PART 06 입면도 그리기

1	입면도 그리기 핵심	236p
2	측면입면도 구조 그리기	237p
3	측면입면도 기와 그리기	241p
4	측면입면도 굴뚝 그리기	243p
5	정면입면도 지붕구조 그리기	244p
6	정면입면도 기와 그리기	248p
7	정면입면도 처마반자 그리기	251p
8	정면입면도 굴뚝 그리기	253p
9	입면도 캐노피 그리기	254p

PART 07 대표유형 문제풀이

1	대표유형 문제풀이 A유형	262p
2	대표유형 문제풀이 B유형	291p
3	대표유형 문제풀이 C유형	315p
4	대표유형 문제풀이 D유형	339p
5	대표유형 문제풀이 E유형	363p
6	대표유형 문제풀이 F유형	388p
7	대표유형 문제풀이 G유형	413p
8	대표유형 문제풀이 H유형	434p

PART 08 기출예제 문제풀이

1	기출예제 문제풀이 예제 01	458p
2	기출예제 문제풀이 예제 02	469p
3	기출예제 문제풀이 예제 03	480p
4	기출예제 문제풀이 예제 04	492p
5	기출예제 문제풀이 예제 05	504p
6	기출예제 문제풀이 예제 06	516p
7	기출예제 문제풀이 예제 07	528p
8	기출예제 문제풀이 예제 08	540p
9	기출예제 문제풀이 예제 09	552p
10	기출예제 문제풀이 예제 10	564p
11	기출예제 문제풀이 예제 11	576p
12	기출예제 문제풀이 예제 12	588p
13	기출예제 문제풀이 예제 13	600p
14	기출예제 문제풀이 예제 14	612p

PART
01

AutoCAD 입문

학습 GUIDE

본 파트에서는 AutoCAD의 화면구성과 작업환경을 설정하여 캐드의 기본원리를 학습합니다.

실기시험은 시험장마다 캐드의 버전과 기본설정 값이 다르기 때문에 해당 파트에서 프로그램의 화면구성 및 옵션설정을 이해하는 것이 시험장에서도 사용자에게 맞는 작업환경을 만들어 캐드 작업효율을 높일 수 있습니다.

AutoCAD 입문

1 AutoCAD 시작하기

❶ AutoCAD 2020 예시: '그리기 시작'을 클릭

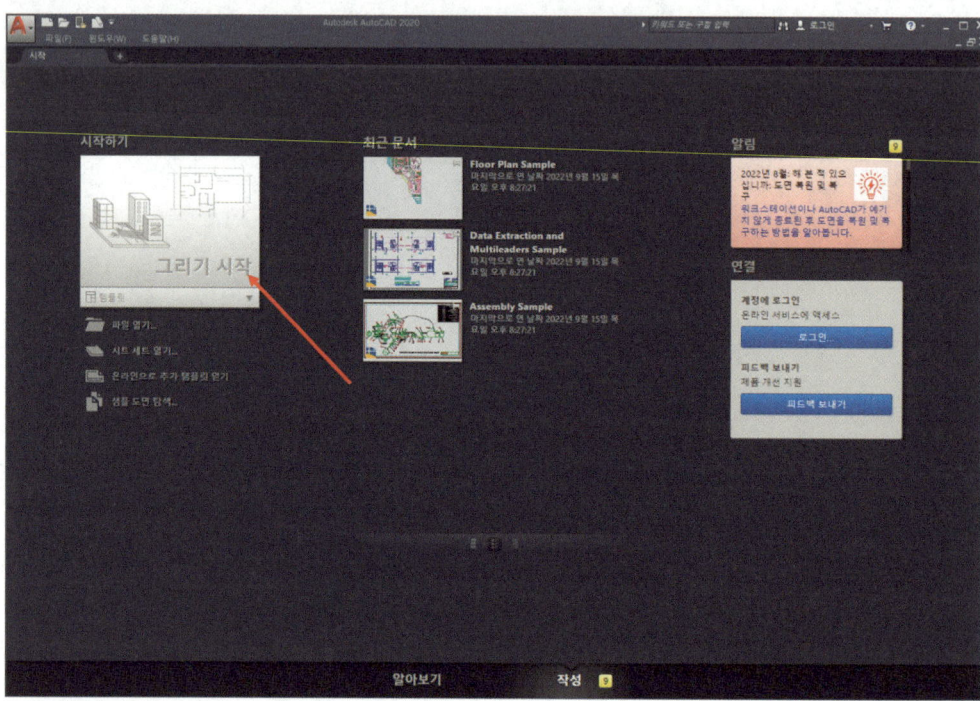

❷ 작업화면 실행

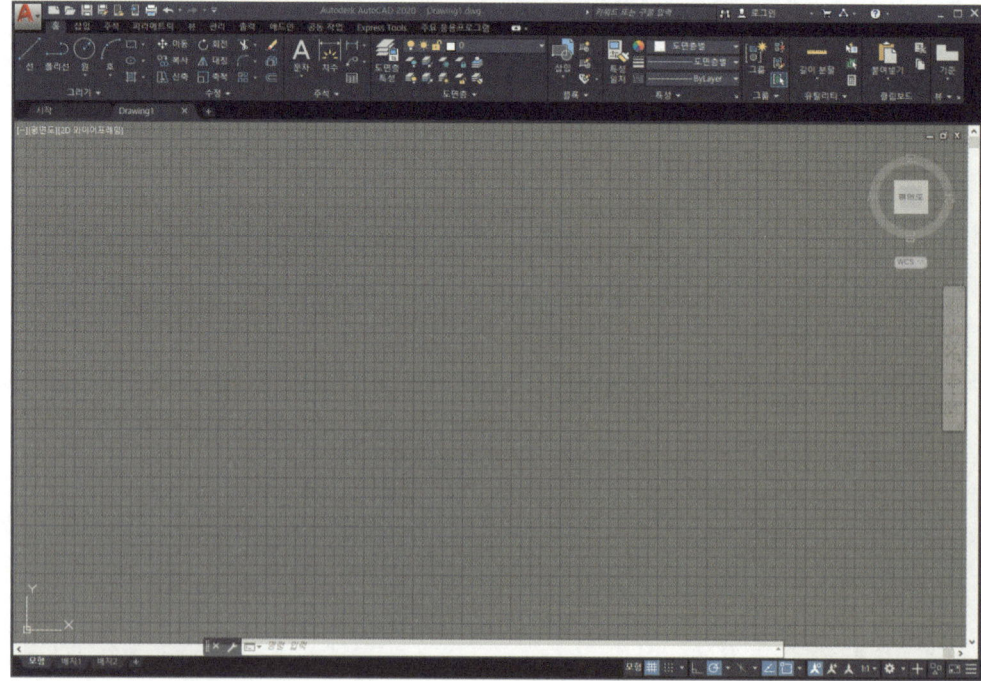

2 AutoCAD 화면구성

❶ 리본 메뉴창/작업영역/명령어 입력창

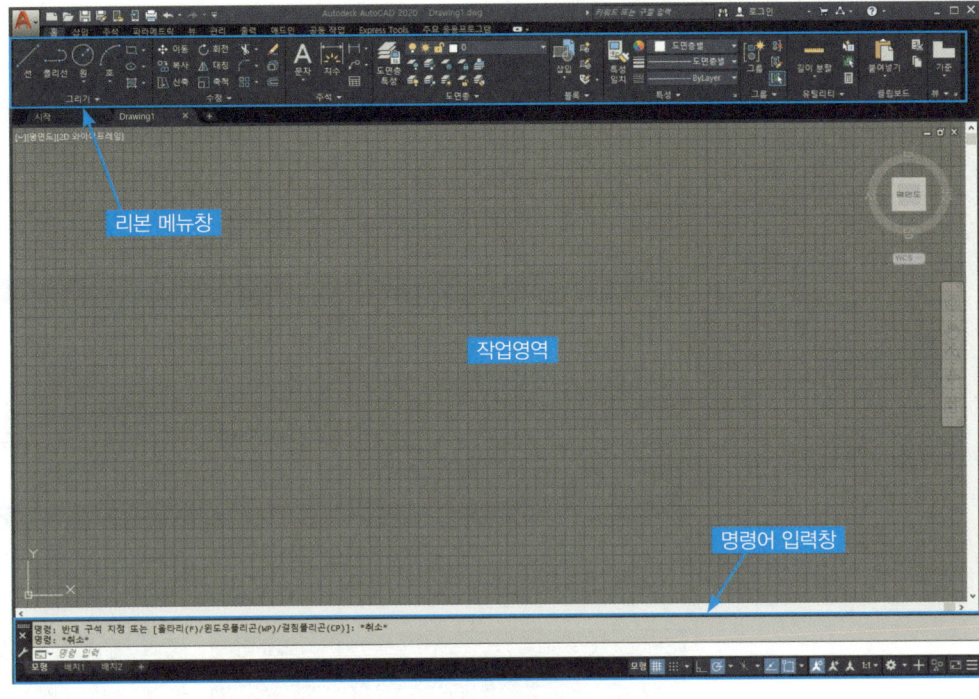

TIP!

명령어 입력창
캐드에 명령어를 입력하는 창으로 캐드와 명령어로 상호 채팅을 하는 의사소통의 핵심이 되는 창이다.

❷ 메뉴 검색란/상태 표시줄/작업공간 전환창

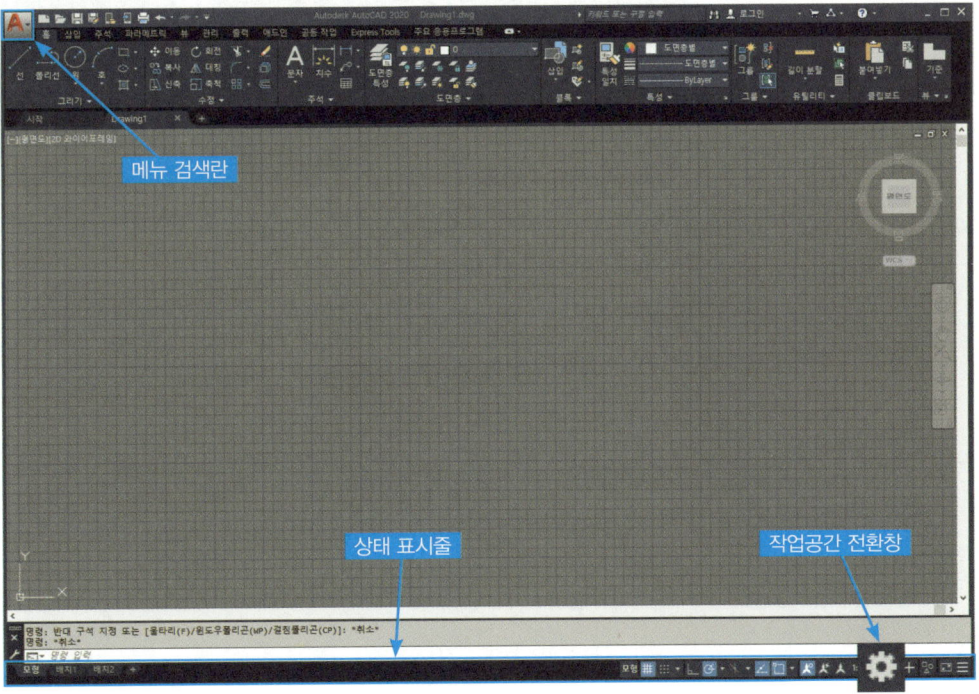

TIP!

상태 표시줄
좌측하단에 모형탭과 배치탭 중, 시험을 준비할 때는 모형탭을 사용한다.

3 작업환경 설정

1. 명령어 입력창 이동

명령어 창의 위치는 하단에 버튼을 클릭하여 위치를 조정할 수 있다.

명령어 입력창의 위치는 작업화면 하단에 고정시켜 작업하는 것을 권장한다.

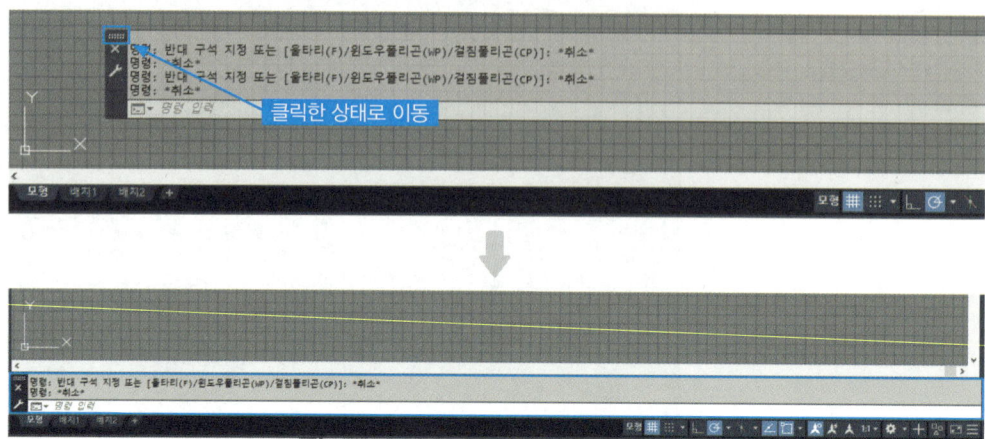

2. 작업공간 전환창

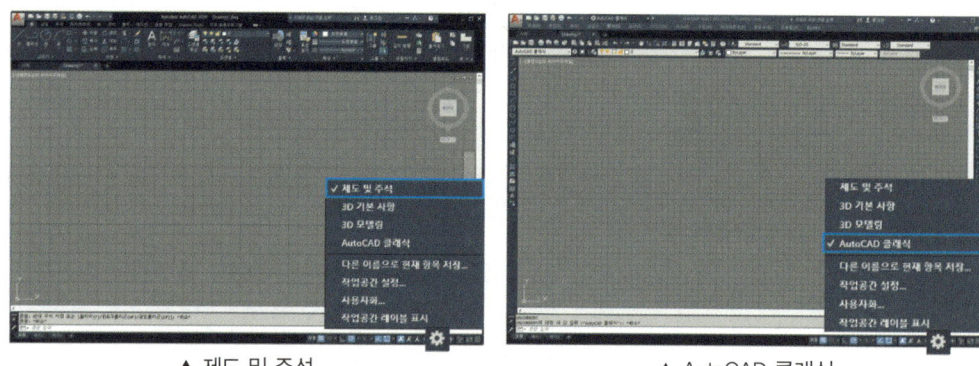

▲ 제도 및 주석　　　　　　　　　　　▲ AutoCAD 클래식

※ AutoCAD 클래식은 CAD 버전에 따라 지원하는 경우가 다르며 본 교재에서는 [AutoCAD 클래식]모드를 적용합니다.

3. AutoCAD 클래식 전환

(1) 클래식 작업공간 만들기

❶ 톱니바퀴 → 사용자화

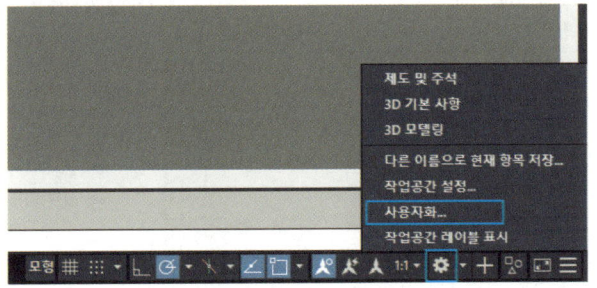

❷ 제도 및 주석 기본값 복제

TIP!

작업화면 전환

CAD는 명령어(단축키)로 작업하는 프로그램으로, 작업환경 전환에 따른 도면작업 결과에 영향을 받지 않으므로 [제도 및 주석]과 [AutoCAD 클래식]중에 사용자에게 맞는 화면구성을 선택하여 사용하도록 한다.

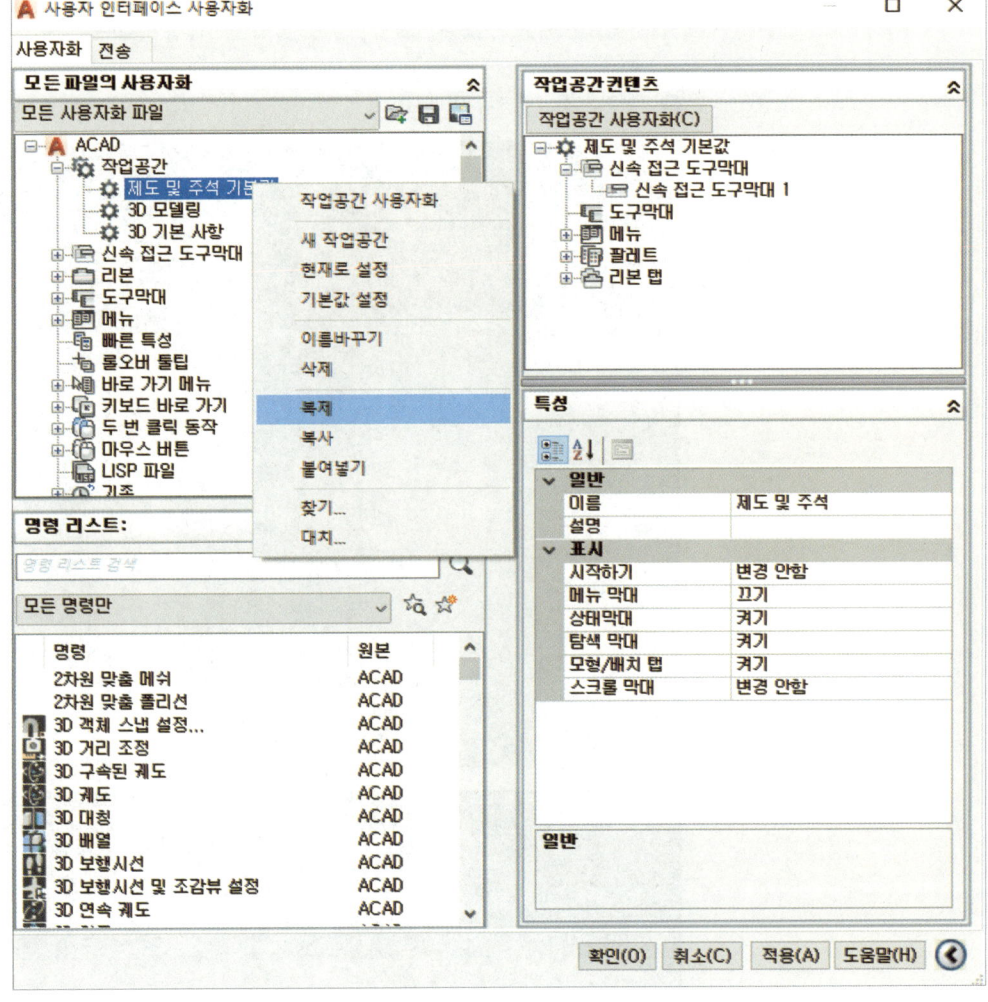

❸ 복제된 작업공간 이름을 'AutoCAD 클래식'으로 변경

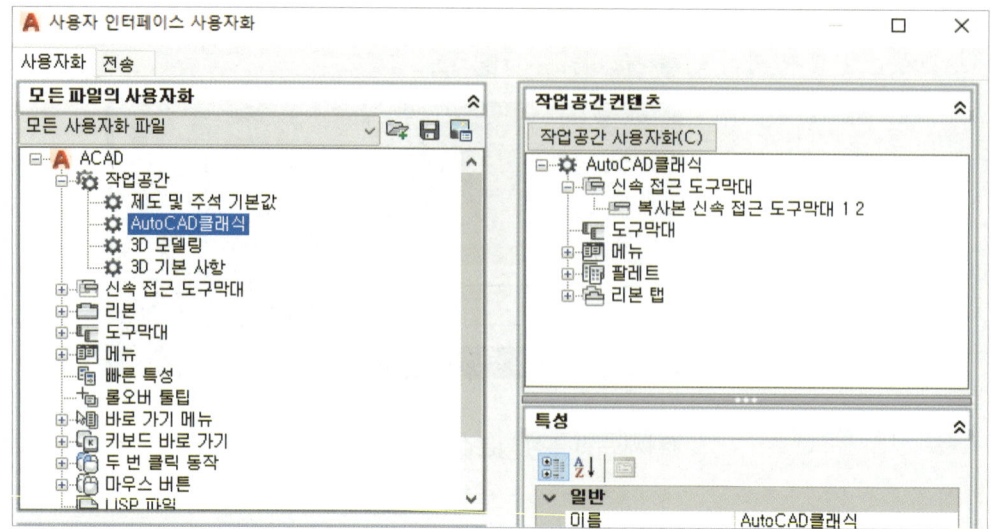

❹ [도구막대] → [메뉴 막대 표시]

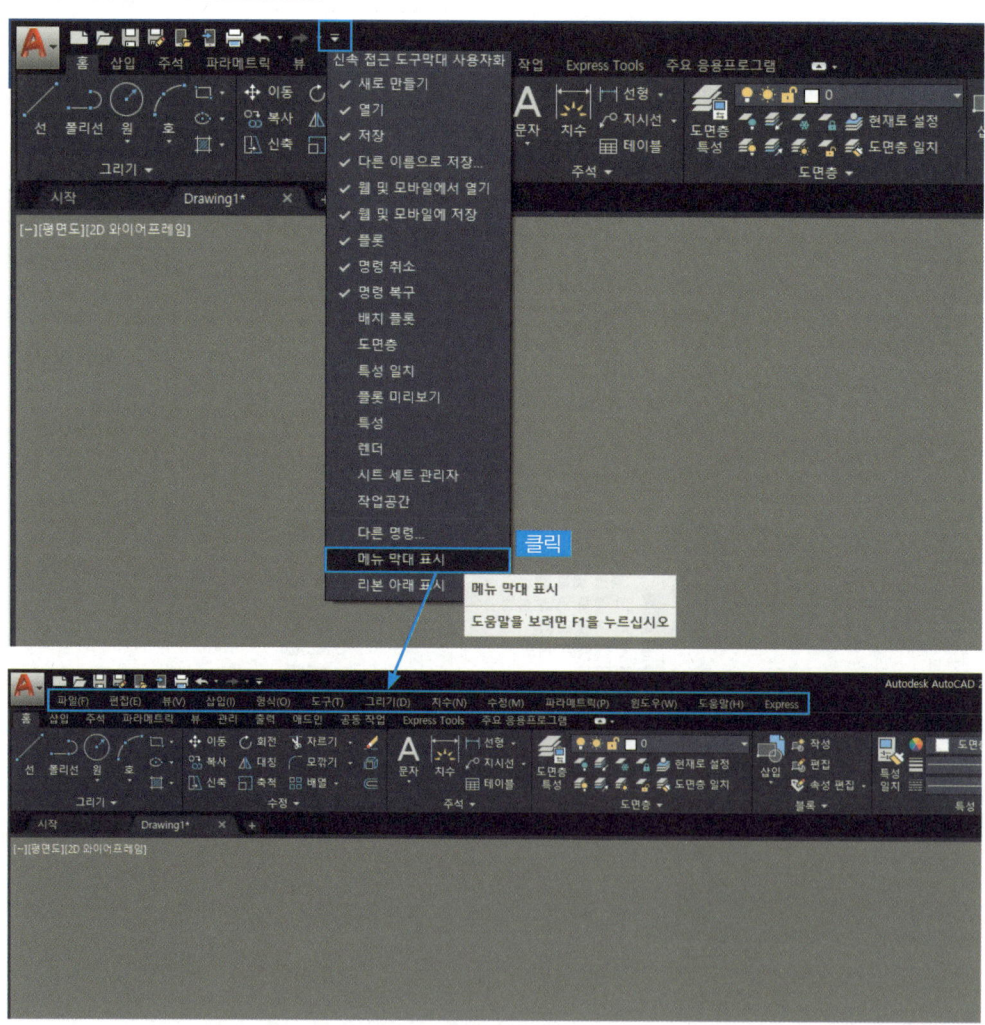

(2) 클래식 작업공간 설정

❶ 도구창 빈 공간에 마우스 우클릭 → 닫기

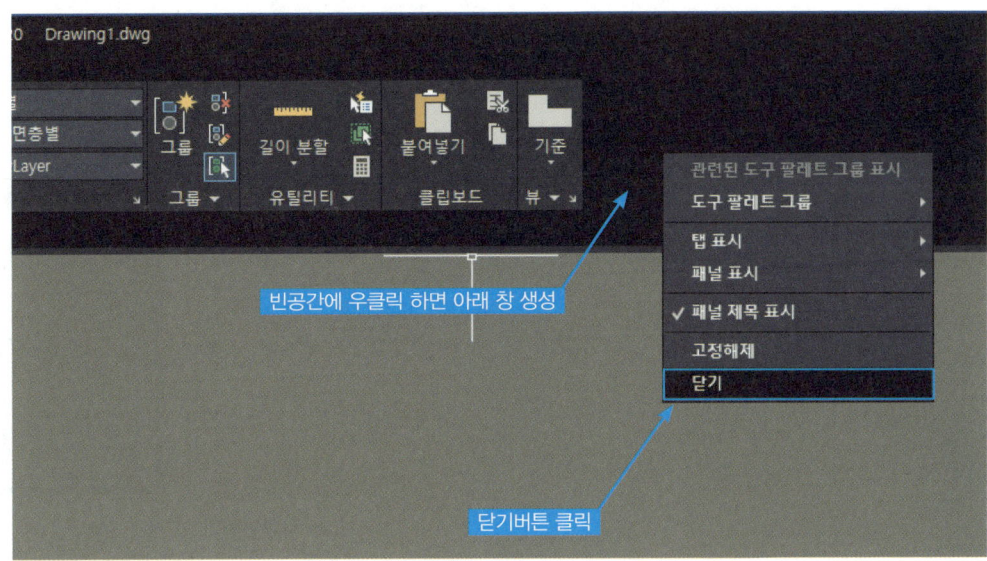

❷ 도구막대 → AutoCAD → 아래 도구 선택

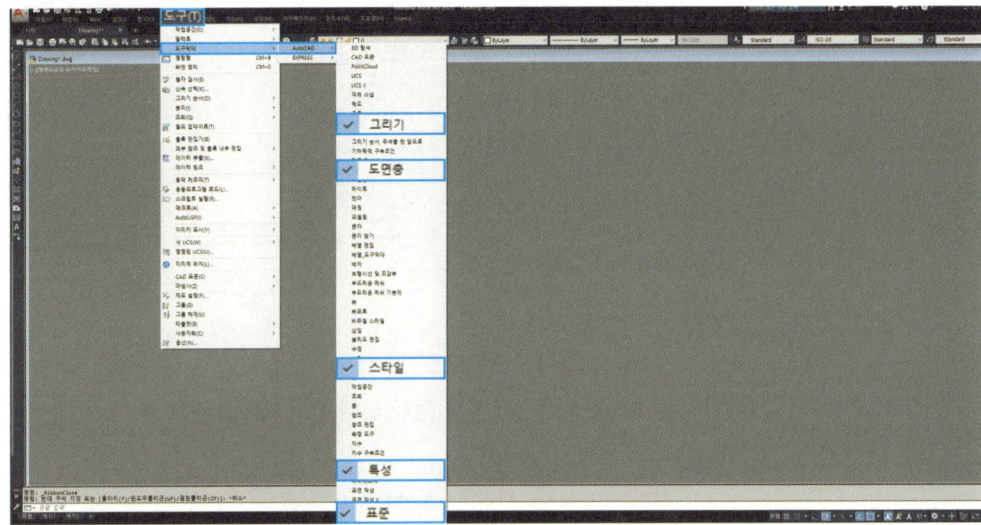

(3) 작업공간 변경 사항 저장

❶ 작업공간 설정 → 내 작업공간을 AutoCAD 클래식 으로 변경
→ 작업공간 변경 사항을 자동으로 저장 → 확인

TIP!
작업공간 설정
변경 사항을 기본 작업공간으로 설정하기 위해서는 '작업공간 변경 사항을 자동으로 저장'으로 선택한다.

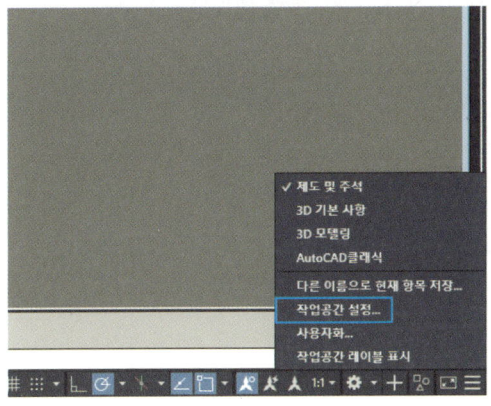
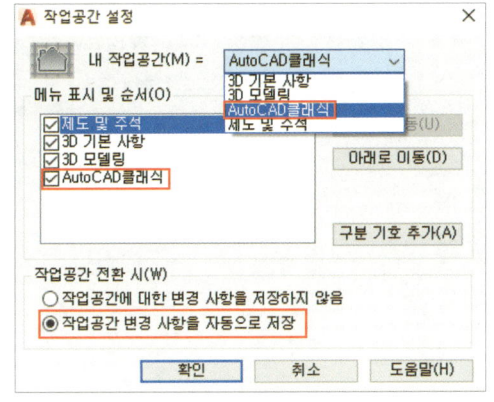

4 옵션 설정 [OP] OPTION

사용자에게 적합한 옵션설정은 캐드 작업의 능률을 높여준다.

1. 확인란

선택(Selection) → 확인란 크기(Pickbox Size)

TIP!
확인란
캐드 화면상에 나타나는 마우스 포인터

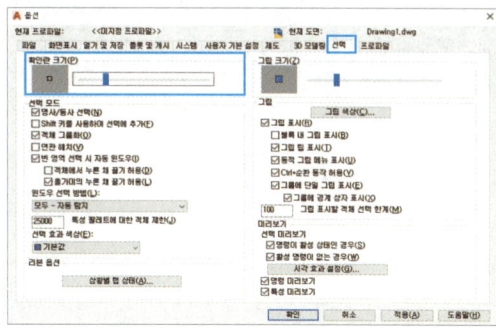 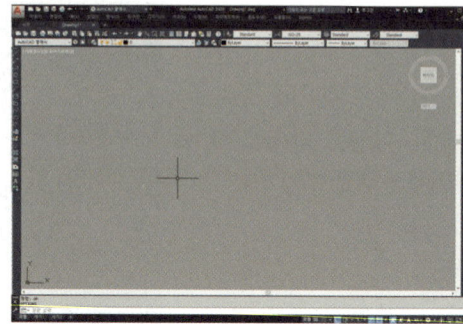

▲ 확인란 크기의 기본 사이즈

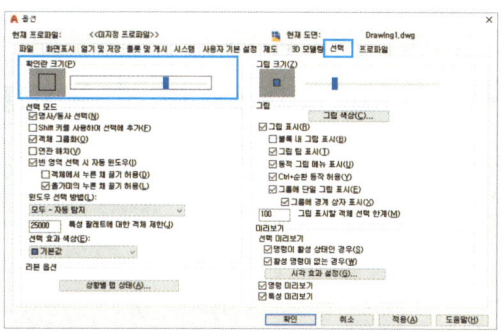 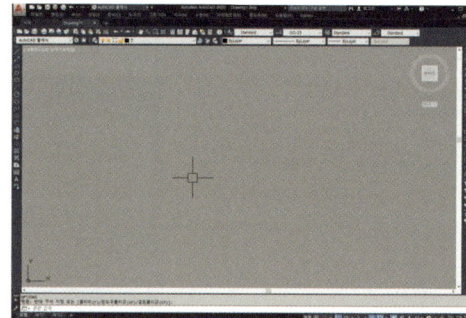

▲ 확인란 크기를 키운 경우

TIP!
명사/동사 선택 모드
객체 선택 후 명령어를 적용할 수 있는 기능이다.

2. 명사/동사 선택 모드

선택(Selection) → '명사/동사 선택(Noun/Verb Selection)'란 체크

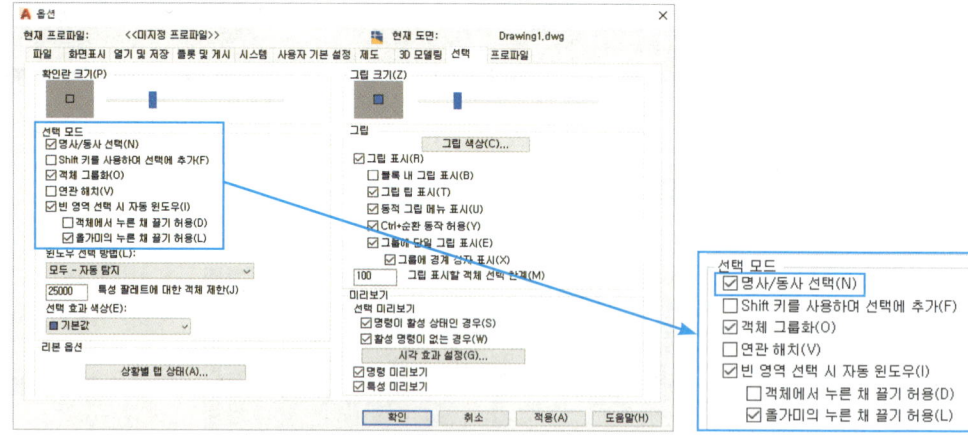

해당 모드는 기본적으로 체크되어 있으나, 체크가 되어 있지 않은 상태에서는 객체를 선택 한 후에 지우기 명령어(Erase)를 적용해도 객체가 지워지지 않는다.

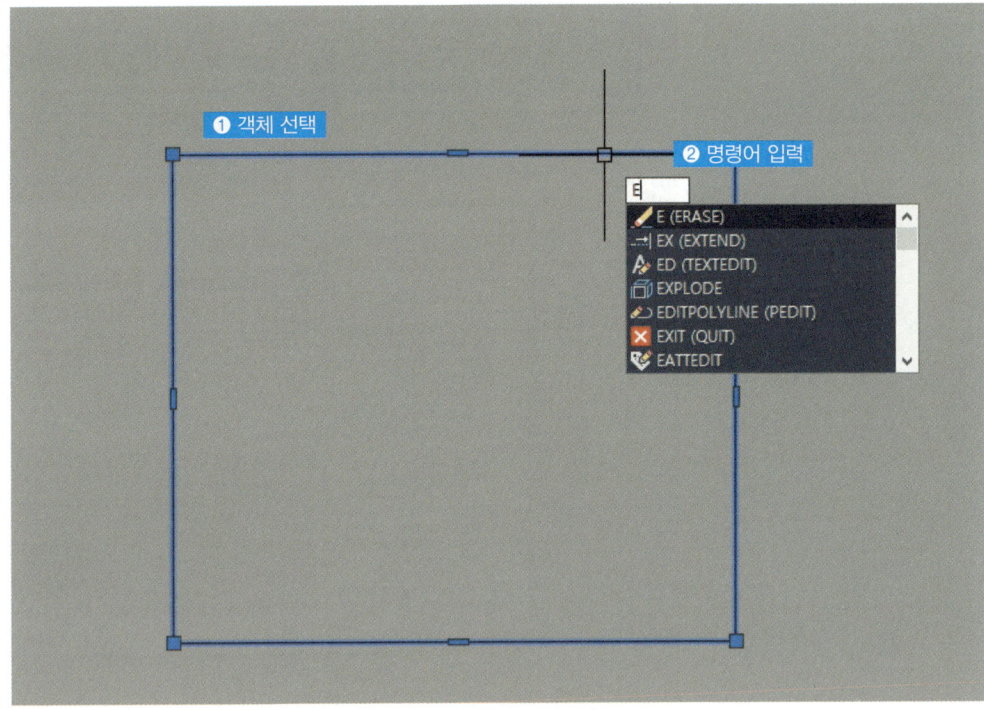

3. 십자선

화면표시(Display) → 십자선 크기(Crosshair Size)

TIP!

십자선

캐드 작업중 선의 수직과 수평을 확인할 수 있는 보조선이다.

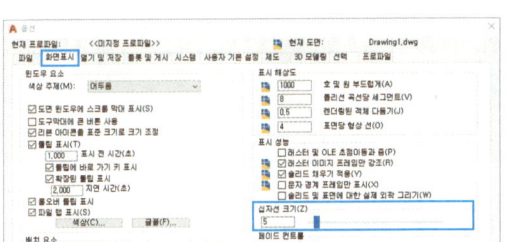 

▲ 십자선 크기를 기본세팅값으로 적용한 경우

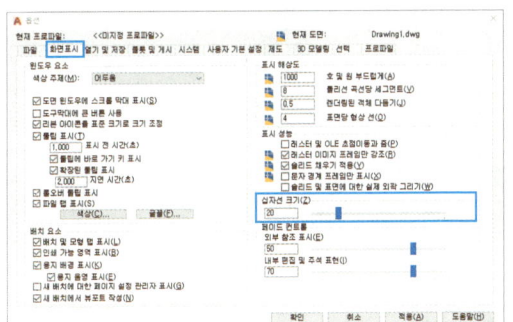 

▲ 십자선 크기를 크게 적용한 경우

4. 작업화면색상

화면표시(Display) → 색상(Colors)

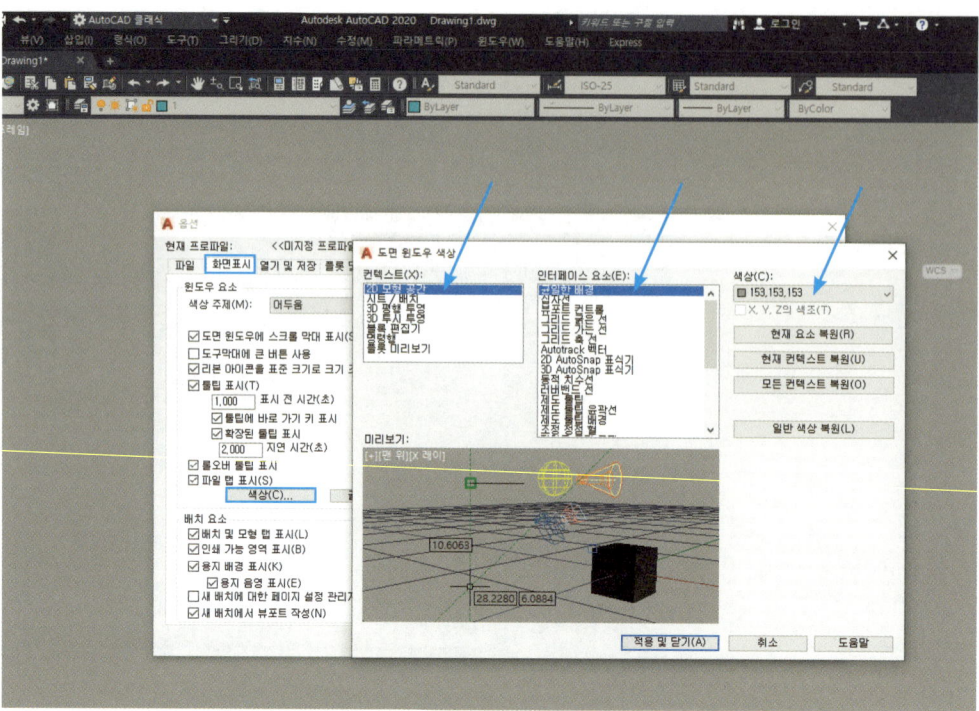

▲ 회색 작업화면

TIP!

눈의 피로도를 줄이고 객체의 가독성을 좋게 하기 위해서 캐드화면색상은 검은색을 권장한다.

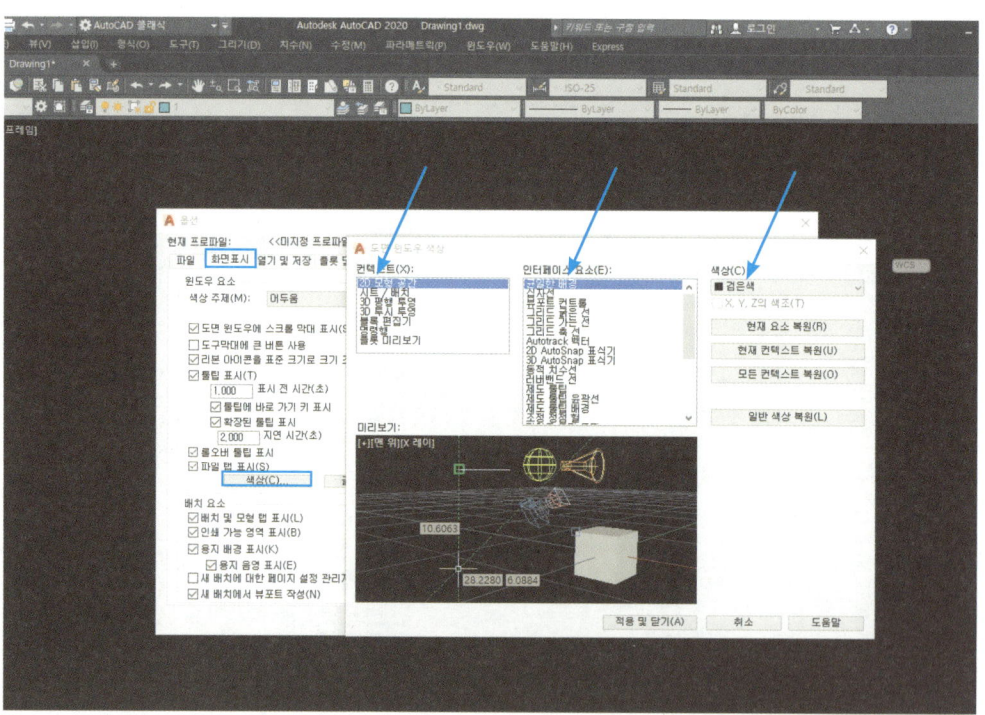

▲ 검은색 작업화면

5. AutoSnap 표식기/조준창

(1) 제도(Drafting) → AutoSnap 표식기 크기

> **TIP!**
>
> **AutoSnap 표식기**
> 끝점, 중간점 등의 AutoSnap 을 나타내는 마그네틱이다.

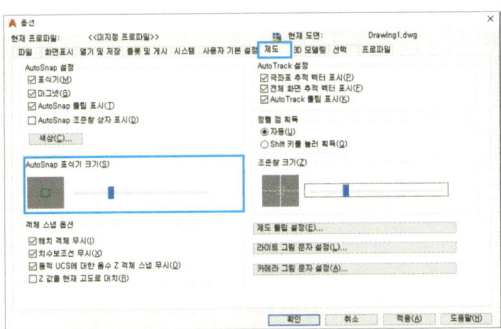 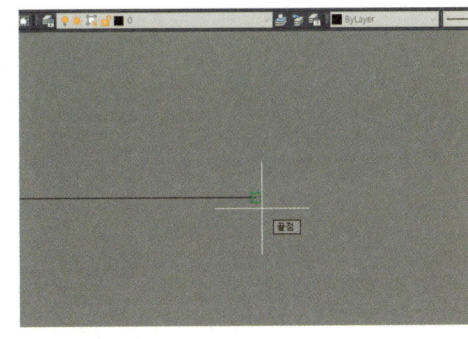

▲ AutoSnap 표식기의 기본 크기

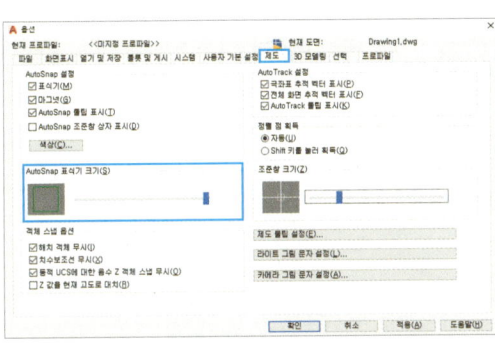 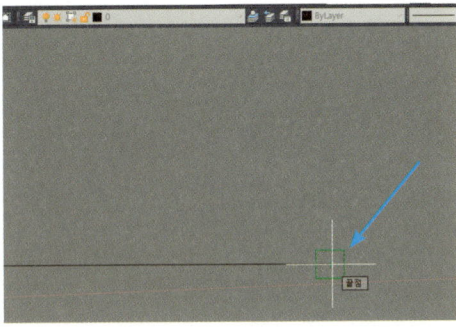

▲ AutoSnap 표식기의 크기를 키운 경우

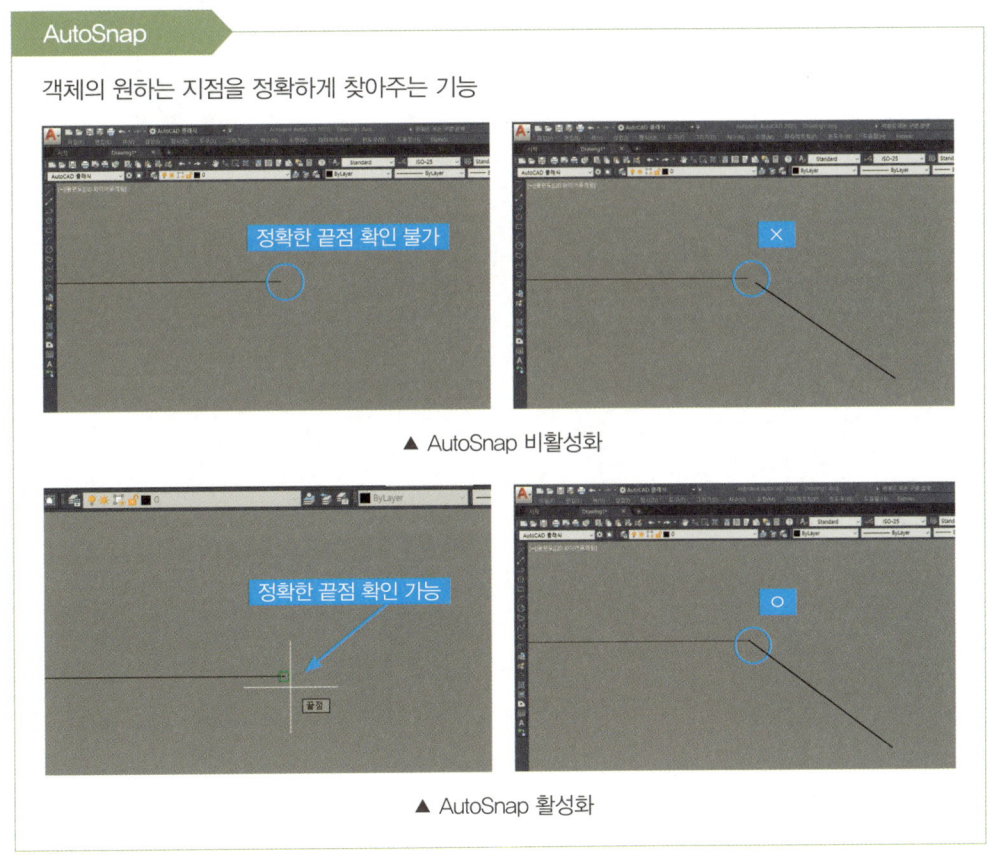

(2) 제도(Drafting) → AutoSnap 표식기 크기/조준창 크기(Aperture size)

조준창의 크기(Aperture size)가 클수록 마그네틱을 표시하는 감지영역이 넓어진다.

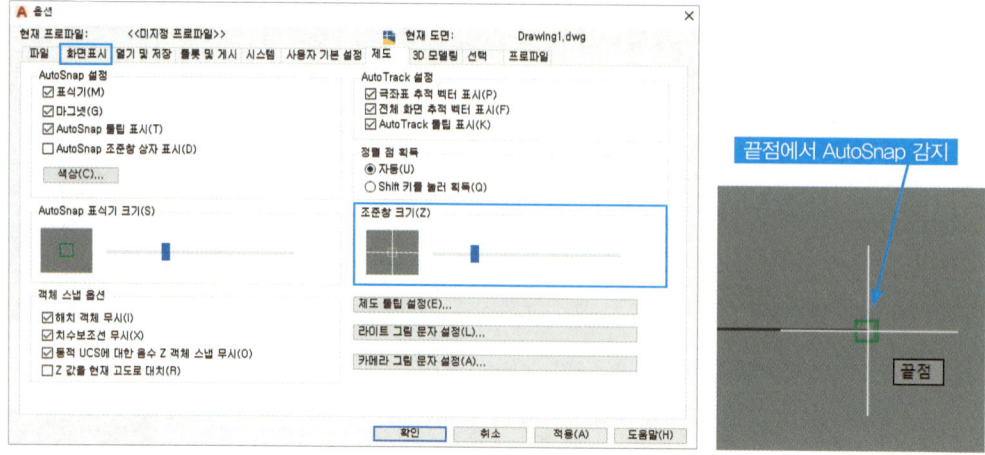

▲ 조준창의 기본 크기

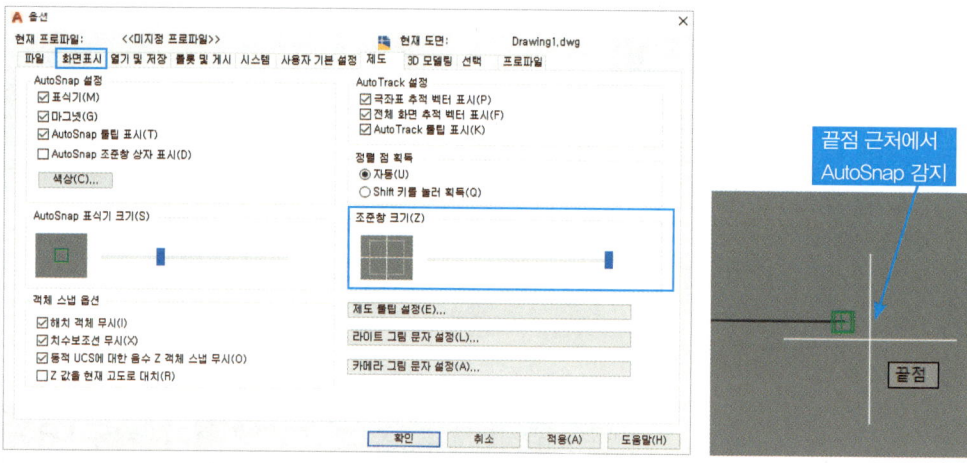

▲ 조준창의 크기를 키운 경우

5. AutoCAD 상태표시줄 이해하기 · [OS] OSNAP 설정하기

1. 상태표시줄의 주요 부분 이해하기

캐드 작업의 속도를 높이기 위해서는 키보드의 단축키를 사용하여 자주사용하는 모드를 ON/OFF하는 연습을 한다.

❶ 직교모드 [F8] ON/OFF

> **TIP!**
> 직교모드 [F8]
> 캐드 사용 시 수직, 수평 객체를 작성 할 때 사용하는 모드

[F8] ON – 수직, 수평선(각도제한이 있음) [F8] OFF – 사선(각도제한이 없음)

❷ 객체스냅모드 [F3] ON/OFF

> **TIP!**
> 객체스냅모드 [F3]
> OSNAP을 활성화하여 객체의 끝점, 중간점, 접점 등의 정확한 지점을 찾아주는 기능이다.

[F3] ON – 객체스냅 표식기 활성화 [F3] OFF – 객체스냅 표식기 비활성화

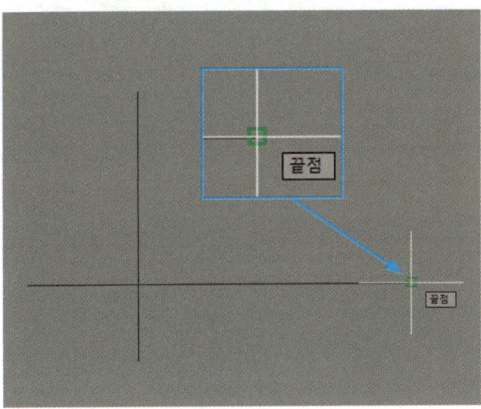 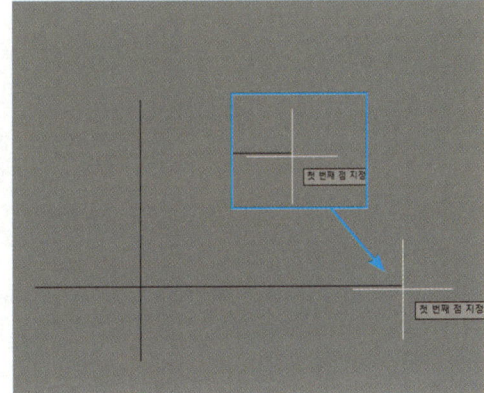

TIP!

그리드모드 [F7]
CAD의 모눈종이 기능이다.

❸ 그리드모드 [F7] ON/OFF

[F7] ON – 그리드 활성화

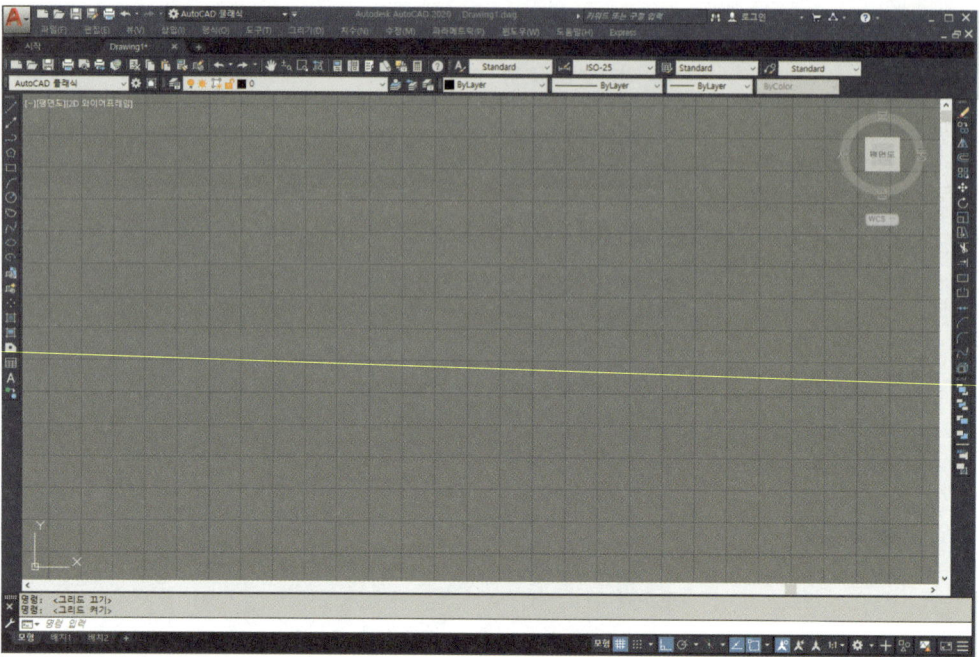

[F7] OFF – 그리드 비활성화

TIP!

스냅모드 [F9]

그리드의 점에만 객체를 그릴 수 있는 모드로 선택할 수 있는 점들이 제한적이게 되어 해당모드는 OFF상태로 작업한다.

❹ 스냅모드 [F9] ON/OFF

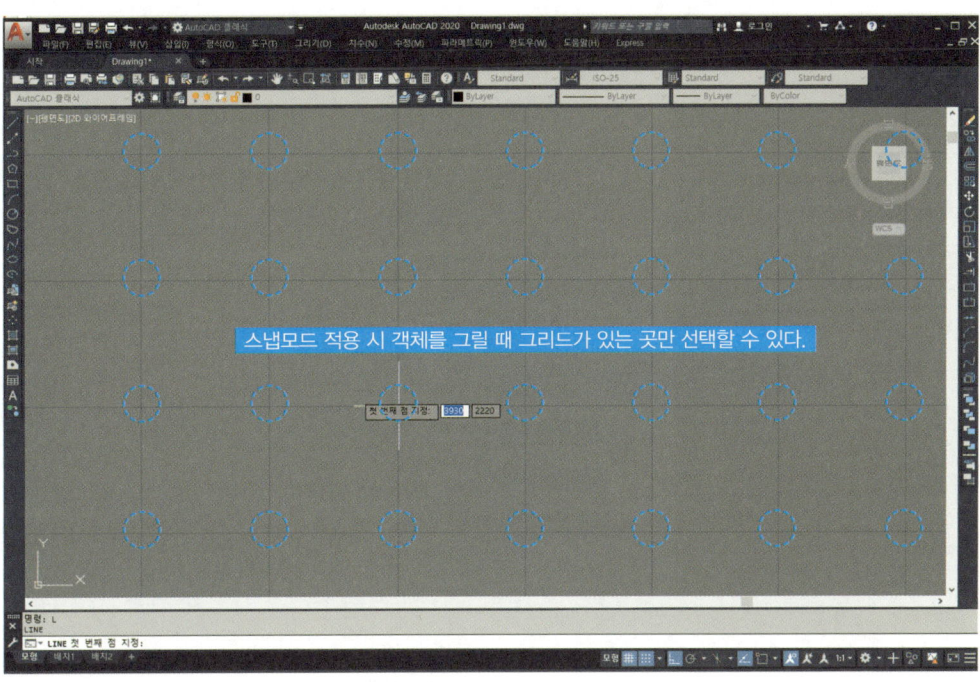

TIP!

OSNAP 체크항목

가상교차점과 평행점을 제외하고 모두 체크한다.
'근처점'은 LINE의 임의의 지점에 객체가 잘못 연결되는 경우가 있기 때문에 사용자의 편의에 맞게 선택한다.

2. [OS] OSNAP 설정하기

객체의 끝점, 중간점, 접점 등의 정확한 지점을 찾아주는 기능으로 세부 설정은 [OS] 창에서 설정할 수 있으며 단축키 [F3]으로 ON/OFF 할 수 있다.

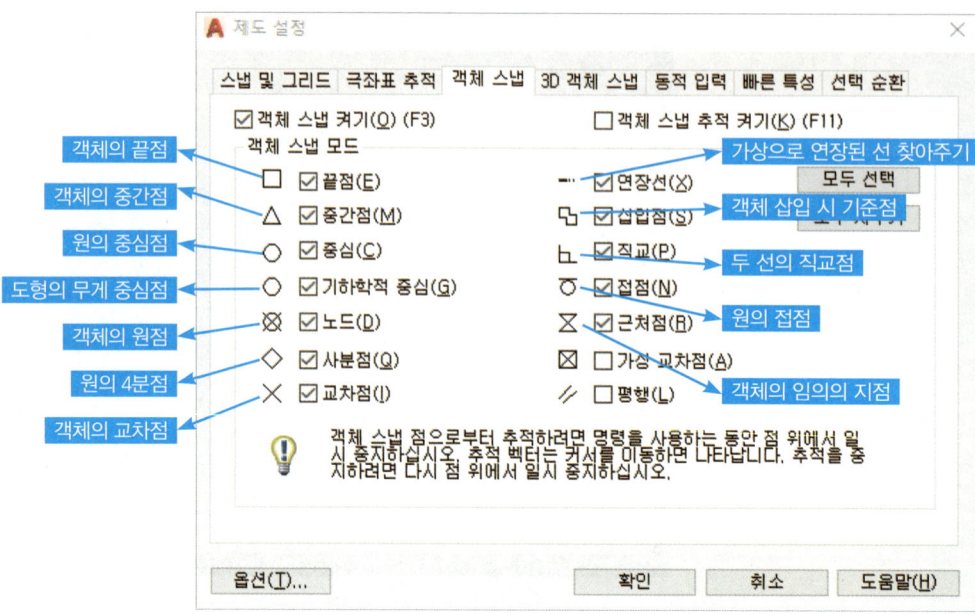

TIP!

OSNAP 보조기능

[End] 끝점
[Mid] 중간점
[Per] 직교점
[Int] 교차점

찾는 점의 명령어를 추가로 입력하면 정확한 지점을 선택할 수 있다.

OSNAP 연습하기

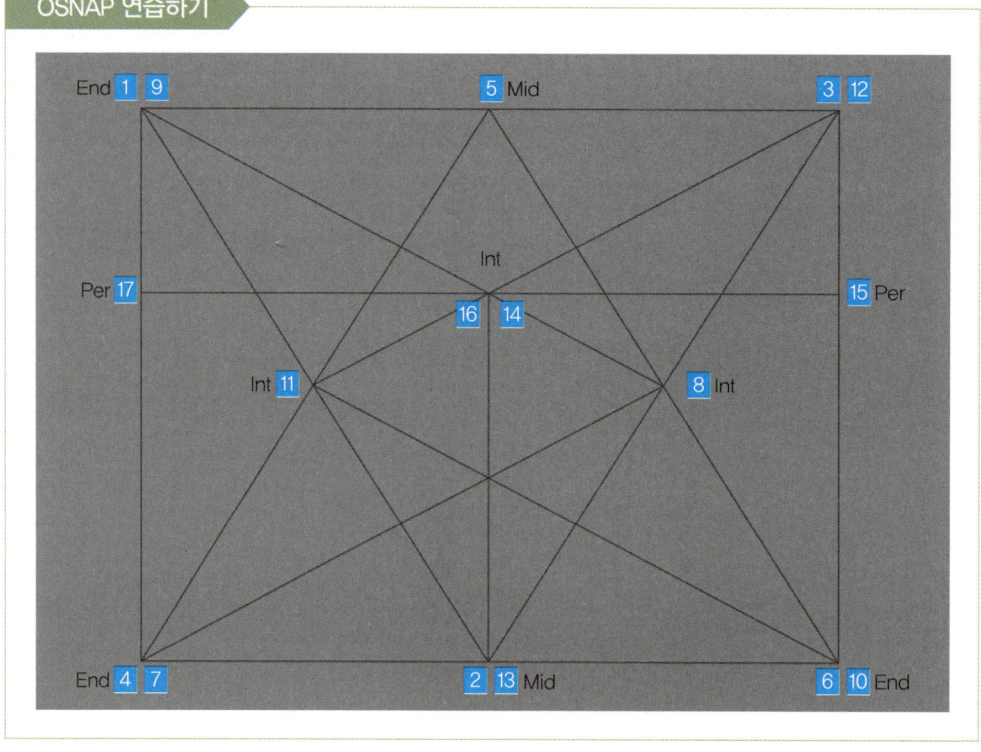

6 마우스 사용법

마우스와 단축키의 활용법을 이해하고 작업에 적합한 기능을 사용한다.

❶ 좌클릭: 객체 선택, 작업 실행

❷-1 휠회전: 작업화면 확대/축소 [Z] Zoom

❷-2 휠더블클릭: 작업화면 확대

❷-3 휠 누른 상태에서 이동: 작업화면 이동 [P] Pan

❸ 우클릭: 보조기능 선택, 작업완료

> **TIP!**
> **[Zoom] 화면의 확대/축소**
> 마우스의 스크롤을 이용하여 화면을 확대/축소할 수 있지만 정밀한 작업의 경우 명령어 [Z]를 따로 입력하여 좀 더 세밀하게 화면을 확 대하여 작업하는 경우도 있다.

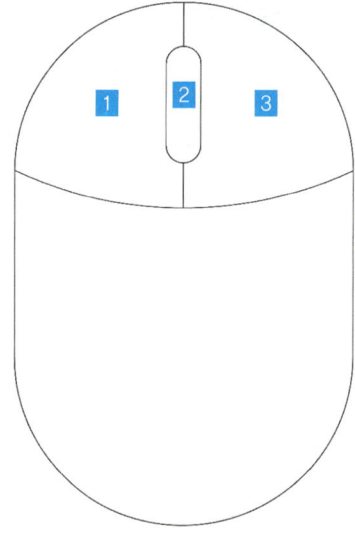

마우스 활용 예시

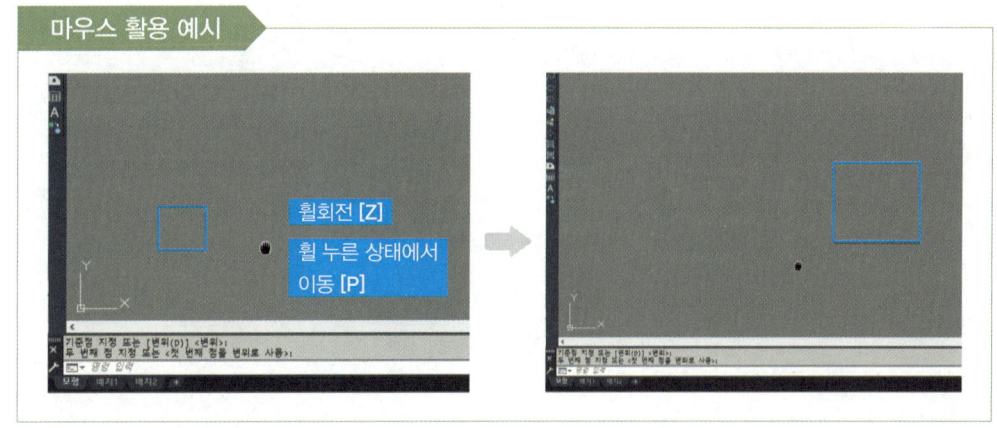

PART

02

기본명령어

학습 GUIDE

문제풀이에 앞서 도면을 제도할 때 활용되는 명령어연습을 통해 사용방법을 숙달하는 것이 원활한 도면작업의 핵심입니다.

명령어 입력과정에 따라 AutoCAD 프로그램에 사용되는 선, 사각형, 원, 복사, 이동 등의 기본적인 명령어들을 연습합니다.

단축키 사용 등의 작업속도를 높일 수 있는 팁을 참고하여 AutoCAD를 학습합니다.

PART 02 기본명령어

1 선 [L] LINE

1. 기본 라인 그리기

❶ L Enter ❷ 클릭 ❸ 클릭 ❹ Enter 명령어 종료

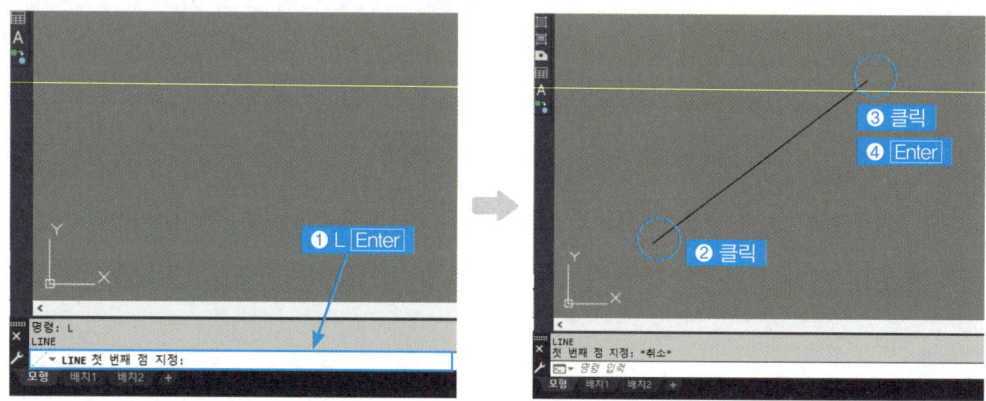

2. 닫힌 도형 그리기

❶ L Enter ❷ 클릭 ❸ 클릭 ❹ C Enter ❺ 닫힌 도형 생성

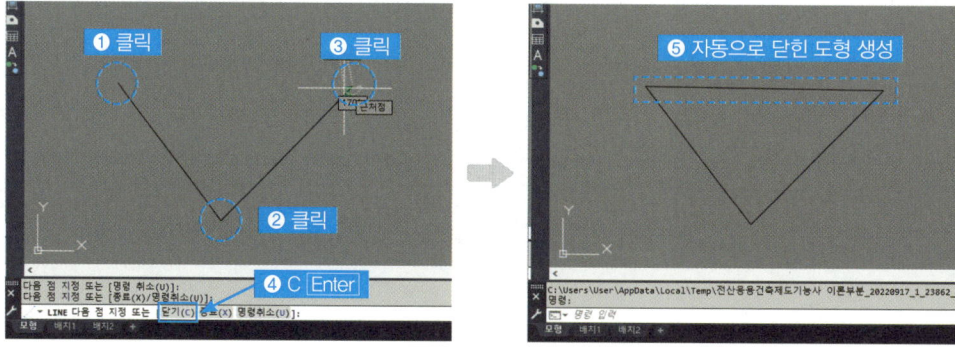

2 지우기 [E] ERASE

1. 객체 지우기

❶ E Enter ❷ 객체 선택 ❸ Enter 명령어 종료

TIP!
캐드는 Shift 를 누르지 않고 다중선택할 수 있으며, 해당 기능은 옵션에서 별도로 설정할 수 있다.

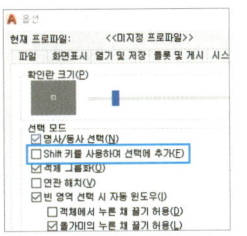

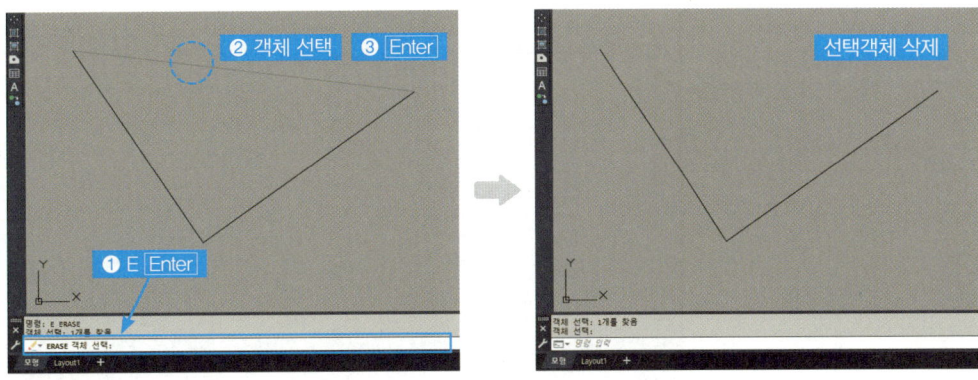

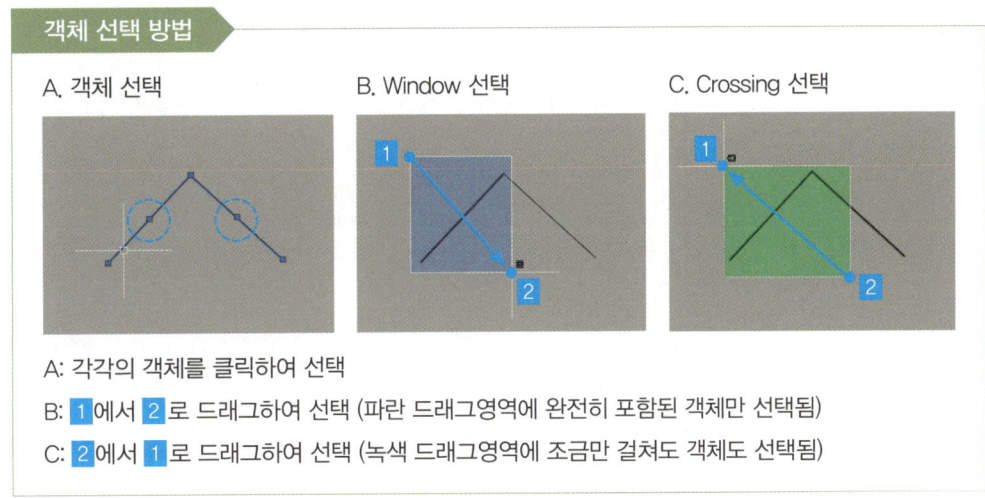

A: 각각의 객체를 클릭하여 선택
B: 1 에서 2 로 드래그하여 선택 (파란 드래그영역에 완전히 포함된 객체만 선택됨)
C: 2 에서 1 로 드래그하여 선택 (녹색 드래그영역에 조금만 걸쳐도 객체도 선택됨)

3 좌표

TIP!

절대좌표
절대좌표는 (0,0)으로부터 떨어진 지점을 인식하여 입력한 (x,y)로 포인트를 찍어준다.

1. 절대좌표

❶ L Enter ❷ 10, 10 Enter ❸ 20, 20 Enter 명령어 종료

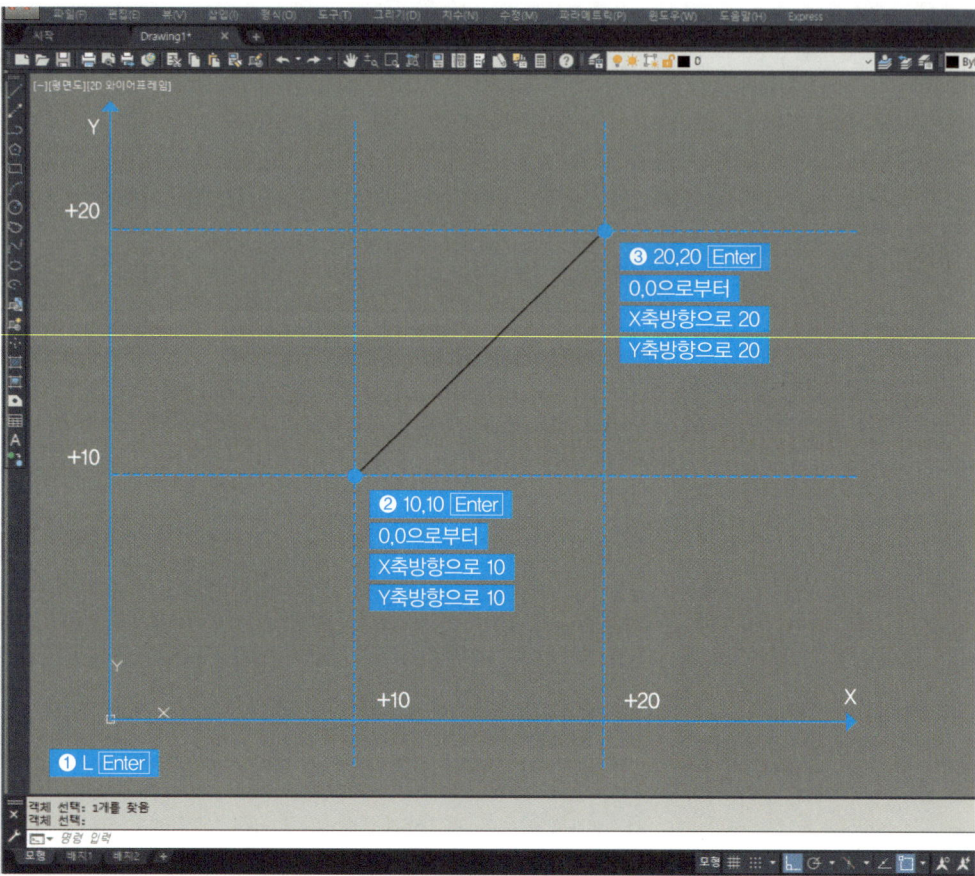

❸번 과정에서 (20,20)이 (0,0)이 아닌 (10,10)을 기준으로 떨어진 포인트를 인식할 경우, **[F2]** DYNAMIC INPUT 단축키로 상대좌표 모드를 끄도록 한다.

2. 상대좌표

(1) 직선 그리기

❶ L Enter ❷ 10, 10 Enter ❸ @10, 10 Enter 명령어 종료

TIP!

[@] 이전 점으로부터의 거리
캐드에서 '@'는 '이전 지점으로부터'의 의미하며 이전 작업의 종료점을 기준으로 거리를 표시한다.
@가로, 세로

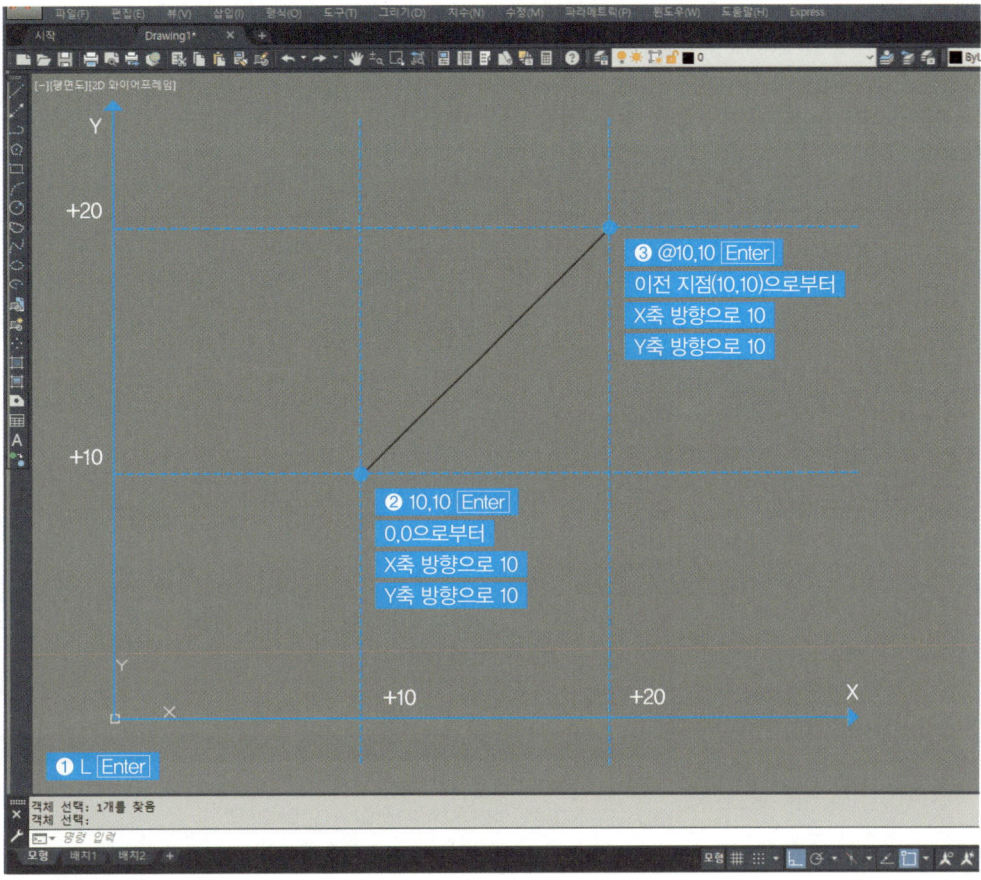

(2) 사각형 그리기

❶ Rec Enter ❷ 임의의 점 클릭 ❸ @1000, 1000 Enter 명령어 종료

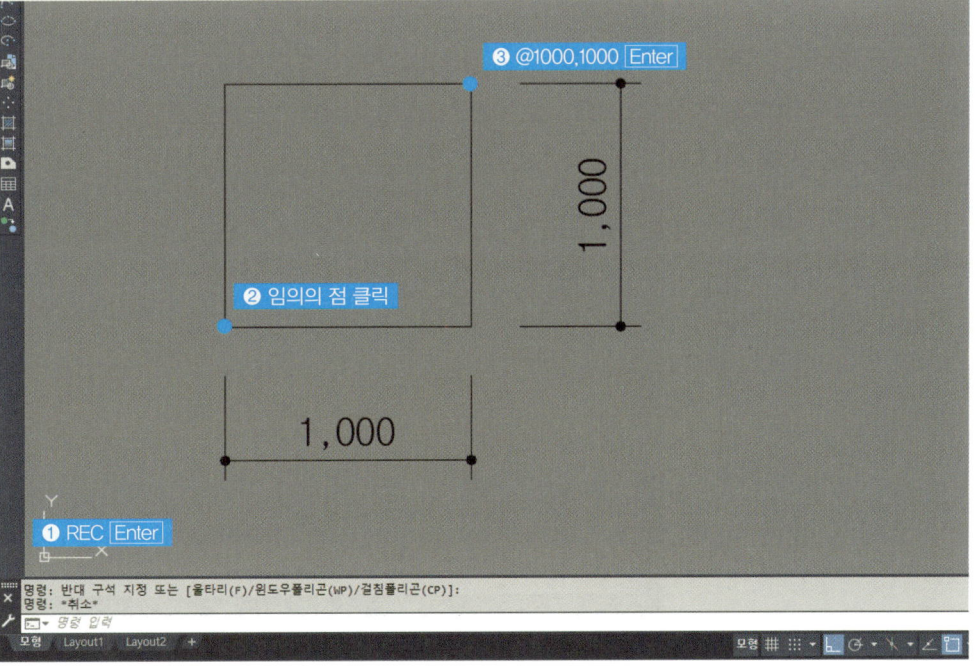

3. 상대극좌표

(1) 각도와 길이가 정해진 경우

❶ L Enter ❷ 임의의 점 클릭 ❸ @1,000<45 Enter 명령어 종료

TIP!

[<] 각도
캐드에서 [<]는 각도를 의미하며 <45는 45° 기울어진 객체를 표시한다.

`@길이<각도`

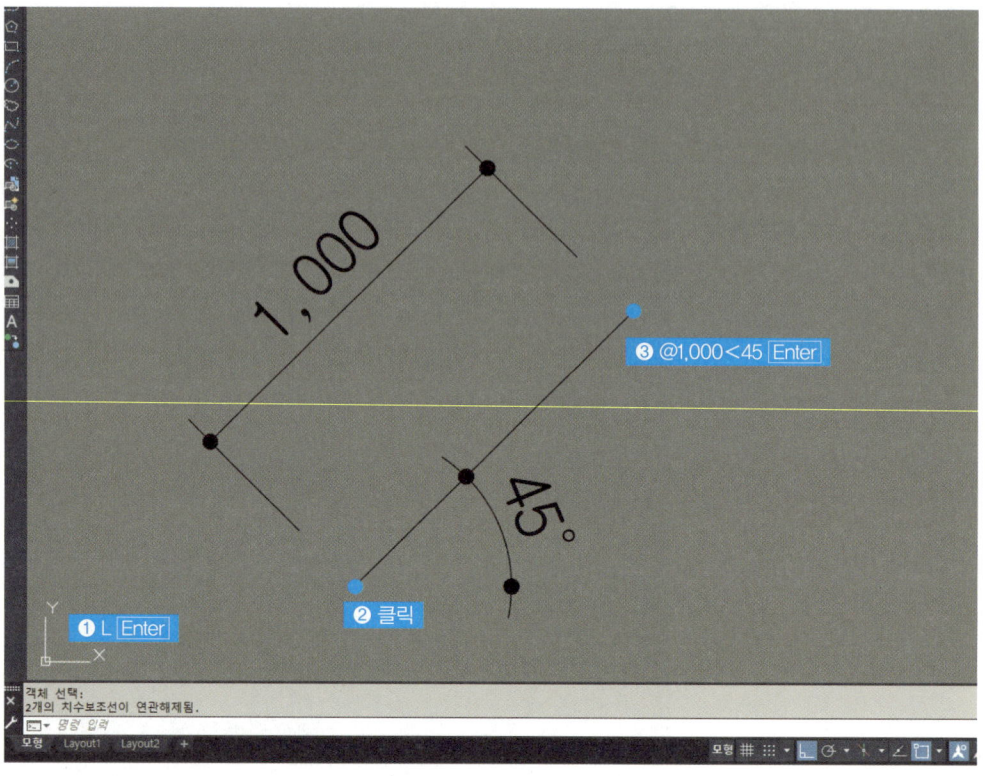

(2) 각도에 따른 선의 방향지정이 필요할 경우

❶ L Enter ❷ 임의의 점 클릭 ❸ <45 Enter ❹ 방향지정 후 1,000 Enter 명령어 종료

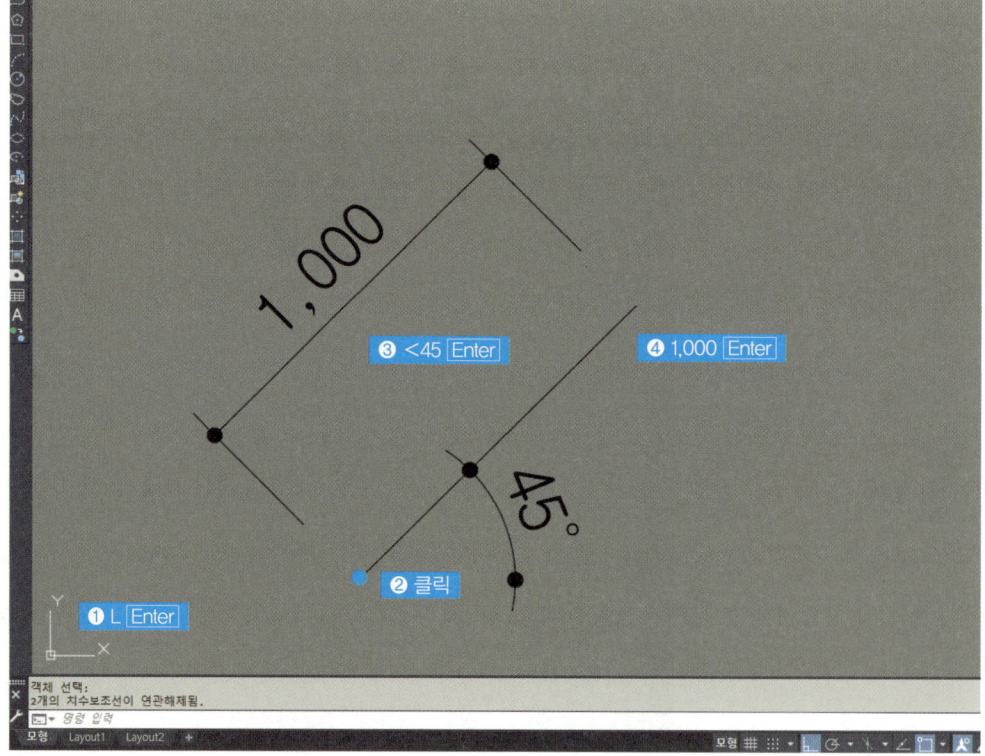

4 확대/축소 [Z] ZOOM

카메라의 줌렌즈와 같은 동작을 하며, 도면층의 요소들의 크기를 확대 축소하여 보이도록 한다.

TIP!
ZOOM은 기본적으로 휠버튼을 활용하지만 필요에 따라 추가 옵션을 활용하여 확대/축소한다.

1. 도면영역 및 객체전체 확인
❶ Z Enter ❷ A Enter

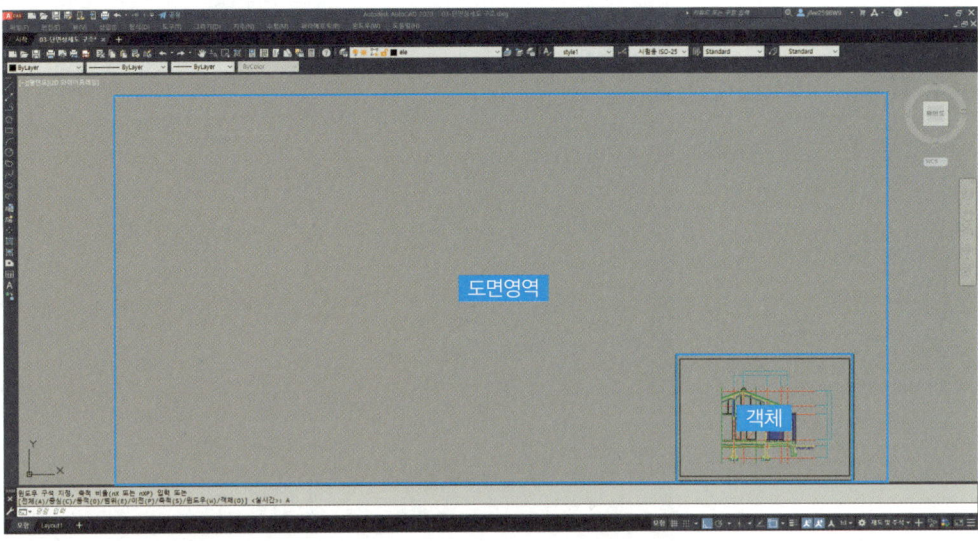

▲ ZOOM- All 옵션의 예

2. 객체전체 확인
❶ Z Enter ❷ E Enter

TIP!
[A]와 [E] 차이
[A] ALL 옵션은 도면영역을 전체화면으로 보여 준다.
[E] EXTENTD 옵션은 객체를 전체화면으로 보여준다.

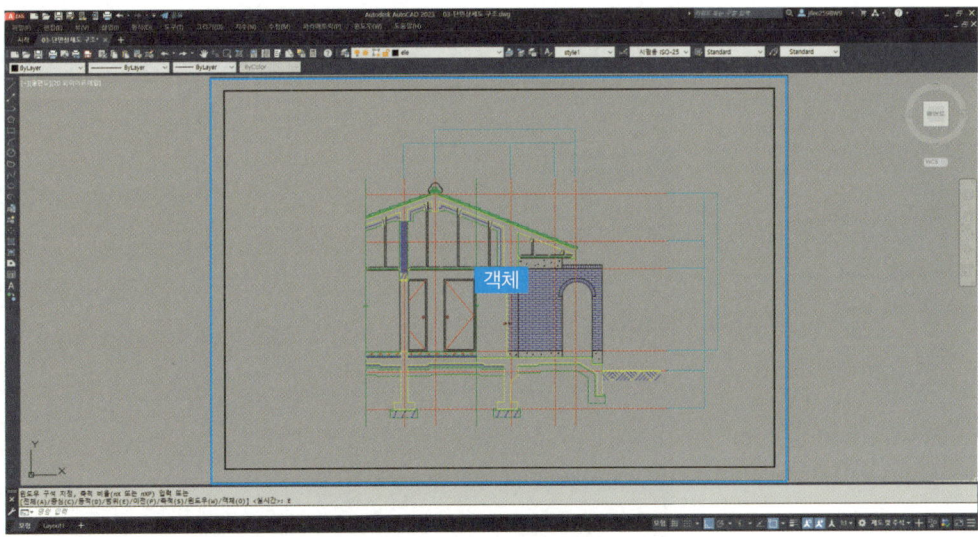

▲ ZOOM- EXTENTD 옵션의 예

3. 드래그영역 확대

❶ Z Enter ❷ W Enter ❸ 임의의 점 선택 ❹ 다른 임의의 점 선택

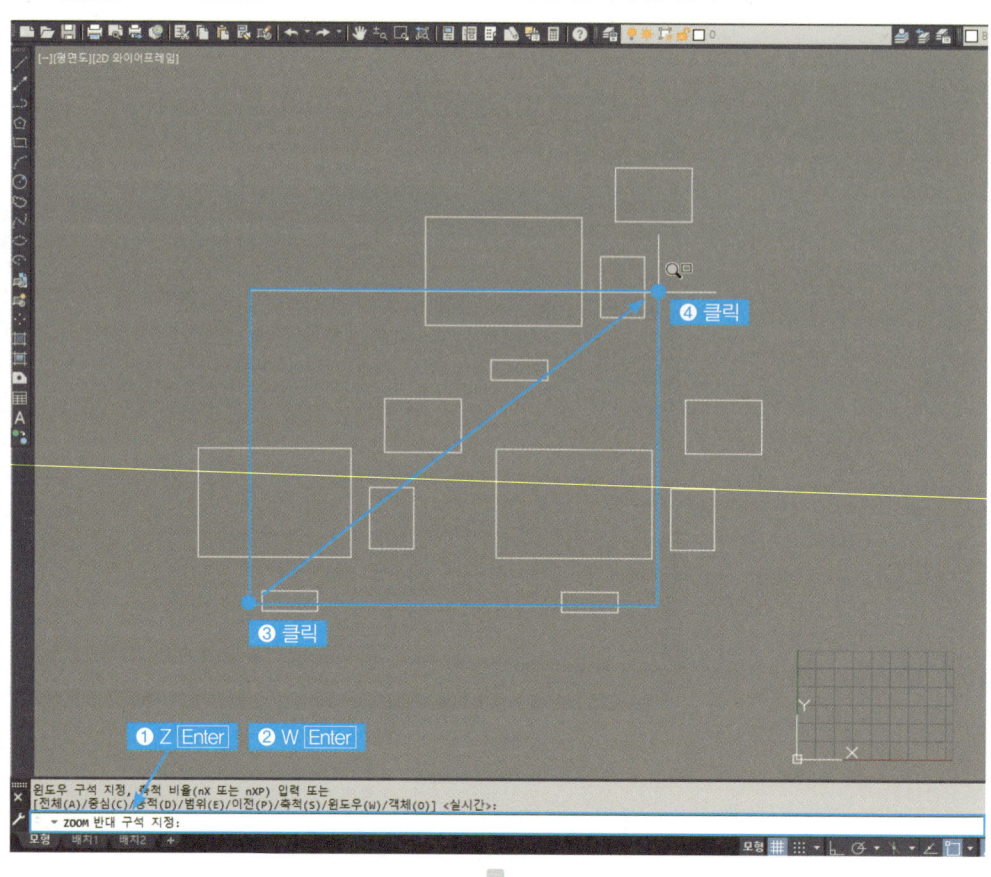

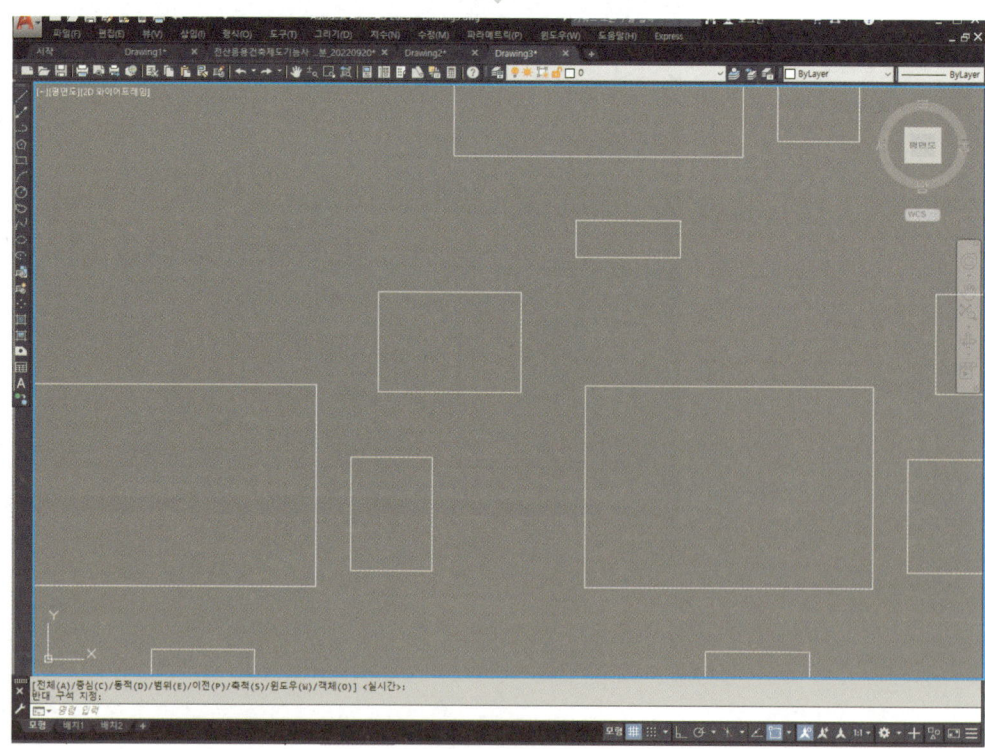

4. 실시간 확대/축소

❶ Z Enter ❷ Enter ❸ 마우스를 움직이며 확대/축소 ❹ Enter

TIP!
해당 추가옵션 기능은 마우스 휠버튼의 확대/축소와 비슷한 기능이지만, 확대/축소의 감도의 차이가 있다.

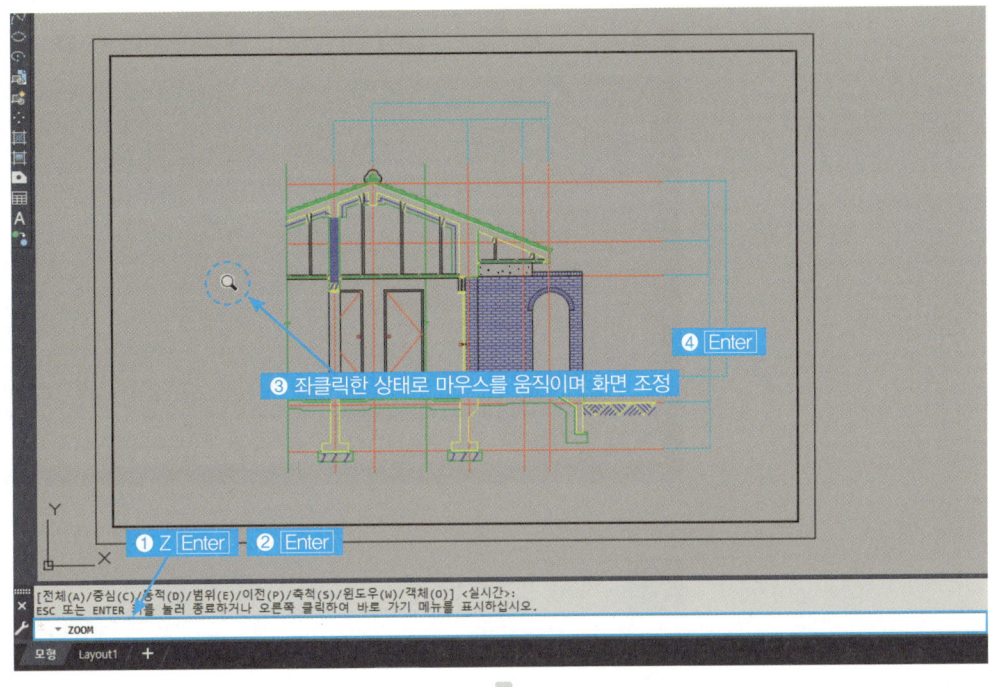

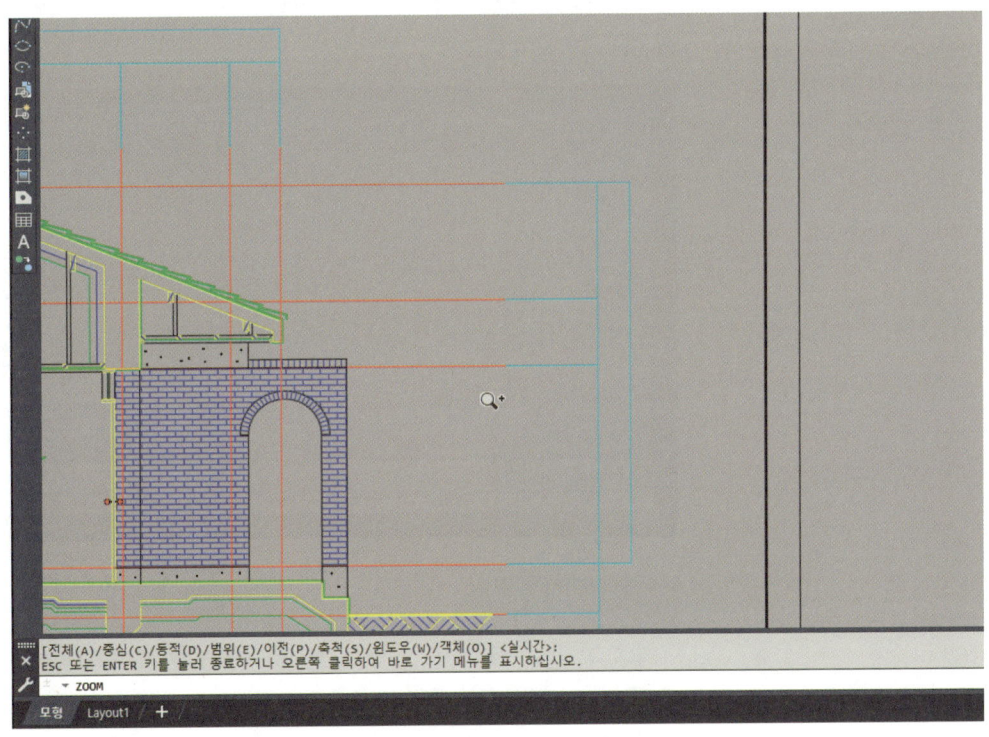

5 이동 [M] MOVE

❶ M Enter ❷ 이동할 객체 선택 Enter ❸ 기준점 클릭 ❹ 이동할 지점 클릭

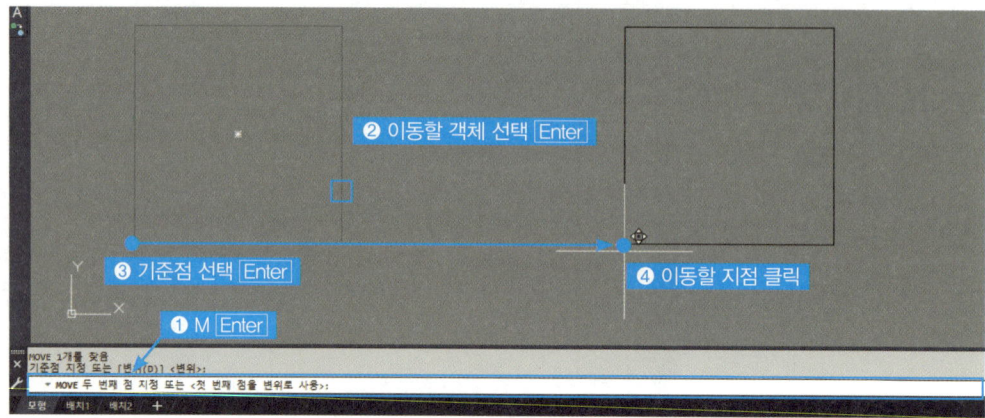

6 복사 [CO] COPY

1. 객체 복사하기

❶ CO Enter ❷ 복사할 객체 선택 Enter ❸ 기준점 지정 ❹ 복사할 지점 클릭
❺ Enter 명령어 종료

TIP!
객체 복사 시 Enter로 명령어를 종료하지 않으면 선택한 객체를 연속으로 복사할 수 있다.

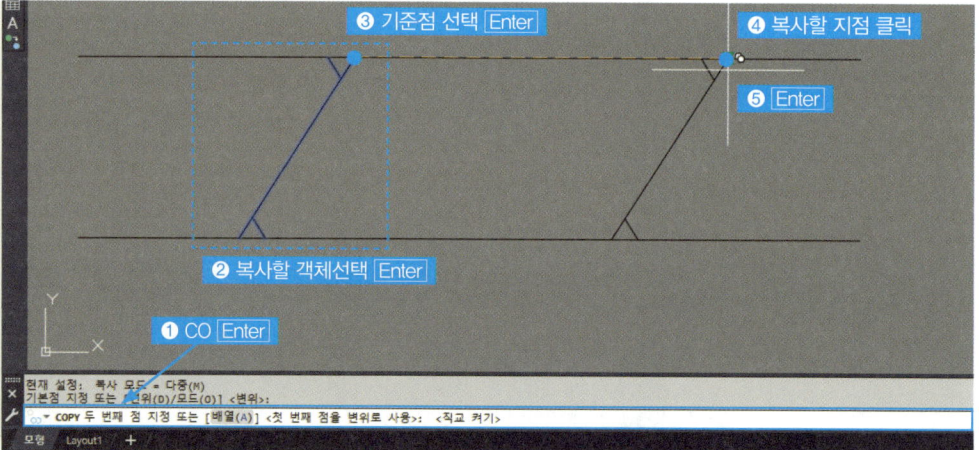

객체 선택 방법

❶ CO Enter ❷ O Enter ❸ S(단일모드) 또는 M(다중모드) Enter 명령어 종료

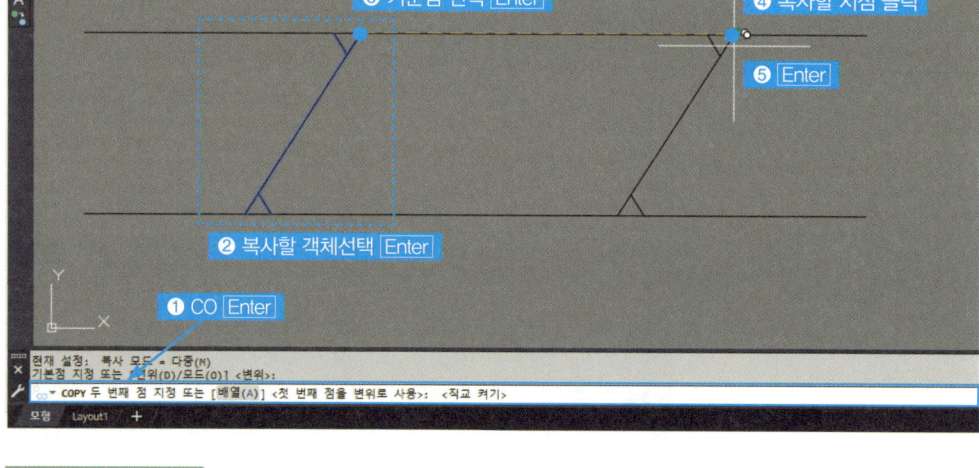

1 단일모드[S]: 객체 하나만 선택 가능
   다중모드[M]: 객체 여러 개 한번에 선택 가능
2 '〈 〉'표시는 현재 옵션에 대한 표시이며 원하는 옵션을 선택하면 현재옵션으로 적용된다.

7 원 [C] CIRCLE

1. 반지름 입력

❶ C Enter ❷ 원의 중심점 클릭 ❸ 원의 반지름 15 Enter

TIP!
원그리기 명령어[C]는 기본적으로 원의 반지름을 입력하는 것으로 기본세팅이 되어 있다.

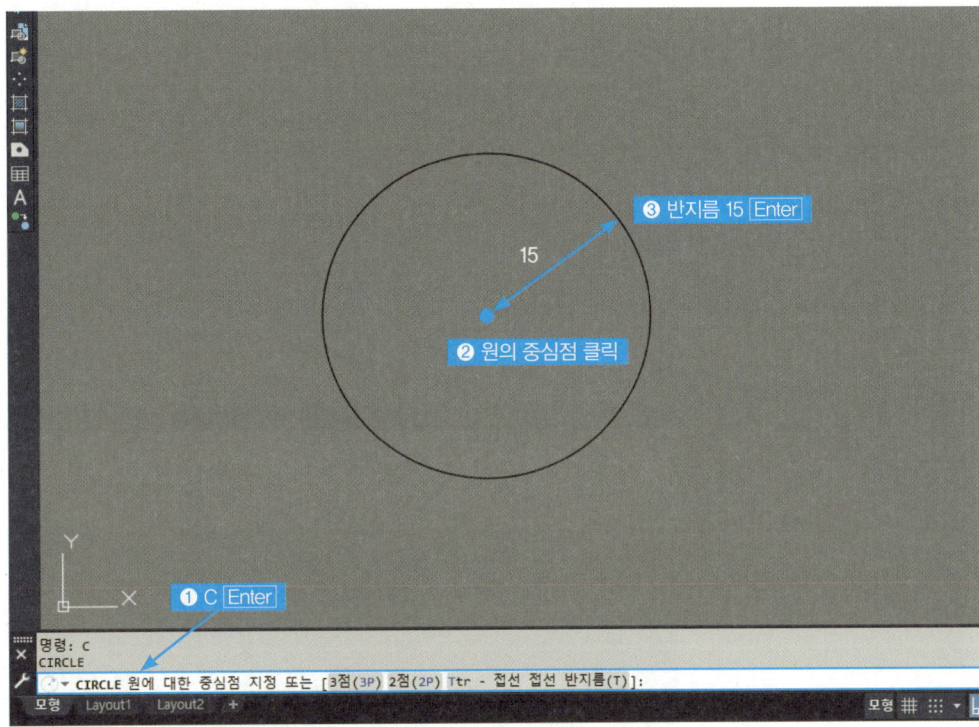

2. 지름 입력

❶ C Enter ❷ 원의 중심점 클릭 ❸ D Enter ❹ 원의 지름 30 Enter

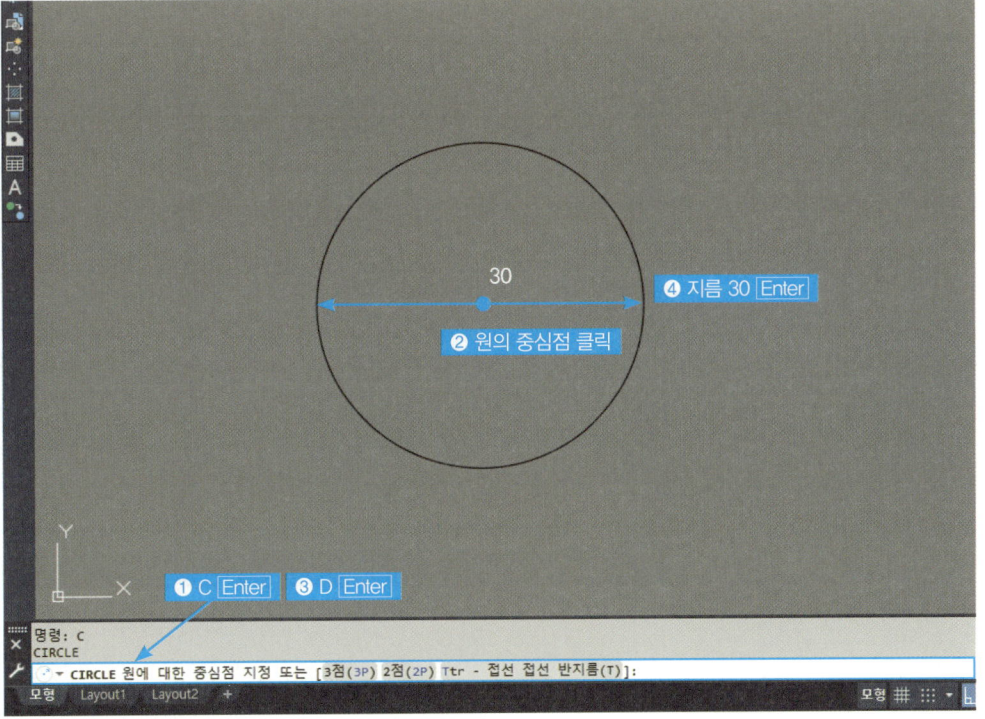

8 간격복사 [O] OFFSET

TIP!
[CO] COPY와 동일하게 Enter 로 명령어를 종료하지 않으면 선택한 객체를 연속으로 간격 복사할 수 있다.

❶ O Enter ❷ 100 Enter ❸ 객체 선택 ❹ 객체 간격 띄우기 ❺ Enter 명령어 종료

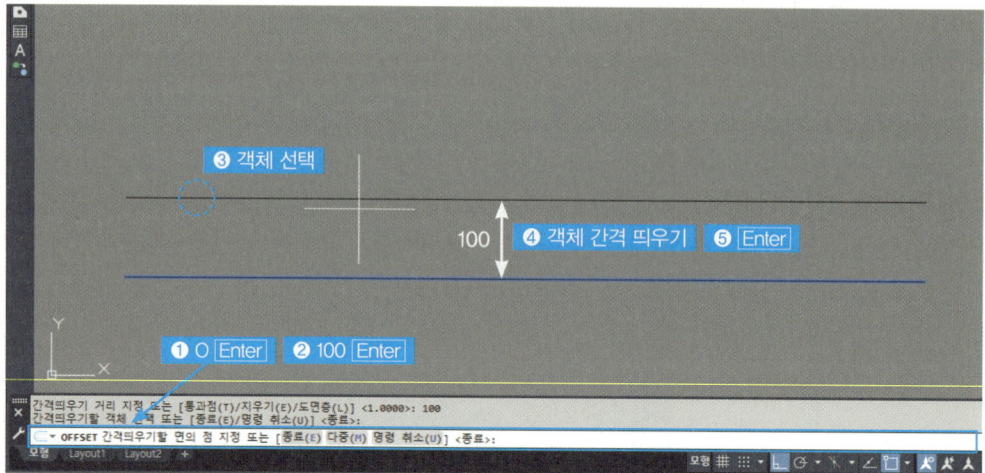

▲ 선 간격복사

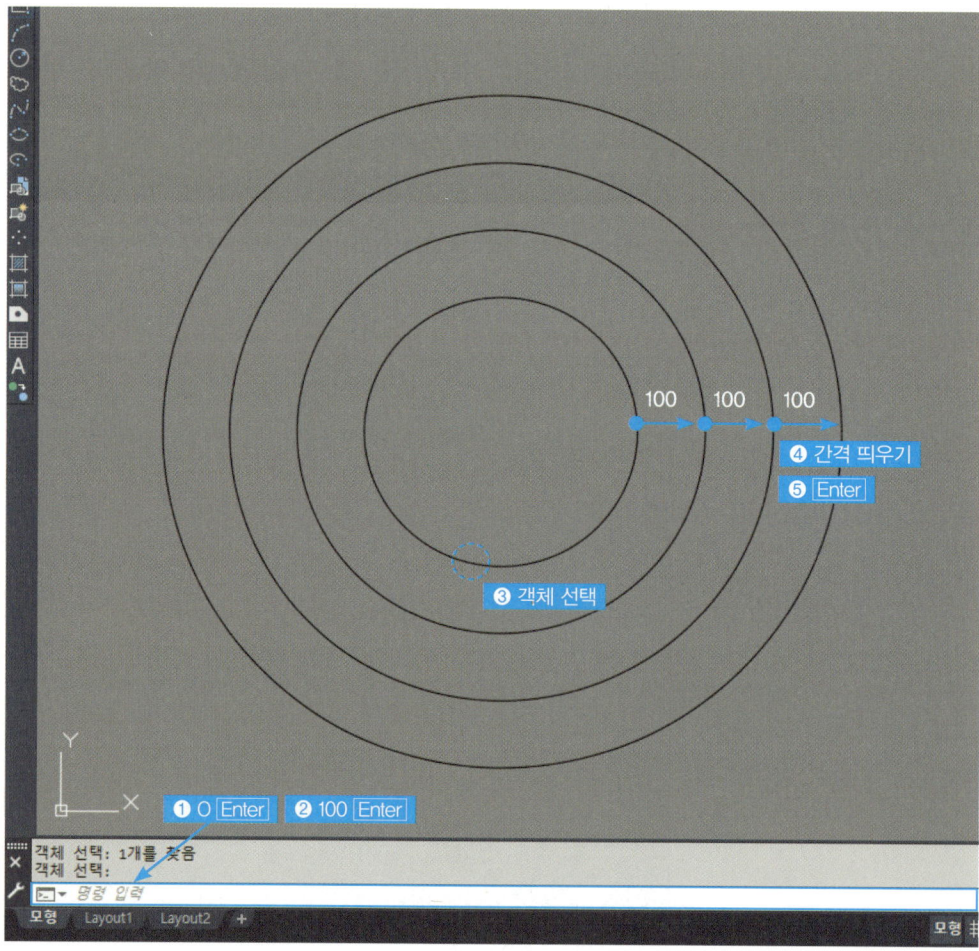

▲ 원 간격복사

9 자르기 [TR] TRIM

객체를 자를 때 지정한 기준 객체까지 자르는 명령어이다.

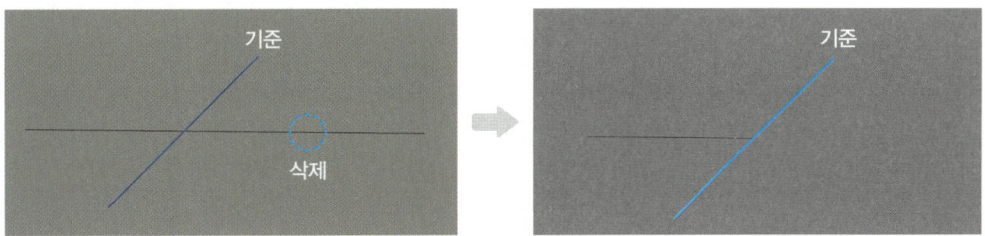

1. Trim 일반

❶ TR [Enter] ❷ 기준 객체 클릭 ❸ 자를 부분 클릭 ❹ [Enter] 명령어 종료

※ [Enter]를 누르지 않으면 계속 반복하여 ❸번 과정이 계속 실행되어 연속으로 TRIM 가능

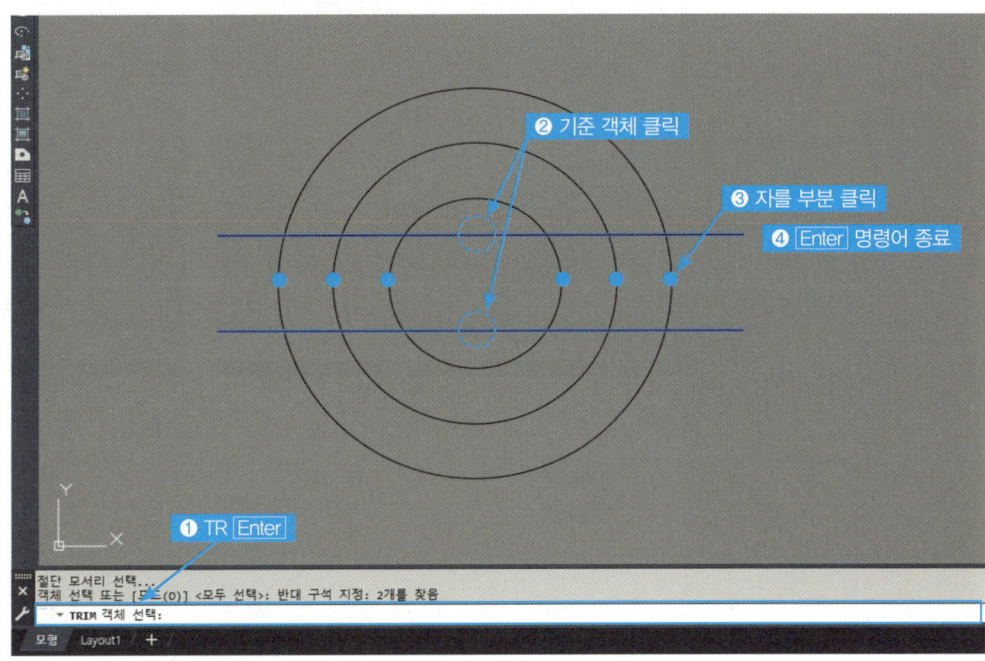

Trim 객체 선택 방법

A. 클릭하기   B. 드래그하기

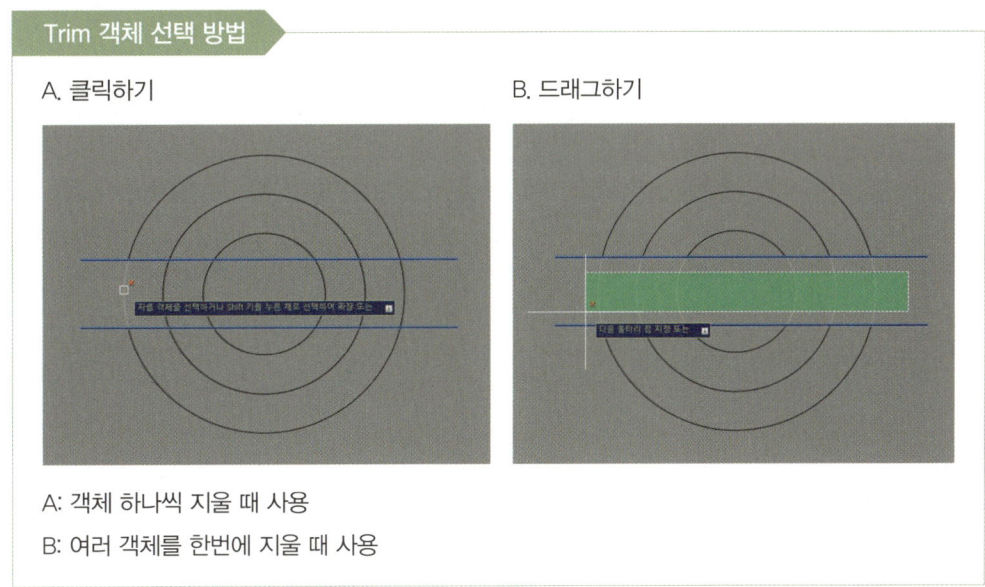

A: 객체 하나씩 지울 때 사용
B: 여러 객체를 한번에 지울 때 사용

2. TRIM EXTEND MODE

❶ TR Enter ❷ 기준 객체 클릭 ❸ E Enter Edge 모드 실행
❹ E Enter EXTEND 모드 실행 ❺ 자를 부분 클릭 ❻ Enter 명령어 종료

> **TIP!**
>
> **EXTEND MODE**
> TRIM에서 기준 객체가 없어도 임의의 연장선으로 자르기 기능을 활성화하는 추가옵션 기능이며, 기본적으로 NO EXTEND MODE로 세팅되어 있다.

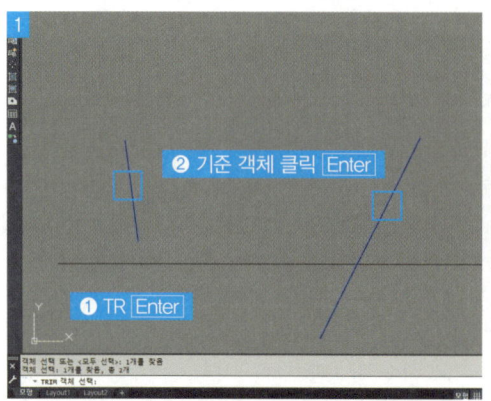
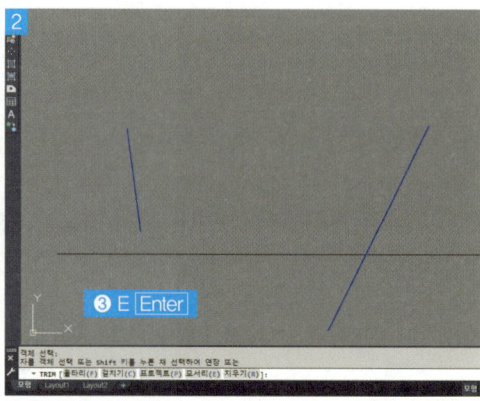
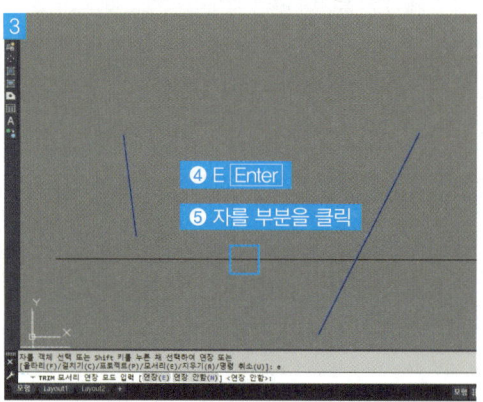
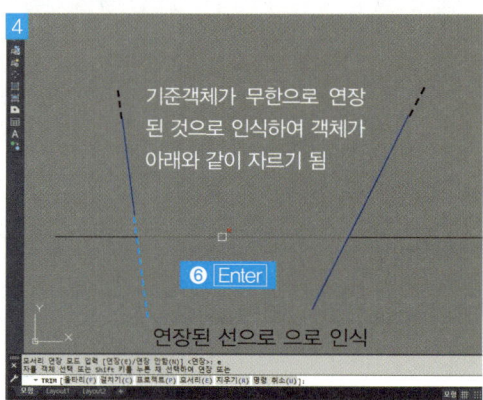

10 모깎기 [F] FILLET

두선의 모서리부분을 라운드로 만들어주는 게 기본이며, 이 라운드 값을 옵션으로 설정할 수 있으며, 라운드 옵션 값이 '0'인 경우에는 직각 모서리로 정리된다.

1. 직각 모서리

❶ F Enter　❷ 첫번째 객체를 선택　❸ 두번째 객체를 선택　❹ Enter 명령어 종료

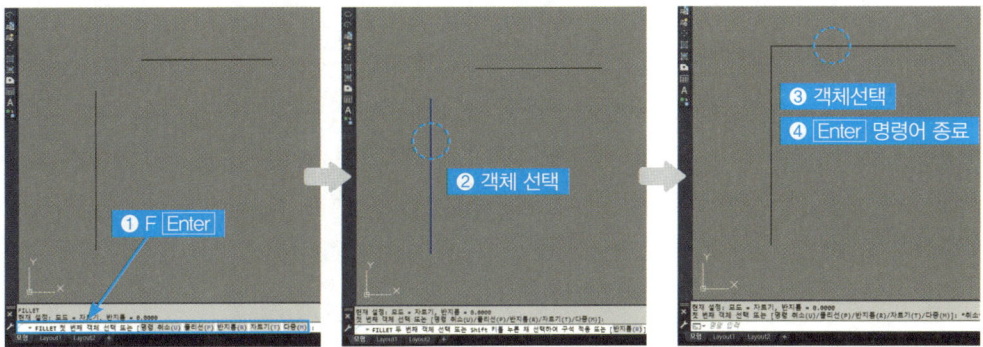

2. 둥근 모서리

❶ F Enter　❷ R Enter 반지름 옵션 실행　❸ 100 Enter　❹ 객체선택

❺ 객체 선택　❻ Enter 명령어 종료

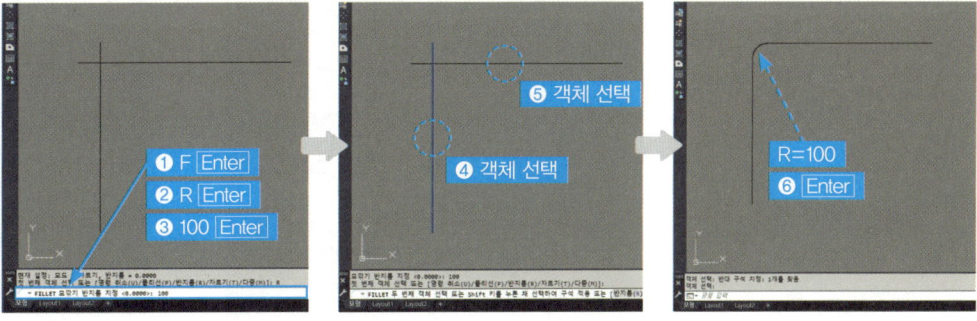

TIP!

FILLET의 유의 사항
FILLET 명령어의 기본세팅은 '반지름 값 0', '자르기 모드'로 설정되어 있다.
예를 들어 같은 반지름 '0' 값에서 '자르기 모드'를 '자르지 않기 모드'로 변경할 경우에는 기본 객체를 자르지 않고 모깎이 명령어가 적용되기 때문에 명령어가 미적용된 것으로 오인할 수 있다.

FILLET-TRIM적용

(1) TRIM MODE

❶ F Enter ❷ T Enter ❸ T Enter 자르기 모드 실행 ☞ 자르기 모드 옵션
❹ R Enter ❺ 100 Enter ☞ 반지름 옵션
❻ 객체 선택 ❼ 객체 선택 ❽ Enter 명령어 종료

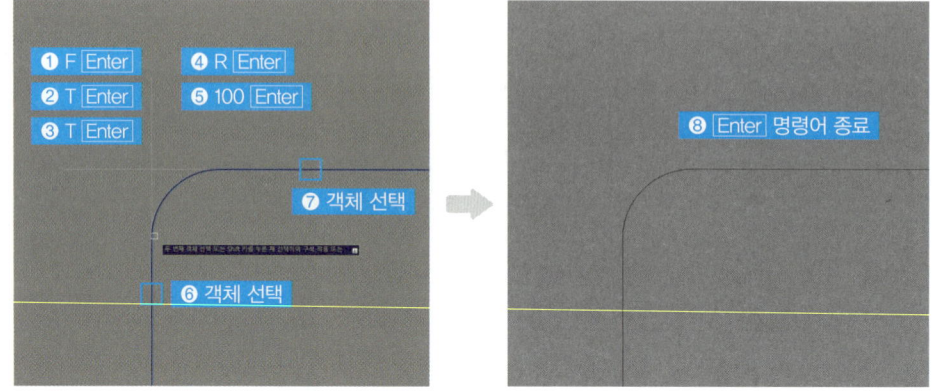

(2) NO TRIM MODE

❶ F Enter ❷ T Enter ❸ N Enter ☞ 자르기 모드 옵션
❹ R Enter ❺ 100 Enter ☞ 반지름 옵션
❻ 객체 선택 ❼ 객체 선택 ❽ Enter 명령어 종료

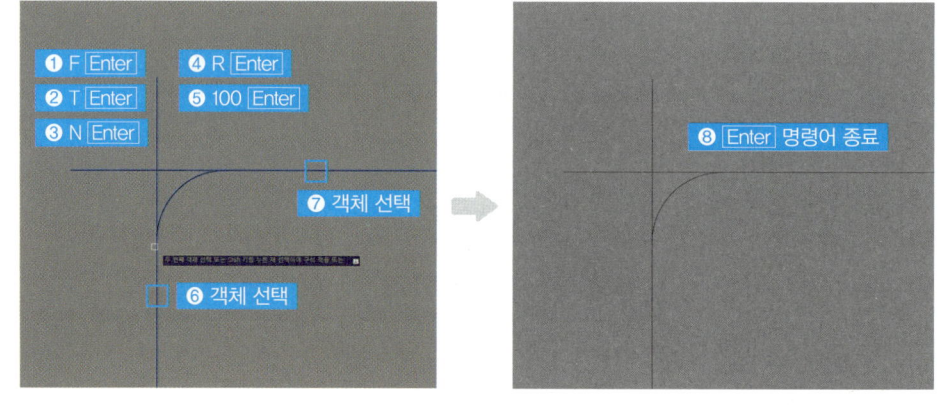

11 연장 [EX] EXTEND

1. EXTEND 일반

❶ EX Enter ❷ 기준 객체 선택 Enter ❸ 연장시킬 객체 선택 ❹ Enter 명령어 종료

TIP!

[EX] EXTEND
지정한 기준 객체까지 객체를 연장한다.

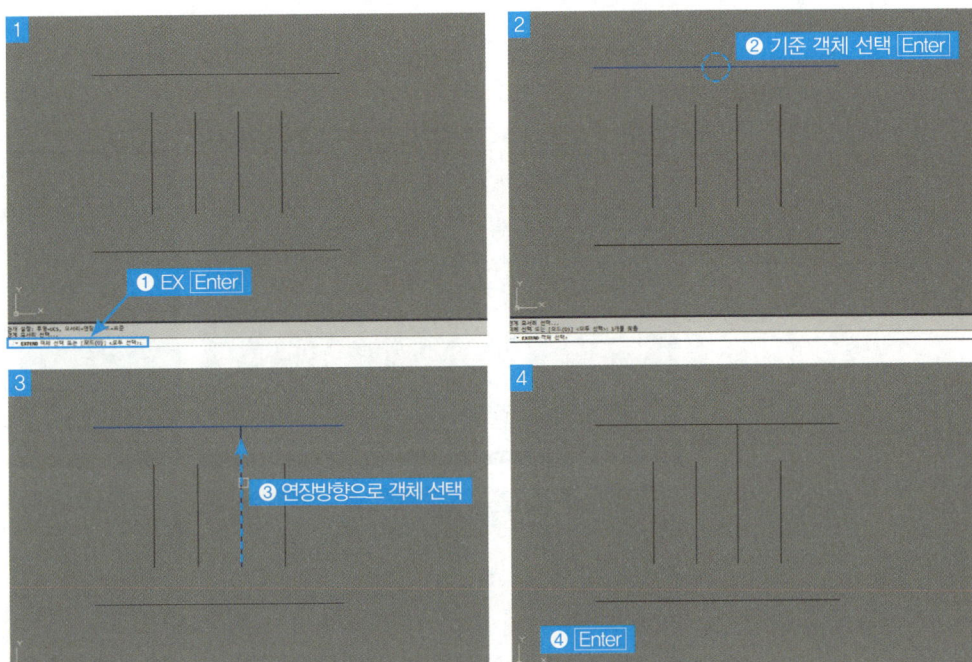

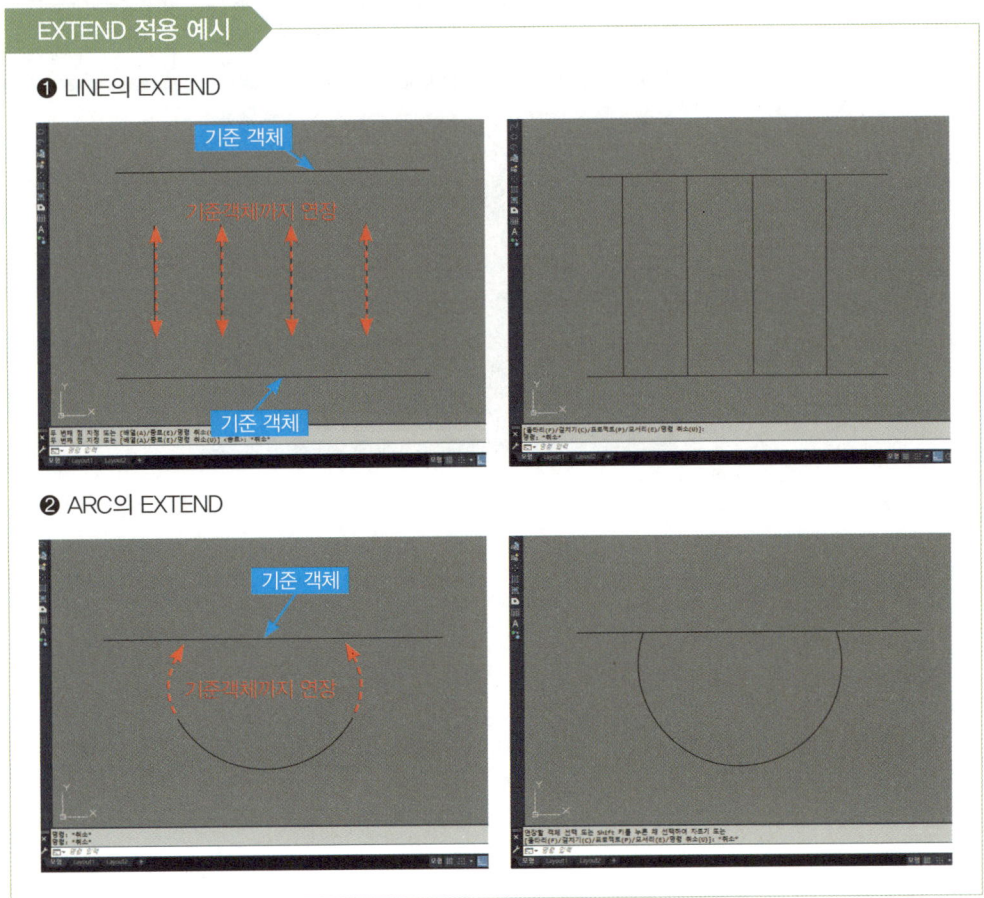

TIP!

EXTEND의 모서리옵션
EXTEND 명령어의 '모서리옵션(Edge option)'의 기본세팅 값은 '연장 안함 모드(NO EXTEND MODE)'로 되어 있으며, 사용자의 편의에 따라 EXTEND MODE와 NO EXTEND MODE를 변경하여 사용한다.

2. 연장 안함 모드 (NO EXTEND MODE)

❶ EX `Enter`

❷ `Enter` ☞ 모든객체가 기준 객체로 적용

❸ E `Enter` 모서리 옵션 실행

❹ N `Enter` 연장 안함 모드 적용

❺ 연장시킬 객체 선택

❻ `Enter` 명령어 종료

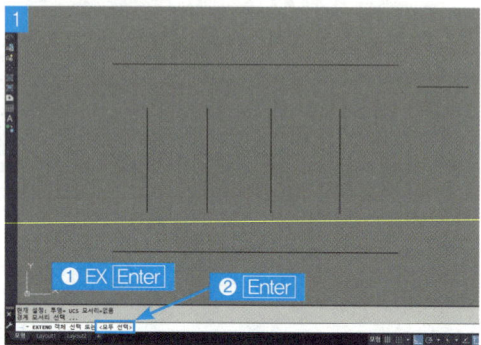
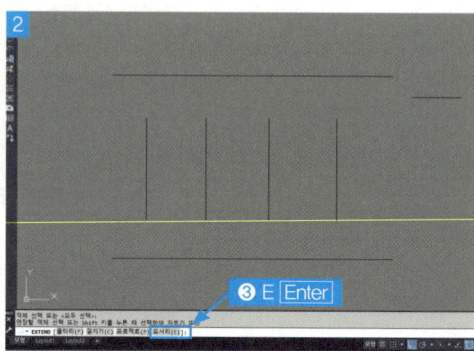
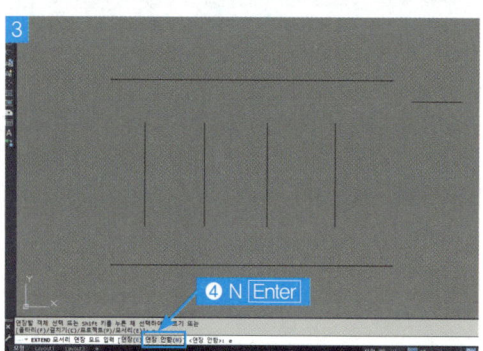
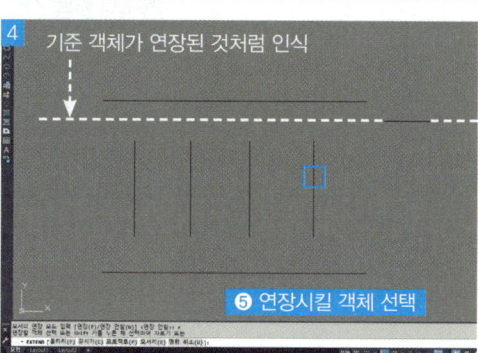
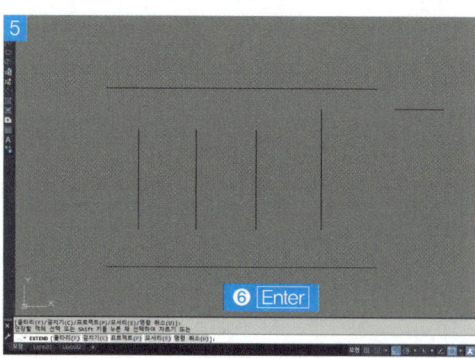

3. 울타리 옵션 (FENCE OPTION)

❶ EX Enter

❷ 기준 객체 선택 Enter

❸ F Enter 울타리 옵션 실행

❹ 첫번째 지점 선택

❺ 다음 점 클릭 Enter

❻ 객체 선택 Enter

❼ Enter 명령어 종료

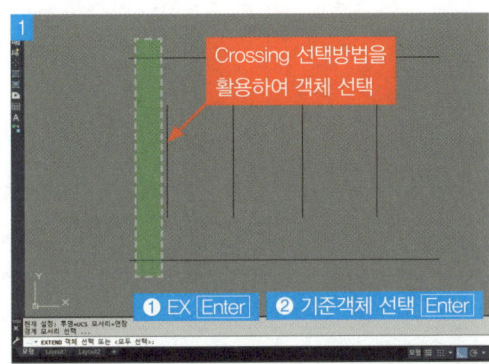
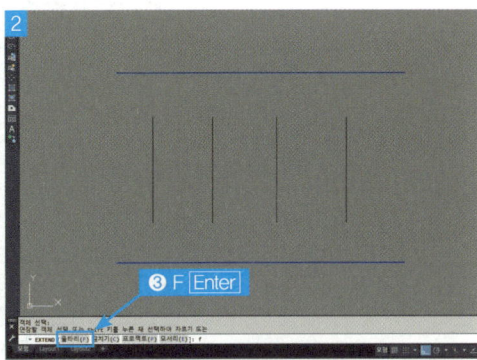
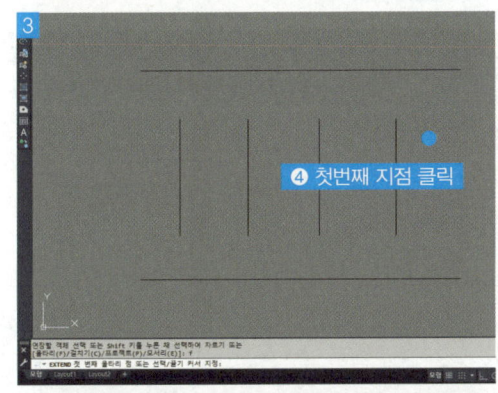
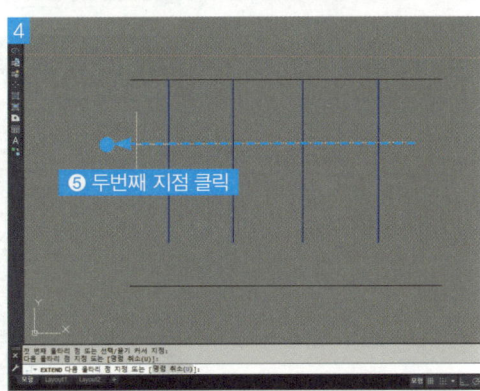
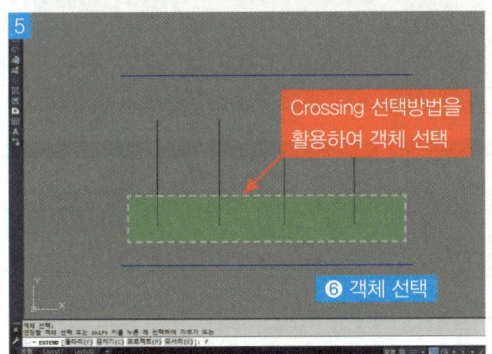
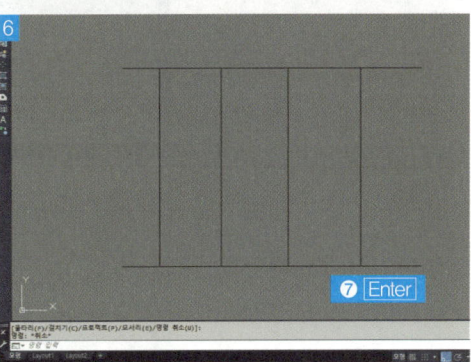

12 대칭복사 [MI] MIRROR

❶ MI Enter ❷ 객체 선택 Enter ❸ 중심축의 첫번째 점 선택 ❹ 중심축의 두번째 점 선택
❺ N Enter 명령어 종료

TIP!

[MI] MIRROR
객체를 대칭으로 복사하는 기능이다.

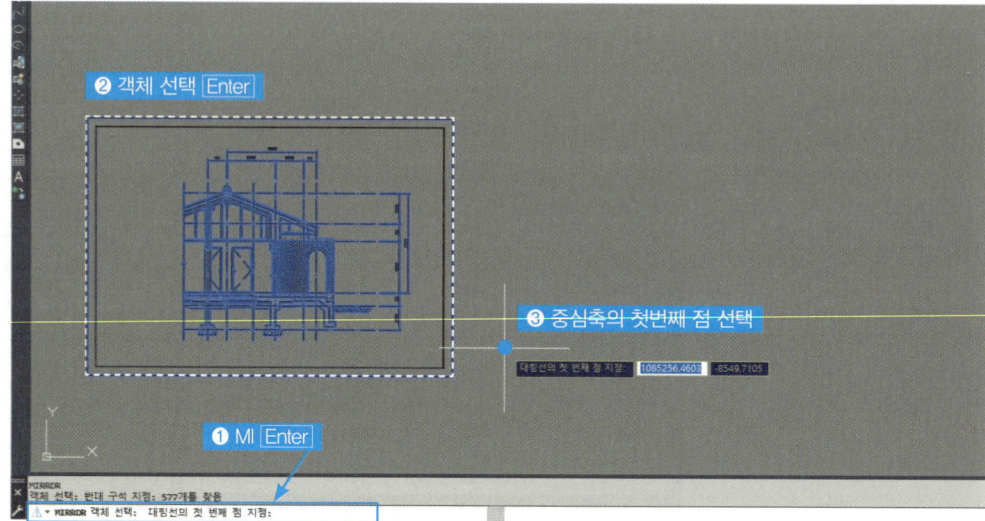

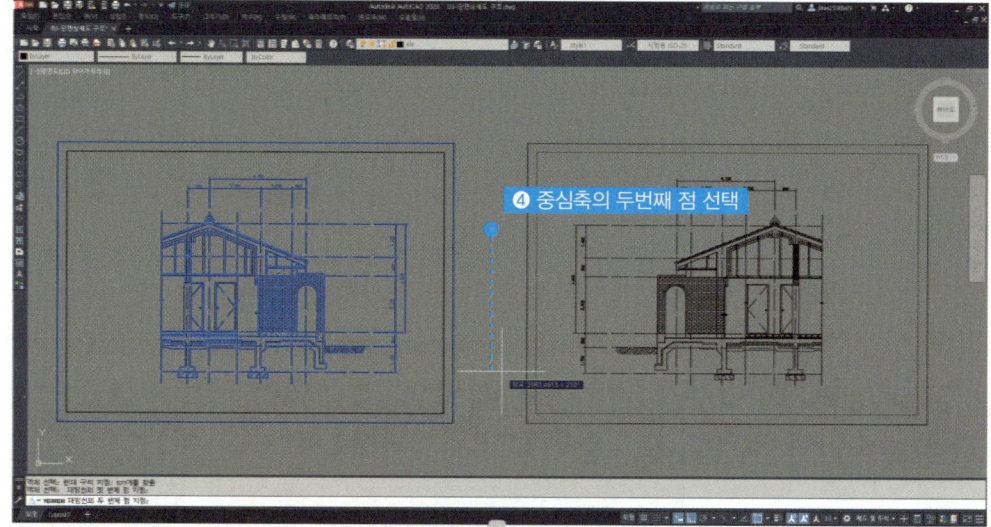

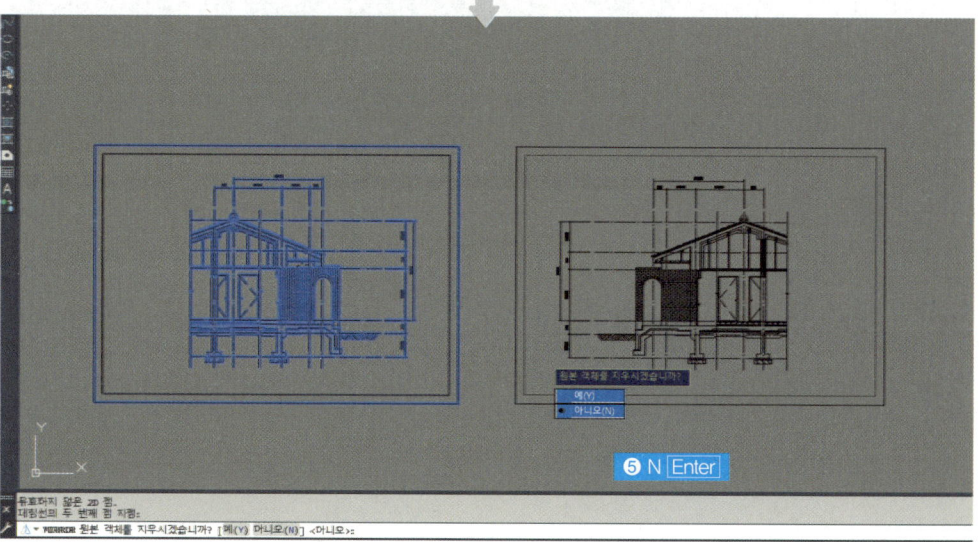

13 회전 [RO] ROTATE

1. ROTATE 기본

❶ RO [Enter] ❷ 회전할 객체 선택 [Enter] 또는 마우스 우클릭 ❸ 기준점 선택
❹ 회전할 각도 입력 ❺ [Enter] 명령어 종료

TIP!

[RO] ROTATE
객체를 기준점으로부터 원하는 각도로 회전시키는 기능이다.

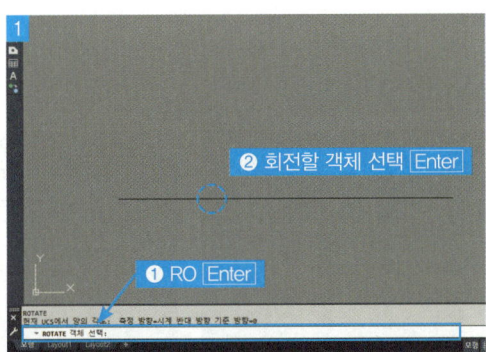
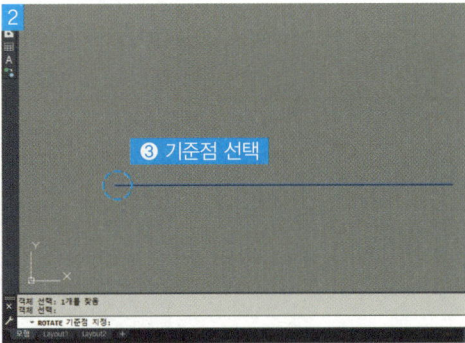
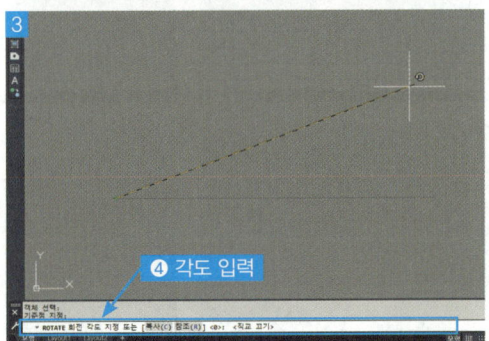
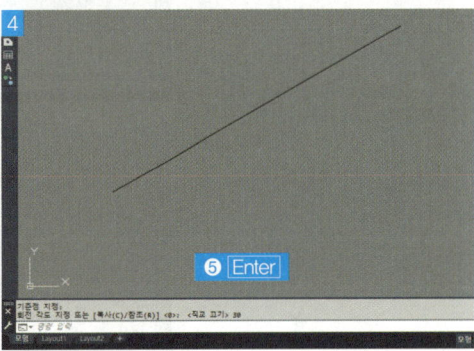

2. ROTATE – 참조옵션(REFERENCE OPTION)

TIP!

REFERENCE 옵션
ROTATE 기능에서 참조값을 활용하여 객체를 회전시키는 기능이다.

❶ RO Enter
❷ 회전할 객체 선택 Enter
❸ 기준점 선택
❹ R Enter 참조옵션 실행
❺ 기준각도를 지정
❻ 참조각도 지정
❼ Enter 명령어 종료

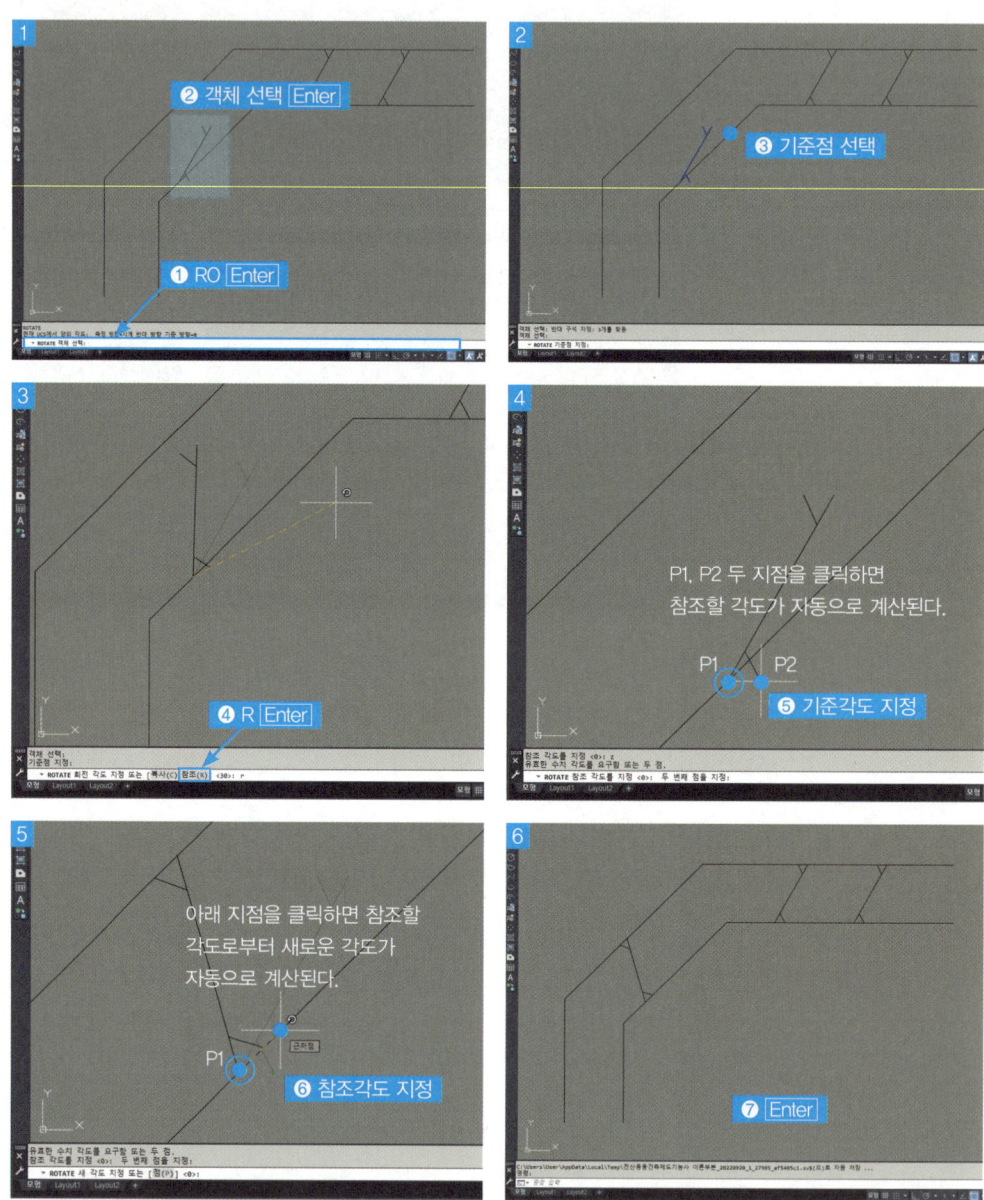

14 길이조절 [S] STRETCH

TIP!
[S] STRETCH
한 점을 기준으로 객체의 형태, 길이를 조절할 수 있는 기능이다.

❶ S Enter
❷ 객체 선택 Enter
❸ 신축시킬 객체의 기준점 클릭
❹ 신축시킬 객체의 최종 목표지점 지정
❺ Enter 명령어 종료

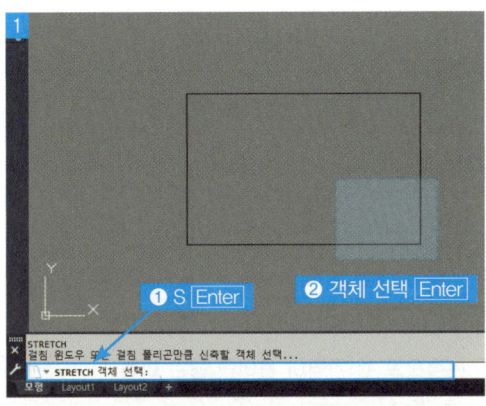
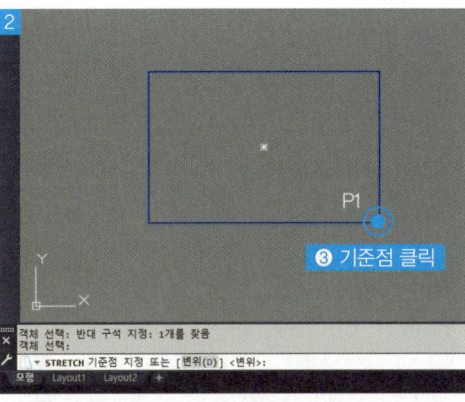
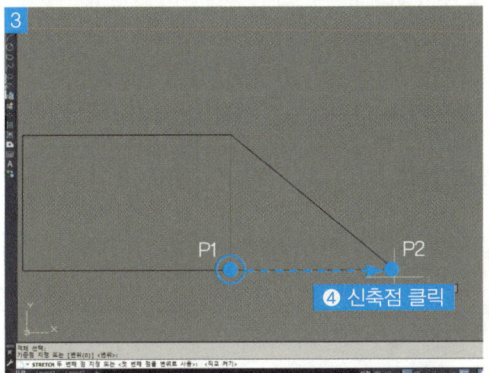
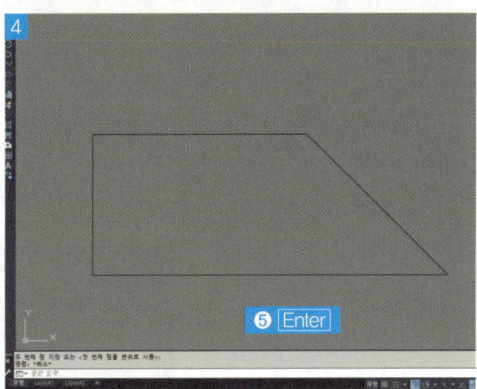

Crossing 활용

지점을 다중선택할 때에는 Crossing으로 드래그하면 한점으로 모든 객체를 동시에 신축할 수 있다.

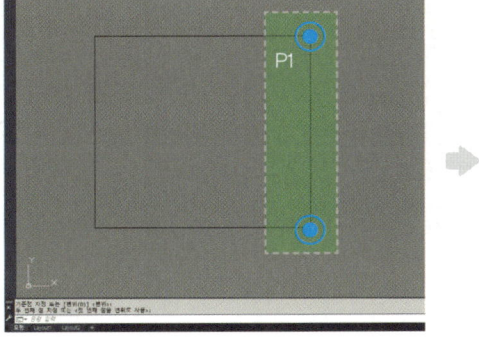
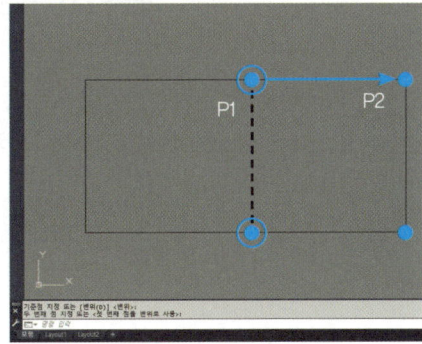

15 배열복사 ARRAYCLASSIC

1. 직사각형 배열

❶ ARRAYCLASSIC Enter
❷ 직사각형 배열 체크 및 객체 선택
❸ 확인

TIP!
[AR]로 입력할 경우 버전에 따라 윈도우 창이 뜨지 않으므로, [ARRAYCLASSIC]으로 명령어를 입력하도록 한다.

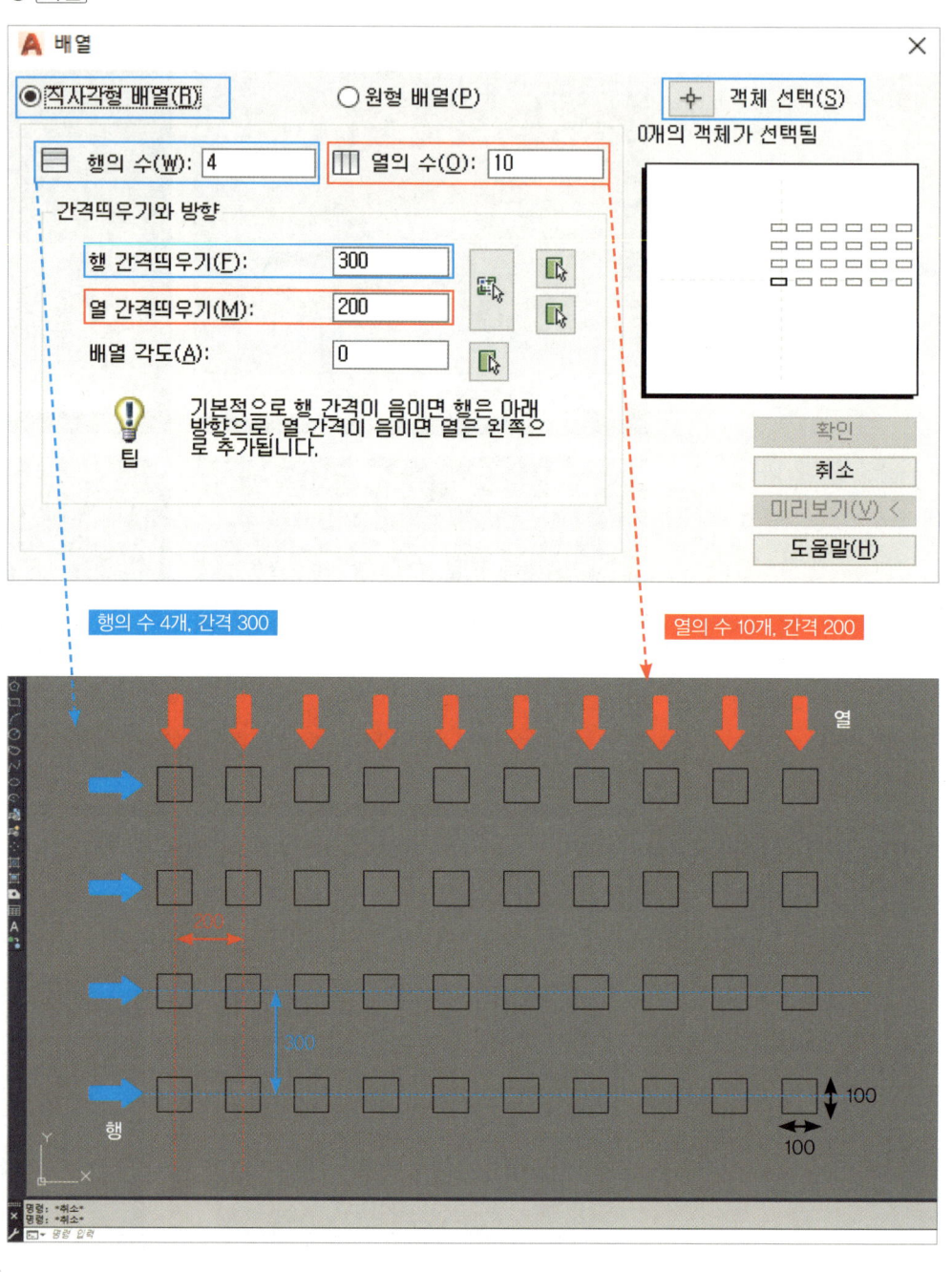

2. 직선배열

TIP!

ARRAYCLASSIC
객체를 일정각도로 배열할 때나 시험에서 기와, 재료 표기 등에 활용된다.

❶ ARRAYCLASSIC Enter
❷ 직사각형 배열 및 객체 선택 체크
❸ 윈도우창 세부 입력 후 확인

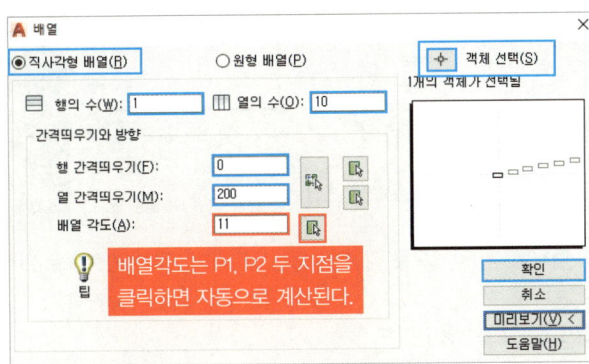
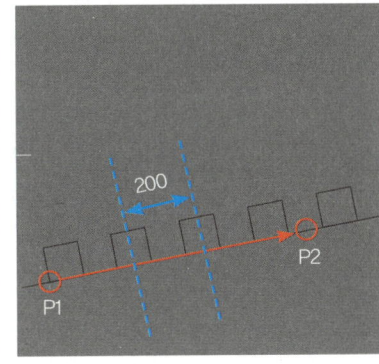

3. 원형배열

TIP!

원형복사 배열
원의 중심점을 기준으로 객체를 배열하며, 시험에서 벽돌아치쌓기를 그릴 때 활용된다.

❶ ARRAYCLASSIC Enter
❷ 원형 배열 및 객체 선택 체크
❸ 윈도우창 세부 입력 후 확인

(1) 항목의 전체 수 및 채울 각도

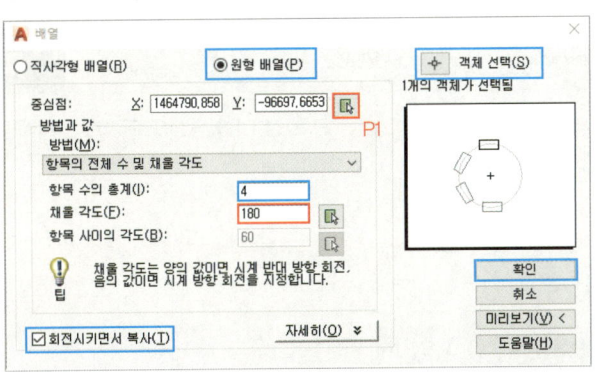
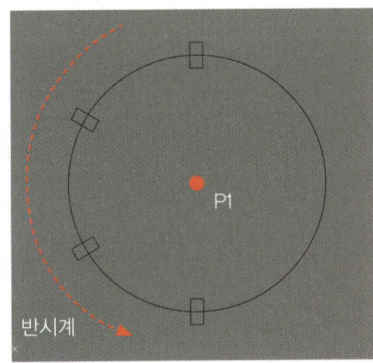

☞ 180° 안에 총 4개의 객체를 점 P1을 중심으로 반시계방향으로 원형 배열

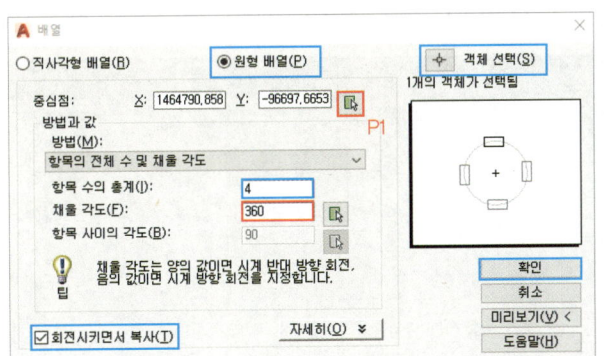
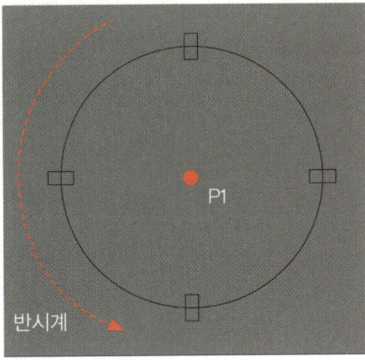

☞ 360° 안에 총 4개의 객체를 점 P1을 중심으로 반시계방향으로 원형 배열

(2) 항목의 전체 수/항목의 사이의 각도

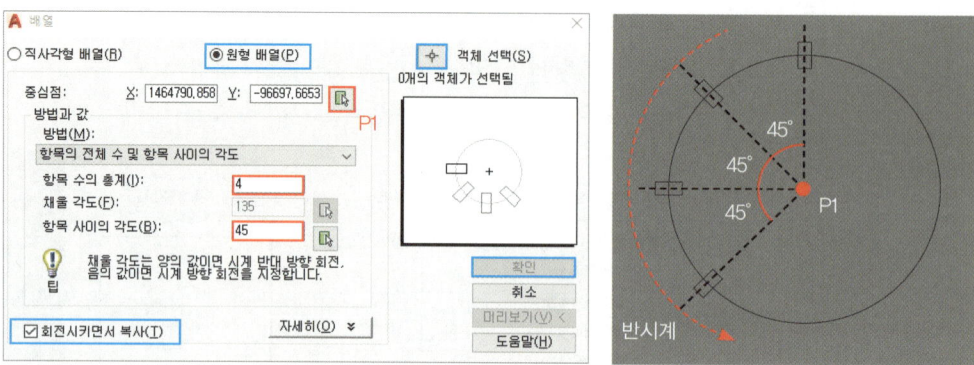

☞ 총 4개의 객체를 45° 간격으로 점 P1을 중심으로하여 반시계방향으로 원형 배열

(3) 채울 각도/항목의 사이 각도

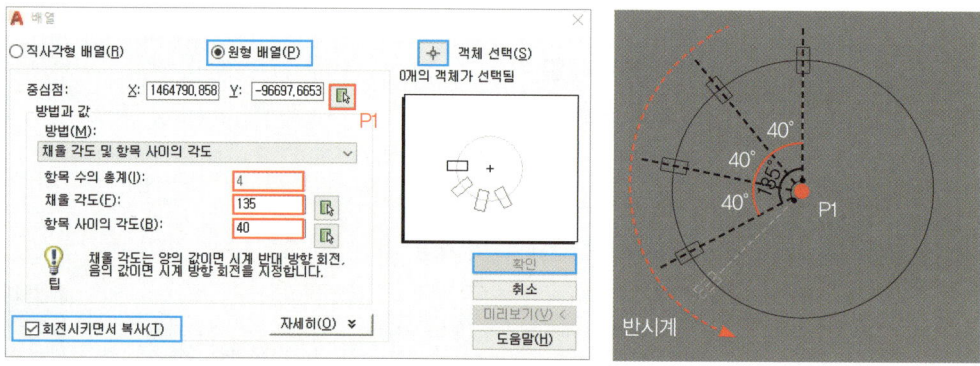

☞ 총 4개의 객체를 135° 안에 40° 간격으로 점 P1을 중심으로하여, 반시계방향으로 원형 배열 나머지 15° 각도의 객체도 자동 배열

16 무한선 [XL] XLINE

TIP!

[XL] XLINE
[L] LINE과 달리 무한으로 연장된 선으로 작업 시 임시보조선으로 활용한다.

❶ XL [Enter] ❷ 기준점 선택 ❸ 통과점 선택(P1, P2…) ❹ [Enter] 명령어 종료

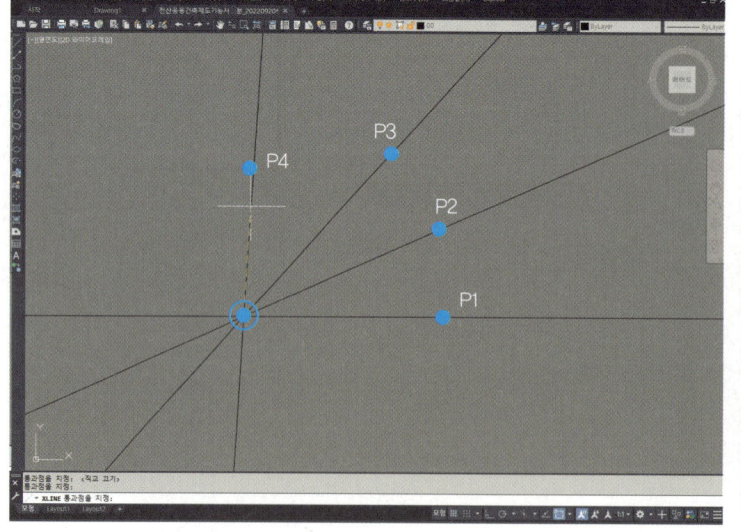
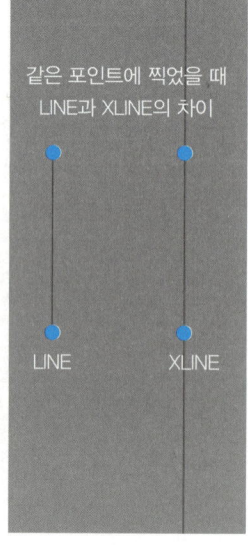

17 폴리선 [PL] POLY LINE

1. 폴리선 일반

❶ PL [Enter]   ❷ 시작점   ❸ 중간점…   ❹ 끝점   ❺ [Enter] 명령어 종료

> **TIP!**
> **PLINE과 LINE의 차이**
> PLINE은 객체 일체이고 LINE은 객체 분절이다.
> ※ XLINE은 일직선의 무한선이다.

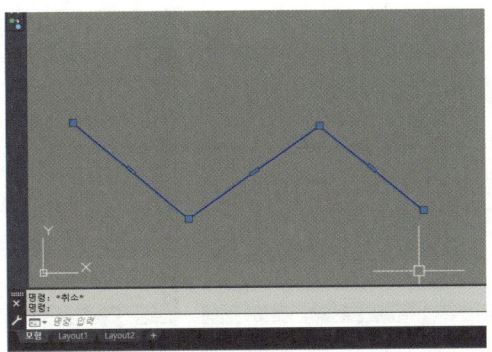 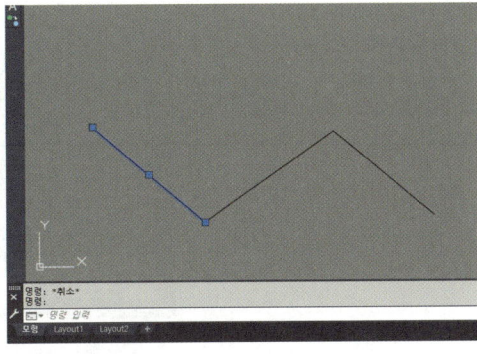

▲ PLINE 객체 일체   ▲ LINE 객체 분절

2. 폴리선 특성창

❶ PR [Enter]   ❷ 전역폭에 선두께 값을 수정

> **TIP!**
> **[PR] PROPERTIES**
> 특성창 [PR]을 연상태에서 객체를 클릭하면 객체가 지닌 특성을 알 수 있다. 특성을 수정할 수 있으며 이외에도 객체의 길이, 면적, 문자, 치수선 등에 대한 각 객체의 정보들이 있다.
>
> [PR]폴리선은 두께값을 지닌 객체이므로 폴리선의 특성창에는 전역폭값이 보이지만, [L]선은 두께값이 없는 객체이므로 선의 특성창을 보면 전역폭이 없다.

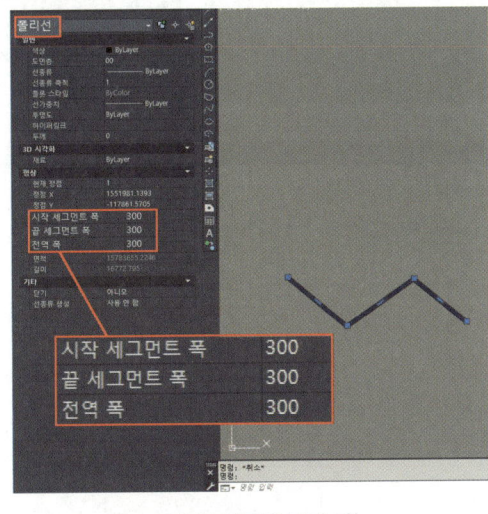 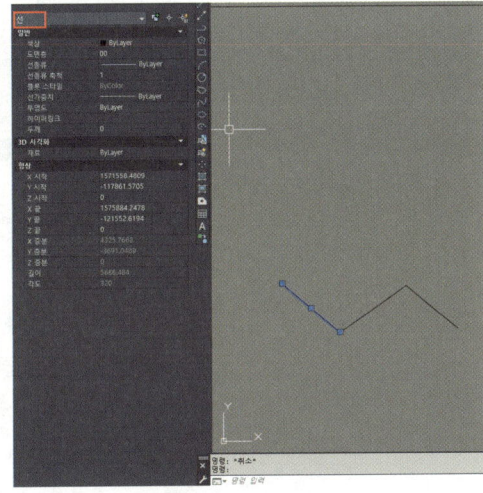

시작 세그먼트 폭	300
끝 세그먼트 폭	300
전역 폭	300

▲ PLINE 선두께 조정 가능   ▲ LINE 선두께 조정 불가능

> **TIP!**
> **PLINE의 실무 활용**
> 닫힌 PLINE 객체는 실무에서 면적에 대한 물량 산출 시 활용된다. 길이 값은 몰딩의 길이 등을 구하고자 할 때 등 실무에서 유용하게 사용된다.

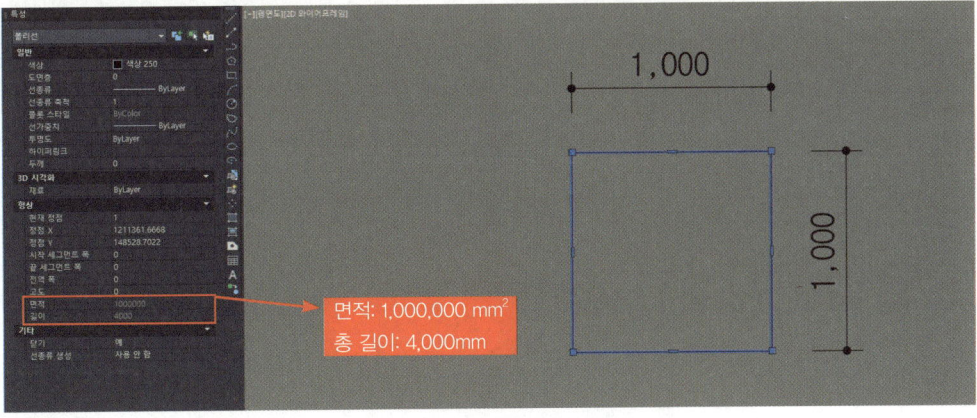

면적: 1,000,000 mm²
총 길이: 4,000mm

▲ PLINE으로 그린 객체

18 다각형 [POL] POLYGON

1. 두점을 이용한 다각형 그리기

❶ POL Enter ❷ 면의 수 입력 Enter ❸ E Enter ❹ 첫번째 지점 ❺ 두번째 지점

TIP!

[POL] POLYGON
다면의 객체를 그릴 때 사용하며 내외접 옵션 보다 두점을 이용한 도형 그리기 사용 빈도가 높다.

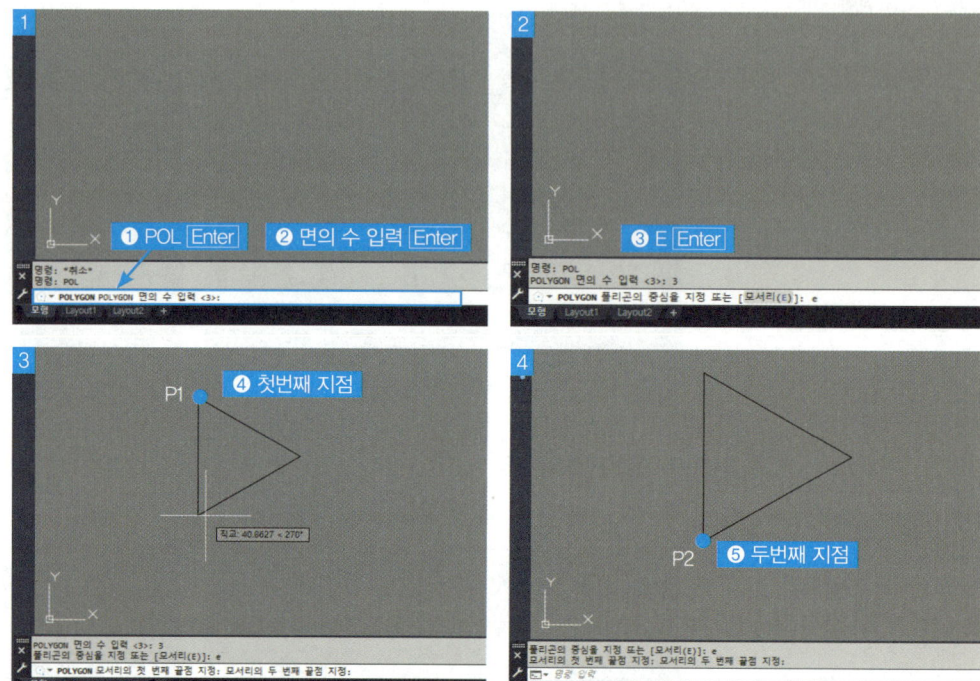

2. 원의 내외접을 이용한 다각형 그리기

❶ POL Enter
❷ 면의 개수 입력 Enter ☞ 삼각형의 경우 면의 수 3 입력
❸ 다각형의 중심점 클릭
❹ 다각형 옵션 중 내접 [I] 또는 외접 [C] 선택
❺ 반지름 값 입력
❻ Enter 명령어 종료

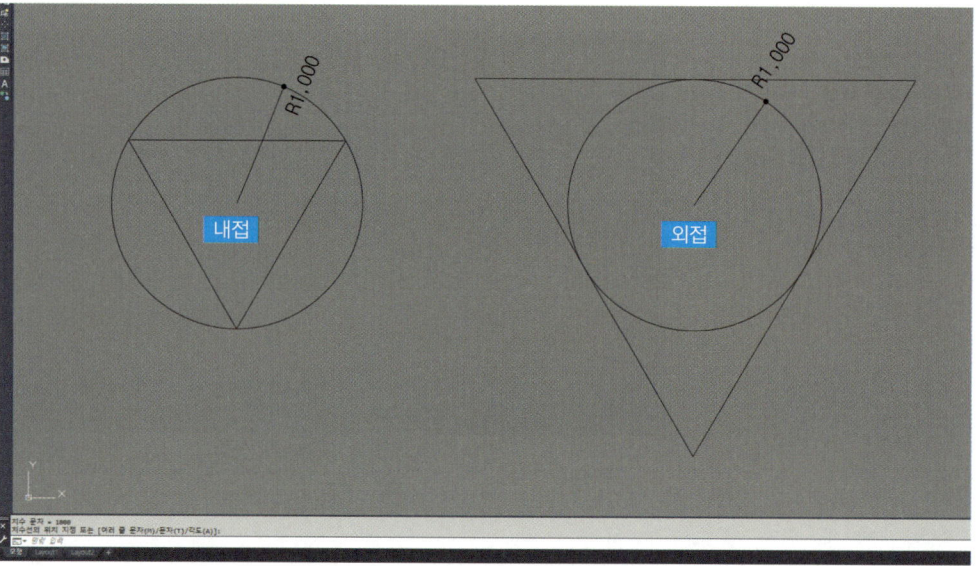

19 패턴 [H] HATCH

1. 사용자 정의

❶ H Enter ❷ 사용자 정의 선택 및 각도 및 간격두기 입력 ❸ 점 또는 객체 선택 ❹ 확인

(1) AutoCAD클래식 작업창의 경우

TIP!

[H] HATCH
주로 단면이나 입면 등 재료 표기를 할 때 패턴을 넣는 기능

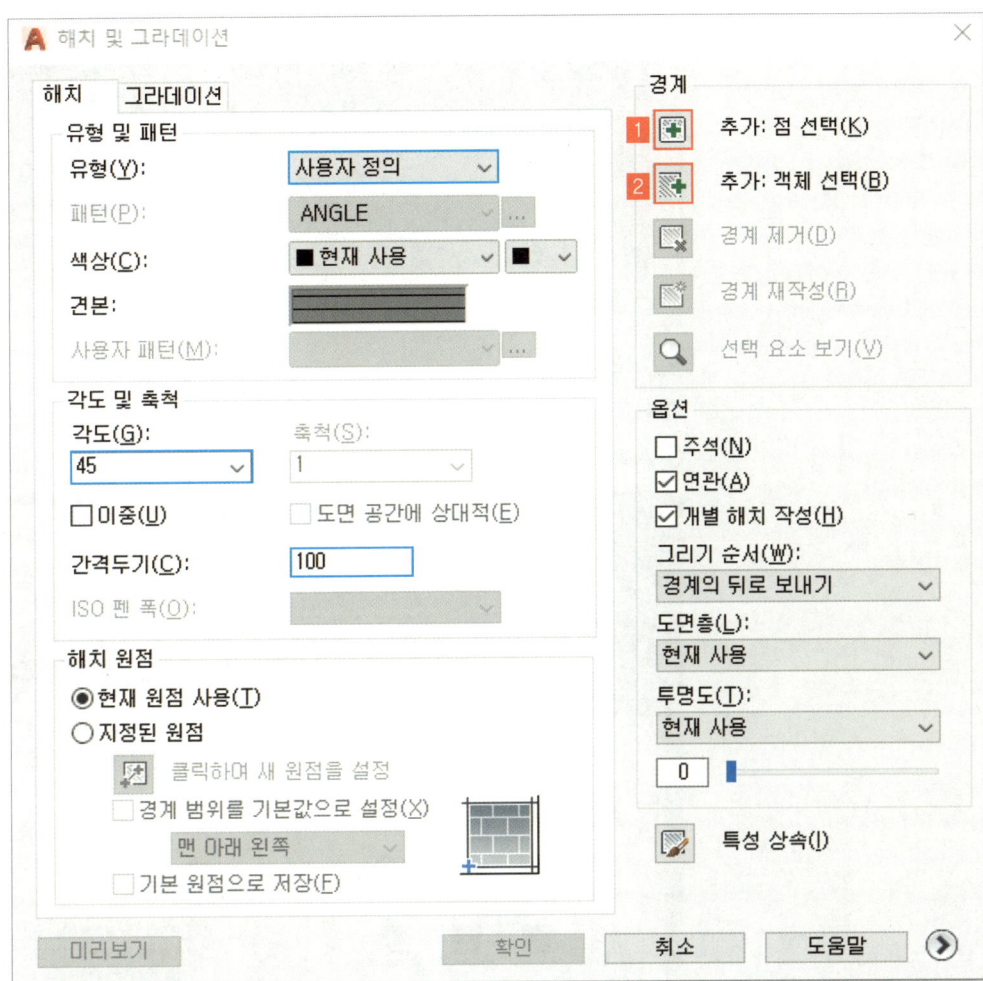

(2) 제도 및 주석 작업창의 경우

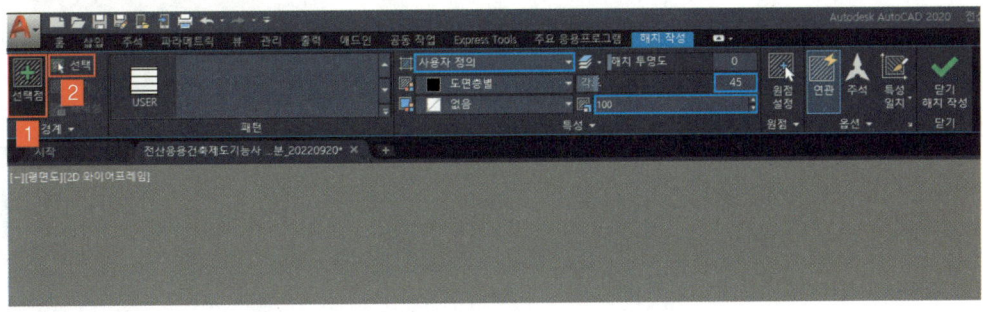

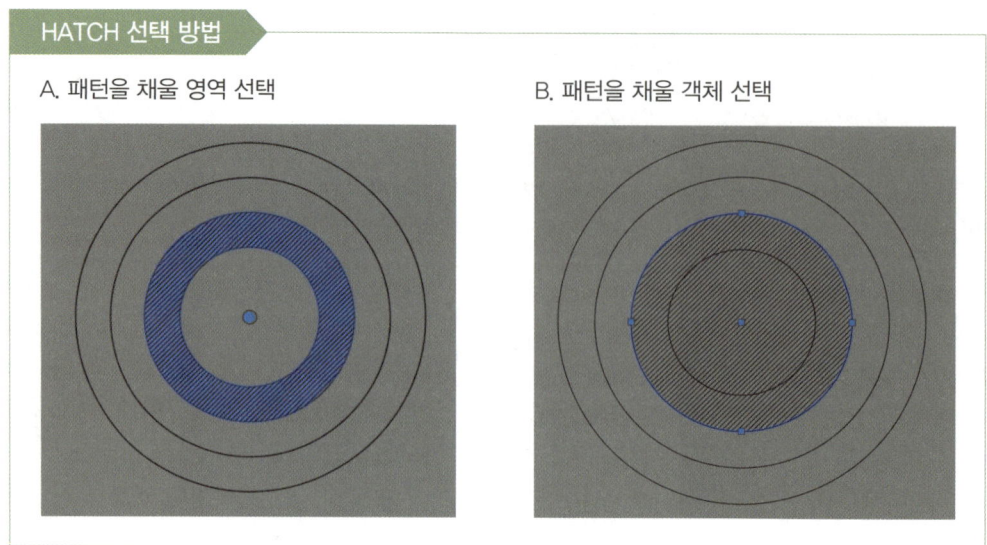

2. 미리 정의

❶ H Enter　❷ 미리 정의 선택 및 각도 및 축척 입력　❸ 점 또는 객체 선택　❹ 확인

(1) AutoCAD클래식 작업창의 경우

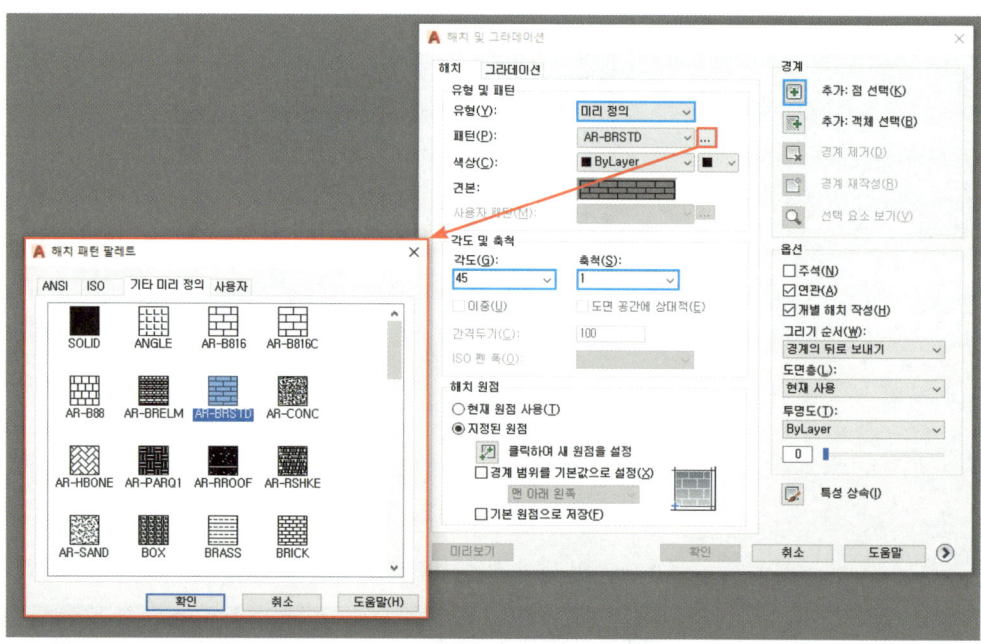

(2) 제도 및 주석 작업창의 경우

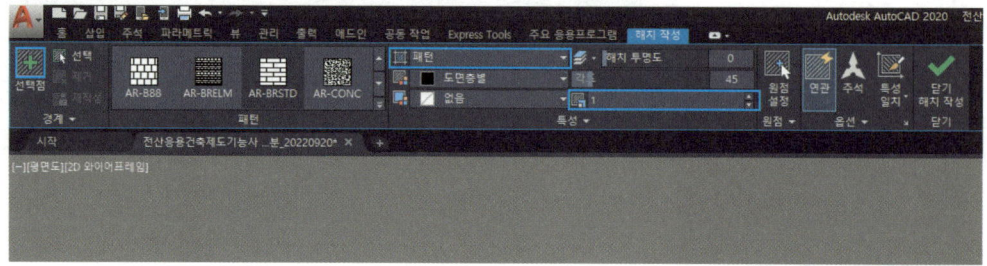

3. 추가 기능

(1) 기준점 조정

❶ 수정할 패턴 선택 후 HE Enter ☞ HATCHEDIT (해치 수정하기) 실행
❷ 지정된 원점 체크 및 클릭하여 새원점을 설정 클릭
❸ 확인

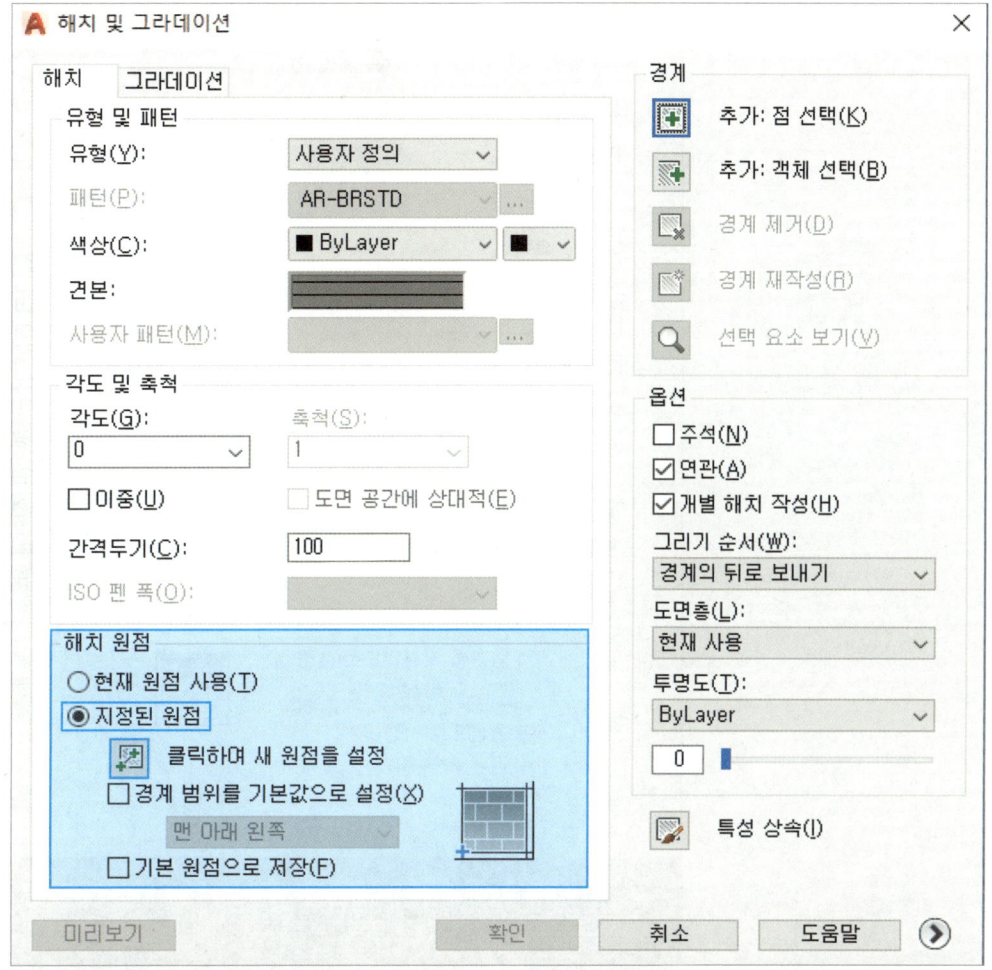

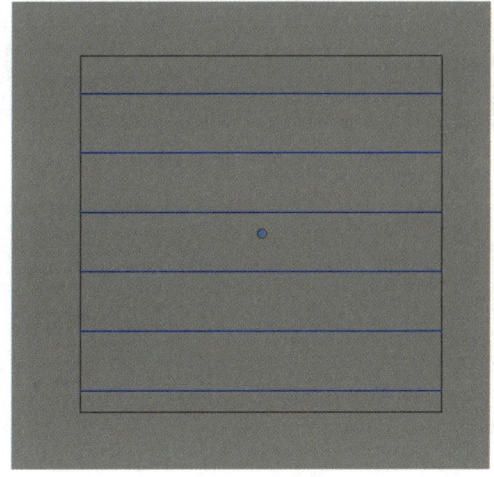

▲ 원점 조정 전

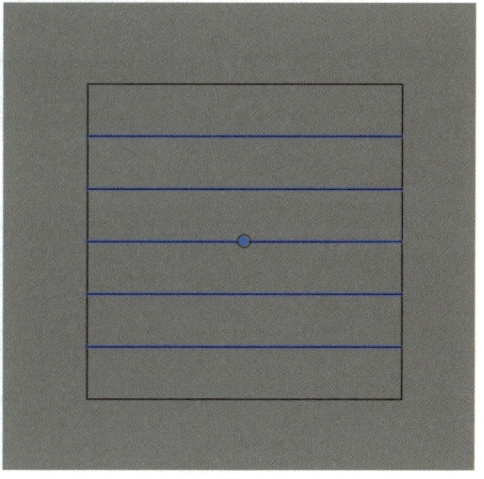

▲ 원점 조정 후

(2) 개별 해치

객체 별로 패턴을 적용할 수 있는 옵션

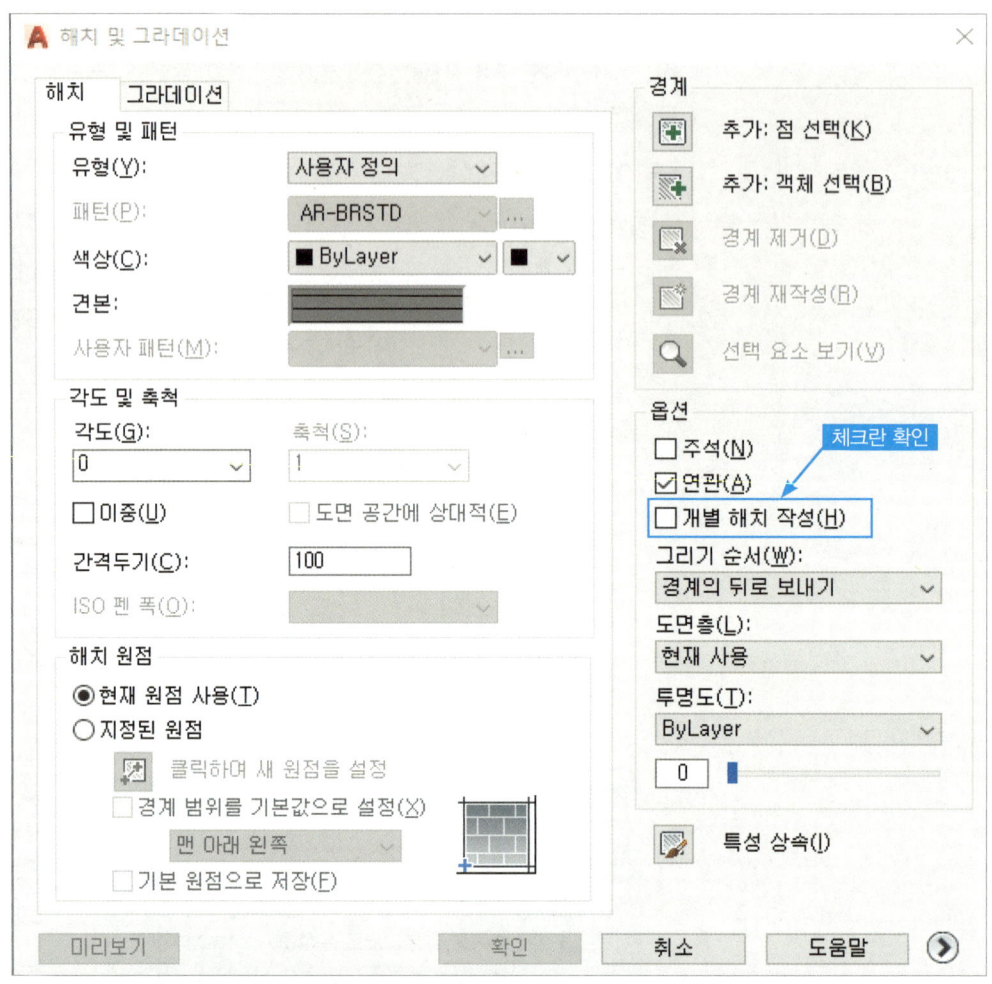

▲ 개별 해치 작성 미적용

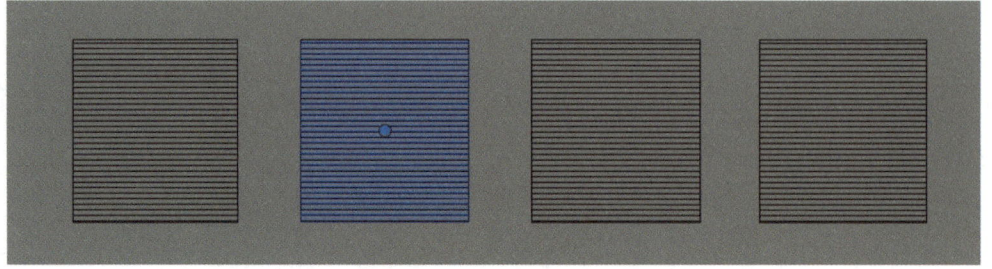

▲ 개별 해치 작성 적용

(3) 고립영역

해치로 패턴을 넣는 방식은 일반적으로 '외부'란에 체크가 되어 있으며 일반, 외부, 무시 총 3가지의 방식이 있다.

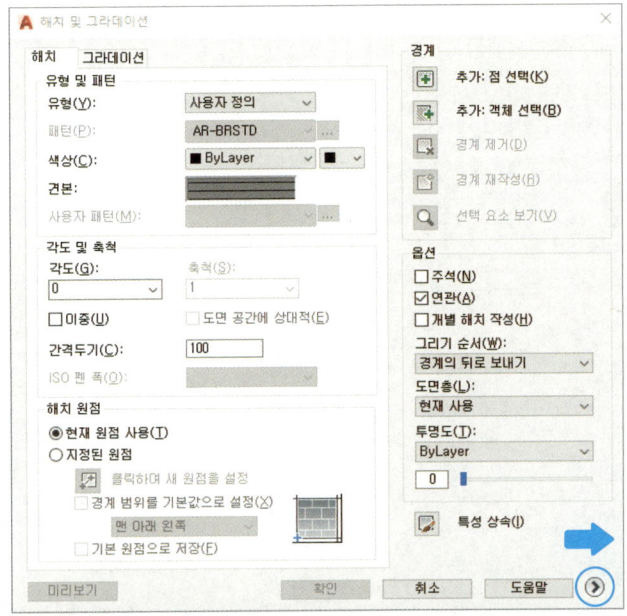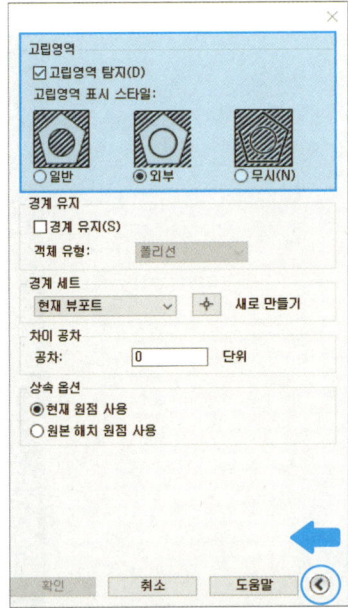

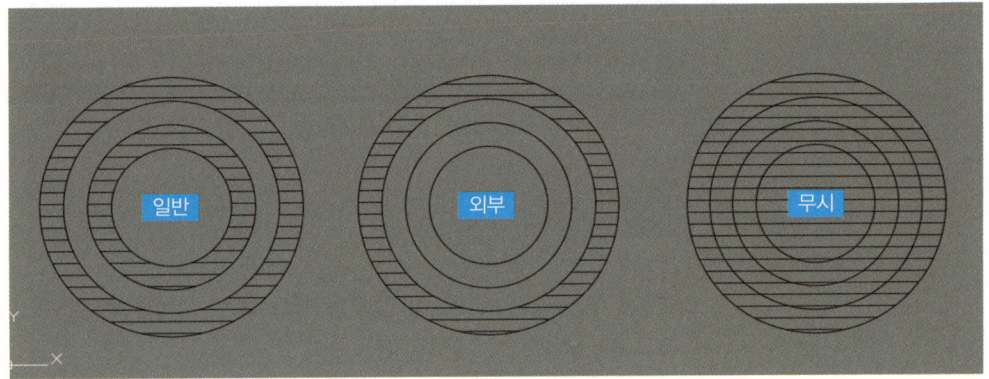

▲ 해치 고립영역 적용

20 호 [A] ARC

❶ A Enter ❷ C Enter 중심 옵션 선택 ❸ 중심점 클릭 ❹ 시작점 클릭 ❺ 끝점 클릭

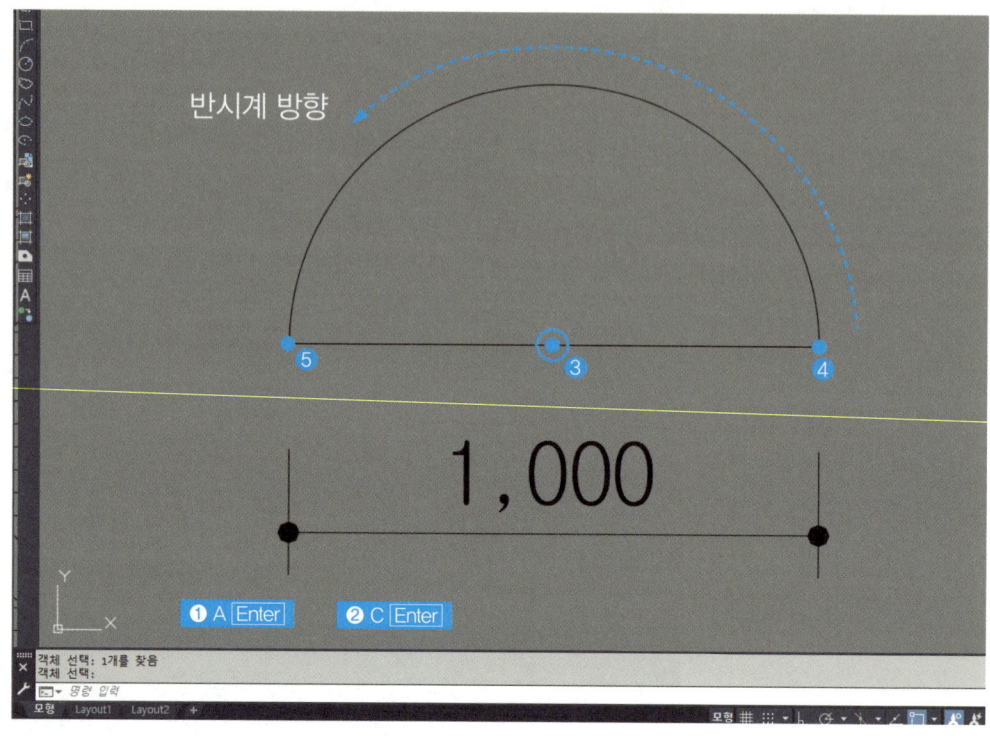

21 분해하기 [X] EXPLODE

객체를 분해시키는 명령어로 폴리라인으로 그린 객체를 분해할 때 주로 사용한다.

❶ X Enter ❷ 객체 선택 ❸ Enter 명령어 종료

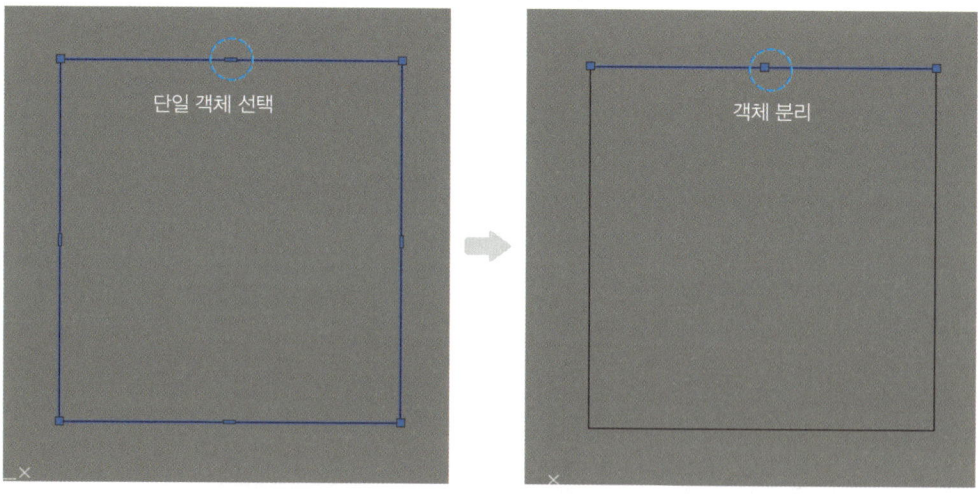

22 폴리라인 수정하기 [PE] PEDIT

TIP!

[PE] PEDIT
단일선[L]으로 구성된 객체를 다중선[PL]로 변경하거나 다중선의 선두께를 수정한다.

❶ PE Enter

❷ M Enter 다중옵션 선택

❸ 객체 선택 Enter

❹ Y Enter ☞객체를 폴리선으로 변환하겠다는 의미

❺ J Enter 결합옵션 선택

❻ 0 Enter 결합거리 숫자 입력 ☞본 예제에서는 예시로 0 입력

❼ Enter 명령어 종료

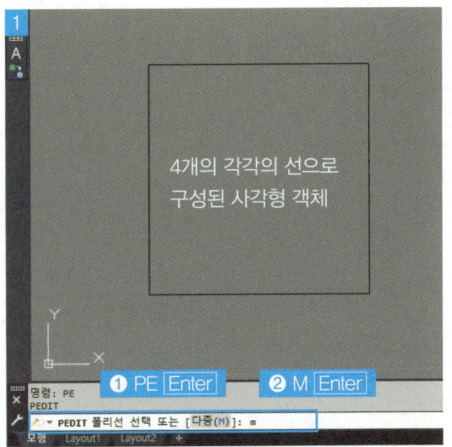 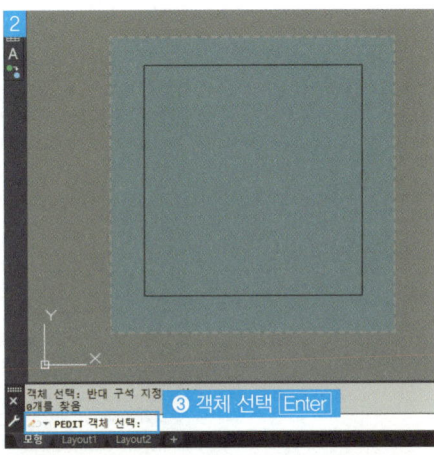

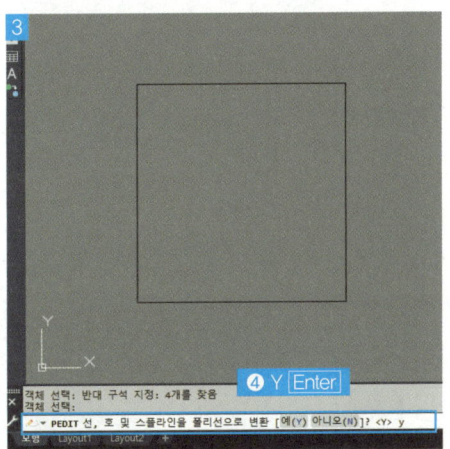 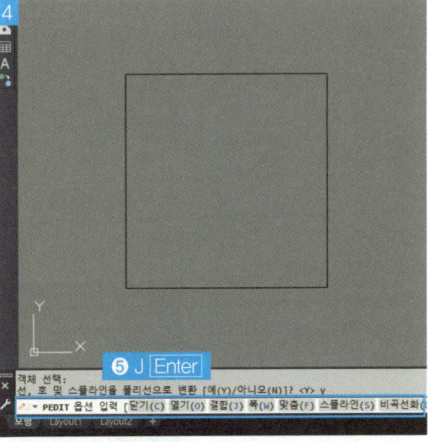

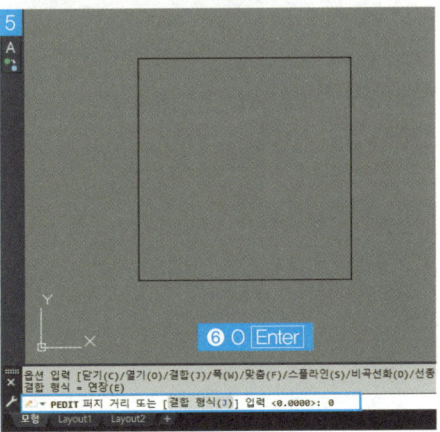 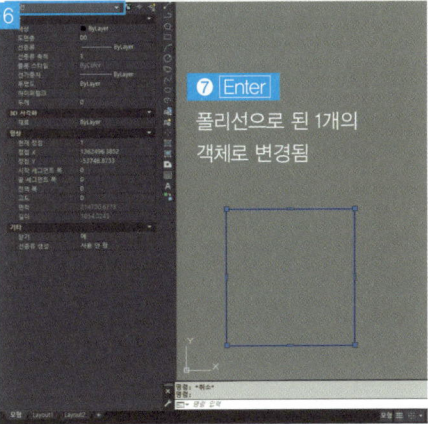

23 도넛 [DO] DONUT

❶ DO Enter ❷ 내부지름 입력 ❸ 외부지름 입력 ❹ 저점 클릭 ❺ Enter 명령어 종료

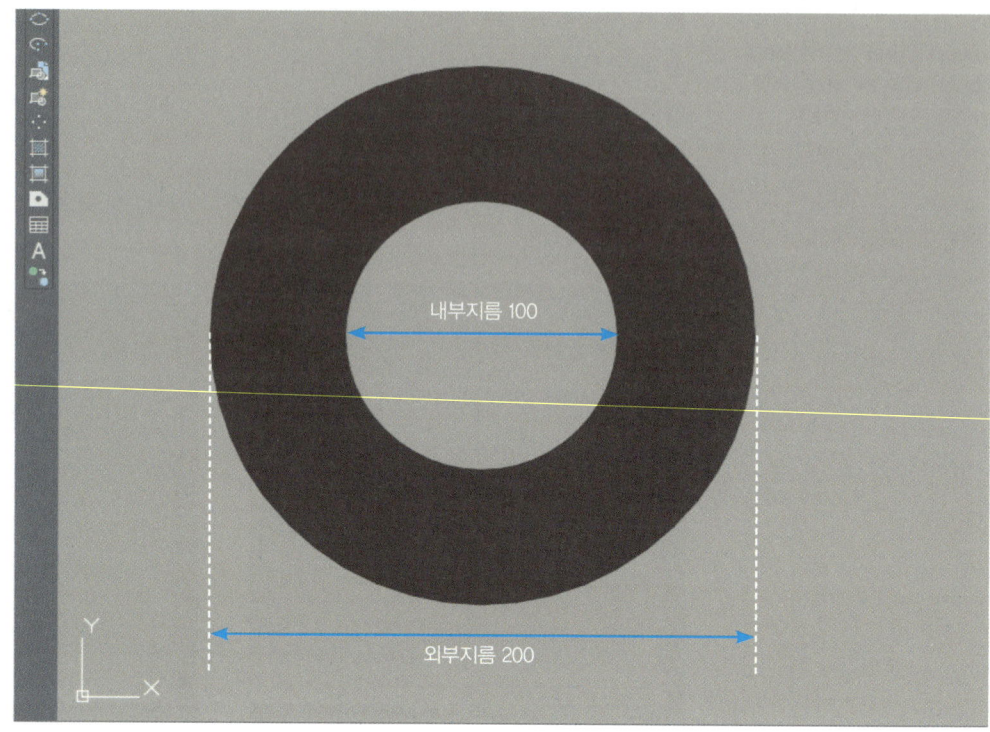

24 등분 [DIV] DIVIDE

TIP!

[PO] POINT
단면도에서 온수파이프를 표시할 때 사용하는 점 스타일이며 점의 크기 사이즈를 조정하며 사용한다.

객체를 같은 간격으로 등분을 나눌 때 사용한다.

❶ DIV Enter ❷ 분할시킬 객체 선택 ❸ 분할개수 입력 ❹ Enter 명령어 종료

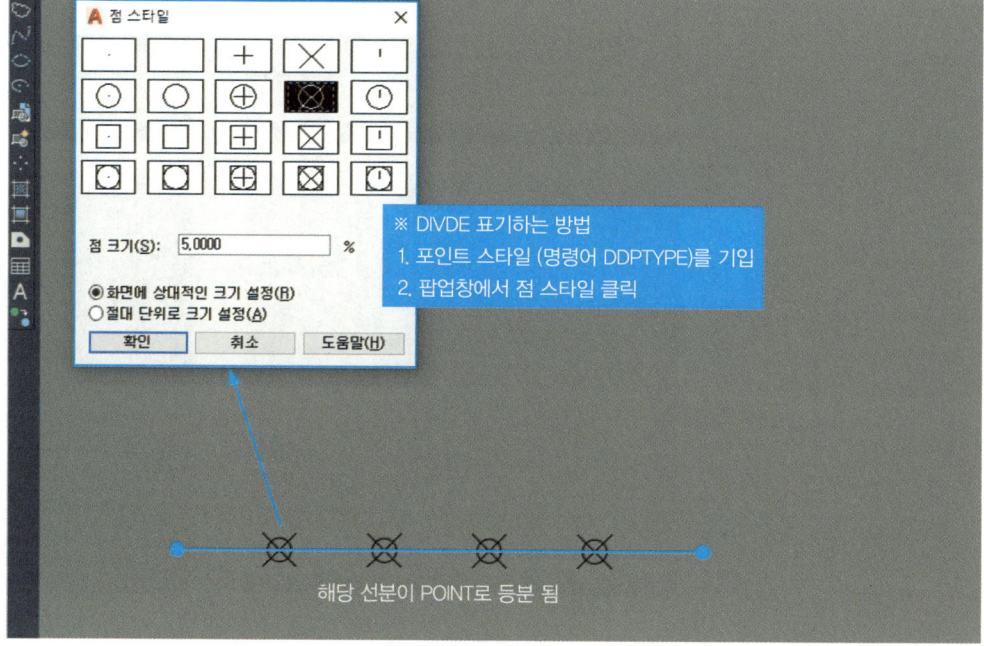

※ DIVDE 표기하는 방법
1. 포인트 스타일 (명령어 DDPTYPE)를 기입
2. 팝업창에서 점 스타일 클릭

25 정렬 [AL] ALIGN

❶ AL Enter
❷ 객체 선택
❸ 첫번째 근원점 지정(P1)
❹ 첫번째 대상점 지정(P1')
❺ 두번째 근원점 지정(P2)
❻ 두번째 대상점 지정(P2')
❼ Enter 명령어 종료

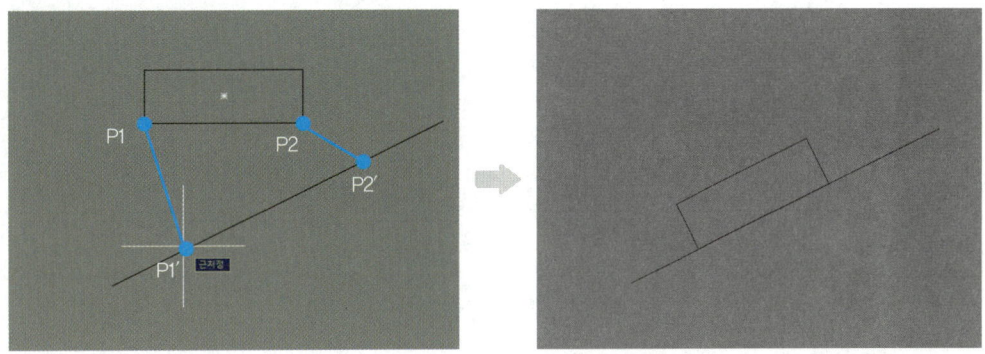

PART 03

도면 그리기 설정

학습 GUIDE

본 파트는 실기시험의 기본양식인 도곽, 레이어 세팅, 문자 스타일, 치수선 스타일 설정에 대해 학습합니다.

실기 요구조건에 맞게 AutoCAD를 세팅하여 도면을 제도할 준비하고 최종 답안 제출용 CTB 설정, 도면 축척 등 시험 조건에 맞는 출력하는 방법을 확실하게 연습합니다.

PART 03 도면 그리기 설정

1 도곽

1. 도곽의 개념
출력하는 종이의 크기와 축척을 고려하여 도면의 FORM(양식)을 만든 것으로 도곽의 크기는 실제 종이 사이즈에 축척값을 곱하여 설정한다.

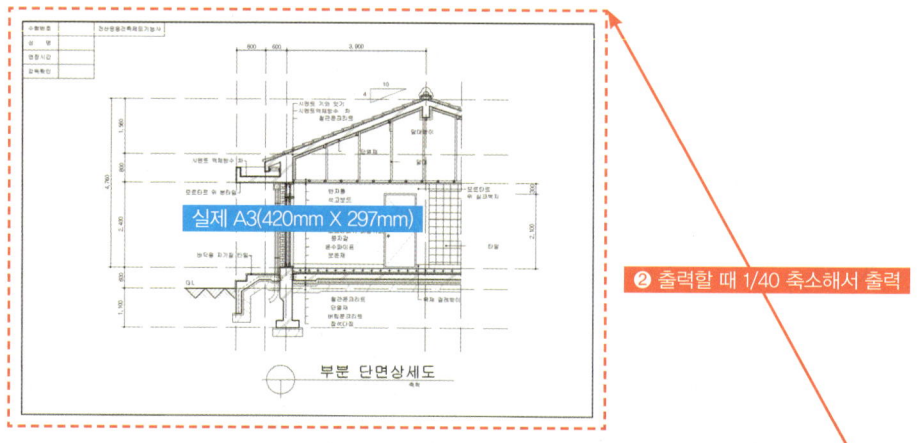

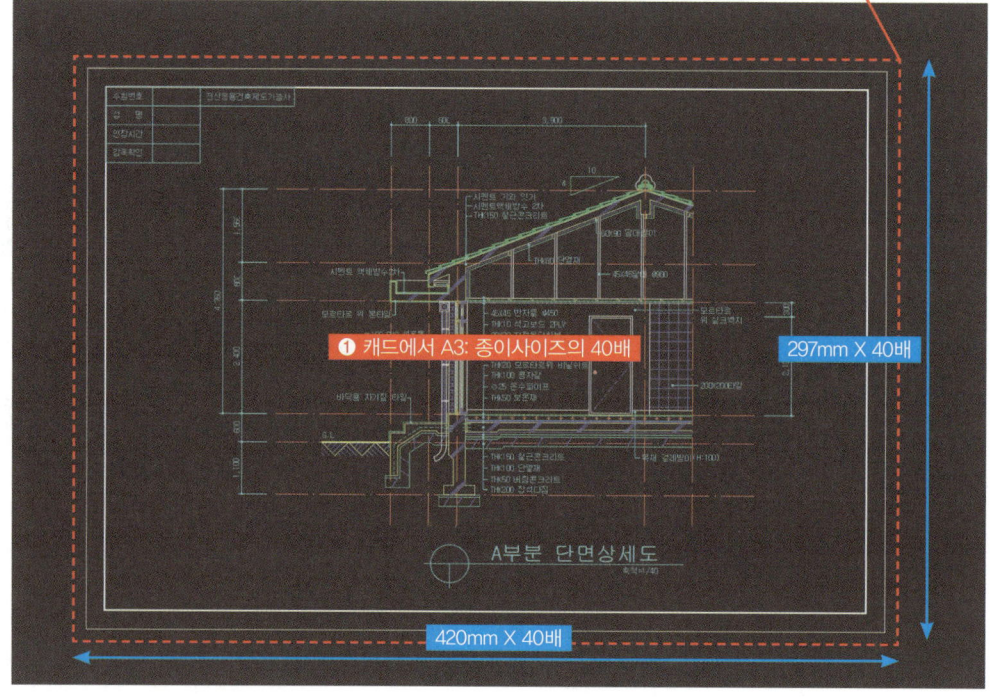

2. 도곽 만들기

(1) 종이의 경계선 조성

❶ REC Enter

❷ 첫번째 구석점 지정

❸ @420,297 Enter ☞ A3도면 사이즈

> **TIP!**
> [SC] SCALE
> ❶ 객체선택
> ❷ SC Enter
> ❸ 기준점 Enter
> ❹ 축척 입력 Enter

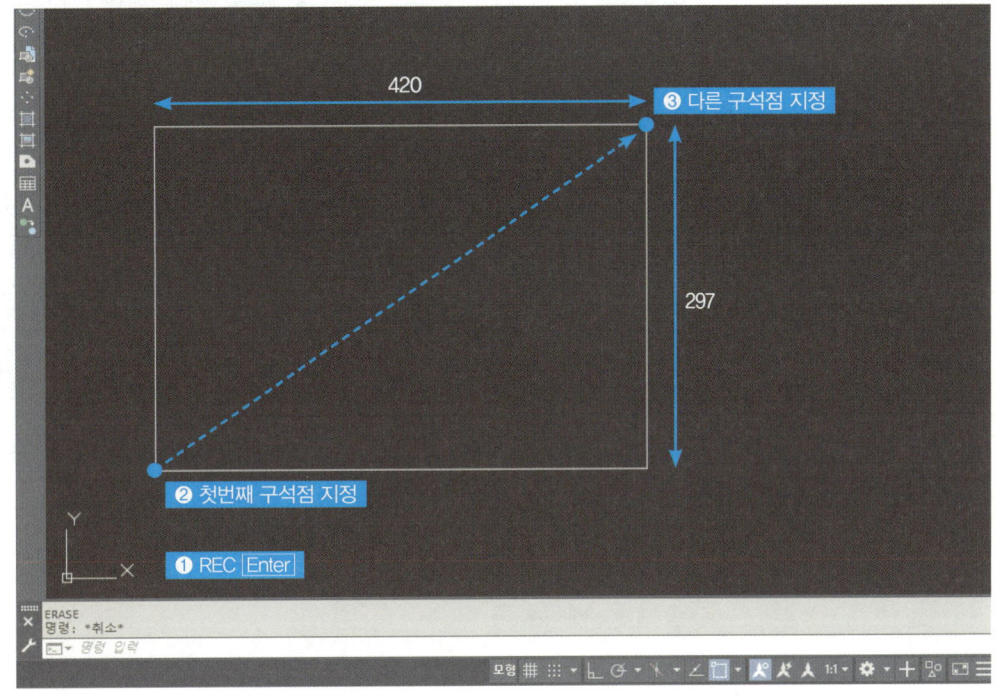

(2) 테두리선 그리기

❶ O Enter ❷ 10 Enter ☞ 출력 여백선 10mm 조성

❸ 간격 띄울 객체 선택 ❹ 안쪽으로 클릭

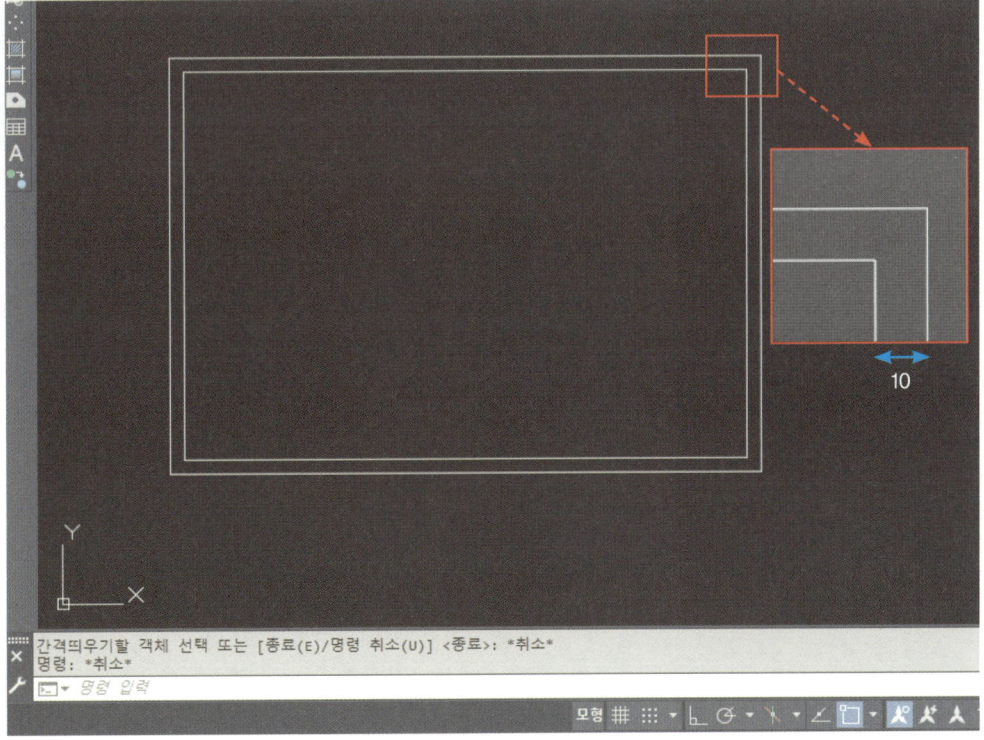

(3) 테두리선의 두께 조정

❶ PR [Enter] ☞ 특성창을 띄우기

❷ 전역폭 1mm ☞ 출력했을 때 테두리선 두께를 1mm로 설정

(4) 도곽 사이즈 조정

❶ SC [Enter] ☞ 확대/축소

❷ 객체 선택 [Enter]

❸ 기준점 지정

❹ 40 [Enter] ☞ 축척값을 입력하여 1:1 사이즈로 확대

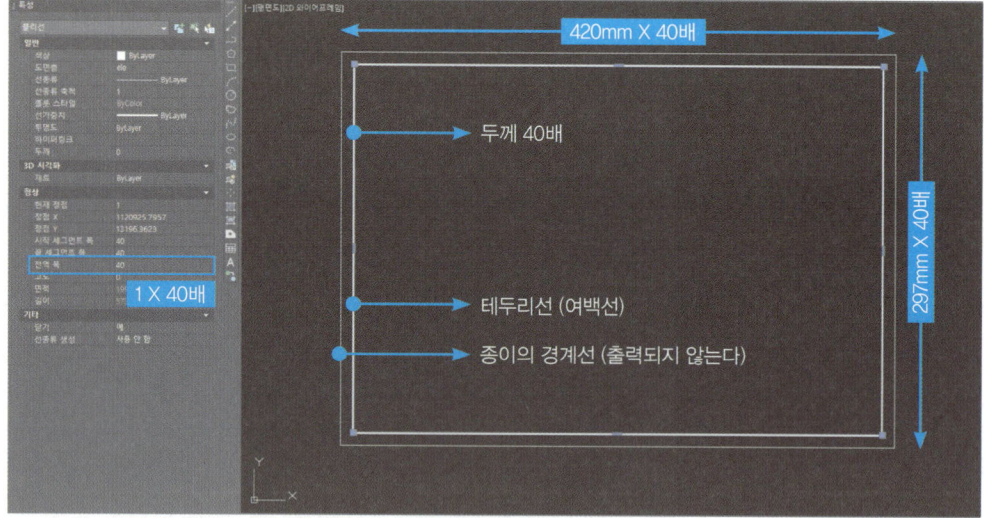

시험조건에서 입면도와 단면상세도의 축척이 다르므로 유의하도록 한다.

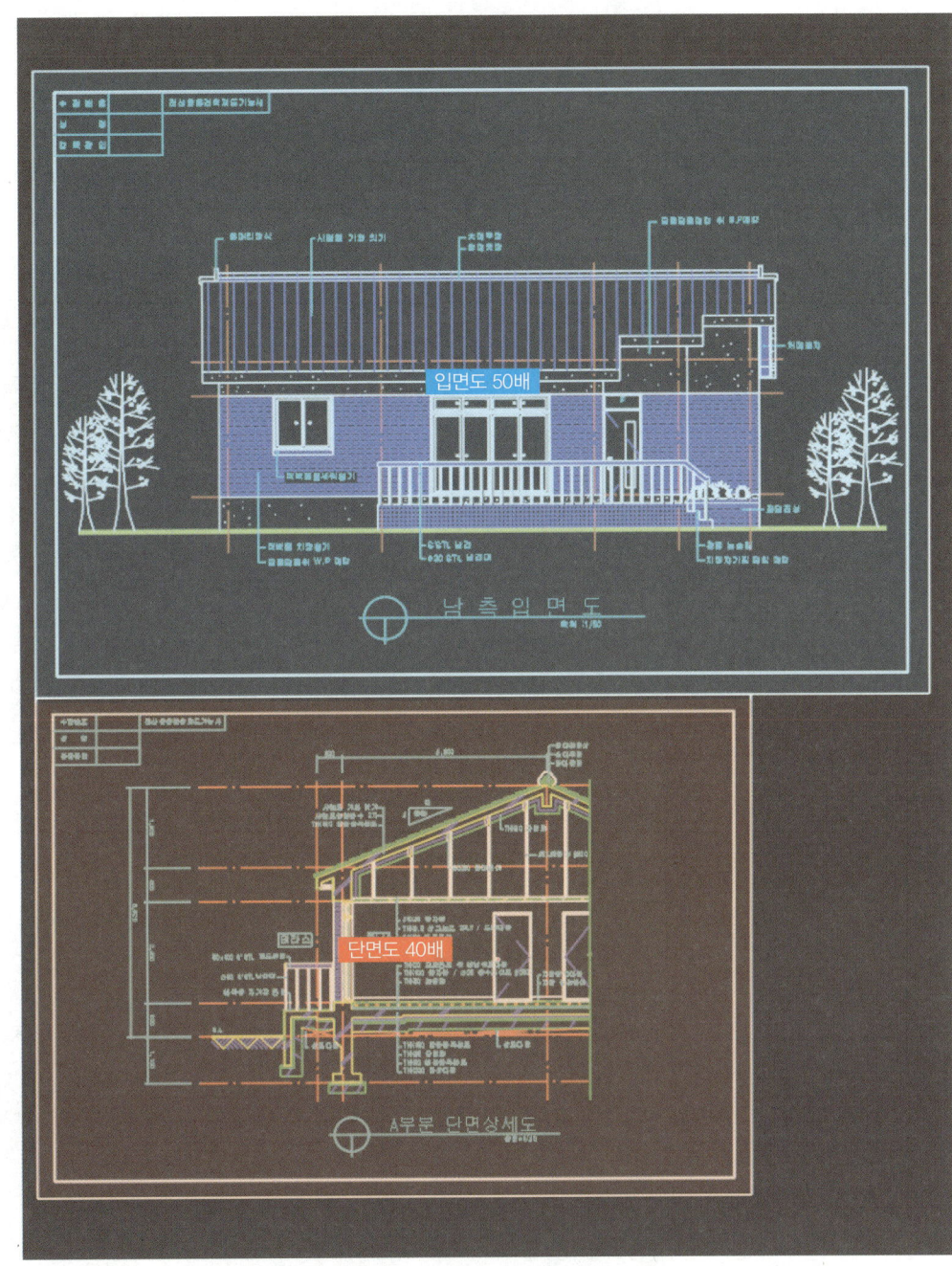

2 레이어 설정 [LA] LAYER

1. 레이어의 개념

레이어는 도면층을 의미하며, 각각의 도면층 별로 작업이 가능하다. 캐드 작업화면상의 모습은 각각의 도면층들이 하나로 합쳐진 평면의 모습이다. 레이어(도면층)은 각각의 색상, 선의 종류 등을 변경할 수 있다.

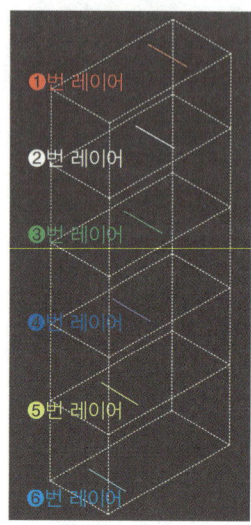 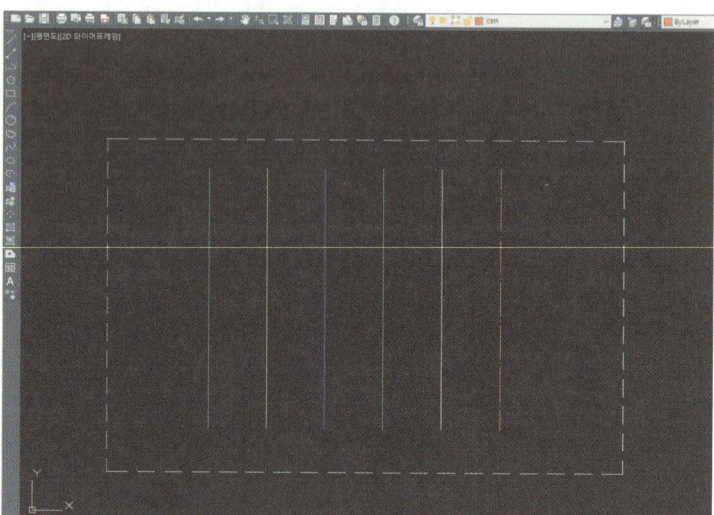

여러 도면층을 사용한 복잡한 도면을 편집할 때 레이어의 ON/OFF 기능을 활용해 작업시간을 단축시킬 수 있다.

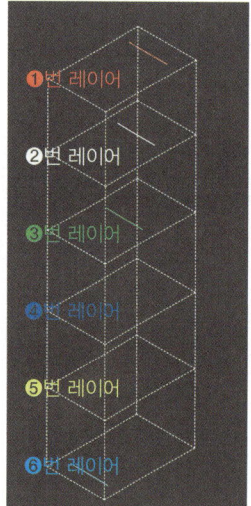 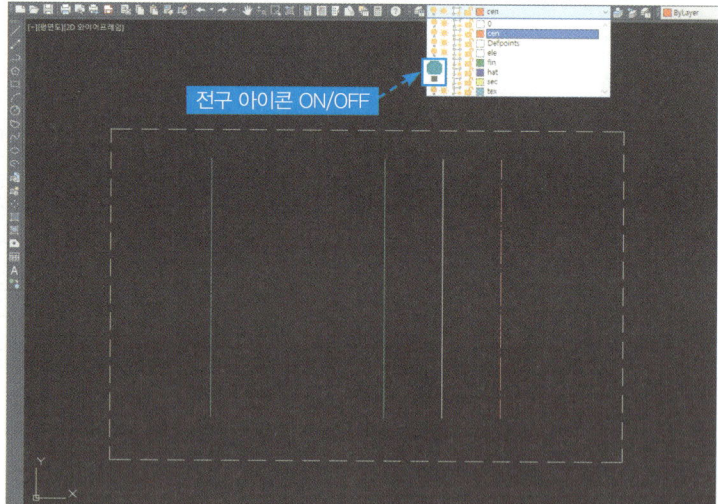

도면층 분리

도면 작업 시 단일레이어로 작업할 경우 추후 도면 수정이 복잡해지기 때문에 아래 예시와 같이 중심선, 입면선 등의 특성별로 레이어를 분리하여 작업하도록 한다.

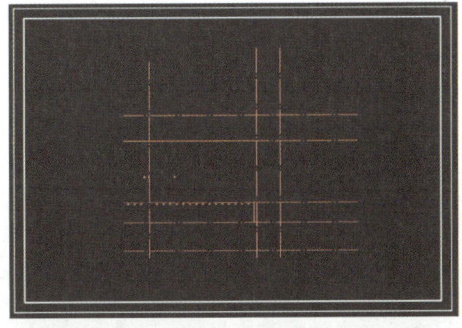
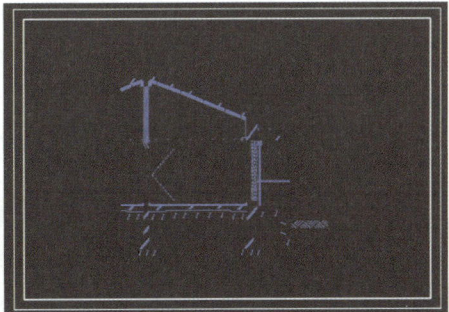
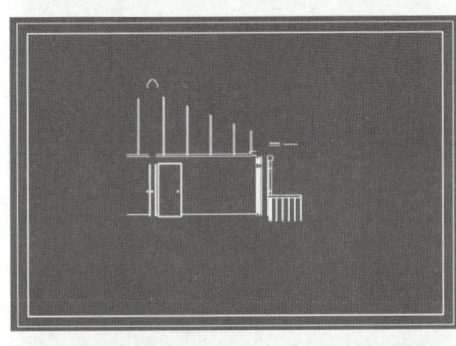
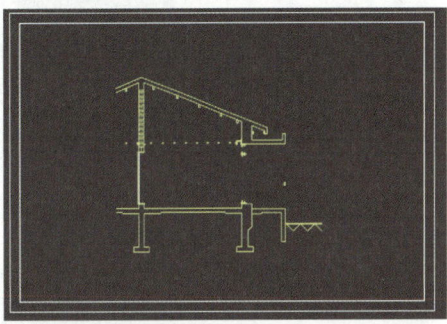
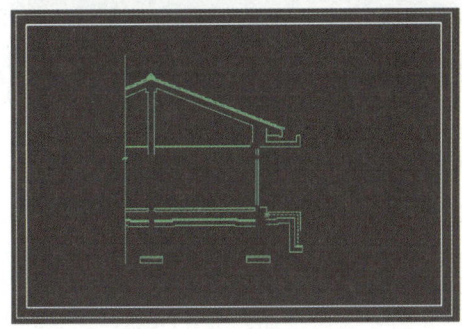
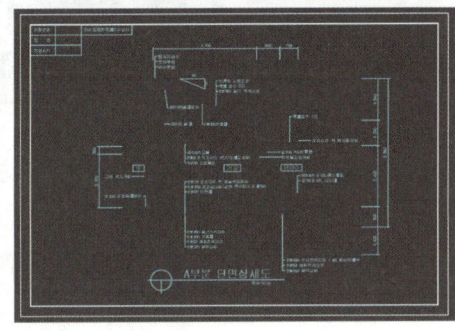

2. 레이어(도면층) 추가

레이어는 하단에 있는 시험요구조건에 맞춰 옵션을 변경한다.

> **TIP!**
> **선가중치 설정 단계**
> 각 레이어별 선가중치(선두께) 설정은 출력단계에서 설정한다.

선의 통일을 기하기 위하여 아래와 같이 선의 색을 정리하여 출력하시오

- 흰색 (7-white): 0.3mm
- 노랑(2-Yellow): 0.4mm
- 빨강 (1-Red): 0.2mm
- 녹색 (3-Green): 0.2mm
- 하늘색(4-Cyan): 0.3mm
- 파랑 (5-Blue): 0.1mm

❶ LA [Enter] ❷ 새도면층을 [클릭]하여 레이어를 6개 추가 ❸ 도면명 [클릭] ❹ 색상, 선종류 변경

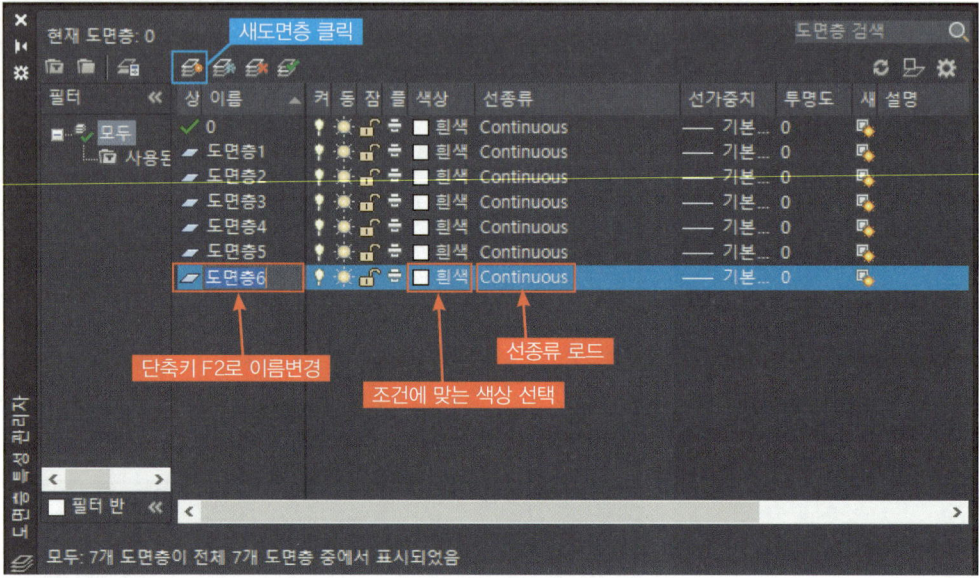

3. 레이어 색상 변경

❶ 색상 [클릭] ❷ 조건에 맞는 색상 [클릭] ❸ 확인 [클릭]

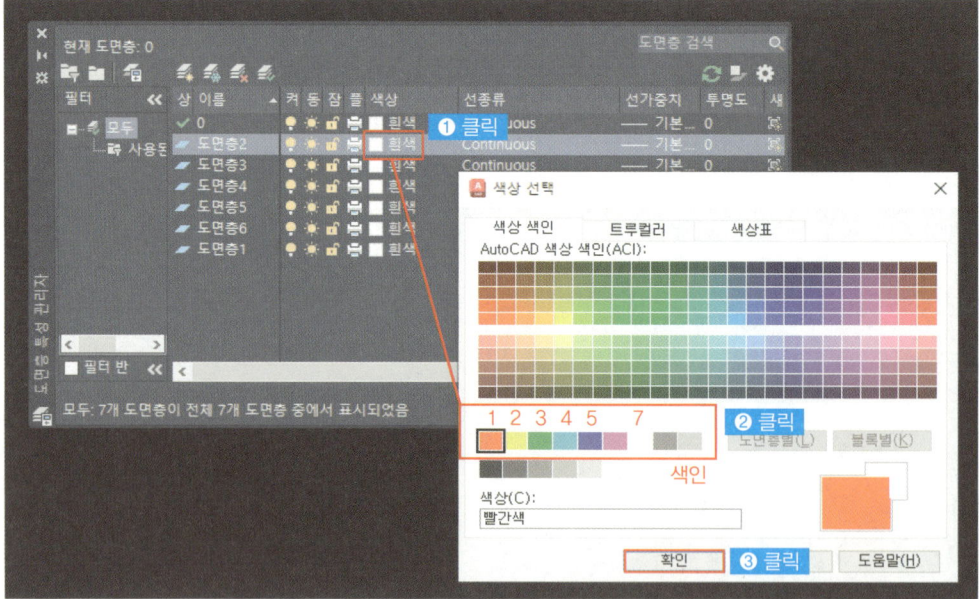

레이어 색상별 구분

색상(색인)	도면명	적용사항
빨간색 (1-Red)	Cen(중심)	• 구조물 등의 중심선
노란색 (2-Yellow)	Sec(단면)	• 객체의 잘린 단면선
초록색 (3-Green)	Fin(마감)	• 마감선, 보조단면선
하늘색 (4-Cyan)	Tex(문자)	• 문자선 및 치수선
파란색 (5-Blue)	Hat(해칭)	• 재료를 표기
흰색 (7-White)	Ele(입면)	• 물체의 외곽

※ 레이어 선택 시 각 컬러별 고유넘버(색인)에 맞는 컬러를 선택한다.

4. 레이어의 선종류

❶ 선종류 [클릭] ❷ 로드 [클릭] ❸ 해당 선종류 [클릭] ❹ 로드된 선종류 [클릭] ❺ 확인 [클릭]

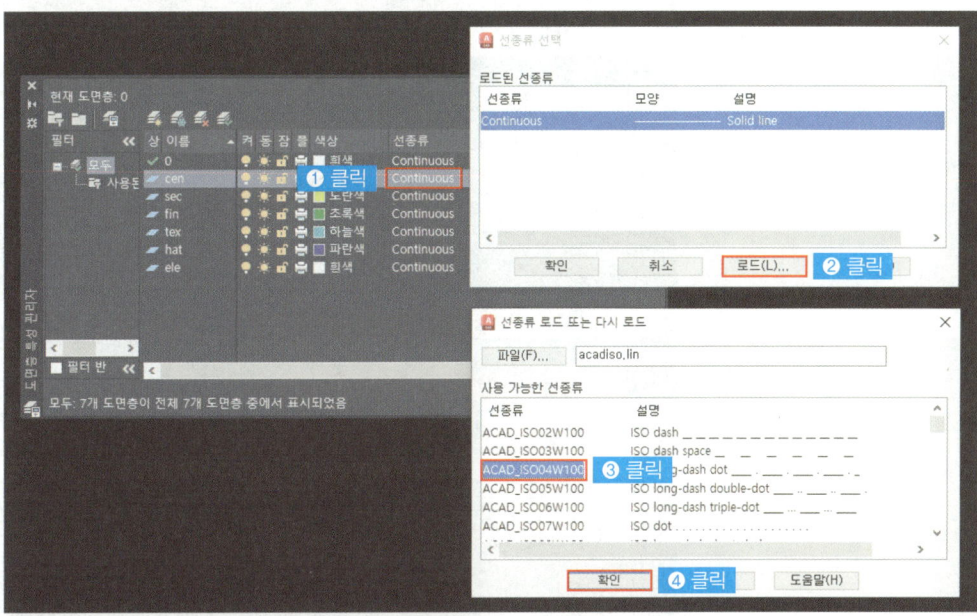

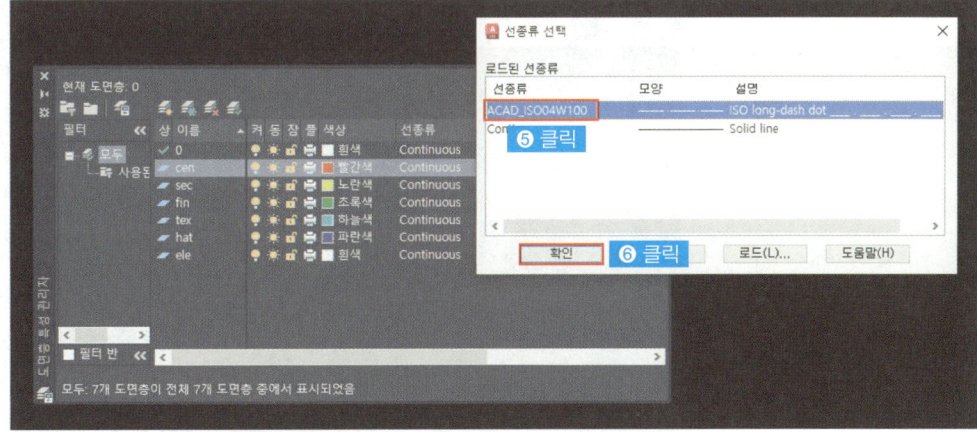

※ 중심선 레이어(빨간색)만 선종류를 설정하고 선종류는 'ISO04W100'을 사용한다.

3 문자 스타일 설정 [ST] STYLE

1. 문자 스타일
문자스타일은 크기에 따라 2개의 종류로 설정한다.

구분	단면도(축척1/40)	입면도(축척1/50)	출력 했을 때 문자 높이
스타일 1	높이 120mm	높이 150mm	• 출력했을때 높이 3mm
스타일 2	높이 320mm	높이 400mm	• 출력했을때 높이 8mm

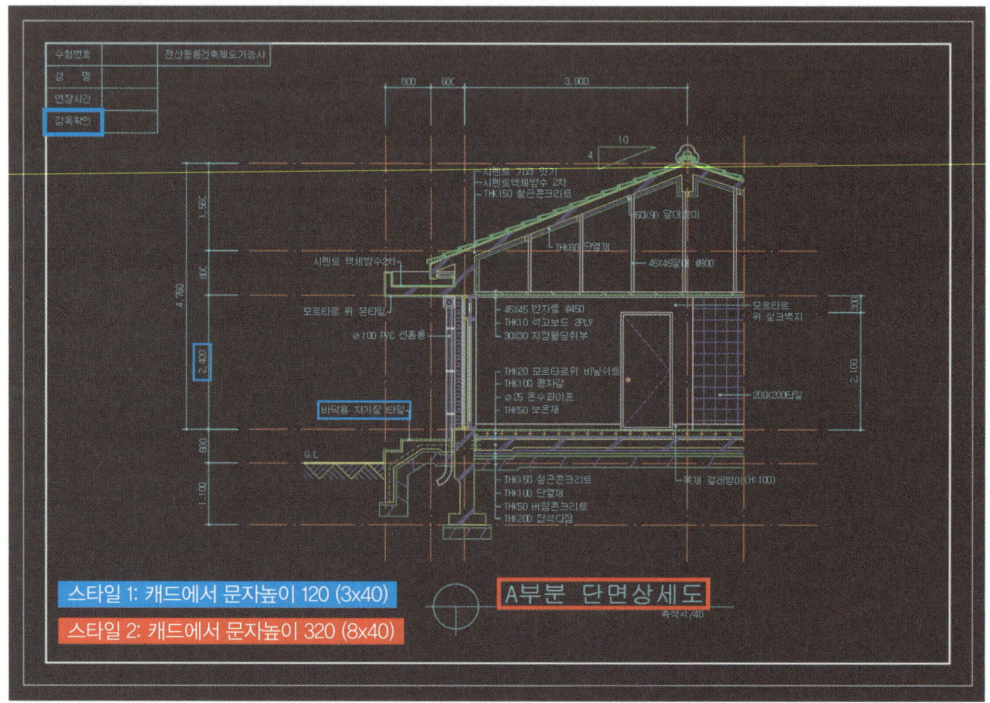

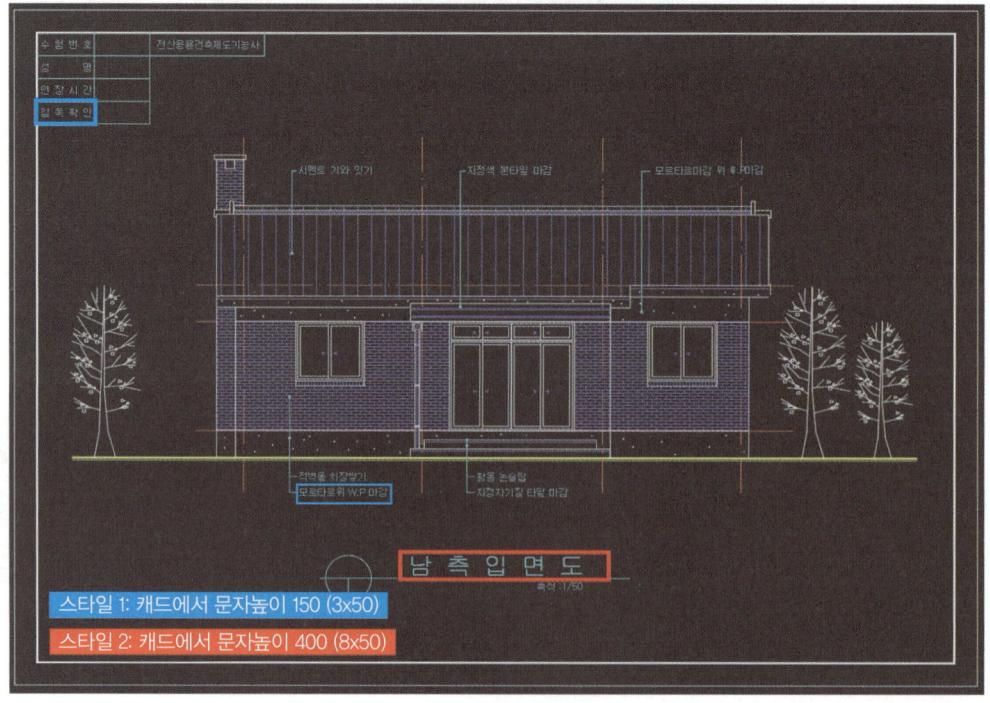

2. 문자 스타일 만들기

❶ ST Enter ☞ 문자 스타일 만들기 창 띄우기

❷ 새로 만들기 클릭 ☞ Standard를 복사
  ※ Standard: 캐드 기본 문자 스타일

❸ 스타일 이름 변경 ☞ 사용자가 보기 편한 이름으로 기재
  ※ 문자 스타일의 이름을 보고 출력했을 때 문자 높이를 알 수 있는 이름을 권장
    ex. 축척 1/40 출력 시 문자높이 3mm의 경우 → 문자 스타일 이름을 '3mm(축척 40)'로 기재

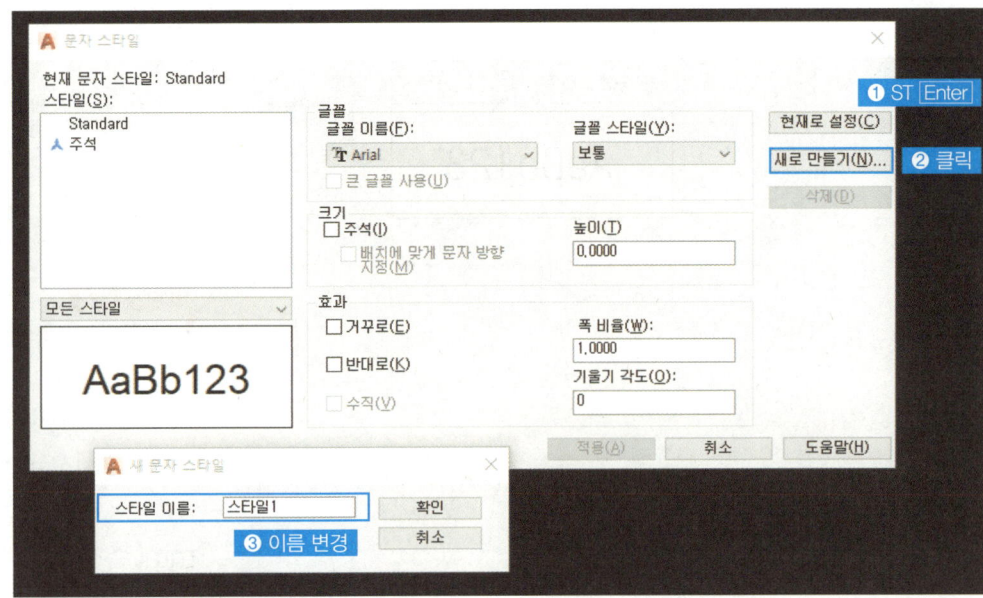

❹ 글꼴변경 ☞ 굴림체 사용 권장
※ 글꼴을 설정할 때 @가 있는 글꼴을 선택하면 글자가 세로로 기재되므로 주의한다.

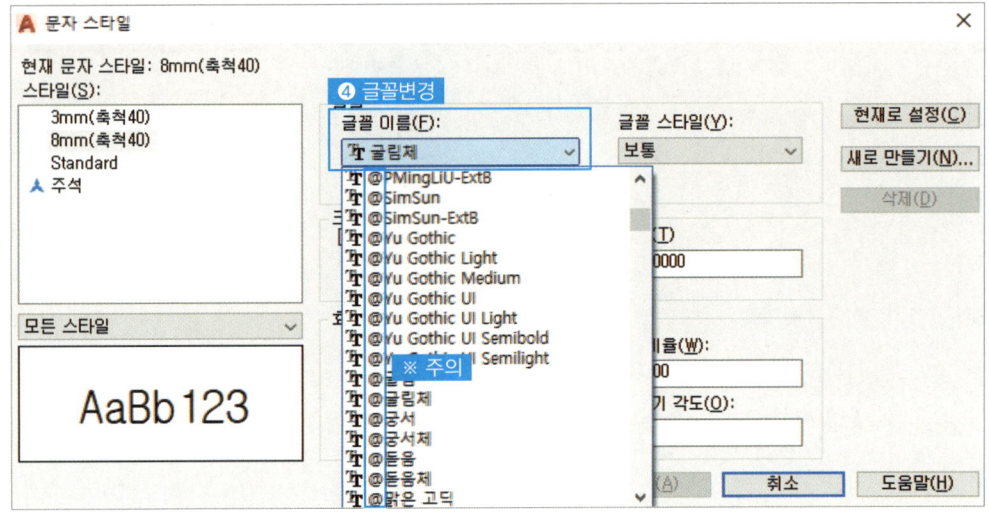

❺ 문자 스타일별 높이

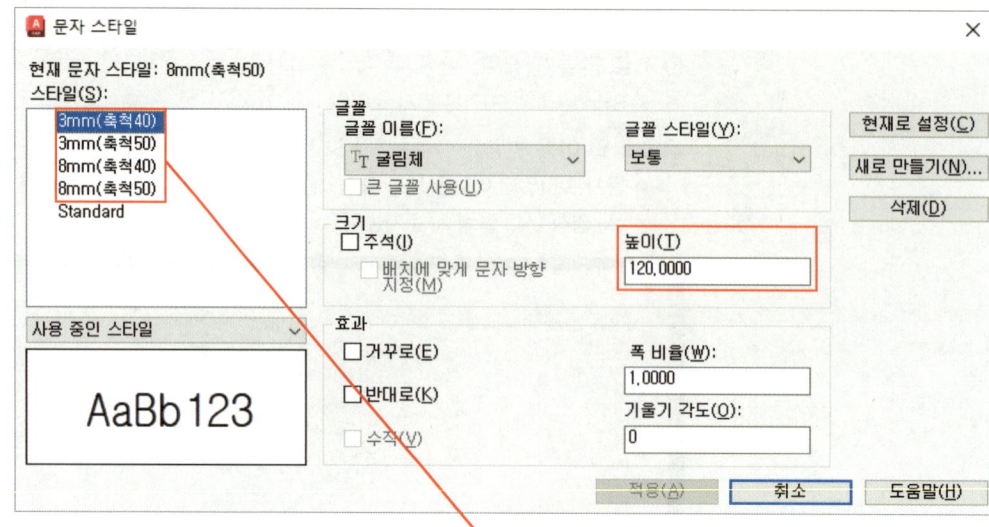

스타일(S)	문자높이(T)
3mm(축척40)	120
3mm(축척50)	150
8mm(축척40)	320
8mm(축척50)	400

4 치수 스타일 [D] DIMSTYLE

1. 치수 스타일 설정

❶ D Enter ☞ 치수 스타일 관리자

❷ ISO-25에 클릭 후 새로 만들기 버튼 클릭 ☞ ISO-25 복사

❸ 치수 스타일 이름 변경 ☞ 축척1/40일때 이름은 DIM40, 축척1/50일 때 이름은 DIM50

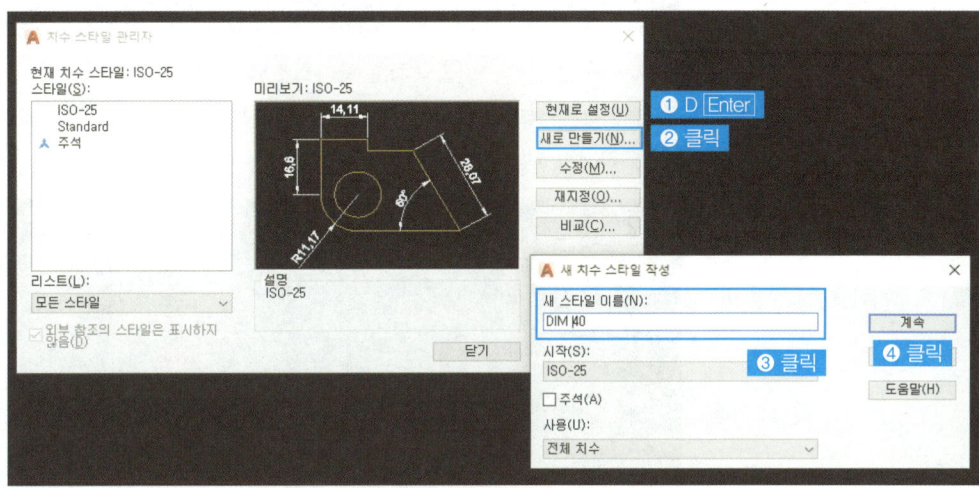

❹ 계속 클릭 ☞ 각 탭별로 수정하여 사용

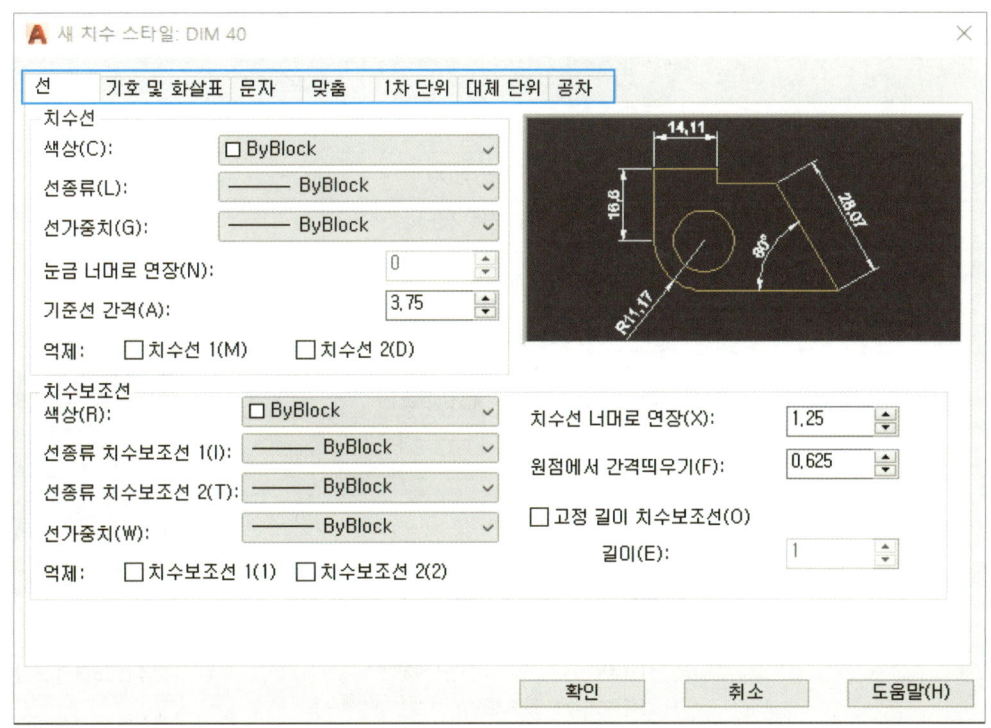

2. 치수선 (Line)

치수선은 치수선과 치수보조선으로 구성되어 있다.

❶ A: 기준선 간격 ☞ (출력기준 사이즈 10mm 기재)
❷ B: 치수선 너머로 연장된 치수 ☞ (출력기준 사이즈 2mm 기재)
❸ C: 원점과 치수보조선 간격 ☞ (출력기준 사이즈 5mm 기재)

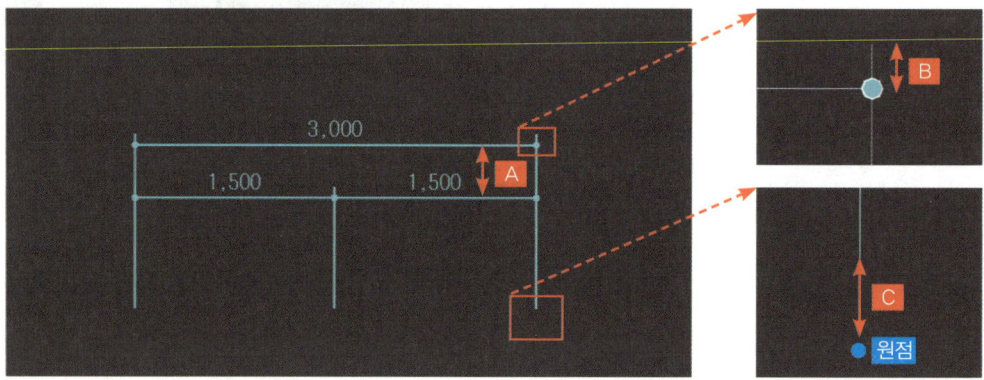

※ 표와 같이 옵션을 수정한다.

구분	치수선	치수보조선	비고
• 기준선 간격(A)	10	–	출력했을 때 10mm
• 치수선 너머로 연장(X)	–	2	출력했을 때 2mm
• 원점에서 간격 띄우기(F)	–	5	출력했을 때 5mm

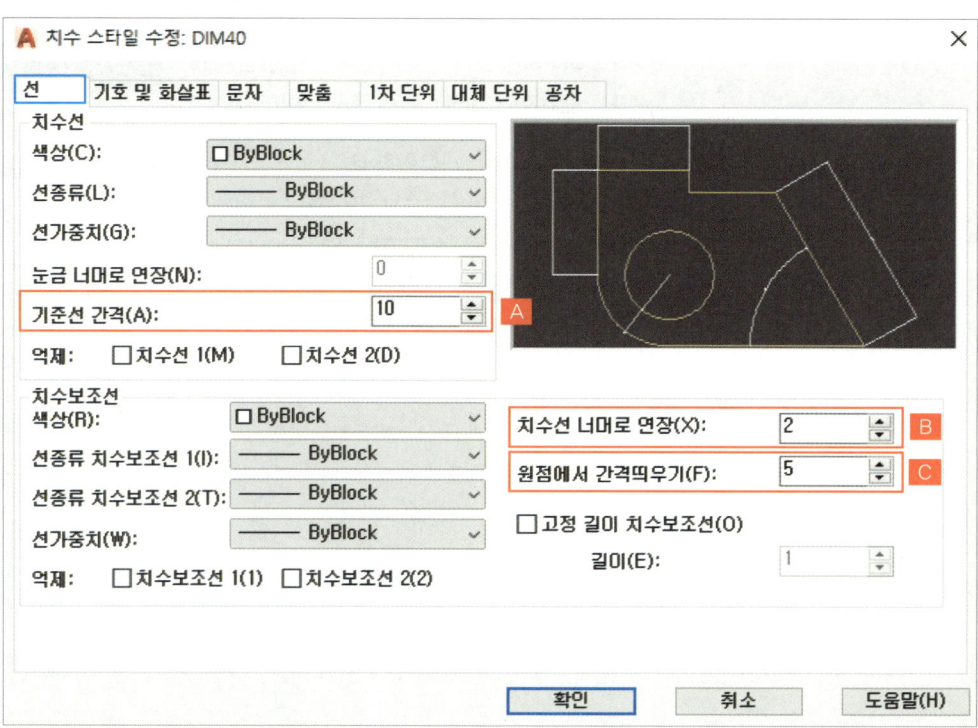

3. 기호 및 화살표 (Symbols and Arrow)
화살촉을 '점'으로 변경, 화살표 크기는 '1'로 설정

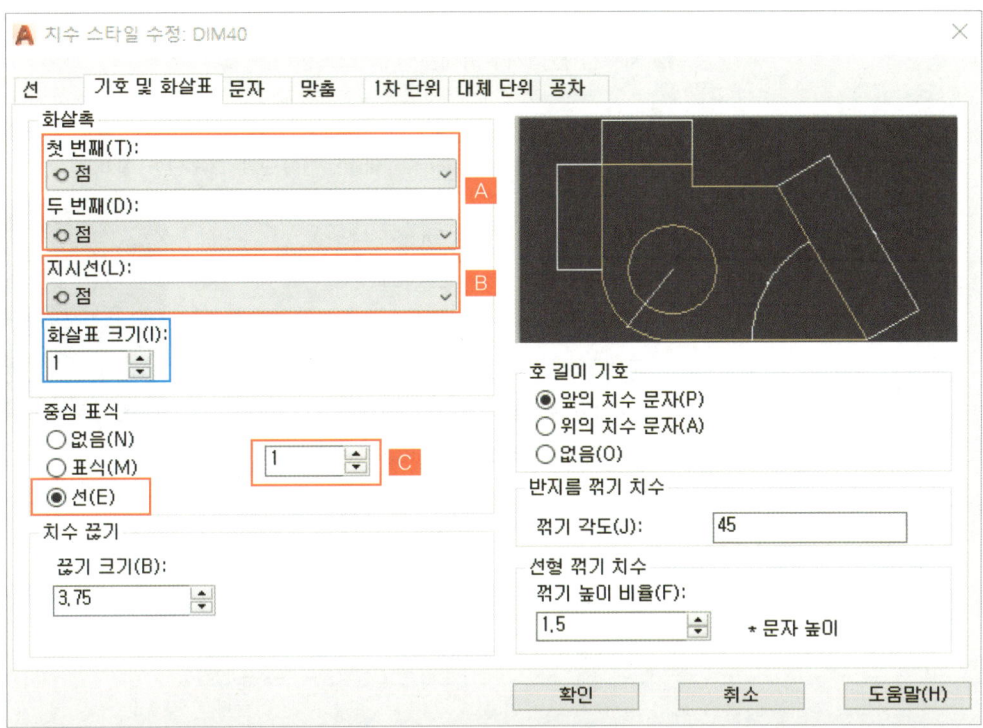

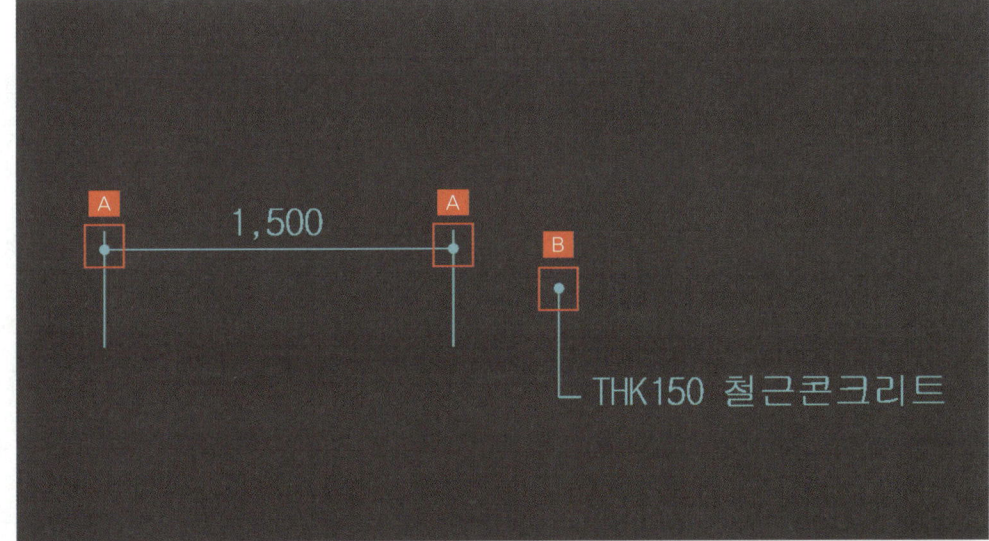

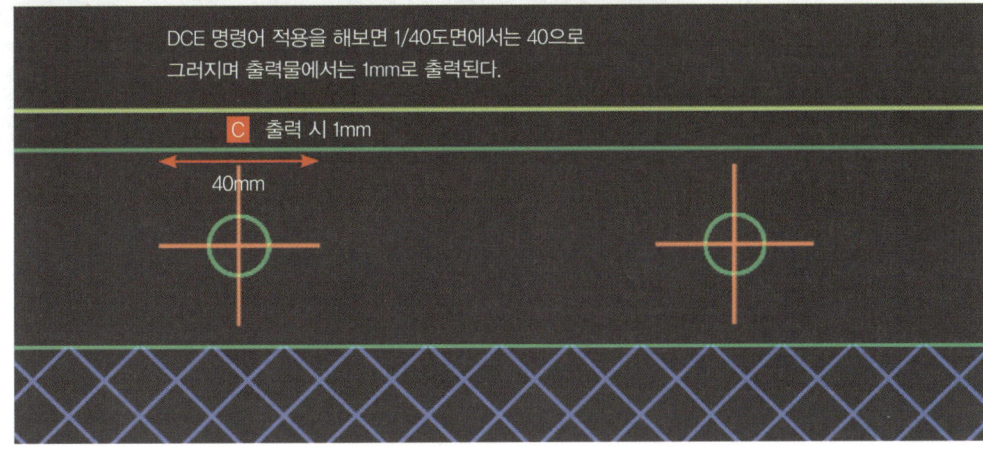

4. 문자 (Text)

❶ 문자 스타일은 [ST]에서 만든 '3mm(축척40)'을 선택
※ 직접 문자높이를 기재하는 경우에는 출력했을 때 사이즈인 '3'을 입력한다.
❷ 치수선 간격띄우기에는 '1'을 입력한다.

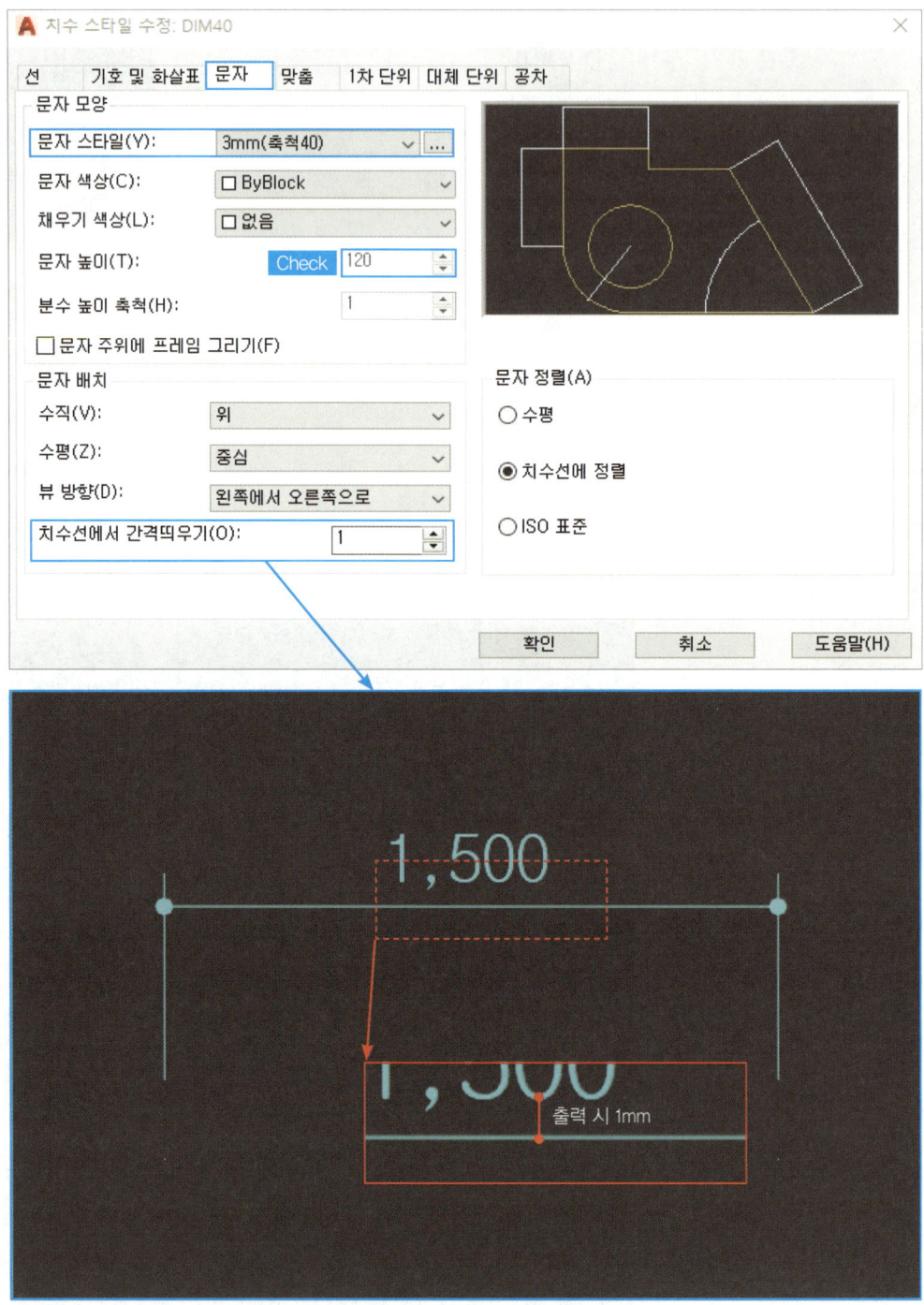

5. 맞춤 (Fit)

❶ 맞춤 옵션: '문자 또는 화살표(최대로 맞춤)' 선택

❷ 문자배치: '치수선 위, 지시선 없음'을 선택

❸ 치수 피쳐 축척: 전체 축척 사용에 축척 배율값을 입력   1/40도면은 40입력

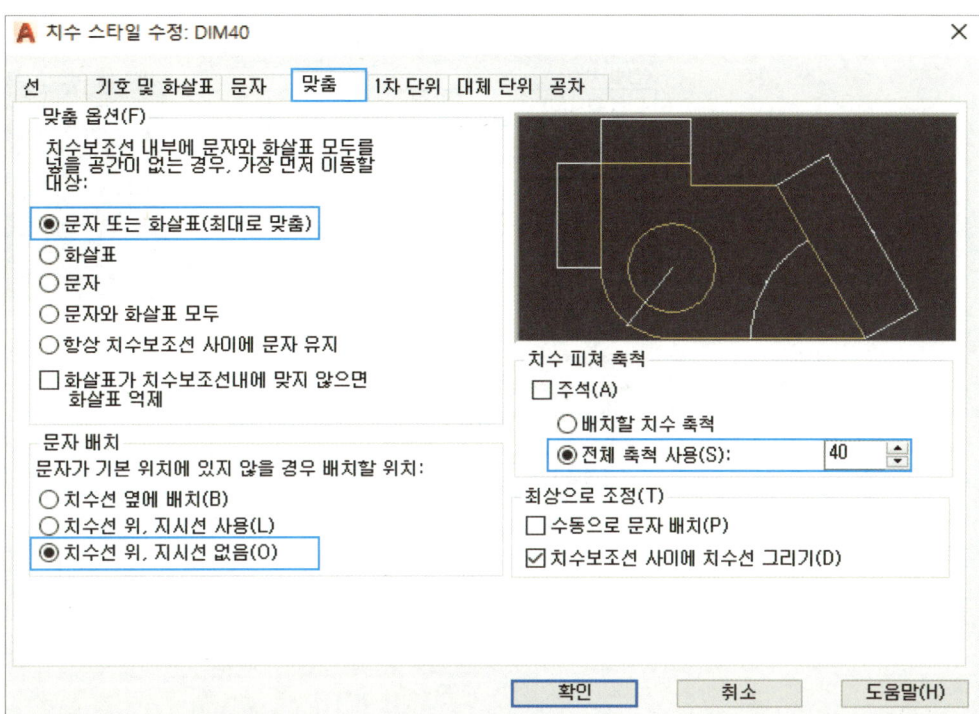

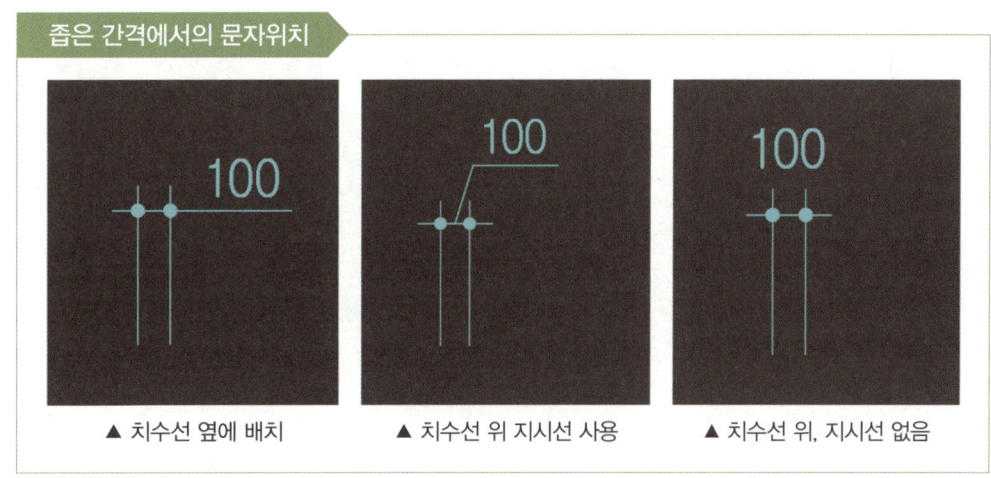

좁은 간격에서의 문자위치

▲ 치수선 옆에 배치   ▲ 치수선 위 지시선 사용   ▲ 치수선 위, 지시선 없음

6. 1차 단위 (Primary Units)

❶ 단위형식: 'Window 바탕화면' 선택
❷ 정밀도: '0' 선택 ☞ 소수점 미사용

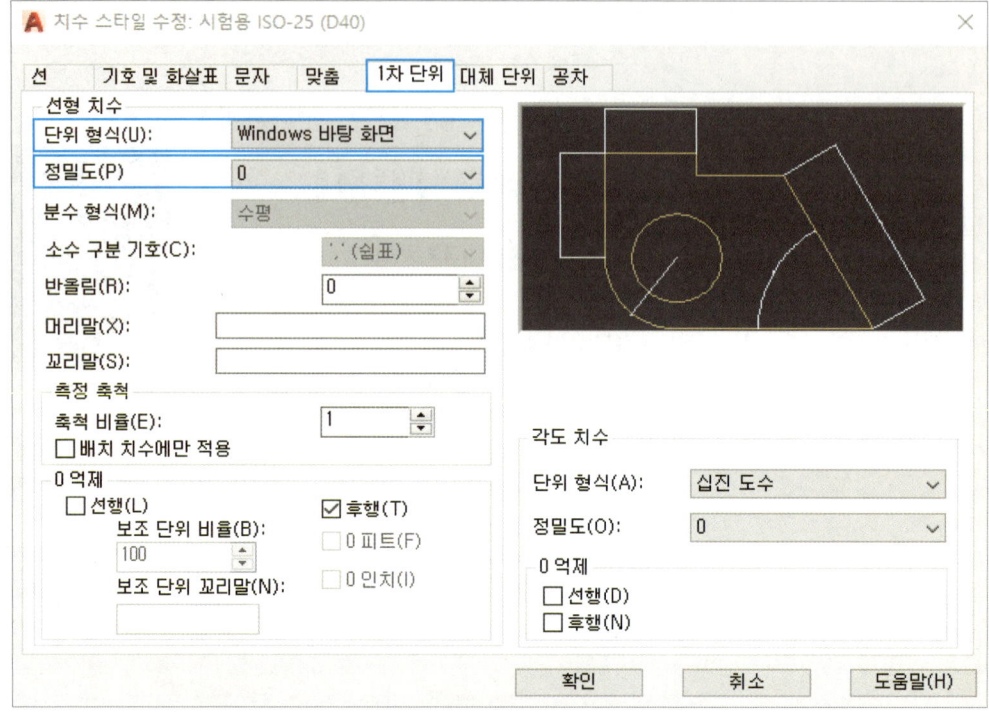

5 라인타입 만들기 [LT] LINE TYPE

❶ LT Enter
❷ 로드 클릭
❸ 시험에서 사용할 선종류 선택
※ 선종류 ACAD_ISO04W100, DASHED, BATTING 총 3개 로드
❹ 확인 클릭

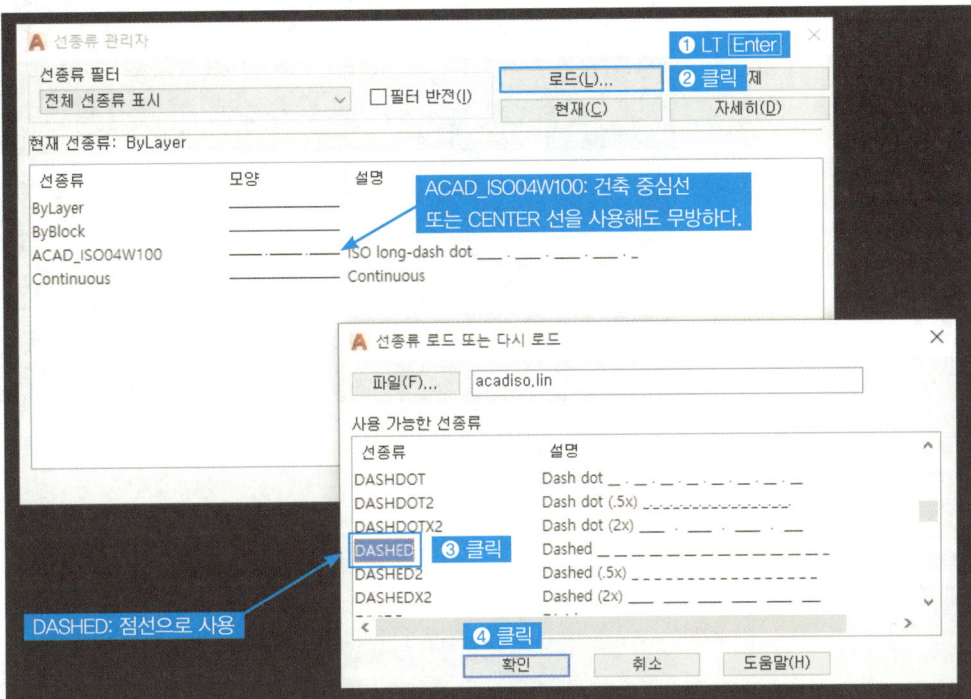

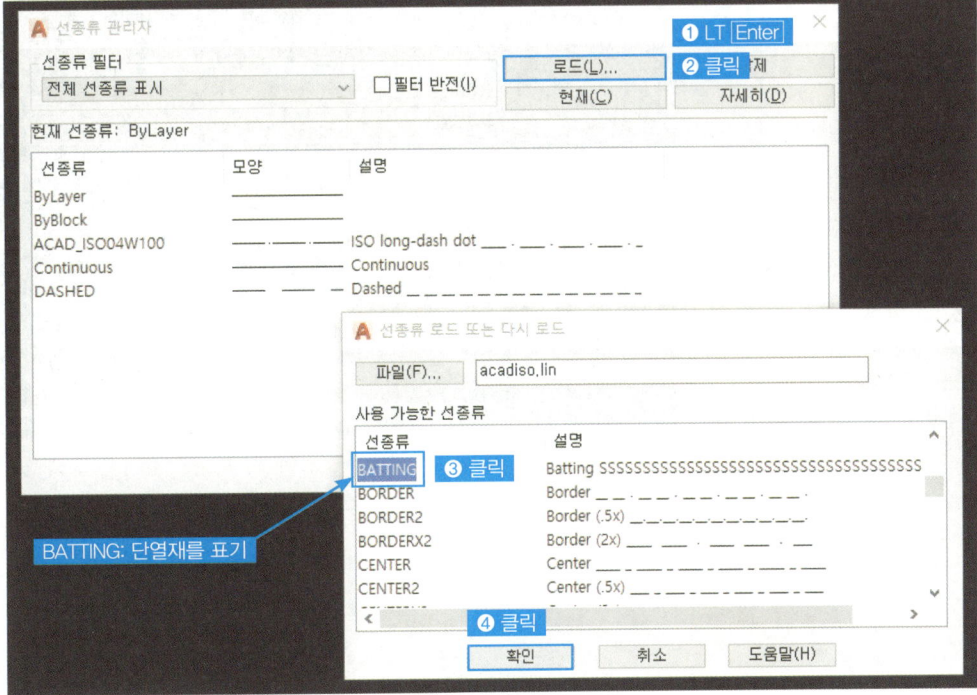

6 라인타입 축척값 세팅하기 [LTS] LTSCALE

1. 선축척 일괄 수정

❶ LTS [Enter]

❷ 40 입력 ☞ scale 1/40 단면도를 그릴때는 40, scale 1/50 입면도를 그릴때는 50

> **TIP!**
> **[LTS] LTSCALE**
> [LTS]는 LINE TYPE SCALE 로 도면전체에 동일하게 적용되는 선의 축척비율을 조정한다.

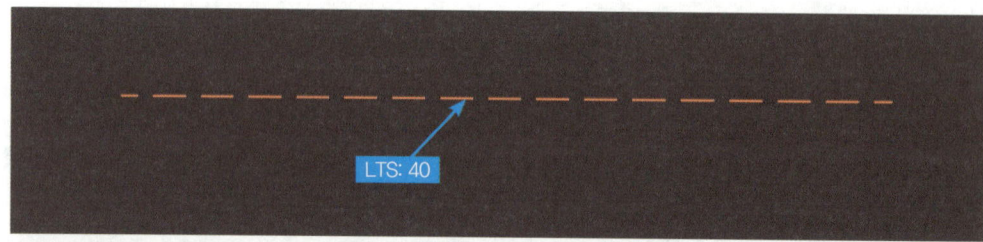

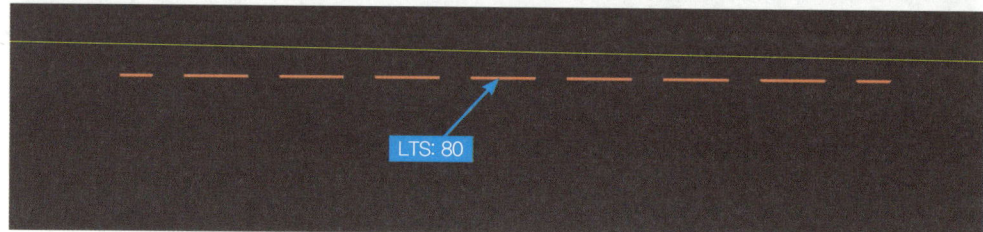

2. 선축척 부분 수정

❶ 객체를 선택

❷ PR [Enter] ☞ 객체의 특성을 편집할 수 있는 특성창을 연다.

❸ 선종류 축척 값을 수정

> **TIP!**
> **특성창 명령어**
> • 명령어 PR [Enter]
> • [Ctrl] + 숫자 [1]

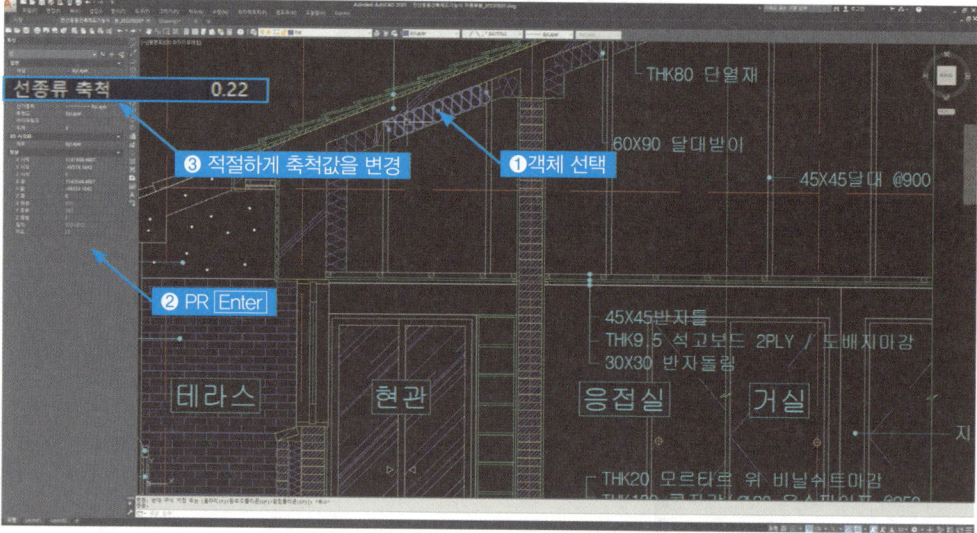

7 객체스냅 설정 [OS] OSNAP

객체의 원하는 지점을 찾아주는 기능으로 초기 세팅값을 확인한다.

❶ OS [Enter]
❷ 기본적으로 다음에 체크된 항목대로 세팅하여 작업

TIP!

OSNAP 명령어
[End] 끝점
[Mid] 중간점
[Cen] 중심점
[Per] 직교점
[Qur] 사분점
[Int] 교차점
[Nea] 근처점

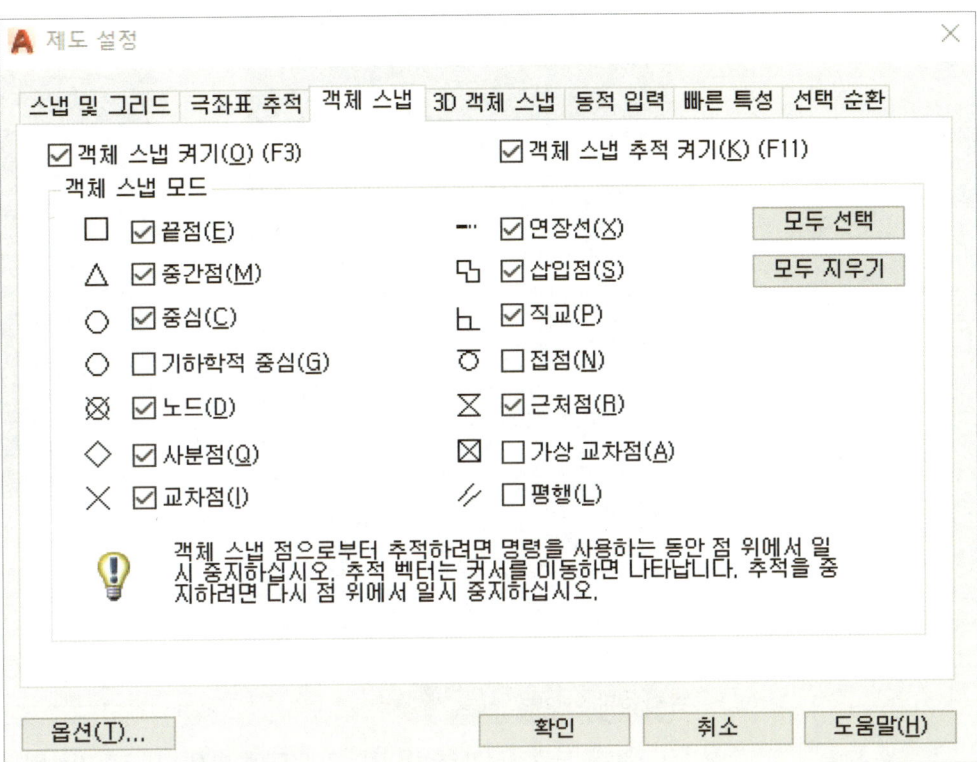

8　모깍기 기본 세팅 [F] FILLET

모깍기[F]의 반지름 값을 '0'으로 세팅하여 선정리 작업시간을 단축시킨다.

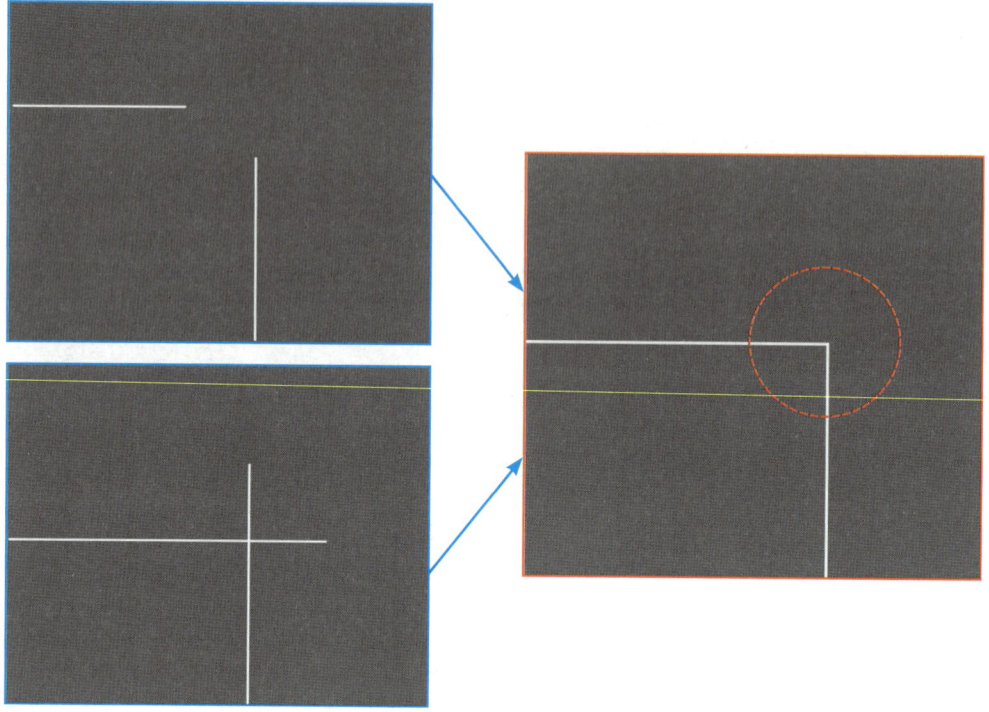

[F] FILLET 옵션 변경

대부분 모깍기[F]의 옵션은 '자르기 모드'에 '반지름 0'으로 기본세팅되어 있으나 위 예시와 다르게 모깍기[F] 명령어가 실행될 경우 아래의 표에 따라 옵션을 변경한다.

FILLET 명령어 기본 옵션 수정	
자르기 모드 수정	반지름 값 수정
❶ F Enter 모깍기 명령어 입력	❶ F Enter 모깍기 명령어 입력
❷ T Enter 자르기 모드	❷ R Enter 반지름 옵션
❸ T Enter 자르기 적용	❸ 0 Enter 반지름값 0 적용

9 자동저장기능 [OP] OPTION

CAD 작업중 프로그램 오류 등에 의해 강제 종료된 파일은 자동저장기능을 통해 최근 저장된 파일로 복구할 수 있다.

1. 자동저장 시간설정

(1) OP [Enter] ☞ 옵션창을 열고 자동저장 분 간격을 입력한다.

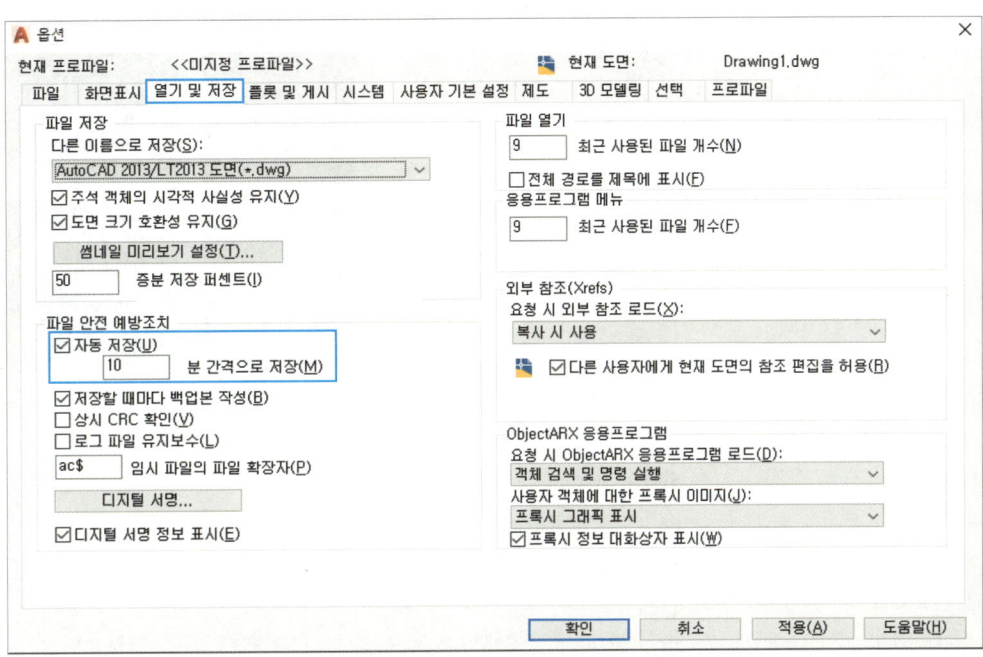

(2) SAVETIME [Enter] ☞ 명령어 창에 자동저장 분 간격을 입력한다.

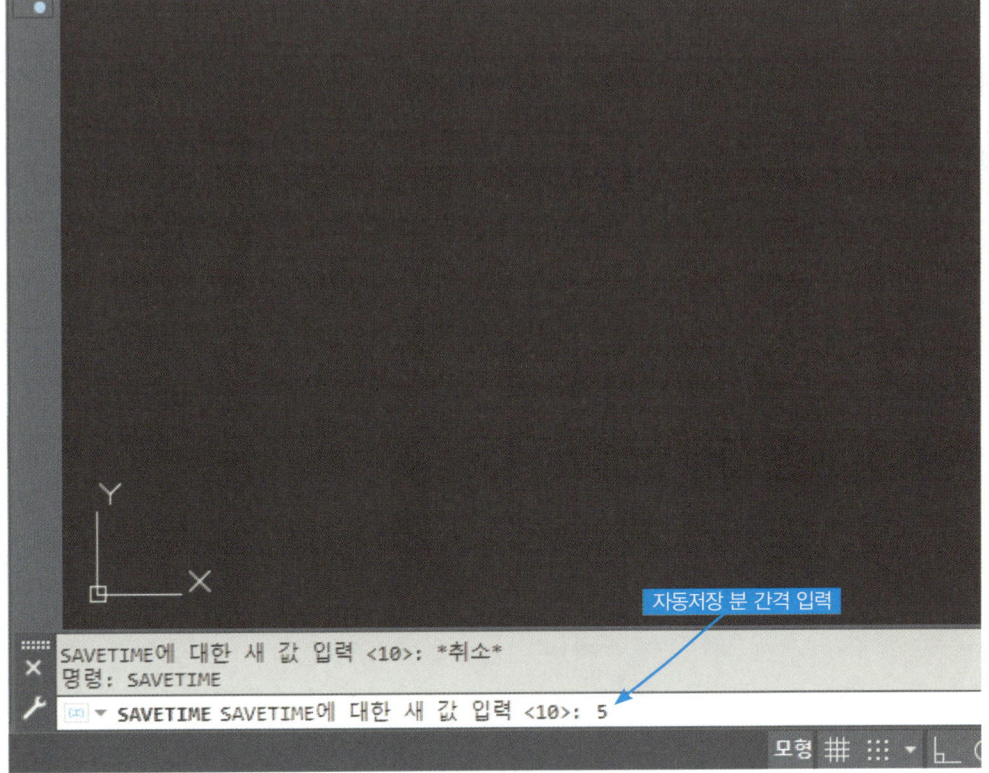

2. 도면 복구하기

(1) 도면복구 관리자 열기

❶ '도면 유틸리티'에서 '도면 복구 관리자' 열기

❷ '도면 복구 관리자' 창에서 복구할 파일명 클릭

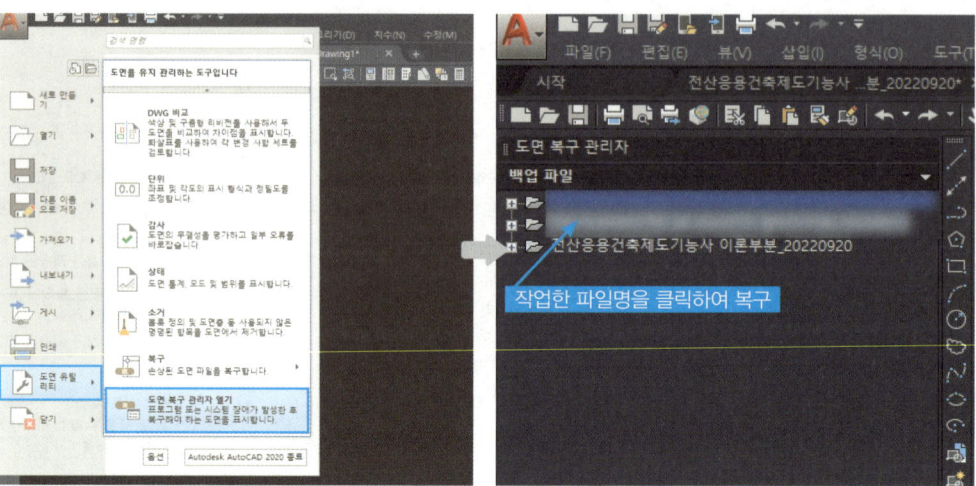

(2) 옵션창에서 파일저장경로 확인하여 불러오기

❶ OP Enter ☞ 옵션창을 열고 자동저장파일 위치를 확인

❷ 자동 저장 파일 위치에서 확장자명이 sv$인 파일 확인

❸ sv$로 저장된 파일의 확장자명을 dwg로 변경

TIP!
파일복원

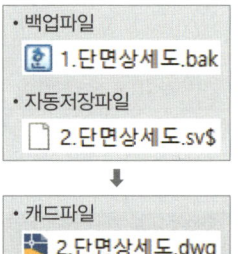

bak과 sv$의 확장자명을 dwg로 변경하여 캐드파일로 복구할 수 있다.

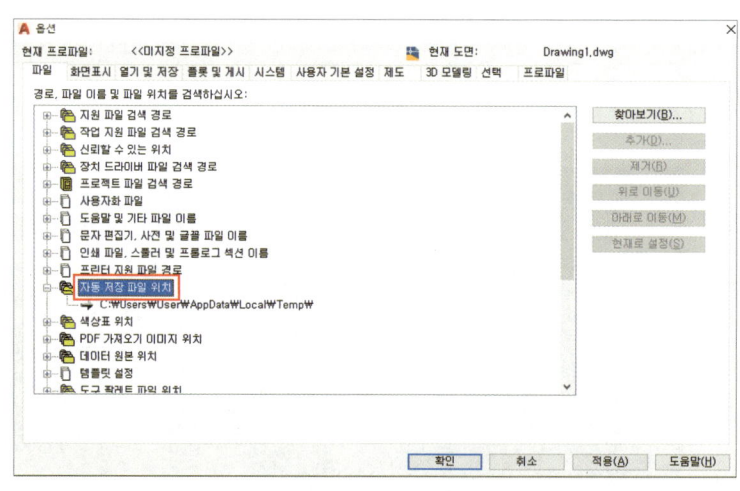

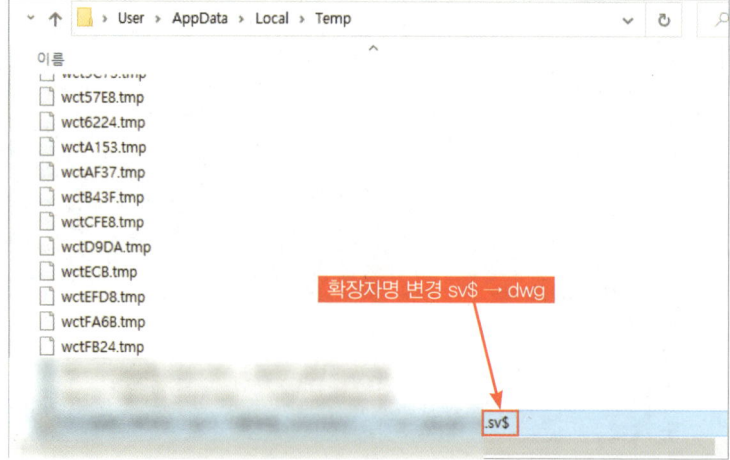

10 출력하기 [P] PLOT

치수선과 문자표기로 도면을 마무리하여 출력한다.

1. 치수선 그리기

(1) 선형 치수선 [DLI] DIMLINEAR

❶ DLI Enter
❷ 첫번째 치수보조선의 원점 지정
❸ 두번째 치수보조선의 원점 지정
❹ 적절한 위치에 클릭

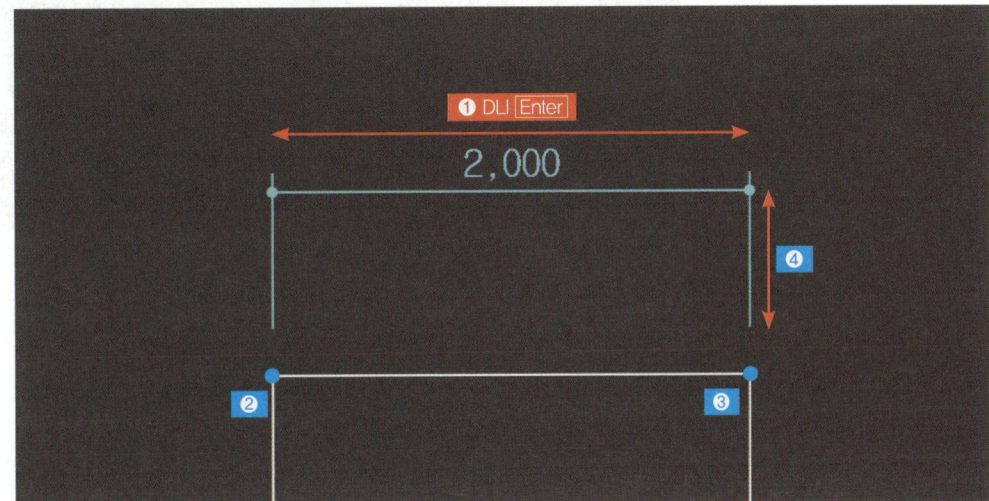

(2) 연속 치수선 [DCO] DIMCONTINUE

❶ DCO Enter
❷ 연장할 치수선 선택하여 Enter
❸ 기준이 될 치수보조선의 끝점 클릭
❹❺❻❼은 ❸을 반복
❽ ESC 명령어 종료

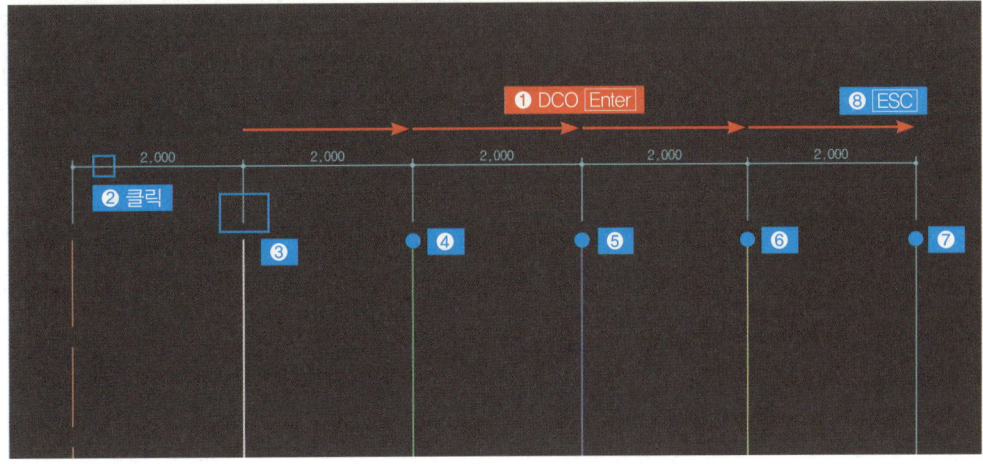

(3) 기준 치수선 [DBA] DIMBASELINE

❶ DBA Enter

❷ Enter

❸ 기준이 될 치수보조선을 클릭

❹ ❺ 두번째 치수보조선의 원점을 클릭

❻ ESC

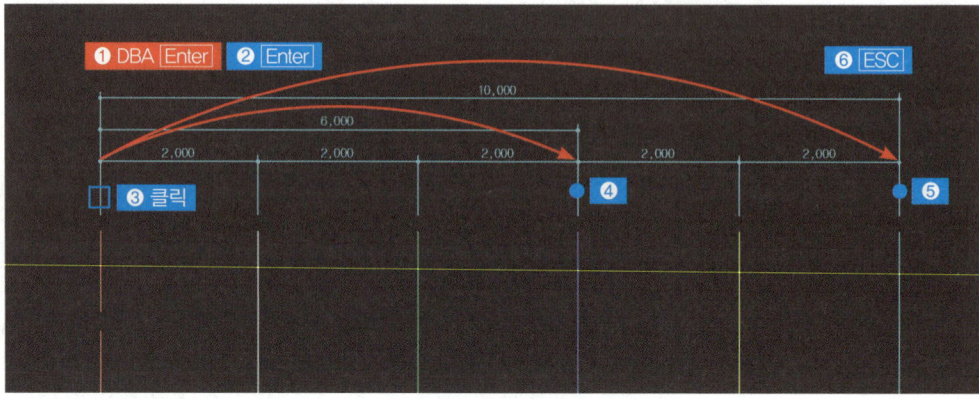

2. 문자쓰기

(1) 문자 스타일 지정 [ST] STYLE

❶ ST Enter

❷ 도면에 적합한 문자 스타일 선택하여 현재로 설정

※ 단면도와 입면도의 문자 높이가 다르므로 유의하여 도면을 작성한다.

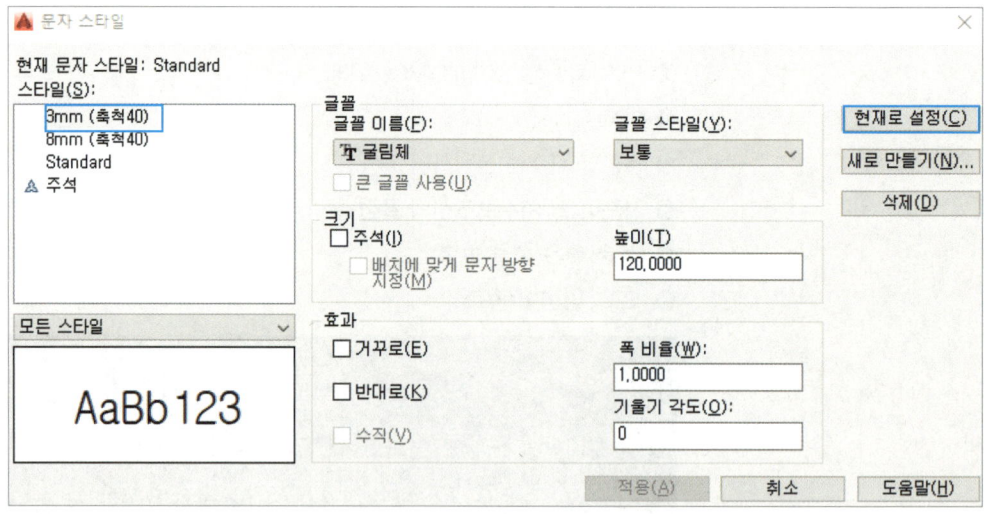

(2) 문자쓰기 [DT] DTEXT

❶ DT Enter

❷ 문자 시작점 지정 · 문자 높이 지정

❸ 문자의 회전 각도를 지정

※ 연속으로 Enter 를 치면 각도 0°로 입력되며 두번째 지점을 클릭하여도 자동으로 각도가 입력된다.

❹ 문자 입력 후 더블 Enter

> **TIP!**
> 문자쓰기 명령어 종료
> Ctrl + Enter

3. 플롯 스타일 설정하기

❶ Ctrl + P 또는 PLOT Enter, 프린터 버튼 클릭

❷ 플롯 스타일 테이블에서 monochrome.ctb 선택

❸ 편집기 아이콘 클릭

> **TIP!**
> 플롯 스타일 테이블
> 캐드상에 선의 색상, 두께 등의 도면을 출력할 때 적용되는 설정값을 편집할 수 있다.

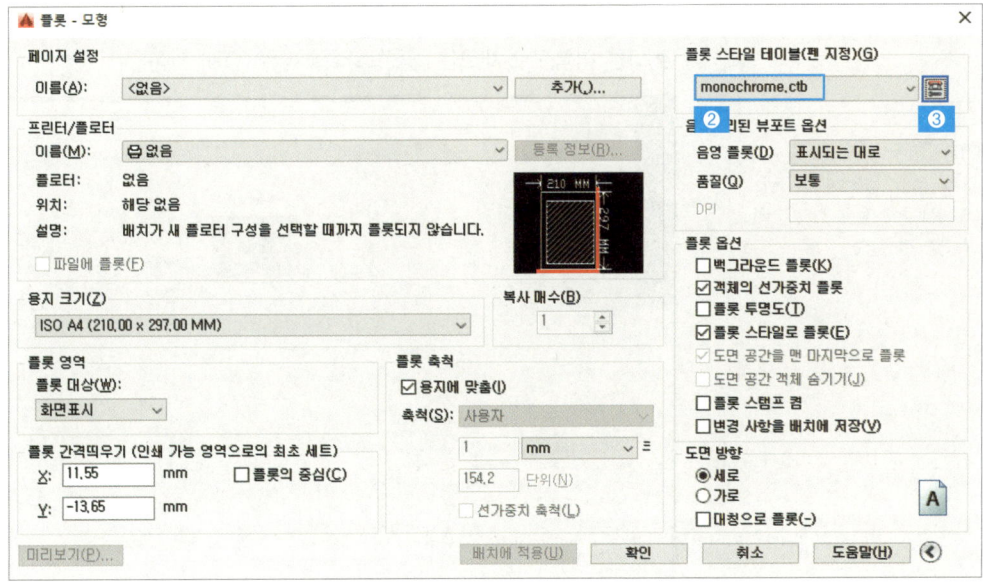

❹ 편집기에서 색상 및 선가중치 변경

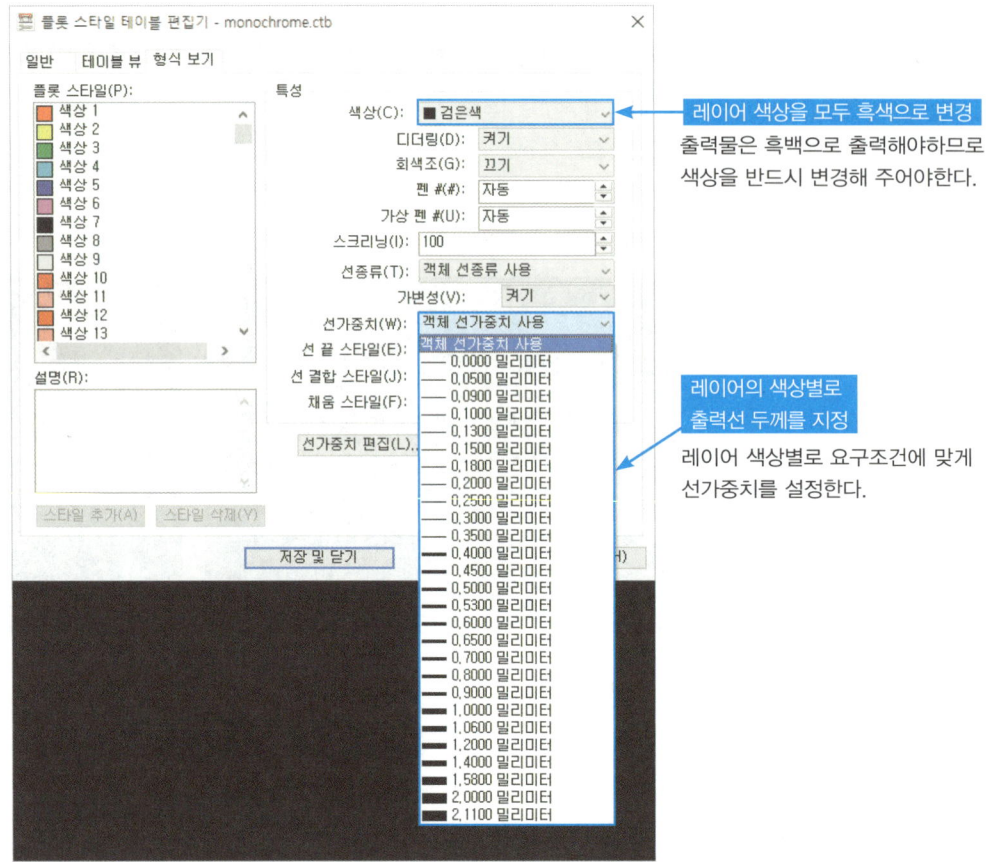

레이어 색상을 모두 흑색으로 변경
출력물은 흑백으로 출력해야하므로 색상을 반드시 변경해 주어야한다.

레이어의 색상별로 출력선 두께를 지정
레이어 색상별로 요구조건에 맞게 선가중치를 설정한다.

❺ 다른 이름으로 새로운 플롯 스타일 파일(CTB) 저장

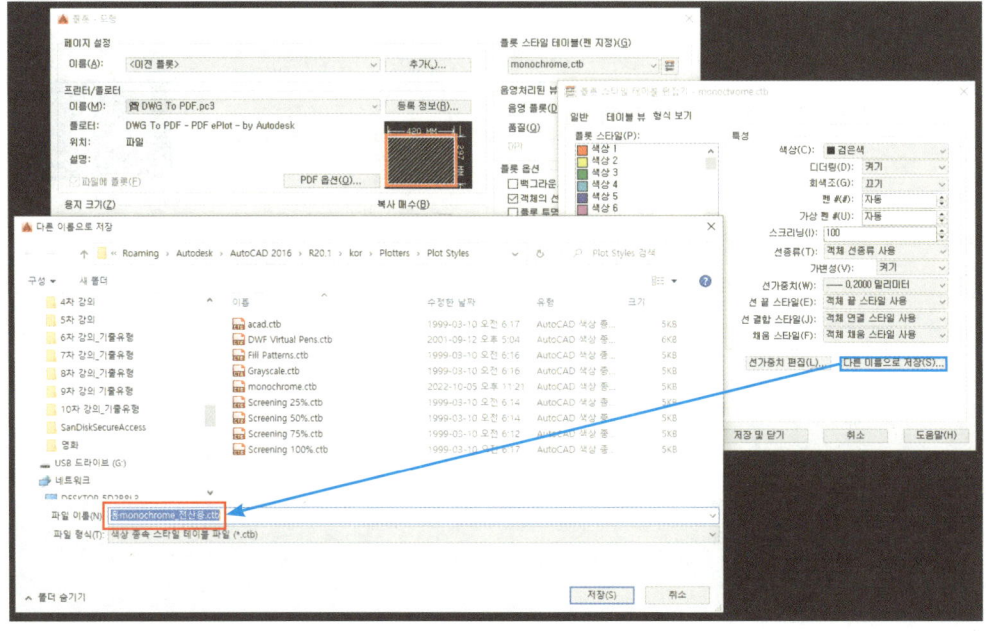

TIP!

CTB
Color Dependent Plot Style 의 색상 종속 플롯 스타일 테이블을 의미한다.

❻ 플롯 스타일 테이블을 새로 만든 플롯 스타일 파일(CTB)로 지정

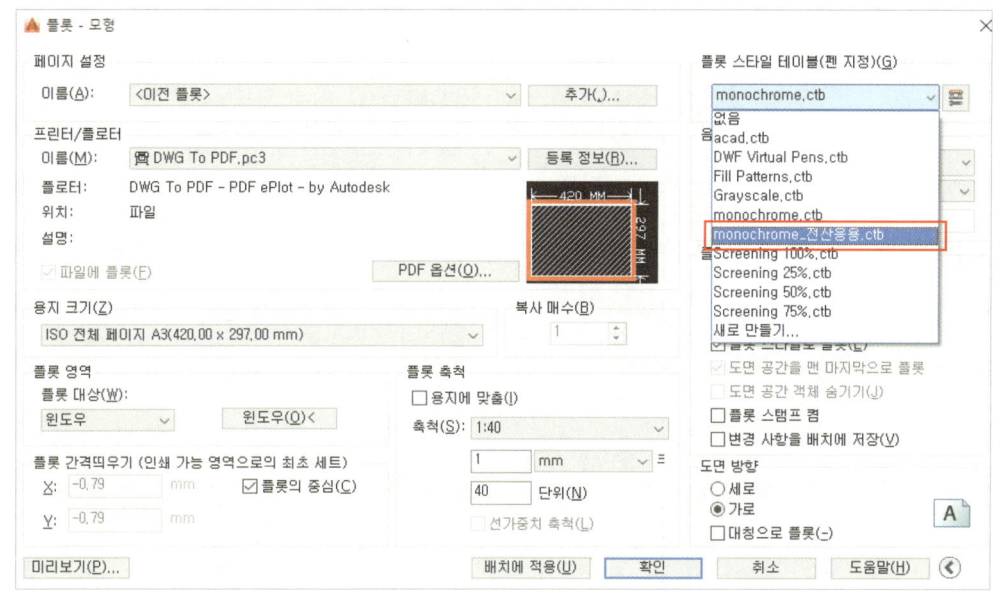

❼ 플롯창의 세부사항을 체크 후 [확인]

TIP!

[미리보기(P)...]
세부항목에 따른 최종 출력도면을 미리보기로 확인할 수 있는 옵션이다.

❽ 출력 완료

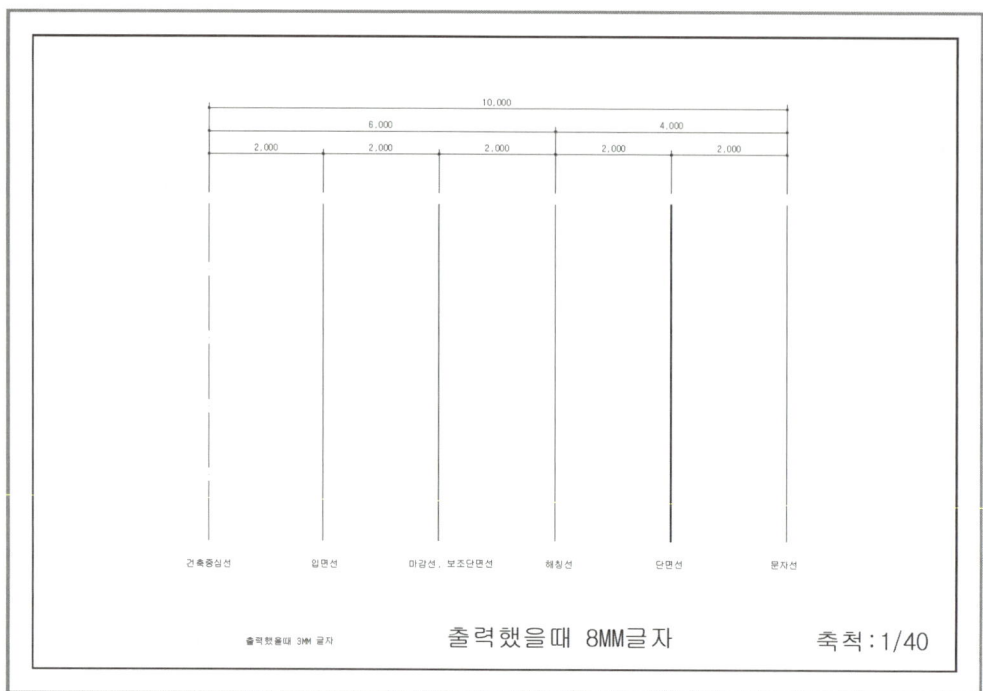

※ 시험 요구조건에 따라 레이어 별로 선가중치가 다르게 출력된다.

CAD 작업화면상 선가중치

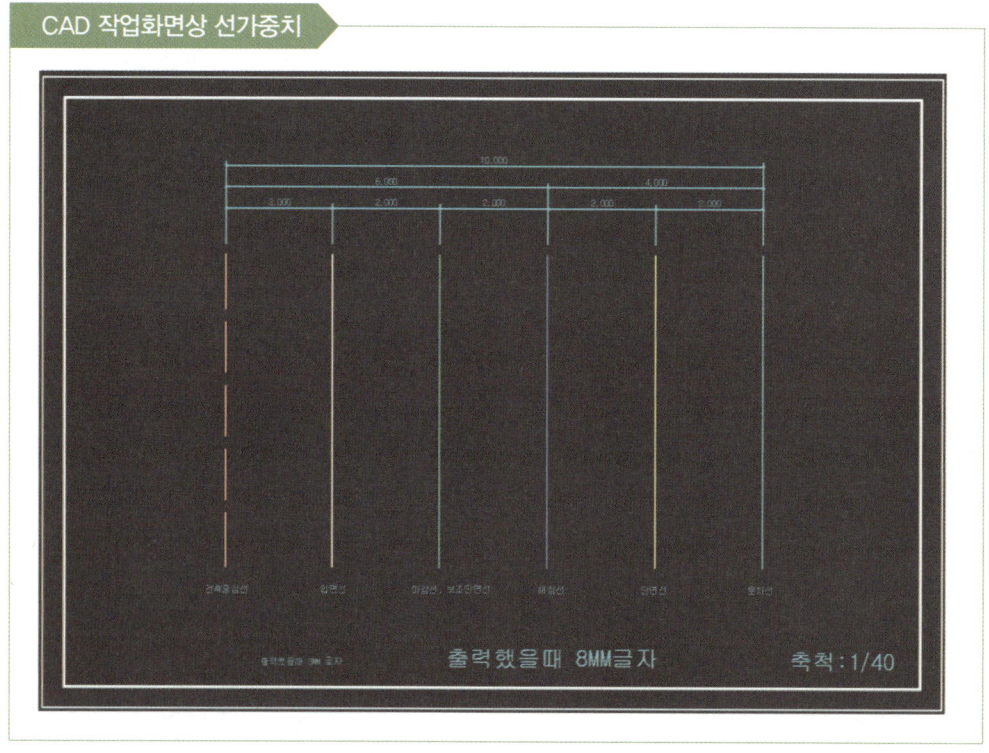

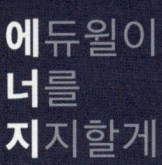

에듀윌이 너를 지지할게

ENERGY

우리는 기회를 기다리는 사람이 되기 전에
기회를 얻을 수 있는 실력을 갖춰야 한다.
일에 더 열중하는 사람이 되어야 한다.

– 안창호

PART

04

도면 그리기 기본요소

학습 GUIDE

본 파트는 평면도, 단면상세도, 입면도에 대한 이해와 평면도에 따른 각 실별 현관, 테라스, 방 등 주택을 구성하는 기본적이 요소들에 대해 학습합니다.

표제란, G.L선, 도면명 및 문과 창호 등의 형태를 이해하여 도면 그리기의 기본요소를 숙달합니다.

PART 04 도면 그리기 기본요소

1 도면의 이해

TIP!

제출도면
단면도와 입면도 이렇게 총 2개의 도면제출이 요구된다.

제출항목
시험응시 기준에 따라 PC로 작업한 CAD의 'DATA'파일과 응시자가 직접 출력한 '출력도면'을 제출한다.

※ 출력은 감독관 통제에 따라 본인이 직접 프린트를 하여 제출해야 한다.

1. 평면도

(1) 개요

- 건축물을 바닥에서 일정높이에서 수평으로 절단하여 아래로 내려다 본 것을 도면화하여 그린 것이다.
- 벽체두께, 각실의 배치, 개구부 등이 종합적으로 표현된다.

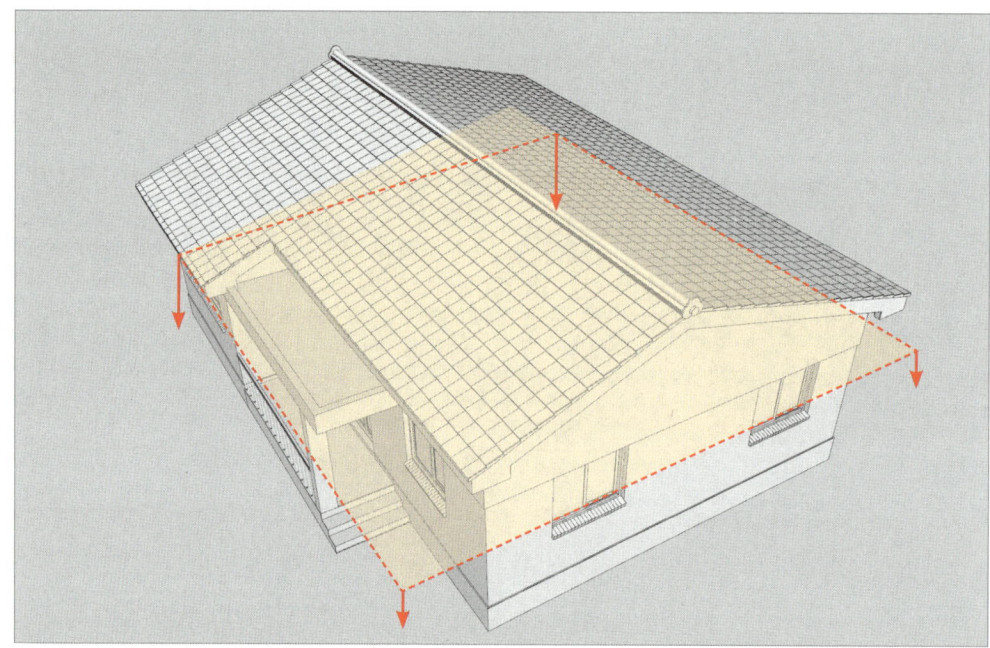

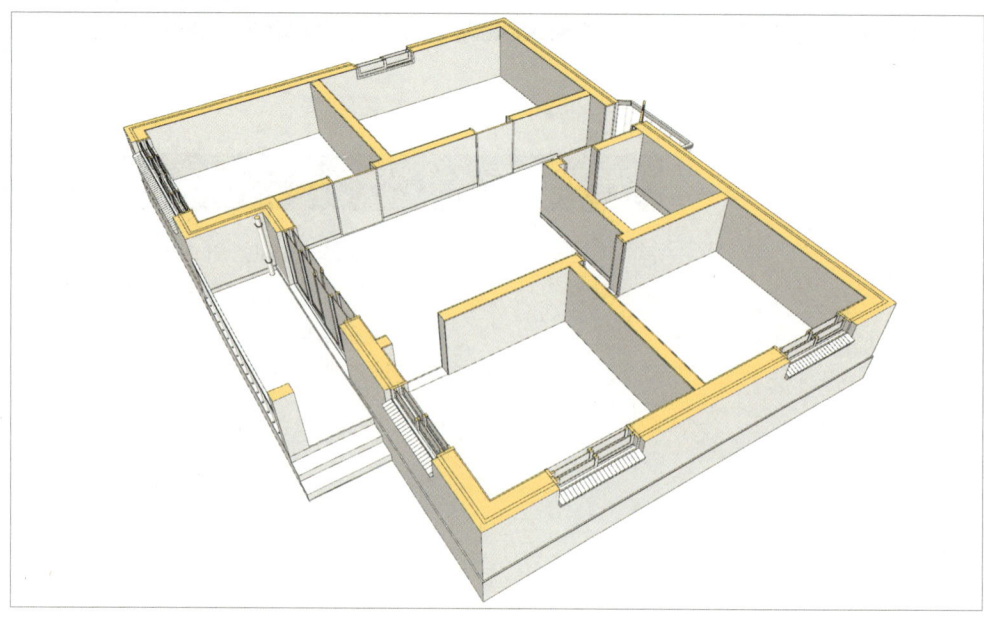

(2) **선굵기 표현**

- 단면은 굵게 표현하고 마감선과 재료를 표현하는 선은 가늘게 표현한다.
- 단면선 안에서도 구조부의 단면선이 가장 굵게 표현된다.

구분	내용	권장색상	도면층 이름
• 중심선	벽체의 중심을 나타내는 선	빨강색	Cen
• 단면선	구조체의 단면선	노랑색	Sec
• 마감선	구조체가 아닌 마감재의 단면선	녹색	Fin
• 입면선	절단하지 않은 상태에서 보이는 물체의 외형선	흰색	Ele
• 해칭선	재료를 표현하는 선	파랑색	Hat
• 문자선	글자·치수선	하늘색	Tex

(3) **선의 종류**

전산응용건축제도기능사 실기 시험에서 사용하는 선의 종류는 다음과 같다.

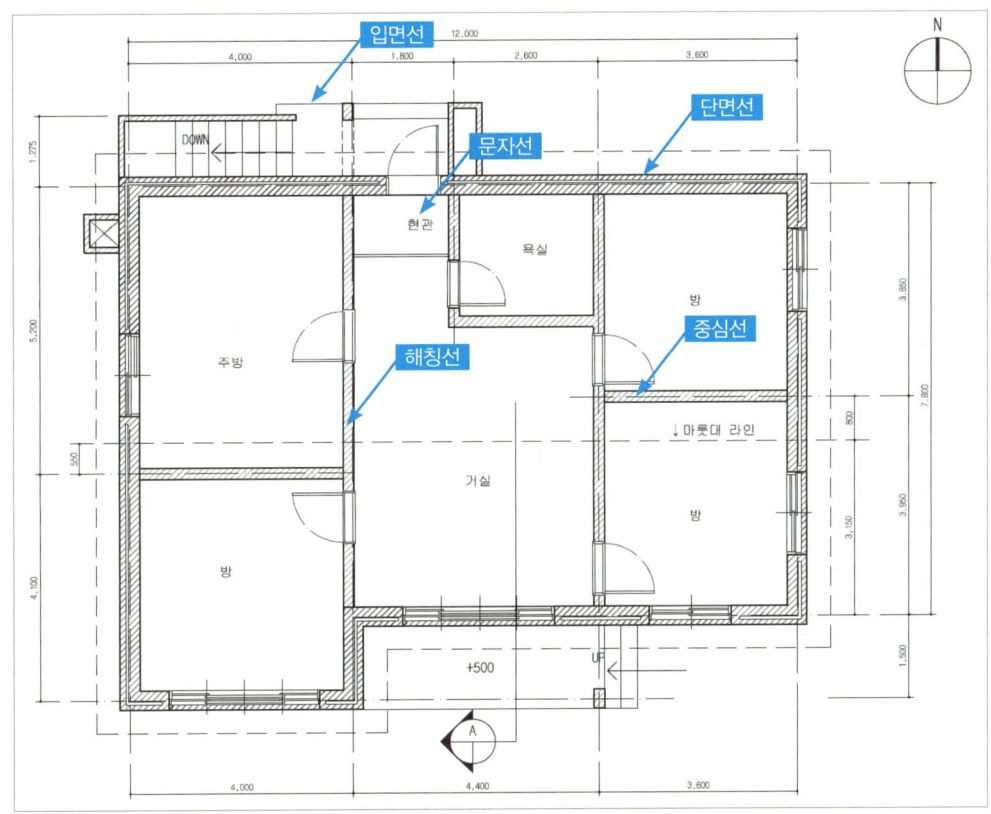

※ 마감선은 단면상세도에서 확인(107p 참고)

2. 단면상세도

(1) **개요**
- 건축물을 절단하여 그린 도면이다.
- 단면의 형상과 재료, 크기, 두께 등이 자세하게 표현된다.

(2) **선굵기 표현**

같은 단면선이라도 주요구조는 굵게 표현한다.

ex) 건축물의 뼈대가 되는 철근콘크리트는 가장 굵게 표현한다.

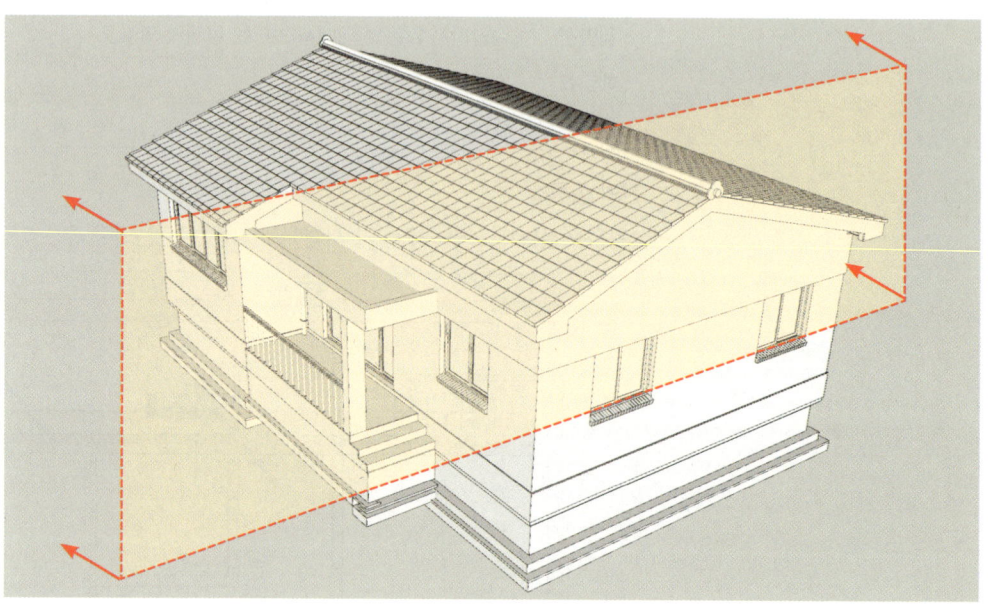

아래 이미지는 위에 절단면 기준으로 주택의 내부 단면을 보여준다.

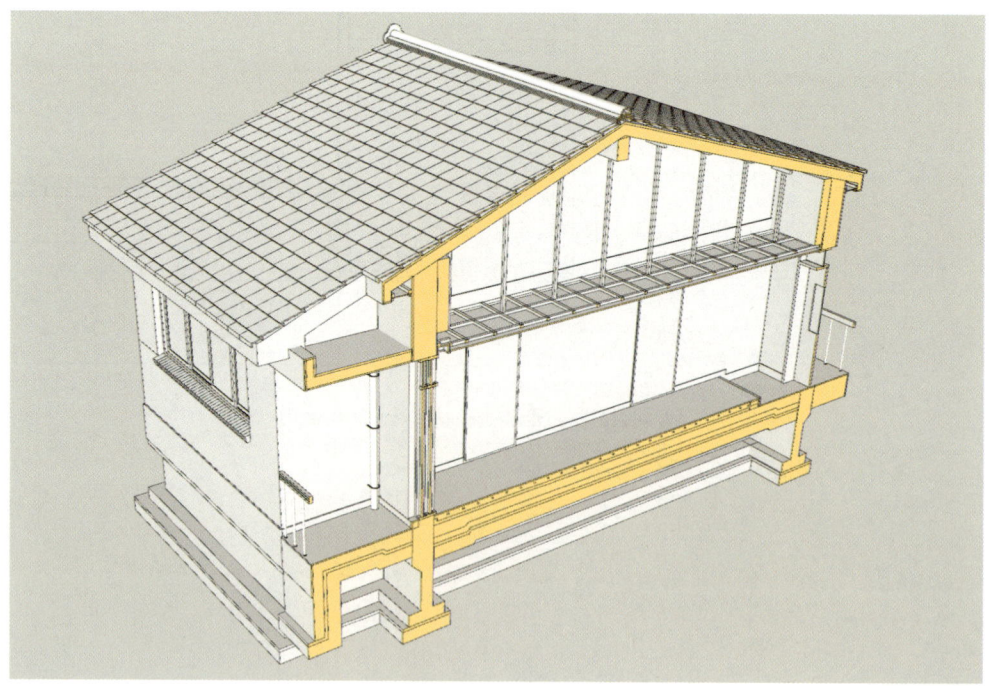

단면에는 절단면 부분의 단면선과 내외부의 구조체, 부재, 가구 등의 입면선들과 함께 구성된다.

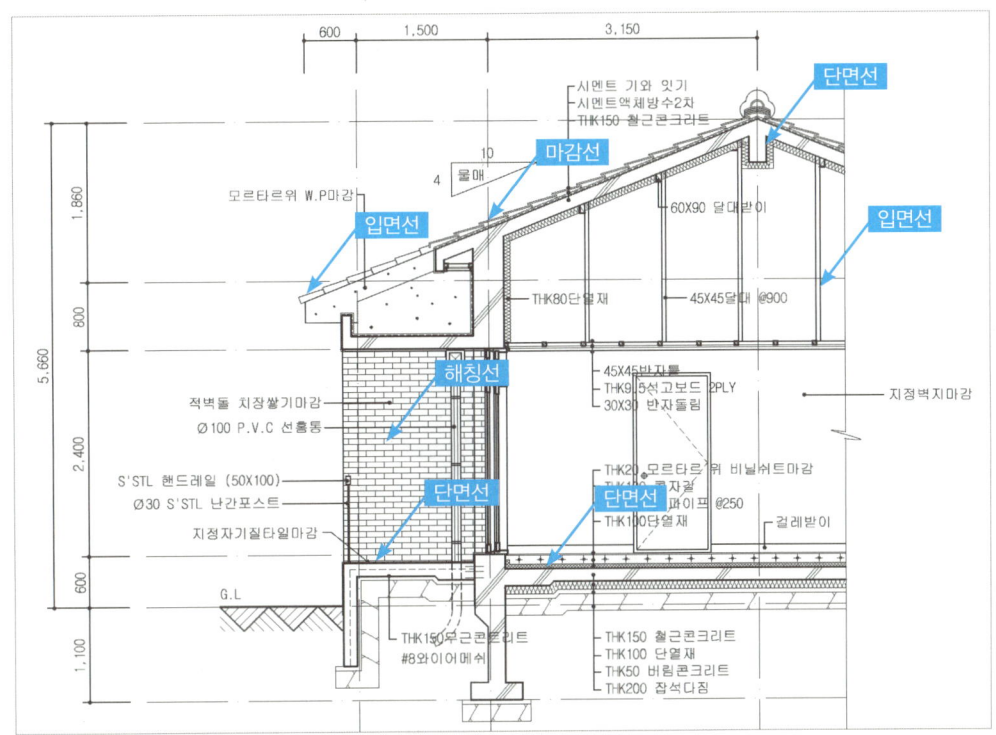

▲ 출력물상의 선종류

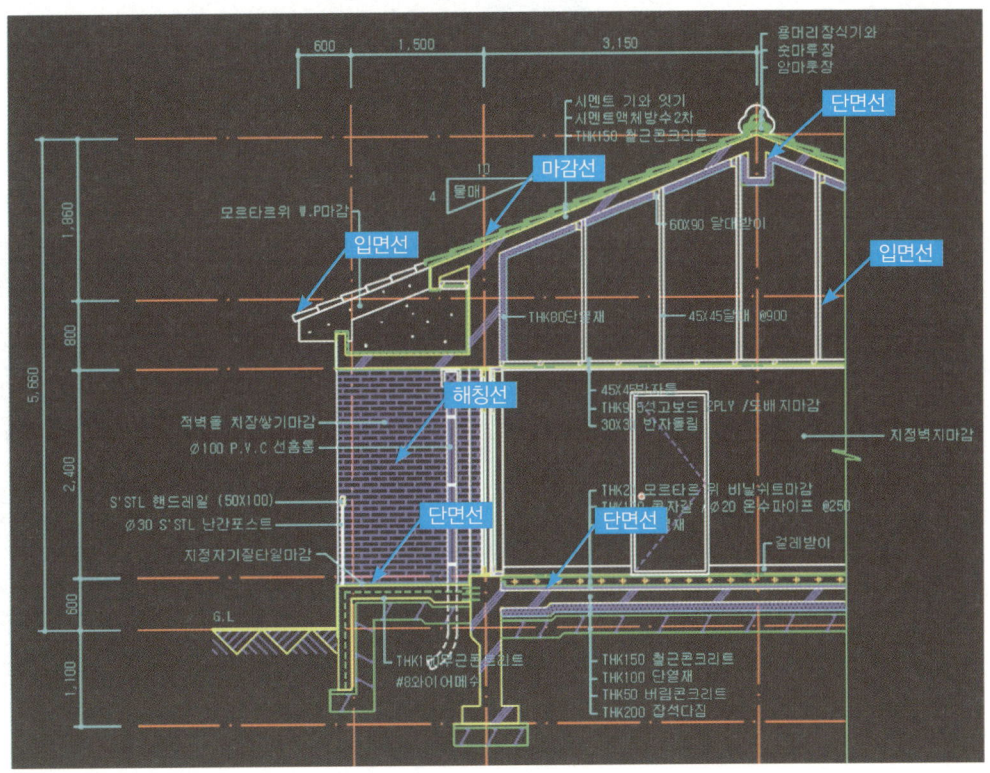

▲ CAD화면상의 선종류

3. 입면도

(1) 개요

- 건축물의 외관을 표현하기 위한 도면이다.
- 남측입면도, 북측입면도, 동측입면도, 서측입면도 등이 있다.

(2) 선굵기 표현

- 객체의 외형은 입면선으로 그린다.

※ 단, 선간격이 좁은 관계로 선이 겹칠 경우에는 가는선(해칭선)으로 그린다.

- 재료를 표현하는 경우는 해칭선으로 그린다.

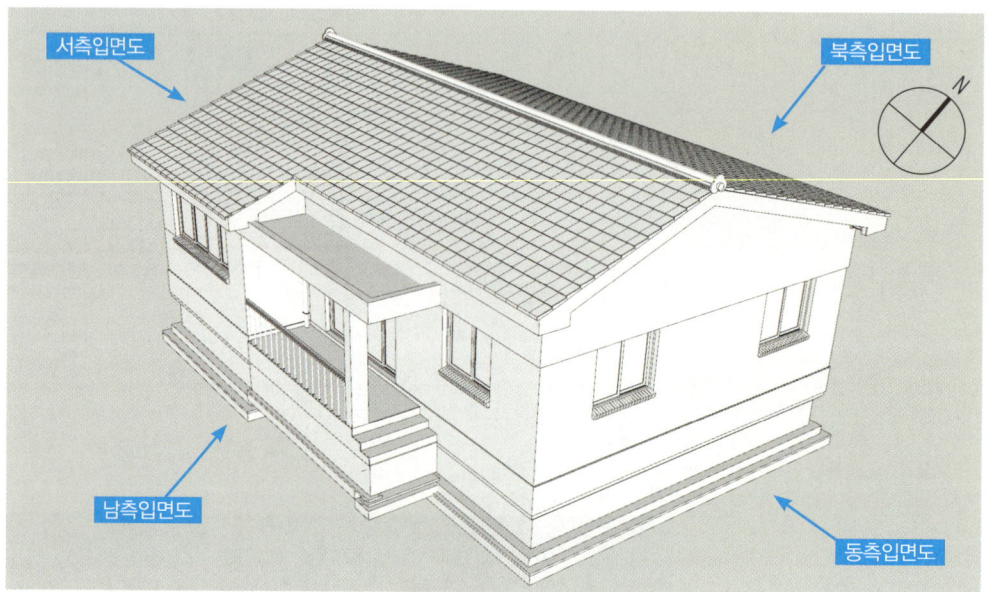

▲ 방향에 따른 입면도

- 입면도에서는 재료표현 및 재료명 표시 외에는 주로 입면선으로 이루어진다.

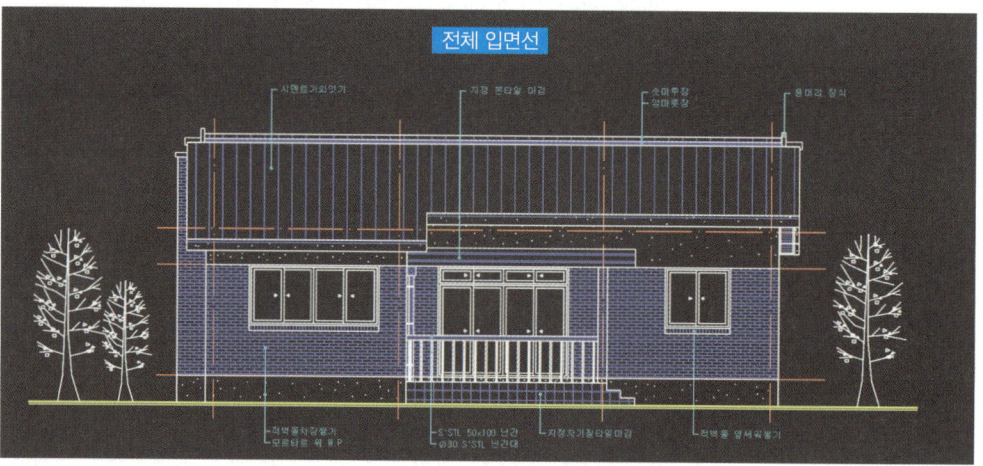

▲ 입면도

2 표제란 그리기

1. 개요

표제란은 시험지에 기재된 대로 제도하여 단면도와 입면도와 함께 배율을 조정하여 사용한다.

단면상세도는 40배(축척 1/40)를 곱하고 입면도는 50배(축척 1/50)의 배율로 조정한다.

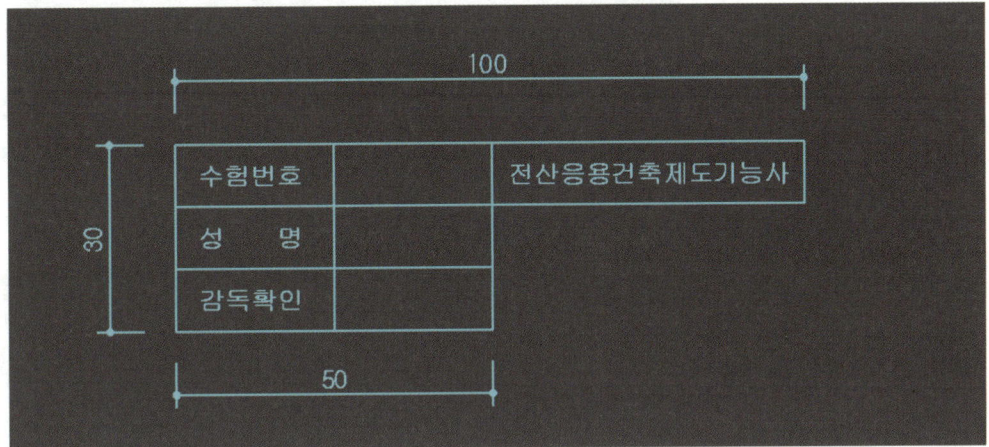

2. 작도 요령

❶ 직사각형 그리기 [REC]

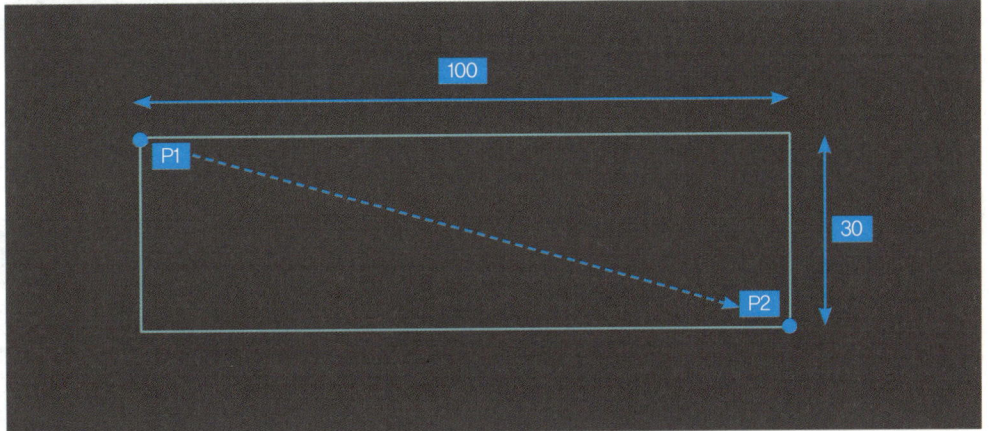

❷ 직사각형 분해하기 [X]
❸ 표 간격띄우기 [O]

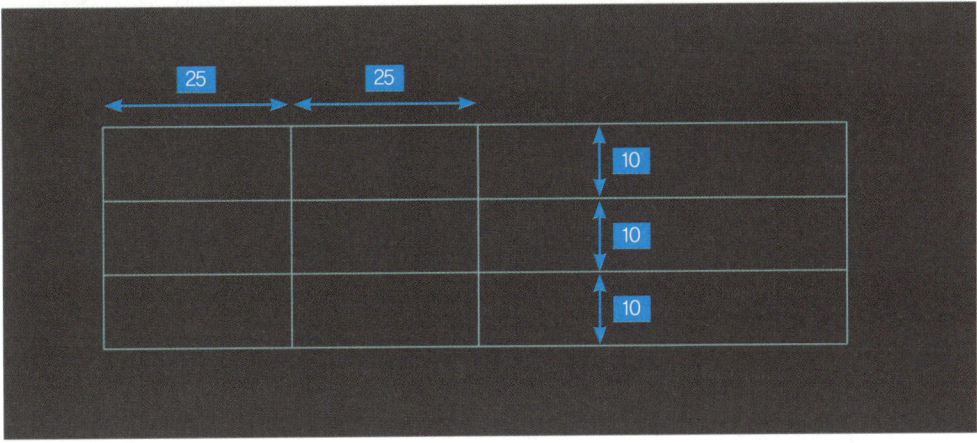

❹ 선 자르기 [TR]

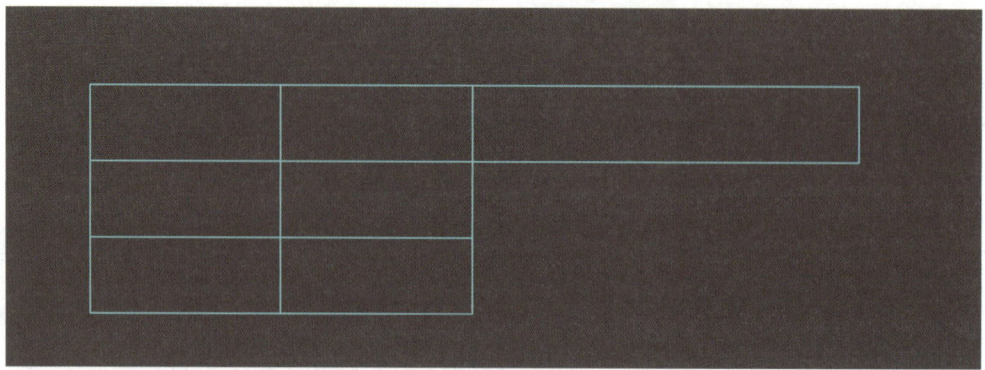

❺ 축척 맞추기 [SC]

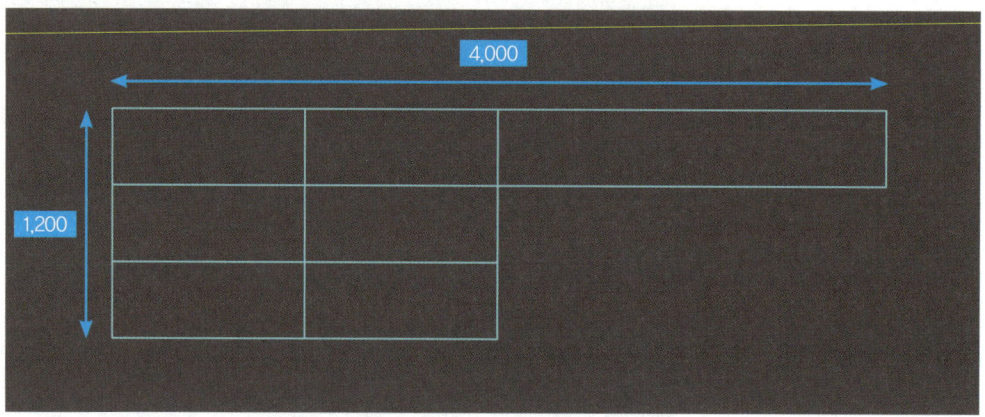

▲ 단면상세도 축척 1/40의 예시

❻ 문자 스타일 설정 [ST] 후 문자쓰기(높이 3mm 적용) [DT]

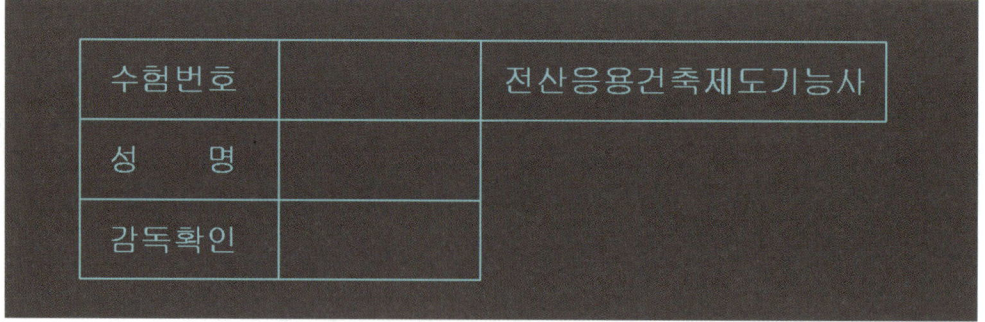

3 도면명 그리기

1. 개요
도면의 이름을 기재하는 란으로, 실기시험 시 반지름 10mm 원을 그린 후 높이 8mm 문자를 사용한다.

2. 작도 요령

❶ 원 그리기 [C], 선 그리기 [L]
- 원의 반지름은 단면도에서는 400, 입면도에서는 500으로 그린다.

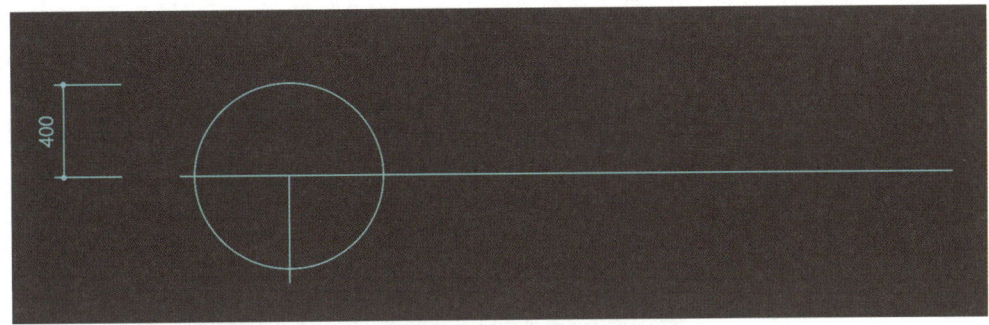

▲ 단면도(축척 1/40) 예시

❷ 문자스타일 설정 [ST], 문자쓰기 (높이 8mm 적용) [DT]
- 단면도(축척 1/40)를 그릴 때는 높이 320(8mm × 축척배율 40)으로 세팅한다.
- 입면도(축척 1/50)를 그릴 때는 높이 400(8mm × 축척배율 50)으로 세팅한다.

TIP!

배율작업
입면도, 단면도 도곽은 A3도면에 표제란, 도면명, G.L을 그린 후 한번에 배율을 조정한다.

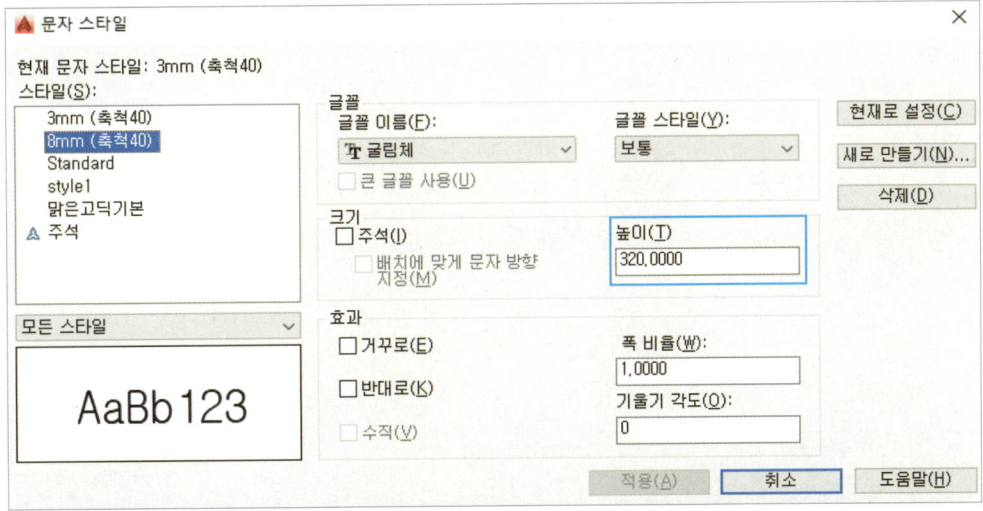

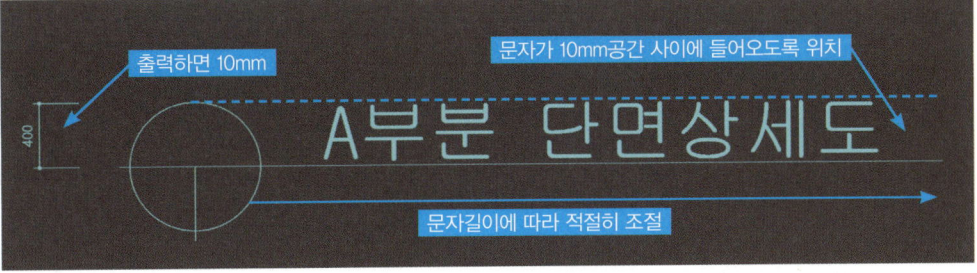

▲ 단면도(축척 1/40) 문자 예시

❸ 축척 [ST], 문자쓰기 [DT]

축척을 표기할 때는 문자높이를 3mm로 사용한다.

• 문자스타일은 단면도에서는 '3mm(축척40)', 입면도에서는 '3mm(축척50)'적용한다.

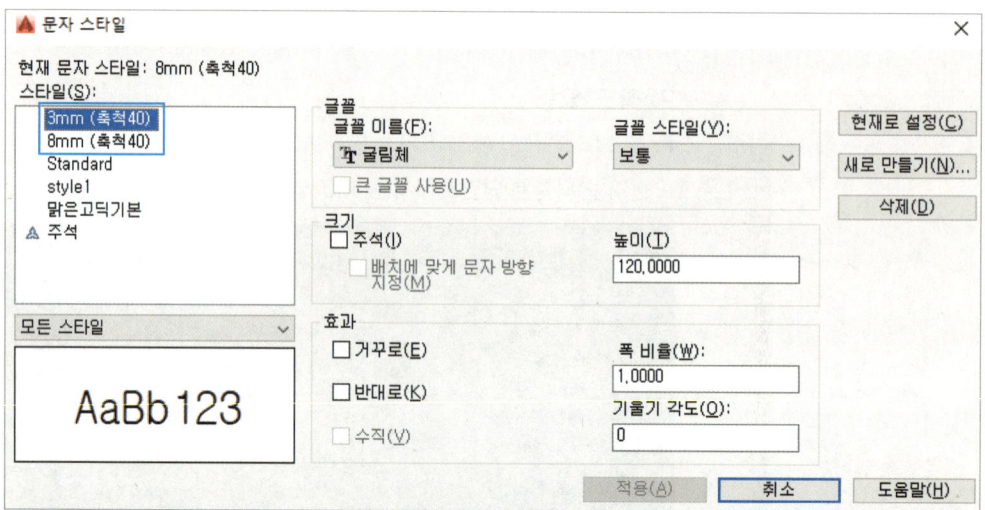

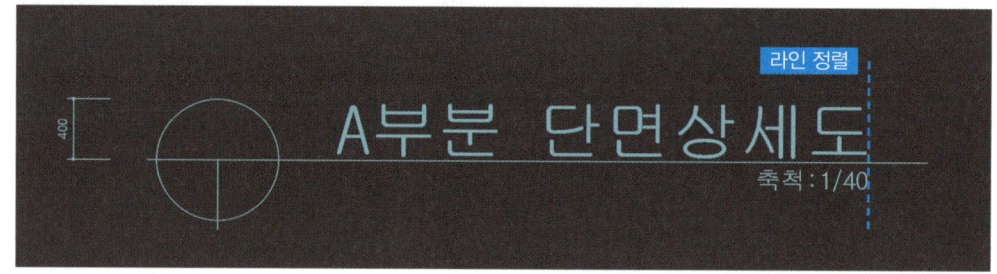

4 G.L 단면 그리기

1. 개요
- G.L(Ground Line)은 단면상세도에서 대지의 단면을 나타낸다.
- G.L의 축척은 1:1 사이즈로 그려서 축척의 배율만큼 곱해 준다. (축척 1/40의 경우, 40배 곱하기)

2. 제도과정

❶ 극좌표 사용하여 라인 그리기 [L] <-45 Enter, 10 Enter

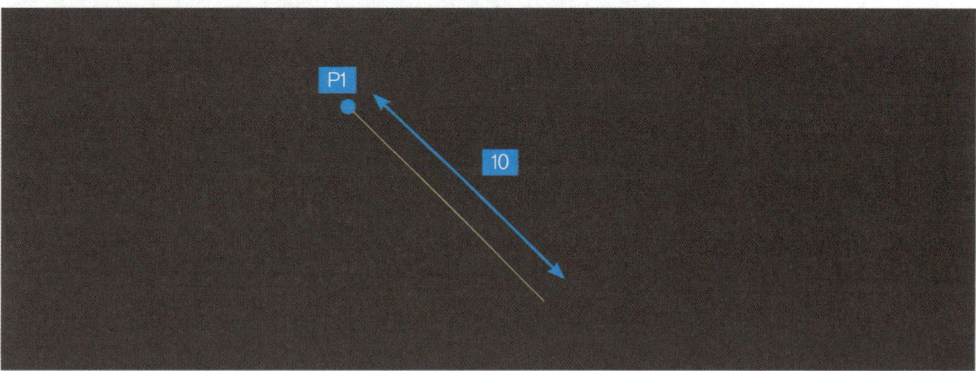

❷ 대칭복사하기 [MI]

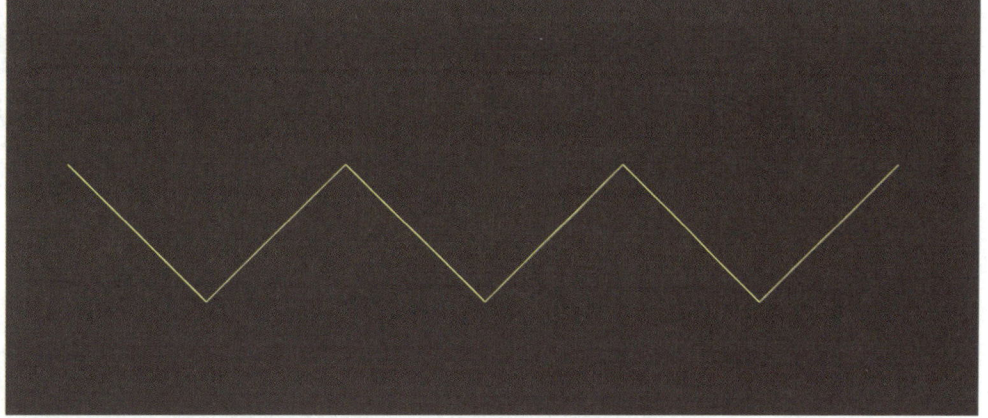

❸ 직사각형 그리기 [REC]

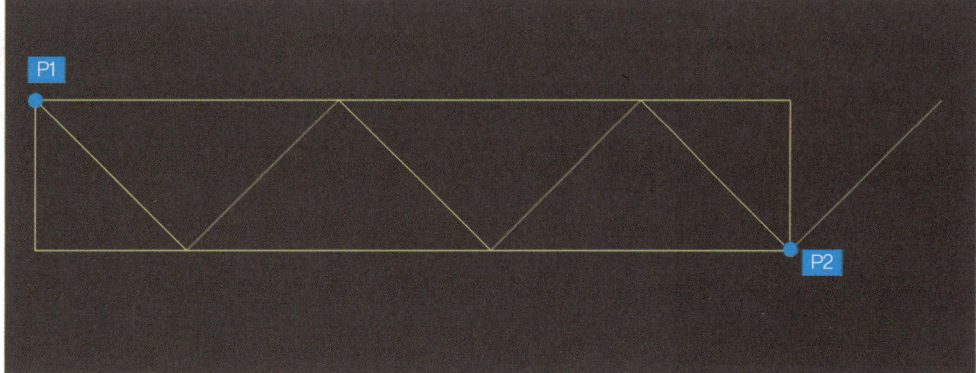

❹ 간격띄우기 [O]

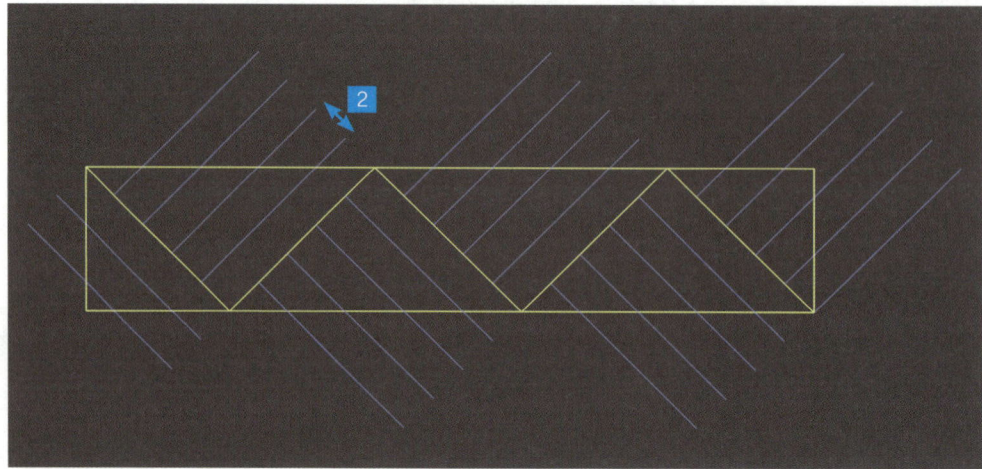

※ 간격띄운 객체 레이어 변경

❺ 선자르기 [TR]

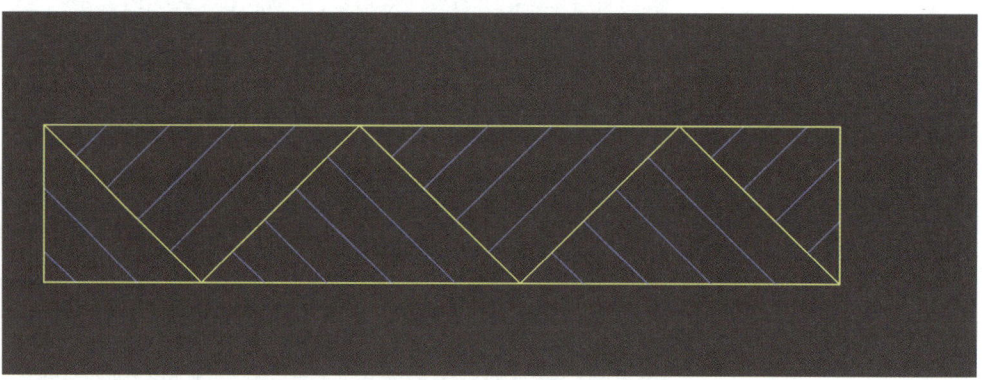

❻ 직사각형 분해 [X], 불필요한 객체 삭제 [E]

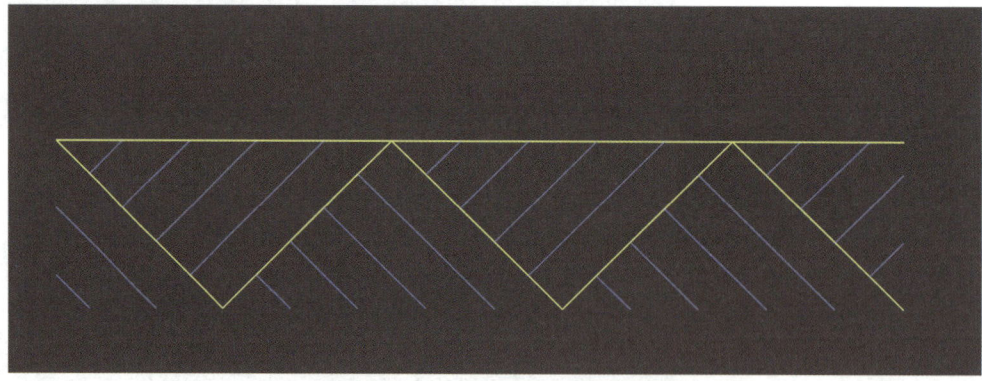

❼ 선을 폴리라인으로 변경 [PE], 특성창에서 전역폭(선두께)을 0.5 적용 [PR]

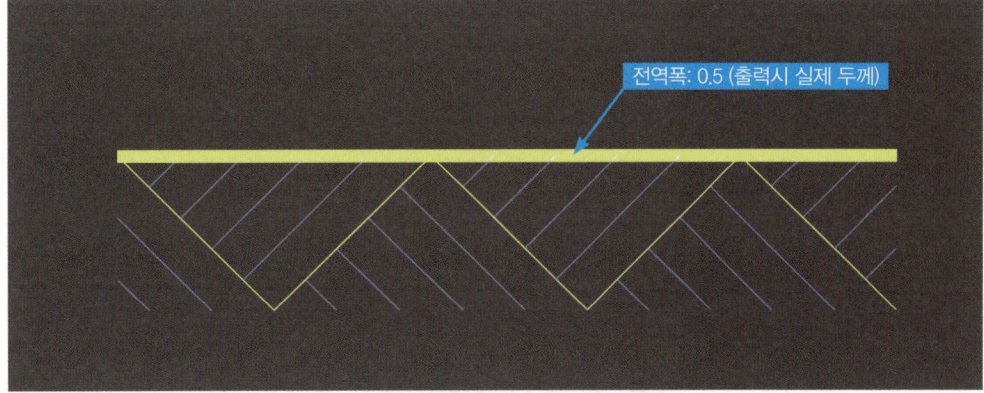

❽ 각도면의 축척을 곱하기 [SC]

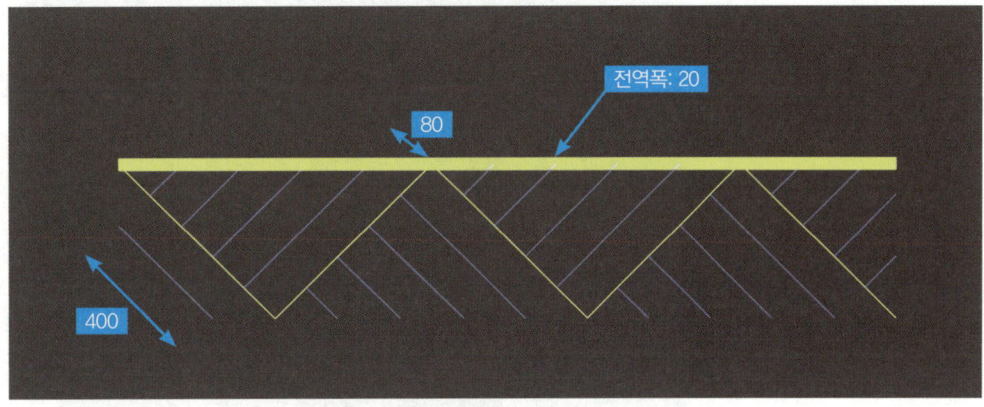

※ 1/40축척의 도면에서는 전역폭이 0.5의 40배인 20으로 표현

5 방문 그리기

1. 문의 구성

❶ 문틀: 도어를 설치할 수 있도록 시공하는 테두리로 일반적인 사이즈는 900mm×2,100mm로 한다.

❷ 도어다리: 문을 닫았을 때 뒤로 밀리지 않도록 지지하는 버팀대이다.

❸ 도어: 도어의 두께는 보통 40mm이다.

❹ 손잡이: 손잡이 높이는 바닥에서 보통 1,000~1,100mm 내외로 한다.

❺ 문턱: 문지방이라고도 하며 문안팎의 경계역할을 한다. 최근 도어에는 대부분 문턱이 없으나 실기시험을 준비할 때는 평면을 보고 문턱의 여부를 파악하여 도면을 그린다.

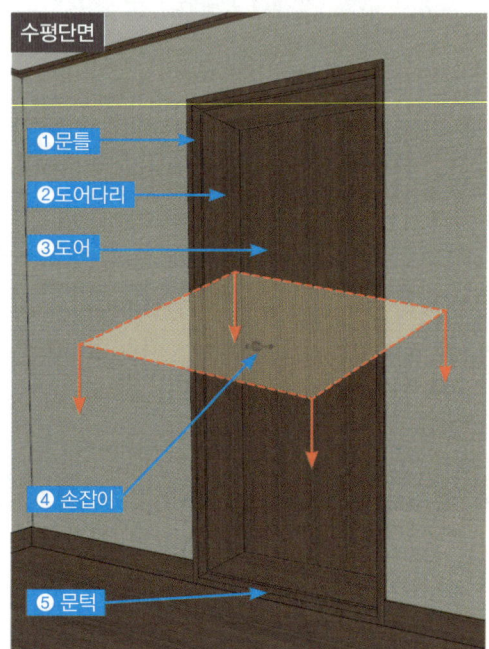
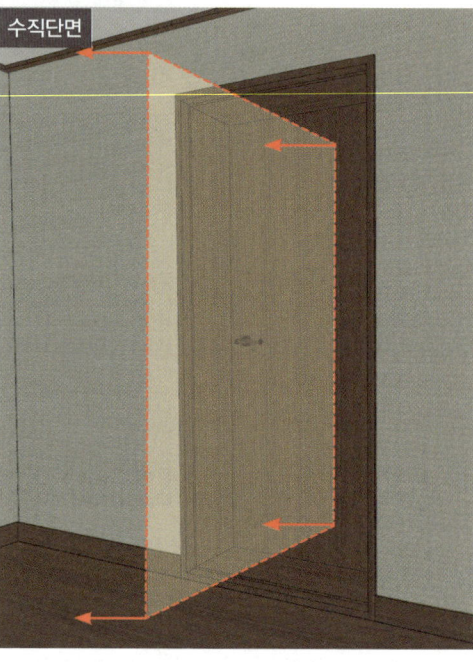
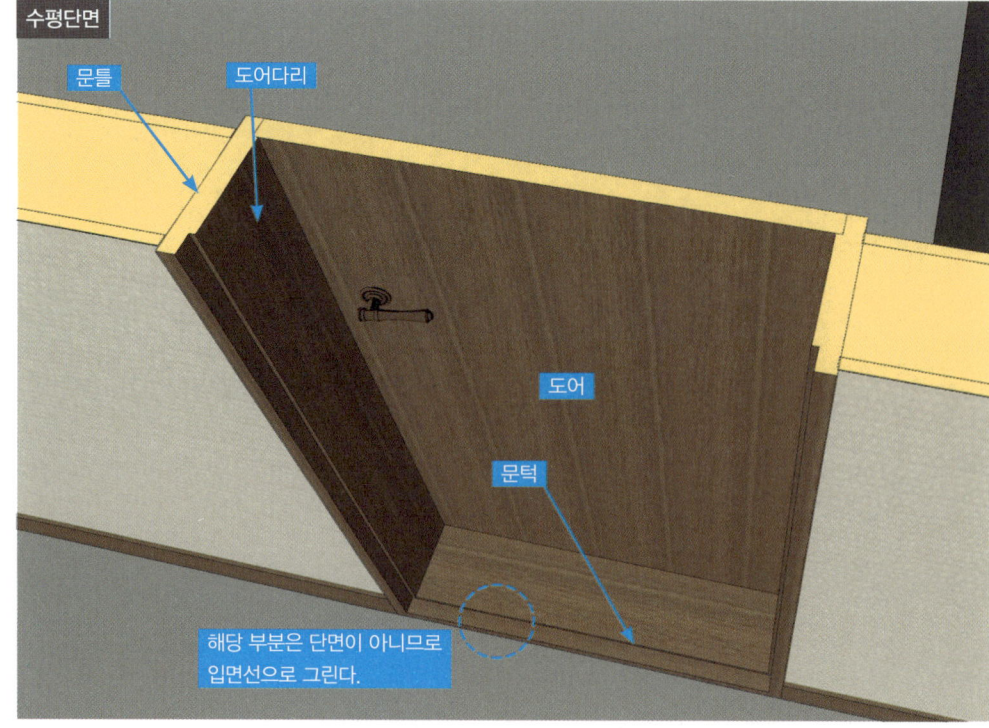

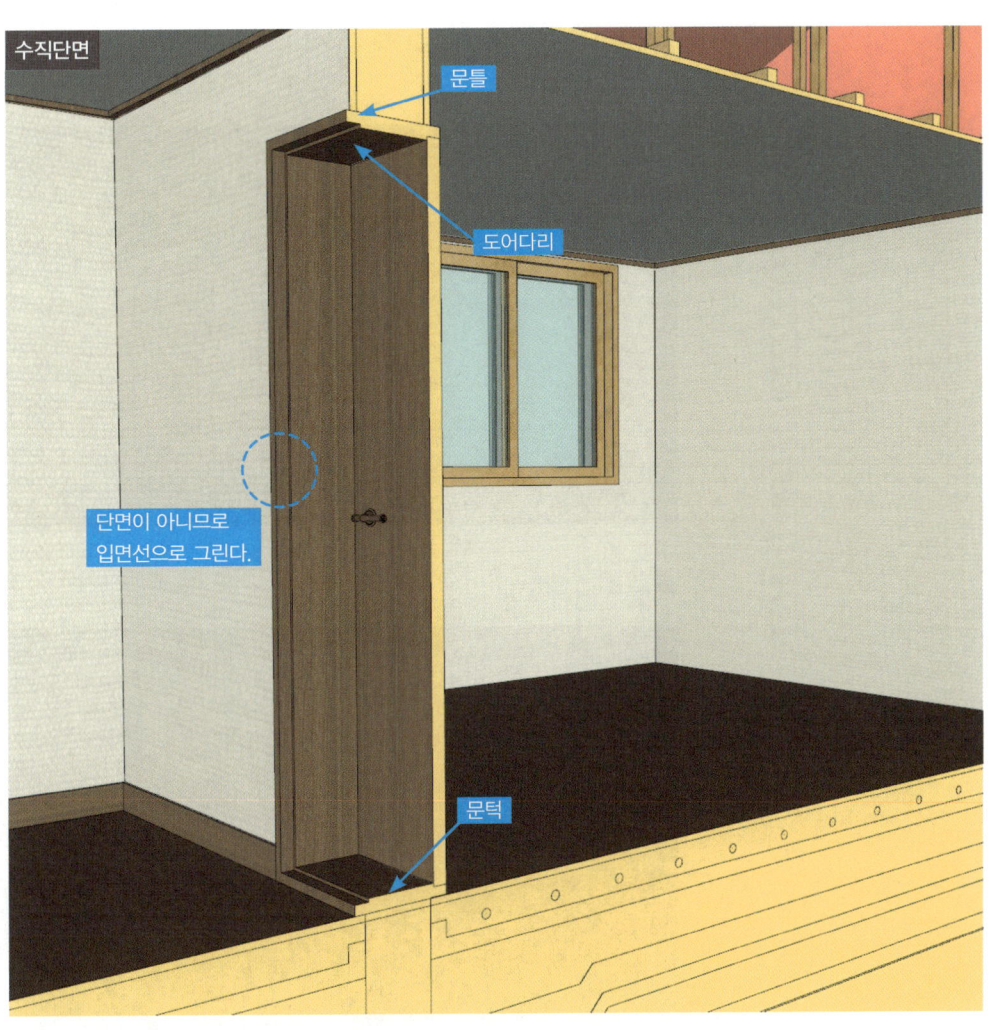

2. 문의 수평단면 제도과정

❶ 문틀 그리기

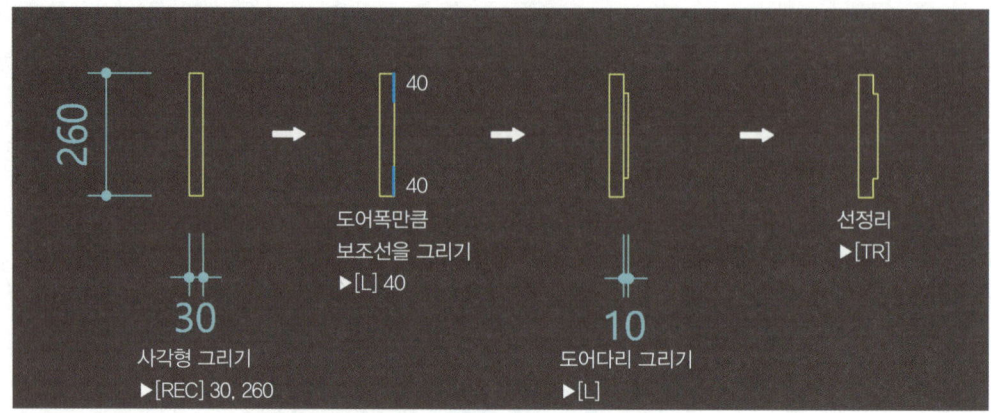

❷ 문틀 대칭복사

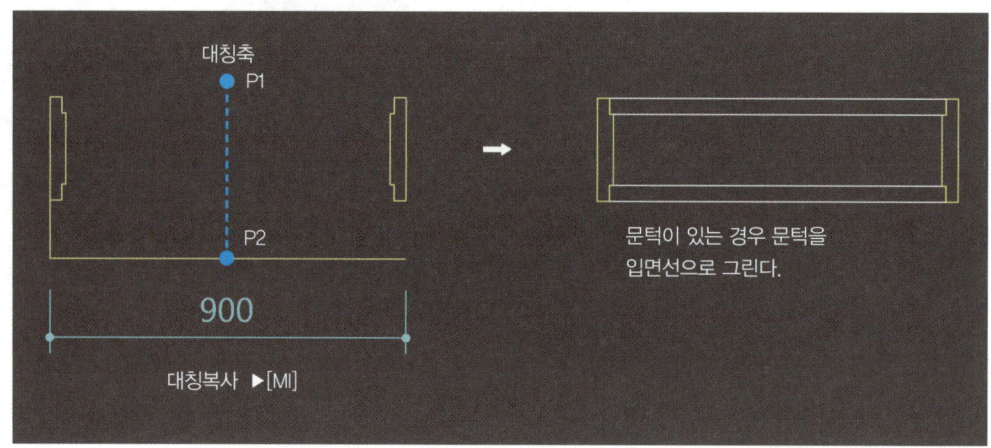

❸ 열림방향에 따른 방문 그리기

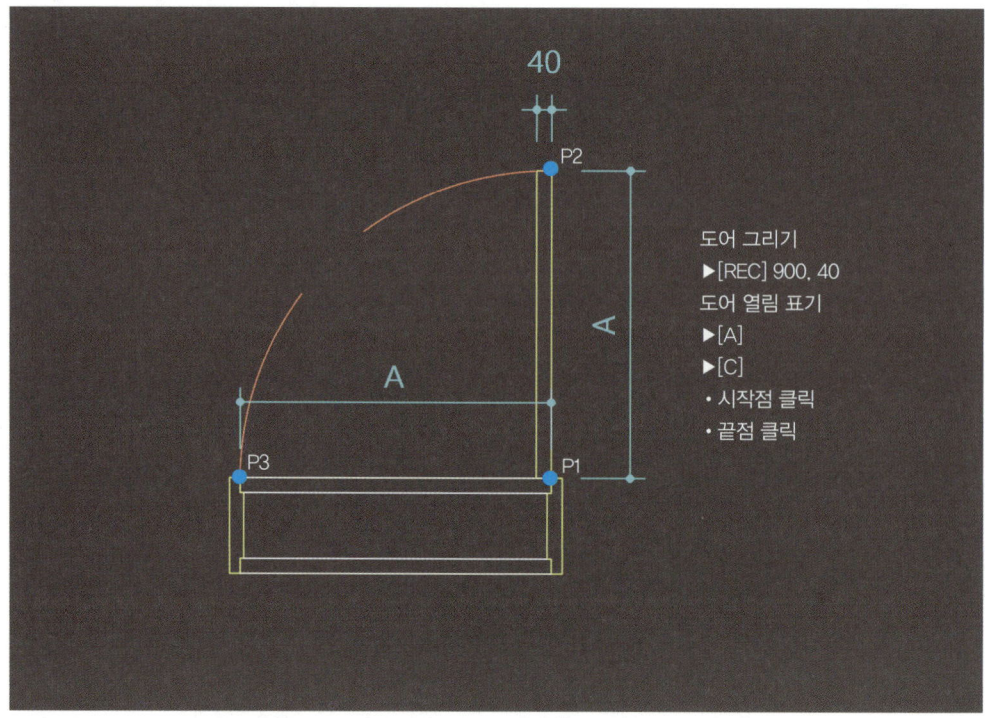

3. 문의 수직단면 제도과정

❶ 문틀 그리기

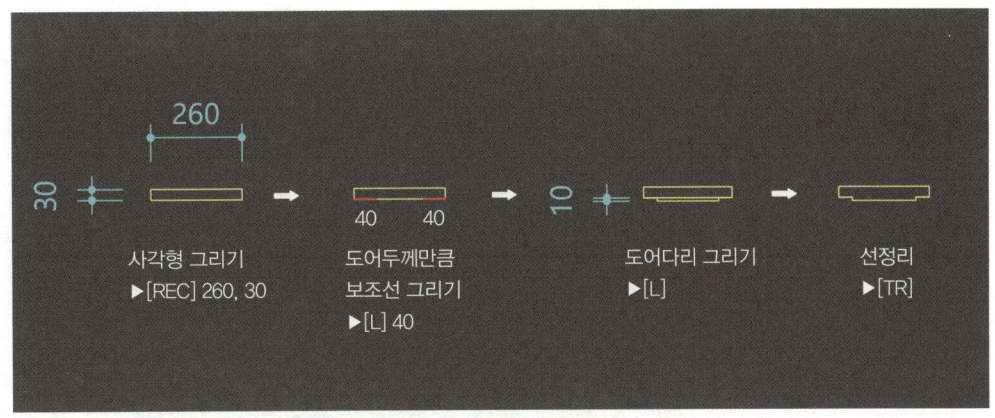

❷ 문틀 대칭복사/도어 그리기/손잡이 그리기

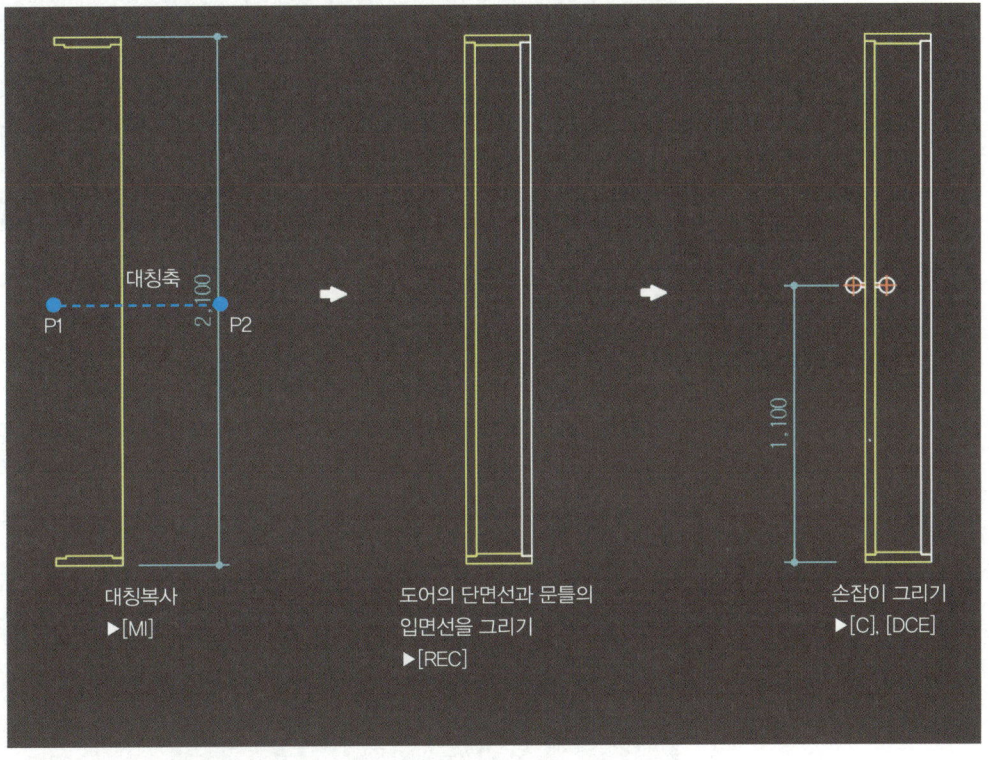

> **손잡이 그리기**
>
>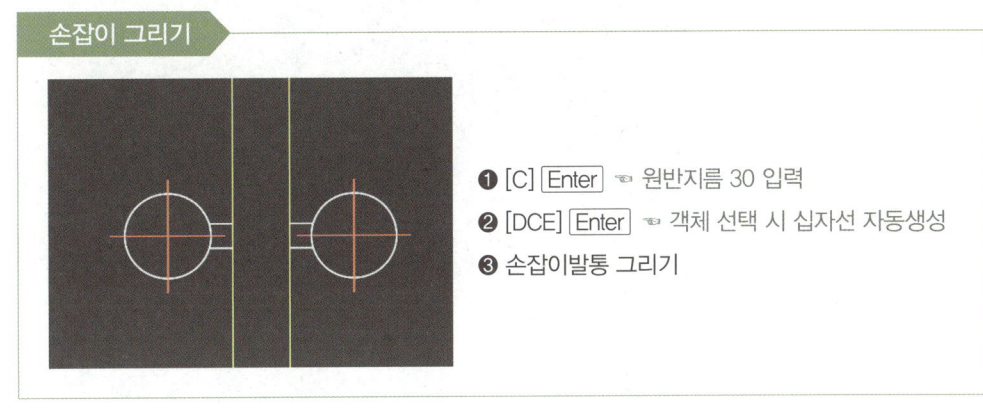
>
> ❶ [C] Enter ☞ 원반지름 30 입력
> ❷ [DCE] Enter ☞ 객체 선택 시 십자선 자동생성
> ❸ 손잡이받침 그리기

4. 방문의 입면 제도과정

❶ 문틀그리기

❷ 손잡이 그리기

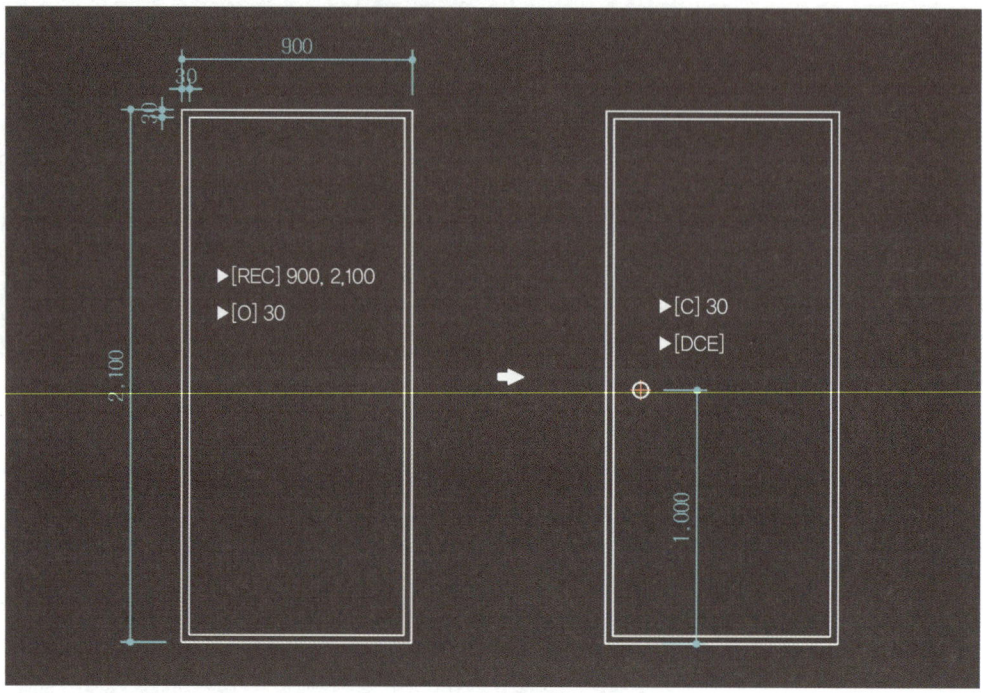

❸ 열리는 방향 표기
- 손잡이의 방향으로 라인 그리기
- 선 종류는 DASHED로 변경, 축척은 1로 변경

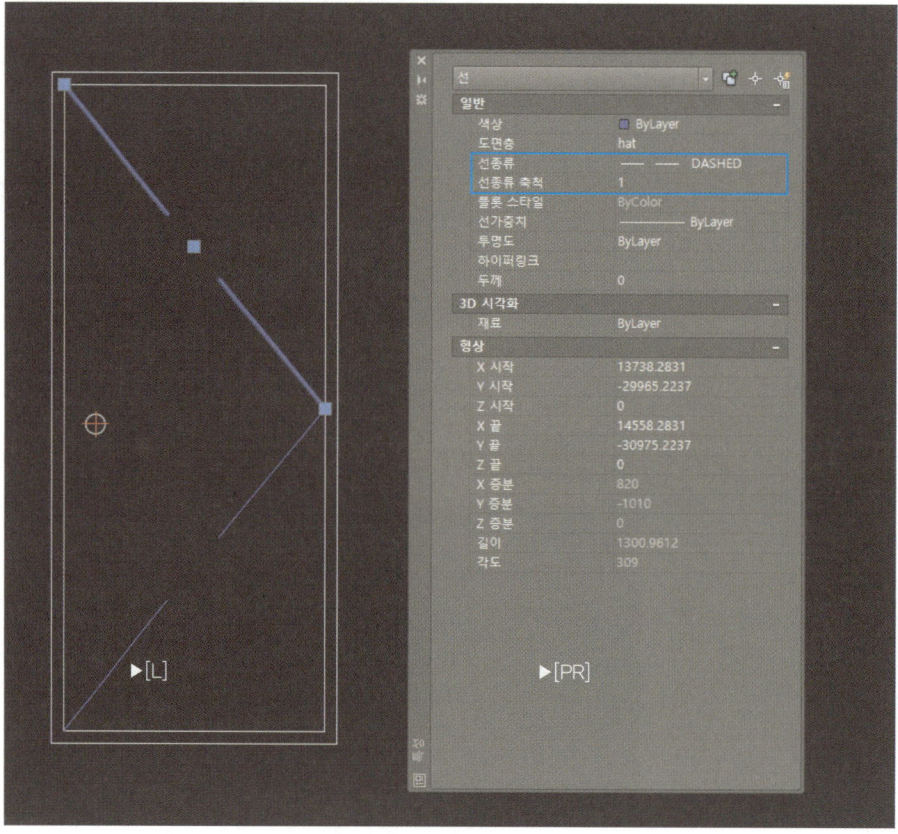

6 현관문 그리기

1. 개요
본 시험에 출제되는 주택의 현관문은 문턱이 없고 상부 고정창이 있는 경우가 대부분이다. 현관문의 디자인 및 규격은 다양하므로 평면도상에 현관의 단면을 보고 구성에 맞춰 수험자가 직접 디자인하여 그린다.

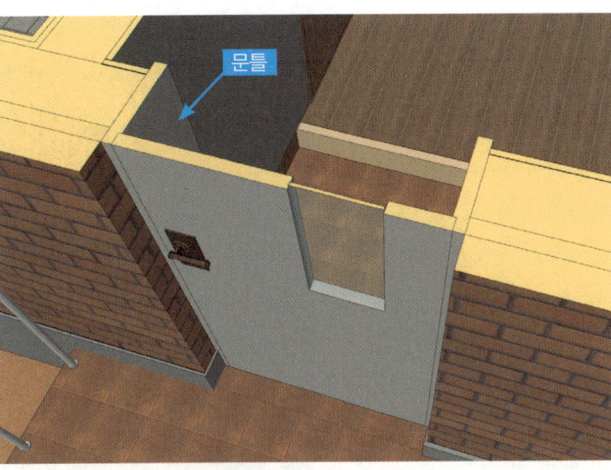
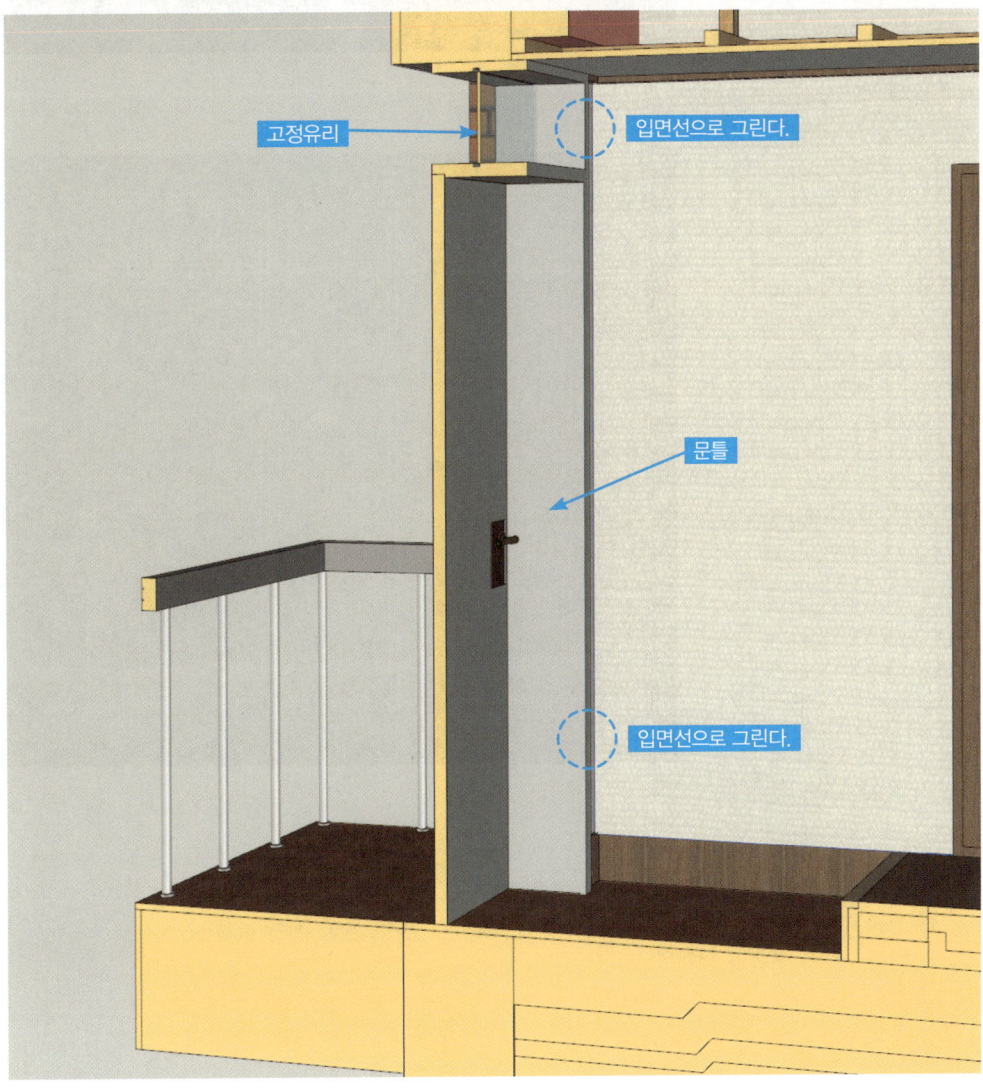

2. 현관문 입면 제도과정

❶ 문틀을 그린 후 문턱 삭제

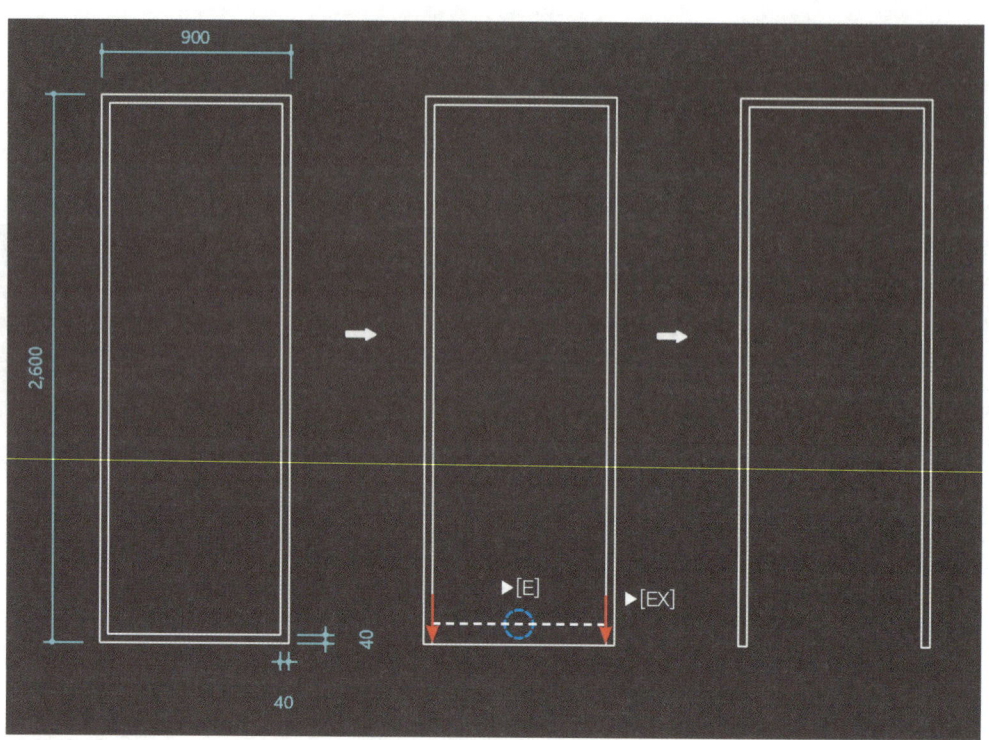

❷ 상부 고정창 그리기

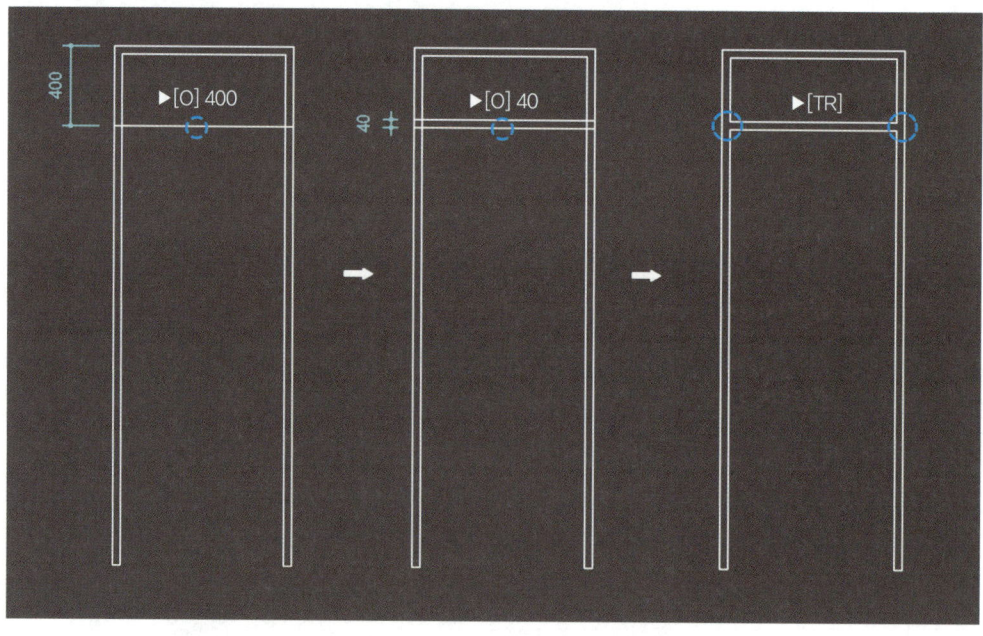

TIP!
현관문, 창문 등의 부자재들은 대략적인 도식에 맞춰 수험자가 직접 디자인하여 그린다.

❸ 손잡이 그리기

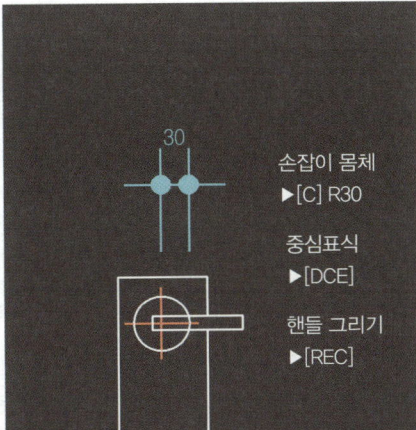

손잡이 몸체
▶[C] R30

중심표식
▶[DCE]

핸들 그리기
▶[REC]

❹ 창호 디자인

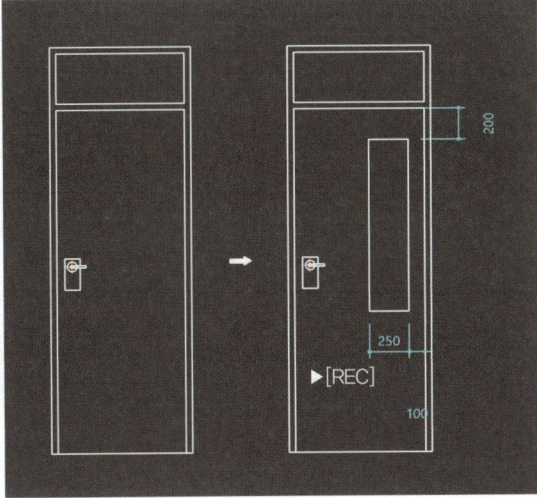

▶[REC]

❺ 유리부분 재료표기

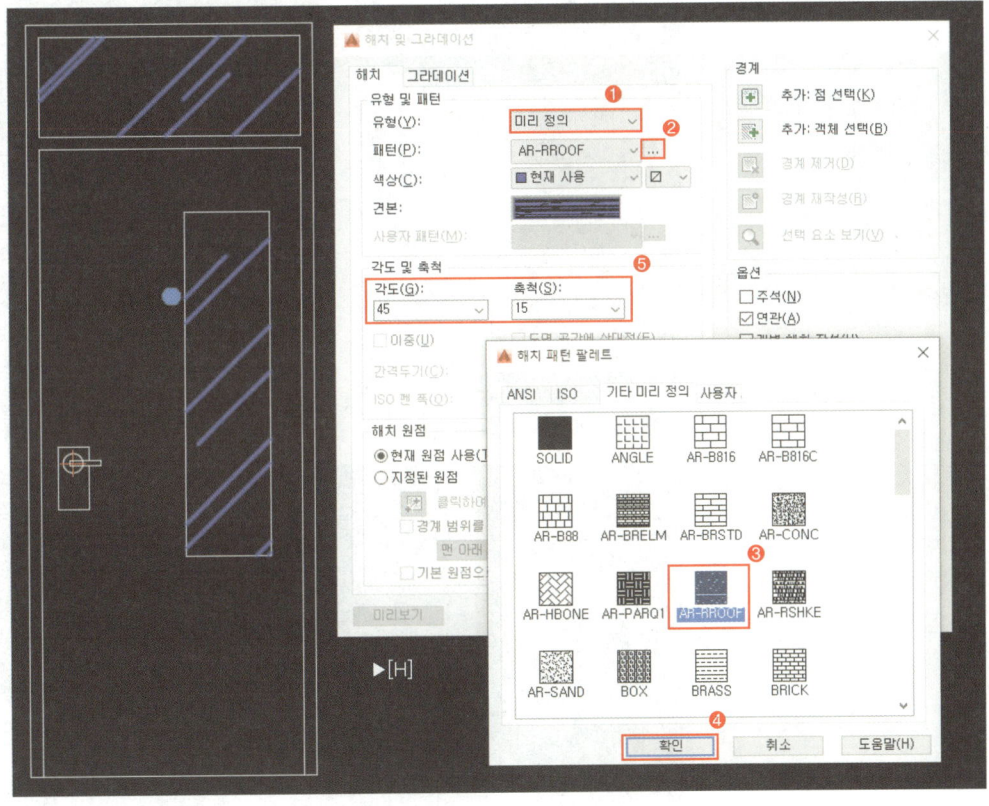

▶[H]

PART 04 도면 그리기 기본요소

3. 현관문 수직단면 제도과정

❶ 문틀 그리기

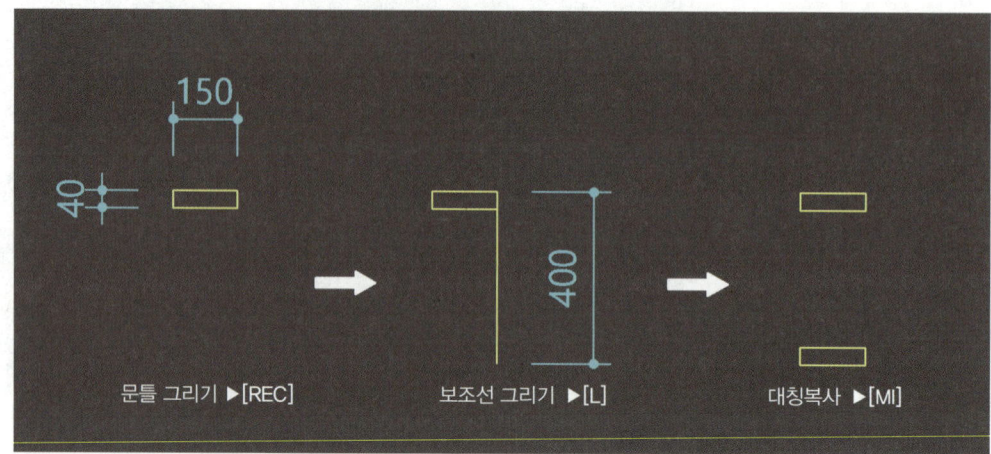

❷ 고정유리(FIX 유리)를 시공할 홈 표기

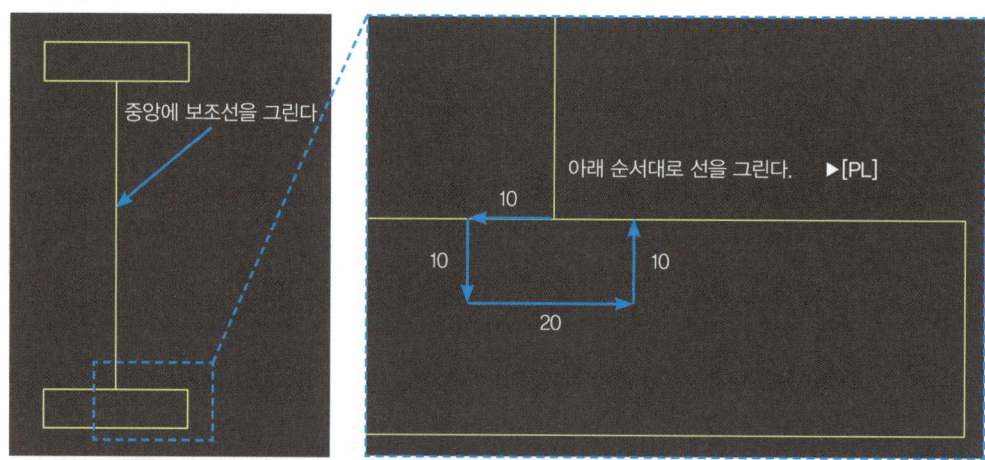

TIP!
유리의 단면은 한줄의 초록색의 마감선(보조단면선)으로 표현한다.

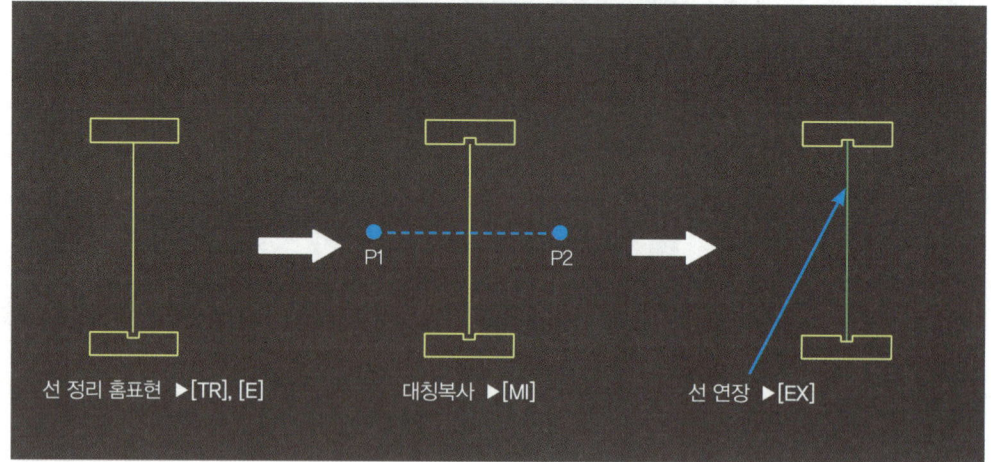

> **유리의 단면 표현**
>
> 본 시험에서 유리의 단면은 한줄의 마감선으로 표현한다.
> - 유리의 두께를 두줄로 표현할 경우 1/40의 단면상세도에서 두줄이 하나로 겹쳐지면서 굵은 선으로 보일 우려가 있다.
> - 유리는 주요구조체가 아니므로 마감선(보조단면선)을 나타내는 초록색 레이어로 표현한다.

❸ 도어다리 표현하기

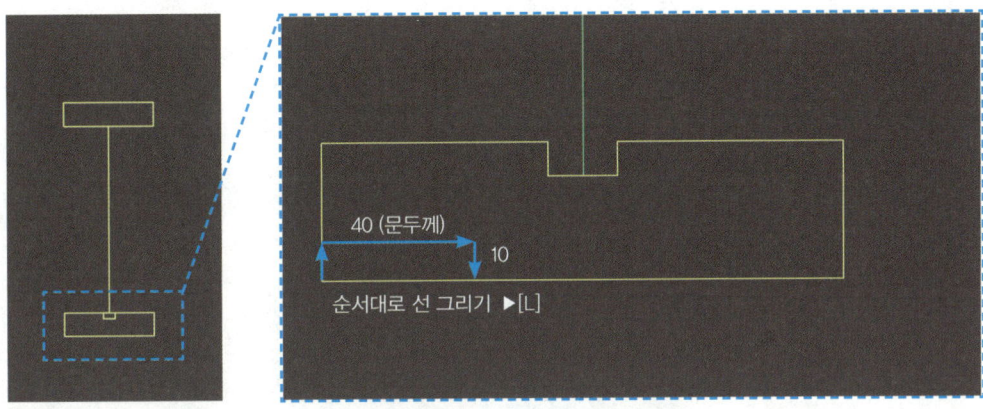

❹ 최종 정리

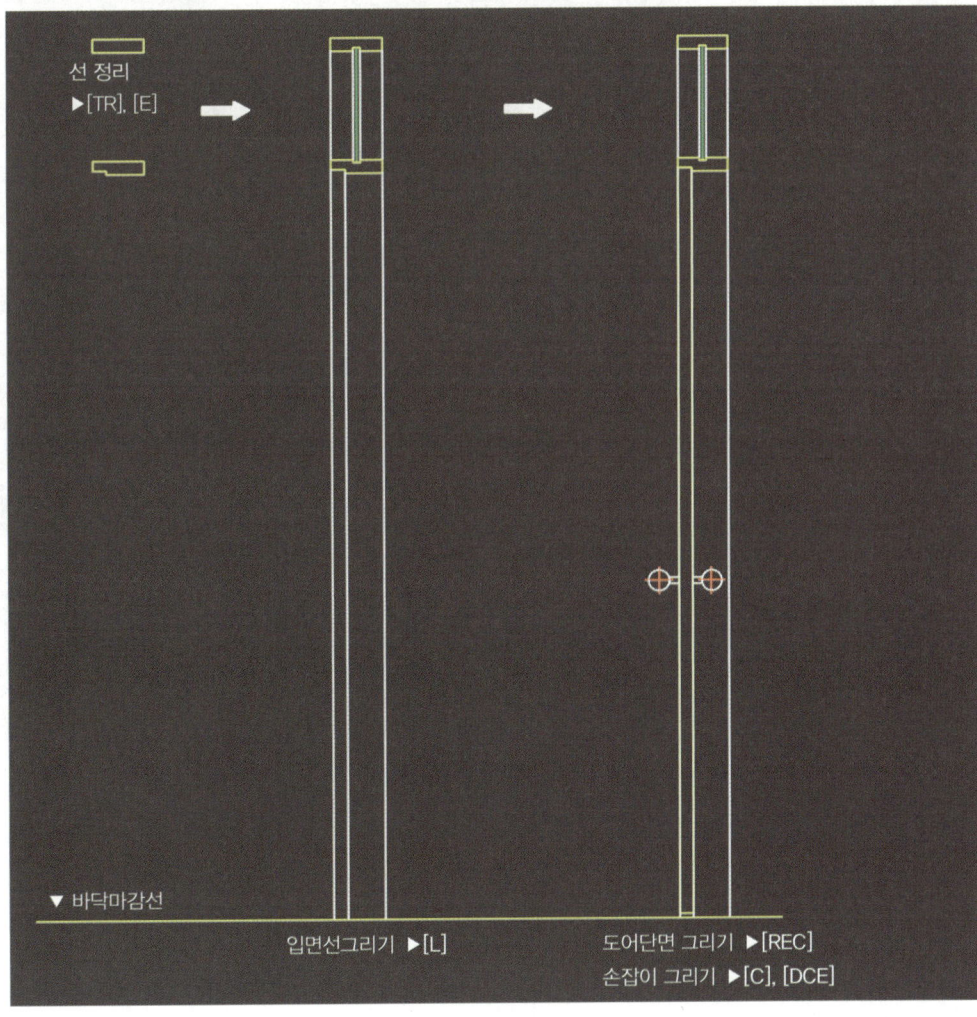

7 창호 그리기

1. 창호의 이해
❶ 창틀: 창문을 설치할 수 있도록 시공하는 테두리
❷ 창문: 창틀안에 시공하는 문 (창문 프레임 + 유리)
❸ 창대: 벽체와 창호 사이의 여유공간에 시공하는 것을 지칭
※ 빗물이 실내로 유입되는 것을 방지하기 위해 벽돌을 경사지게 시공하여 창대를 구성하는 경우도 있다.
❹ 단창호: 창문이 1개 있는 창문
❺ 이중창호: 단열을 위해 창문을 2개로 구성된 창호
※ 시험에서는 주로 외부에 있는 창호는 알루미늄 창호로 실내측 창호는 목재창호로 표기된다.

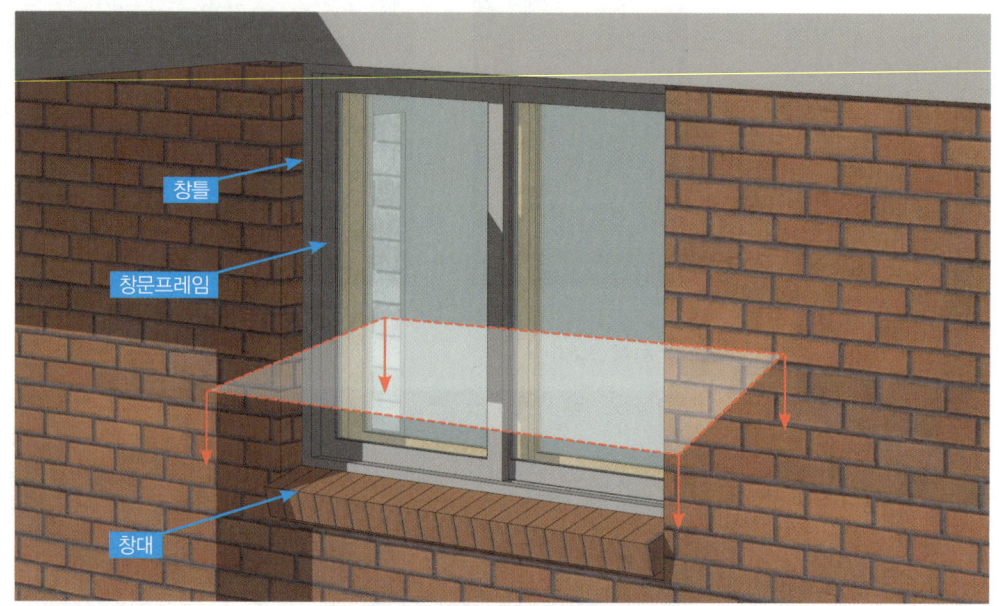

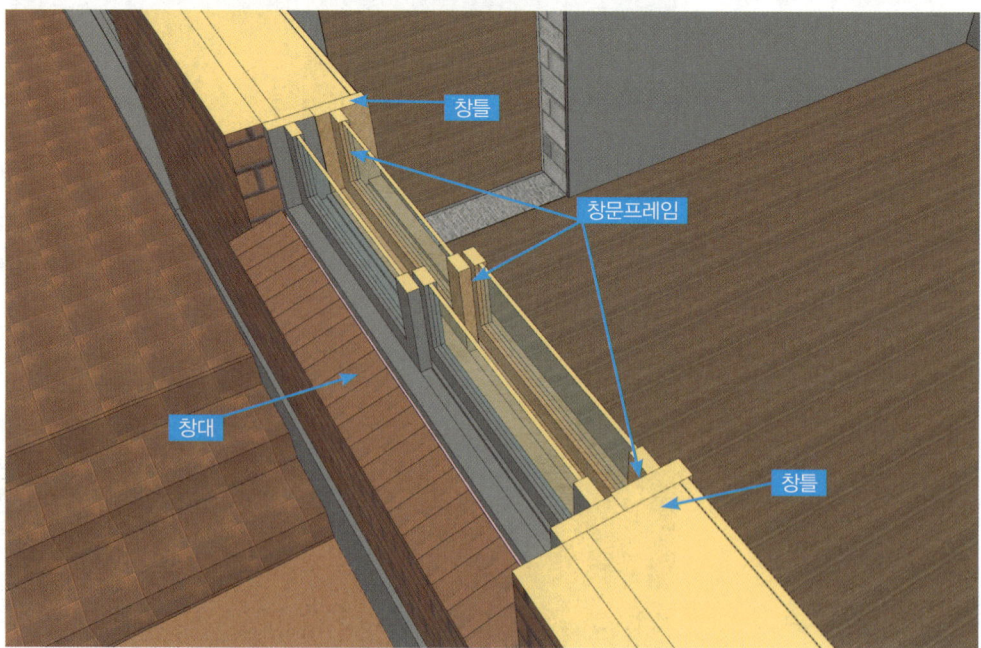

▲이중창호의 예시

2. 창호(2짝) 입면 제도과정

❶ 창틀 그리기

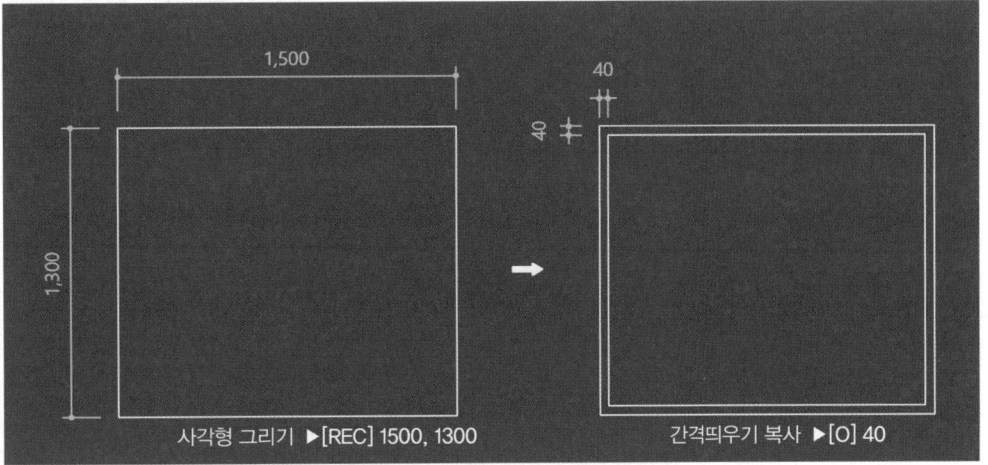

❷ 창문 바깥 프레임 그리기

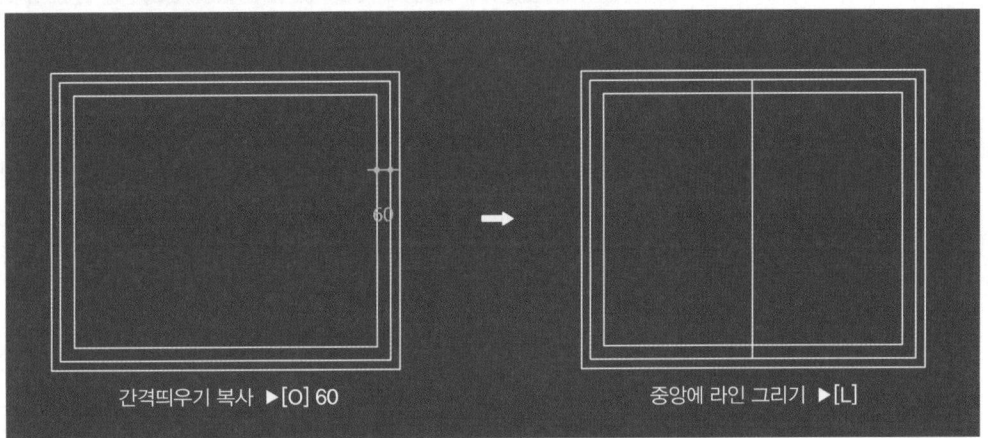

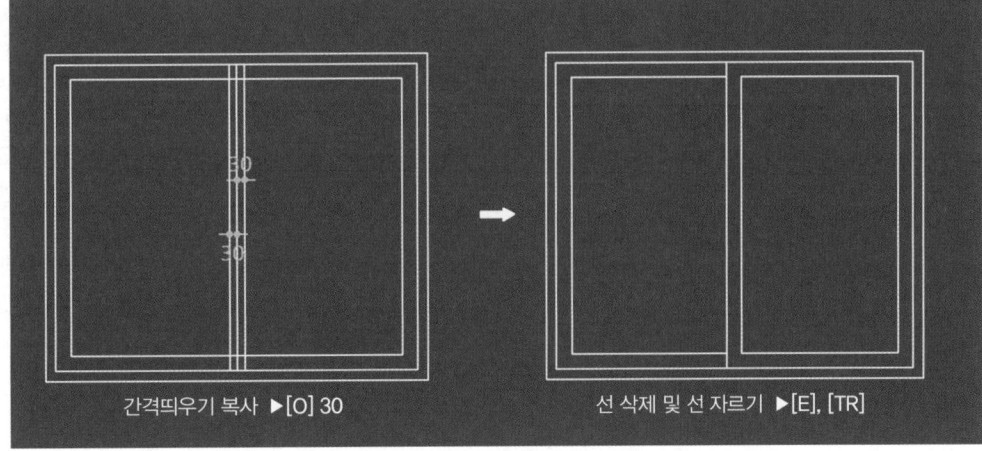

❸ 창호 열림 표기/창대 그리기

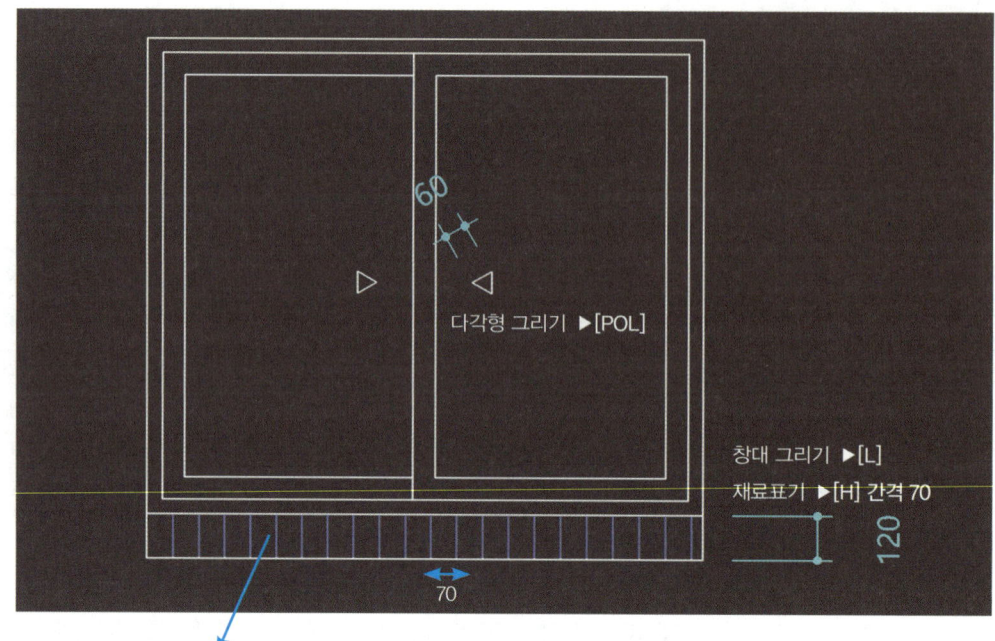

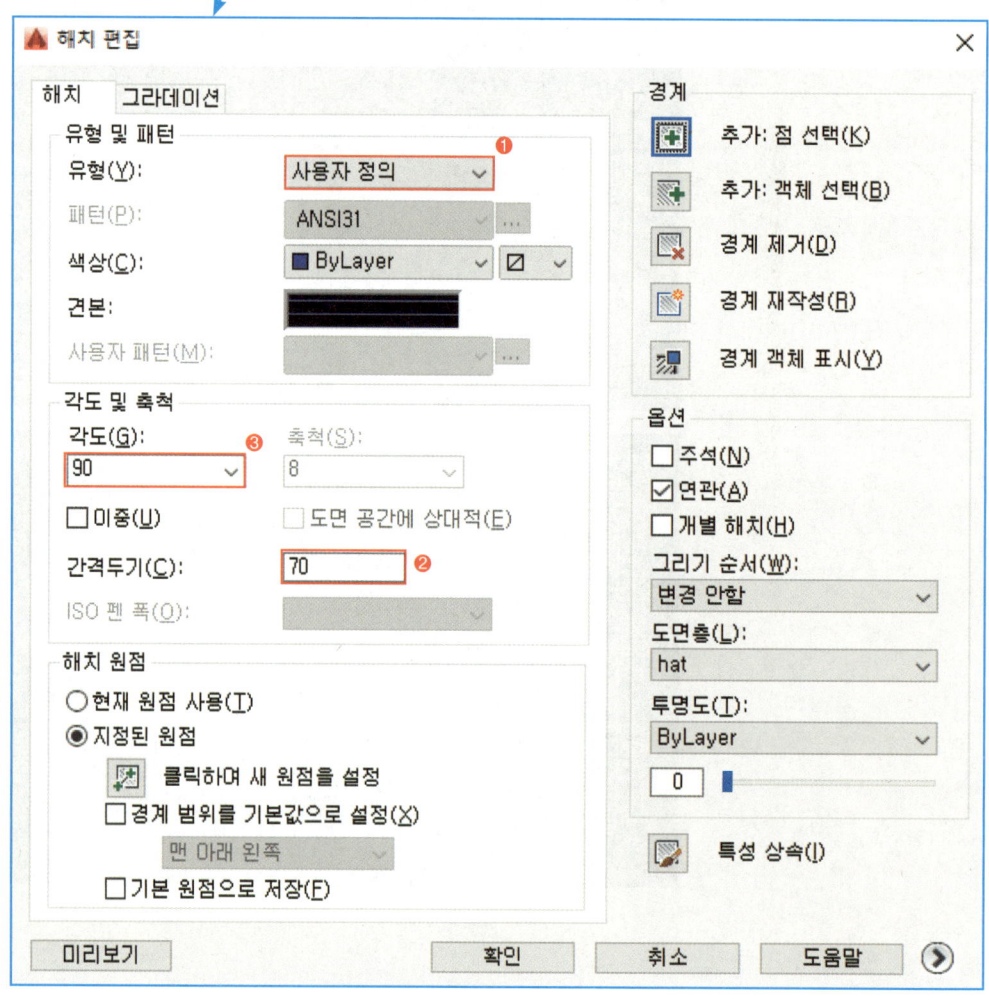

3. 창호(4짝)입면 제도과정

❶ 창틀 그리기

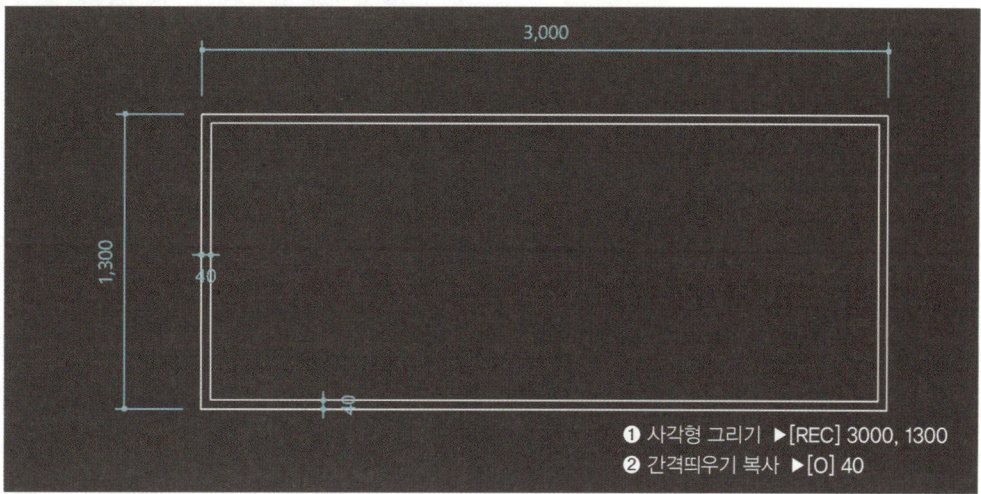

❷ 창문 한짝 그리기

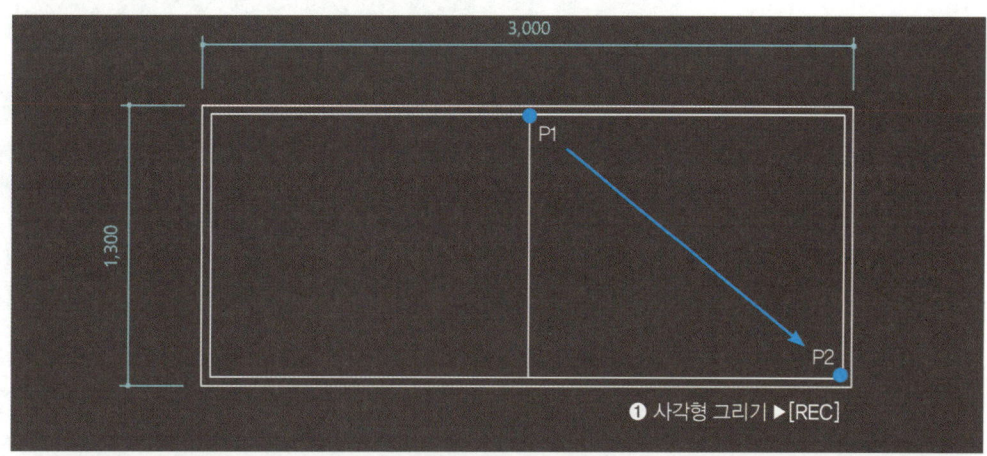

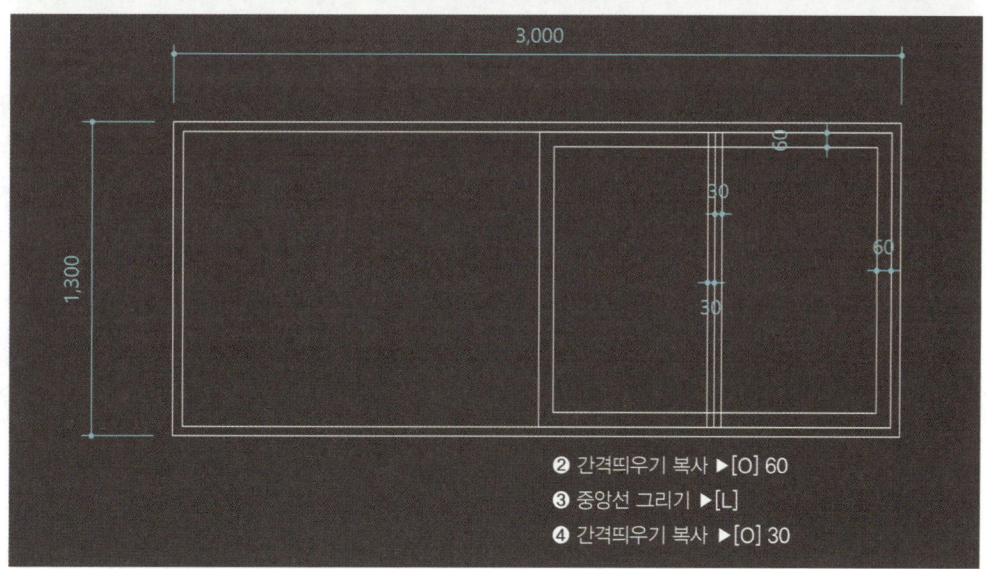

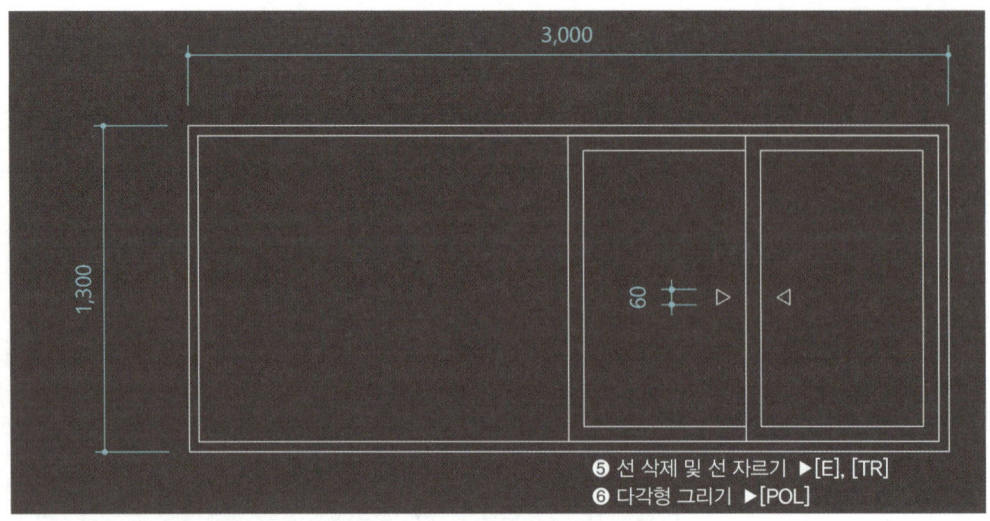

❸ 창문 반대쪽 그리기

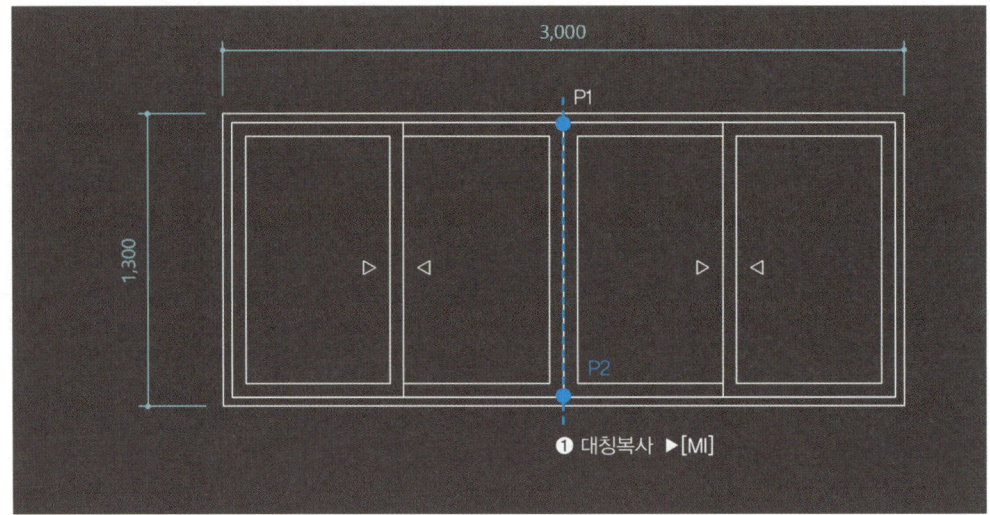

❹ 창대 그리기

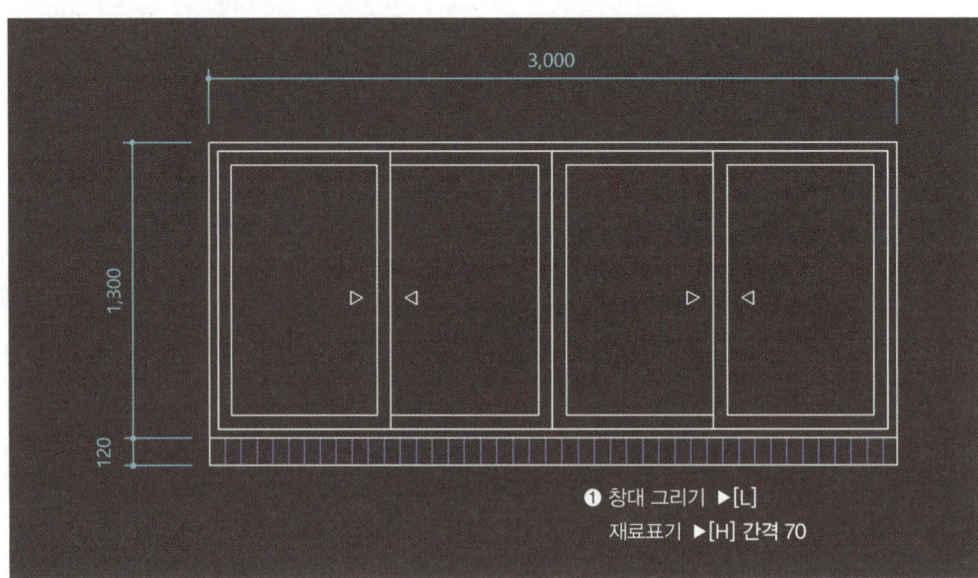

4. 창문의 수직단면 제도과정

❶ 창틀/창문프레임 단면그리기

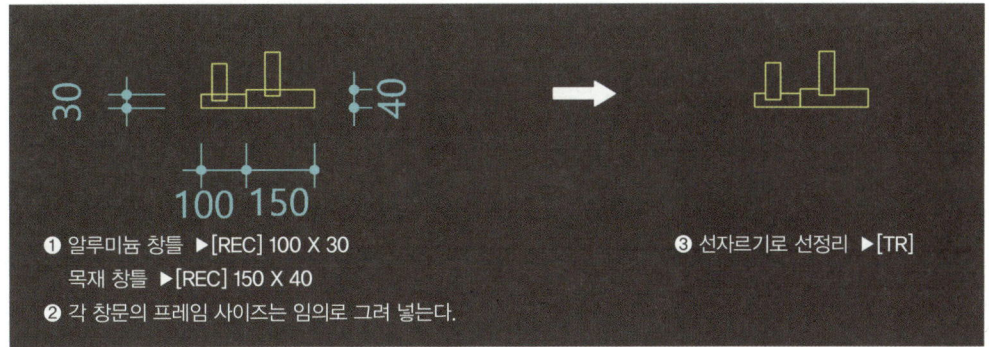

❷ 대칭복사 후 창틀과 창문 입면선/유리 단면선 표기

TIP!

[MA]MATCHPROP
객체의 특성을 복사맞춤 하는 기능이며 레이어 정리에 활용한다.

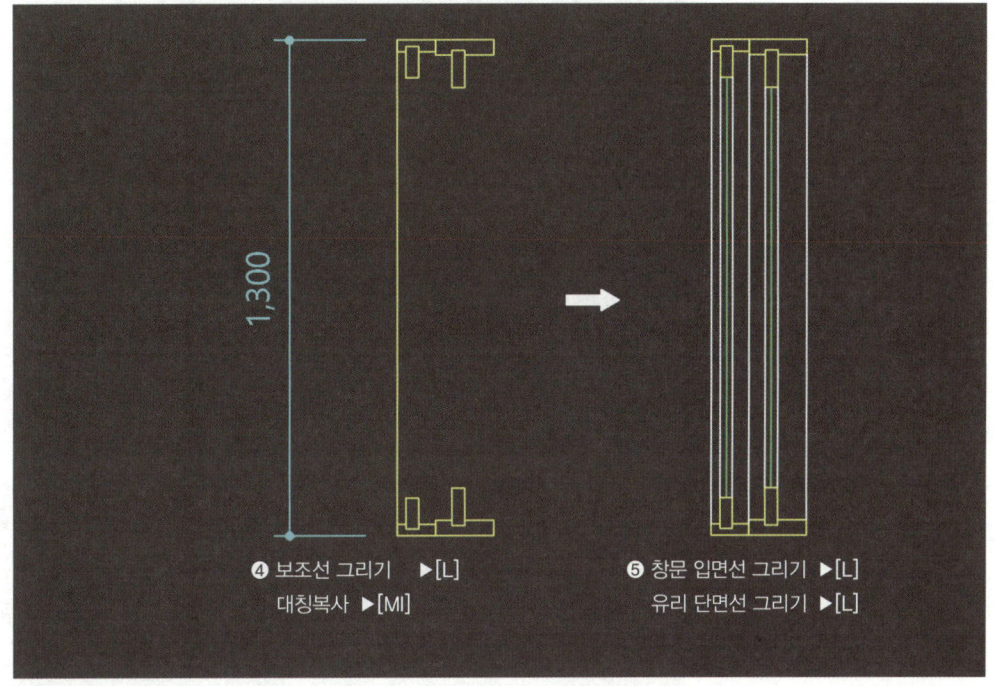

❸ 목재창문 재료표기

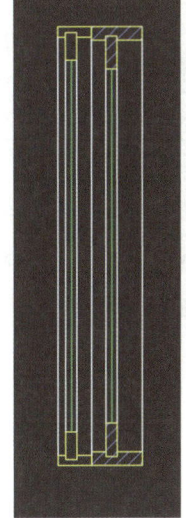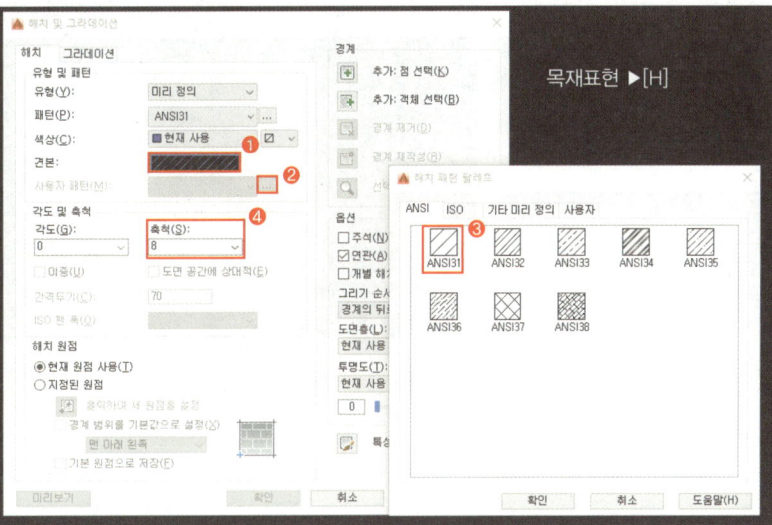

8 거실창호 그리기

1. 개요

❶ 창틀: 창문을 설치할 수 있도록 시공하는 테두리

❷ 창문: 창틀안에 시공하는 문 (창문프레임 + 유리)

❸ 이중창호: 대부분 단열을 위해 거실창호는 이중창호로 구성

※ 시험에서는 주로 외부에 있는 창호는 알루미늄 창호로 실내측 창호는 목재창호로 표기된다.

❹ 상부창호: 창호높이가 높을 경우 문틀을 상부에 별도로 창호를 구성

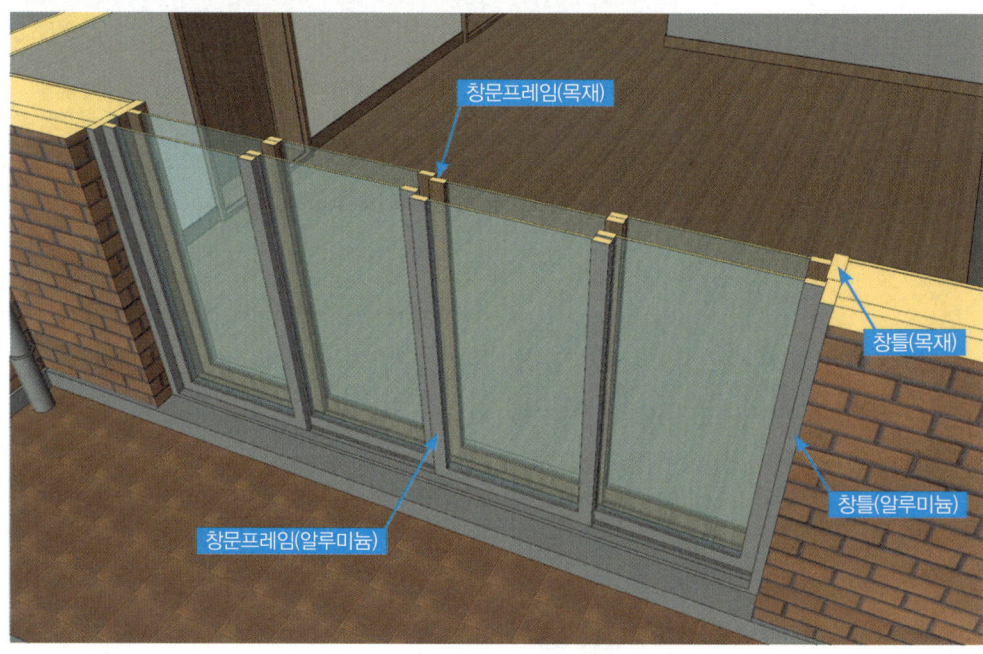

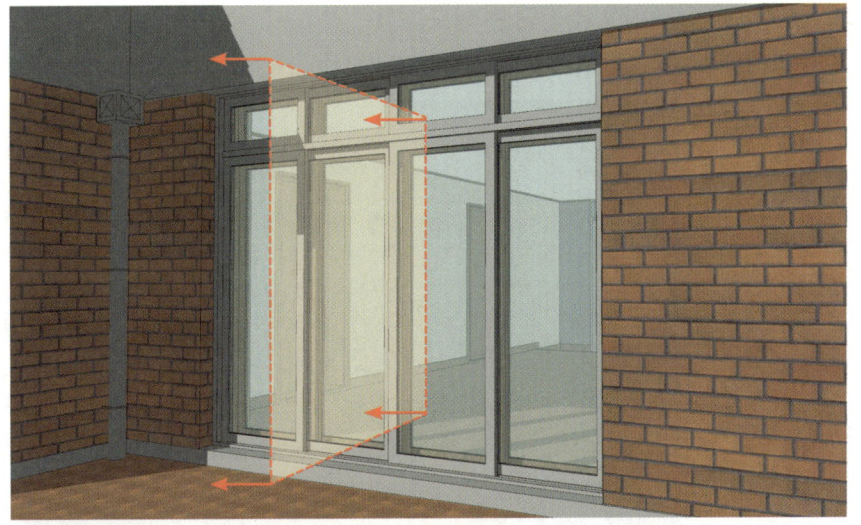
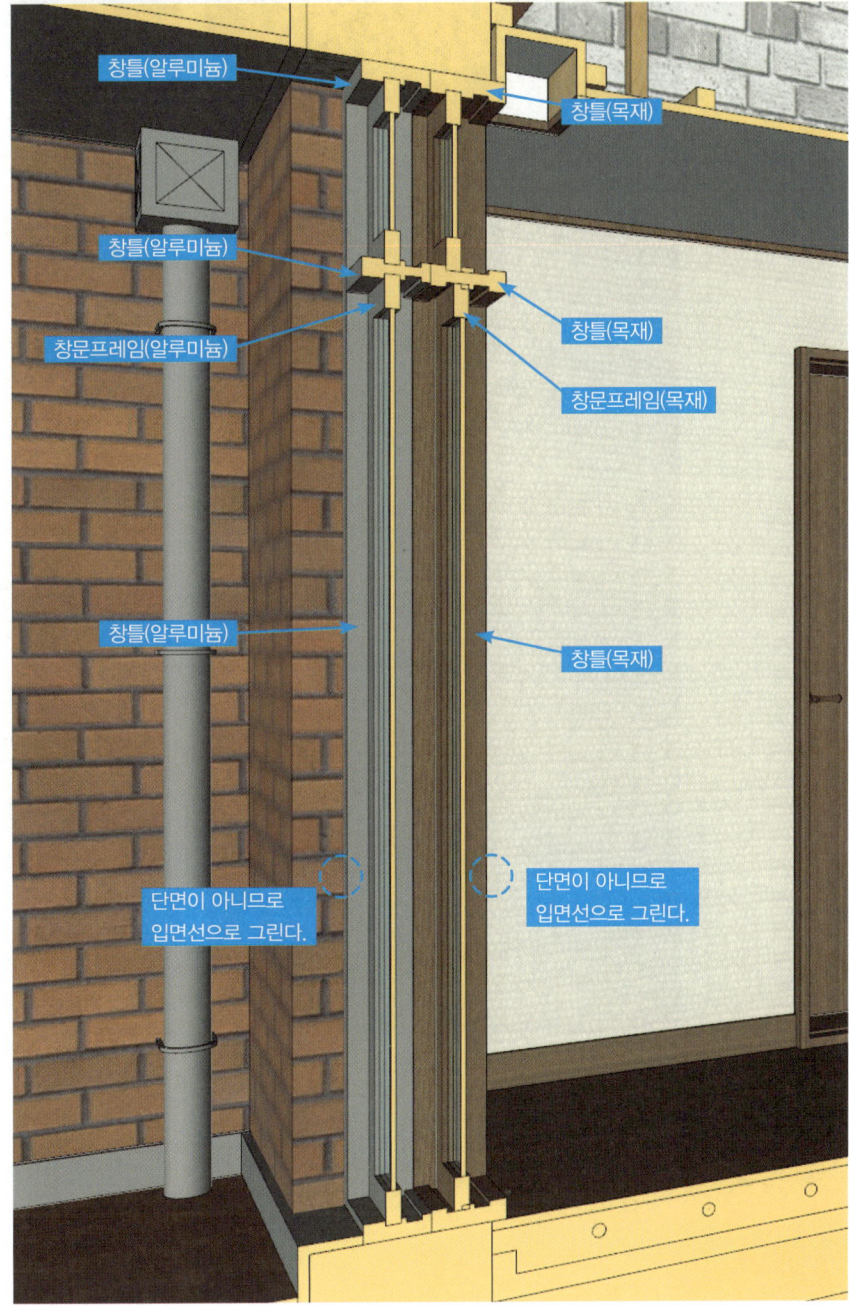

2. 창호 수직단면 제도과정

❶ 창틀/창문프레임 단면 그리기

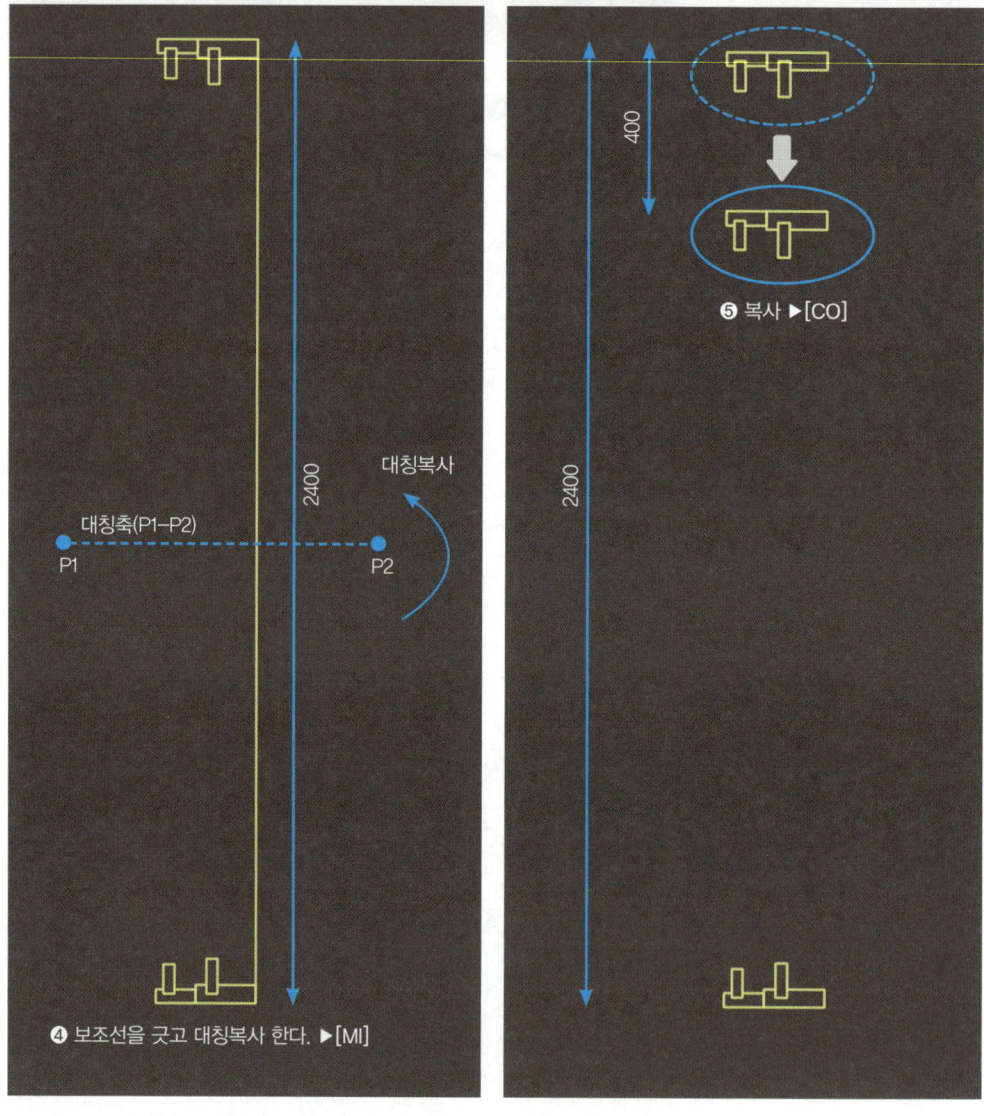

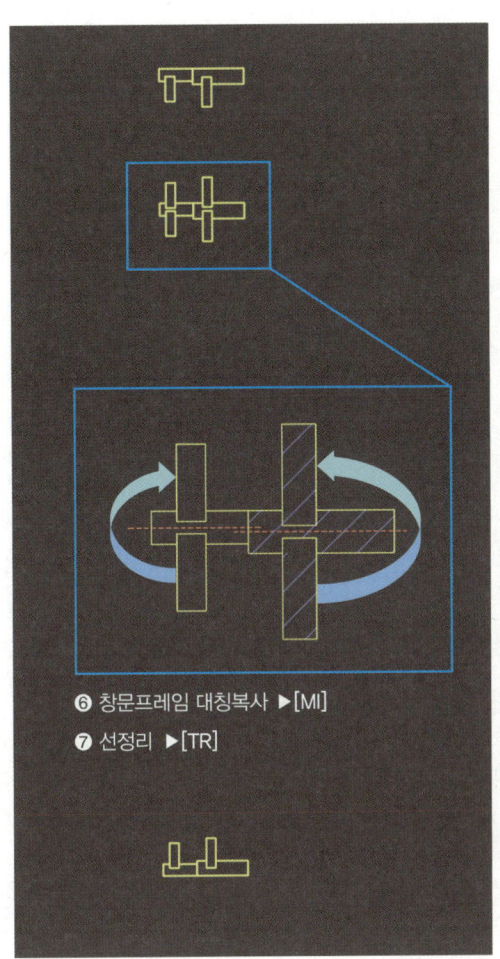

❻ 창문프레임 대칭복사 ▶[MI]
❼ 선정리 ▶[TR]

❽ 창호의 입면선과 유리의 단면선 그리기 ▶[L]
❾ 목재 창틀, 목재 창호프레임의 재료 표기 ▶[H]

9 나무·화단 그리기

1. 나무 그리기

도면에서는 주요구조부를 제외한 나무와 같은 부가적인 요소는 정해진 규격이 없으므로 아래와 같이 그리도록 한다.

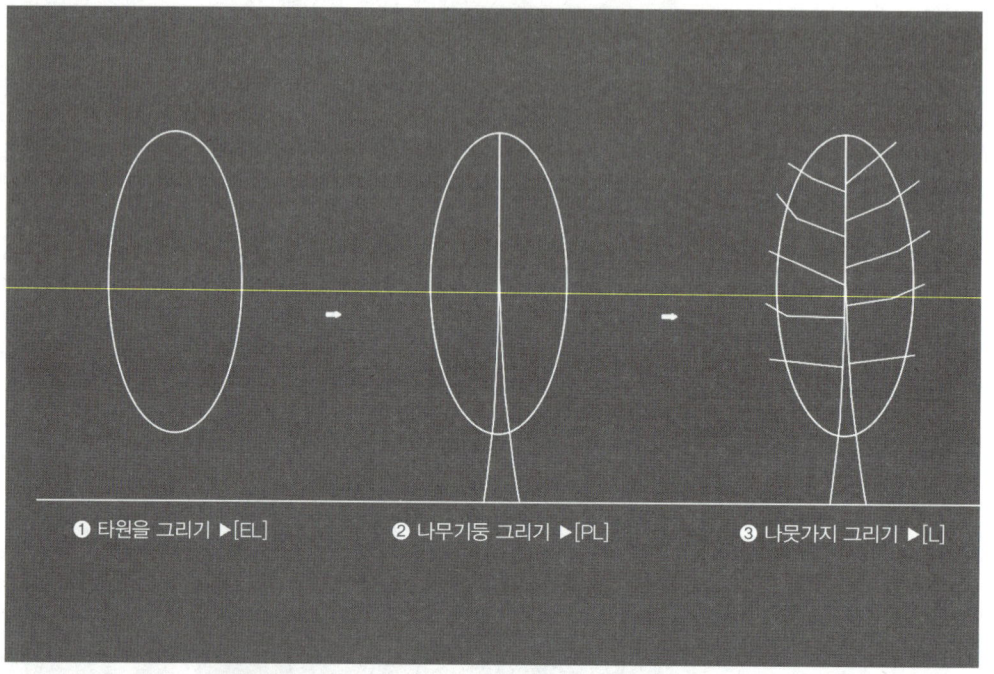

① 타원을 그리기 ▶[EL] ② 나무기둥 그리기 ▶[PL] ③ 나뭇가지 그리기 ▶[L]

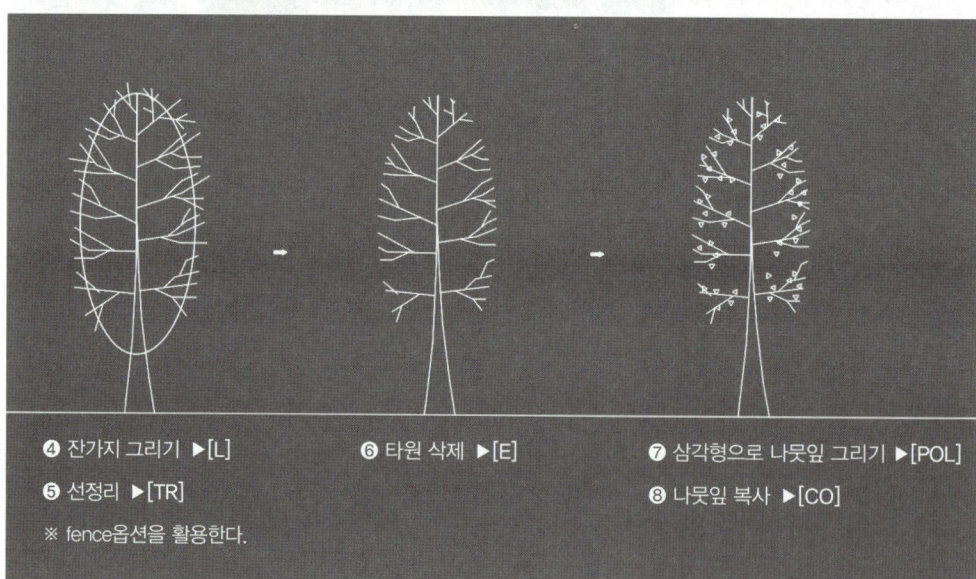

④ 잔가지 그리기 ▶[L]
⑤ 선정리 ▶[TR]
※ fence옵션을 활용한다.

⑥ 타원 삭제 ▶[E]

⑦ 삼각형으로 나뭇잎 그리기 ▶[POL]
⑧ 나뭇잎 복사 ▶[CO]

> **TIP!**
> **울타리(fence) 옵션**
> 모깎기[TR]에서 선택한 객체 주변의 선들을 한번에 정리할 수 있다.

2. 화단 그리기

화단은 주로 입면도에 그리며, 화단의 넓이는 요구조건에 주어지지 않는 경우가 많으므로 평면도를 보고 스케일에 맞춰 그린다. 단, 단면도와 입면도에서 화단의 형태를 동일하게 표현해야 한다.

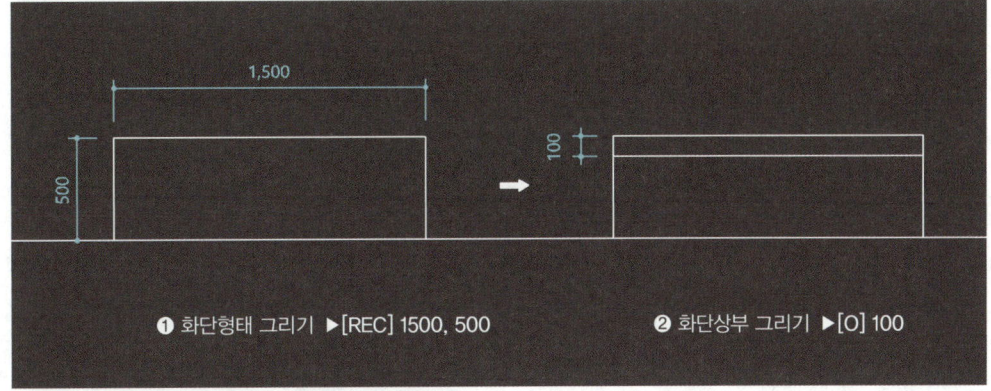

❶ 화단형태 그리기 ▶[REC] 1500, 500   ❷ 화단상부 그리기 ▶[O] 100

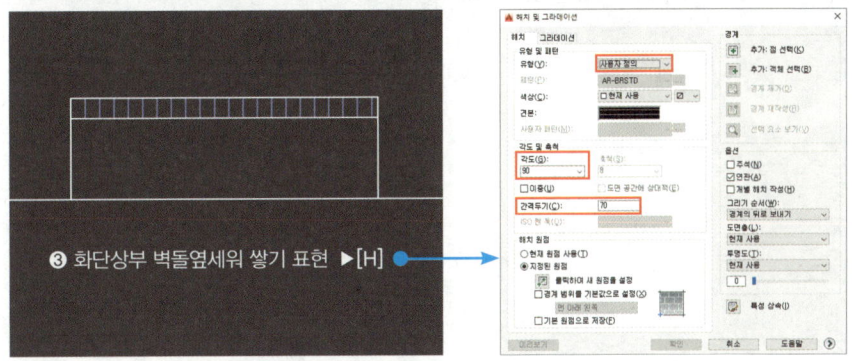

❸ 화단상부 벽돌옆세워 쌓기 표현 ▶[H]

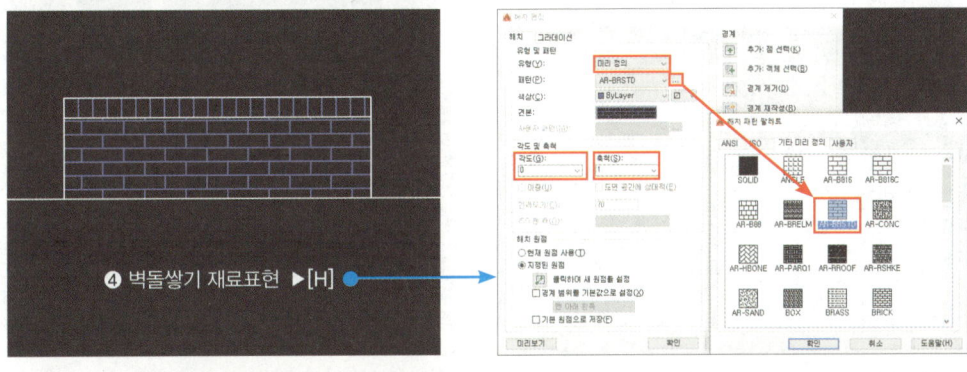

❹ 벽돌쌓기 재료표현 ▶[H]

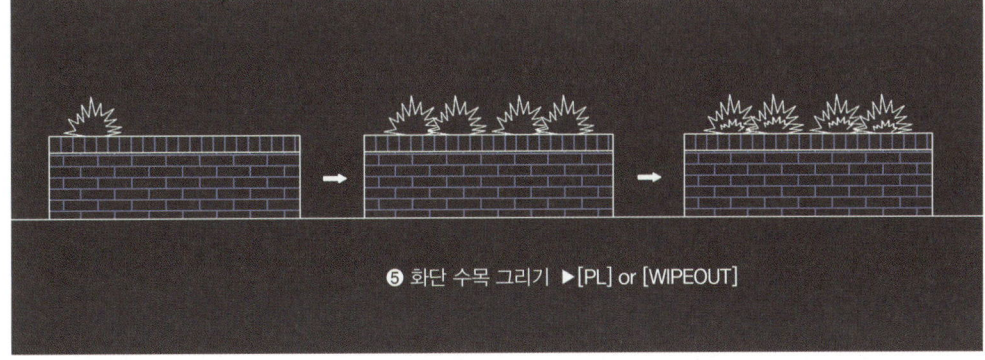

❺ 화단 수목 그리기 ▶[PL] or [WIPEOUT]

PART

05

단면상세도 그리기

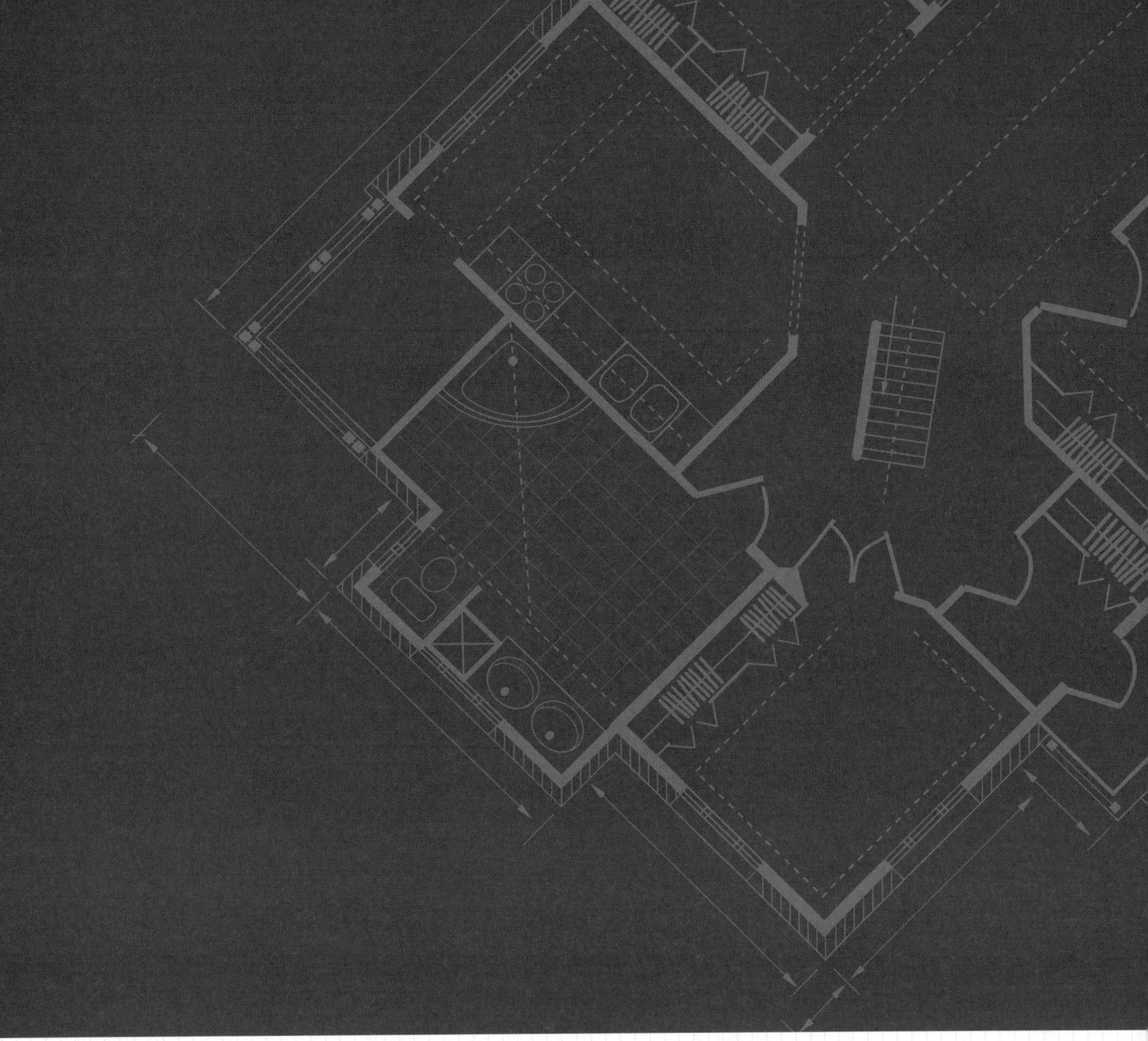

학습 GUIDE

본 파트에서는 3D 자료를 통한 전체적인 주택의 건축과정을 이해하며 시험의 요구조건에 맞게 평면도에 따른 단면상세도 제도과정을 학습합니다.

실기시험의 핵심은 도면해석과 시험 요구조건에 맞게 벽두께, 바닥의 높이, 지붕기준을 선정하여 올바르게 도면을 제도하는 것 입니다.

평면도에 따른 기초, 바닥, 천장 등의 구조와 현관, 창문 등의 각 실별 구성요소들로 단면상세도 제도연습을 합니다.

PART 05 단면상세도 그리기

1 건축과정 이해하기

3D모델링을 통한 건축물의 전체적인 건축과정을 이해한 후 각 구조부 별로 세부사항을 학습한다.

1. 기초공사

❶ 터파기: 건물을 새로 짓기 위하여 대지를 정리한 뒤에 땅을 파내는 공사

> **TIP!**
>
> **동결선**
> 흙속의 온도가 0°C 이하로 저하되어 흙이 얼기 시작하는 경계를 말한다. 시험에 동결선에 대한 요구조건이 없을 경우 일반적인 시공 수준인 지면에서부터 1,100mm 아래로 내려준다.

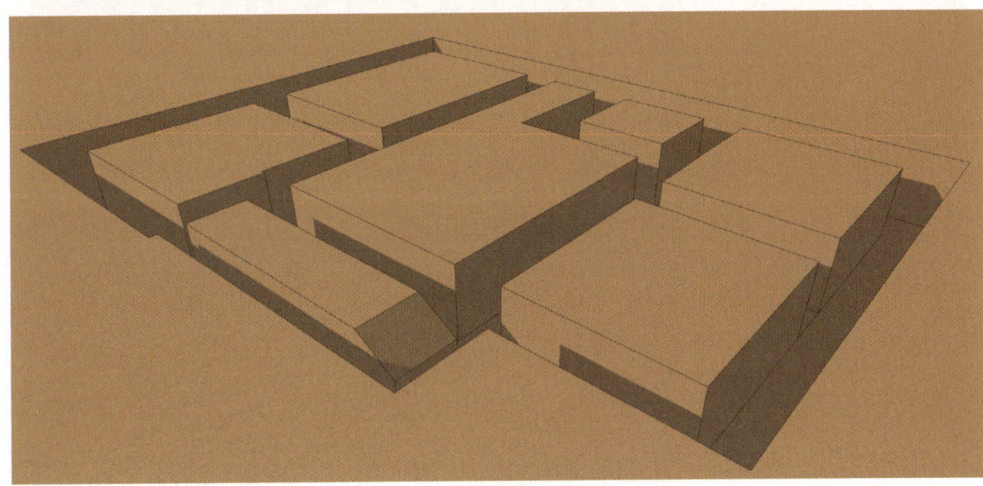

❷ 잡석다짐: 터파기를 하고 나면 흙의 요철이 생기므로 잡석을 깔고 다져서 땅의 평활도를 높인다. 또한 땅의 지지력을 높여 기초의 하중을 지면에 골고루 분산시킨다.

TIP!
잡석다짐
잡석은 채석장에서 채취된 가공하지 않은 거친돌을 일컫는다. 잡석다짐을 한 후에는 땅의 습기를 막음과 동시에 바닥난방 시 열손실을 방지하기 위하여 PE필름을 시공한다.

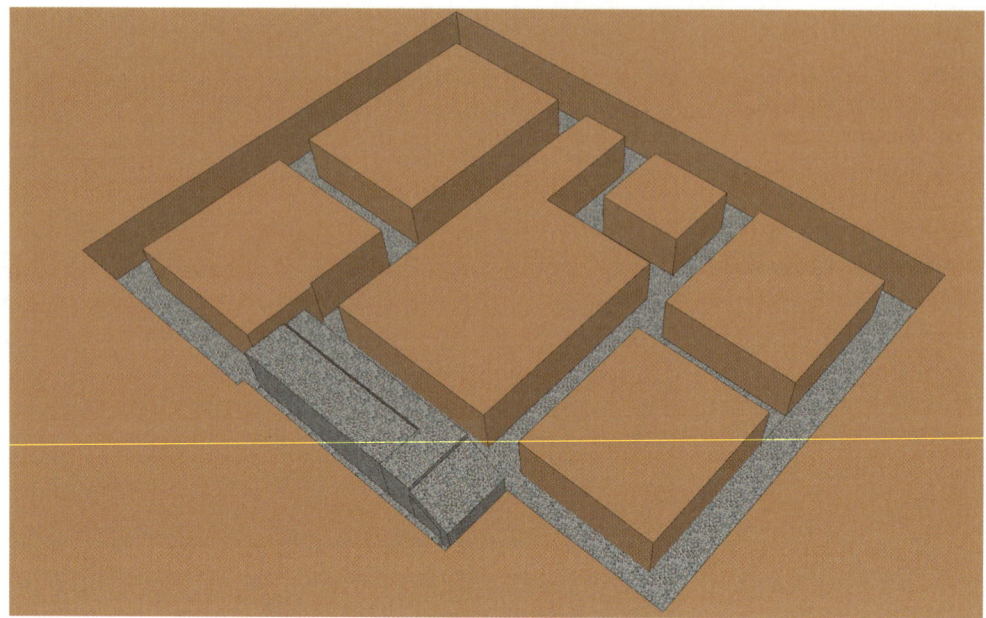

❸ 버림콘크리트: 밑창콘크리트라고도 하며, 잡석다짐을 한 후에는 지반을 보다 평평하게 하고 공사 시에는 바닥먹메김 등을 용이하게 하기위해 시공한다.

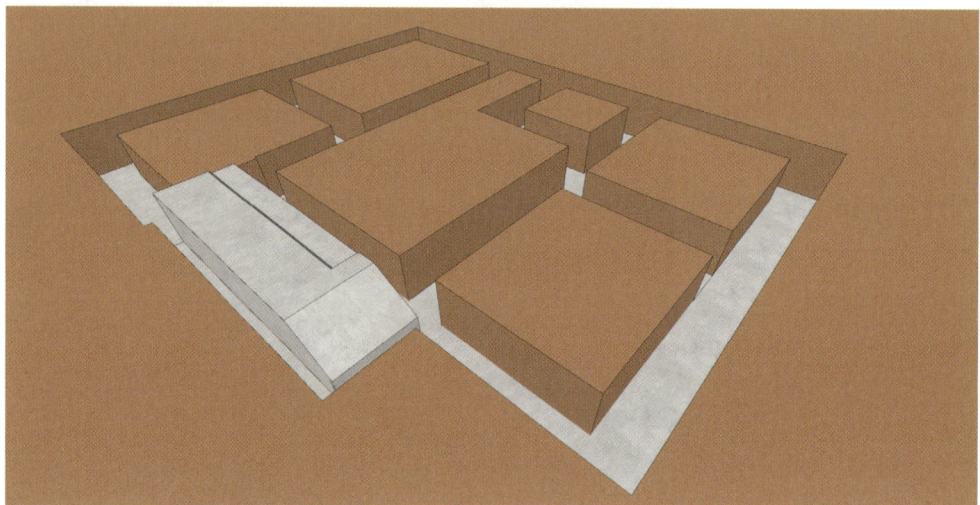

TIP!

줄기초
건축물의 벽체, 기둥의 하중을 연속된 모양의 기초가 받아 지반에 전달하는 구조를 말한다.

❹ 기초: 건물의 최하부에서 구조물의 하중을 받아 지반에 안전하게 전달시키는 구조부로 철근콘크리트구조로 그리도록 시험에 명시되어 있다. 기초는 독립기초, 줄기초, 온통기초 등이 있으며 본 시험에서는 줄기초를 대상으로 시험을 준비한다.

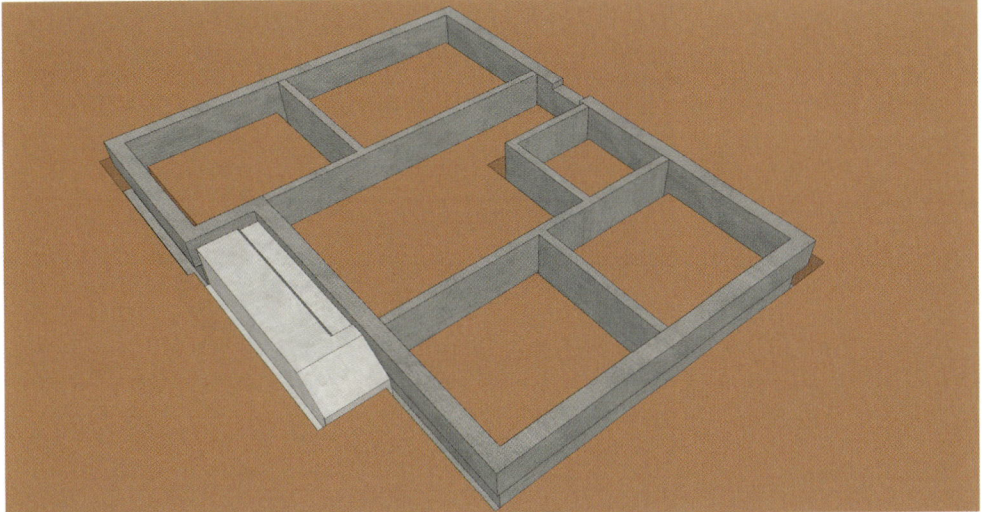
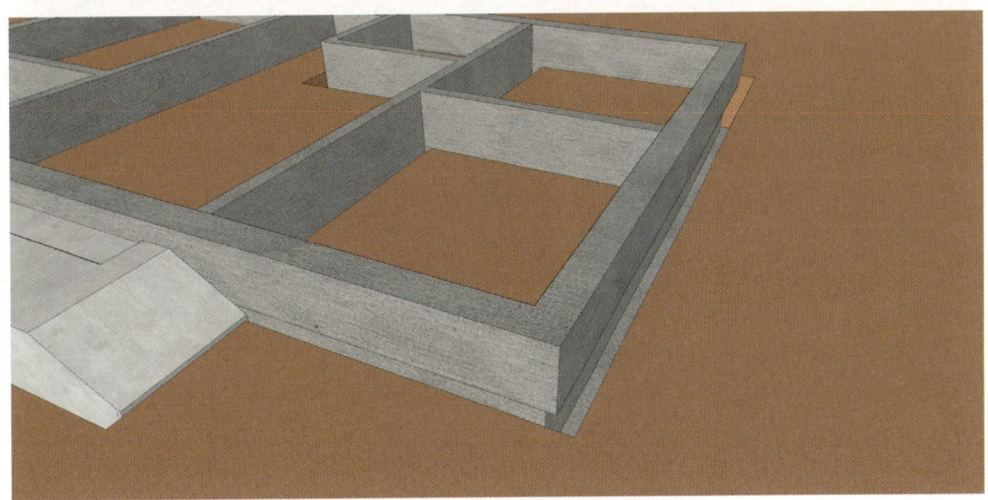

▲ 지반 기초공사 예시

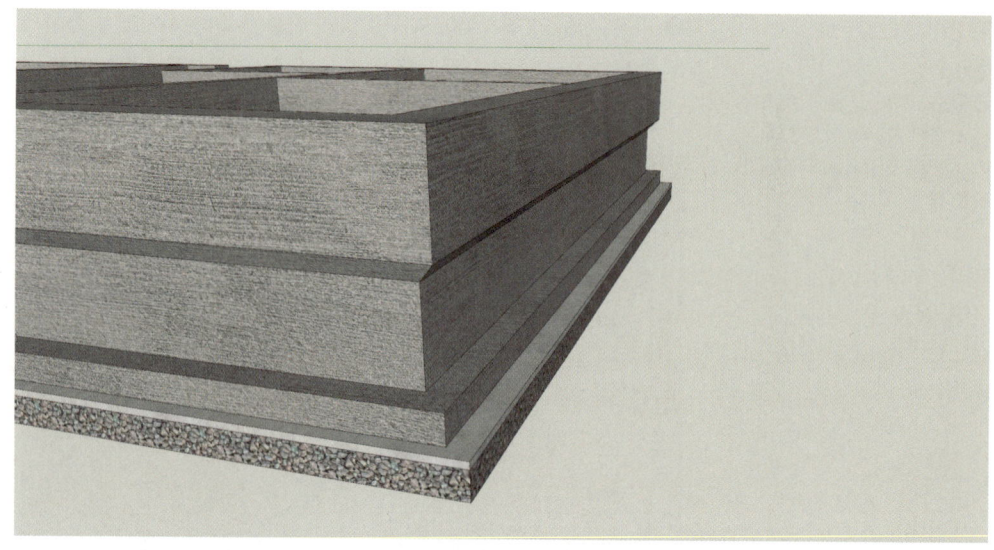

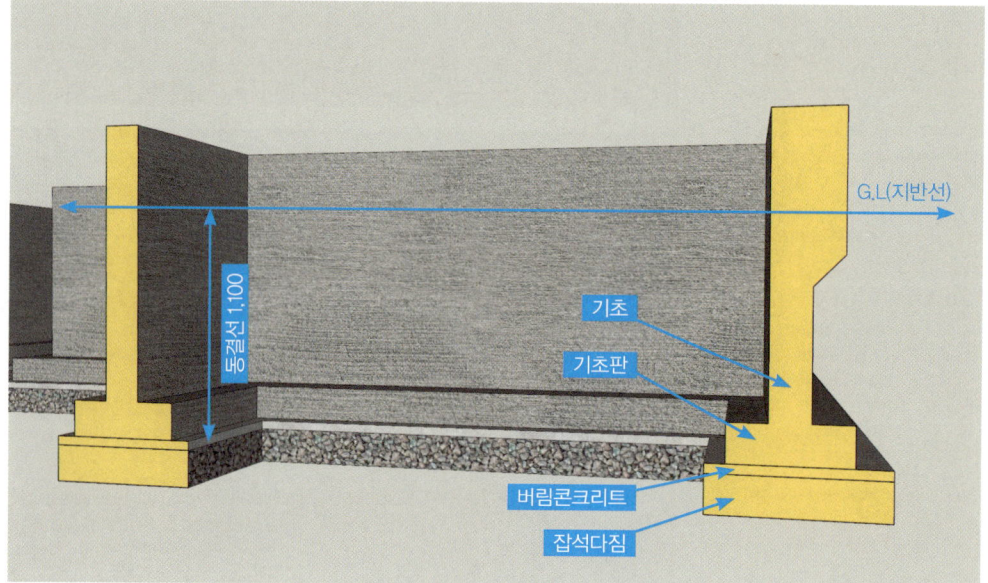

▲ 기초 단면

❺ 되메우기: 터파기 후 흙을 다지면서 기초와 지반사이에 공간을 다시 메우는 것을 의미한다.

▲ 되메우기 후의 기초 참조

❻ 기타: 실내공간이 될 바닥 또한 잡석다짐을 한 후 버림콘크리트를 시공한다.

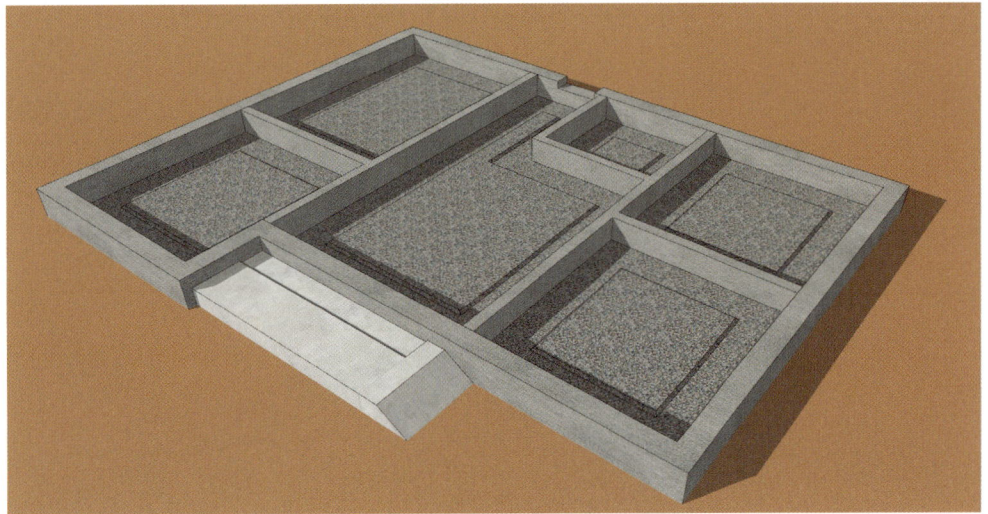

▲ 내부공간 잡석다짐

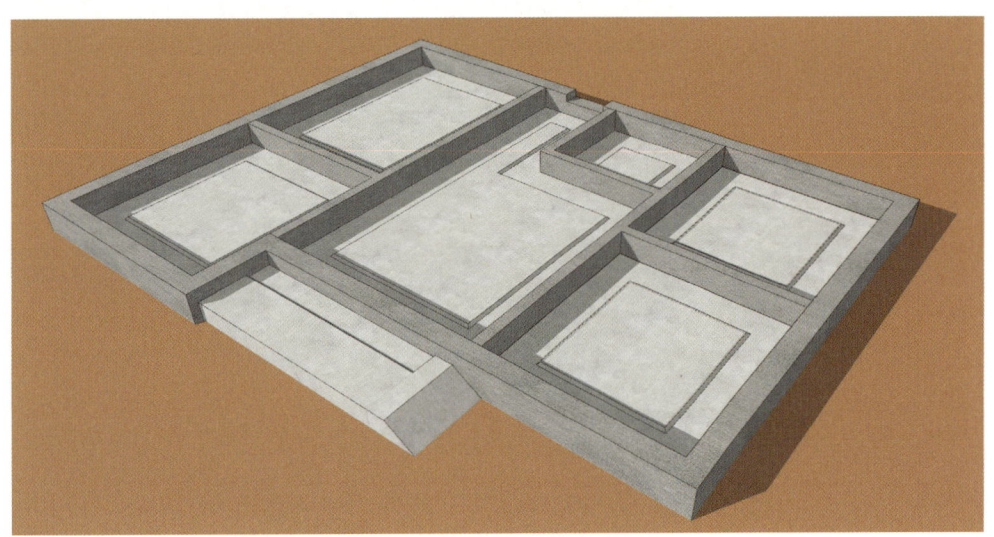

▲ 내부공간 버림콘크리트

2. 바닥 단열재 · 바닥 슬라브공사

❶ 바닥 단열재: 바닥 슬라브 공사를 하기전에 땅의 습기를 막음과 동시에 열손실을 방지하기 위하여 시공한다. 대부분 시험의 요구조건에 단열재의 두께에 관하여 명시되어 있다.

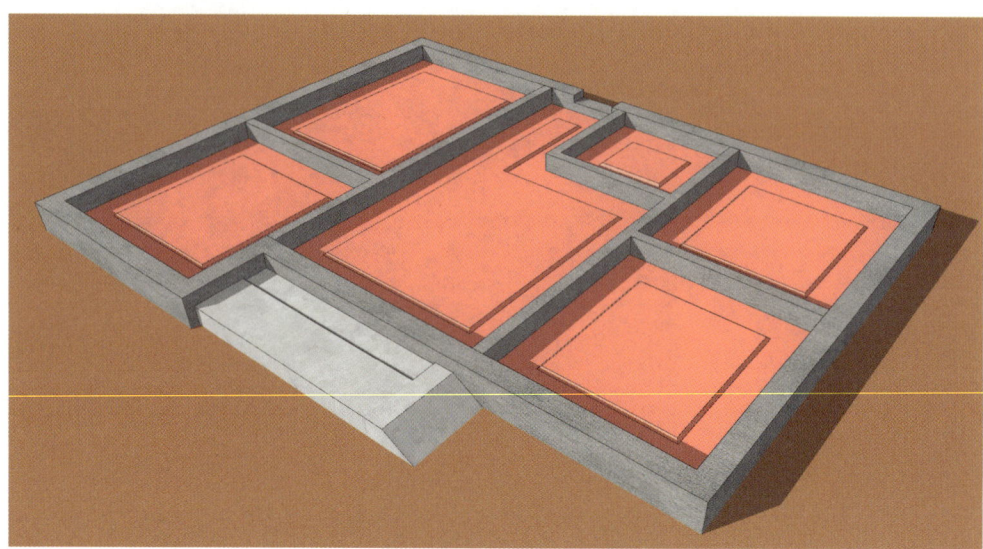

❷ 바닥 슬라브: 대부분 바닥 슬라브는 기초와 일체식으로 하도록 대부분 요구조건에 명시되어 있다. 기초가 철근콘크리트구조로 되어있기 때문에 바닥 슬라브 또한 이와 동일하게 철근콘크리트로 시공한다.

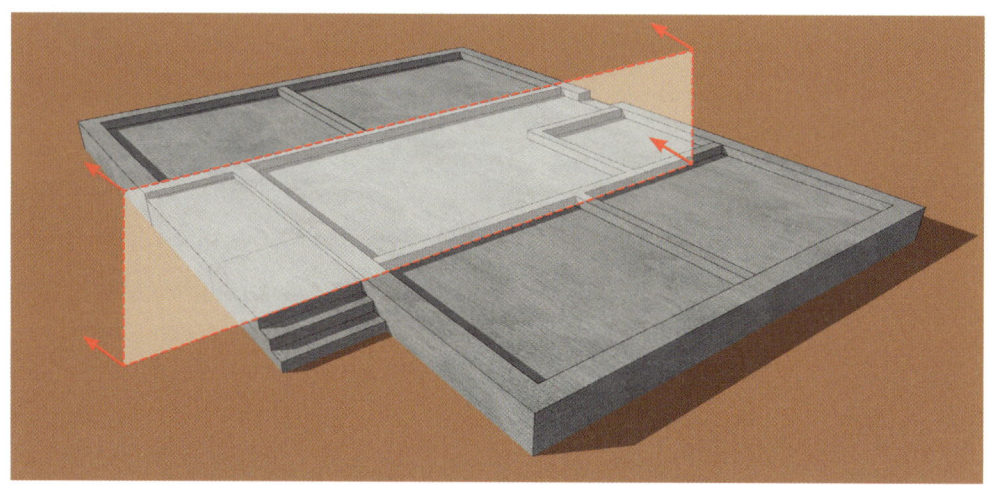

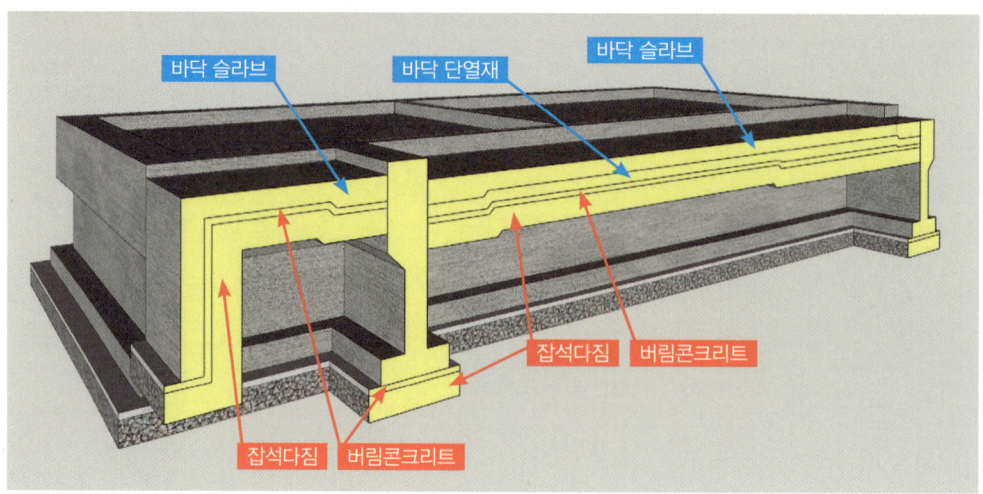

3. 외부 시멘트벽돌공사

❶ 시멘트벽돌로 주택의 외부 벽체를 조성하며, 벽두께는 대부분 시멘트벽돌 1.0B(=190mm)로 출제된다.

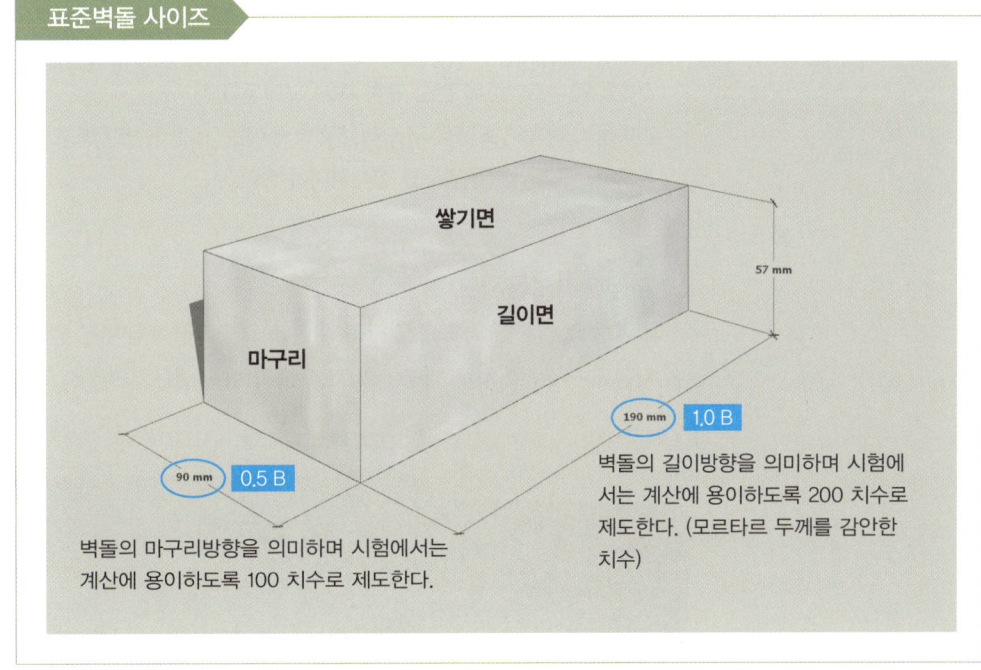

표준벽돌 사이즈

벽돌의 마구리방향을 의미하며 시험에서는 계산에 용이하도록 100 치수로 제도한다.

벽돌의 길이방향을 의미하며 시험에서는 계산에 용이하도록 200 치수로 제도한다. (모르타르 두께를 감안한 치수)

4. 테두리보공사

테두리보: 건축물이 지진력을 받으면 벽체의 상부가 흔들려 벽이 갈라지게 되는데 이때 벽체상부를 연결하여 일체화 시킴으로써 갈라짐을 방지하고 수직 하중을 받도록 하기 위하여 벽체의 최상부에 설치한 철근콘크리트조의 보를 의미한다. (켄틸레버는 필요에 따라 시공한다.)

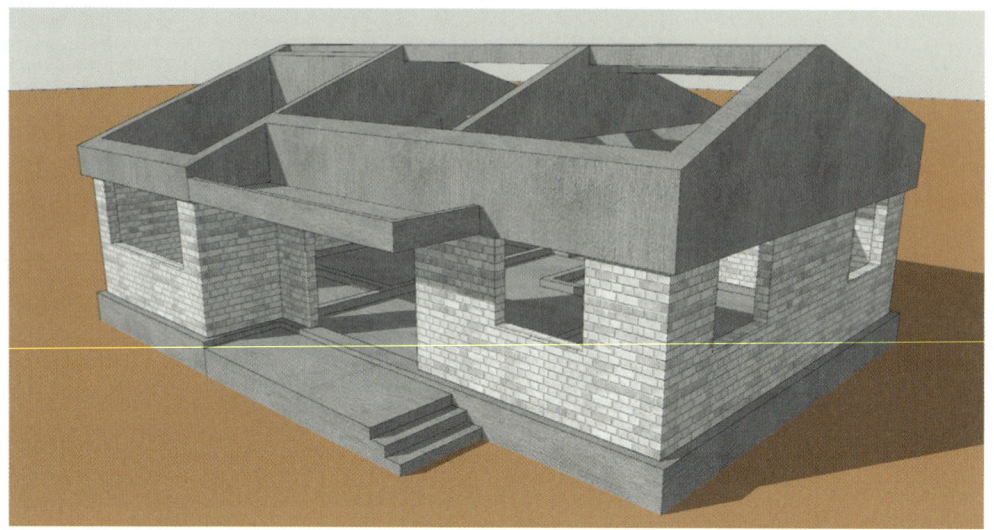

테두리보 건축규정

건축물의 구조기준에 관한 규칙 제34조(테두리보)
건축물의 각층의 조적식 구조의 내력벽 위에는 그 춤이 벽두께의 1.5배 이상인 철골구조 또는 철근 콘크리트구조의 테두리보를 설치하여야 한다.

5. 지붕슬라브공사

물매: 지붕의 경사진 정도를 말하며 시험에 요구조건에 대부분 명시되어 있다.

※ 시험 요구조건에서는 대부분의 지붕 슬라브는 '철근콘크리트 경사슬라브'로 명시되어 있다.

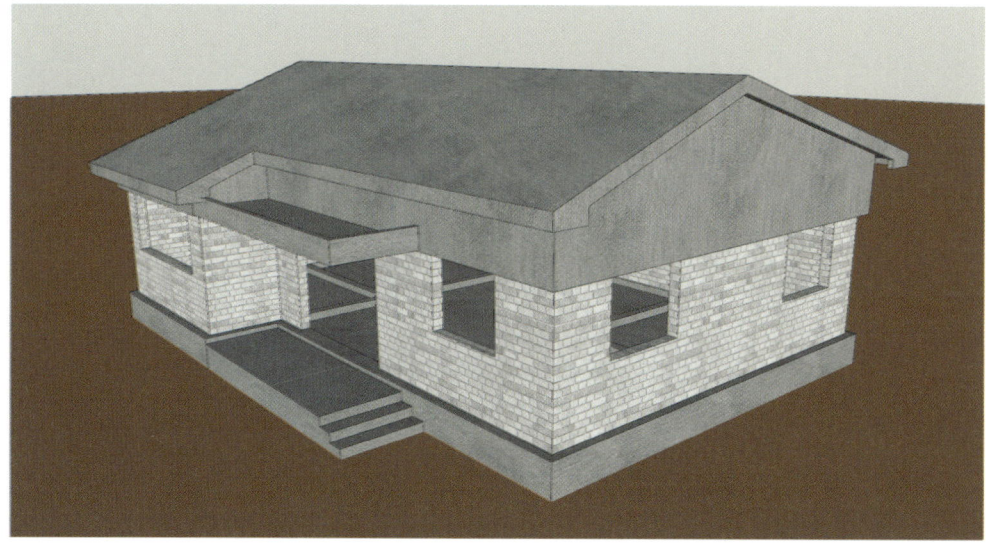

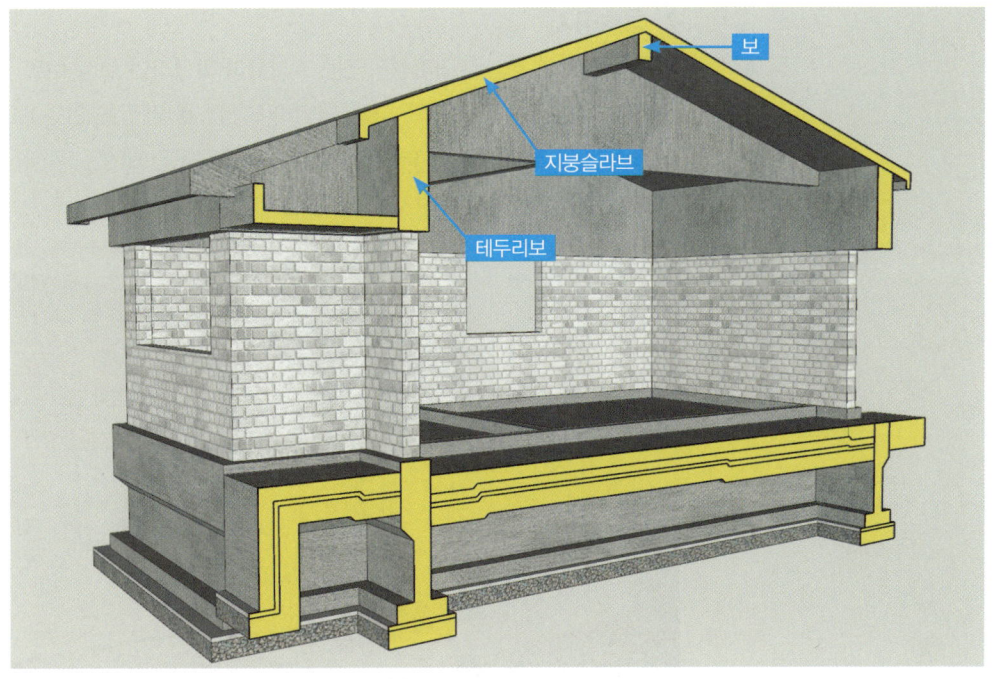

6. 내부 벽체공사
시험 요구조건에서는 대부분 내벽은 시멘트벽돌 1.0B로 명시되어 있다.

7. 창호공사

건축시공 시 창호는 실내마감라인을 고려하여 마감라인 보다 여유 있게 돌출해서 시공하는 경우가 일반적이다. (내부 디자인에 따라 협의하에 창호를 제작을 한다.) 요구조건의 평면을 보면 대부분 창호는 이중창호로 구성되어 있으며 시험의 요구조건에서는 '목재창호로 하되 이중창인 경우 외부 창호는 알루미늄 새시로 하시오' 같이 명시되어 있다.

8. 외벽 단열재공사

시험의 요구조건에 명시되어 있는 외벽 단열재의 두께를 확인하고 단열재를 구조체의 외기 측에 넣는 외단열 시공법을 적용한다.

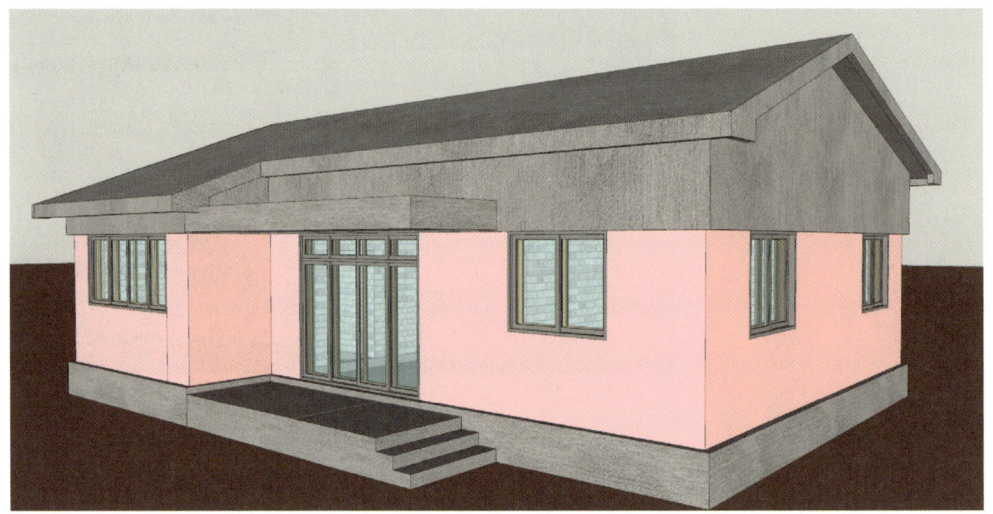

TIP!

방수공사

방수공사의 시공법은 다양하나 일반적인 시공수준으로 고려해 보았을 때 가장 대표적인 방법으로는 시멘트 액체방수가 있다. 시멘트 액체방수는 방수제를 시멘트·물·모래 등과 함께 섞어 반죽한 뒤 콘크리트 구조체 바탕표면에 발라 방수층을 만드는 공법이다.

미장공사

건축공사에서 벽이나 천장, 바닥 등에 흙이나 시멘트 등을 바르는 것을 '미장공사'라고 한다.

9. 외벽 미장공사 · 방수공사

- 미장공사: 시멘트 모르타르로 기초의 노출부위와 테두리보 등에 시공한다.
- 방수공사: 철근콘크리트의 지붕 슬라브는 균열로 인해 누수에 취약하므로 방수공사를 해야한다. 실내로 누수가 염려되는 부분에는 켄텔레버 등의 방수공사를 진행한다.

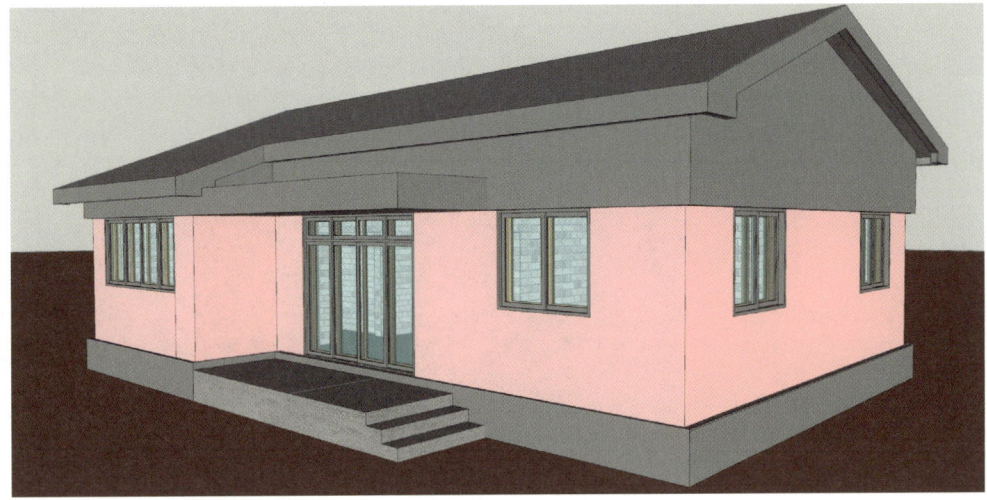

10. 외벽 마감재공사

치장벽돌은 외장에 마감재로 사용하는 벽돌이며 요구조건에 대부분 '붉은벽돌 0.5B'로 명시되어 있다.

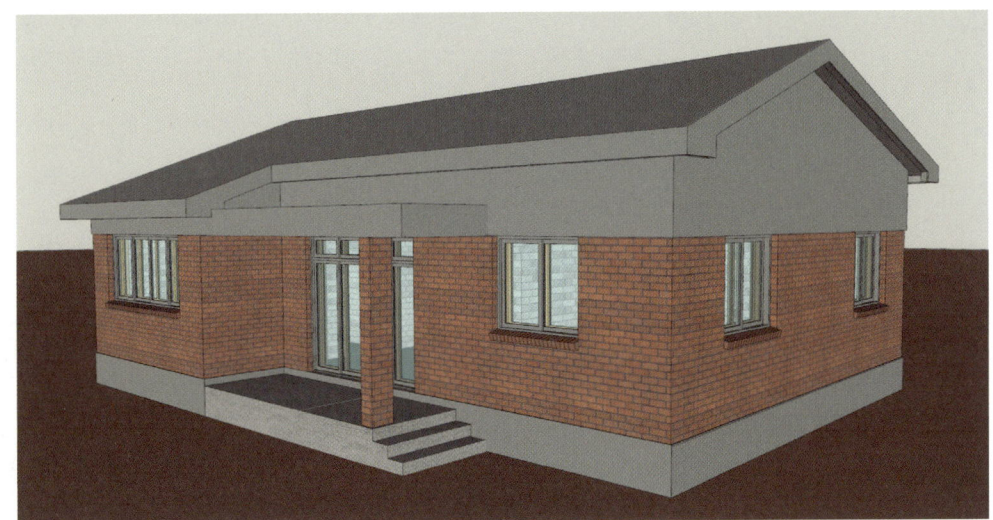

11. 지붕기와공사

시험의 요구조건을 보면 대부분 시멘트 기와잇기 마감으로 명시되어 있다.

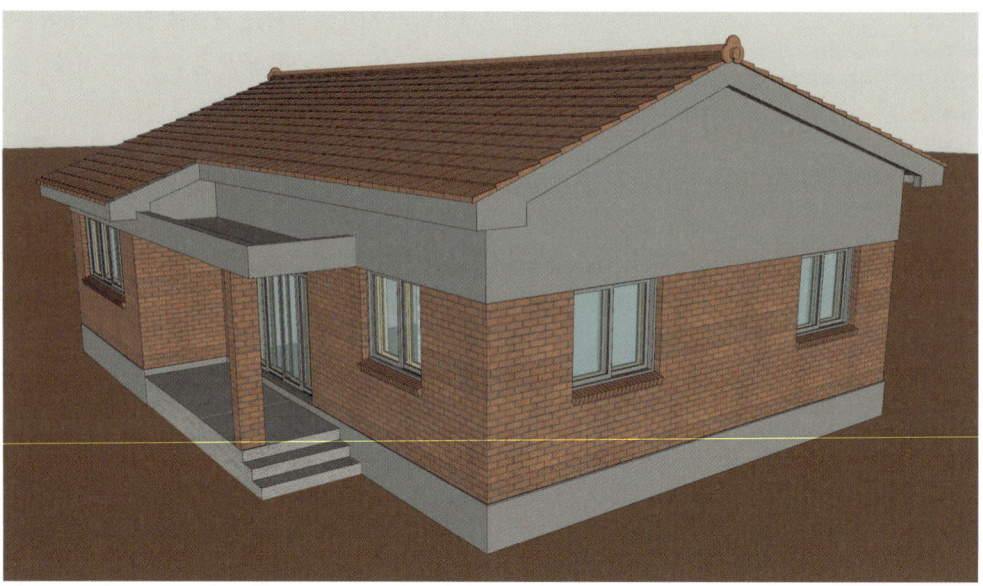

❶ 용마루: 건물의 지붕 중앙에 있는 주된 마루를 일컫는다. 암마루장과 숫마루장이 있다.
❷ 용마루 장식: 용마루의 양쪽 끝에 설치하는 장식을 지칭한다.
❸ 마룻대: 지붕의 가장 높은 곳인 능선부위에 용마루 방향으로 놓는 부재를 지칭한다.
❹ 막새기와: 기와의 가장 바깥 부분으로 처마끝에 붙여 마감을 하는 기와이다.

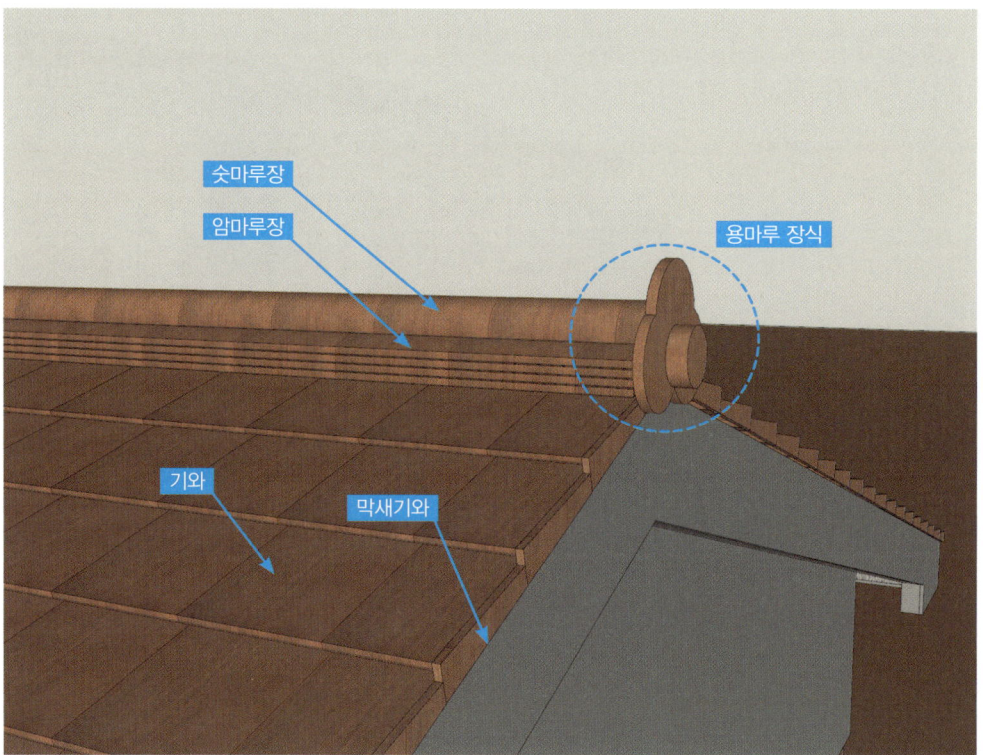

12. 처마반자공사

처마마감재를 시공하기 위해 반자틀을 시공 후 몰딩(처마반자돌림)으로 마감한다.

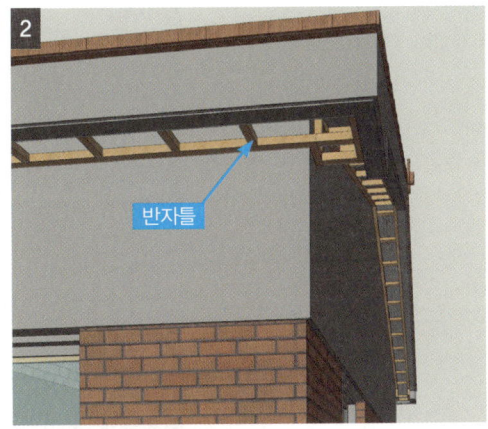

13. 내부공사 – 도어문틀시공

도어문틀은 바닥 높이와 벽체 마감 두께를 고려하여 시공한다.

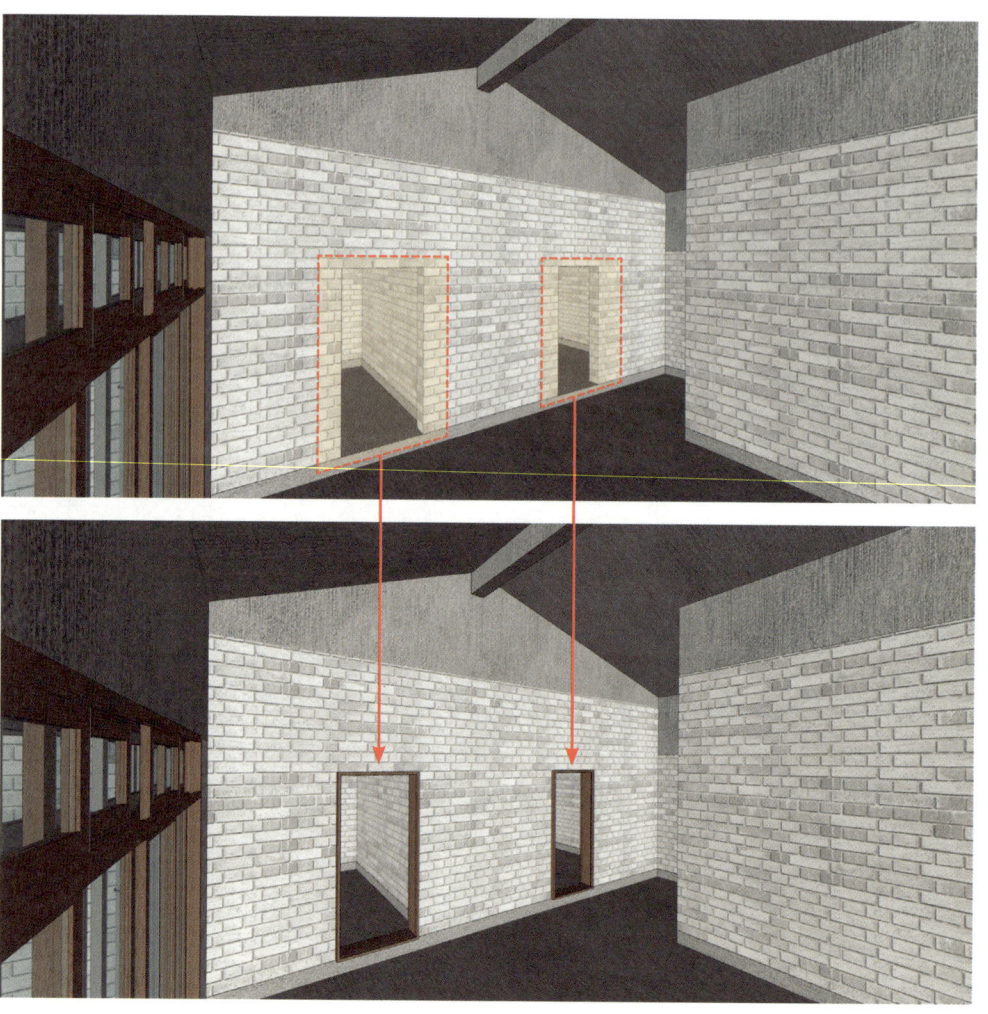

14. 실내바닥공사 – 보온재시공

- 바닥난방의 열손실에 대비하기 위해 보온재를 시공한다.
- 요구조건에는 대부분 명시되어 있지 않으므로 일반적인 시공수준으로 정하여 도면을 작도한다.

15. 실내바닥공사 – 온수파이프시공

바닥온수난방을 위하여 일반적으로 지름 20mm의 온수파이프를 250mm 간격으로 시공한다.

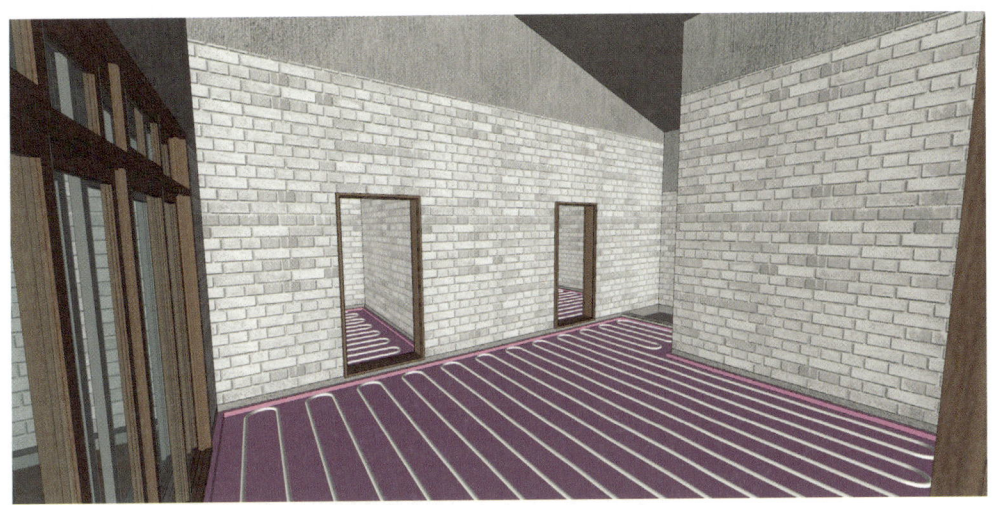

16. 실내바닥공사 – 콩자갈시공

콩자갈로 온수파이프가 시공된 공간을 채운다.

※ 콩자갈로 바닥을 시공하는 방법 이외에 경량기포콘크리트, 무근콘크리트 등을 활용하는 방법이 있다.

17. 실내바닥 – 미장공사

- 표면에 요철이 있는 콩자갈층 위에 시멘트 모르타르로 미장하며 바닥면을 평탄하게 정리한 후 바닥 미장면 위에 바닥마감재를 시공한다.
- 바닥마감재 시공은 타공사에 의해 오염 및 손상이 될 수 있으므로 가장 나중에 시공한다.

18. 실내벽체 – 미장공사

시멘트벽돌의 바탕면 위에 시멘트 모르타르로 미장하여 벽체의 바탕면을 평탄하게 정리하여 마감재 시공을 할 준비를 한다.

19. 지붕 슬라브 단열재공사
- 지붕단열재의 두께는 대부분 시험 요구조건에 명시되어 있으며, 구조체 내부에 시공하는 내단열로 시공법을 적용한다.
- 지붕 슬라브 단열재를 시공 시 테두리보 부분에도 내단열을 적용하여 외기로부터 에너지손실을 최소화 한다.

20. 실내천장 – 달대 및 달대받이시공
- 반자틀을 시공할 수 있도록 지붕 슬라브에 달대를 시공한다.
- 달대받이: 달대를 설치하기 위한 수평재를 지칭한다.

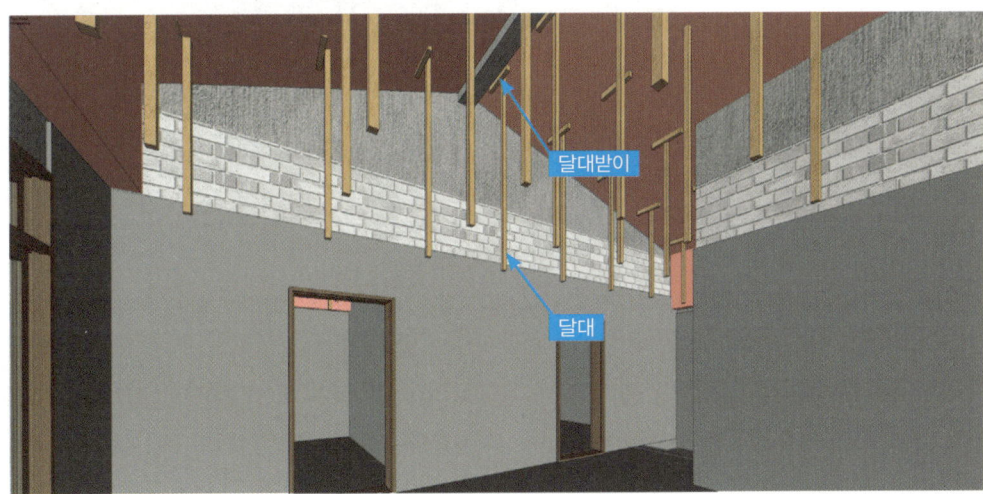

21. 실내천장 – 반자틀시공

- 반자틀: 천장재를 부착하기 위해 바탕이 되는 구조재를 지칭한다.
- 본 시험을 준비할 때는 목재구조틀의 단면사이즈는 45mm×45mm로 작도한다.

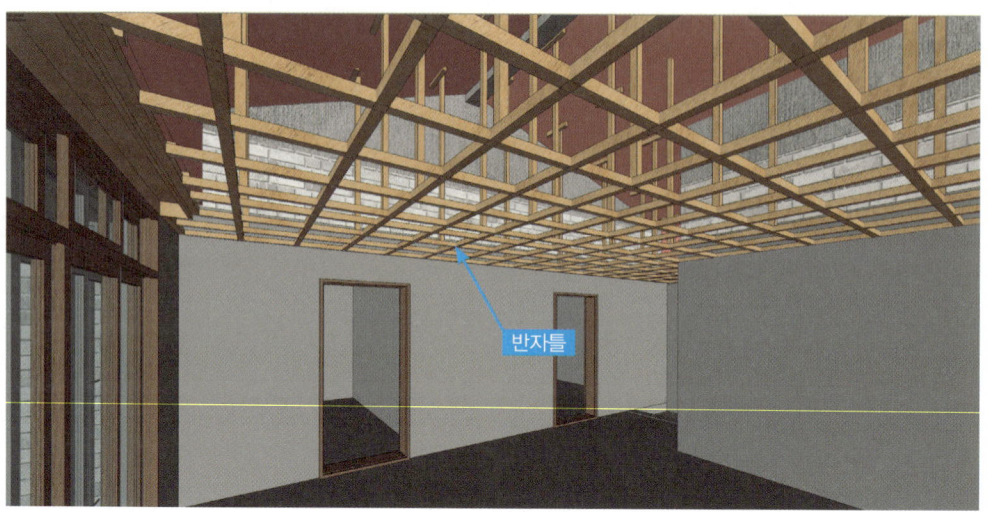

22. 실내천장 – 천장재시공

- 석고보드: 일반적으로 두께는 9.5mm이며 기본 2장을 시공한다.
- 두께: 석고보드 천장재를 도면으로 표기할 때 2장의 총합 20mm로 작도한다.
- 석고보드 바탕면 위에 도배지나 도장 등을 시공하여 천장공사를 완료한다.

TIP!

천장재 두께
석고보드를 실제와 동일한 두께로 재료표기할 경우 좁은 간격의 선이 서로 겹쳐 보일 수 있으므로 2장을 20mm 하나로 표기하도록 한다.

23. 실내마감공사

- 벽/천장 마감재: 일반적인 시공을 고려하여 본 시험에서는 도배지로 기준을 잡아 연습한다.
- 바닥마감재: 시공방법으로는 마루, 비닐계 장판, 데코타일 등이 있고 본 시험에서는 두께가 가장 얇은 장판으로 시공하였다는 가정하에 바닥마감재의 두께표기는 생략한다.
- 반자돌림: 천장몰딩과 같이 천장의 가장자리벽과 천장의 접합부에 두르는 테로 제품마다 디자인이 다양하여 본 시험에서는 간단하게 평몰딩으로 작도한다.
- 걸레받이: 바닥과 벽의 하단부를 따라 보호대겸 장식몰딩이나 테를 돌림한 것으로 보통 높이는 100mm 내외이다.

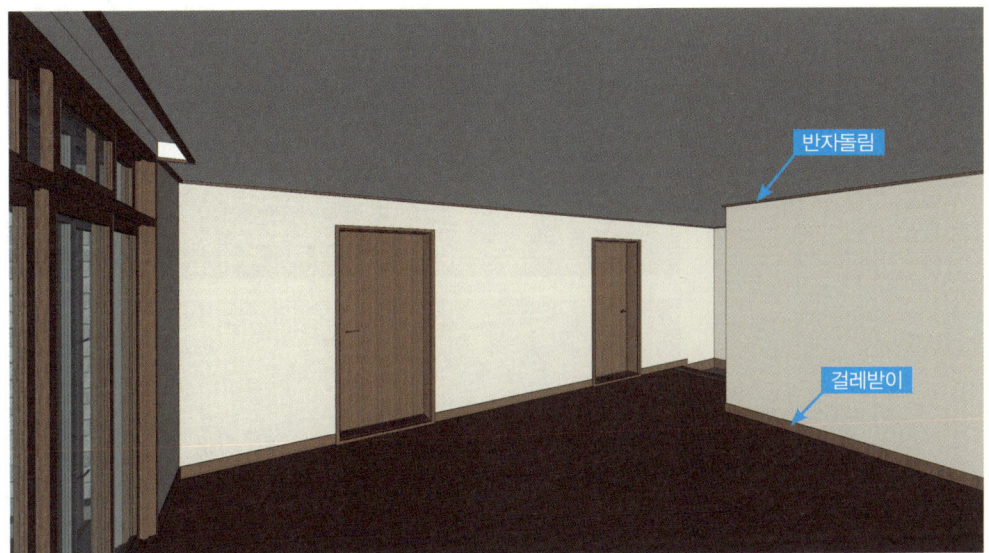

24. 현관바닥

- 현관바닥 마감재: 보통 타일이나 석재를 사용한다.
- 현관턱 재료분리대: 현관바닥 마감재와 거실바닥 마감재의 경계면에 재료분리대를 시공하며 인조대리석, 금속, 석재 등 다양하게 사용 할 수 있다.

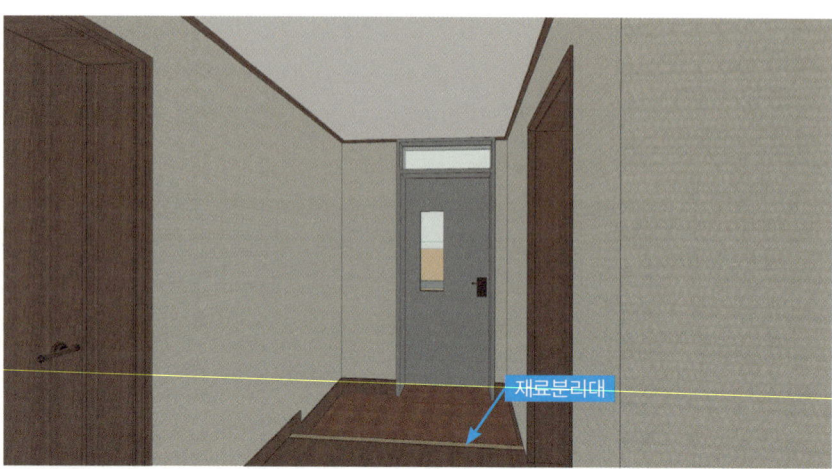

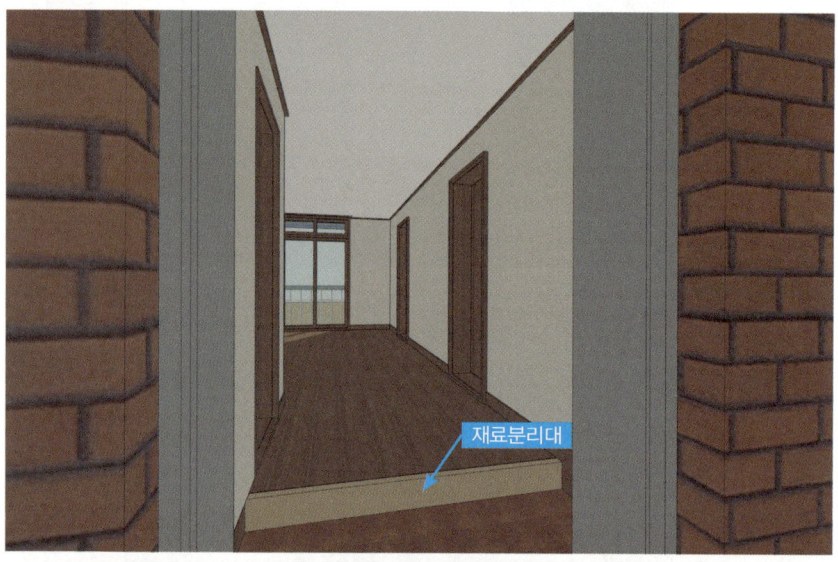

25. 외장마감공사

- 외벽미장은 모르타르 미장면 위에 수성페인트로 마감이나 본타일 도장의 마감을 한다.(일반적인 시공수준임을 고려)
- 난간: 빗물, 공기 등으로부터 부식되지 않도록 스테인레스를 적용한다.(일반적인 시공수준임을 고려)
- 켄틸레버 마감: 본타일 도장을 한다.
- 홈통
  - 선홈통: 켄틸레버와 같이 물이 고이는 곳이 있다면 PVC 선홈통을 적용한다.
  - 처마홈통: 처마끝에 설치하여 지붕면으로부터 빗물을 받아주는 홈통을 지칭한다.

> **TIP!**
> **처마홈통 생략**
> 처마홈통은 시험 요구조건 사항이 아니며 미관이 좋지 않기 때문에 본시험에서는 그리지 않는다.

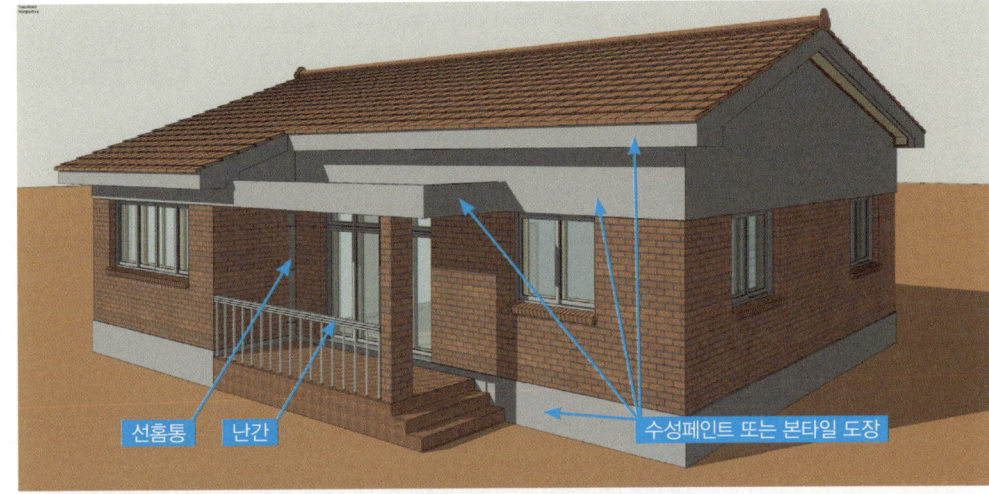

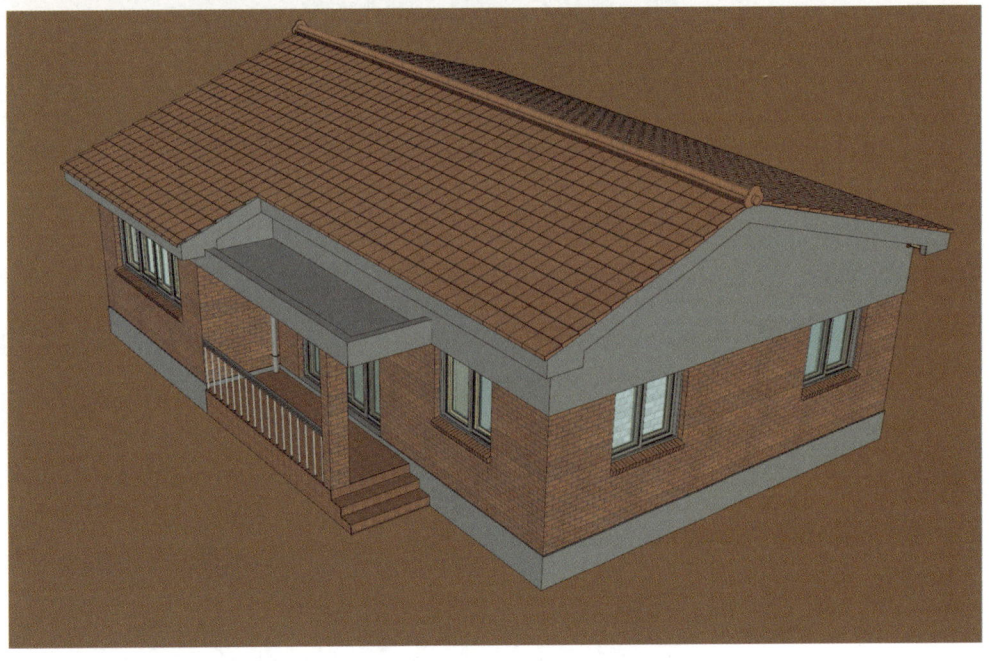

2 기초 단면상세도 – 내벽

1. 개요
시험 요구조건상에서 내부벽체의 두께는 일반적으로 1.0B로 두께 200mm의 기초를 그리도록 한다.

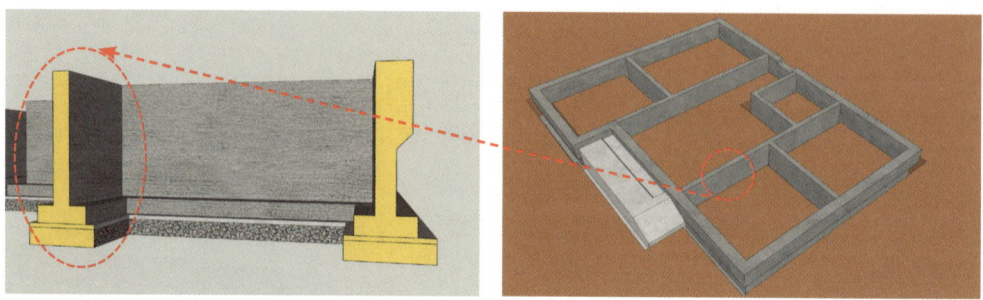

2. 제도과정
❶ 중심선 그리기

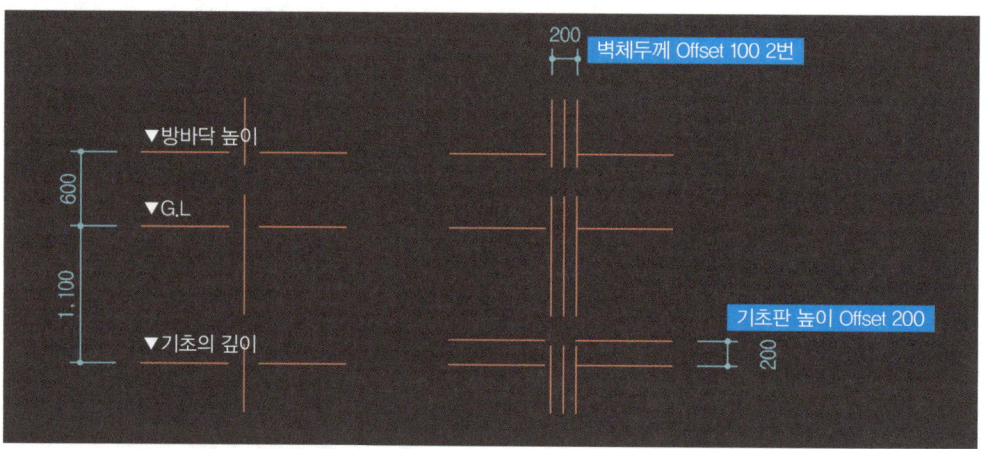

❷ 기초 단면선 그리기

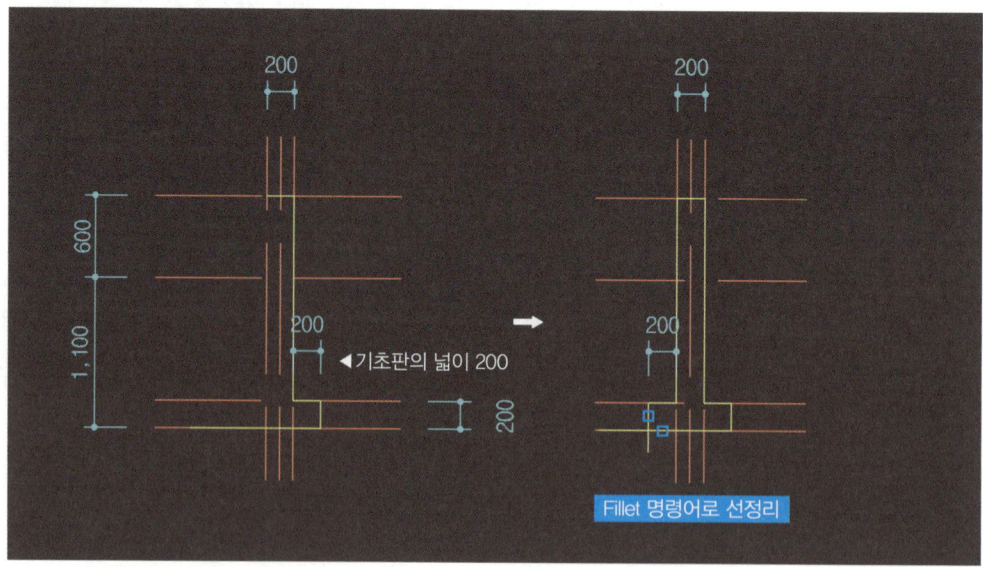

❸ 지정 그리기

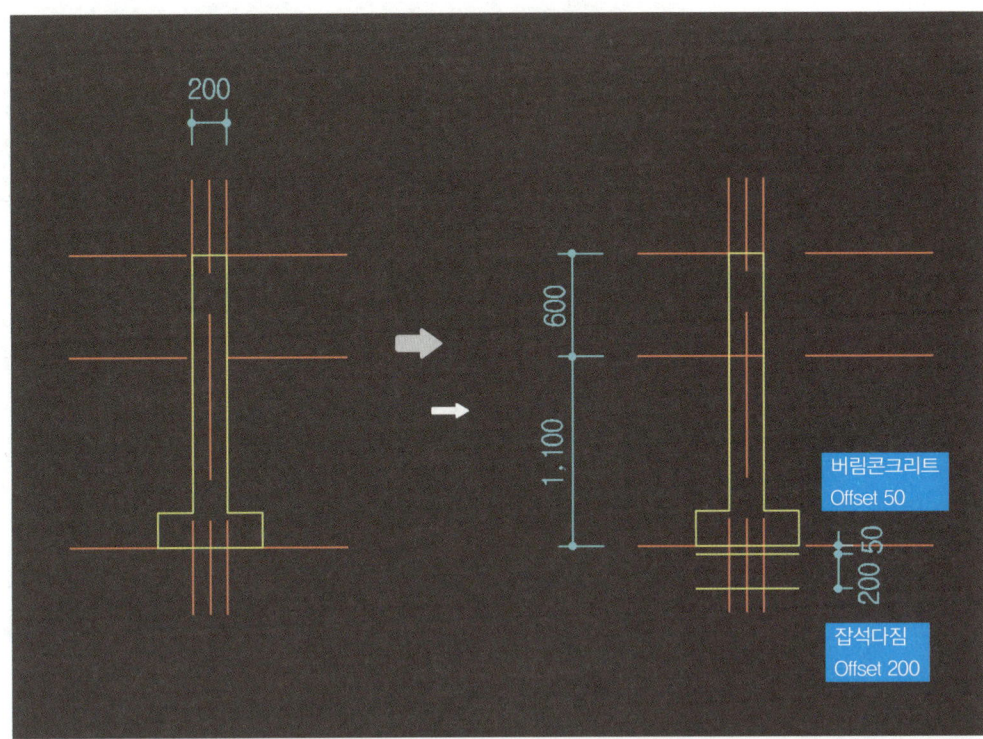

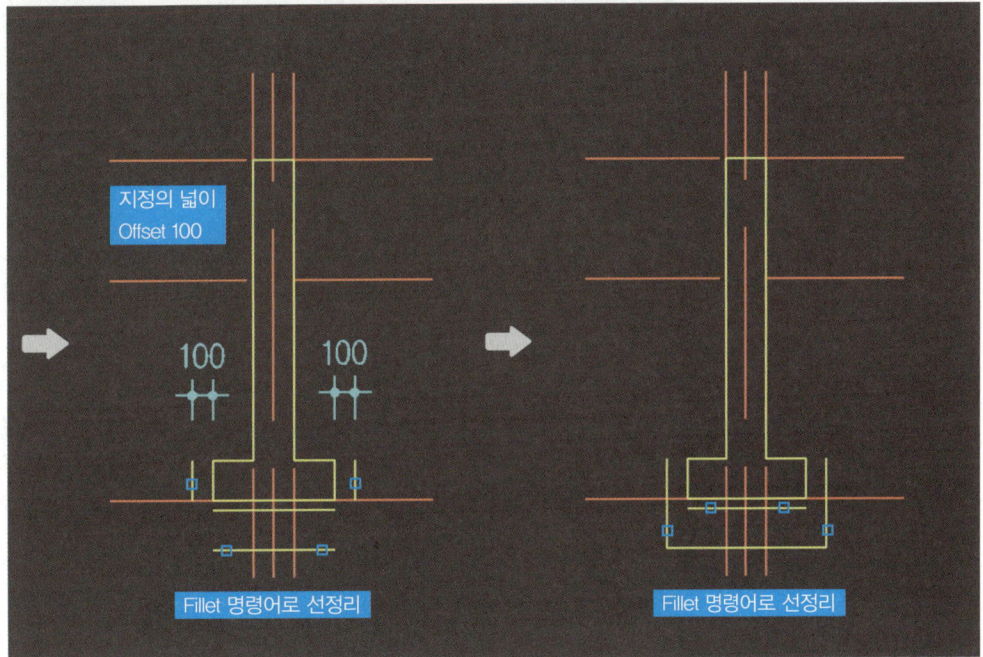

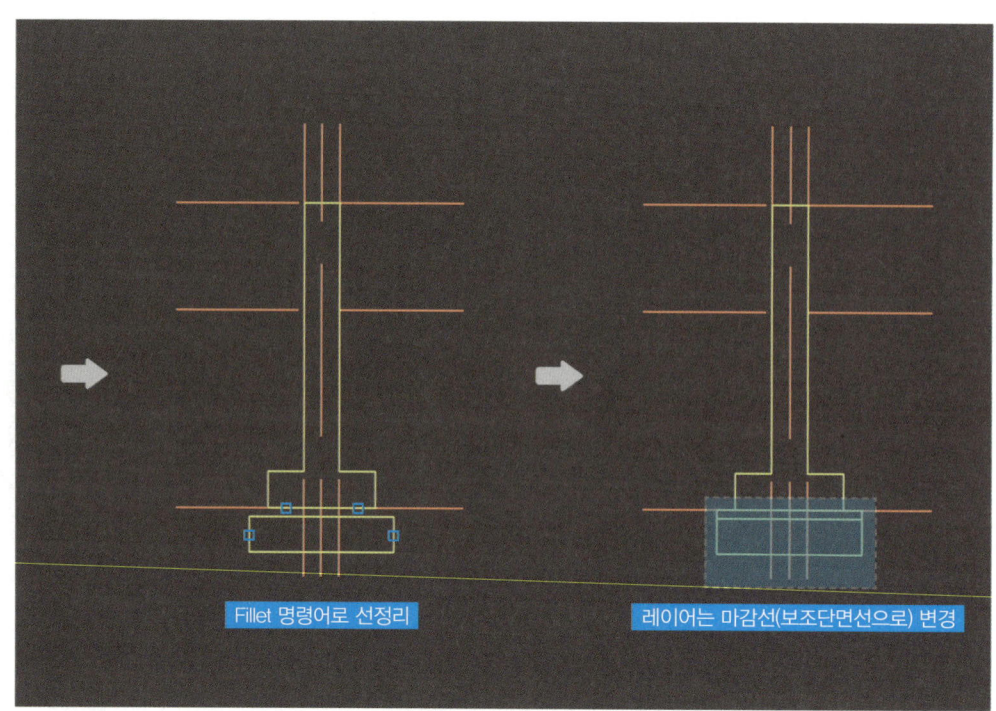

❹ 재료표기

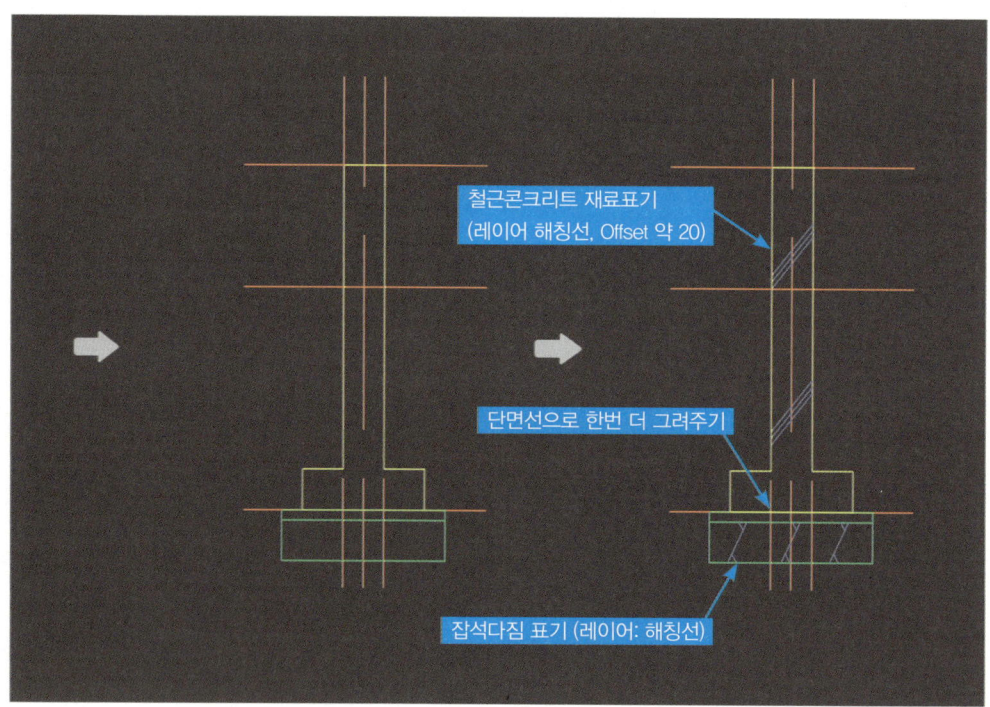

3 기초 단면상세도 – 외벽

1. 개요
시험의 요구조건상에 평면도의 외부벽체의 두께는 대부분 1.5B이며 내부단열재의 두께는 요구사항에 따라 다르다. 본 교재에서는 단열재의 두께를 120mm로 가정하여 총두께 420mm 벽체의 하부가 있는 기초를 그리도록 한다.

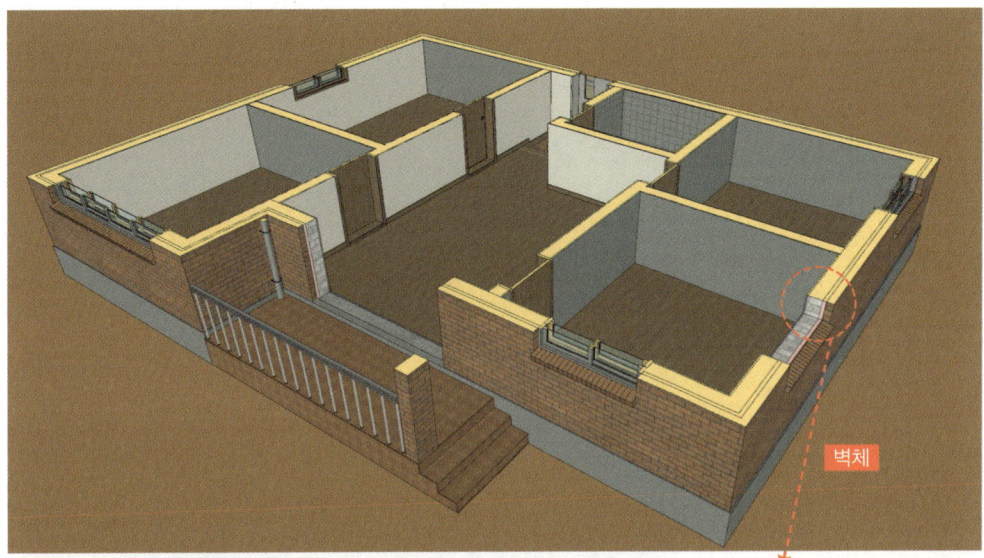

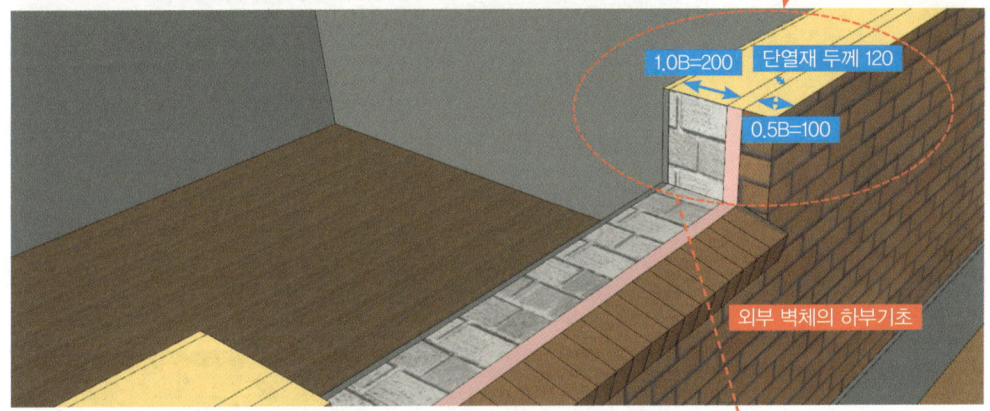

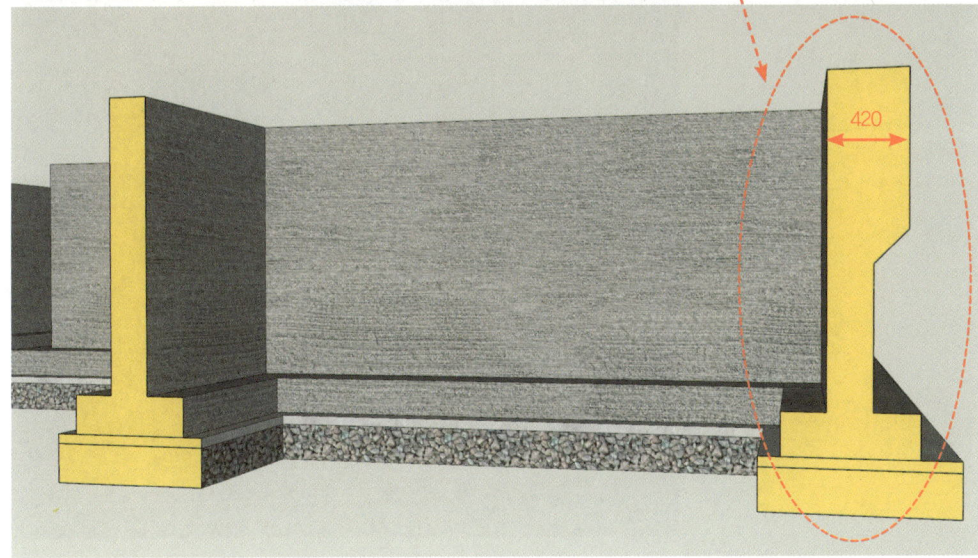

2. 제도과정

❶ 중심선 그리기

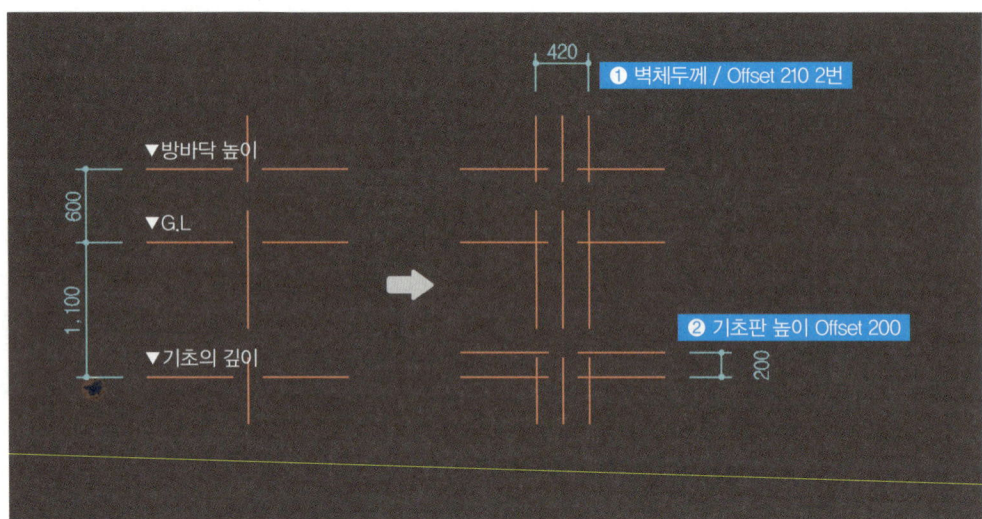

❷ 기초 단면선 그리기

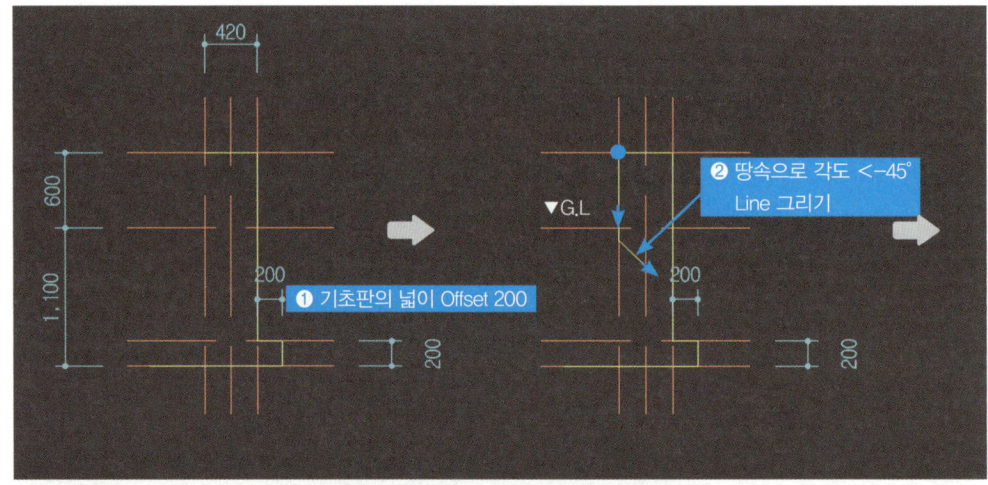

TIP!

내력벽 기초벽의 최소 두께
'건축물의 구조기준 등에 관한 규칙' 제30조
① 조적식구조인 내력벽의 기초(최하층의 바닥면 이하에 해당하는 부분을 말한다)는 연속기초로 하여야 한다.
② 제1항의 규정에 의한 기초 중 기초판은 철근콘크리트구조 또는 무근콘크리트구조로 하고, 기초벽의 두께는 250mm 이상으로 하여야 한다.

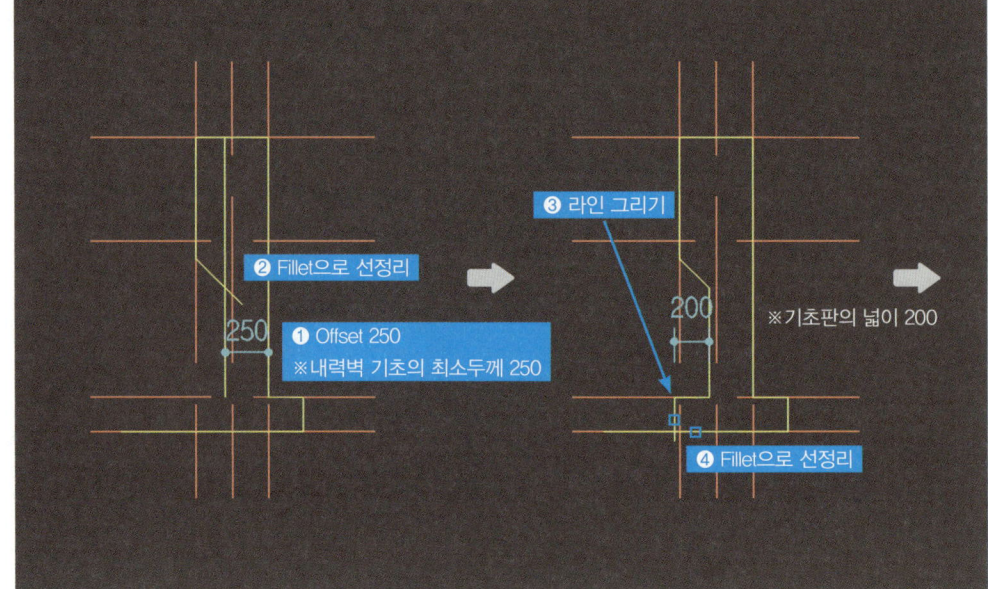

❸ 지정 그리기

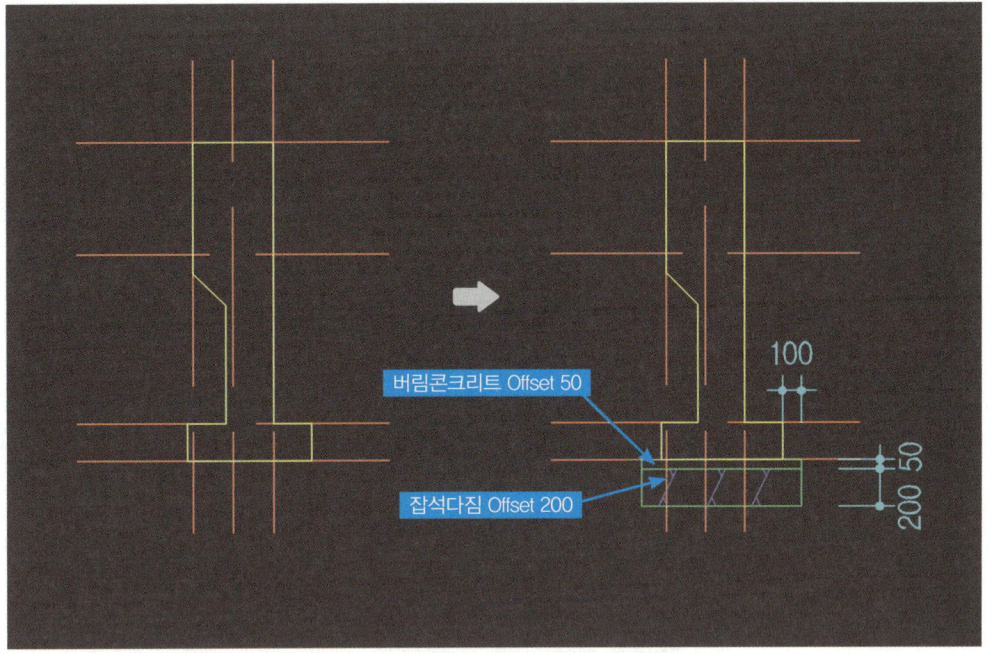

4 테라스 바닥 상세도

1. 개요
테라스 바닥의 구조에 따른 테라스 바닥의 단면상세도를 제도한다.

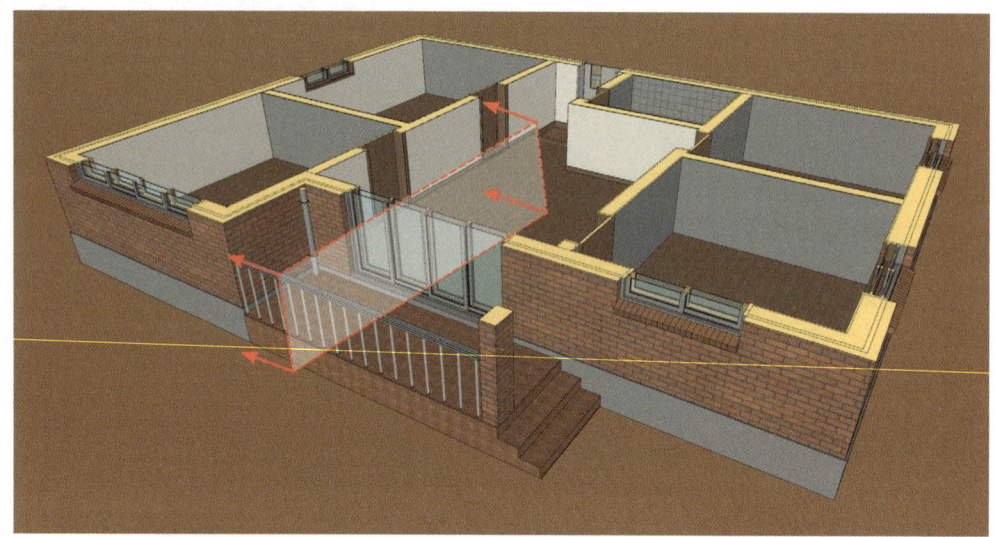

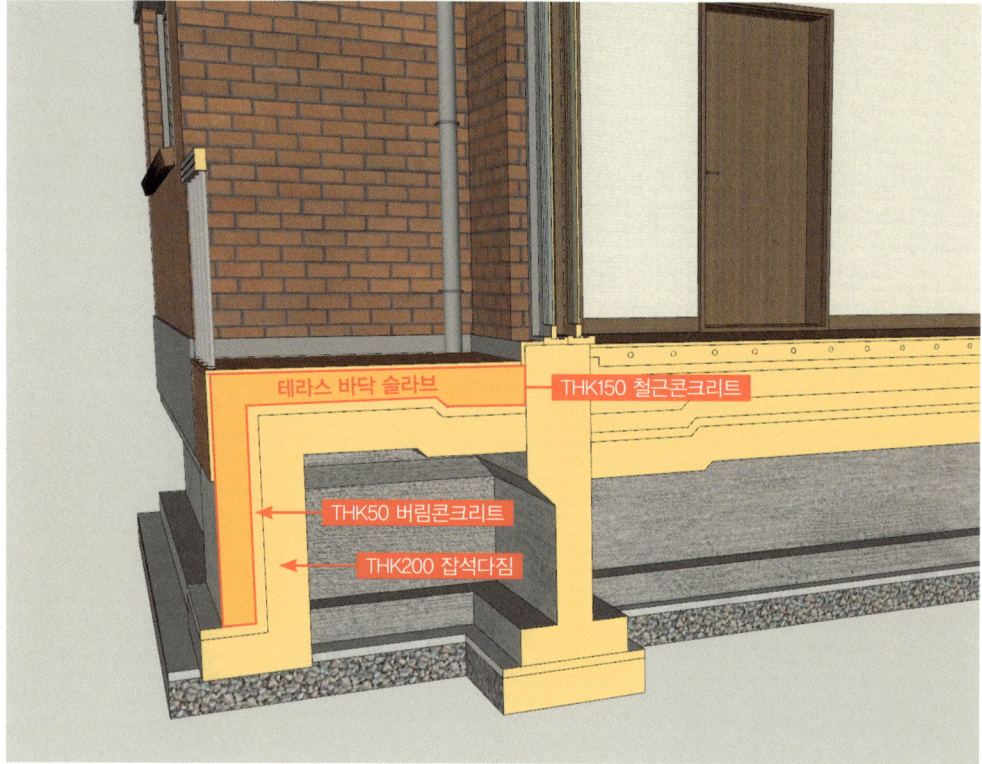

2. 제도과정

❶ 테라스 바닥 슬라브의 단면선 그리기

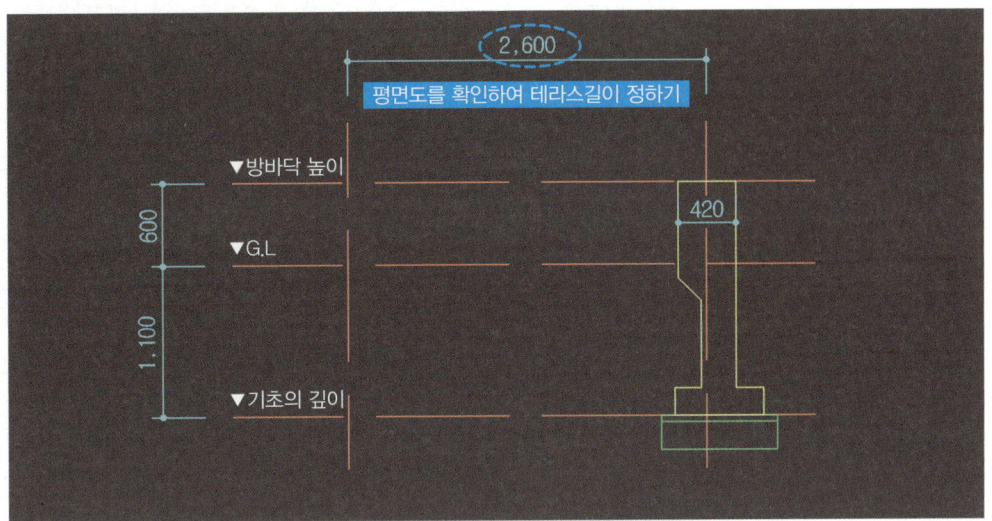

테라스 바닥 높이는 시험 요구조건 및 도면에 명시된 부분이 없을 경우 테라스와 계단의 높이, 폭은 설계자(수험자)가 정하여 그린다.

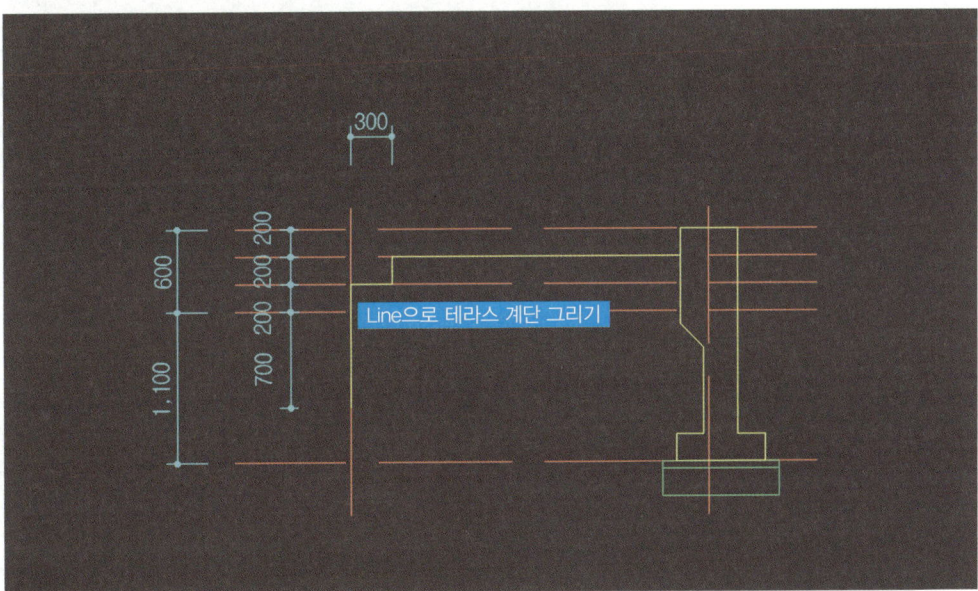

※ 본 예제에서는 테라스의 높이 400mm, 계단의 높이 200mm, 너비 300mm(계단의 너비는 260mm 이상이면 가능)으로 가정하여 제도한다.

❷ 테라스 계단 단면선 그리기

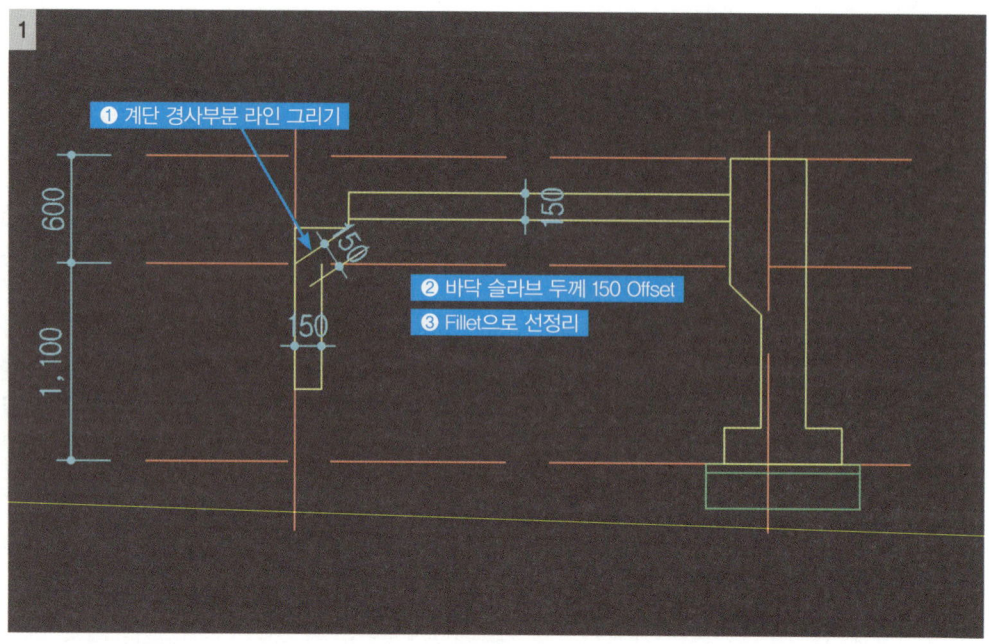

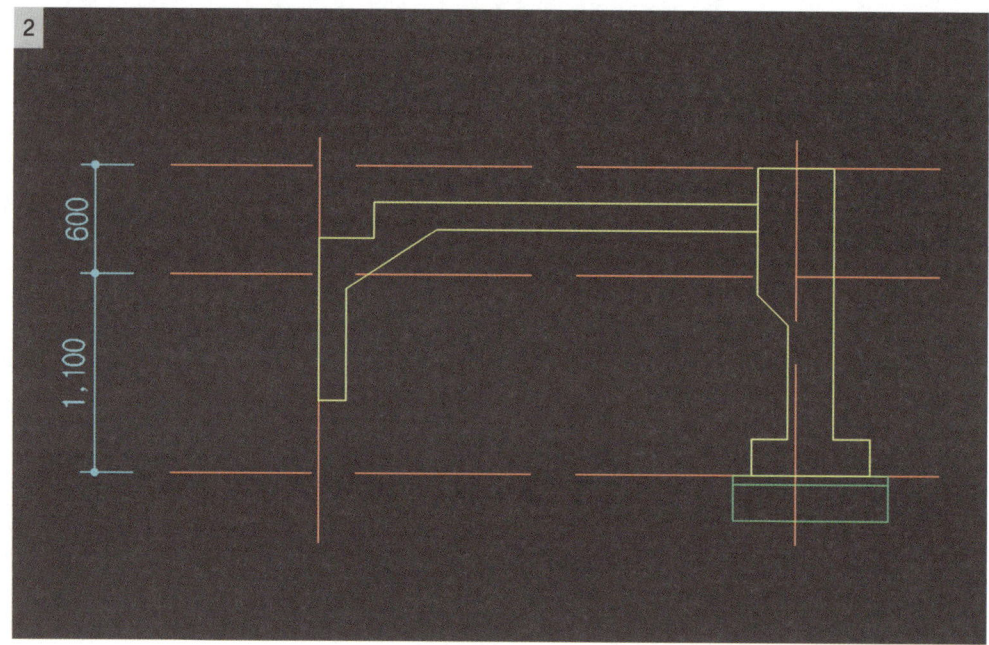

❸ 테라스 바닥 슬라브 헌치 그리기

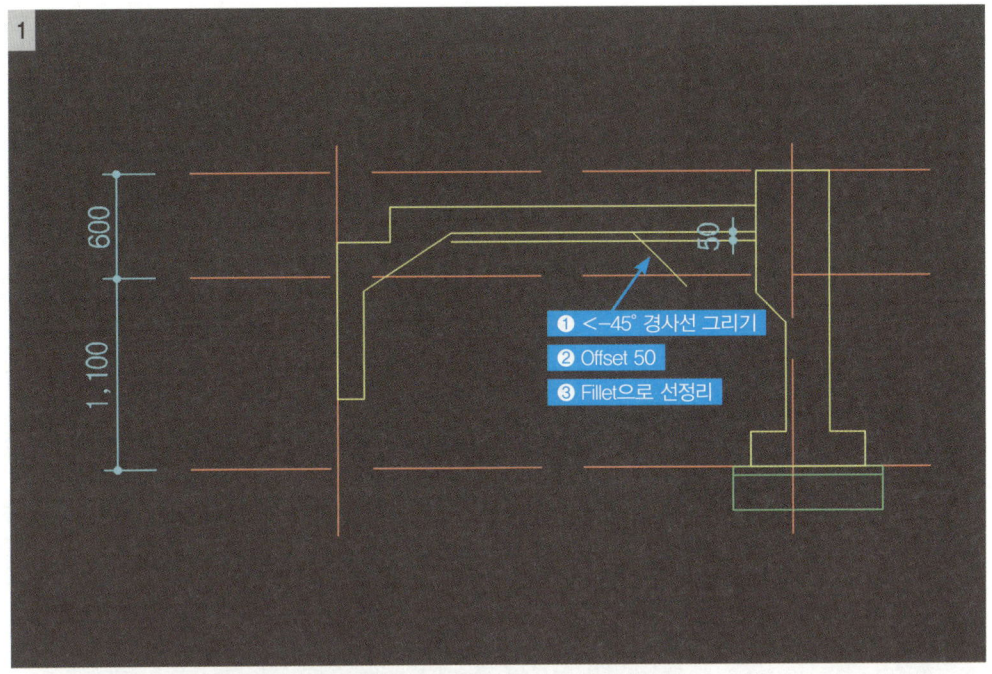

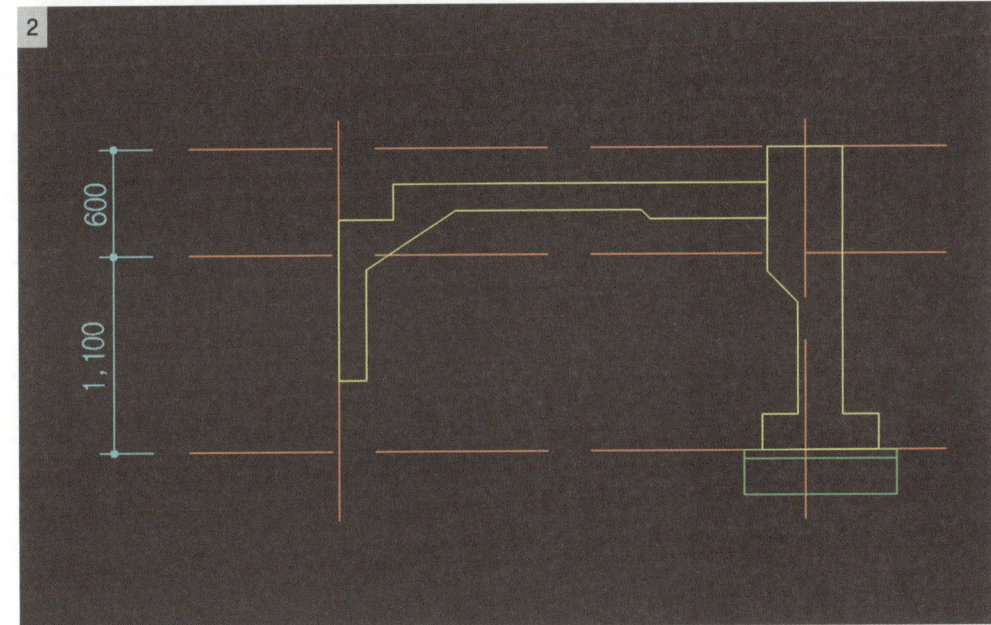

❹ 테라스 바닥 슬라브 – 지정 그리기

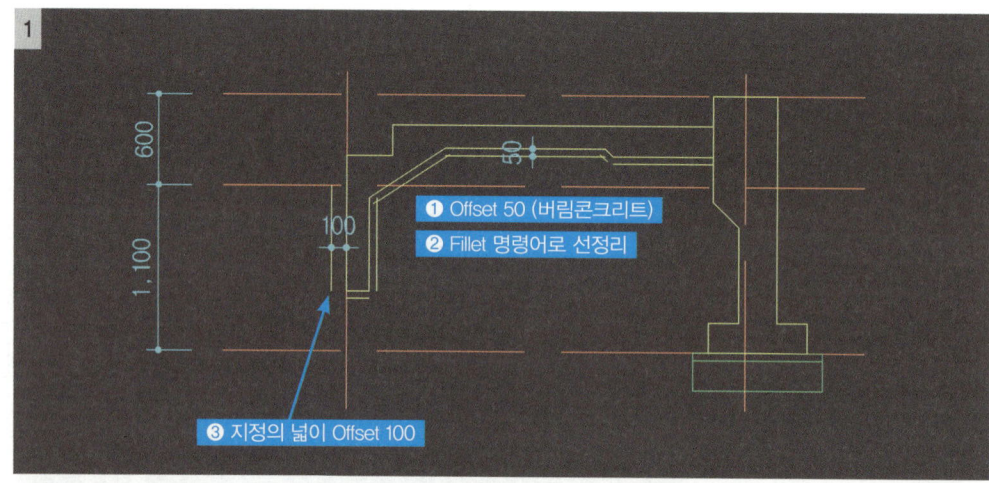

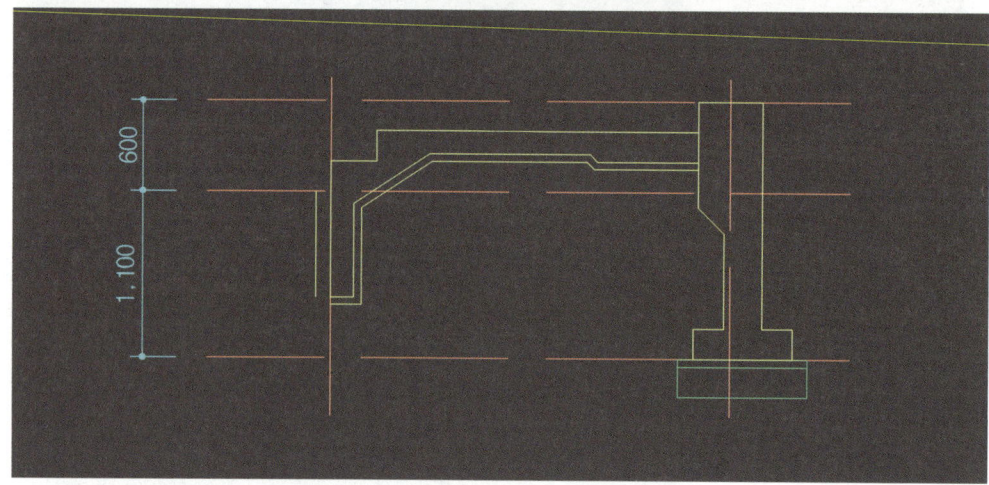

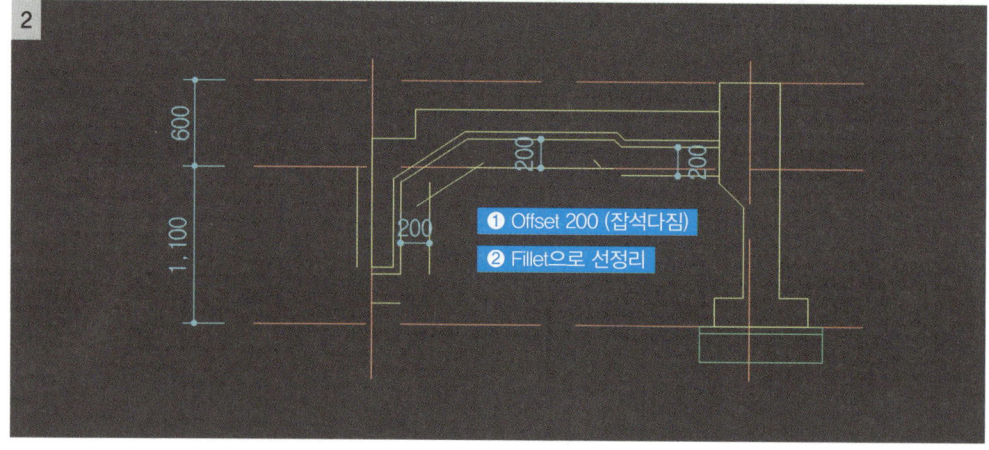

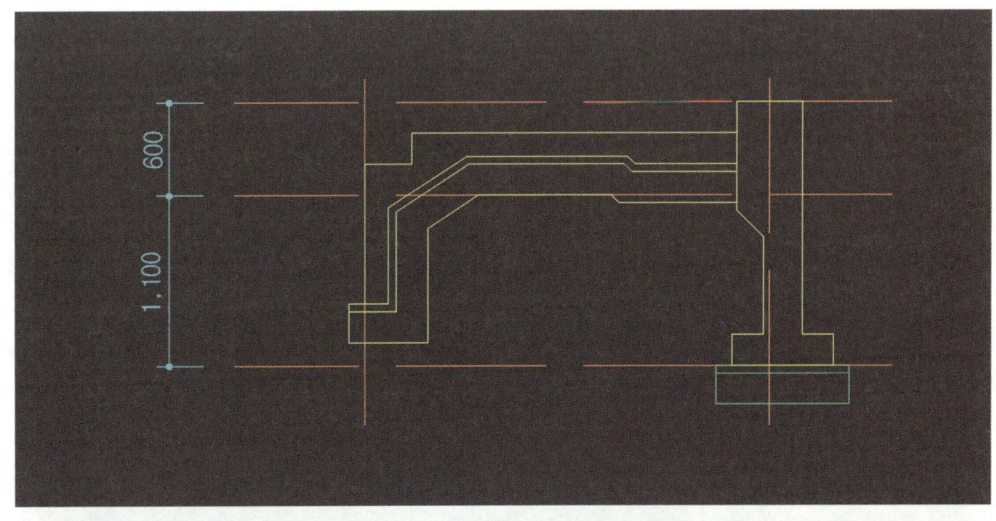

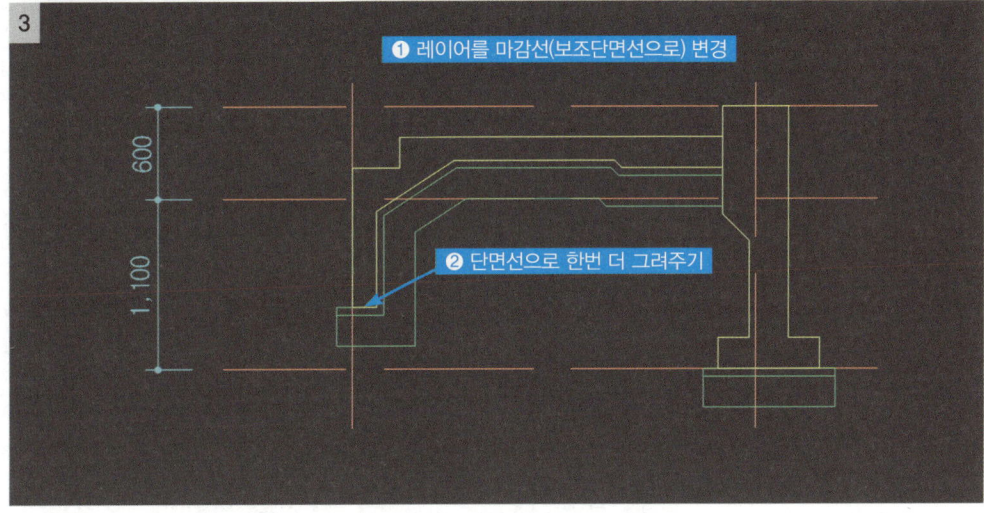

PART 05 단면상세도 그리기

❺ 테라스 바닥 슬라브 – 마감선 표기

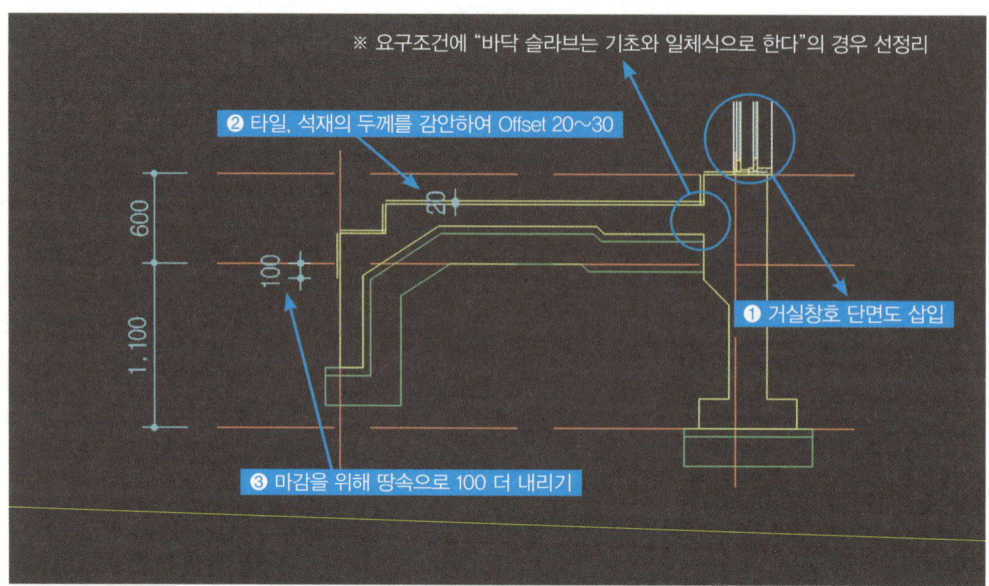

❻ 재료표기

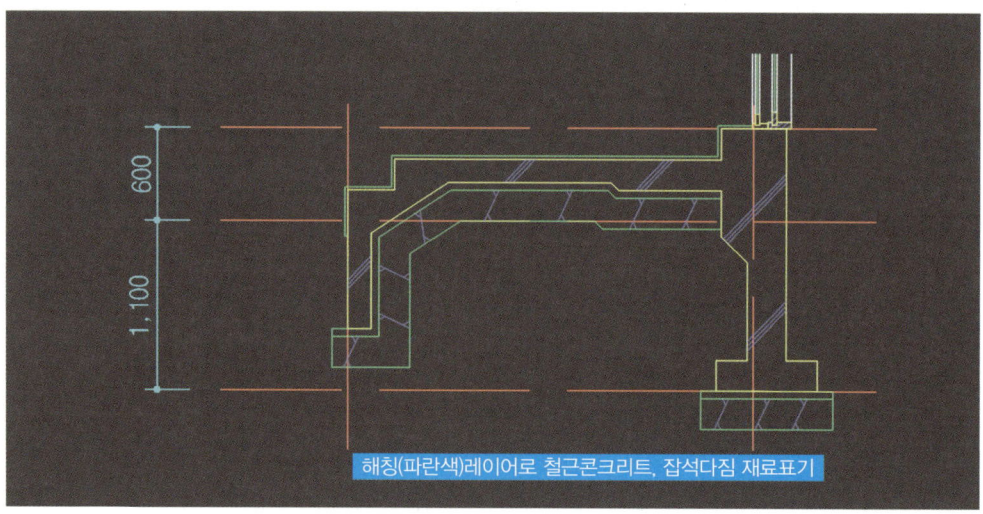

5 방 바닥 단면상세도 그리기

1. 개요
방바닥 구조에 따른 방바닥 단면상세도를 작도한다.

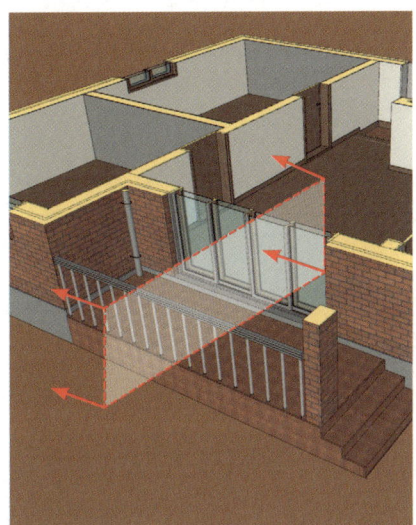

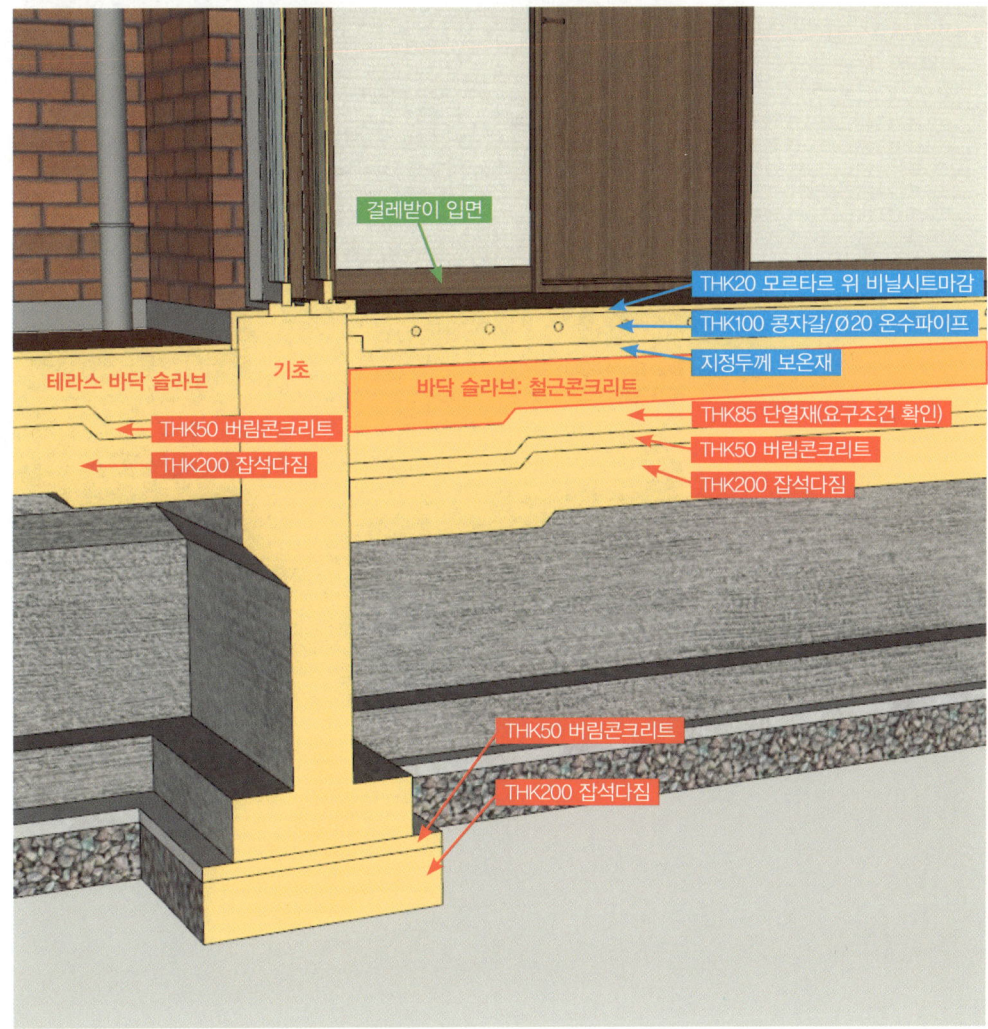

2. 제도과정

❶ 바닥 슬라브 상부 구조 그리기

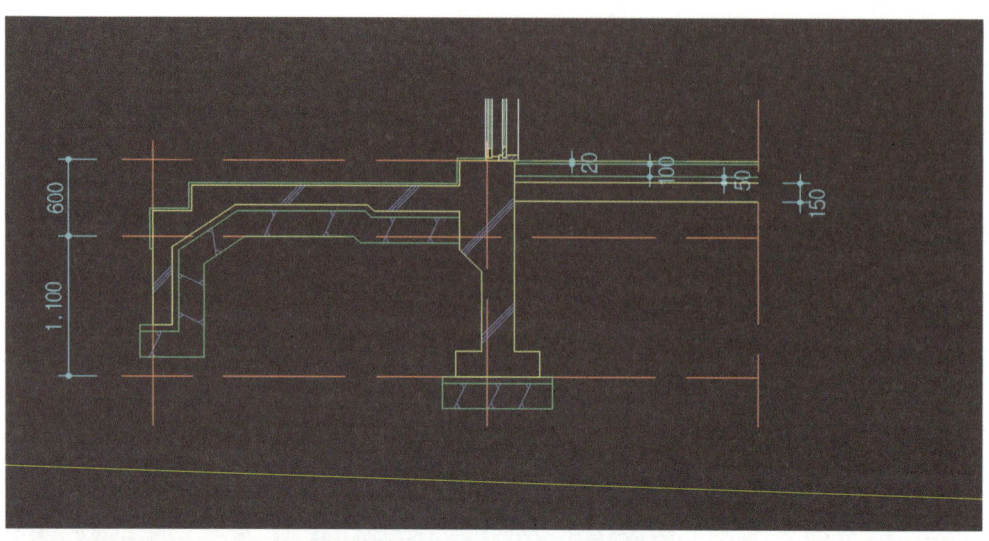

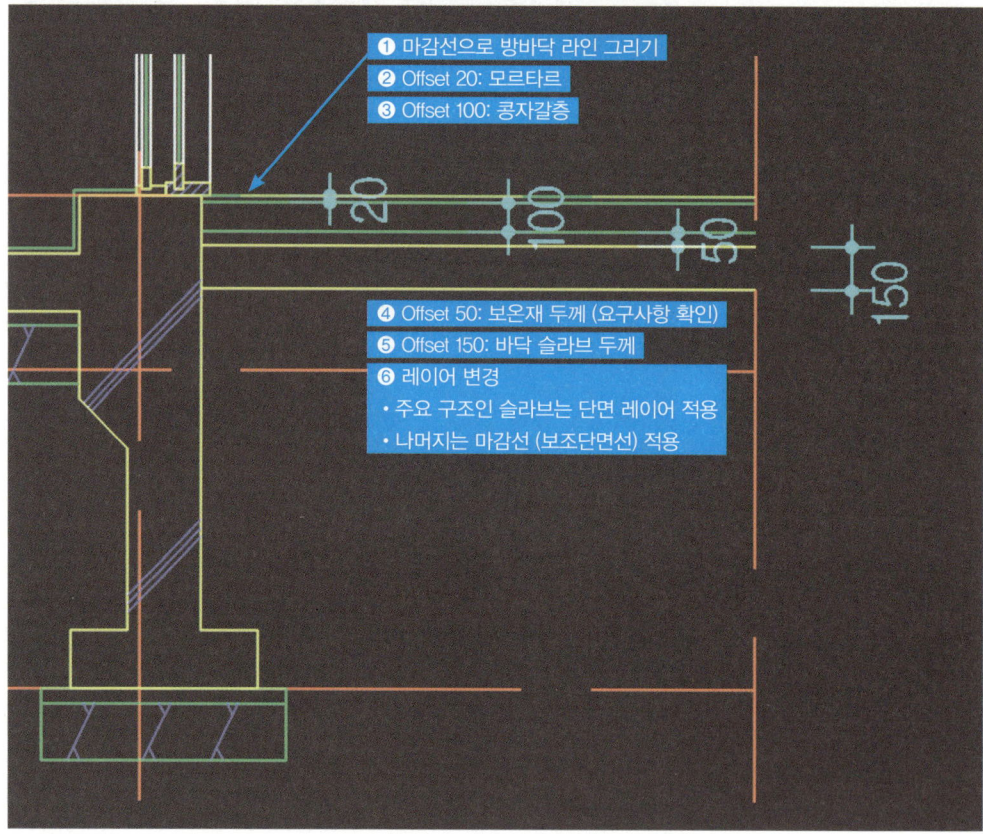

❷ 바닥 슬라브 상부 – 보온재 표현

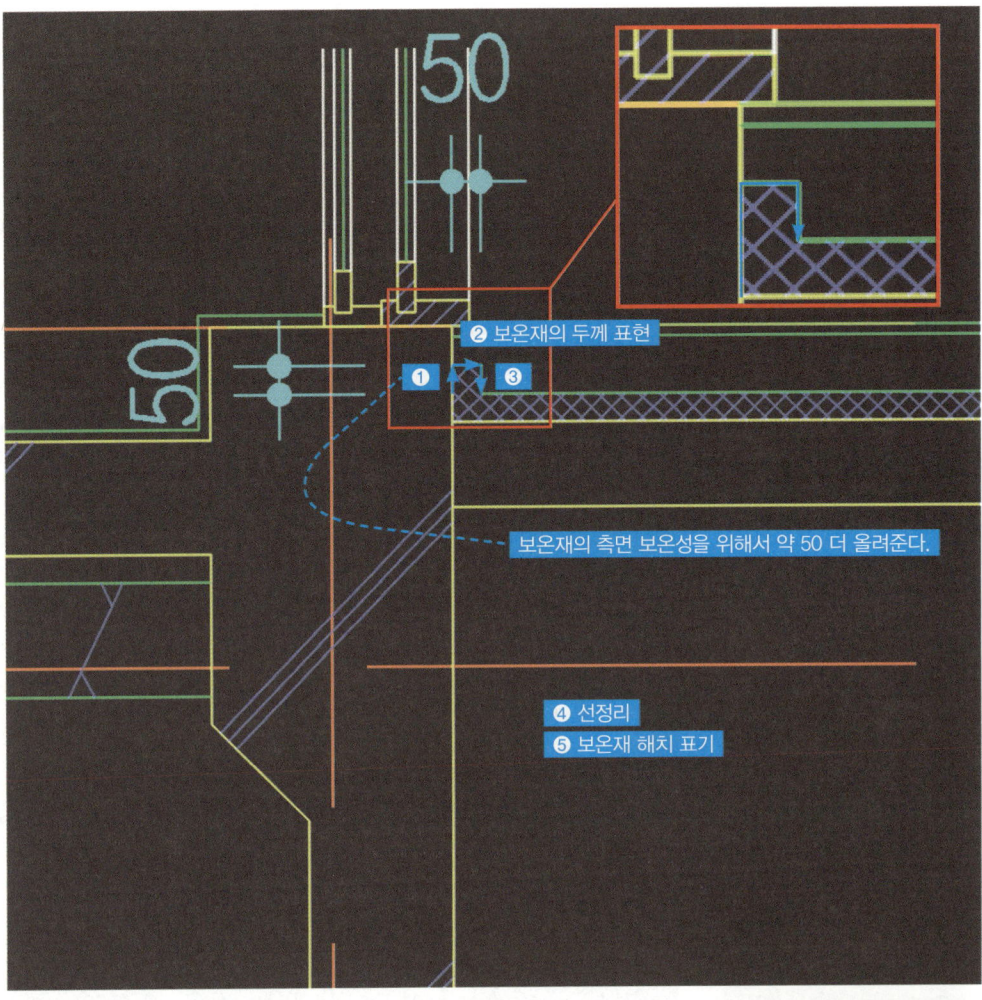

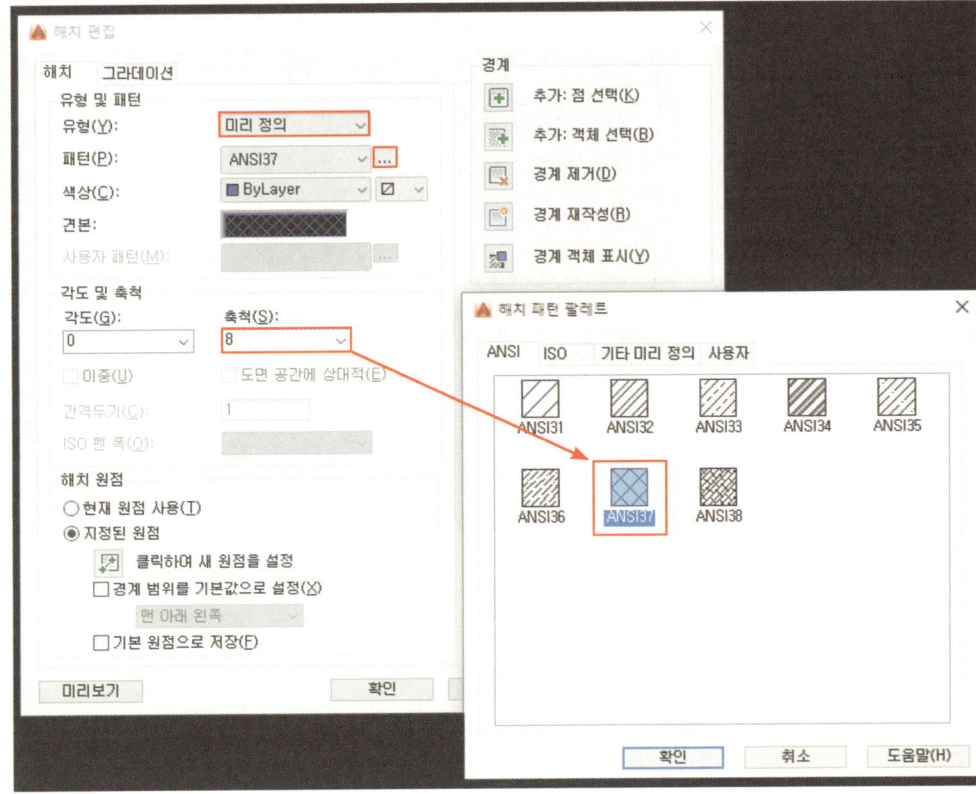

❸ 바닥 슬라브 상부 – 온수파이프 표현

TIP!

온수파이프 레이어

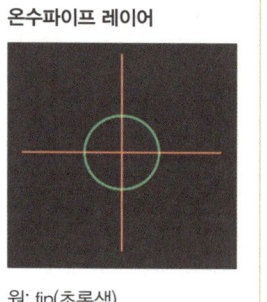

원: fin(초록색)
중심표식: cen(빨간색)

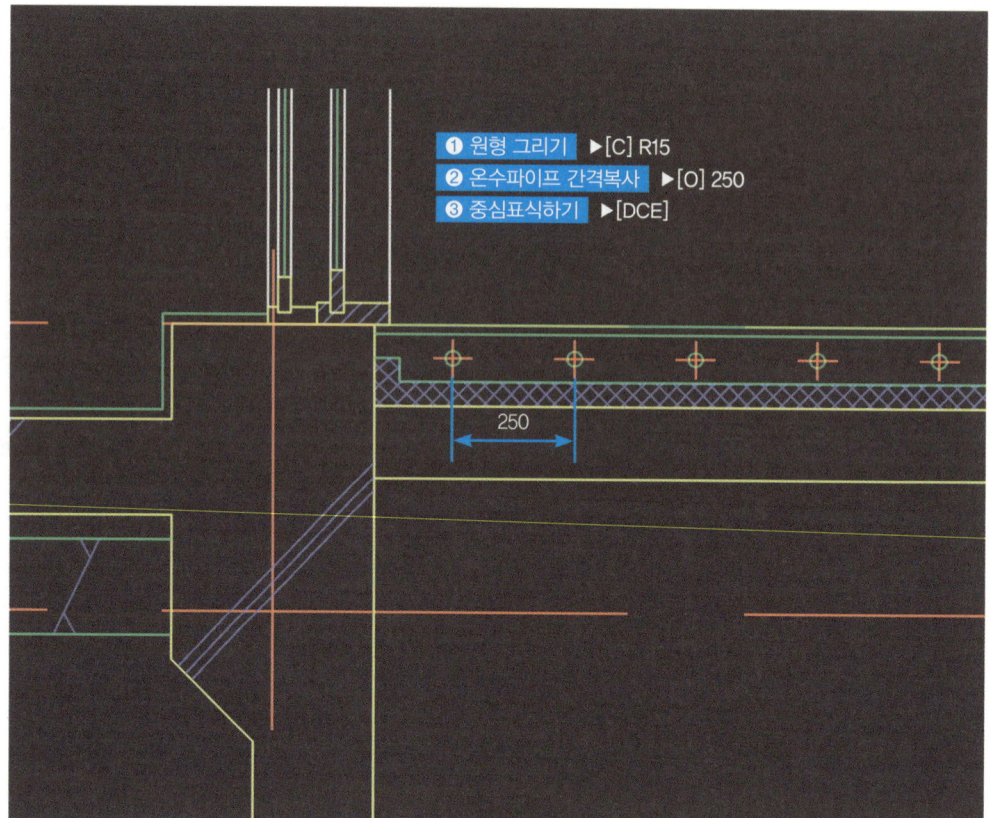

❹ 헌치표현 후 단열재 표기

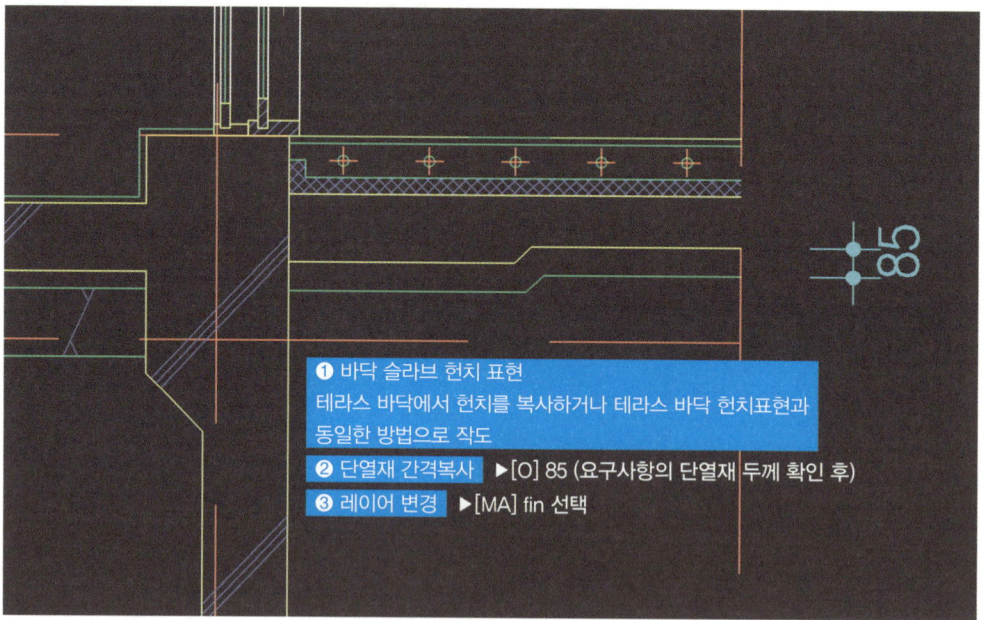

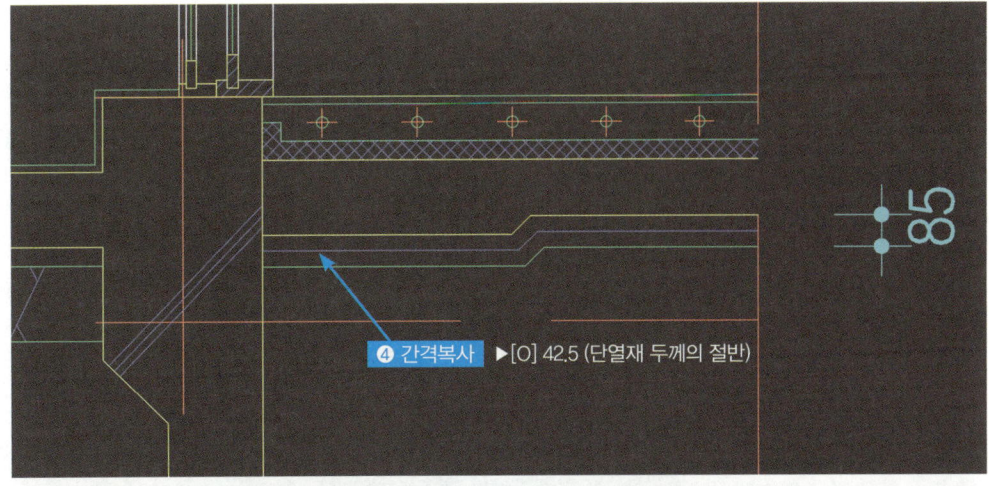

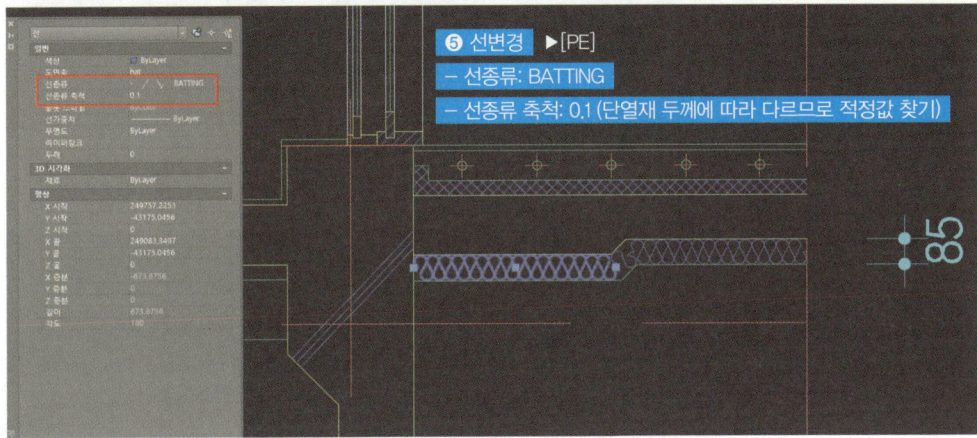

❺ 바닥 슬라브 하부 – 지정 그리기

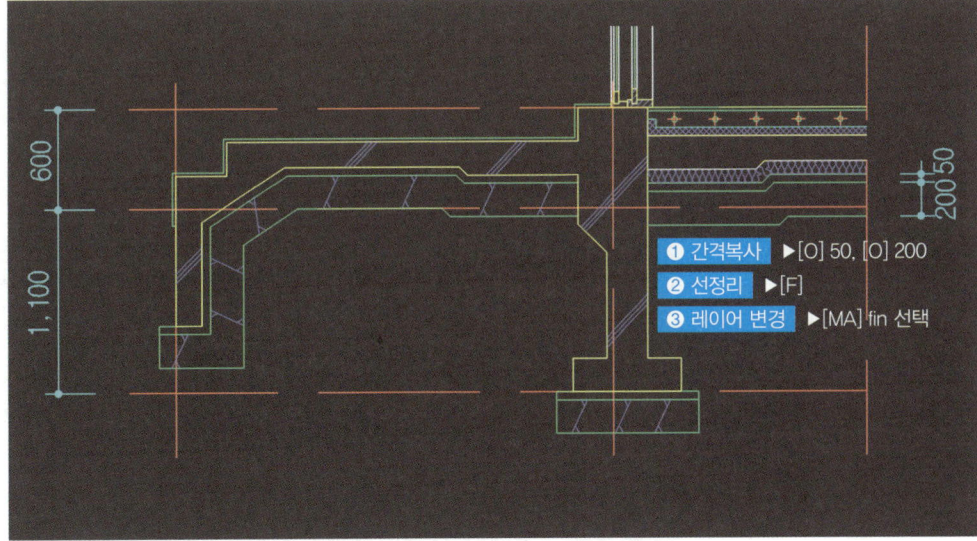

❻ 재료 표현

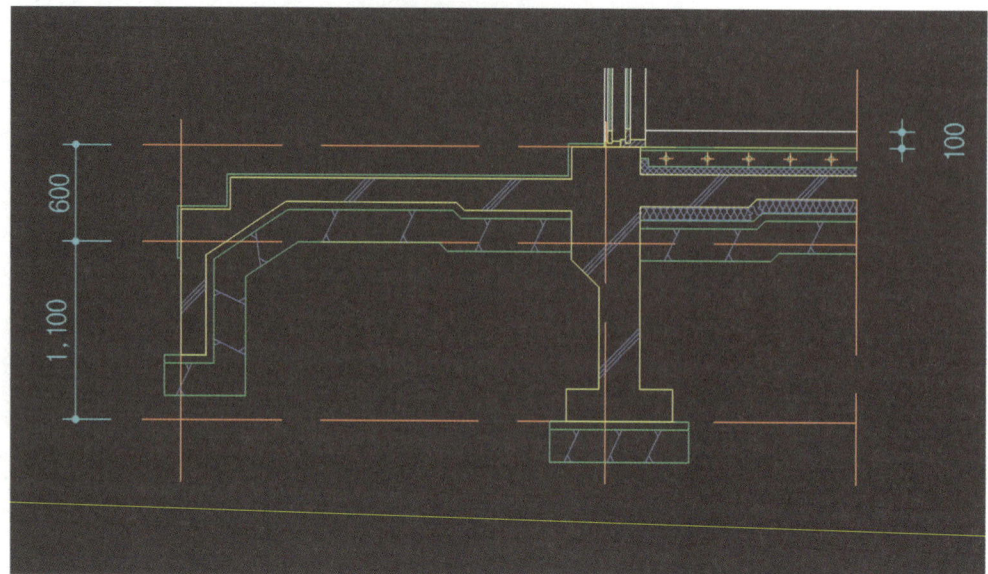

TIP!
재료 표현: hat(파란색)
지시선 및 문자: text(하늘색)

❼ 문자쓰기

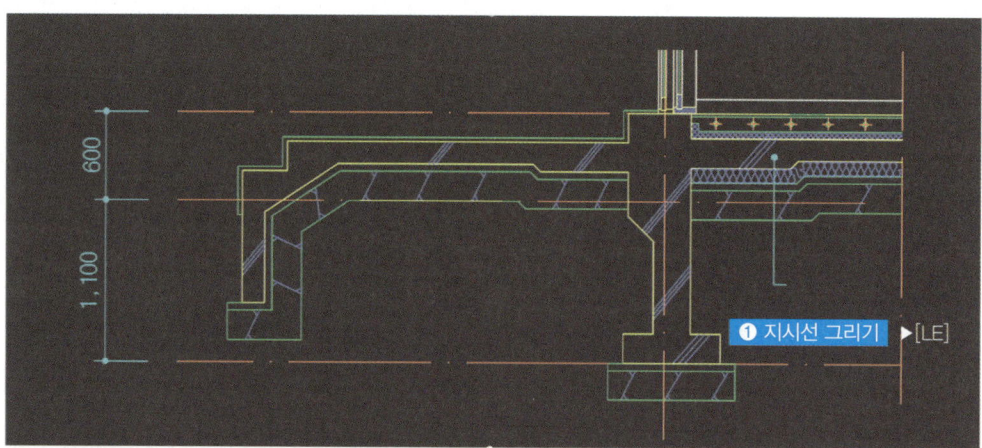

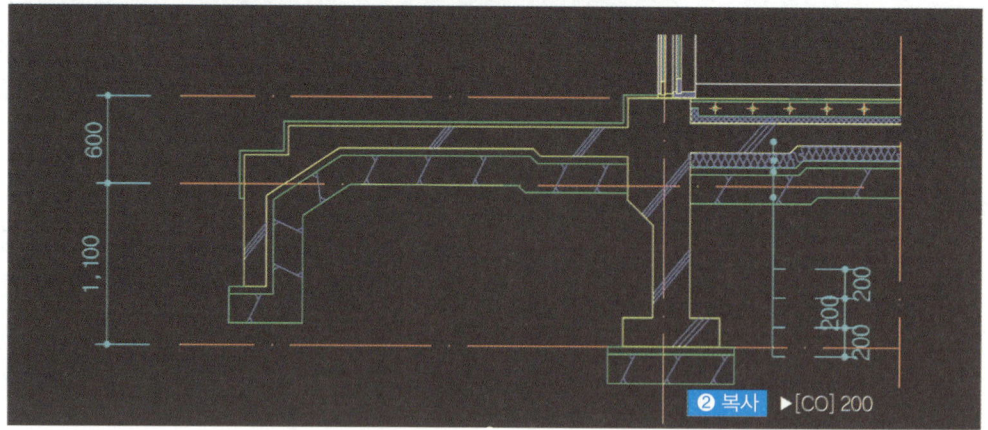

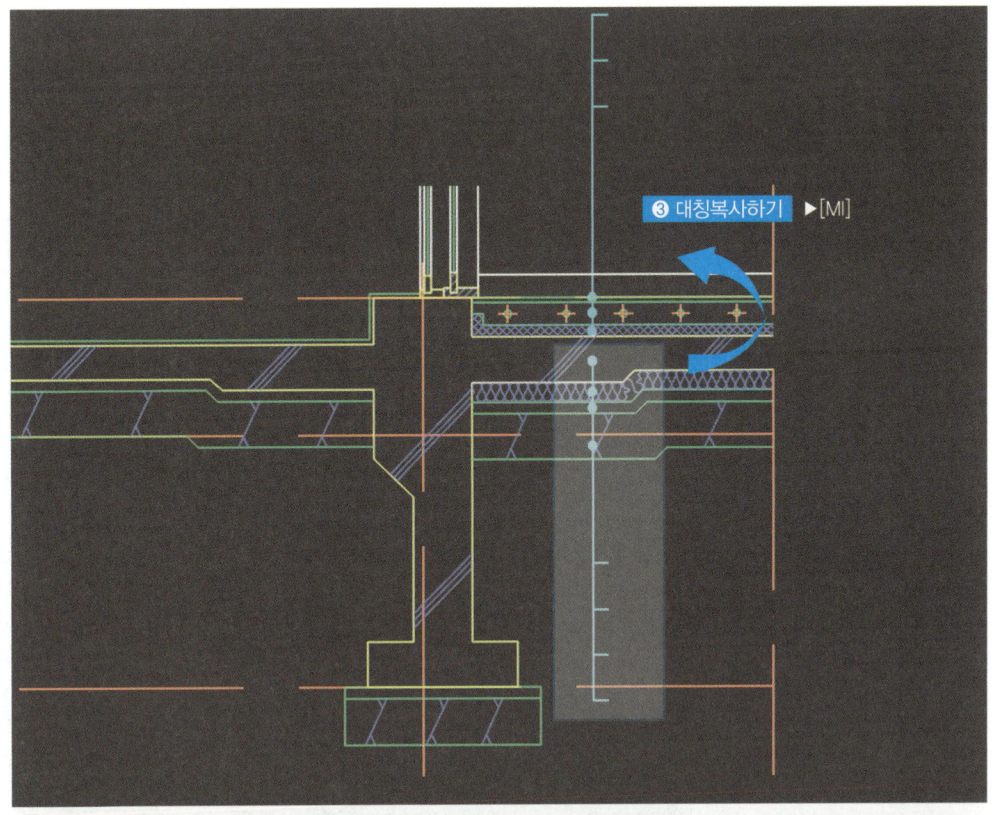

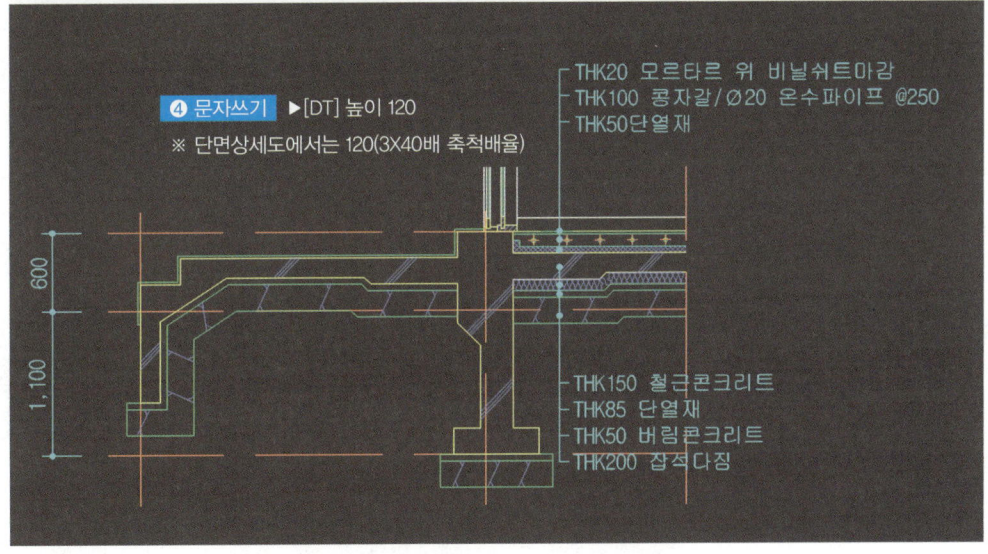

PART 05 단면상세도 그리기

6 현관 바닥 상세도 그리기

1. 개요
아래 예시를 통해 현관바닥의 구조에 따른 단면상세도를 그려본다.

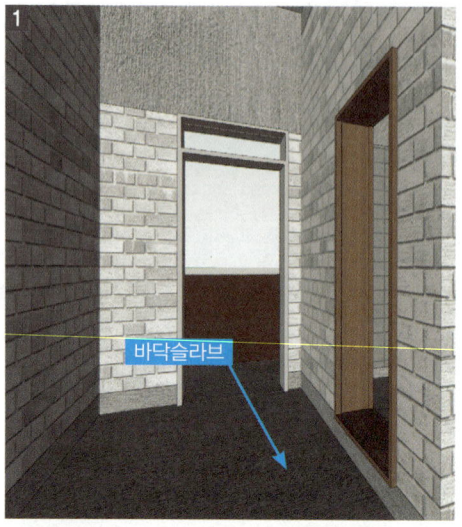

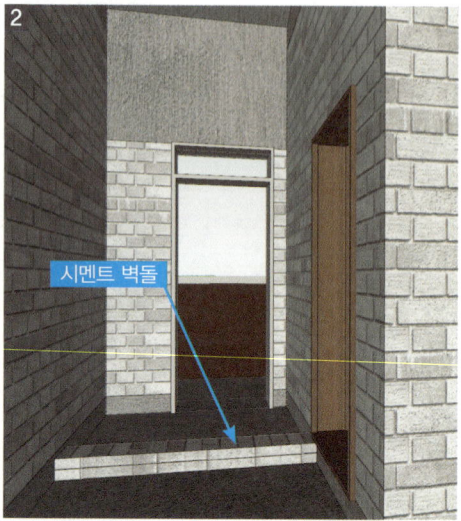

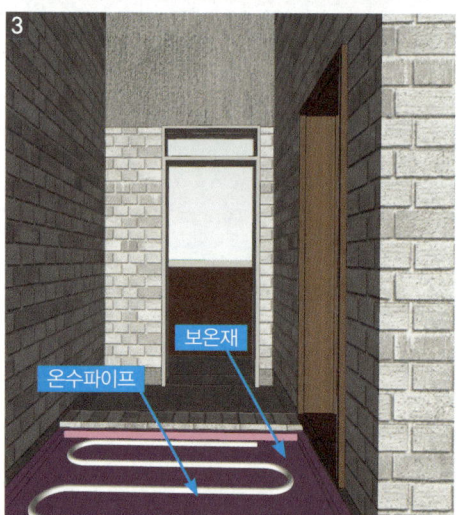

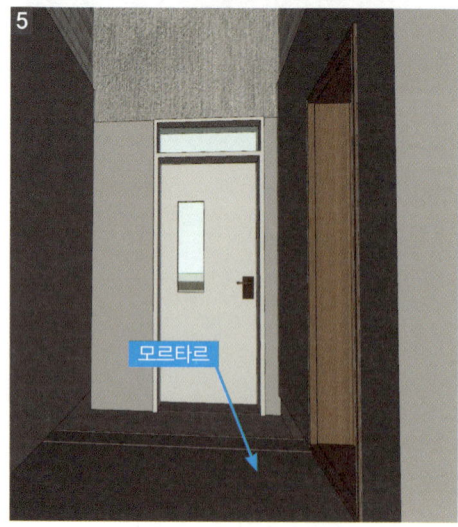

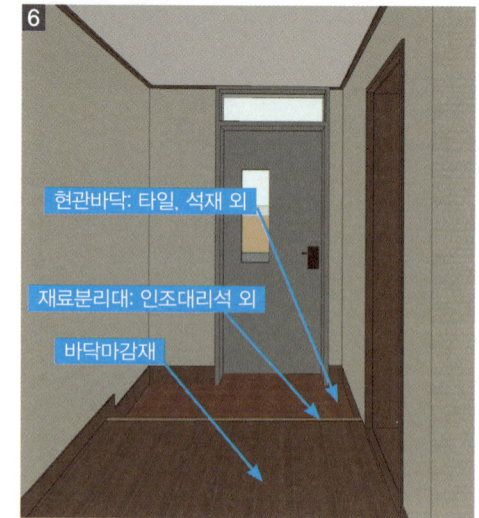

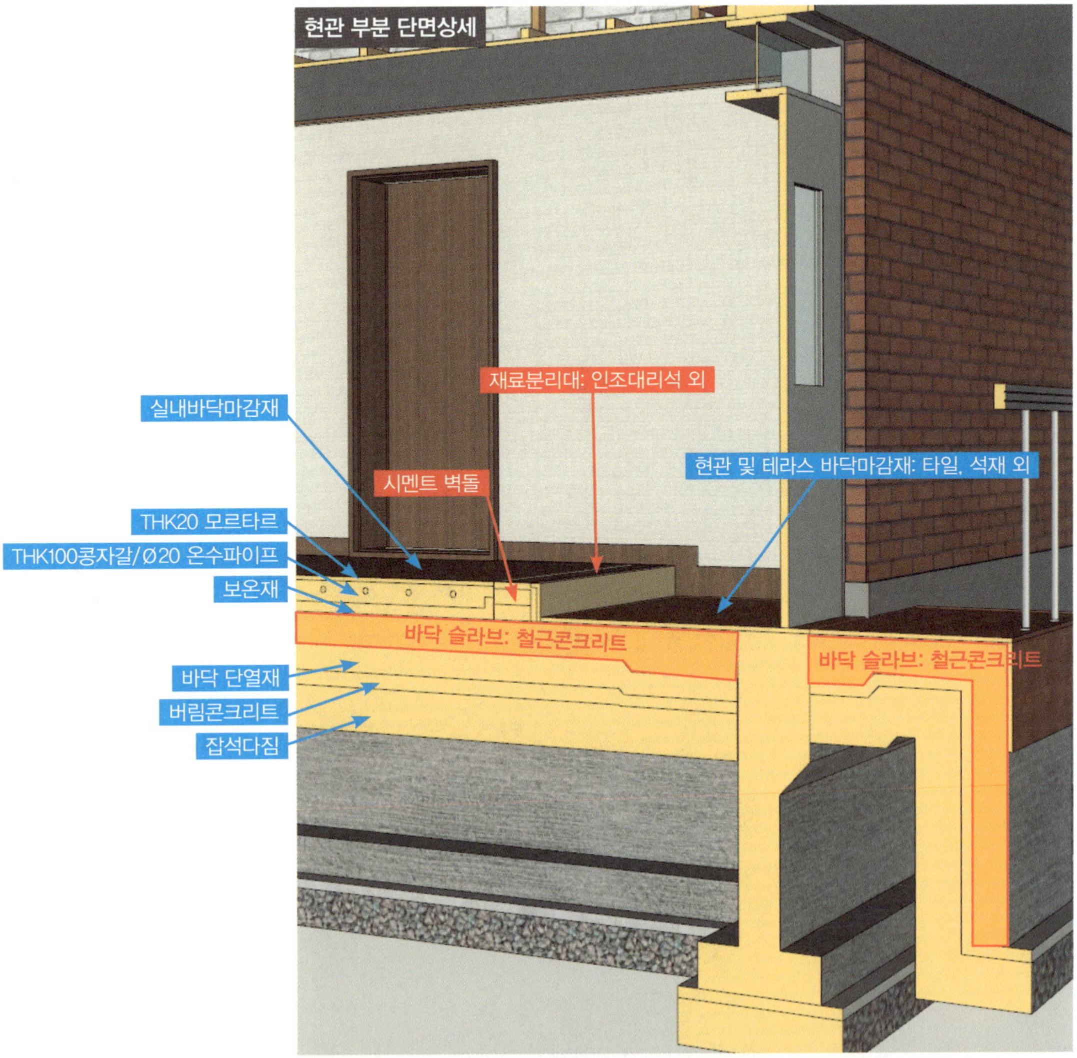
현관 부분 단면상세
재료분리대: 인조대리석 외
실내바닥마감재
현관 및 테라스 바닥마감재: 타일, 석재 외
시멘트 벽돌
THK20 모르타르
THK100콩자갈/Ø20 온수파이프
보온재
바닥 슬라브: 철근콘크리트
바닥 슬라브: 철근콘크리트
바닥 단열재
버림콘크리트
잡석다짐

현관 투시도

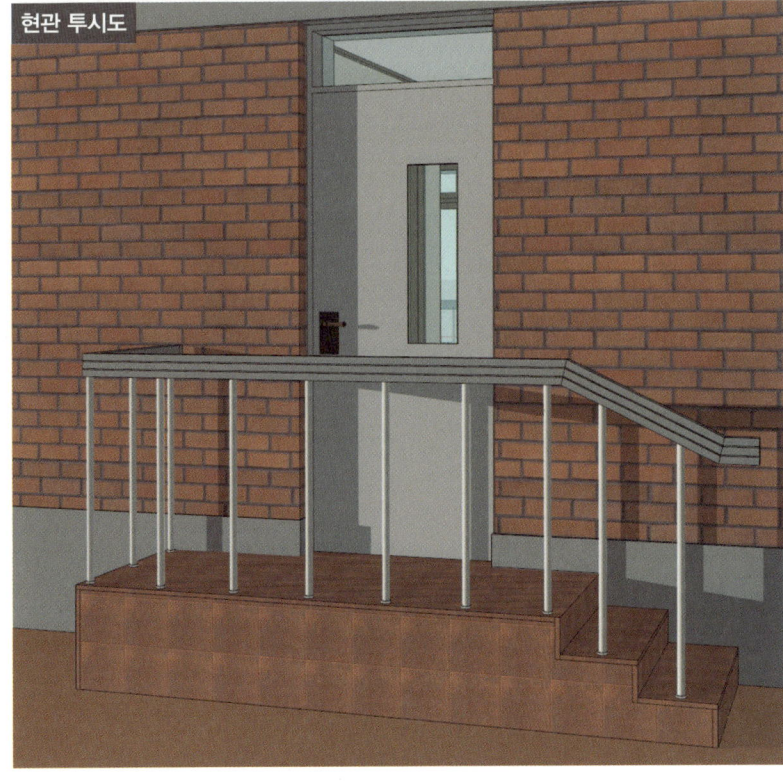

2. 제도과정

❶ 현관 바닥 슬라브 그리기

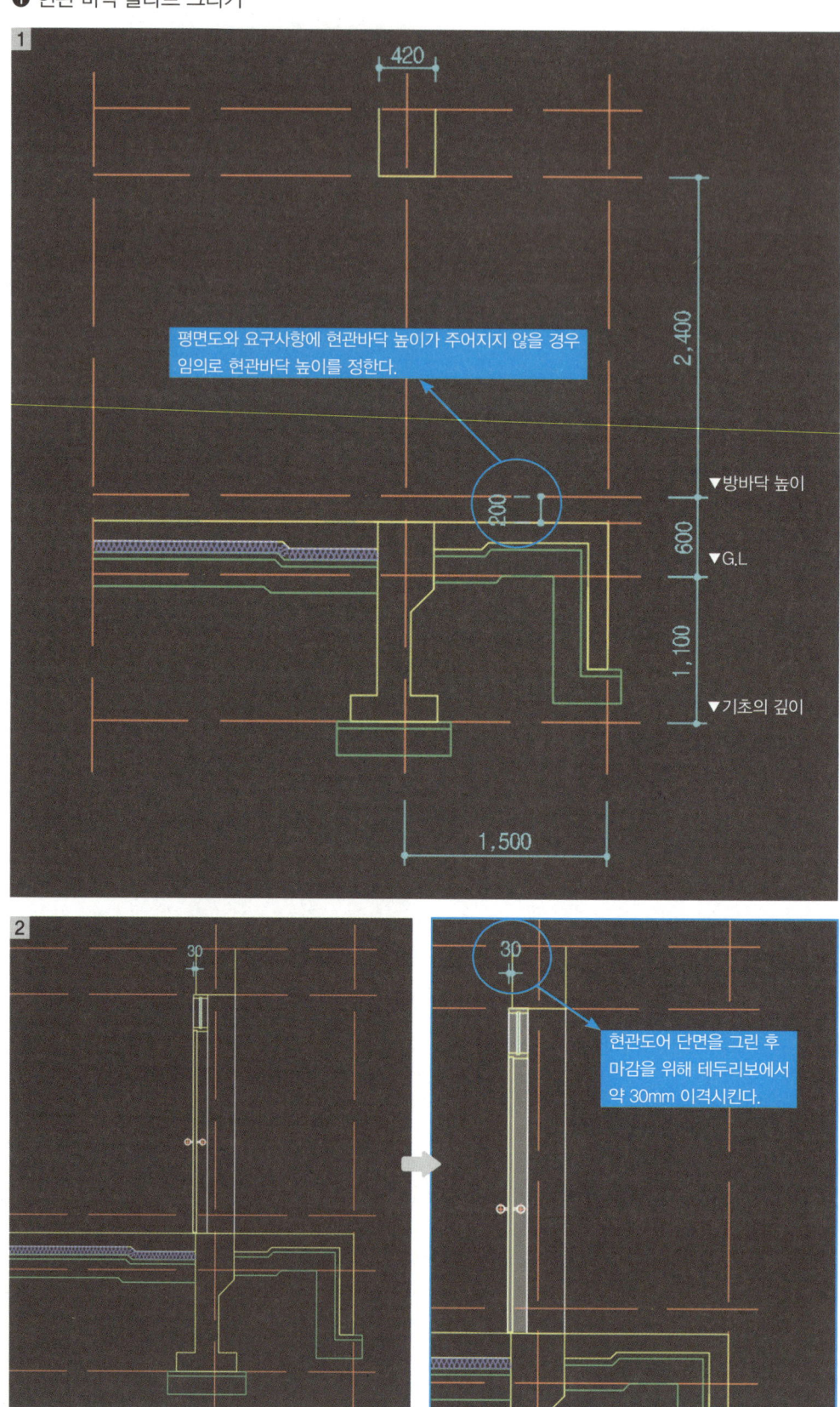

❷ 현관라인 그린 후 재료분리대 그리기

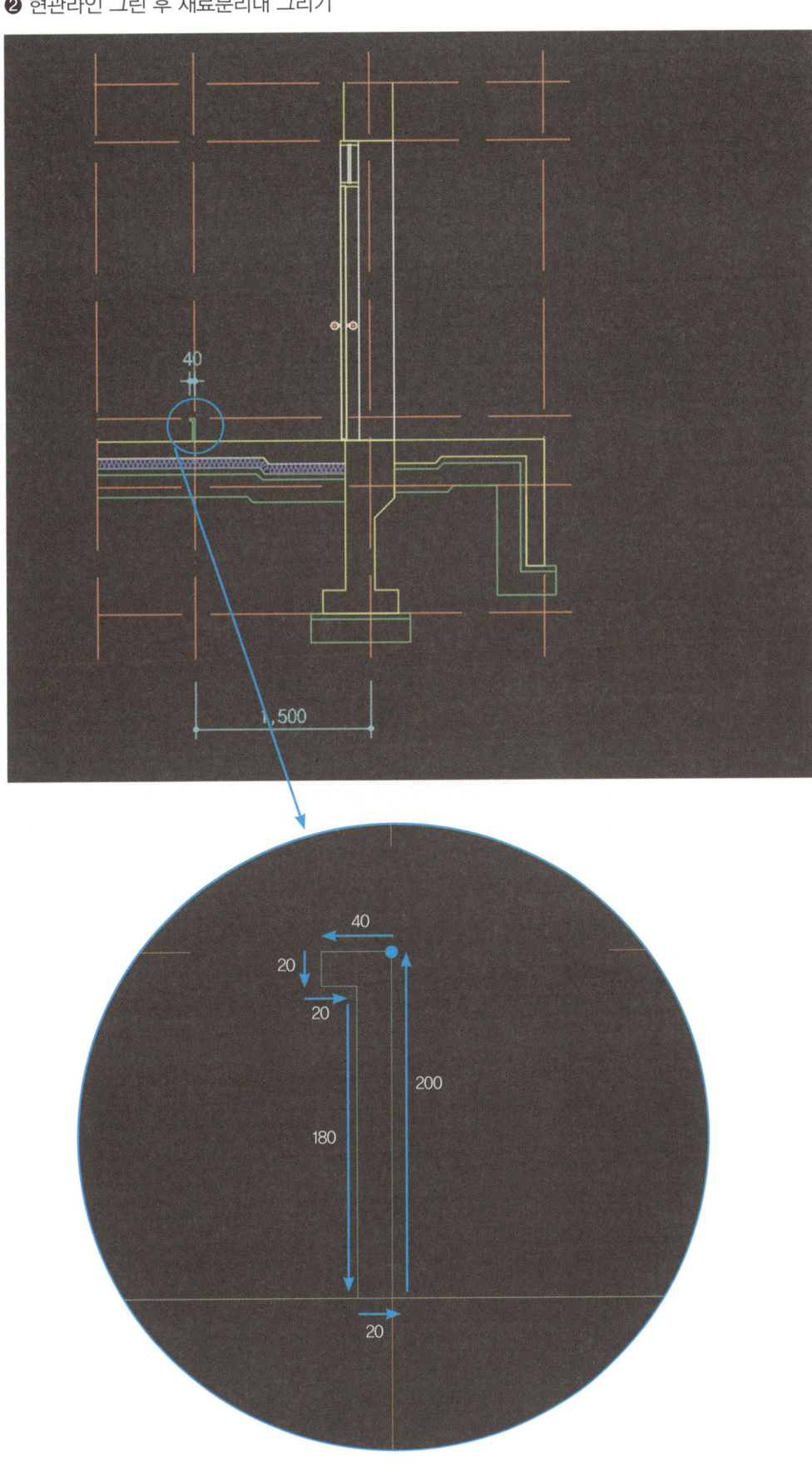

❸ 현관턱 그리기(시멘트 벽돌로 적용할 경우)

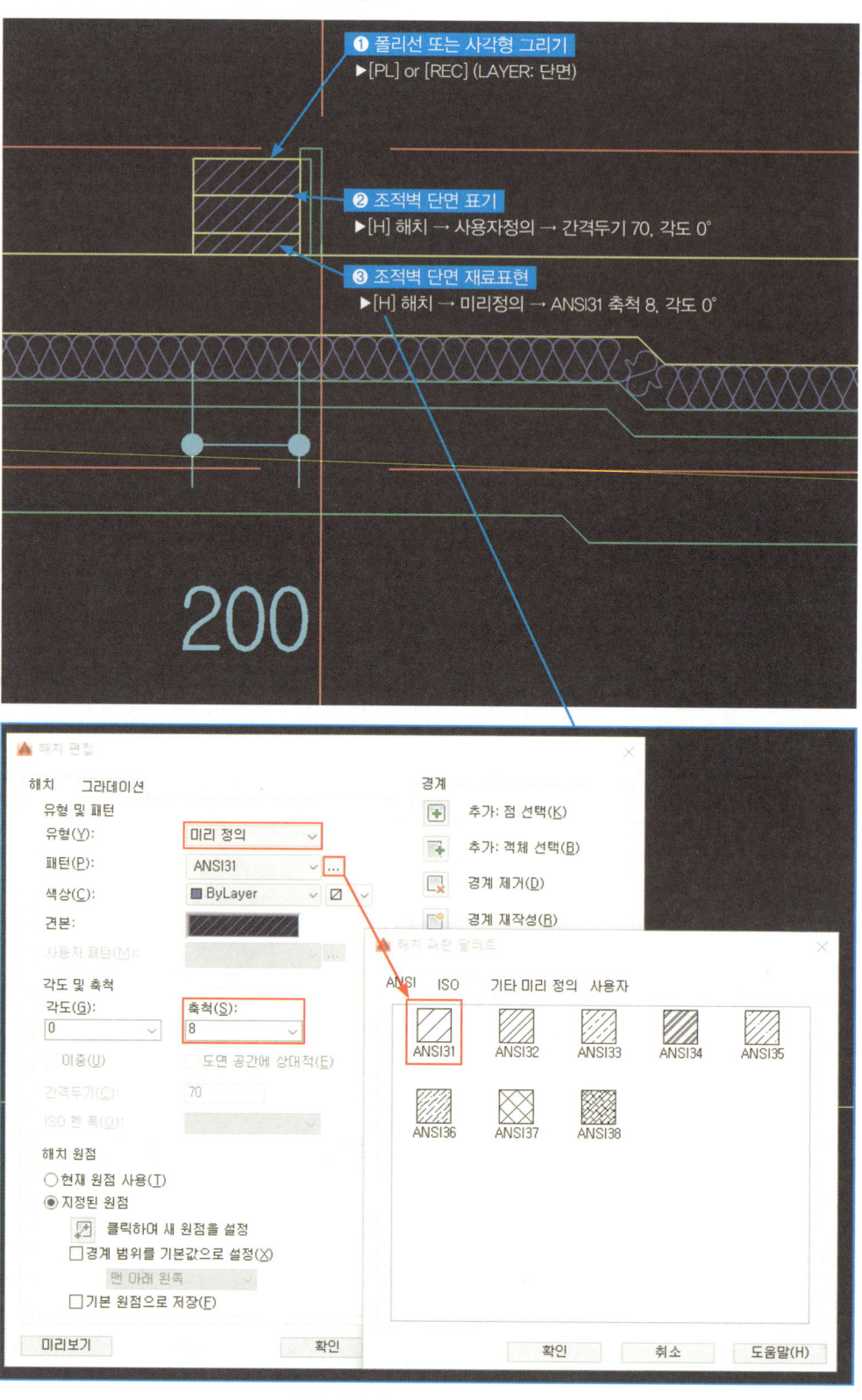

▲ 현관턱을 시멘트 벽돌로 적용할 경우

❹ 바닥 슬라브 상부구조 표현

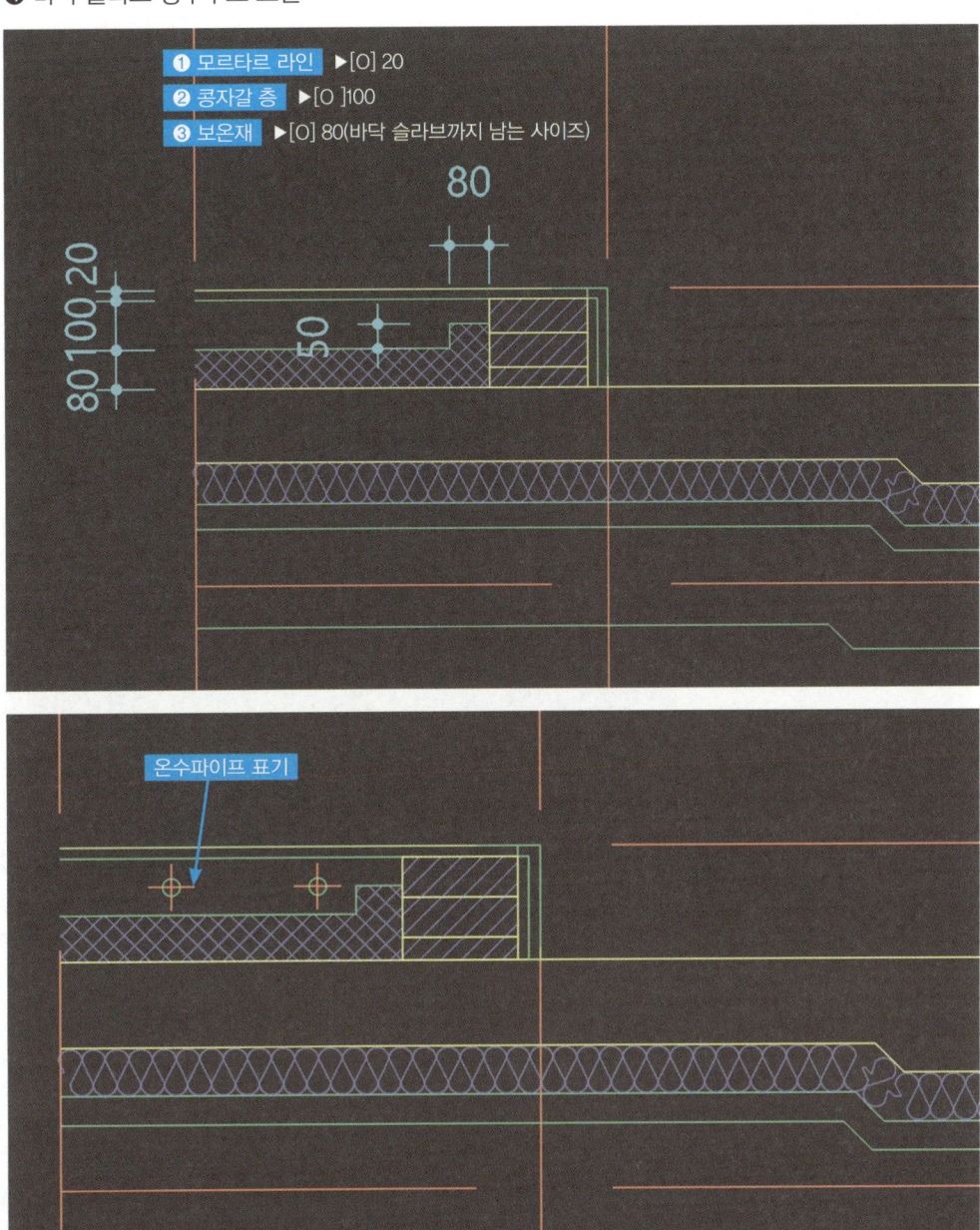

❺ 재료표기 및 마감선 그리기

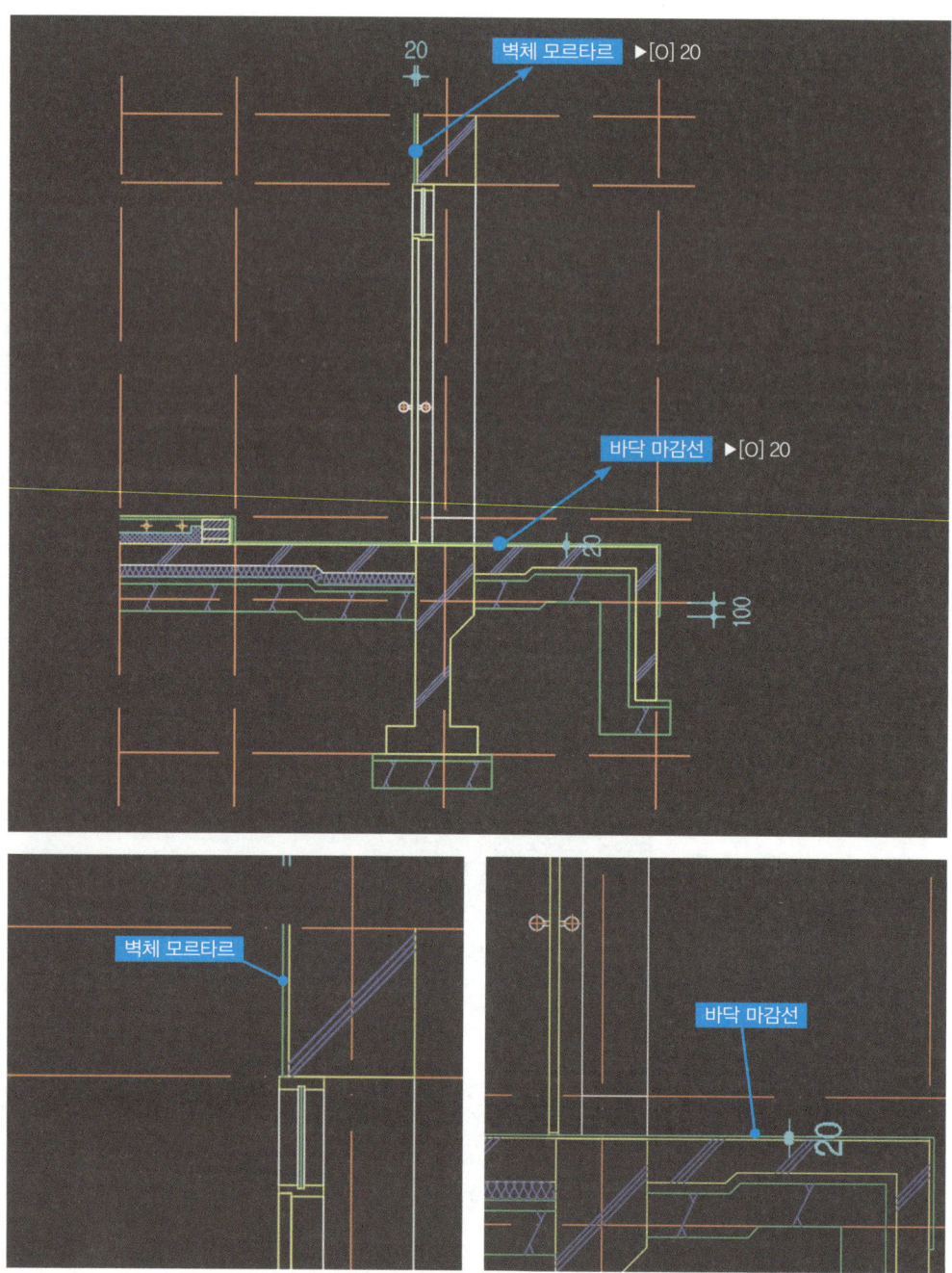

❻ 입면표기

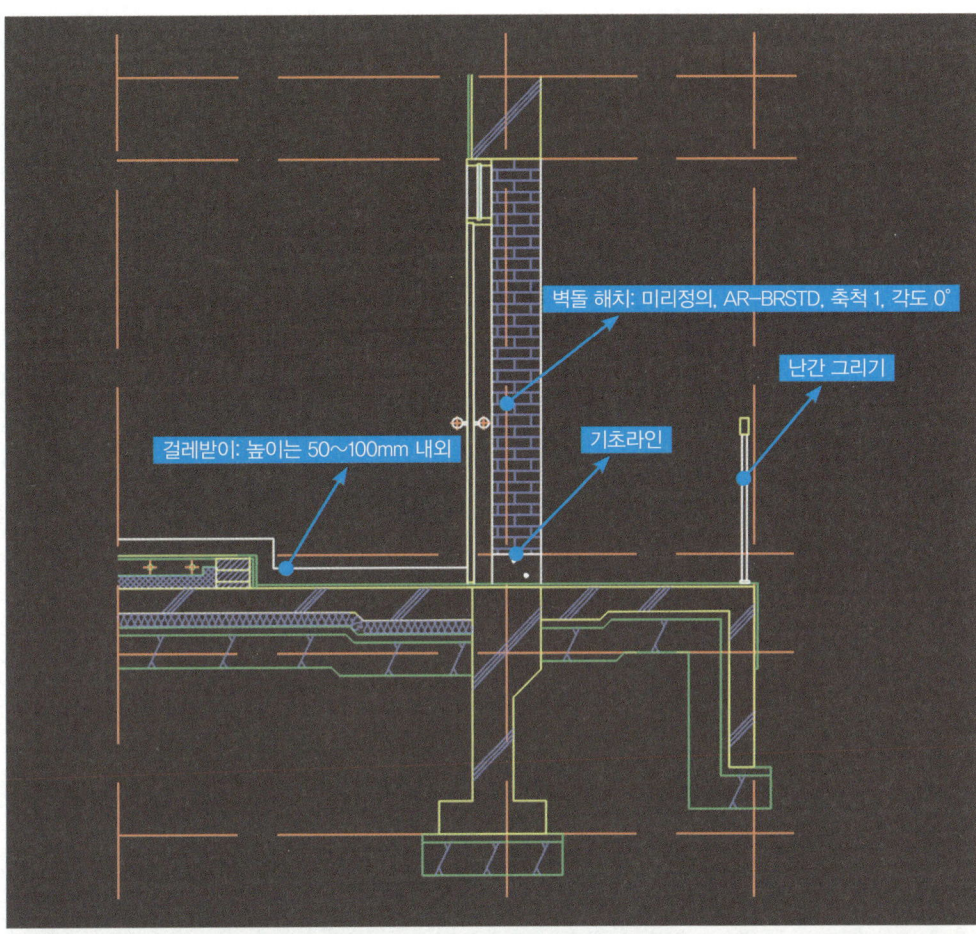

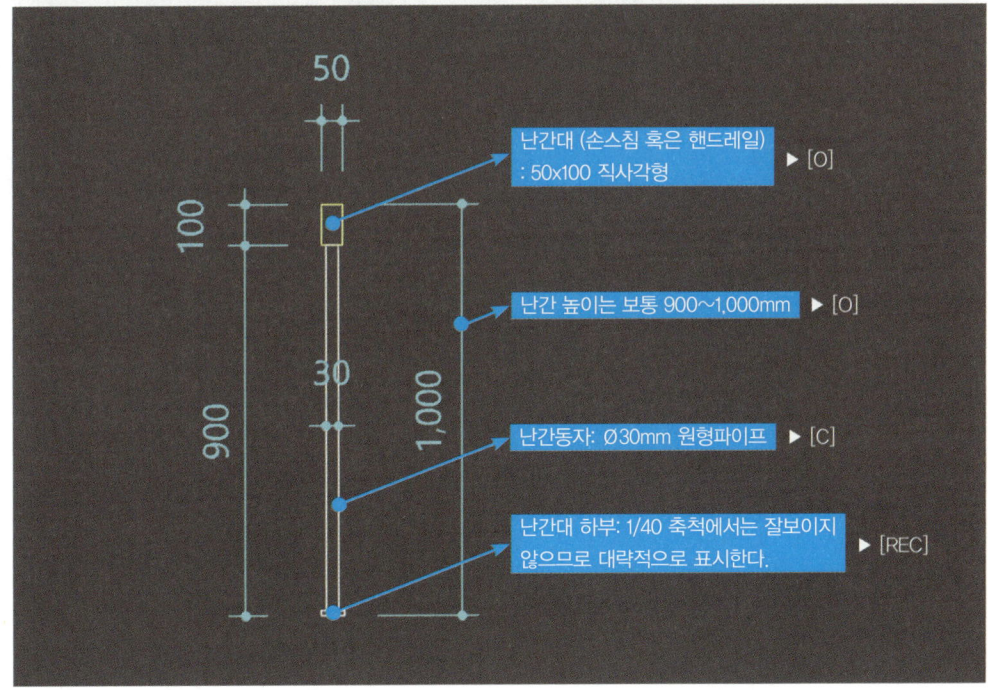

❼ 치수선 및 문자, G.L선 표기

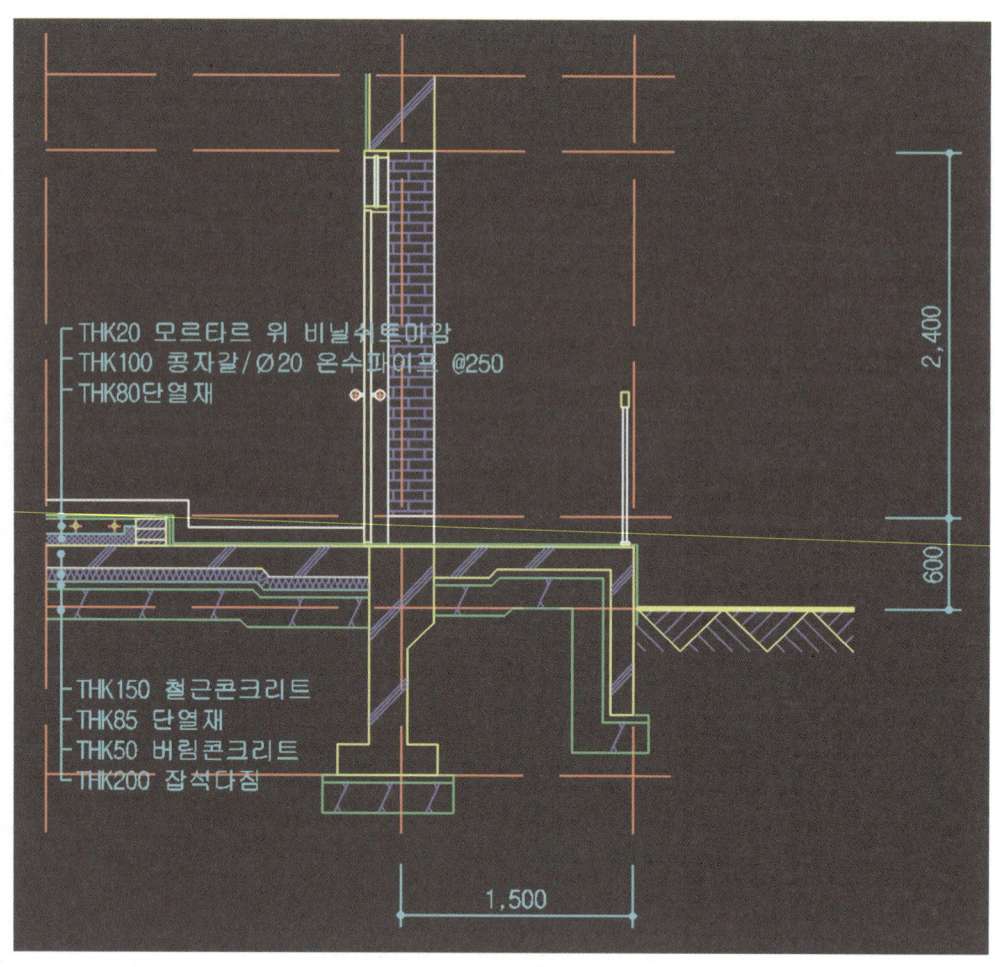

7 방 벽체 단면상세도 그리기

1. 방 창호 단면상세도
외벽 벽체창호의 단면구조를 이해하며 단면상세도를 그린다.

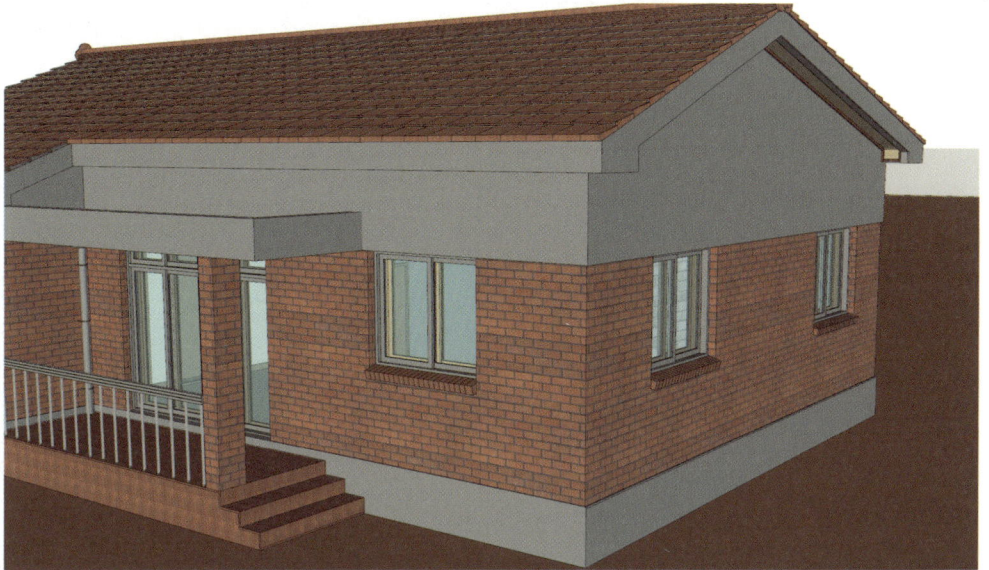

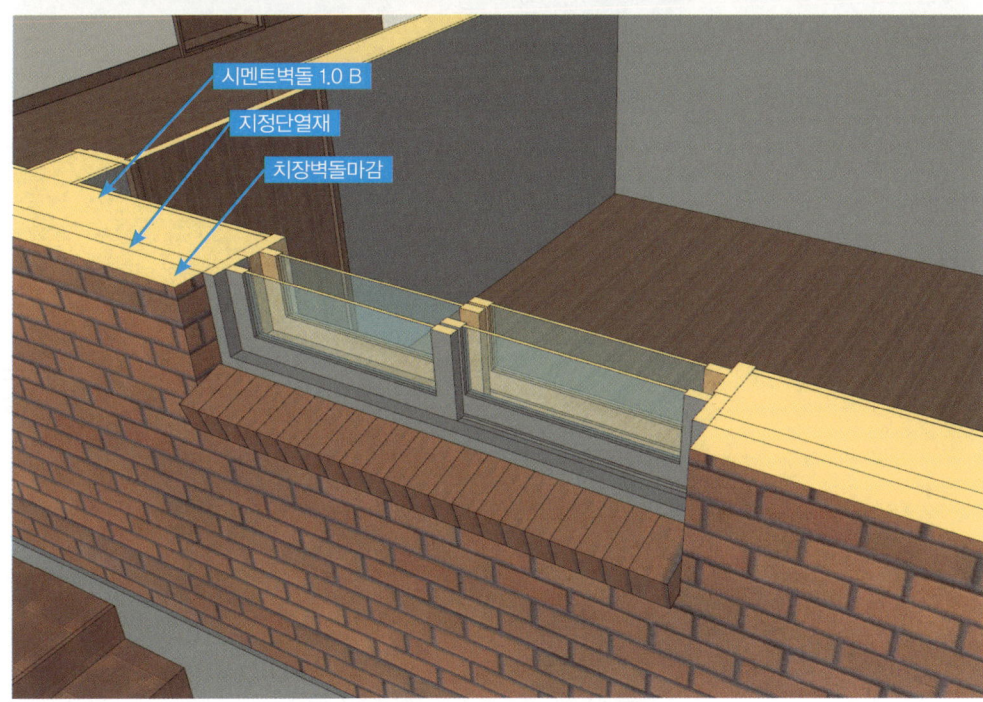

2. 방과 외부 사이 단면상세도- 제도과정

❶ 벽체 구조 그리기

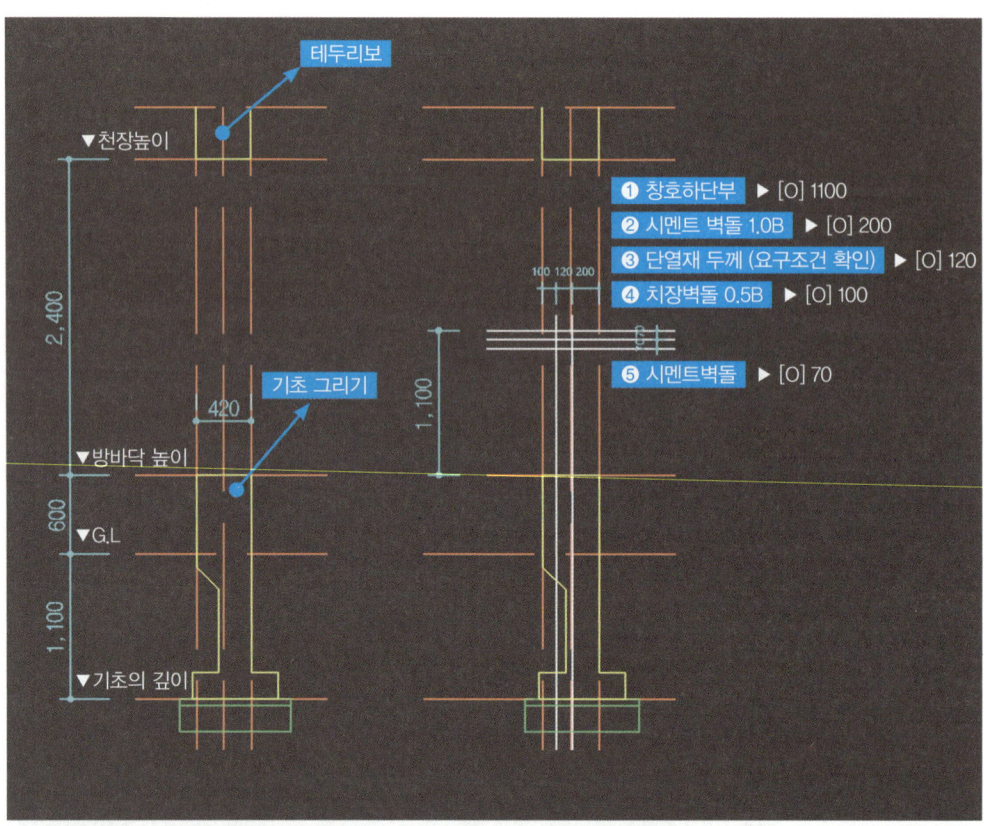

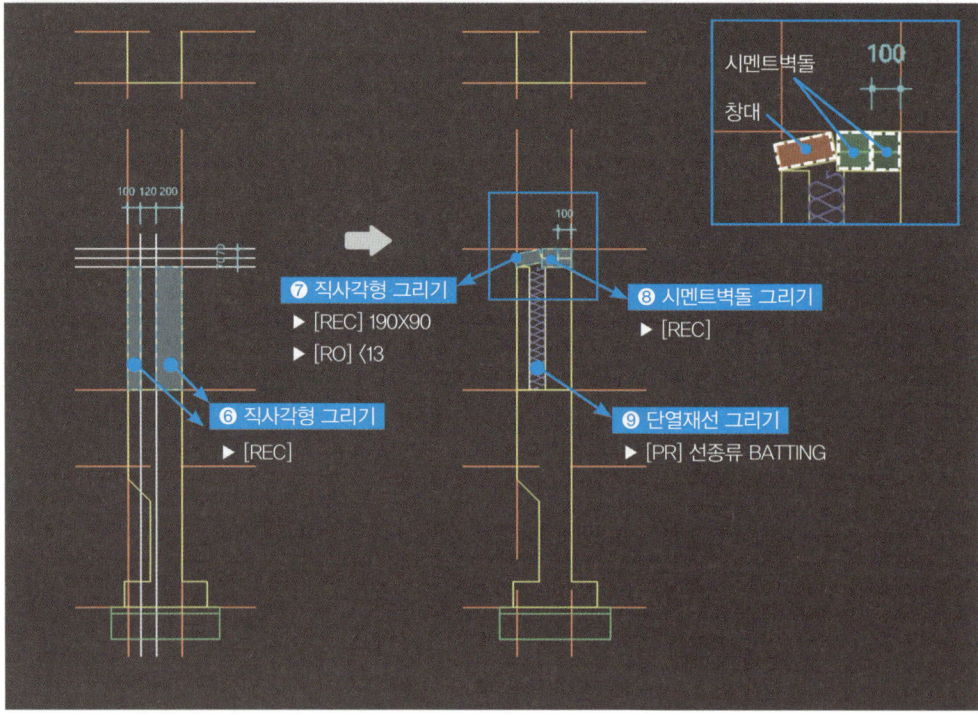

❷ 재질표기

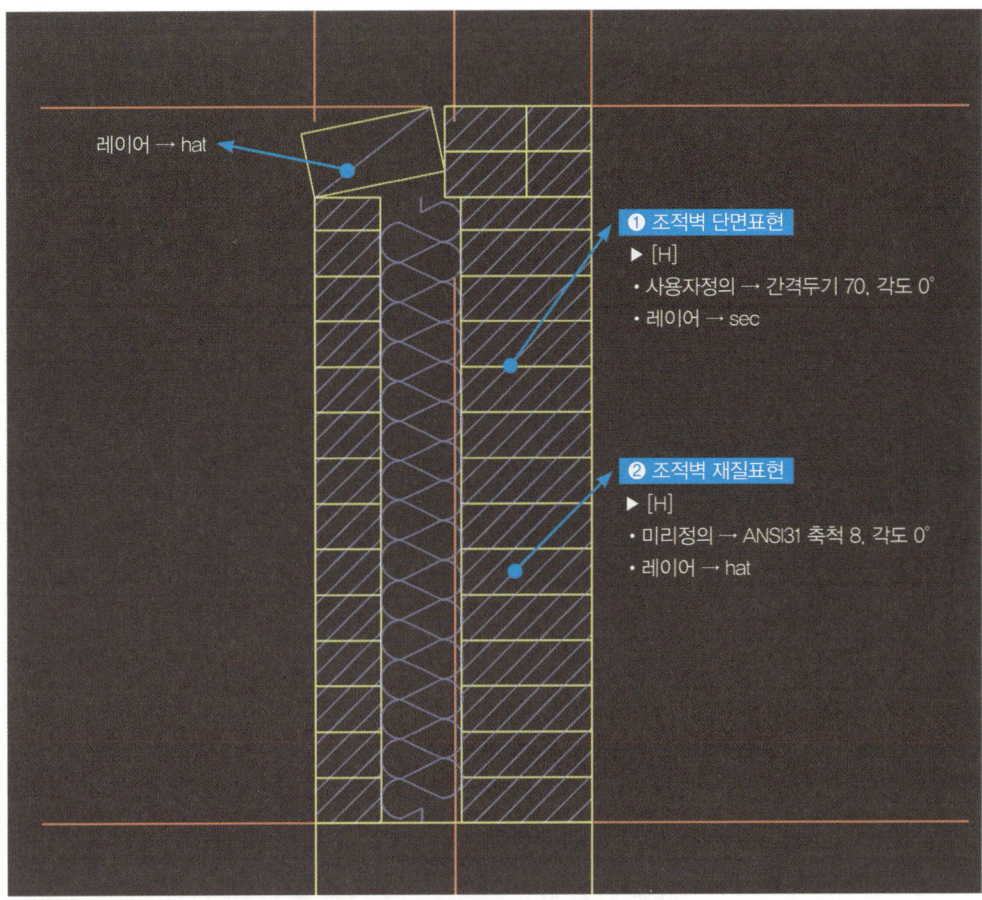

❸ 창호넣기

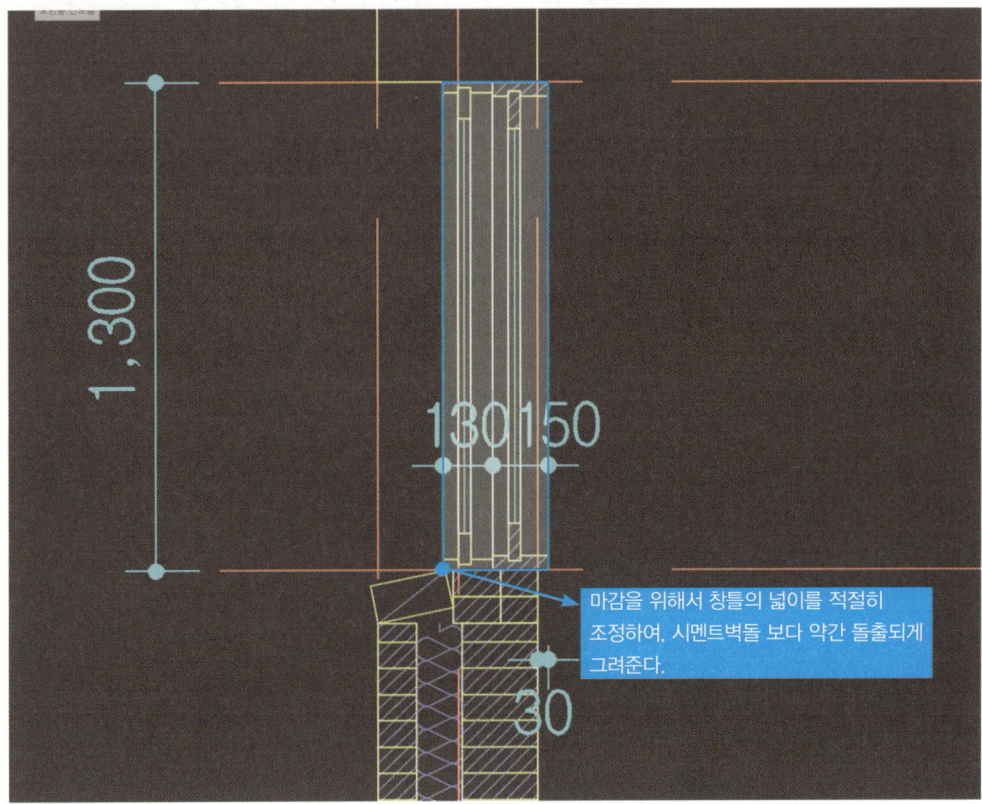

❹ 마감선·바닥구조 그리기

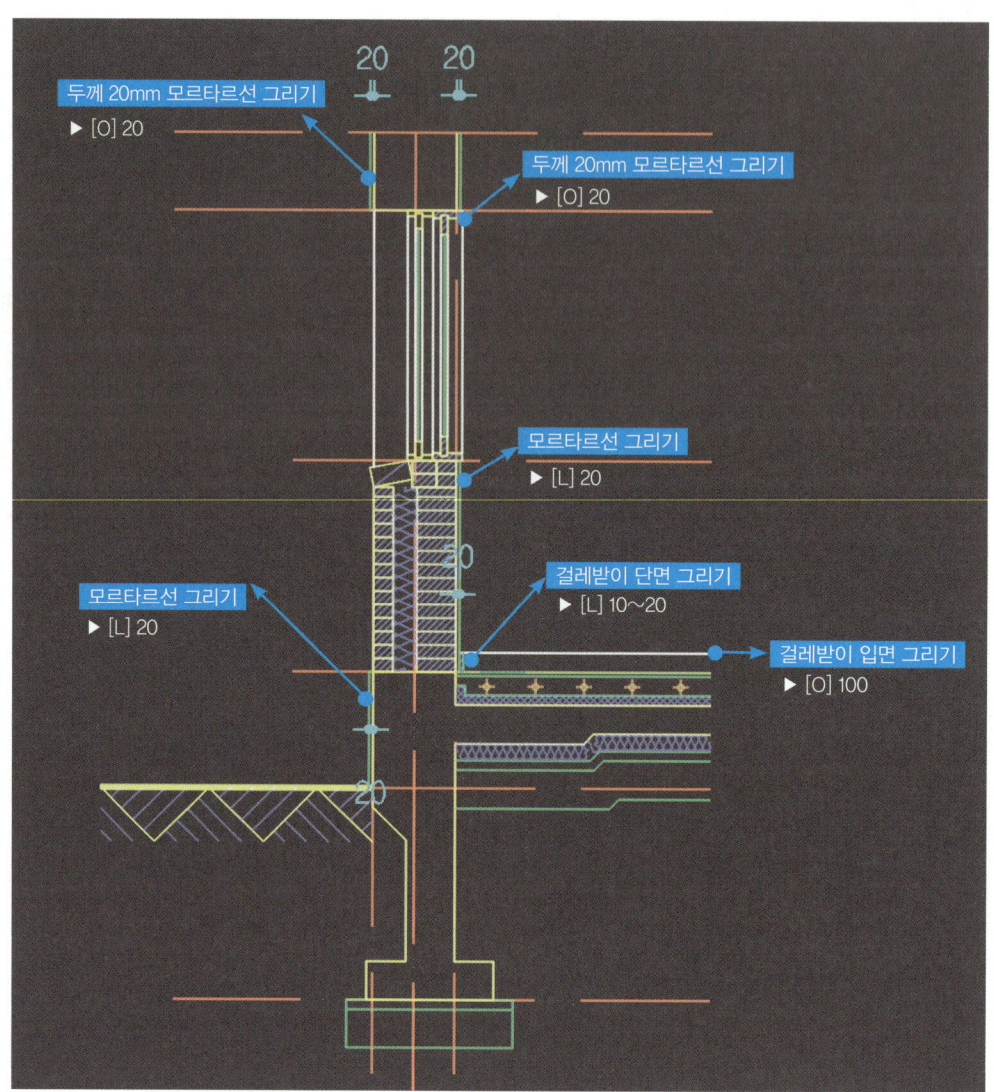

❺ 입면 · 치수선 및 문자 표기

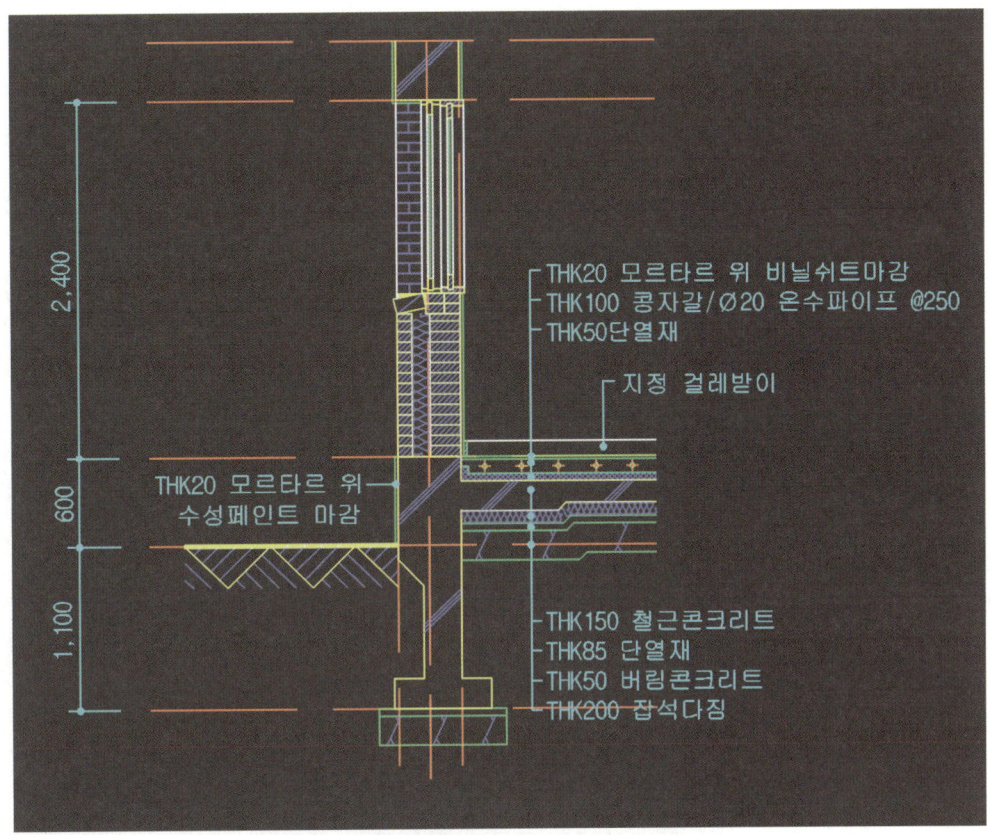

3. 방과 방 사이 단면상세도 – 제도과정
방과 방 사이 또는 방과 거실 사이의 벽체구조를 이해하여 단면상세도를 그린다.

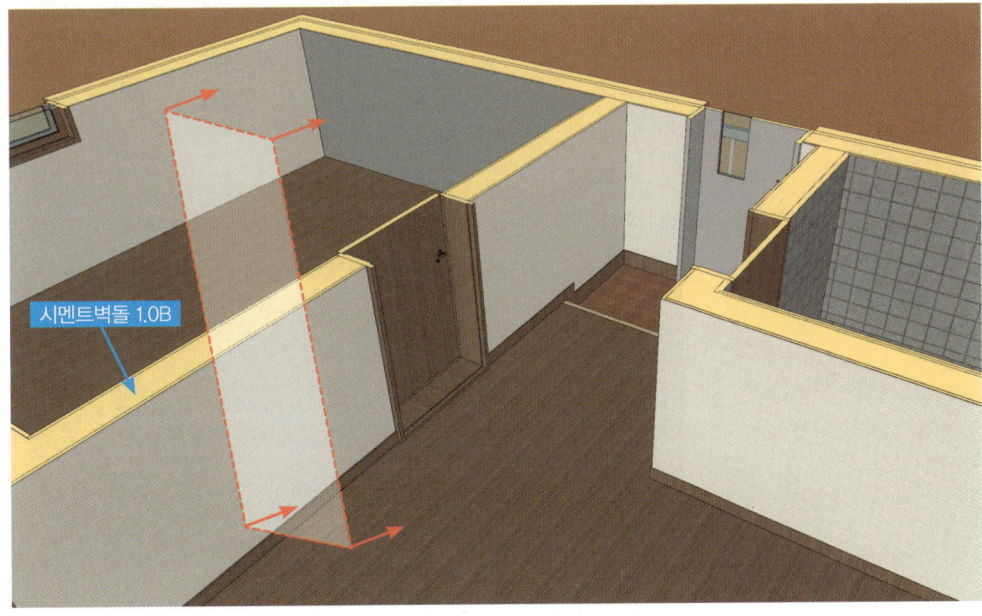

❶ 벽체구조 및 기초 그리기

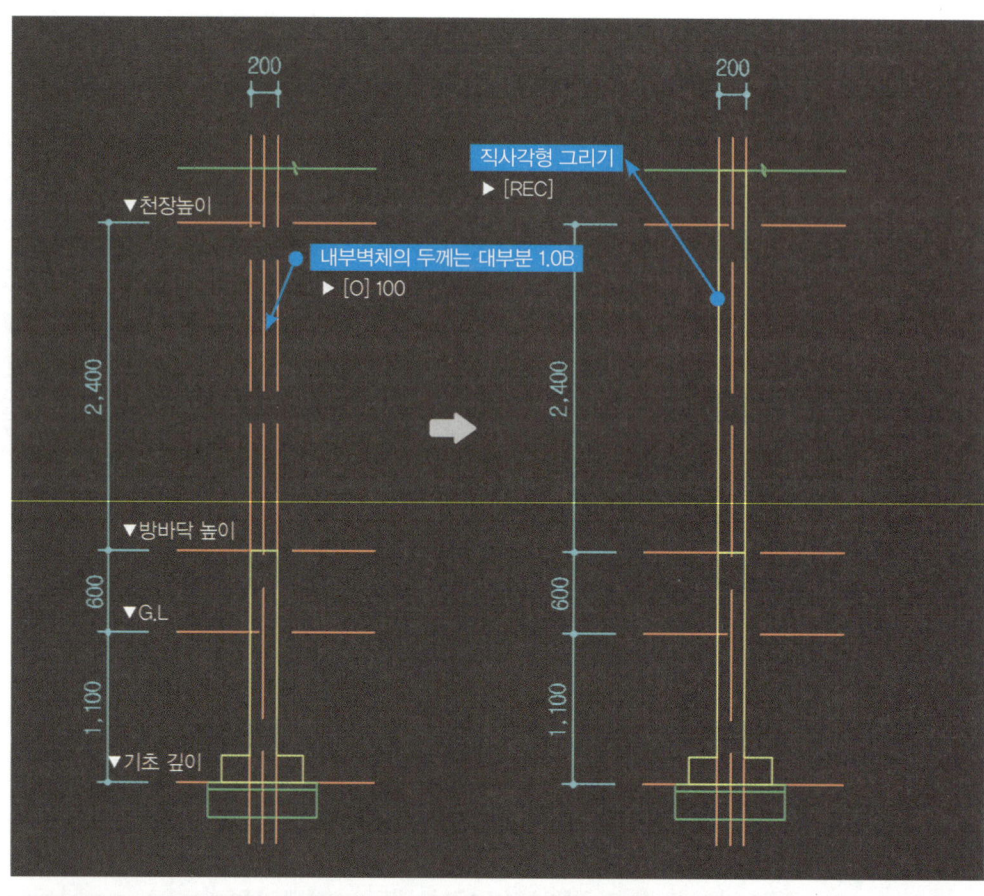

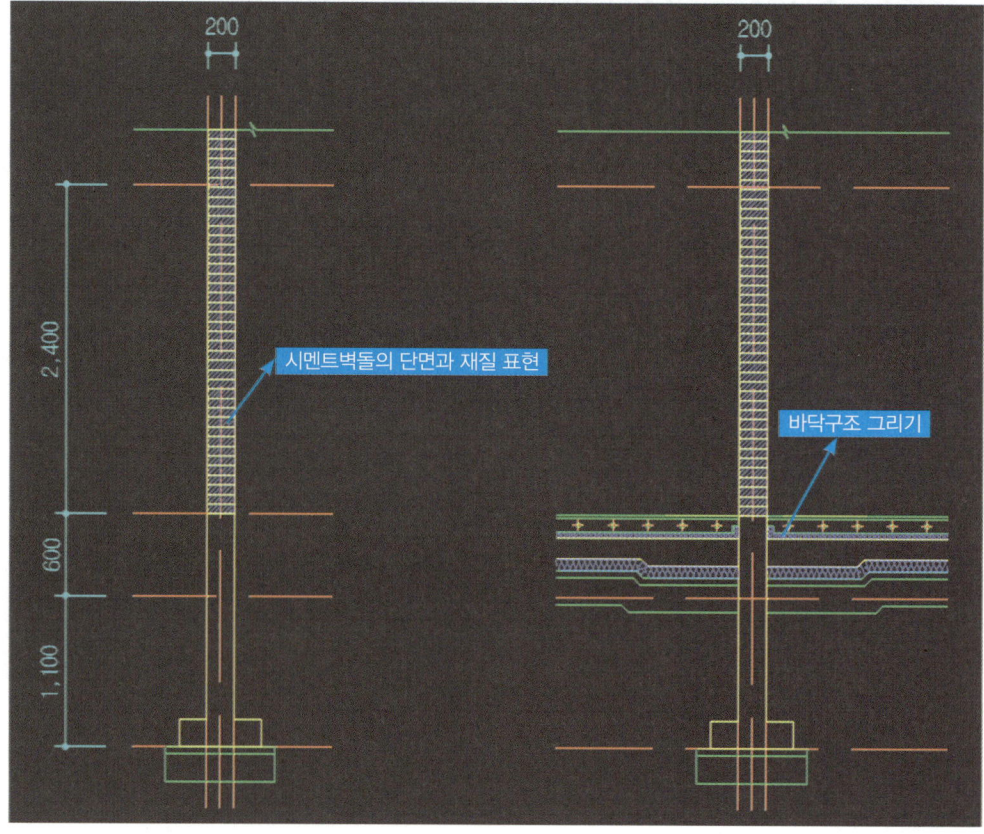

❷ 바닥구조 및 벽체마감선 그리기

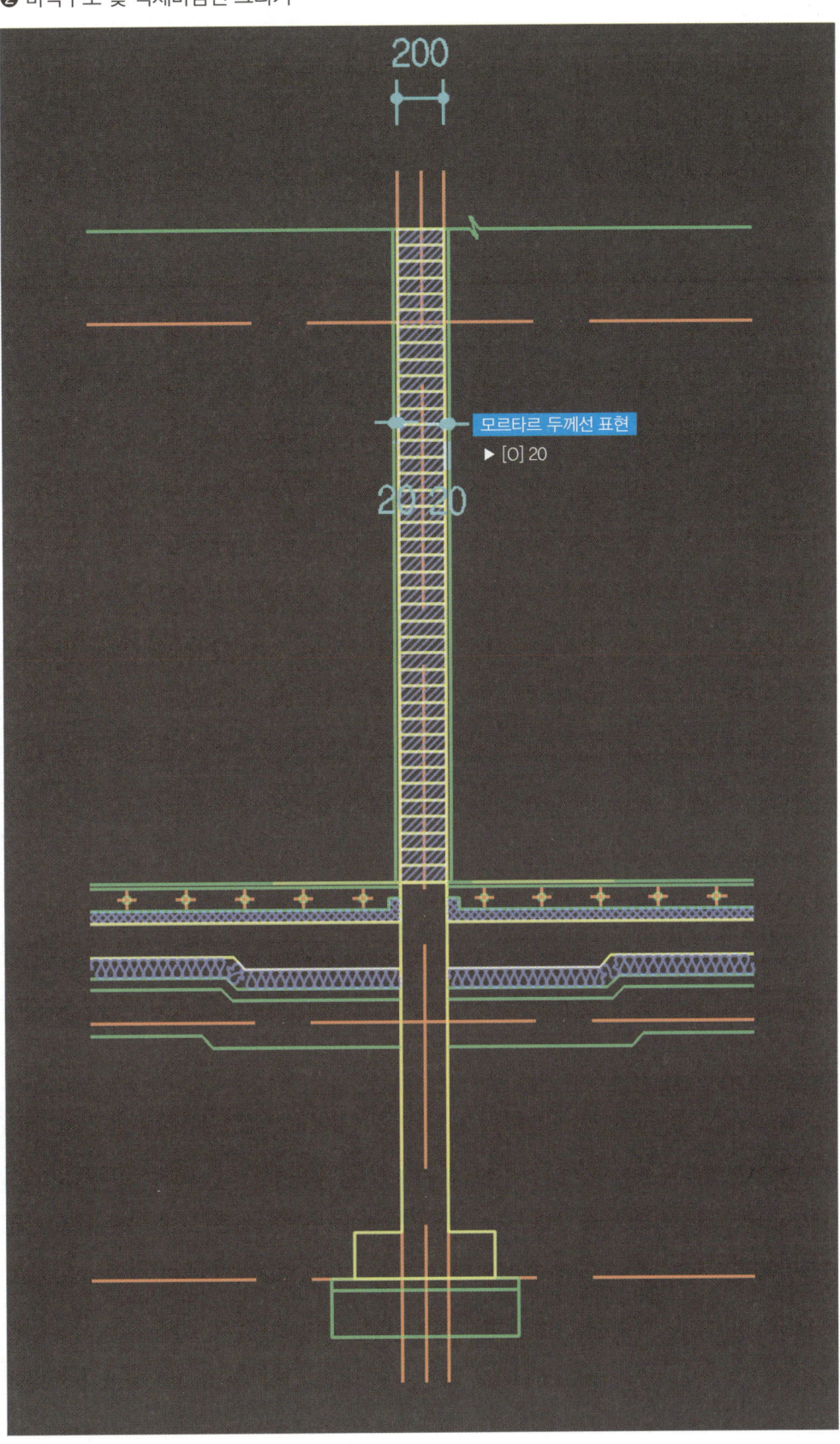

※ 벽체마감선의 레이어는 fin(초록색)이다.

❸ 천장 단면 그리기

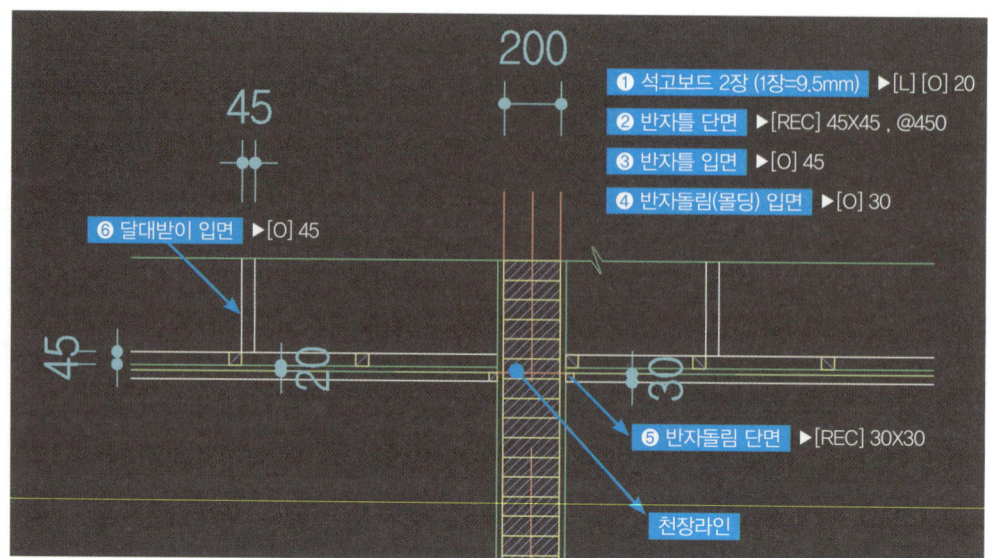

❹ 입면·치수선·문자표기

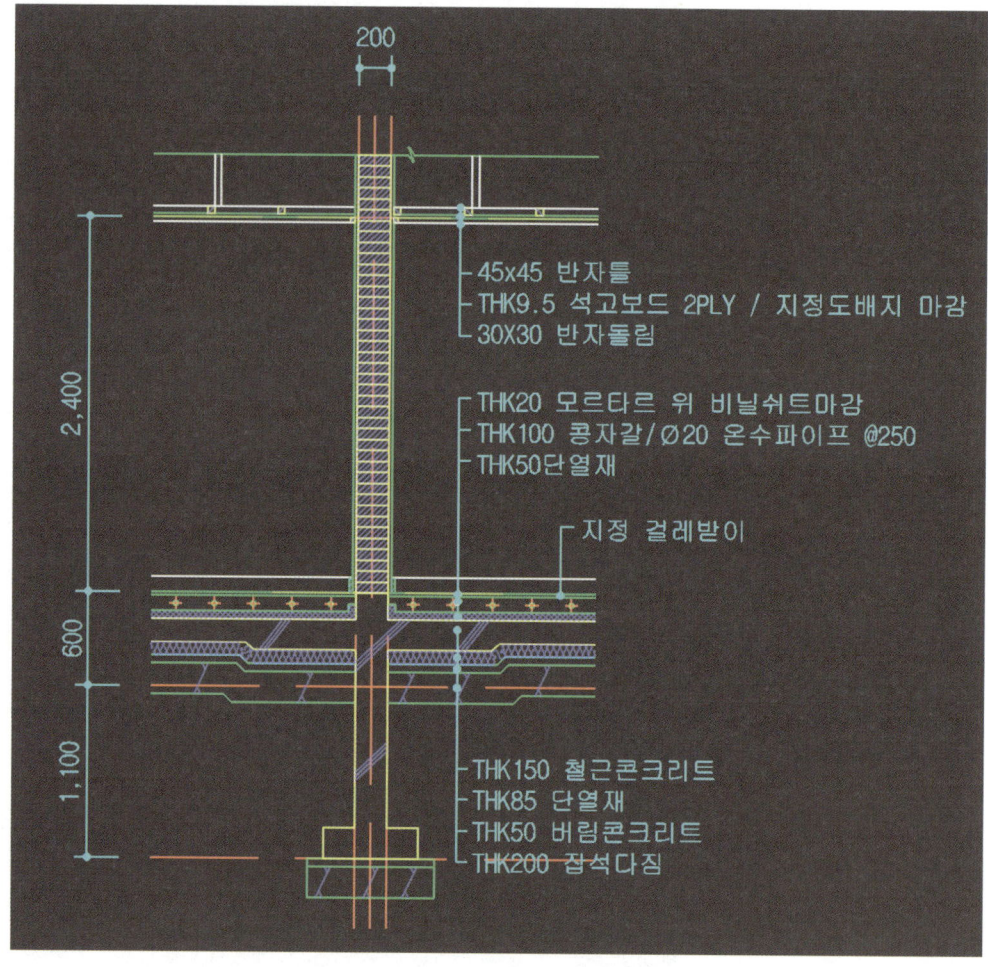

4. 방과 욕실 사이 단면상세도 – 제도과정

아래의 일반적인 욕실시공방법 따라 방수공사 및 타일시공의 기본과정을 이해하여 욕실벽체의 단면상세도를 그린다.

❶ 설비배관공사 완료 후 벽과 바닥에 방수공사 (시멘트 액체방수공사+ 도막방수) 진행

❷ 바닥보호모르타르공사: 방수층이 손상되지 않도록 하는 공사

❸ 벽타일공사

❹ 바닥타일공사: 모르타르를 바닥에 깔며 구배(경사)작업을 한 후 타일을 붙임

❺ 천장공사: 천장재는 석고보드 위 도장 · SMC · 리빙보드 (PVC소재) 등 다양하게 사용함

TIP!

단차 높이
방바닥과의 단차가 요구조건에 없을 경우 설계자가 정하여 시공한다.

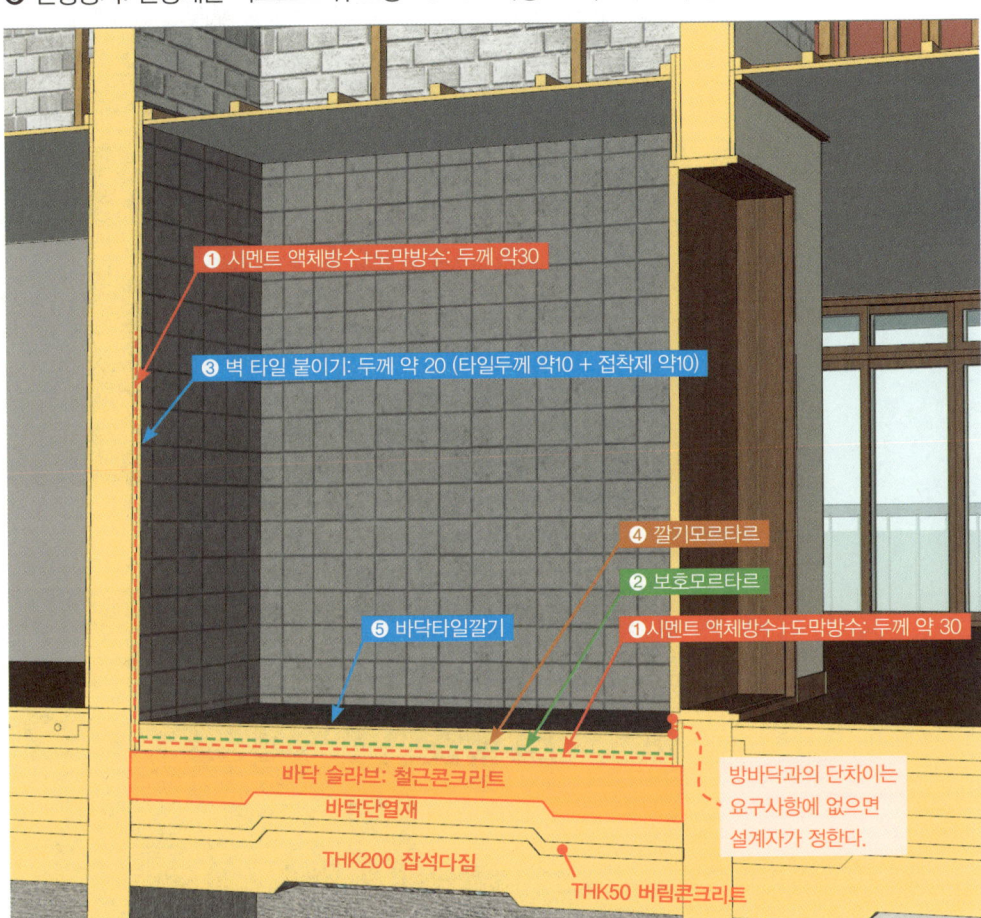

❶ 기초 및 벽체 구조 그리기

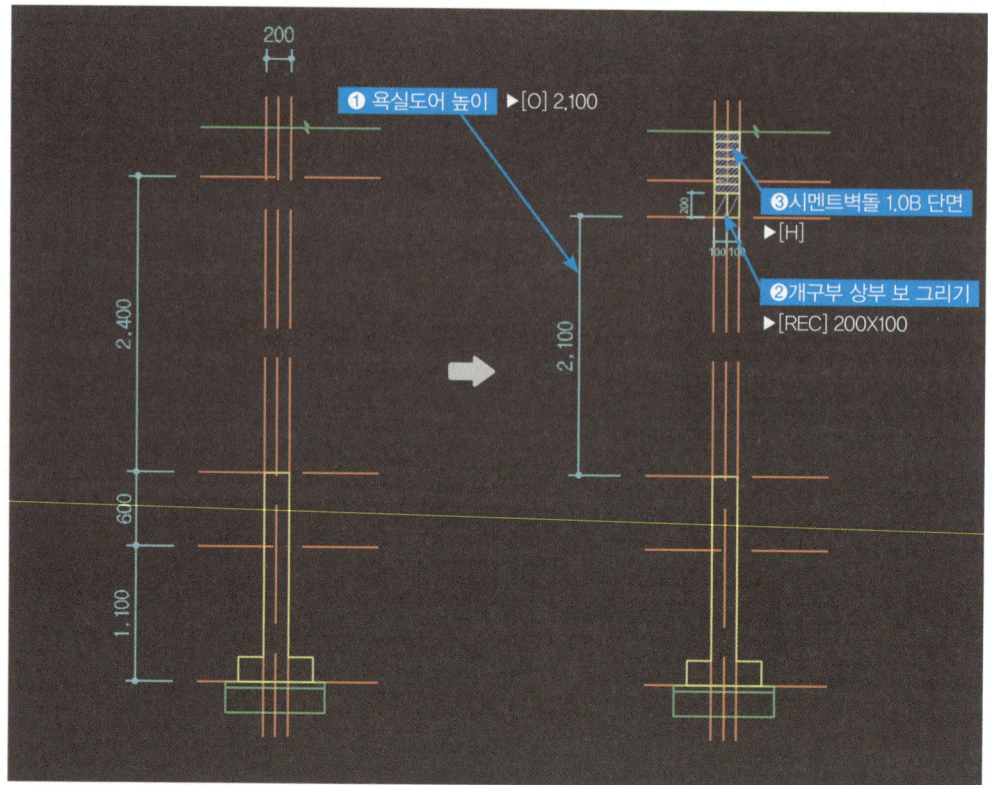

❷ 도어 단면 그리기

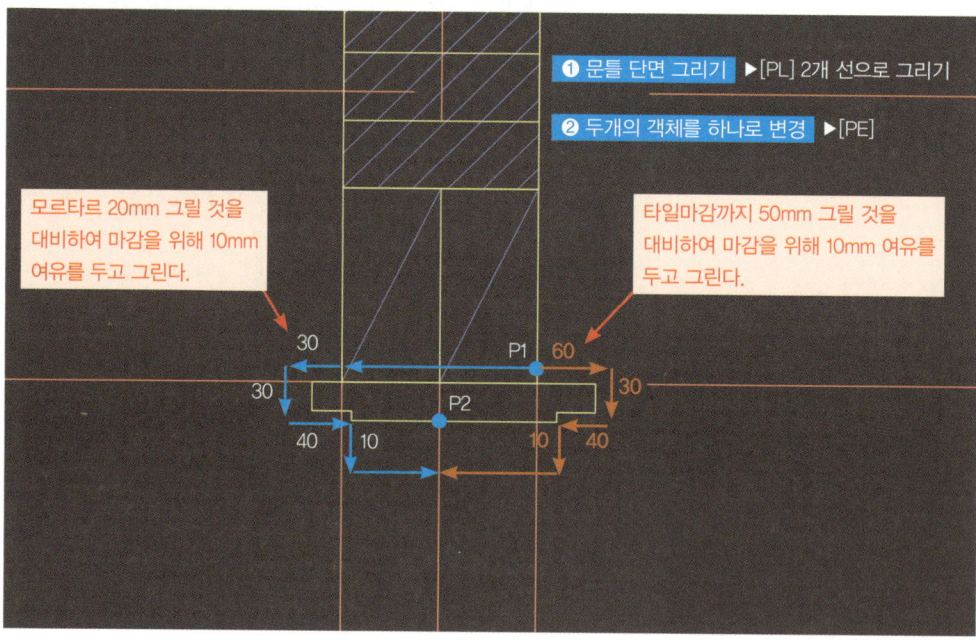

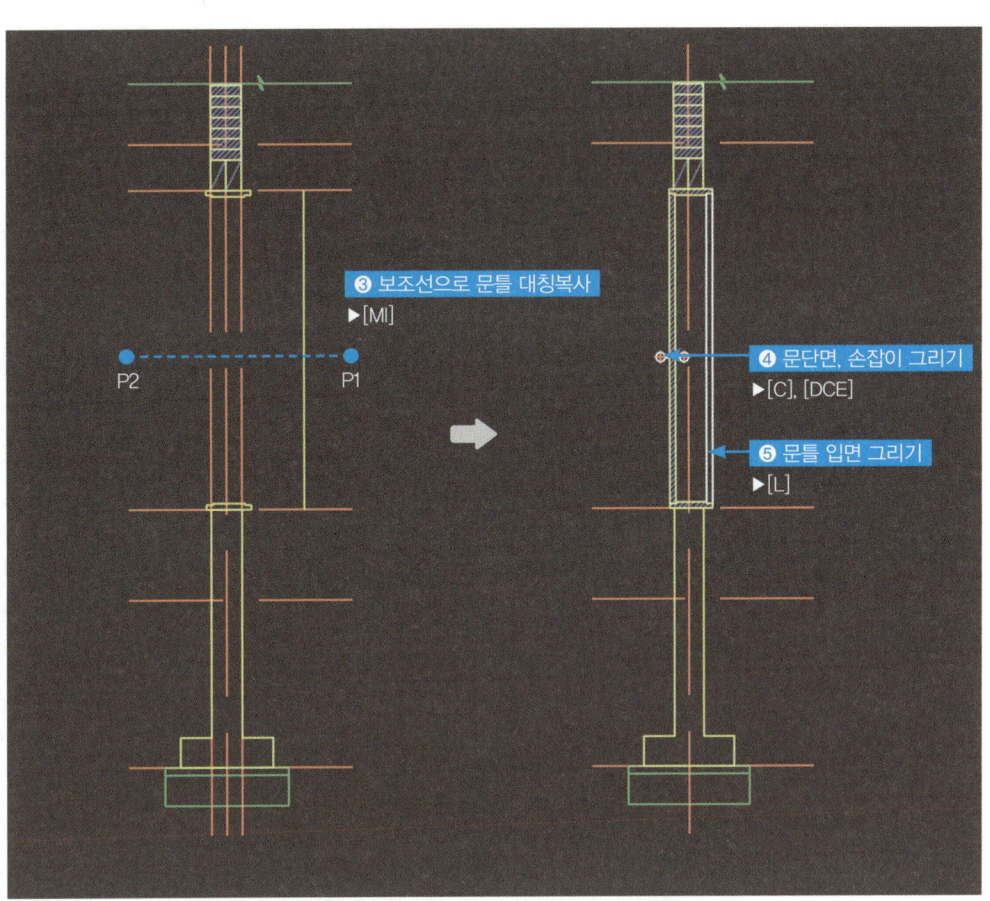

❸ 바닥 구조 그리기

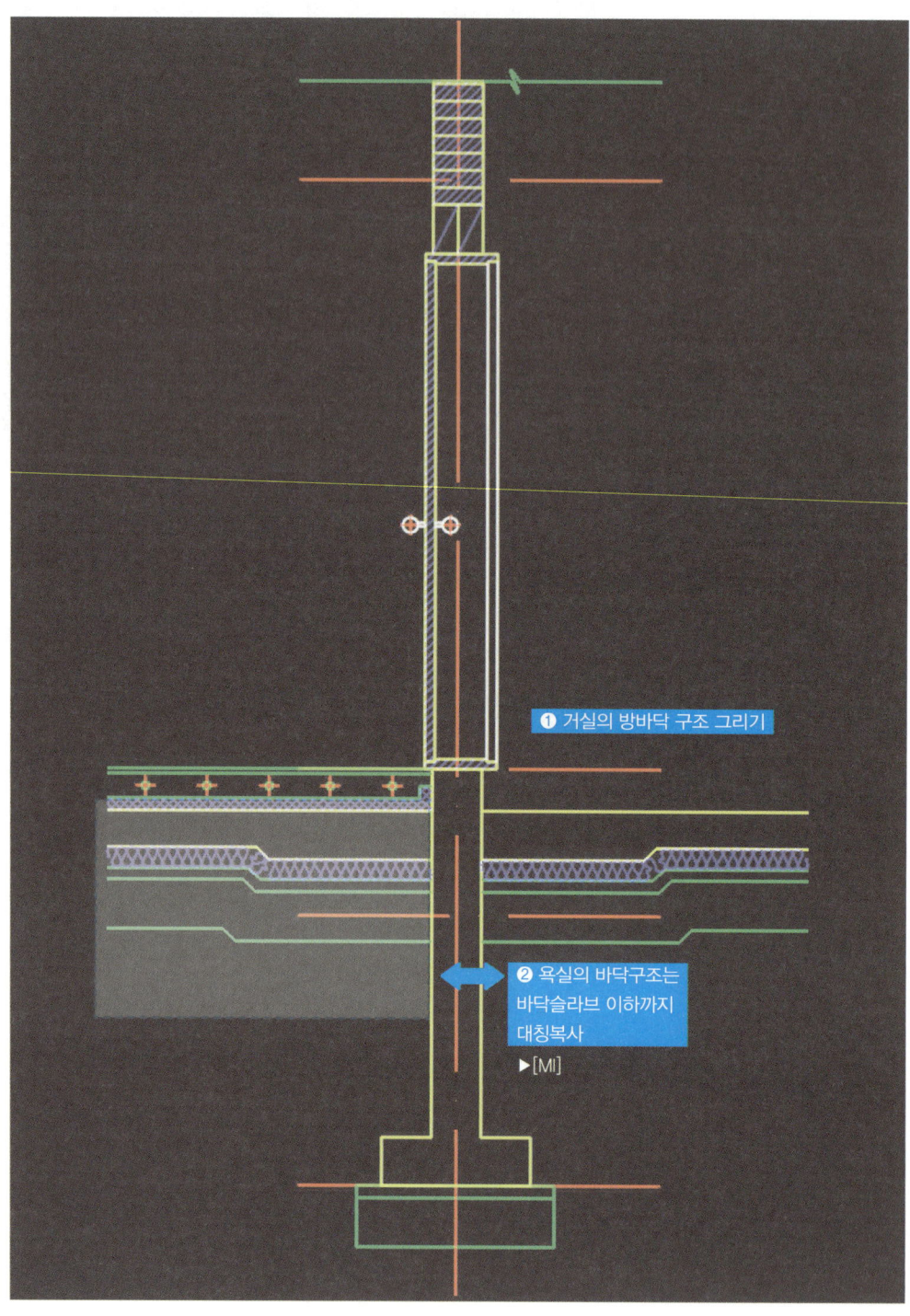

❹ 욕실 방수표기

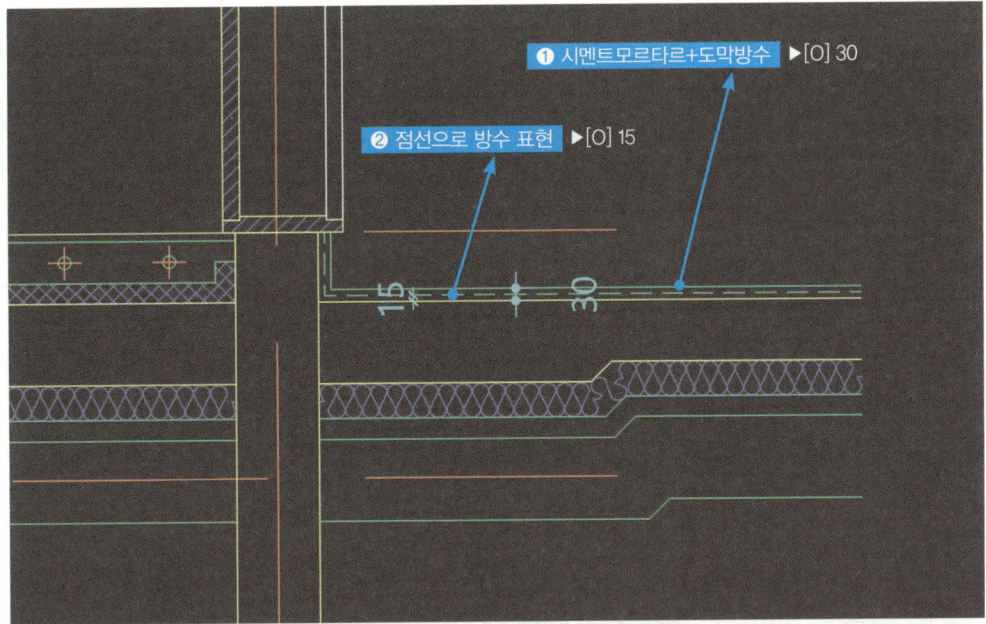

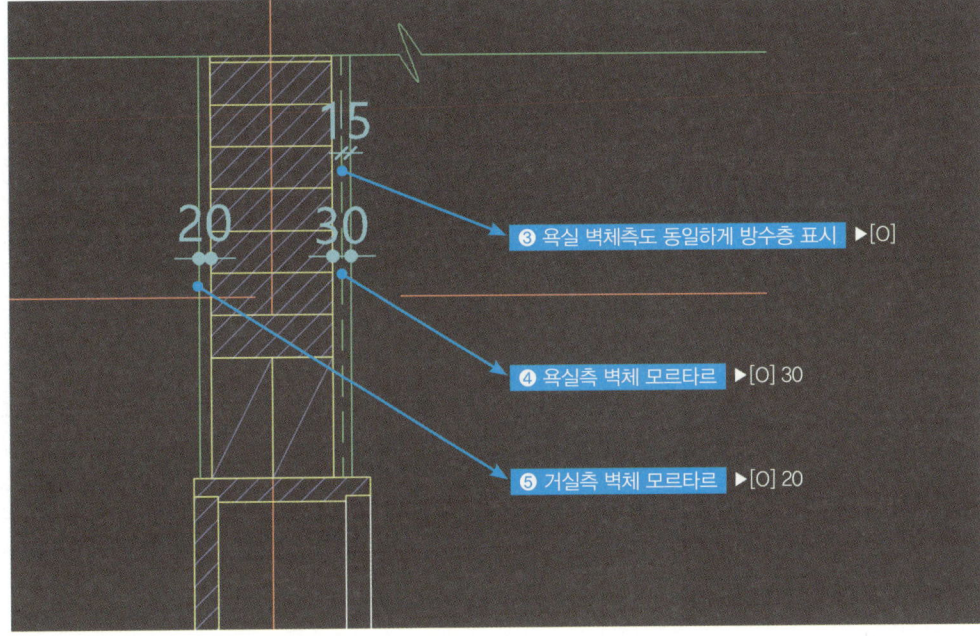

TIP!

방수층 두께
타일두께 + 접착제두께
= 10mm + 10mm
= 20 mm로 표현

❺ 벽타일 시공과정 그리기

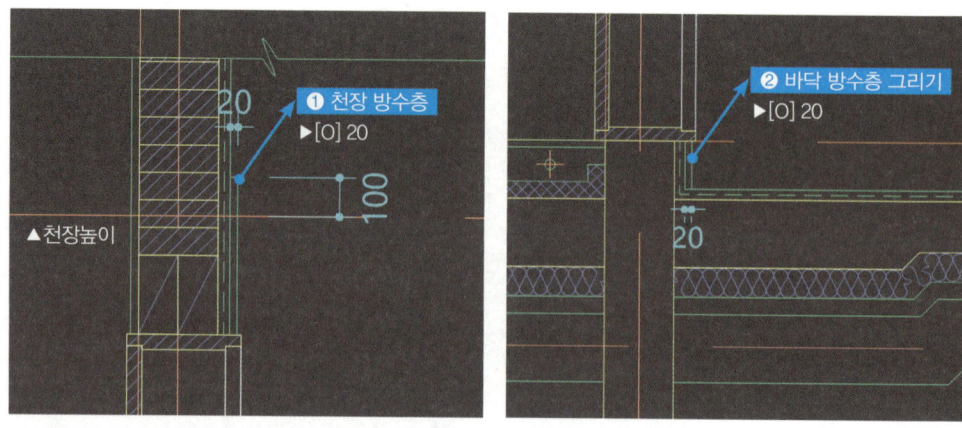

※ 벽타일은 마감을 위해 천장보다 100mm 높게 그린다.

❻ 욕실 바닥타일 공사과정 그리기

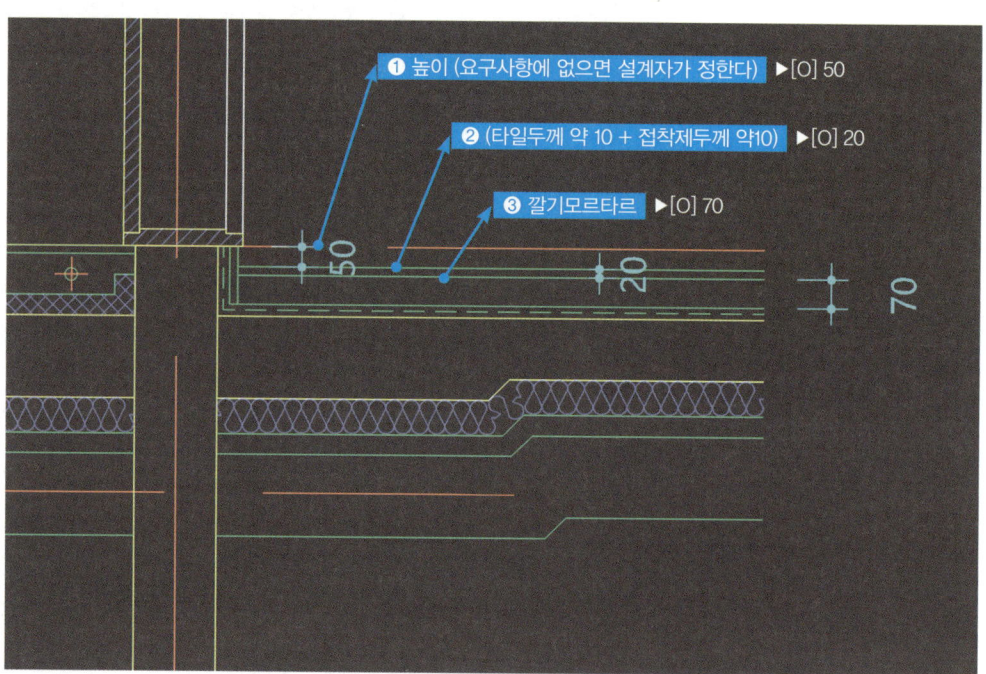

※ 방수층 위의 보호모르타르는 생략한다.(1/40축척에서 출력시 선이 겹칠 것을 대비)

❼ 욕실 천장 단면 그리기

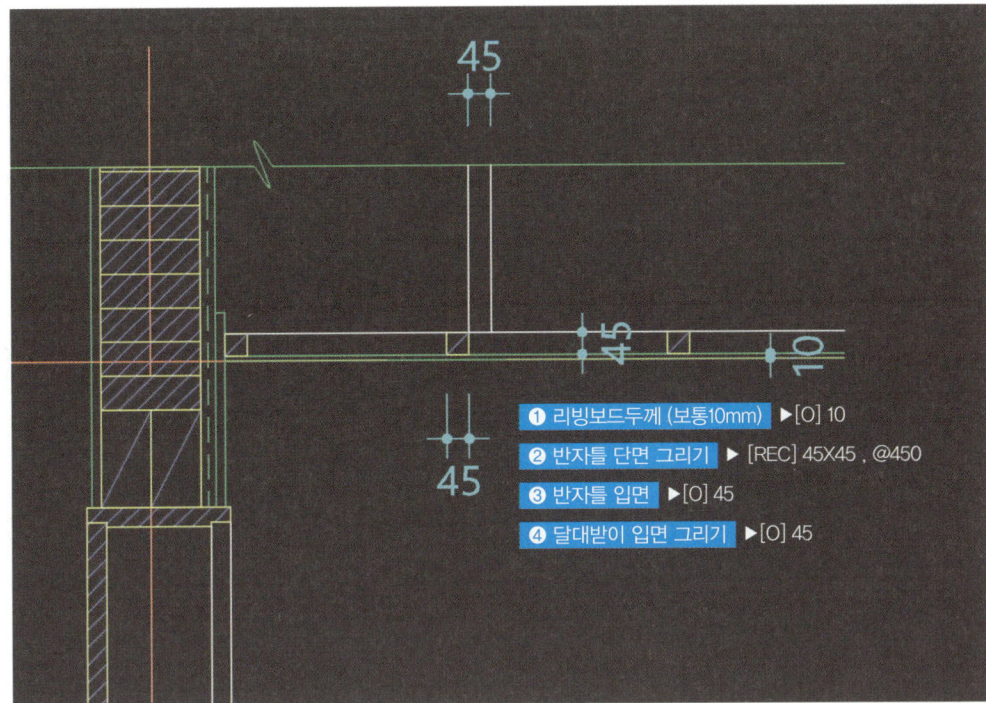

※ 욕실의 몰딩은 도면에서 생략 (일반적으로 시공하는 PVC몰딩은 사이즈가 작기 때문에 1/40 축척의 출력물에서 선이 겹칠 것을 대비)

❽ 거실 천장 단면 그리기

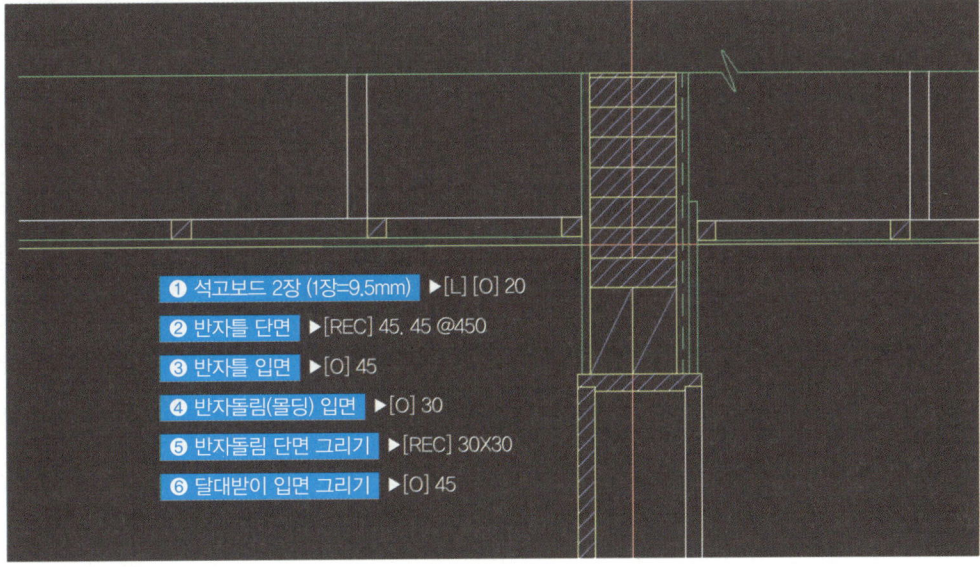

TIP!

천장 단면
욕실천장은 욕실벽체에 방수층에서부터 시공하고 거실 천장은 거실측 벽체 모르타르에서부터 시공한다.

❾ 벽타일 패턴 넣기

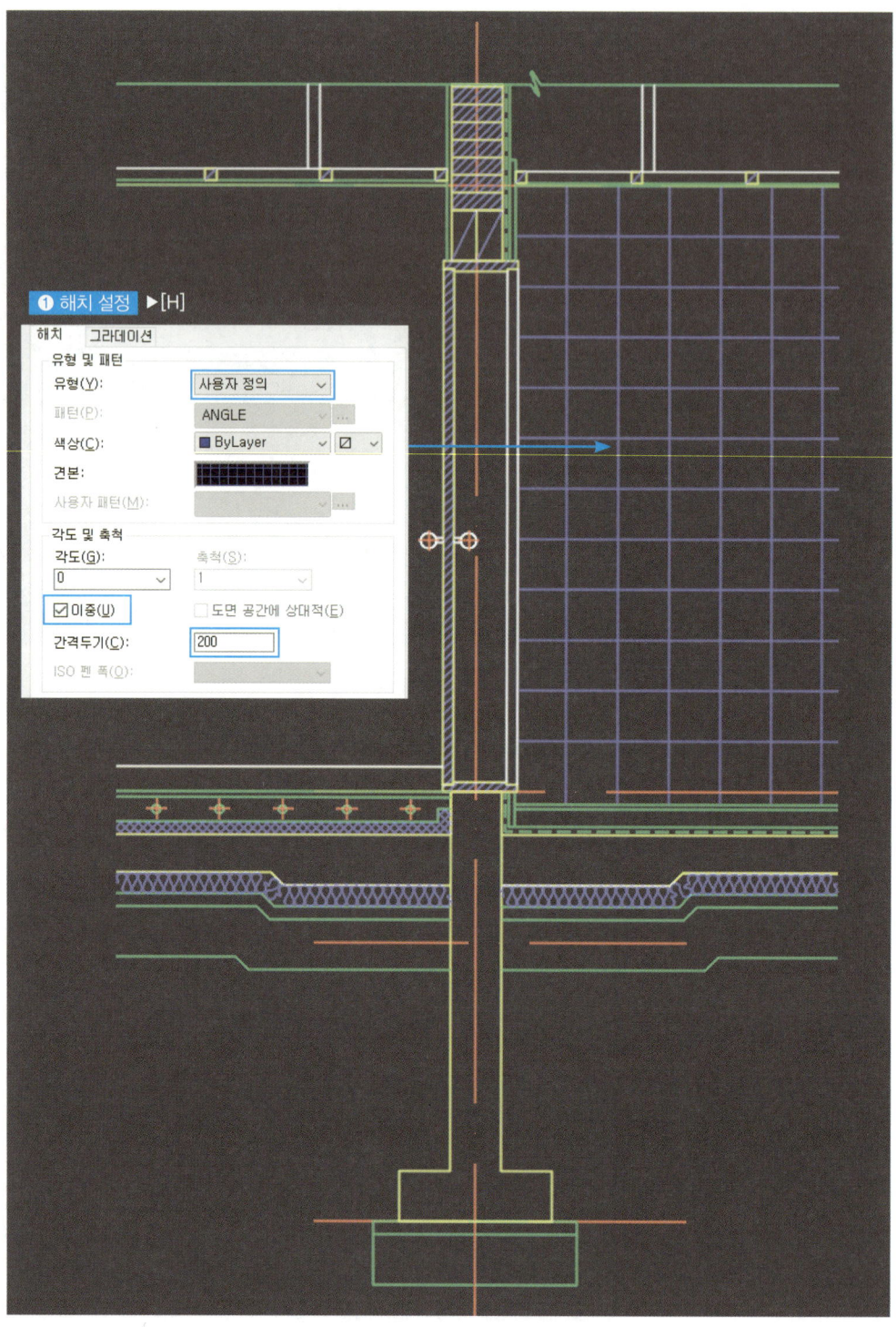

❿ 입면 그리기 · 치수선 및 문자 표기

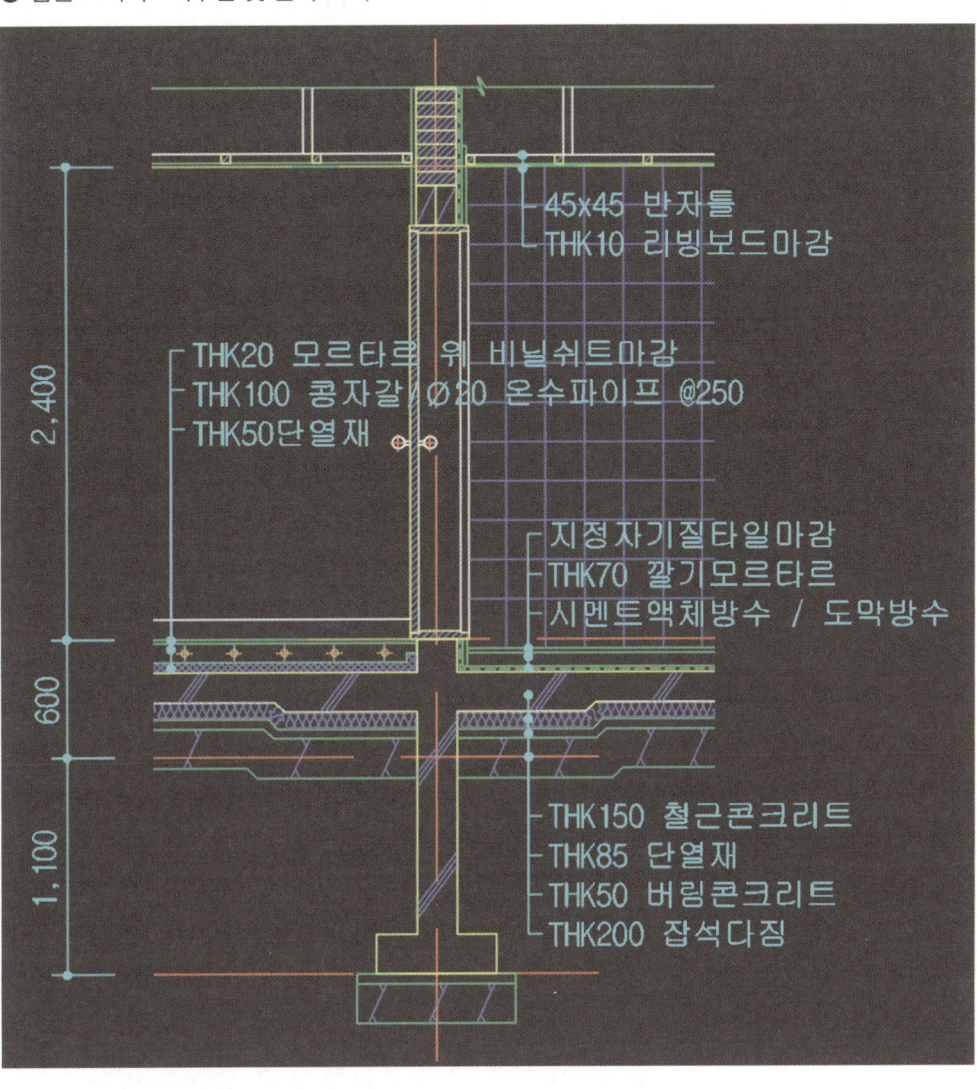

8 거실 벽체 단면상세도 그리기

1. 개요
거실 창호의 단면구조를 이해하여 단면상세도를 그린다.

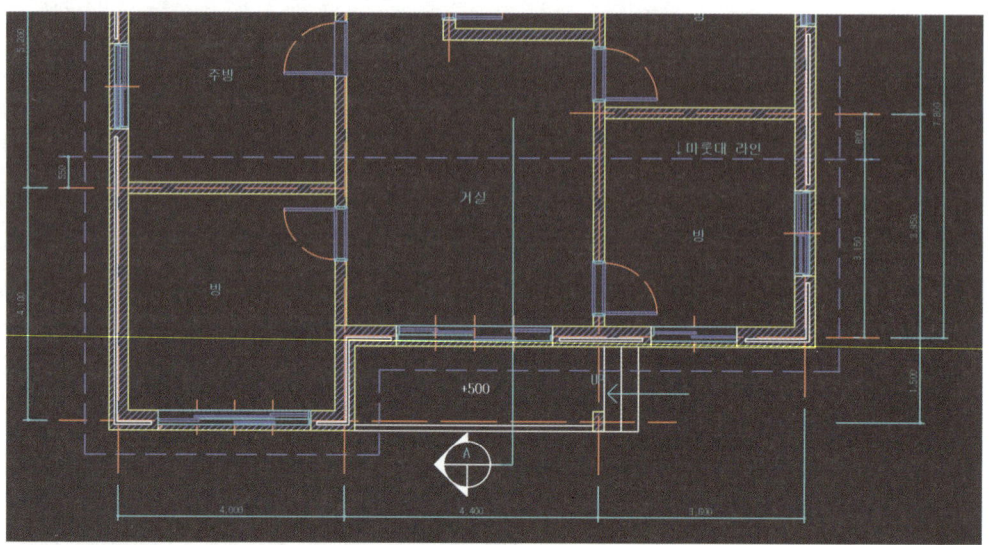

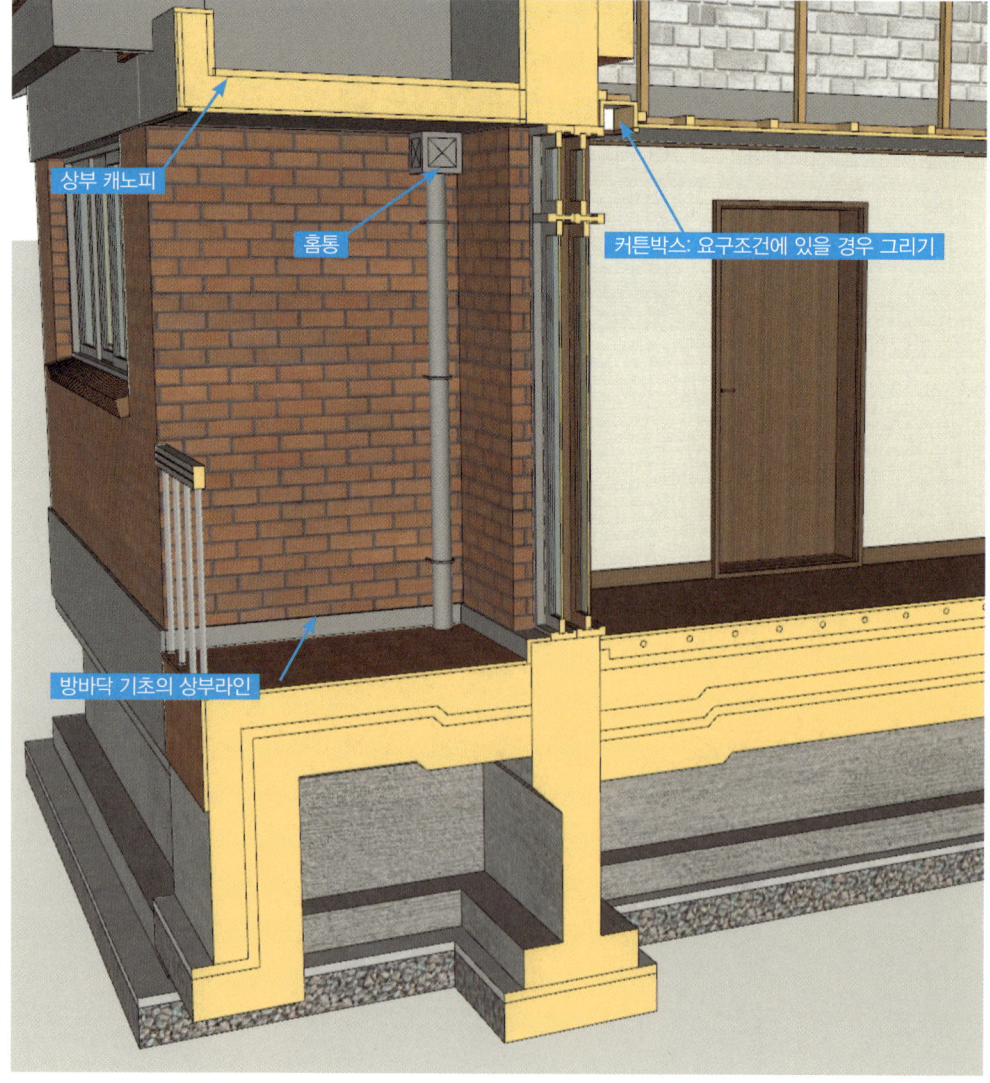

2. 제도과정

❶ 중심선 세팅 · 기초 및 벽체 구조 그리기

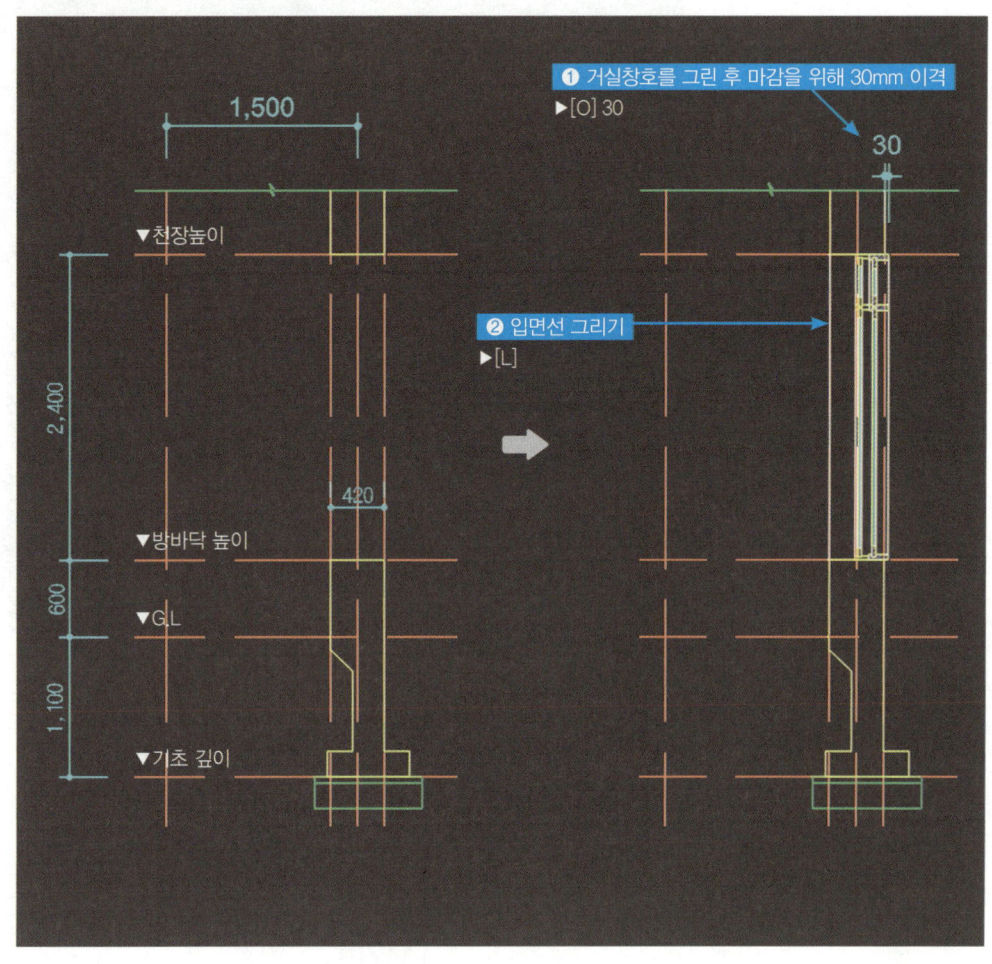

❷ 테라스 바닥 그리기

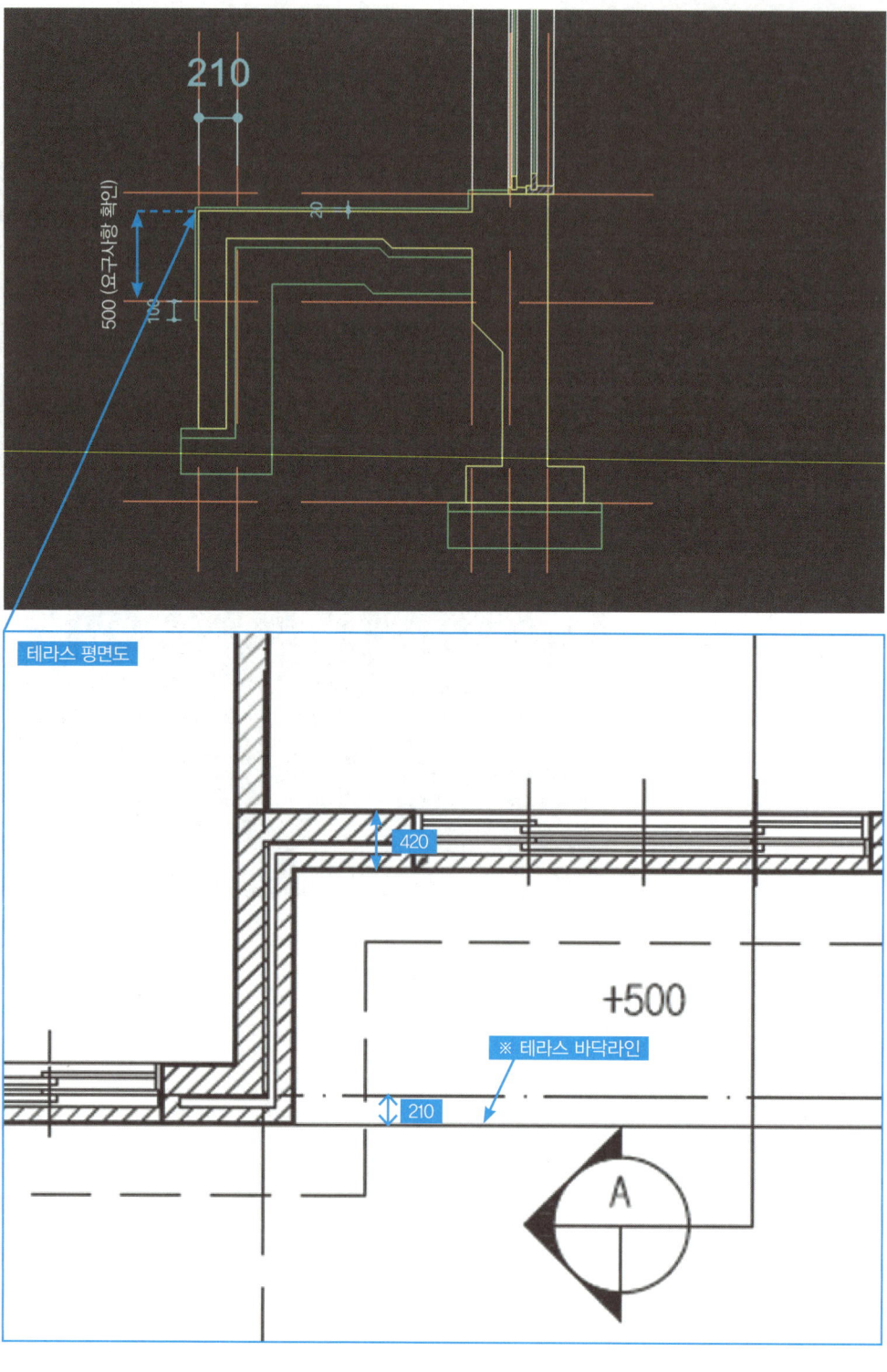

테라스 평면도

❸ 평면도와 시험 요구조건에서 캔틸레버 제도 여부를 확인한 후 그린다.

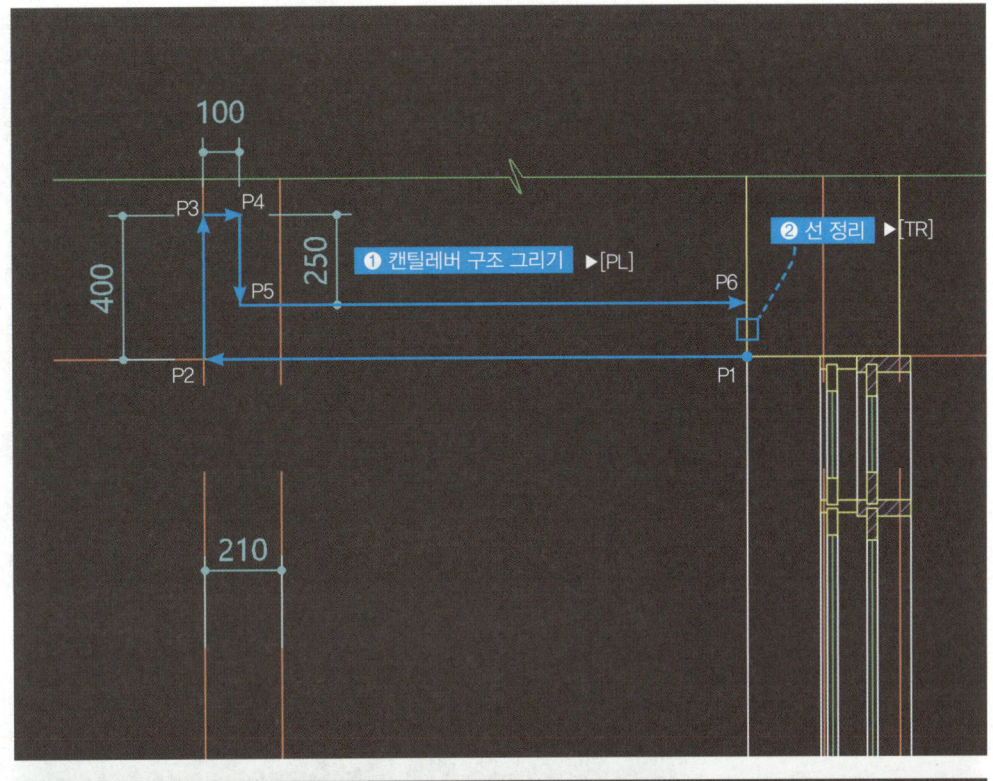

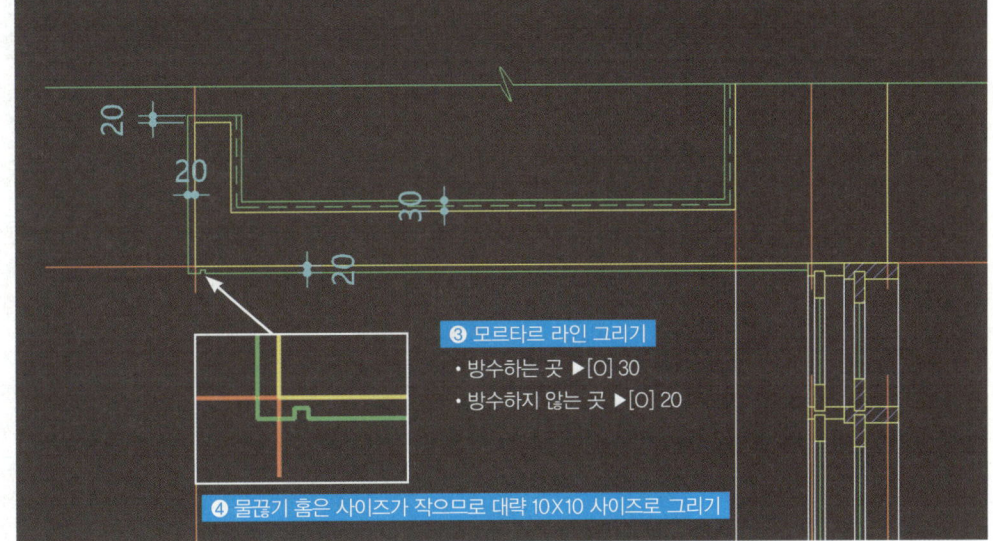

PART 05 단면상세도 그리기 • 211

❹ 거실 바닥 단면 그리기

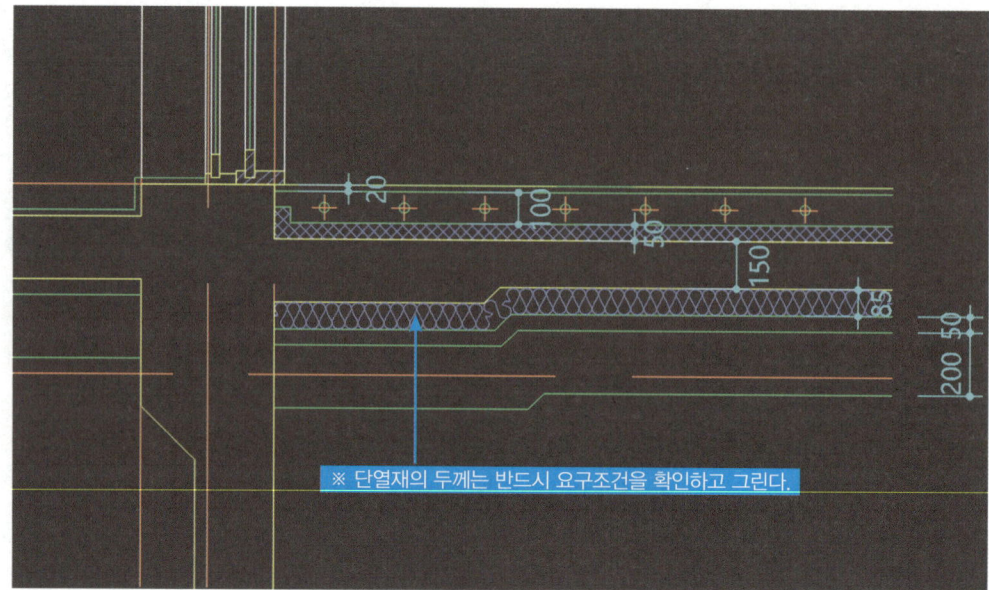

❺ 거실 천장 단면 그리기

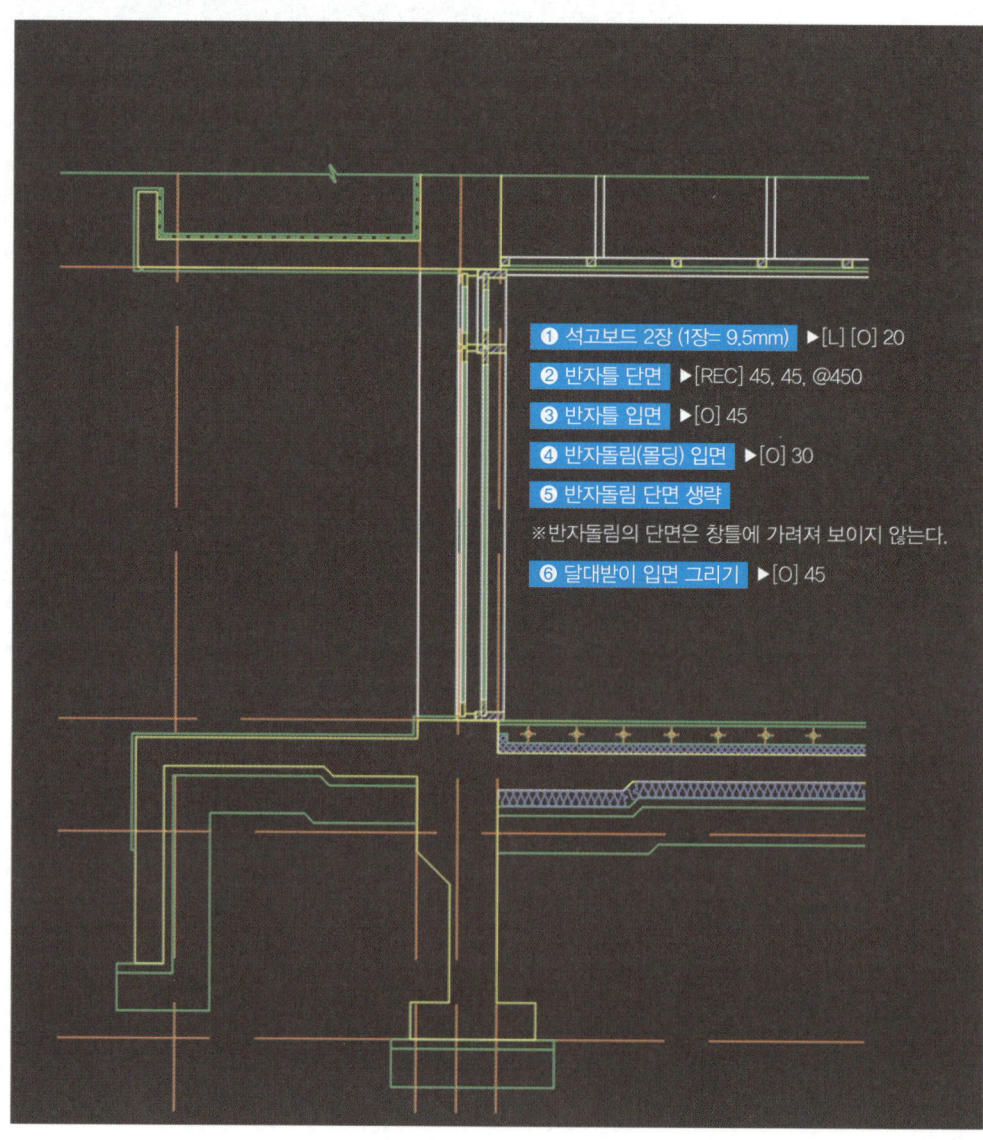

❻ 입면 그리기

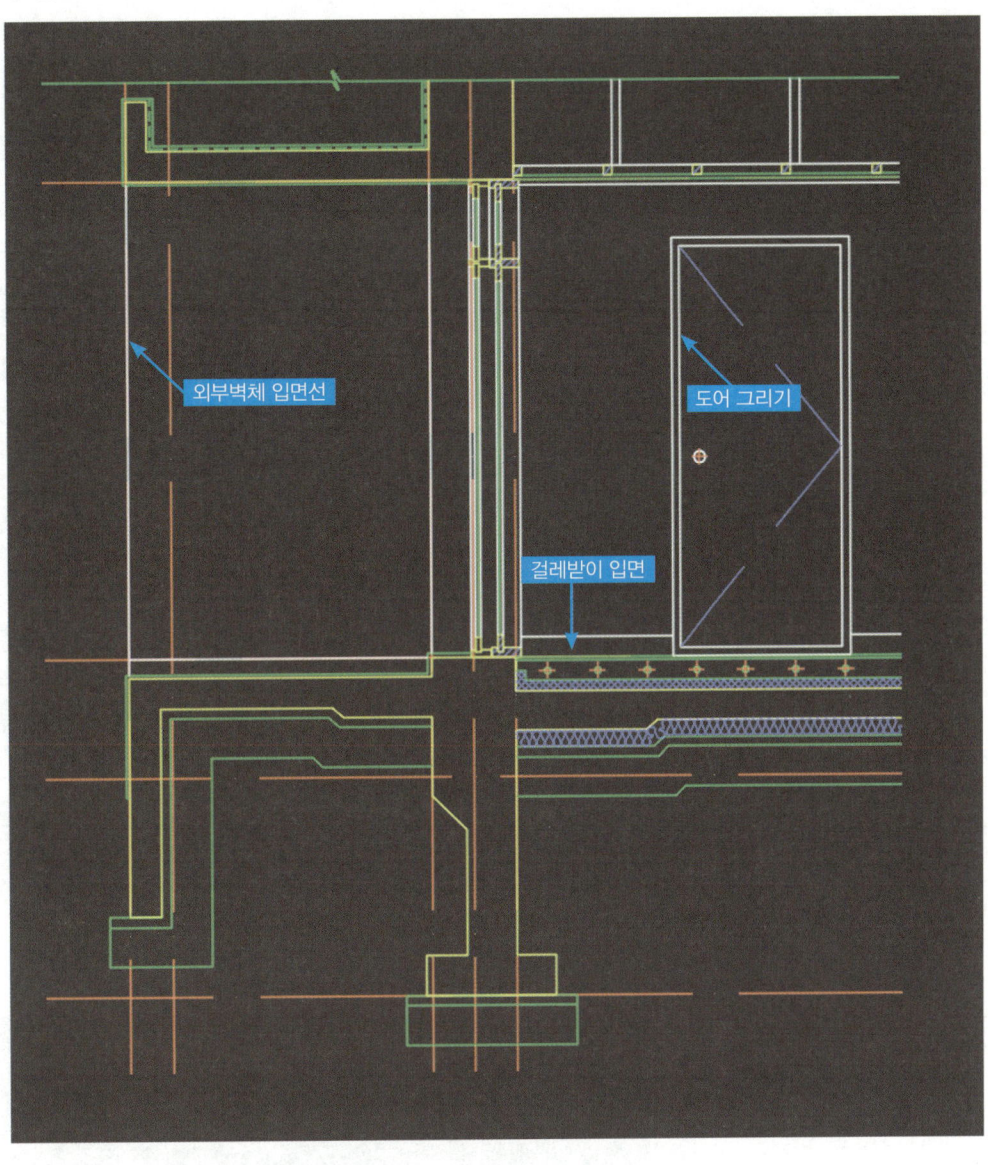

❼ 선홈통 그리기

TIP!

선홈통
켄틸레버(캐노피)에 고인 우수를 배출하기 위해 선홈통을 설치하고 우수가 지반으로 유입되도록 출구를 지반에 매입한다.

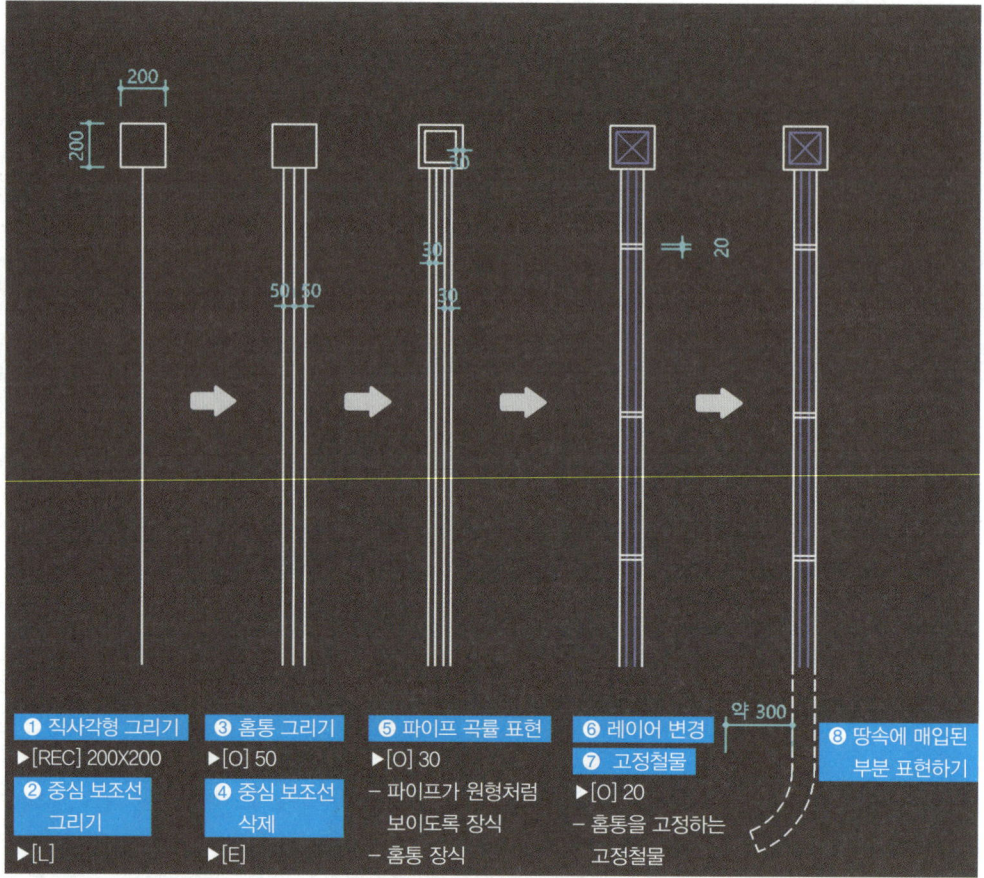

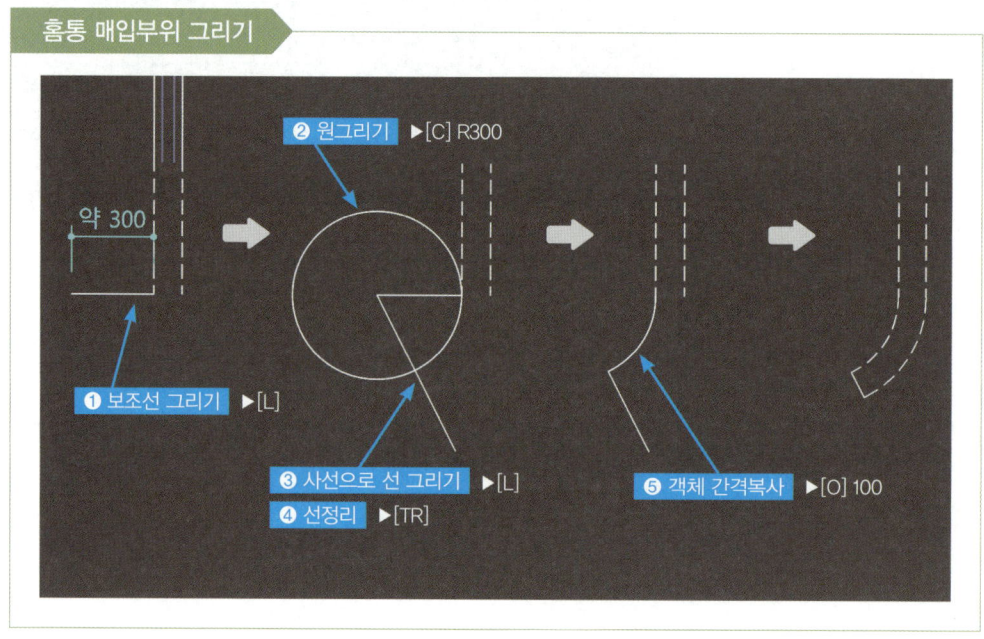

❽ 재료표기

2,400
600
1,100
HATCH
G.L 단면 그리기
• 수성페인트 재료표기방법
▶[DO] 내부지름 0, 외부지름 20~30
• 철근콘크리트, 잡석다짐 등 재료표기

해치 편집
해치
그라데이션
유형 및 패턴
유형(Y):
미리 정의
패턴(P):
AR-BRSTD
색상(C):
ByLayer
견본:
사용자 패턴(M):
각도 및 축척
각도(G):
0
축척(S):
1
이중(U)
도면 공간에 상대적(E)
간격두기(C):
200
ISO 펜 폭(O):
해치 원점
현재 원점 사용(T)
지정된 원점
클릭하여 새 원점을 설정
경계 범위를 기본값으로 설정(X)
맨 아래 왼쪽
기본 원점으로 저장(F)
미리보기
확인
경계
추가: 점 선택(K)
추가: 객체 선택(B)
경계 제거(D)
경계 재작성(R)
해치 패턴 팔레트
ANSI
ISO
기타 미리 정의
사용자
SOLID
ANGLE
AR-B816
AR-B816C
AR-B88
AR-BRELM
AR-BRSTD
AR-CONC
AR-HBONE
AR-PARQ1
AR-RROOF
AR-RSHKE
AR-SAND
BOX
BRASS
BRICK
확인
취소
도움말(H)

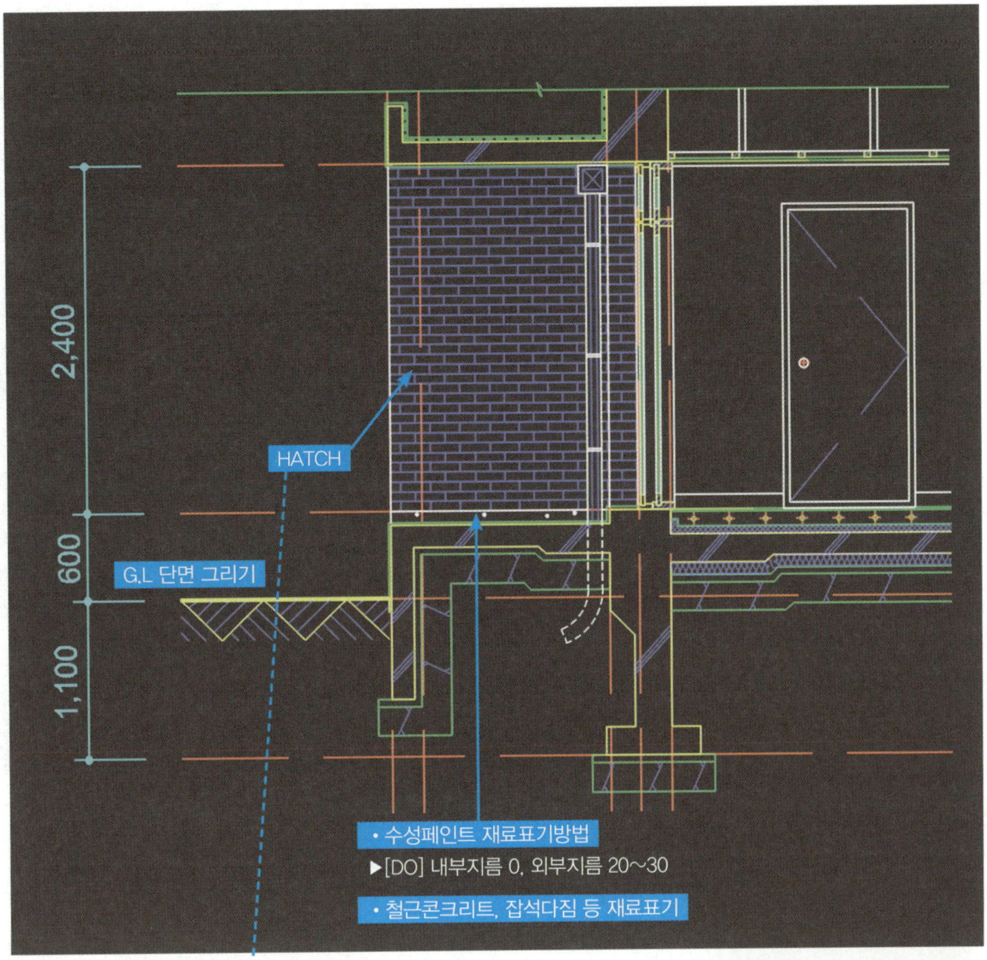

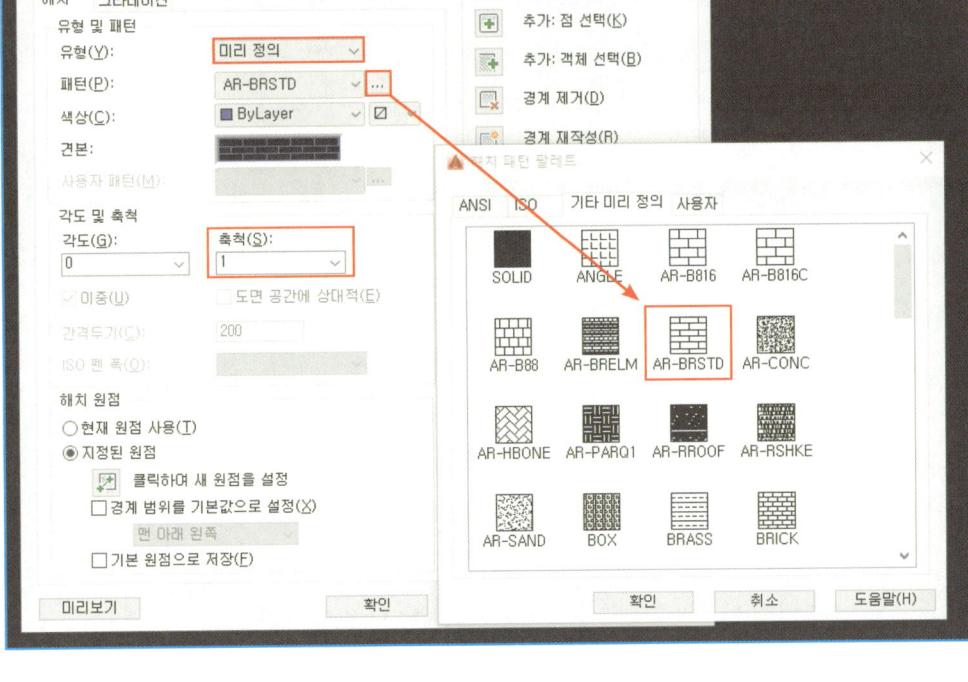

❾ 치수선 및 문자표기

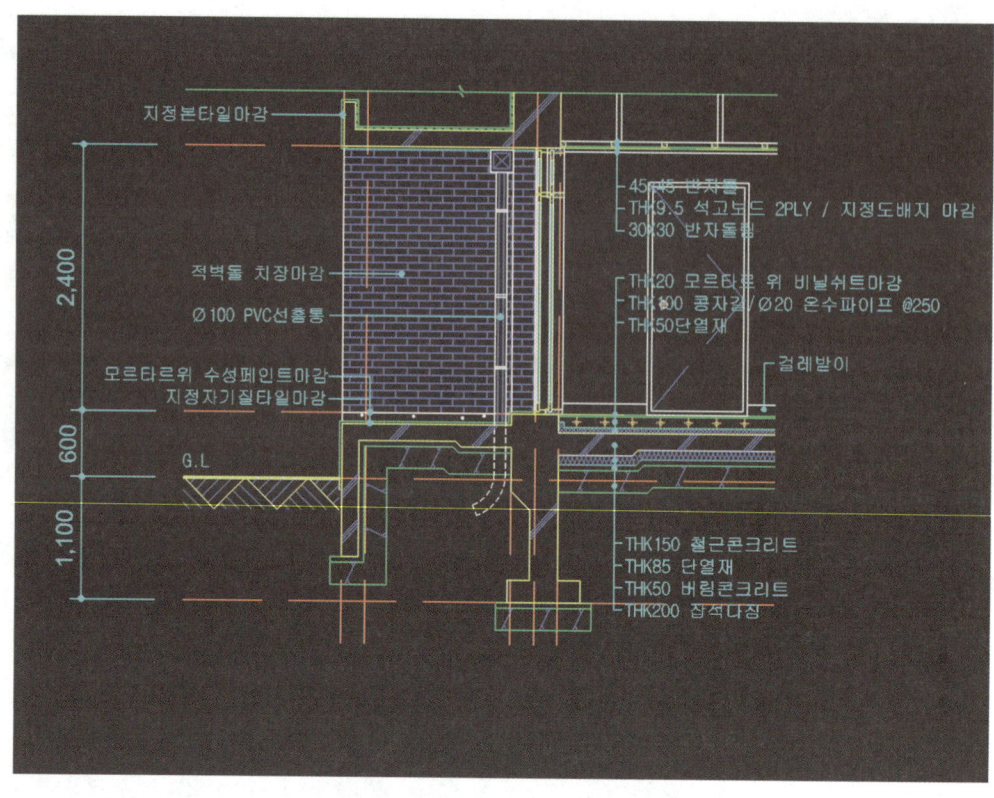

9 지붕구조 및 처마 단면상세도 그리기

1. 개요
지붕의 구조의 시공 원리를 이해하며 단면상세도를 그린다.

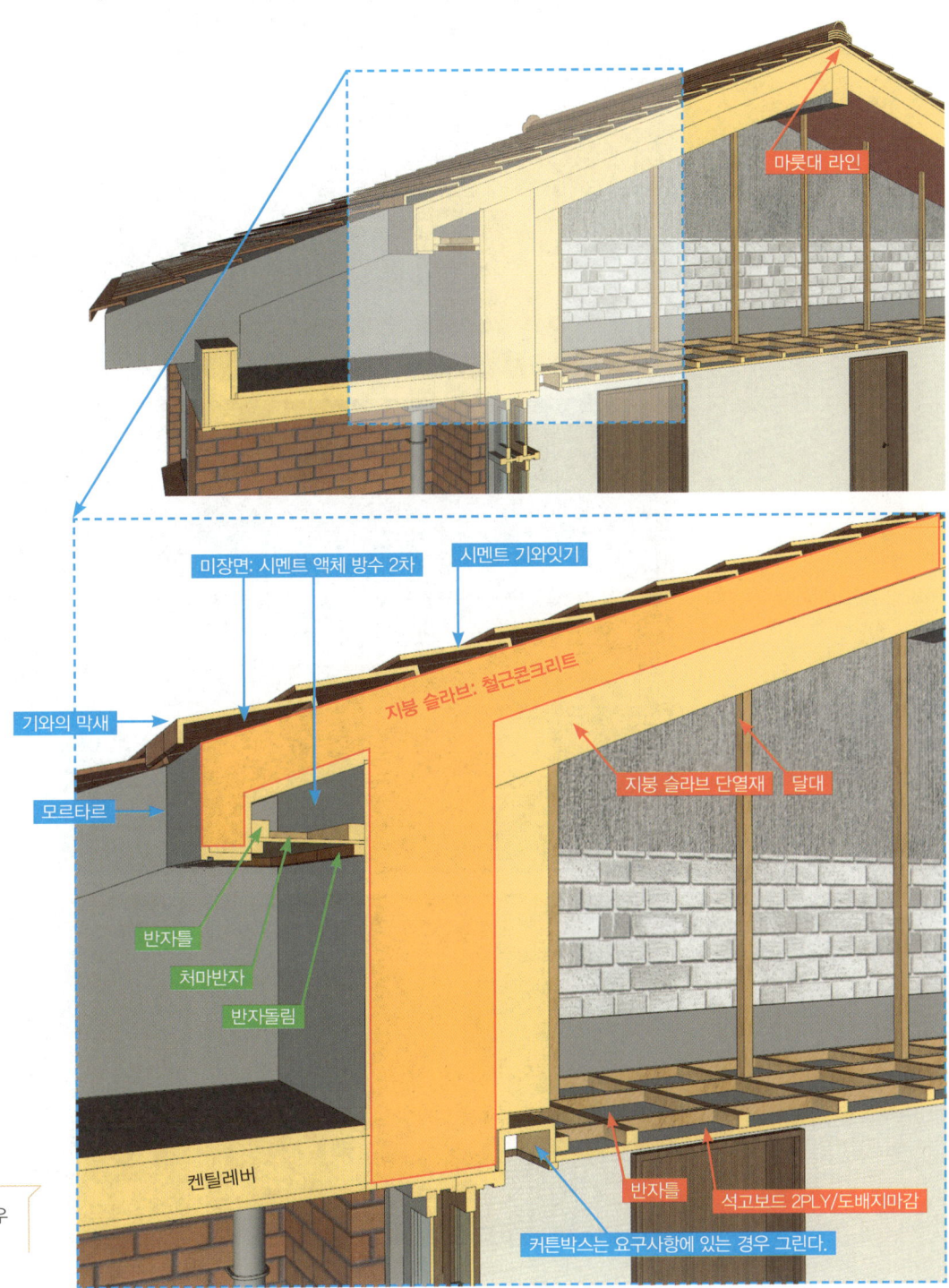

TIP!
켄틸레버는 미출제 되는 경우가 더 많다.

2. 제도과정

❶ 지붕 구조 그리기

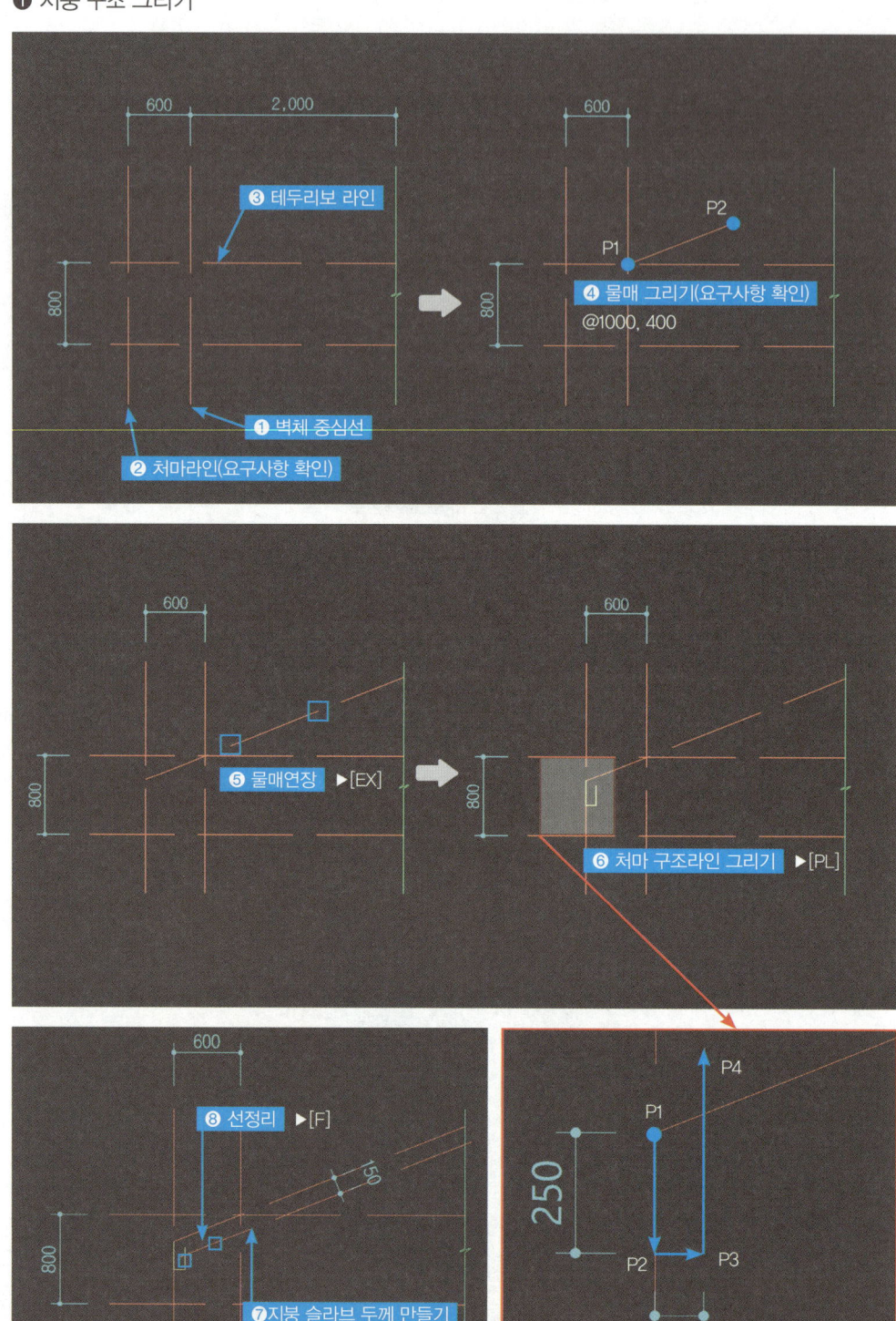

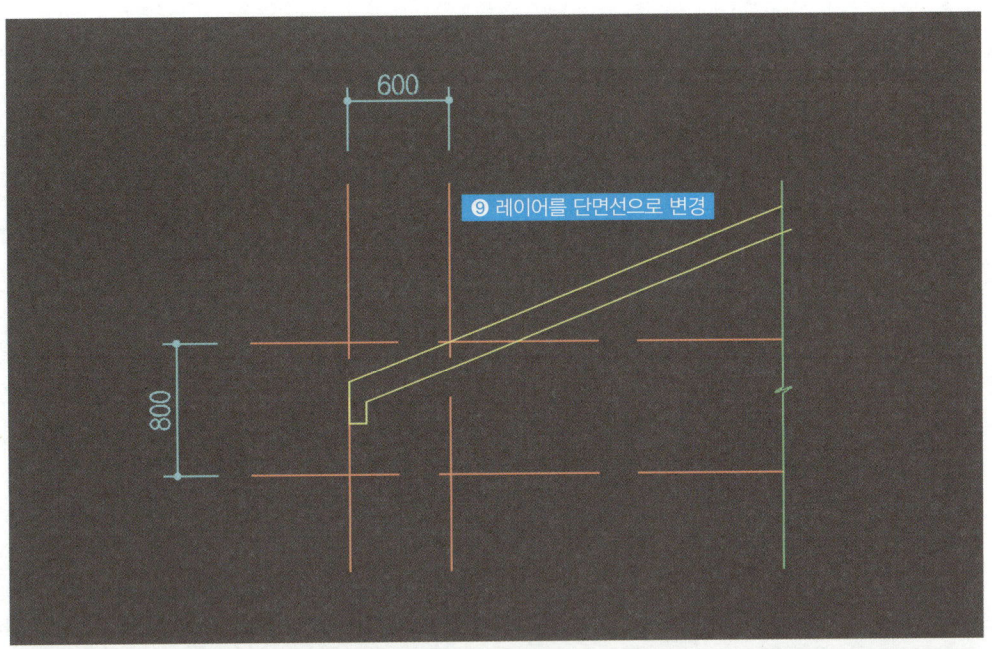

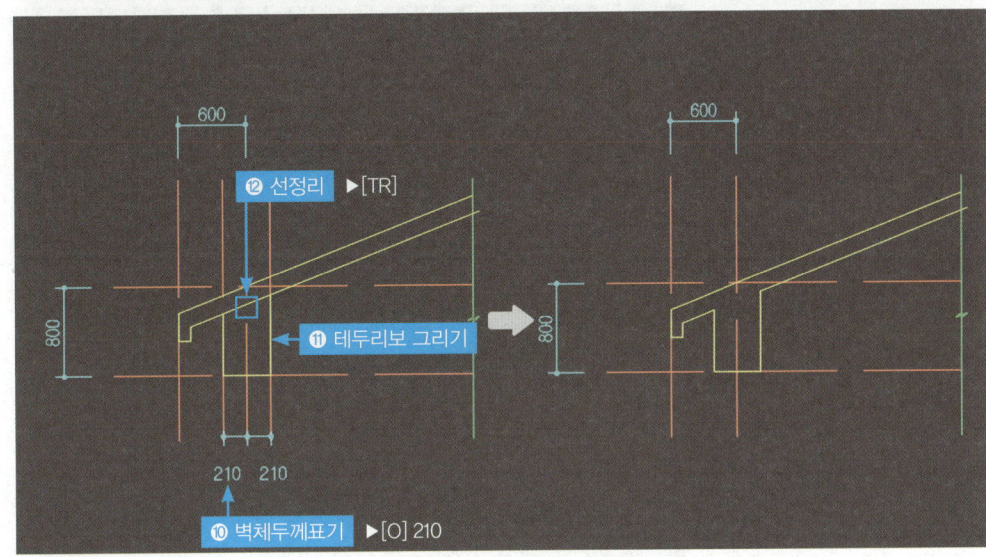

❷ 모르타르 라인그리기 (방수포함)

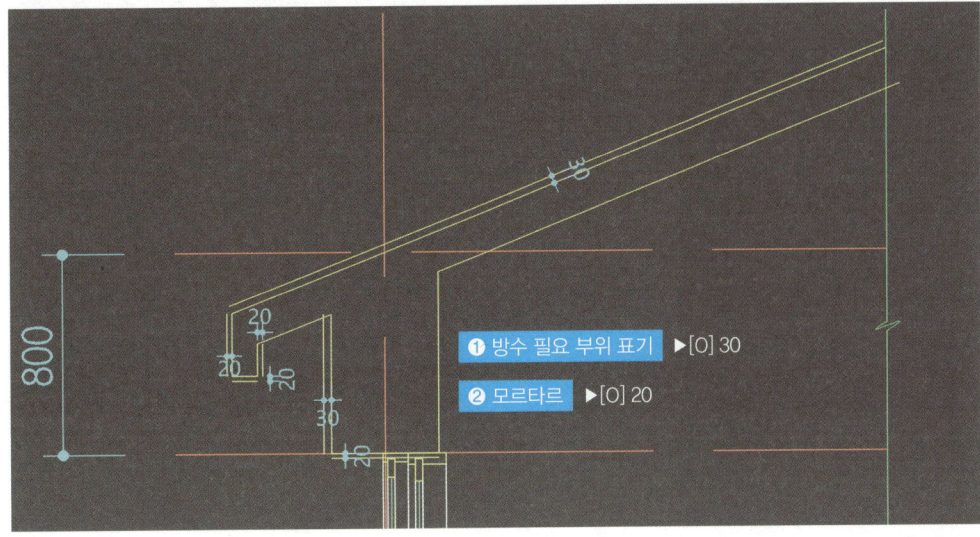

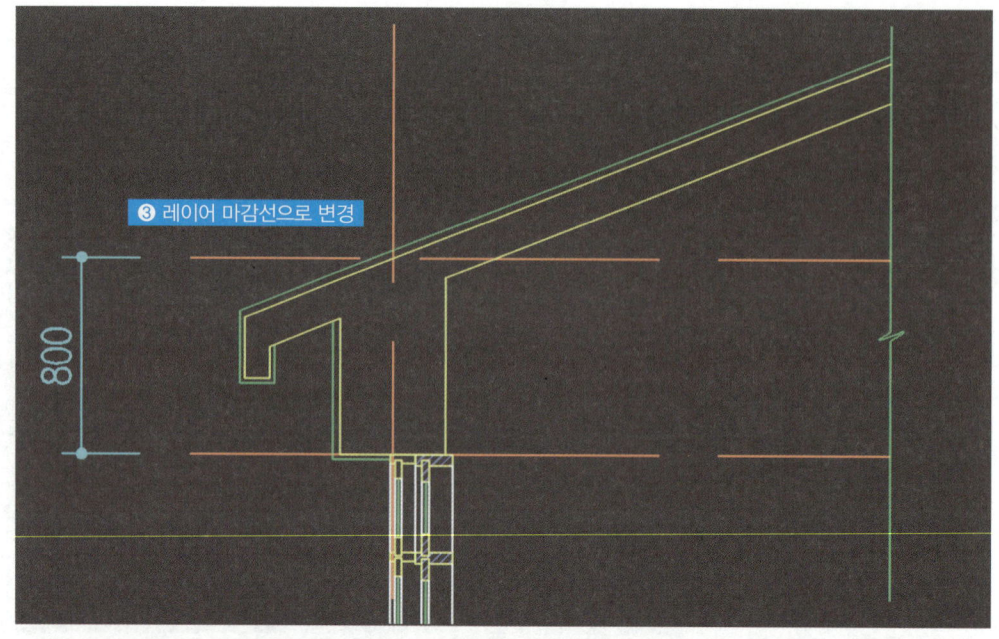

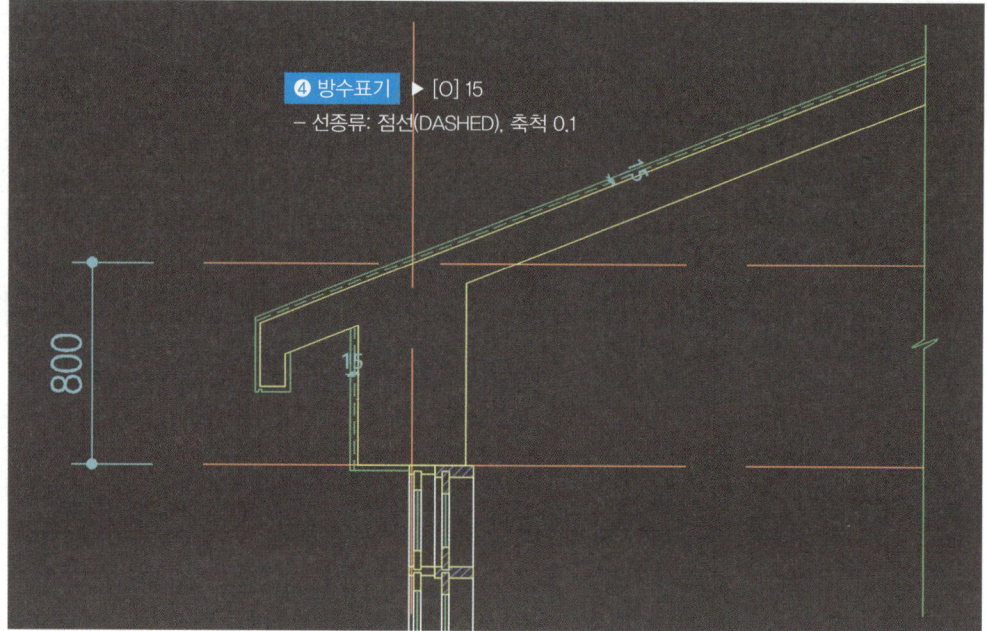

❸ 처마반자 그리기

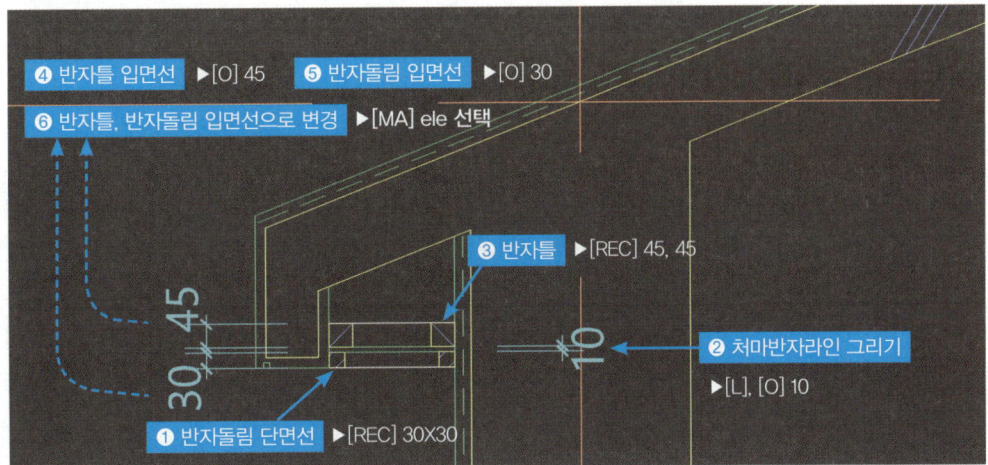

❹ 치수선 및 문자표기

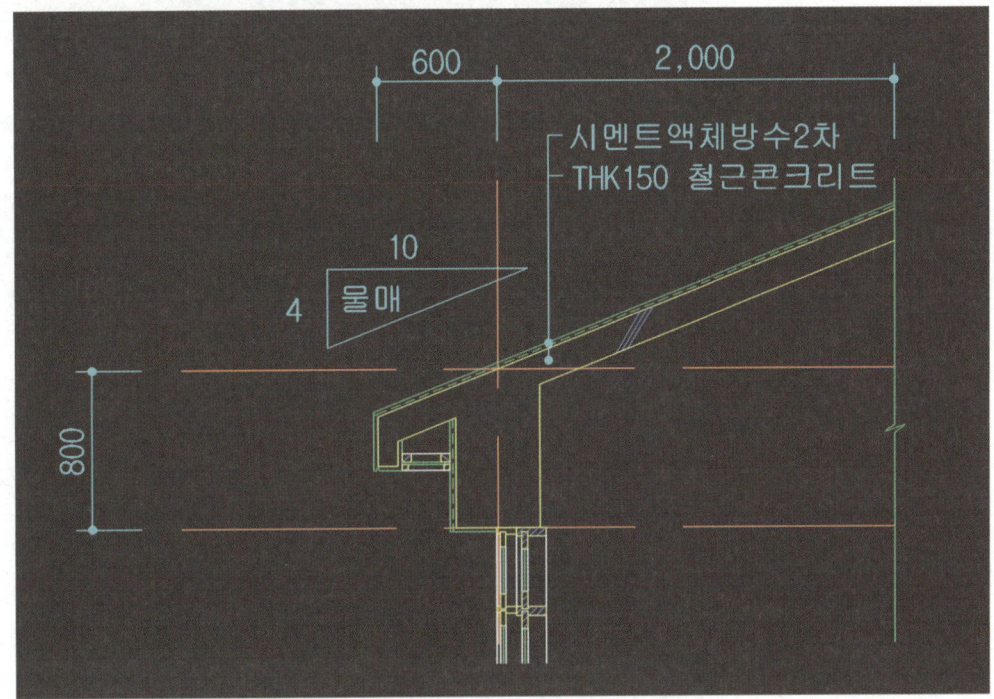

10 지붕 기와 상세도 그리기

1. 제도과정

❶ 기와 단면 그리기

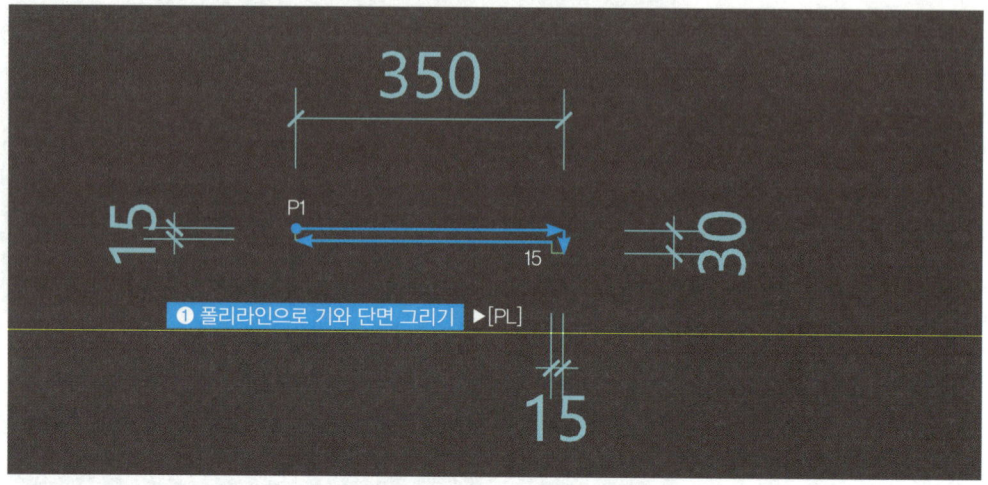

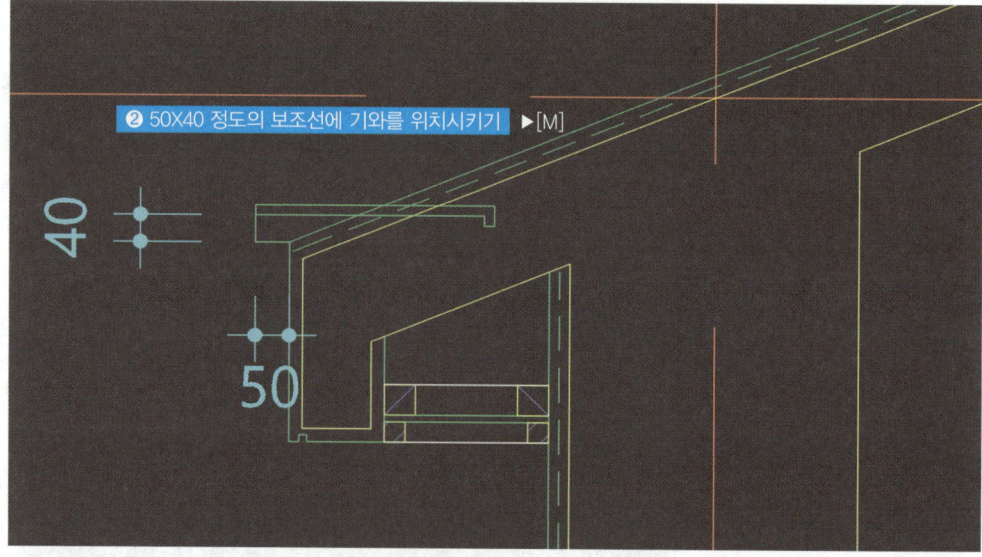

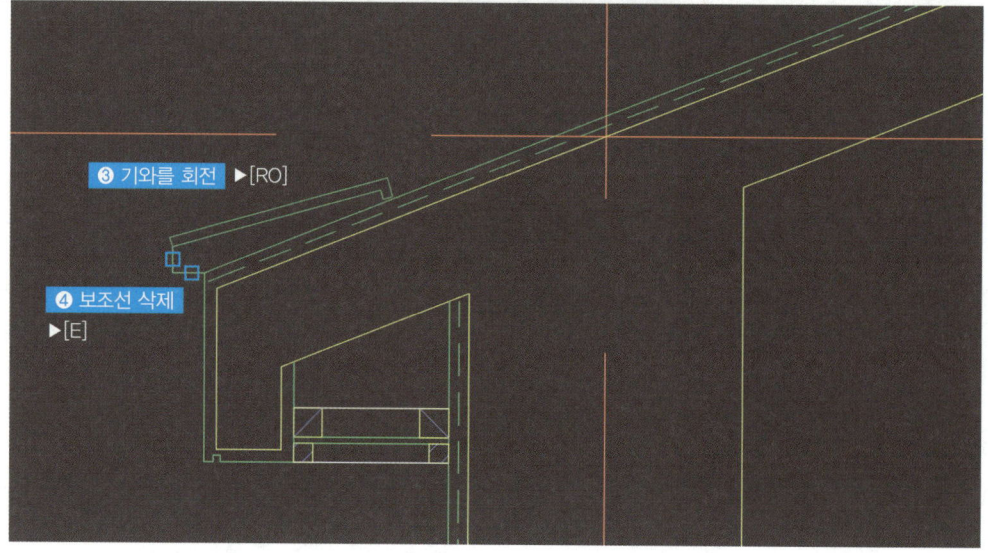

❷ 기와 배열복사

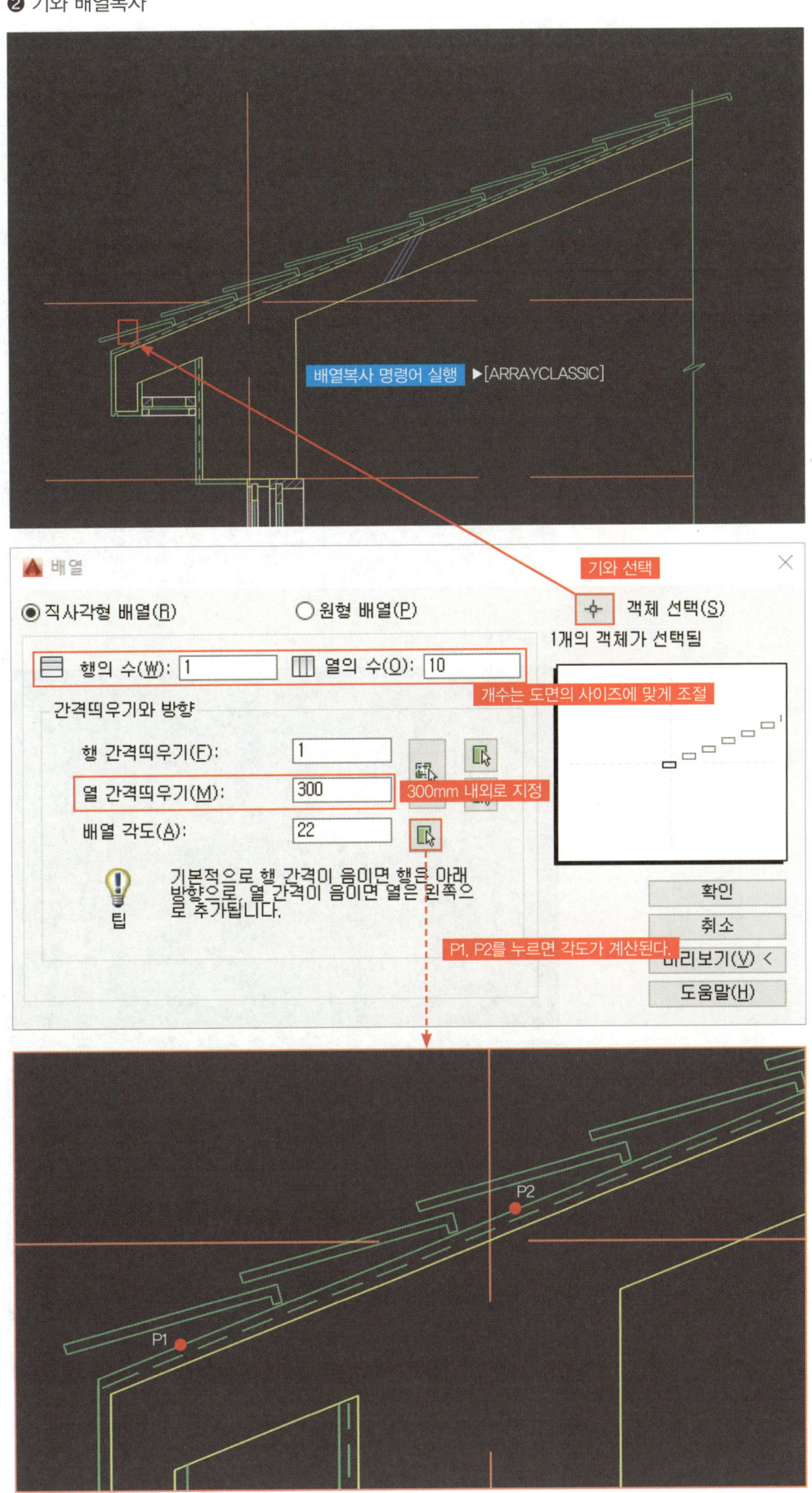

❸ 내림새 기와 그리기

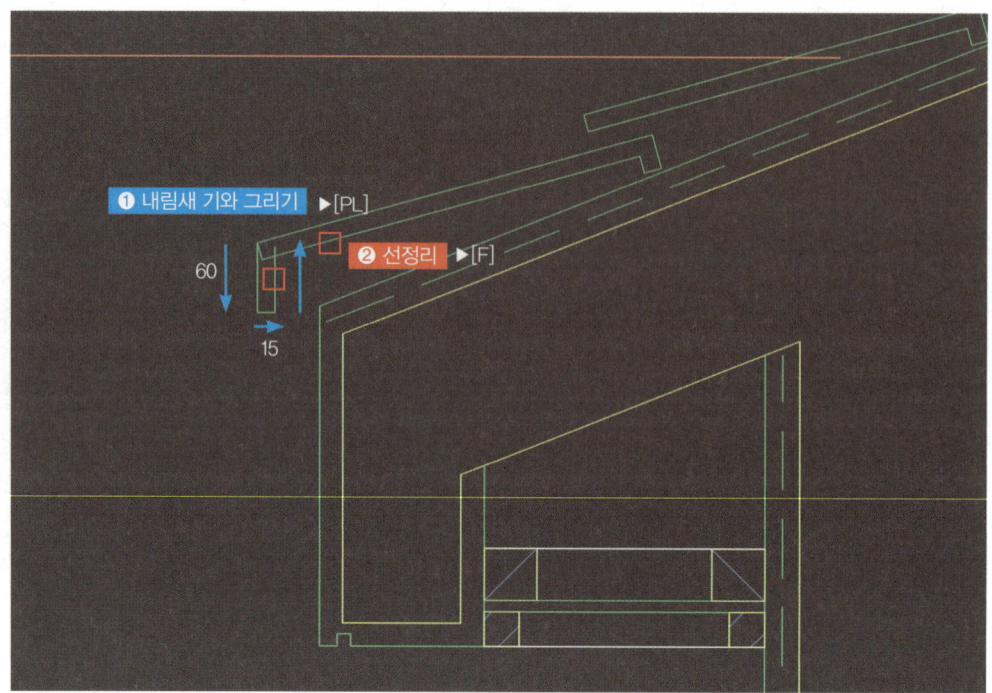

❹ 문자쓰기

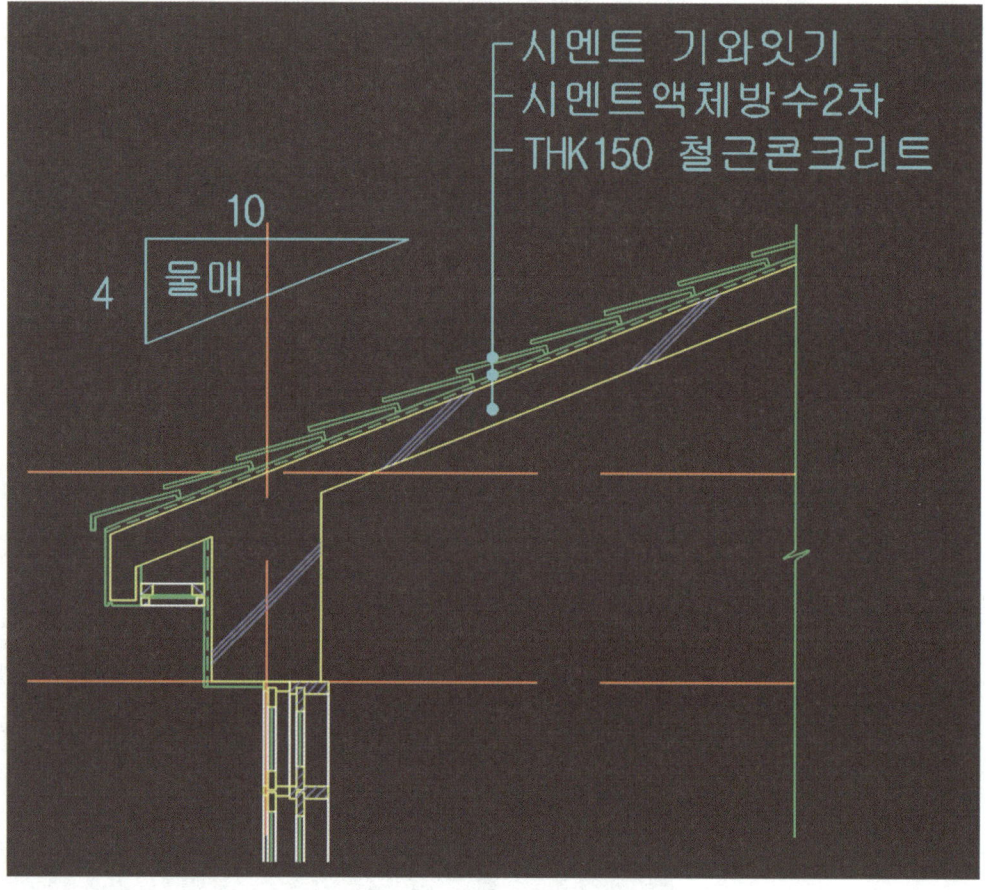

11　지붕 용마루 단면상세도 그리기

1. 개요
지붕 용마루 부위의 구조를 이해하며 단면상세도를 그린다.

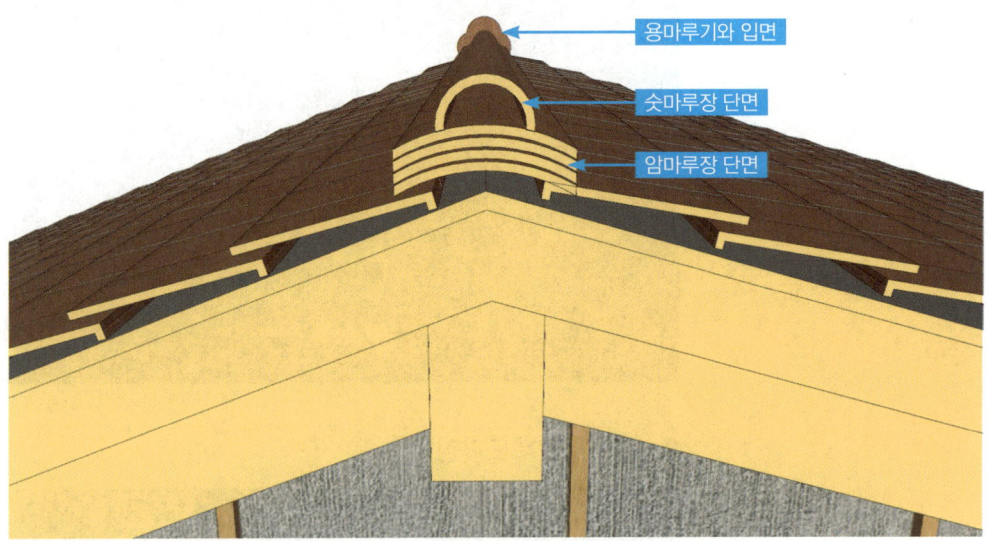

2. 암마루장 제도과정
(1) ARC를 이용한 방법

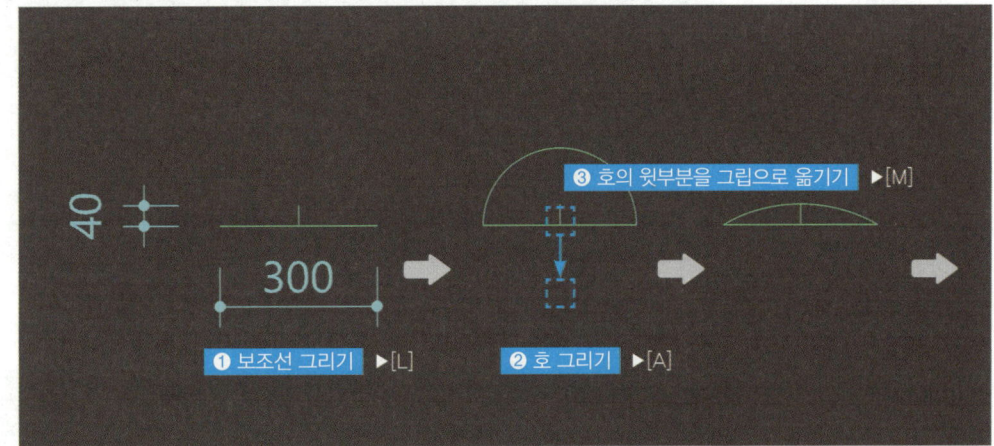

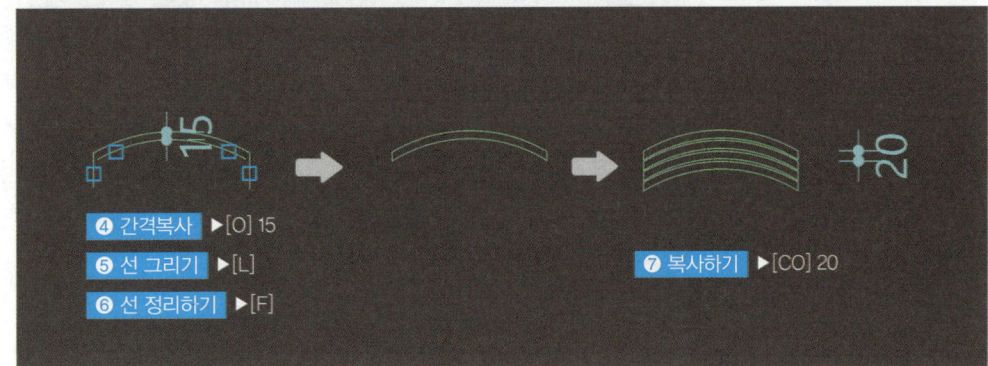

(2) CIRCLE을 이용한 방법

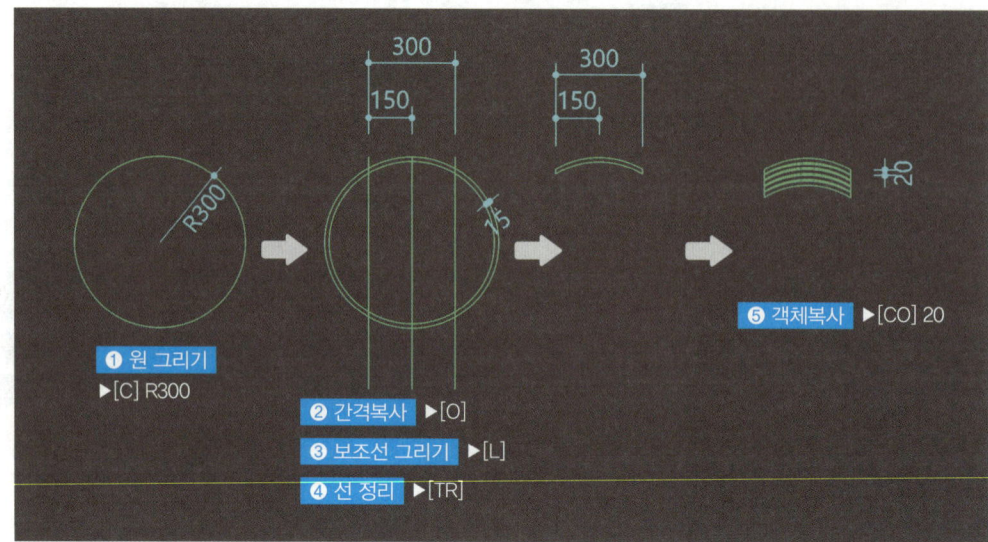

3. 숫마루장 제도과정

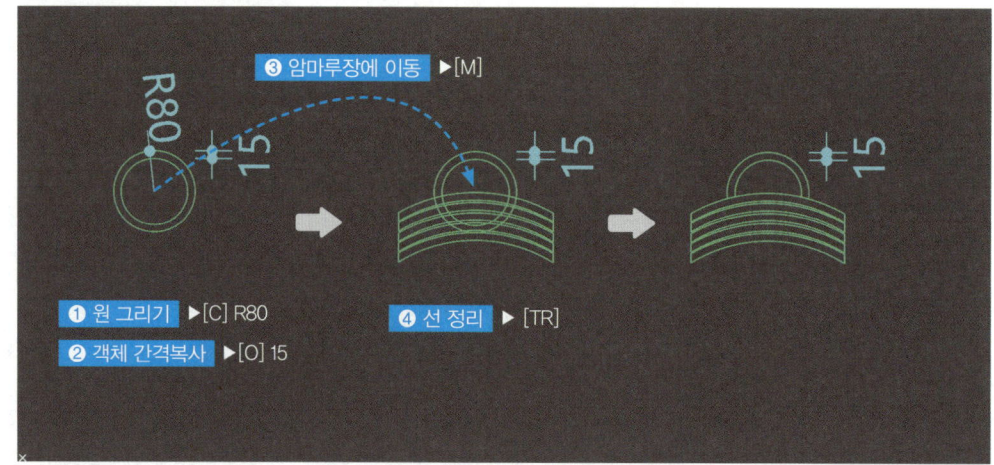

4. 용머리기와 제도과정

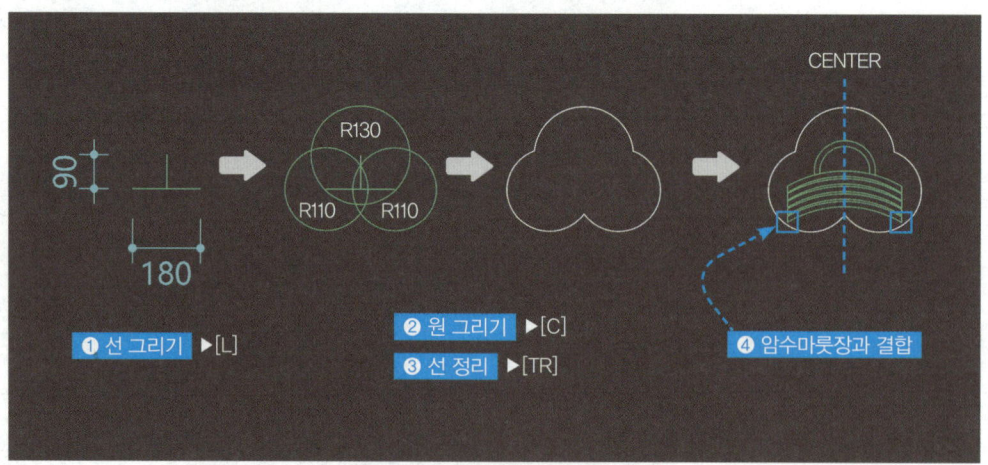

5. 지붕 기와 결합

지붕단면상세도의 마룻대상부에 암수마룻장과 용머리기와를 결합시킨다.

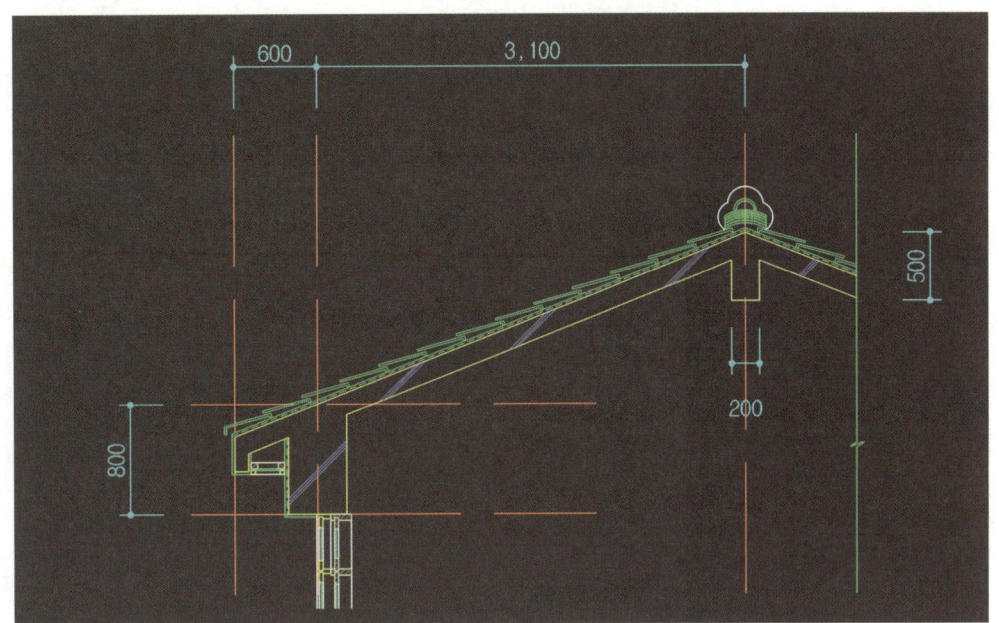

12 실내 천장 단면상세도 그리기

1. 개요
방의 천장구조에 대해 이해하여 단면상세도를 그린다.

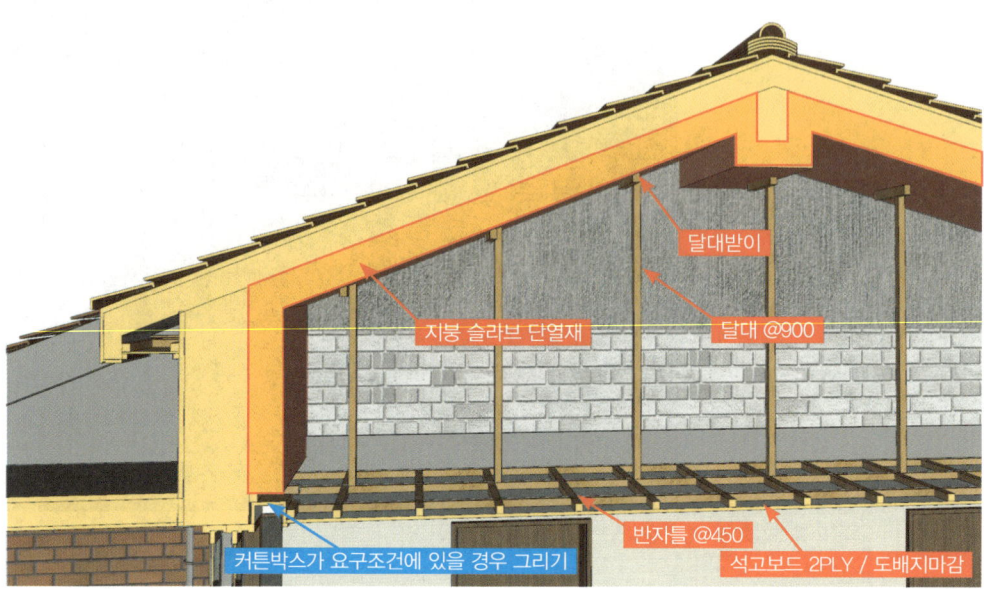

2. 제도과정

❶ 천장 구조 그리기

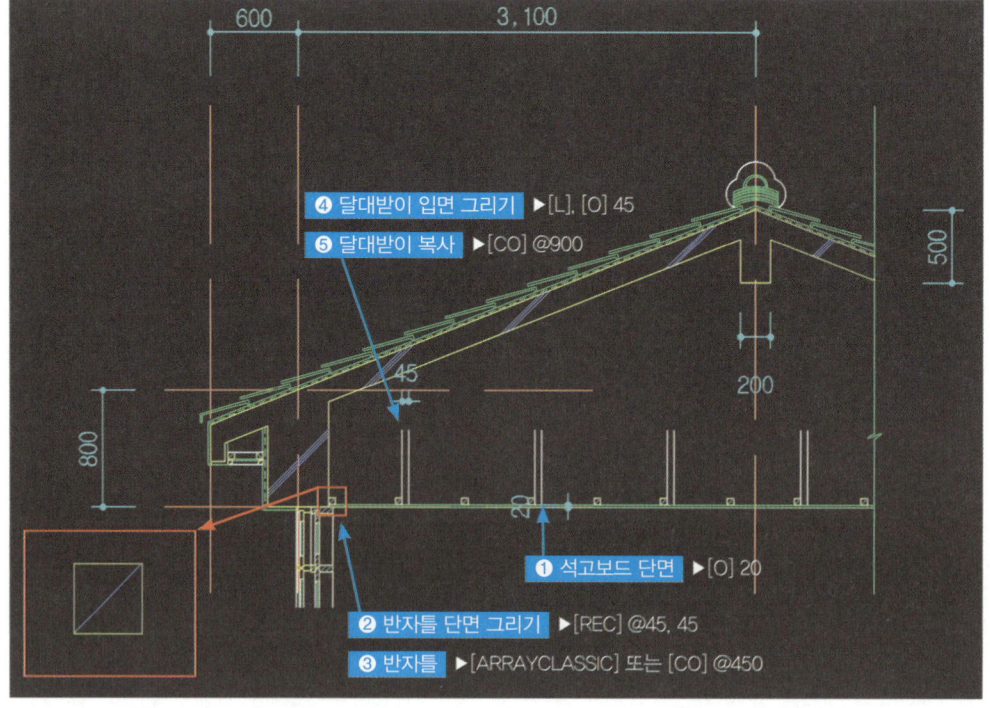

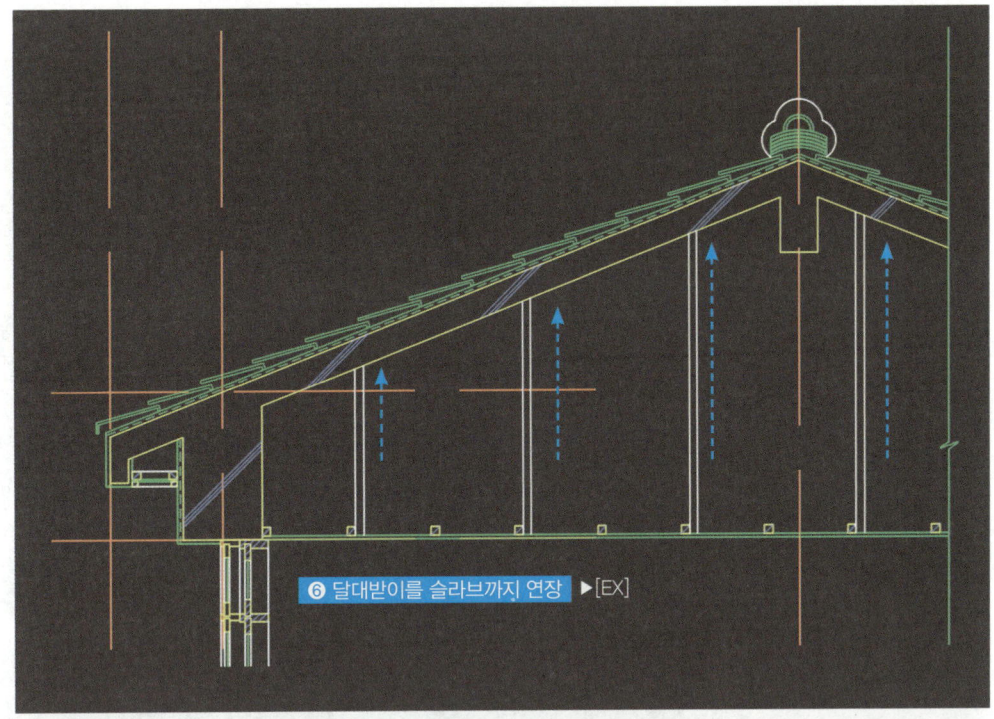

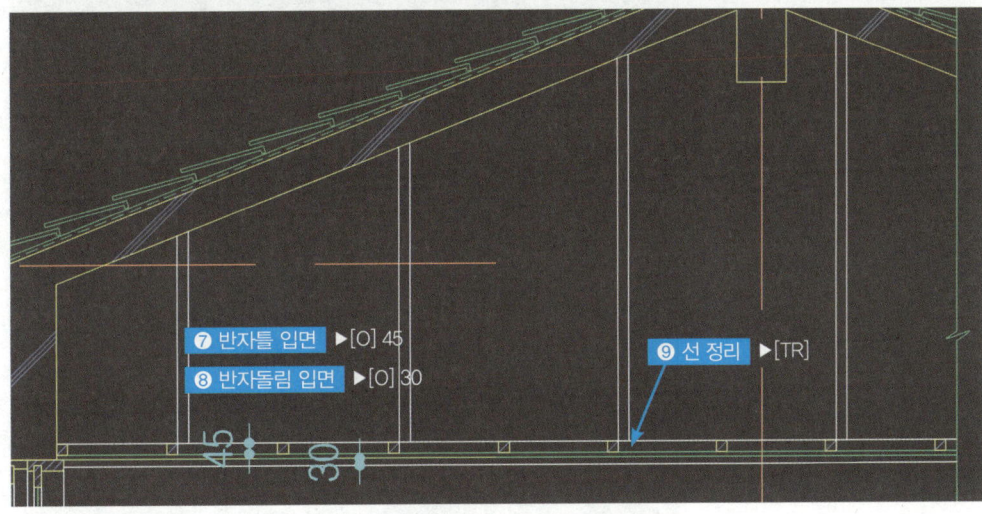

❷ 지붕 단열재 그리기

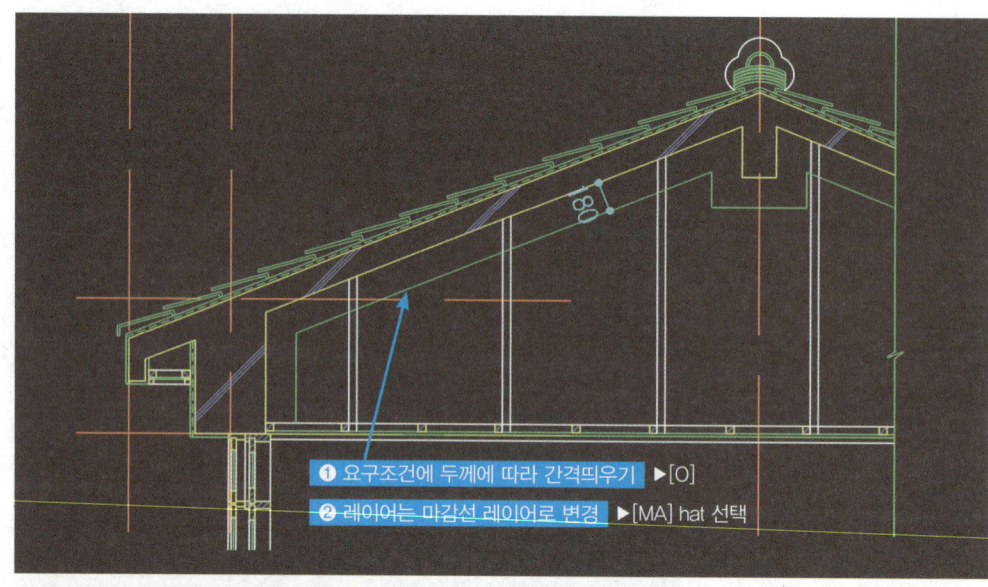

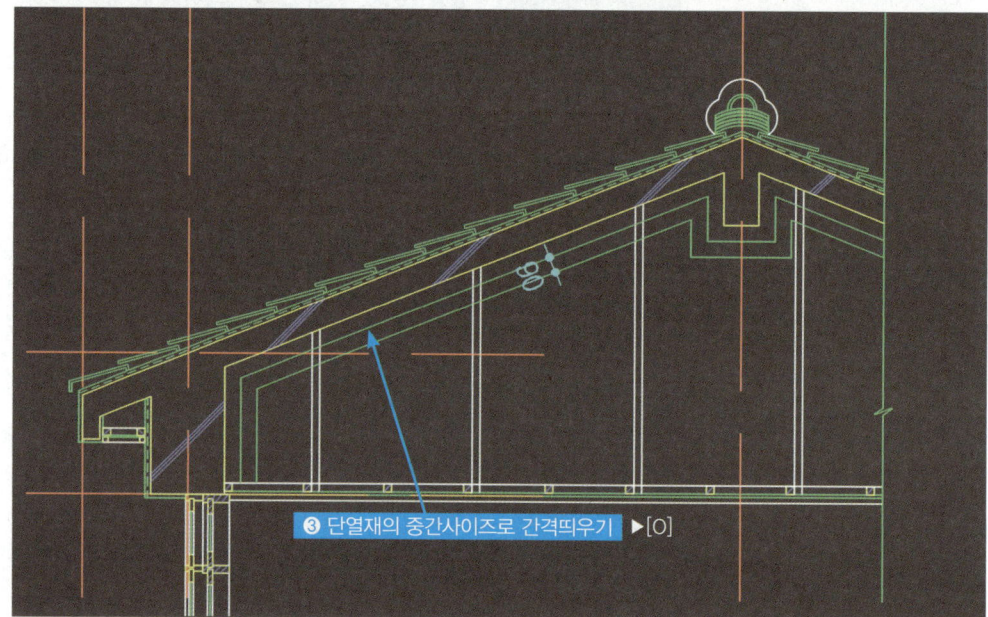

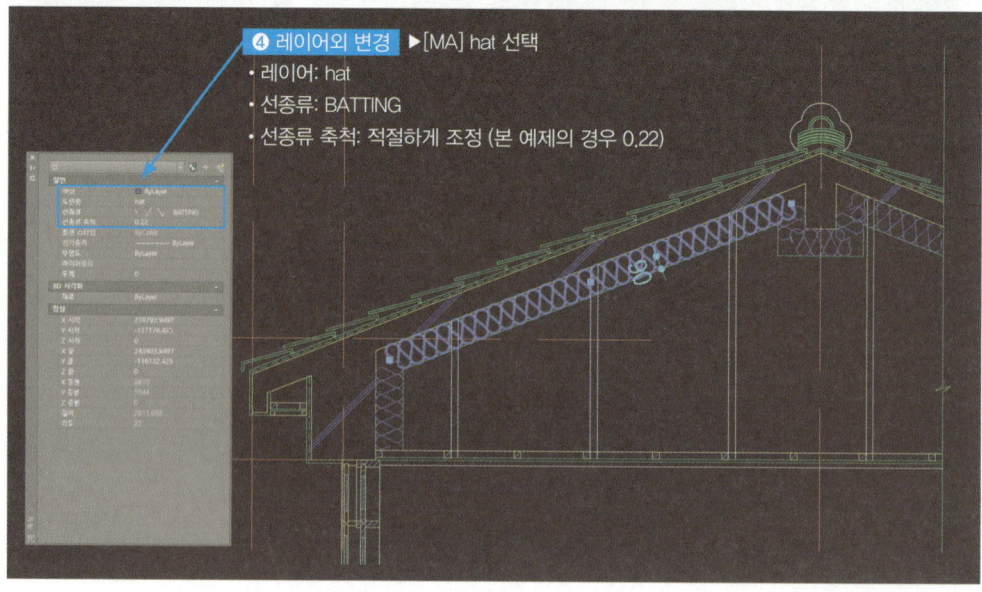

❸ 달대받이 그리기

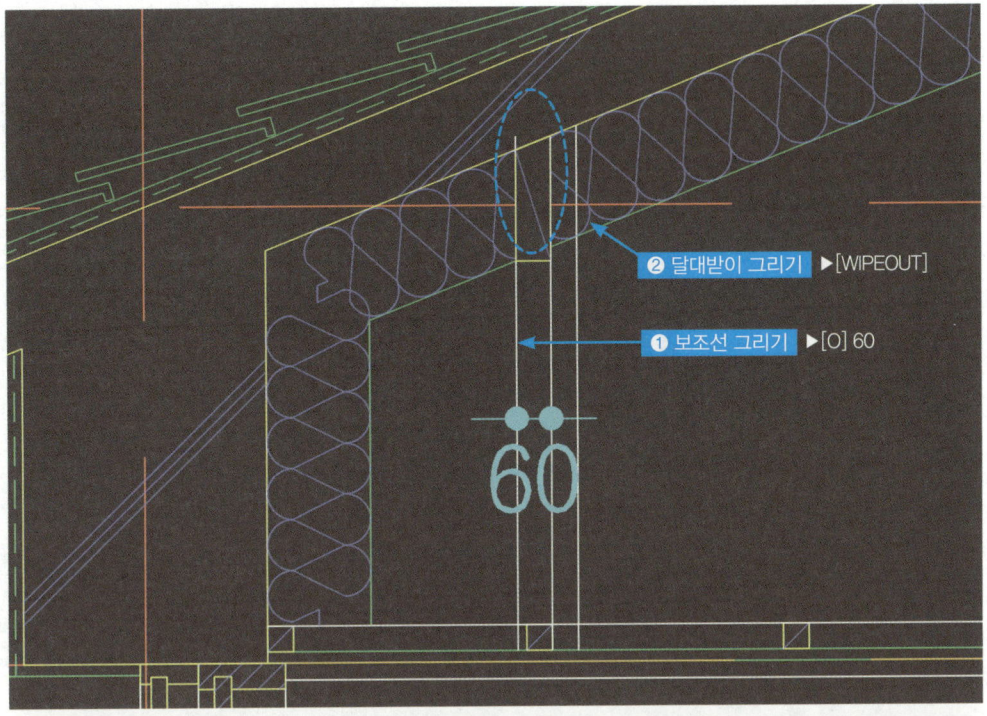

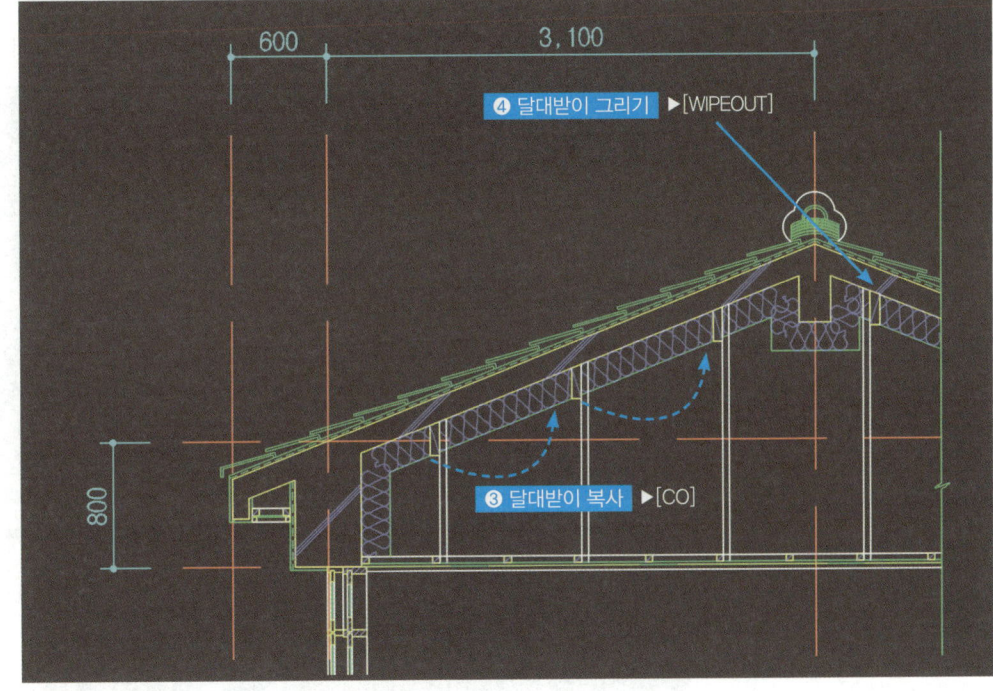

❹ 문자표기

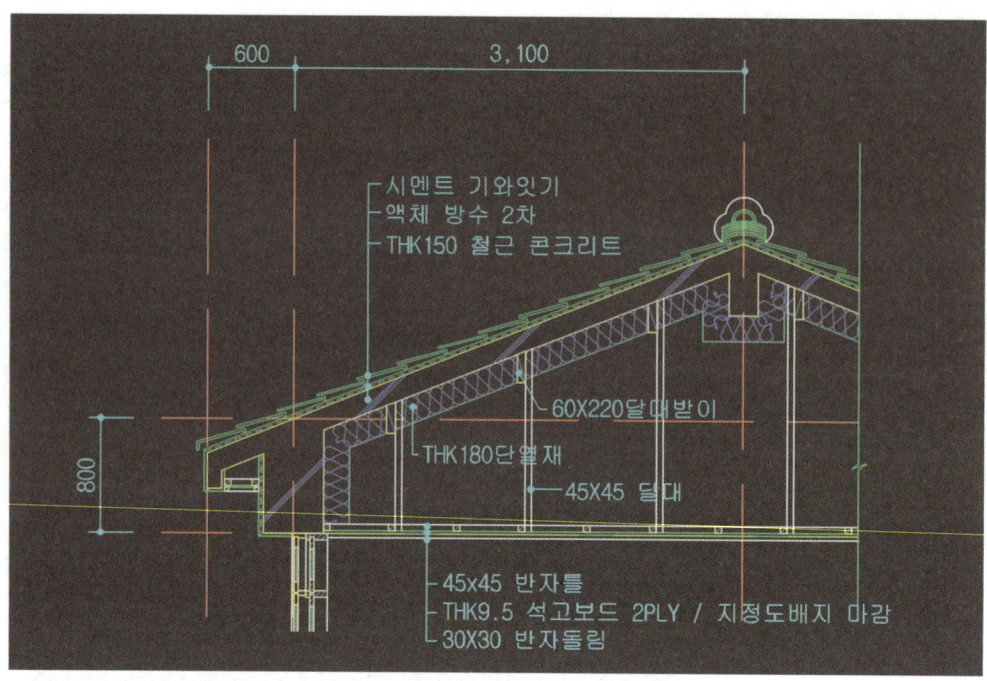

3. 커튼박스 그리기

평면도와 시험 요구조건에서 커튼박스 제도 여부를 확인한 후 그린다.

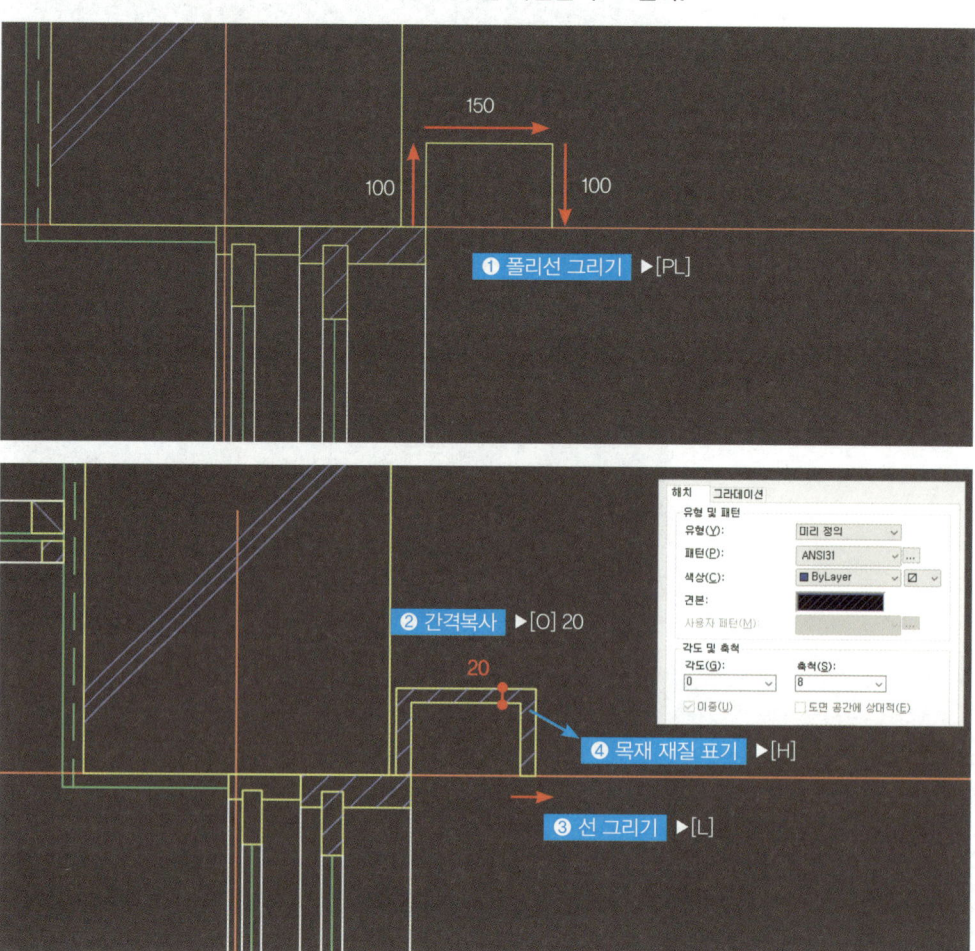

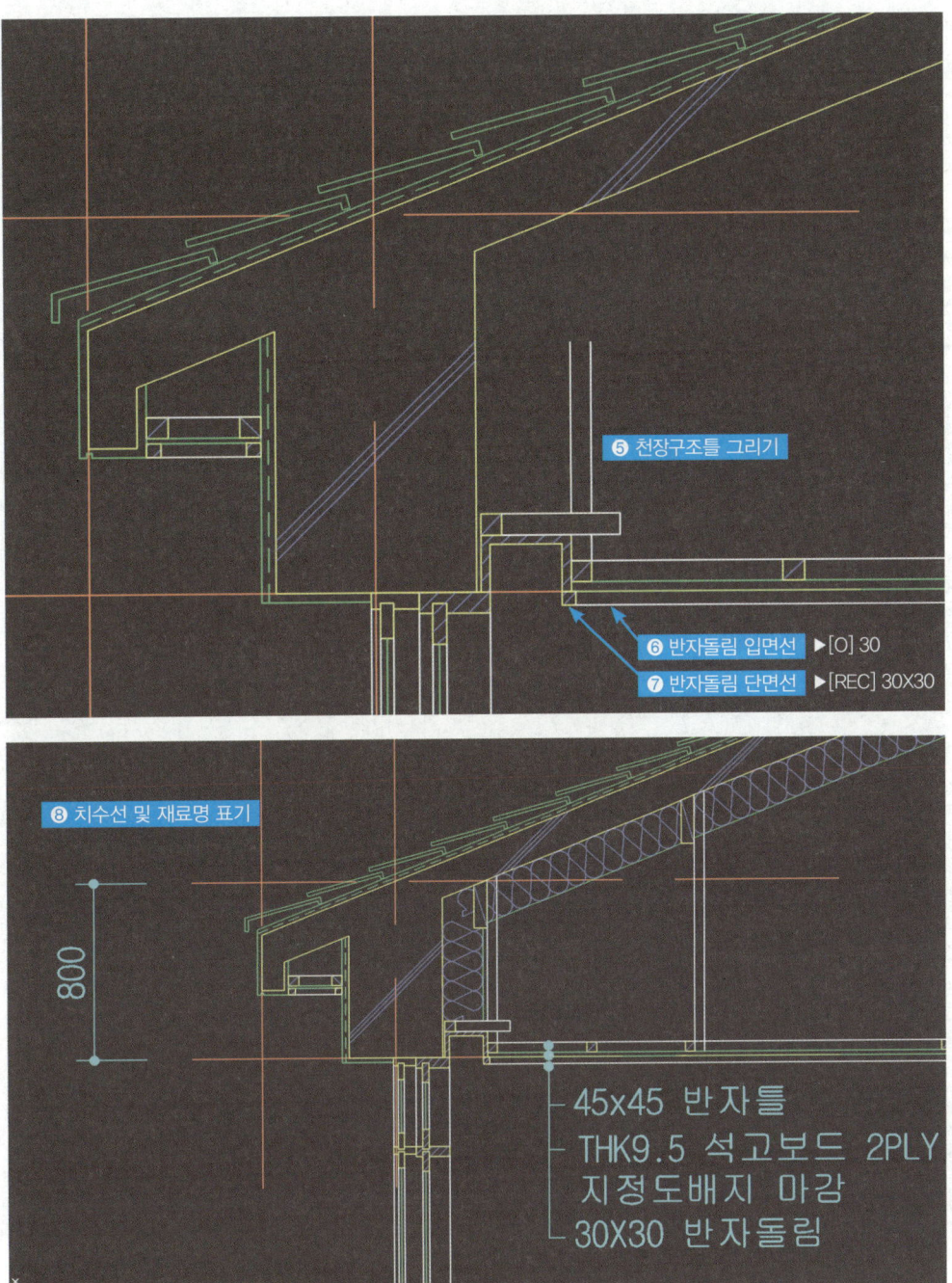

PART

06

입면도 그리기

학습 GUIDE

본 파트에서는 입면도 그리기의 핵심원리를 이해하고, 테라스, 화단, 지붕의 입면 제도과정을 학습합니다.

평면도를 보고 방위에 따른 입면을 연상하여 도면에 표현되어야 하는 구조적인 요소들을 제도합니다.

입면도에서 가장 실수가 많은 지붕처마의 기준을 잡는 것에 유의하여 지붕구조를 그리는 연습을 합니다.

입면도 그리기

1 입면도 그리기 핵심

시험에서는 동측 및 남측입면도가 출제되며 아래의 예시를 통해 입면구조를 이해하도록 한다.

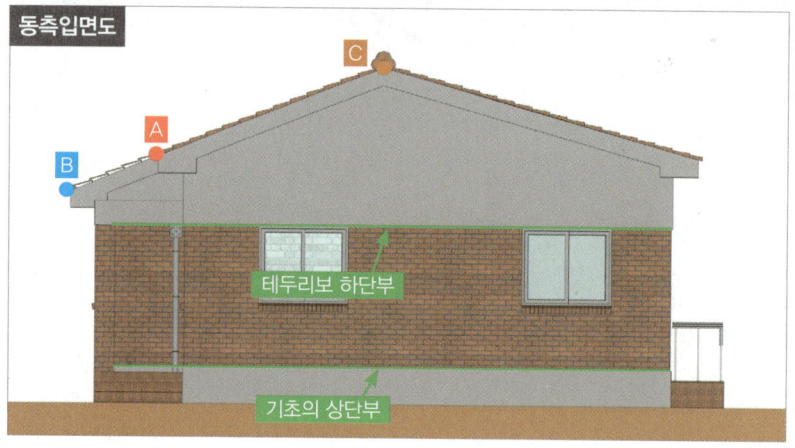

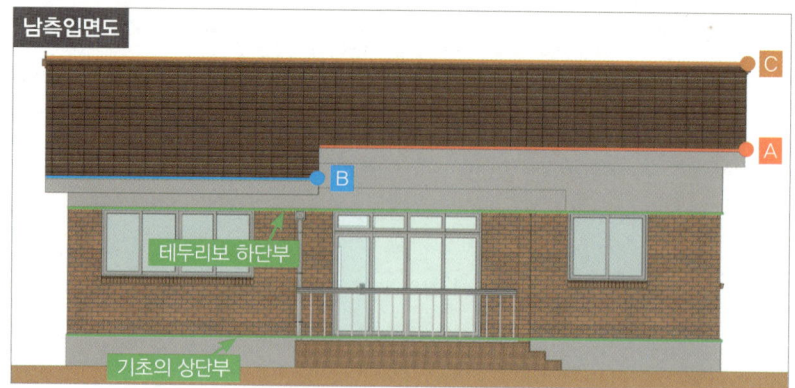

입면도에서는 지붕그리기가 핵심이며 측면에서 바라보았을 때 처마가 꺽이는 지점(점 A와 점 B)을 이해하는 것이 중요하다. 지붕을 그린 이후에는 벽체입면, 테두리보 하단부, 기초의 상단부의 구조체를 완성하고 굴뚝, 처마반자, 테라스, 캐노피, 창호, 난간 등의 부가 요소들을 표현한다.

2 측면입면도 구조 그리기

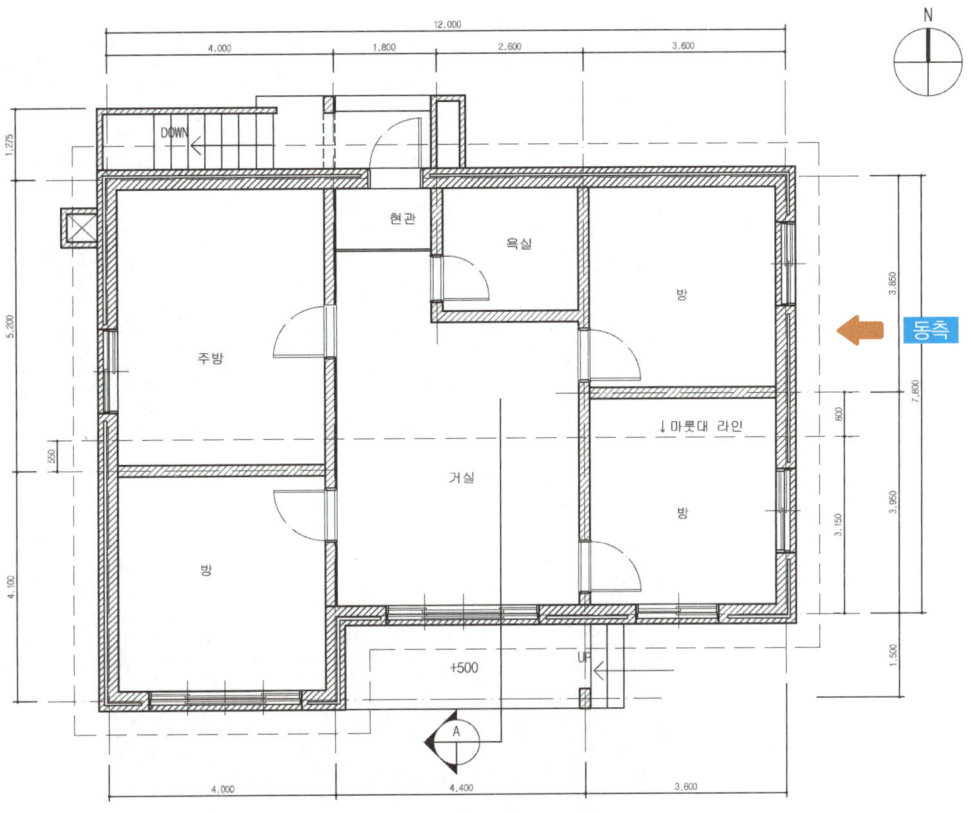

위 평면도에 따른 동측입면도의 지붕구조를 그린다.

1 지붕구조 그리기

❶ 중심선 세팅

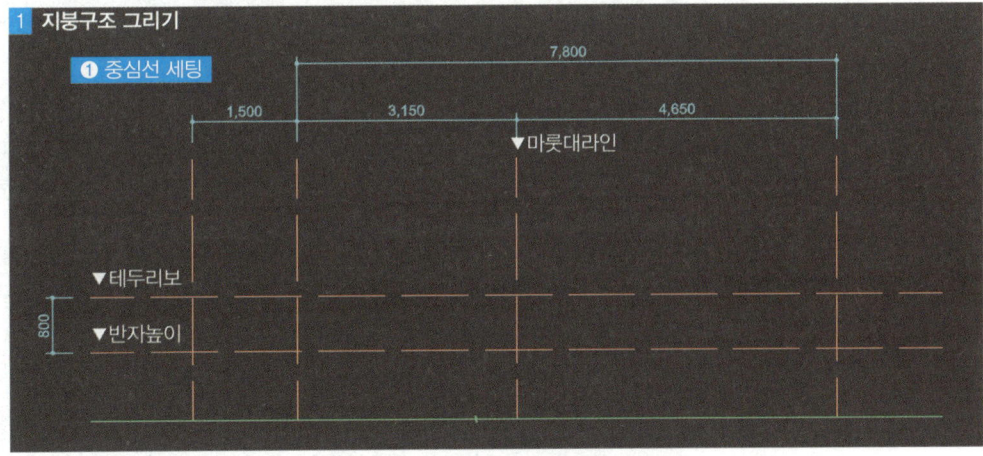

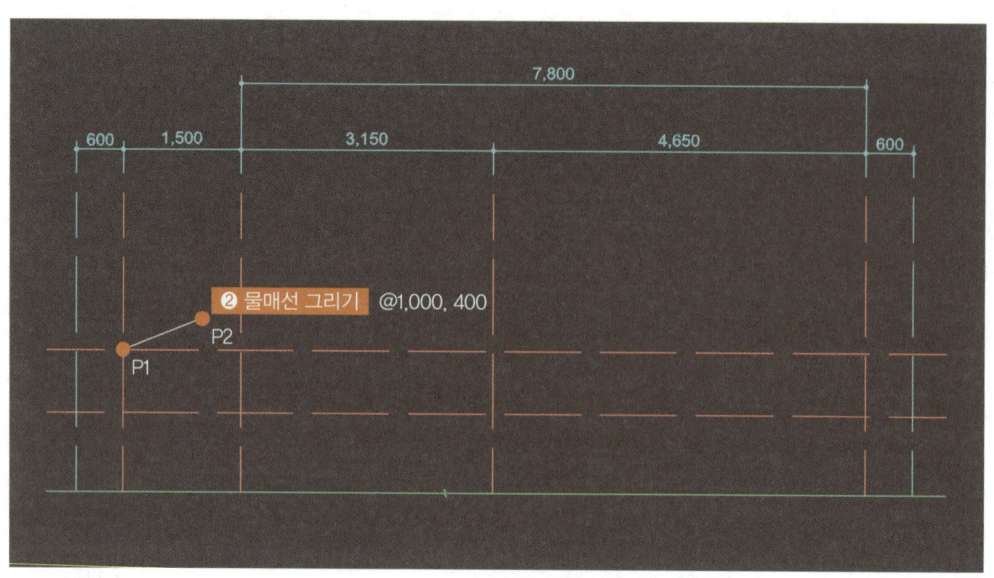

물매는 시험 요구조건에서 확인하여 그린다. (본 예제에서는 4/10으로 가정)

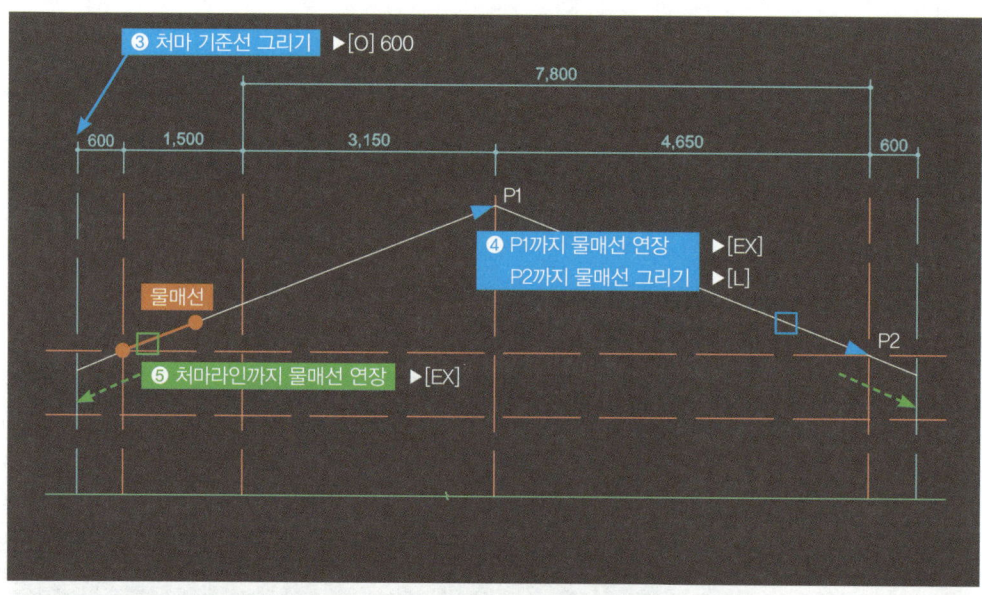

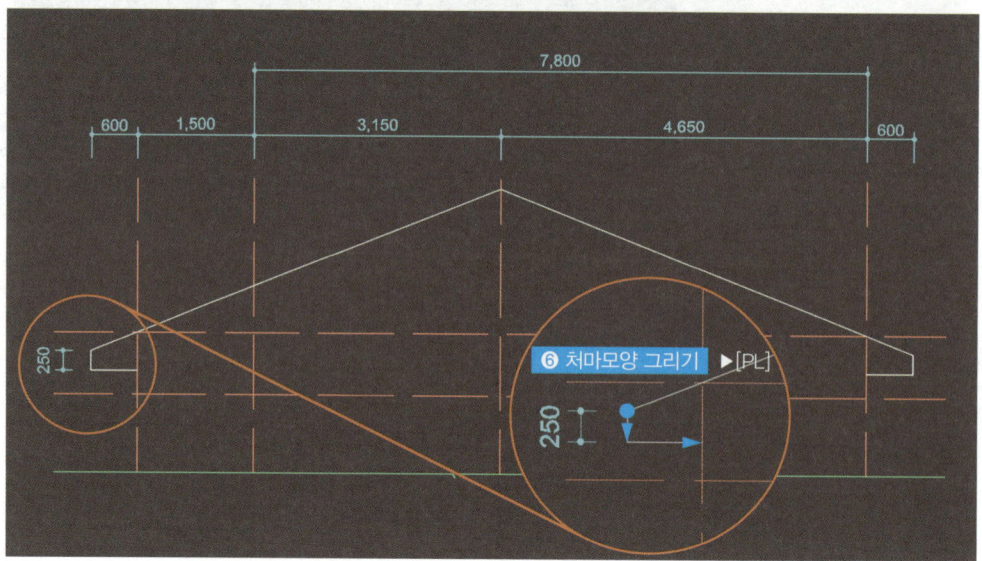

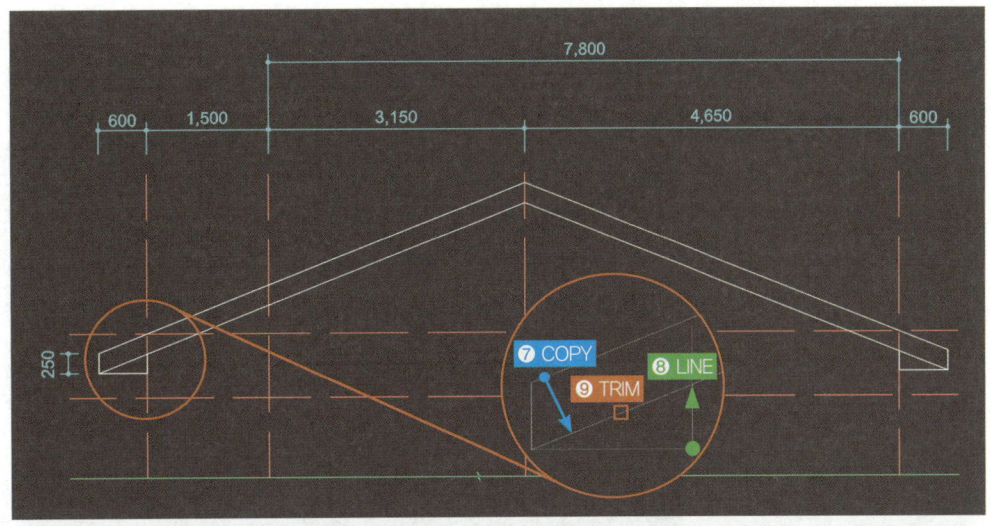

2 추가로 보이는 박공처마를 표기

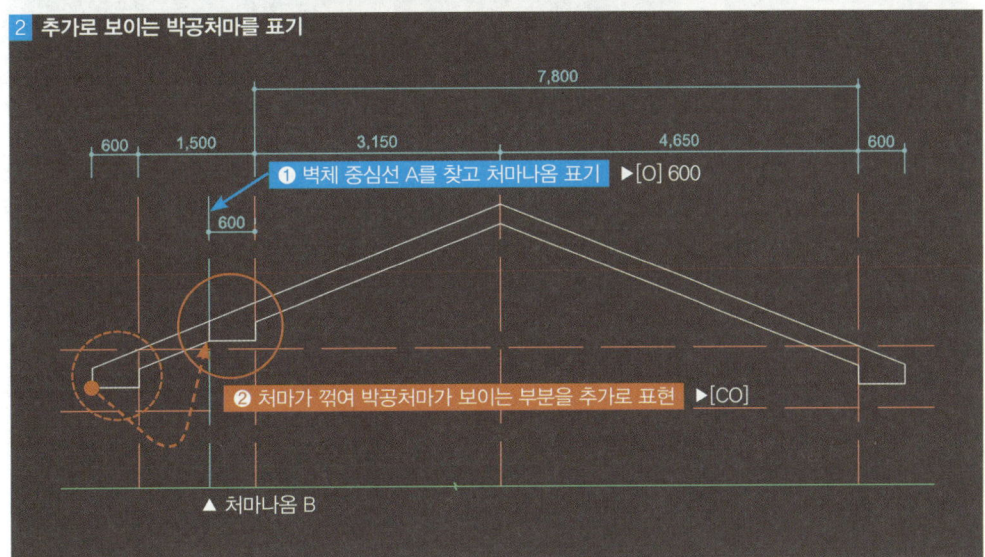

▲ 처마나옴 B

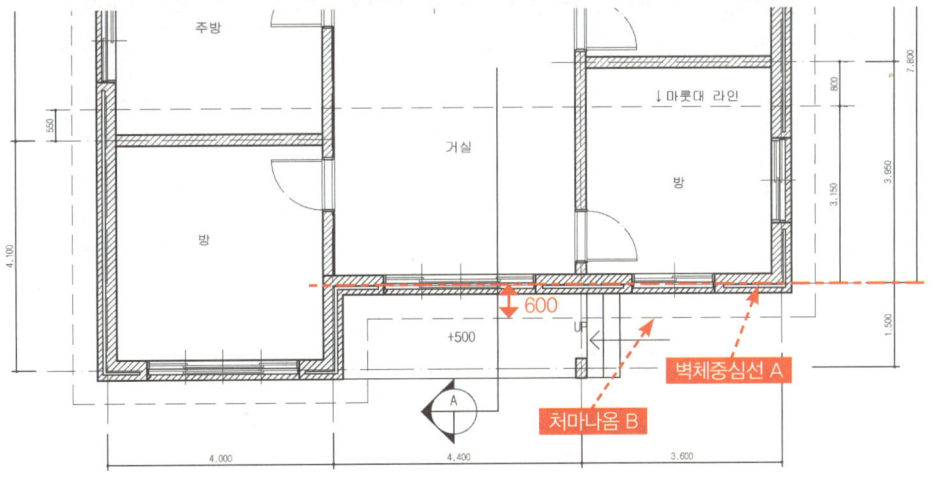

PART 06 입면도 그리기 · **239**

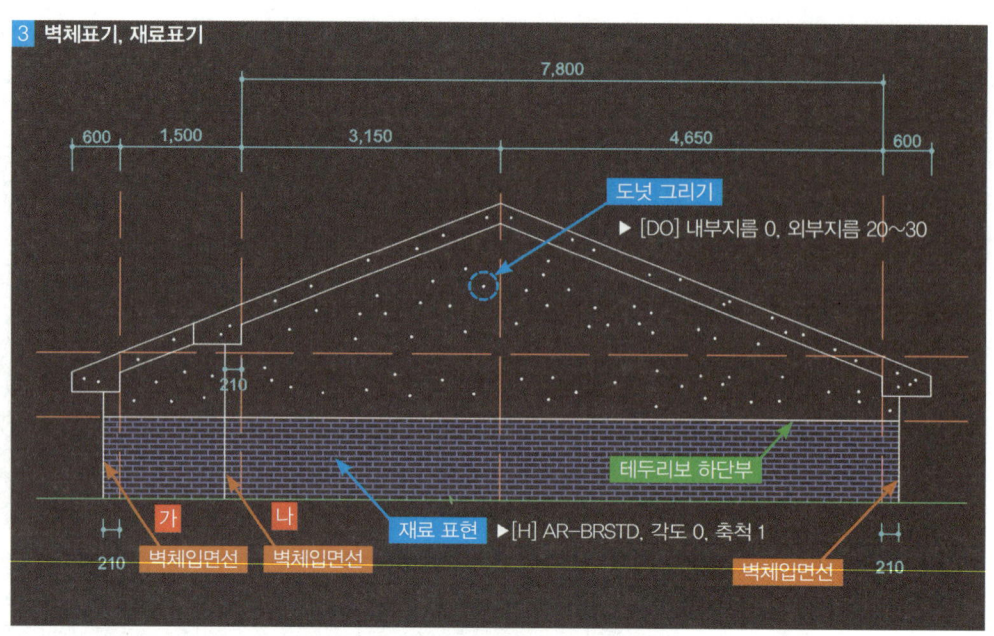

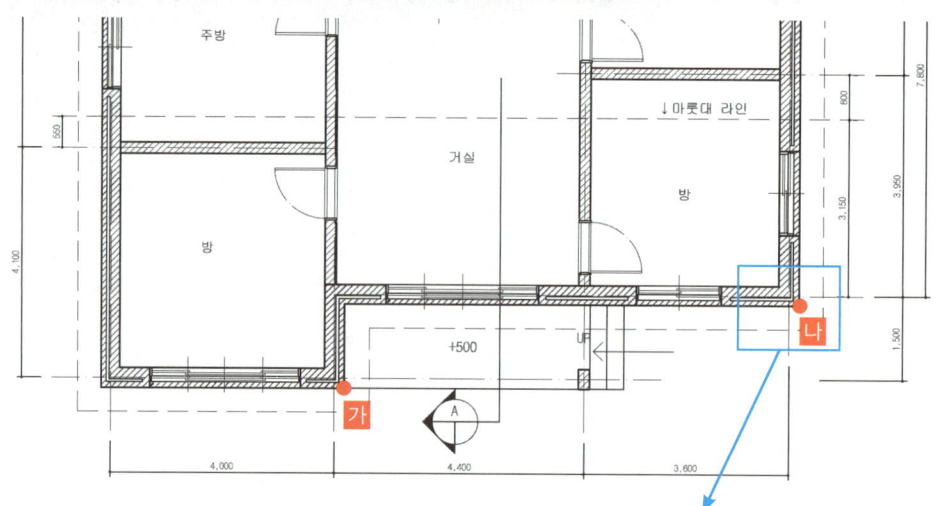

TIP!

벽체중심선의 위치
벽체중심선이 내측내력벽 중심에 표기되어 있는 평면도가 종종 있으므로 주의하여 제도한다.

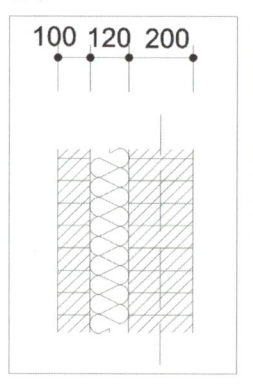

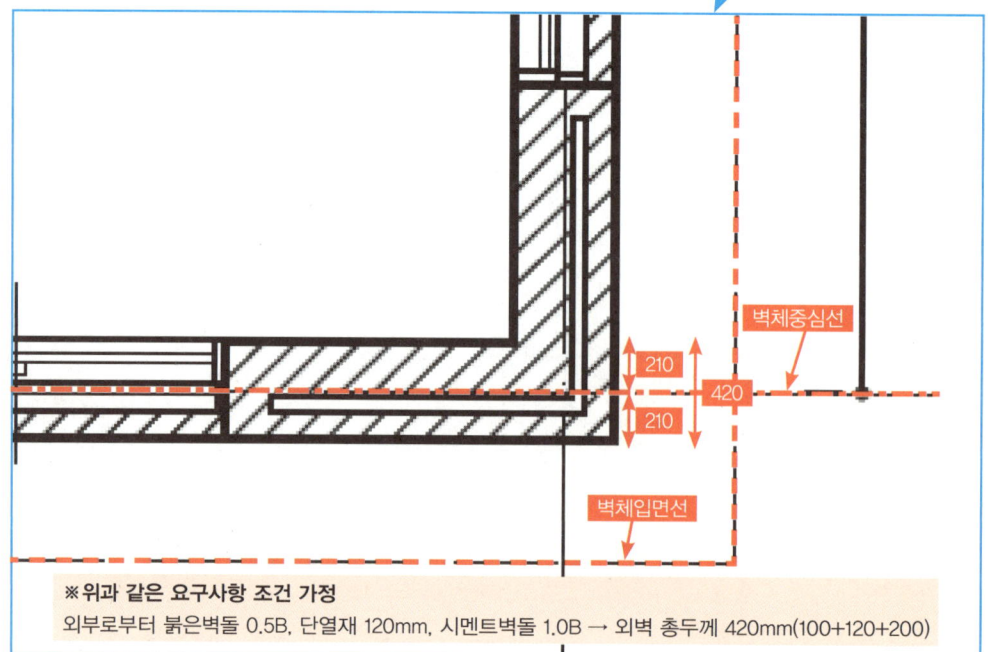

3 측면입면도 기와 그리기

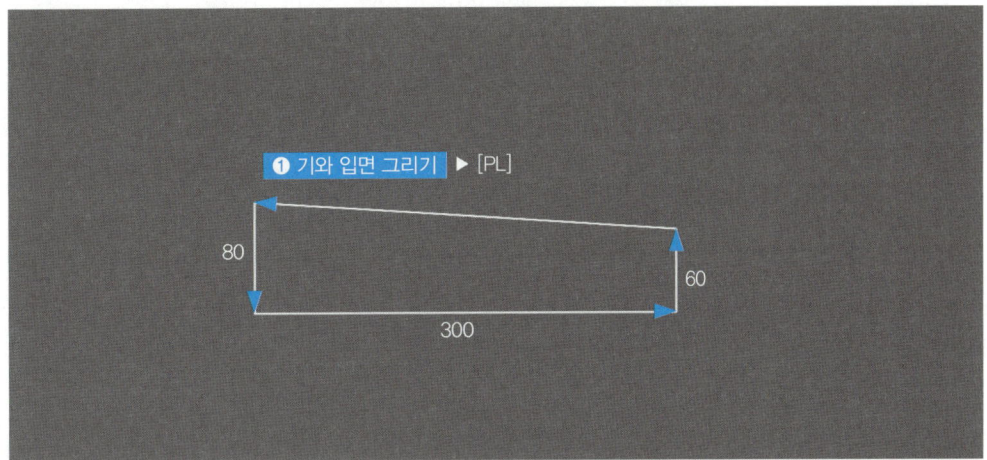

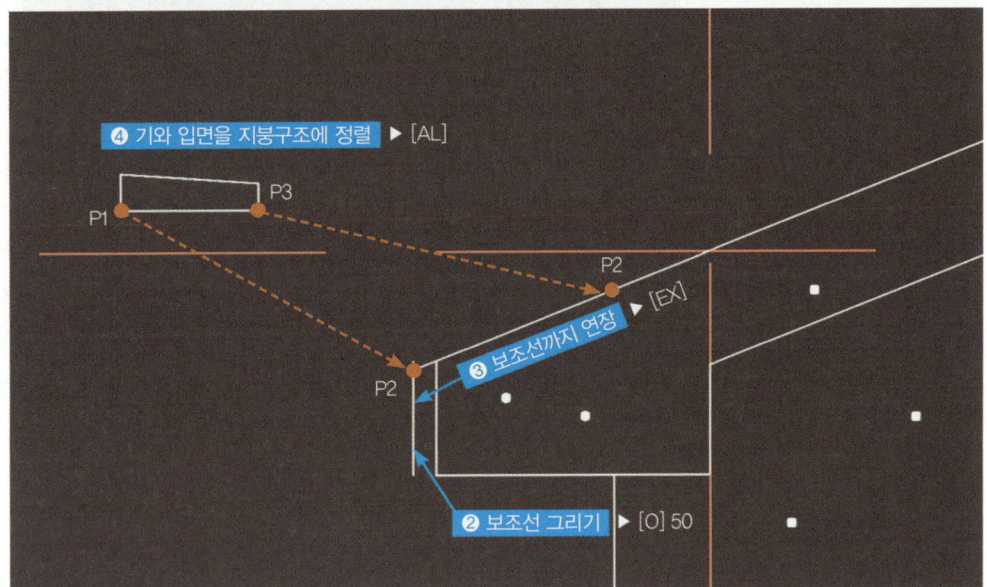

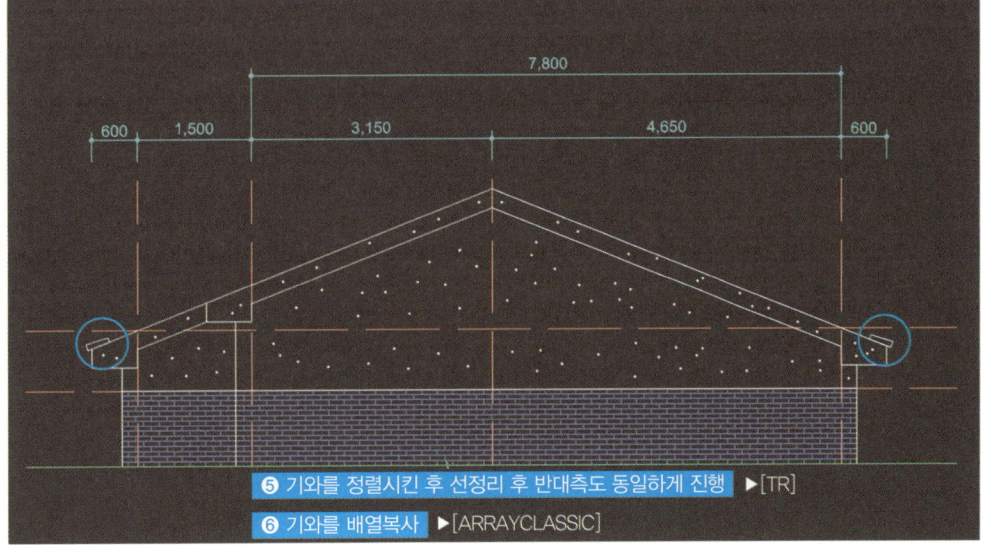

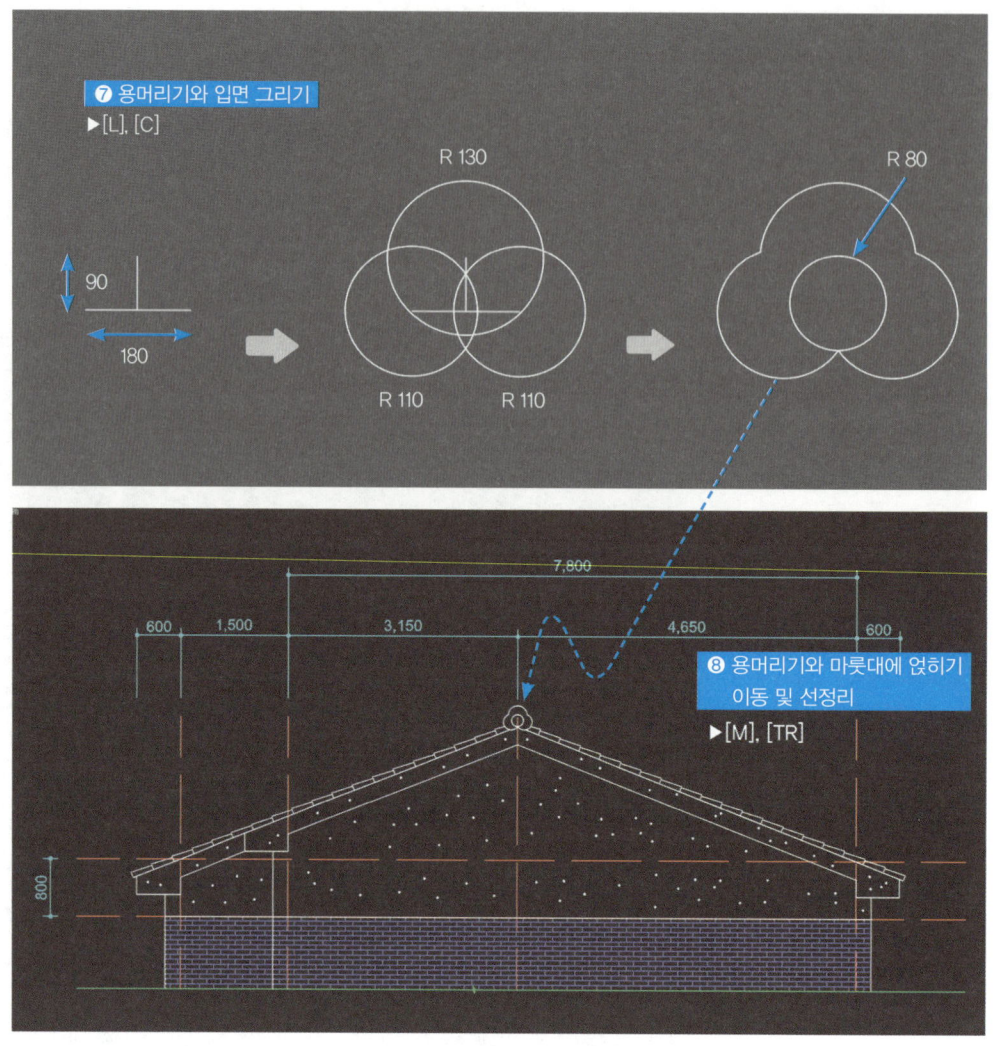

4 측면입면도 굴뚝 그리기

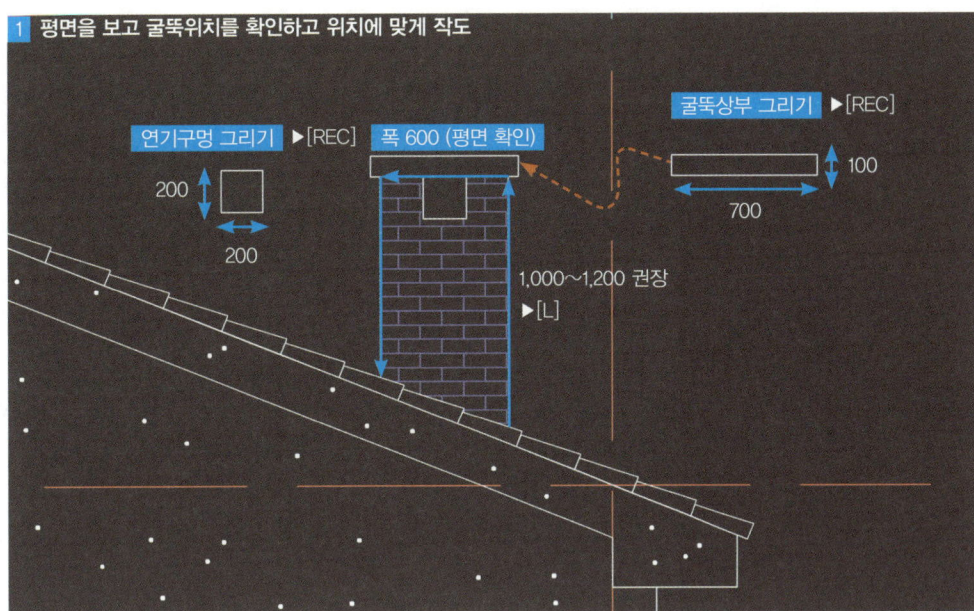

TIP!

굴뚝높이
굴뚝높이는 지붕면으로부터 900mm 이상이다. [건축법 시행령]

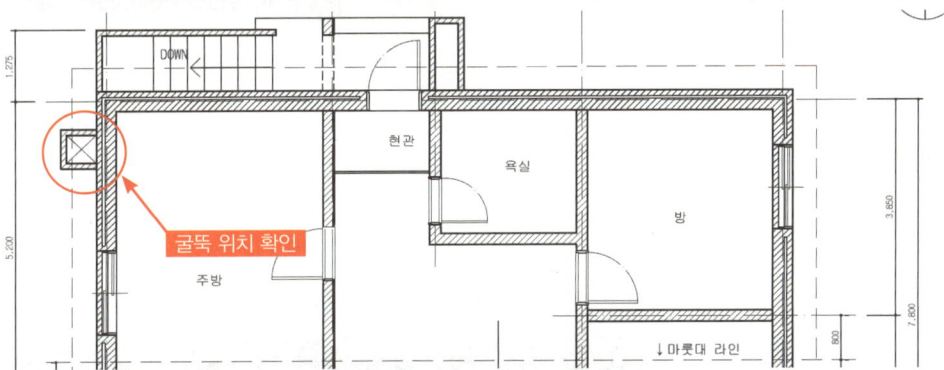

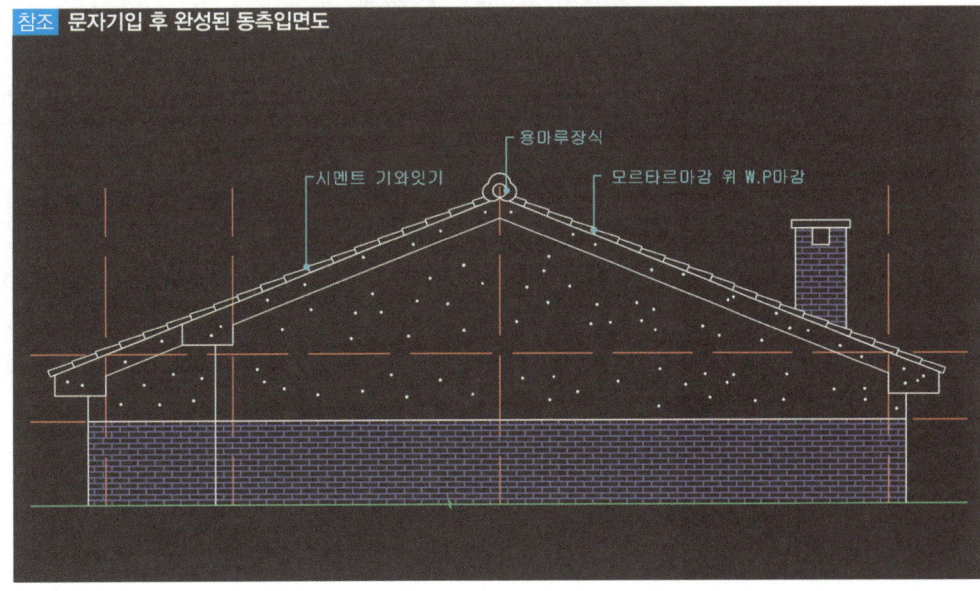

5 정면입면도 지붕구조 그리기

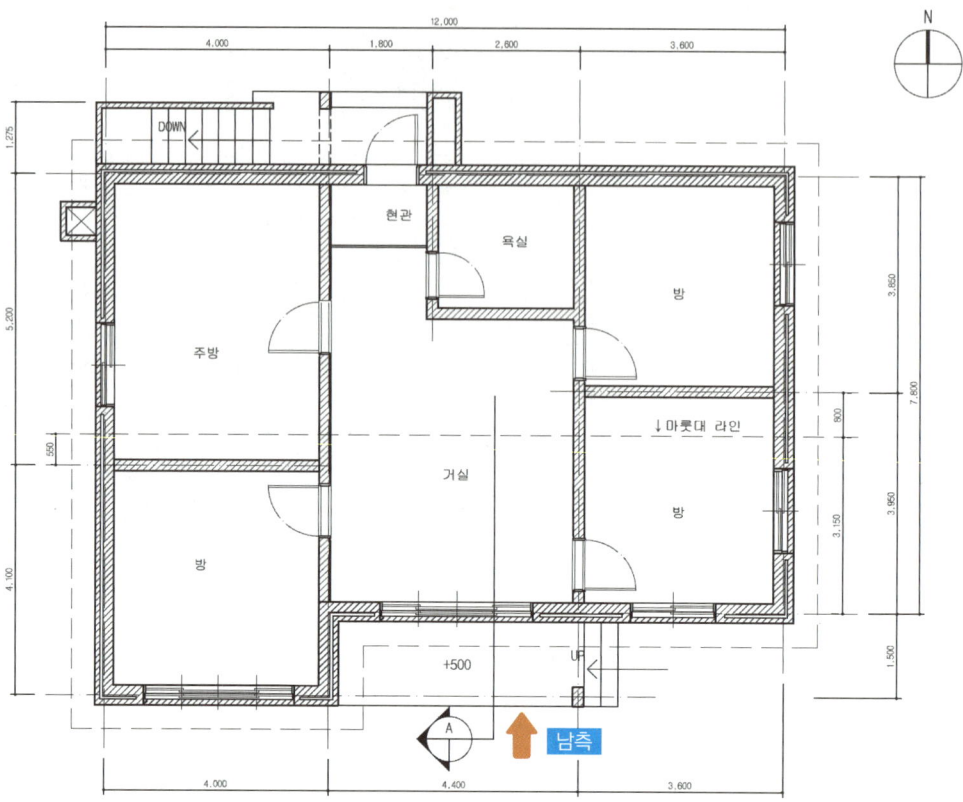

위 평면도에 따른 남측입면도의 지붕구조를 그린다.

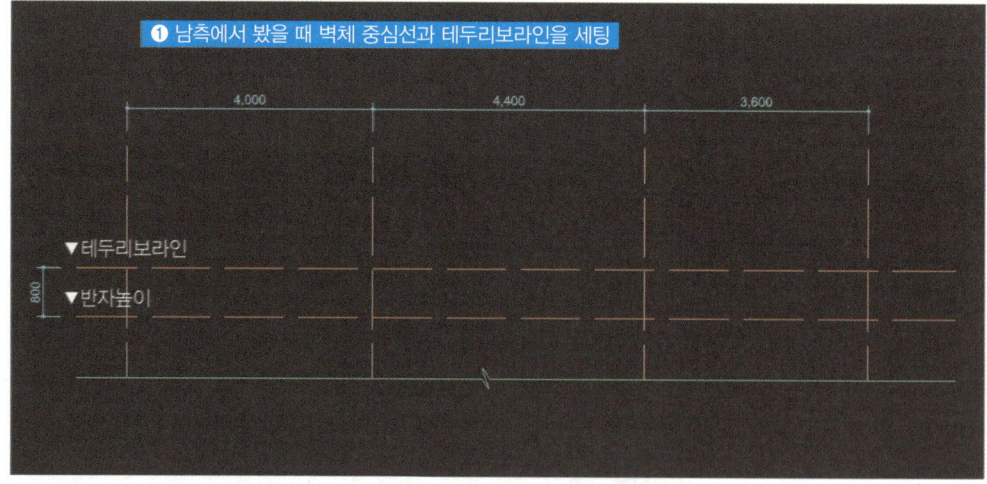

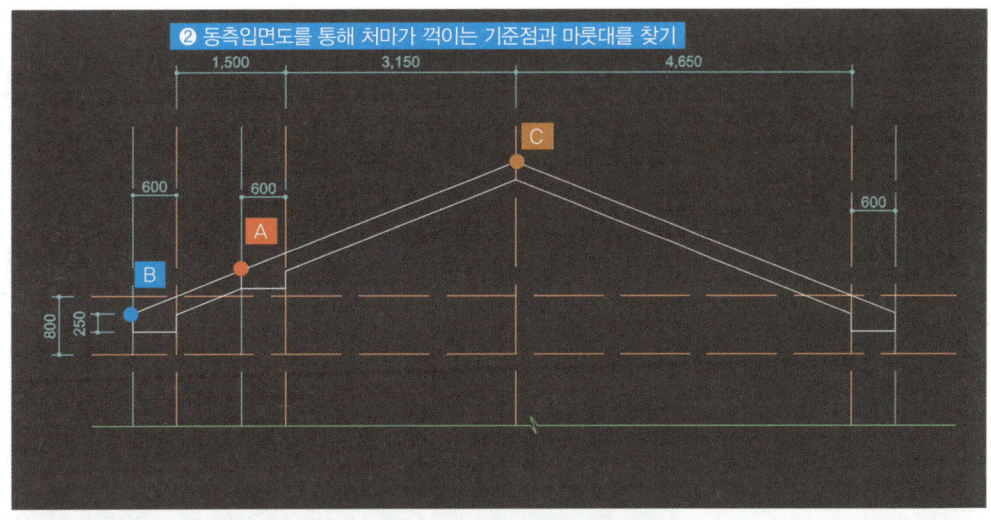

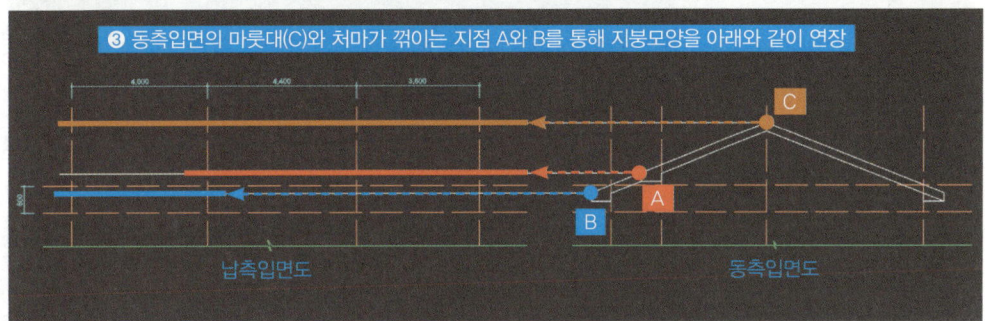

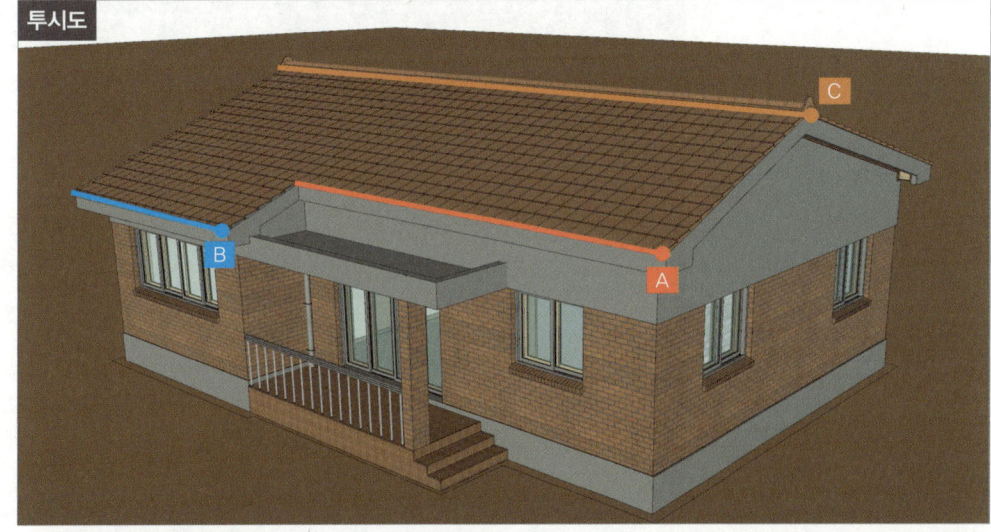

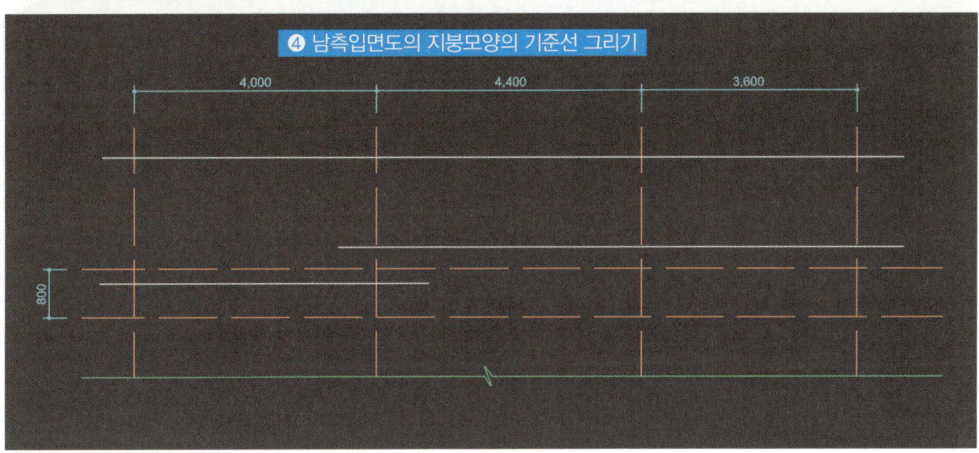

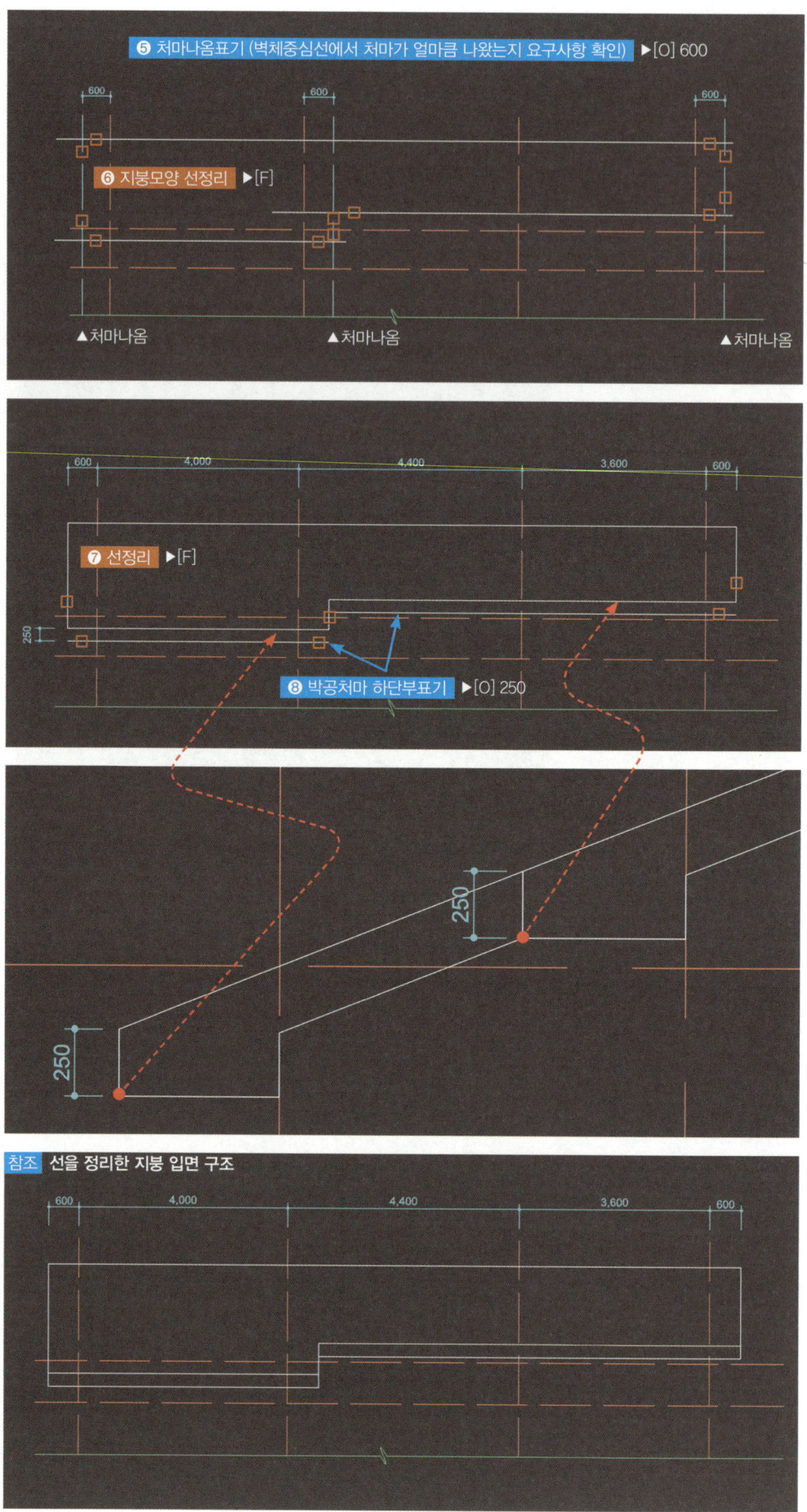

1 벽체표기, 재료표기

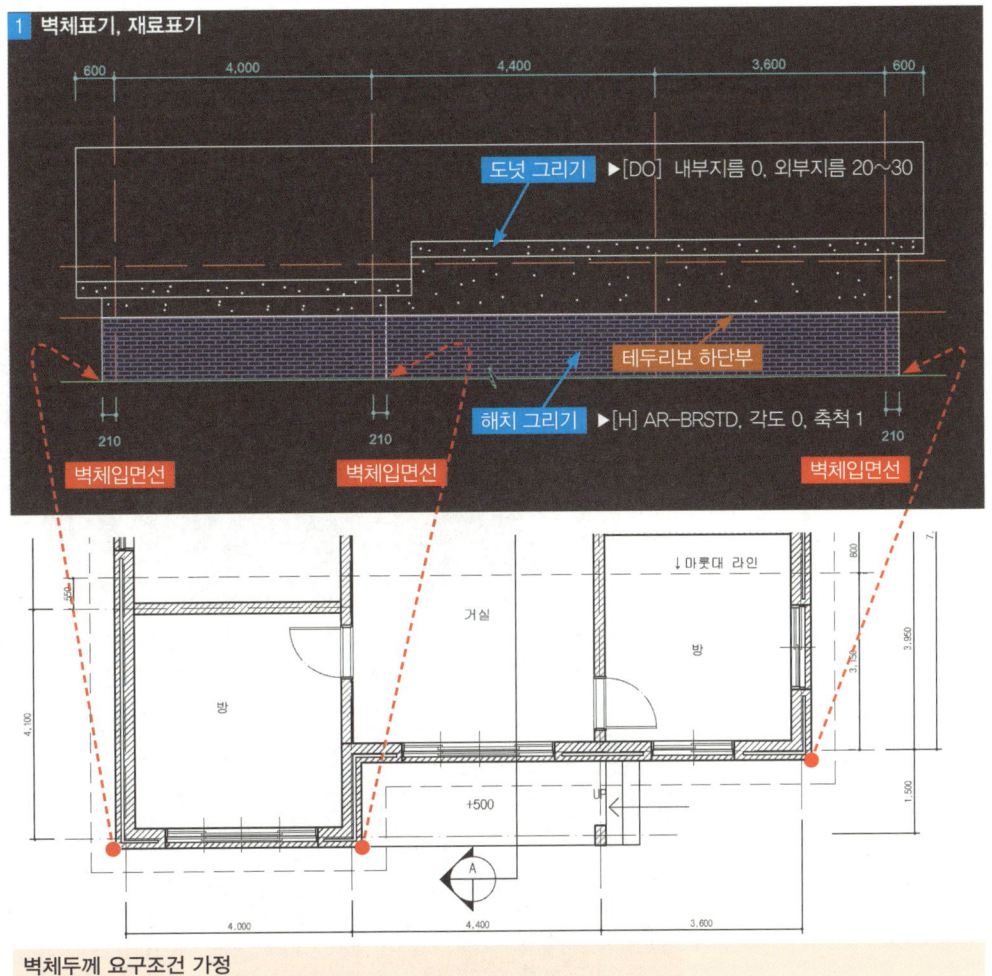

벽체두께 요구조건 가정
외부로부터 붉은벽돌 0.5B 단열재 120mm, 시멘트벽돌 1.0B → 총 벽체 두께 420mm

6 정면입면도 기와 그리기

아래 그림에 따른 입면기와의 상세구조를 이해하여 제도한다.

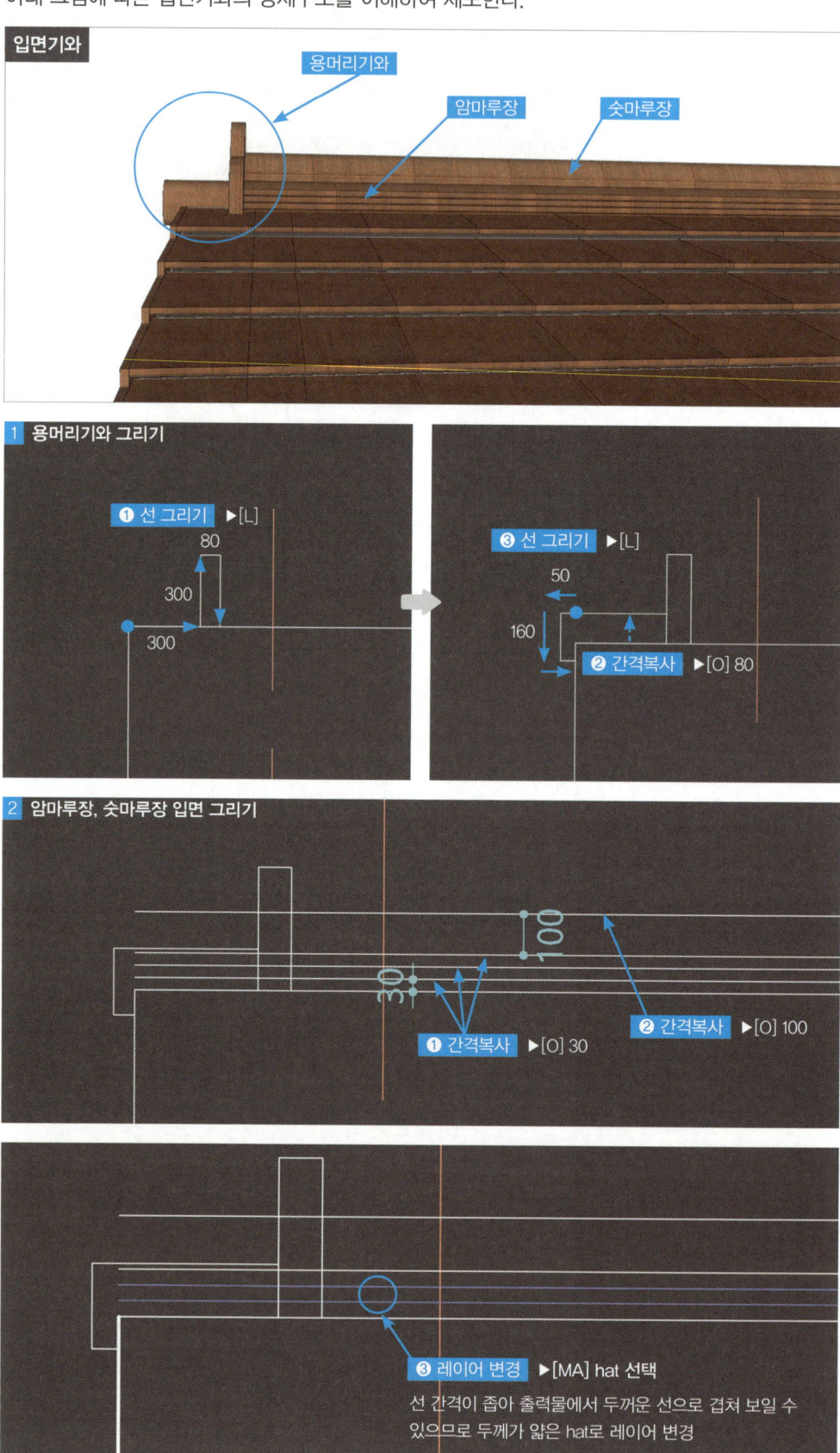

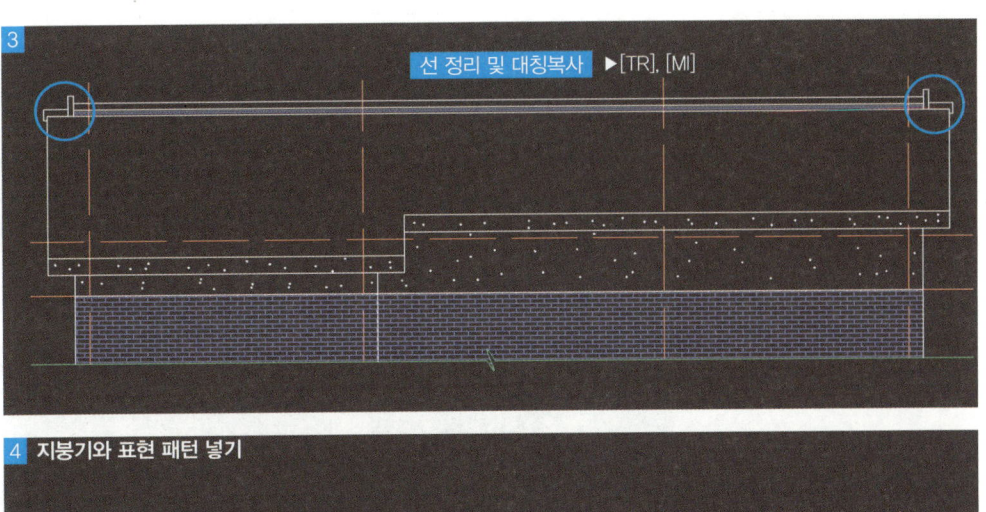

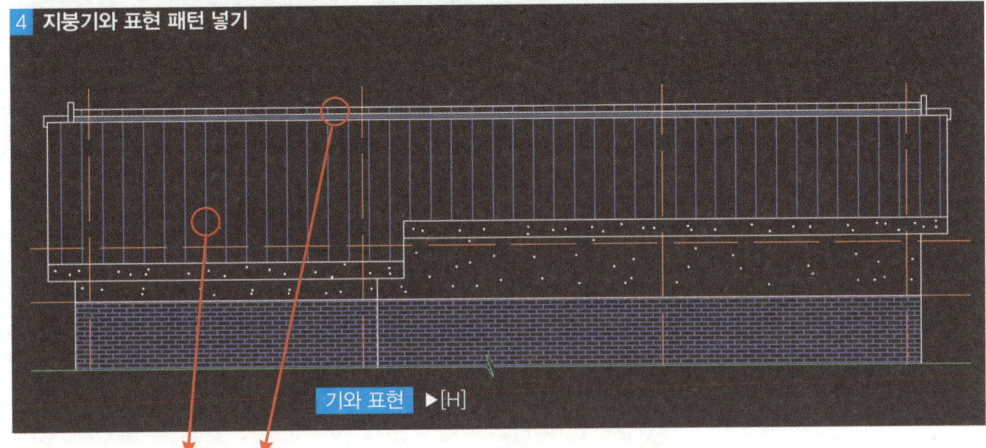

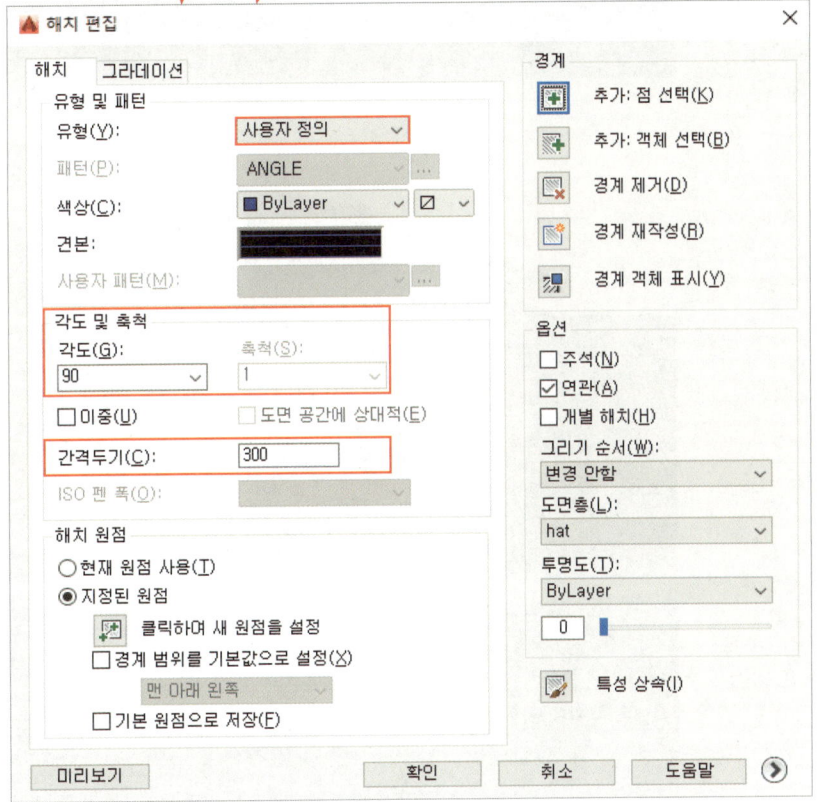

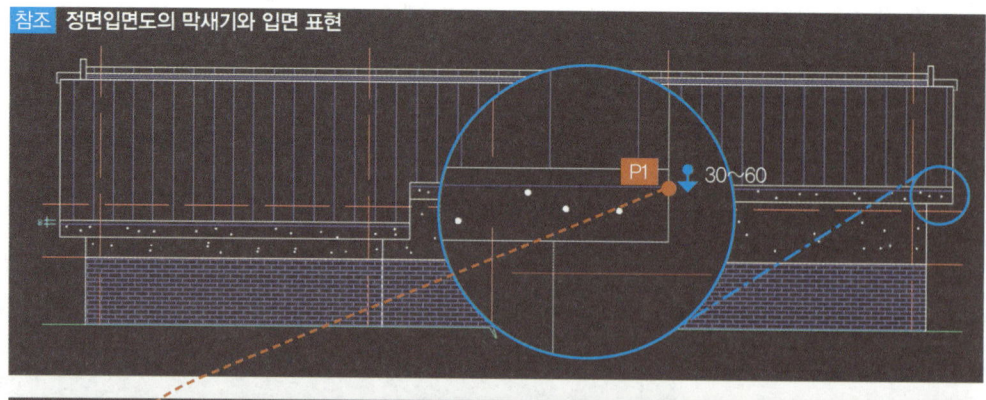

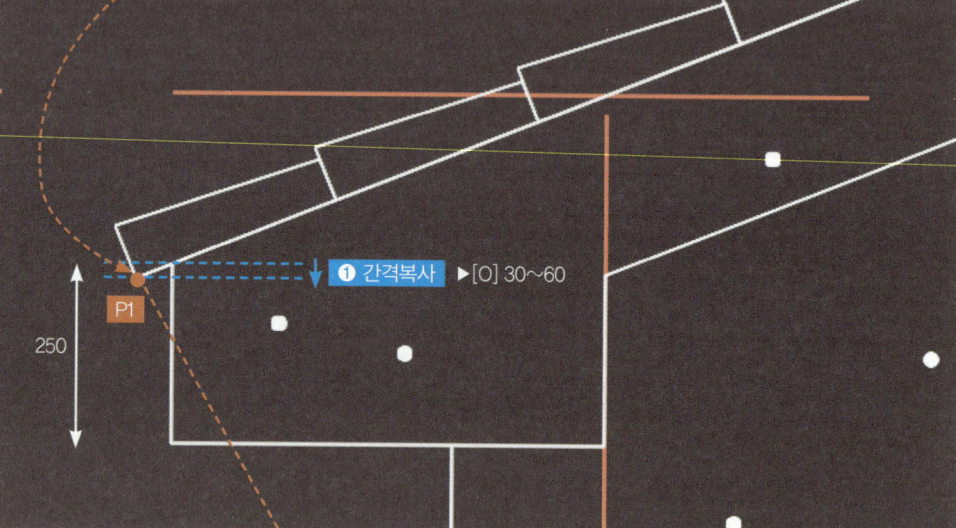

TIP!

지붕기와 하단부 제도 유의사항
캐드화면 상에서 20mm로 제도할 경우, 축척 1/50의 출력물에서는 선이 두껍게 출력되어 중첩될 수 있으므로 약 30~60mm 정도로 간격을 조정하여 사용한다.

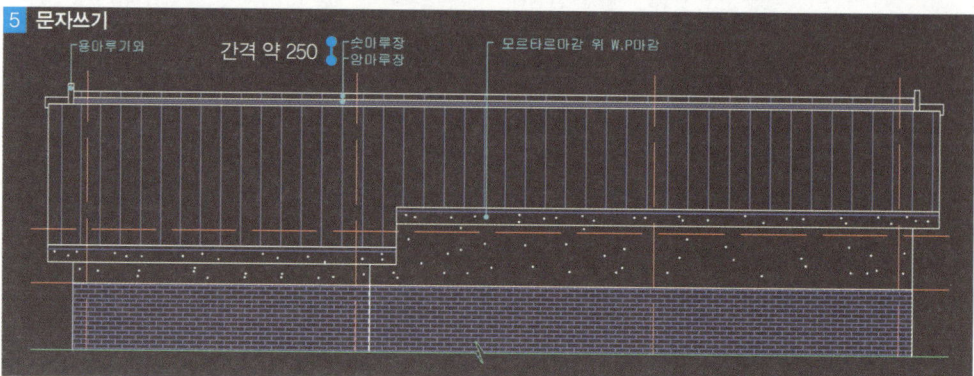

7 정면입면도 처마반자 그리기

처마의 정면입면도 완성 후 아래의 예시를 통해 뒷면의 처마반자 제도 여부를 확인하여 도면에 표현한다.

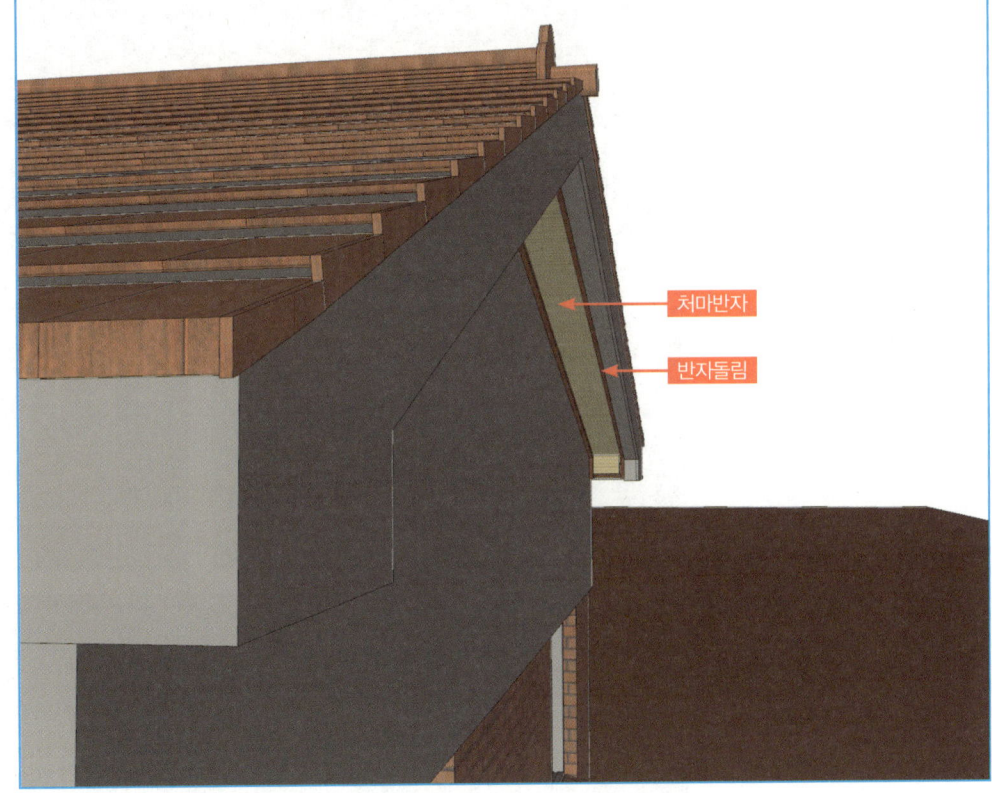

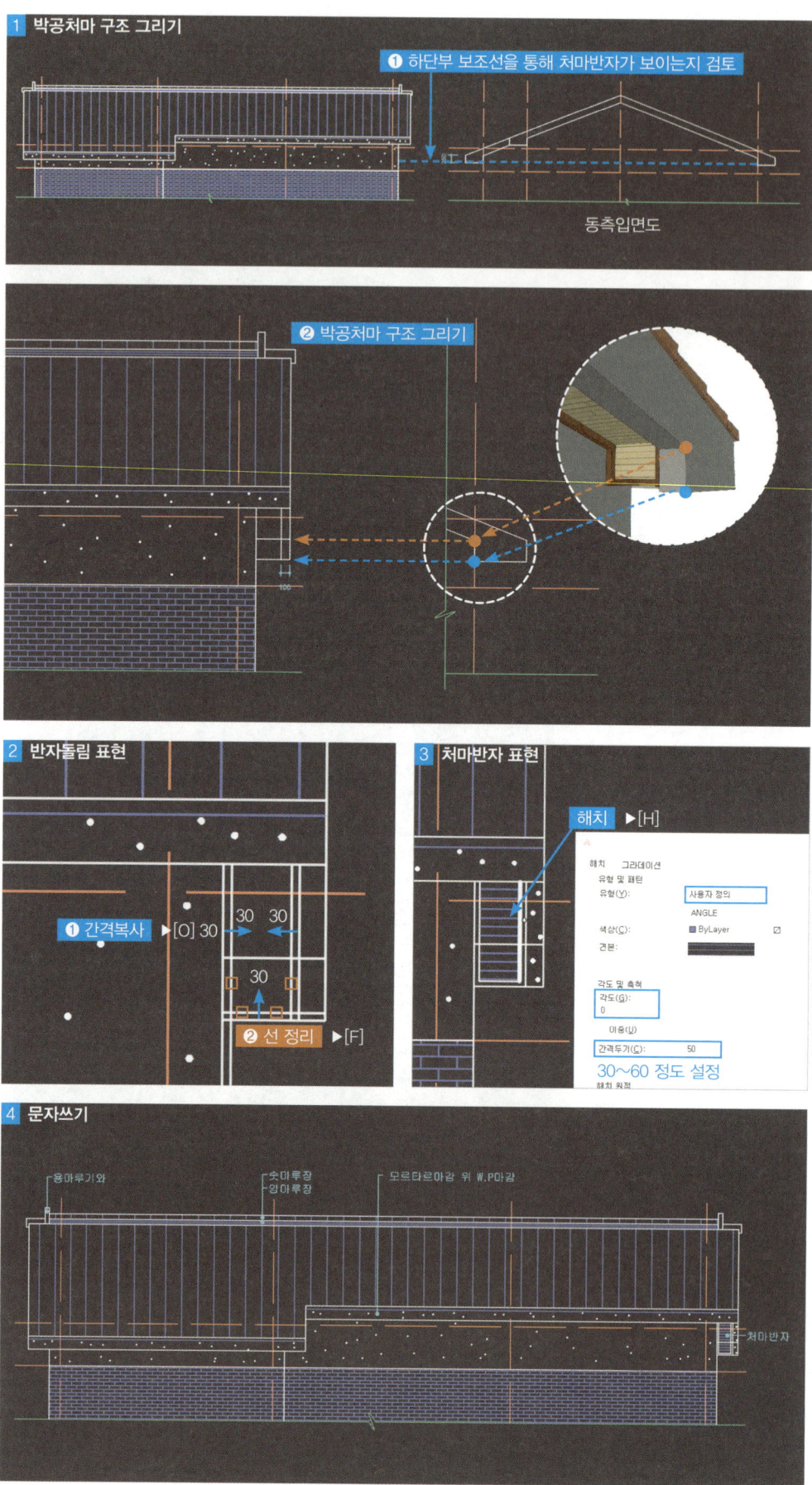

8 정면입면도 굴뚝 그리기

정면입면도를 작도한 후 굴뚝이 보이는지 반드시 체크하여 굴뚝 그리기를 누락하지 않도록 유의한다.
- 동측입면을 통해 굴뚝높이를 표기한 후 보조선을 그리고 정면에서 굴뚝이 보이는지 체크한다.
- 정면에서 보이는 경우 **4 측면입면도 굴뚝 그리기** 와 동일하게 그린다.

아래 예시는 남측에서 봤을 때 굴뚝이 보이지 않으므로 굴뚝 그리기를 생략한다.

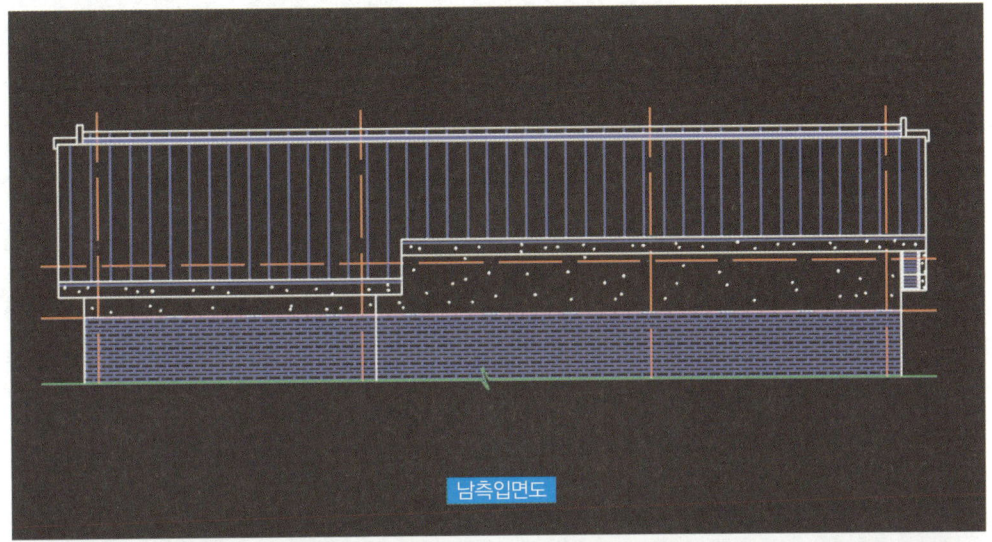

남측입면도

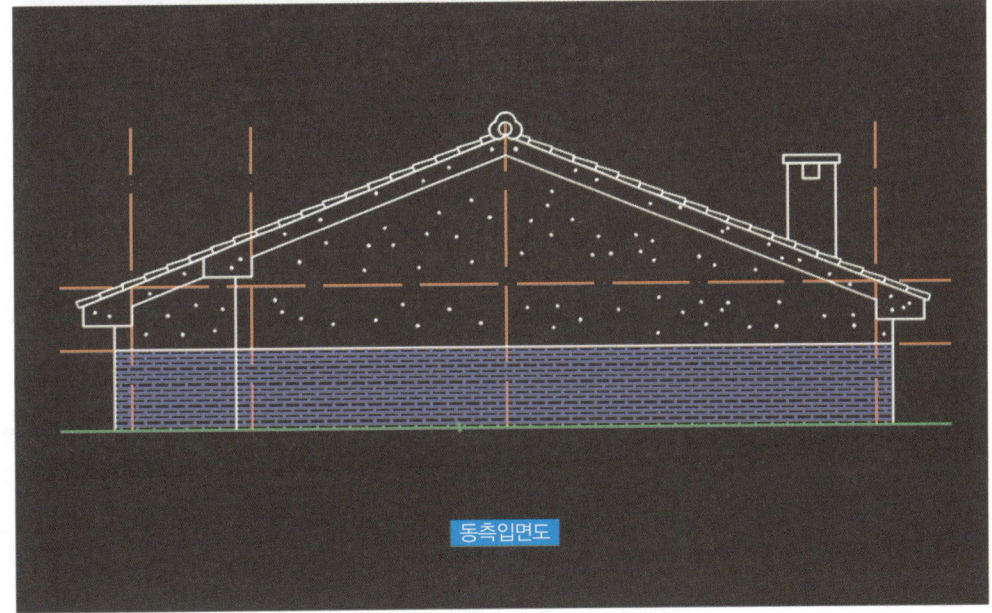

동측입면도

9 입면도 캐노피 그리기

캐노피(켄틸레버)를 표현해야 하는 경우 처마와 켄틸레버의 앞뒤 관계를 확인 후 입면도에 표현한다.

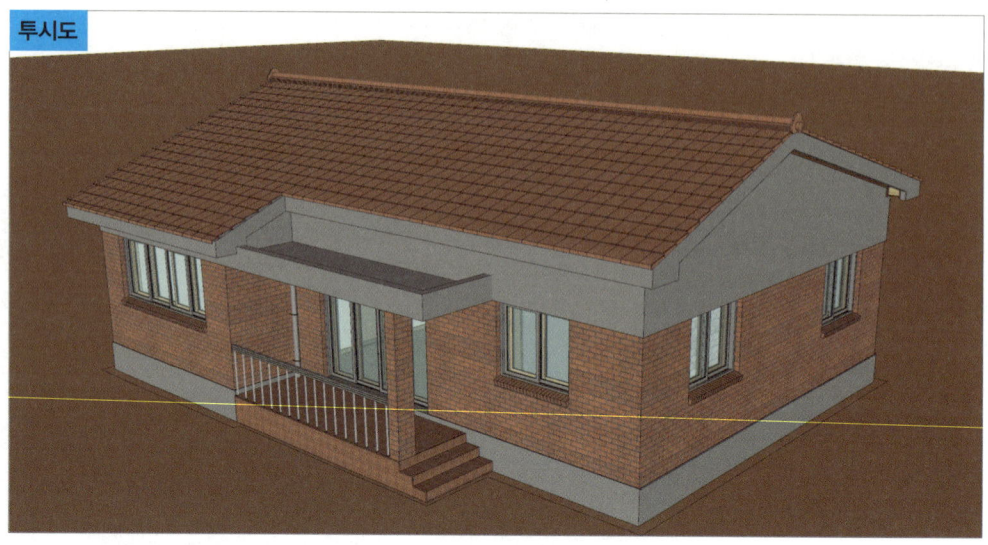

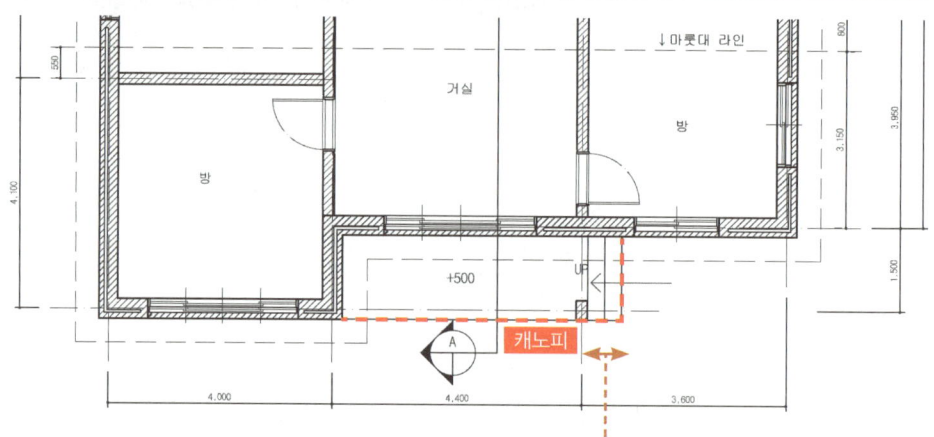

(1) 정면입면도 캐노피

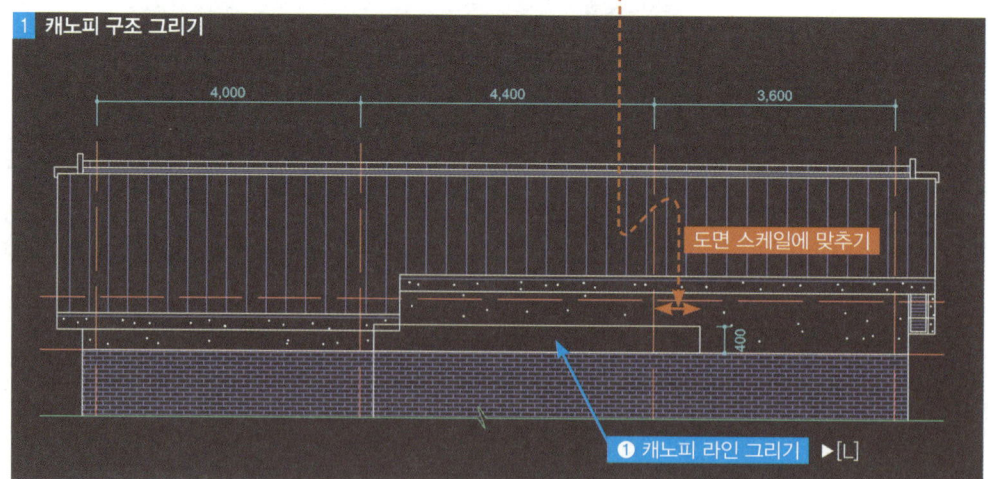

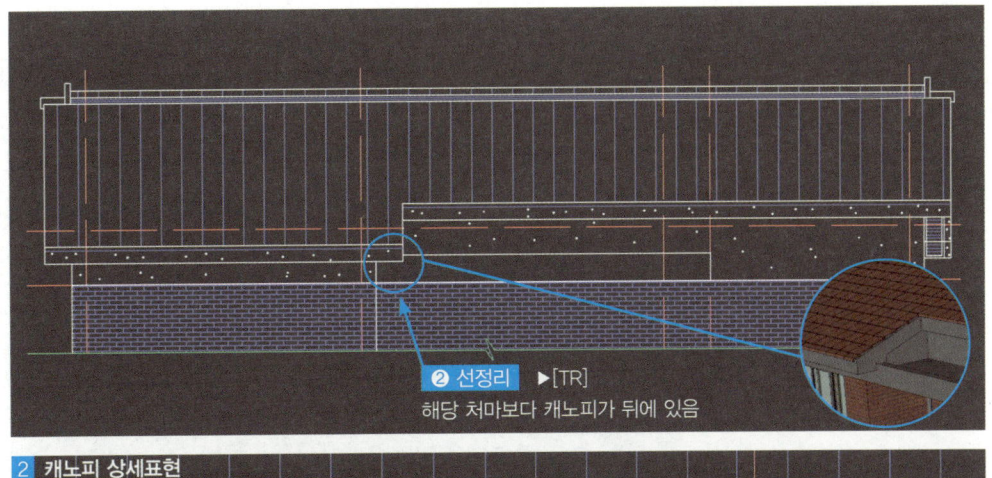

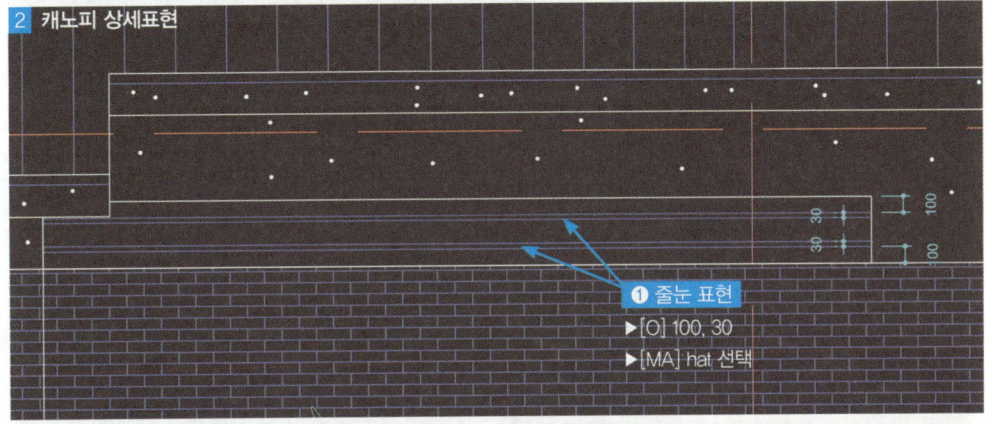

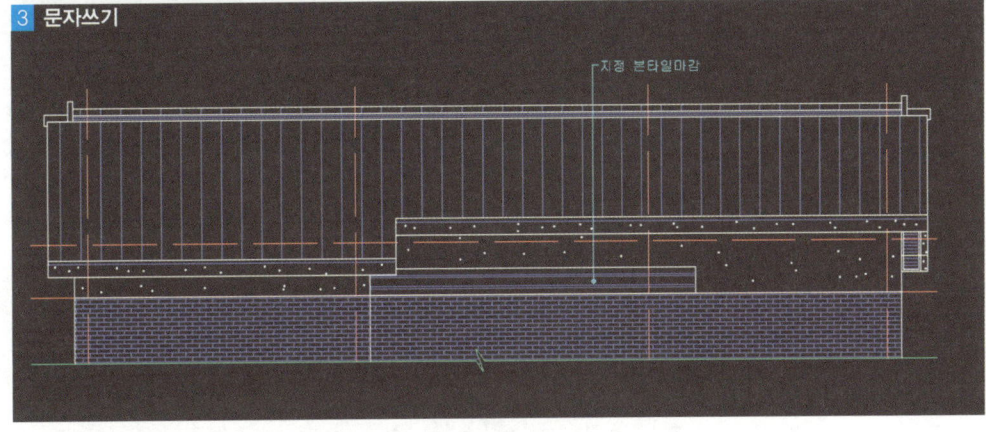

(2) 측면입면도의 캐노피

1 캐노피 구조 그리기

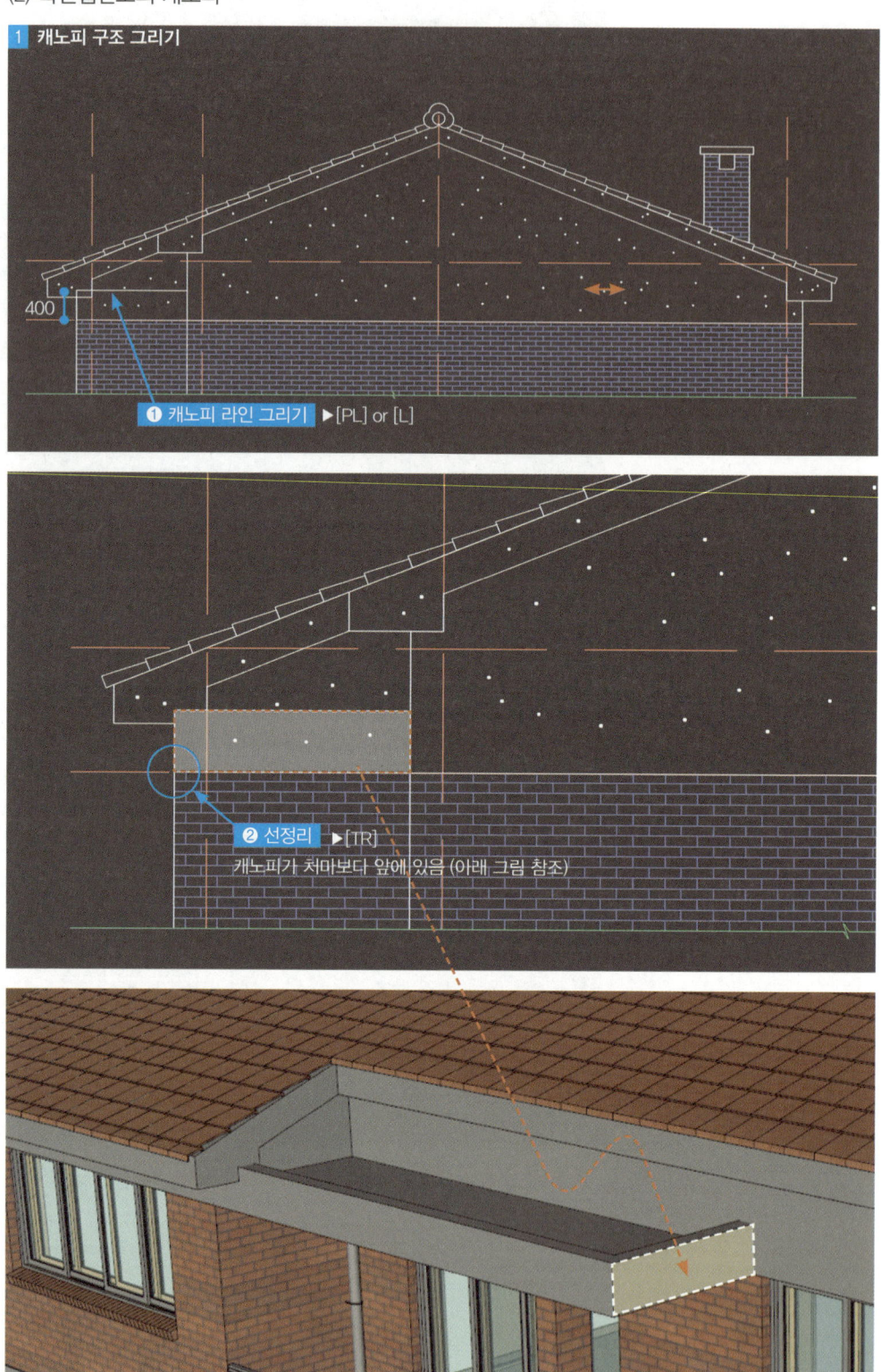

2 캐노피 상세표현

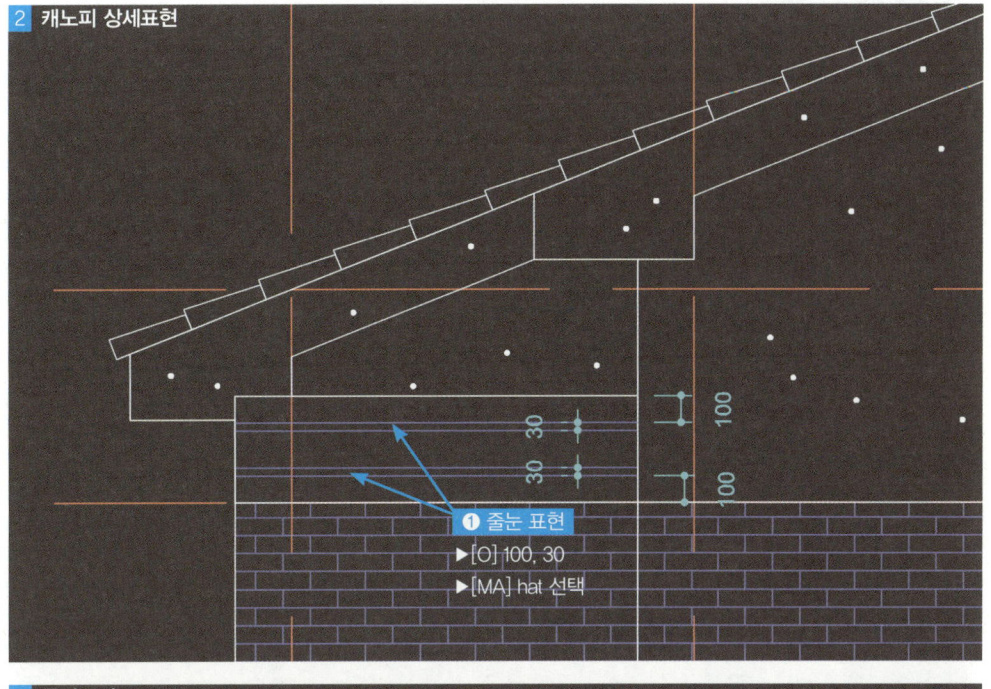

3 문자쓰기

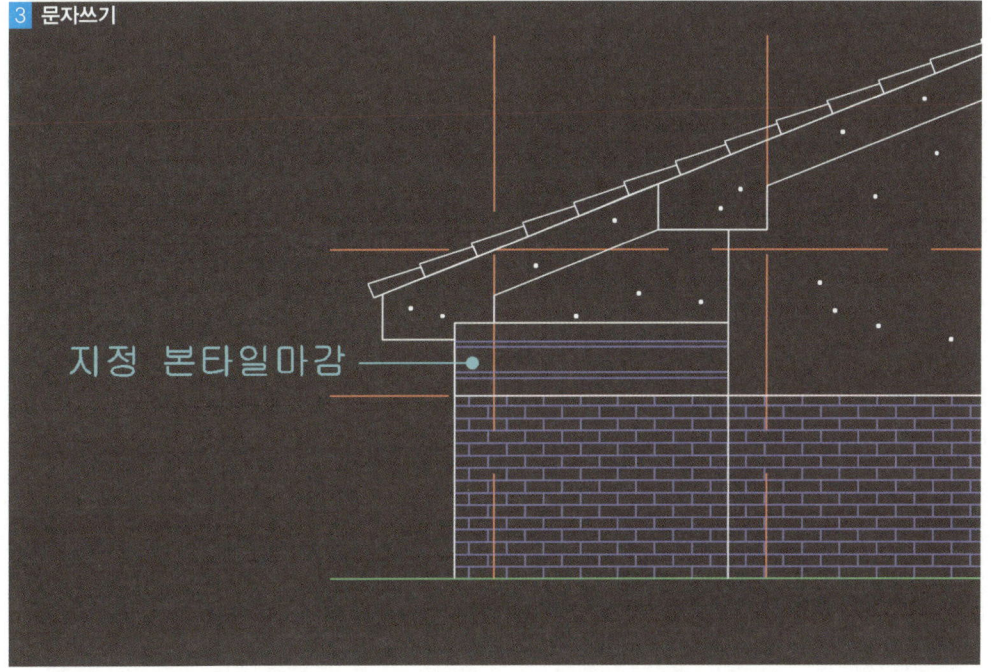

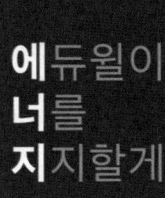

내 힘에 부치고 내 능력에 넘치는 일이 주어지는 까닭은
내가 업그레이드 될 때가 되었다는 사인입니다.

– 조정민, 『인생은 선물이다』, 두란노

PART

07

대표유형 문제풀이

출제유형 분석

모든 기출문제를 분석하여 시험에 가장 많이 출제되는 대표유형 8개를 수록하였습니다.

전산응용건축제도기능사 실기는 많은 문제를 푸는 것보다 대표되는 여러 유형의 출제 포인트를 학습하는 것이 단기간에 합격률을 높일 수 있습니다.

유형별 제도 POINT

각 유형별 핵심 내용을 짚어가며, 유형별 주택구조의 도면 제도연습을 합니다.

평면도에 절단되는 A단면부에 포함되는 실들과 외벽의 단열재 두께, 처마나옴 거리, 캐노피 설치 여부 등의 요구조건에 맞게 단면상세도를 그립니다.

입면도는 대부분 남측입면도를 제도하는 문제가 출제되며 동측입면도 그리기 연습을 통해 주택의 측면입면도의 형태를 이해하여 남측입면도를 제도합니다.

국가기술자격 실기시험문제

| 자격종목 | 전산응용건축제도기능사 | 과제명 | 주택 |

※ 시험시간 표준시간 4시간 10분

거실형
- 기본적인 유형으로 테라스와 거실의 벽체를 단면으로 표기
- 입문용 도면이므로 반복하며 원리를 이해

01 요구사항

주어진 평면도를 보고 CAD를 이용하여 아래 조건에 맞게 다음 도면을 작도 한 후, 지급된 용지에 본인이 직접 흑백으로 출력하여 파일과 함께 제출하시오.

❶ A부분 단면 상세도를 축척 1/40으로 작도하시오.
❷ 동측입면도를 축척 1/50으로 작도하되 벽면의 마감재료 표시 및 주의의 배경 등 도면의 요소를 충분히 고려하시오.

조건

- 기초 및 지하실 벽체: 철근콘크리트 구조로 하시오.
- 벽체: 외벽 – 외부로부터 붉은벽돌 0.5B, 단열재, 시멘트 벽돌 1.0B
  　　　내벽 – 시멘트 벽돌 1.0B
- 단열재: 외벽 50mm, 바닥 100mm, 지붕 80mm
- 지붕: 철근콘크리트 경사슬래브 위 시멘트 기와잇기 마감으로 하시오. (물매 4/10 이상)
- 처마나옴: 벽체중심에서 600mm
- 반자높이: 2,400mm, 처마반자 설치
- 창호: 목재창호로 하되 2중창인 경우 알루미늄 새시로 하시오.
- 각실의 난방: 온수파이프 온돌난방으로 하시오.
- 기타 각 부분의 마감, 치수 등 주어지지 않는 조건은 일반적인 시공수준으로 하시오.
- 선의 통일을 기하기 위하여 아래와 같이 선의 색을 정리하여 출력하시오.
  - 흰색 (7–White): 0.3mm
  - 녹색 (3–Green): 0.2mm
  - 노랑 (2–Yellow): 0.4mm
  - 하늘색 (4–Cyan): 0.3mm
  - 빨강 (1–Red): 0.2mm
  - 파랑 (5–Blue): 0.1mm

02 수험자 유의사항

※다음 유의사항을 고려하여 요구사항을 완성하시오.

1) 명기되지 않은 조건은 건축법, 건축구조 및 건축제도 원칙에 따릅니다.

2) 시험시작 전 바탕화면에 본인 비밀번호로 폴더를 생성하고, 폴더 안의 작업내용을 저장하도록 합니다.

3) 정전 및 기계 고장 등에 의한 자료손실을 방지하기 위하여 수시로 저장합니다.

4) 다음과 같은 경우는 부정행위로 처리됩니다.
   가) 노트 및 서적, 디스켓을 소지하거나 주고받는 행위
   나) 건물의 구조부분의 상세나 글씨 등을 사전에 블록으로 설정하여 지참해 사용하는 경우

5) 작업이 끝나면 감독위원의 확인을 받은 후 문제지를 제출하고 본부요원 입회하에 본인이 직접 A3용지에 흑백으로 도면을 출력하도록 합니다. 이때 수험자의 운영 미숙으로 도면이 출력되지 않는 경우나 출력시간이 20분을 초과할 경우는 실격처리 됩니다.

6) 장비 조작 미숙으로 장비의 파손 및 고장을 일으킬 염려가 있을 경우 실격됩니다.

7) 다음과 같은 경우에는 체점대상에서 제외됩니다.
   가) 주어진 조건을 지키지 않고 작도한 경우
   나) 요구한 전도면을 작도하지 않은 경우
   다) 건축제도 통칙을 준수하지 않거나 건축 CAD의 기능이 없는 상태에서 완성된 도면

8) 수험번호, 성명은 도면 좌측 상단에 아래와 같이 표제란을 만들어 기재합니다.

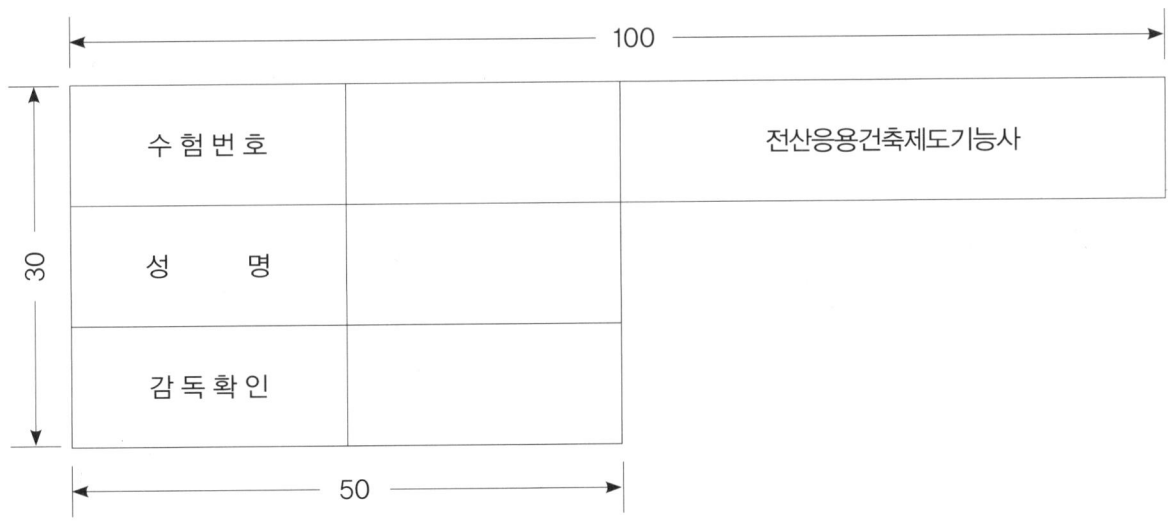

9) 감독위원은 시험시작 후 수검자에게 표제란을 우선 작도 후 도면을 작도하도록 하여야 하며, 수험자가 감독위원의 지시를 따르지 않을 경우 실격 처리됩니다.

10) 테두리선의 여백은 10mm로 합니다.

03 평면도

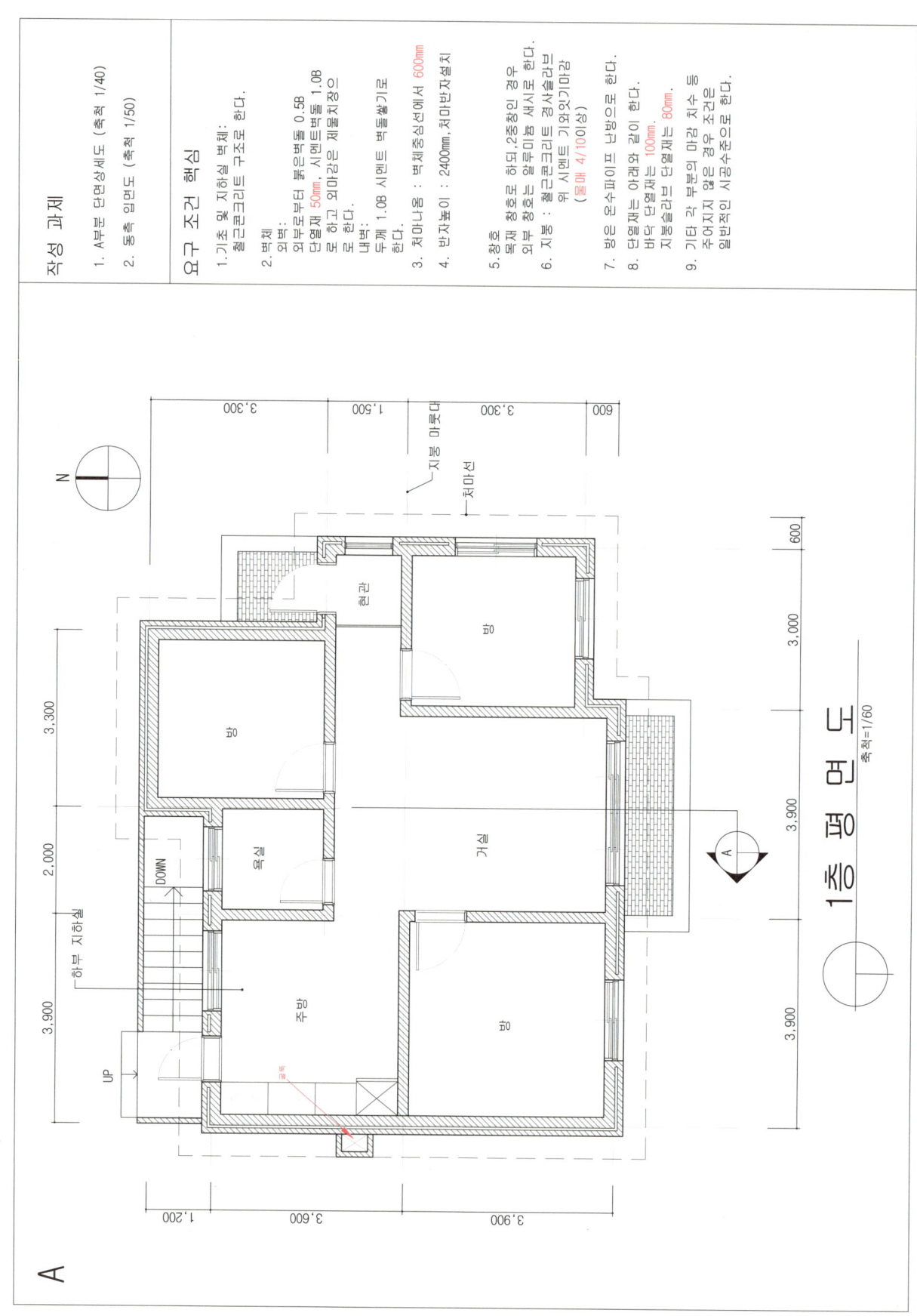

참고 · 3D 모델링

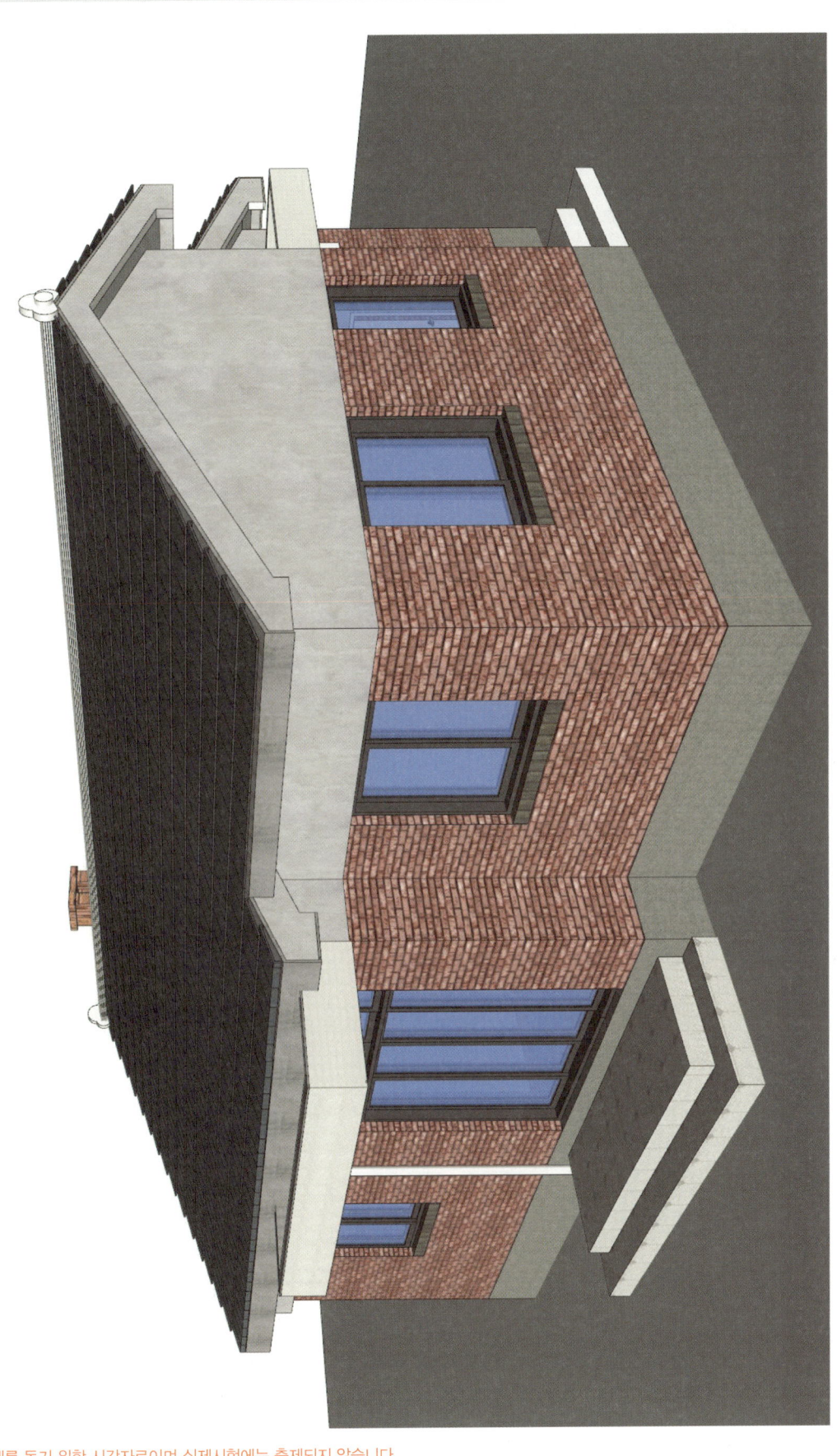

※ 위 이미지는 도면의 이해를 돕기 위한 시각자료이며 실제시험에는 출제되지 않습니다.

1 단면상세도 문제풀이

NO.	중점사항	핵심 내용
01	중심선 세팅	• 수평선 그리기: G.L선, 기초동결선, 방바닥 높이, 반자 높이, 테두리보 높이 • 수직선 그리기: 벽체 중심선, 마룻대, 처마라인

❶ 방바닥 높이 확인: 요구사항에 없으므로 아래와 같이 기준을 잡는다.

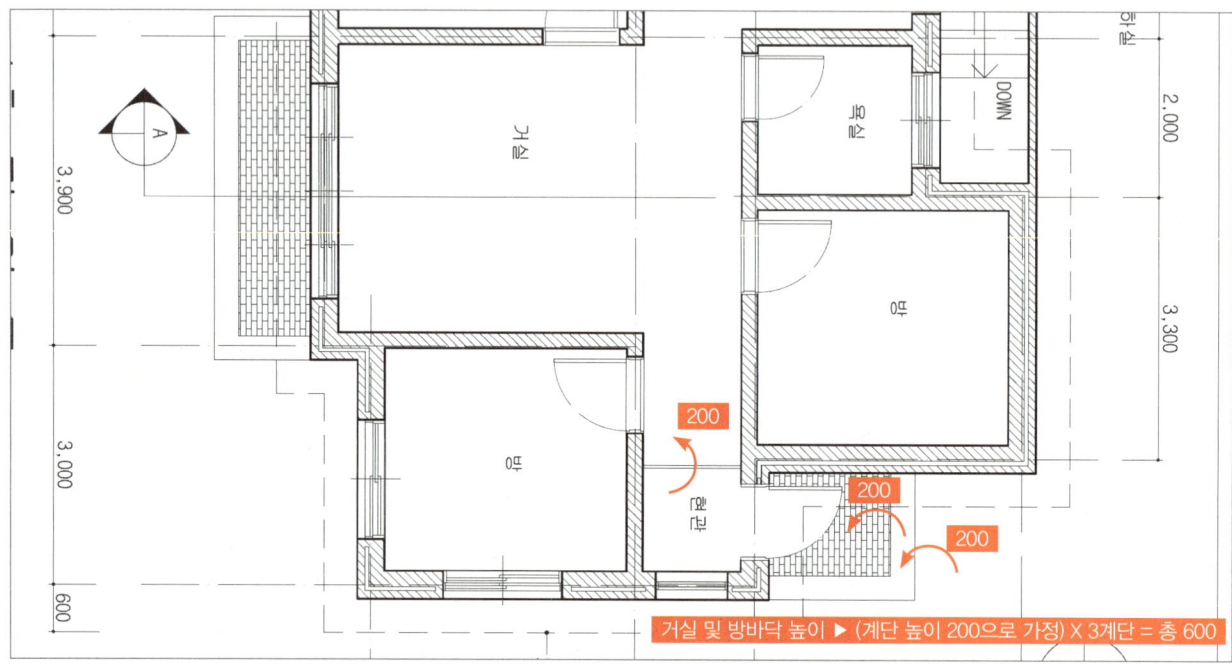

❷ 처마나옴: 요구사항에 벽체 중심선에서 600mm를 확인하고 평면에 처마라인을 확인한다.

❸ 벽체 중심선: 도면에서 건축 중심선의 위치 확인한다. ▶ 도면확인결과 전체벽체에 가운데에 건축 중심선이 위치

❹ 마룻대: 도면에서 마룻대의 위치를 확인한다.

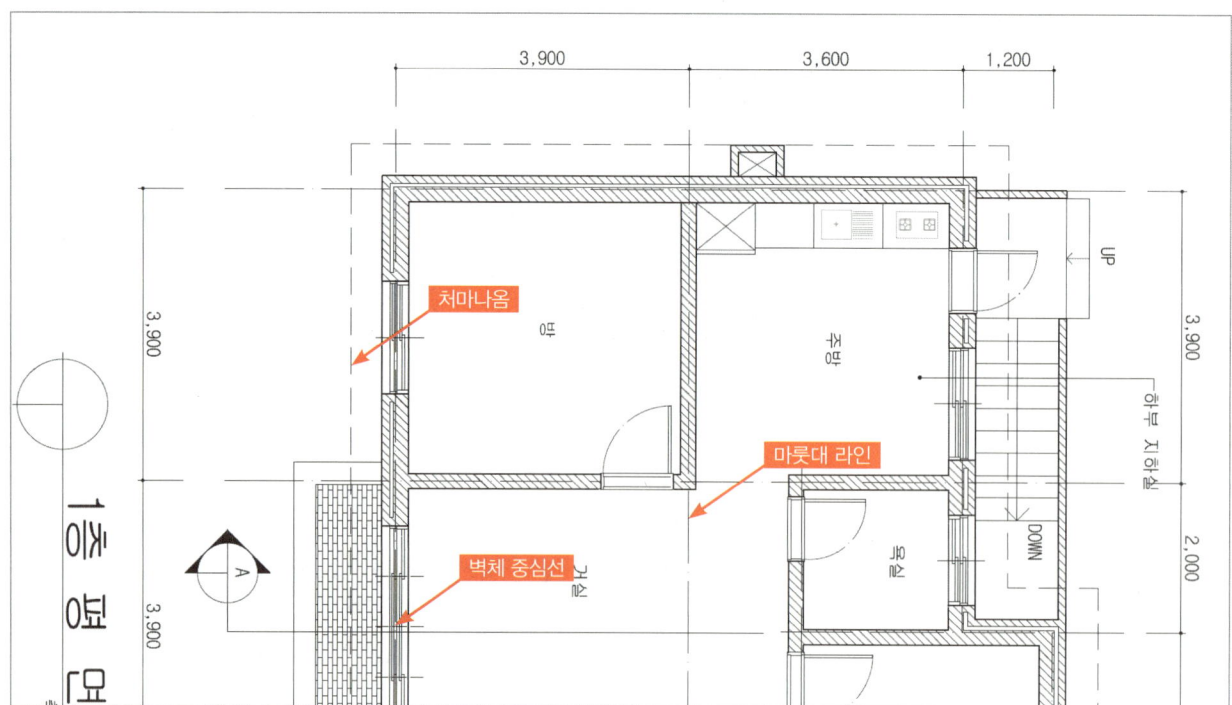

❺ 평면도 중심선에 위치에 따라 단면상세도로 표현해야 하는 곳 위주로 중심선을 세팅한다.

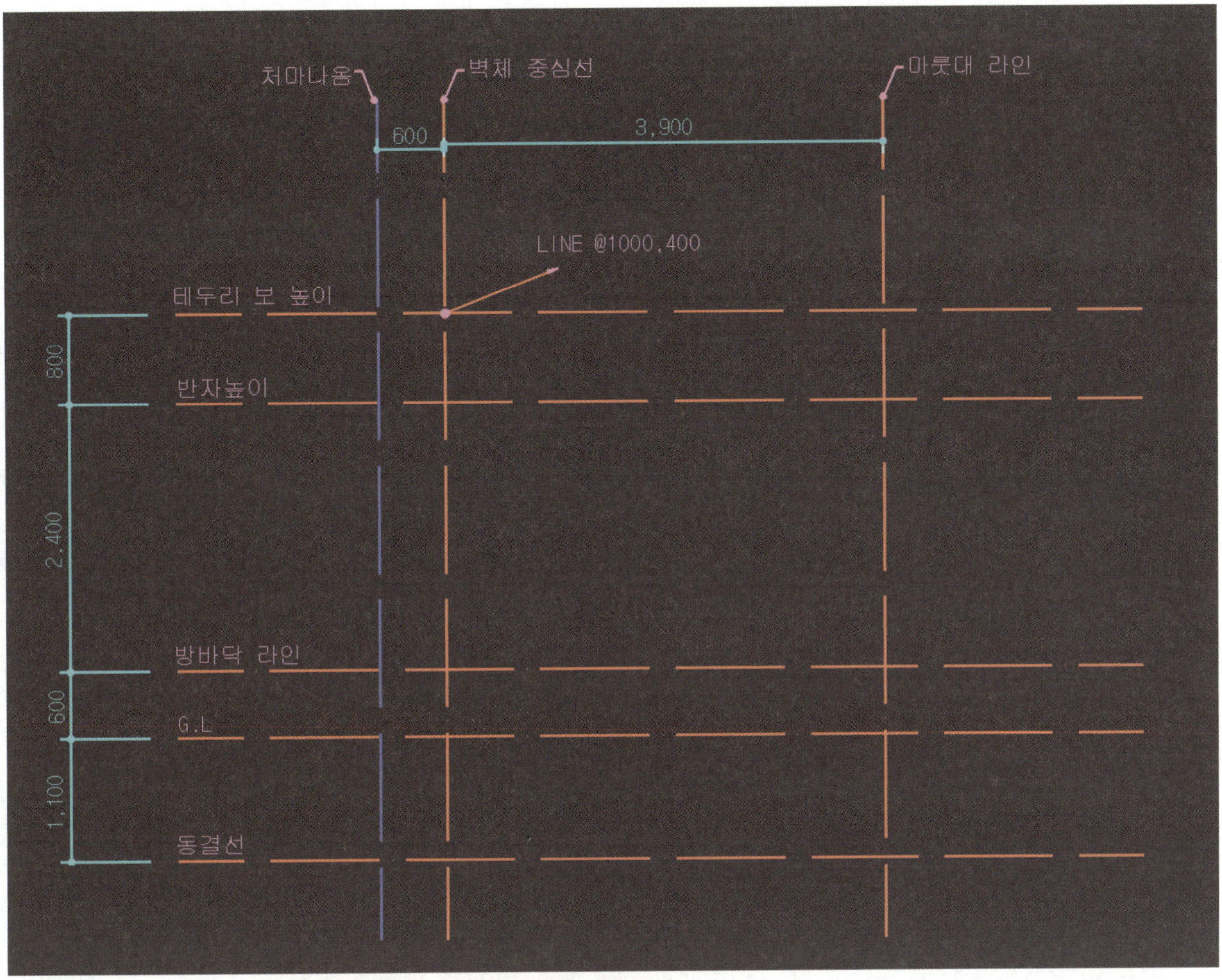

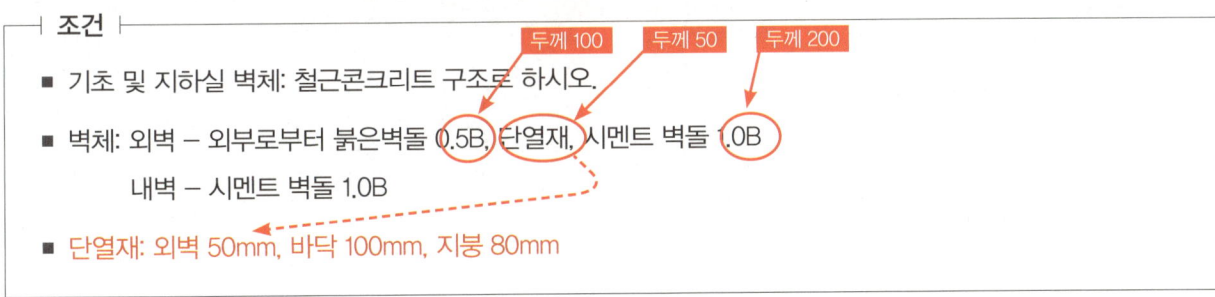

❻ 벽체두께를 확인한다. ▶ 총 350 = 0.5B(100) + 단열재 50 + 1.0B(200)

┤ 조건 ├

- 기초 및 지하실 벽체: 철근콘크리트 구조로 하시오.
- 벽체: 외벽 – 외부로부터 붉은벽돌 0.5B, 단열재, 시멘트 벽돌 1.0B
  내벽 – 시멘트 벽돌 1.0B
- 단열재: 외벽 50mm, 바닥 100mm, 지붕 80mm

(두께 100, 두께 50, 두께 200)

NO.	중점사항	핵심 내용
02	지붕구조 그리기	• 물매선을 그린 후 지붕 슬라브, 처마, 테두리보 구조를 그린다. • 테두리보 적정 높이 확인: 처마가 천장보다 내려올 경우 테두리 보를 더 올린다. • 물매선을 그릴 때 주의사항: 　물매선은 마룻대를 기준으로 가장 멀리 떨어져 있는 벽체의 중심선을 기준으로 잡는다. • 외벽벽체 두께확인: 　벽돌두께 및 단열재의 두께를 확인하여 전체벽체두께를 계산하여 테두리보의 두께를 동일하게 산정한다.

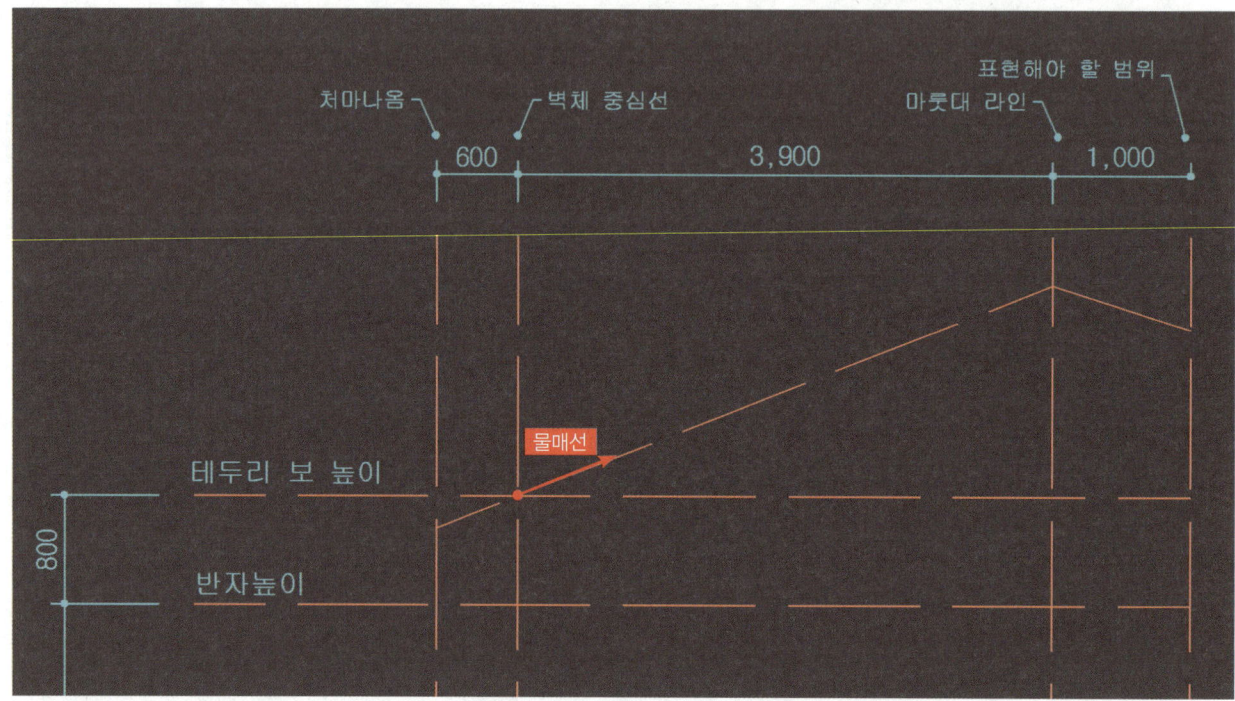

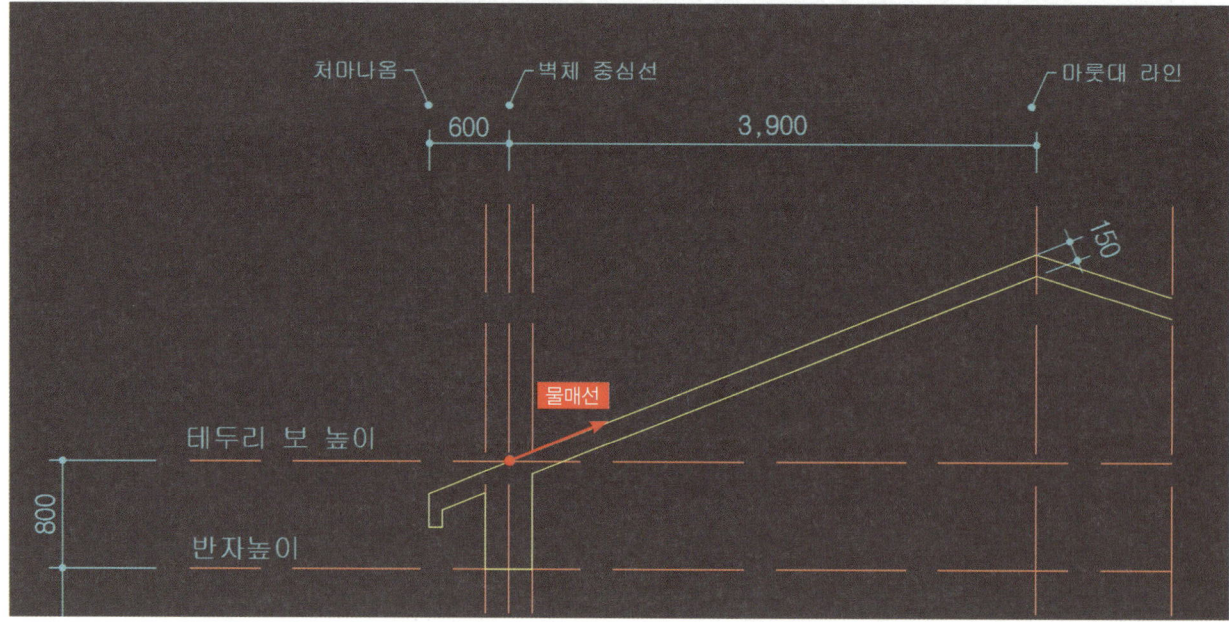

NO.	중점사항	핵심 내용

03	기초 그리기	• 벽체가 있는 곳을 체크하며 벽체 하부에 기초를 그린다.
		• 기초의 폭 체크:
		  요구사항의 벽체두께를 확인하여 기초의 폭을 정하여 그린다.
		• 중심선의 위치 확인:
		  중심선이 전체 벽체의 가운데에 있는지 또는 내벽의 가운데에 있는지 체크한다.

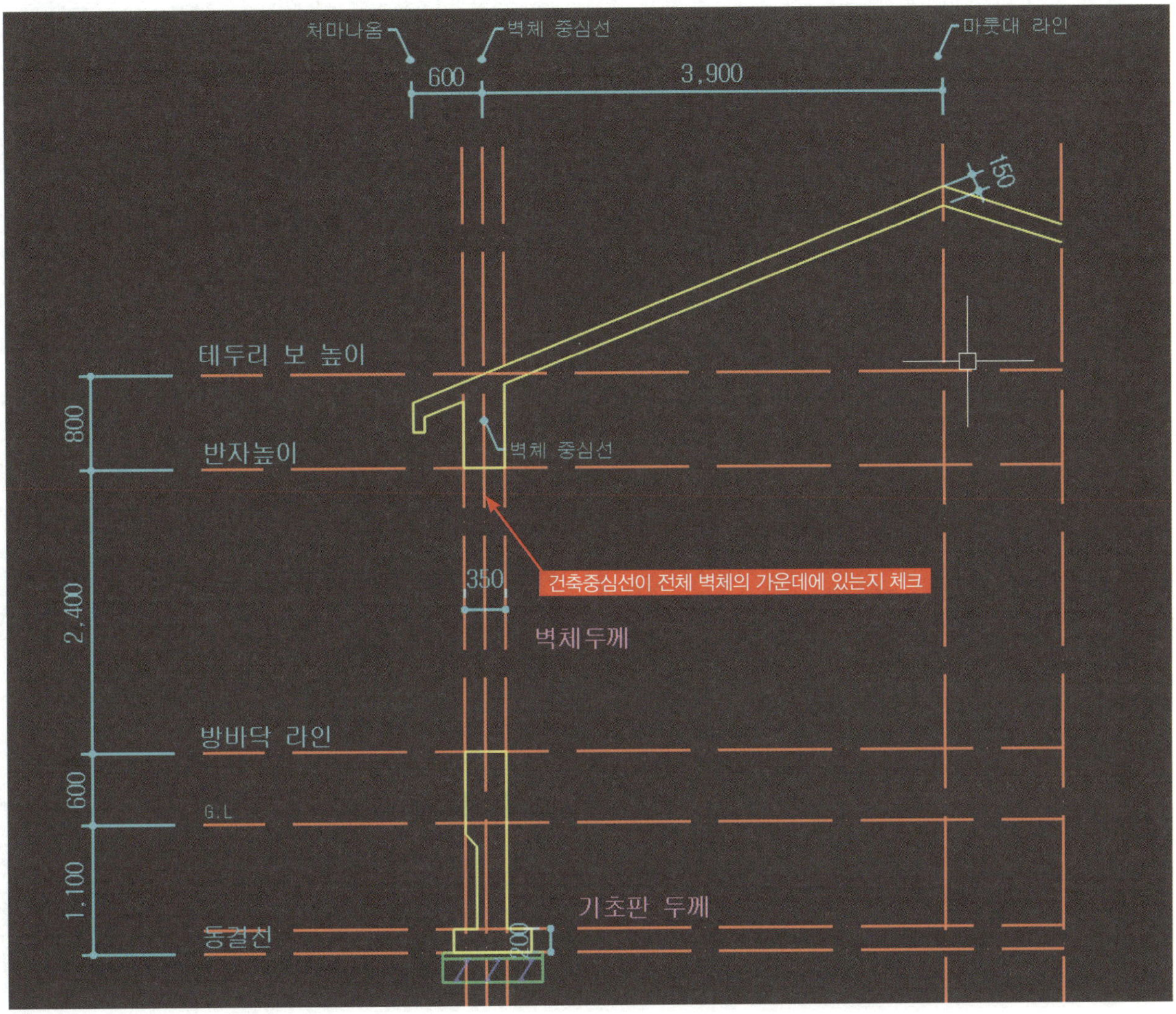

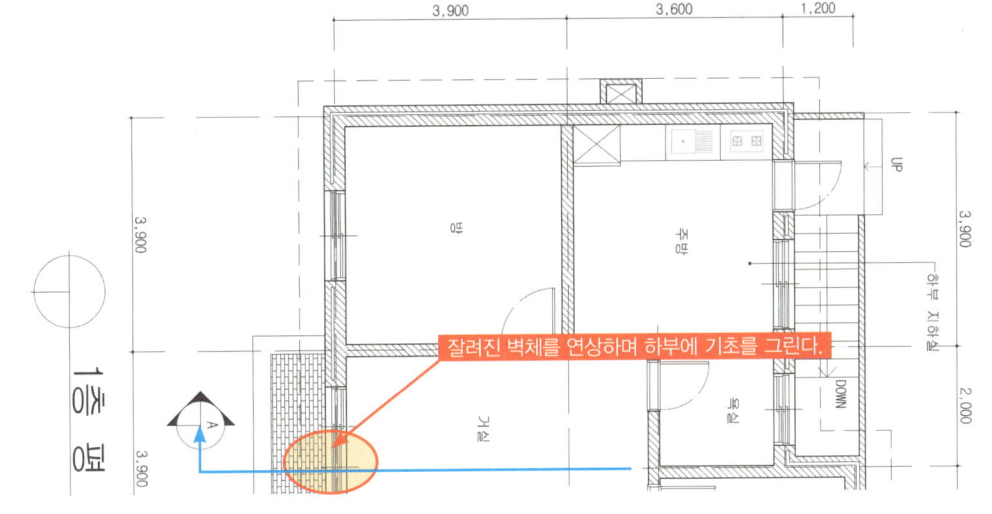

NO.	중점사항	핵심 내용
04	벽체 및 창호그리기	• 외벽 벽체두께 확인: 벽돌두께 및 단열재두께를 확인하여 두께를 산정 • 문의 단면을 그릴 때 체크사항: 문턱이 있는지 평면을 확인

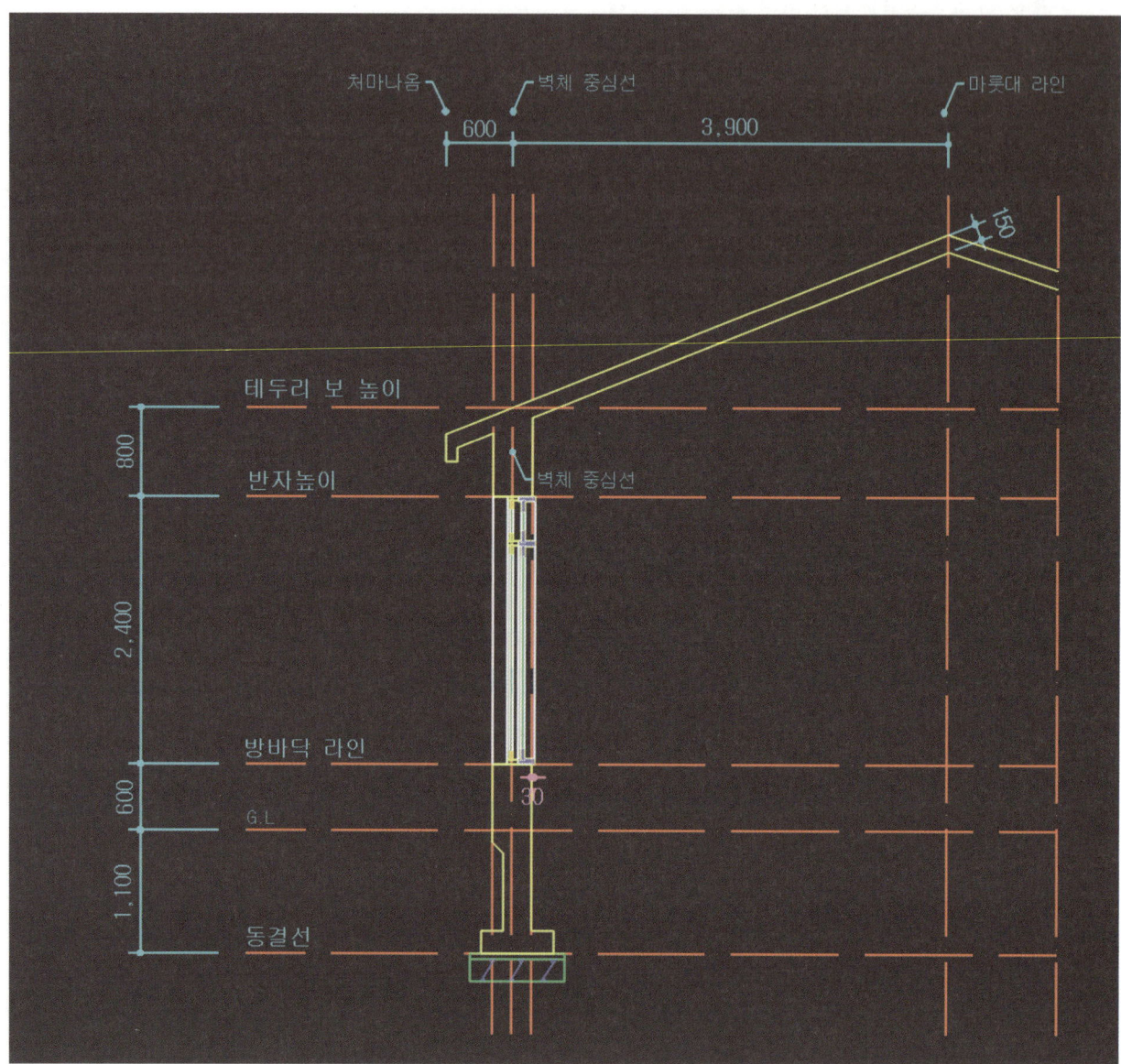

■ **창호**: 창호의 위치는 마감을 위해 약 30mm 실내쪽으로 이동한다.

NO.	중점사항	핵심 내용
05	테라스 바닥구조 그리기	• 테라스 높이는 요구사항에 맞게 그리되, 요구사항이 없으면 설계자가 일반적인 시공수준을 고려하여 그린다. • 테라스 폭은 도면의 사이즈에 맞게 그린다.

■ 테라스 높이 기준: 요구사항에 없으므로 아래와 같이 기준을 잡는다.

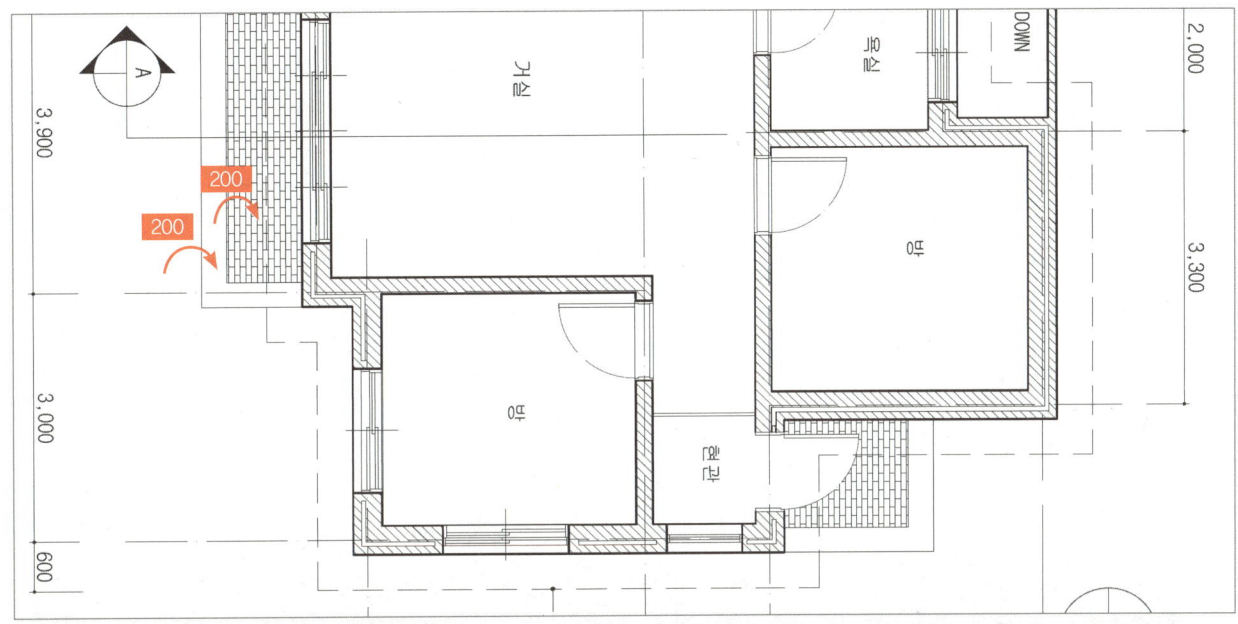

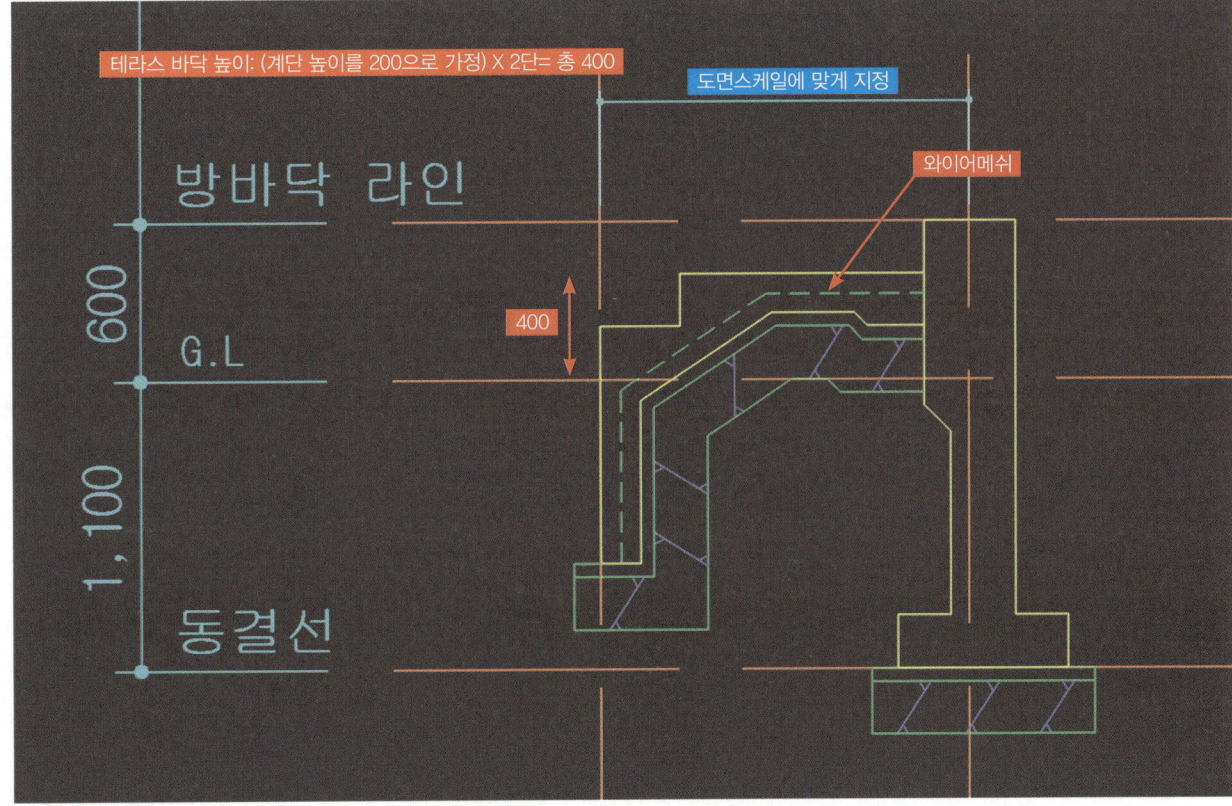

■ 위의 도면은 테라스 바닥을 "무근콘크리트+와이어메쉬"로 작도한 경우의 예시이다.
단, 요구조건에 "바닥슬라브와 기초를 일체식으로 표현하시오" 라고 나오면 콘크리트로 재료표기를 하며 기초와 일체로 그린다. (최근 출제 경향)

NO.	중점사항	핵심 내용
06	캐노피 그리기	• 요구조건에 '캐노피를 작도하지 않는다'라는 내용이 있으면 캐노피를 그리지 않는다. • 캐노피의 사이즈가 도면에 없다면 테라스의 폭 이하로 적절히 그린다.

■ 캐노피: 테라스 위쪽을 가리는 지붕처럼 돌출된 것이다.
  – 본 예제에 요구조건에는 캐노피 미작도에 대한 언급이 없으므로 도면에 캐노피를 표현한다.

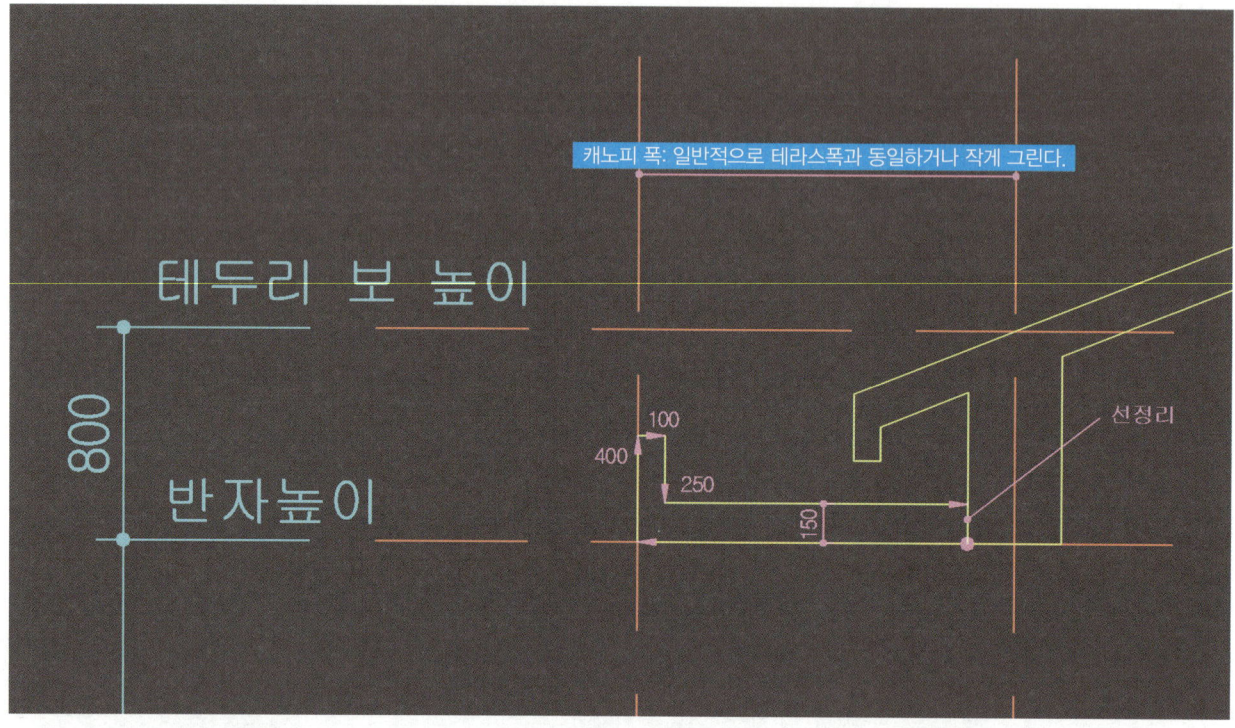

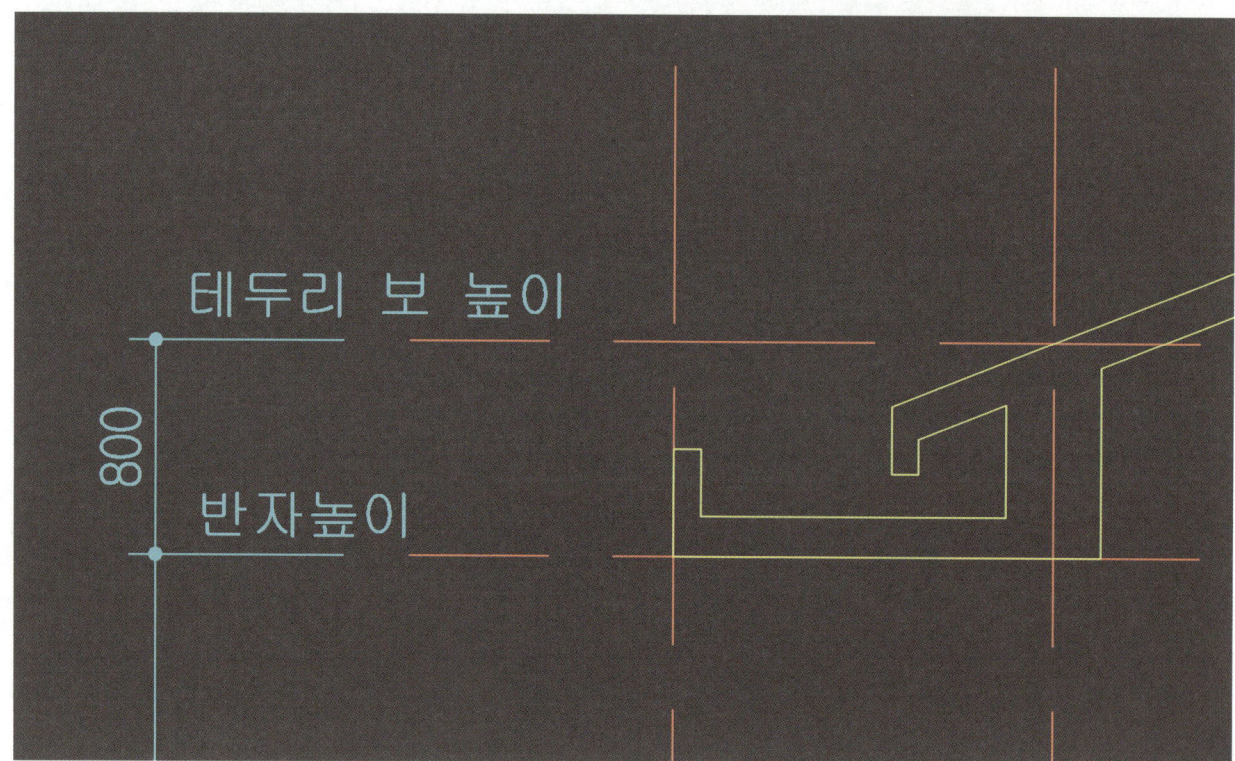

NO.	중점사항	핵심 내용
07	실내바닥 구조 그리기	• 방바닥높이는 요구사항에 맞게 그리되 요구사항이 없을 경우 G.L에서 현관을 거쳐 거실입구까지 계단 높이를 참조하여 정한다. • 바닥슬라브 단열재 두께 요구사항을 확인하여 그린다.

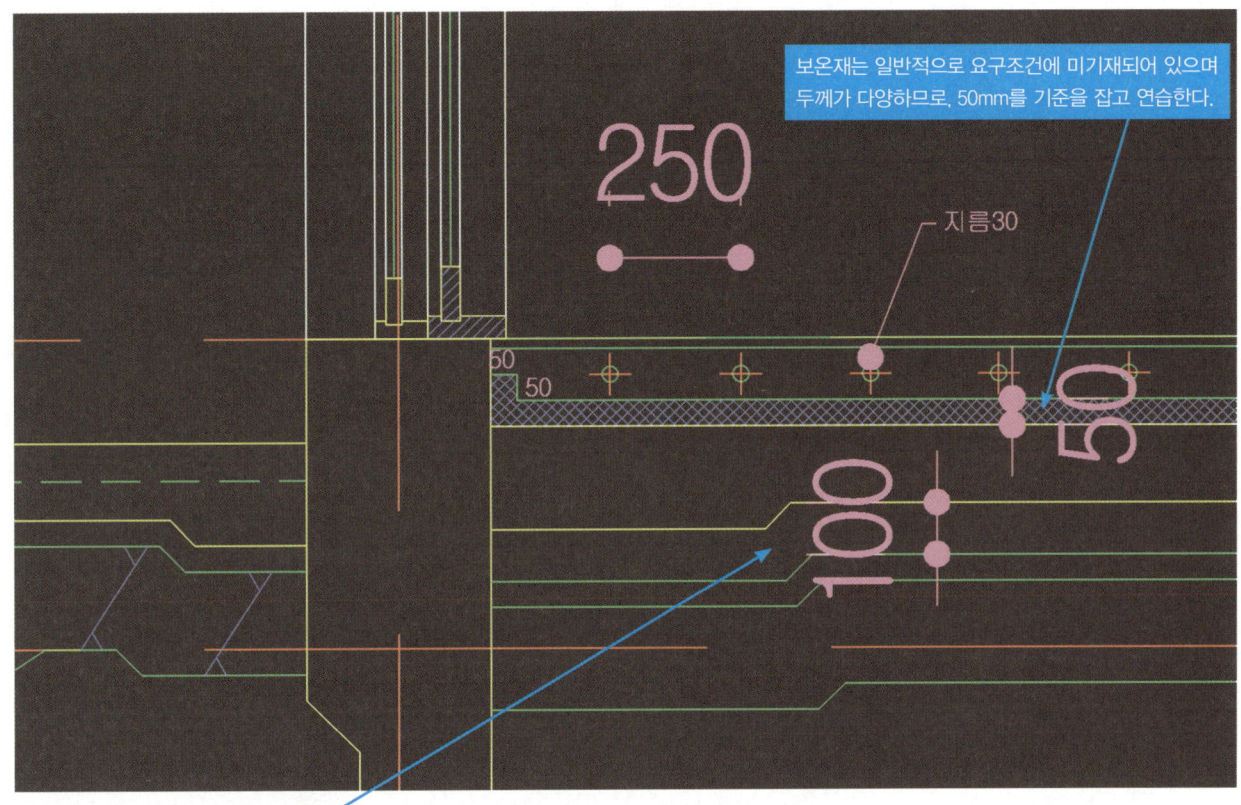

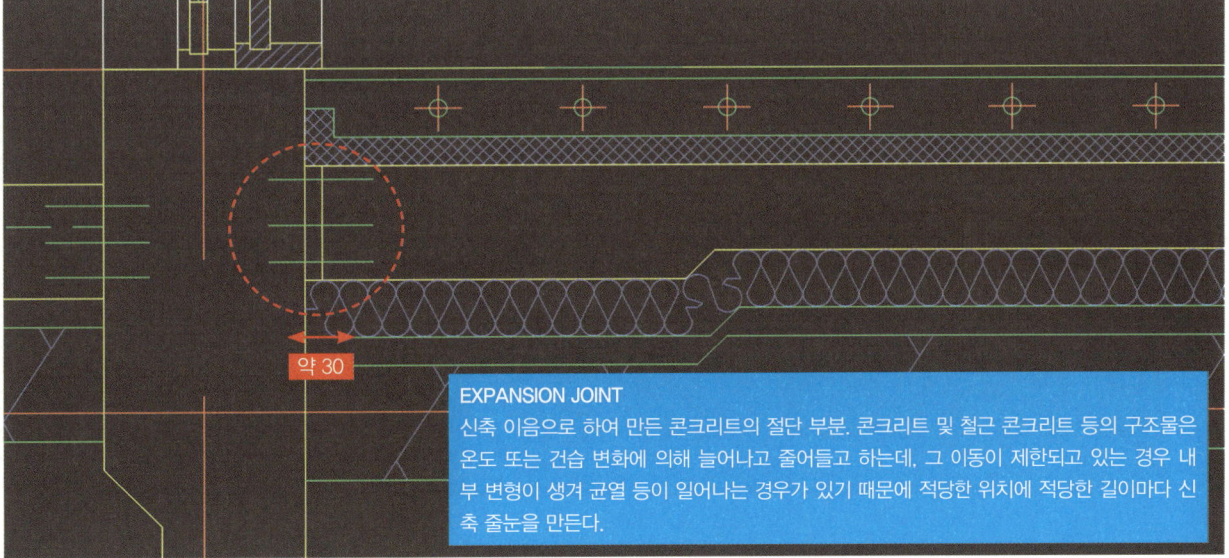

- EXPANSION JOINT(신축줄눈)

 신축줄눈은 최근 출제 경향상 "바닥 슬래브와 기초는 일체식으로 표현하시오"의 요구조건에 의하여 표현하지 않는 경우가 많다.

NO.	중점사항	핵심 내용
08	실내 천장 그리기	• 지붕슬라브 단열재두께: 요구사항 확인 • 커튼박스가 평면도 및 시험요구조건에 명시되어 있을 경우 도면에 표기

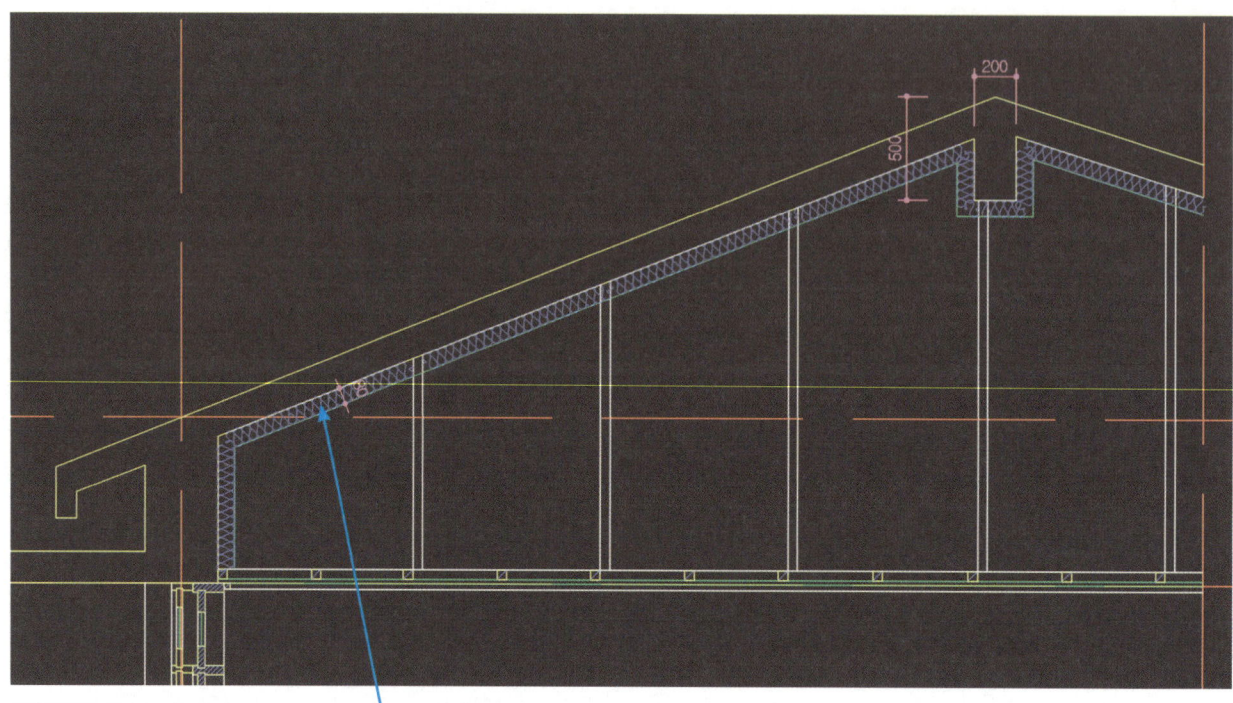

- 단열재: 외벽 50mm, 바닥 100mm, 지붕 80mm
- 지붕: 철근콘크리트 경사슬래브 위 시멘트 기와잇기 마감으로 하시오. (물매 1/40 이상)

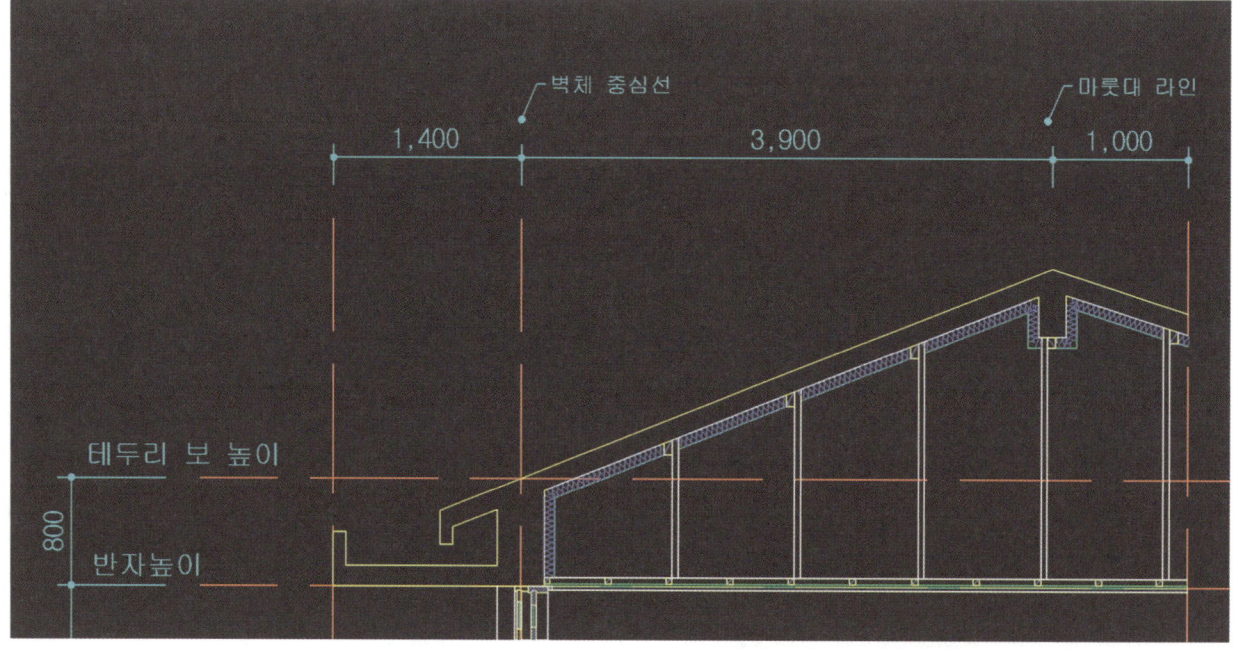

NO.	중점사항	핵심 내용
09	지붕 상세도 그리기	• 모르타르 라인 두께: 방수하는 곳 30mm, 방수하지 않는 곳 20mm • 처마반자, 지붕기와단면, 암마룻장, 숫마루장 단면, 용머리장식 입면 그리기 • 지붕의 박공부위 입면이 보이는 곳이 있는지 체크 • 굴뚝 그리기

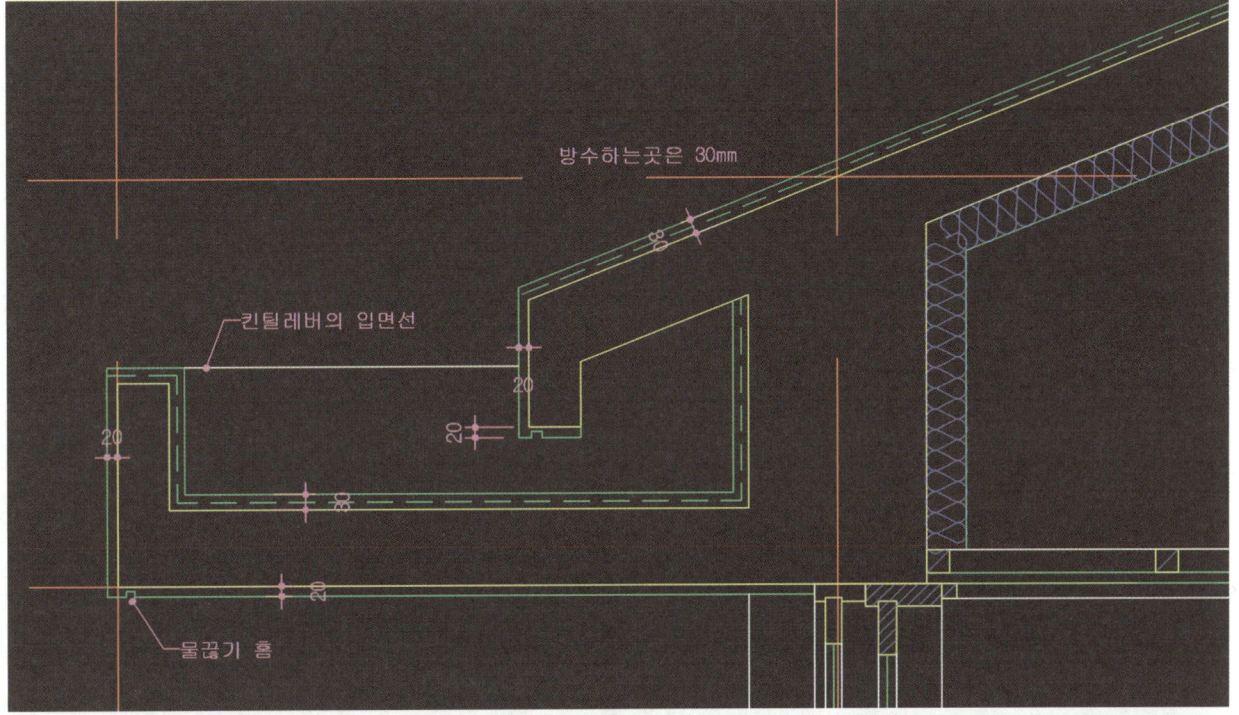

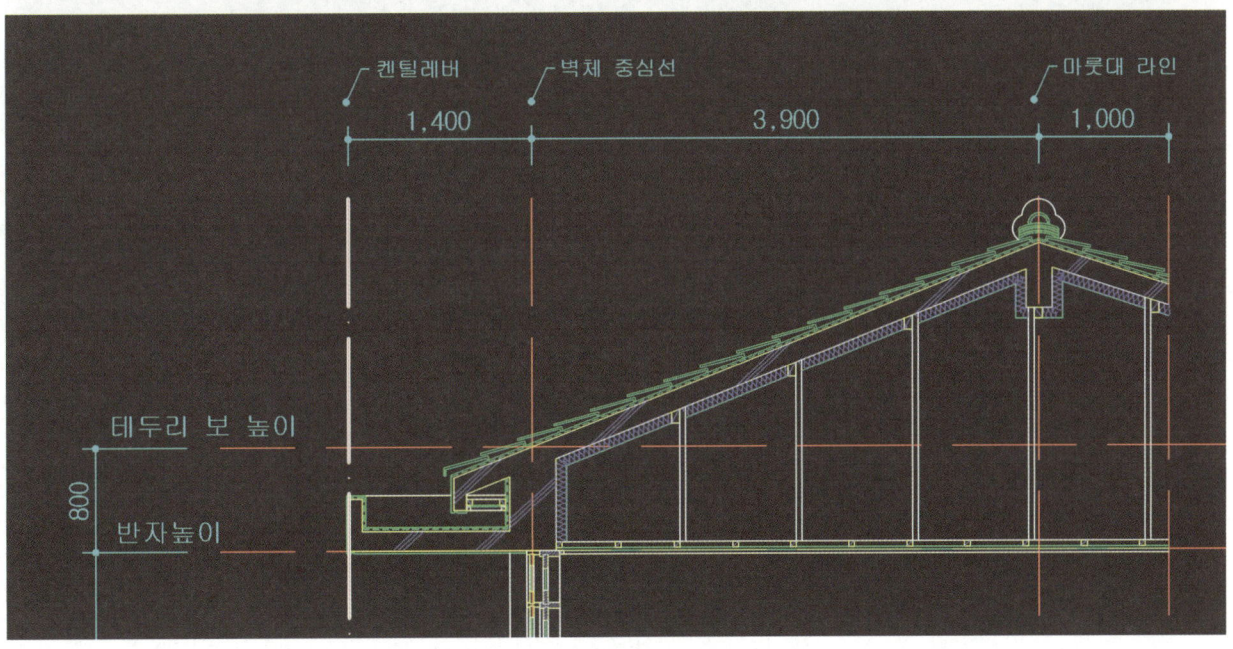

NO.	중점사항	핵심 내용
10	기타	• 실내: 도어, 걸레받이, 벽체입면, 창호, 재질표기 등 체크 • 실외: 벽체 입면, 난간, 홈통(캐노피가 있으면 표기), G.L선, 재질표기 등 • 마감선 표기: 모르타르 라인, 걸레받이 단면, 테라스 및 현관 바닥단면 등

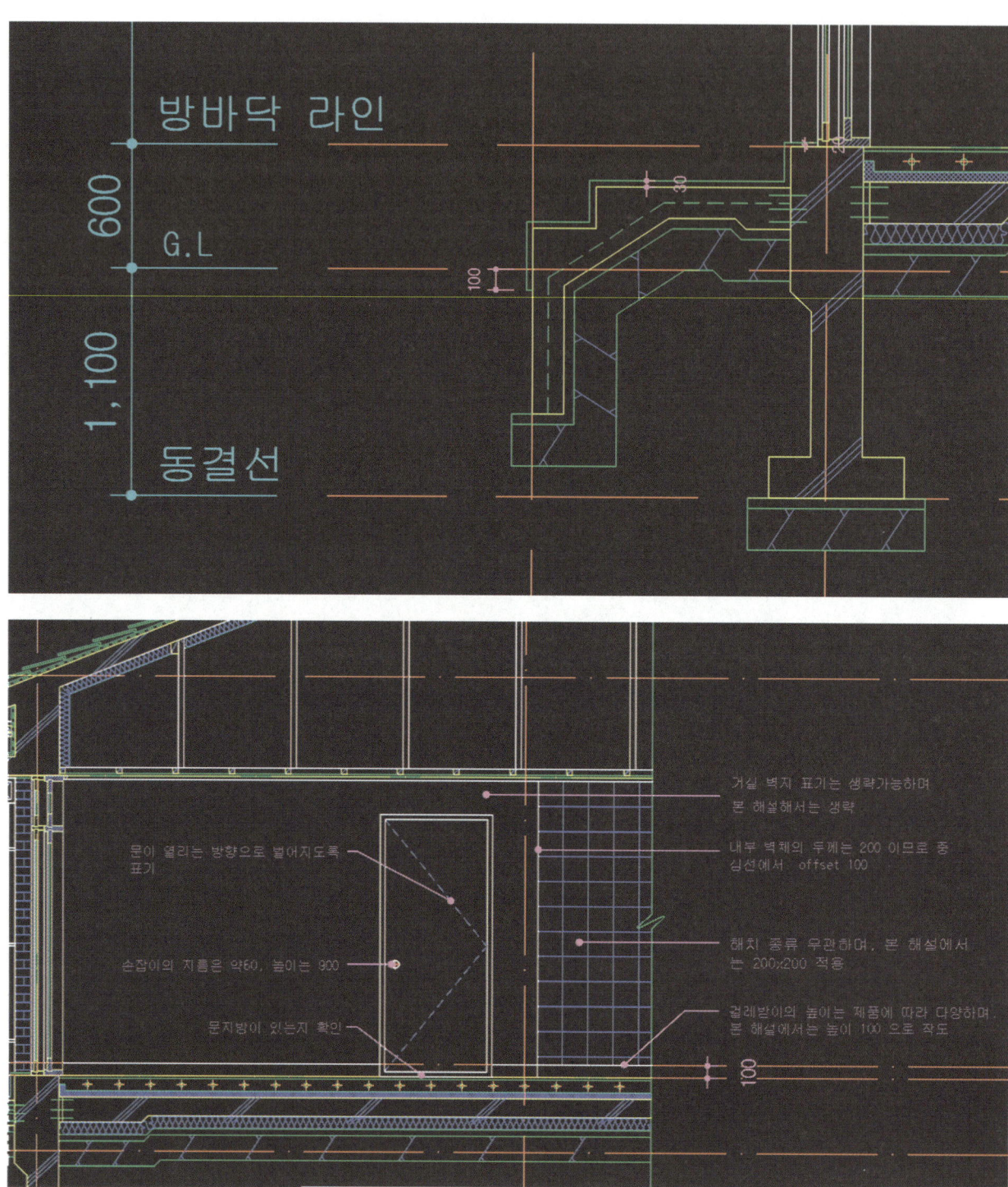

NO.	중점사항	핵심 내용
11	치수선 문자선	• 물매, 표제란, 도면명 표기 • 실명(방, 거실, 테라스 등) 표기

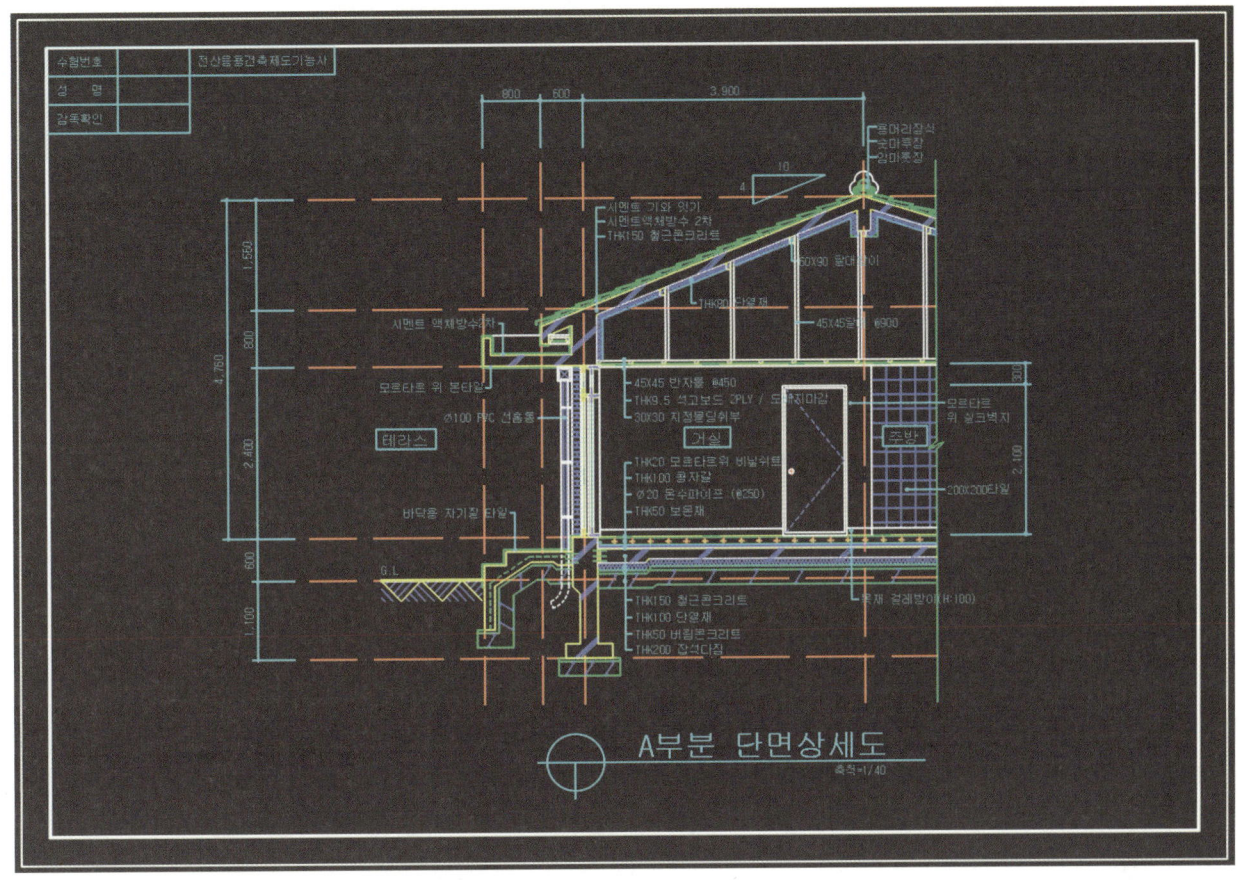

2 단면상세도

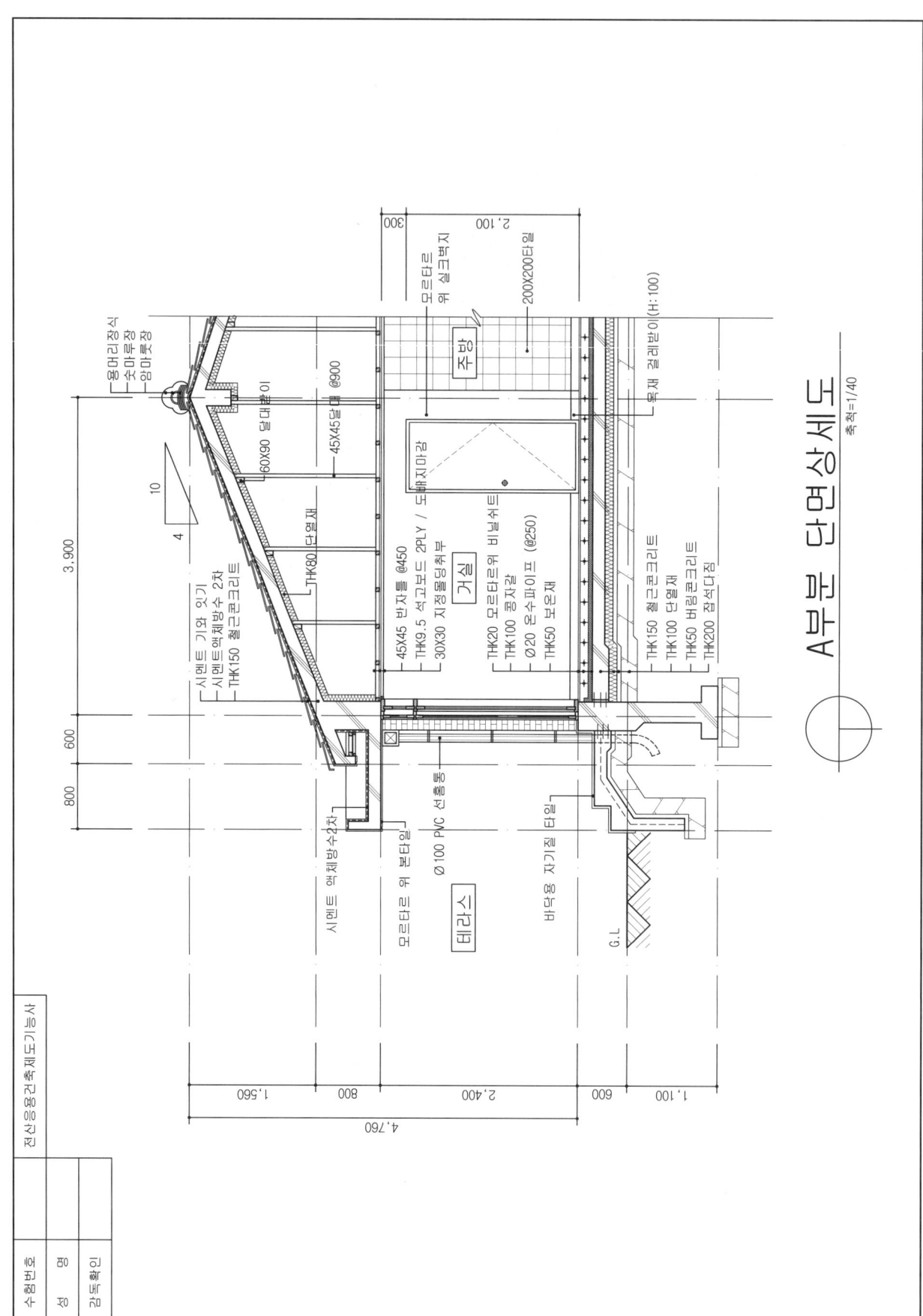

3. 동측입면도 문제풀이

NO.	중점사항	핵심 내용
01	중심선 세팅	• 수평선 그리기: G.L선, 방바닥높이, 반자높이, 테두리보 높이 • 수직선 그리기: 벽체중심선, 마룻대, 처마라인

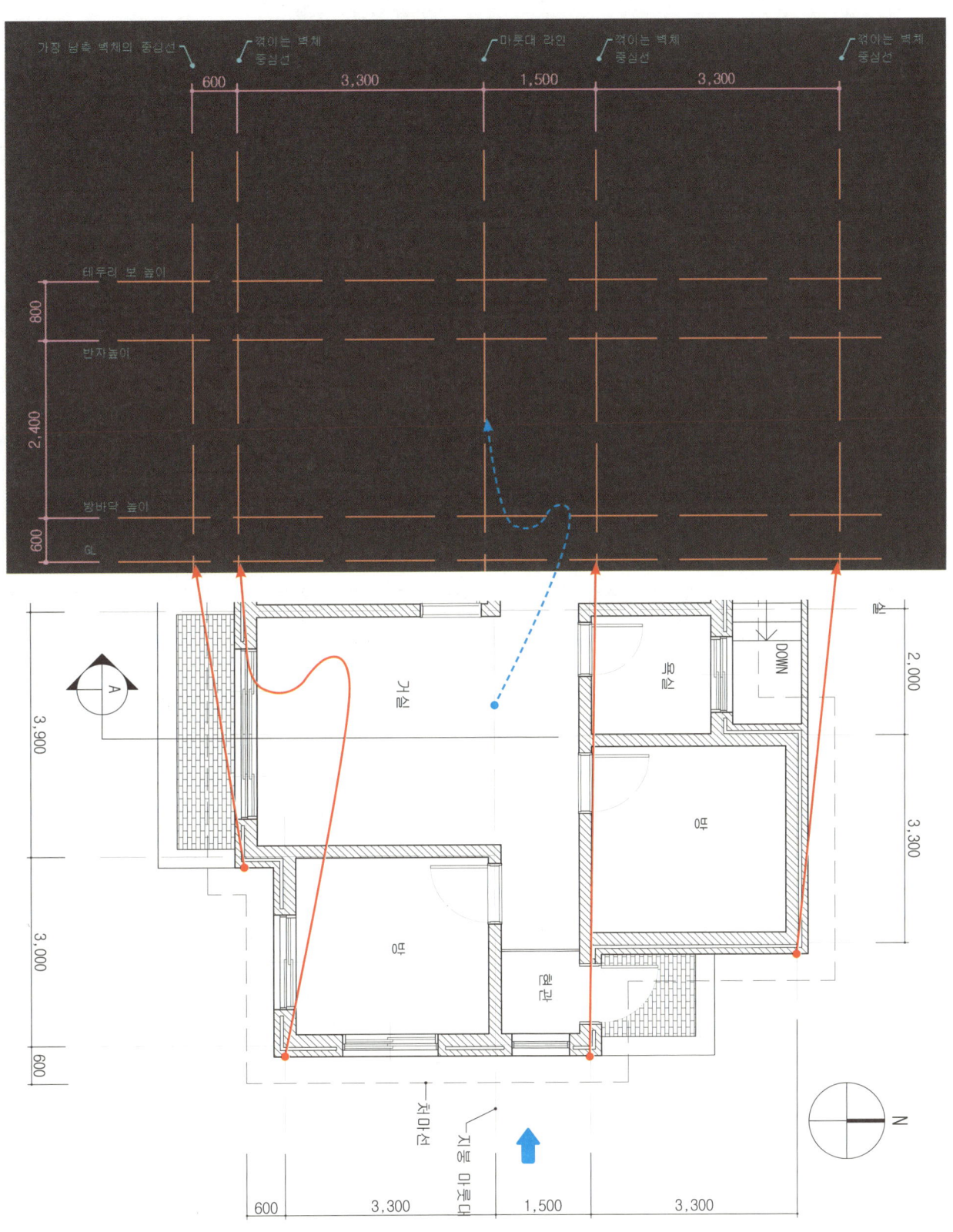

NO.	중점사항	핵심 내용
02	지붕구조 그리기	• 물매선을 그린 후 지붕 슬라브, 박공처마 구조 그리기 • 추가로 보이는 박공처마를 찾아 표기 • 기와 입면 그리기

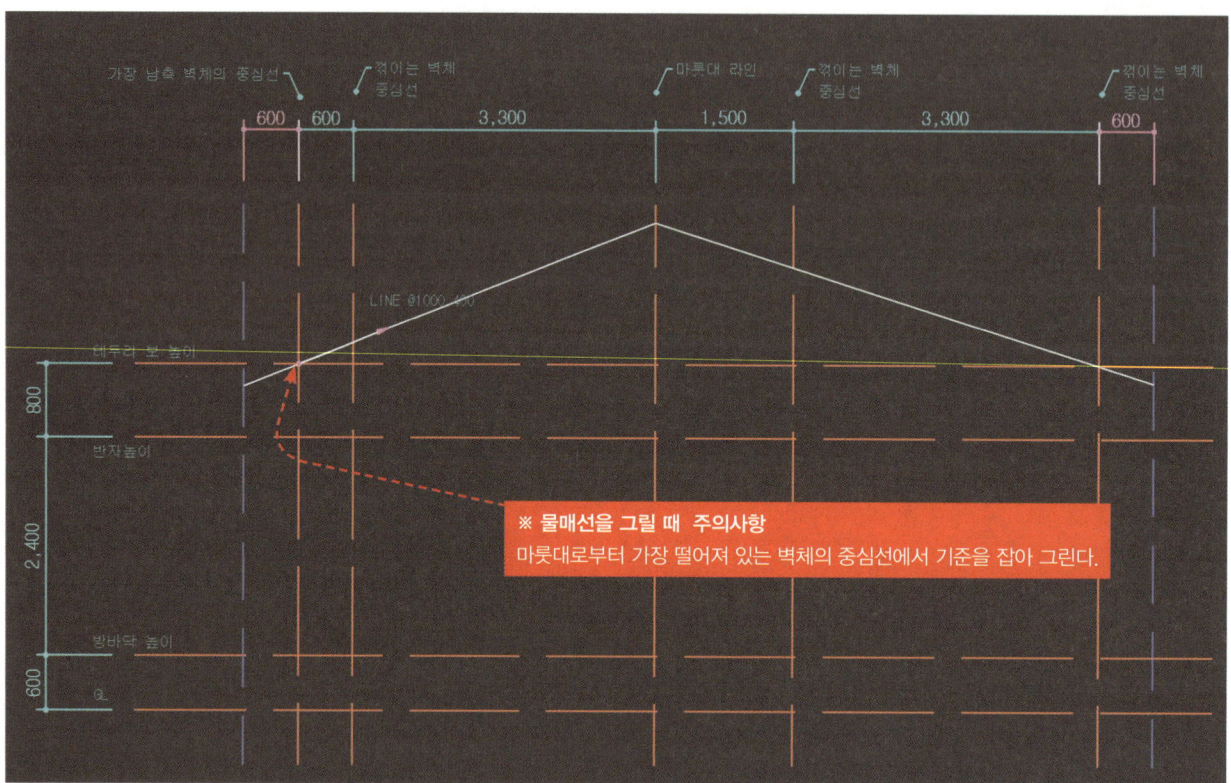

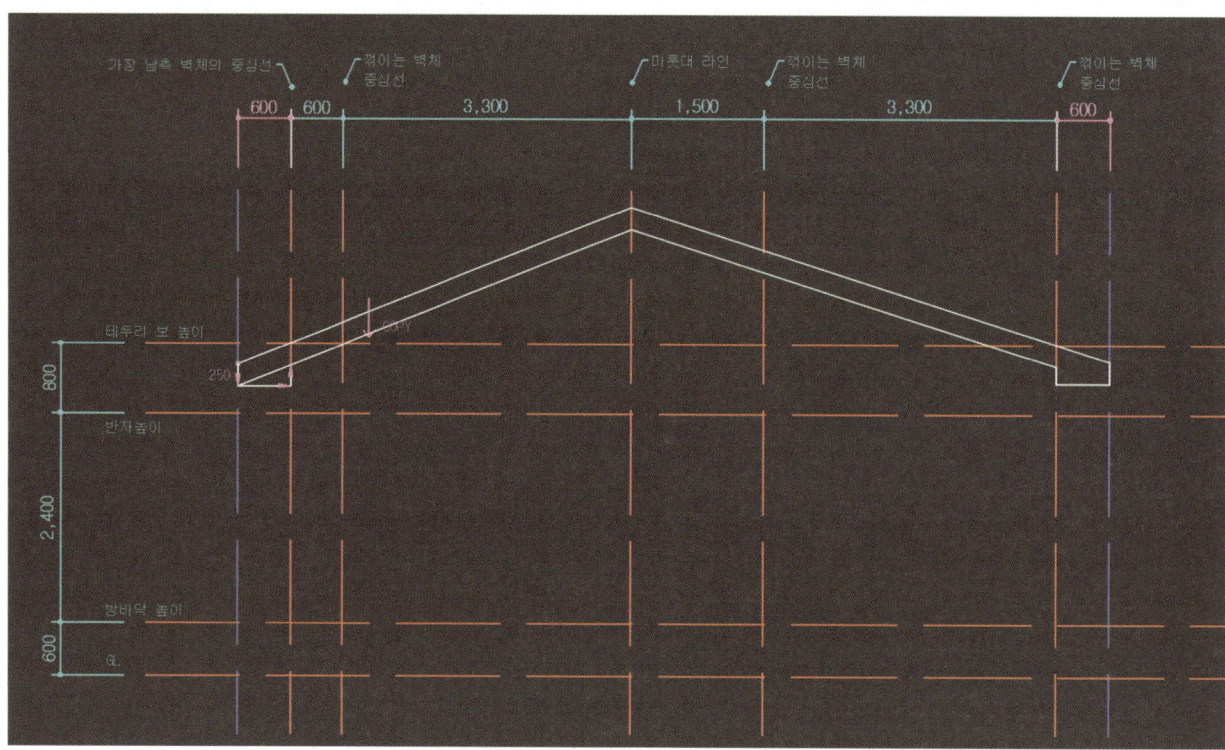

■ 처마가 꺾이는 지점들을 찾아 박공처마를 추가로 표기한다.

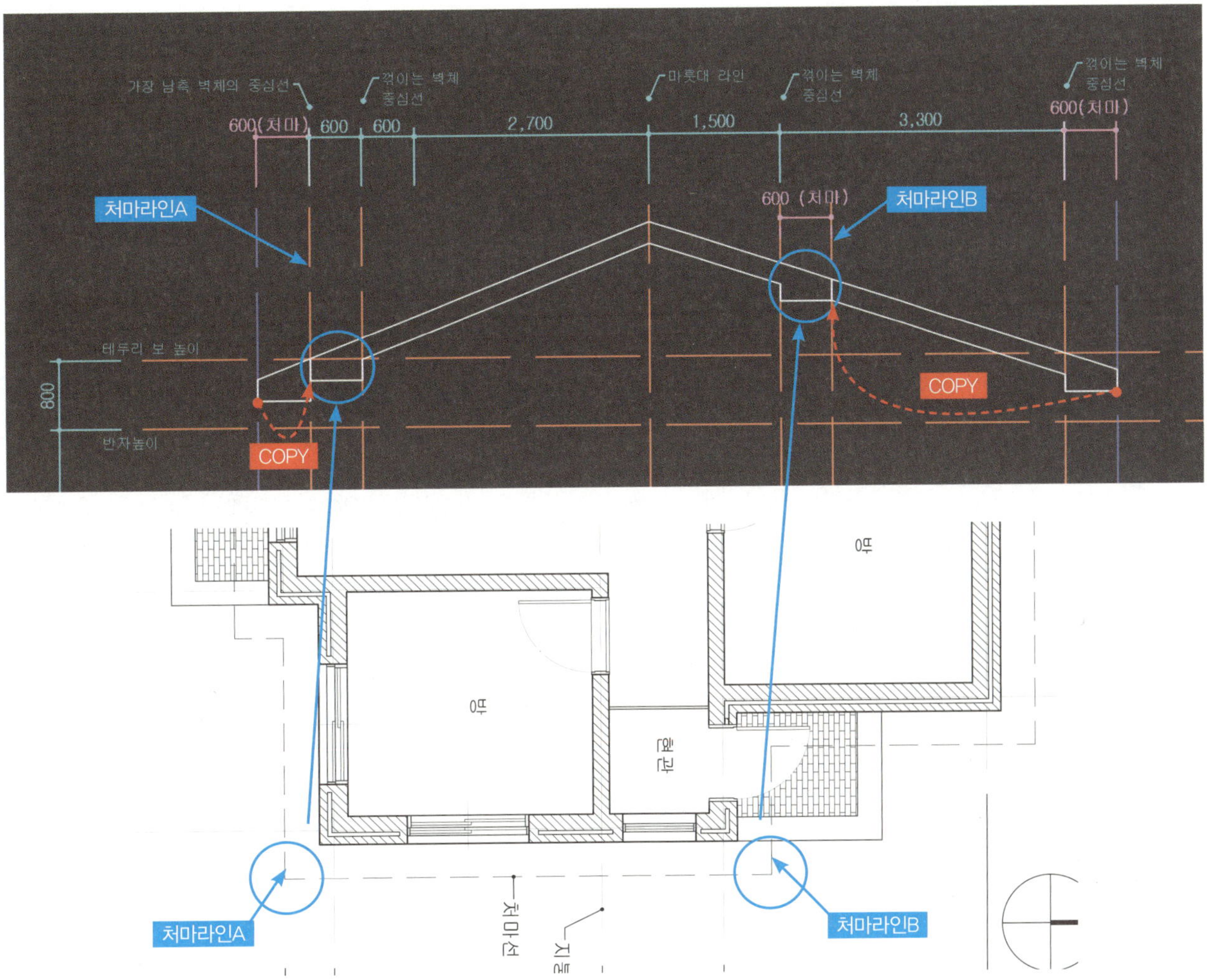

■ 기와입면을 작도한다.

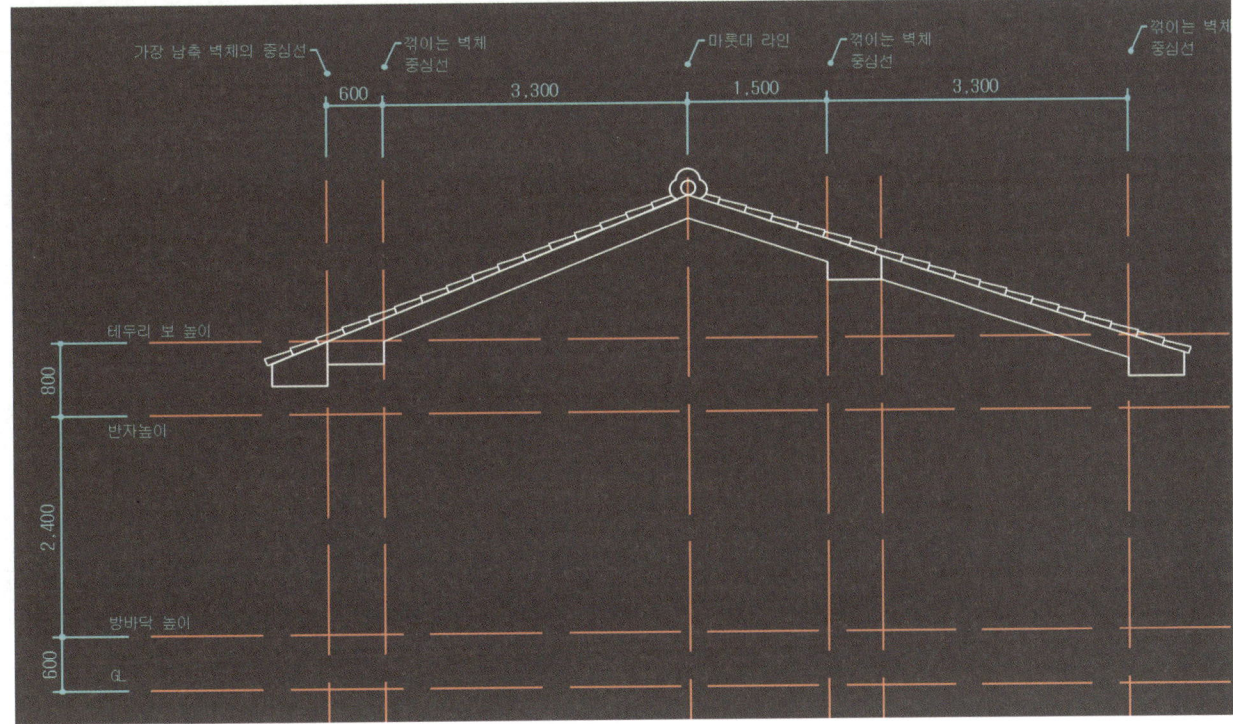

NO.	중점사항	핵심 내용
03	벽체구조	• G.L선 레이어 변경 • 벽체입면선 그리기 • 기초 상단부와 테두리보 하단부 라인 그리기

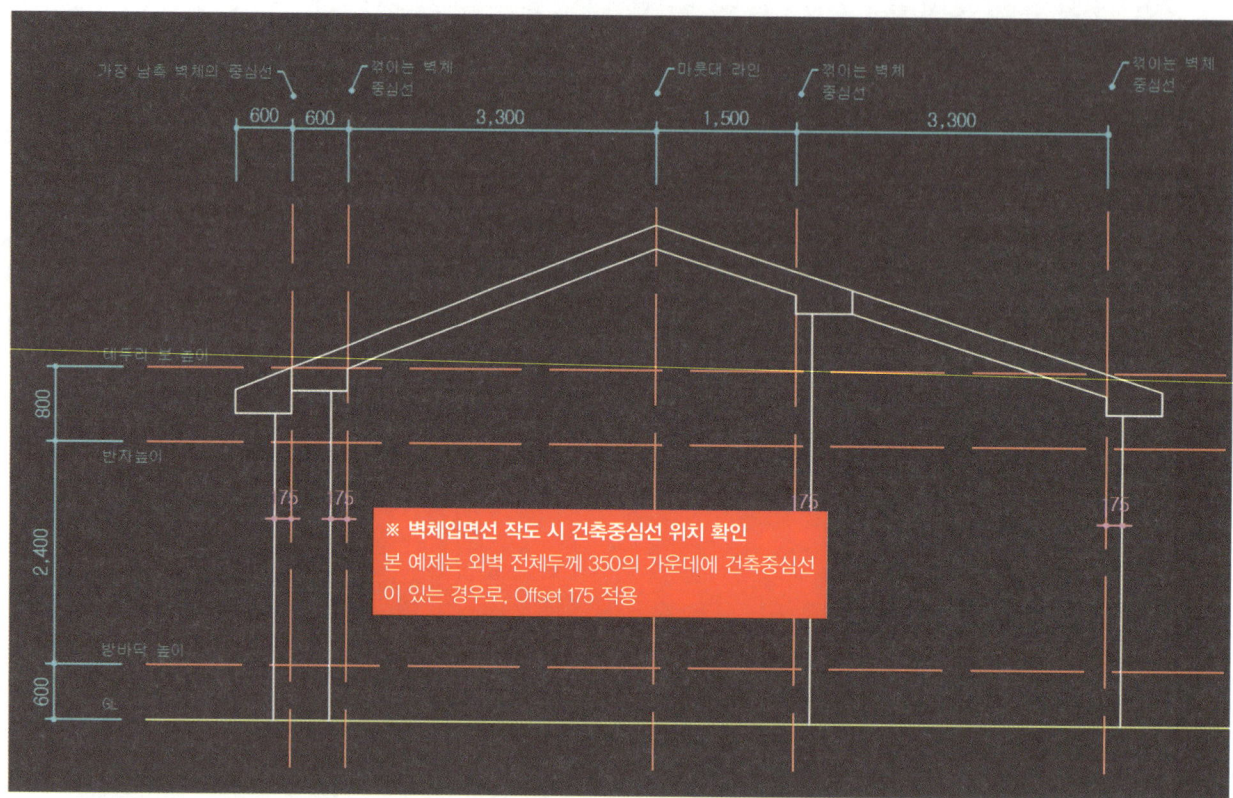

※ 벽체입면선 작도 시 건축중심선 위치 확인
본 예제는 외벽 전체두께 350의 가운데에 건축중심선이 있는 경우로, Offset 175 적용

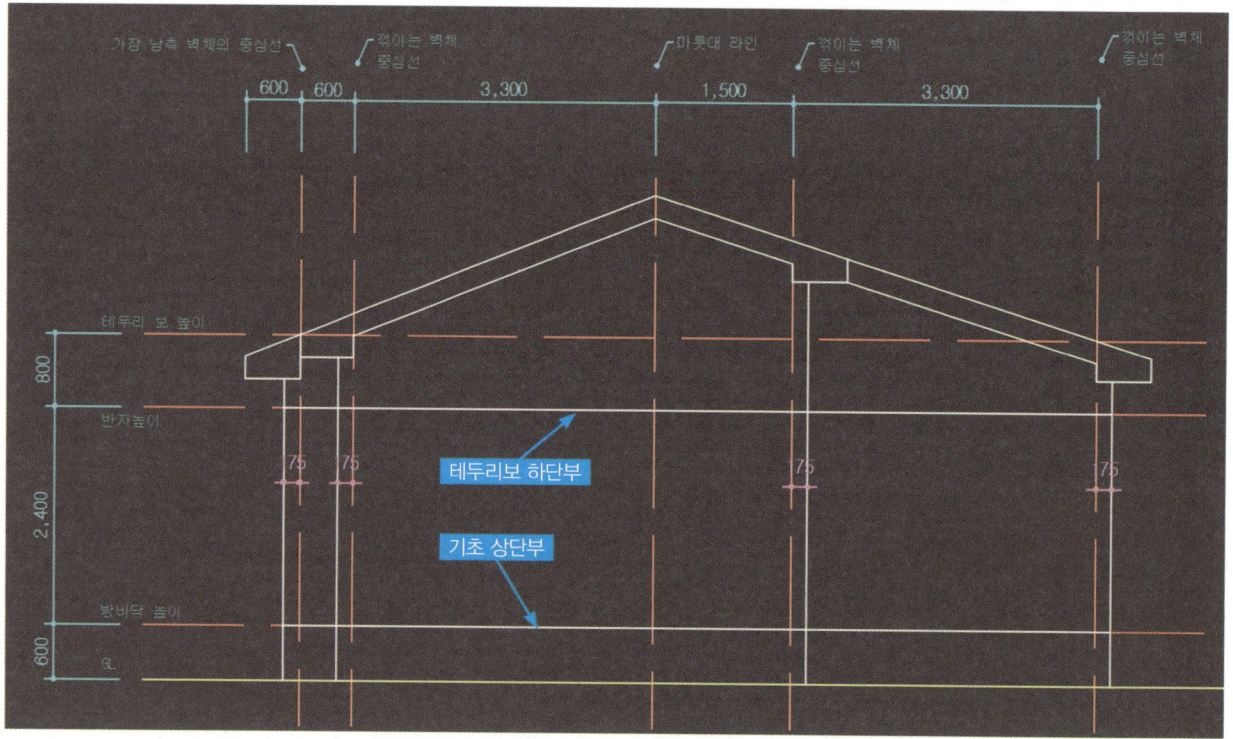

NO.	중점사항	핵심 내용
04	기타 입면 그리기	• 테라스 바닥 및 켄틸레버, 홈통, 창호 입면 그리기 • 난간 그리기 • 굴뚝 및 처마반자 그리기(입면도에서 보이는 경우), 재질표기 등 표기

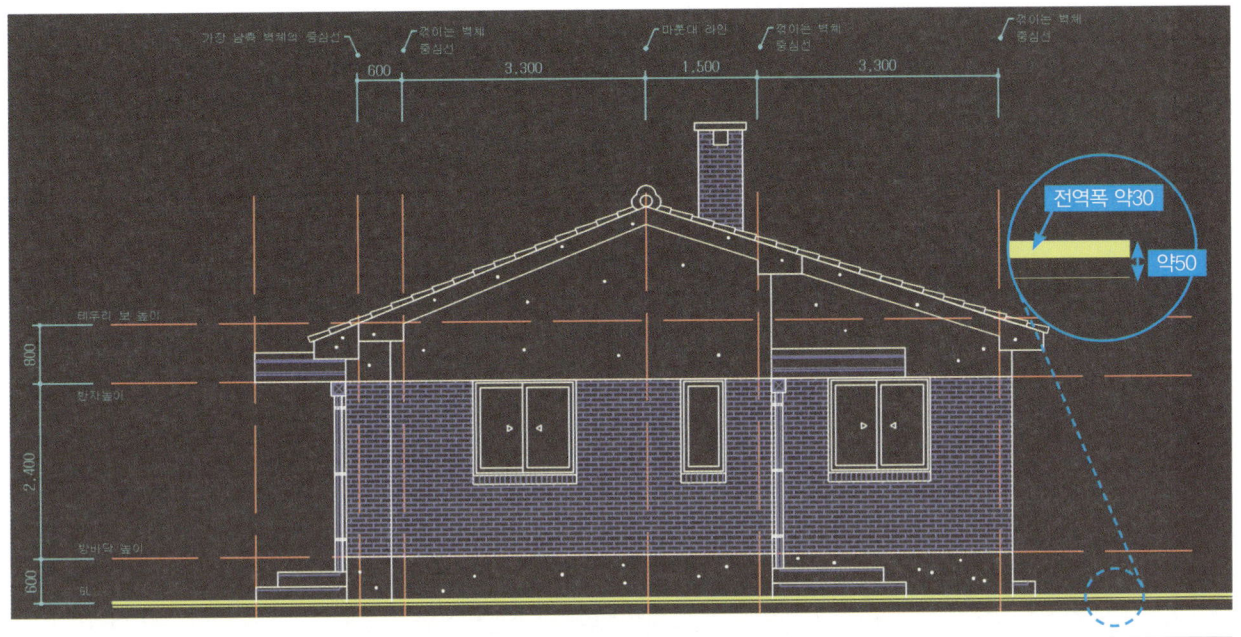

NO.	중점사항	핵심 내용
05	문자선 외	• 나무 그리기 • 문자선, 표제란 등 표기

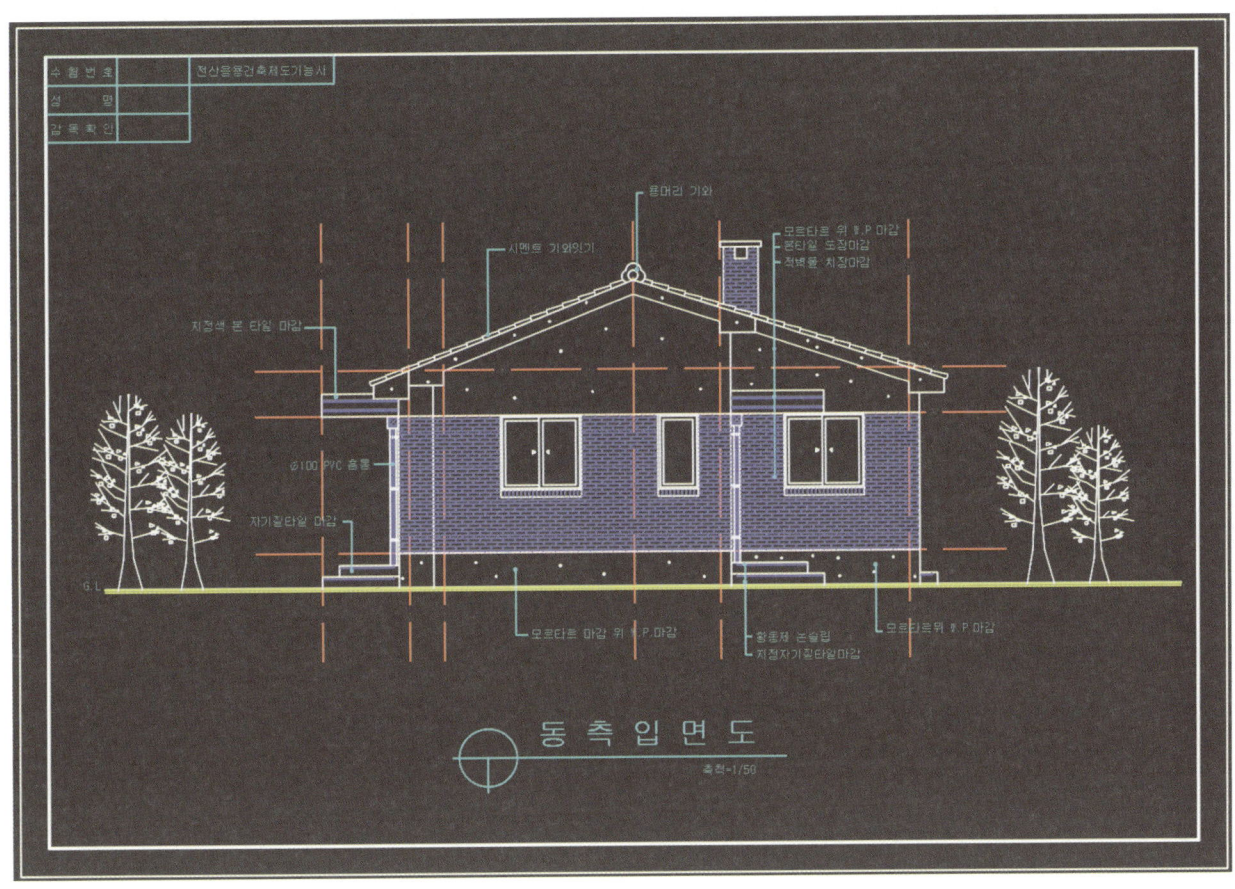

4 동측입면도

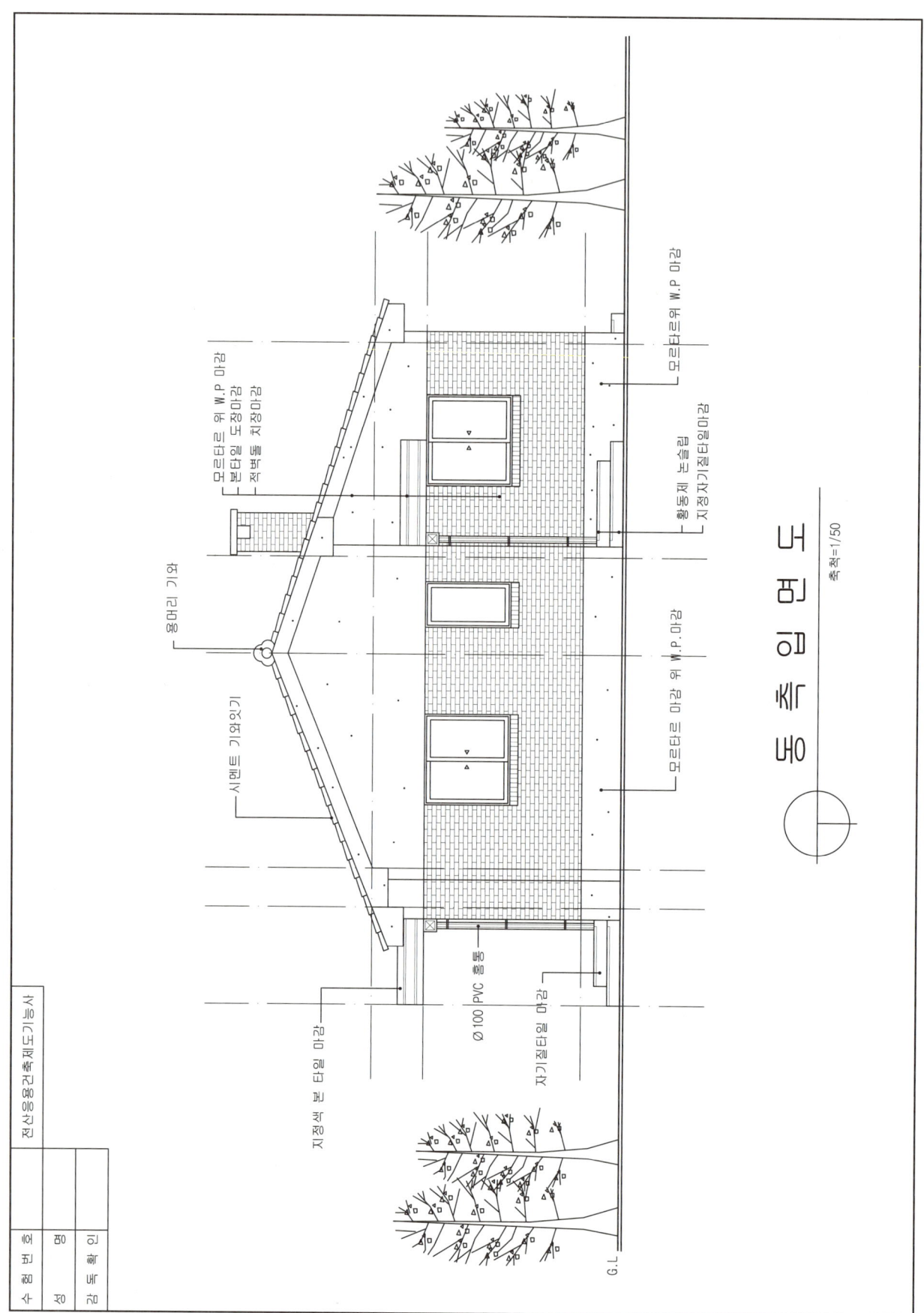

5 남측입면도 문제풀이

NO.	중점사항	핵심 내용
01	중심선 세팅	• 수평선 그리기: G.L선, 방바닥 높이, 반자 높이, 테두리보 높이 • 수직선 그리기: 벽체 중심선, 마룻대, 처마라인

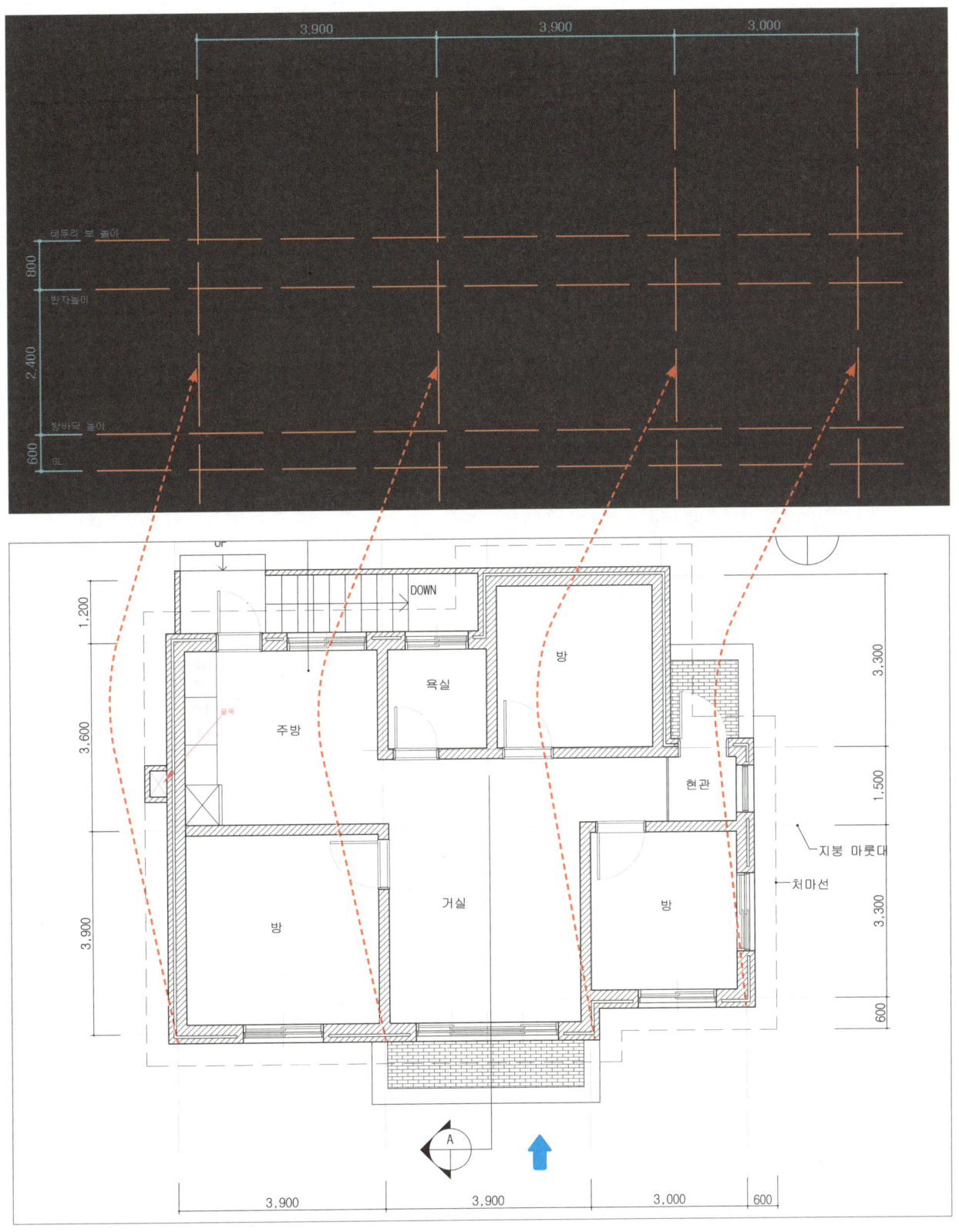

NO.	중점사항	핵심 내용
02	지붕구조 그리기	• 동측입면의 지붕구조를 그린 후 마룻대와 처마의 기준점을 찾아 정면입면도의 지붕구조 그리기 • 구조를 그리며 반대측 처마가 정면에서 보이는 지 체크 • 기와 입면 그리기

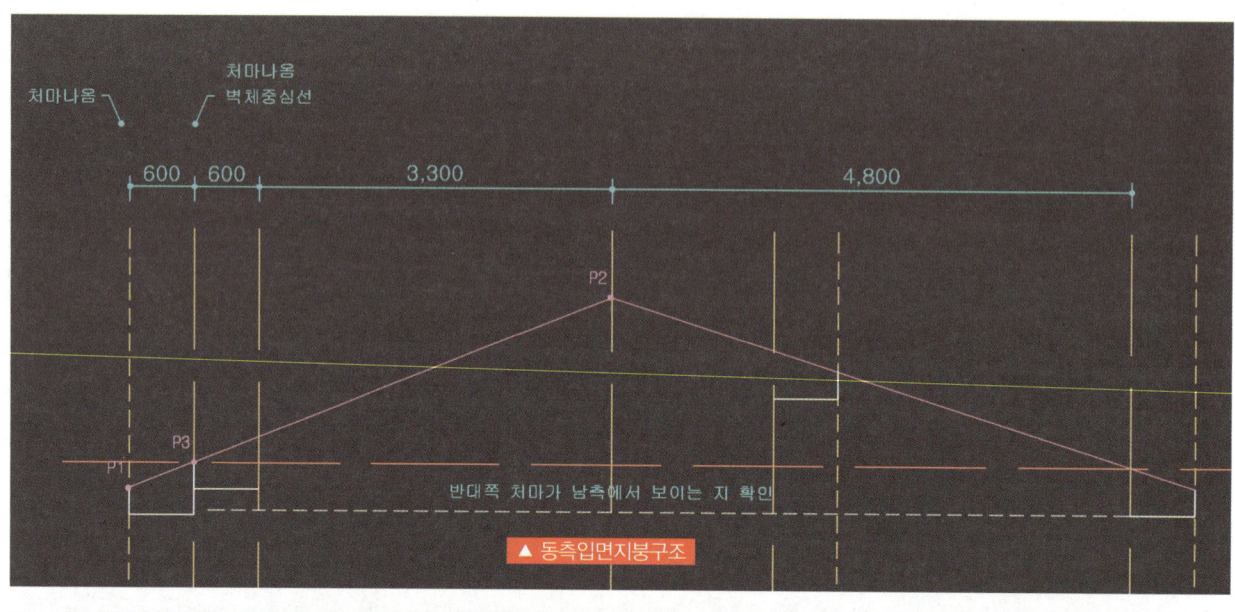
▲ 동측입면지붕구조

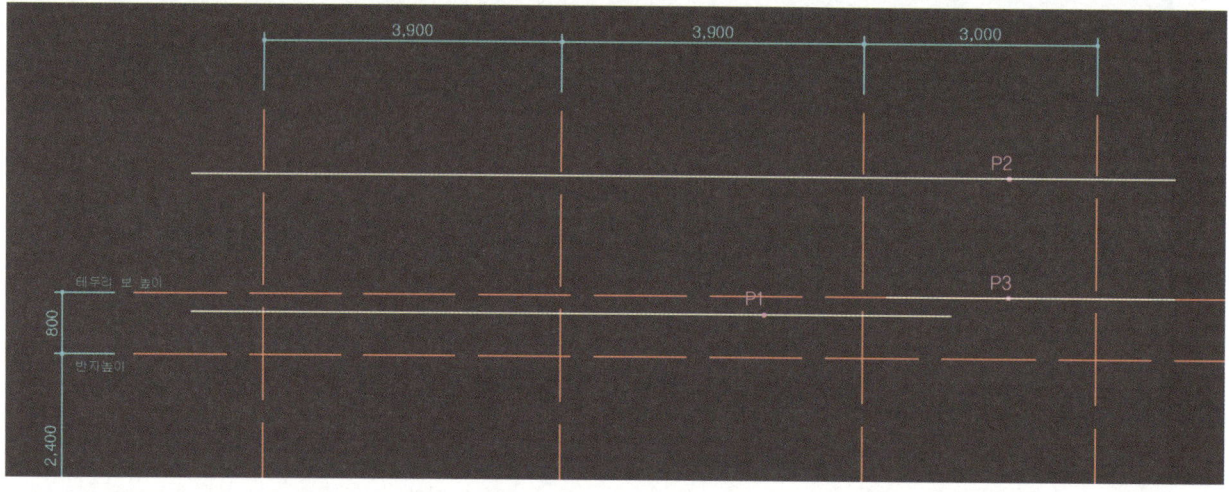

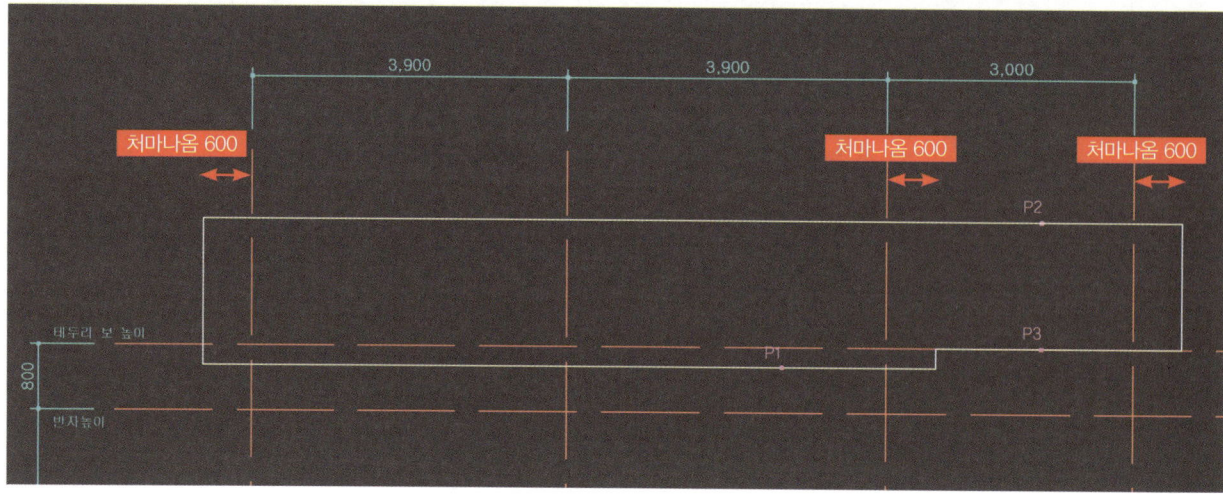

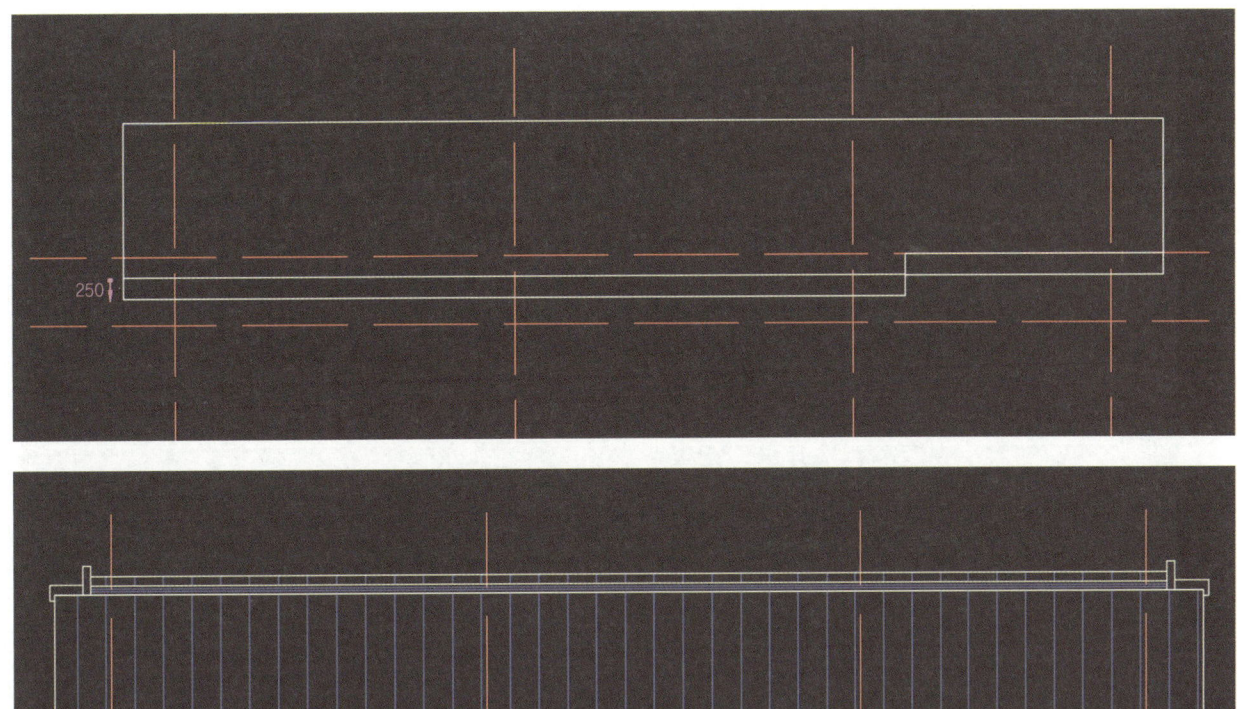

NO.	중점사항	핵심 내용
03	벽체구조	• G.L선 레이어 변경 • 벽체 입면선 그리기 • 기초 상단부와 테두리보 하단부 라인 그리기

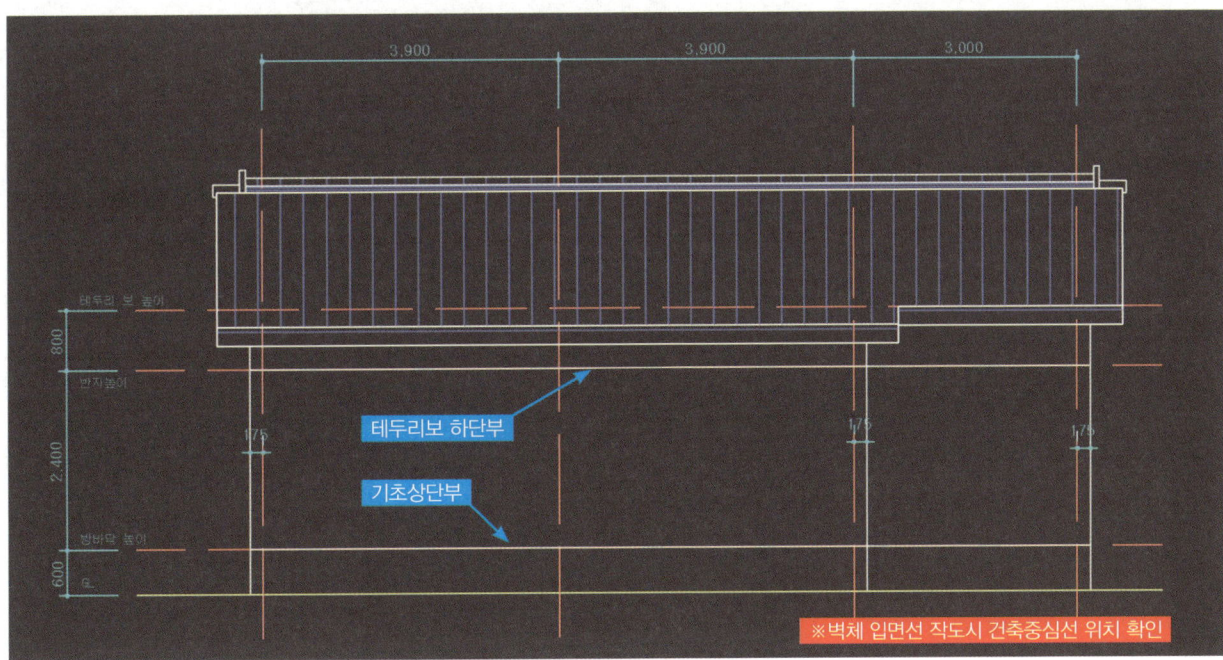

NO.	중점사항	핵심 내용
04	기타 입면 그리기	• 테라스 바닥 및 켄틸레버, 홈통 그리기 • 창호 입면그리기 • 난간 그리기 • 굴뚝 및 처마반자 그리기(입면에서 보이는 경우) • 재질표기 외

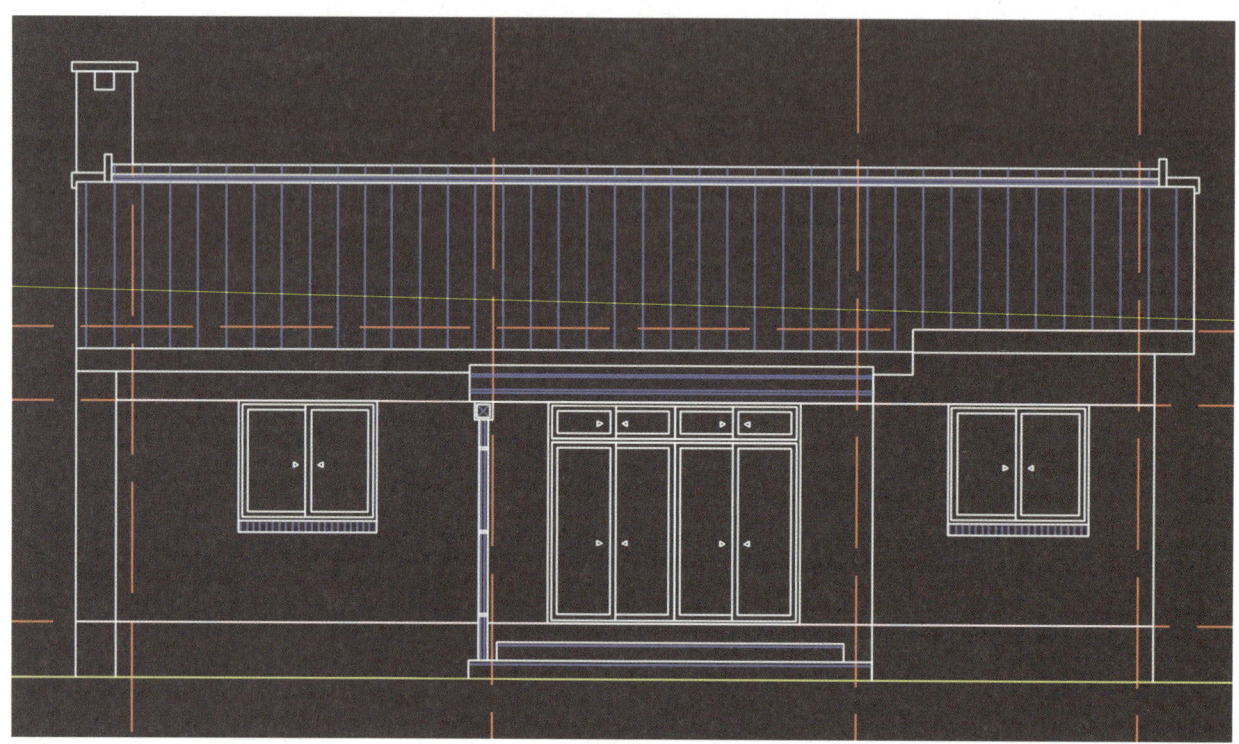

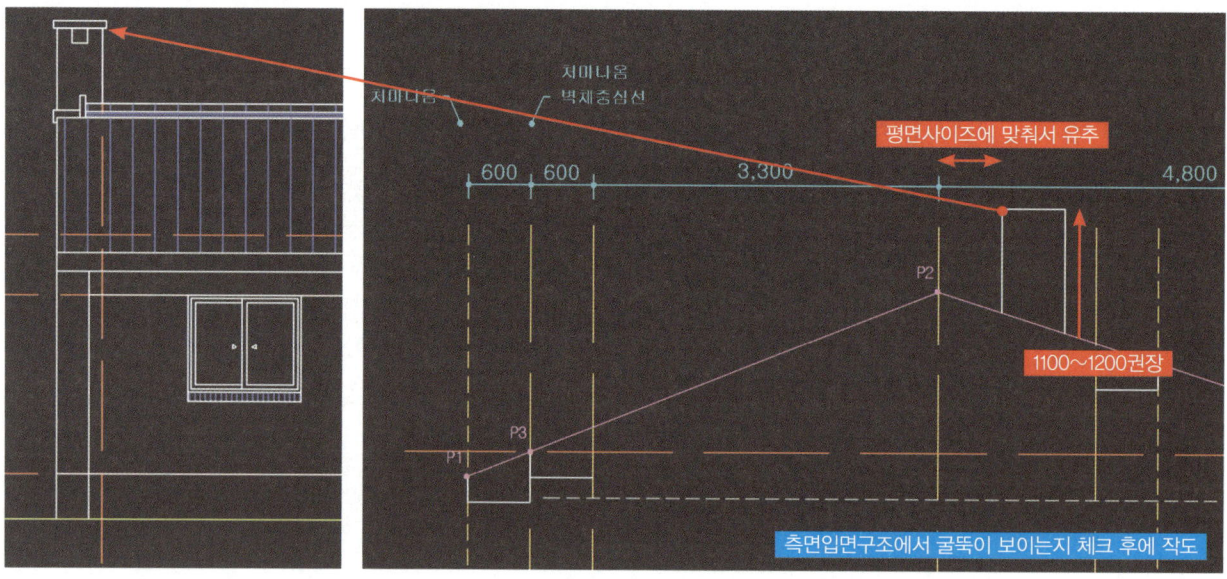

NO.	중점사항	핵심 내용
05	문자선 외	• 나무 그리기 • 문자선, 표제란 외

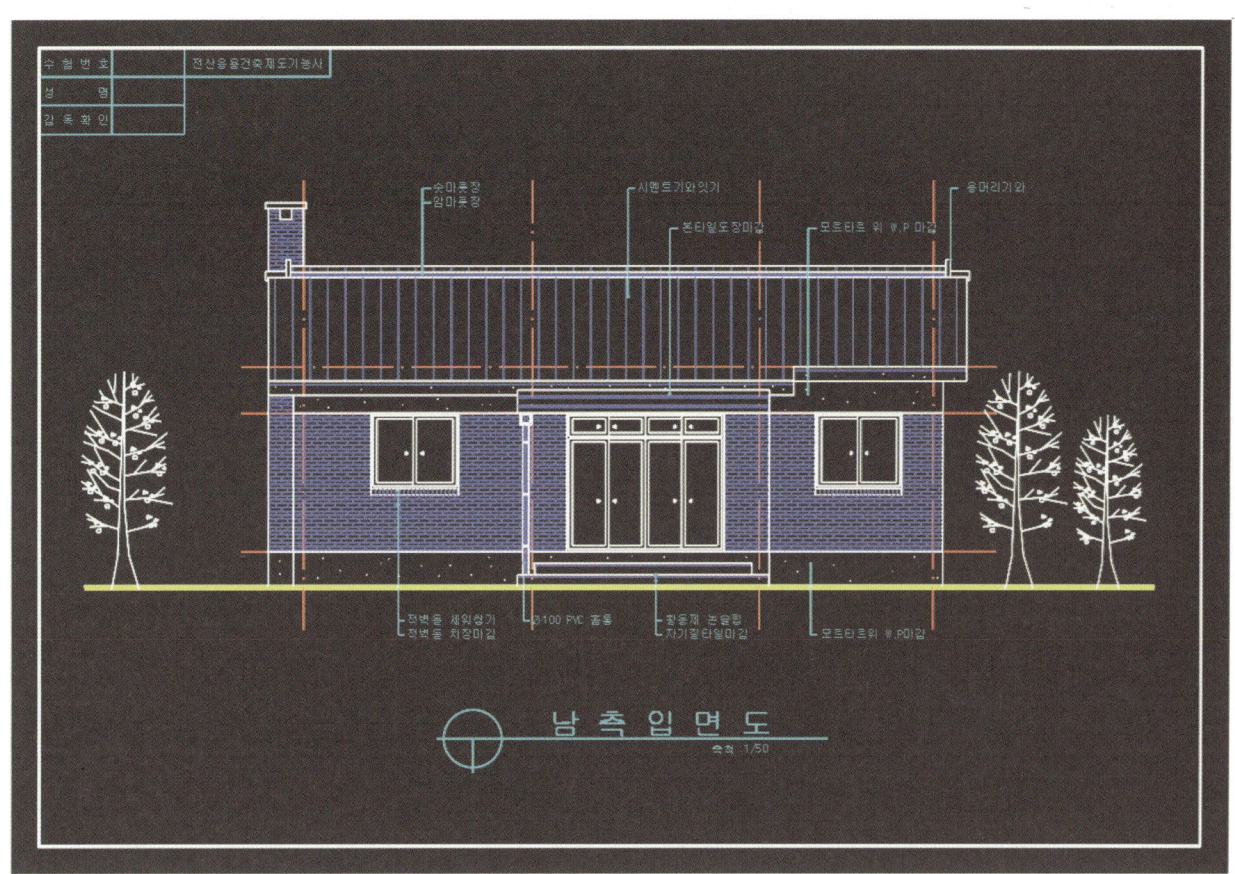

6 남측입면도

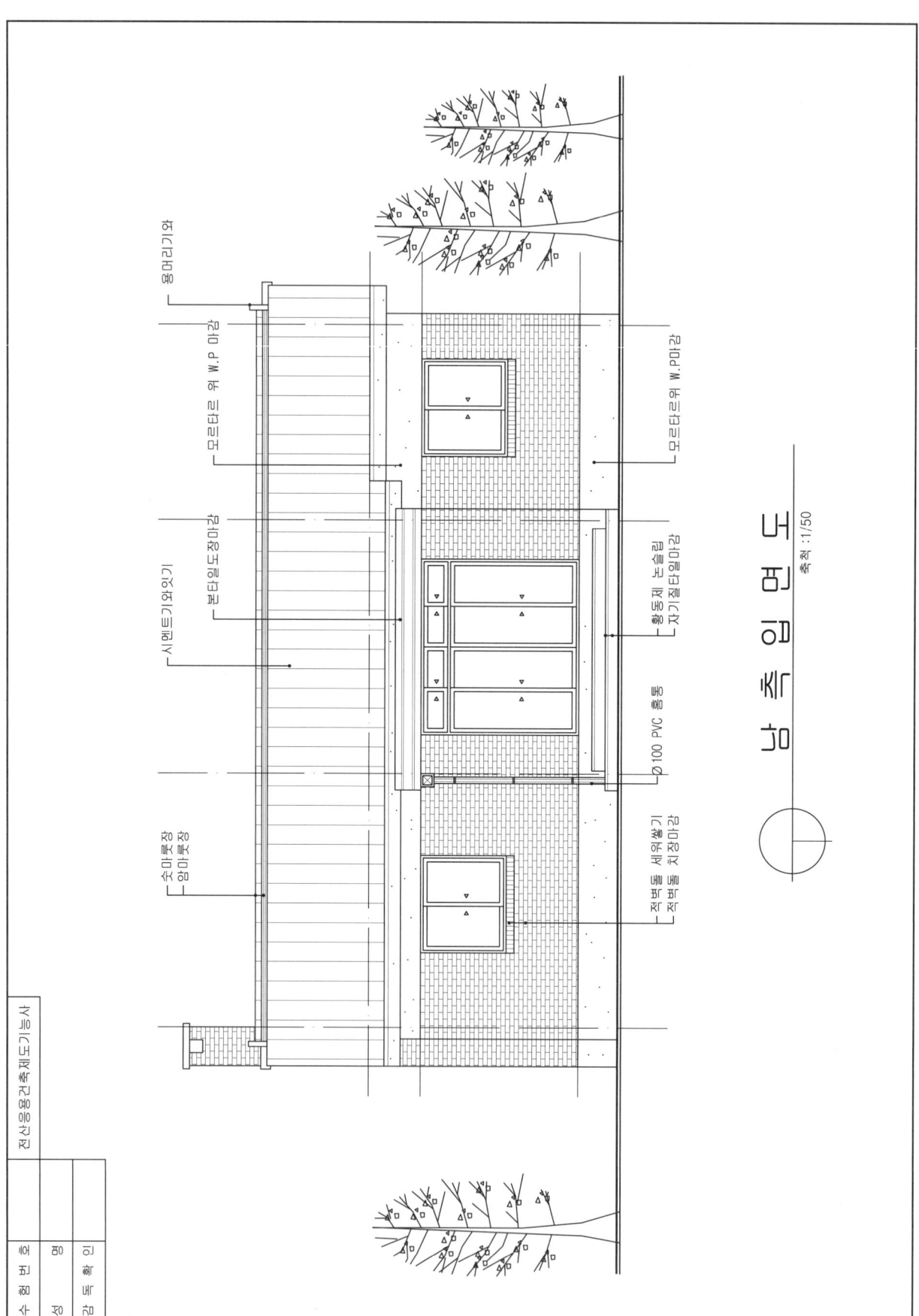

국가기술자격 실기시험문제

| 자격종목 | 전산응용건축기사 | 과제명 | 주택 |

※ 시험시간 표준시간 4시간, 연장시간 10분

거실형 + α
- 테라스와 거실의 벽체를 단면으로 표기
- 내부 방의 벽체를 단면으로 추가 표기
- 건축중심선이 내벽의 가운데 있는 유형
- 처마가 길게 나오는 경우와 테두리보를 더 높게 해야 하는 유형

01 요구사항

주어진 평면도를 보고 CAD를 이용하여 아래 조건에 맞게 다음 도면을 작도 한 후, 지급된 용지에 본인이 직접 흑백으로 출력하여 파일과 함께 제출하시오.

❶ A부분 단면 상세도를 축척 1/40으로 작도하시오.
❷ 남측입면도를 축척 1/50으로 작도하되 벽면의 마감재료 표시 및 주의의 배경 등 도면의 요소를 충분히 고려하시오.

조건
- 기초 및 지하실 벽체: 철근콘크리트 구조로 하시오.
- 벽체: 외벽 – 외부로부터 붉은벽돌 0.5B, 단열재, 시멘트 벽돌 1.0B
  　　　내벽 – 시멘트 벽돌 1.0B
- 단열재: 외벽 100mm, 바닥 100mm, 지붕 80mm
- 지붕: 철근콘크리트 경사슬래브 위 시멘트 기와잇기 마감으로 하시오. (물매 4/10 이상)
- 처마나옴: 벽체중심에서 900mm
- 반자높이: 2,400mm, 처마반자 설치
- 창호: 목재창호로 하되 2중창인 경우 알루미늄 새시로 하시오.
- 각실의 난방: 온수파이프 온돌난방으로 하시오.
- 기타 각 부분의 마감, 치수 등 주어지지 않는 조건은 일반적인 시공수준으로 하시오.
- 선의 통일을 기하기 위하여 아래와 같이 선의 색을 정리하여 출력하시오.
  - 흰색 (7–White): 0.3mm
  - 녹색 (3–Green): 0.2mm
  - 노랑 (2–Yellow): 0.4mm
  - 하늘색 (4–Cyan): 0.3mm
  - 빨강 (1–Red): 0.2mm
  - 파랑 (5–Blue): 0.1mm

02 수험자 유의사항

※다음 유의사항을 고려하여 요구사항을 완성하시오.

1) 명기되지 않은 조건은 건축법, 건축구조 및 건축제도 원칙에 따릅니다.

2) 시험시작 전 바탕화면에 본인 비밀번호로 폴더를 생성하고, 폴더 안의 작업내용을 저장하도록 합니다.

3) 정전 및 기계 고장 등에 의한 자료손실을 방지하기 위하여 수시로 저장합니다.

4) 다음과 같은 경우는 부정행위로 처리됩니다.
　가) 노트 및 서적, 디스켓을 소지하거나 주고받는 행위
　나) 건물의 구조부분의 상세나 글씨 등을 사전에 블록으로 설정하여 지참해 사용하는 경우

5) 작업이 끝나면 감독위원의 확인을 받은 후 문제지를 제출하고 본부요원 입회하에 본인이 직접 A3용지에 흑백으로 도면을 출력하도록 합니다. 이때 수험자의 운영 미숙으로 도면이 출력되지 않는 경우나 출력시간이 20분을 초과할 경우는 실격처리 됩니다.

6) 장비 조작 미숙으로 장비의 파손 및 고장을 일으킬 염려가 있을 경우 실격됩니다.

7) 다음과 같은 경우에는 채점대상에서 제외됩니다.
　가) 주어진 조건을 지키지 않고 작도한 경우
　나) 요구한 전도면을 작도하지 않은 경우
　다) 건축제도 통칙을 준수하지 않거나 건축 CAD의 기능이 없는 상태에서 완성된 도면

8) 수험번호, 성명은 도면 좌측 상단에 아래와 같이 표제란을 만들어 기재합니다.

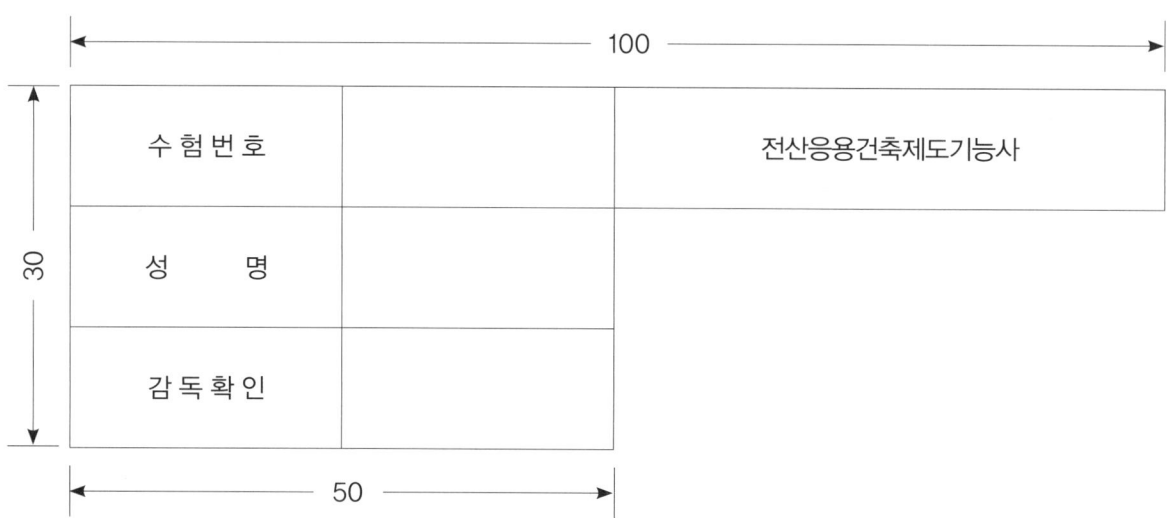

9) 감독위원은 시험시작 후 수검자에게 표제란을 우선 작도 후 도면을 작도하도록 하여야 하며, 수험자가 감독위원의 지시를 따르지 않을 경우 실격 처리됩니다.

10) 테두리선의 여백은 10mm로 합니다.

03 평면도

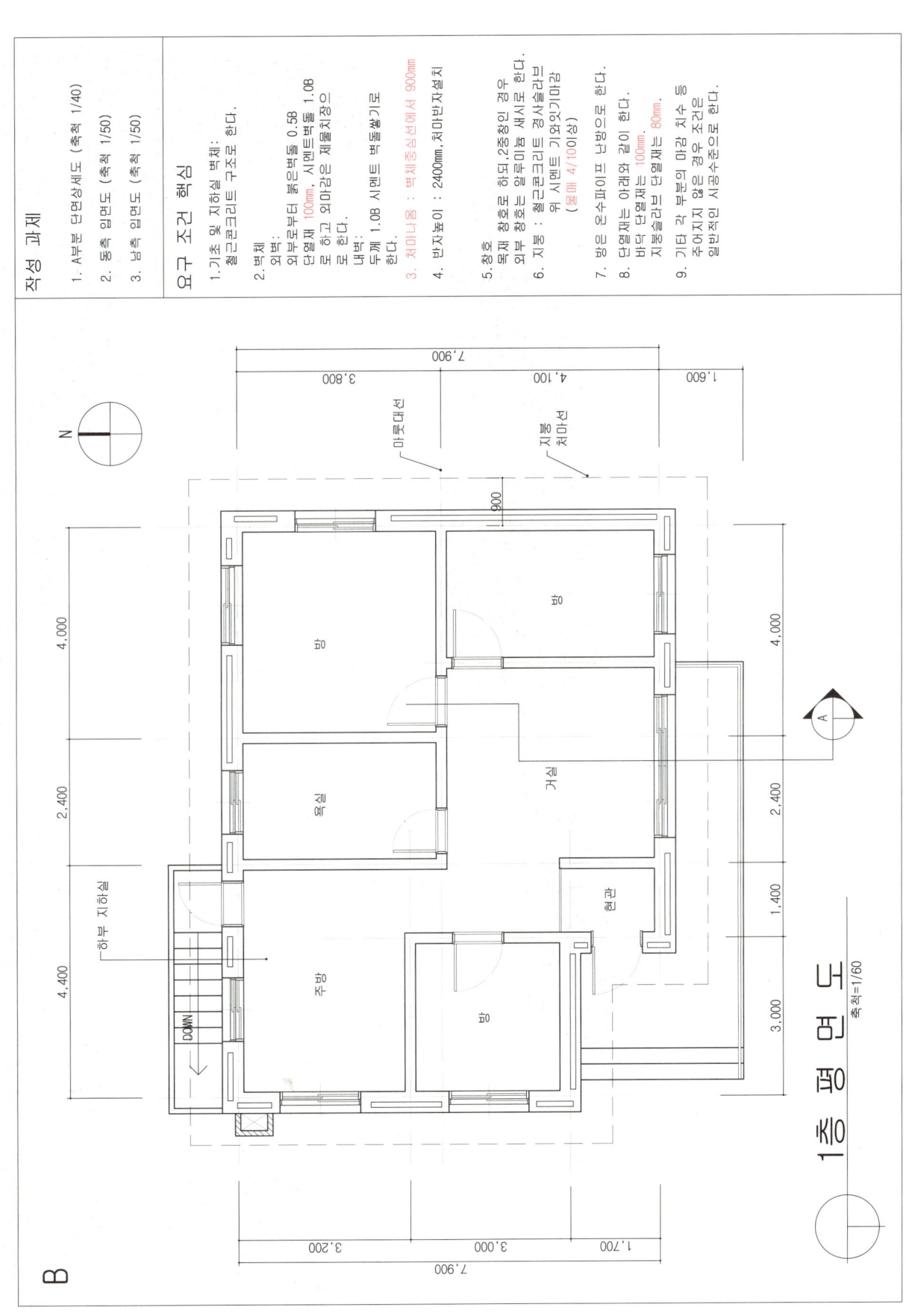

참고   3D 모델링

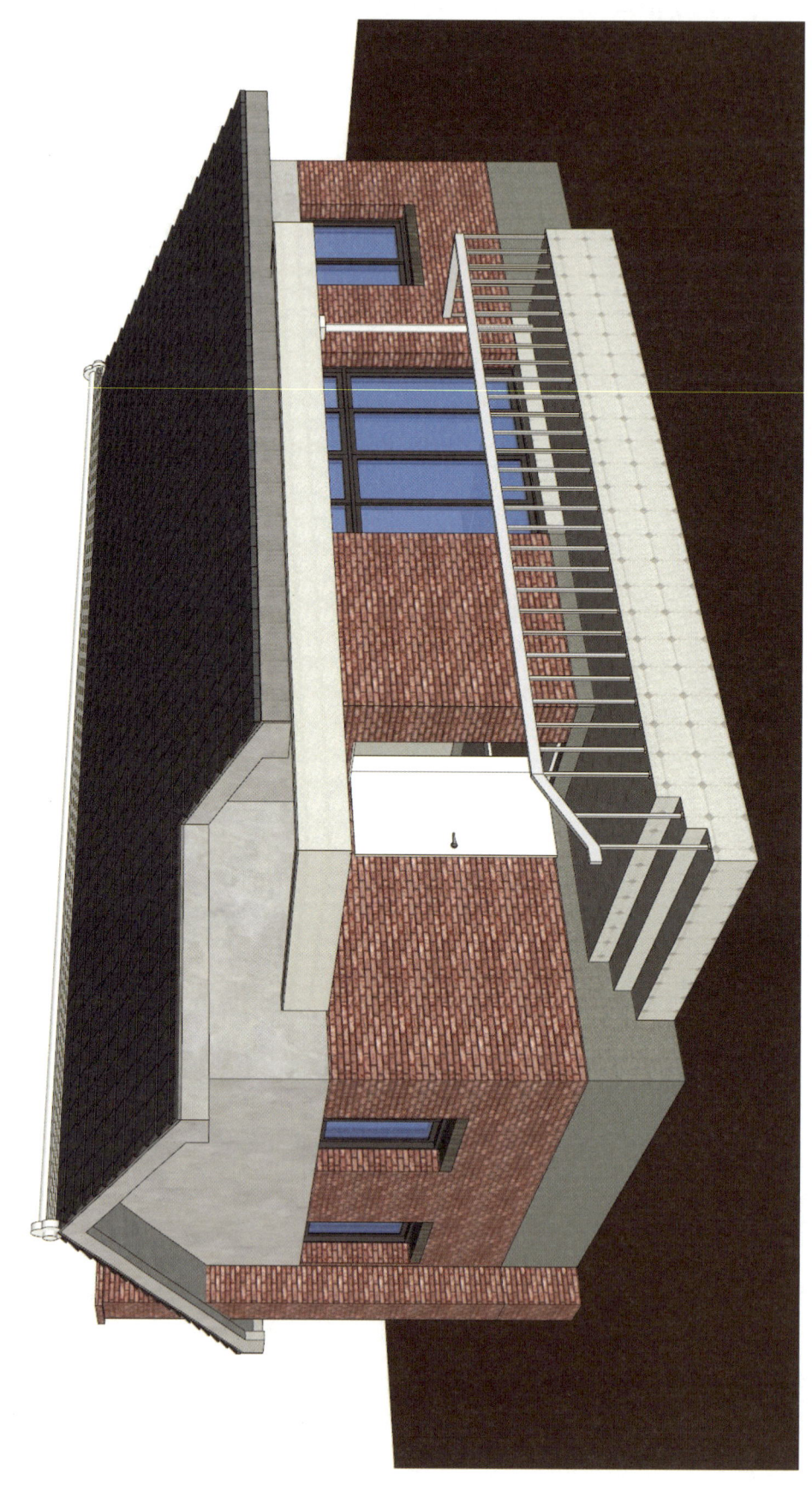

※ 위 이미지는 도면의 이해를 돕기 위한 시각자료이며 본 시험에는 출제되지 않습니다.

1 단면상세도 문제풀이

NO.	중점사항	핵심 내용
01	중심선 세팅	• 수평선 그리기: G.L선, 기초동결선, 방바닥 높이, 반자 높이, 테두리보 높이 • 수직선 그리기: 벽체 중심선, 마룻대, 처마라인

❶ 방바닥 높이 확인: 요구사항에 없으므로 아래와 같이 기준을 잡는다.

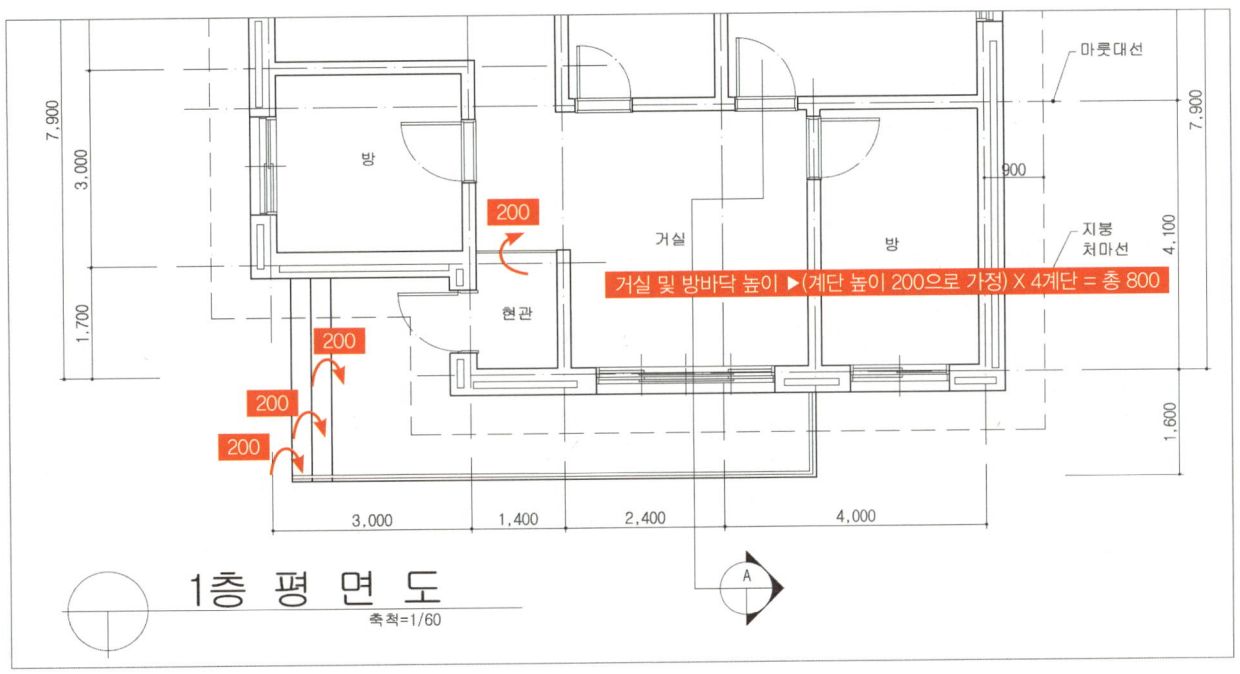

❷ 처마나옴: 요구사항에 벽체 중심선에서 900mm를 확인하고 평면에 처마라인을 확인한다.
❸ 벽체 중심선: 도면에서 건축 중심선의 위치 확인한다. ▶ 도면확인결과 내벽의 가운데에 건축 중심선이 위치
❹ 벽체두께 ▶ 총 400 = 1.0B(200) + 단열재 100 + 0.5B(100)
❺ 마룻대: 도면에서 마룻대의 위치를 확인한다.

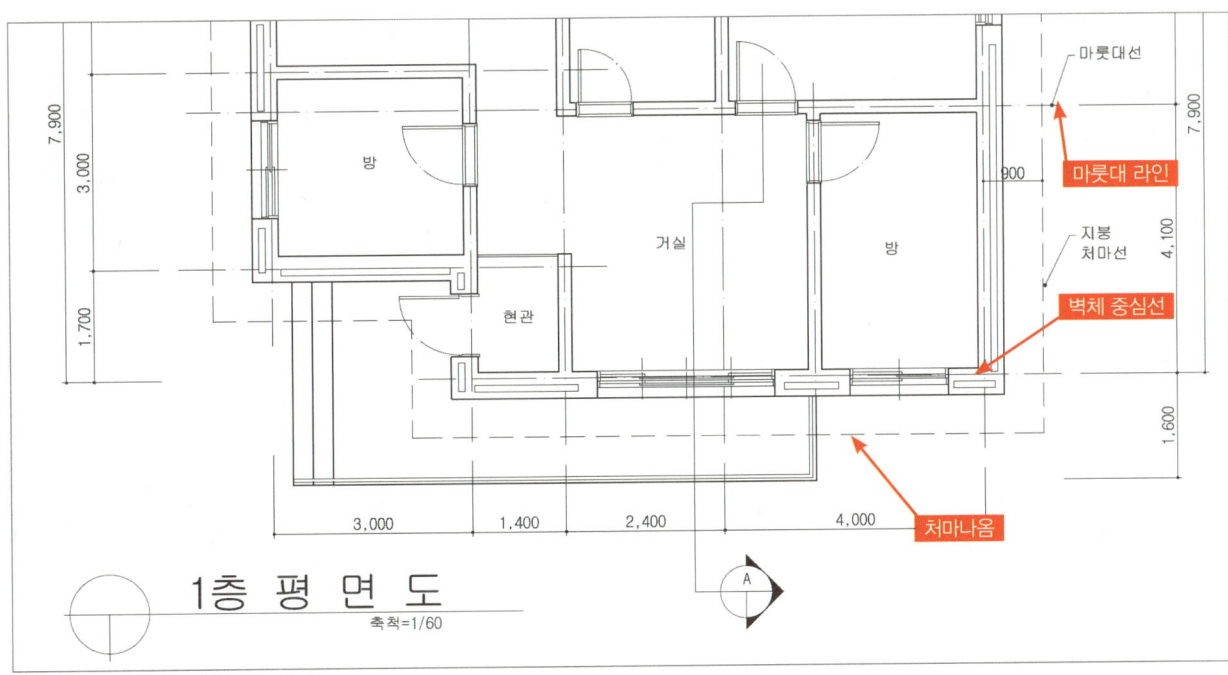

❻ 단면상세도로 표현해야 하는 곳 위주로 중심선을 세팅한다.

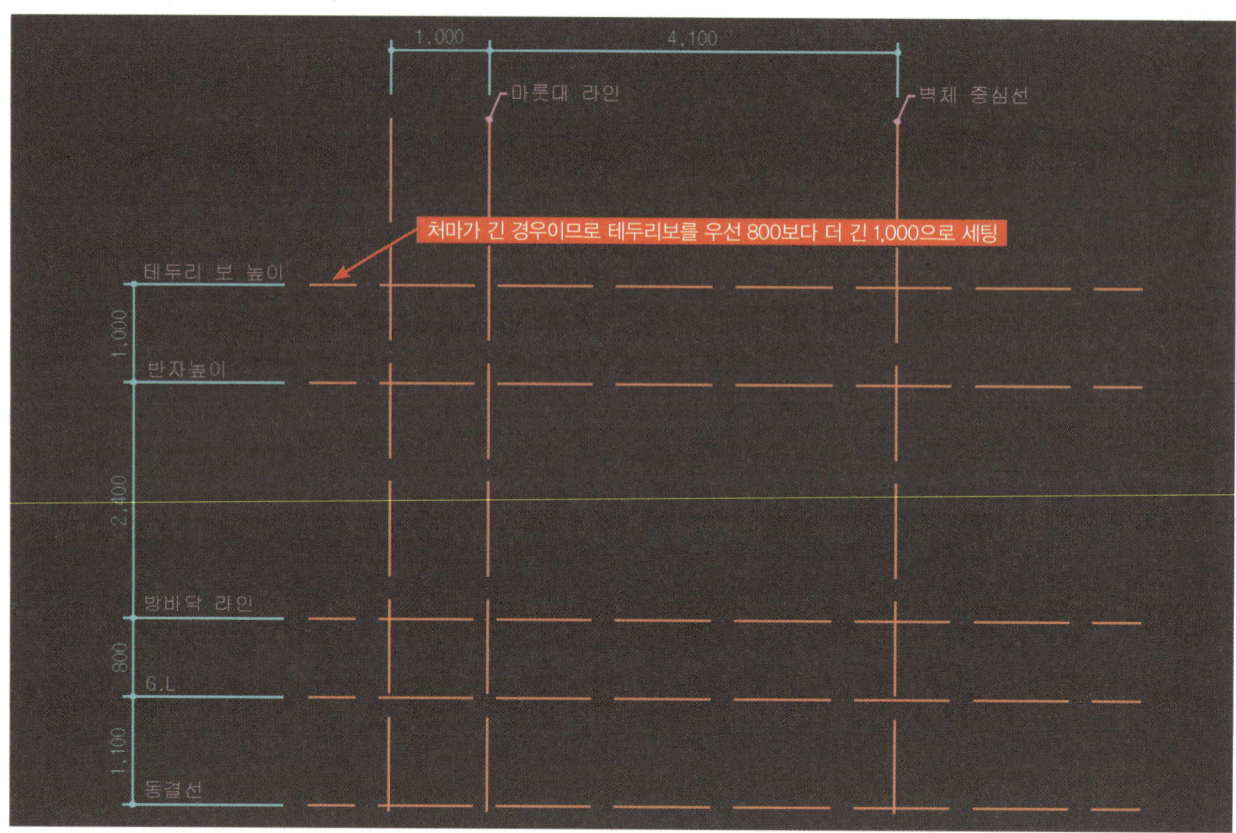

NO.	중점사항	핵심 내용

02	지붕구조 그리기	• 물매선을 그린 후 지붕 슬라브, 처마, 테두리보 구조를 그린다.
		• 테두리보 적정 높이 확인: 처마가 천장보다 내려올 경우 테두리보를 더 올린다.
		• 물매선을 그릴 때 주의사항:
		  물매선은 마룻대를 기준으로 가장 멀리 떨어져 있는 벽체의 중심선을 기준으로 잡는다.
		• 외벽벽체 두께확인:
		  벽돌두께 및 단열재의 두께를 확인하여 전체 벽체두께를 계산하여 테두리보의 두께를 동일하게 선정

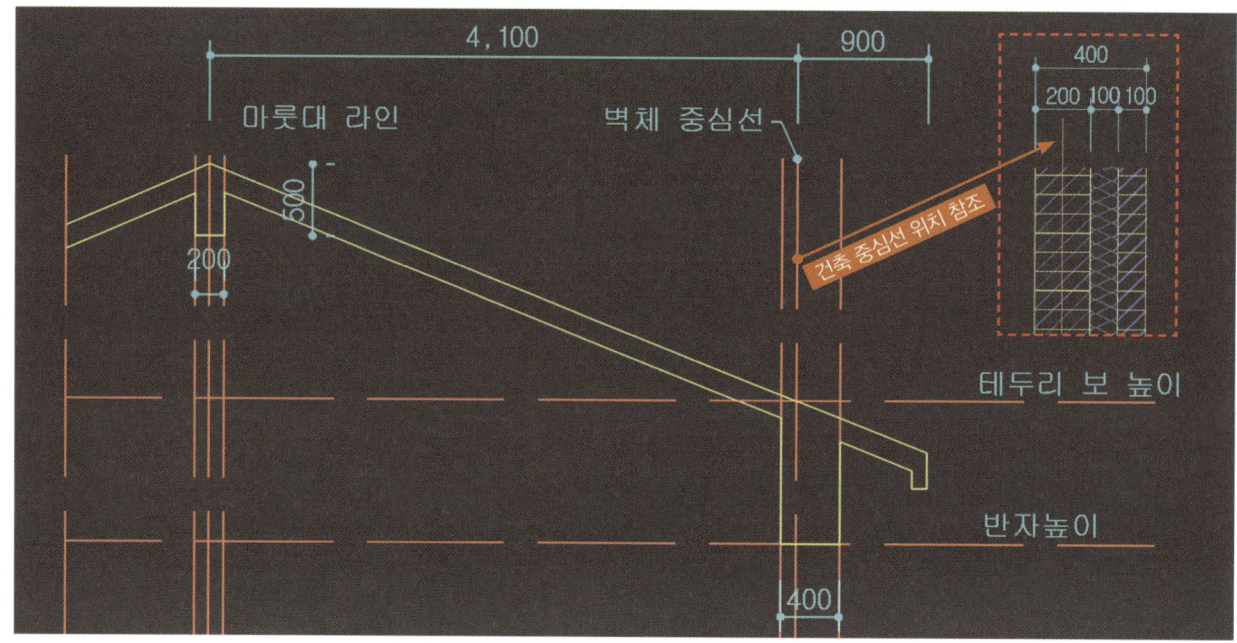

NO.	중점사항	핵심 내용

03	기초 그리기	• 벽체가 있는 곳을 체크하며 벽체 하부에 기초를 그린다.
		• 기초의 폭 체크:
		  요구사항의 벽체두께를 확인하여 기초의 폭을 정하여 그린다.
		• 중심선의 위치 확인:
		  중심선이 전체 벽체의 가운데에 있는지 또는 내벽의 가운데에 있는지 체크한다.

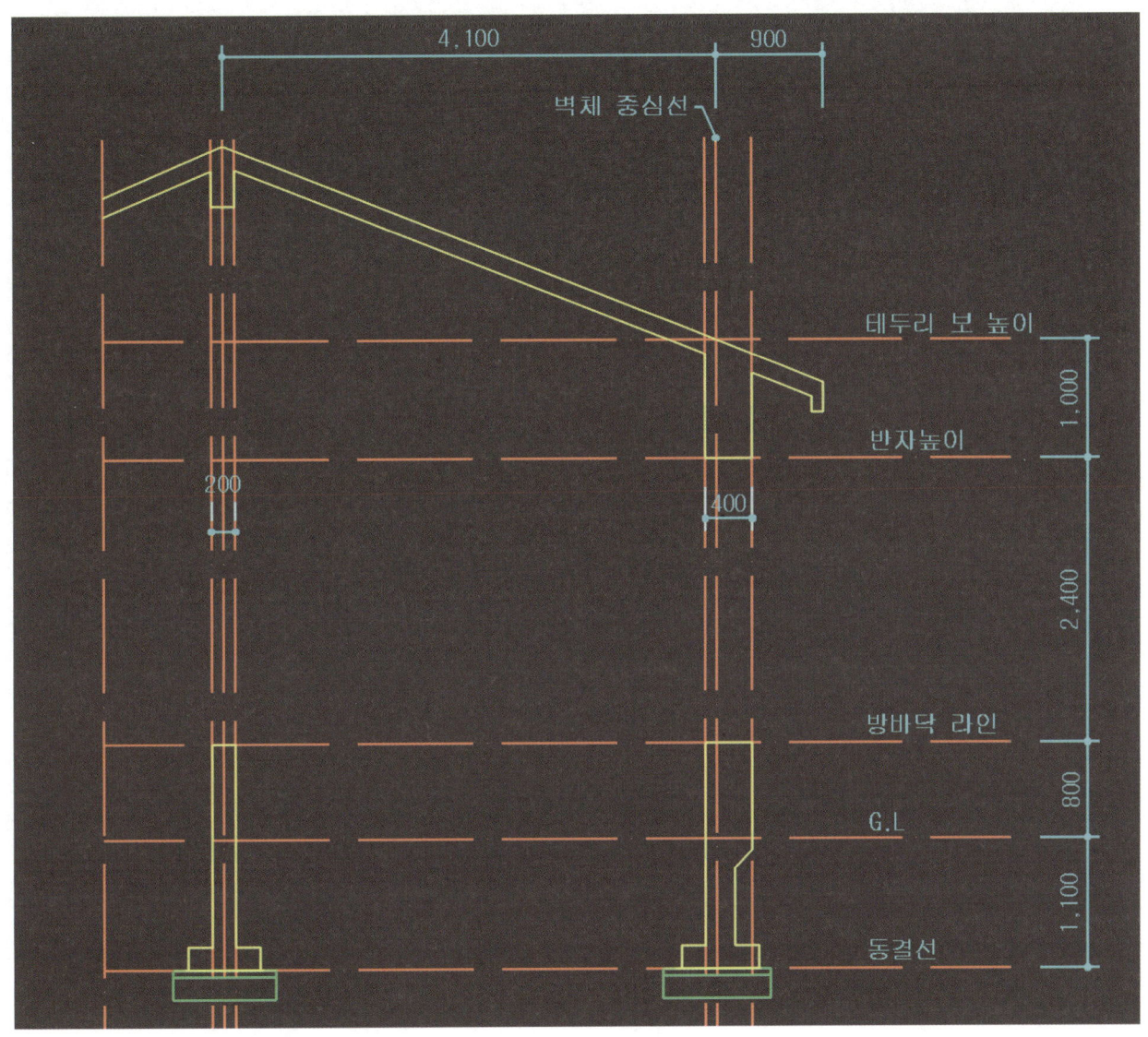

NO.	중점사항	핵심 내용
04	벽체 및 창호 그리기	• 외벽벽체 두께확인: 벽돌두께 및 단열재의 두께를 확인하여 두께 산정 • 문의 단면을 그릴 때 체크사항: 문턱이 있는지 평면을 확인

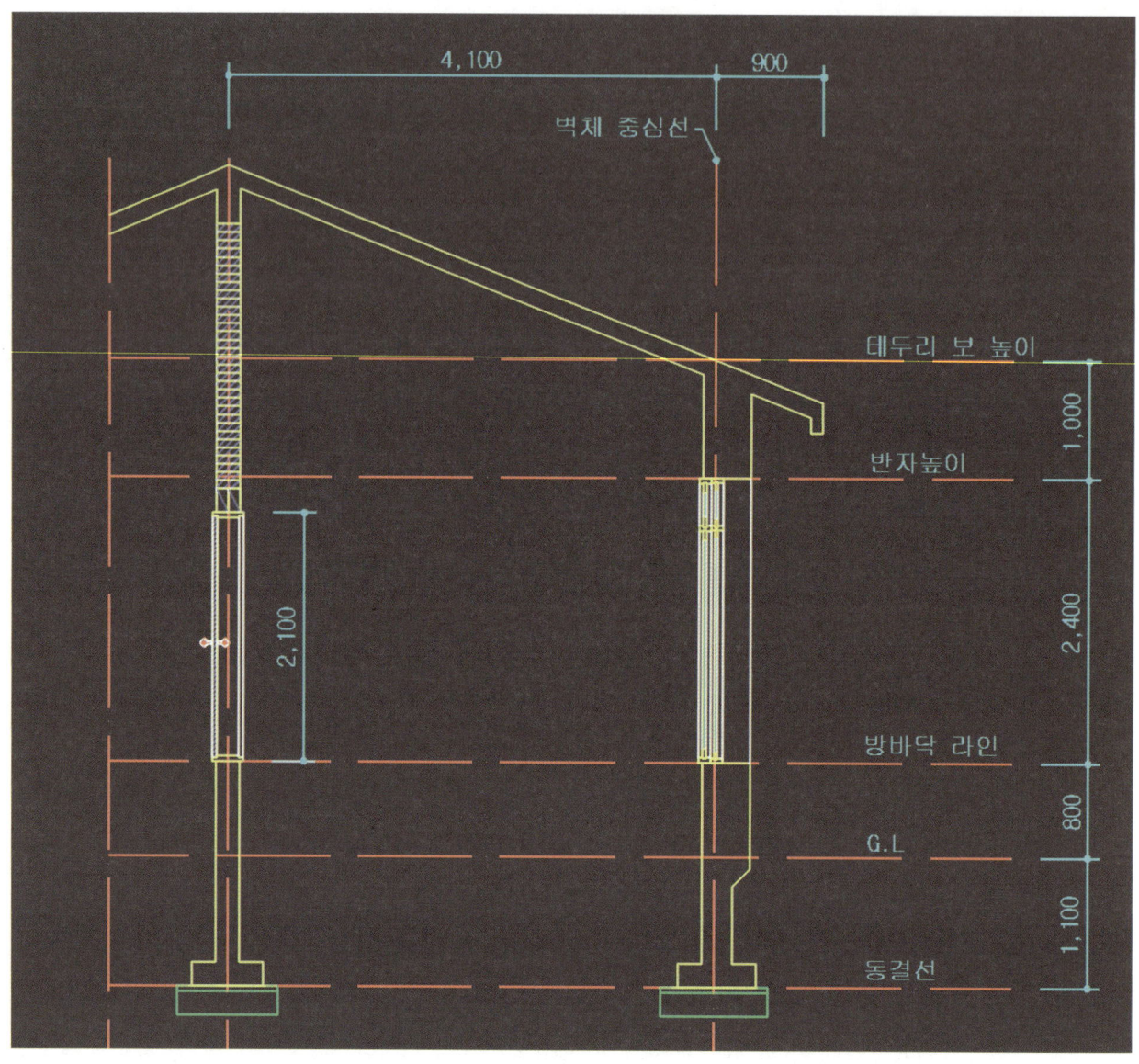

NO.	중점사항	핵심 내용
05	테라스 바닥구조 그리기	• 테라스 높이는 요구사항에 맞게 그리되 요구조건에 없을 경우 설계자가 일반적인 시공수준으로 테라스 높이를 정해서 그린다. • 테라스 폭은 도면의 사이즈에 맞게 그린다.

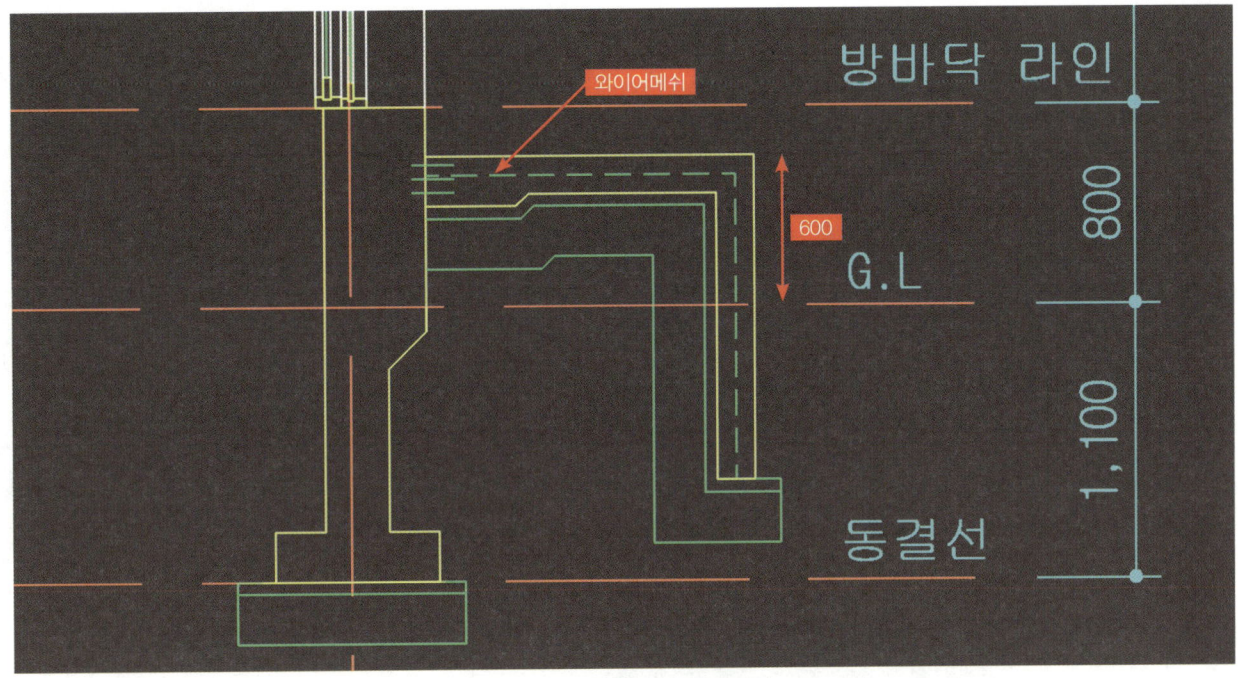

■ 위 도면은 테라스 바닥을 "무근콘크리트+와이어메쉬"로 작도한 경우의 예시이다.
요구조건에 "바닥슬라브와 기초를 일체식으로 표현하시오"라고 나오면 콘크리트로 재료표기를 하며 기초와 일체로 그린다.(최근 출제 경향)

NO.	중점사항	핵심 내용
06	캐노피 그리기	• 요구조건에 '캐노피를 작도하지 않는다'라는 내용이 있으면 캐노피를 그리지 않는다. • 캐노피의 사이즈가 도면 미표기 되어 있을 경우 테라스의 폭 이하로 적절히 그린다.

■ 캐노피: 테라스 위쪽을 가리는 지붕처럼 돌출된 것이다.
 - 본 예제에 요구조건에는 캐노피 미작도에 대한 언급이 없으므로 도면에 캐노피를 표현한다.

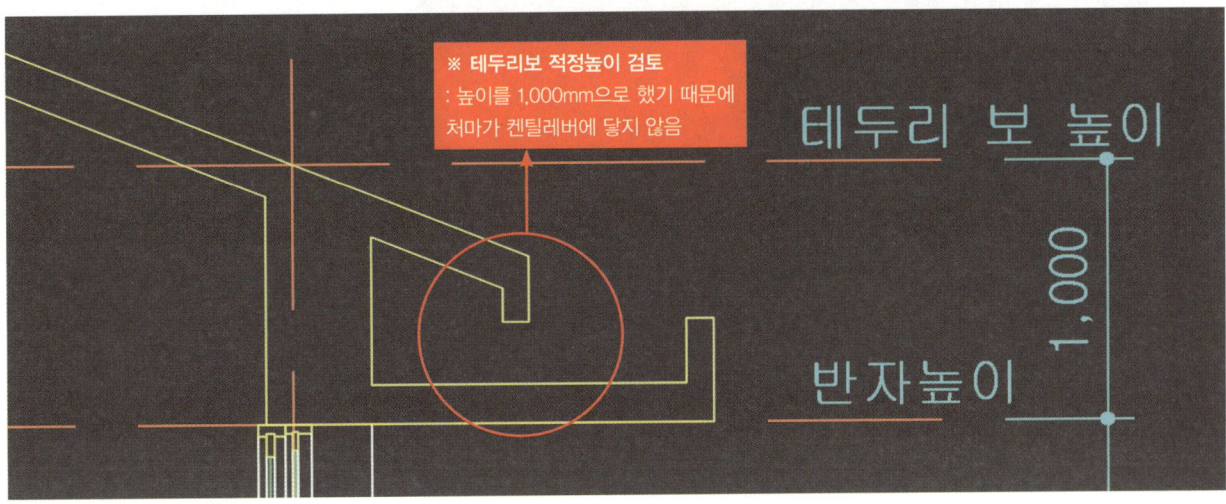

NO.	중점사항	핵심 내용
07	실내바닥 구조 그리기	• 방바닥 높이는 요구사항에 맞게 그리되 요구사항이 없을 경우 G.L선에서 현관을 거쳐 거실입구까지 계단 높이를 참조하여 정한다. • 바닥 슬라브 단열재 두께 요구사항을 확인하여 그린다.

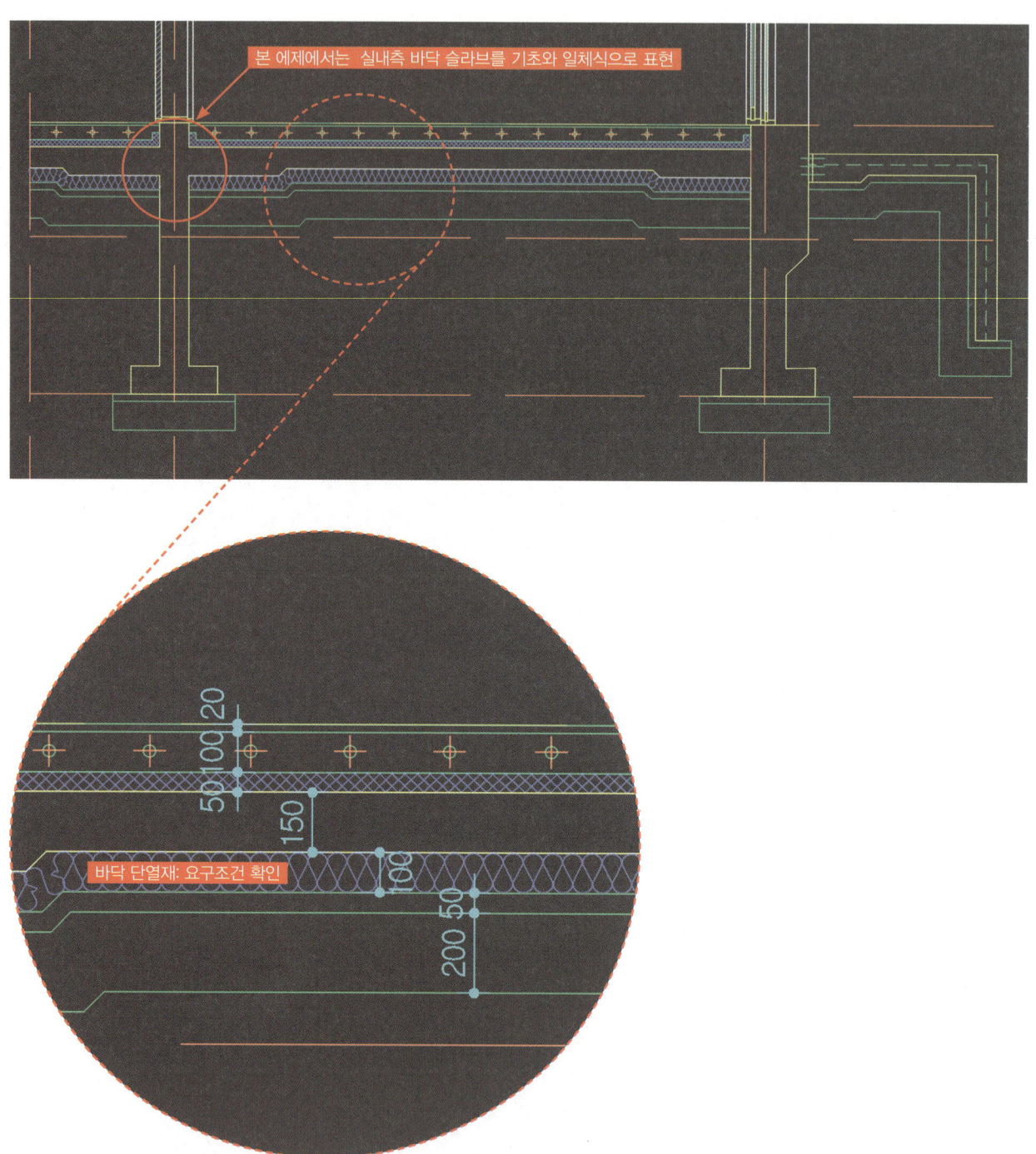

NO.	중점사항	핵심 내용
08	실내 천장 그리기	• 지붕슬라브 단열재두께: 요구사항 확인 • 커튼박스가 평면도 및 시험요구조건에 명시되어 있을 경우 도면에 표기

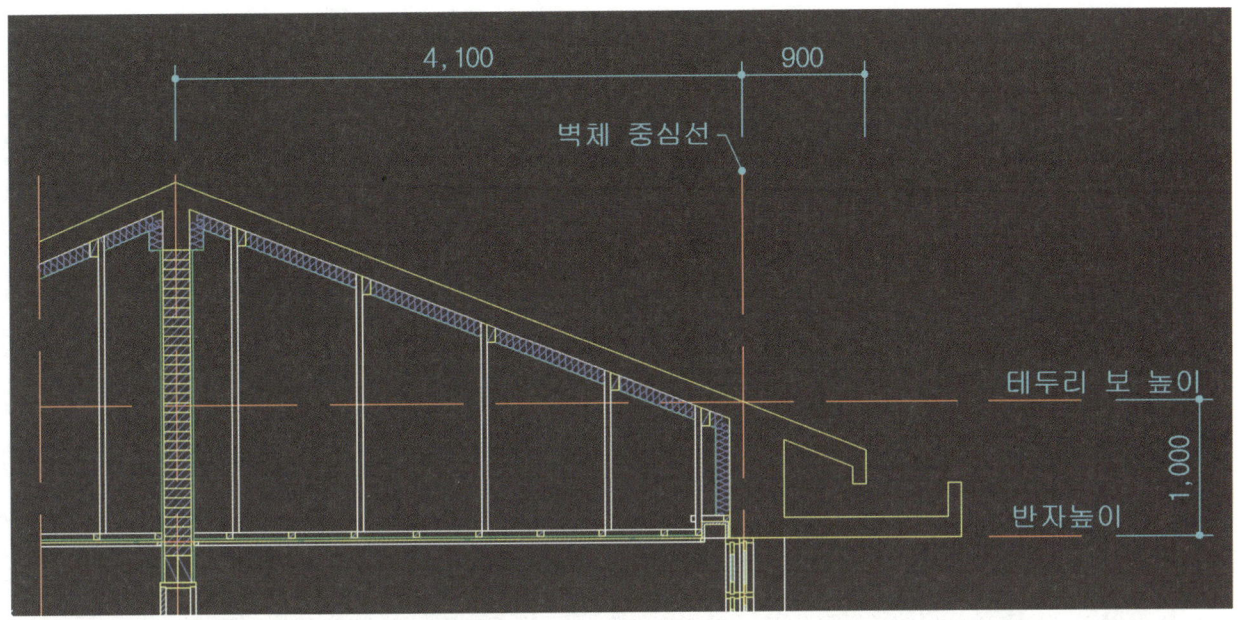

NO.	중점사항	핵심 내용
09	지붕 상세도 그리기	• 모르타르 라인 두께: 방수하는 곳 30mm, 방수하지 않는 곳 20mm • 처마반자, 지붕기와, 암마룻장, 숫마루장 단면, 용머리장식 입면 • 지붕의 박공부위 입면이 보이는 곳이 있는지 체크 • 굴뚝 그리기

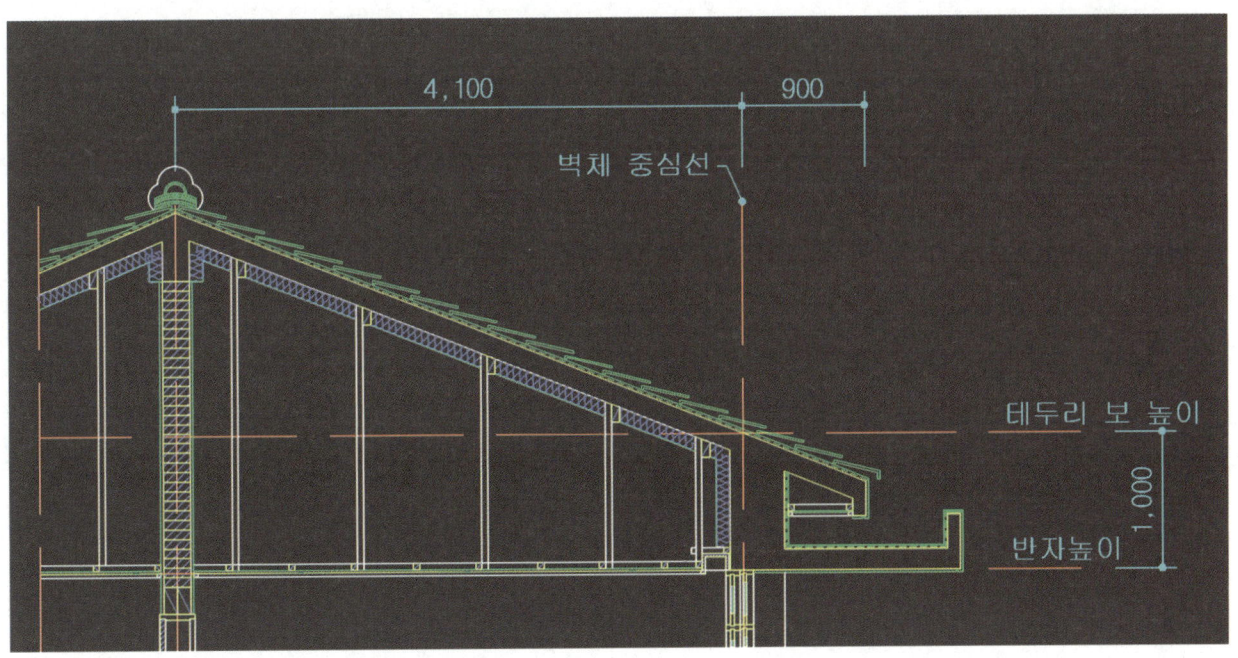

NO.	중점사항	핵심 내용
10	기타	• 실내: 도어, 걸레받이, 벽체입면, 창호, 재질표기 등 체크 • 실외: 벽체 입면, 난간, 홈통(캐노피가 있으면 표기), G.L선, 재질 표기 등 • 마감선 표기: 모르타르 라인, 걸레받이 단면, 테라스 및 현관 바닥 단면 등

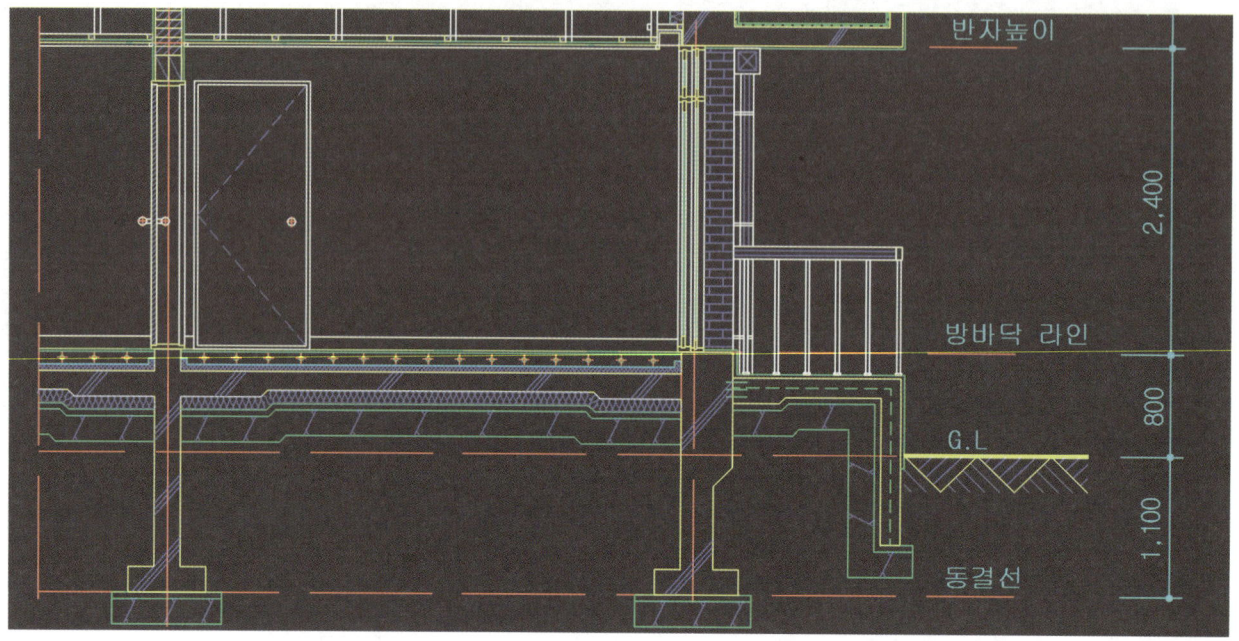

NO.	중점사항	핵심 내용
11	치수선 문자선	• 물매, 표제란, 도면명 등 표기 • 실명(방, 거실, 테라스 등) 표기

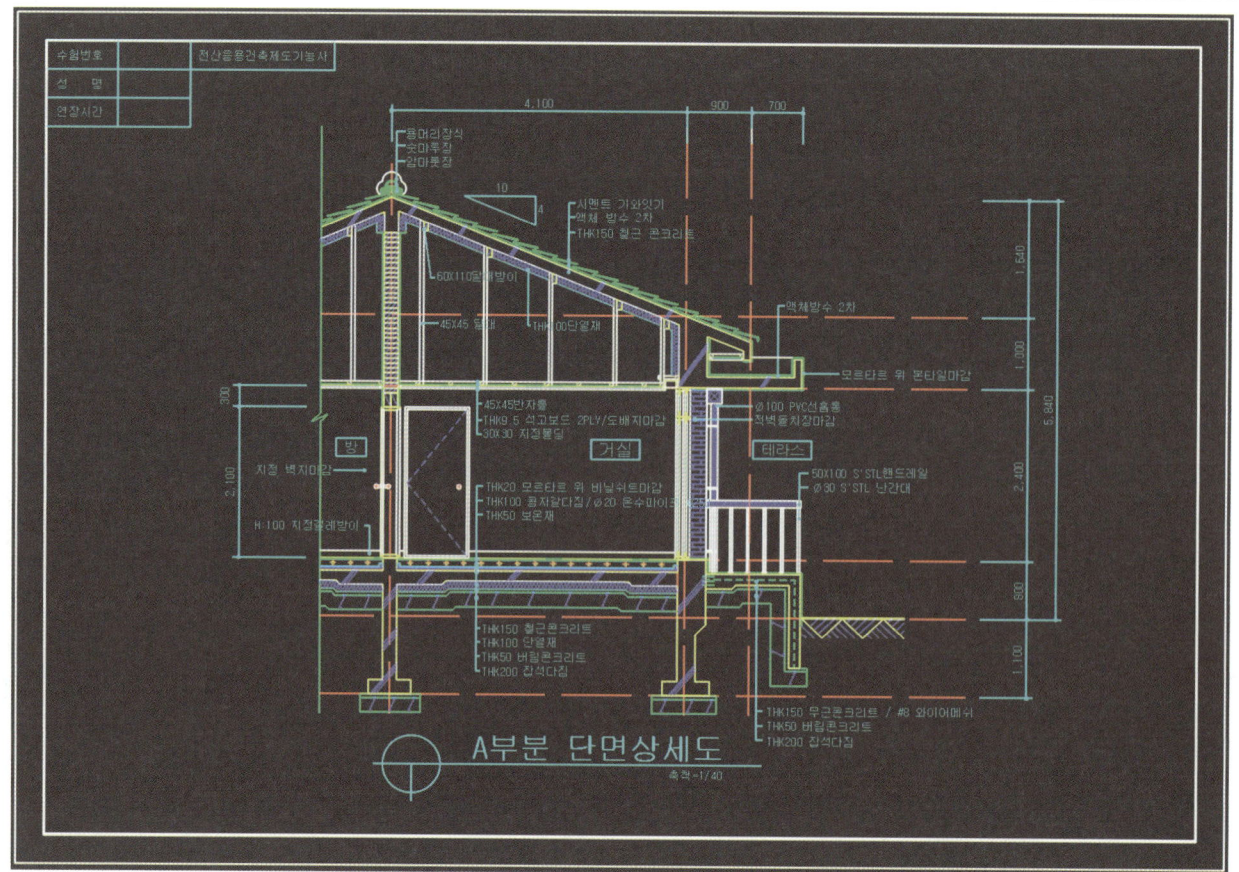

2 단면상세도

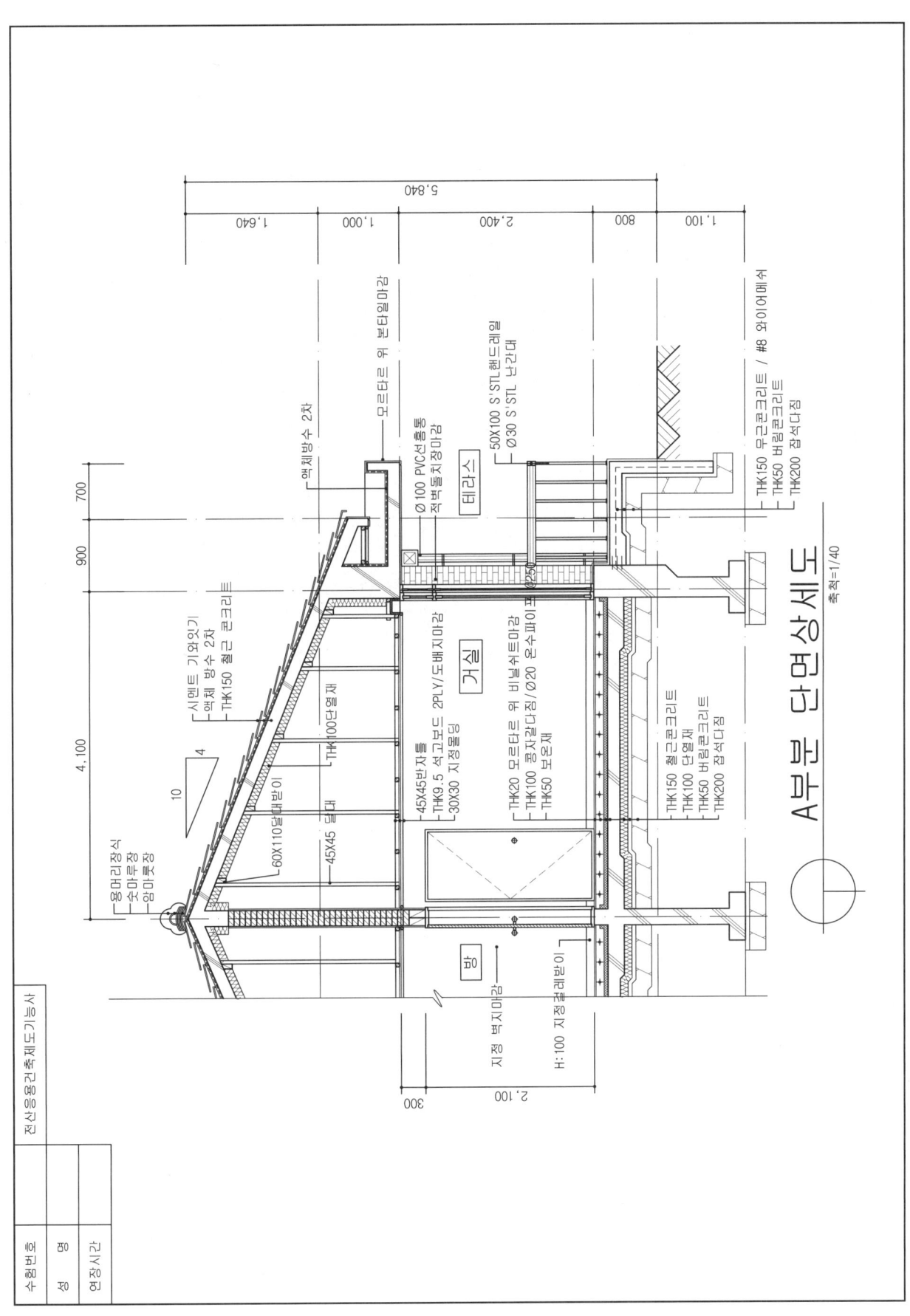

3　동측입면도 문제풀이

NO.	중점사항	핵심 내용
01	중심선 세팅	• 수평선 그리기: G.L선, 방바닥 높이, 반자 높이, 테두리보 높이 • 수직선 그리기: 벽체 중심선, 마룻대, 처마라인

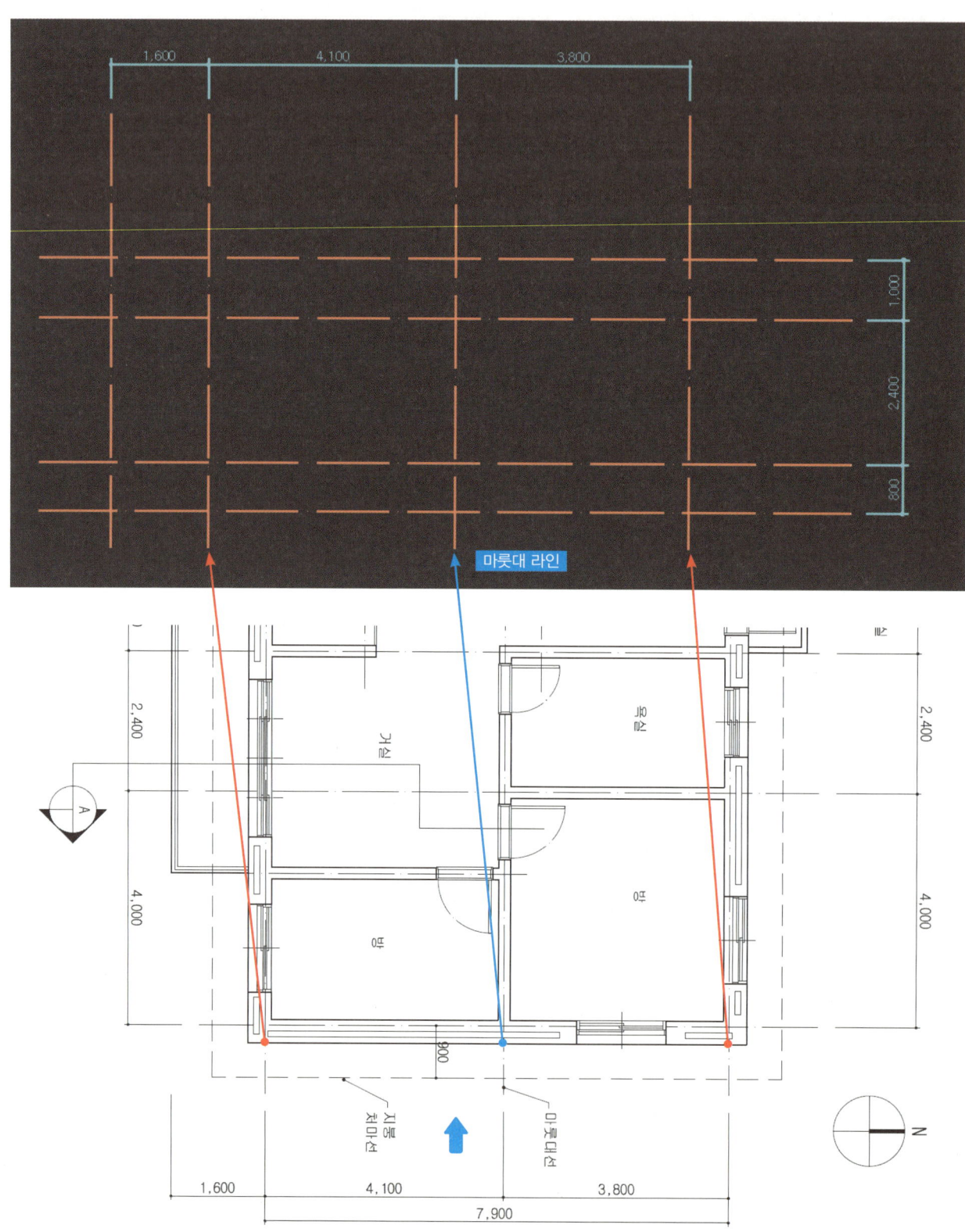

NO.	중점사항	핵심 내용
02	지붕구조 그리기	• 물매선을 그린 후 지붕 슬라브, 박공처마 구조 그리기 • 추가로 보이는 박공처마를 찾아 표기 • 기와 입면 그리기

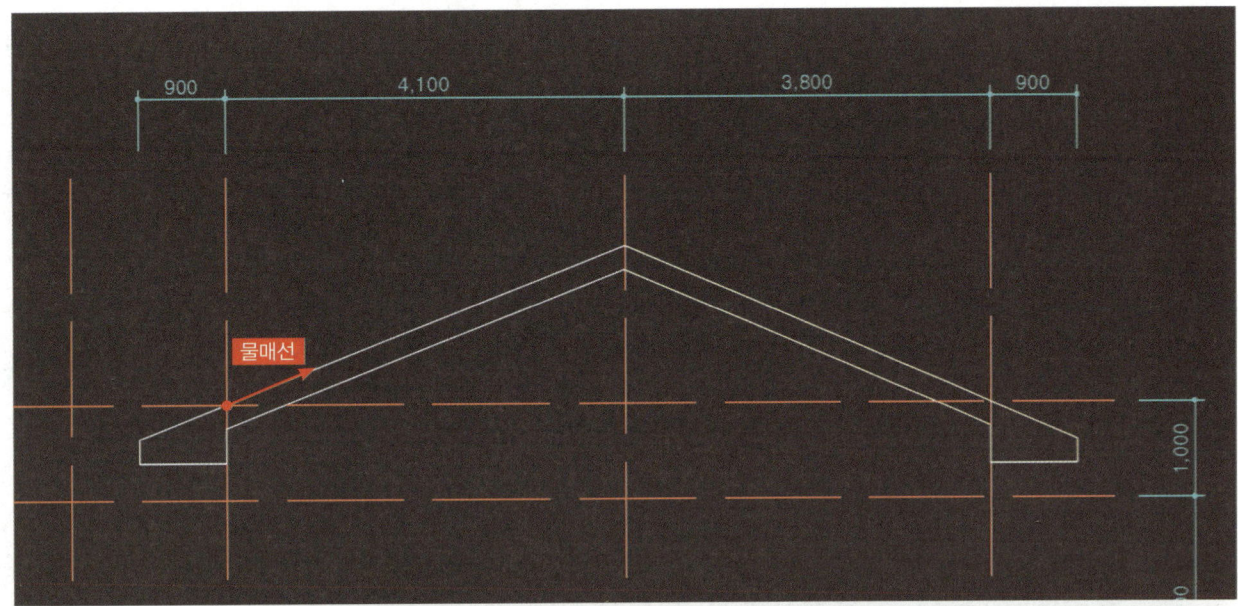

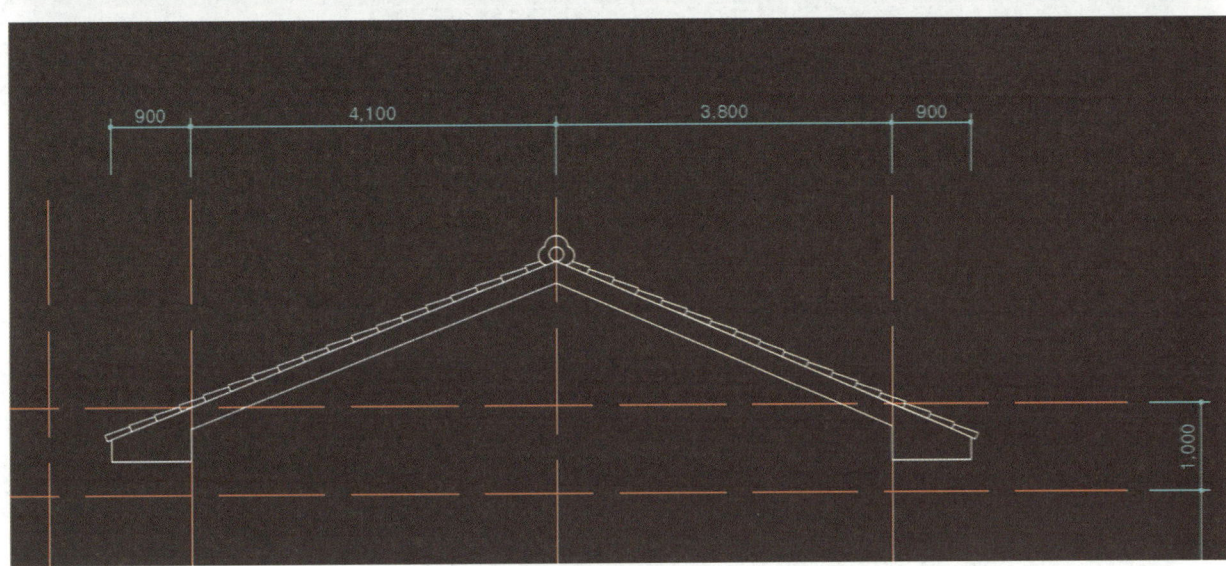

NO.	중점사항	핵심 내용
03	벽체구조	• G.L선 레이어 변경 • 벽체 입면선 그리기 • 기초 상단부와 테두리보 하단부 라인 그리기

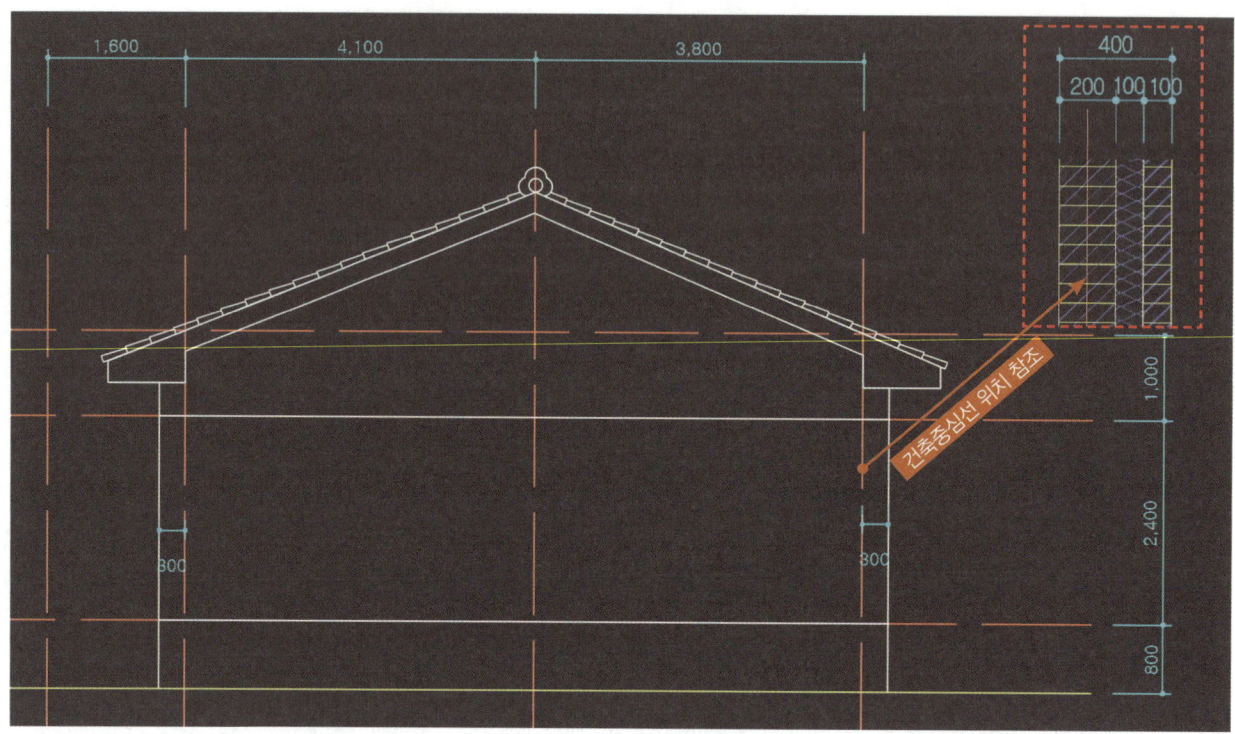

NO.	중점사항	핵심 내용
04	기타 입면 그리기	• 테라스 바닥 및 켄틸레버, 홈통 그리기, 창호 입면 그리기 • 난간 그리기 • 굴뚝 및 처마반자 그리기(입면도에서 보이는 경우), 재질표기 외

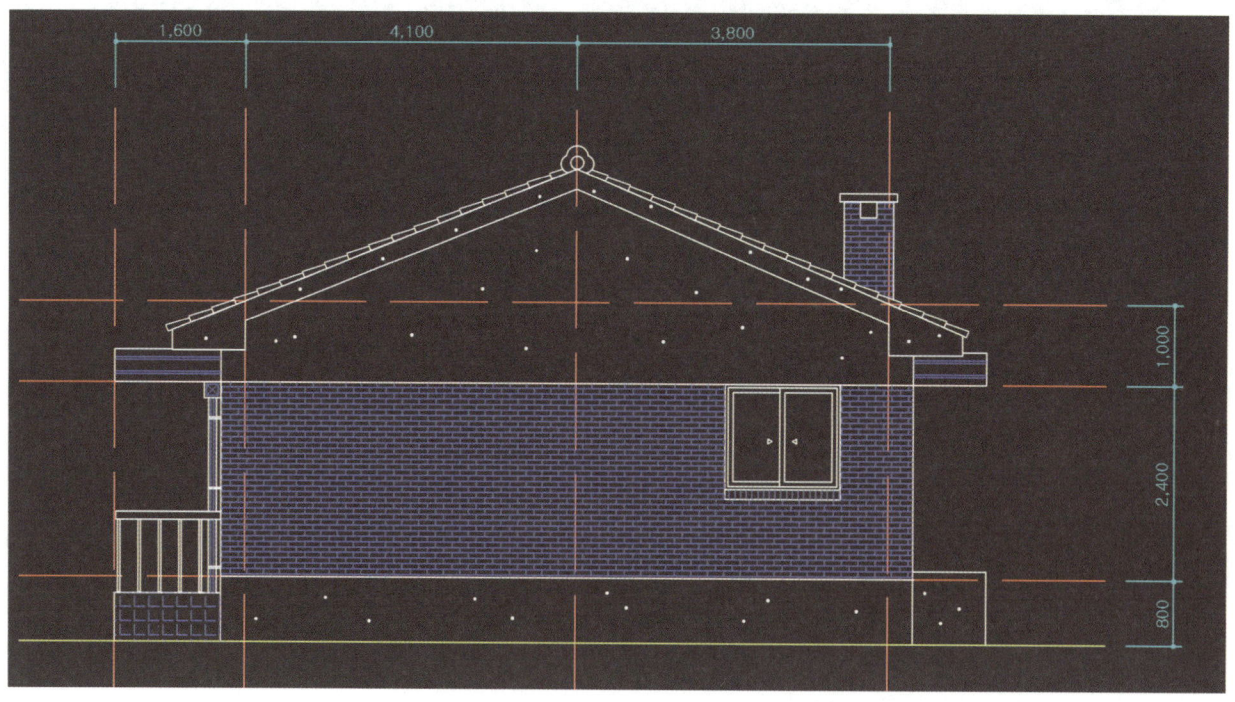

NO.	중점사항	핵심 내용
05	문자선 외	• 나무 그리기 • 문자선, 표제란 외

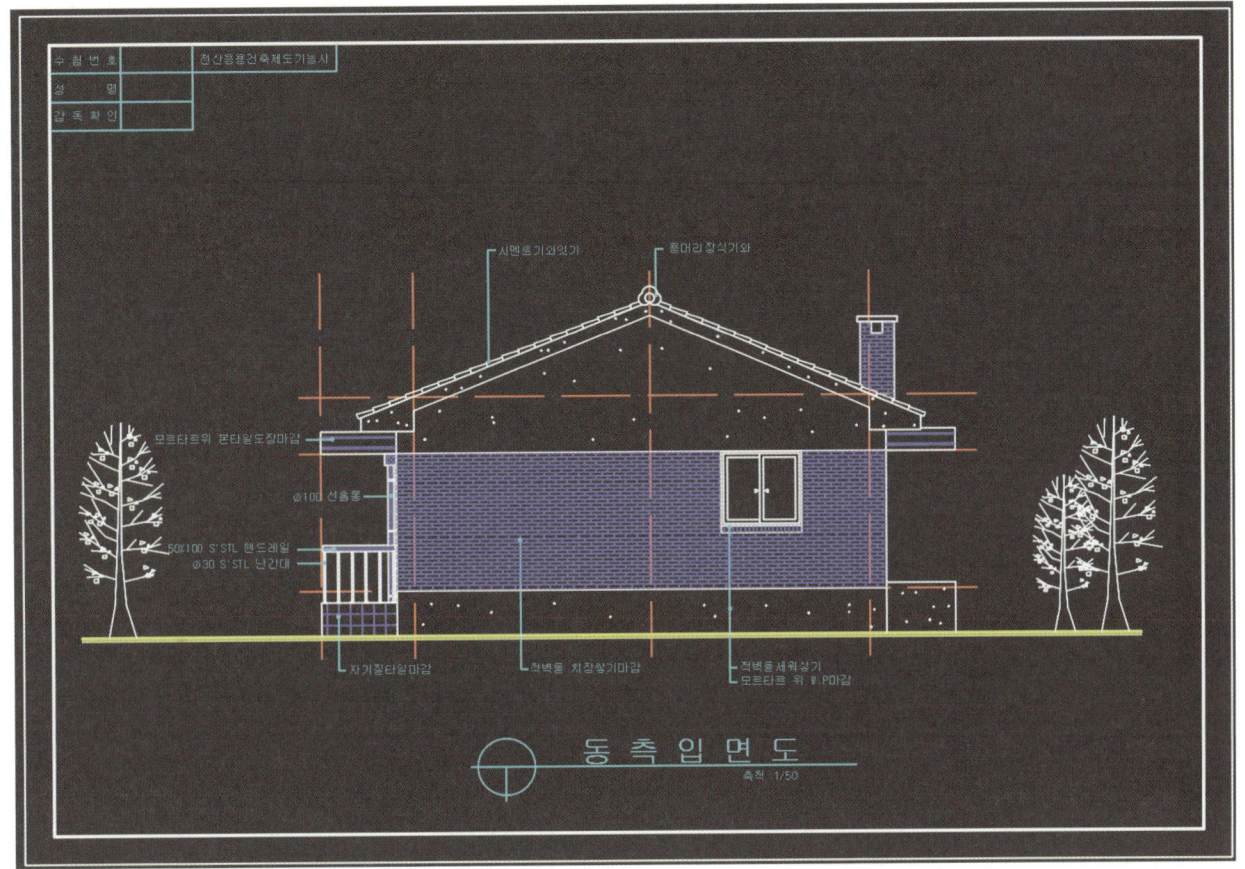

B유형 상세 동측입면도

4 동측입면도

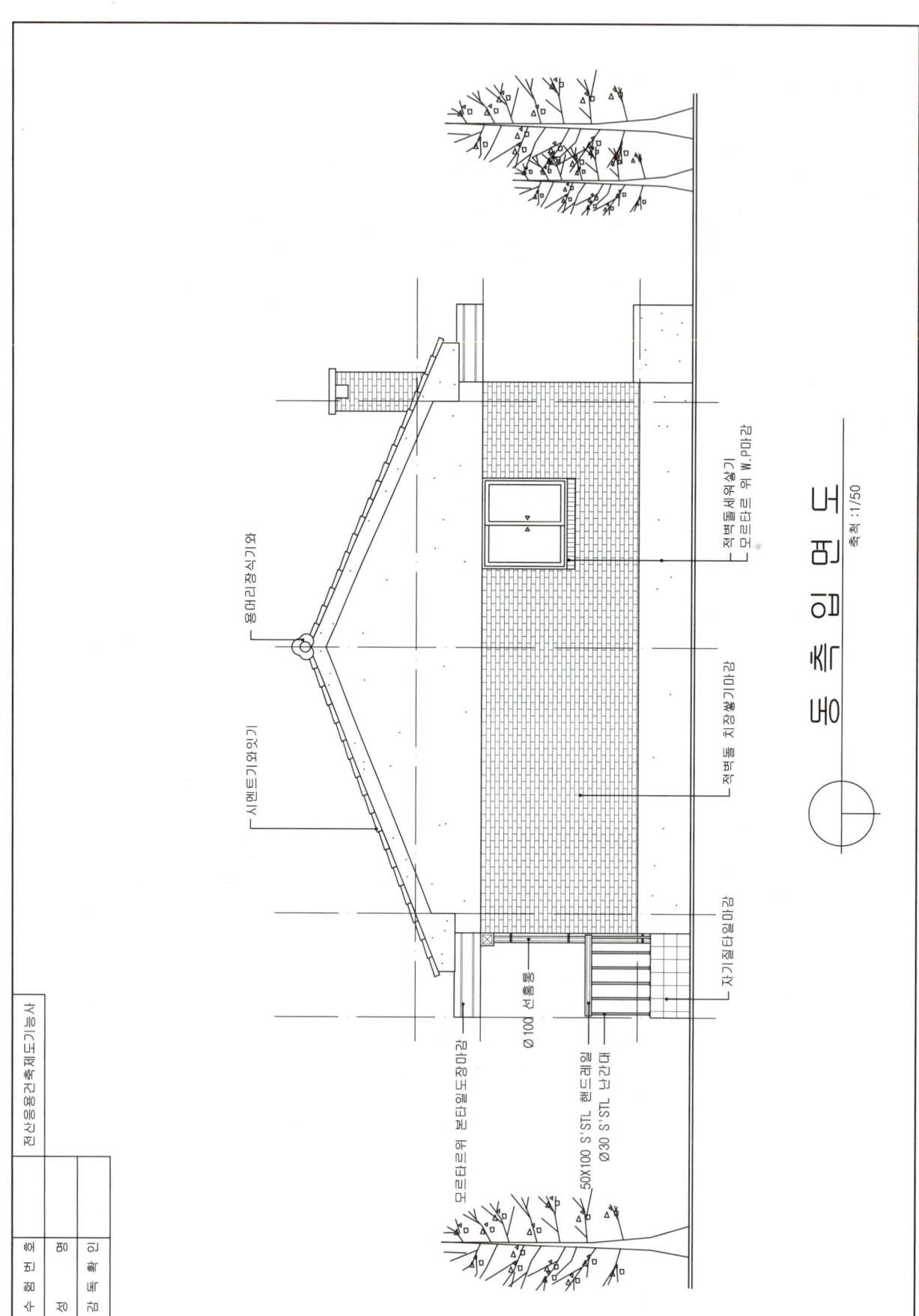

NO.	중점사항	핵심 내용
01	중심선 세팅	• 수평선 그리기: G.L선, 방바닥 높이, 반자 높이, 테두리보 높이 • 수직선 그리기: 벽체 중심선, 마룻대, 처마라인

5 남측입면도 문제풀이

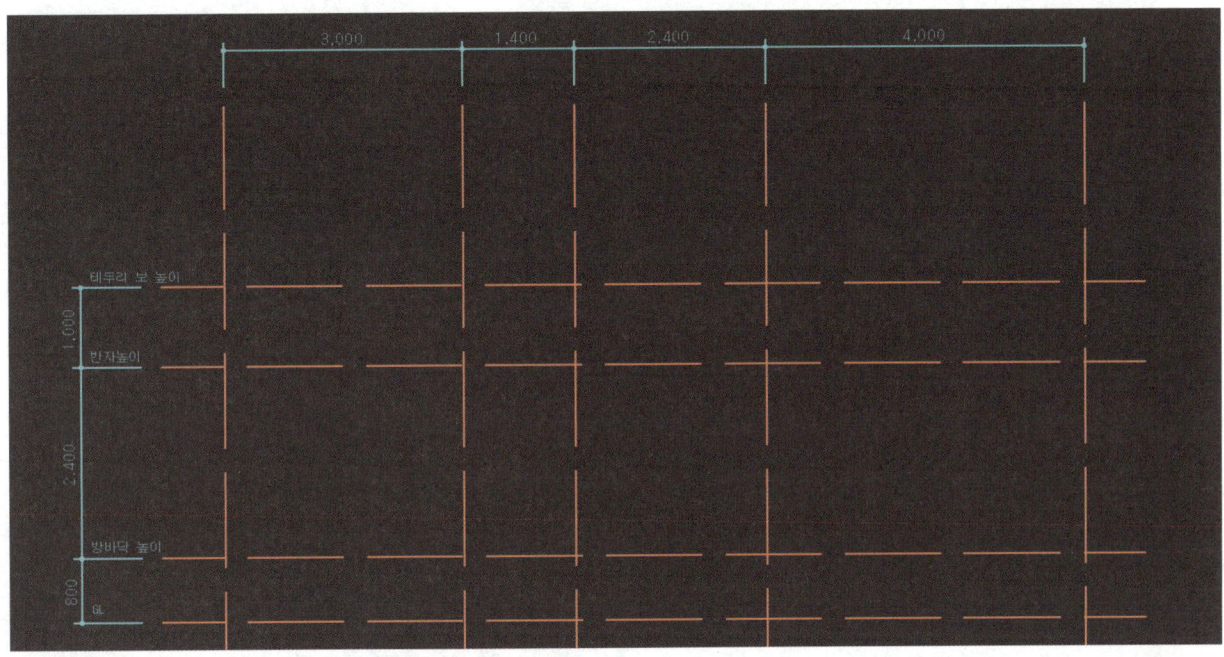

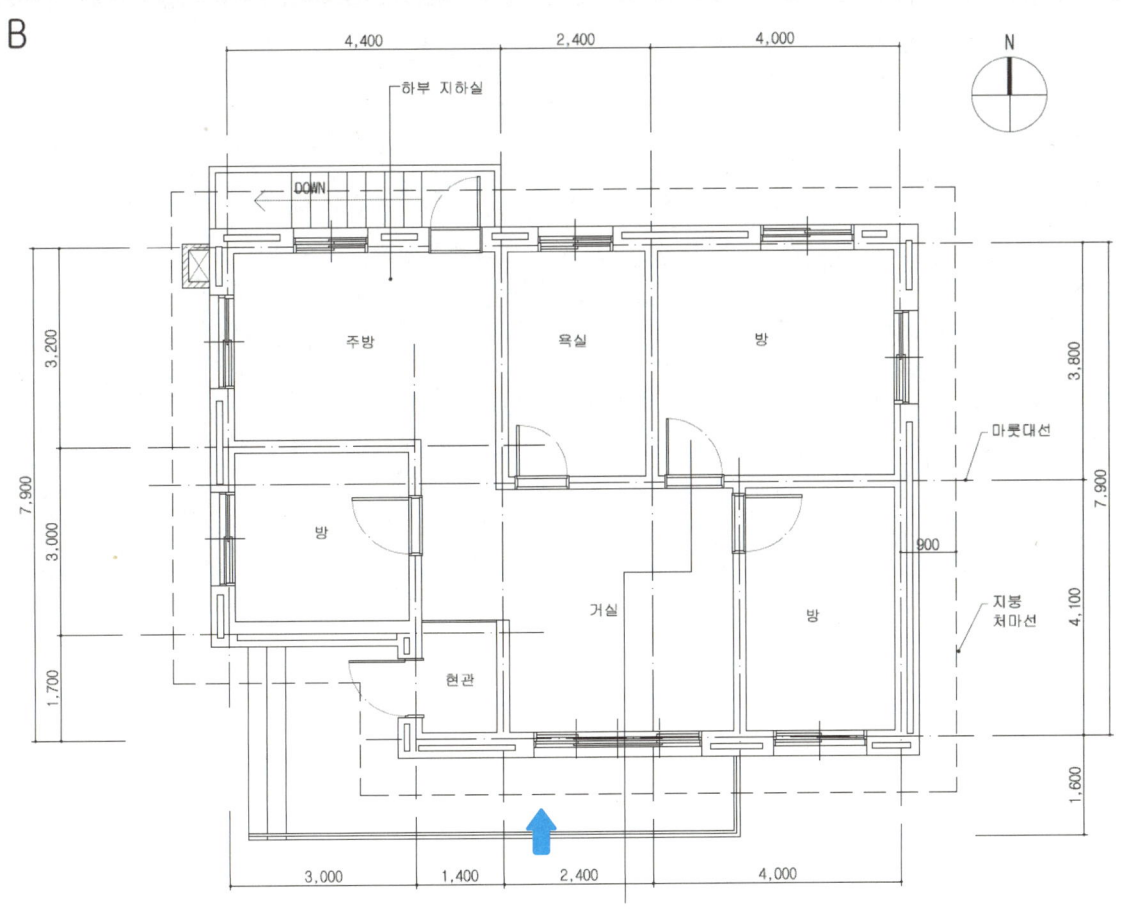

NO.	중점사항	핵심 내용
02	지붕구조 그리기	• 측면입면의 지붕구조를 그린 후 마룻대와 처마의 기준점을 찾아 정면입면도의 지붕구조 그리기 • 구조를 그리며 반대측 처마가 정면에서 보이는 지 체크 • 기와 입면 그리기

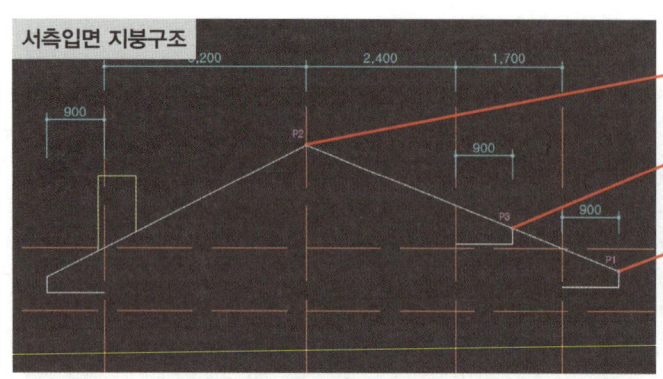
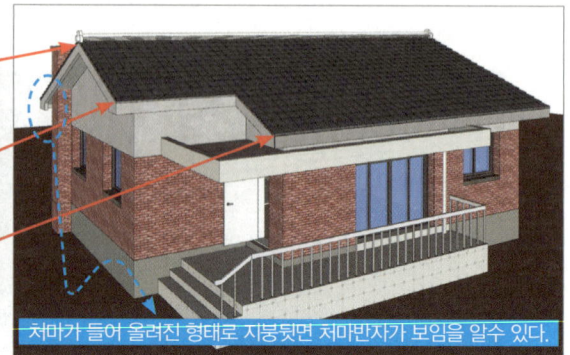
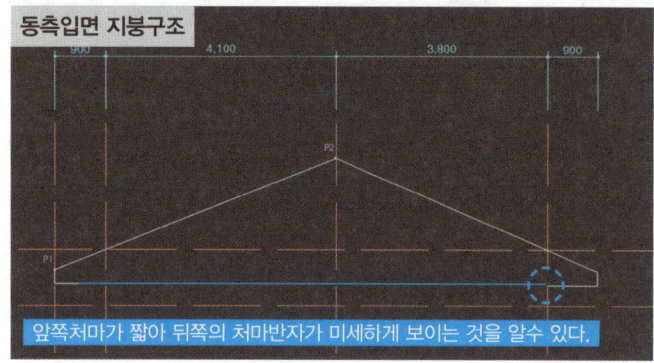
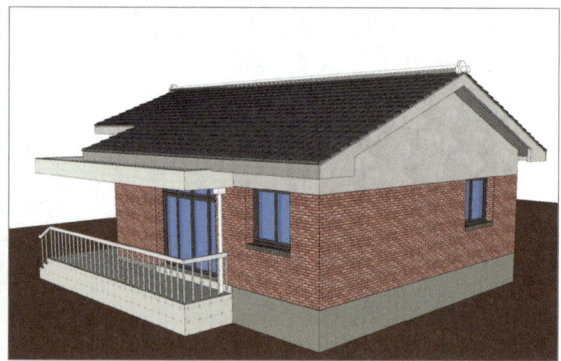
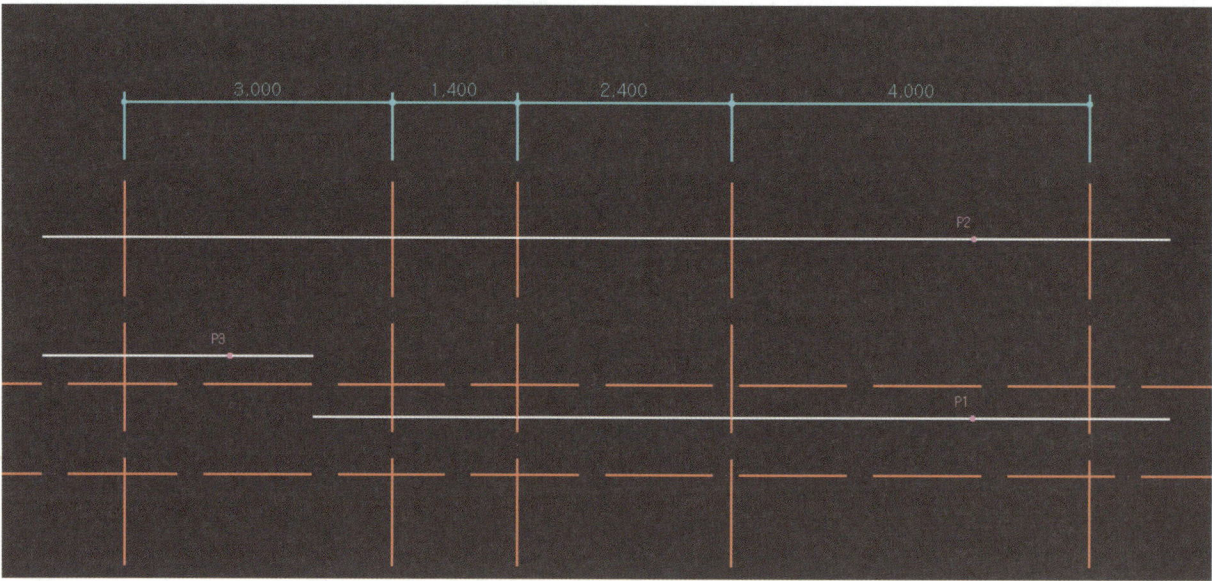

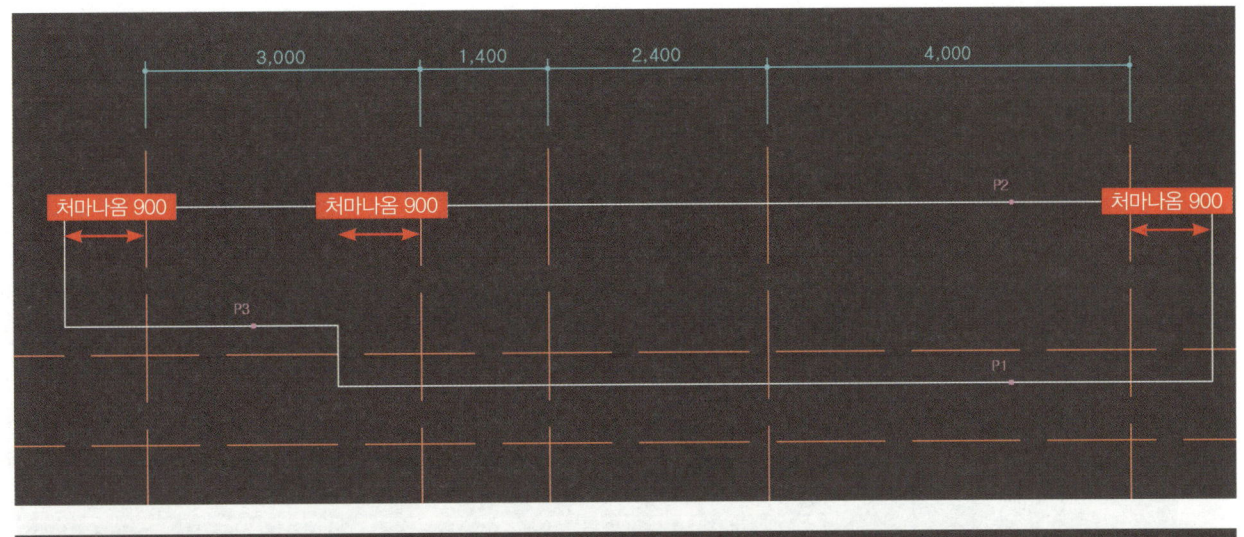

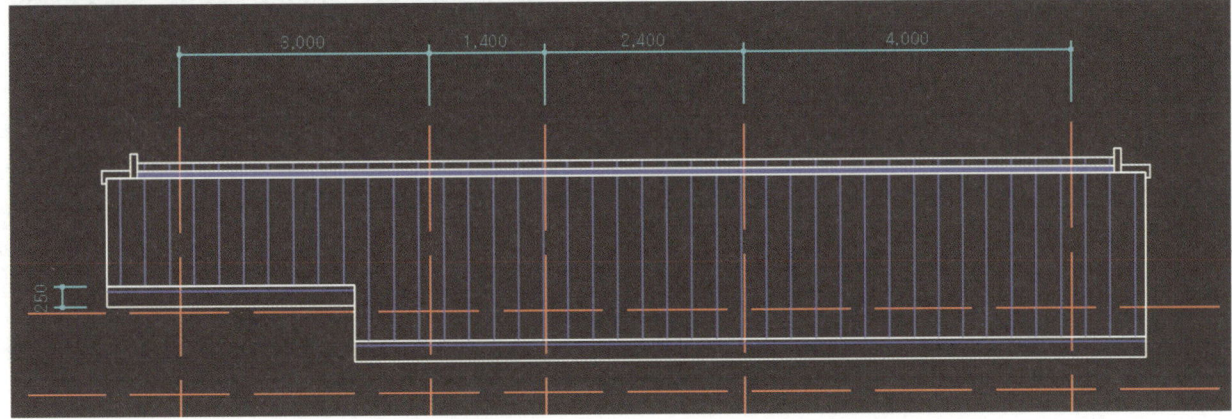

NO.	중점사항	핵심 내용
03	벽체구조	• G.L선 레이어 변경 • 벽체 입면선 그리기 • 기초 상단부와 테두리보 하단부 라인 그리기

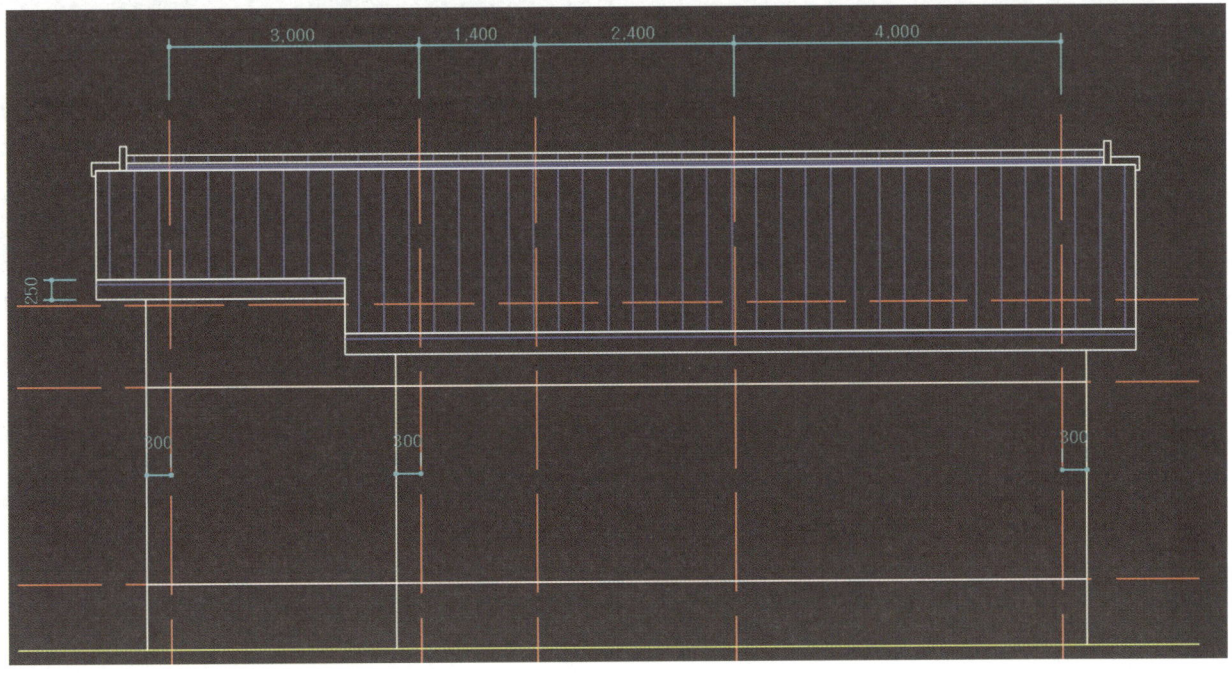

NO.	중점사항	핵심 내용
04	기타 입면 그리기	• 테라스 바닥 및 켄틸레버, 홈통 그리기 • 창호 입면 그리기 • 난간 그리기 • 굴뚝 및 처마반자 그리기(입면에서 보이는 경우) • 재질 표기 외

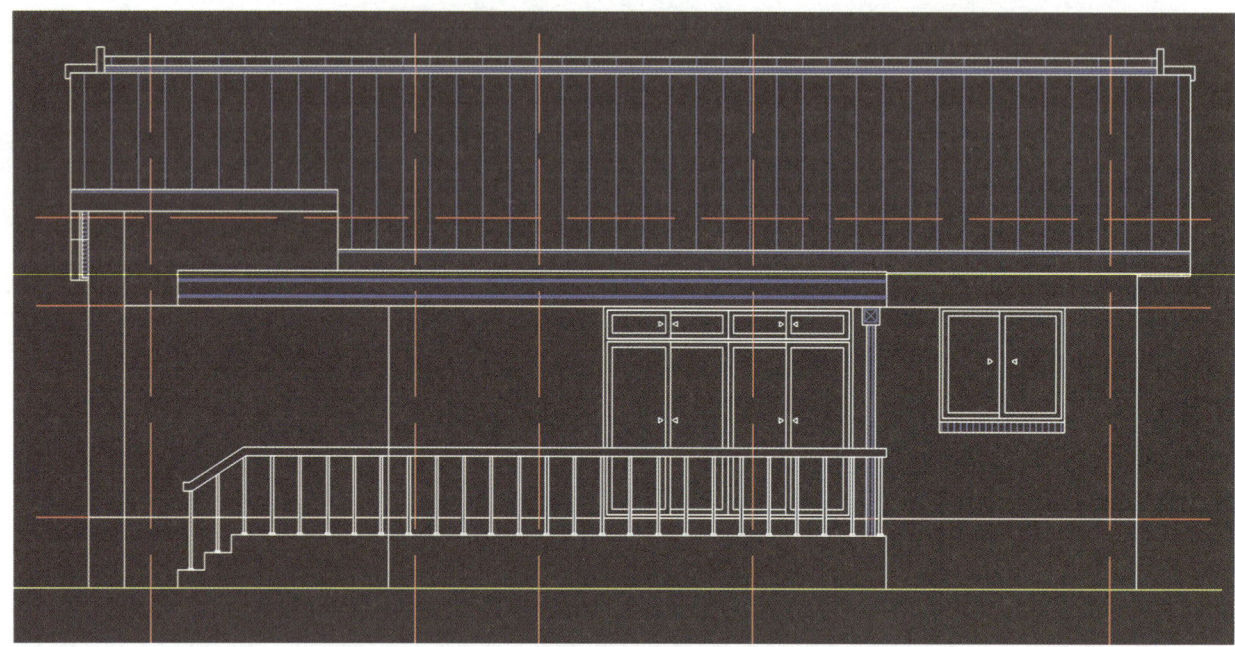

■ 처마반자 남측입면 좌측: 서측입면 구조를 통해 처마반자를 검토하여 작도한다.

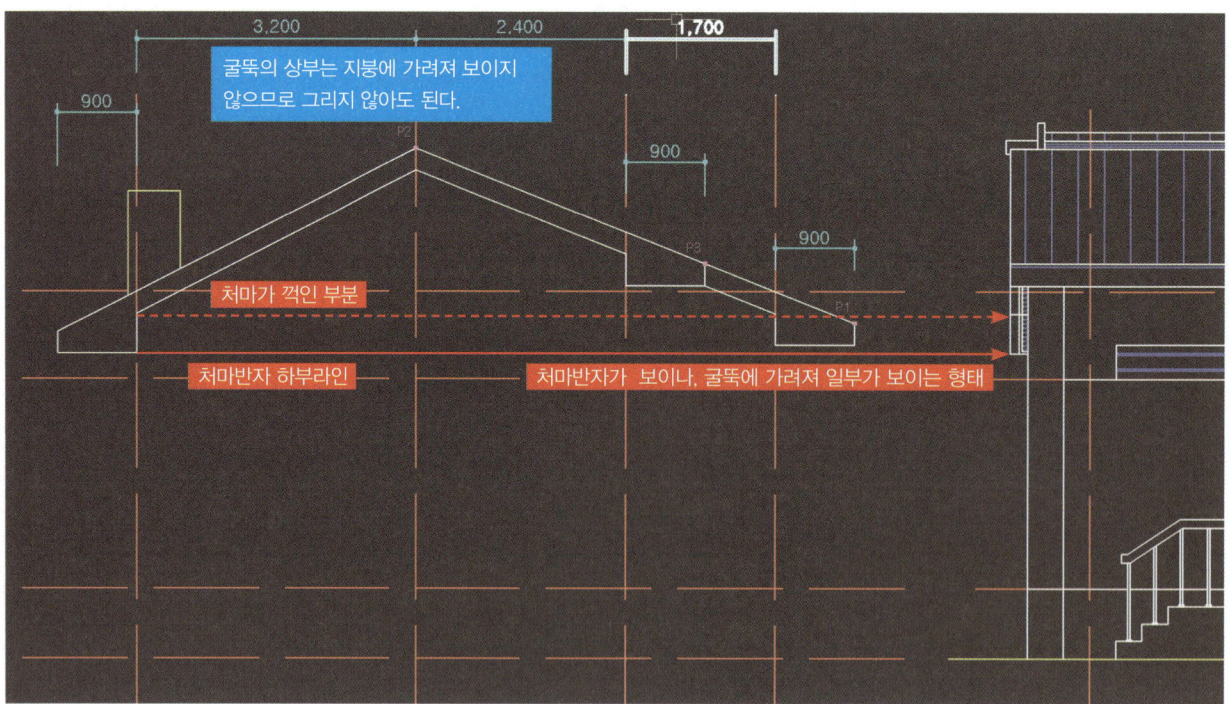

■ 처마반자 남측입면 좌측: 동측입면 구조를 통해 처마반자를 검토하여 작도한다.

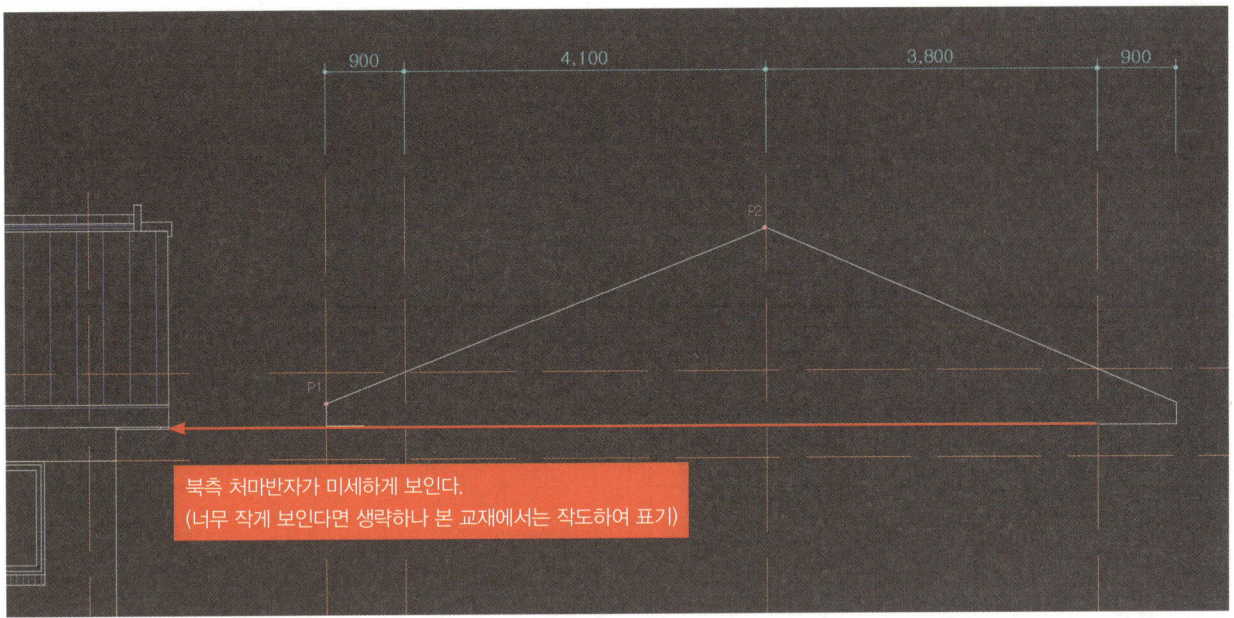

NO.	중점사항	핵심 내용
05	문자선 외	• 나무 그리기 • 문자선 외

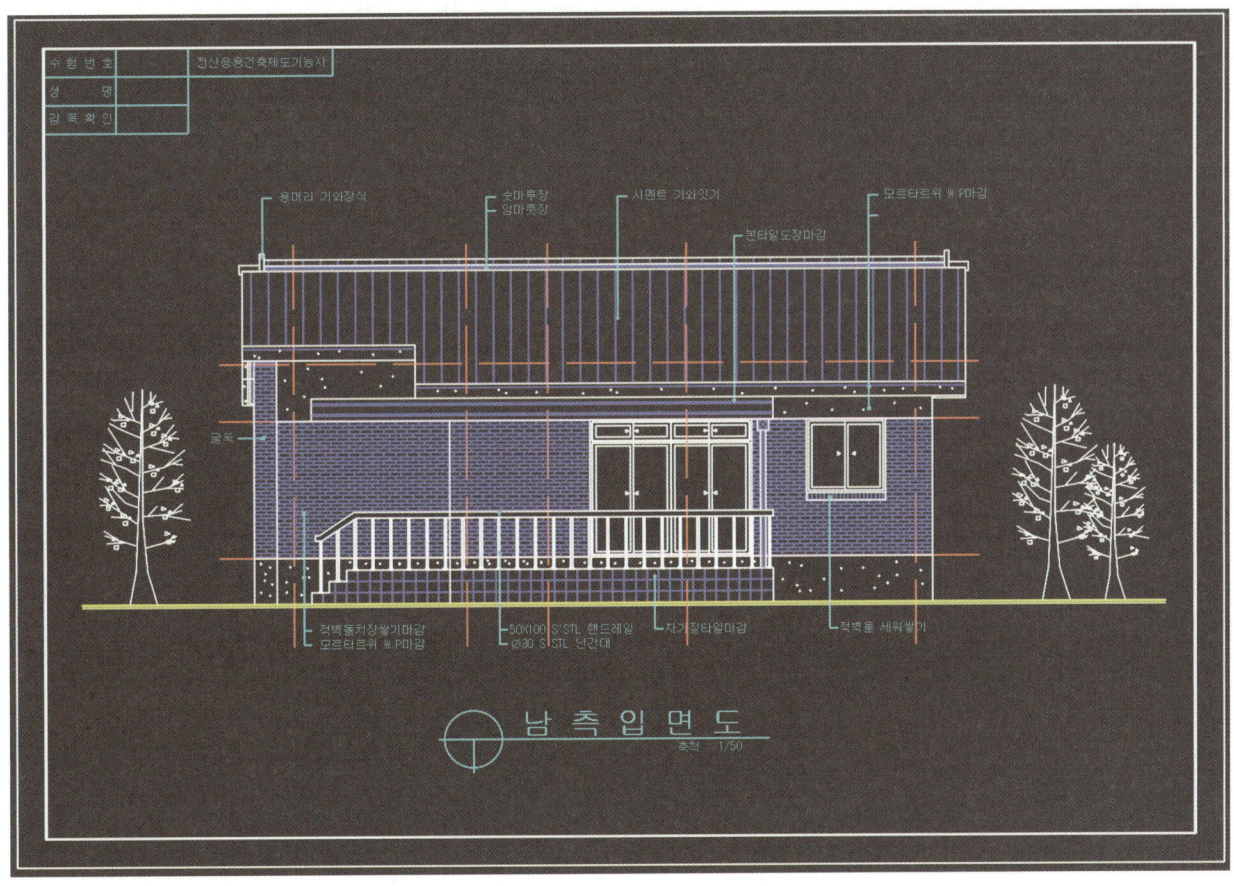

6 남측입면도

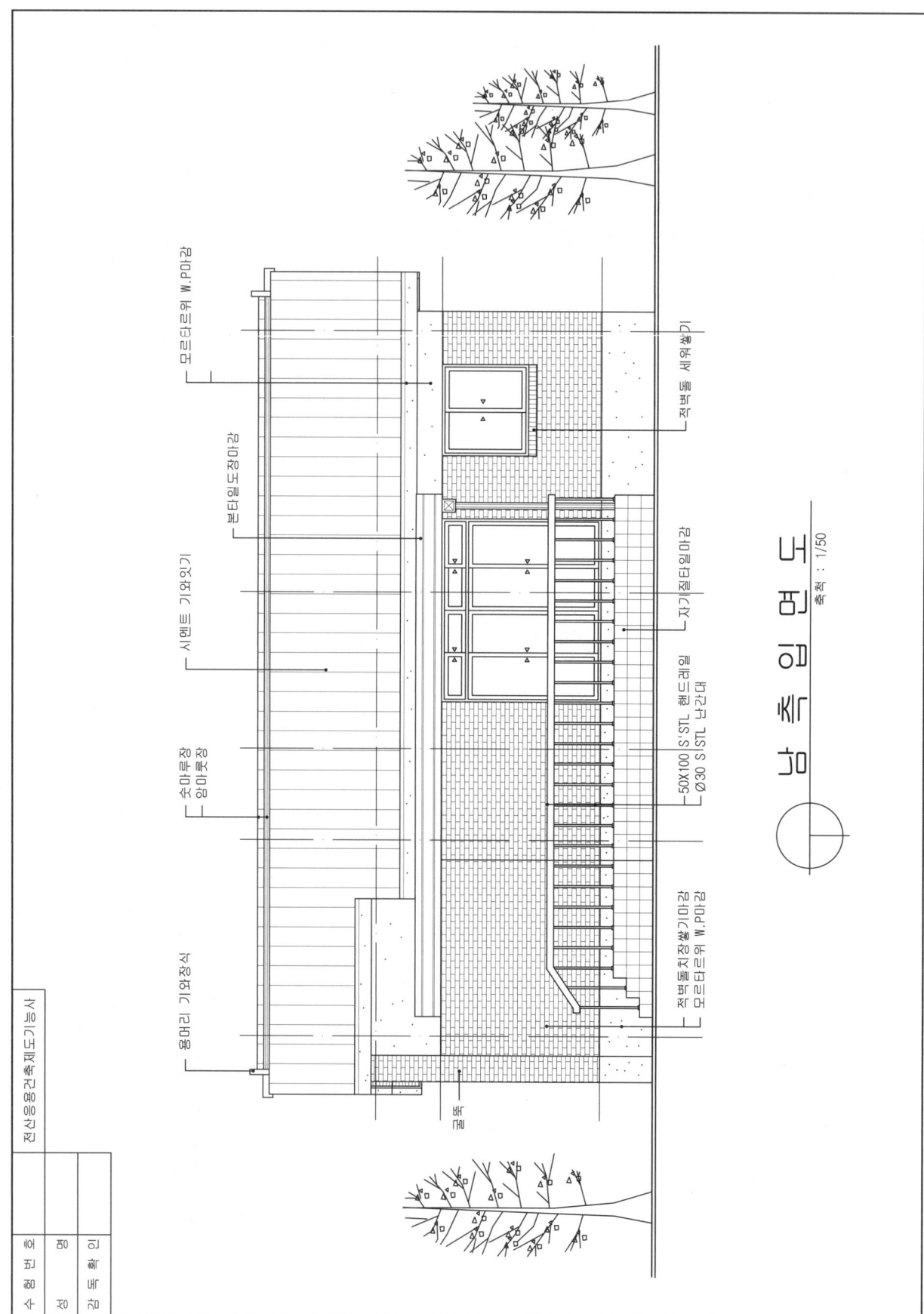

국가기술자격 실기시험문제

| 자격종목 | 전산응용건축기사 | 과제명 | 주택 |

※ 시험시간 표준시간 4시간, 연장시간 10분

거실형 + β

- 테라스와 거실의 벽체를 단면으로 표기하는 유형으로 대표유형 A와 유사한 유형
- 단면 뒤에 보이는 건물의 입면부분을 작도해야 하는 유형
- 지붕물매를 잡을 때 기준 벽체 선정에 실수를 하지 않도록 유의

01 요구사항

주어진 평면도를 보고 CAD를 이용하여 아래 조건에 맞게 다음 도면을 작도 한 후, 지급된 용지에 본인이 직접 흑백으로 출력하여 파일과 함께 제출하시오.

❶ A부분 단면 상세도를 축척 1/40으로 작도하시오.
❷ 남측입면도를 축척 1/50으로 작도하되 벽면의 마감재료 표시 및 주의의 배경 등 도면의 요소를 충분히 고려하시오.

조건

- 기초 및 지하실 벽체: 철근콘크리트 구조로 하시오.
- 벽체: 외벽 – 외부로부터 붉은벽돌 0.5B, 단열재, 시멘트 벽돌 1.0B
   내벽 – 시멘트 벽돌 1.0B
- 단열재: 외벽 50mm, 바닥 100mm, 지붕 80mm
- 지붕: 철근콘크리트 경사슬래브 위 시멘트 기와잇기 마감으로 하시오. (물매 4/10 이상)
- 처마나옴: 벽체중심에서 600mm
- 반자높이: 2,400mm, 처마반자 설치
- 창호: 목재창호로 하되 2중창인 경우 알루미늄 새시로 하시오.
- 각실의 난방: 온수파이프 온돌난방으로 하시오.
- 실내바닥슬래브와 기초는 일체식으로 표현하시오.
- 기타 각 부분의 마감, 치수 등 주어지지 않는 조건은 일반적인 시공수준으로 하시오.
- 선의 통일을 기하기 위하여 아래와 같이 선의 색을 정리하여 출력하시오.
   - 흰색 (7-White): 0.3mm
   - 노랑 (2-Yellow): 0.4mm
   - 빨강 (1-Red): 0.2mm
   - 녹색 (3-Green): 0.2mm
   - 하늘색 (4-Cyan): 0.3mm
   - 파랑 (5-Blue): 0.1mm

02 수험자 유의사항

※다음 유의사항을 고려하여 요구사항을 완성하시오.

1) 명기되지 않은 조건은 건축법, 건축구조 및 건축제도 원칙에 따릅니다.

2) 시험시작 전 바탕화면에 본인 비밀번호로 폴더를 생성하고, 폴더 안의 작업내용을 저장하도록 합니다.

3) 정전 및 기계 고장 등에 의한 자료손실을 방지하기 위하여 수시로 저장합니다.

4) 다음과 같은 경우는 부정행위로 처리됩니다.
    가) 노트 및 서적, 디스켓을 소지하거나 주고받는 행위
    나) 건물의 구조부분의 상세나 글씨 등을 사전에 블록으로 설정하여 지참해 사용하는 경우

5) 작업이 끝나면 감독위원의 확인을 받은 후 문제지를 제출하고 본부요원 입회하에 본인이 직접 A3용지에 흑백으로 도면을 출력하도록 합니다. 이때 수험자의 운영 미숙으로 도면이 출력되지 않는 경우나 출력시간이 20분을 초과할 경우는 실격처리 됩니다.

6) 장비 조작 미숙으로 장비의 파손 및 고장을 일으킬 염려가 있을 경우 실격됩니다.

7) 다음과 같은 경우에는 체점대상에서 제외됩니다.
    가) 주어진 조건을 지키지 않고 작도한 경우
    나) 요구한 전도면을 작도하지 않은 경우
    다) 건축제도 통칙을 준수하지 않거나 건축 CAD의 기능이 없는 상태에서 완성된 도면

8) 수험번호, 성명은 도면 좌측 상단에 아래와 같이 표제란을 만들어 기재합니다.

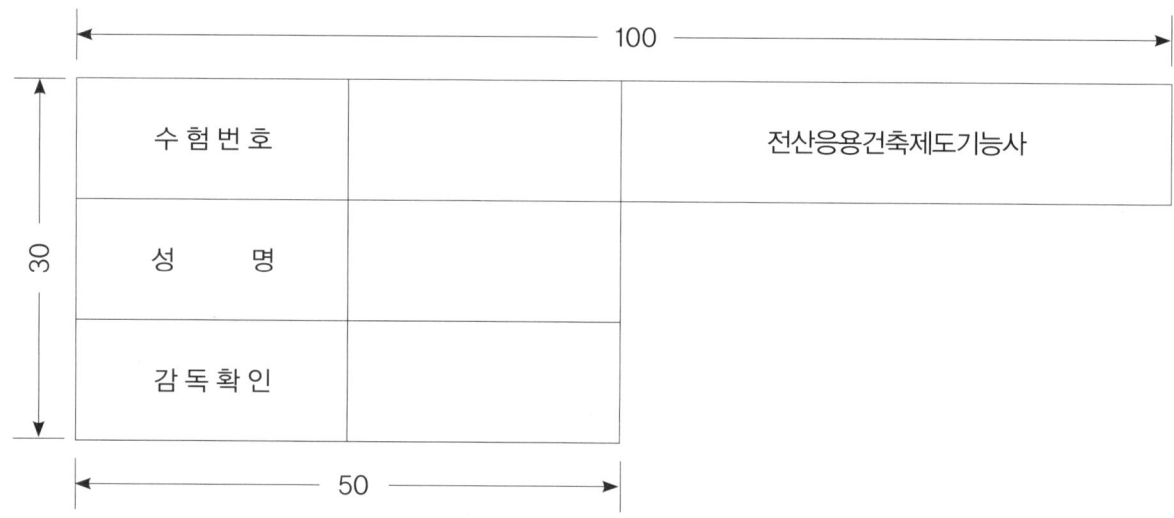

9) 감독위원은 시험시작 후 수검자에게 표제란을 우선 작도 후 도면을 작도하도록 하여야 하며, 수험자가 감독위원의 지시를 따르지 않을 경우 실격 처리됩니다.

10) 테두리선의 여백은 10mm로 합니다.

03 평면도

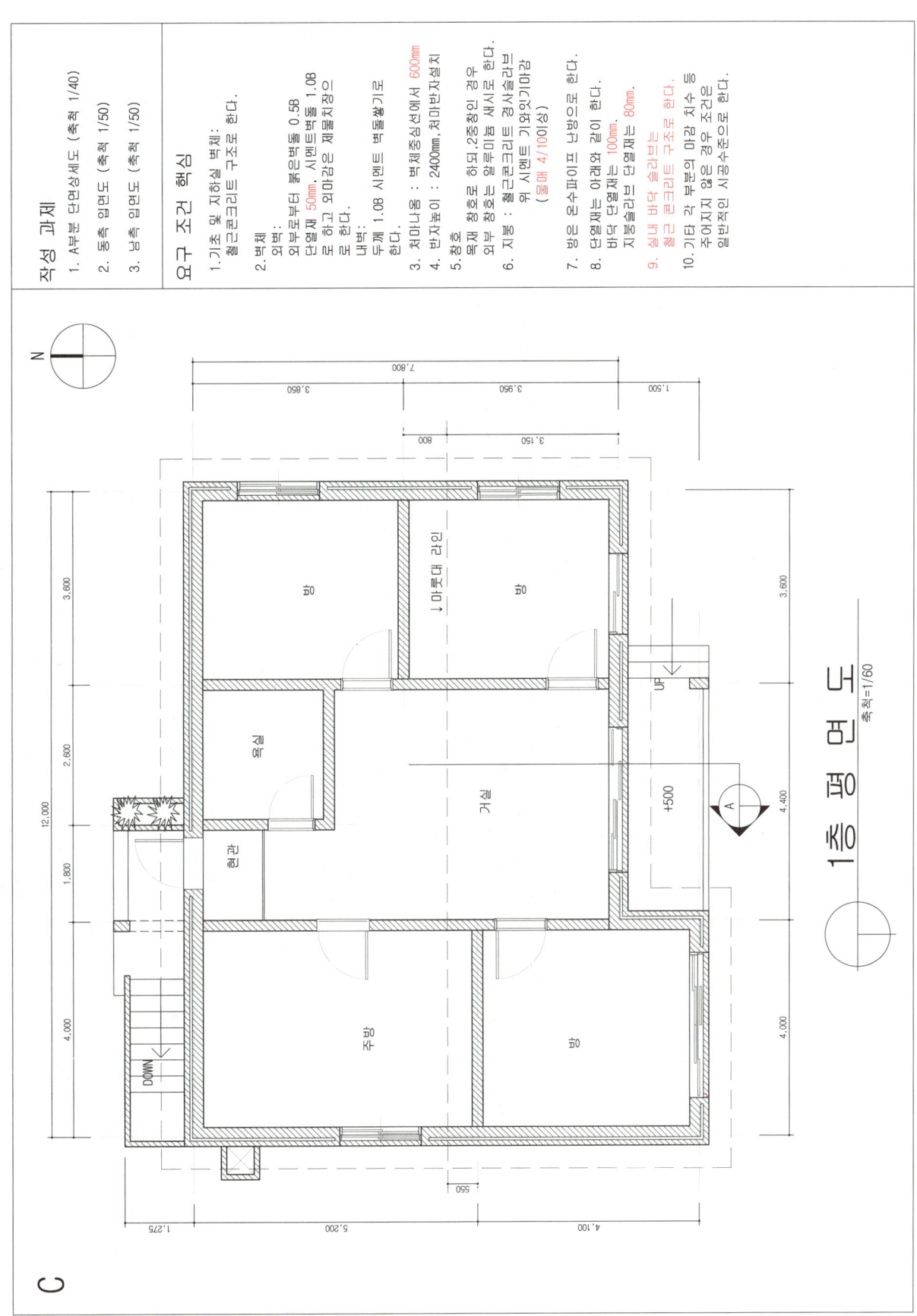

참고 · 3D 모델링

※ 위 이미지는 도면의 이해를 돕기 위한 시각자료이며 본 시험에는 출제되지 않습니다.

1 단면상세도 문제풀이

NO.	중점사항	핵심 내용
01	중심선 세팅	• 수평선 그리기: G.L선, 기초동결선, 방바닥 높이, 반자 높이, 테두리보 높이 • 수직선 그리기: 벽체 중심선, 마룻대, 처마라인

❶ 방바닥 높이 확인: 요구사항에 없으므로 아래와 같이 바닥 높이를 산정한다.

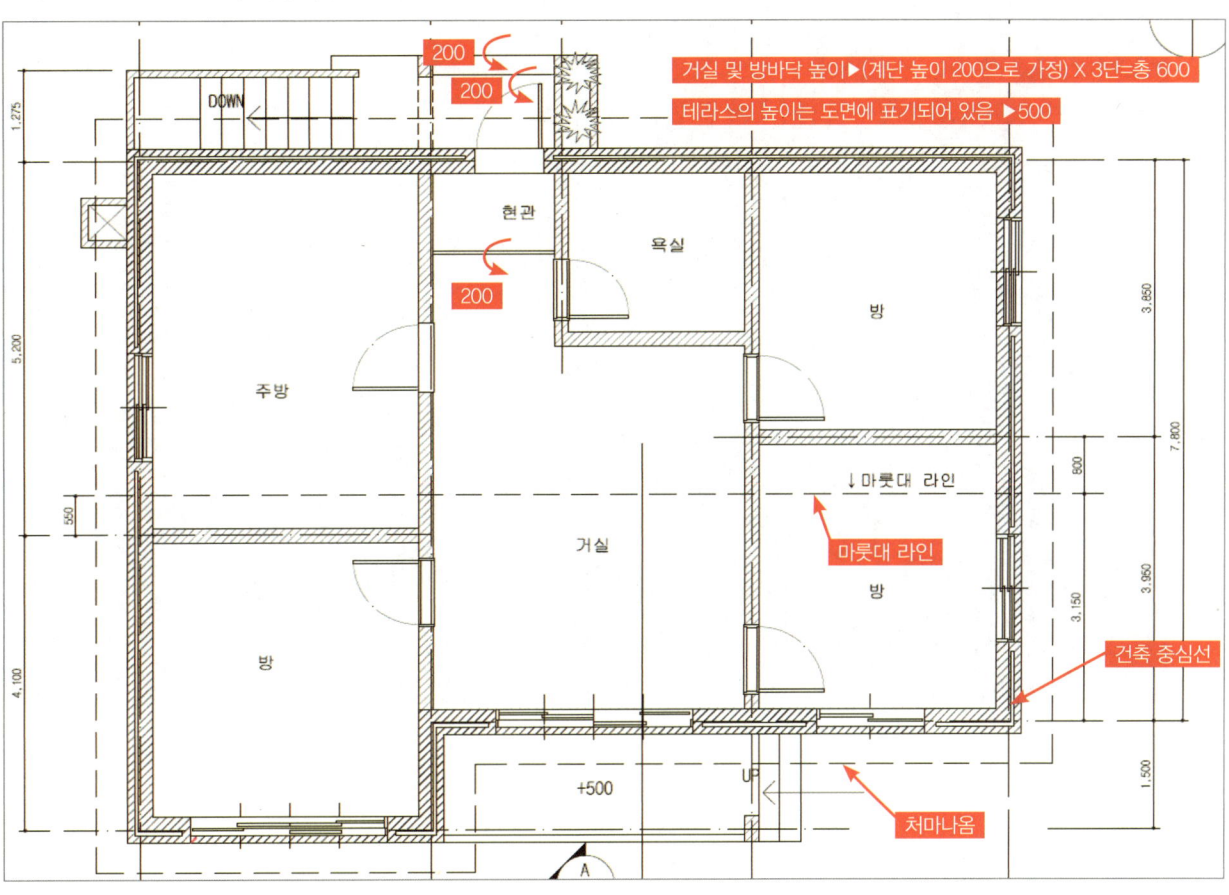

❷ 처마나옴: 요구사항에 벽체 중심선에서 600mm를 확인하고 평면에 처마라인을 확인한다.
❸ 벽체 중심선: 도면에서 건축 중심선의 위치 확인한다. ▶ 도면확인결과 내벽의 가운데에 건축중심선이 위치
❹ 벽체두께 ▶ 총 350 = 1.0B(200) + 단열재 50 + 0.5B(100)
❺ 마룻대: 도면에서 마룻대의 위치를 확인한다.

■ 단면상세도로 표현해야 하는 곳 위주로 중심선을 세팅한다.

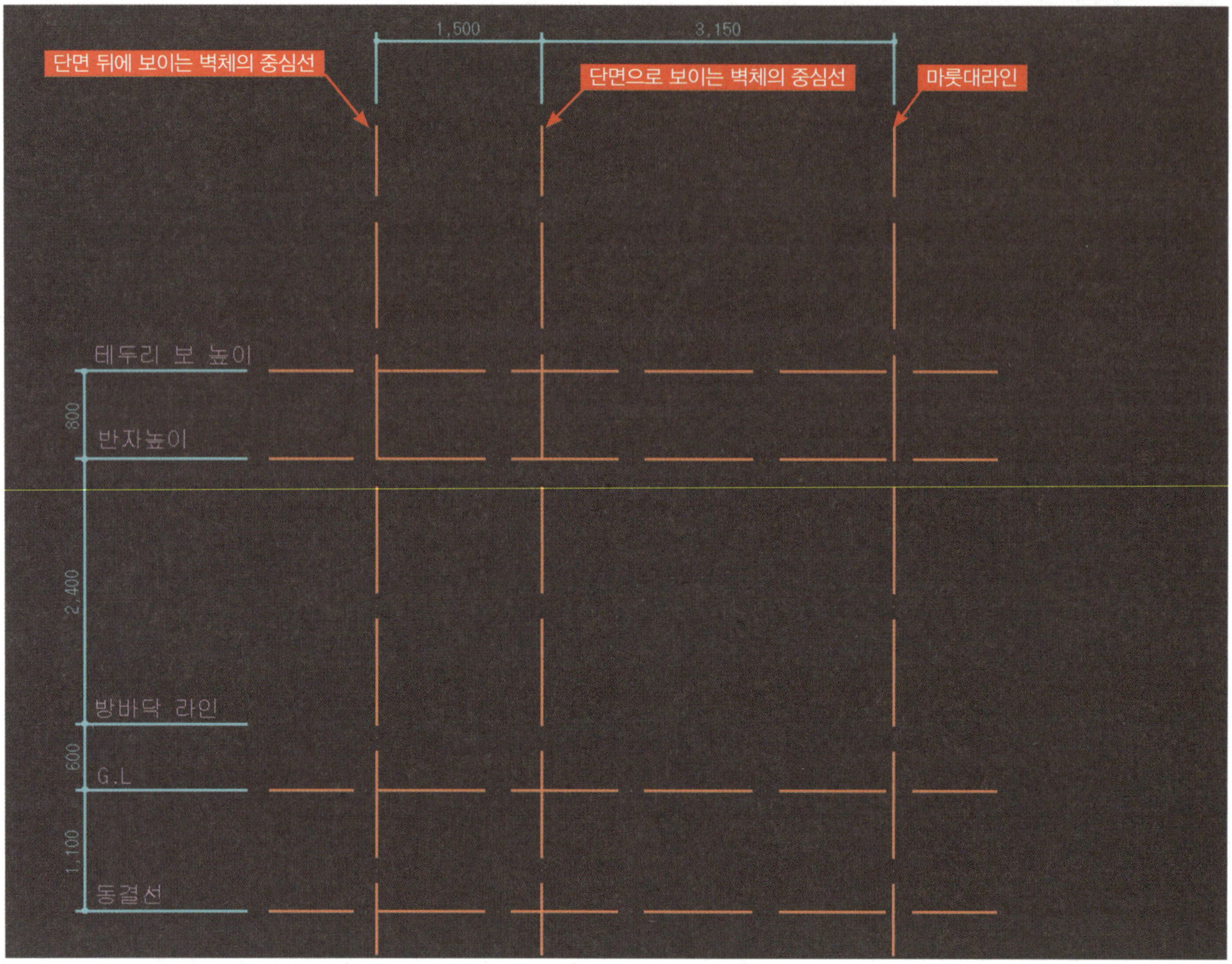

NO.	중점사항	핵심 내용
02	지붕 구조 그리기	• 물매선을 그린 후 지붕 슬라브, 처마, 테두리보 구조를 그린다. • 테두리보 적정 높이 확인: 처마가 천장보다 내려온다면 테두리보를 더 올린다. • 물매선을 그릴 때 주의사항: 　물매선은 마룻대를 기준으로 가장 멀리 떨어져 있는 벽체의 중심선을 기준으로 잡는다. • 외벽벽체 두께확인: 　벽돌두께 및 단열재의 두께를 확인하여 전체 벽체두께를 계산하여 테두리보의 두께를 동일하게 산정한다.

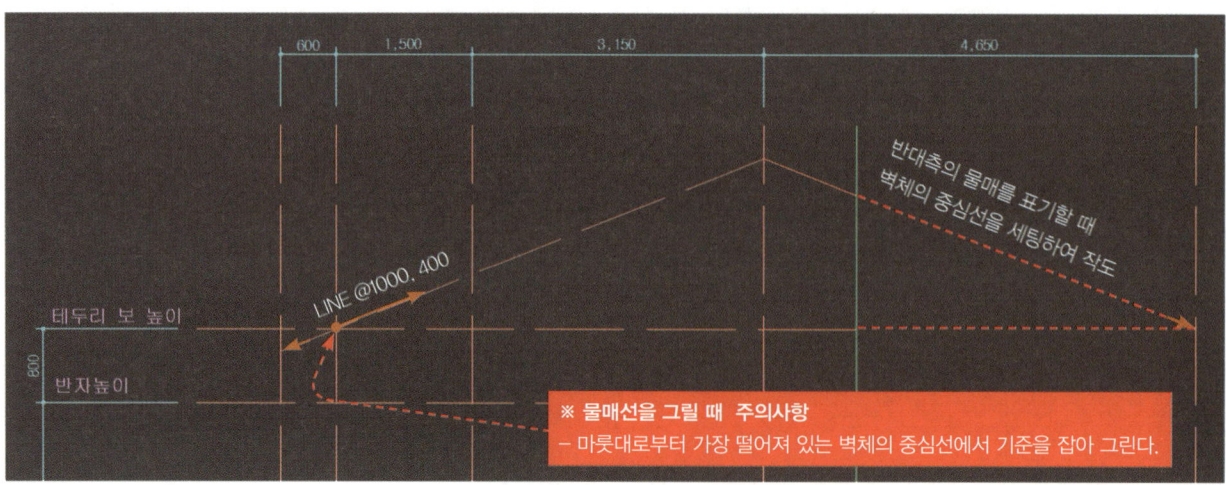

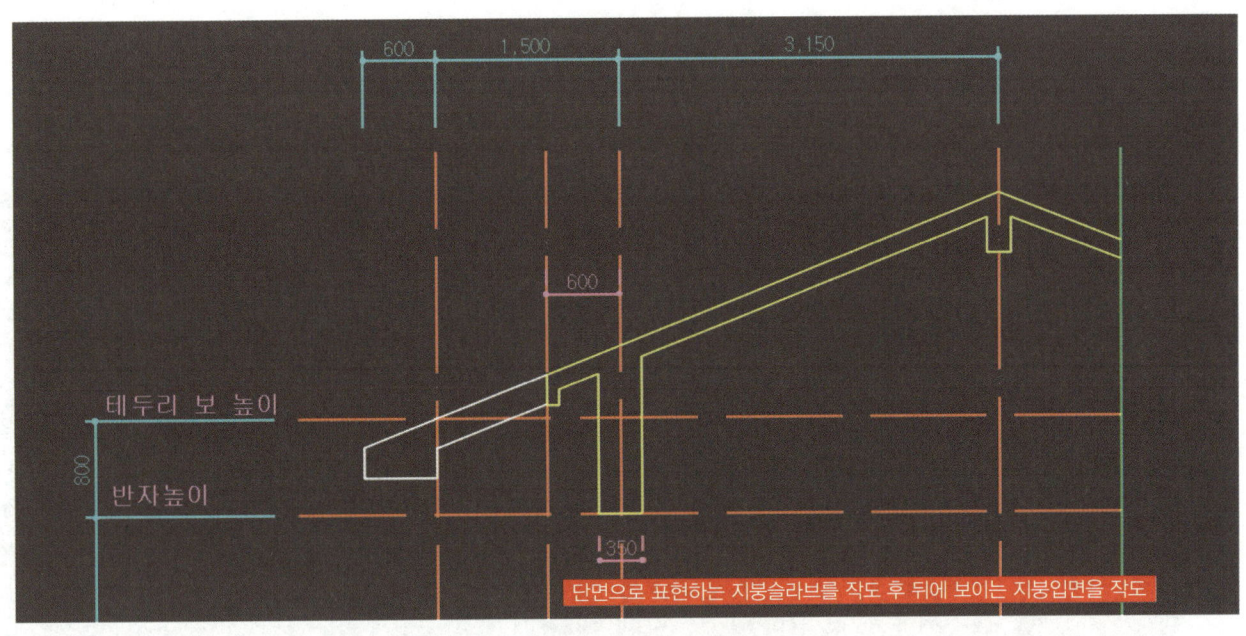

NO.	중점사항	핵심 내용

03	기초 그리기	• 벽체가 있는 곳을 체크하며 벽체 하부에 기초를 그린다.
		• 기초의 폭 체크:
		  요구사항의 벽체두께를 확인하여 기초의 폭을 정하여 그린다.
		• 중심선의 위치 확인:
		  중심선이 전체 벽체의 가운데에 있는지 또는 내벽의 가운데에 있는지 체크한다.

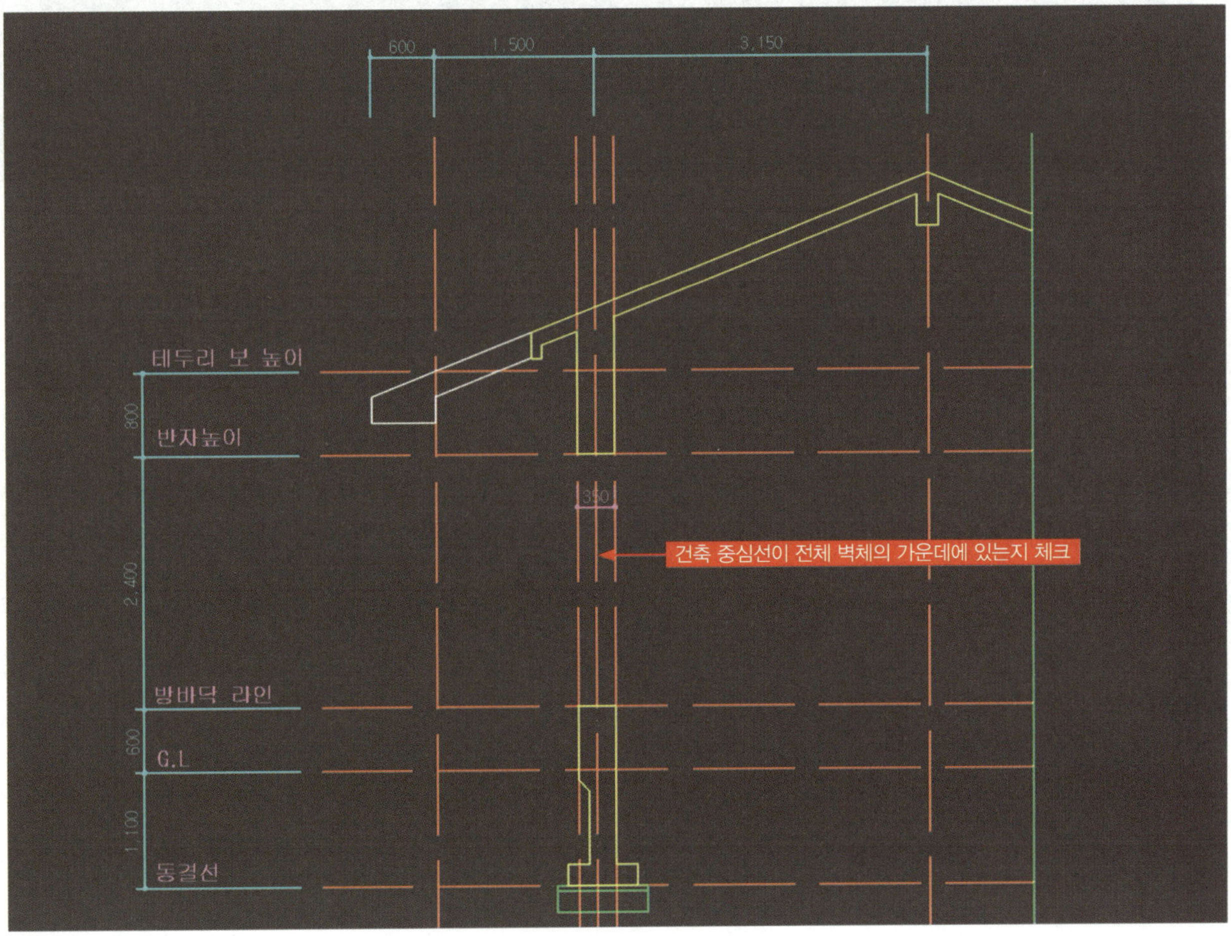

건축 중심선이 전체 벽체의 가운데에 있는지 체크

NO.	중점사항	핵심 내용
04	벽체 및 창호 그리기	• 외벽벽체 두께확인: 벽돌두께 및 단열재의 두께를 확인하여 두께 산정 • 문의 단면을 그릴 때 체크사항: 문턱이 있는지 평면을 확인

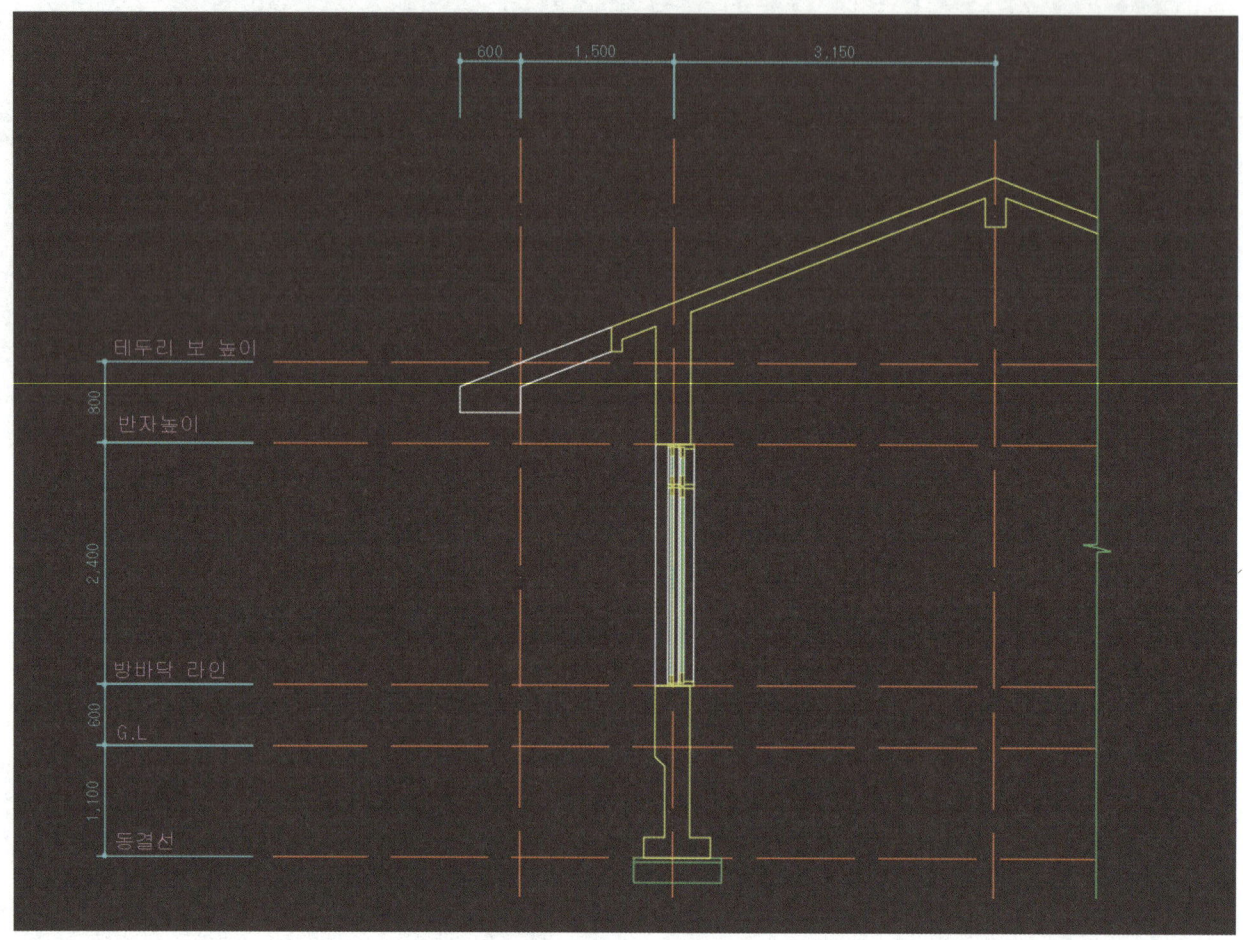

- **창호**: 창호의 위치는 마감을 위해 약 30mm 실내쪽으로 이동한다.

NO.	중점사항	핵심 내용
05	테라스 바닥구조 그리기	• 테라스 높이는 요구사항에 맞게 그리되 요구조건에 없을 경우 설계자가 일반적인 시공수준을 고려하여 정해서 그린다. • 테라스 폭은 도면의 사이즈에 맞게 그린다.
06	캐노피 그리기	• 요구조건에 '캐노피를 작도하지 않는다'라는 내용이 있으면 캐노피를 그리지 않는다. • 캐노피의 사이즈가 도면에 없다면 테라스의 폭 이하로 적절히 그린다.

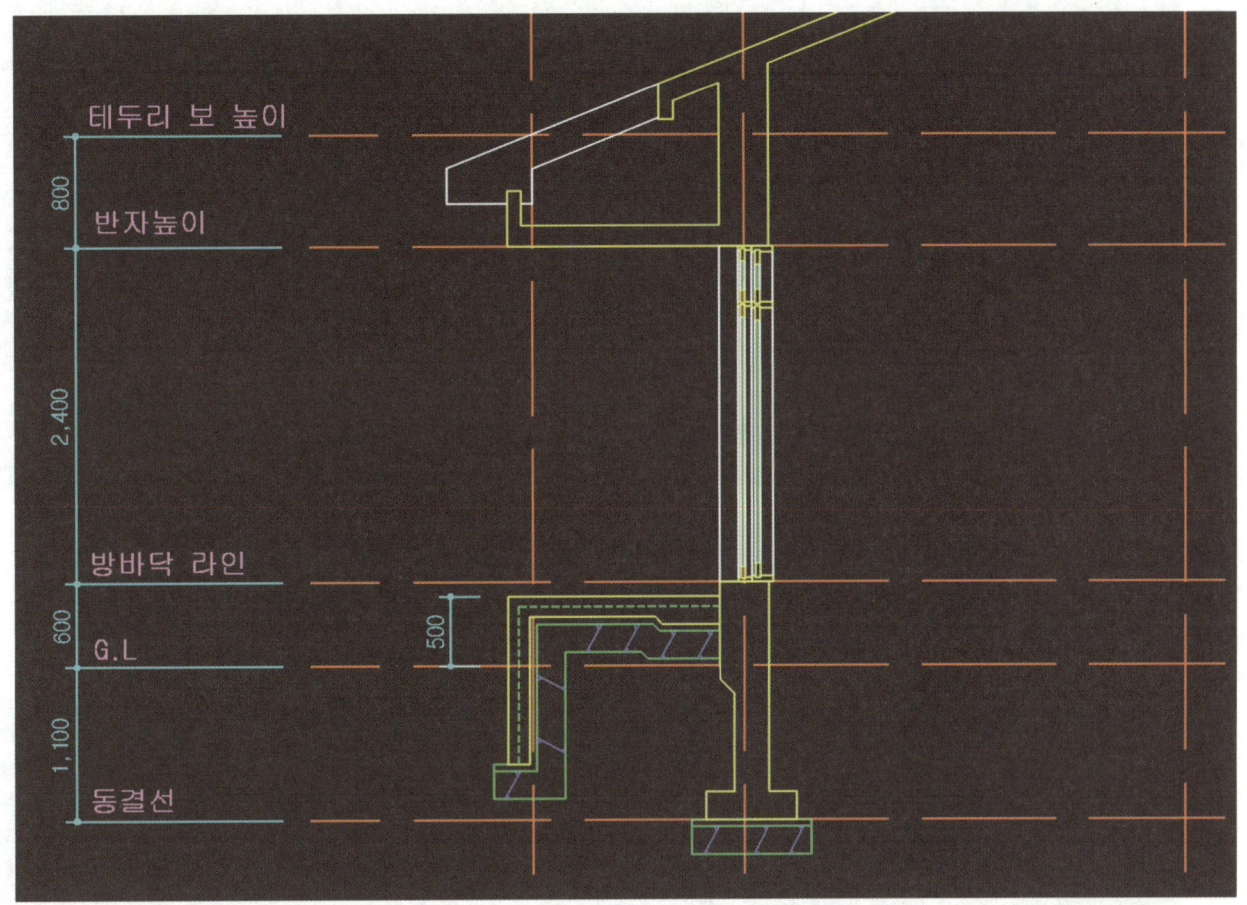

- 위의 도면은 테라스 바닥을 "무근콘크리트+와이어메쉬"로 작도한 경우의 예시이다.
  요구조건에 "바닥슬라브와 기초를 일체식으로 표현하시오" 라고 나오면 콘크리트로 재료표기를 하며 기초와 일체로 그린다. (최근 출제 경향)

- **캐노피**: 테라스 위쪽을 가리는 지붕처럼 돌출된 것이다.
  – 본 예제에 요구조건에는 캐노피 미작도에 대한 언급이 없으므로 도면에 캐노피를 표현한다.

NO.	중점사항	핵심 내용
07	실내바닥 구조 그리기	• 방바닥 높이는 요구사항에 맞게 그리되 요구조건에 없을 경우 G.L선에서 현관을 거쳐 거실입구까지 계단 높이를 참조하여 정한다. • 바닥슬라브 단열재 두께 요구사항을 확인하여 그린다.

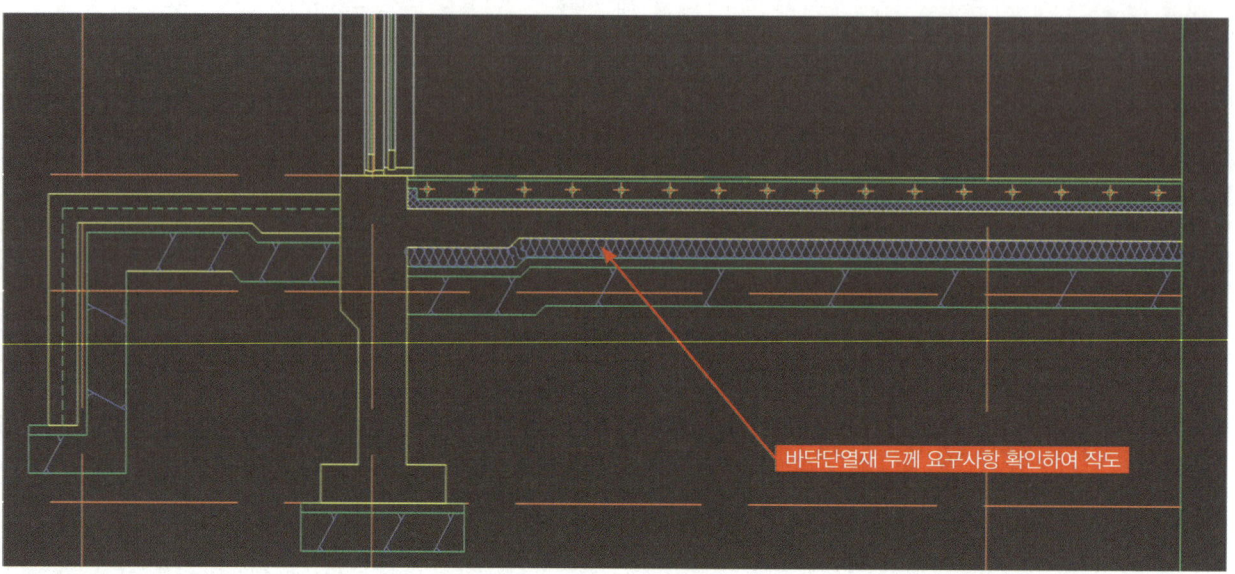

NO.	중점사항	핵심 내용
08	실내 천장 그리기	• 지붕슬라브 단열재두께: 요구사항 확인 • 커튼박스가 평면도 및 시험요구조건에 명시되어 있을 경우 도면에 표기

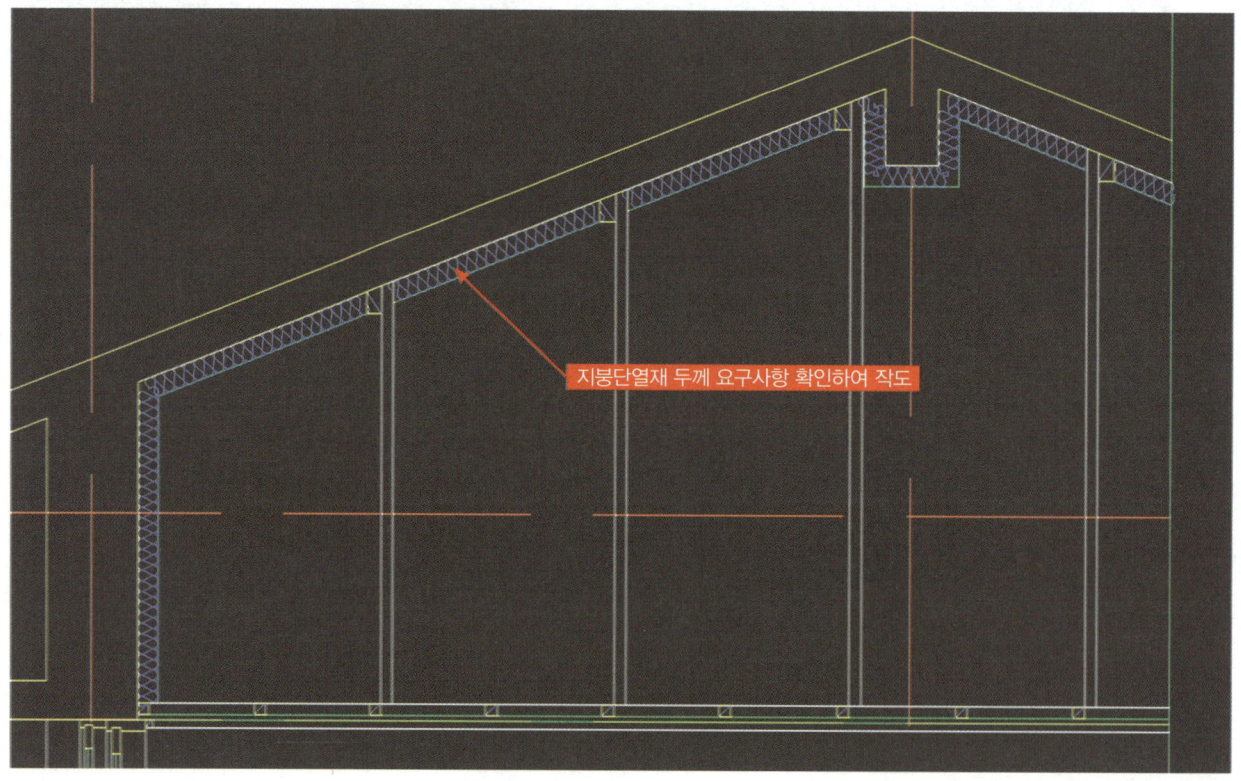

NO.	중점사항	핵심 내용
09	지붕 상세도 그리기	• 모르타르라인 두께: 방수하는 곳 30mm, 방수하지 않는 곳 20mm • 처마반자, 지붕기와, 암마룻장, 숫마루장 단면, 용머리장식 입면 • 지붕의 박공부위 입면이 보이는 곳이 있는지 체크 • 굴뚝 그리기

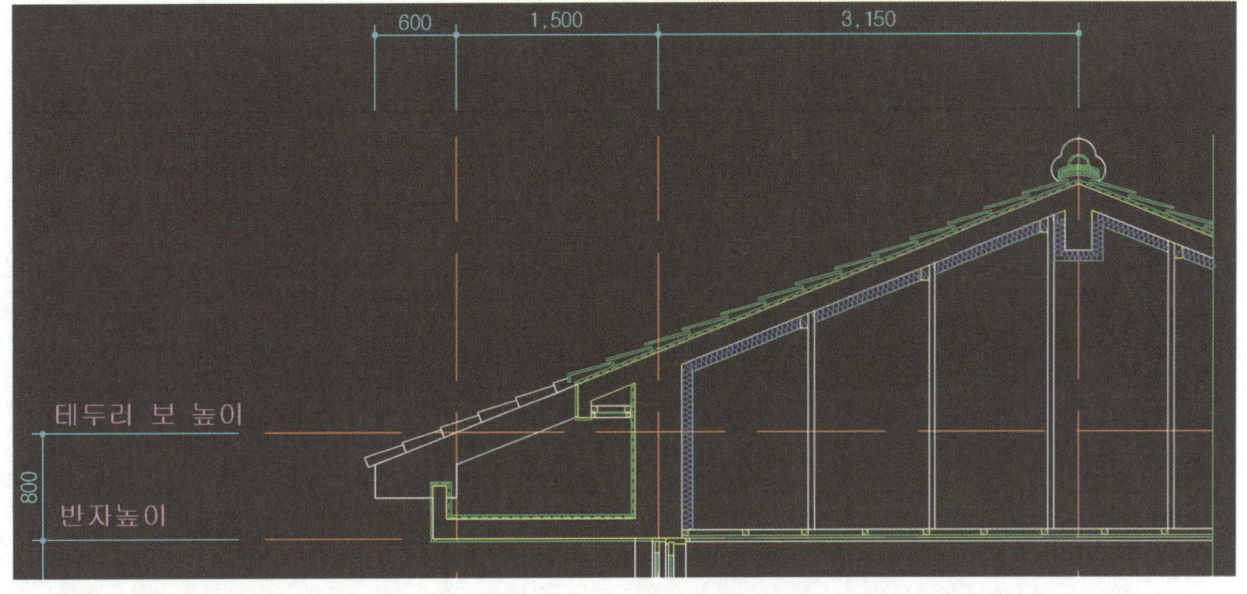

NO.	중점사항	핵심 내용
10	기타	• 실내: 도어, 걸레받이, 벽체입면, 창호, 재질표기 등 체크 • 실외: 벽체 입면, 난간, 홈통(캐노피가 있으면 표기), G.L선, 재질표기 등 • 마감선 표기: 모르타르 라인, 걸레받이 및 테라스, 현관 바닥 단면 등

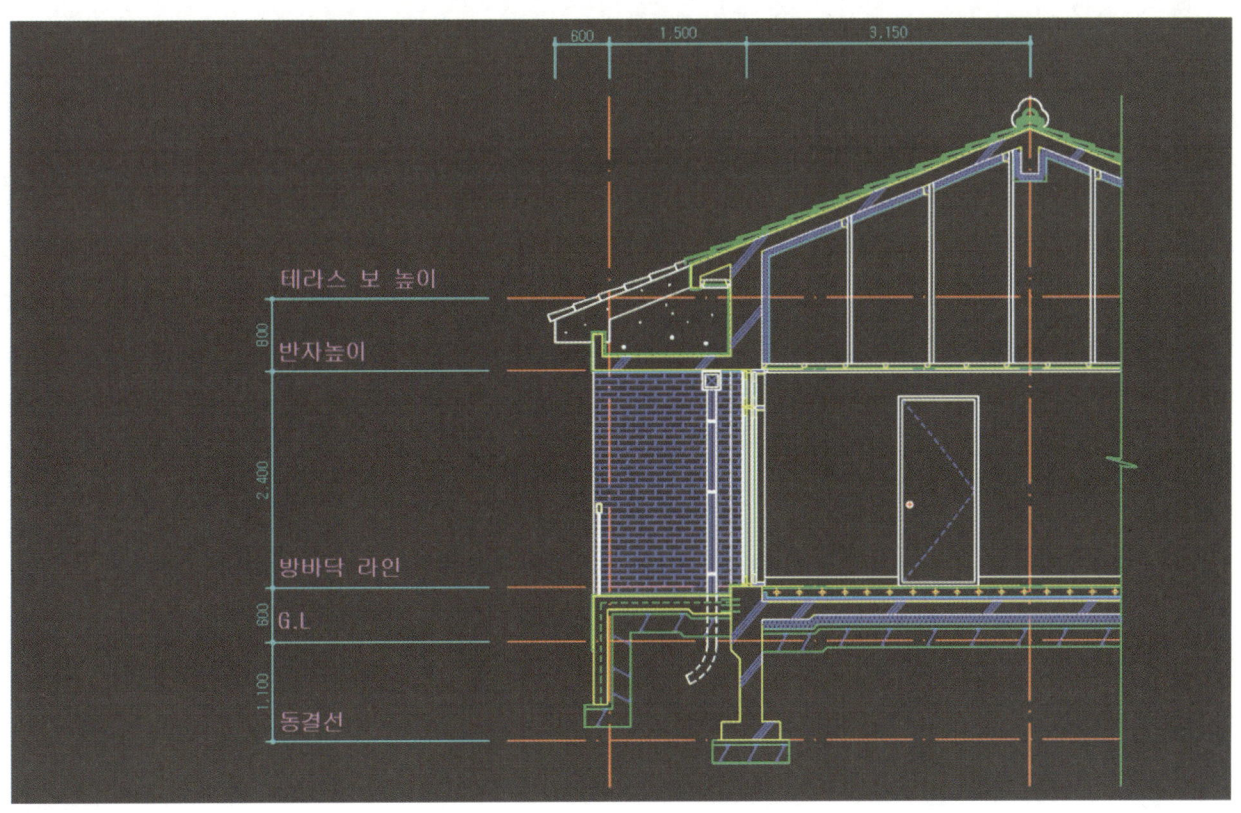

NO.	중점사항	핵심 내용
11	치수선 문자선	• 물매표기, 표제란, 도면명 • 실명(방, 거실, 테라스 등) 표기

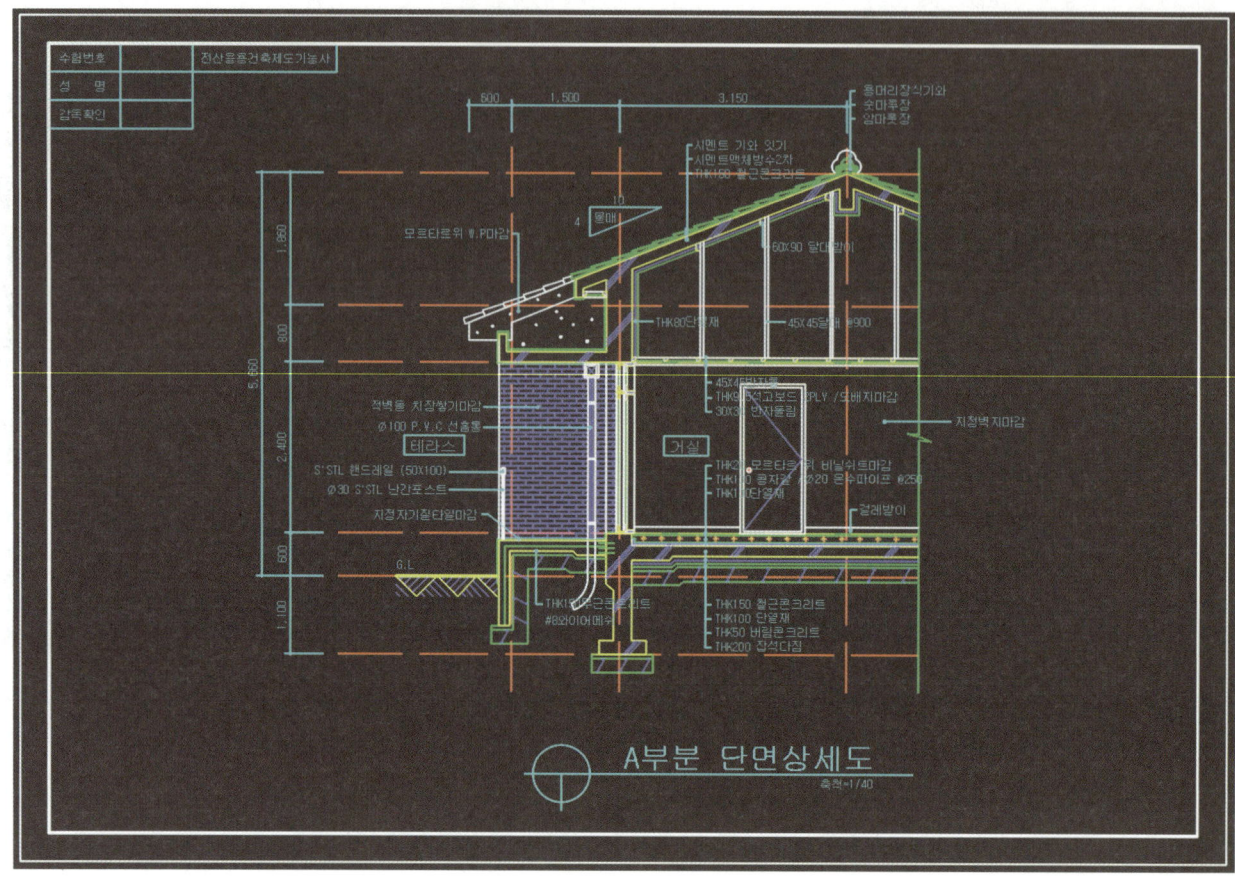

2 단면상세도

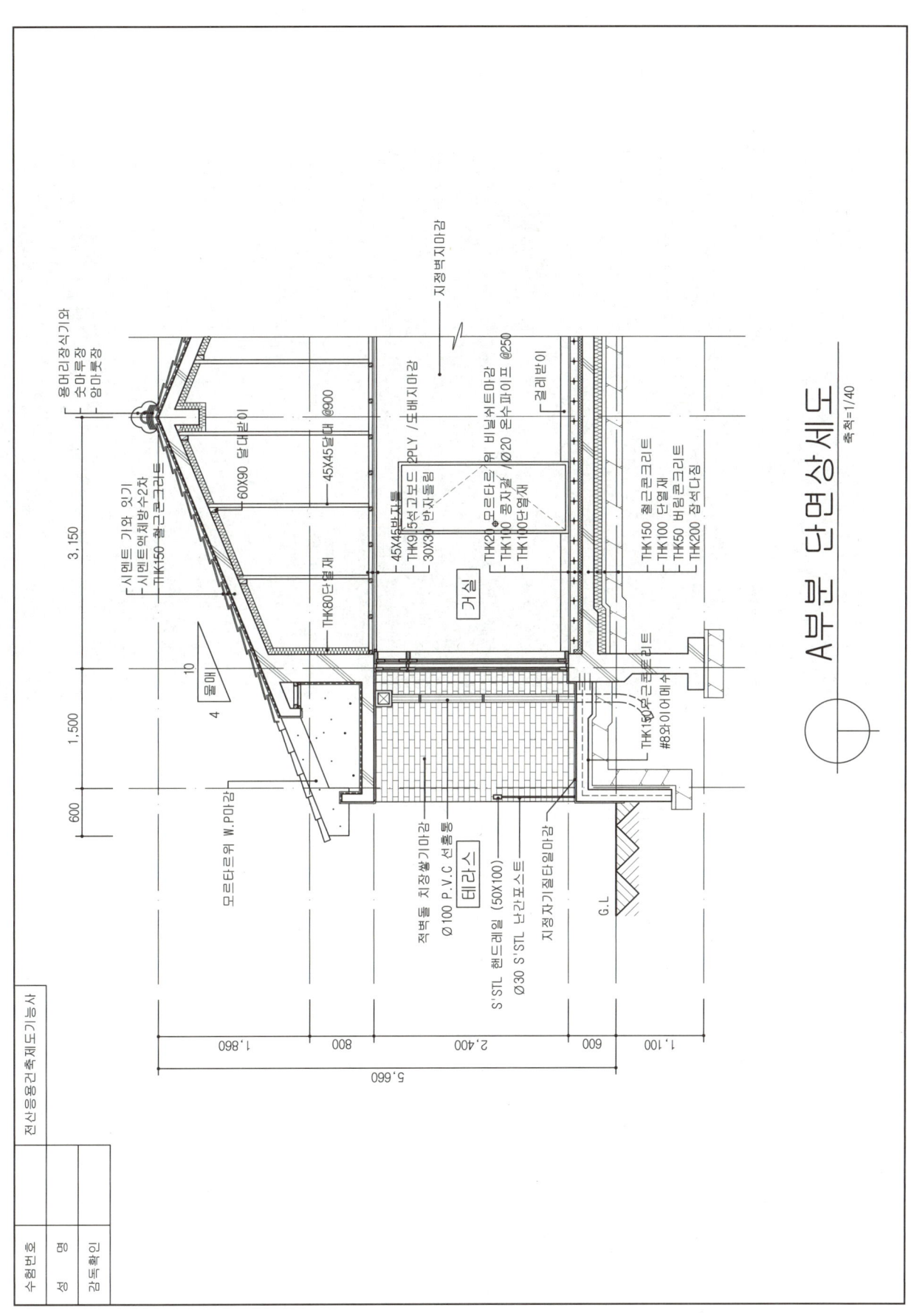

A부분 단면상세도
축척=1/40

3 동측입면도 문제풀이

NO.	중점사항	핵심 내용
01	중심선 세팅	• 수평선 그리기: G.L선, 방바닥 높이, 반자 높이, 테두리보 높이 • 수직선 그리기: 벽체 중심선, 마룻대, 처마라인

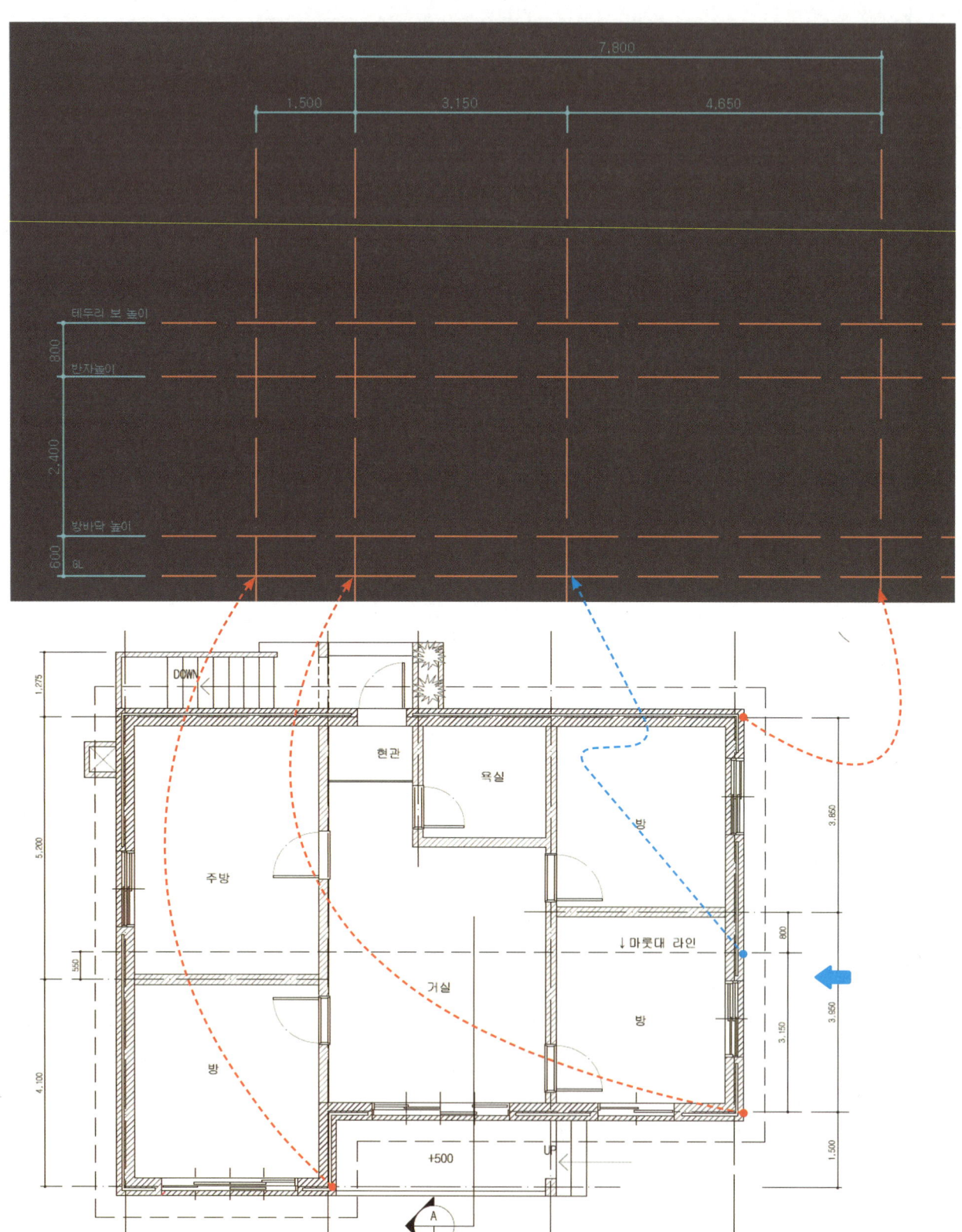

NO.	중점사항	핵심 내용
02	지붕구조 그리기	• 물매선을 그린 후 지붕 슬라브, 박공처마 구조 그리기 • 추가로 보이는 박공처마를 찾아 표기 • 기와 입면 그리기

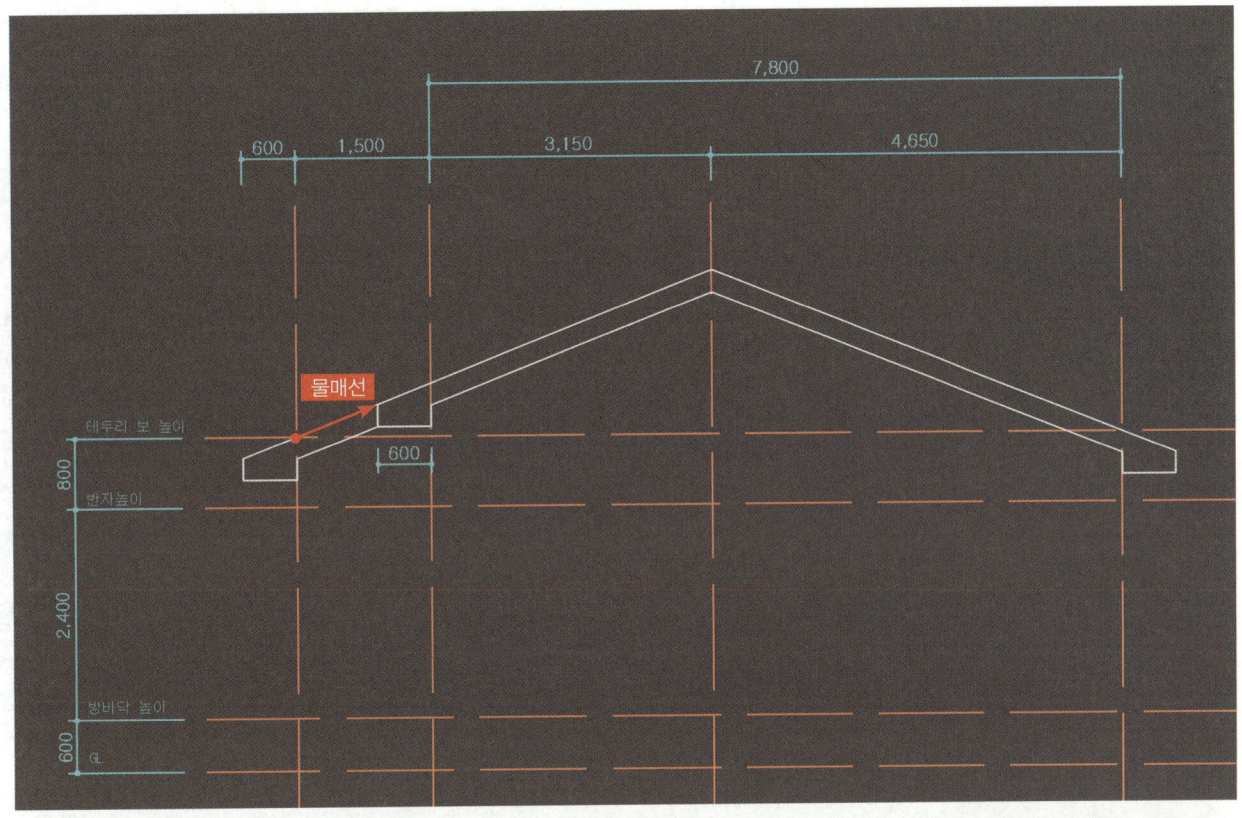

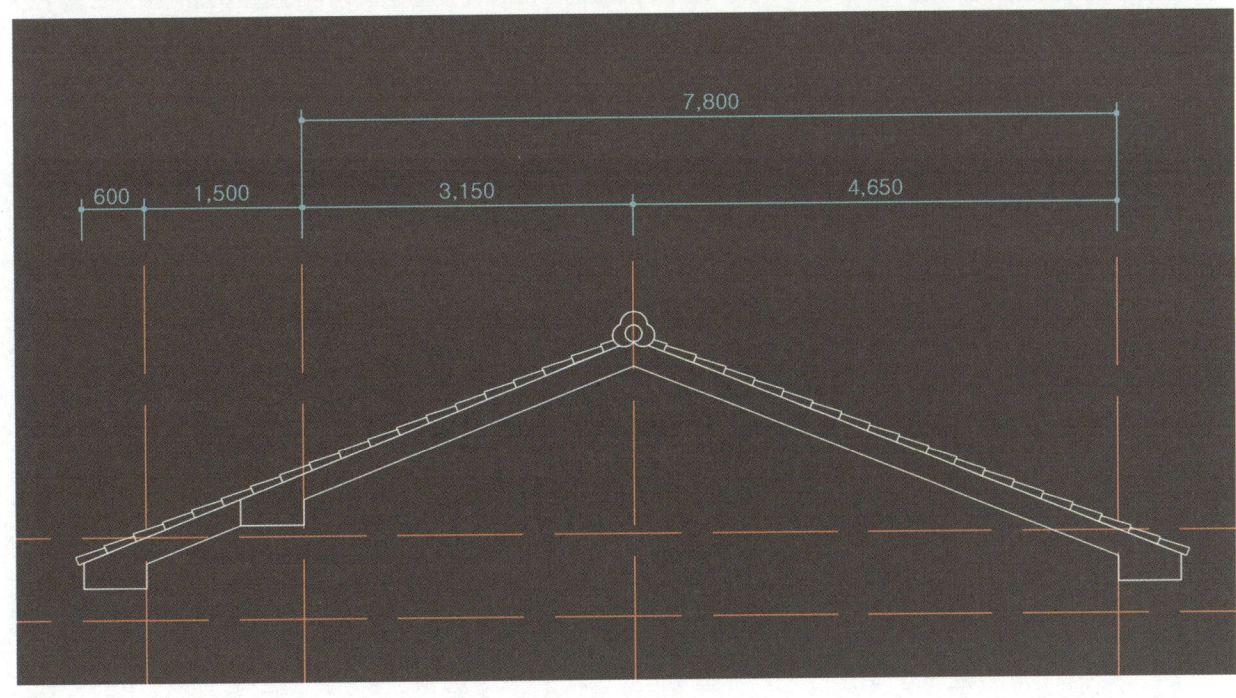

NO.	중점사항	핵심 내용
03	벽체구조	• G.L선 레이어 변경 • 벽체 입면선 그리기 • 기초 상단부와 테두리보 하단부 라인 그리기

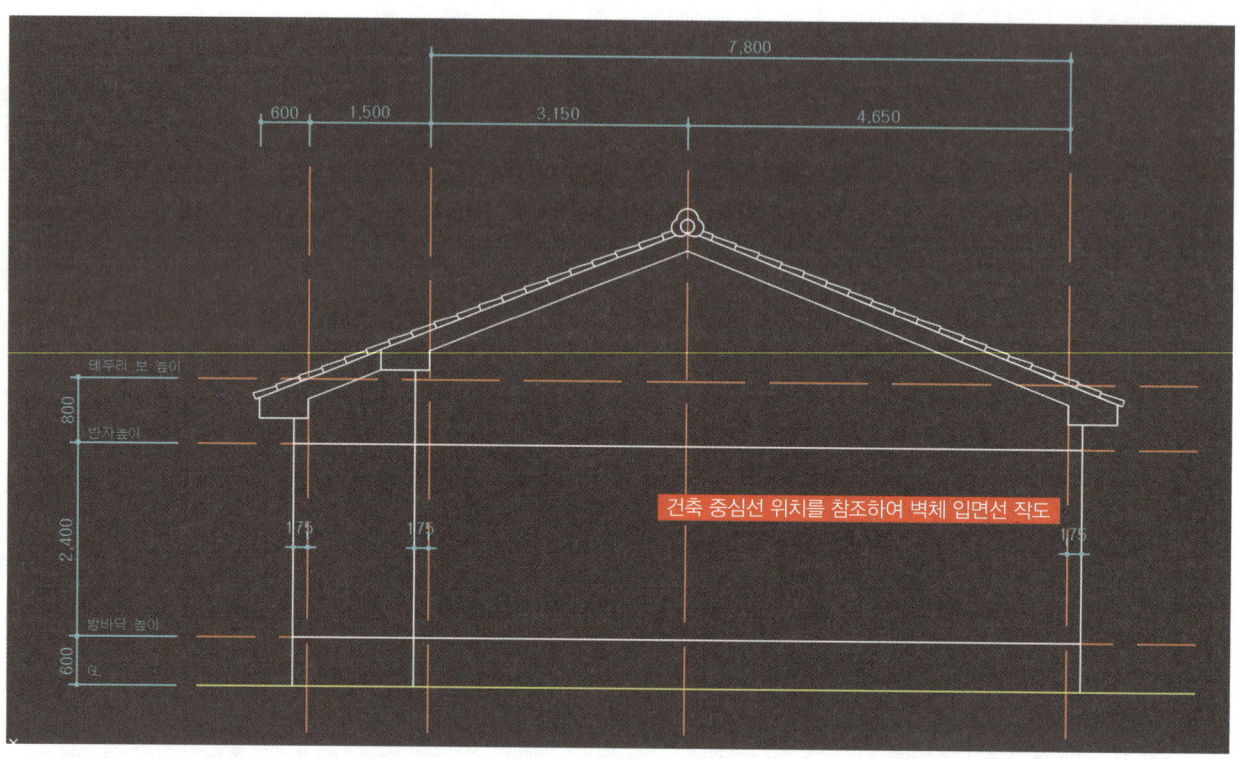

NO.	중점사항	핵심 내용
04	기타 입면 그리기	• 테라스 바닥 및 켄틸레버, 홈통, 창호 입면 그리기 • 난간 그리기 • 굴뚝 및 처마반자 그리기(입면도에서 보이는 경우), 재질표기 외

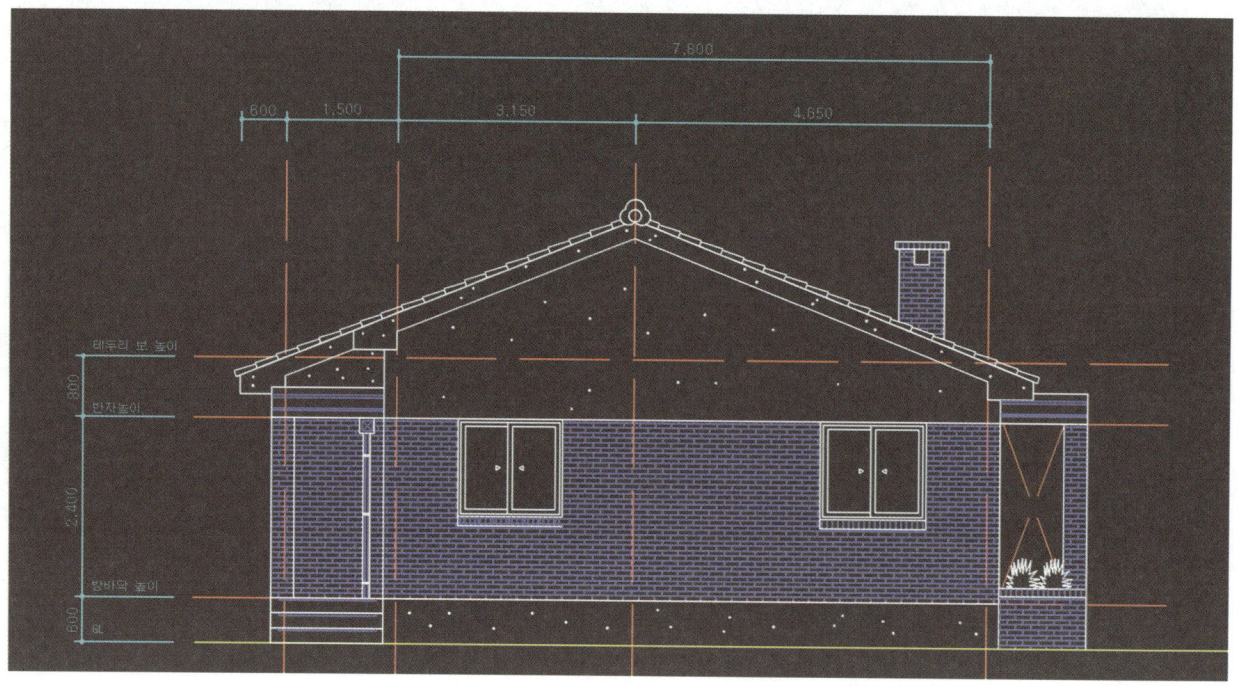

NO.	중점사항	핵심 내용
05	문자선 외	• 나무 그리기 • 문자선, 표제란 외

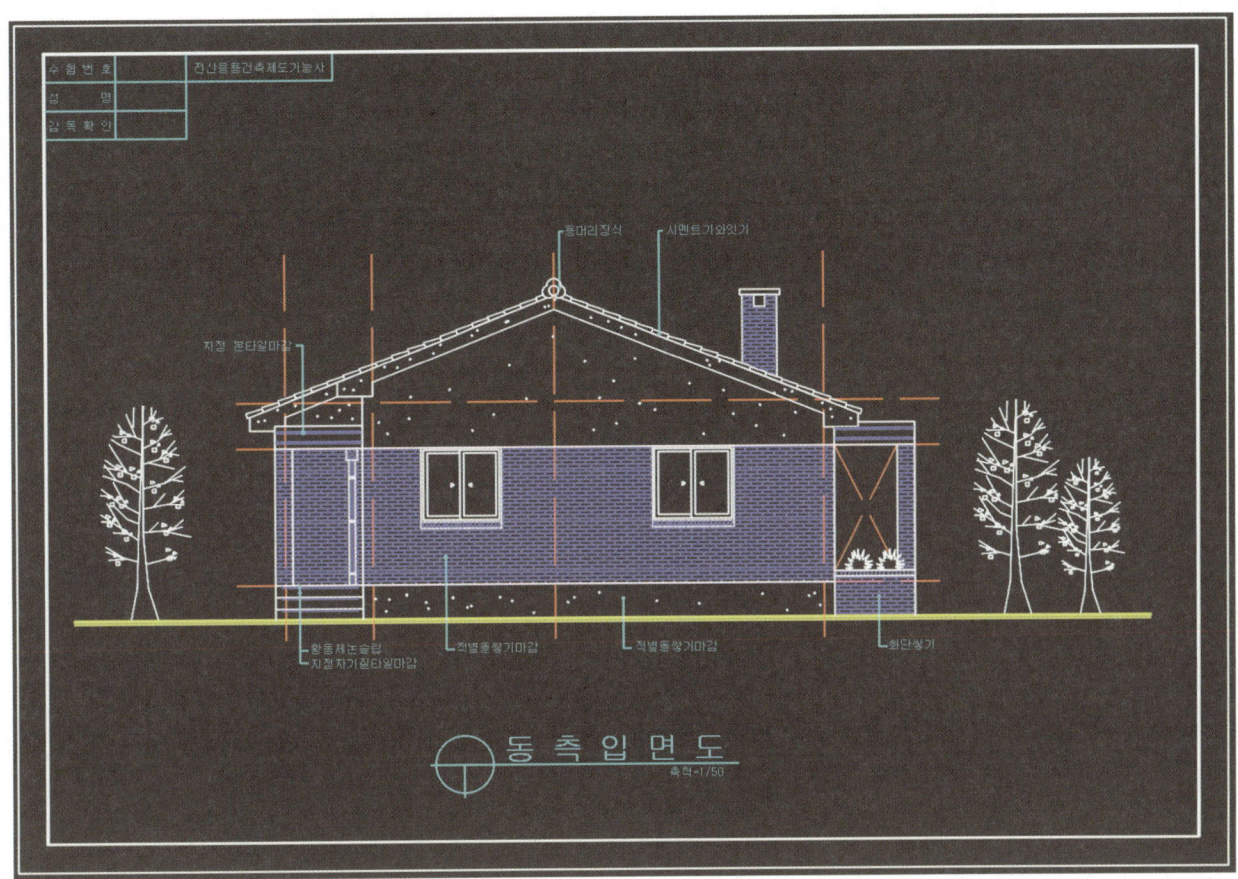

C유형 상세 동측입면도

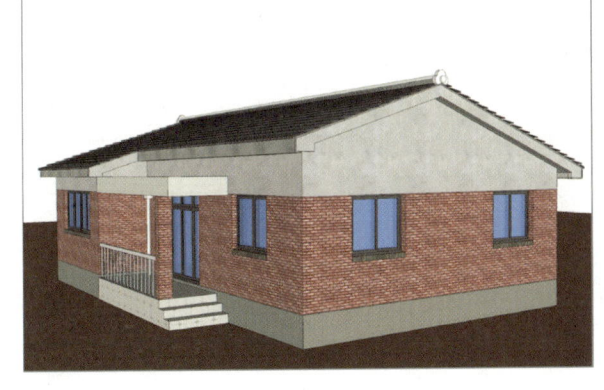 

4 동측입면도

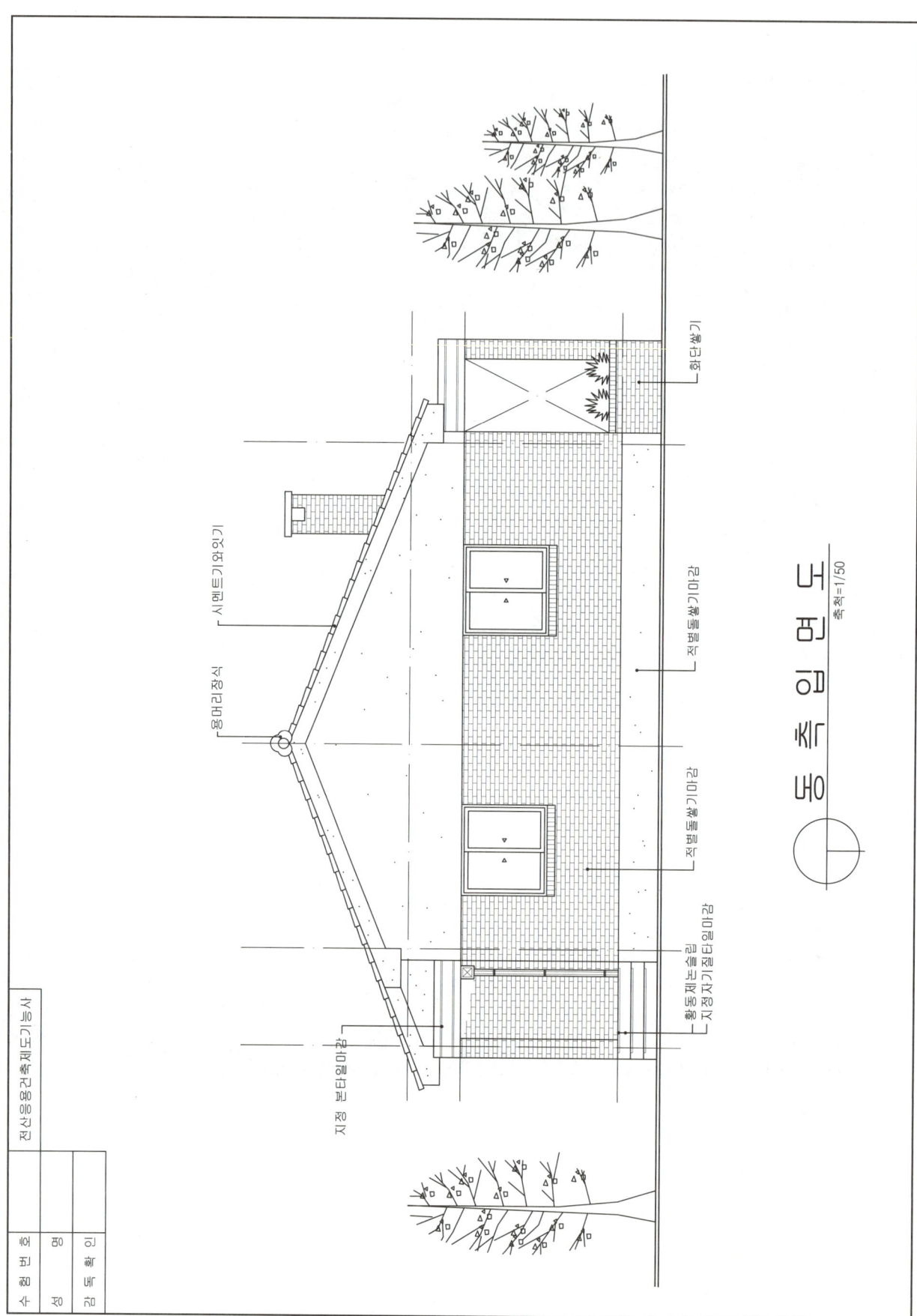

5 남측입면도 문제풀이

NO.	중점사항	핵심 내용
01	중심선 세팅	• 수평선 그리기: G.L선, 방바닥 높이, 반자 높이, 테두리보 높이 • 수직선 그리기: 벽체 중심선, 마룻대, 처마라인

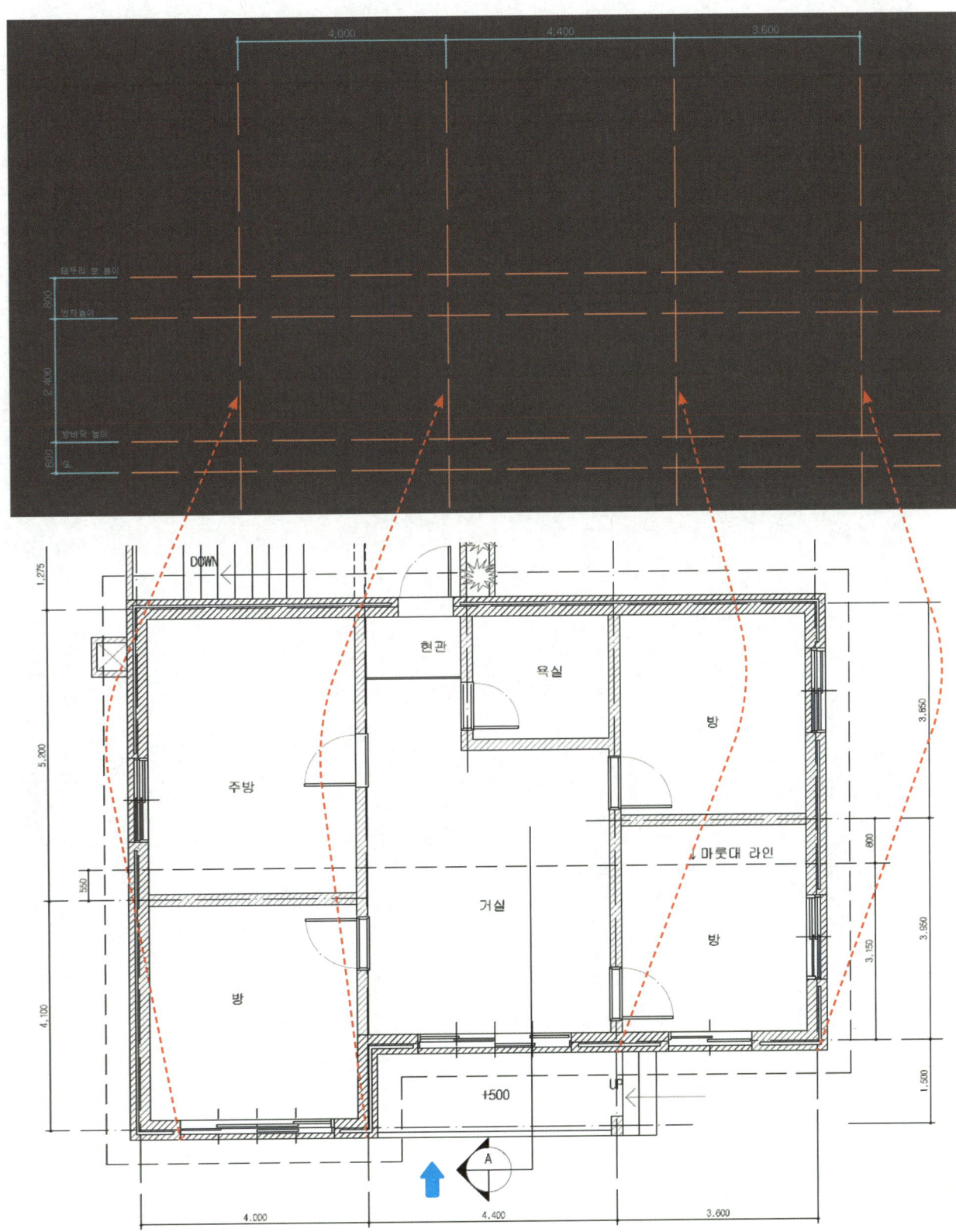

NO.	중점사항	핵심 내용
02	지붕구조 그리기	• 측면입면의 지붕구조를 그린 후 마룻대와 처마의 기준점을 찾아 정면입면도의 지붕구조 그리기 • 구조를 그리며 반대측 처마가 정면에서 보이는지 체크 • 기와 입면 그리기

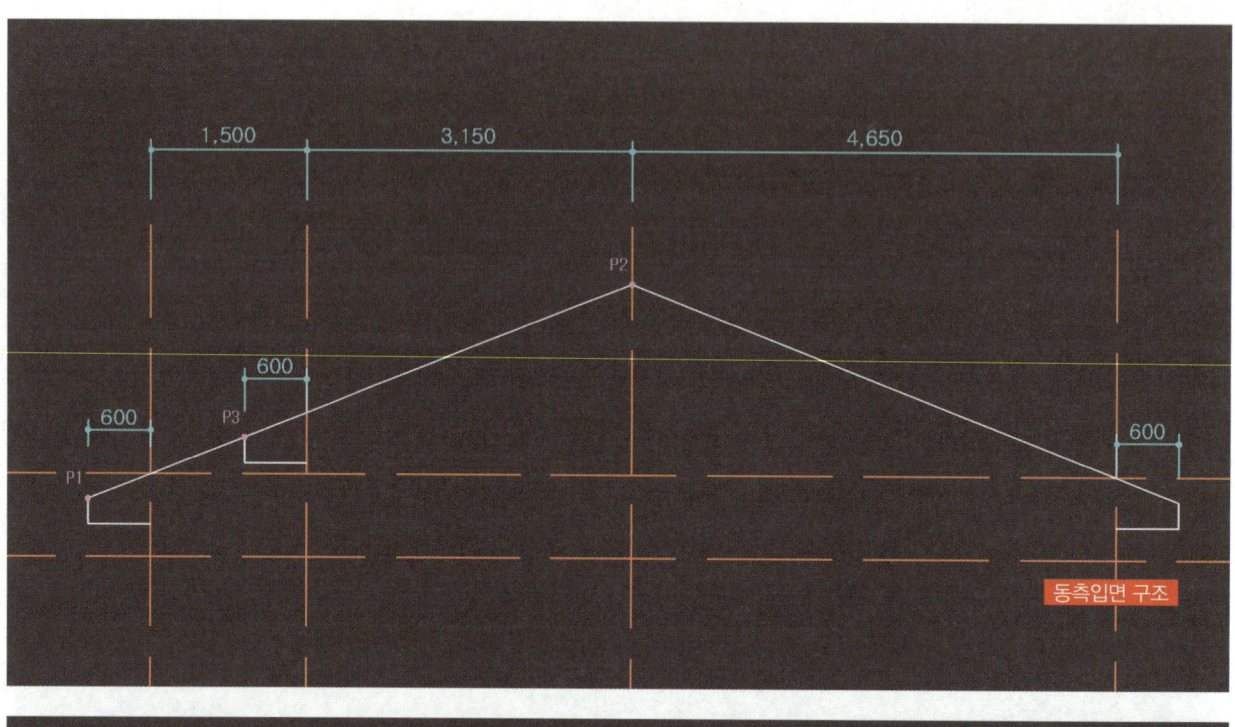

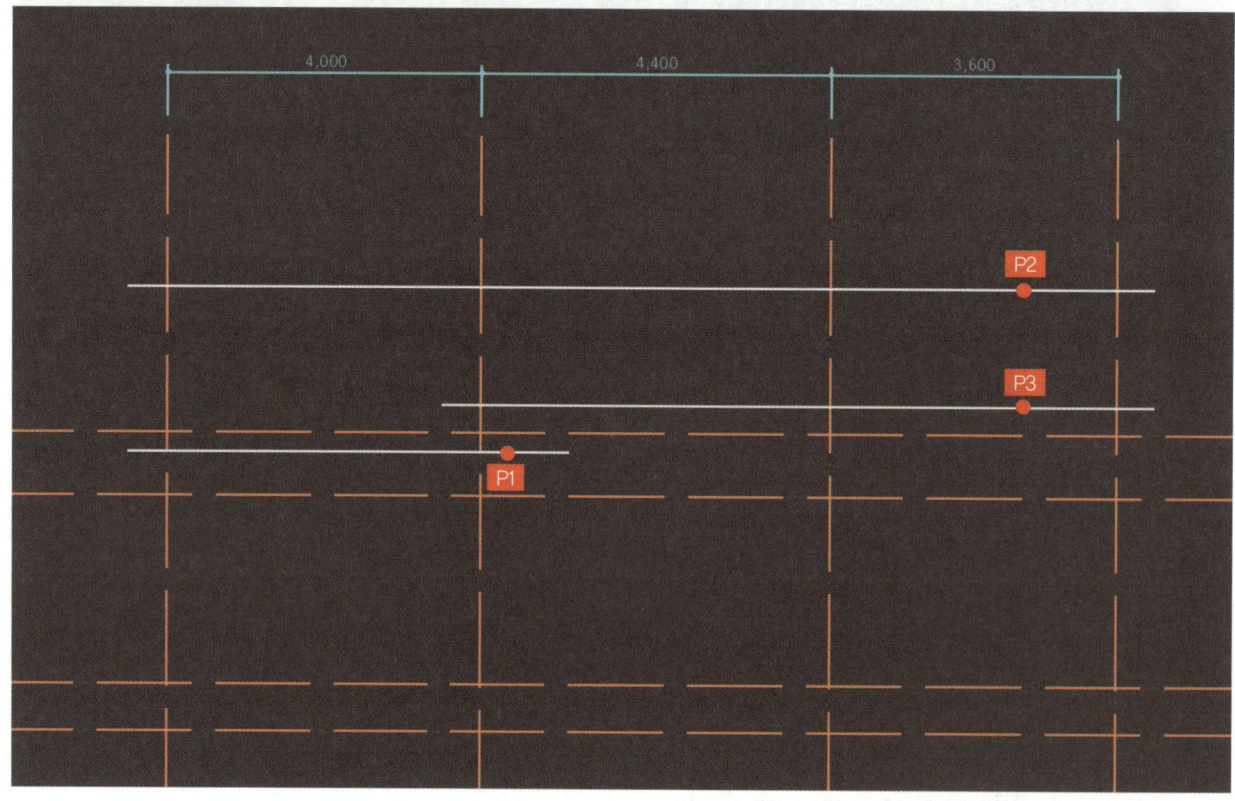

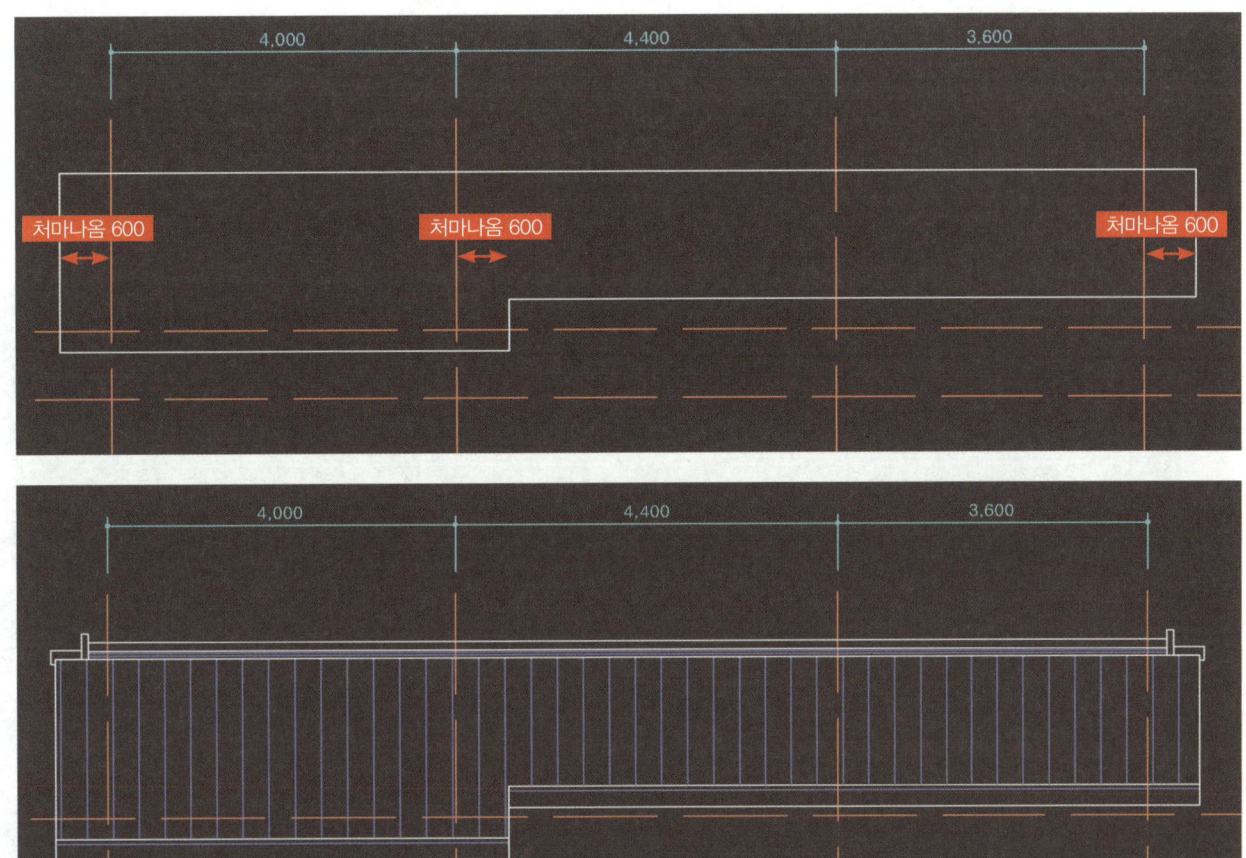

NO.	중점사항	핵심 내용
03	벽체구조	• G.L선 레이어 변경 • 벽체 입면선 그리기 • 기초 상단부와 테두리보 하단부 라인 그리기

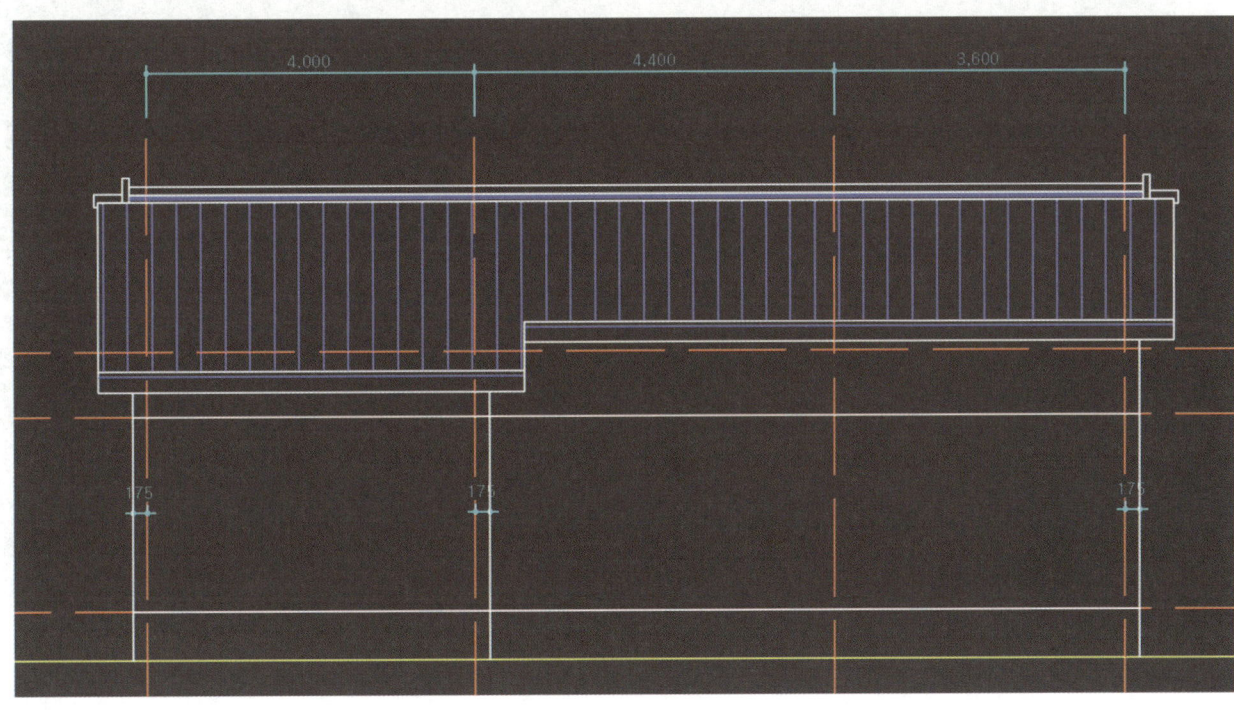

NO.	중점사항	핵심 내용
04	기타 입면그리기	• 테라스바닥 및 켄틸레버, 홈통 그리기 • 창호 입면 그리기 • 난간 그리기 • 굴뚝 및 처마반자 그리기(입면에서 보이는 경우) • 재질 표기 외

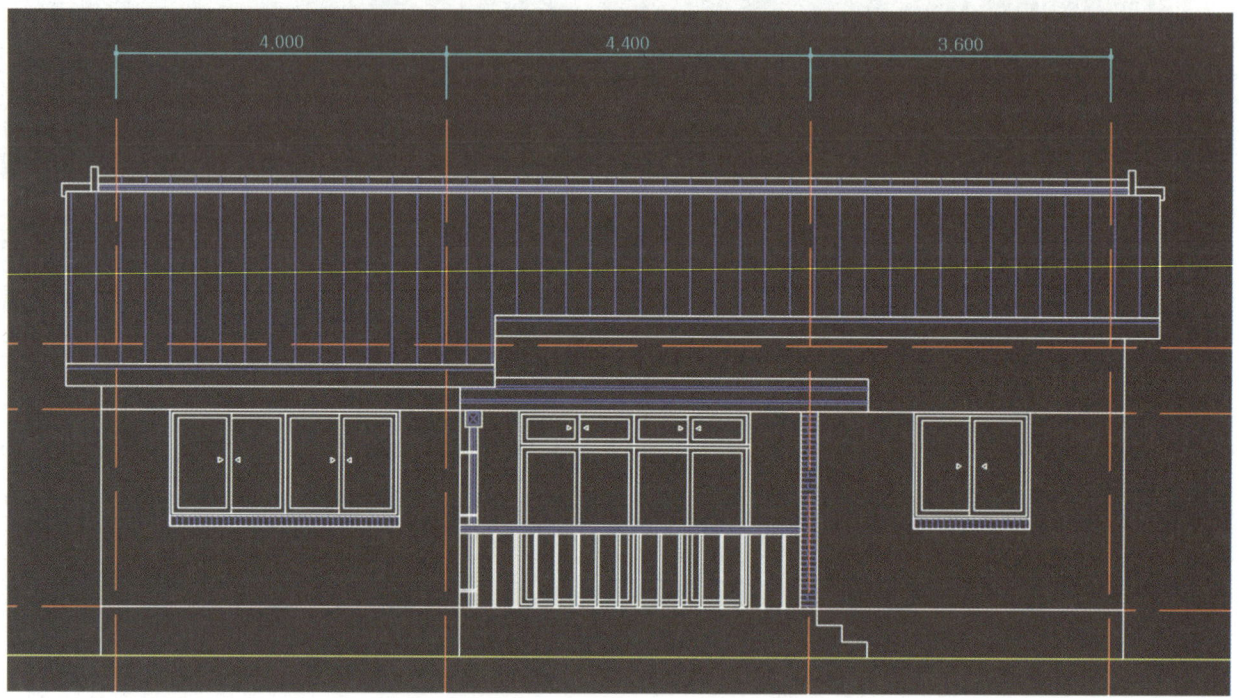

■ 처마반자 남측입면 우측: 동측입면 구조를 통해 처마반자를 검토하여 작도한다.

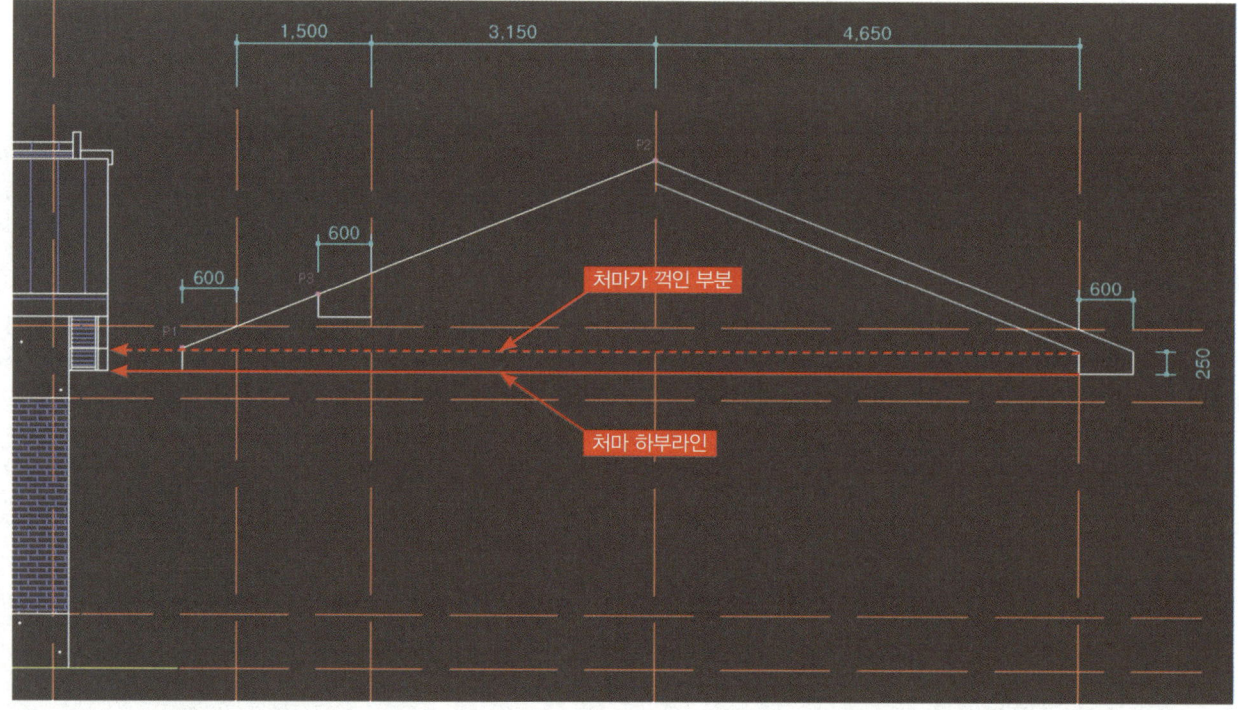

■ 처마반자 남측입면 좌측: 서측입면 구조를 통해 처마반자를 검토하여 작도한다.(지붕 높이 검토)

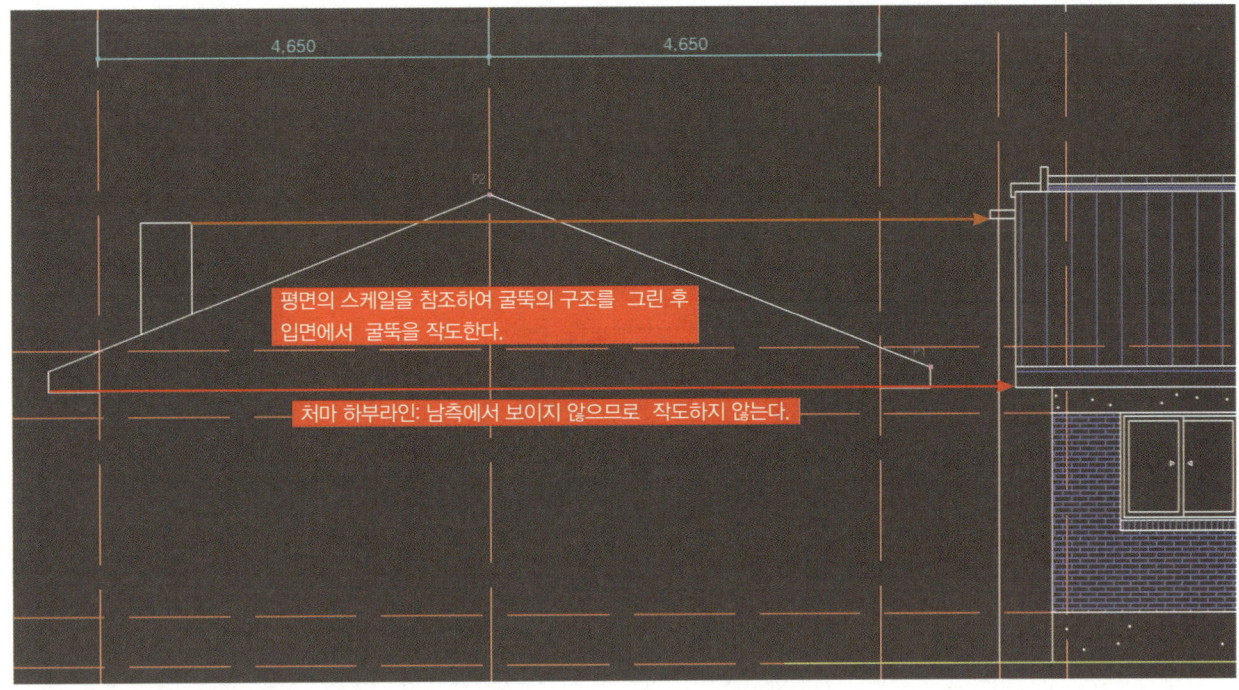

NO.	중점사항	핵심 내용
05	재질표기 문자선 외	• 나무 그리기 • 문자선 외

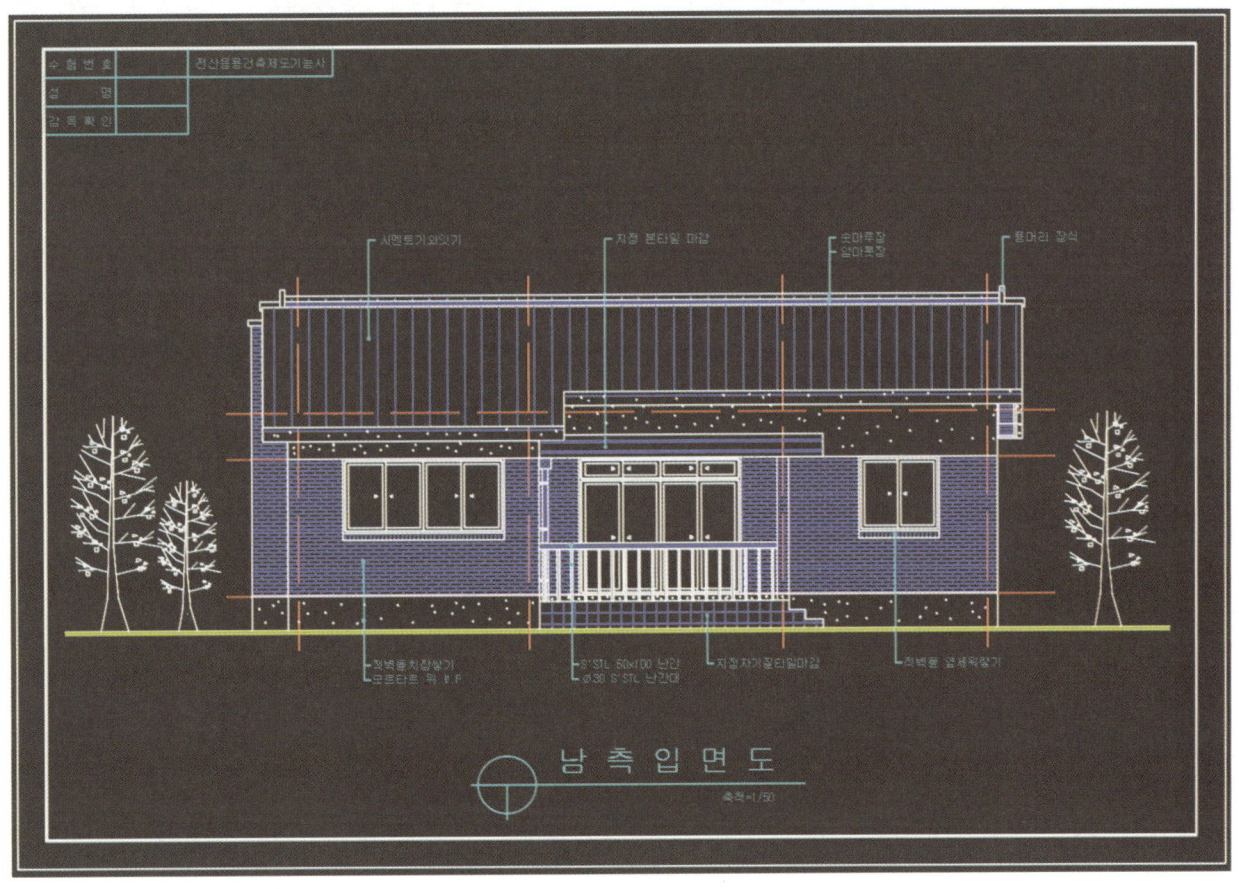

6 남측입면도

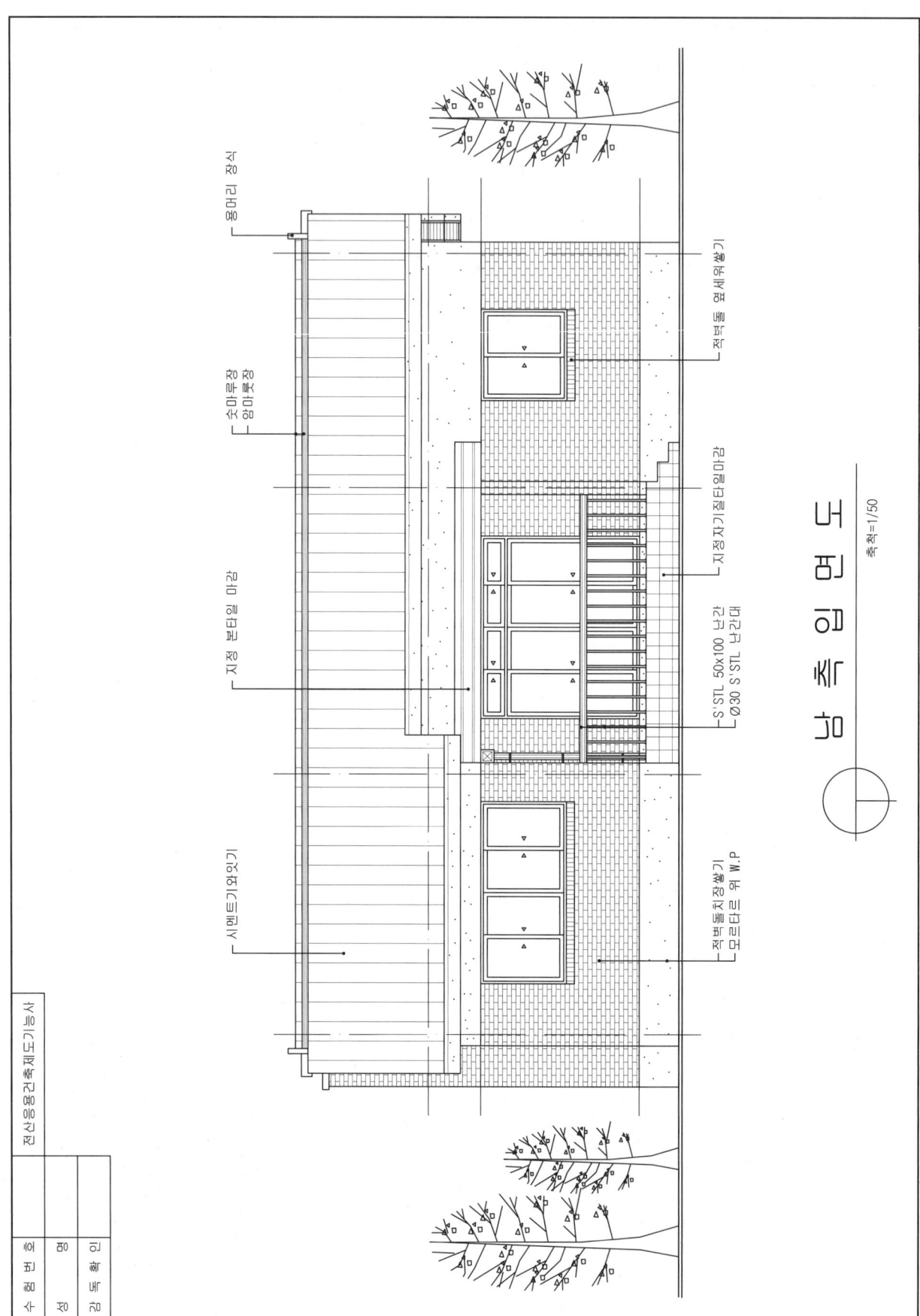

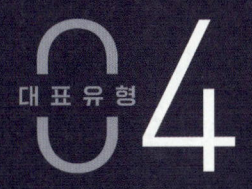

국가기술자격 실기시험문제

| 자격종목 | 전산응용건축기사 | 과제명 | 주택 |

※ 시험시간 표준시간 4시간, 연장시간 10분

현관형
- 현관측 외부 벽체와 방의 벽체를 단면으로 표기
- 현관 바닥의 높이에 유의하여 작도

01 요구사항

주어진 평면도를 보고 CAD를 이용하여 아래 조건에 맞게 다음 도면을 작도 한 후, 지급된 용지에 본인이 직접 흑백으로 출력하여 파일과 함께 제출하시오.

❶ A부분 단면 상세도를 축척 1/40으로 작도하시오.
❷ 남측입면도를 축척 1/50으로 작도하되 벽면의 마감재료 표시 및 주의의 배경 등 도면의 요소를 충분히 고려하시오.

> **조건**
> - 기초 및 지하실 벽체: 철근콘크리트 구조로 하시오.
> - 벽체: 외벽 – 외부로부터 붉은벽돌 0.5B, 단열재, 시멘트 벽돌 1.0B
>   내벽 – 시멘트 벽돌 1.0B
> - 단열재: 외벽 50mm, 바닥 100mm, 지붕 100mm
> - 지붕: 철근콘크리트 경사슬래브 위 시멘트 기와잇기 마감으로 하시오. (물매 4/10 이상)
> - 처마나옴: 벽체중심에서 600mm
> - 반자높이: 2,400mm, 처마반자 설치
> - 창호: 목재창호로 하되 2중창인 경우 알루미늄 새시로 하시오.
> - 각실의 난방: 온수파이프 온돌난방으로 하시오.
> - 1층 바닥슬래브와 기초는 일체식으로 표현하시오.
> - 기타 각 부분의 마감, 치수 등 주어지지 않는 조건은 일반적인 시공수준으로 하시오.
> - 선의 통일을 기하기 위하여 아래와 같이 선의 색을 정리하여 출력하시오.
>   - 흰색 (7-White): 0.3mm
>   - 노랑 (2-Yellow): 0.4mm
>   - 빨강 (1-Red): 0.2mm
>   - 녹색 (3-Green): 0.2mm
>   - 하늘색 (4-Cyan): 0.3mm
>   - 파랑 (5-Blue): 0.1mm

02 수험자 유의사항

※다음 유의사항을 고려하여 요구사항을 완성하시오.

1) 명기되지 않은 조건은 건축법, 건축구조 및 건축제도 원칙에 따릅니다.

2) 시험시작 전 바탕화면에 본인 비밀번호로 폴더를 생성하고, 폴더 안의 작업내용을 저장하도록 합니다.

3) 정전 및 기계 고장 등에 의한 자료손실을 방지하기 위하여 수시로 저장합니다.

4) 다음과 같은 경우는 부정행위로 처리됩니다.
   가) 노트 및 서적, 디스켓을 소지하거나 주고받는 행위
   나) 건물의 구조부분의 상세나 글씨 등을 사전에 블록으로 설정하여 지참해 사용하는 경우

5) 작업이 끝나면 감독위원의 확인을 받은 후 문제지를 제출하고 본부요원 입회하에 본인이 직접 A3용지에 흑백으로 도면을 출력하도록 합니다. 이때 수험자의 운영 미숙으로 도면이 출력되지 않는 경우나 출력시간이 20분을 초과할 경우는 실격처리 됩니다.

6) 장비 조작 미숙으로 장비의 파손 및 고장을 일으킬 염려가 있을 경우 실격됩니다.

7) 다음과 같은 경우에는 채점대상에서 제외됩니다.
   가) 주어진 조건을 지키지 않고 작도한 경우
   나) 요구한 전도면을 작도하지 않은 경우
   다) 건축제도 통칙을 준수하지 않거나 건축 CAD의 기능이 없는 상태에서 완성된 도면

8) 수험번호, 성명은 도면 좌측 상단에 아래와 같이 표제란을 만들어 기재합니다.

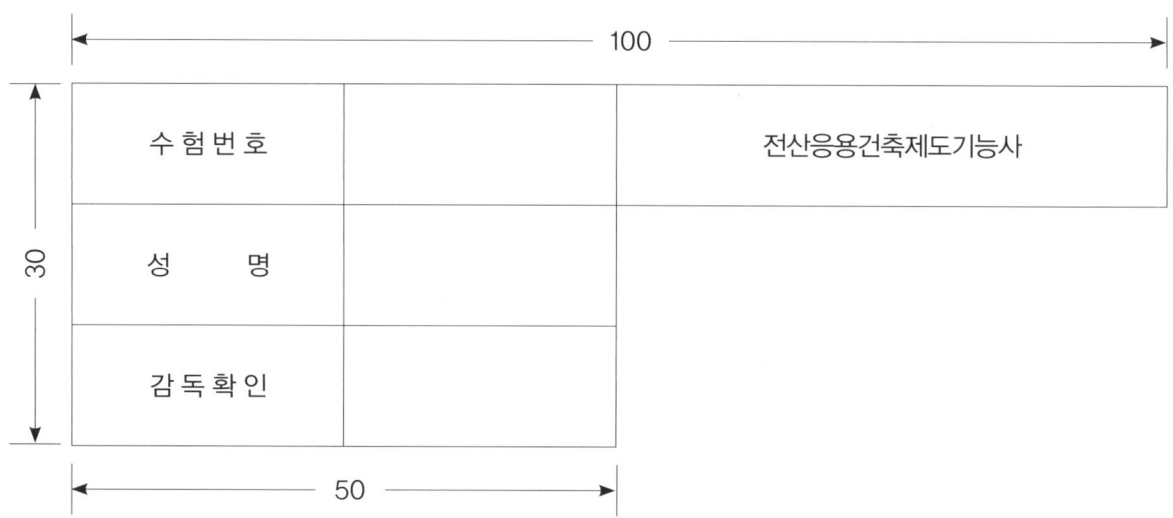

9) 감독위원은 시험시작 후 수검자에게 표제란을 우선 작도 후 도면을 작도하도록 하여야 하며, 수험자가 감독위원의 지시를 따르지 않을 경우 실격 처리됩니다.

10) 테두리선의 여백은 10mm로 합니다.

03 평면도

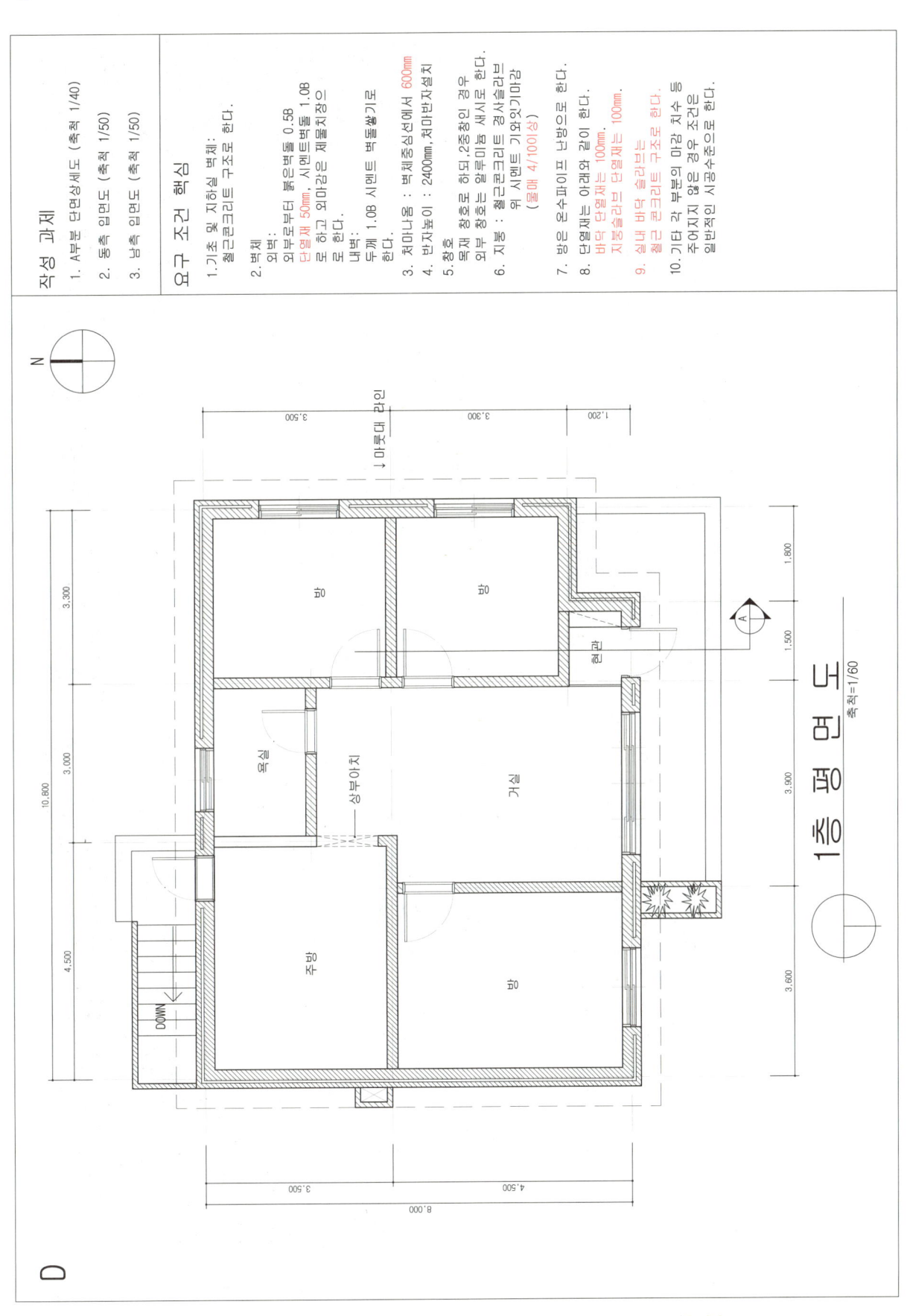

참고 3D 모델링

※ 위 이미지는 도면의 이해를 돕기 위한 시각자료이며 본 시험에는 출제되지 않습니다.

1 단면상세도 문제풀이

NO.	중점사항	핵심 내용
01	중심선 세팅	• 수평선 그리기: G.L선, 기초동결선, 방바닥 높이, 반자 높이, 테두리보 높이 • 수직선 그리기: 벽체 중심선, 마룻대, 처마라인

❶ 방바닥 높이 확인: 요구조건에 없으므로 아래와 같이 기준을 잡는다.

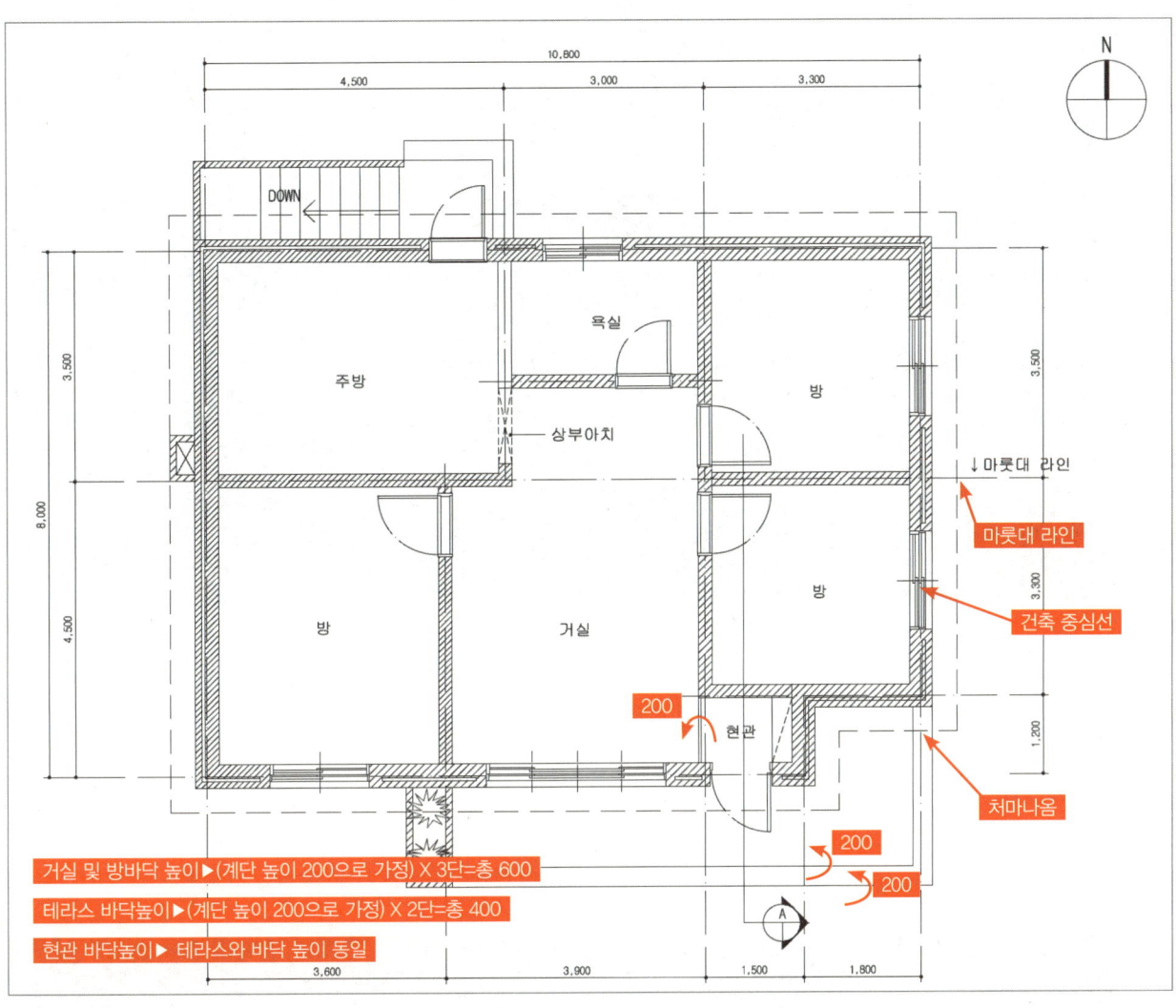

❷ 처마나옴: 요구사항에 벽체 중심선에서 600mm를 확인하고 평면에 처마라인을 확인한다.

❸ 벽체 중심선: 도면에서 건축 중심선의 위치 확인한다. ▶ 도면확인결과 내벽의 가운데에 건축 중심선이 위치

❹ 벽체두께 ▶총 350 = 1.0B(200) + 단열재 50 + 0.5B(100)

❺ 마룻대: 도면에서 마룻대의 위치를 확인한다.

❻ 단면상세도로 표현해야 하는 곳 위주로 중심선을 세팅한다.

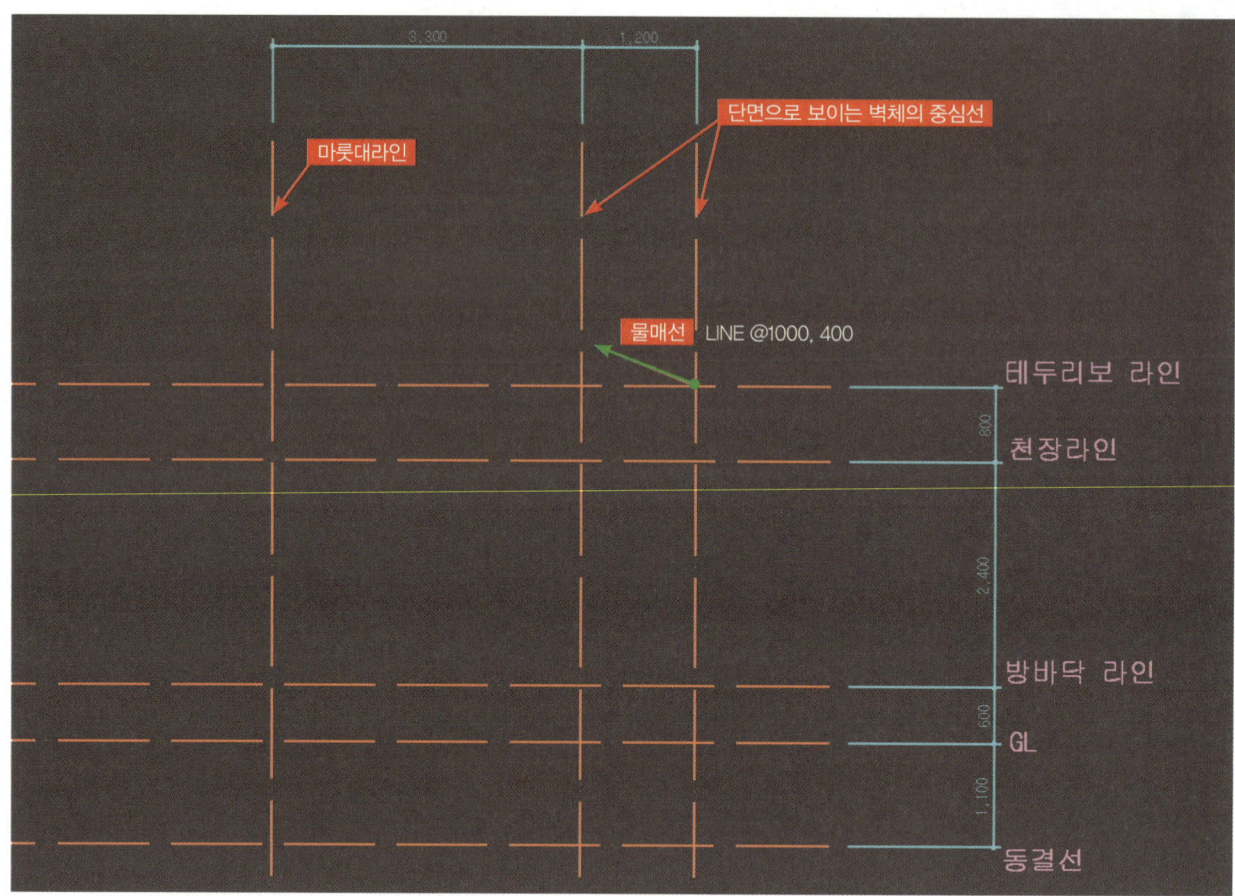

NO.	중점사항	핵심 내용
02	지붕구조 그리기	• 물매선을 그린 후 지붕 슬라브, 처마, 테두리보 구조를 그린다. • 테두리보 적정 높이 확인: 처마가 천장보다 내려온다면 테두리보를 더 올린다. • 물매선을 그릴 때 주의사항 : 　물매선은 마룻대를 기준으로 가장 멀리 떨어져 있는 벽체의 중심선을 기준으로 잡는다. • 외벽 벽체두께 확인: 　벽돌두께 및 단열재의 두께를 확인하여 전체벽체두께를 계산하여 테두리보의 두께를 동일하게 산정한다.

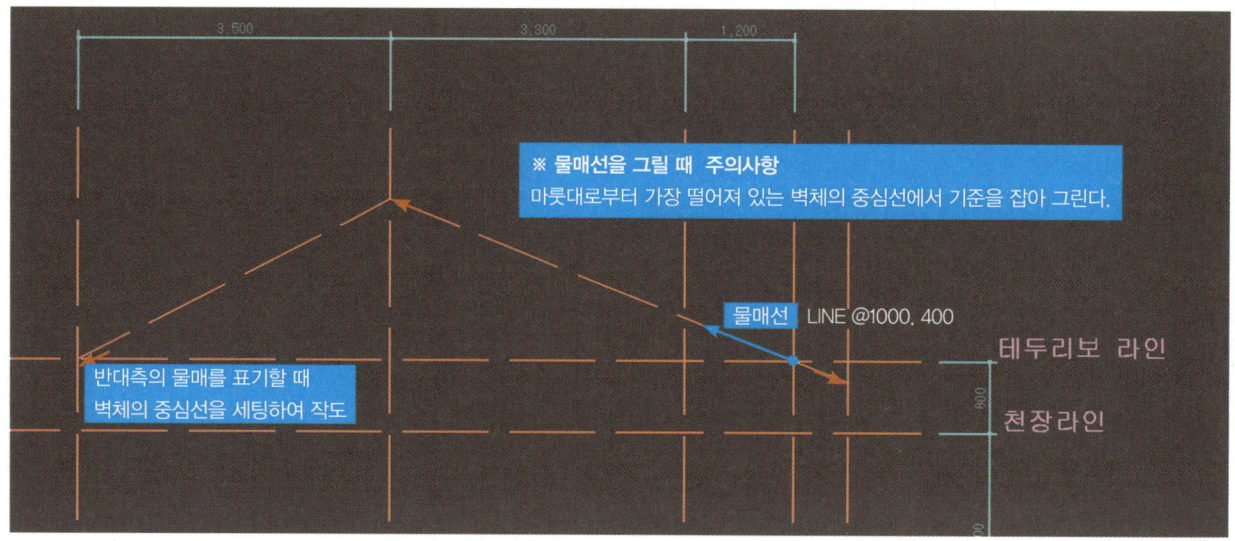

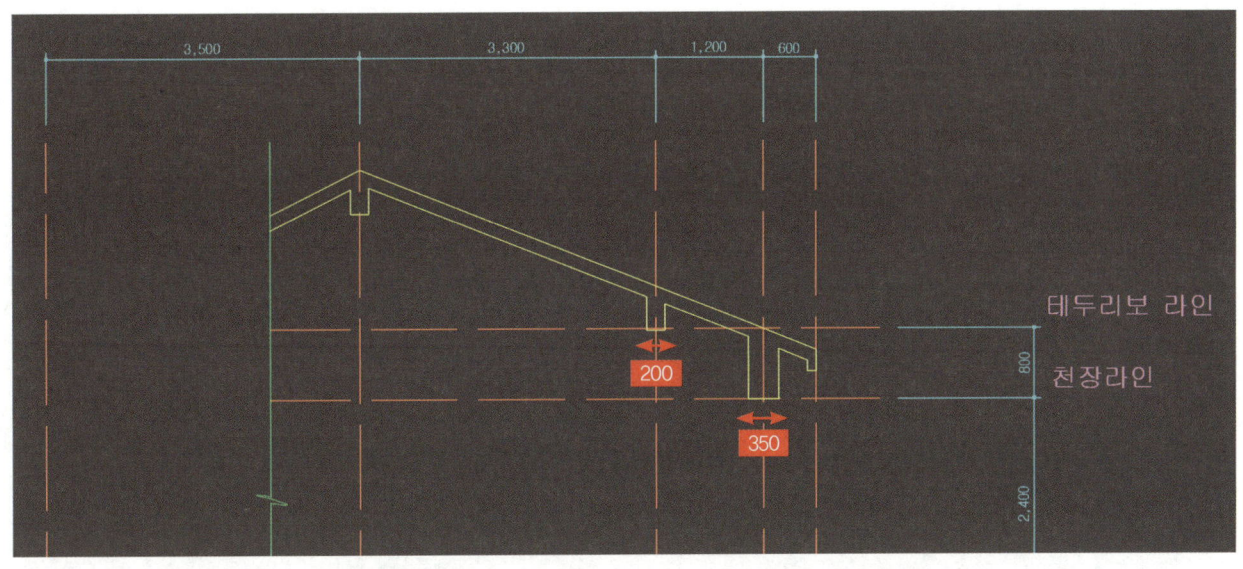

NO.	중점사항	핵심 내용

03	기초 그리기	• 벽체가 있는 곳을 체크하며 벽체 하부에 기초 그리기
		• 기초의 폭 체크:
		  요구사항의 벽체 두께를 확인하여 기초의 폭을 정하여 그리기
		• 중심선의 위치 확인:
		  중심선이 전체 벽체의 가운데에 있는지 또는 내벽의 가운데에 있는지 체크

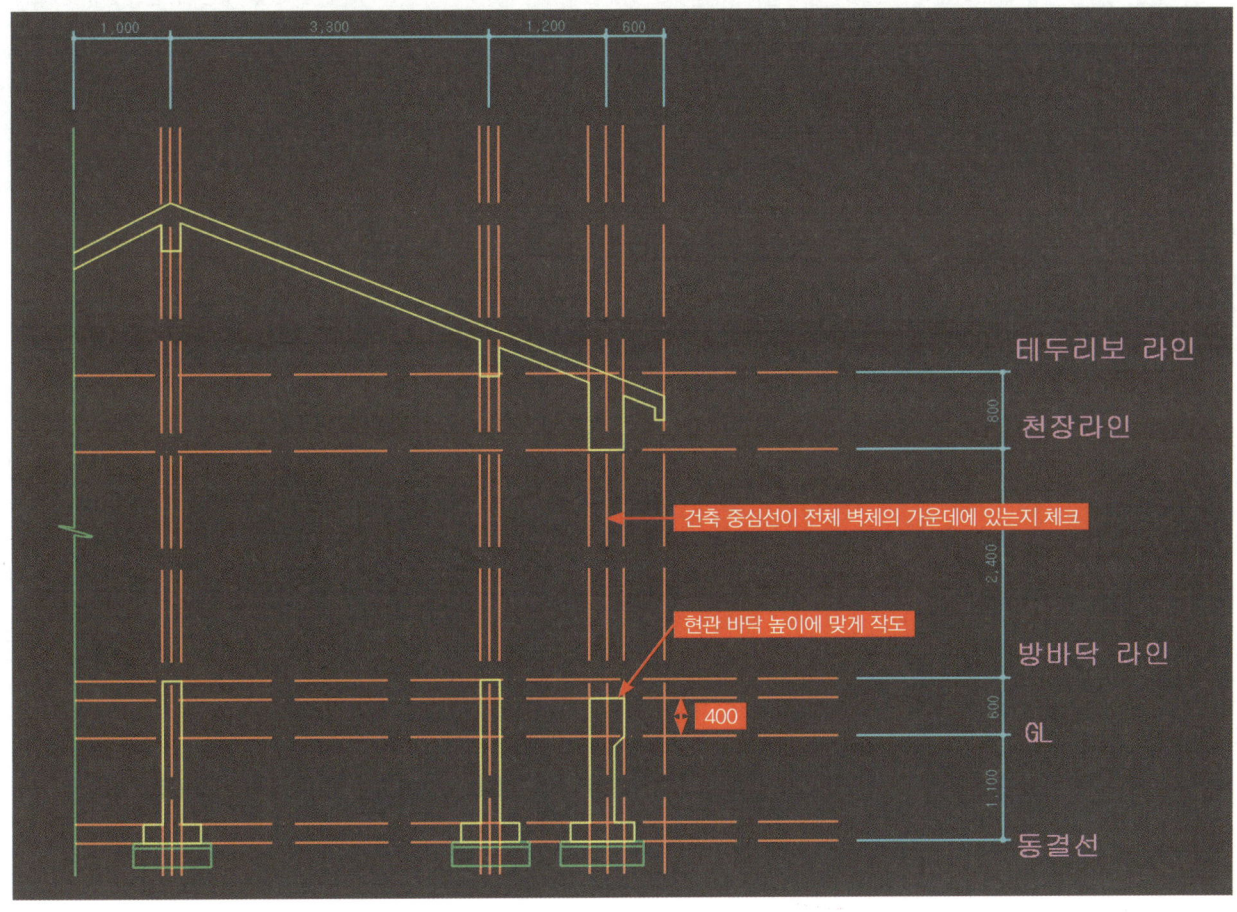

NO.	중점사항	핵심 내용
04	벽체 및 창호 그리기	• 외벽벽체 두께확인: 벽돌두께 및 단열재의 두께를 확인하여 두께 산정 • 문의 단면을 그릴 때 체크사항: 문턱이 있는지 평면을 확인

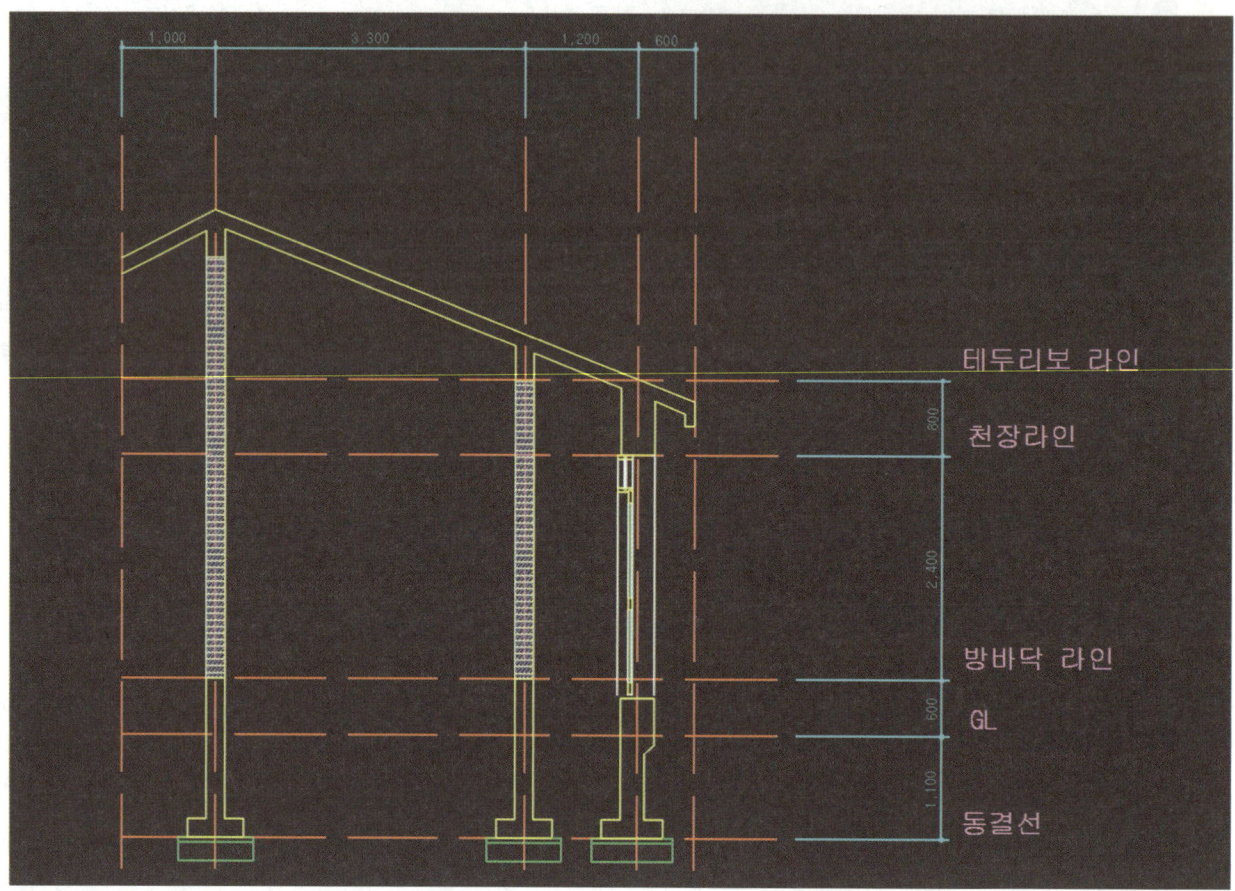

- **창호**: 창호의 위치는 마감을 위해 약 30mm 실내쪽으로 이동한다.

NO.	중점사항	핵심 내용
05	테라스 바닥구조 그리기	• 테라스 높이는 요구사항에 맞게 그리되 요구조건에 없을 경우 설계자가 일반적인 시공수준을 고려하여 정해서 그린다. • 테라스 폭은 도면의 사이즈에 맞게 그린다.
06	캐노피 그리기	• 요구조건에 '캐노피를 작도하지 않는다'라는 내용이 있으면 캐노피를 그리지 않는다. • 캐노피의 사이즈가 도면에 없다면 테라스의 폭 이하로 적절히 그린다.

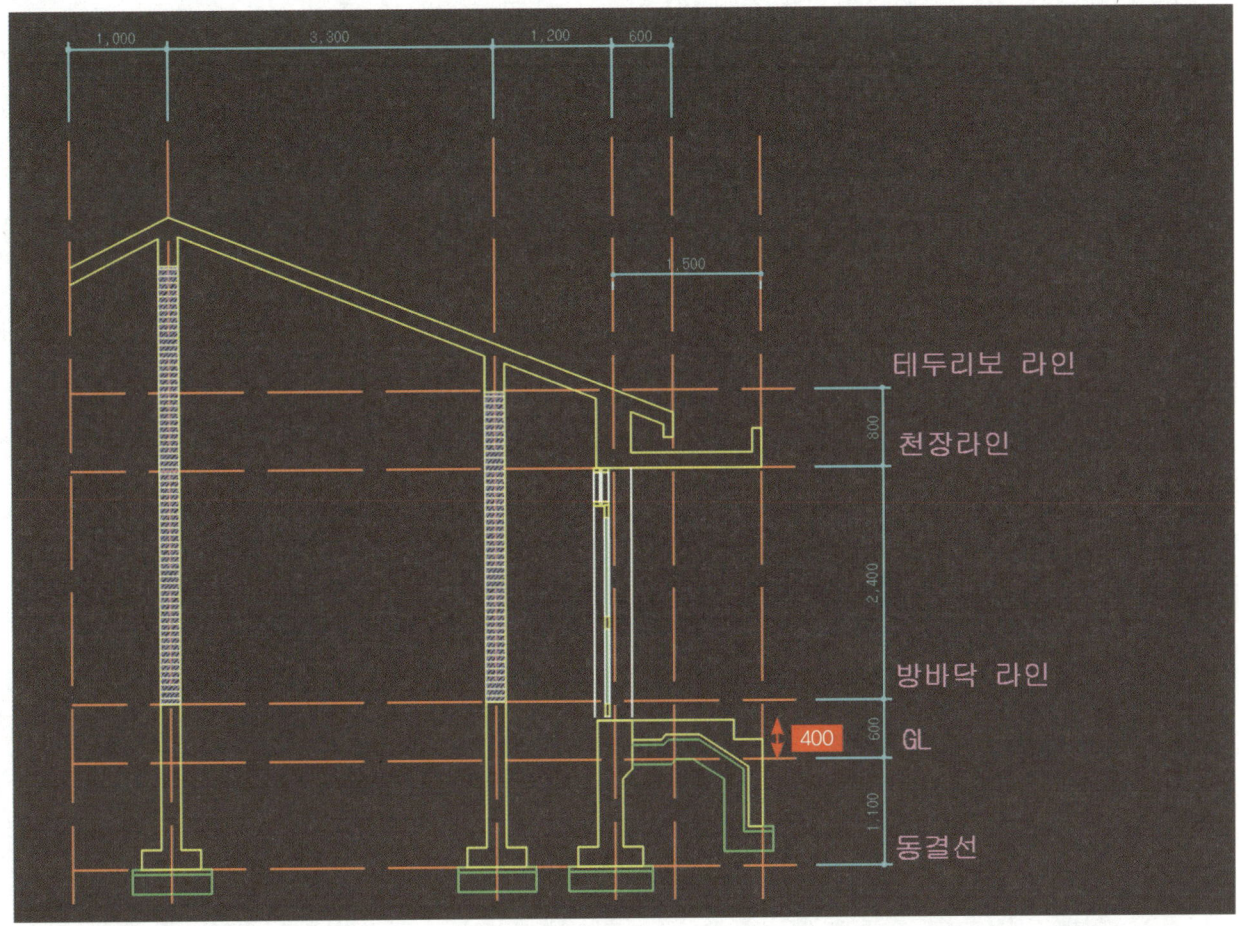

■ 요구조건에 "바닥슬라브와 기초를 일체식으로 표현하시오"라고 나오면 콘크리트로 재료표기를 하며 기초와 일체로 그린다. (최근 출제 경향)

■ 캐노피: 테라스 위쪽을 가리는 지붕처럼 돌출된 것이다.
  – 본 예제에 요구조건에는 캐노피 미작도에 대한 언급이 없으므로 도면에 캐노피를 표현한다.

NO.	중점사항	핵심 내용
07	실내바닥 구조 그리기	• 방바닥 높이는 요구사항에 맞게 그리되, 요구사항이 없을 경우 G.L에서 현관을 거쳐 거실입구까지 계단 높이를 참조하여 정한다. • 바닥슬라브 단열재 두께 요구사항을 확인하여 그린다.

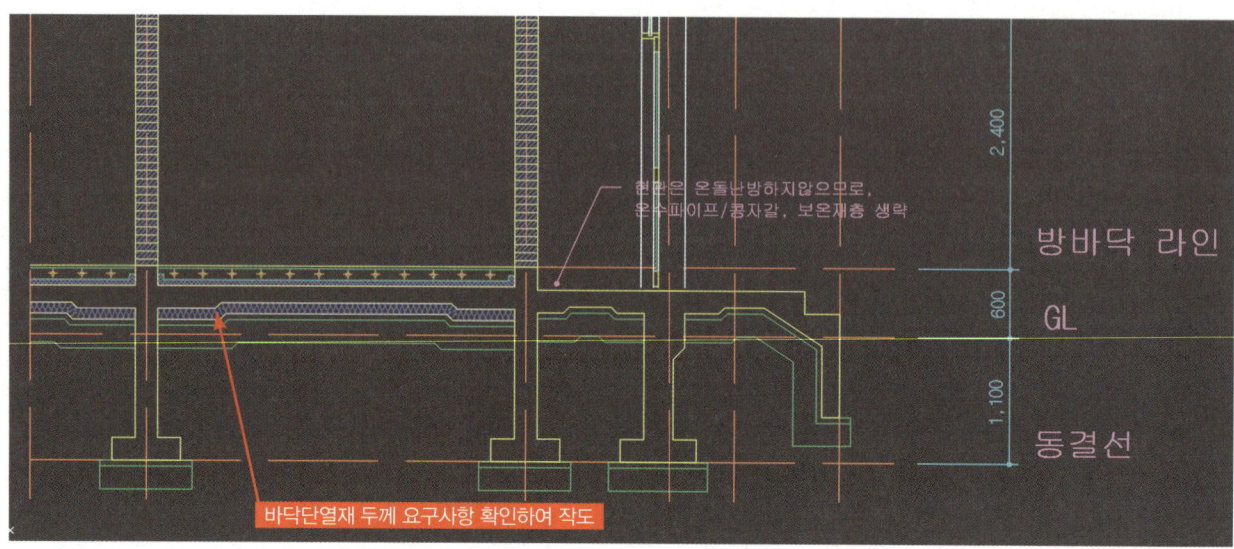

NO.	중점사항	핵심 내용
08	실내 천장 그리기	• 지붕슬라브 단열재두께: 요구사항 확인 • 커튼박스가 평면도 및 시험요구조건에 명시되어 있을 경우 도면에 표기

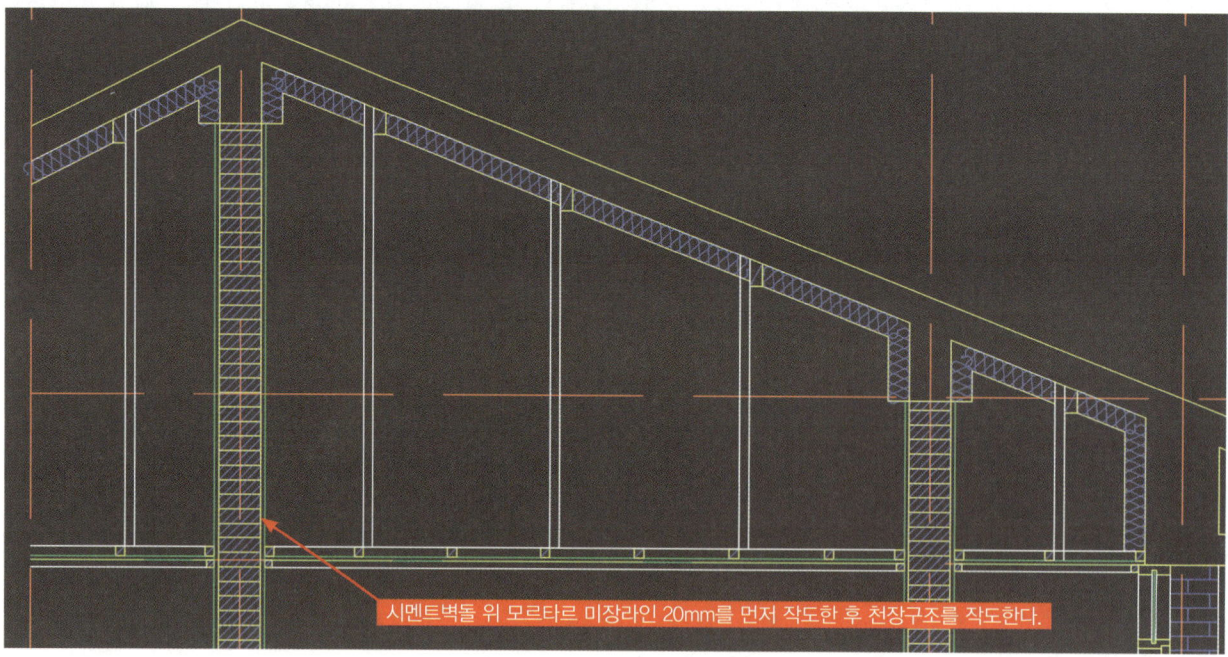

NO.	중점사항	핵심 내용
09	지붕 상세도 그리기	• 모르타르라인 두께: 방수하는 곳 30mm, 방수하지 않는 곳 20mm • 처마반자, 지붕기와, 암마룻장, 숫마루장 단면, 용머리장식 입면 • 지붕의 박공부위 입면이 보이는 곳이 있는지 체크

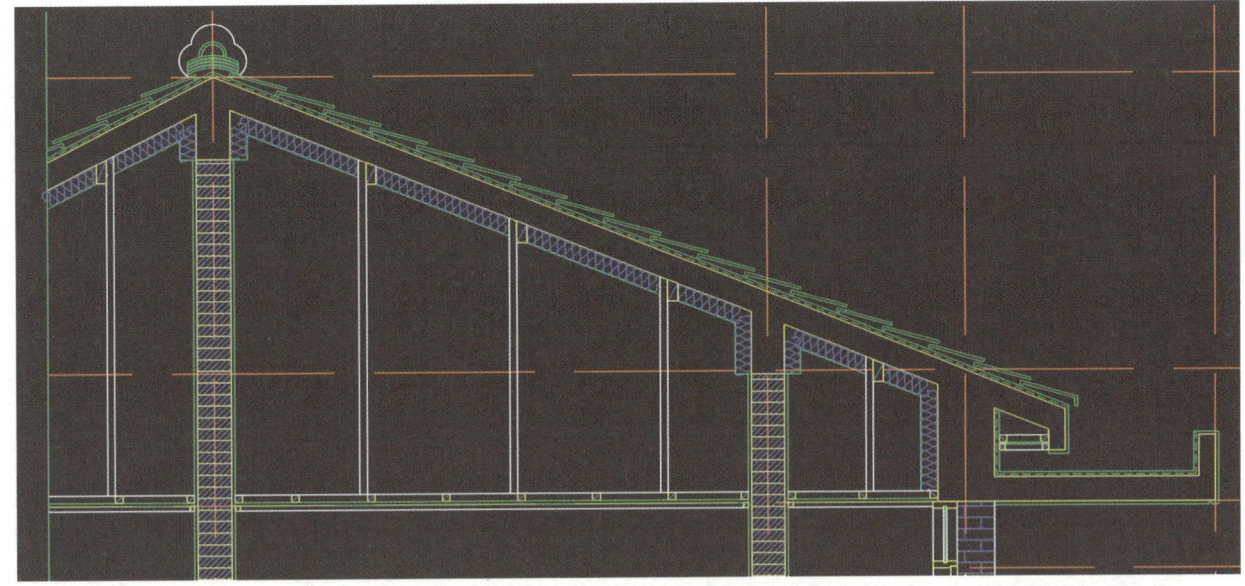

NO.	중점사항	핵심 내용
10	기타	• 실내: 도어, 걸레받이, 벽체 입면, 창호, 재질표기 등 체크 • 실외: 벽체 입면, 난간, 홈통(캐노피가 있으면 표기), G.L선, 재질표기 등 • 마감선 표기: 모르타르 라인, 걸레받이 단면, 테라스 및 현관 바닥 단면 등

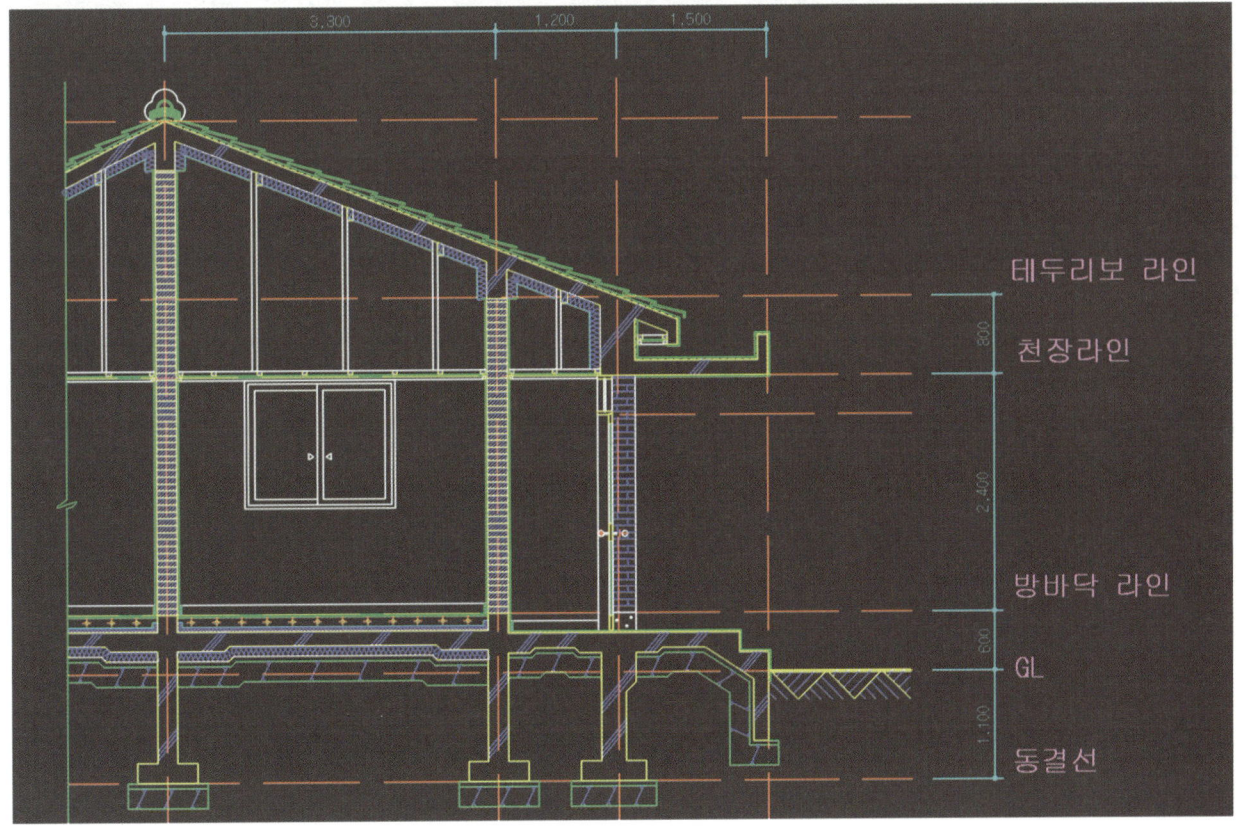

NO.	중점사항	핵심 내용
11	치수선 문자선	• 물매, 표제란, 도면명 등 표기 • 실명(방, 거실, 테라스 등) 표기

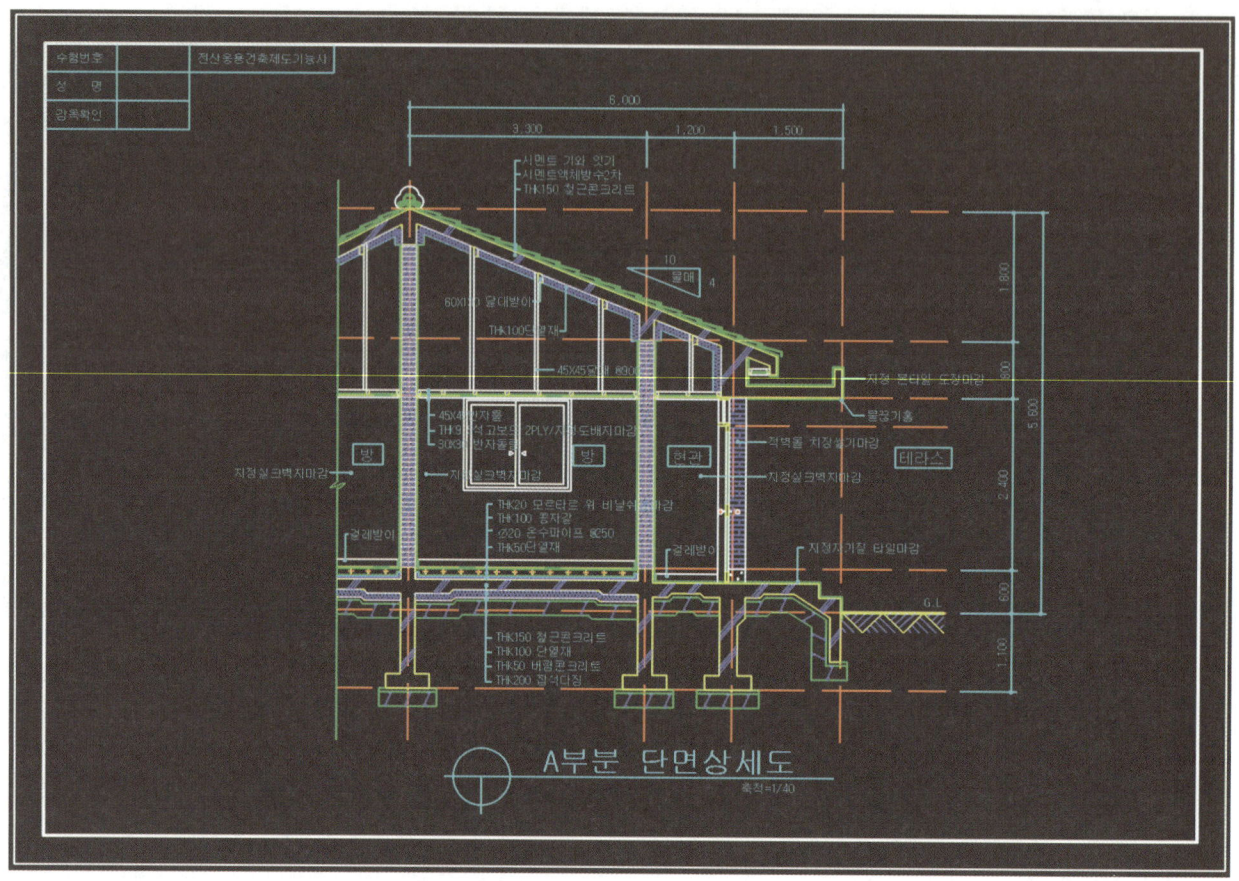

2 단면상세도

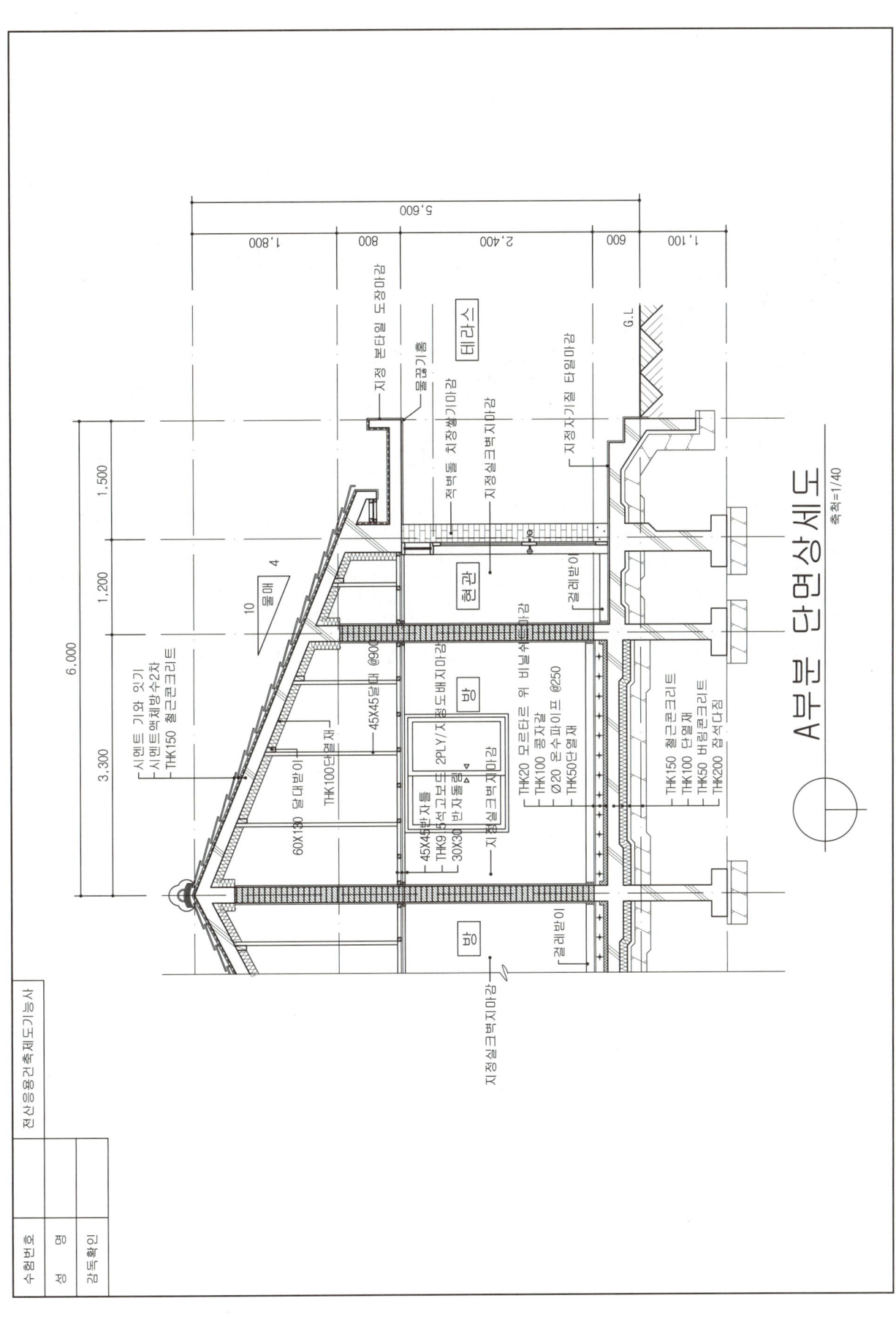

3 동측입면도 문제풀이

NO.	중점사항	핵심 내용
01	중심선 세팅	• 수평선 그리기: G.L선, 방바닥 높이, 반자 높이, 테두리보 높이 • 수직선 그리기: 벽체 중심선, 마룻대, 처마라인

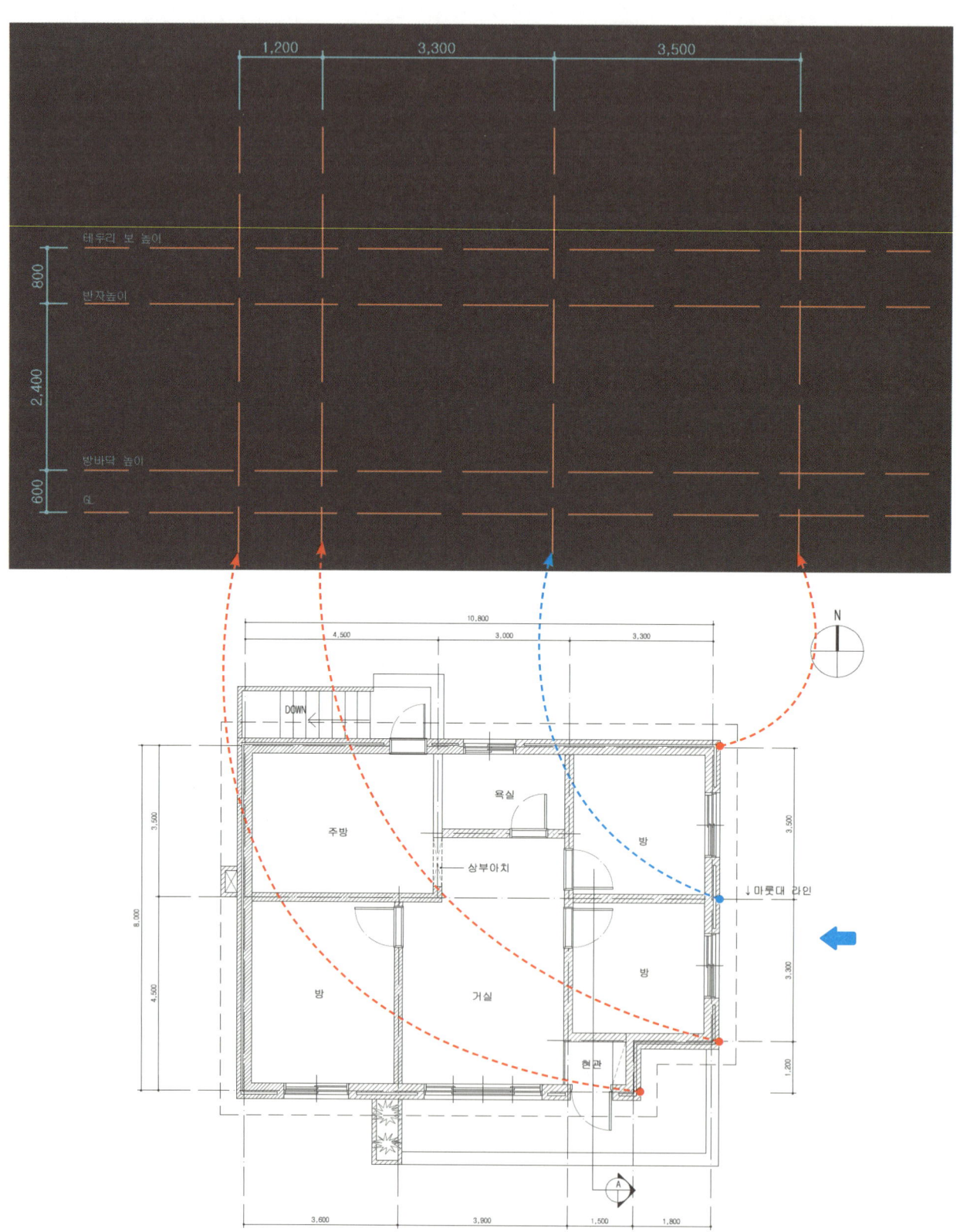

NO.	중점사항	핵심 내용
02	지붕구조 그리기	• 물매선을 그린 후 지붕 슬라브, 박공처마 구조 그리기 • 추가로 보이는 박공처마를 찾아 표기 • 기와 입면 그리기

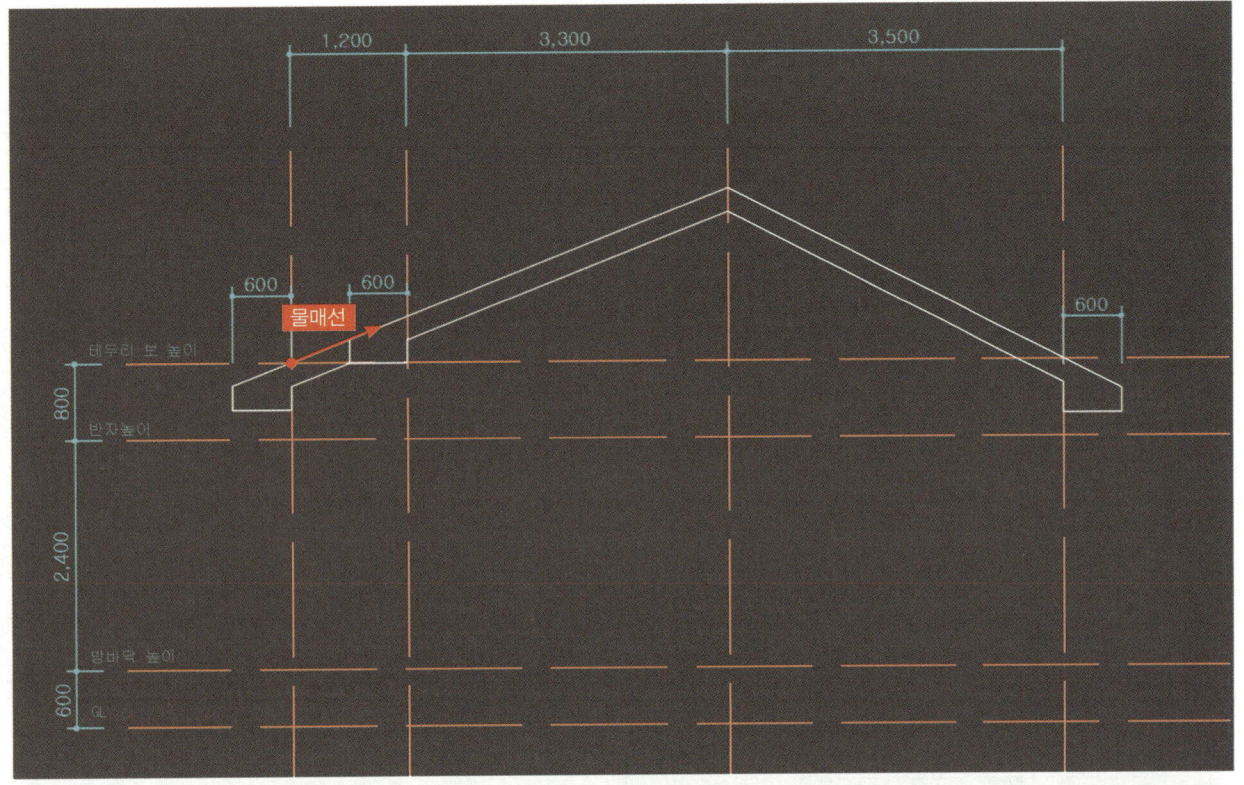

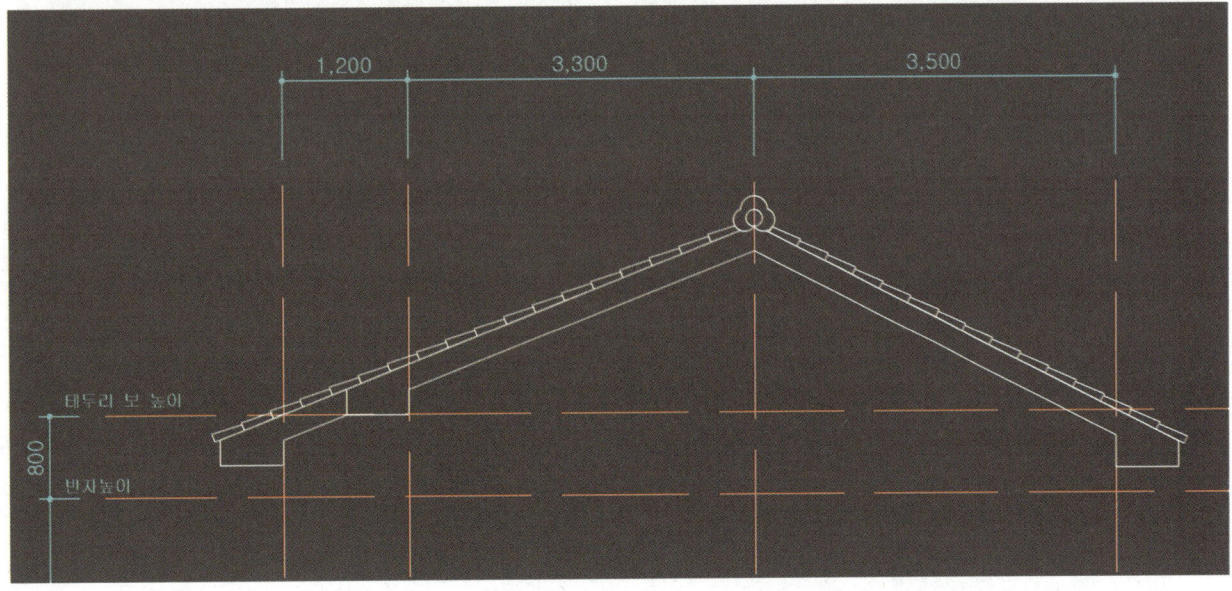

NO.	중점사항	핵심 내용
03	벽체구조	• G.L선 레이어 변경 • 벽체 입면선 그리기 • 기초 상단부와 테두리보 하단부 라인 그리기

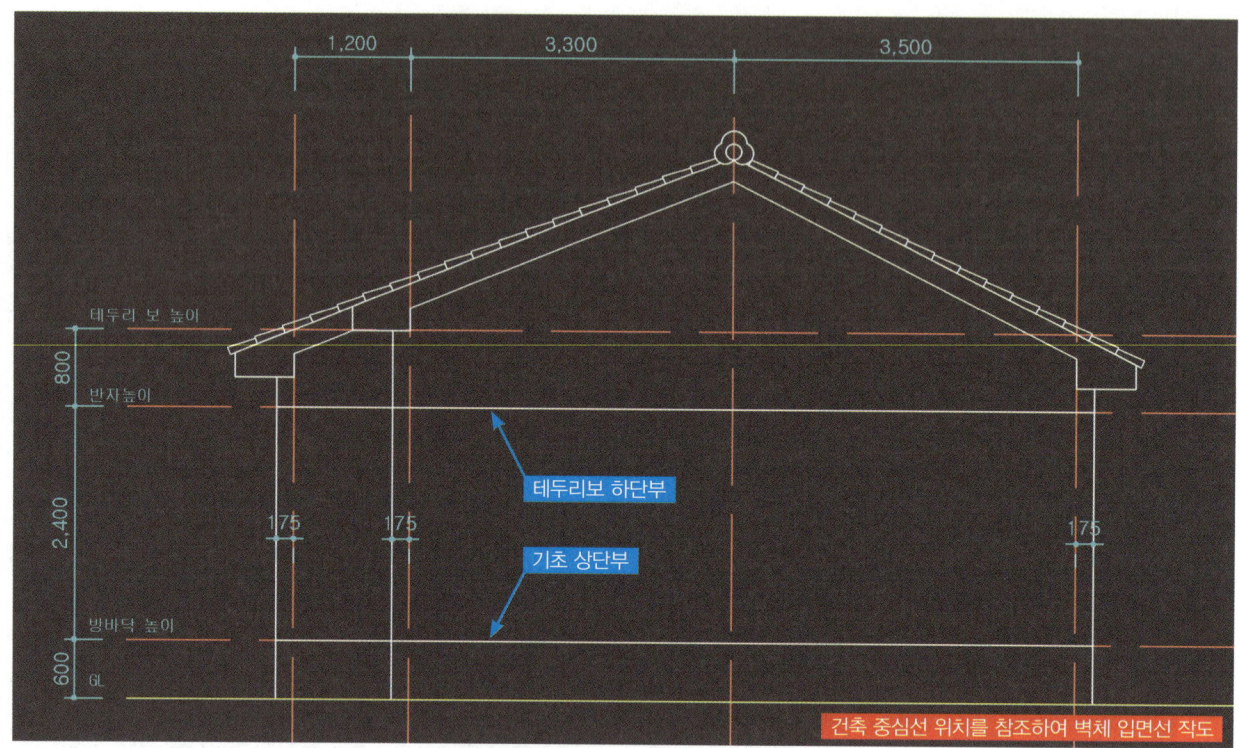

NO.	중점사항	핵심 내용
04	기타 입면 그리기	• 테라스 바닥 및 켄틸레버, 홈통 그리기, 창호 입면 그리기 • 난간 그리기 • 굴뚝 및 처마반자 그리기(입면도에서 보이는 경우)

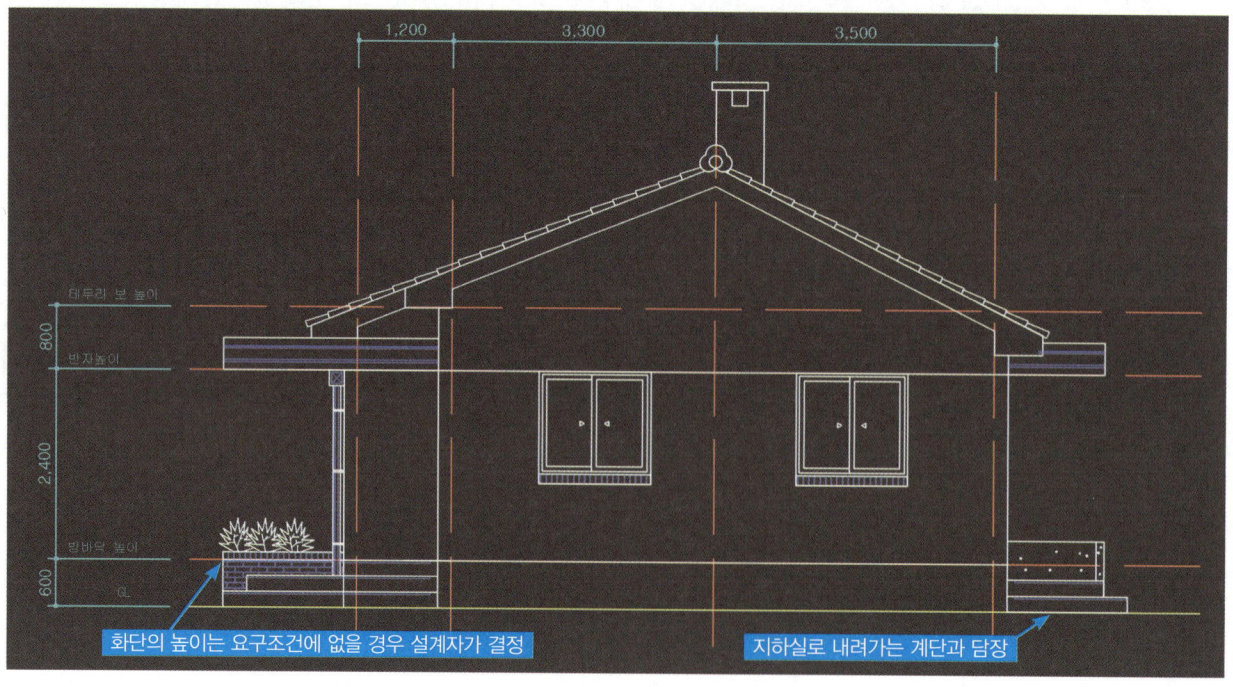

NO.	중점사항	핵심 내용
05	문자선 외	• 나무 그리기 • 문자선, 표제란 외

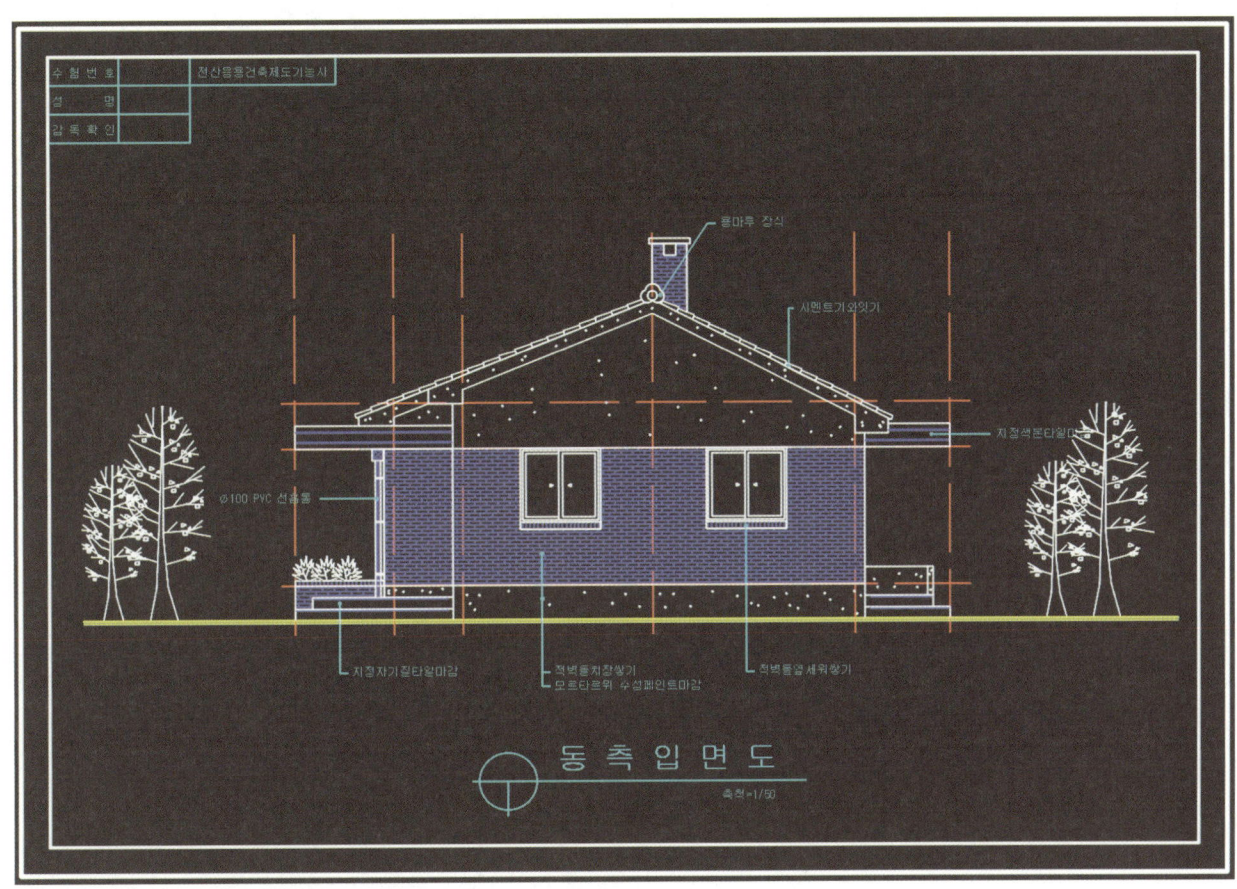

D유형 상세 동측입면도

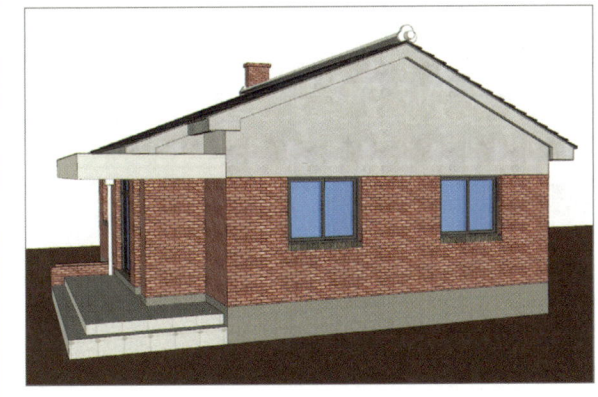 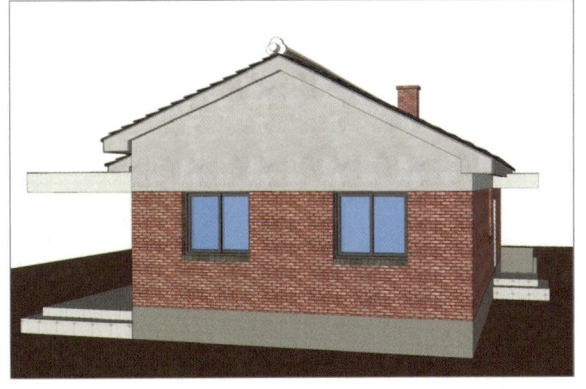

4 동측입면도

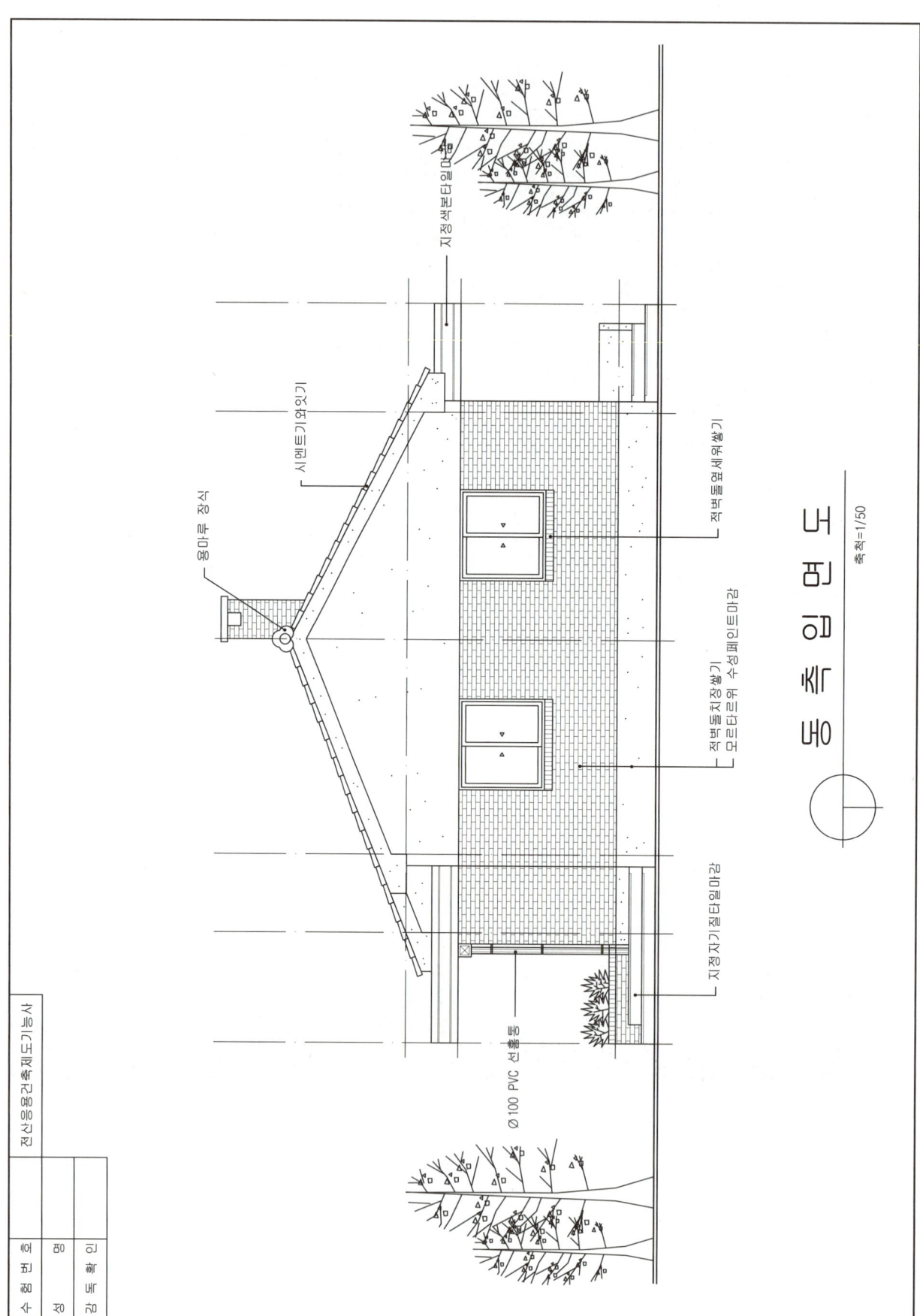

5 남측입면도 문제풀이

NO.	중점사항	핵심 내용
01	중심선 세팅	• 수평선 그리기: G.L선, 방바닥 높이, 반자 높이, 테두리보 높이 • 수직선 그리기: 벽체 중심선, 마룻대, 처마라인

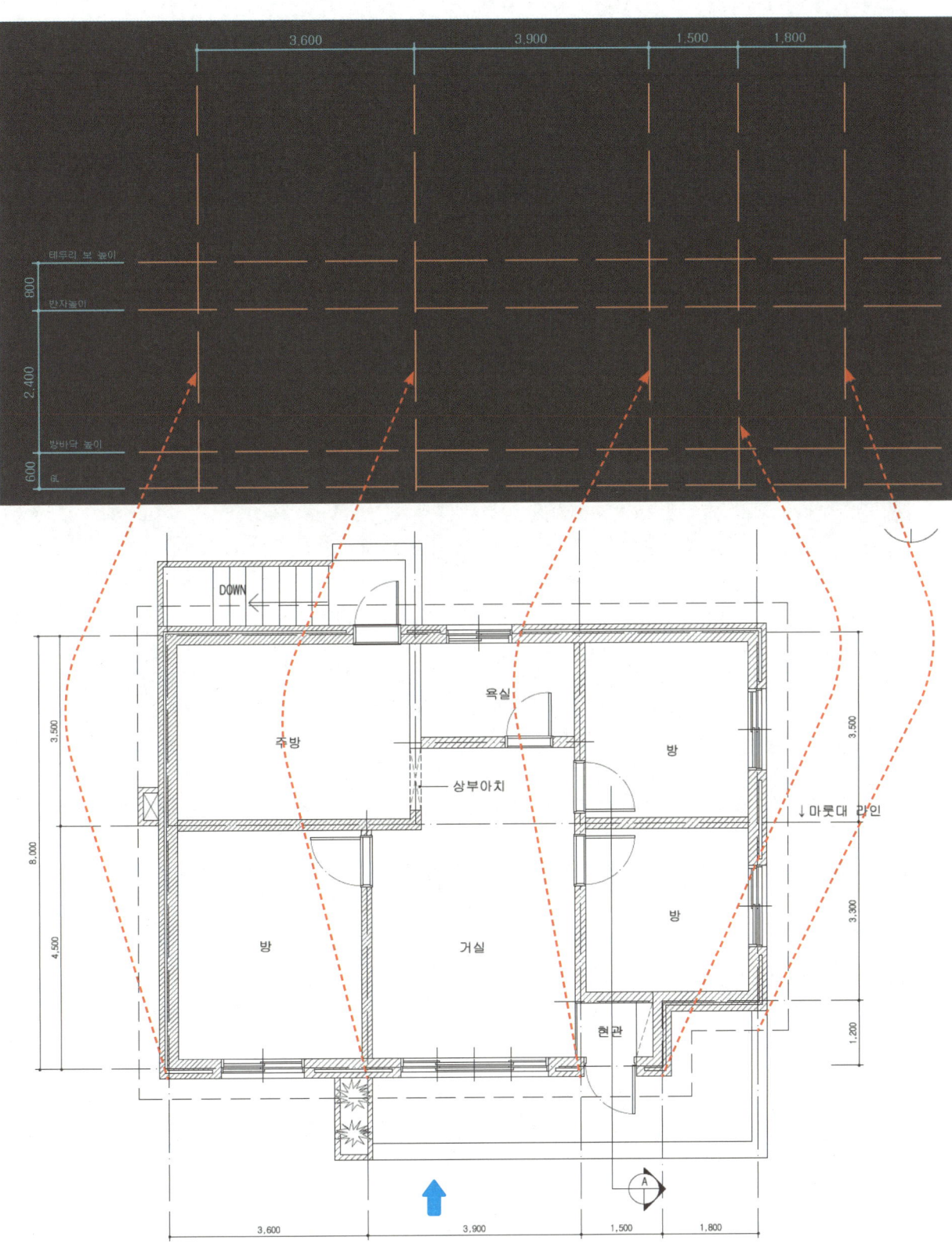

NO.	중점사항	핵심 내용
02	지붕구조 그리기	• 측면입면의 지붕구조를 그린 후 마룻대와 처마의 기준점을 찾아 정면입면도의 지붕구조 그리기 • 구조를 그리며 반대측 처마가 정면에서 보이는지 체크 • 기와 입면 그리기

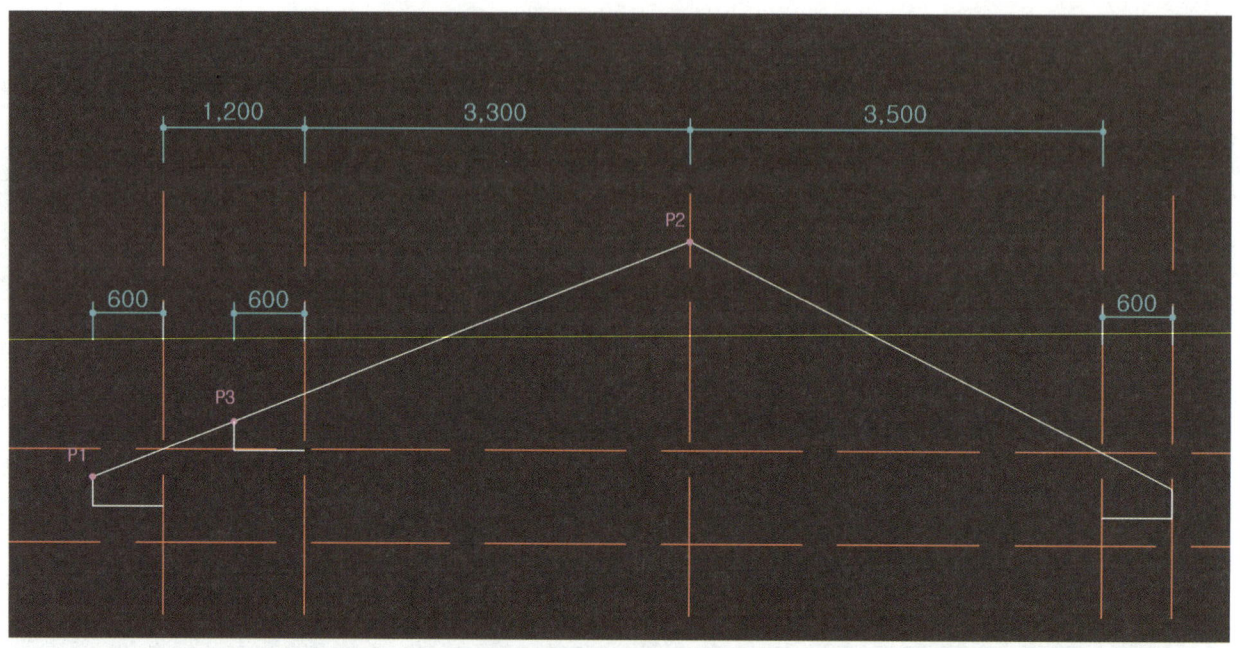

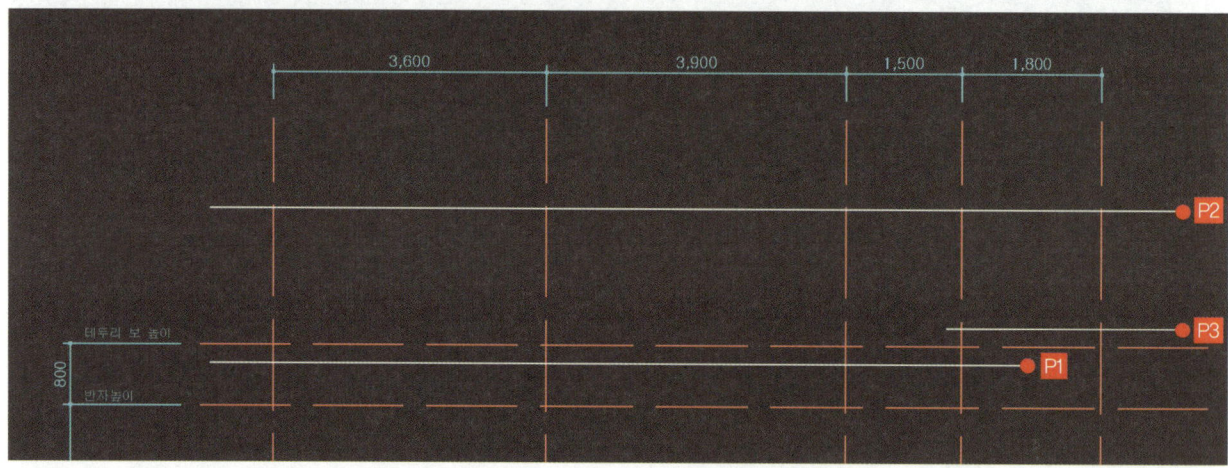

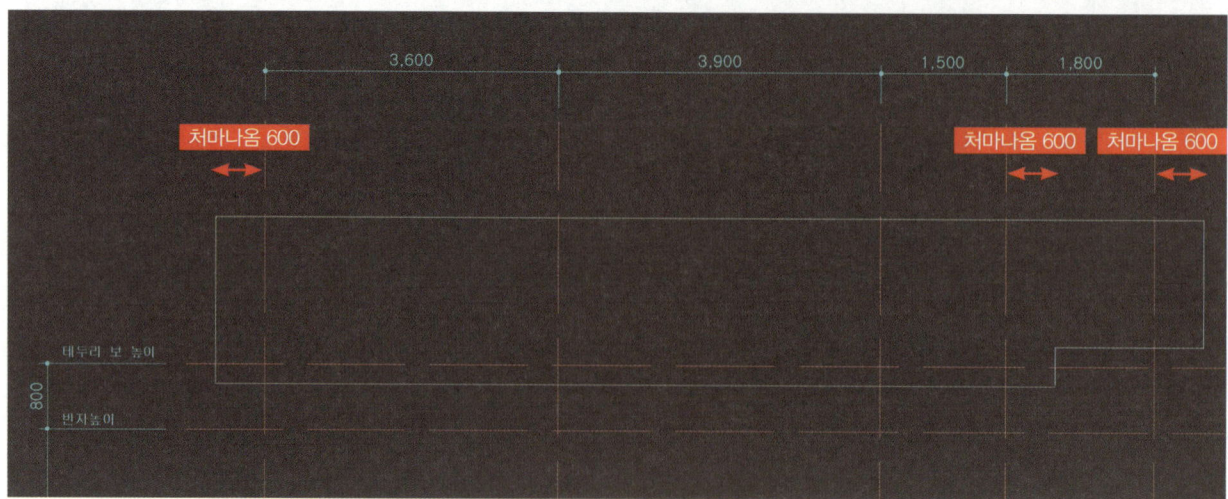

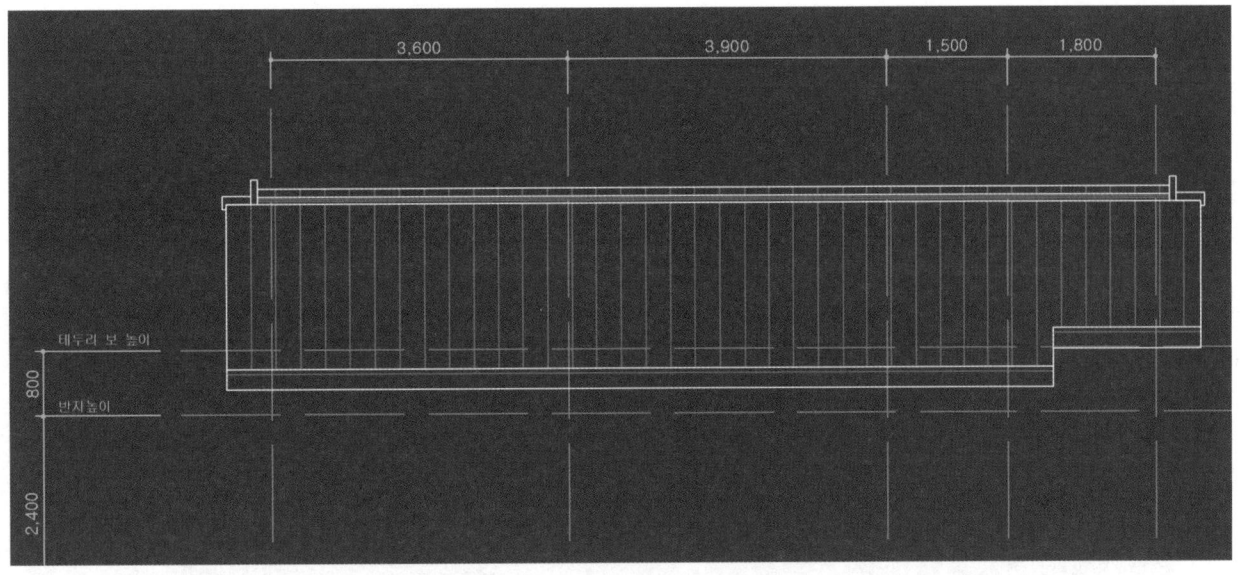

NO.	중점사항	핵심 내용
03	벽체구조	• G.L선 레이어 변경 • 벽체 입면선 그리기 • 기초 상단부와 테두리보 하단부 라인 그리기

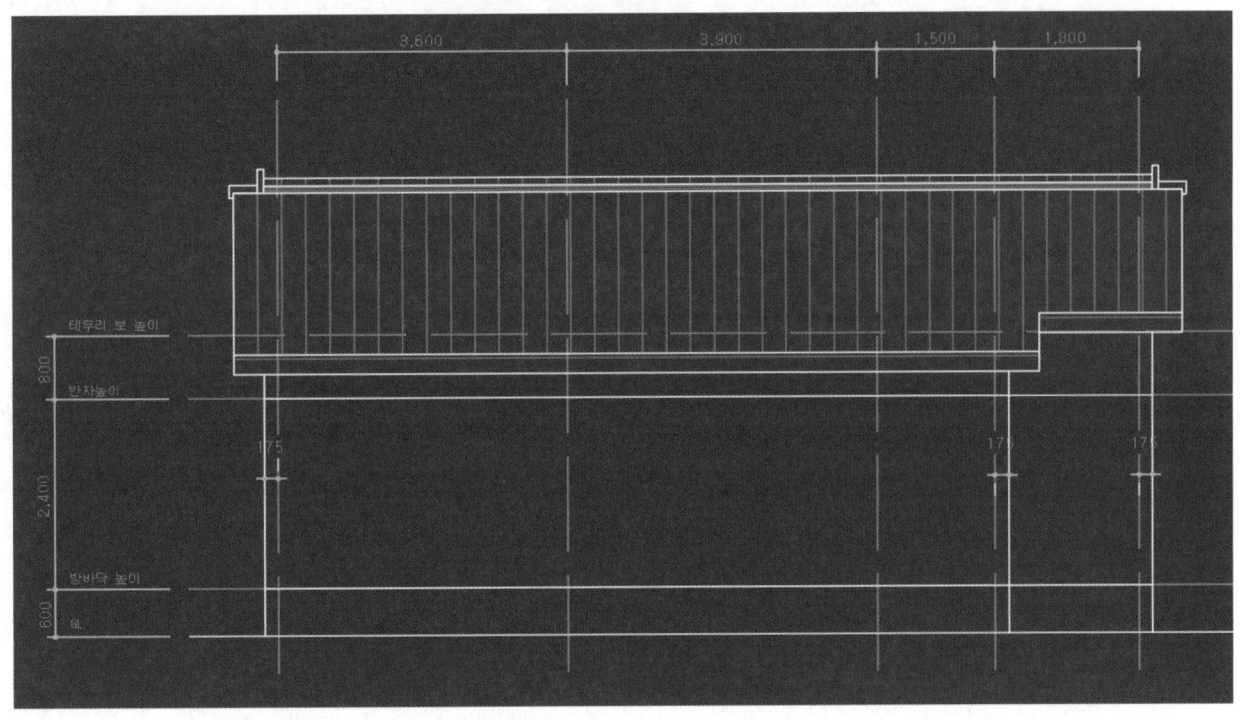

NO.	중점사항	핵심 내용
04	기타 입면 그리기	• 테라스 바닥 및 켄틸레버, 홈통 그리기 • 창호 입면 그리기 • 난간 그리기 • 굴뚝 및 처마반자 그리기(입면에서 보이는 경우) • 재질 표기 외

■ 처마반자 남측입면 우측: 동측입면 구조를 통해 처마반자를 검토하여 작도한다.

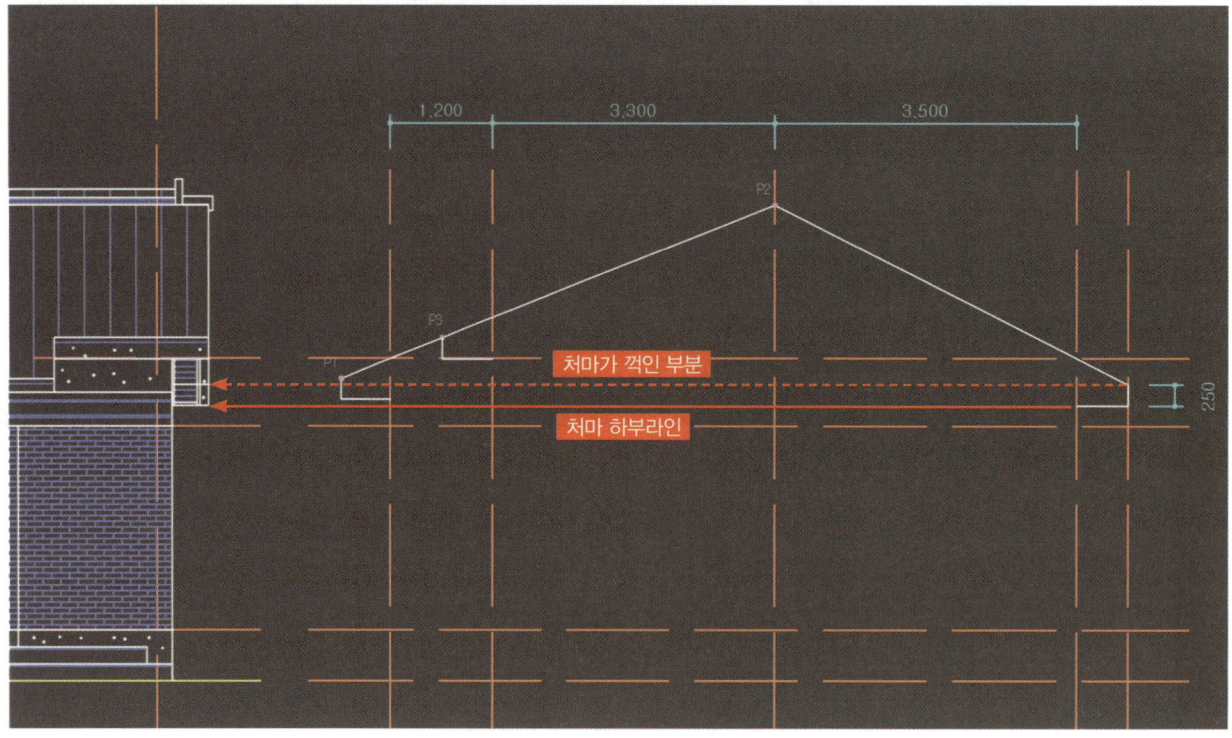

■ 처마반자 남측입면 좌측: 서측입면 구조를 통해 처마반자를 검토하여 작도한다. (지붕 높이 검토)

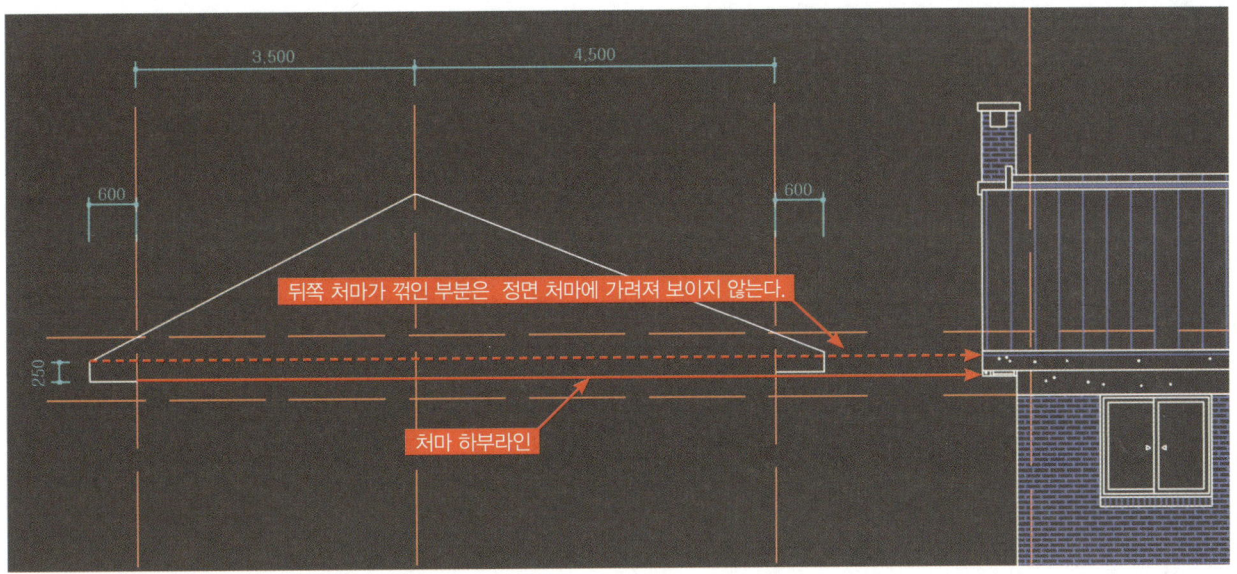

NO.	중점사항	핵심 내용
05	재질표기 문자선 외	• 나무 그리기 • 문자선 외

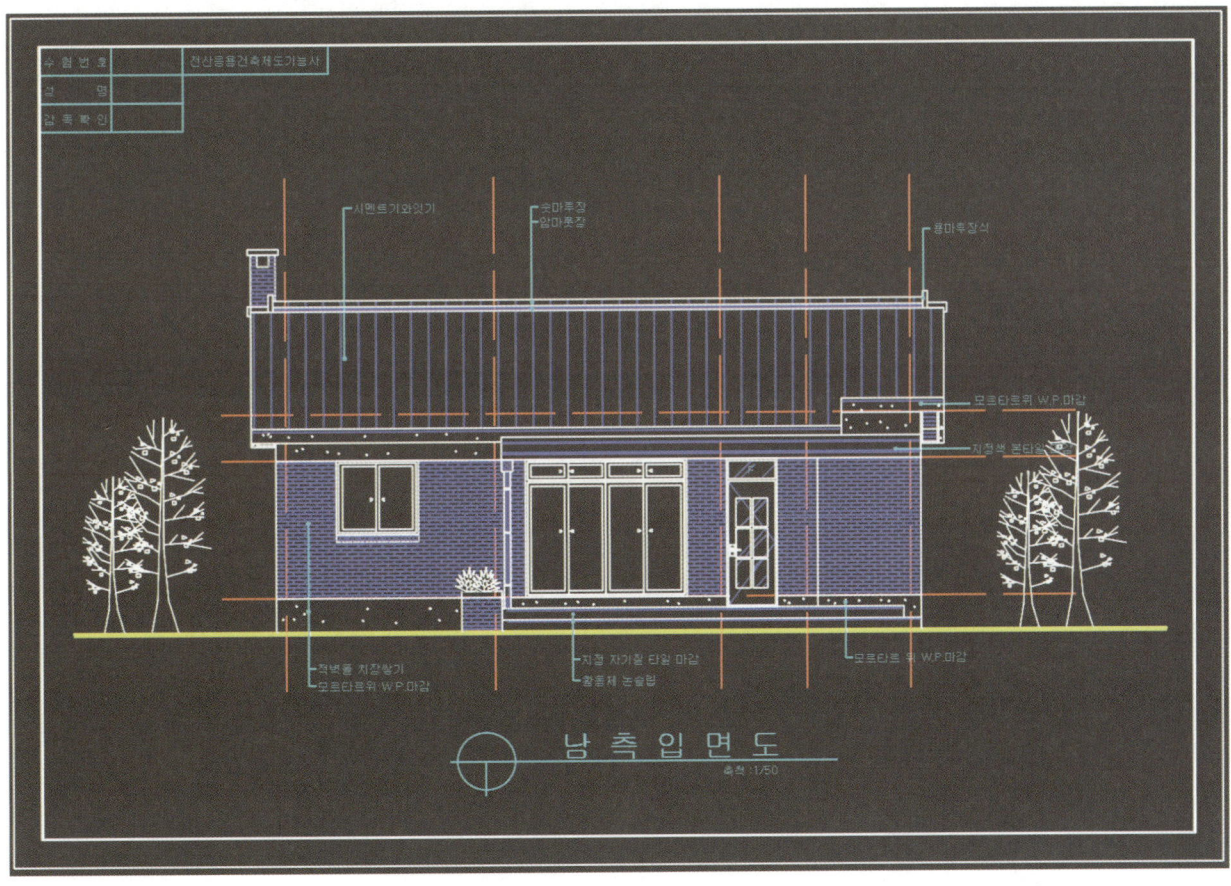

6 남측입면도

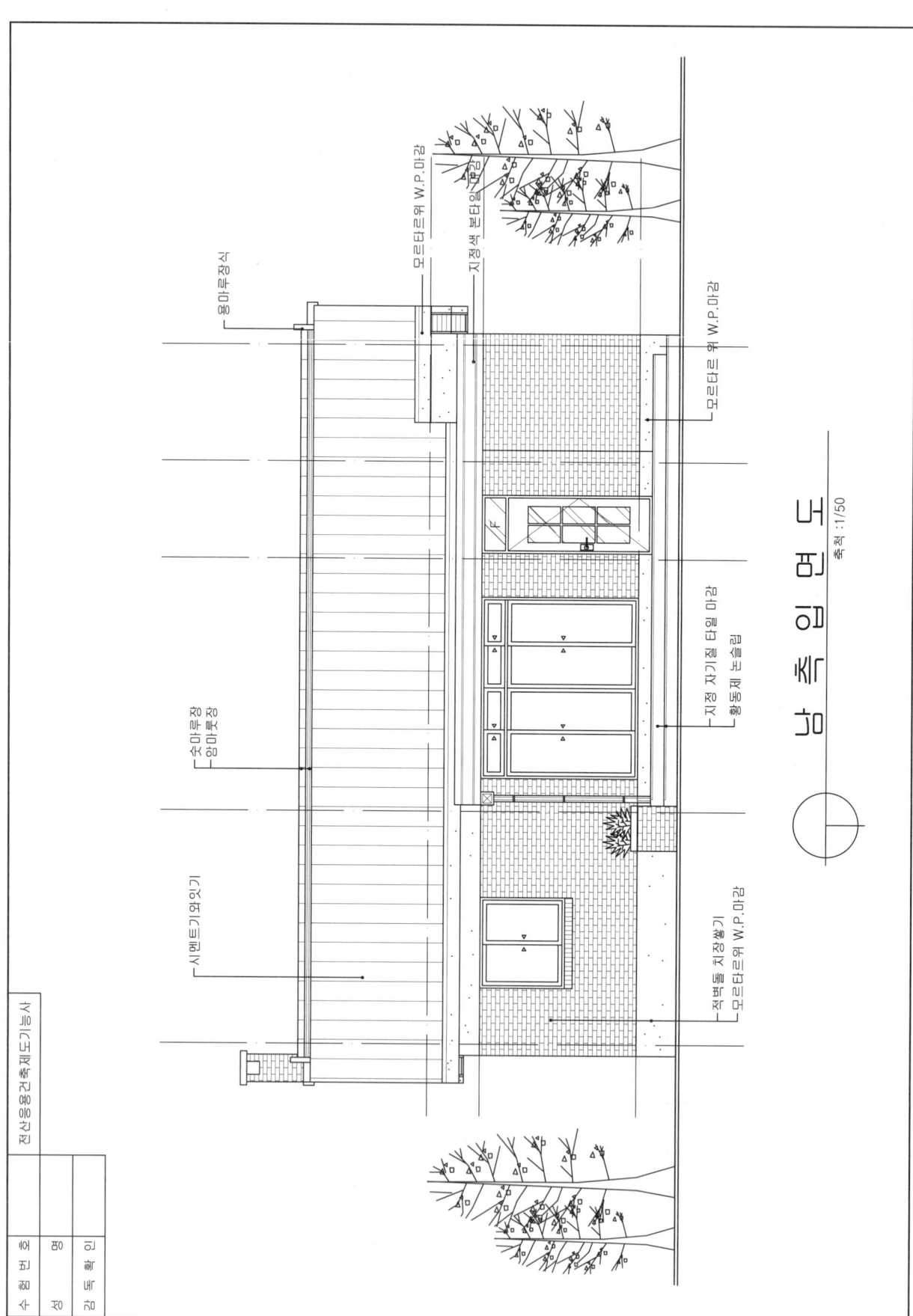

국가기술자격 실기시험문제

| 자격종목 | 전산응용건축기사 | 과제명 | 주택 |

※ 시험시간 표준시간 4시간, 연장시간 10분

현관형
- 현관측 외부벽체를 작도
- 현관과 거실바닥의 경계를 단면으로 작도
- 현관과 거실바닥의 재료분리의 개념이해

01 요구사항

주어진 평면도를 보고 CAD를 이용하여 아래 조건에 맞게 다음 도면을 작도 한 후, 지급된 용지에 본인이 직접 흑백으로 출력하여 파일과 함께 제출하시오.

❶ A부분 단면 상세도를 축척 1/40으로 작도하시오.
❷ 북측입면도를 축척 1/50으로 작도하되 벽면의 마감재료 표시 및 주의의 배경 등 도면의 요소를 충분히 고려하시오.

| 조건 |

- 기초 및 지하실 벽체: 철근콘크리트 구조로 하시오.
- 벽체: 외벽 – 외부로부터 붉은벽돌 0.5B, 단열재, 시멘트 벽돌 1.0B
         내벽 – 시멘트 벽돌 1.0B
- 단열재: 외벽 50mm, 바닥 100mm, 지붕 100mm
- 지붕: 철근콘크리트 경사슬래브 위 시멘트 기와잇기 마감으로 하시오. (물매 4/10 이상)
- 처마나옴: 벽체중심에서 600mm
- 반자높이: 2,400mm, 처마반자 설치
- 창호: 목재창호로 하되 2중창인 경우 알루미늄 새시로 하시오.
- 각실의 난방: 온수파이프 온돌난방으로 하시오.
- 1층 바닥슬래브와 기초는 일체식으로 표현하시오.
- 기타 각 부분의 마감, 치수 등 주어지지 않는 조건은 일반적인 시공수준으로 하시오.
- 선의 통일을 기하기 위하여 아래와 같이 선의 색을 정리하여 출력하시오.
    - 흰색 (7–White): 0.3mm
    - 녹색 (3–Green): 0.2mm
    - 노랑 (2–Yellow): 0.4mm
    - 하늘색 (4–Cyan): 0.3mm
    - 빨강 (1–Red): 0.2mm
    - 파랑 (5–Blue): 0.1mm

02 수험자 유의사항

※ 다음 유의사항을 고려하여 요구사항을 완성하시오.

1) 명기되지 않은 조건은 건축법, 건축구조 및 건축제도 원칙에 따릅니다.

2) 시험시작 전 바탕화면에 본인 비밀번호로 폴더를 생성하고, 폴더 안의 작업내용을 저장하도록 합니다.

3) 정전 및 기계 고장 등에 의한 자료손실을 방지하기 위하여 수시로 저장합니다.

4) 다음과 같은 경우는 부정행위로 처리됩니다.
   가) 노트 및 서적, 디스켓을 소지하거나 주고받는 행위
   나) 건물의 구조부분의 상세나 글씨 등을 사전에 블록으로 설정하여 지참해 사용하는 경우

5) 작업이 끝나면 감독위원의 확인을 받은 후 문제지를 제출하고 본부요원 입회하에 본인이 직접 A3용지에 흑백으로 도면을 출력하도록 합니다. 이때 수험자의 운영 미숙으로 도면이 출력되지 않는 경우나 출력시간이 20분을 초과할 경우는 실격처리 됩니다.

6) 장비 조작 미숙으로 장비의 파손 및 고장을 일으킬 염려가 있을 경우 실격됩니다.

7) 다음과 같은 경우에는 채점대상에서 제외됩니다.
   가) 주어진 조건을 지키지 않고 작도한 경우
   나) 요구한 전도면을 작도하지 않은 경우
   다) 건축제도 통칙을 준수하지 않거나 건축 CAD의 기능이 없는 상태에서 완성된 도면

8) 수험번호, 성명은 도면 좌측 상단에 아래와 같이 표제란을 만들어 기재합니다.

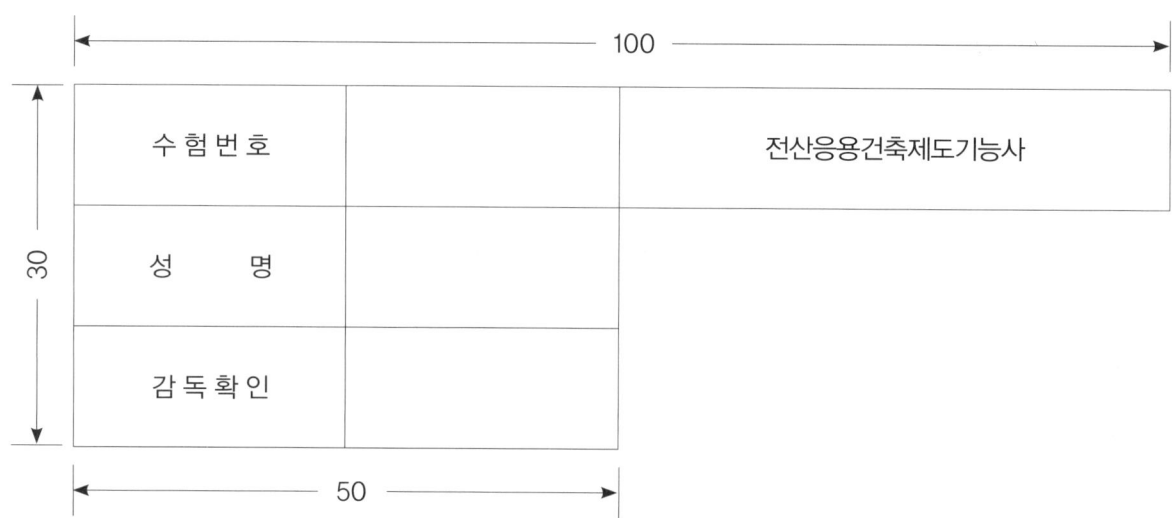

9) 감독위원은 시험시작 후 수검자에게 표제란을 우선 작도 후 도면을 작도하도록 하여야 하며, 수험자가 감독위원의 지시를 따르지 않을 경우 실격 처리됩니다.

10) 테두리선의 여백은 10mm로 합니다.

03 평면도

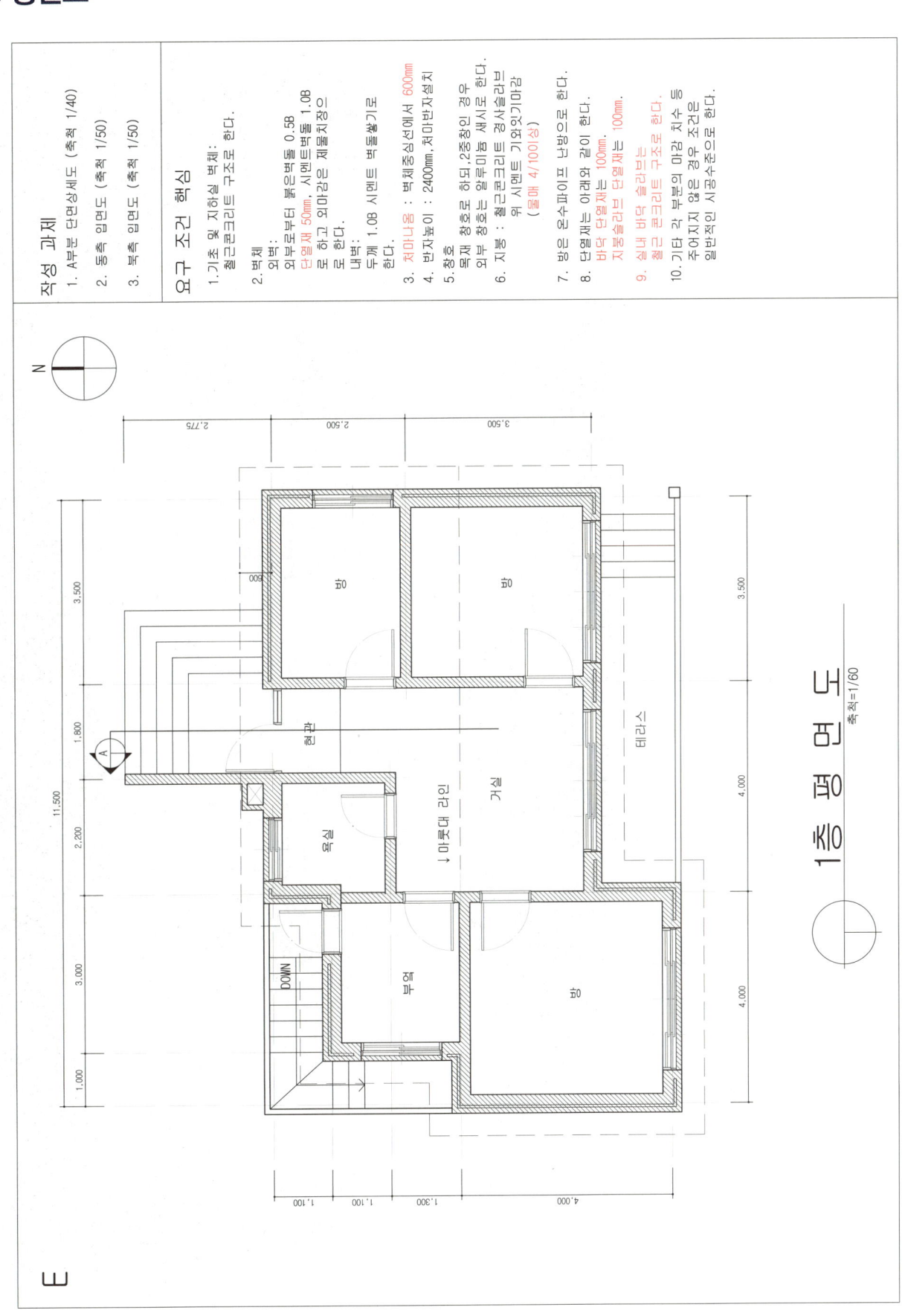

참고 3D 모델링

※ 위 이미지는 도면의 이해를 돕기 위한 시각자료이며 본 시험에는 출제되지 않습니다.

1 단면상세도 문제풀이

NO.	중점사항	핵심 내용
01	중심선 세팅	• 수평선 그리기: G.L선, 기초동결선, 방바닥 높이, 반자 높이, 테두리보 높이 • 수직선 그리기: 벽체 중심선, 마룻대, 처마나옴

❶ 방바닥 높이 확인: 요구사항에 없으므로 아래와 같이 기준을 잡는다.

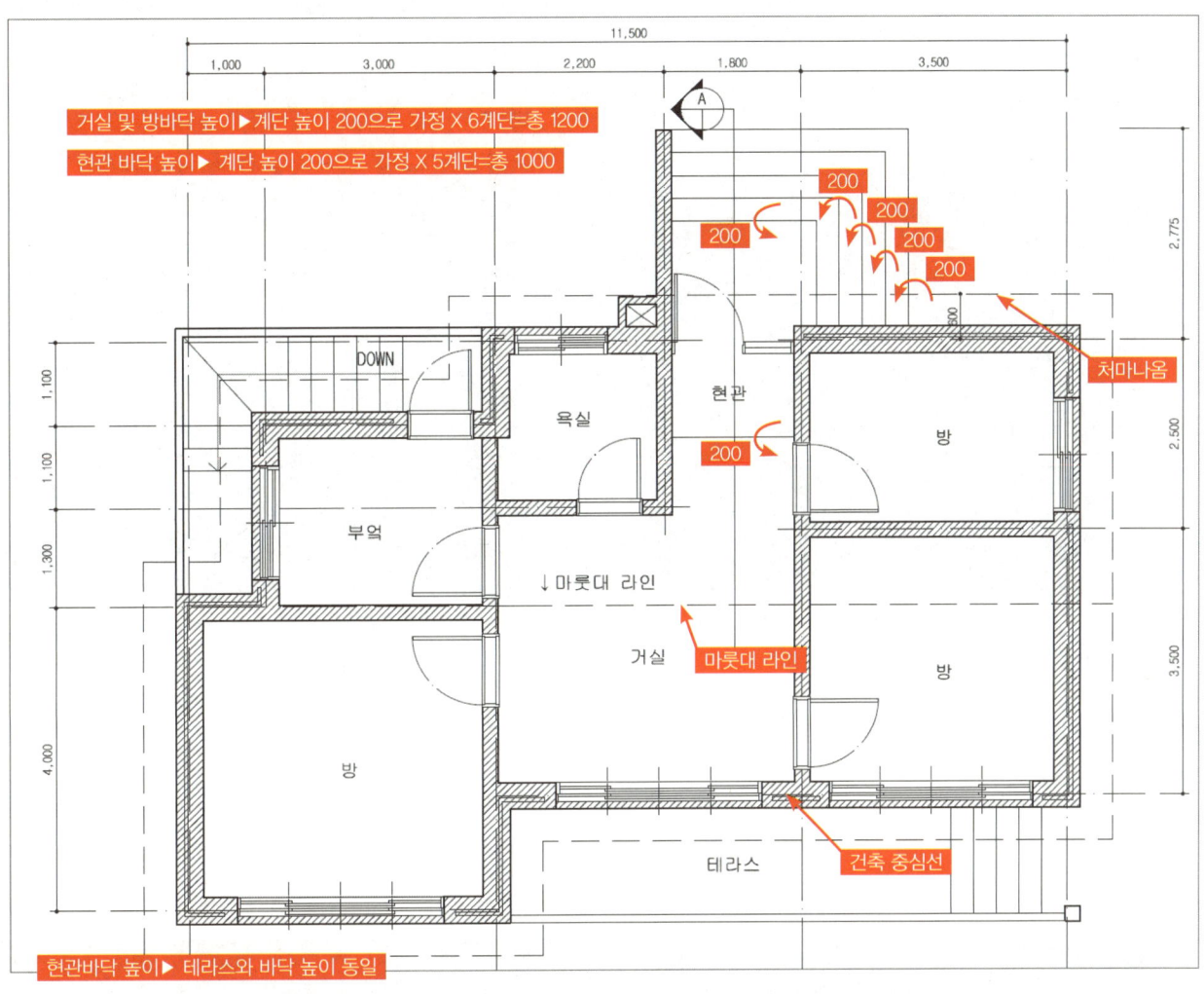

❷ 처마나옴: 요구사항에 벽체 중심선에서 600mm를 확인하고 평면에 처마라인 확인

❸ 벽체 중심선: 도면에서 건축 중심선의 위치 확인 ▶ 도면 확인 결과 내벽의 가운데에 건축 중심선이 위치

❹ 벽체두께 ▶ 총 350 = 1.0B(200) + 단열재 50 + 0.5B(100)

❺ 마룻대: 도면에서 마룻대의 위치를 확인

❻ 단면상세도로 표현해야 하는 곳 위주로 중심선을 세팅한다.

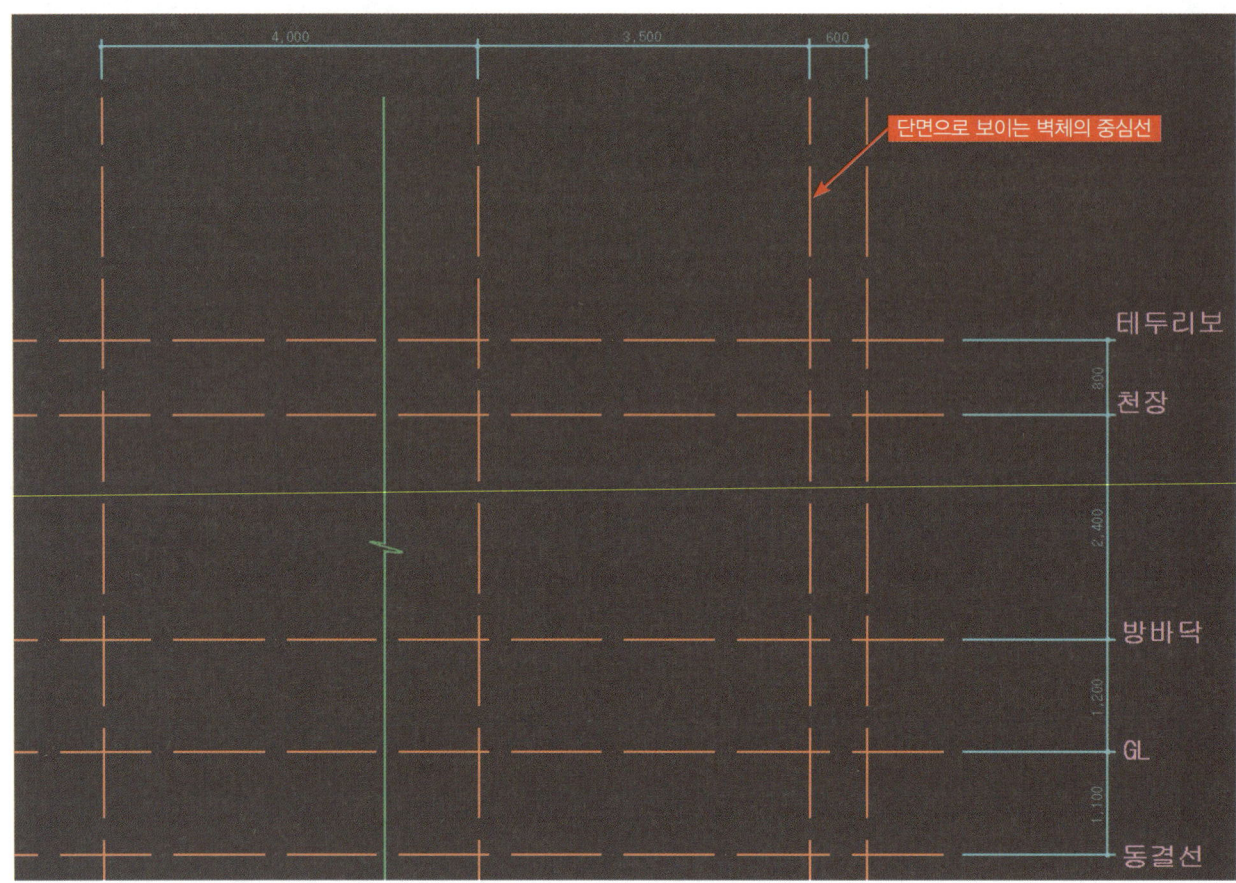

NO.	중점사항	핵심 내용

02	지붕 구조 그리기	• 물매선을 그린 후 지붕 슬라브, 처마, 테두리보 구조를 그린다.
		• 테두리보 적정 높이 확인: 처마가 천장보다 내려온다면 테두리보를 더 올린다.
		• 물매선을 그릴 때 주의사항 :
		  물매선은 마룻대를 기준으로 가장 멀리 떨어져 있는 벽체의 중심선을 기준으로 잡는다.
		• 외벽벽체 두께확인:
		  벽돌두께 및 단열재의 두께를 확인하여 전체 벽체두께를 계산하여 테두리보의 두께를 동일하게 산정한다.

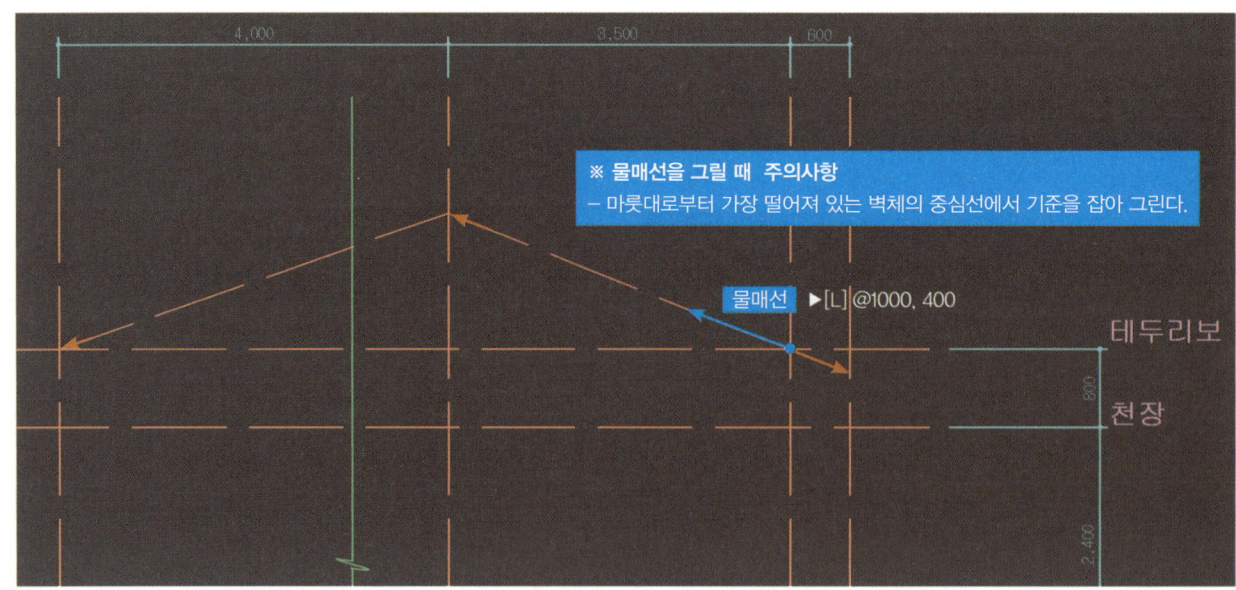

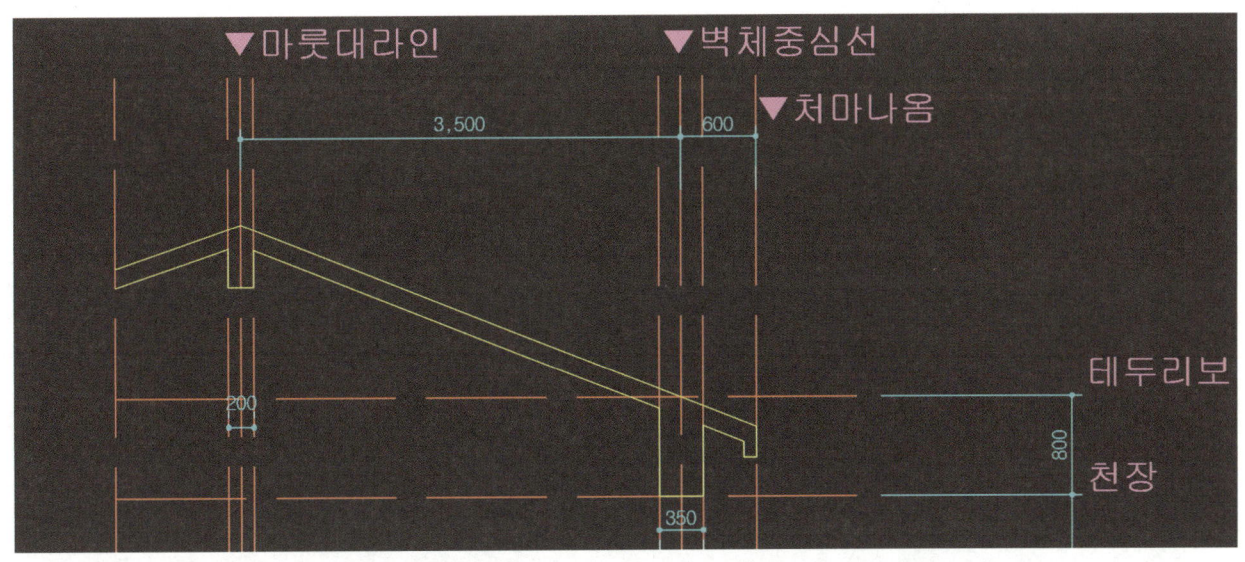

NO.	중점사항	핵심 내용

03	기초
	그리기
		• 벽체가 있는 곳을 체크하며 벽체 하부에 기초 그리기
		• 기초의 폭 체크:
		  요구사항의 벽체두께를 확인하여 기초의 폭을 정하여 그리기
		• 중심선의 위치 확인:
		  중심선이 전체 벽체의 가운데에 있는지 또는 내벽의 가운데에 있는지 체크

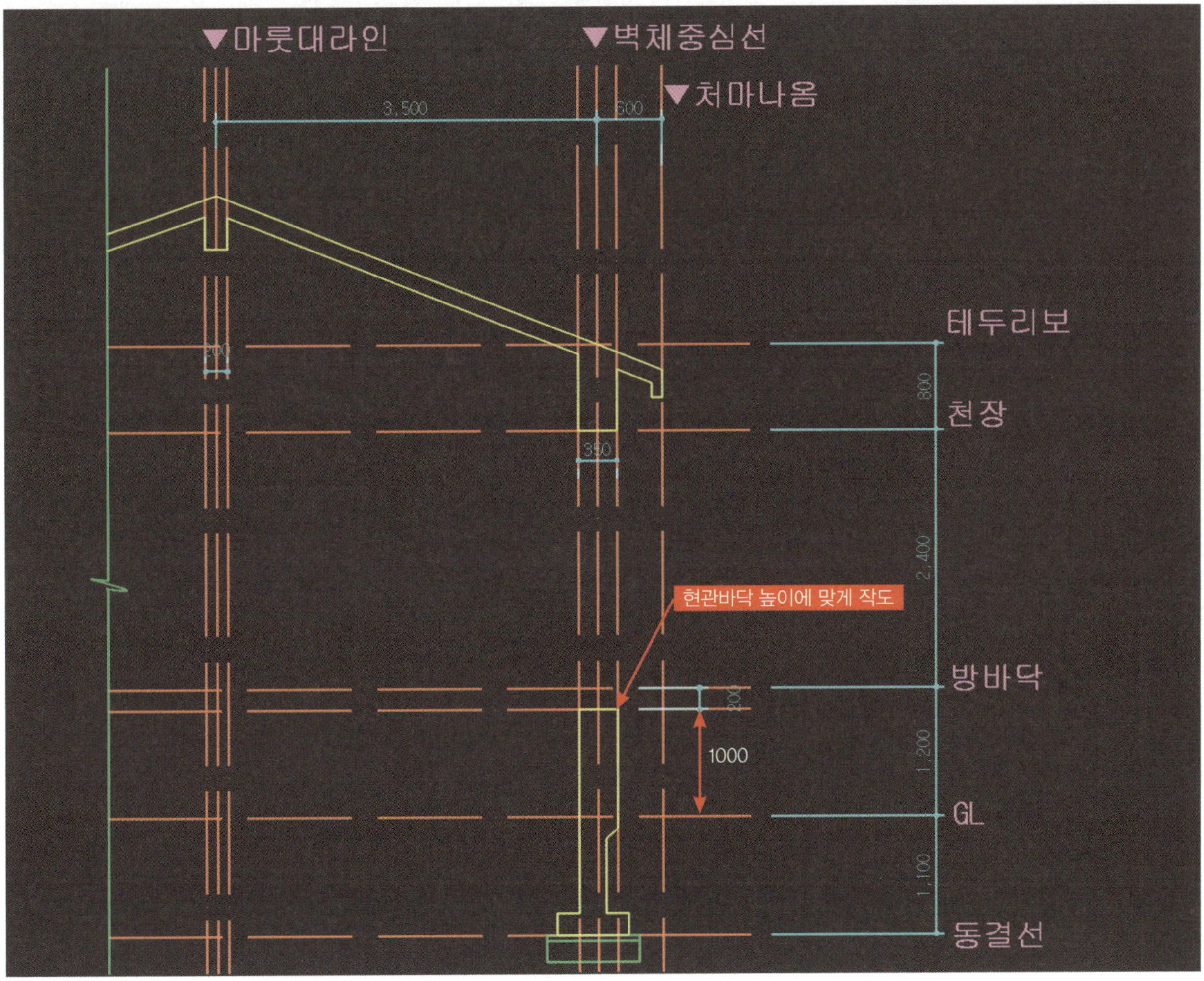

NO.	중점사항	핵심 내용
04	벽체 및 창호 그리기	• 외벽 벽체두께 확인: 벽돌두께 및 단열재의 두께를 확인하여 두께 산정 • 문의 단면을 그릴 때 체크사항: 문턱이 있는지 평면을 확인

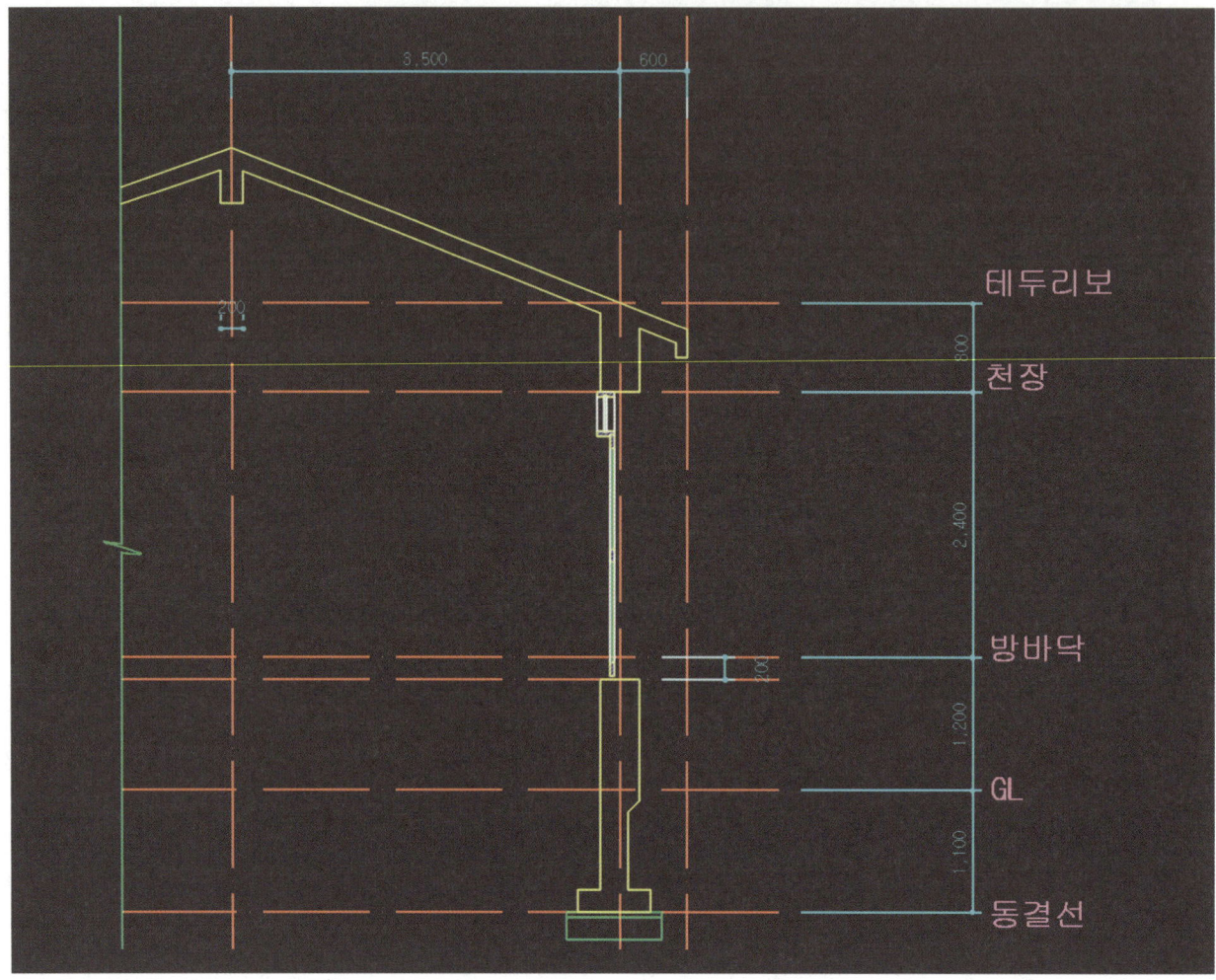

- **창호**: 창호의 위치는 마감을 위해 약 30mm 실내쪽으로 이동한다.

NO.	중점사항	핵심 내용
05	테라스 바닥구조 그리기	• 테라스 높이는 요구사항에 맞게 그리되 요구조건에 없을 경우 설계자가 일반적인 시공수준을 고려하여 정해서 그린다. • 테라스 폭은 도면의 사이즈에 맞게 그린다.
06	캐노피 그리기	• 요구조건에 '캐노피를 작도하지 않는다'라는 내용이 있으면 캐노피를 그리지 않는다. • 캐노피의 사이즈가 도면에 없다면 테라스의 폭 이하로 적절히 그린다.

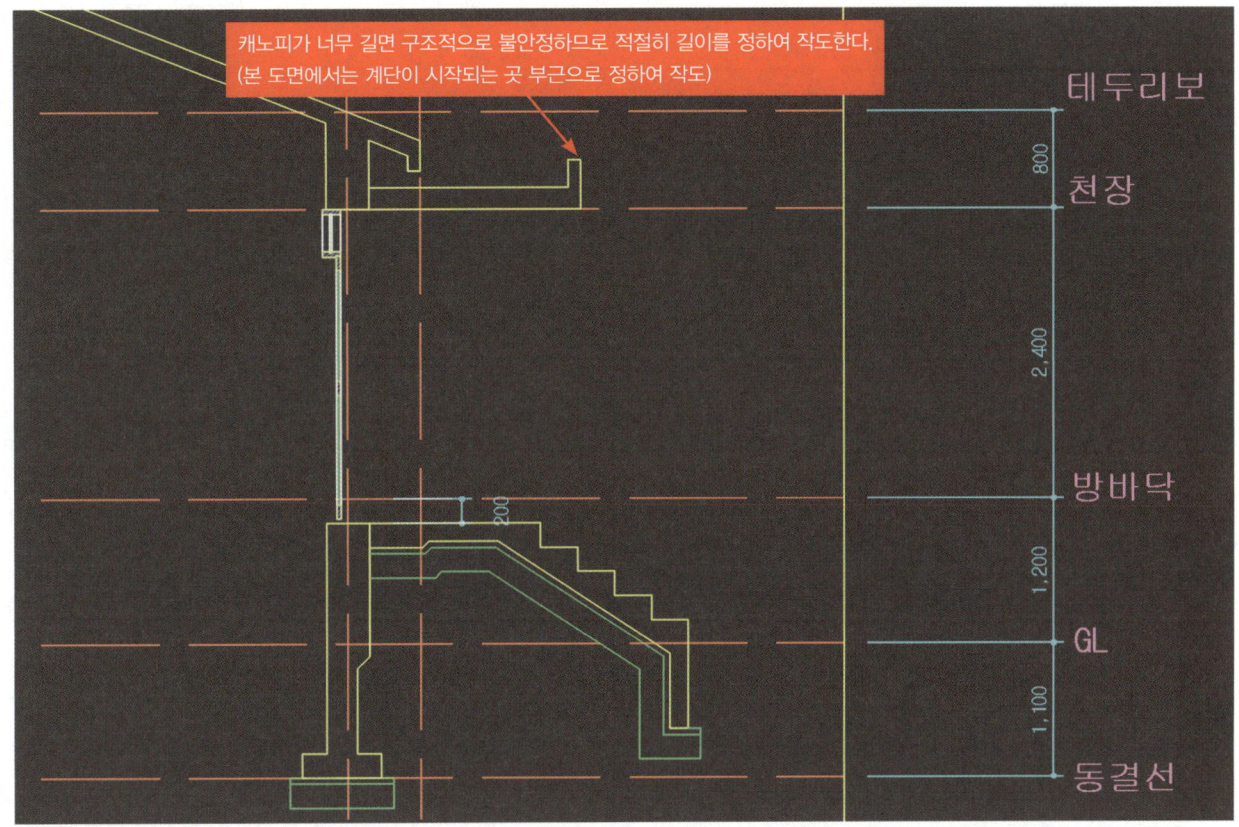

- 요구조건에 "바닥슬라브와 기초를 일체식으로 표현하시오"라고 나오면 콘크리트로 재료표기를 하며 기초와 일체로 그린다. (최근 출제 경향)

- **캐노피**: 테라스 위쪽을 가리는 지붕처럼 돌출된 것이다.
  - 본 예제에 요구조건에는 캐노피 미작도에 대한 언급이 없으므로 도면에 캐노피를 표현한다.

NO.	중점사항	핵심 내용
07	실내바닥 구조 그리기	• 방바닥 높이는 요구조건에 맞게 그리되 요구조건에 없을 경우 G.L선에서 현관을 거쳐 거실입구까지 계단 높이를 참조하여 정한다. • 바닥슬라브는 단열재두께 요구사항을 확인하여 그린다.

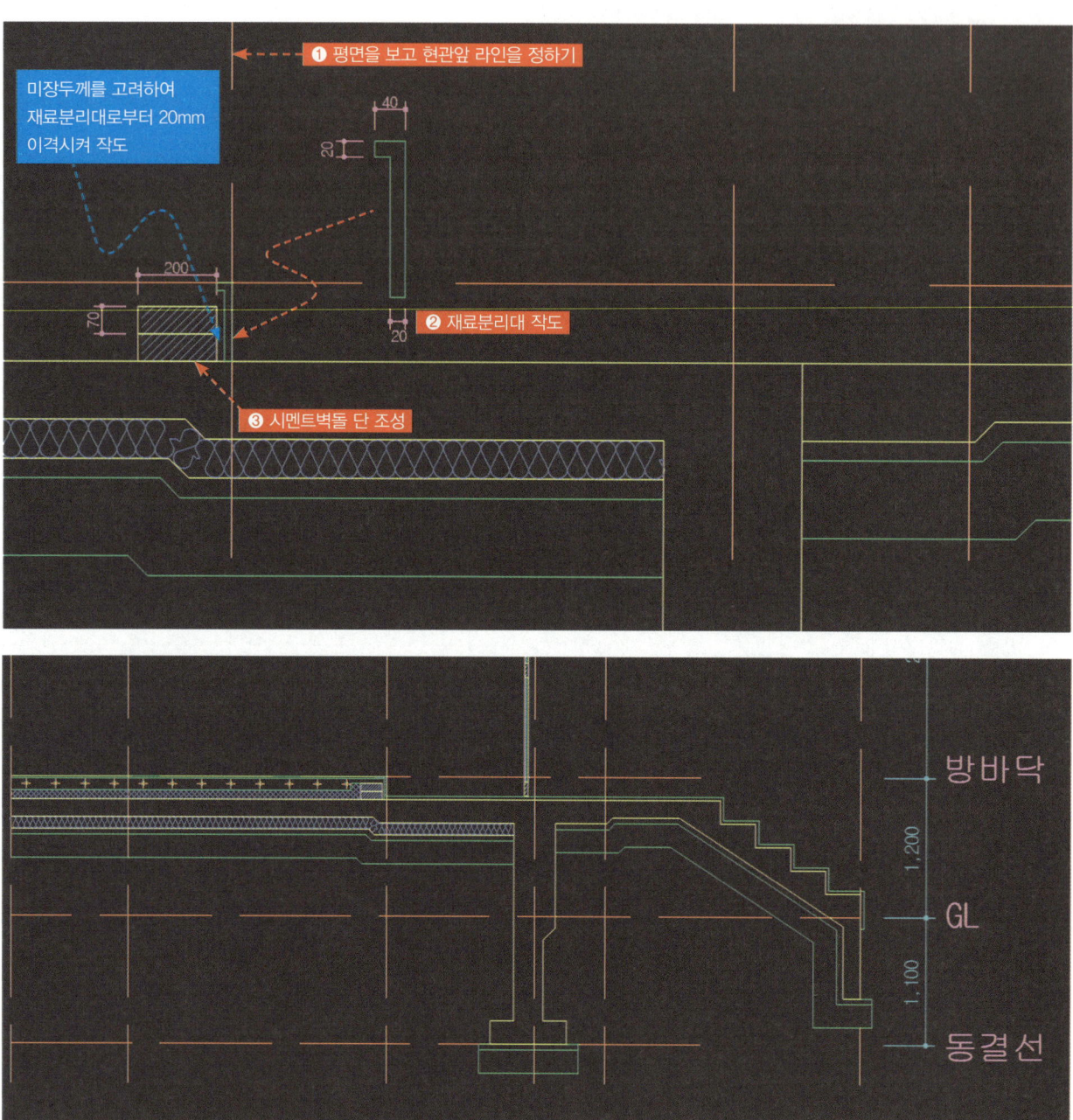

NO.	중점사항	핵심 내용
08	실내 천장그리기	• 지붕슬라브 단열재두께: 요구조건 확인 • 커튼박스가 평면도 및 시험요구조건에 명시되어 있을 경우 도면에 표기

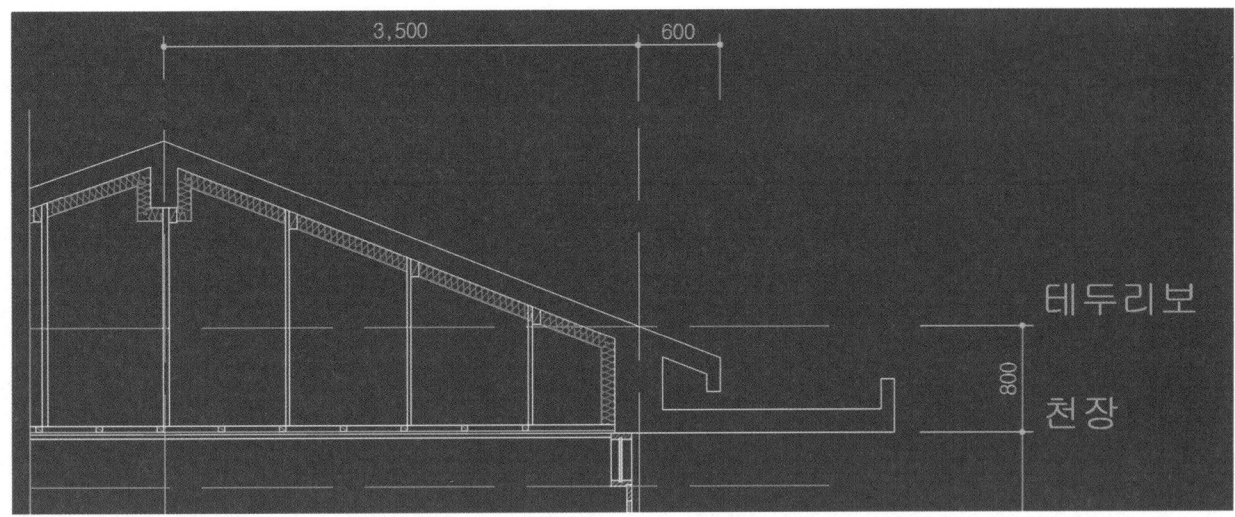

NO.	중점사항	핵심 내용
09	지붕 상세도 그리기	• 모르타르라인 두께: 방수하는 곳 30mm, 방수하지 않는 곳 20mm • 처마반자, 지붕기와, 암마룻장, 숫마루장 단면, 용머리장식 입면 • 지붕의 박공부위 입면이 보이는 곳이 있는지 체크 • 굴뚝 그리기

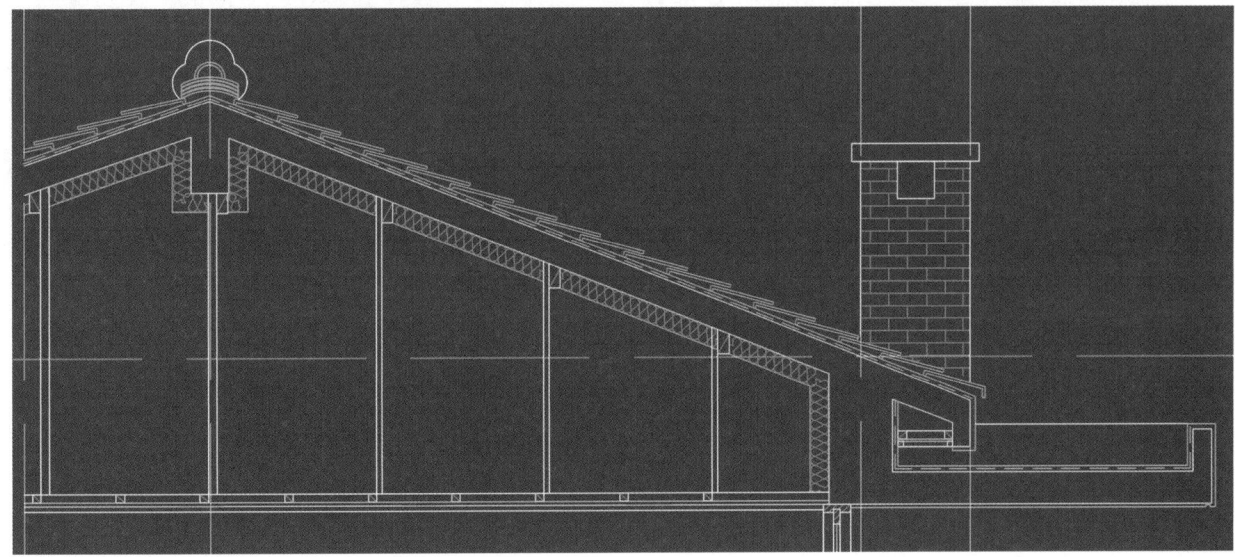

NO.	중점사항	핵심 내용
10	기타	• 실내: 도어, 걸레받이, 벽체 입면, 창호, 재질표기 등 체크 • 실외: 벽체 입면, 난간, 홈통(캐노피가 있으면 표기), G.L선, 재질표기 등 • 마감선 표기: 모르타르 라인, 걸레받이 단면, 테라스 및 현관 바닥 단면 등

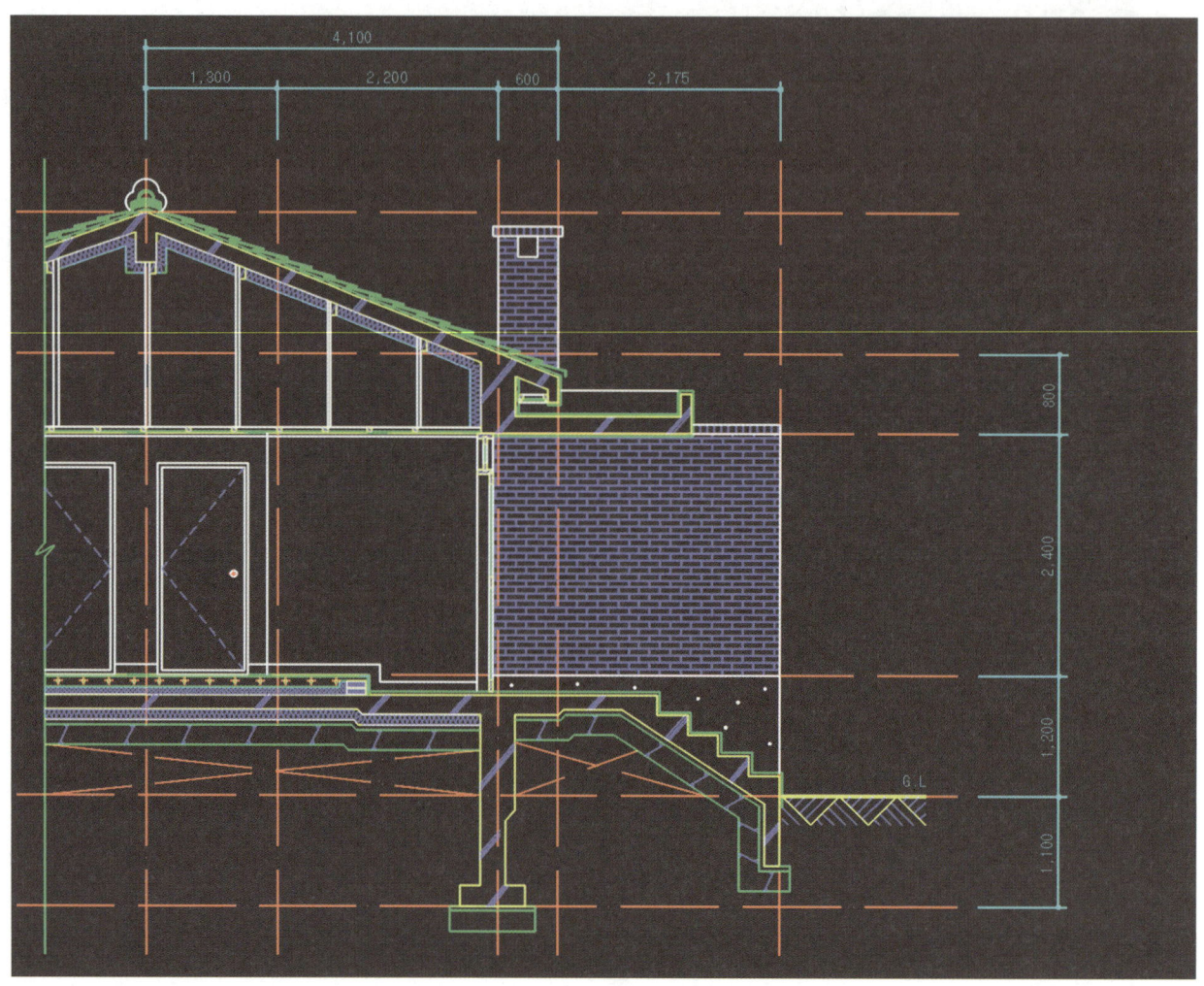

NO.	중점사항	핵심 내용
11	치수선 문자선	• 물매, 표제란, 도면명 등 표기 • 실명(방, 거실, 테라스 등) 표기

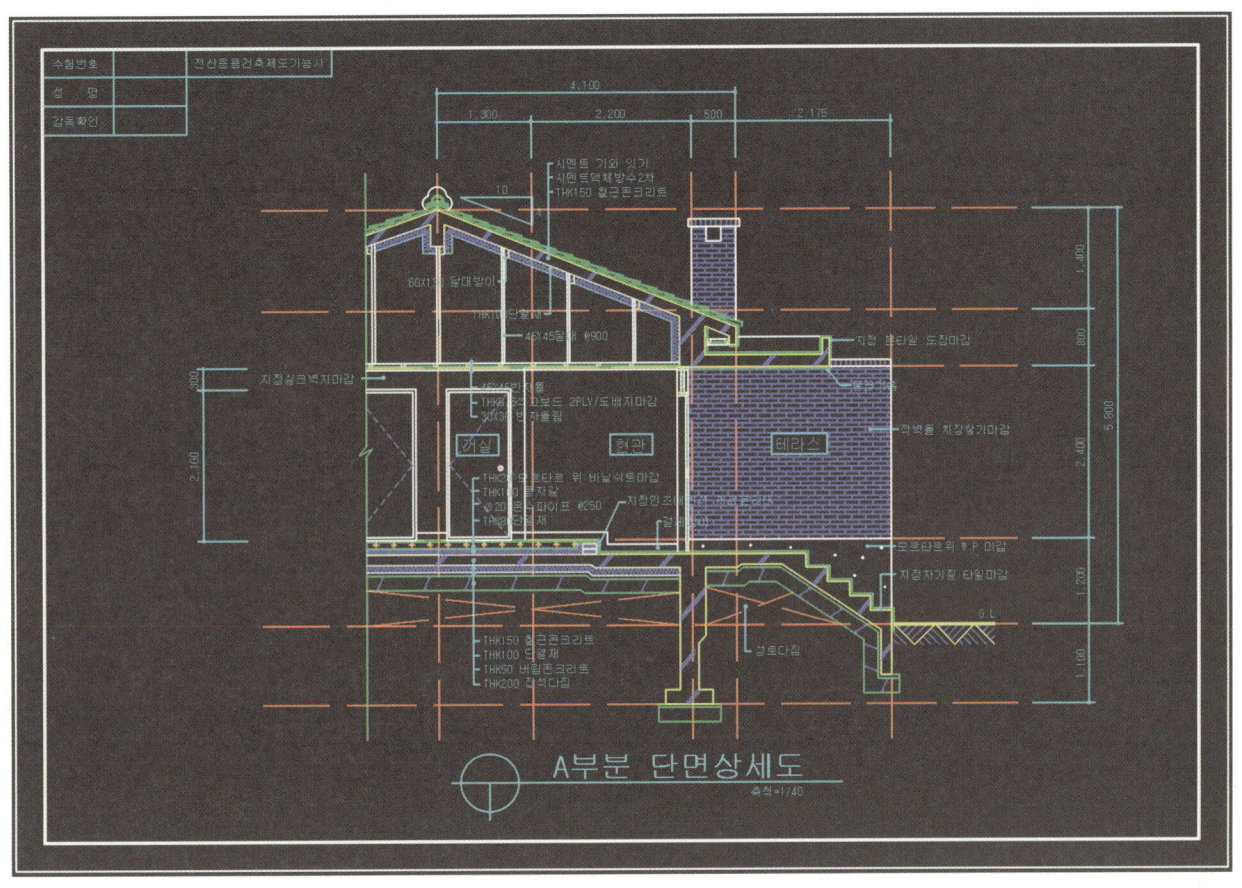

2 단면상세도

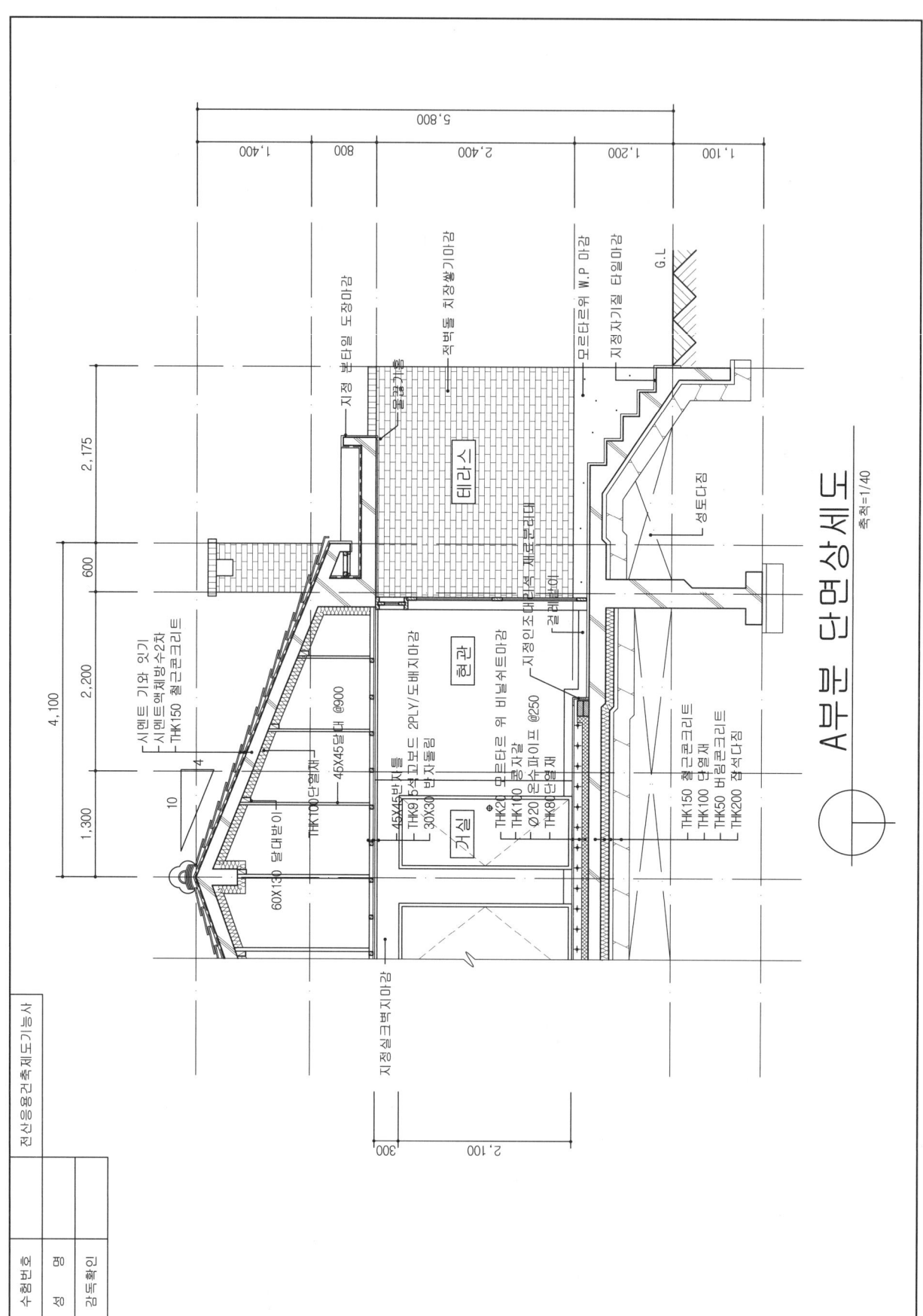

A부분 단면상세도 축척=1/40

3. 동측입면도 문제풀이

NO.	중점사항	핵심 내용
01	중심선 세팅	• 수평선 그리기: G.L, 방바닥 높이, 반자 높이, 테두리보 높이 • 수직선 그리기: 벽체 중심선, 마룻대, 처마라인

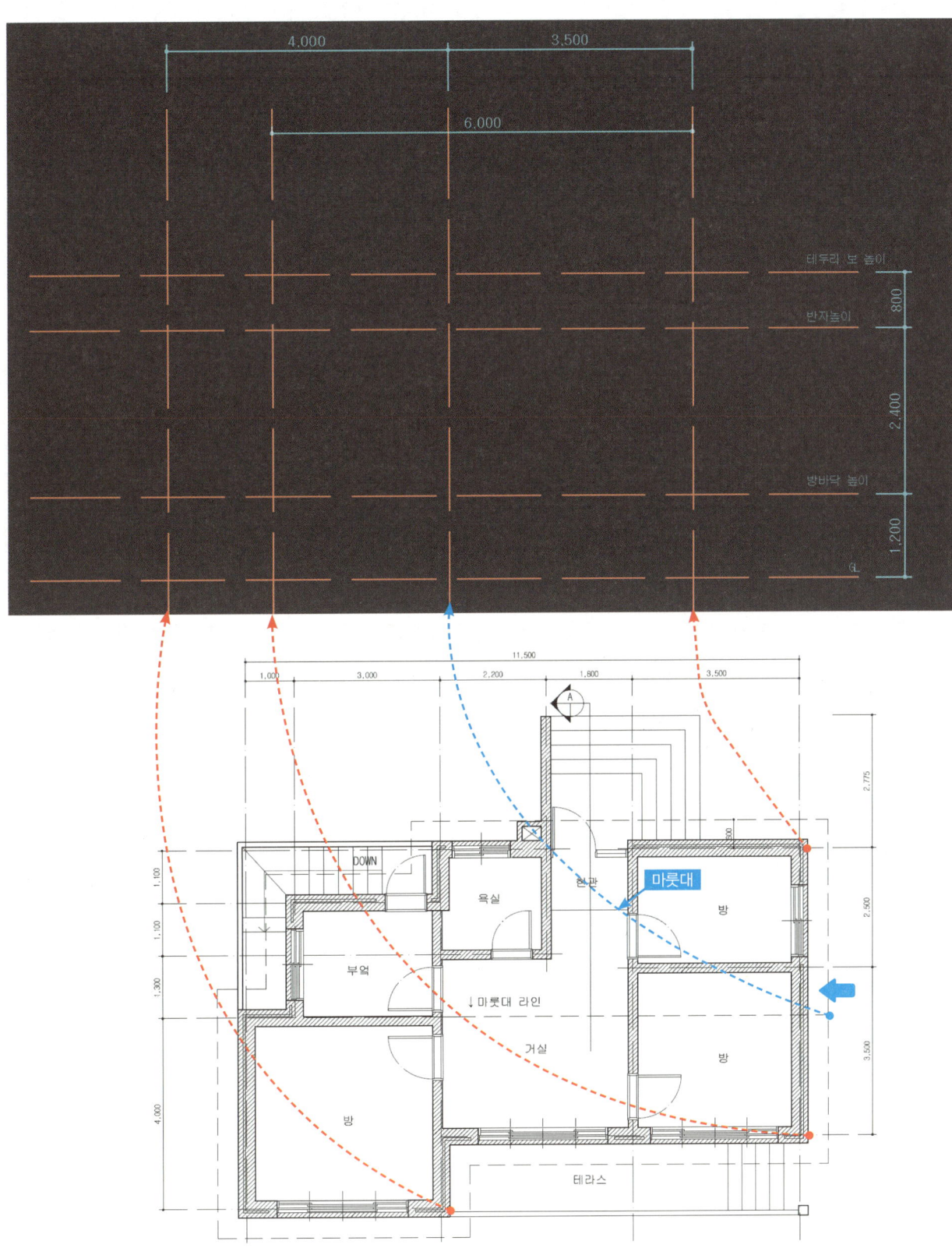

NO.	중점사항	핵심 내용
02	지붕구조 그리기	• 물매선을 그린 후 지붕 슬라브, 박공처마 구조 그리기 • 추가로 보이는 박공처마를 찾아 표기 • 기와 입면 그리기

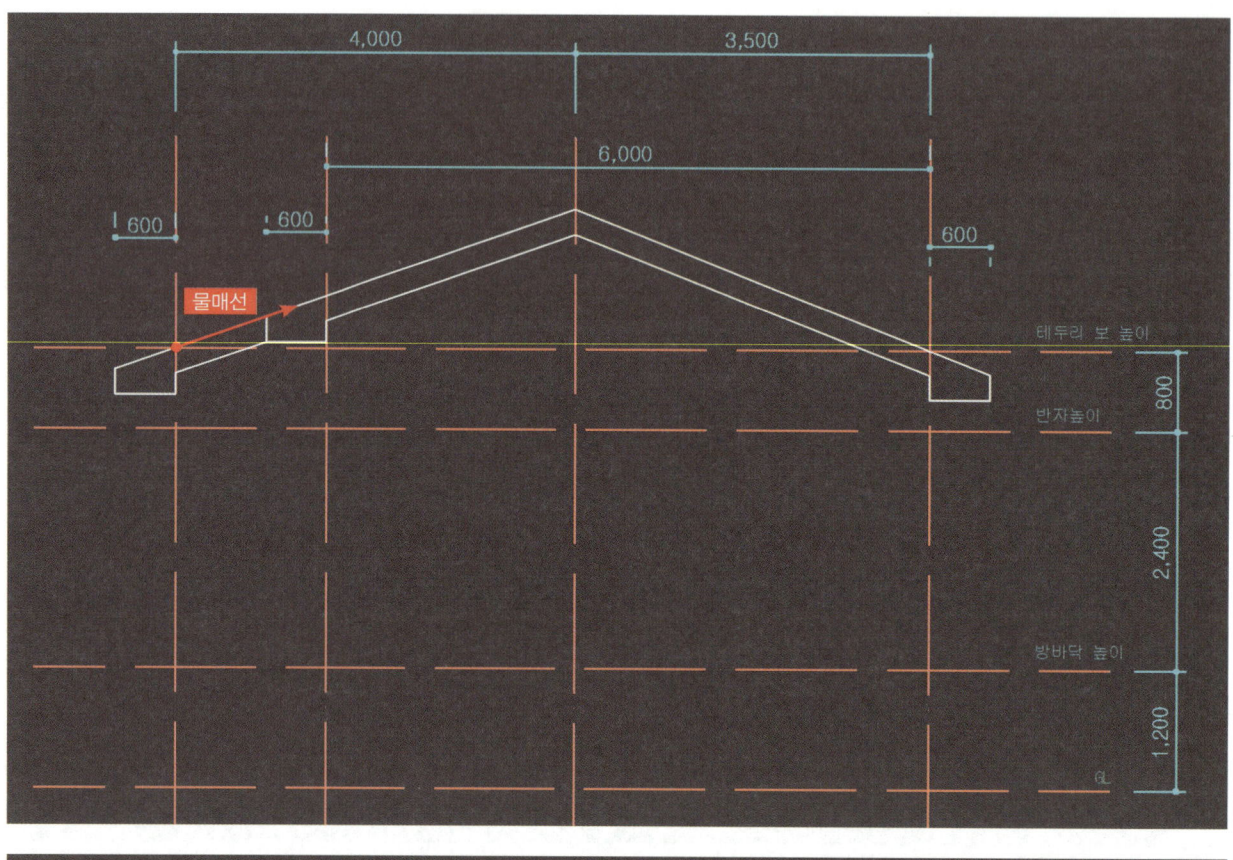

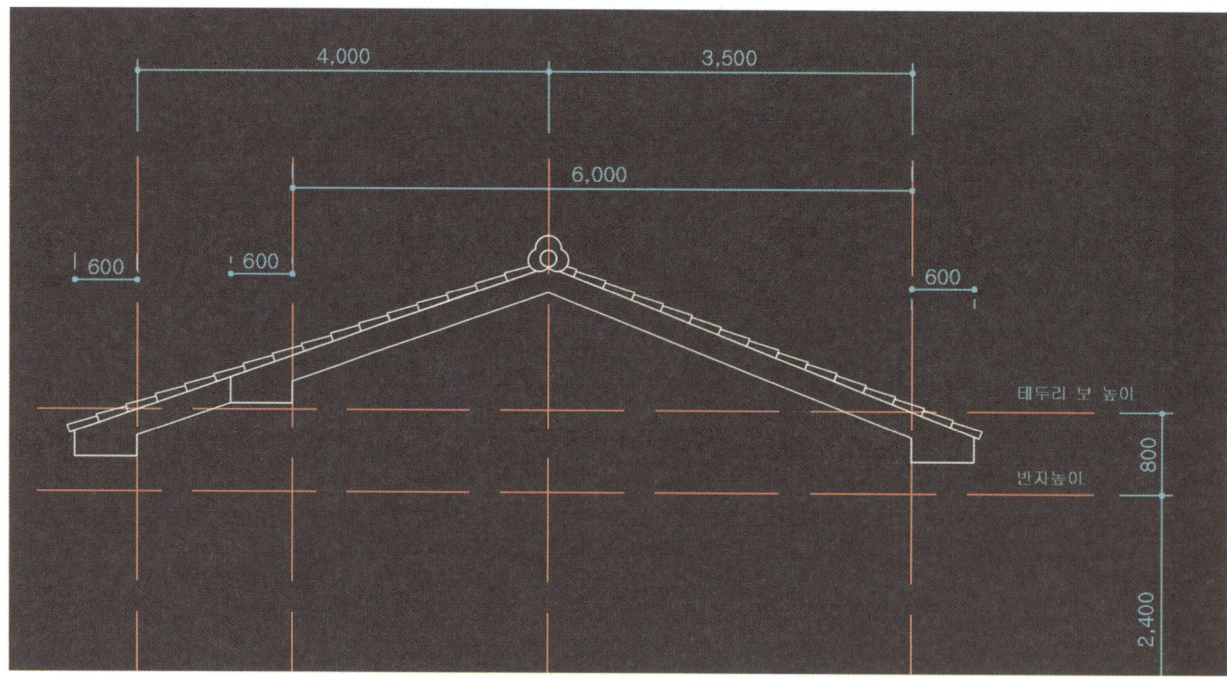

NO.	중점사항	핵심 내용
03	벽체구조	• G.L선 레이어 변경 • 벽체 입면선 그리기 • 기초 상단부와 테두리보 하단부 라인 그리기

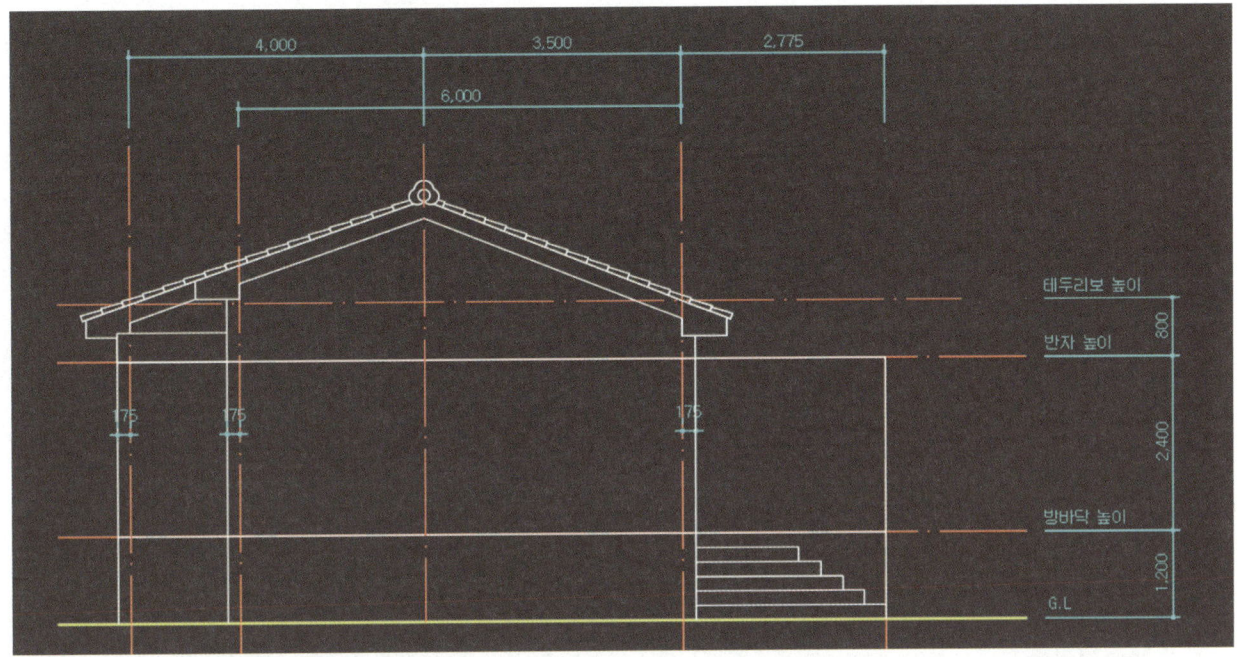

NO.	중점사항	핵심 내용
04	기타 입면 그리기	• 테라스 바닥 및 켄틸레버, 홈통 그리기, 창호 입면 그리기 • 난간 그리기 • 굴뚝 및 처마반자 그리기(입면도에서 보이는 경우), 재질표기 외

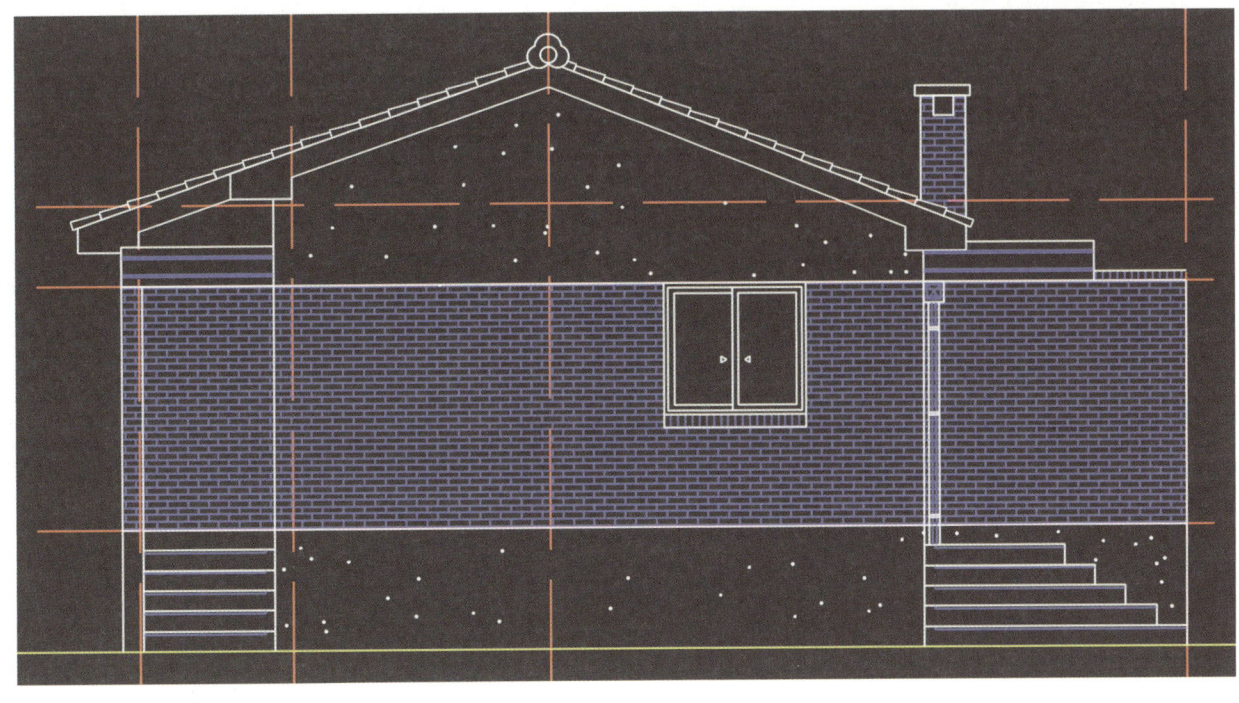

NO.	중점사항	핵심 내용
05	문자선 외	• 나무 그리기 • 문자선, 표제란 외

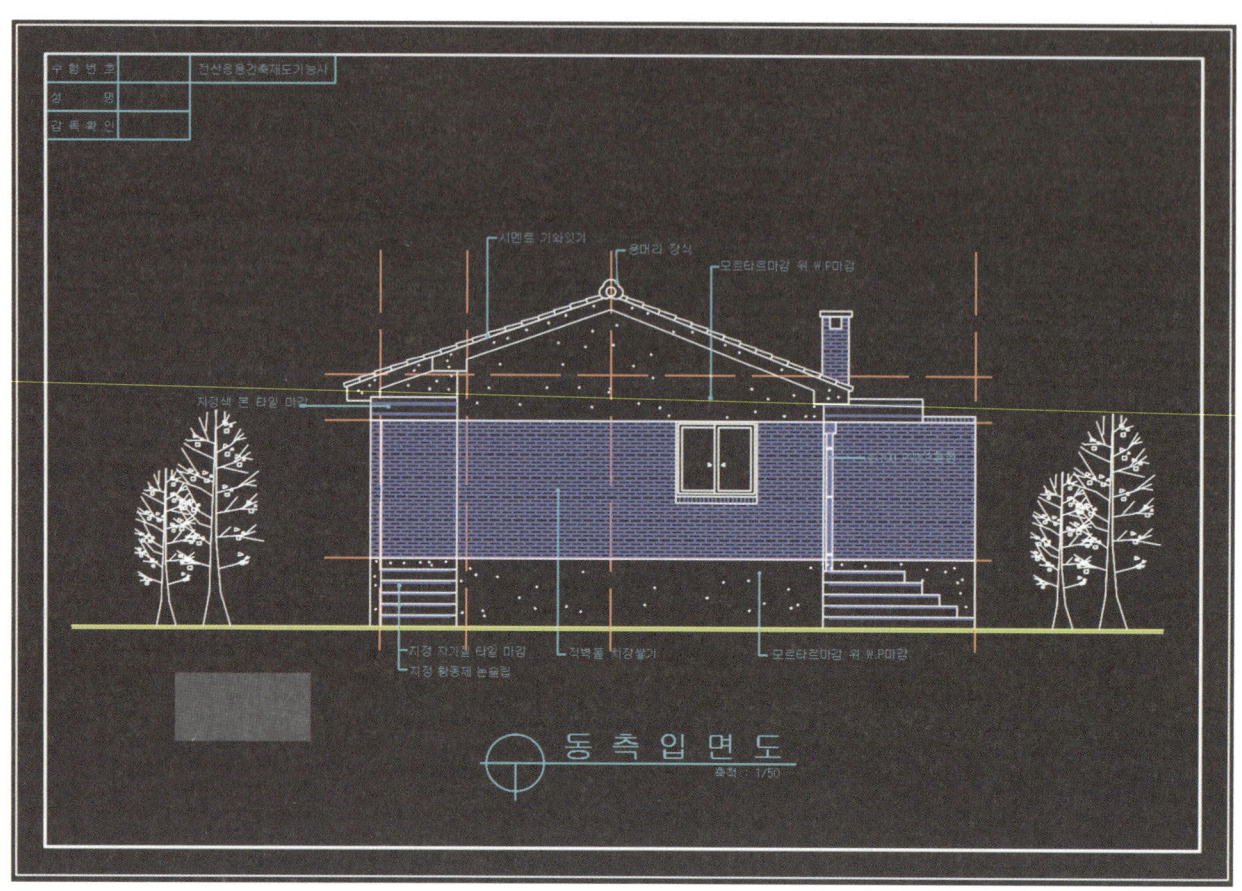

E유형 상세 동측입면도

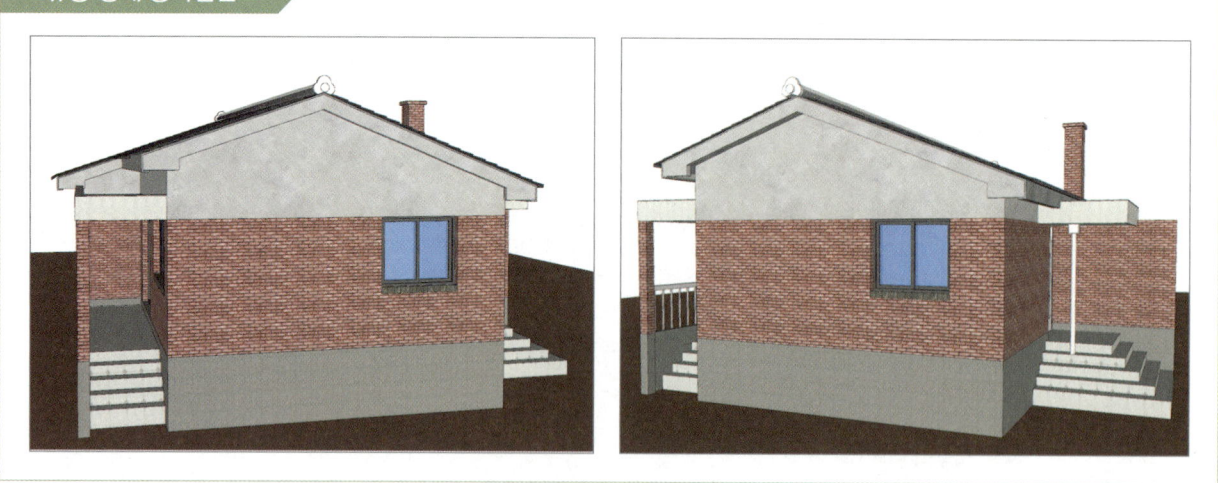

4 동측입면도

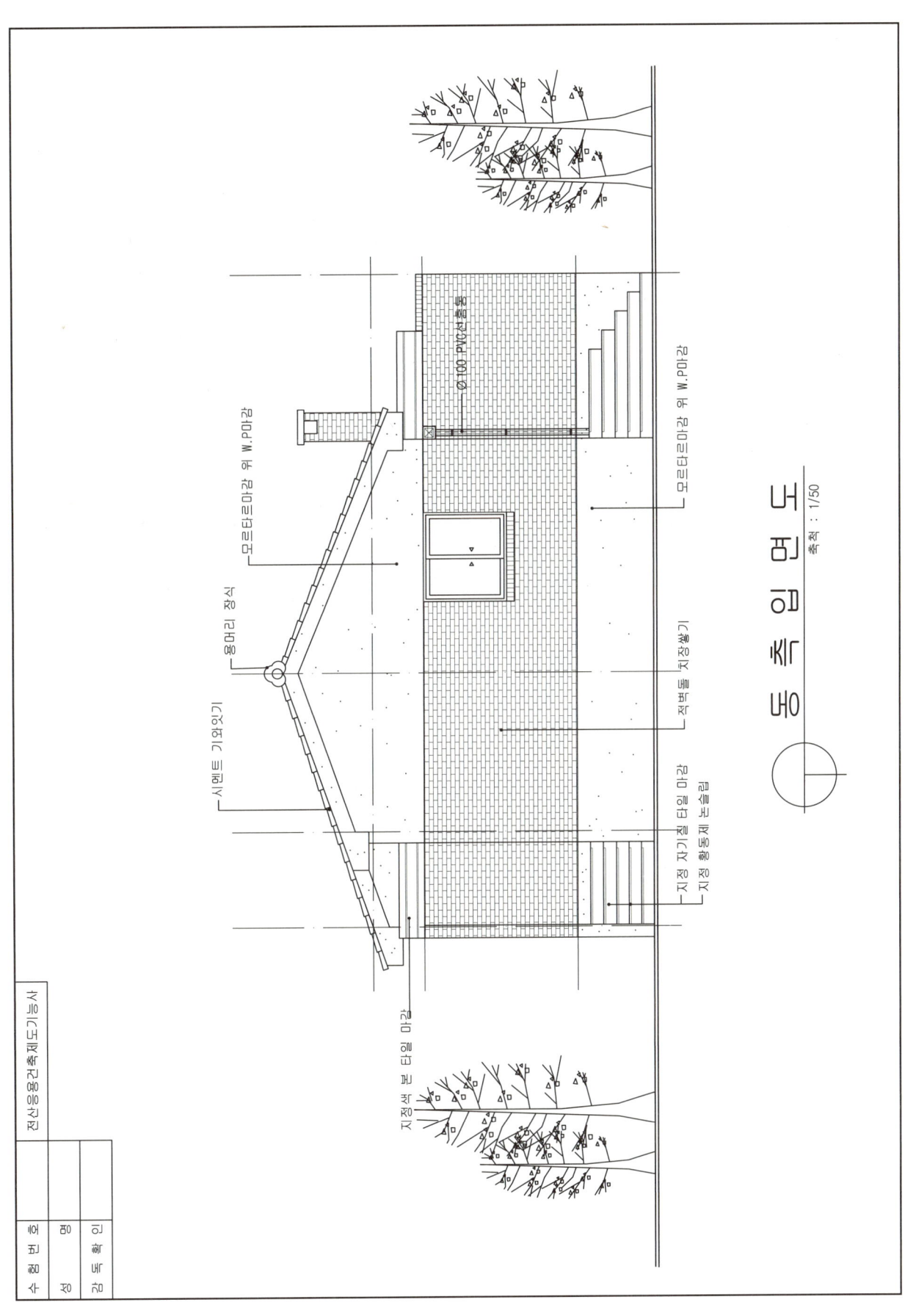

5 북측입면도 문제풀이

NO.	중점사항	핵심 내용
01	중심선 세팅	• 수평선 그리기: G.L, 방바닥 높이, 반자 높이, 테두리보 높이 • 수직선 그리기: 벽체 중심선, 마룻대, 처마라인

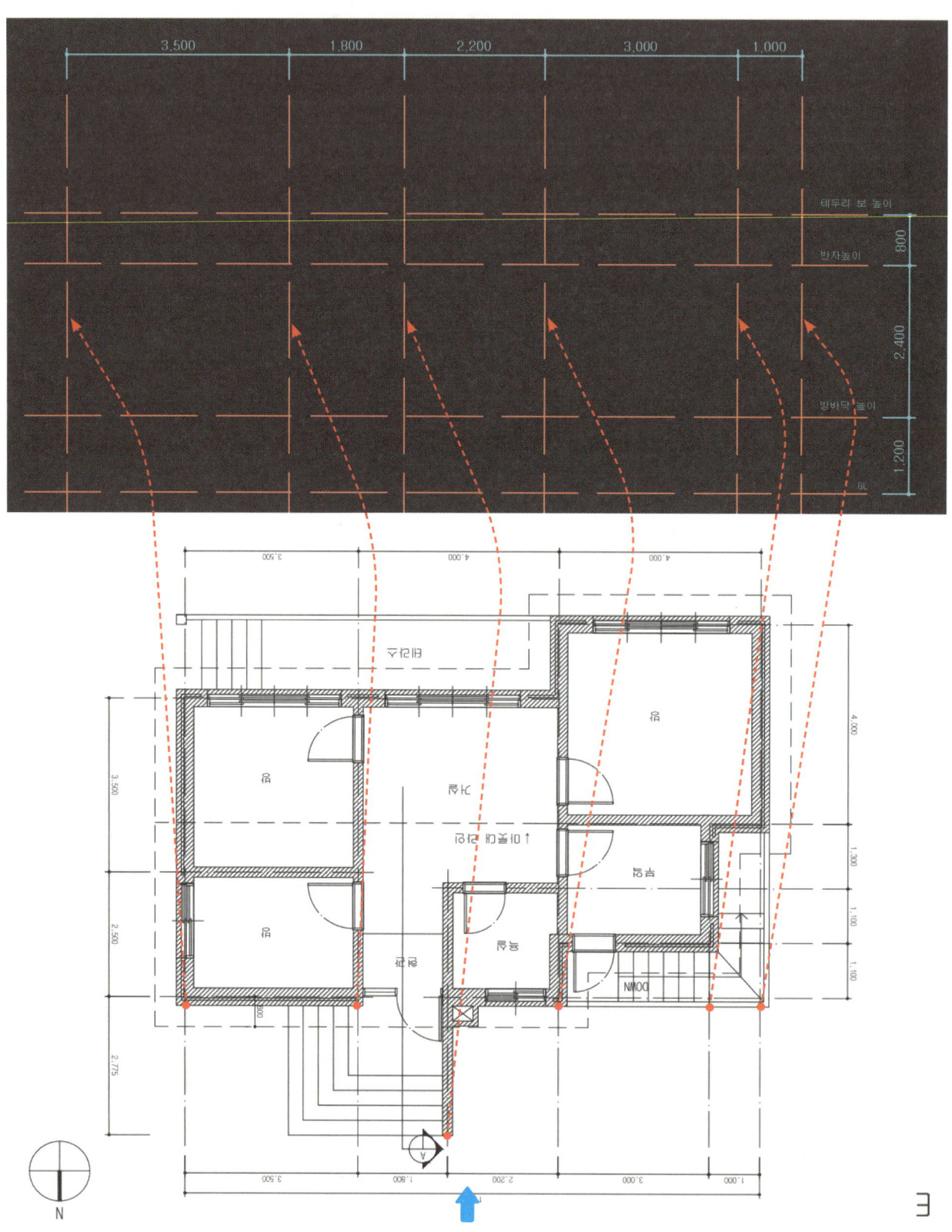

NO.	중점사항	핵심 내용
02	지붕구조 그리기	• 측면입면의 지붕구조를 그린 후 마룻대와 처마의 기준점을 찾아 정면입면도의 지붕구조 그리기 • 구조를 그리며 반대측 처마가 정면에서 보이는지 체크 • 기와 입면 그리기

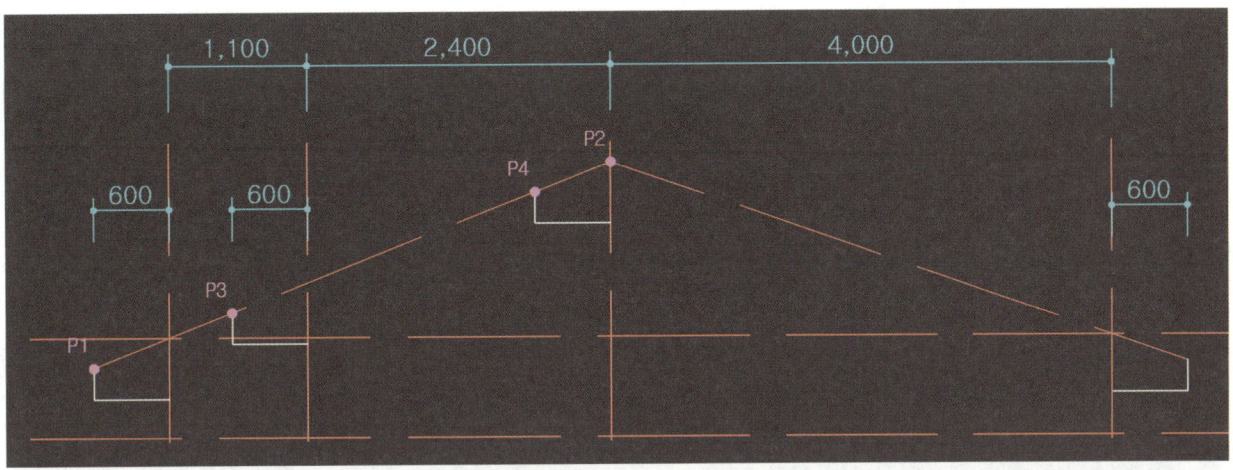

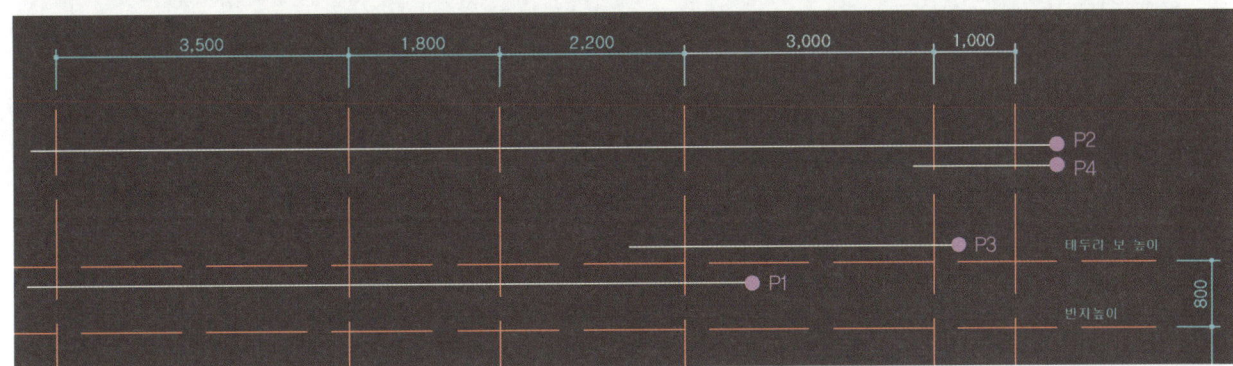

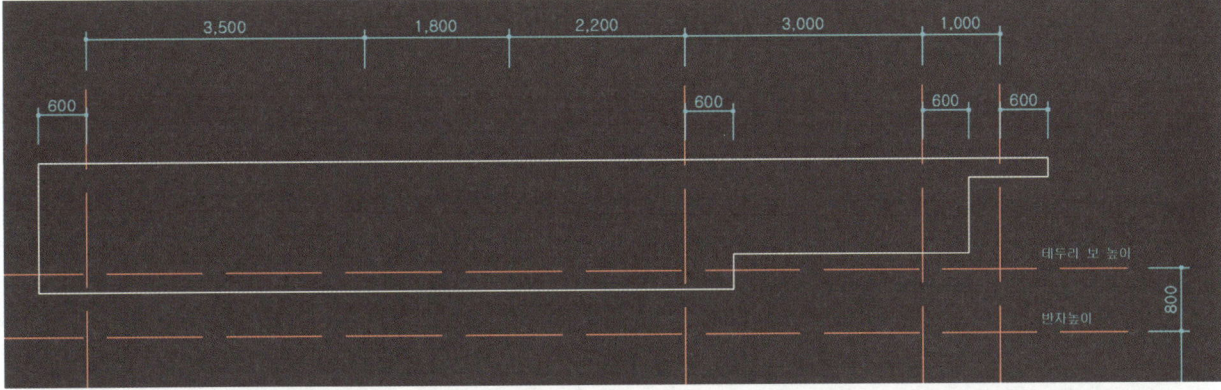

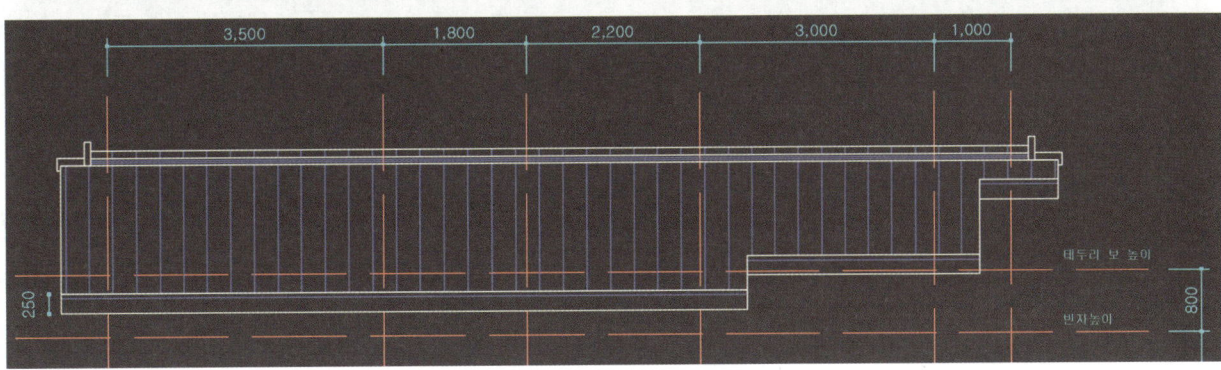

NO.	중점사항	핵심 내용
03	벽체구조	• G.L선 레이어 변경 • 벽체 입면선 그리기 • 기초 상단부와 테두리보 하단부 라인 그리기

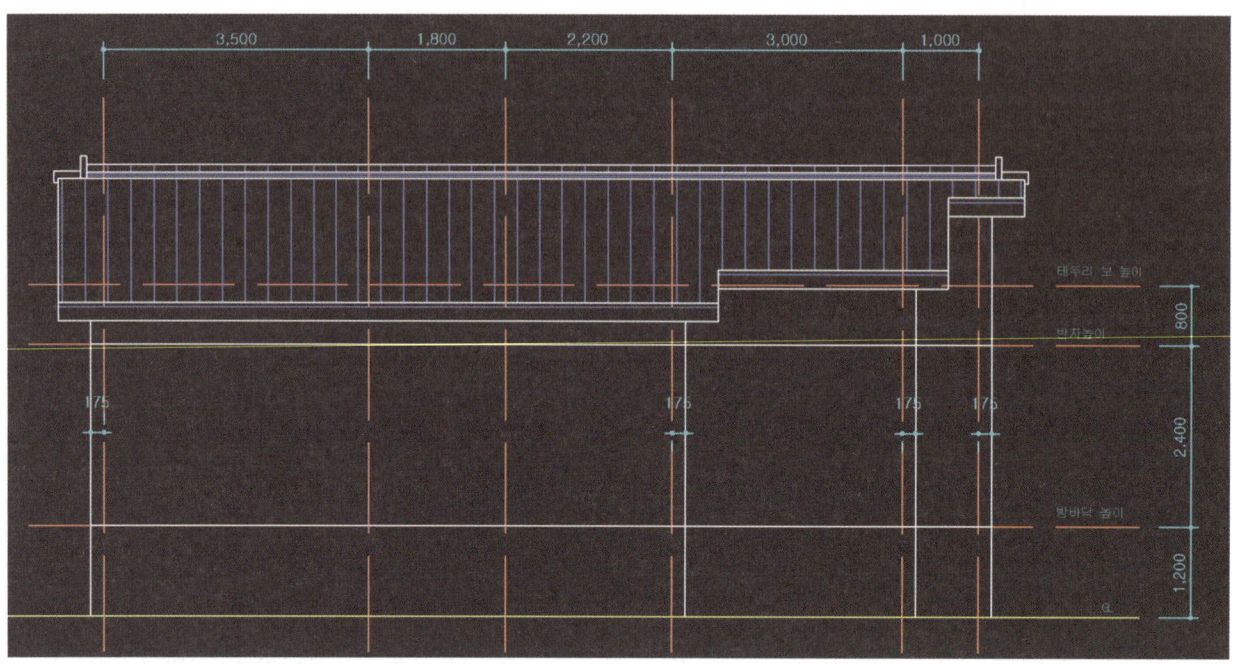

NO.	중점사항	핵심 내용
04	기타 입면 그리기	• 테라스 바닥 및 켄틸레버, 홈통 그리기 • 창호 입면 그리기 • 난간 그리기 • 굴뚝 및 처마반자 그리기(입면에 보이는 경우) • 재질표기 외

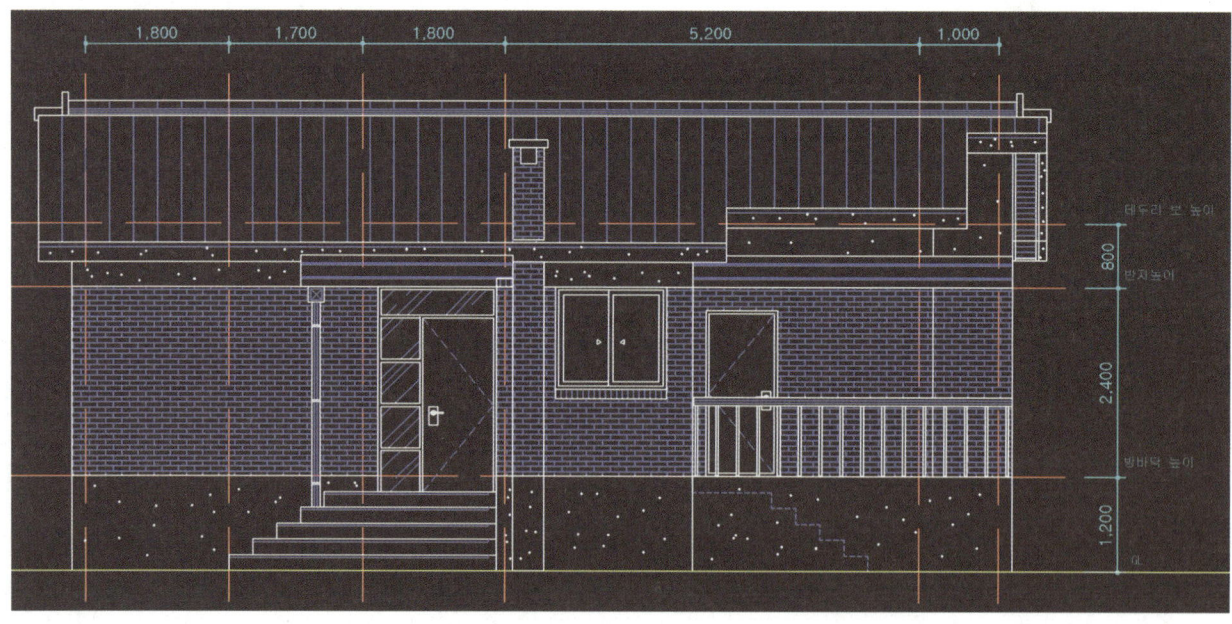

- 처마반자 북측입면 우측: 서측입면 구조를 통해 처마반자를 검토하여 작도한다.

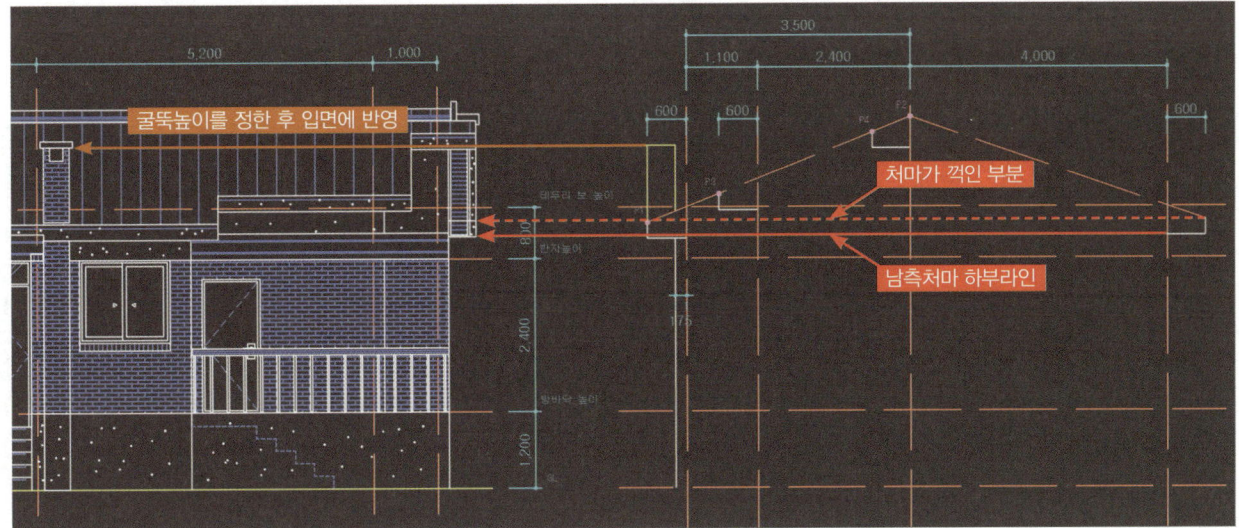

- 처마반자 북측입면 좌측: 동측입면 구조를 통해 처마반자를 검토하여 작도한다.

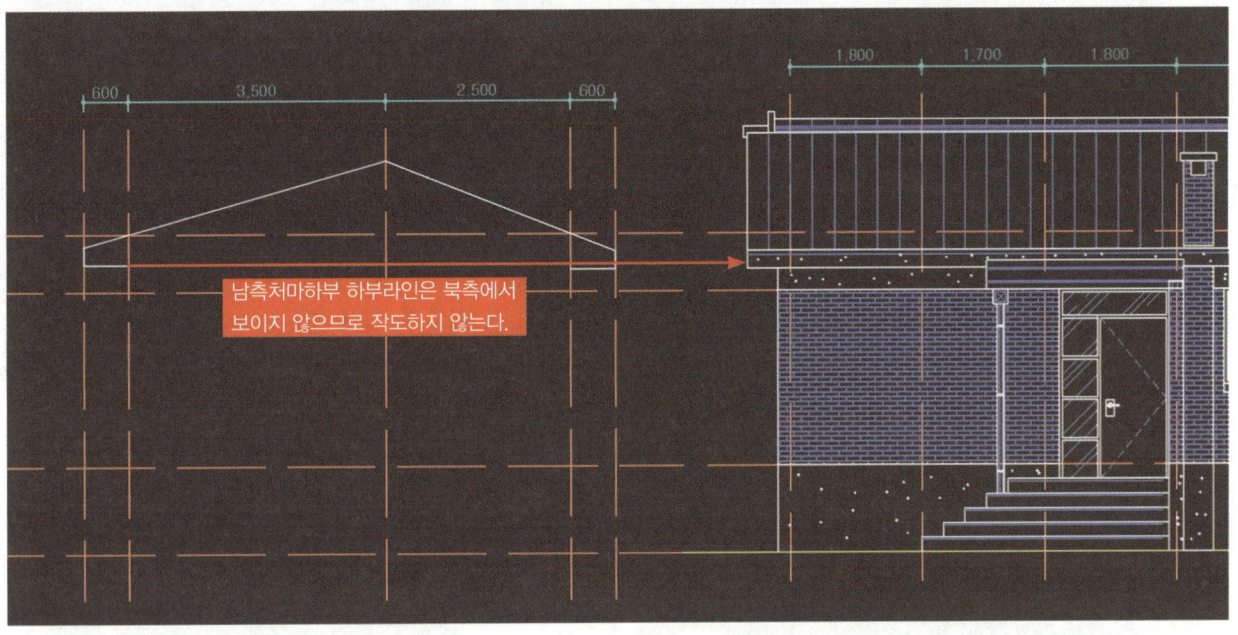

NO.	중점사항	핵심 내용
05	재질표기 문자선 외	• 나무 그리기 • 문자선 외

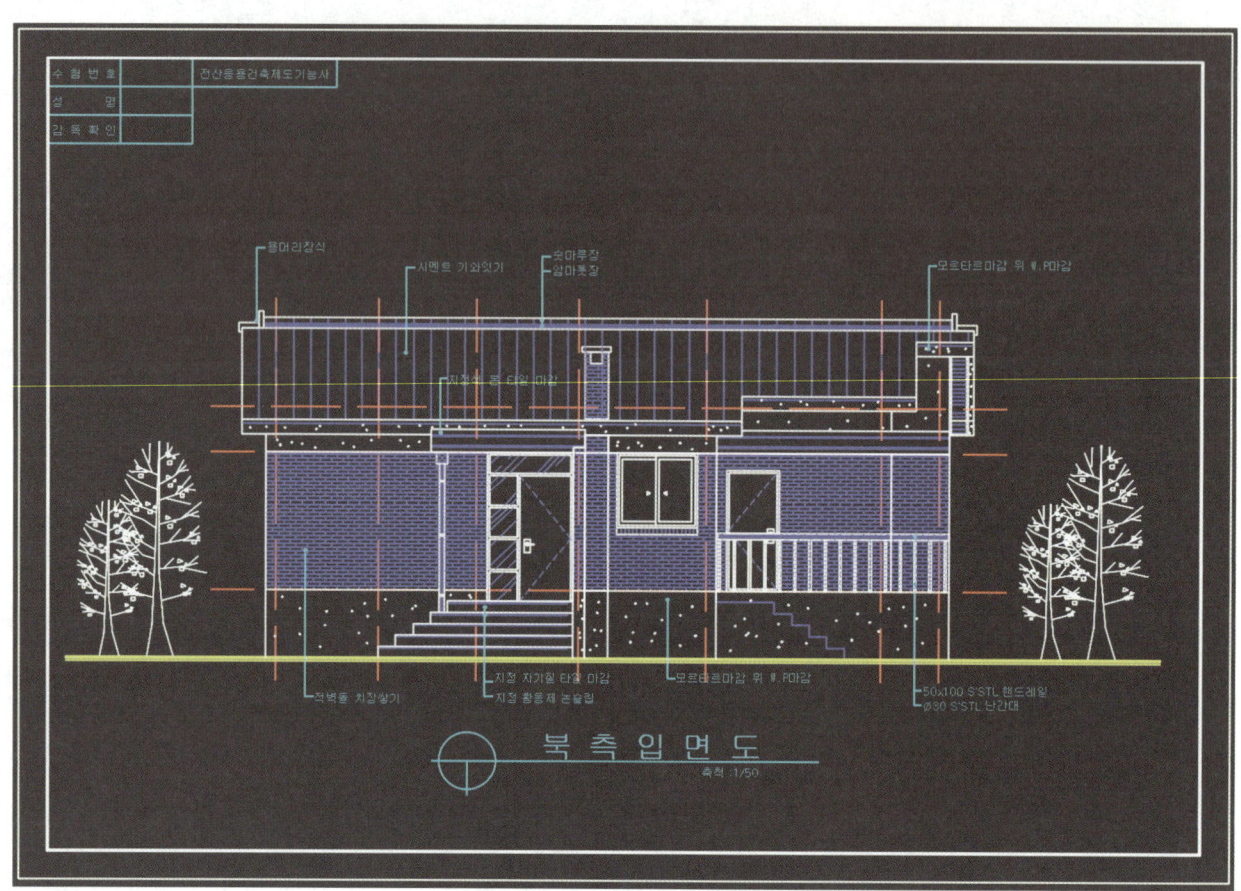

E유형 상세 북측입면도

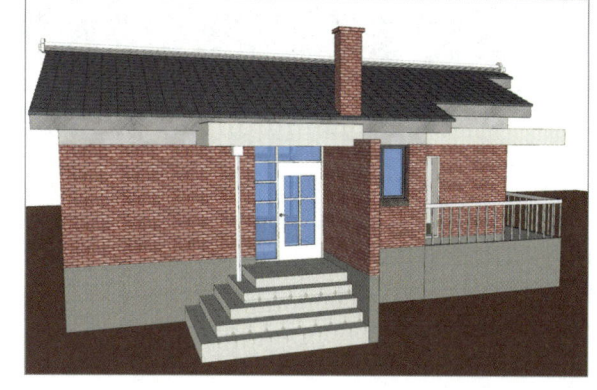

6 북측입면도

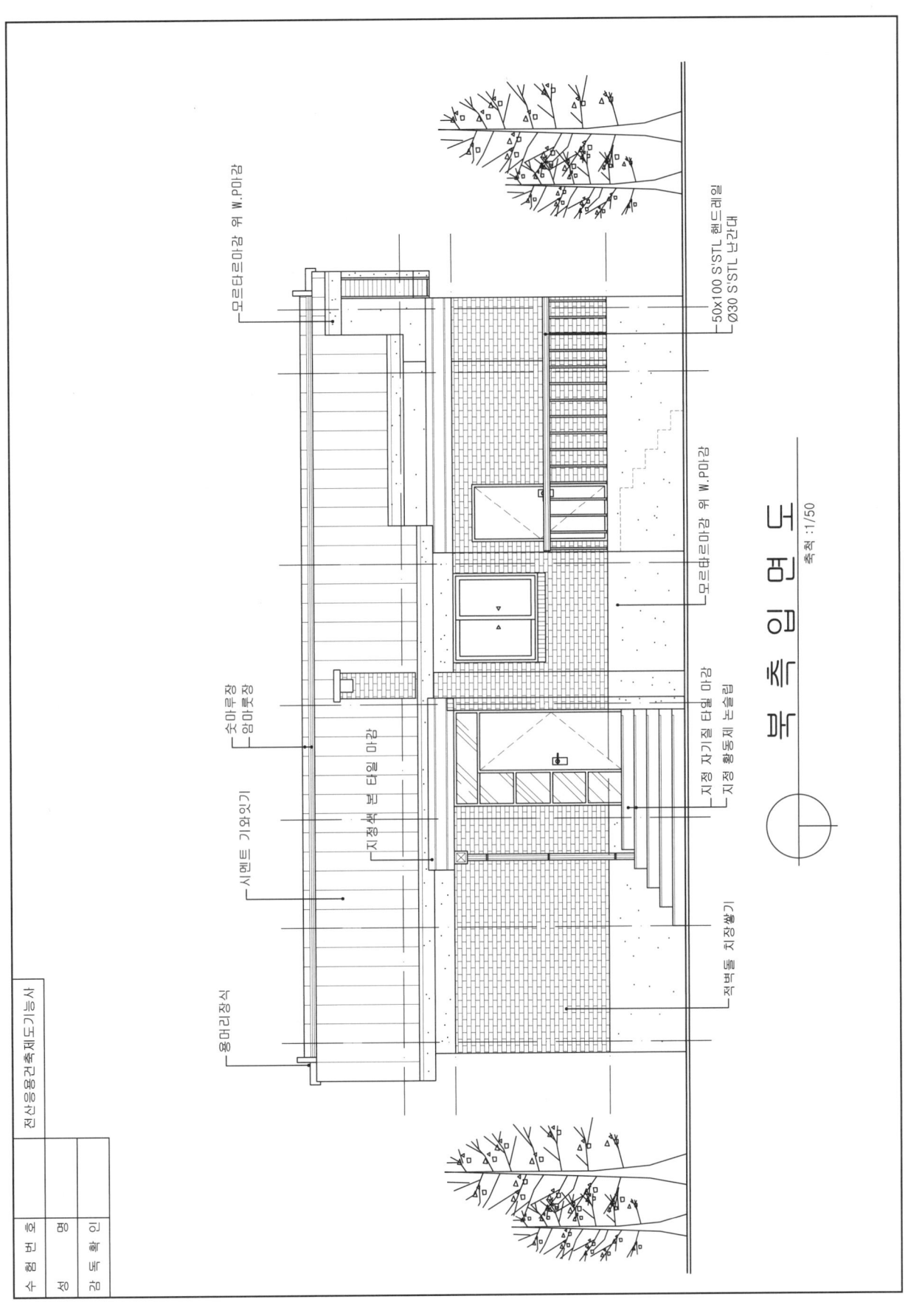

국가기술자격 실기시험문제

| 자격종목 | 전산응용건축제도기능사 | 과제명 | 주택 |

※ 시험시간 표준시간 4시간 10분

창호벽체
- 방의 창호부위의 외부벽체를 작도
- 입면에 아치벽체가 보이는 유형

01 요구사항

주어진 평면도를 보고 CAD를 이용하여 아래 조건에 맞게 다음 도면을 작도 한 후, 지급된 용지에 본인이 직접 흑백으로 출력하여 파일과 함께 제출하시오.

❶ A부분 단면 상세도를 축척 1/40으로 작도하시오.
❷ 남측입면도를 축척 1/50으로 작도하되 벽면의 마감재료 표시 및 주의의 배경 등 도면의 요소를 충분히 고려하시오.

⊢ 조건 ⊢

- 기초 및 지하실 벽체: 철근콘크리트 구조로 하시오.
- 벽체: 외벽 – 외부로부터 붉은벽돌 0.5B, 단열재, 시멘트 벽돌 1.0B
          내벽 – 시멘트 벽돌 1.0B
- 단열재: 외벽 120mm, 바닥 85mm, 지붕 180mm
- 지붕: 철근콘크리트 경사슬래브 위 시멘트 기와잇기 마감으로 하시오. (물매 4/10 이상)
- 처마나옴: 벽체중심에서 600mm
- 반자높이: 2,400mm, 처마반자 설치
- 창호: 목재창호로 하되 2중창인 경우 알루미늄 새시로 하시오.
- 각실의 난방: 온수파이프 온돌난방으로 하시오.
- 바닥슬래브와 기초는 일체식으로 표현하시오.
- 평면도에 표시하지 않은 현관상부 캐노피는 작도하지 않는다.
- 기타 각 부분의 마감, 치수 등 주어지지 않는 조건은 일반적인 시공수준으로 하시오.
- 선의 통일을 기하기 위하여 아래와 같이 선의 색을 정리하여 출력하시오.
    - 흰색 (7-White): 0.3mm
    - 노랑 (2-Yellow): 0.4mm
    - 빨강 (1-Red): 0.2mm
    - 녹색 (3-Green): 0.2mm
    - 하늘색 (4-Cyan): 0.3mm
    - 파랑 (5-Blue): 0.1mm

02 수험자 유의사항

※다음 유의사항을 고려하여 요구사항을 완성하시오.

1) 명기되지 않은 조건은 건축법, 건축구조 및 건축제도 원칙에 따릅니다.

2) 시험시작 전 바탕화면에 본인 비밀번호로 폴더를 생성하고, 폴더 안의 작업내용을 저장하도록 합니다.

3) 정전 및 기계 고장 등에 의한 자료손실을 방지하기 위하여 수시로 저장합니다.

4) 다음과 같은 경우는 부정행위로 처리됩니다.
　　가) 노트 및 서적, 디스켓을 소지하거나 주고받는 행위
　　나) 건물의 구조부분의 상세나 글씨 등을 사전에 블록으로 설정하여 지참해 사용하는 경우

5) 작업이 끝나면 감독위원의 확인을 받은 후 문제지를 제출하고 본부요원 입회하에 본인이 직접 A3용지에 흑백으로 도면을 출력하도록 합니다. 이때 수험자의 운영 미숙으로 도면이 출력되지 않는 경우나 출력시간이 20분을 초과할 경우는 실격처리 됩니다.

6) 장비 조작 미숙으로 장비의 파손 및 고장을 일으킬 염려가 있을 경우 실격됩니다.

7) 다음과 같은 경우에는 채점대상에서 제외됩니다.
　　가) 주어진 조건을 지키지 않고 작도한 경우
　　나) 요구한 전도면을 작도하지 않은 경우
　　다) 건축제도 통칙을 준수하지 않거나 건축 CAD의 기능이 없는 상태에서 완성된 도면

8) 수험번호, 성명은 도면 좌측 상단에 아래와 같이 표제란을 만들어 기재합니다.

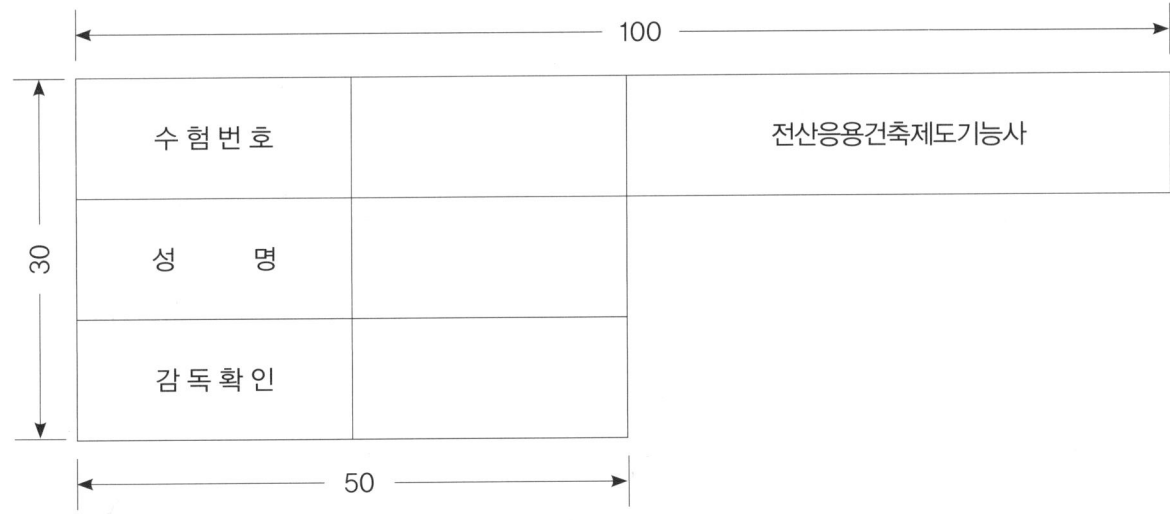

9) 감독위원은 시험시작 후 수검자에게 표제란을 우선 작도 후 도면을 작도하도록 하여야 하며, 수험자가 감독위원의 지시를 따르지 않을 경우 실격 처리됩니다.

10) 테두리선의 여백은 10mm로 합니다.

03 평면도

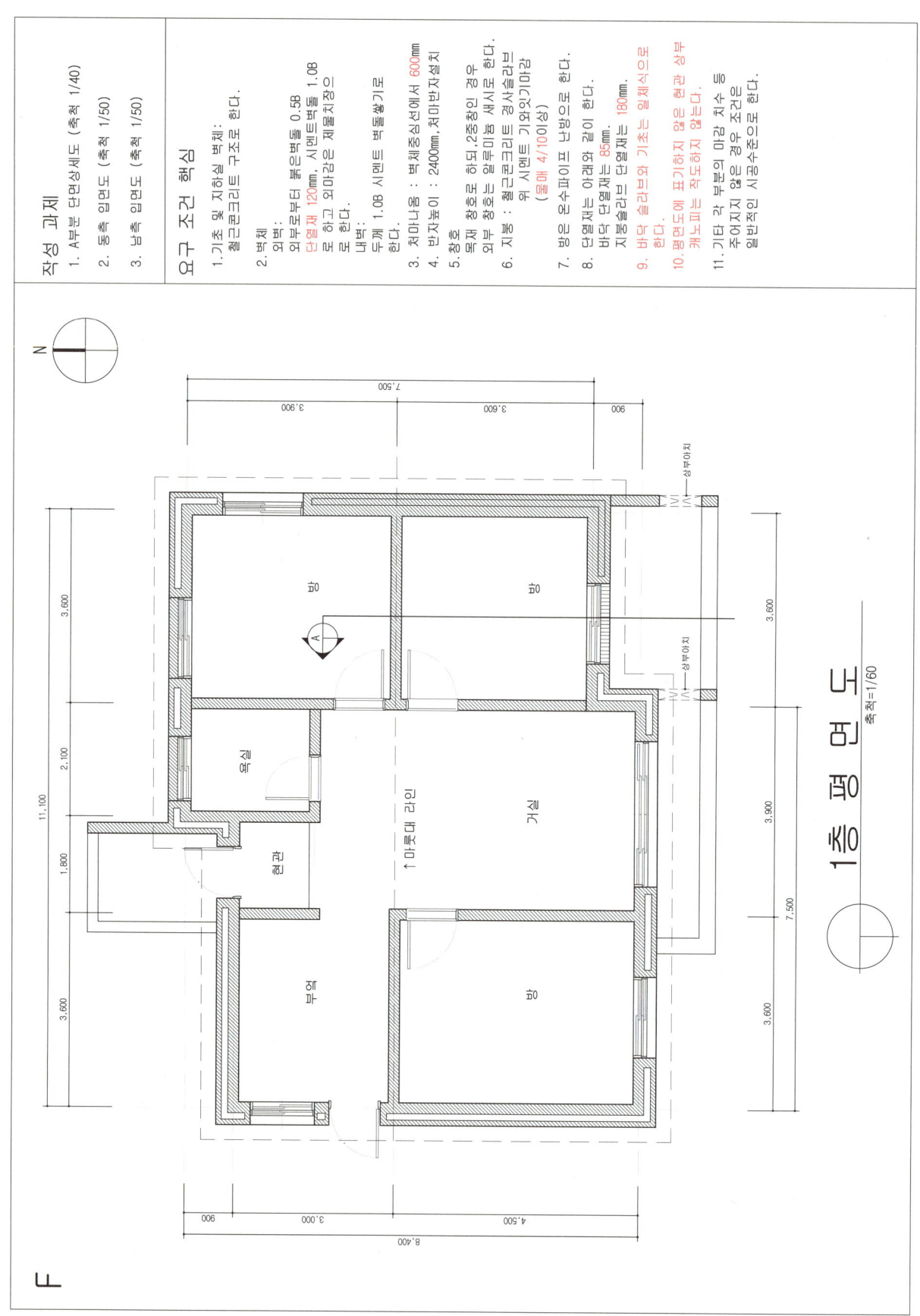

참고 3D 모델링

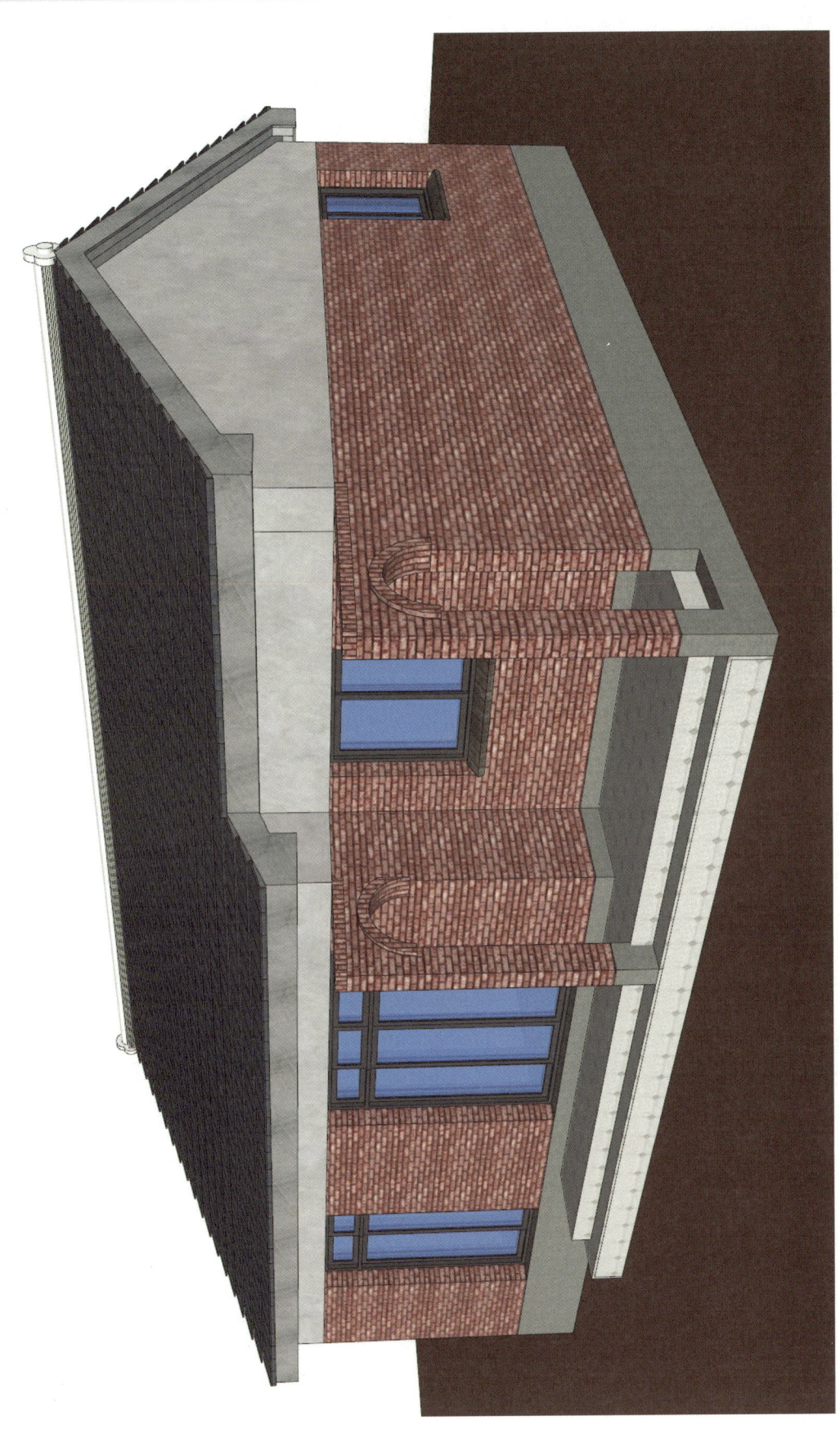

※ 위 이미지는 도면의 이해를 돕기 위한 시각자료이며 본 시험에는 출제되지 않습니다.

1 단면상세도 문제풀이

NO.	중점사항	핵심 내용
01	중심선 세팅	• 수평선 그리기: G.L선, 기초 동결선, 방바닥 높이, 반자 높이, 테두리보 높이 • 수직선 그리기: 벽체 중심선, 마룻대, 처마라인

❶ 방바닥 높이 확인: 요구사항에 없으므로 아래와 같이 기준을 잡아보자.

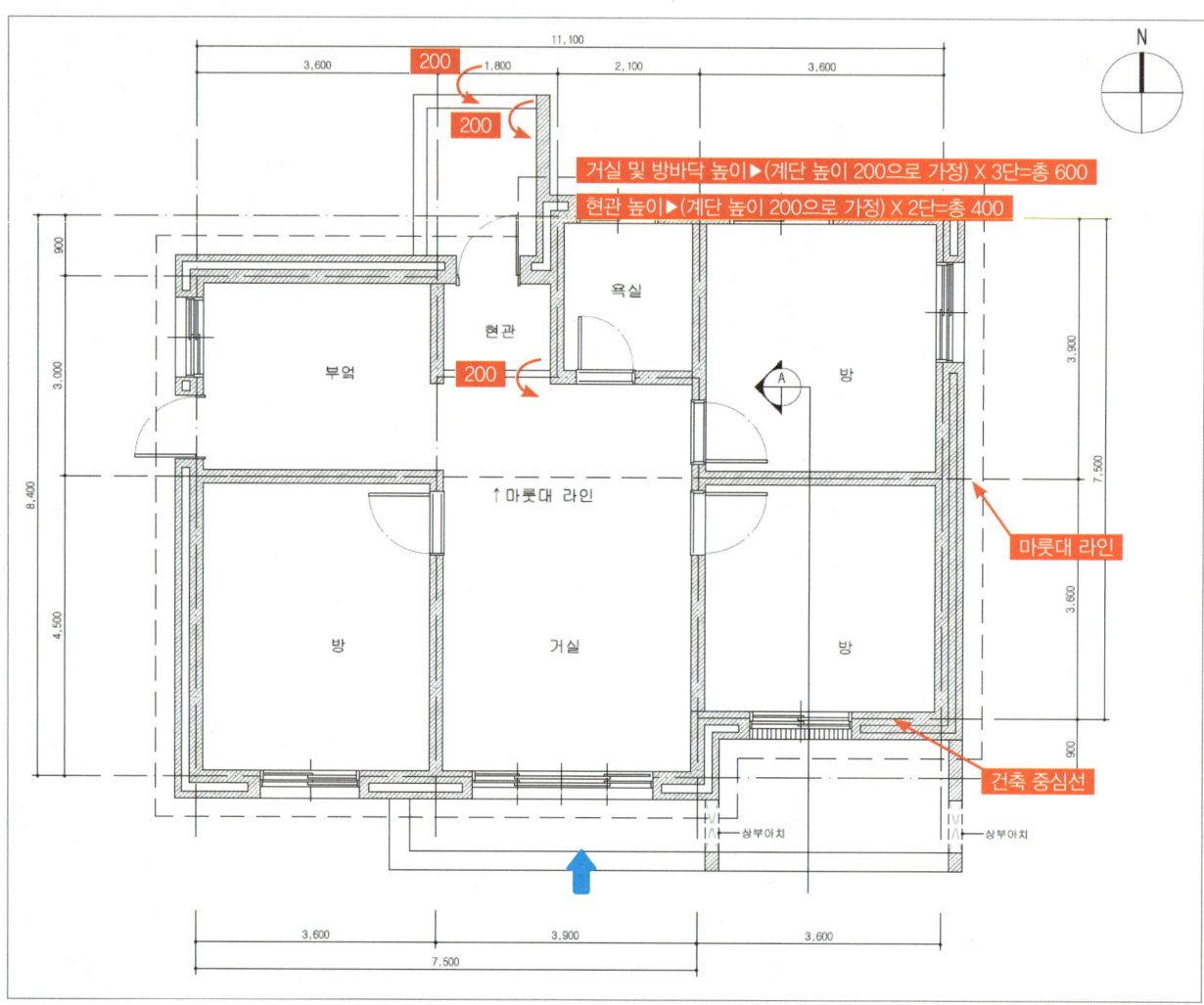

❷ 처마나옴: 요구사항에 벽체 중심선에서 600mm를 확인하고 평면에 처마라인을 확인한다.

❸ 벽체 중심선: 도면에서 건축 중심선의 위치 확인한다. ▶ 도면확인결과 내벽의 가운데에 건축 중심선이 위치

❹ 벽체두께 ▶ 총 420 = 1.0B(200) + 단열재 20 + 0.5B(100)

❺ 마룻대: 도면에서 마룻대의 위치를 확인한다.

❻ 단면상세도로 표현해야 하는 곳 위주로 중심선을 세팅한다.

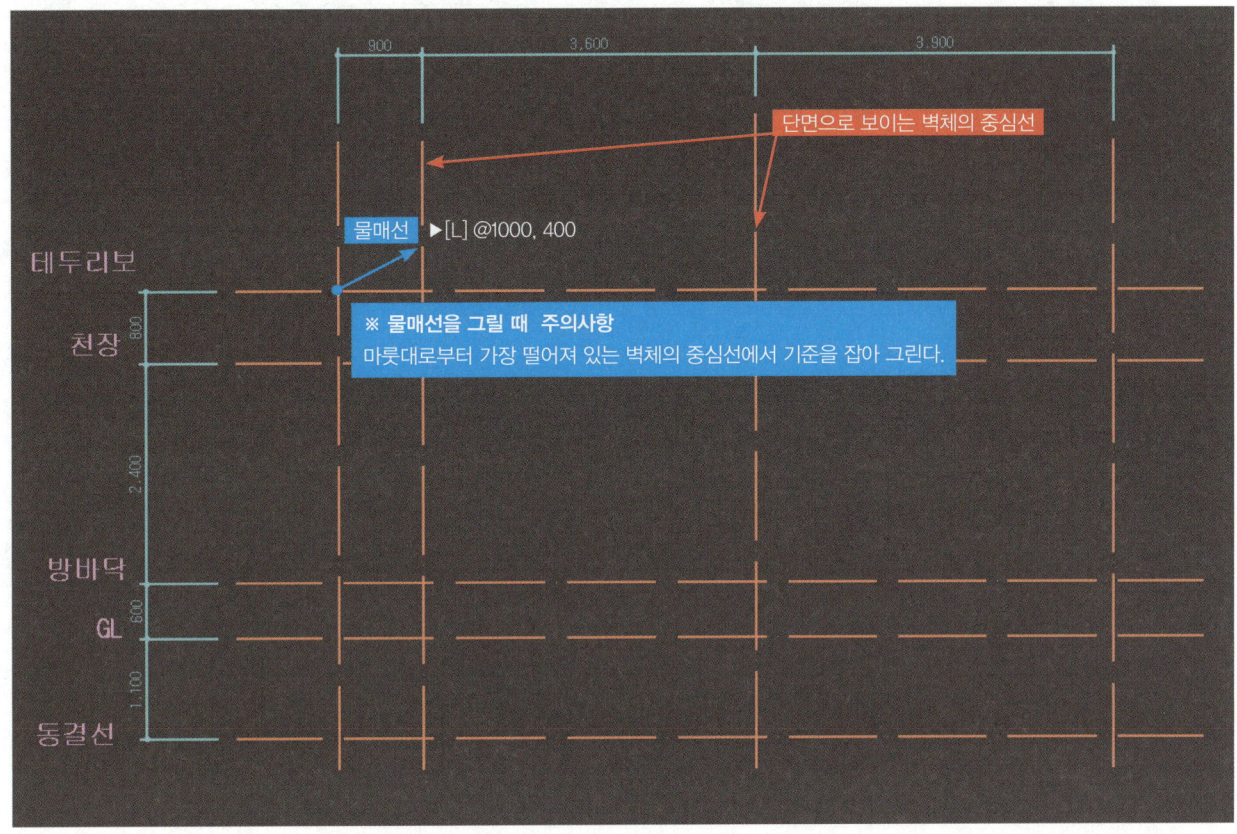

NO.	중점사항	핵심 내용

02	지붕구조 그리기	• 물매선을 그린 후 지붕 슬라브, 처마, 테두리보 구조를 그린다.
		• 테두리보 적정 높이 확인: 처마가 천장보다 내려온다면 테두리보를 더 올린다.
		• 물매선을 그릴 때 주의사항:
		  물매선은 마룻대를 기준으로 가장 멀리 떨어져 있는 벽체의 중심선을 기준으로 잡는다.
		• 외벽벽체 두께확인:
		  벽돌두께 및 단열재의 두께를 확인하여 전체벽체두께를 계산하여 테두리보의 두께를 동일하게 산정한다.

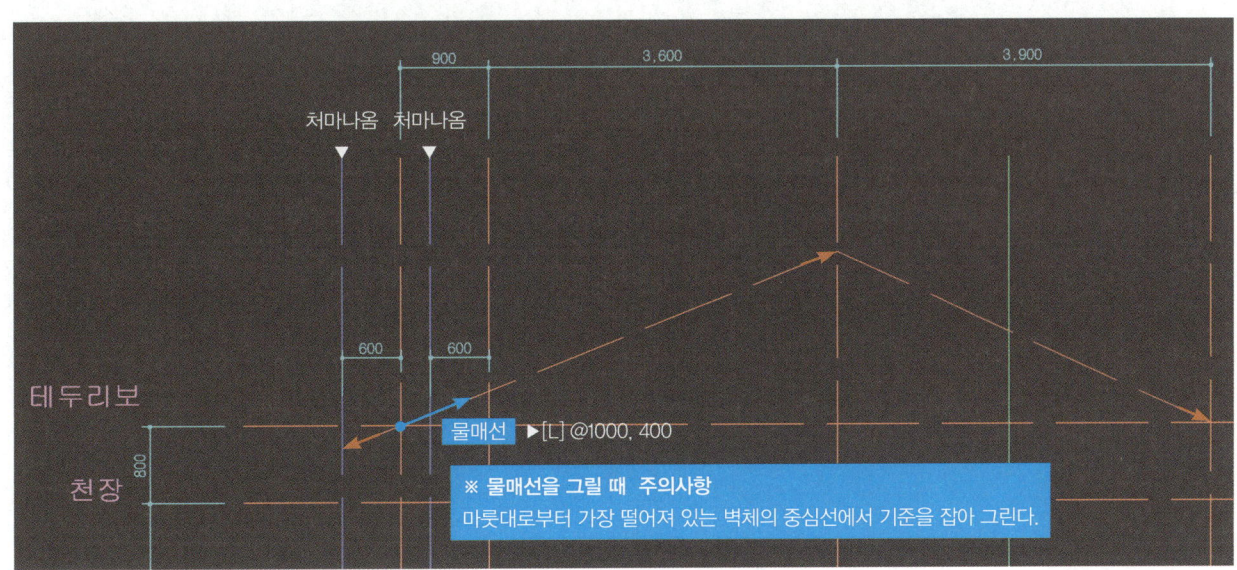

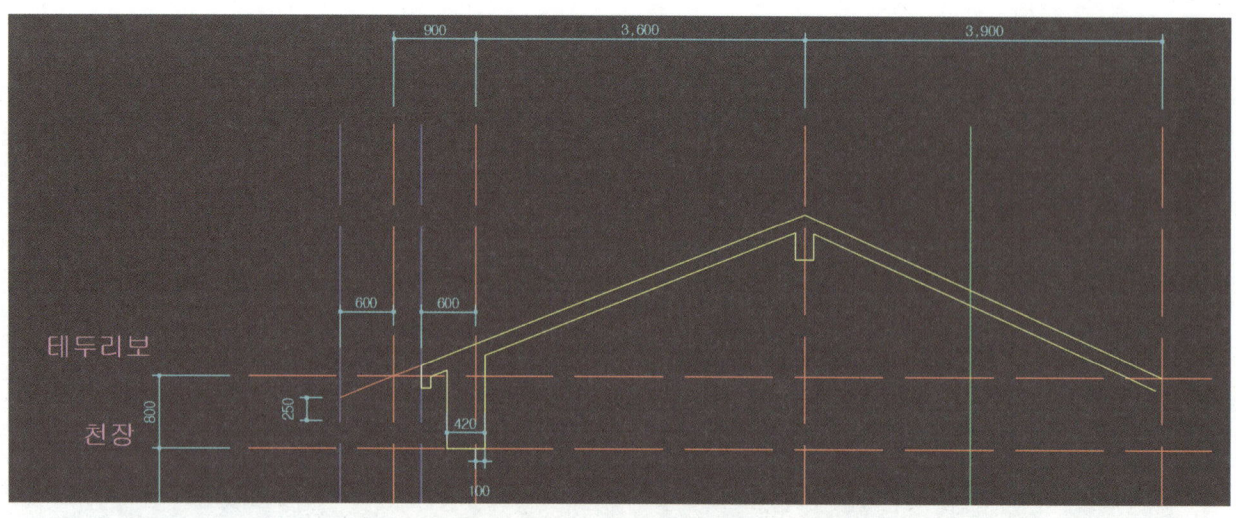

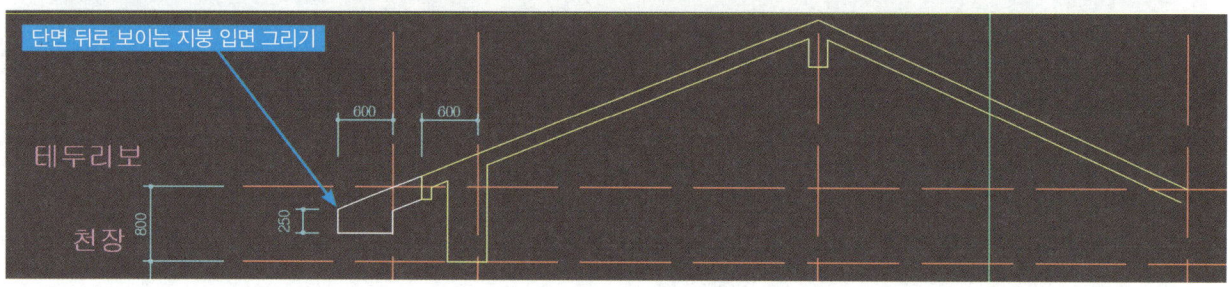

NO.	중점사항	핵심 내용

03	기초 그리기	• 벽체가 있는 곳을 체크하며 벽체 하부에 기초 그리기
		• 기초의 폭 체크:
		  요구사항의 벽체두께를 확인하여 기초의 폭을 정하여 그리기
		• 중심선의 위치 확인:
		  중심선이 전체 벽체의 가운데에 있는지 또는 내벽의 가운데에 있는지 체크

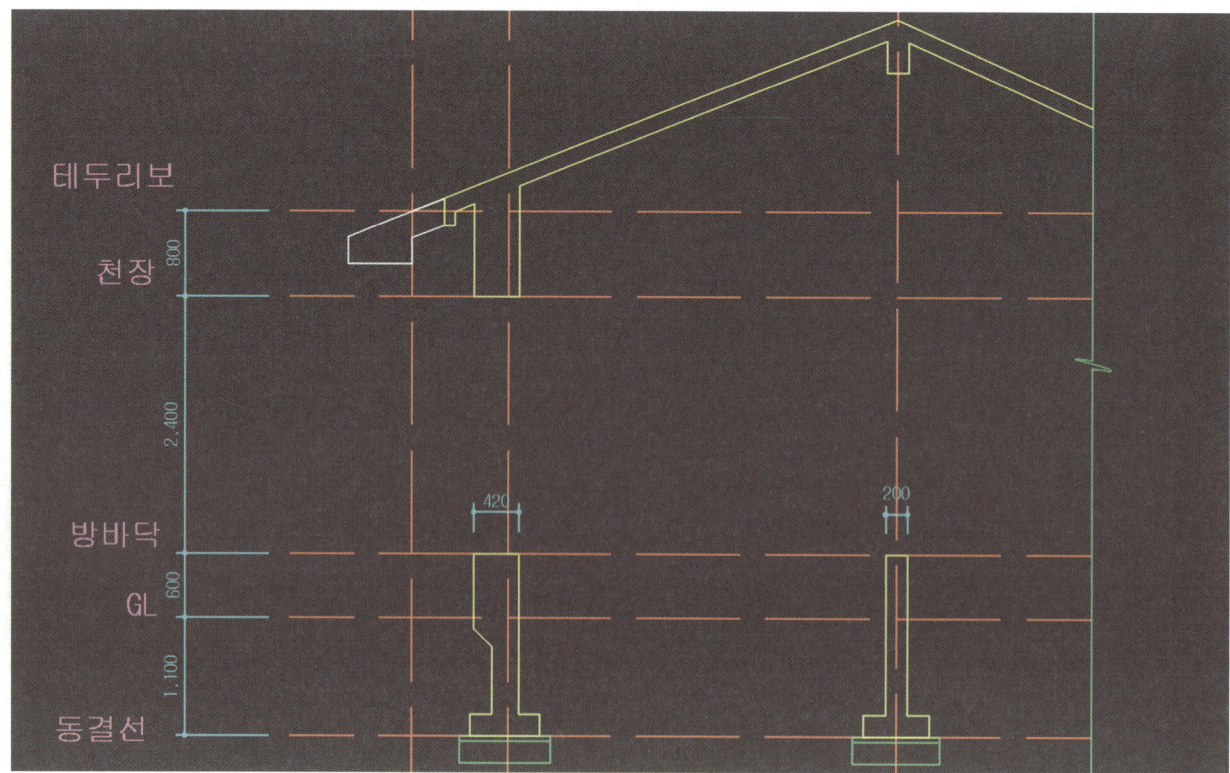

NO.	중점사항	핵심 내용
04	벽체 및 창호 그리기	• 외벽벽체 두께확인: 벽돌두께 및 단열재의 두께를 확인하여 두께 산정 • 문의 단면을 그릴 때 체크사항: 문턱이 있는지 평면도 확인

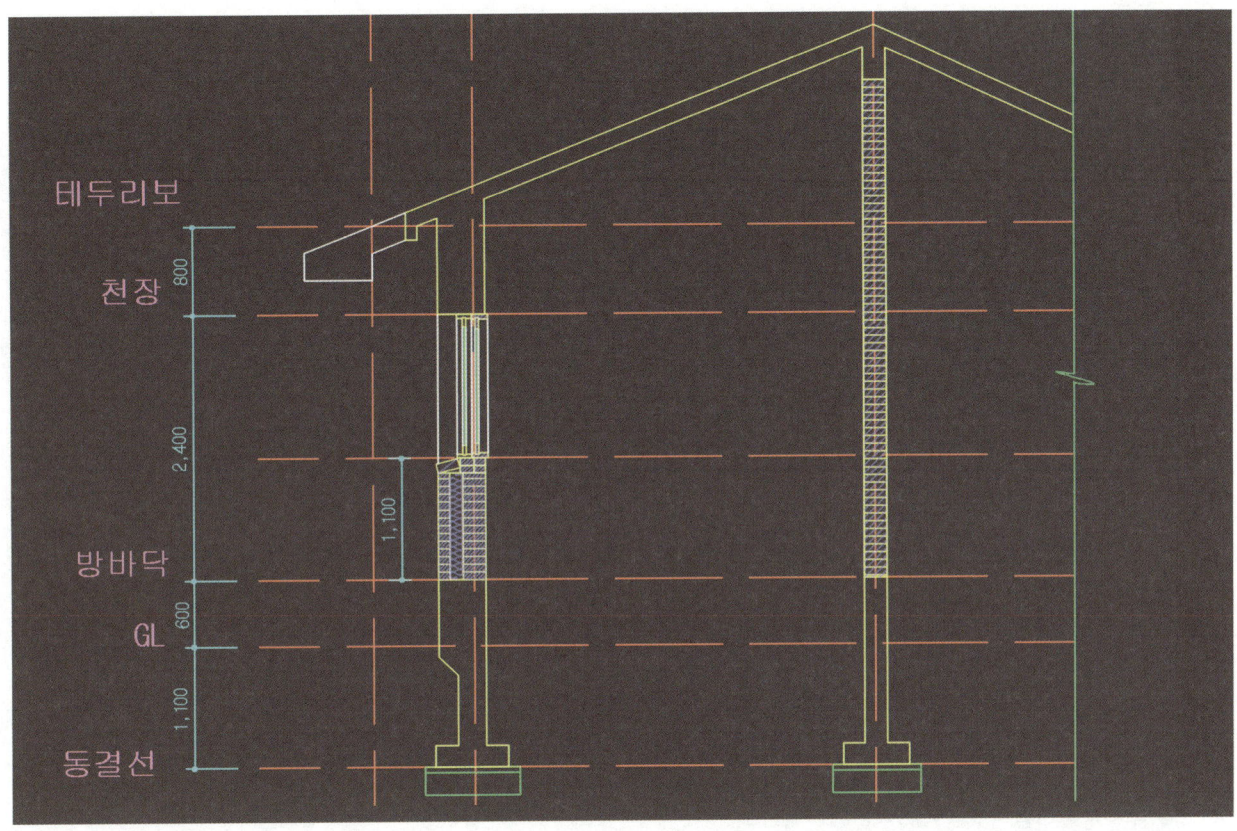

- **창호**: 창호의 위치는 마감을 위해 약 30mm 실내쪽으로 이동한다.

NO.	중점사항	핵심 내용
05	테라스 바닥구조 그리기	• 테라스 높이는 요구조건에 맞게 그리되, 요구조건에 없을 경우 설계자가 일반적인 시공수준을 고려하여 정해서 그린다. • 테라스 폭은 도면의 사이즈에 맞게 그린다.
06	캐노피 그리기	• 요구조건에 '캐노피를 작도하지 않는다'라는 내용이 있으면 캐노피를 그리지 않는다. • 캐노피의 사이즈가 도면에 미표기 시 테라스의 폭 이하로 적절히 그린다.

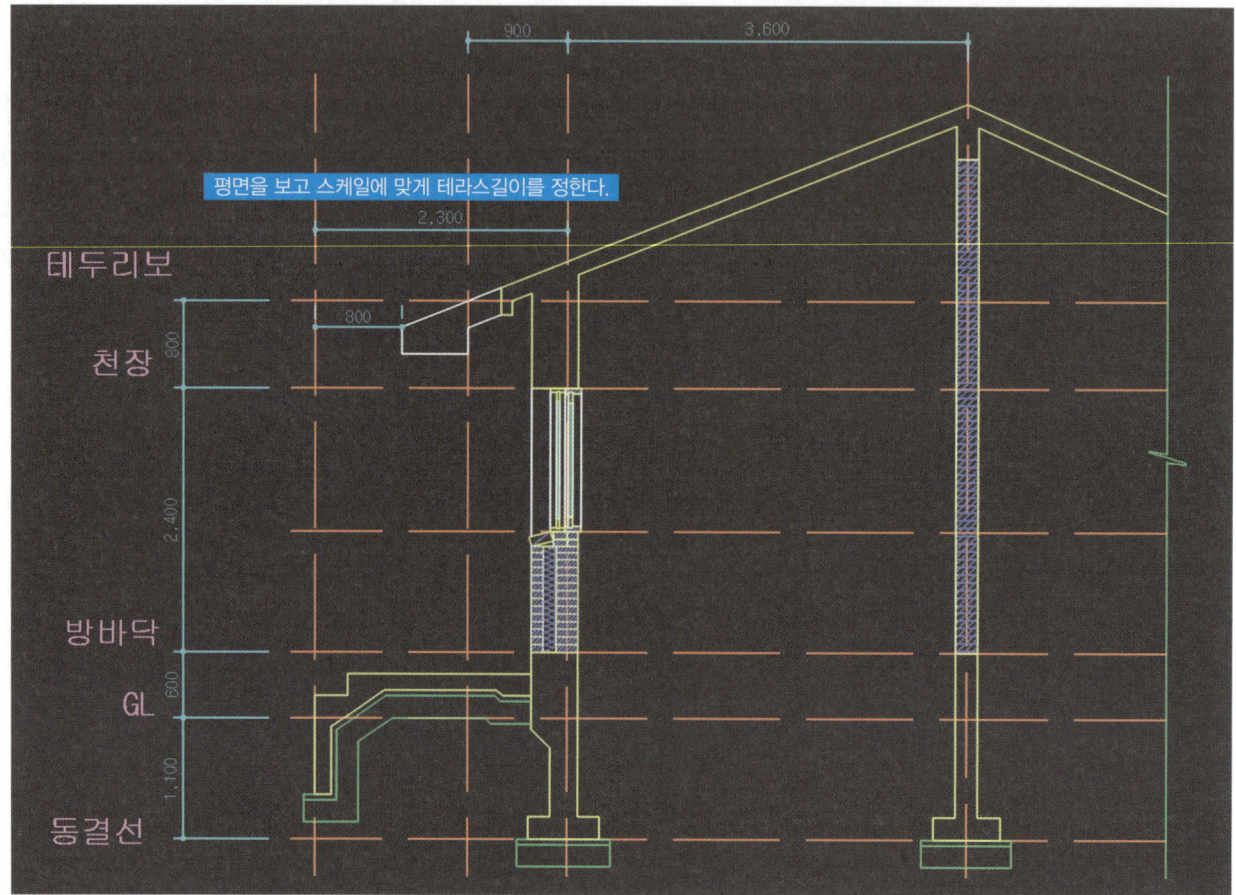

■ 요구조건에 "바닥슬라브와 기초를 일체식으로 표현하시오"의 조건이 있을 경우 콘크리트로 재료표기를 하며 기초와 일체로 그린다.(최근 출제 경향)

■ 캐노피: 테라스 위쪽을 가리는 지붕처럼 돌출된 것이다.
 − 본 예제에 요구조건에는 캐노피 미작도에 대한 언급이 없으므로 도면에 캐노피를 표현한다.

NO.	중점사항	핵심 내용
07	실내바닥 구조 그리기	• 방바닥 높이는 요구사항에 맞게 그리되 요구사항이 없을 경우 G.L선에서 현관을 거쳐 거실입구까지 계단높이를 참조하여 정한다. • 바닥슬라브의 단열재 두께는 요구조건을 확인하여 그린다.

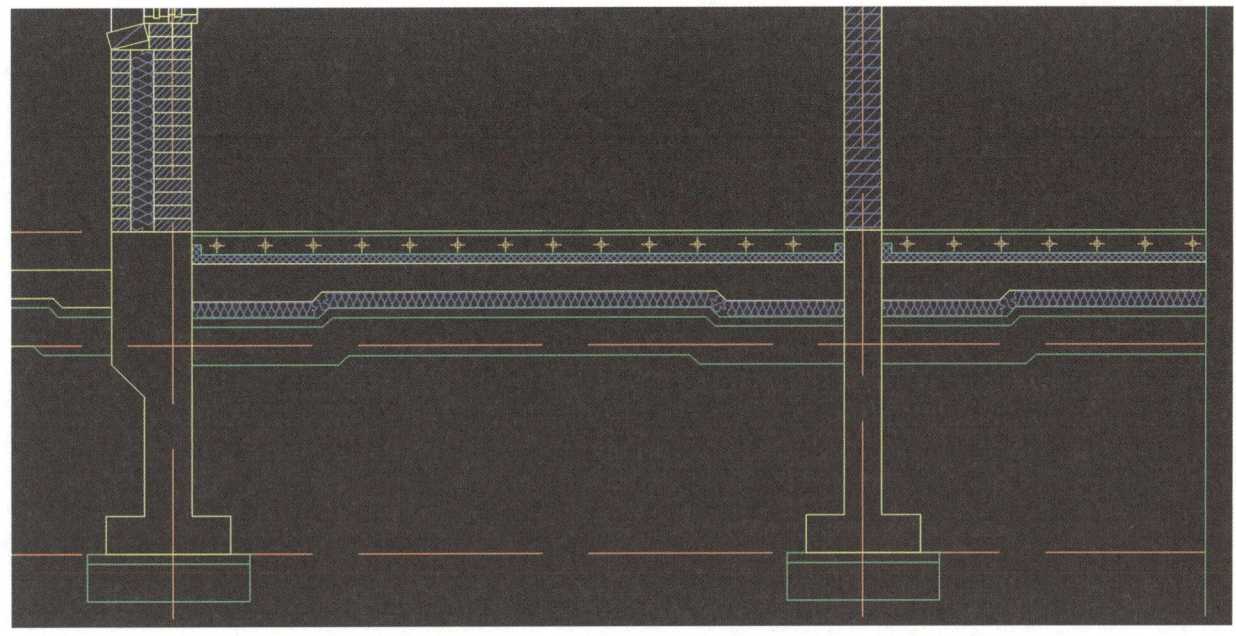

NO.	중점사항	핵심 내용
08	실내 천장 그리기	• 지붕슬라브 단열재두께: 요구사항 확인 • 커튼박스가 평면도 및 시험요구조건에 명시되어 있을 경우 도면에 표기

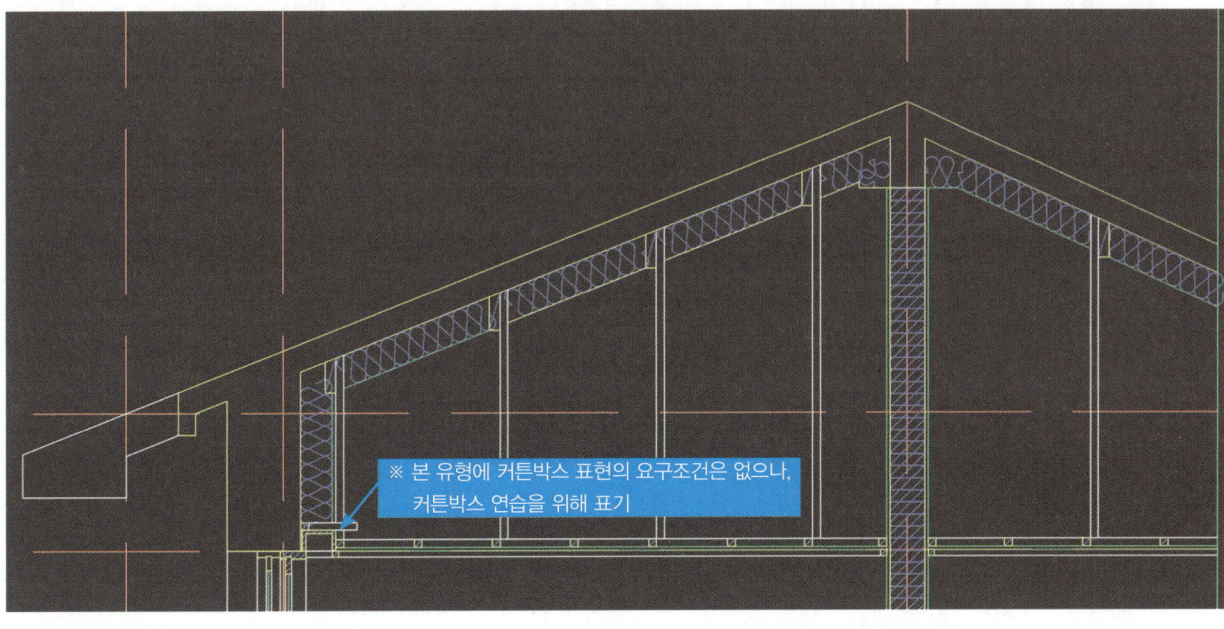

※ 본 유형에 커튼박스 표현의 요구조건은 없으나, 커튼박스 연습을 위해 표기

NO.	중점사항	핵심 내용
09	지붕 상세도 그리기	• 모르타르 라인 두께: 방수하는 곳 30mm, 방수하지 않는 곳 20mm • 처마반자, 지붕기와 단면, 암마룻장, 숫마루장 단면, 용머리장식 입면 • 지붕의 박공부위 입면이 보이는 곳이 있는지 체크 • 굴뚝 그리기

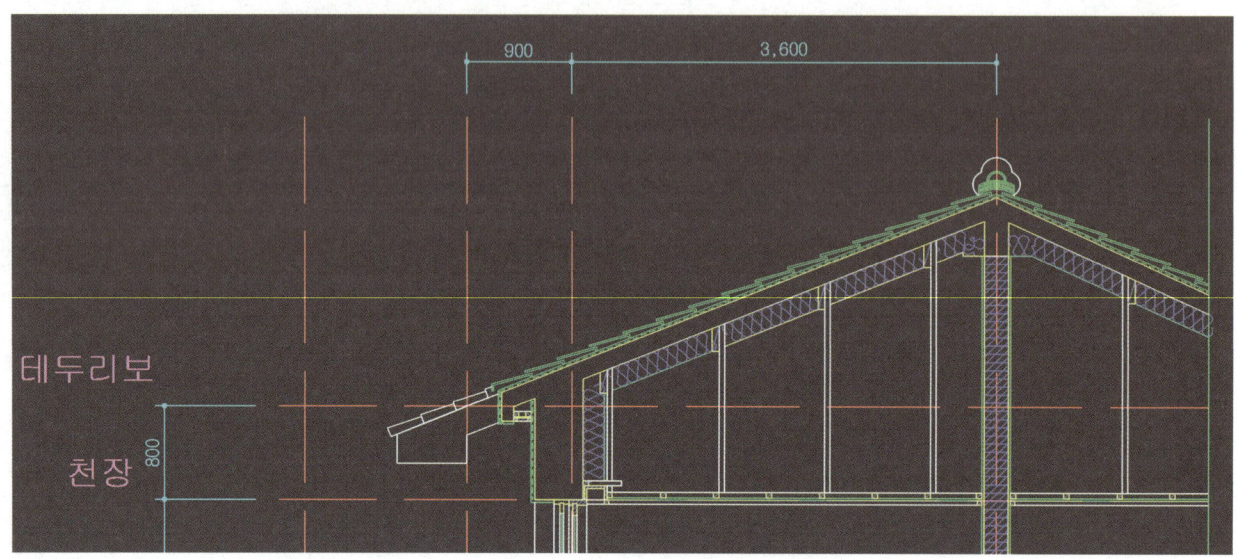

NO.	중점사항	핵심 내용
10	기타	• 실내: 도어, 걸레받이, 벽체입면, 창호, 재질표기 등 체크 • 실외: 벽체 입면, 난간, 홈통(캐노피가 있으면 표기), G.L선, 재질표기 등 • 마감선 표기: 모르타르 라인, 걸레받이, 테라스 및 현관 바닥 단면 등

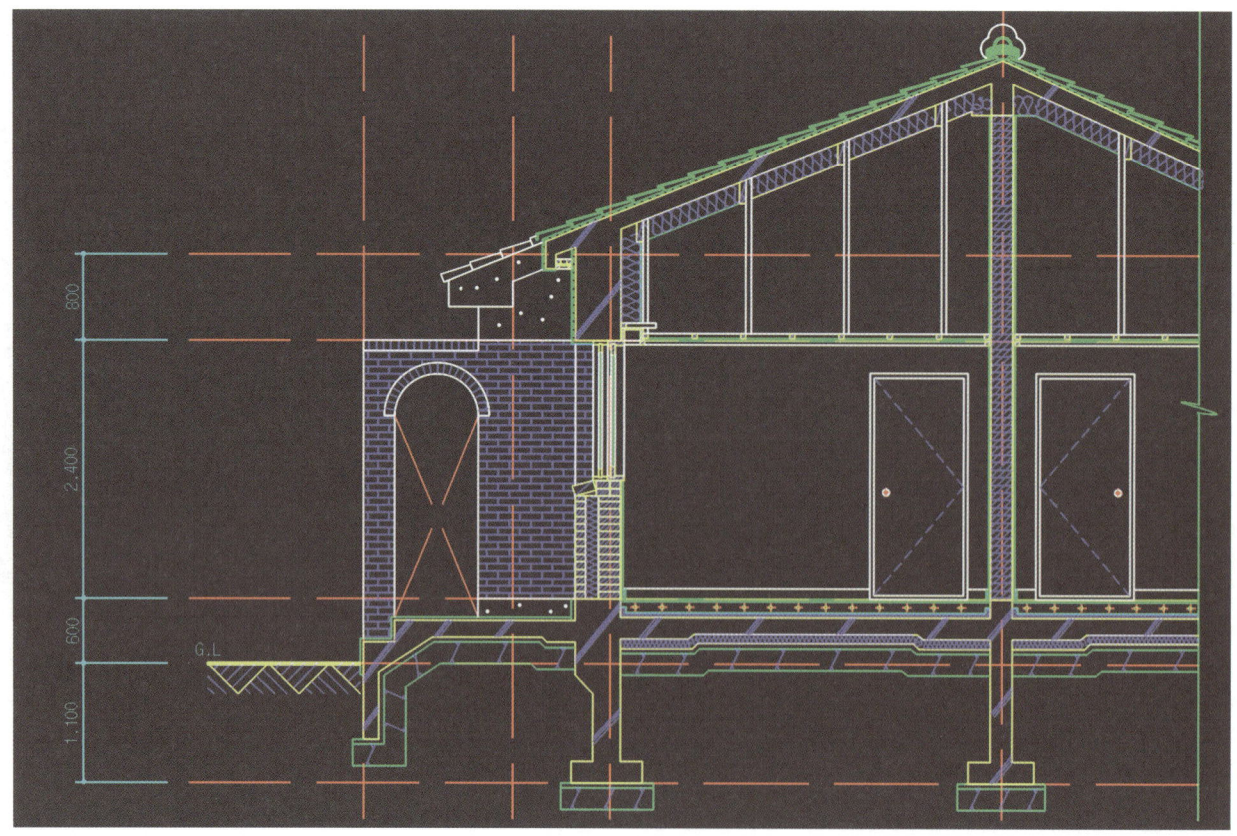

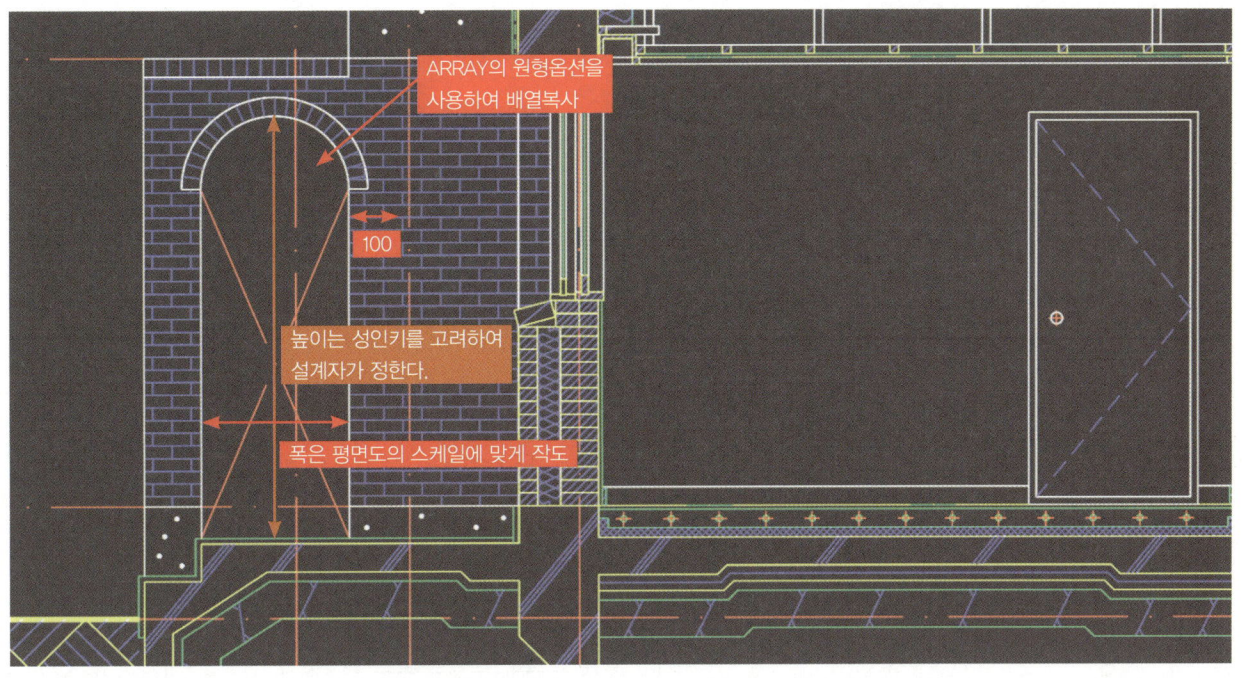

NO.	중점사항	핵심 내용
11	치수선 문자선	• 물매, 표제란, 도면명 등 표기 • 실명(방, 거실, 테라스 등) 표기

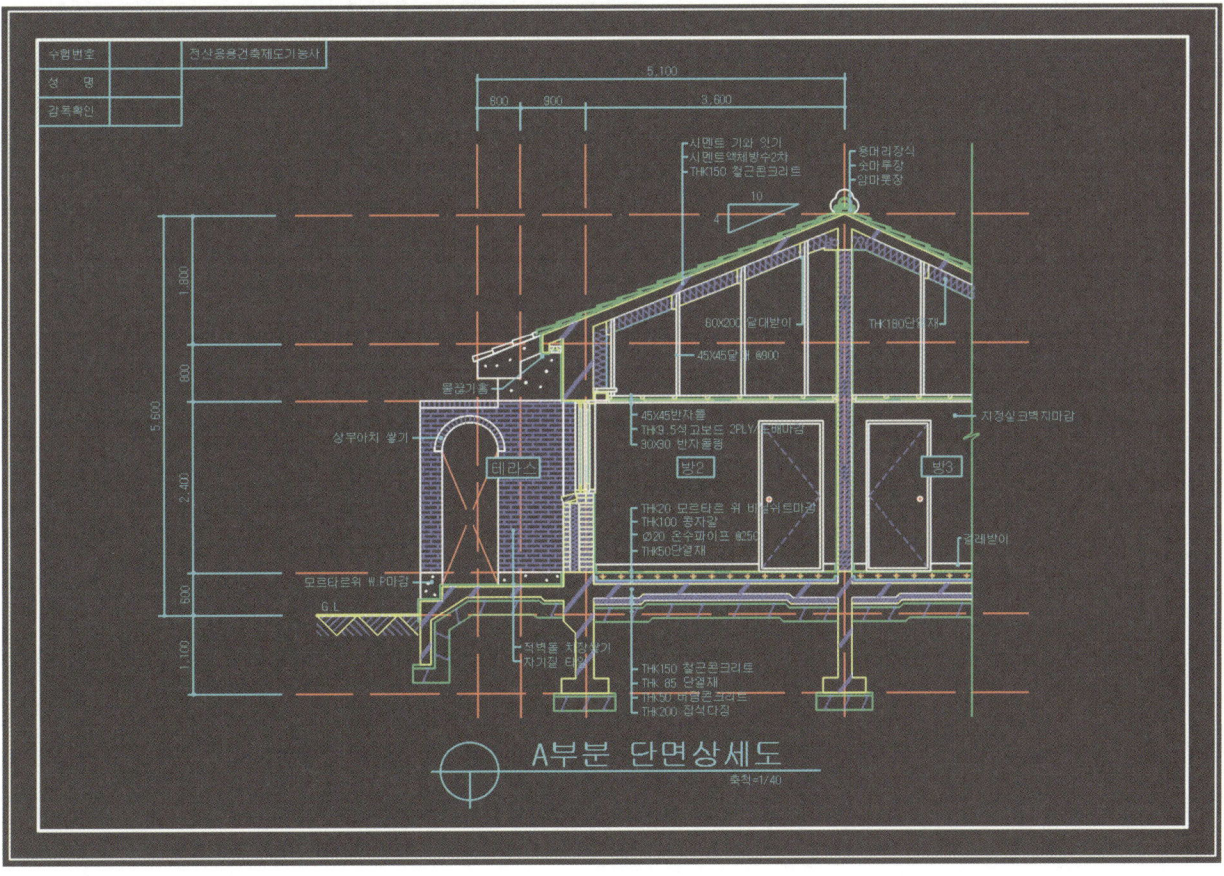

2 단면상세도

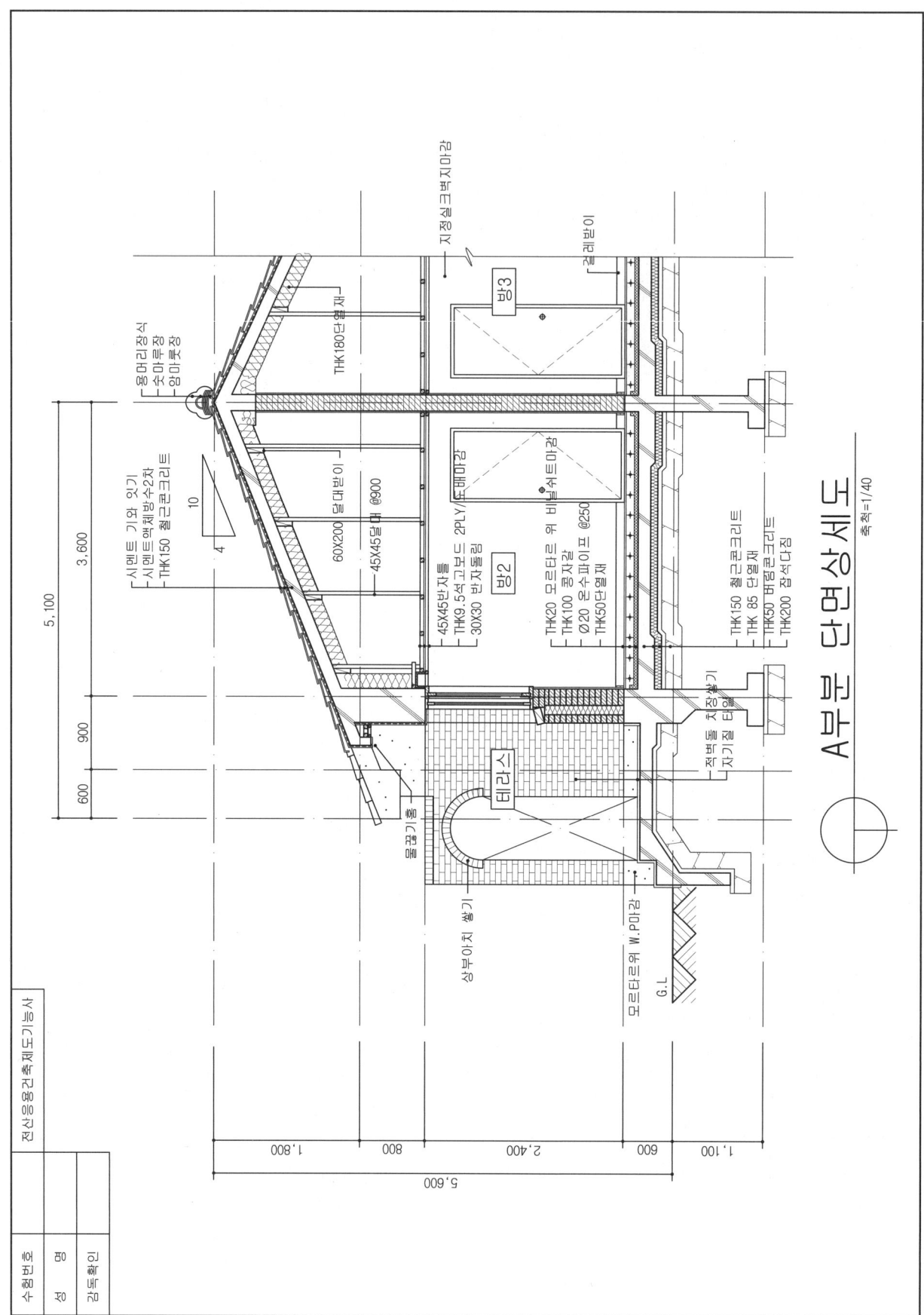

3. 동측입면도 문제풀이

NO.	중점사항	핵심 내용
01	중심선 세팅	• 수평선 그리기: G.L선, 방바닥 높이, 반자 높이, 테두리보 높이 • 수직선 그리기: 벽체 중심선, 마룻대, 처마라인

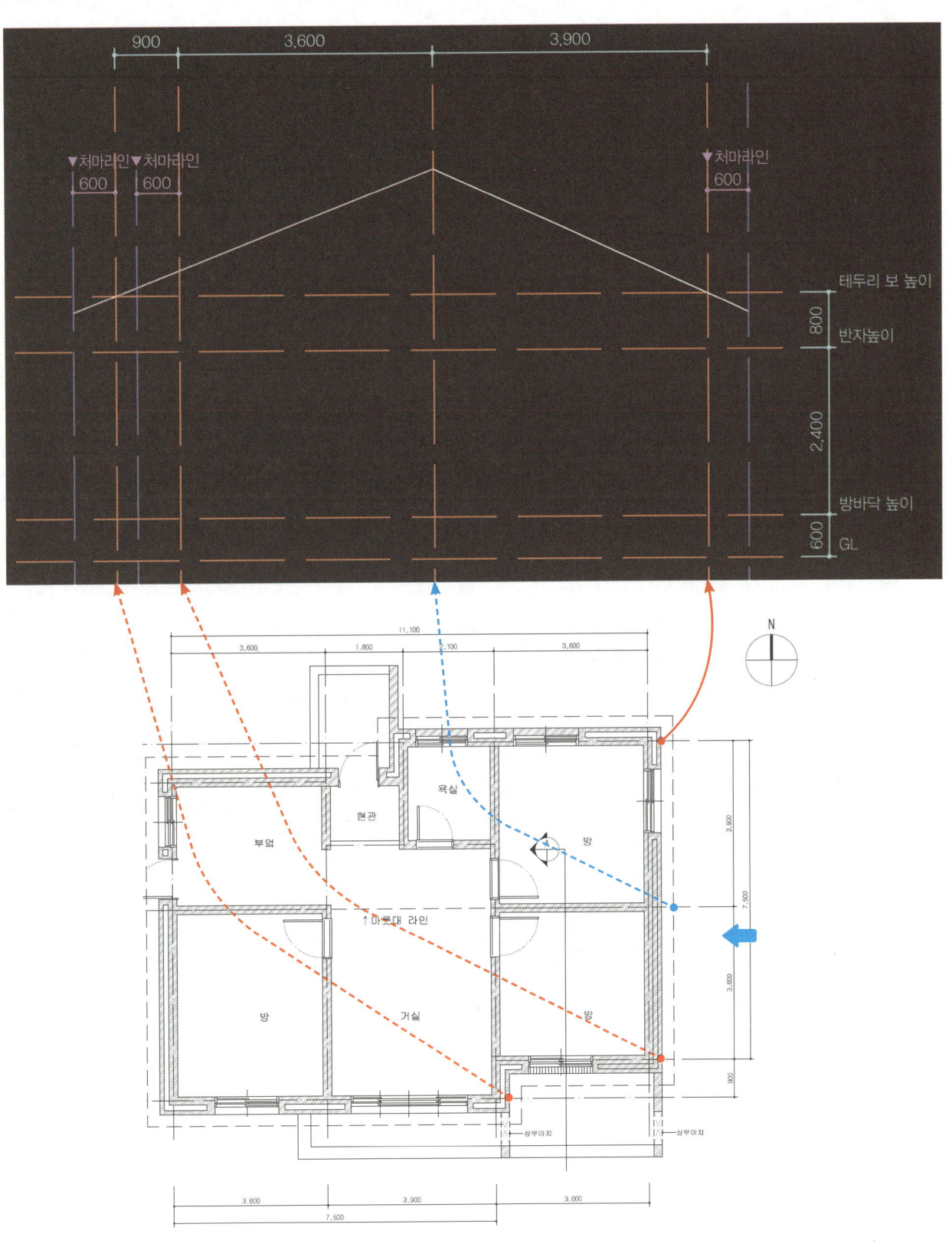

NO.	중점사항	핵심 내용
02	지붕구조 그리기	• 물매선을 그린 후 지붕 슬라브, 박공처마 구조 그리기 • 추가로 보이는 박공처마를 찾아 표기 • 기와 입면 그리기

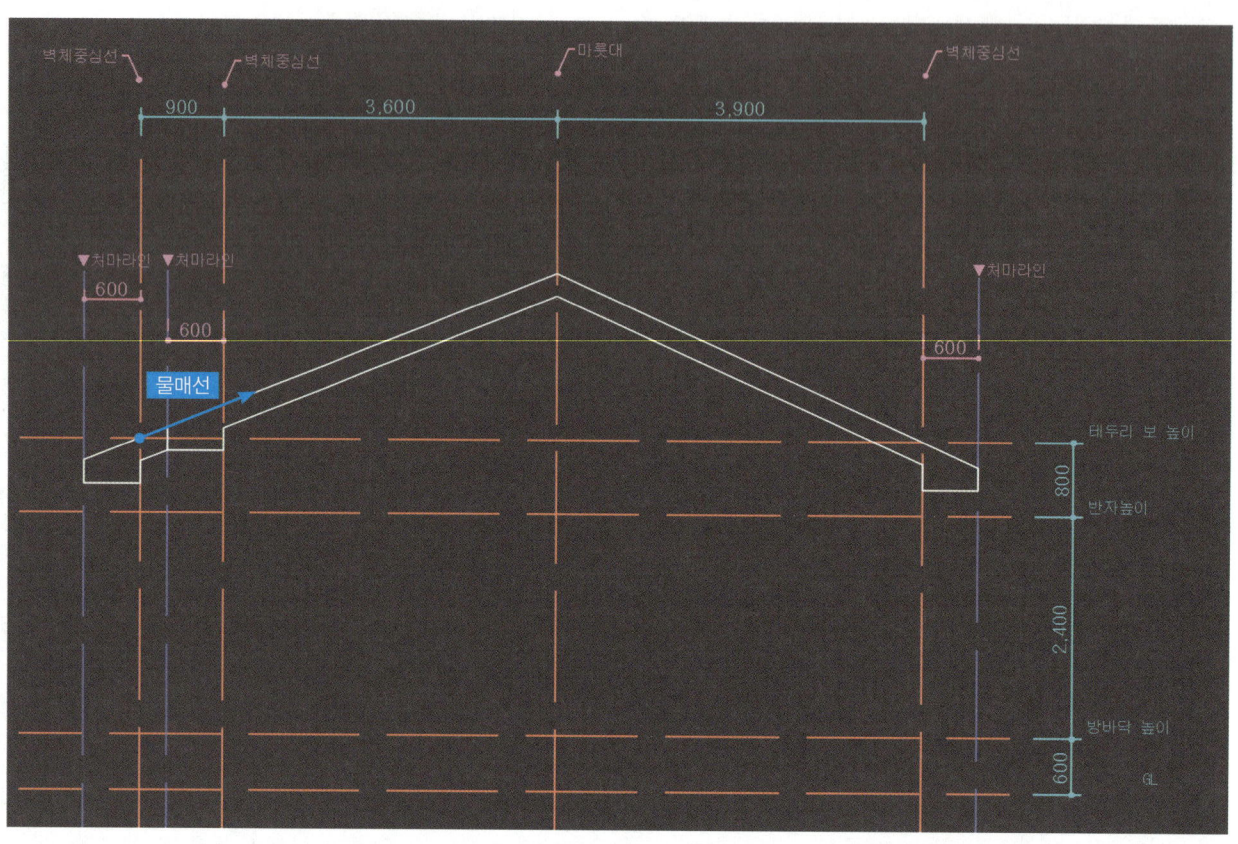

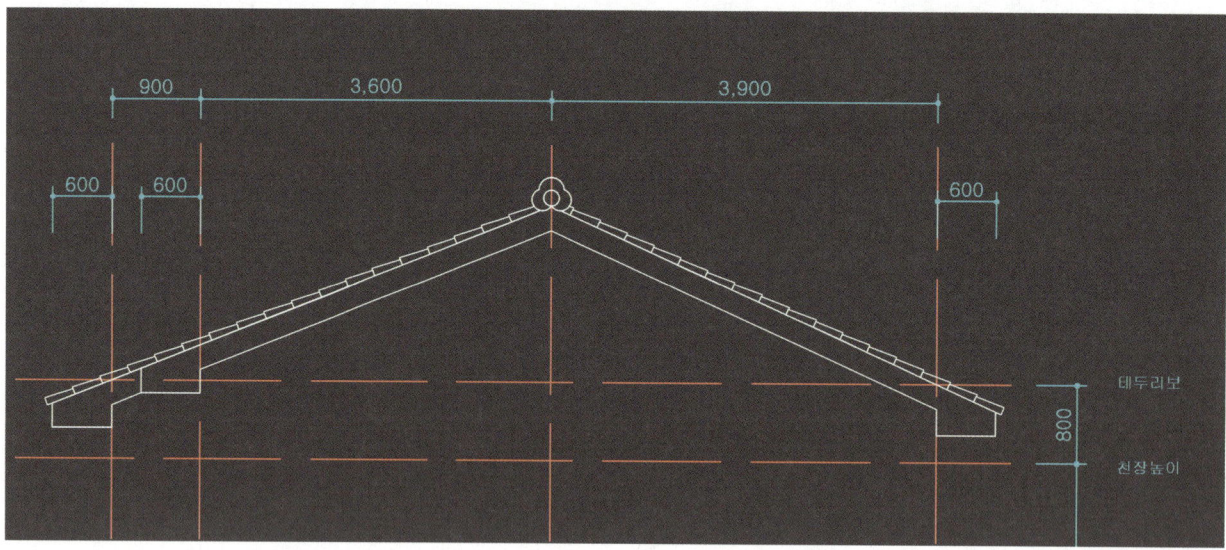

NO.	중점사항	핵심 내용
03	벽체구조	• G.L선 레이어 변경 • 벽체 입면선 그리기 • 기초 상단부와 테두리보 하단부 라인 그리기

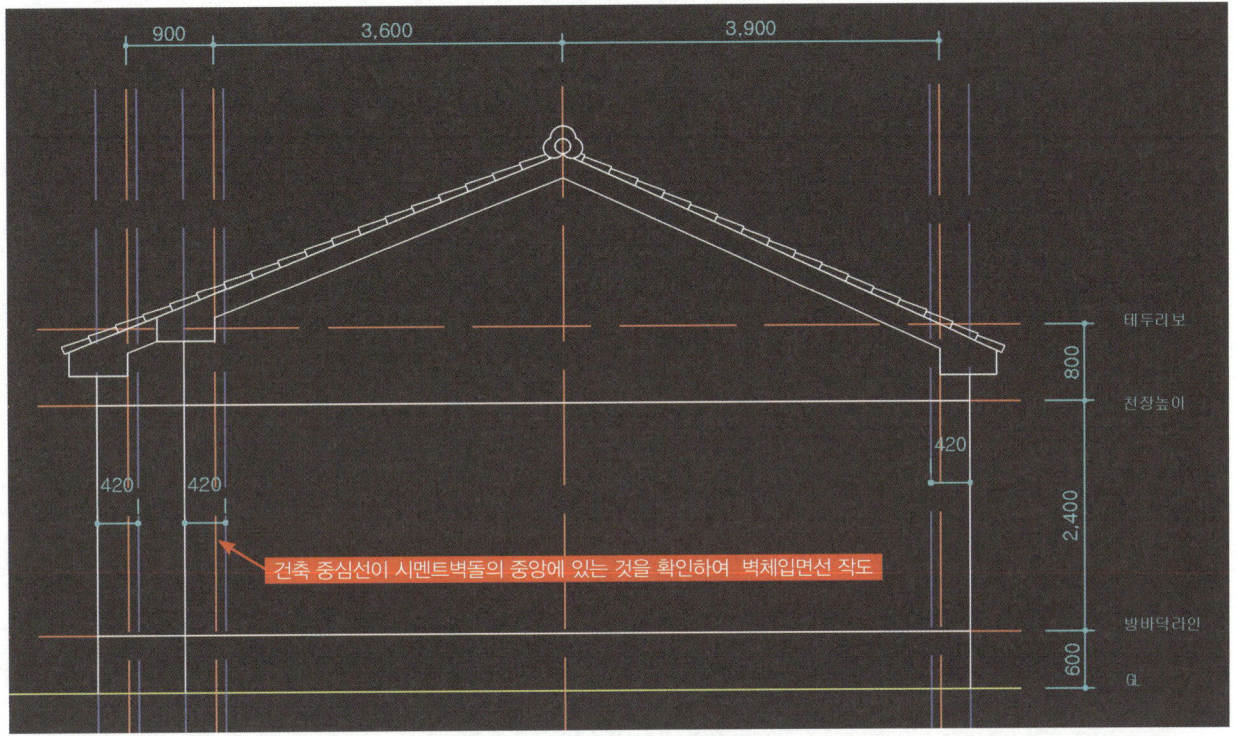

NO.	중점사항	핵심 내용
04	기타 입면 그리기	• 테라스바닥 및 켄틸레버, 홈통 그리기, 창호 입면 그리기 • 난간 그리기 • 굴뚝 및 처마반자 그리기(입면에서 보이는 경우), 재질표기 외

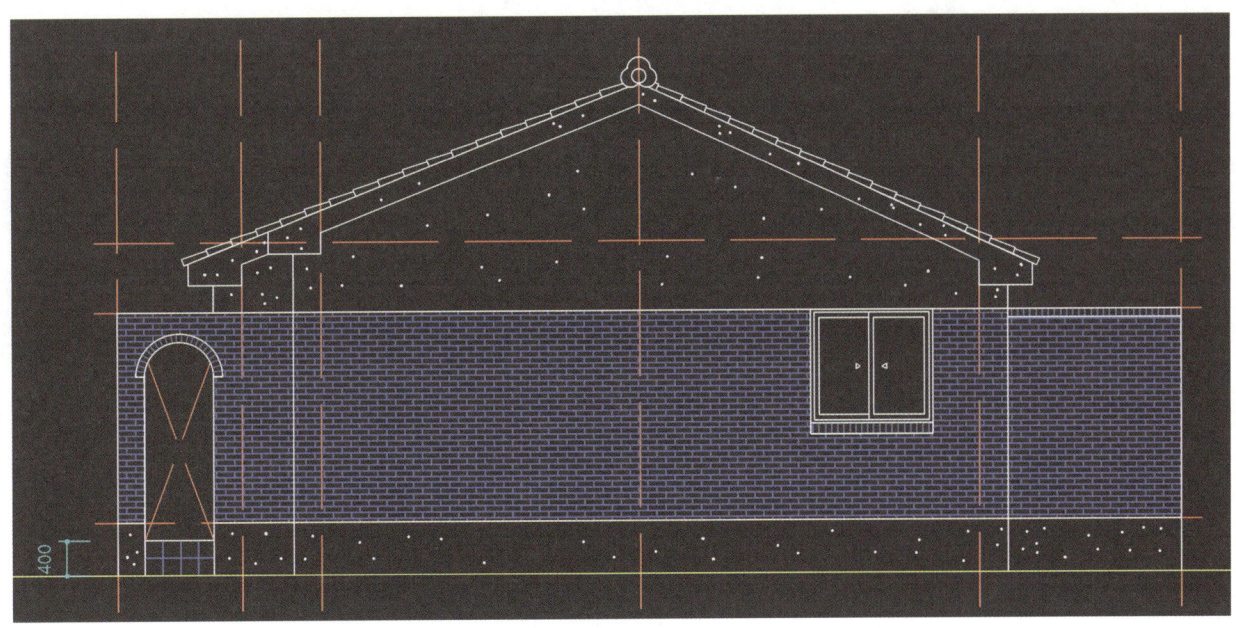

NO.	중점사항	핵심 내용
05	문자선 외	• 나무 그리기 • 문자선, 표제란 외

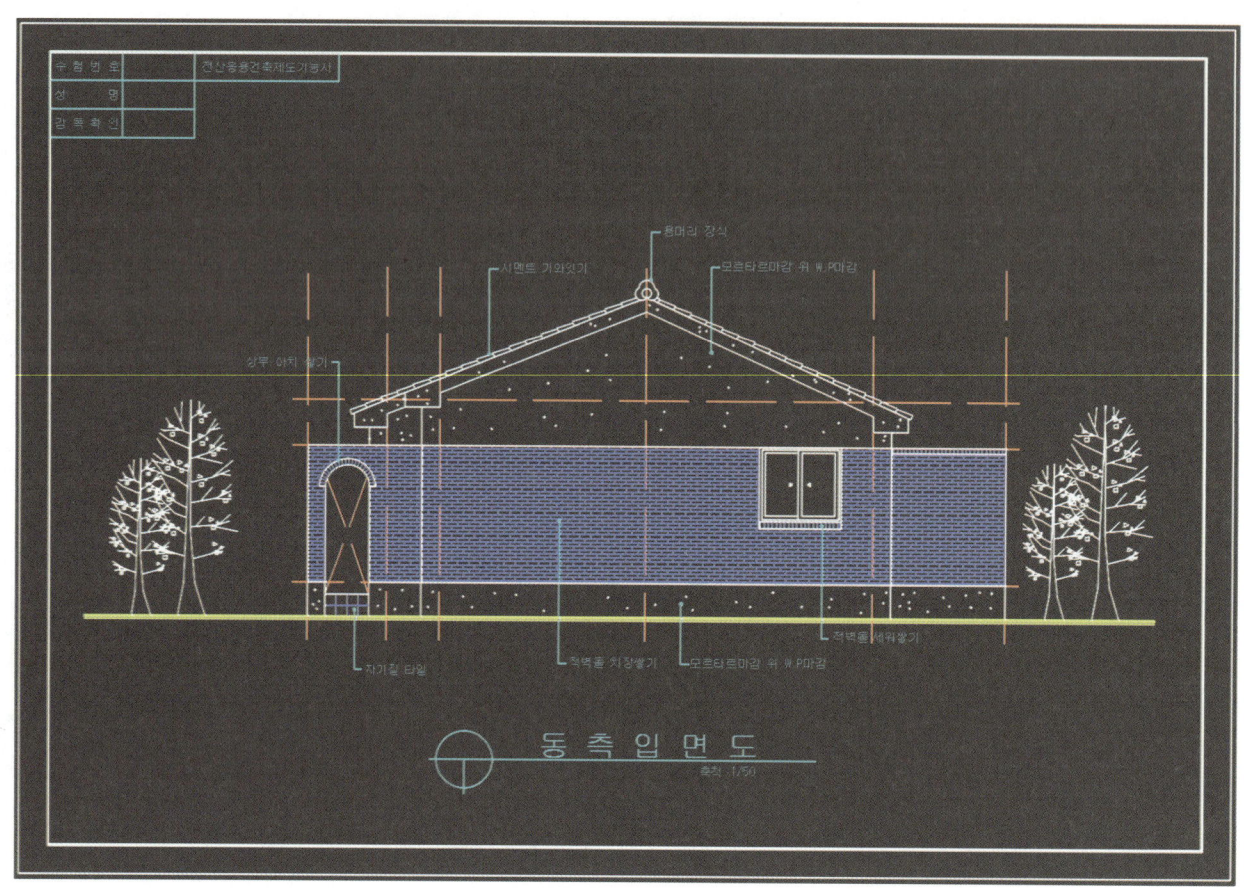

F유형 상세 동측입면도

4 동측입면도

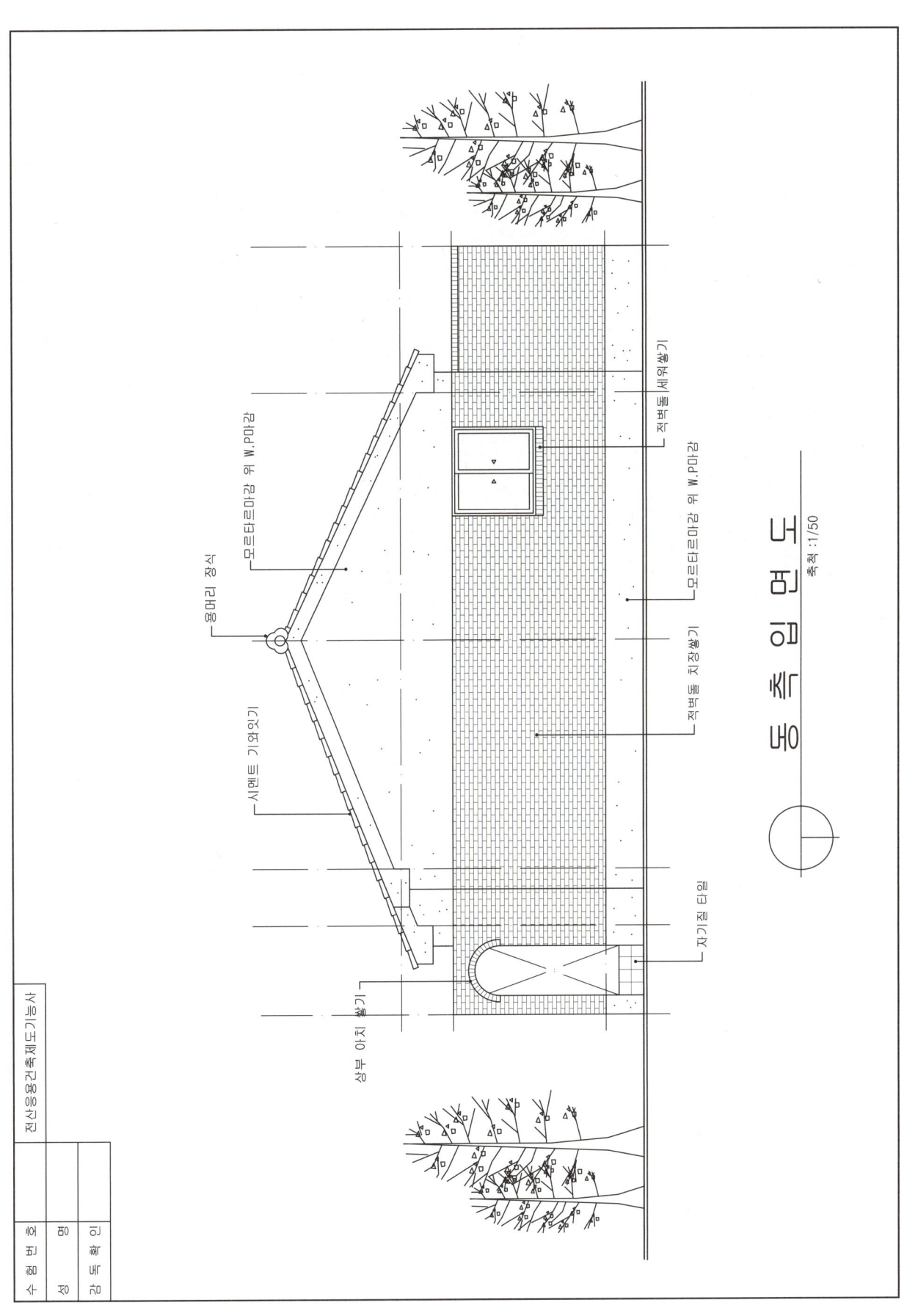

5　남측입면도 문제풀이

NO.	중점사항	핵심 내용
01	중심선 세팅	• 수평선 그리기: G.L, 방바닥 높이, 반자 높이, 테두리보 높이 • 수직선 그리기: 벽체 중심선, 마룻대, 처마라인

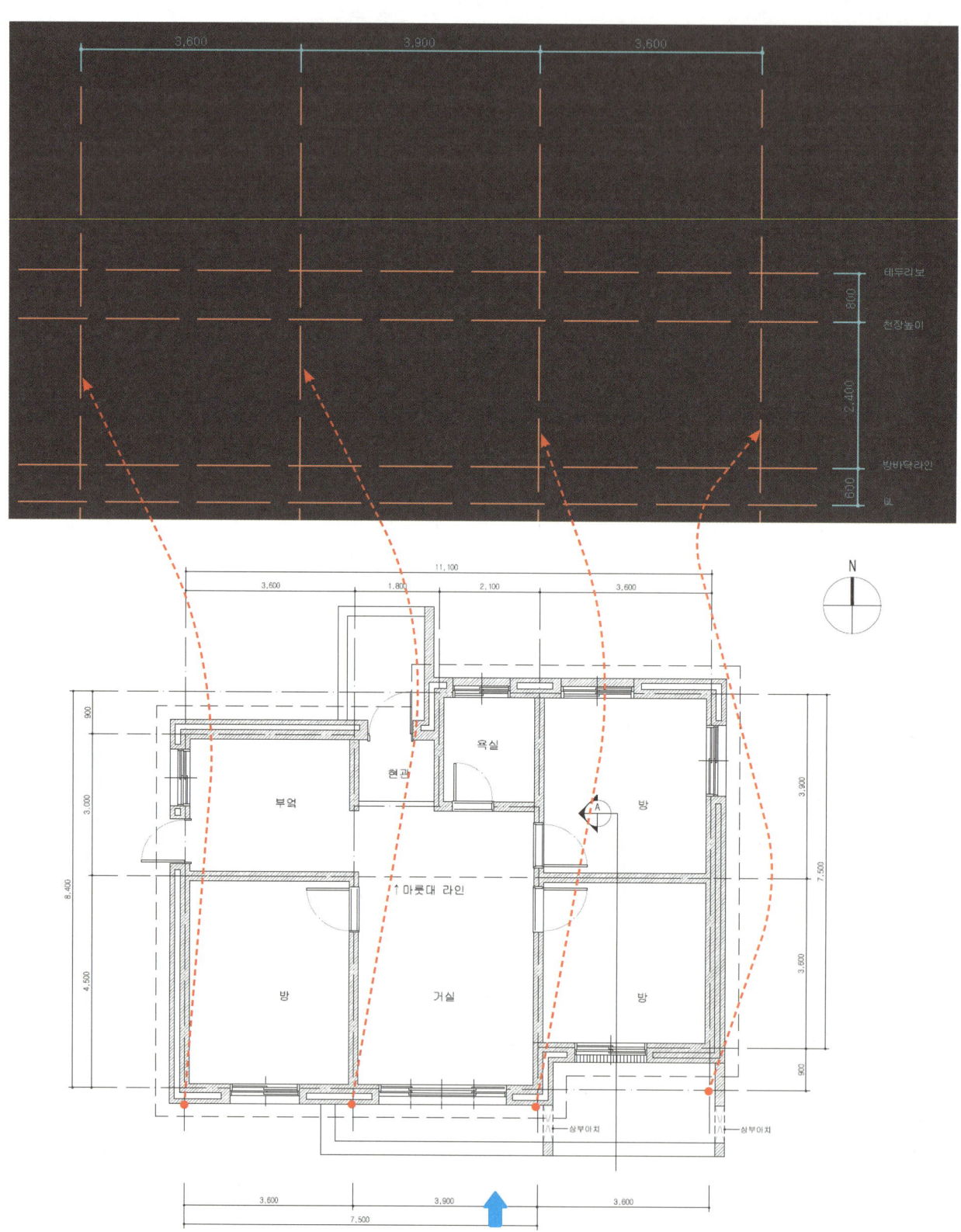

NO.	중점사항	핵심 내용
02	지붕구조 그리기	• 측면입면의 지붕구조를 그린 후 마룻대와 처마의 기준점을 찾아 정면입면도의 지붕구조 그리기 • 구조를 그리며 반대측 처마가 정면에서 보이는지 체크 • 기와 입면 그리기

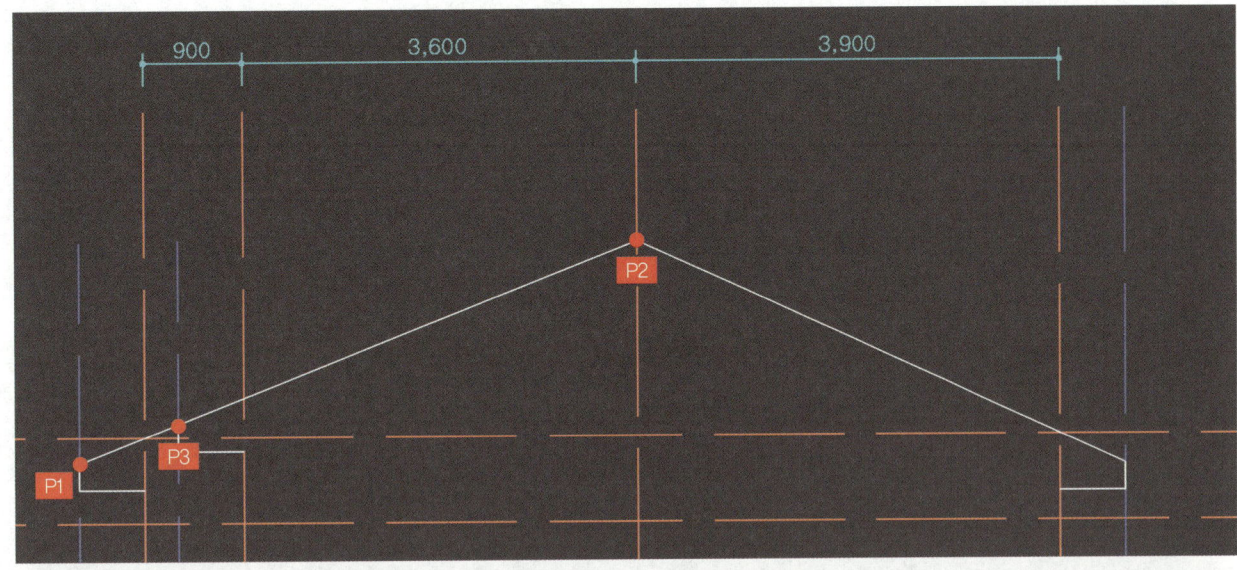

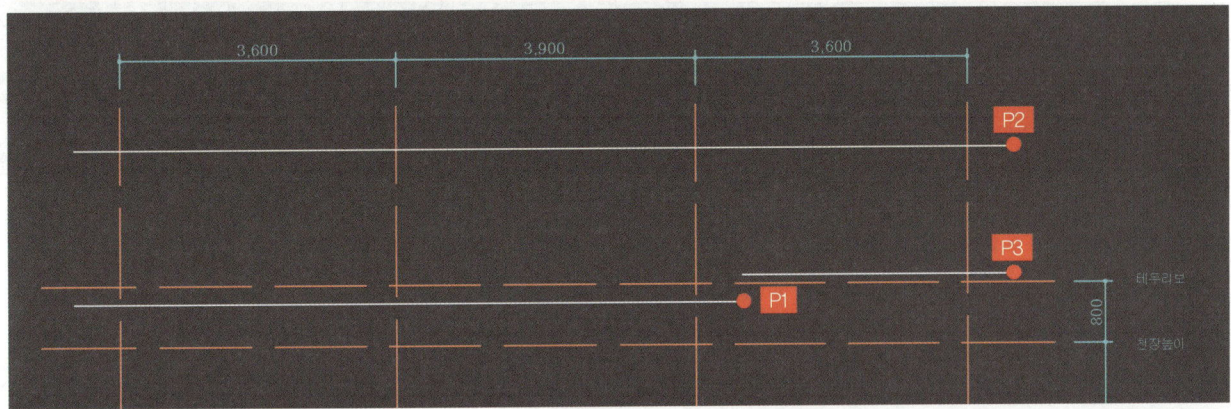

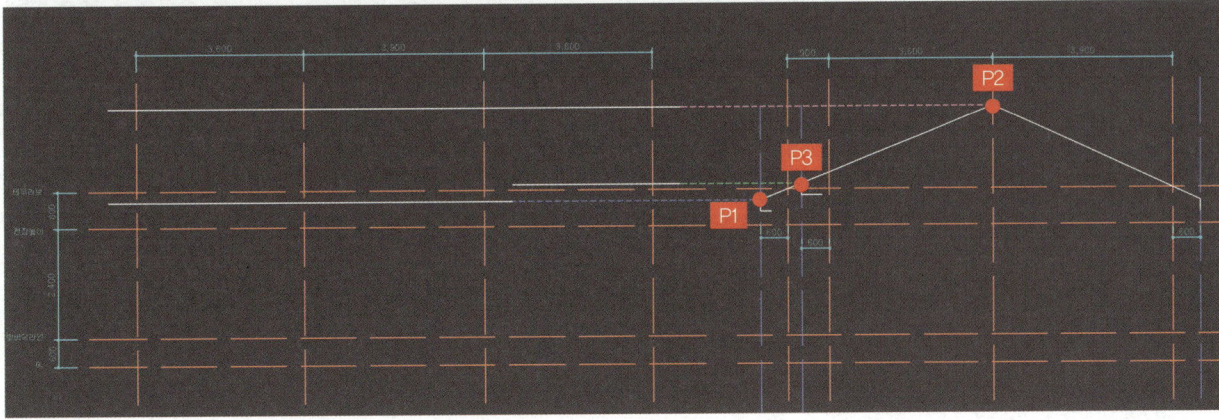

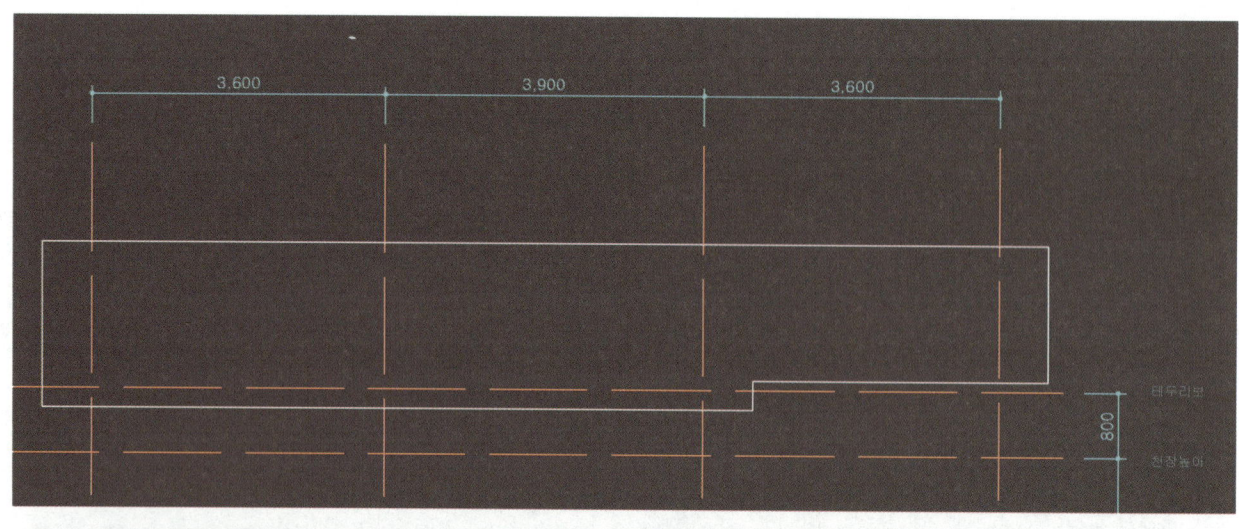

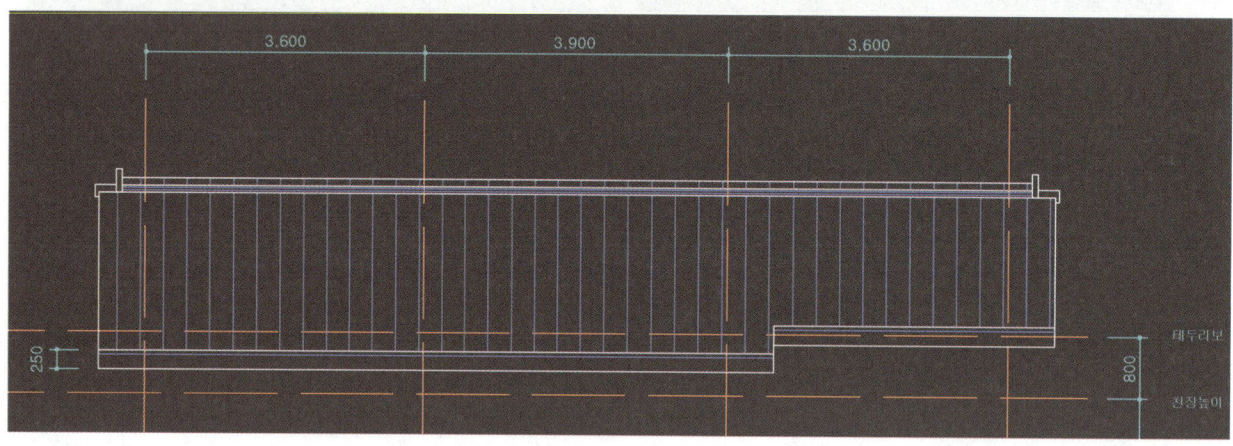

NO.	중점사항	핵심 내용
03	벽체구조	• G.L선 레이어 변경 • 벽체 입면선 그리기 • 기초 상단부와 테두리보 하단부 라인 그리기

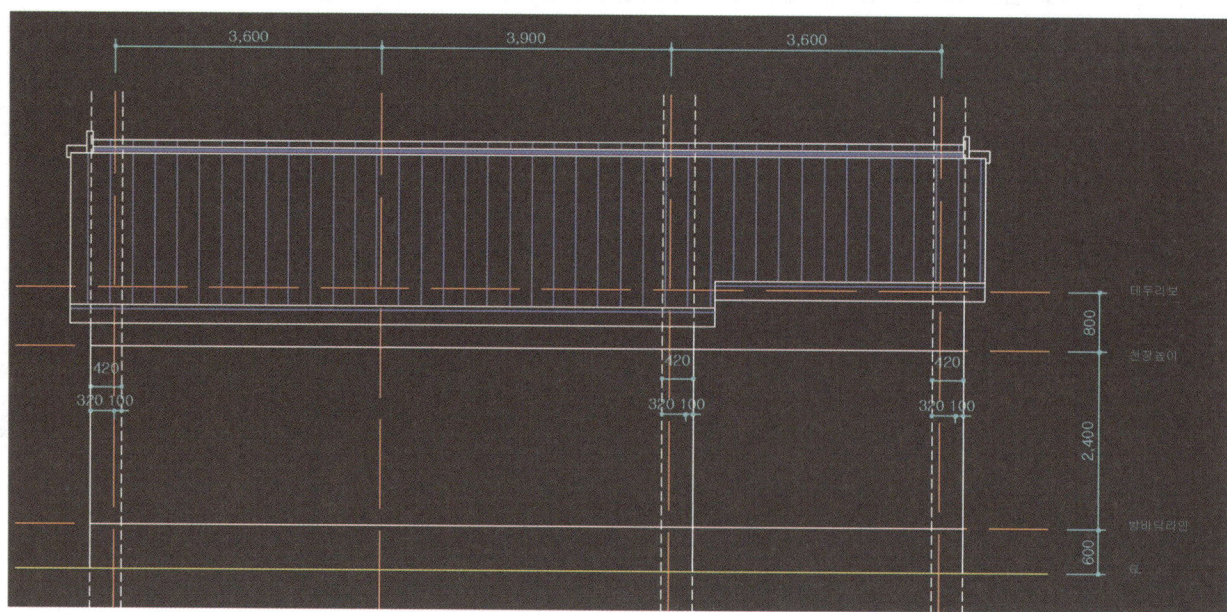

NO.	중점사항	핵심 내용
04	기타 입면그리기	• 테라스바닥 및 켄틸레버, 홈통 그리기 • 창호 입면 그리기 • 난간 그리기 • 굴뚝 및 처마반자 그리기(입면에서 보이는 경우) • 재질 표기 외

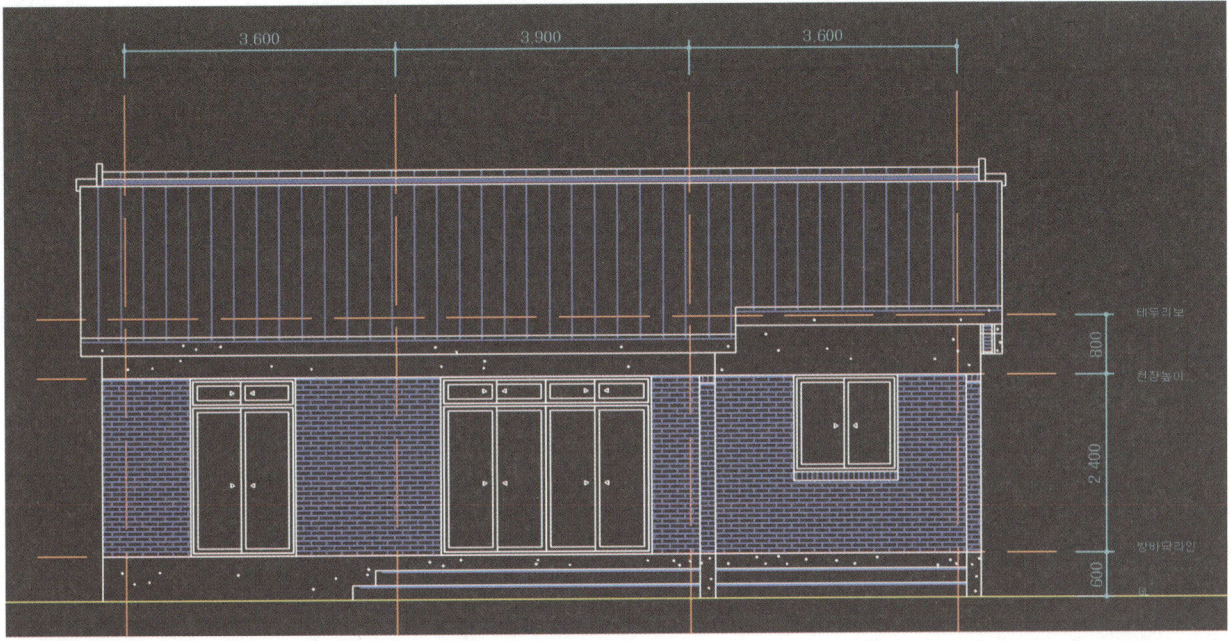

■ 처마반자 남측입면 우측: 동측입면 구조를 통해 처마반자를 검토하여 작도한다.

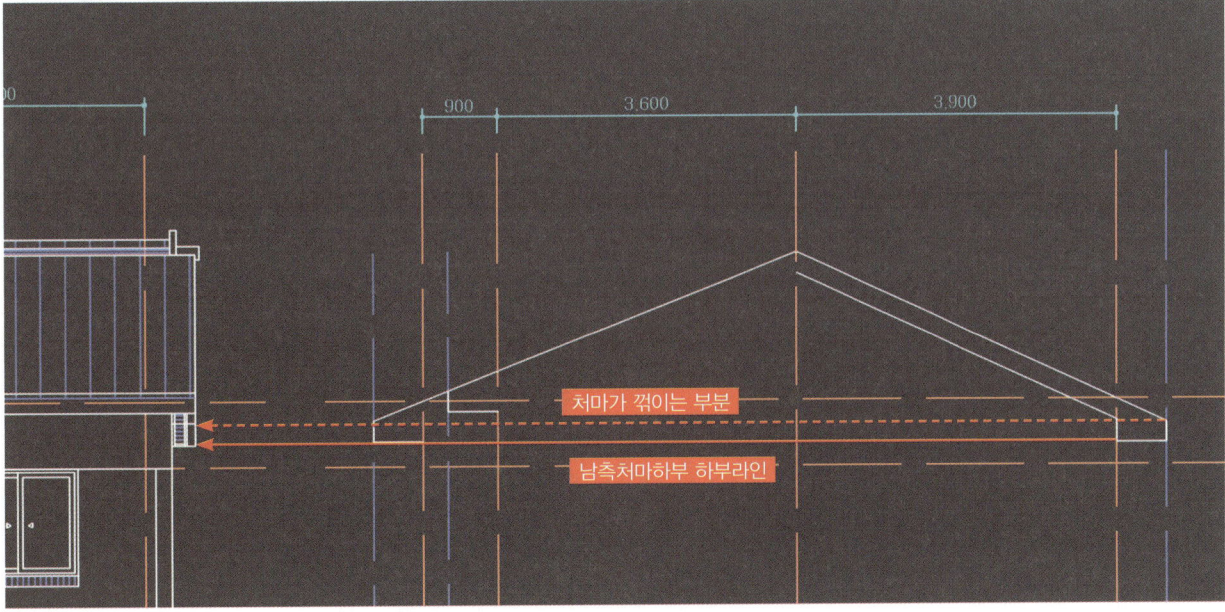

- **처마반자 남측입면 좌측**: 서측입면 구조를 통해 처마반자를 검토하여 작도한다.

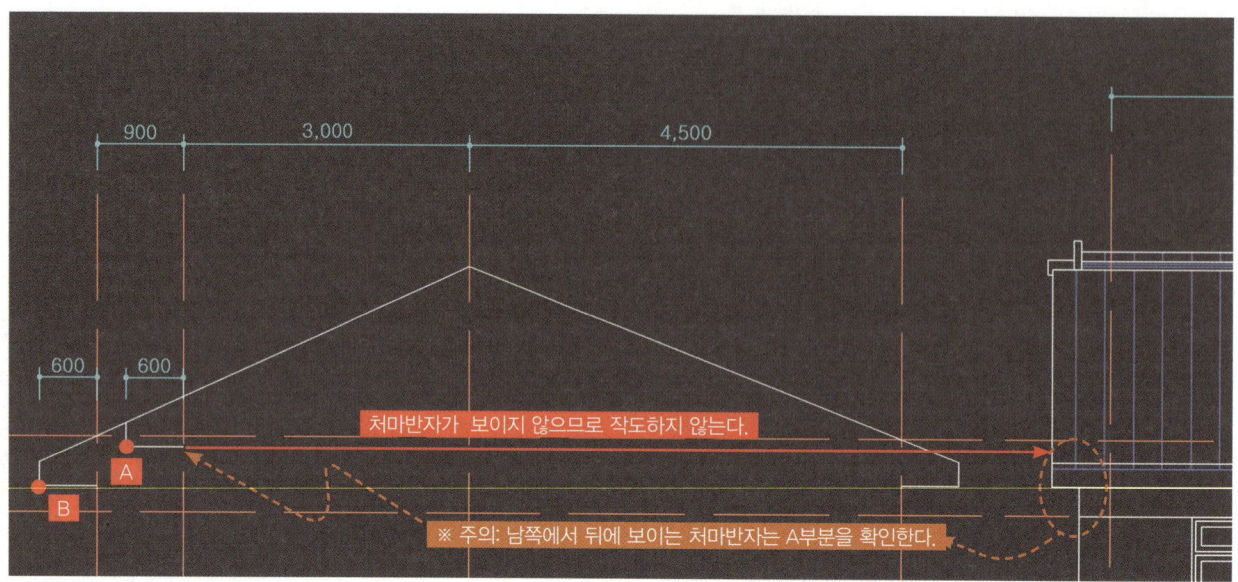

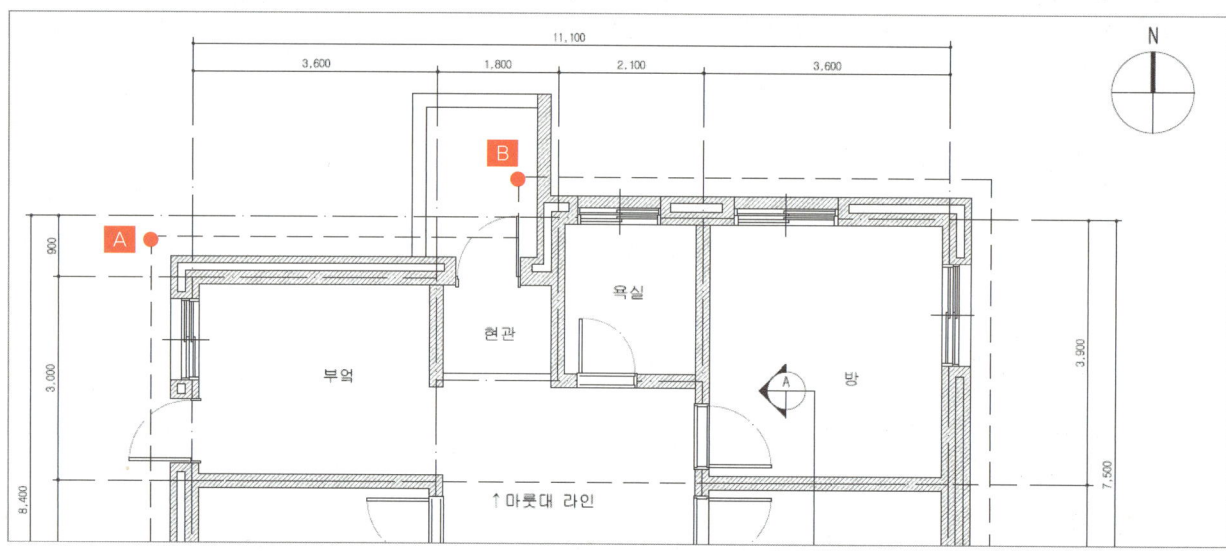

NO.	중점사항	핵심 내용
05	재질표기 문자선 외	• 나무 그리기 • 문자선 외

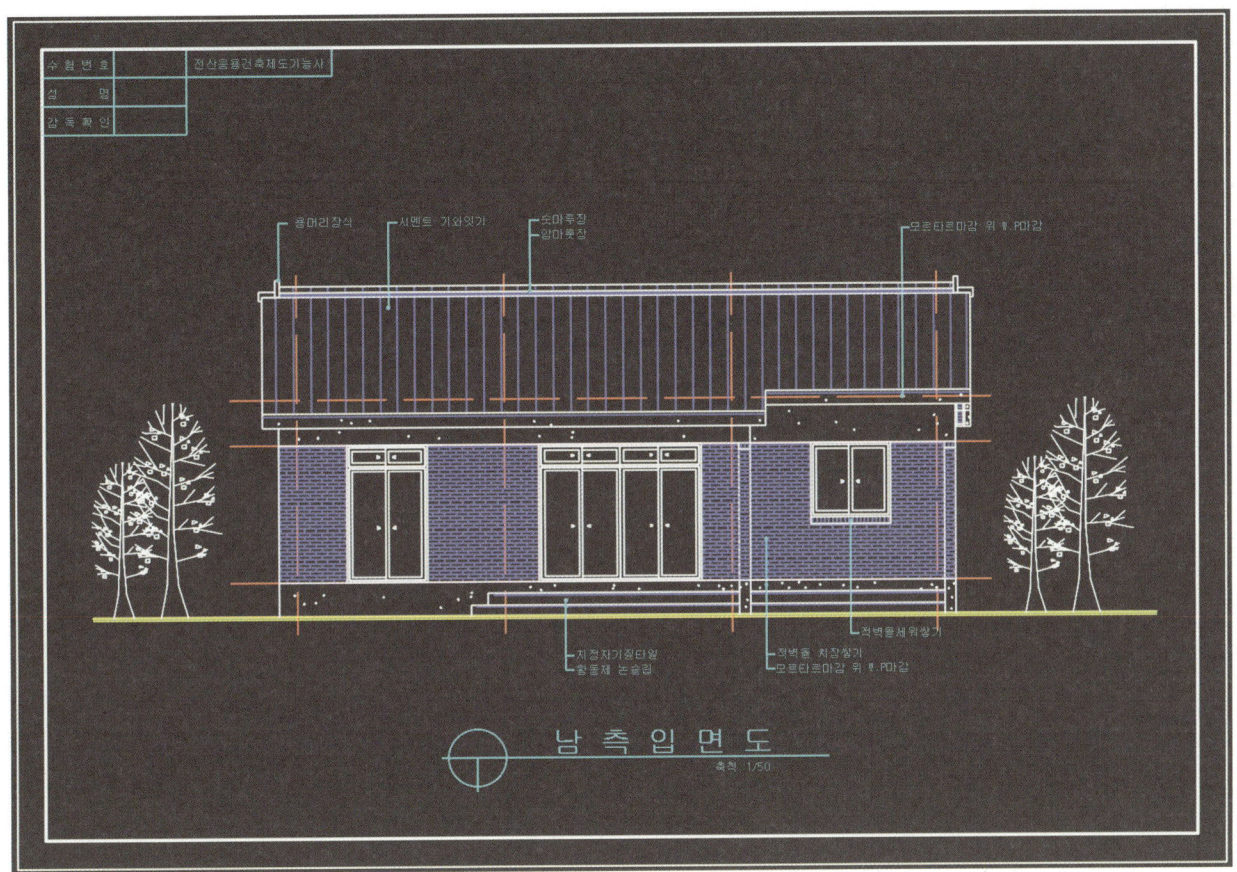

F유형 남측입면도 상세

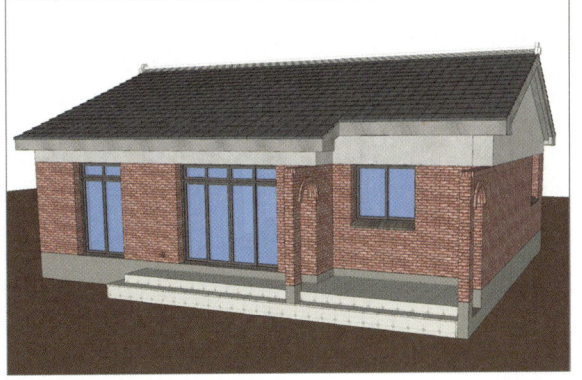

6 남측입면도

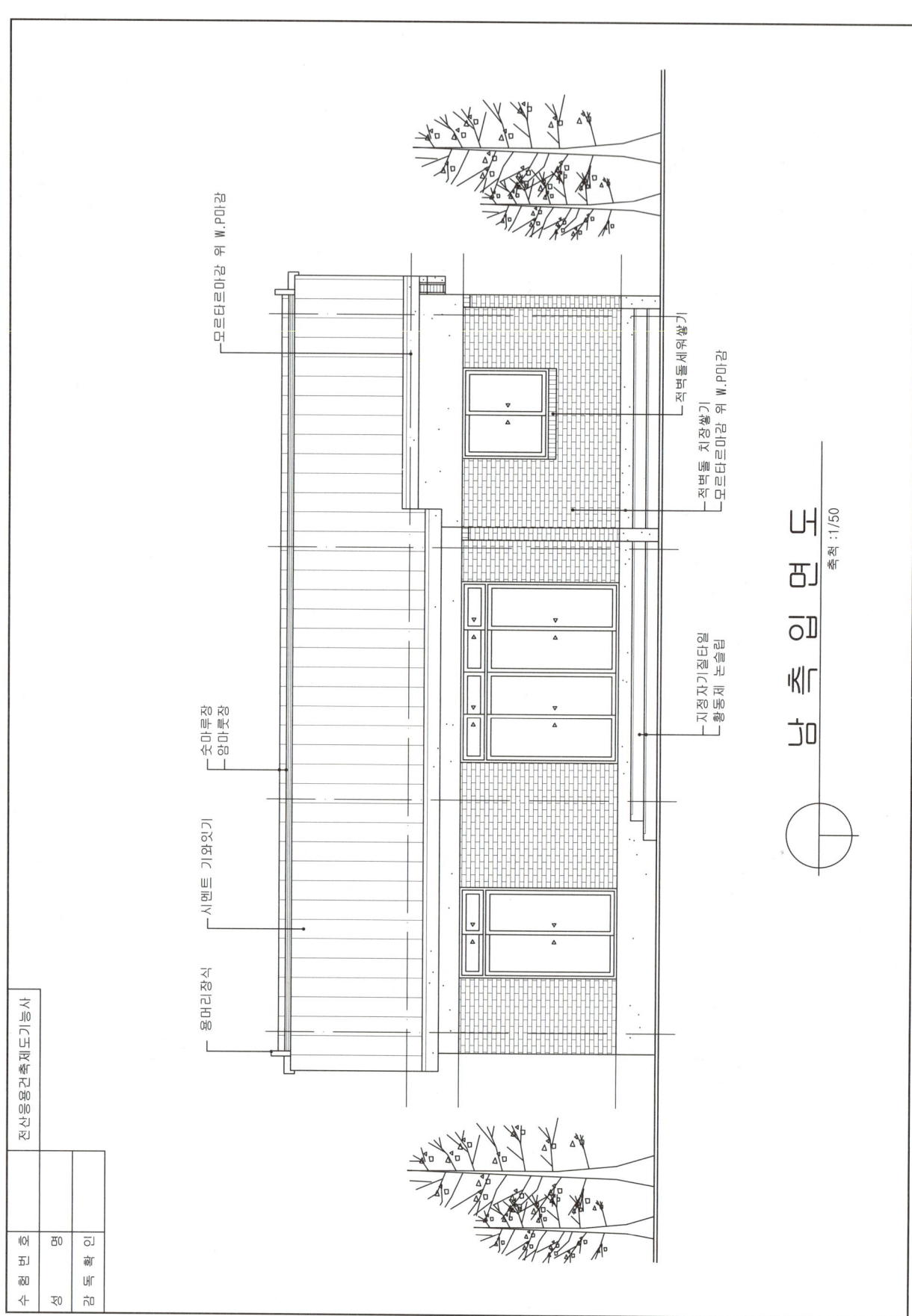

국가기술자격 실기시험문제

| 자격종목 | 전산응용건축기사 | 과제명 | 주택 |

※ 시험시간 표준시간 4시간, 연장시간 10분

현관형 + α
- 현관의 중문벽체 및 현관과 거실바닥의 경계를 단면으로 작도
- 욕실까지 단면상세도를 작도
- 외부 테라스측 단면 뒤의 입면을 작도해야 하는 시간이 걸리는 유형

01 요구사항

주어진 평면도를 보고 CAD를 이용하여 아래 조건에 맞게 다음 도면을 작도 한 후, 지급된 용지에 본인이 직접 흑백으로 출력하여 파일과 함께 제출하시오.

❶ A부분 단면 상세도를 축척 1/40으로 작도하시오.
❷ 남측입면도를 축척 1/50으로 작도하되 벽면의 마감재료 표시 및 주의의 배경 등 도면의 요소를 충분히 고려하시오.

┤ 조건 ├

- 기초 및 지하실 벽체: 철근콘크리트 구조로 하시오.
- 벽체: 외벽 – 외부로부터 붉은벽돌 0.5B, 단열재, 시멘트 벽돌 1.0B
       내벽 – 시멘트 벽돌 1.0B
- 단열재: 외벽 120mm, 바닥 85mm, 지붕 180mm
- 지붕: 철근콘크리트 경사슬래브 위 시멘트 기와잇기 마감으로 하시오. (물매 4/10 이상)
- 처마나옴: 벽체중심에서 750mm
- 반자높이: 2,400mm, 처마반자 설치
- 창호: 목재창호로 하되 2중창인 경우 알루미늄 새시로 하시오.
- 각실의 난방: 온수파이프 온돌난방으로 하시오.
- 1층 바닥슬래브와 기초는 일체식으로 표현하시오.
- 평면도에 표시하지 않은 현관상부 캐노피는 작도하지 않는다.
- 기타 각 부분의 마감, 치수 등 주어지지 않는 조건은 일반적인 시공수준으로 하시오.
- 선의 통일을 기하기 위하여 아래와 같이 선의 색을 정리하여 출력하시오.
    - 흰색 (7–White): 0.3mm
    - 녹색 (3–Green): 0.2mm
    - 노랑 (2–Yellow): 0.4mm
    - 하늘색 (4–Cyan): 0.3mm
    - 빨강 (1–Red): 0.2mm
    - 파랑 (5–Blue): 0.1mm

02 수험자 유의사항

※다음 유의사항을 고려하여 요구사항을 완성하시오.

1) 명기되지 않은 조건은 건축법, 건축구조 및 건축제도 원칙에 따릅니다.

2) 시험시작 전 바탕화면에 본인 비밀번호로 폴더를 생성하고, 폴더 안의 작업내용을 저장하도록 합니다.

3) 정전 및 기계 고장 등에 의한 자료손실을 방지하기 위하여 수시로 저장합니다.

4) 다음과 같은 경우는 부정행위로 처리됩니다.
   가) 노트 및 서적, 디스켓을 소지하거나 주고받는 행위
   나) 건물의 구조부분의 상세나 글씨 등을 사전에 블록으로 설정하여 지참해 사용하는 경우

5) 작업이 끝나면 감독위원의 확인을 받은 후 문제지를 제출하고 본부요원 입회하에 본인이 직접 A3용지에 흑백으로 도면을 출력하도록 합니다. 이때 수험자의 운영 미숙으로 도면이 출력되지 않는 경우나 출력시간이 20분을 초과할 경우는 실격처리 됩니다.

6) 장비 조작 미숙으로 장비의 파손 및 고장을 일으킬 염려가 있을 경우 실격됩니다.

7) 다음과 같은 경우에는 체점대상에서 제외됩니다.
   가) 주어진 조건을 지키지 않고 작도한 경우
   나) 요구한 전도면을 작도하지 않은 경우
   다) 건축제도 통칙을 준수하지 않거나 건축 CAD의 기능이 없는 상태에서 완성된 도면

8) 수험번호, 성명은 도면 좌측 상단에 아래와 같이 표제란을 만들어 기재합니다.

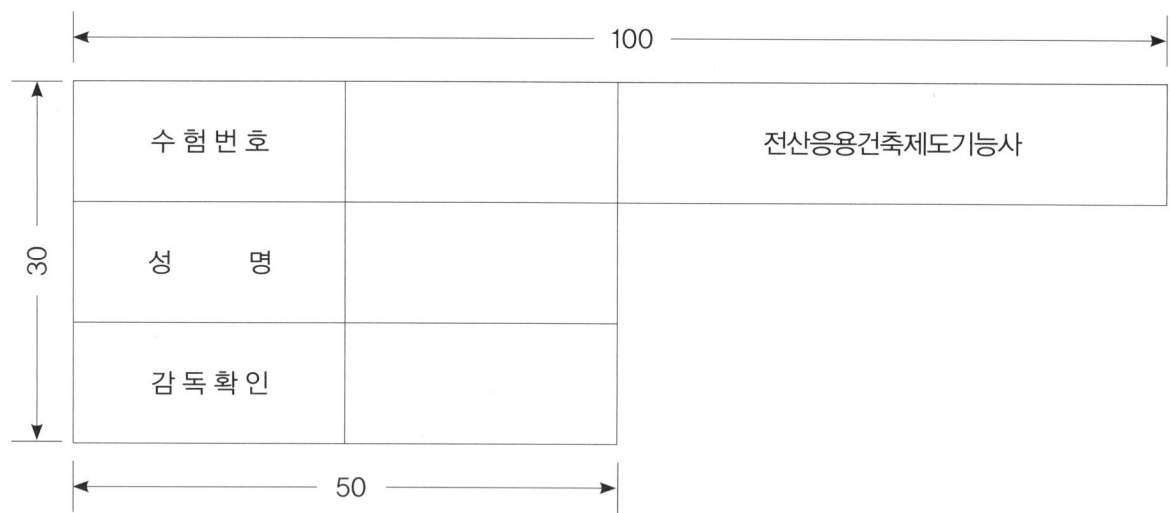

9) 감독위원은 시험시작 후 수검자에게 표제란을 우선 작도 후 도면을 작도하도록 하여야 하며, 수험자가 감독위원의 지시를 따르지 않을 경우 실격 처리됩니다.

10) 테두리선의 여백은 10mm로 합니다.

03 평면도

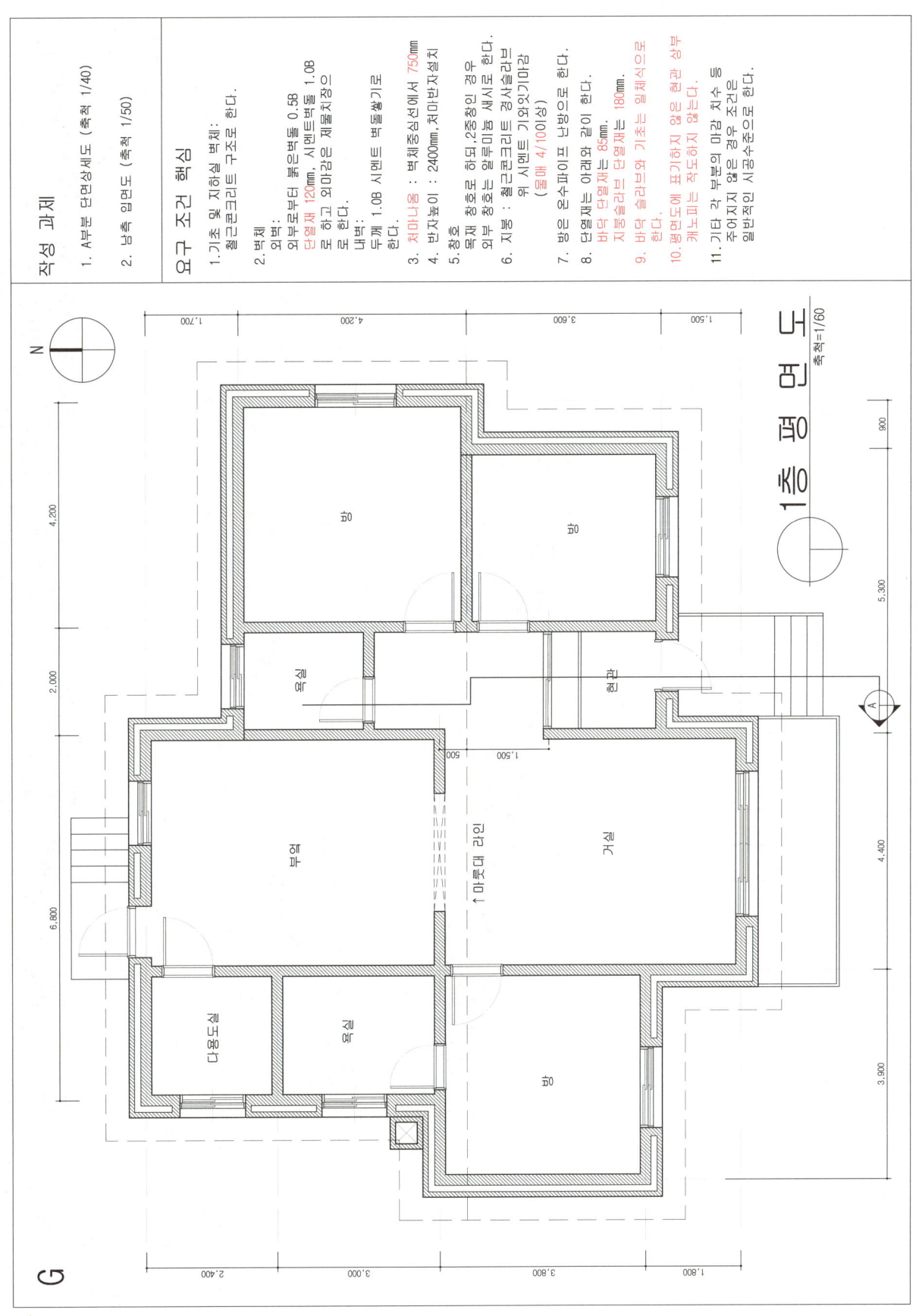

참고 | 3D 모델링

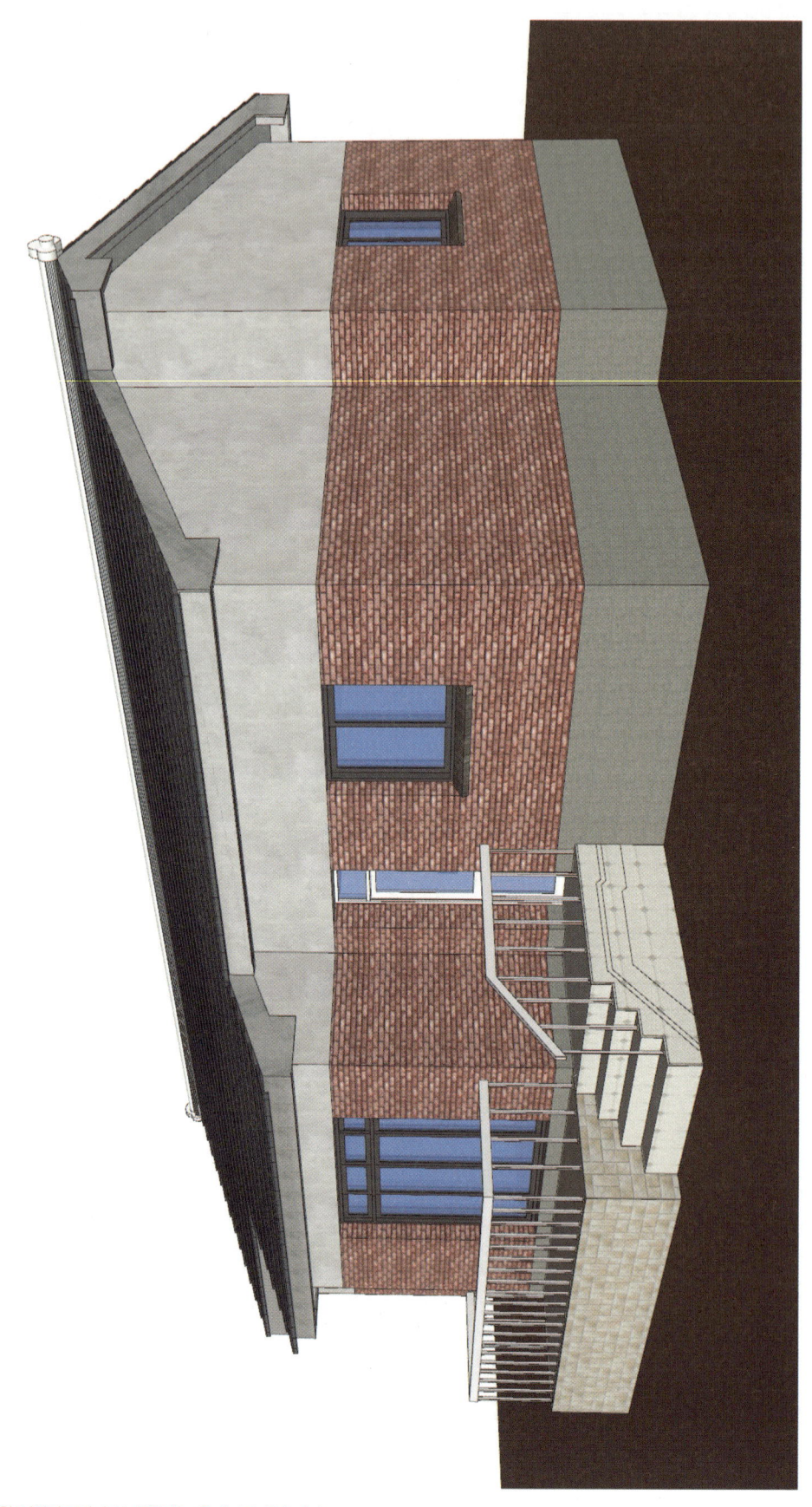

※ 위 이미지는 도면의 이해를 돕기 위한 시각자료이며 본 시험에는 출제되지 않습니다.

1. 단면상세도 문제풀이

NO.	중점사항	핵심 내용
01	중심선 세팅	• 수평선 그리기: G.L, 기초동결선, 방바닥 높이, 반자 높이, 테두리보 높이 • 수직선 그리기: 벽체 중심선, 마룻대, 처마확인, 처마라인

❶ 방바닥 높이 확인: 요구사항에 없으므로 아래와 같이 기준을 잡는다.

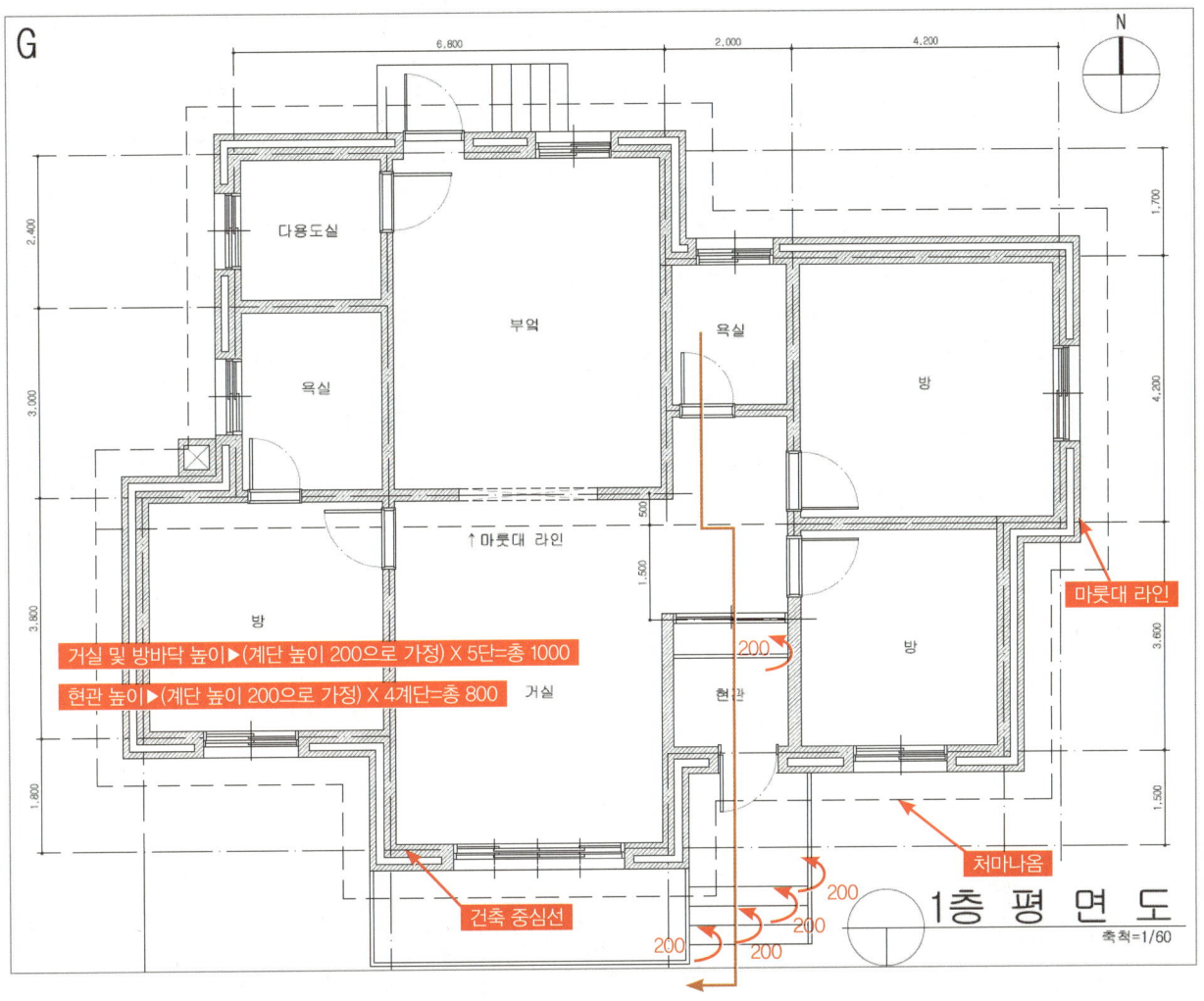

❷ 처마나옴: 요구사항에 벽체 중심선에서 750mm를 확인하고 평면에 처마라인을 확인한다.

❸ 벽체 중심선: 도면에서 건축 중심선의 위치 확인한다. ▶ 도면확인결과 내벽의 가운데에 건축 중심선이 위치

❹ 벽체두께 ▶ 총 420 = 1.0B(200) + 단열재 120 + 0.5B(100)

❺ 마룻대: 도면에서 마룻대의 위치를 확인한다.

■ 단면상세도로 표현해야 하는 곳 위주 중심선을 세팅한다.

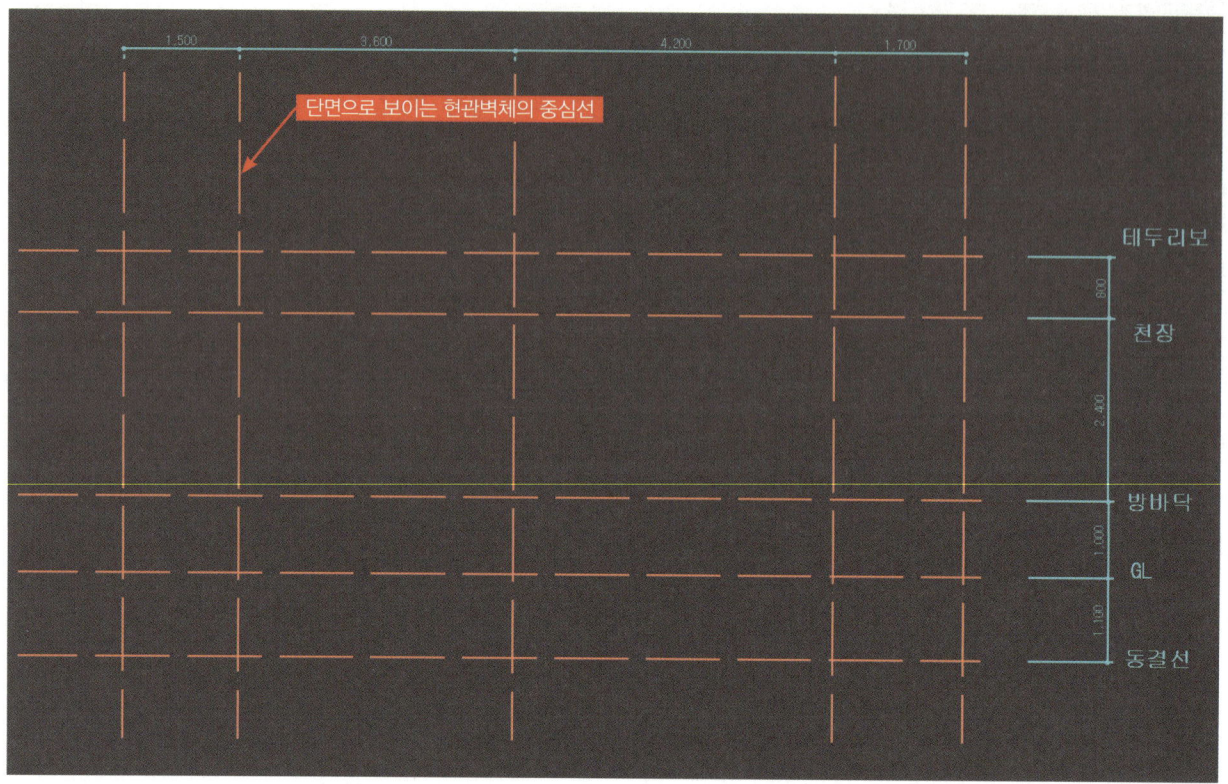

NO.	중점사항	핵심 내용
02	지붕 구조 그리기	• 물매선을 그린 후 지붕 슬라브, 처마, 테두리보 구조를 그린다. • 테두리보 적정 높이 확인: 처마가 천장보다 내려온다면 테두리보를 더 올려준다. • 물매선을 그릴 때 주의사항: 　물매선은 마룻대를 기준으로 가장 멀리 떨어져 있는 벽체의 중심선을 기준으로 잡는다. • 외벽벽체 두께확인: 　벽돌두께 및 단열재의 두께를 확인하여 전체벽체두께를 계산하여 테두리보의 두께를 동일하게 산정한다.

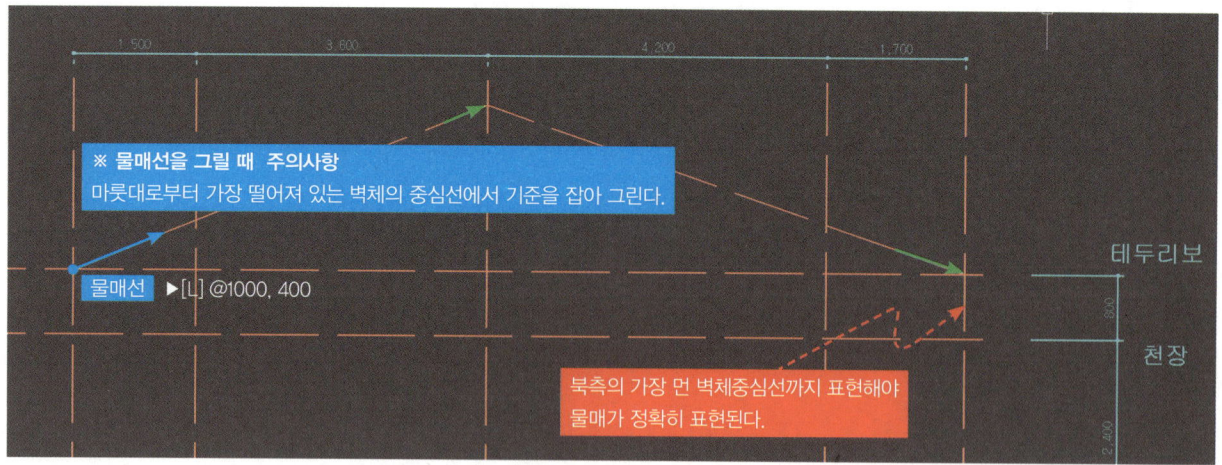

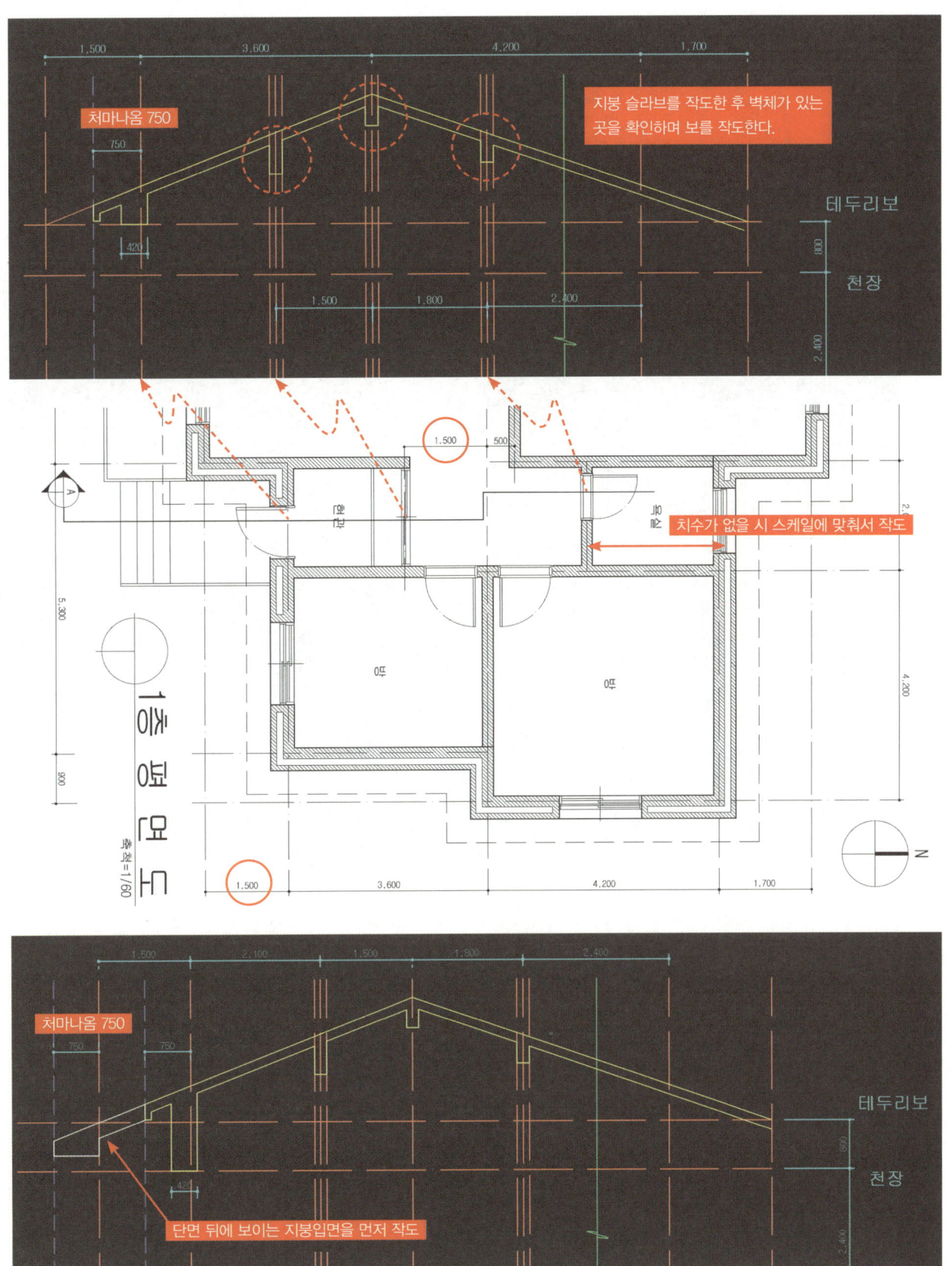

NO.	중점사항	핵심 내용

03	기초
	그리기
		• 벽체가 있는 곳을 체크하며 벽체 하부에 기초 그리기
		• 기초의 폭 체크:
		  요구조건의 벽체 두께를 확인하여 기초의 폭을 정하여 그리기
		• 중심선의 위치 확인:
		  중심선이 전체 벽체의 가운데에 있는지 또는 내벽의 가운데에 있는지 체크

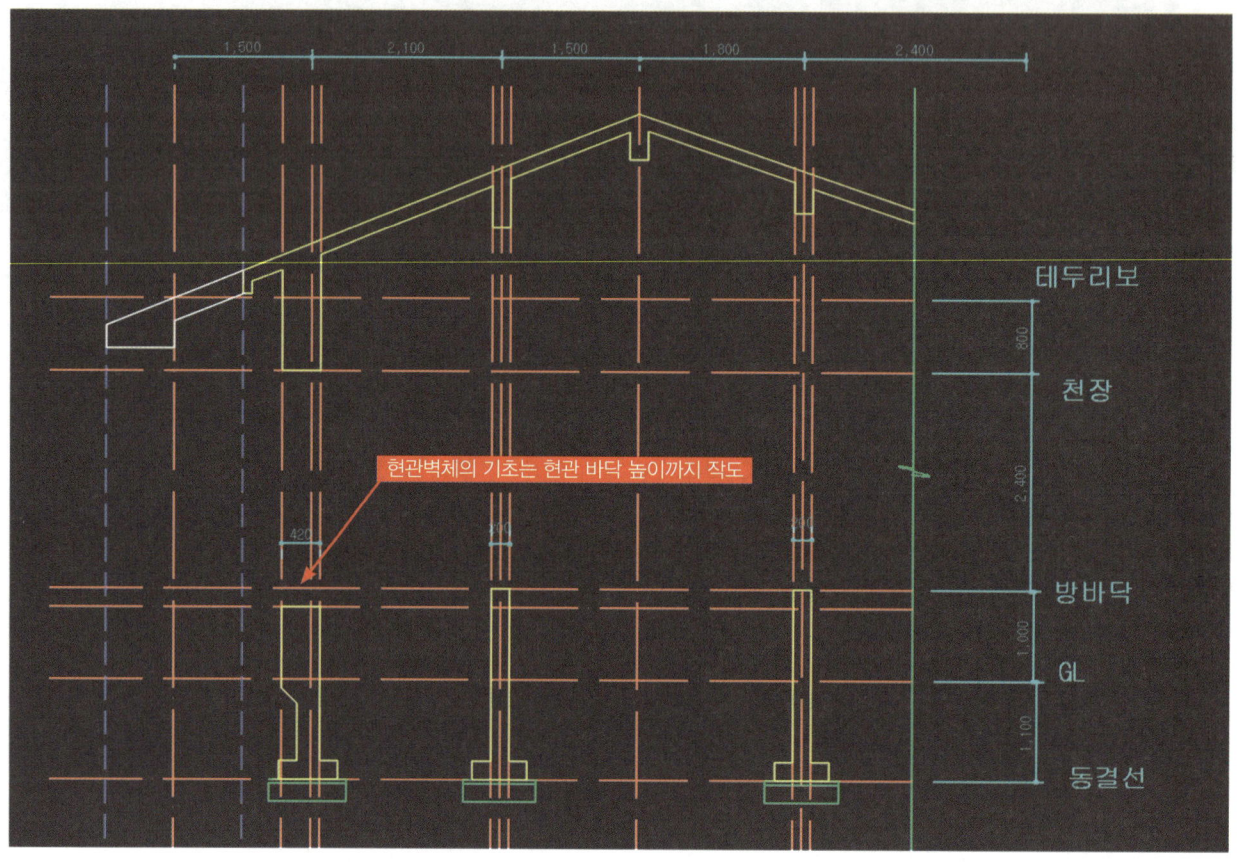

NO.	중점사항	핵심 내용
04	벽체 및 창호 그리기	• 외벽 벽체두께 확인: 벽돌두께 및 단열재의 두께를 확인하여 두께 산정 • 문의 단면작도 시 체크사항: 문턱이 있는지 평면을 확인

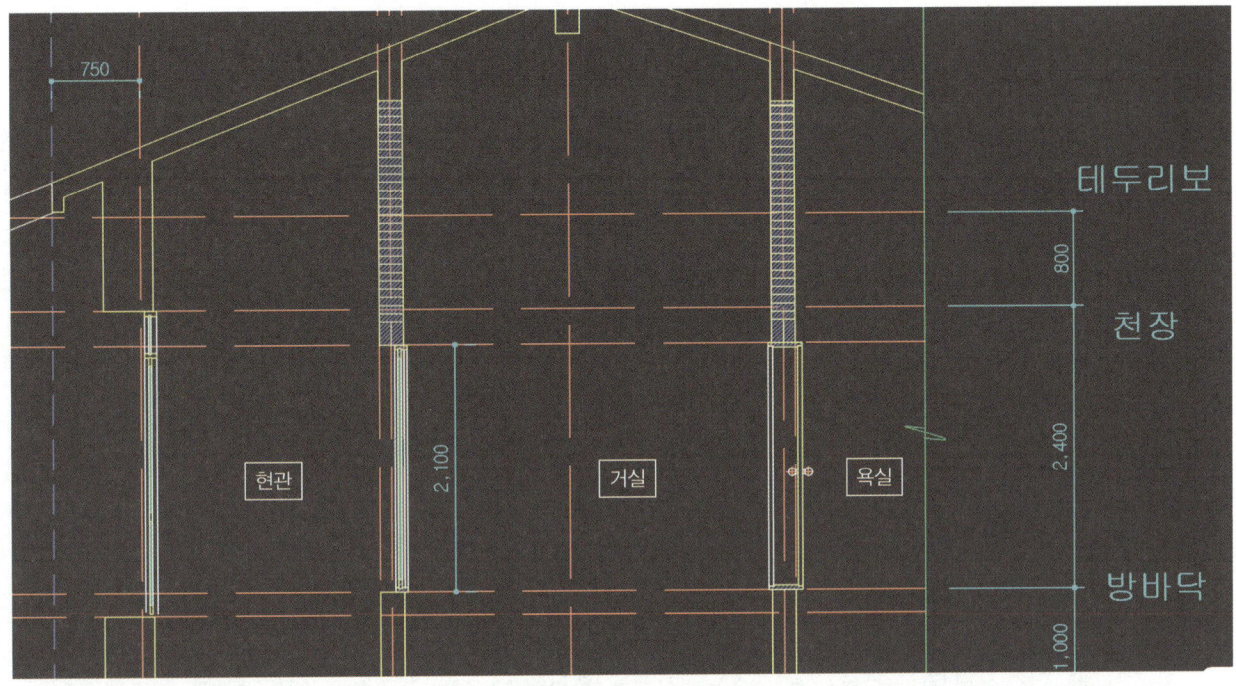

- **창호문틀**: 창호의 위치는 마감을 위해 약 30mm 실내쪽으로 이동시킨다.
- **도어문틀**: 도어의 문틀은 마감을 위해 약 30mm 실내쪽으로 돌출시킨다.
- **욕실도어문틀**: 욕실도어의 문틀은 마감을 위해 약 60mm 욕실실내쪽으로 돌출시킨다.

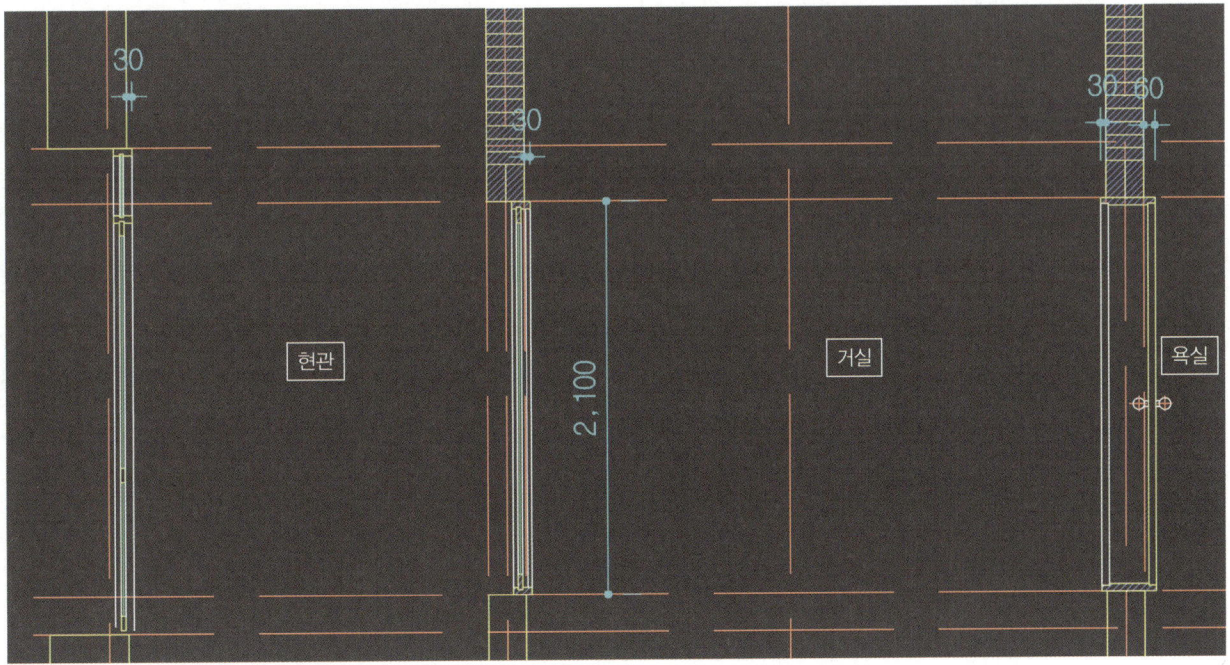

NO.	중점사항	핵심 내용
05	테라스 바닥구조 그리기	• 테라스 높이는 요구조건에 맞게 그리되 요구조건에 없을 경우 설계자가 일반적인 시공수준을 고려하여 정해서 그린다. • 테라스 폭은 도면의 사이즈에 맞게 그린다.
06	캐노피 그리기	• 요구조건에 '캐노피를 작도하지 않는다'라는 내용이 있으면 캐노피를 그리지 않는다 • 캐노피의 사이즈가 도면에 없다면 테라스의 폭 이하로 적절히 그린다.

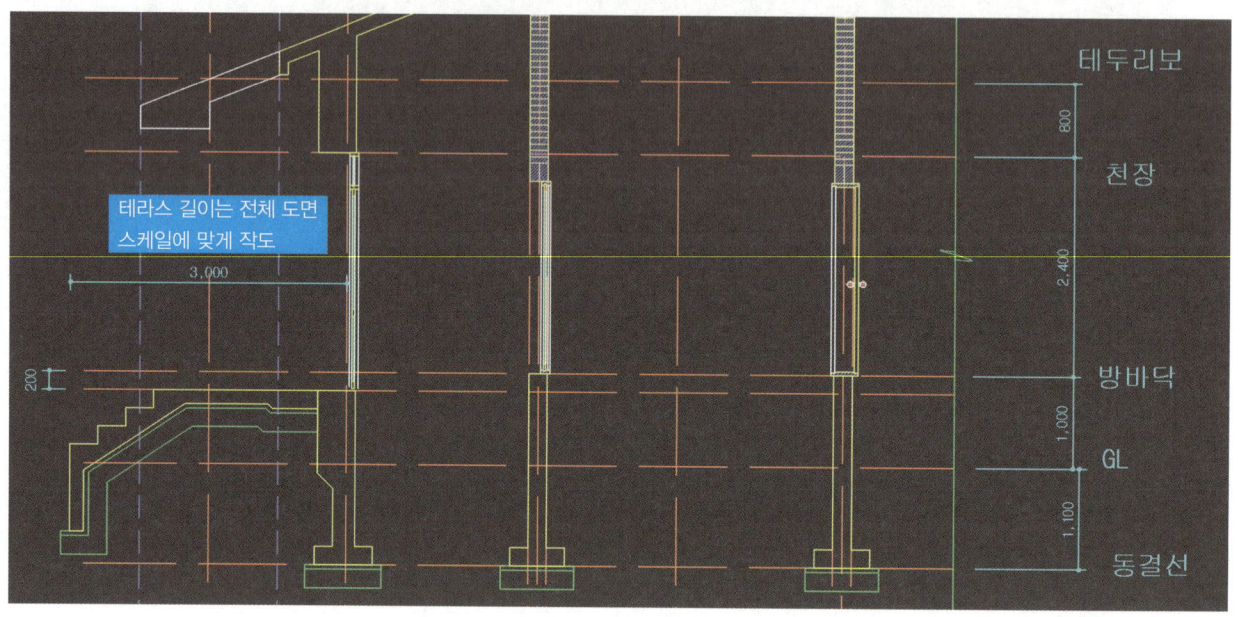

NO.	중점사항	핵심 내용
07	실내바닥 구조그리기	• 방바닥높이는 요구조건에 맞게 그리되 요구조건에 없을 경우 G.L선에서 현관을 거쳐 거실입구까지 계단높이를 참조하여 정한다. • 바닥슬라브 단열재 두께는 요구사항을 확인한다.

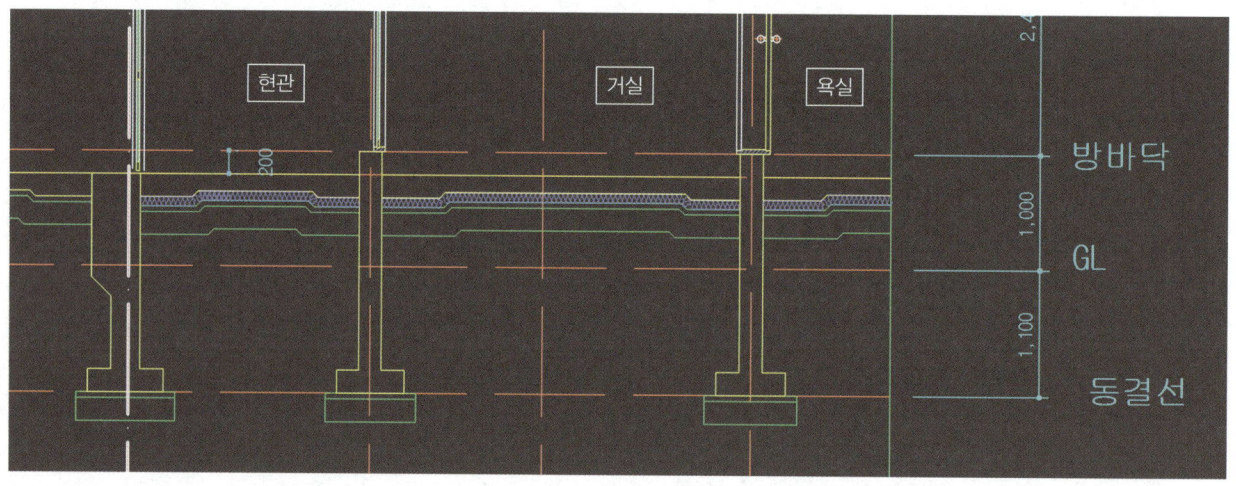

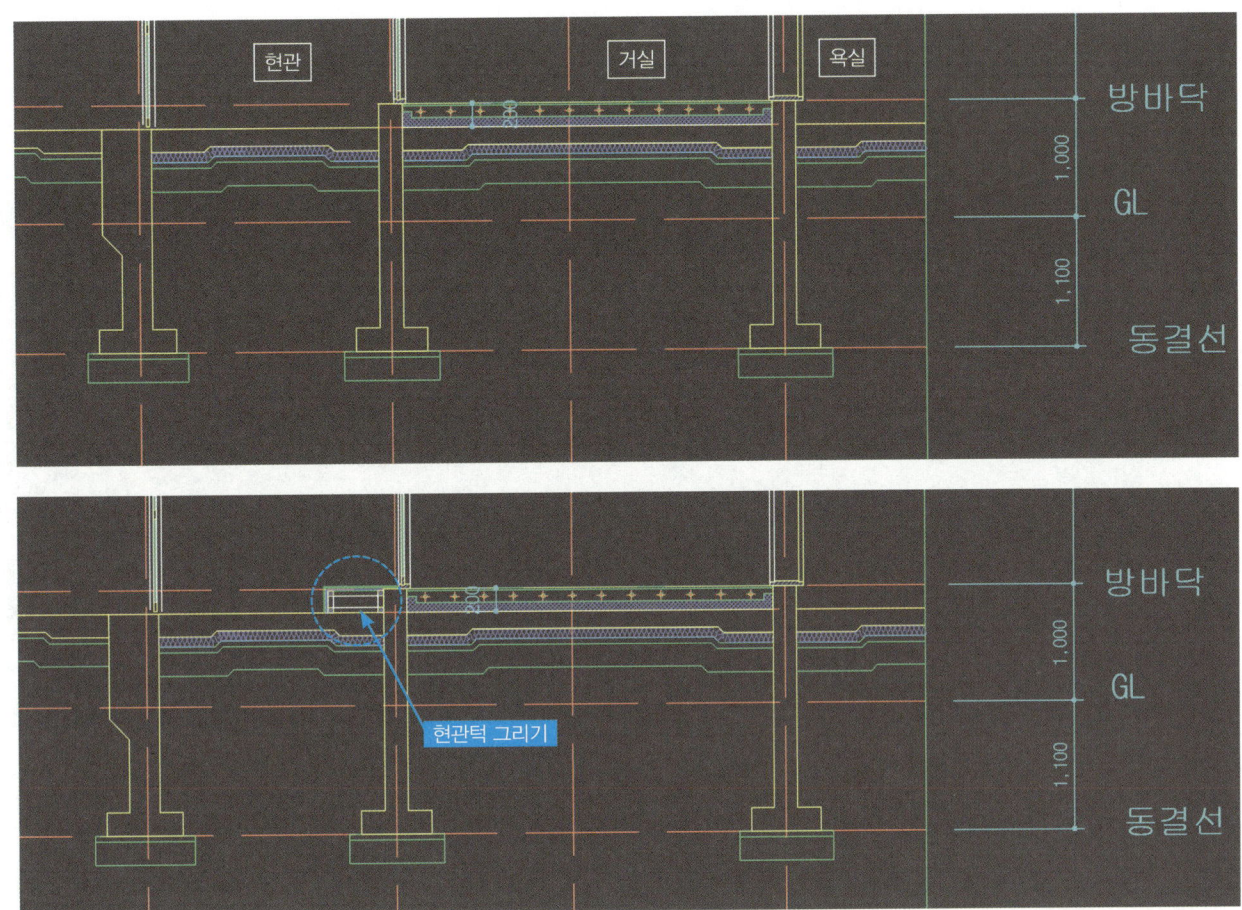

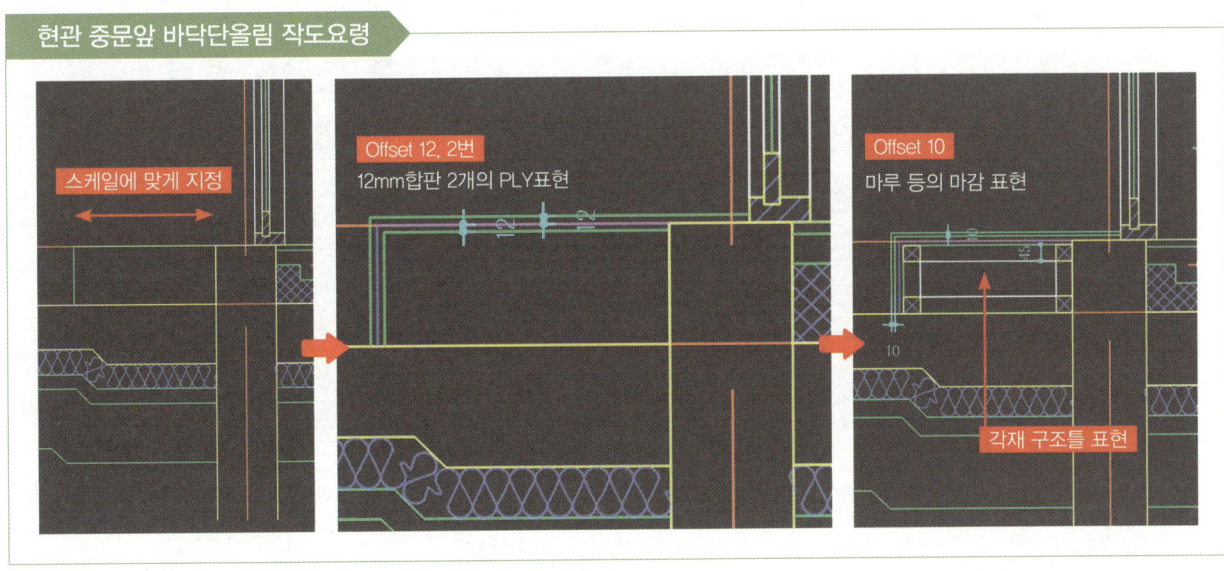

NO.	중점사항	핵심 내용
08	실내 천장 그리기	• 지붕슬라브 단열재두께: 요구사항 확인 • 커튼박스가 평면도 및 시험요구조건에 명시되어 있을 경우 도면에 표기

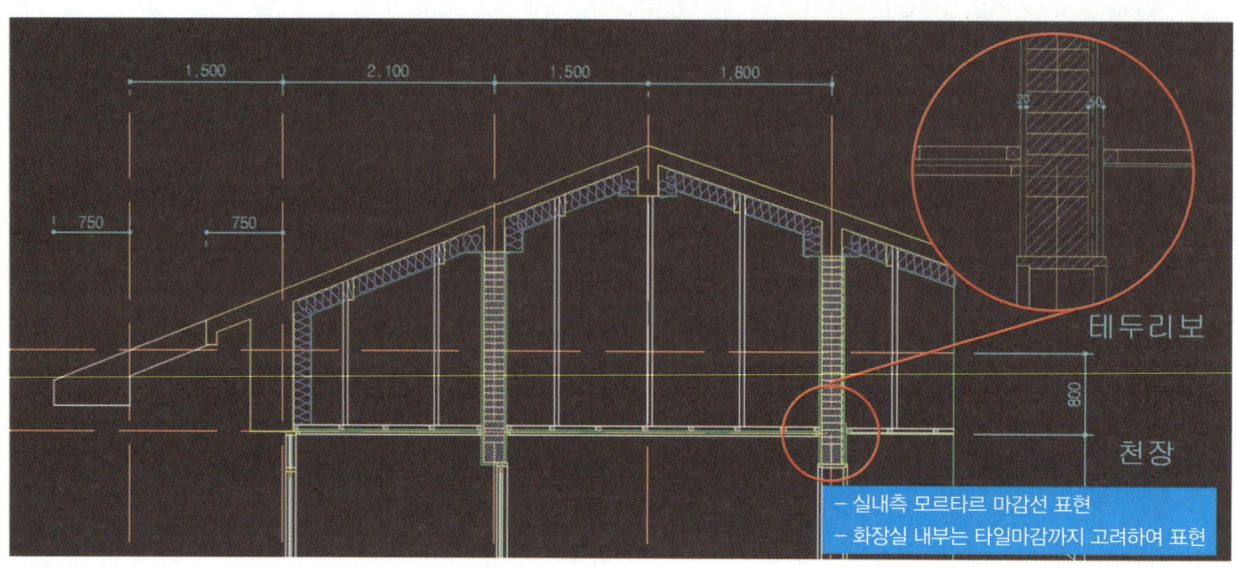

NO.	중점사항	핵심 내용
09	지붕 상세도 그리기	• 모르타르라인 두께: 방수하는 곳 30mm, 방수하지 않는 곳 20mm • 처마반자, 지붕기와단면, 암마룻장, 숫마루장 단면, 용머리장식 입면 • 지붕의 박공부위 입면이 보이는 곳이 있는지 체크 • 굴뚝 그리기

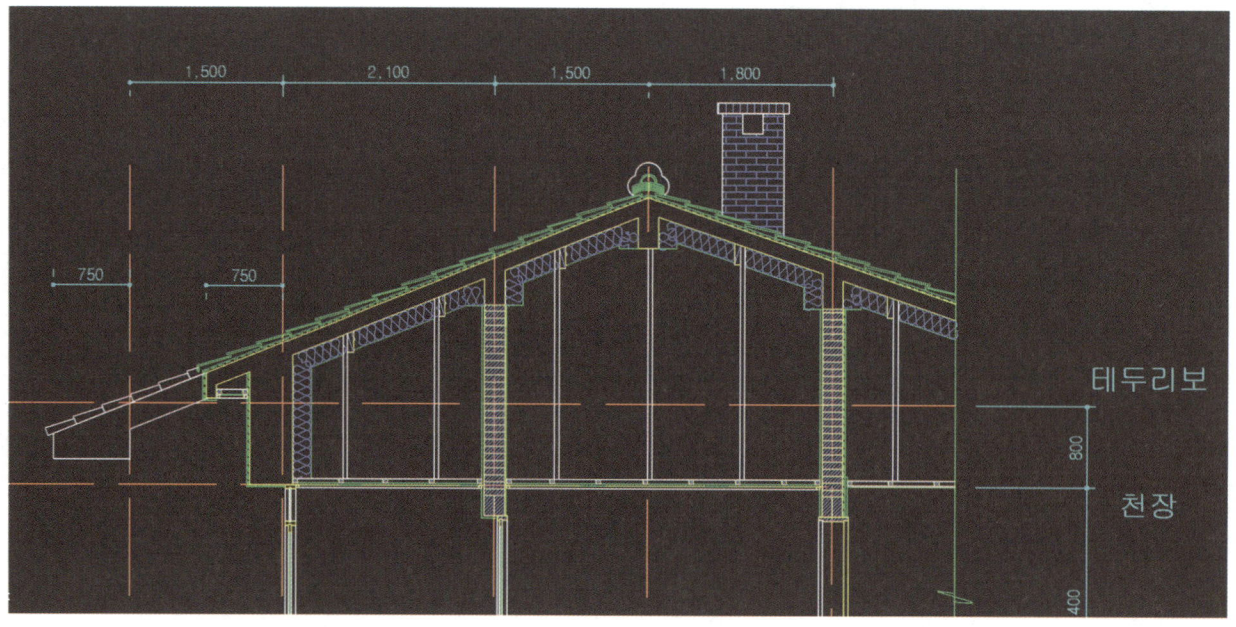

NO.	중점사항	핵심 내용
10	기타	• 실내: 도어, 걸레받이, 벽체 입면, 창호, 재질표기 등 체크 • 실외: 벽체 입면, 난간, 홈통(캐노피가 있으면 표기), G.L선, 재질표기 등 • 마감선 표기: 모르타르 라인, 걸레받이, 테라스 및 현관 바닥단면 등

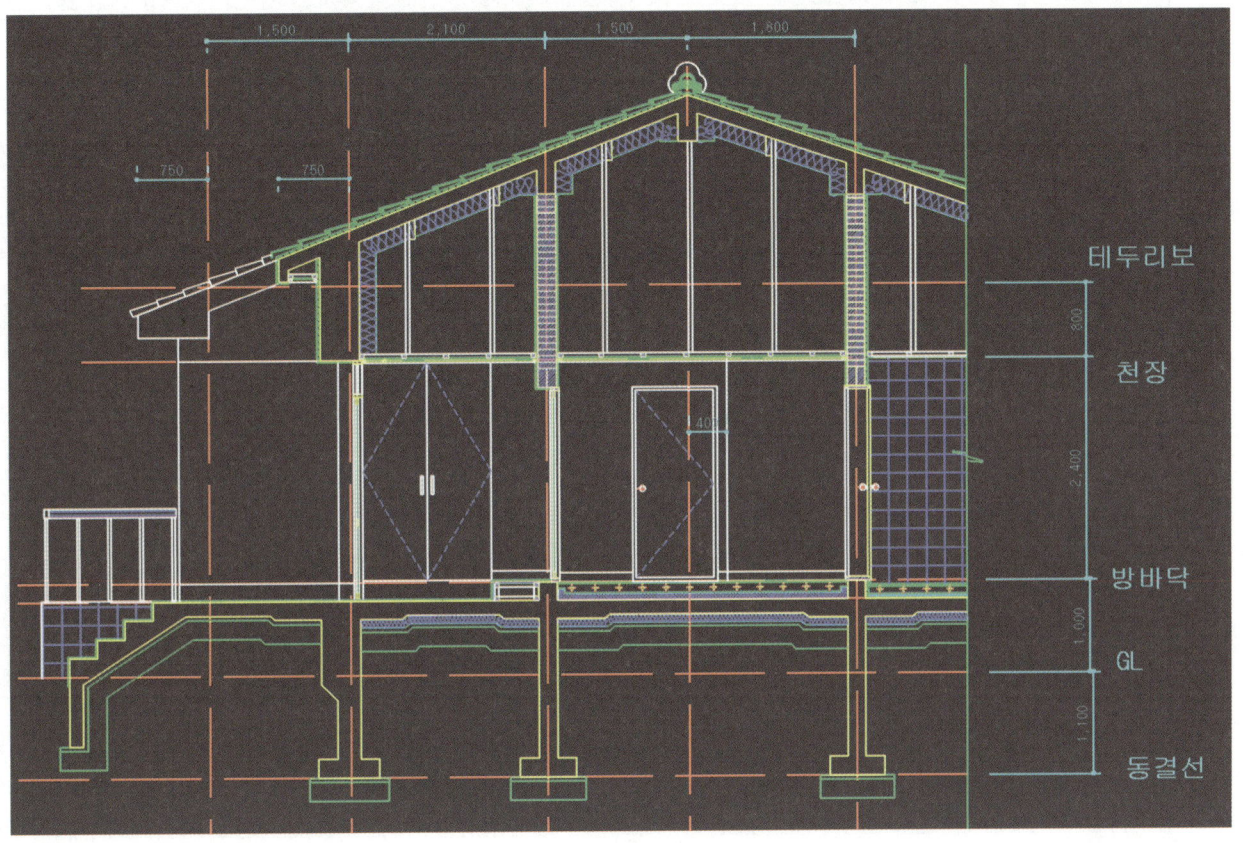

NO.	중점사항	핵심 내용
11	치수선 문자선	• 물매, 표제란, 도면명 등 표기 • 실명(방, 거실, 테라스 등) 표기

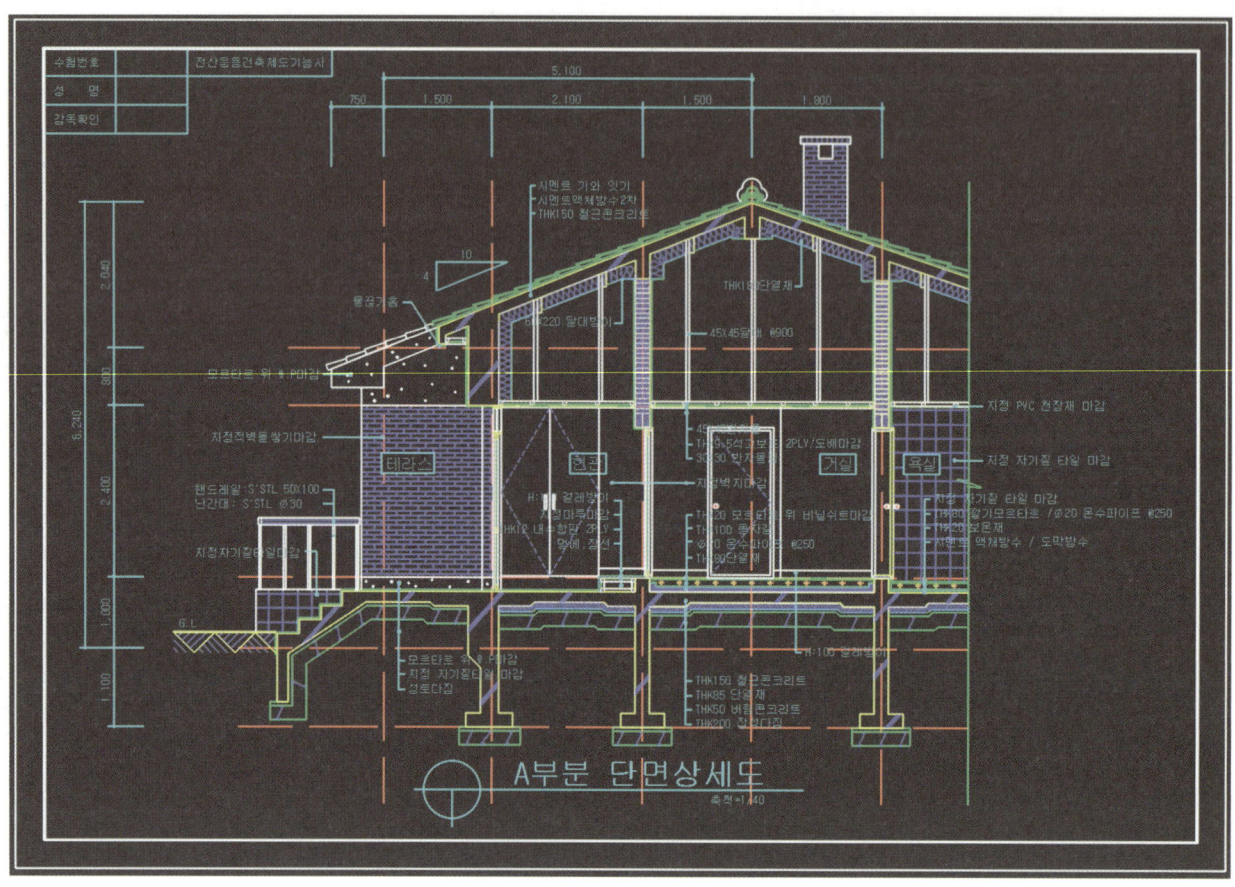

2 단면상세도

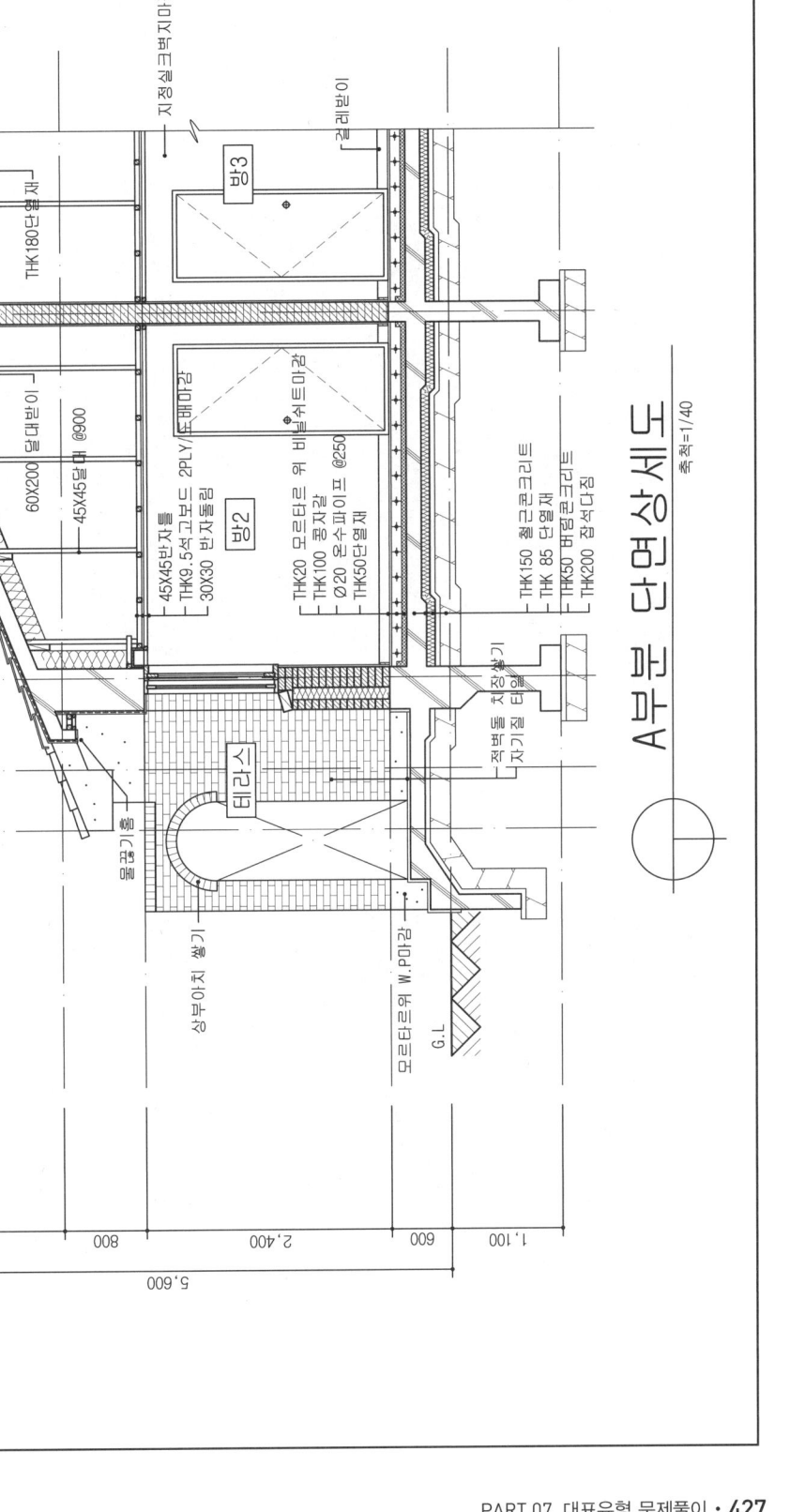

3 남측입면도 문제풀이

NO.	중점사항	핵심 내용
01	중심선 세팅	• 수평선 그리기: G.L선, 방바닥 높이, 반자 높이, 테두리보 높이 • 수직선 그리기: 벽체 중심선, 마룻대, 처마라인

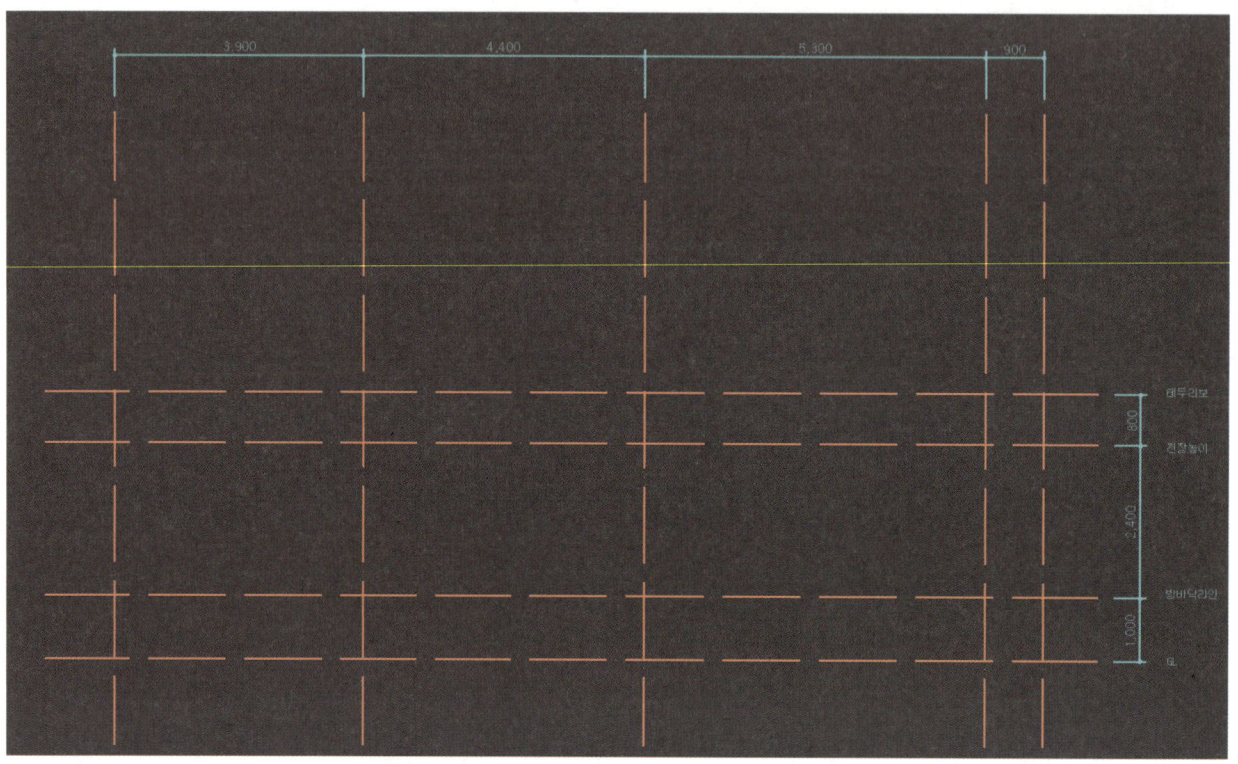

NO.	중점사항	핵심 내용
02	지붕구조 그리기	• 측면입면의 지붕구조를 그린 후 마룻대와 처마의 기준점을 찾아 정면입면도의 지붕구조 그리기 • 구조를 그리며 반대측 처마가 정면에서 보이는지 체크 • 기와 입면 그리기

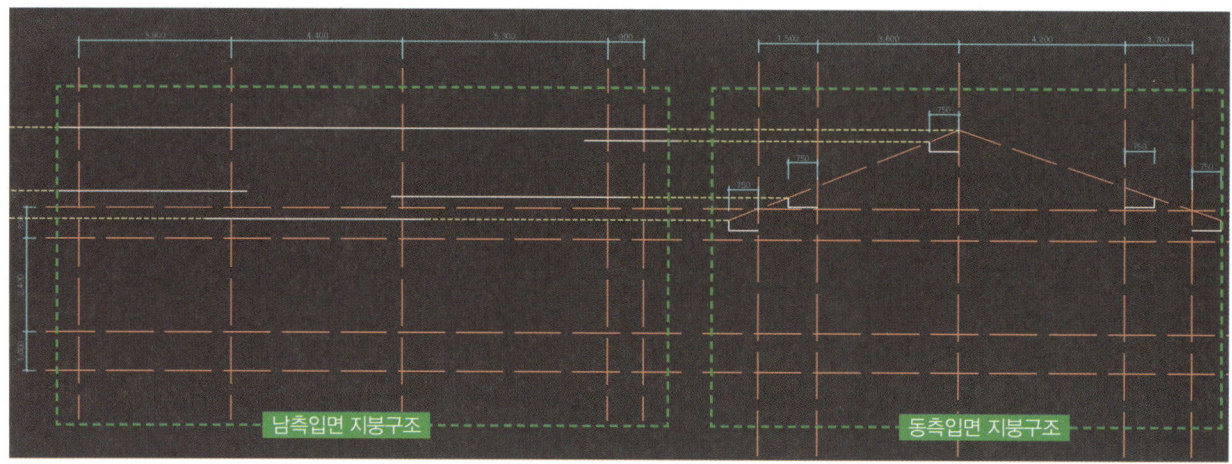

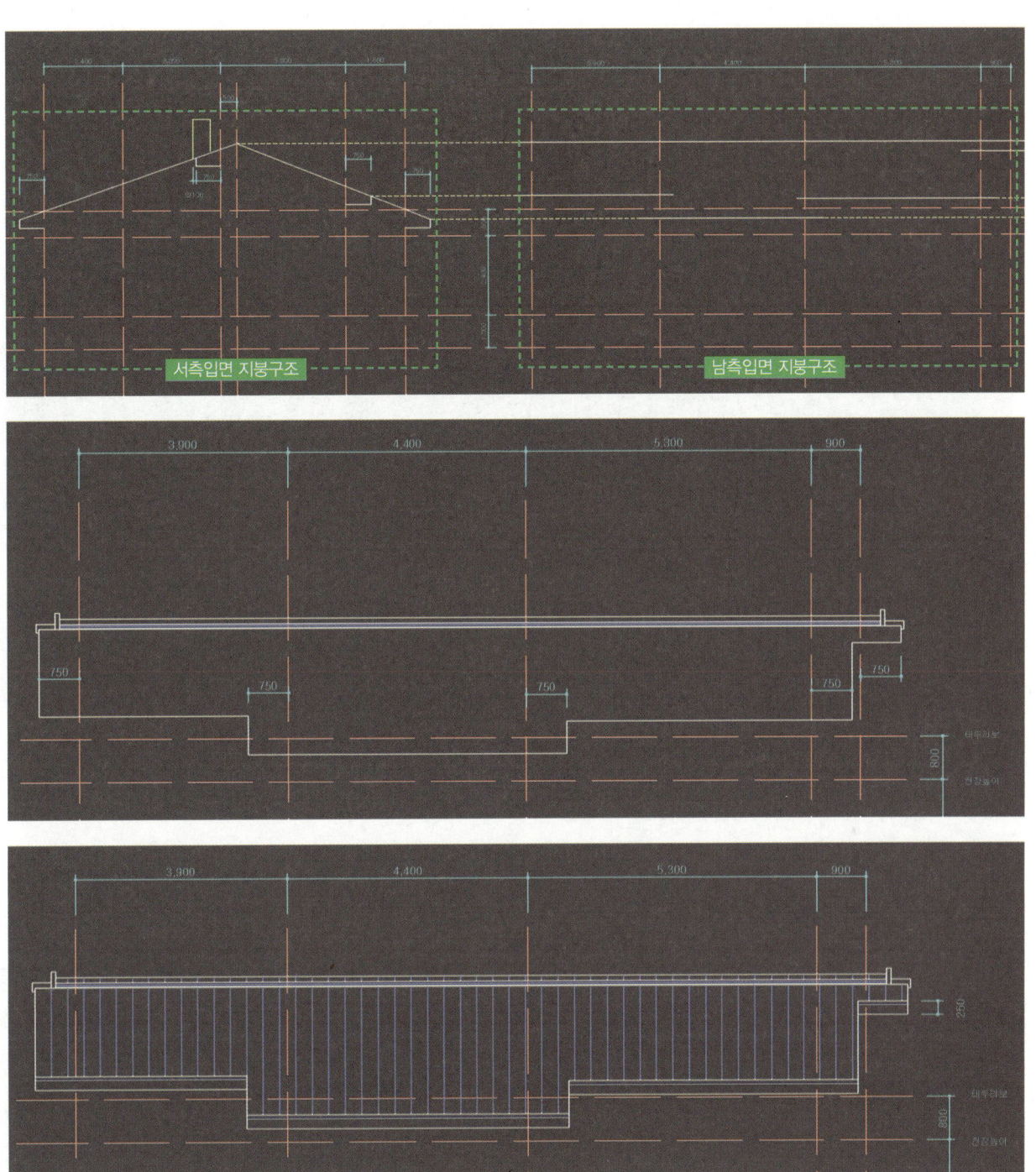

NO.	중점사항	핵심 내용
03	벽체구조	• G.L선 레이어 변경 • 벽체 입면선 그리기 • 기초 상단부와 테두리보 하단부 라인 그리기

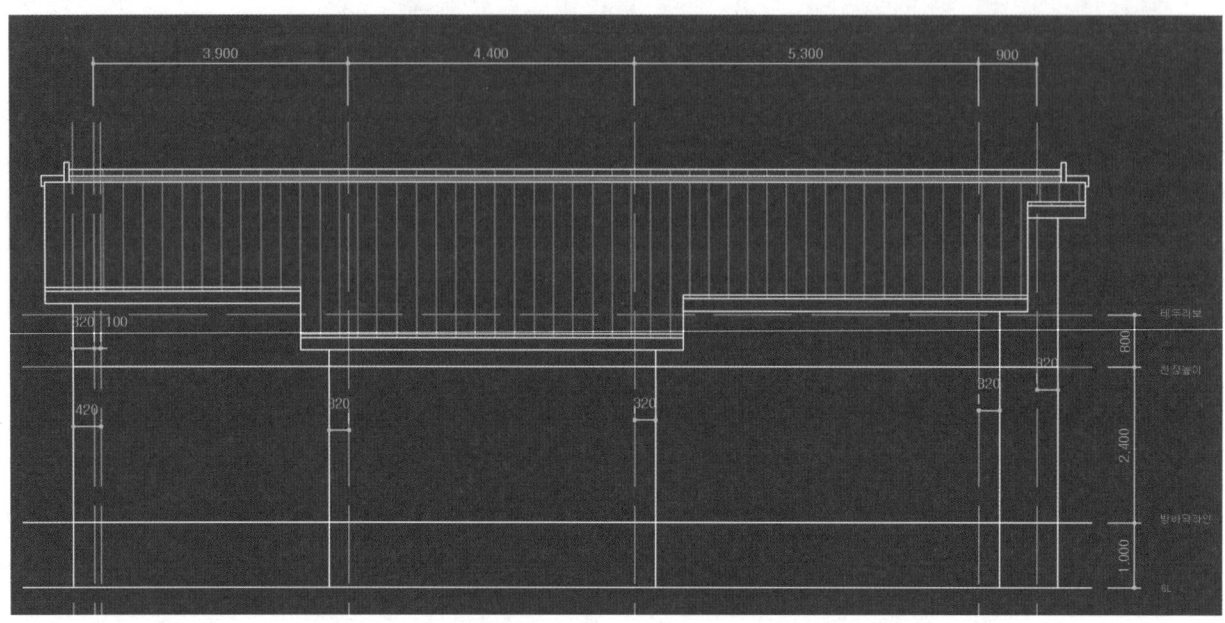

NO.	중점사항	핵심 내용
04	기타 입면 그리기	• 테라스 바닥 그리기 • 창호 입면그리기 • 난간 그리기 • 굴뚝 및 처마반자 그리기(입면에서 보이는 경우) • 재질 표기 외

- 처마반자 남측입면 우측: 동측입면 구조를 통해 처마반자를 검토하여 작도한다.

- 처마반자 남측입면 좌측: 서측입면 구조를 통해 처마반자를 검토하여 작도한다.

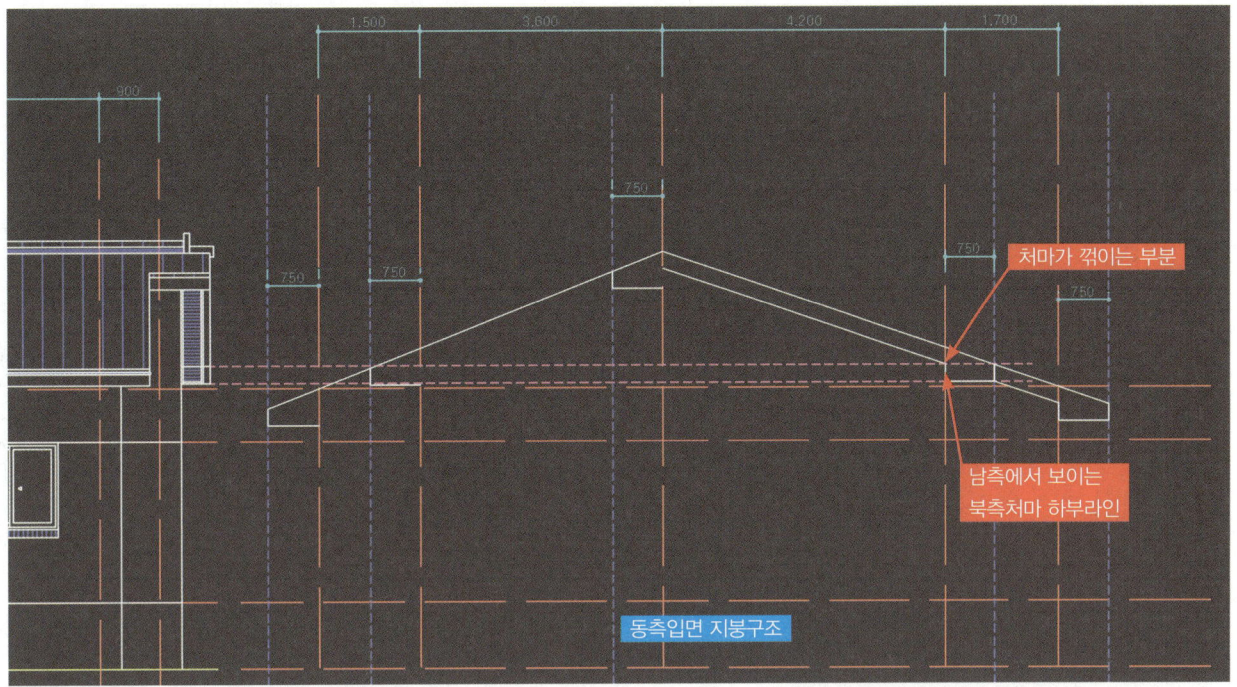

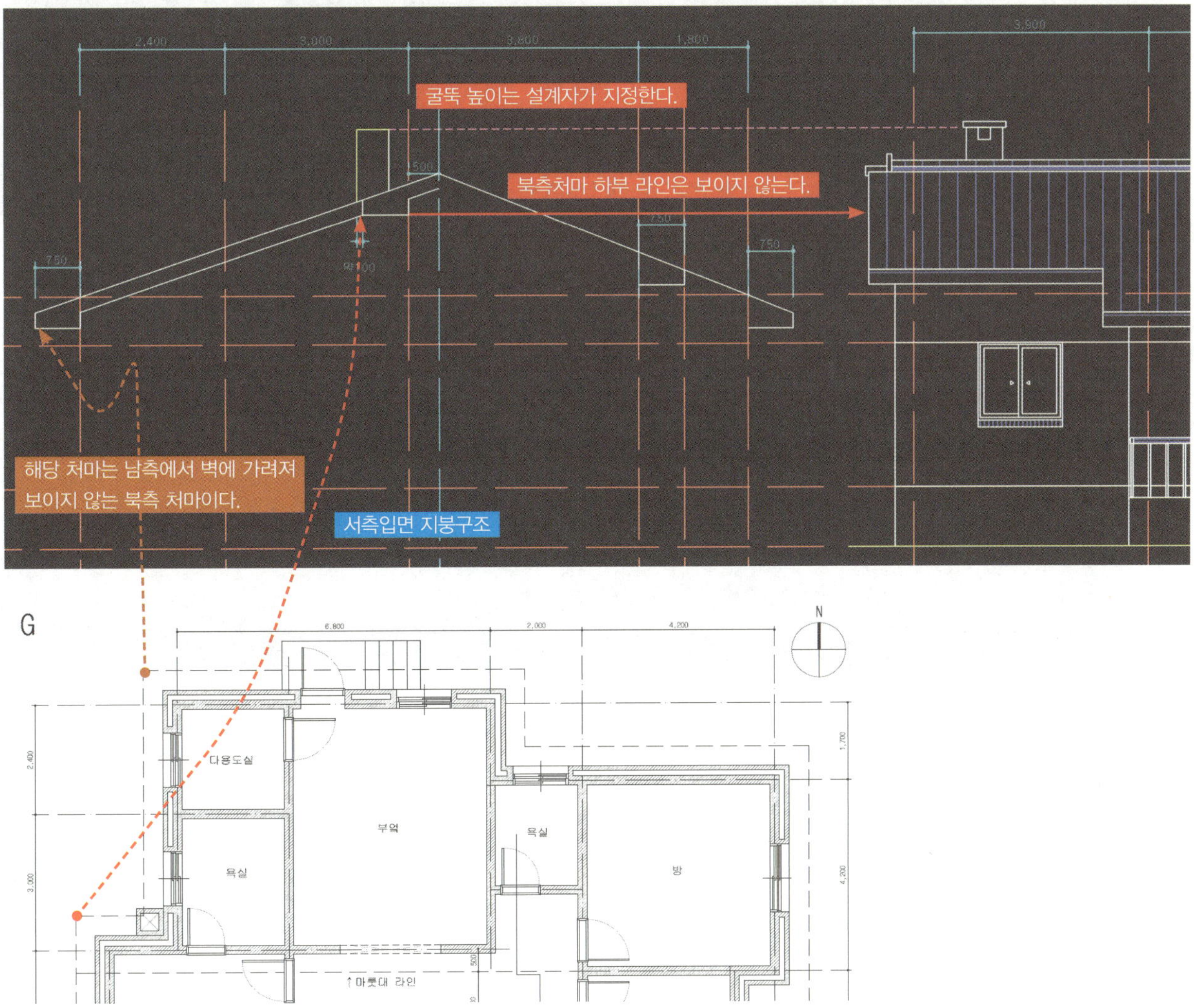

NO.	중점사항	핵심 내용
05	재질표기 문자선 외	• 나무 그리기 • 문자선 외

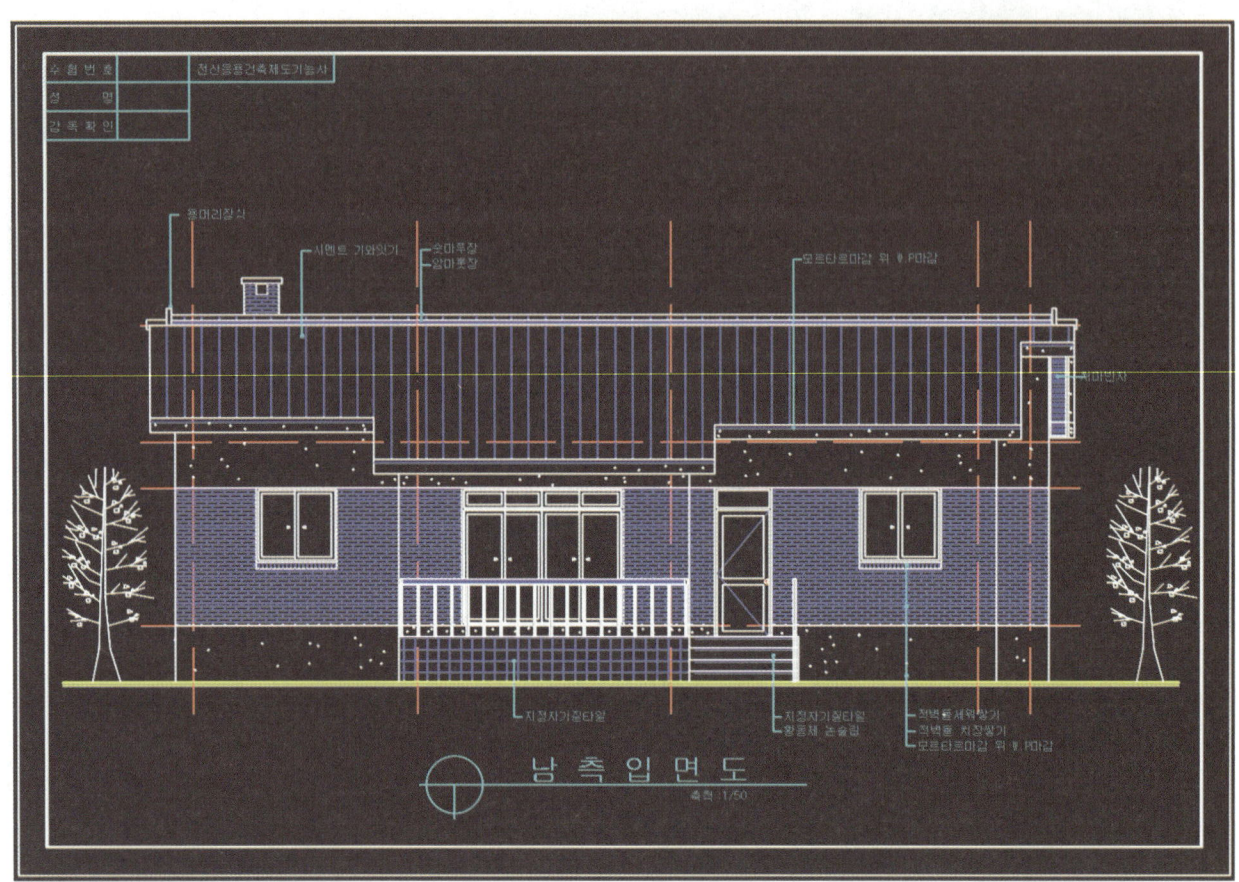

H유형 상세 남측입면도

4 남측입면도

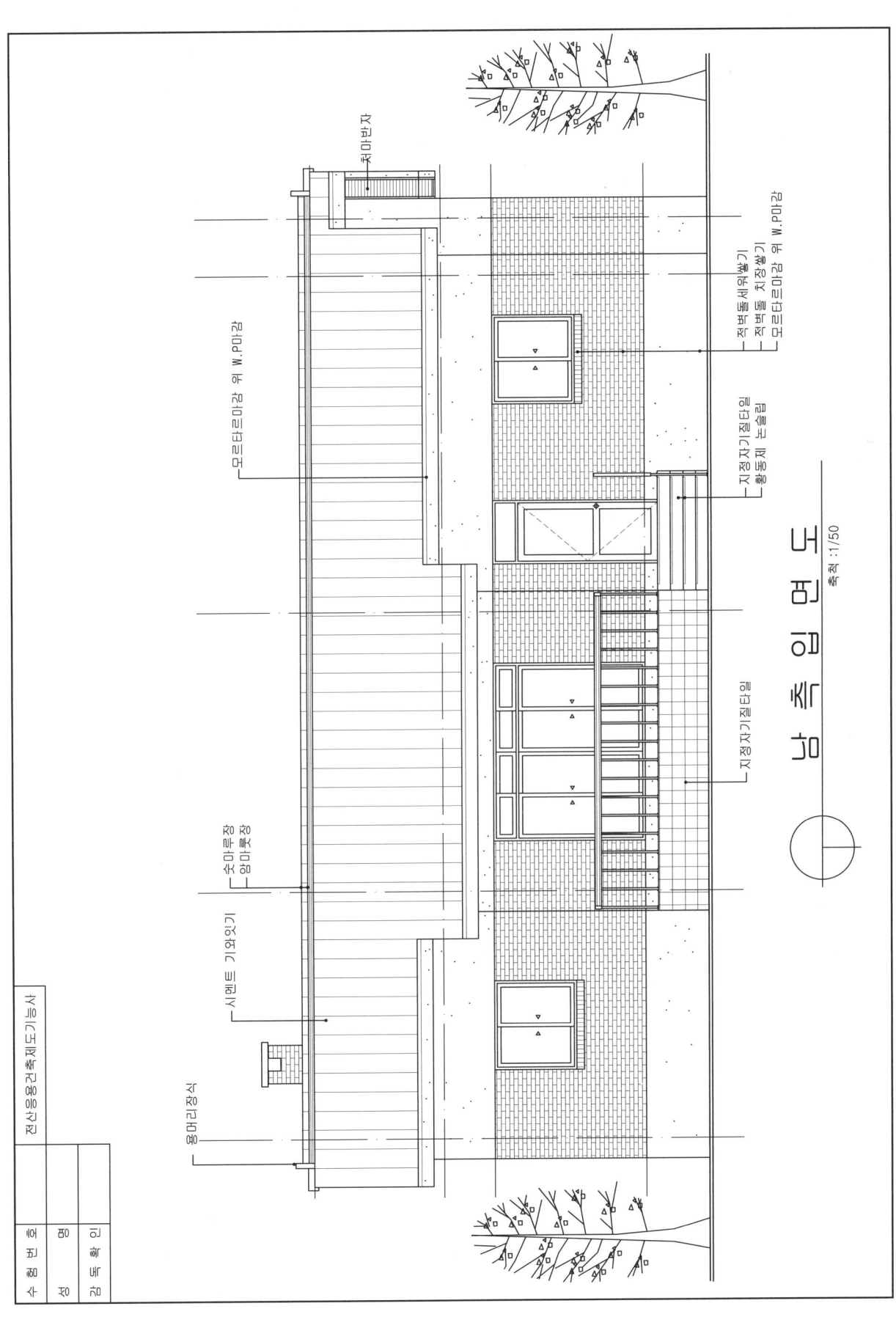

국가기술자격 실기시험문제

| 자격종목 | 전산응용건축제도기능사 | 과제명 | 주택 |

※ 시험시간 표준시간 4시간 10분

지하실
- 지하실의 구조를 병행해서 작도하는 유형
- 1층은 방의 외부벽체와 내부벽체를 단면으로 표현
- 빈출도가 낮은 고난도문제로 기본부터 순서대로 연습

01 요구사항

주어진 평면도를 보고 CAD를 이용하여 아래 조건에 맞게 다음 도면을 작도 한 후, 지급된 용지에 본인이 직접 흑백으로 출력하여 파일과 함께 제출하시오.

❶ A부분 단면 상세도를 축척 1/40으로 작도하시오.
❷ 남측입면도를 축척 1/50으로 작도하되 벽면의 마감재료 표시 및 주의의 배경 등 도면의 요소를 충분히 고려하시오.

―| 조건 |―

- 기초 및 지하실 벽체: 철근콘크리트 구조로 하시오.
- 벽체: 외벽 – 외부로부터 붉은벽돌 0.5B, 단열재, 시멘트 벽돌 1.0B
  내벽 – 시멘트 벽돌 1.0B
- 단열재: 외벽 120mm, 바닥 85mm, 지붕 180mm
- 지붕: 철근콘크리트 경사슬래브 위 시멘트 기와잇기 마감으로 하시오. (물매 4/10 이상)
- 처마나옴: 벽체중심에서 600mm
- 반자높이: 2,400mm, 처마반자 설치
- 창호: 목재창호로 하되 2중창인 경우 알루미늄 새시로 하시오.
- 각실의 난방: 온수파이프 온돌난방으로 하시오.
- 1층 바닥슬래브와 기초는 일체식으로 표현하시오.
- 평면도에 표시하지 않은 현관상부 캐노피는 작도하지 않는다.
- 기타 각 부분의 마감, 치수 등 주어지지 않는 조건은 일반적인 시공수준으로 하시오.
- 선의 통일을 기하기 위하여 아래와 같이 선의 색을 정리하여 출력하시오.
  - 흰색 (7-White): 0.3mm
  - 녹색 (3-Green): 0.2mm
  - 노랑 (2-Yellow): 0.4mm
  - 하늘색 (4-Cyan): 0.3mm
  - 빨강 (1-Red): 0.2mm
  - 파랑 (5-Blue): 0.1mm

02 수험자 유의사항

※다음 유의사항을 고려하여 요구사항을 완성하시오.

1) 명기되지 않은 조건은 건축법, 건축구조 및 건축제도 원칙에 따릅니다.

2) 시험시작 전 바탕화면에 본인 비밀번호로 폴더를 생성하고, 폴더 안의 작업내용을 저장하도록 합니다.

3) 정전 및 기계 고장 등에 의한 자료손실을 방지하기 위하여 수시로 저장합니다.

4) 다음과 같은 경우는 부정행위로 처리됩니다.
   가) 노트 및 서적, 디스켓을 소지하거나 주고받는 행위
   나) 건물의 구조부분의 상세나 글씨 등을 사전에 블록으로 설정하여 지참해 사용하는 경우

5) 작업이 끝나면 감독위원의 확인을 받은 후 문제지를 제출하고 본부요원 입회하에 본인이 직접 A3용지에 흑백으로 도면을 출력하도록 합니다. 이때 수험자의 운영 미숙으로 도면이 출력되지 않는 경우나 출력시간이 20분을 초과할 경우는 실격처리 됩니다.

6) 장비 조작 미숙으로 장비의 파손 및 고장을 일으킬 염려가 있을 경우 실격됩니다.

7) 다음과 같은 경우에는 체점대상에서 제외됩니다.
   가) 주어진 조건을 지키지 않고 작도한 경우
   나) 요구한 전도면을 작도하지 않은 경우
   다) 건축제도 통칙을 준수하지 않거나 건축 CAD의 기능이 없는 상태에서 완성된 도면

8) 수험번호, 성명은 도면 좌측 상단에 아래와 같이 표제란을 만들어 기재합니다.

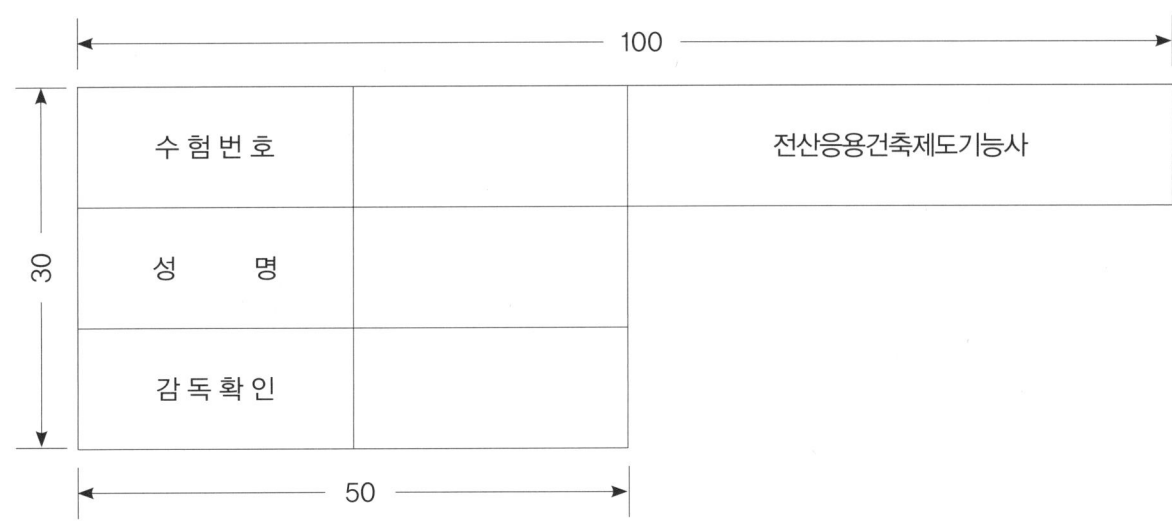

9) 감독위원은 시험시작 후 수검자에게 표제란을 우선 작도 후 도면을 작도하도록 하여야 하며, 수험자가 감독위원의 지시를 따르지 않을 경우 실격 처리됩니다.

10) 테두리선의 여백은 10mm로 합니다.

03 평면도

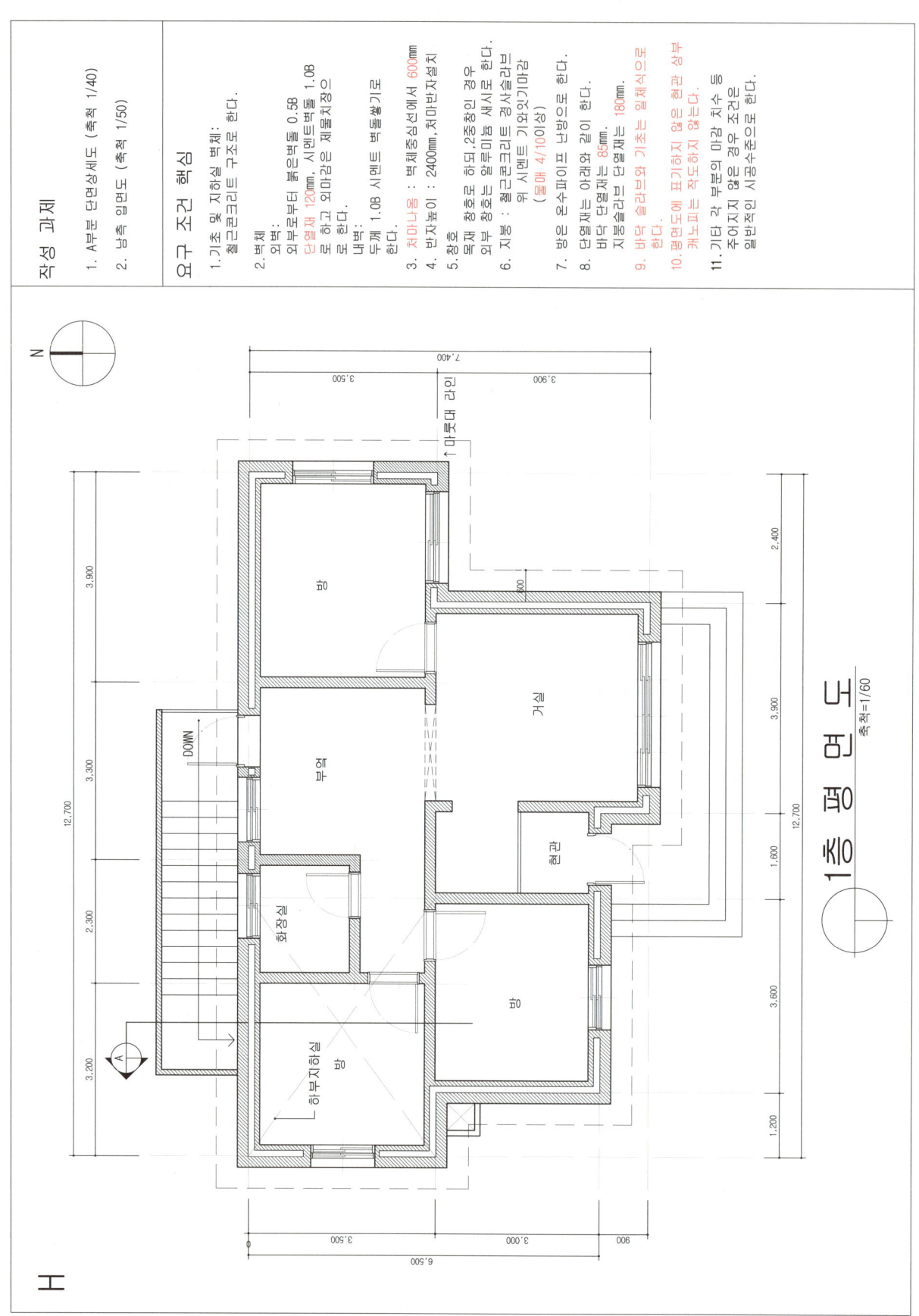

| 참고 | 3D 모델링 |

※ 위 이미지는 도면의 이해를 돕기 위한 시각자료이며 본 시험에는 출제되지 않습니다.

1 단면상세도 문제풀이

NO.	중점사항	핵심 내용
01	중심선 세팅	• 수평선 그리기: G.L선, 기초동결선, 방바닥 높이, 반자 높이, 테두리보 높이 • 수직선 그리기: 벽체 중심선, 마룻대, 처마라인

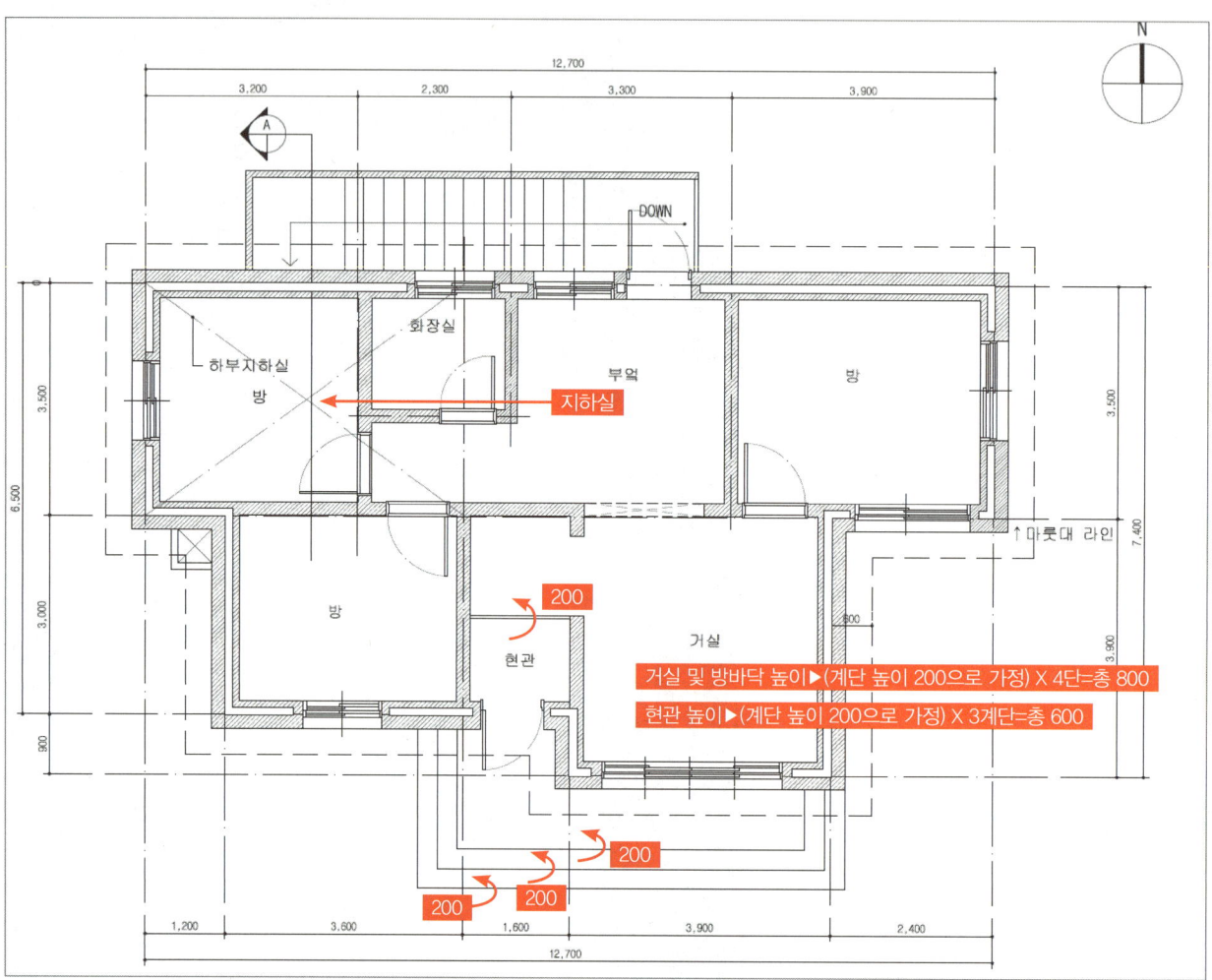

❶ **처마나옴**: 요구사항에 벽체 중심선에서 600mm를 확인하고 평면에 처마라인을 확인한다.
❷ **벽체 중심선**: 도면에서 건축 중심선의 위치 확인한다. ▶ 도면확인결과 전체벽체의 가운데에 건축 중심선이 위치
❸ **벽체두께** ▶ 총 420 = 1.0B(200) + 단열재 120 + 0.5B(100)
❹ **마룻대**: 도면에서 마룻대의 위치를 확인한다.
❺ 지하실의 구조가 단면으로 보이는 유형이다.

❻ 단면상세도로 표현해야 하는 곳 위주 중심선을 세팅한다.

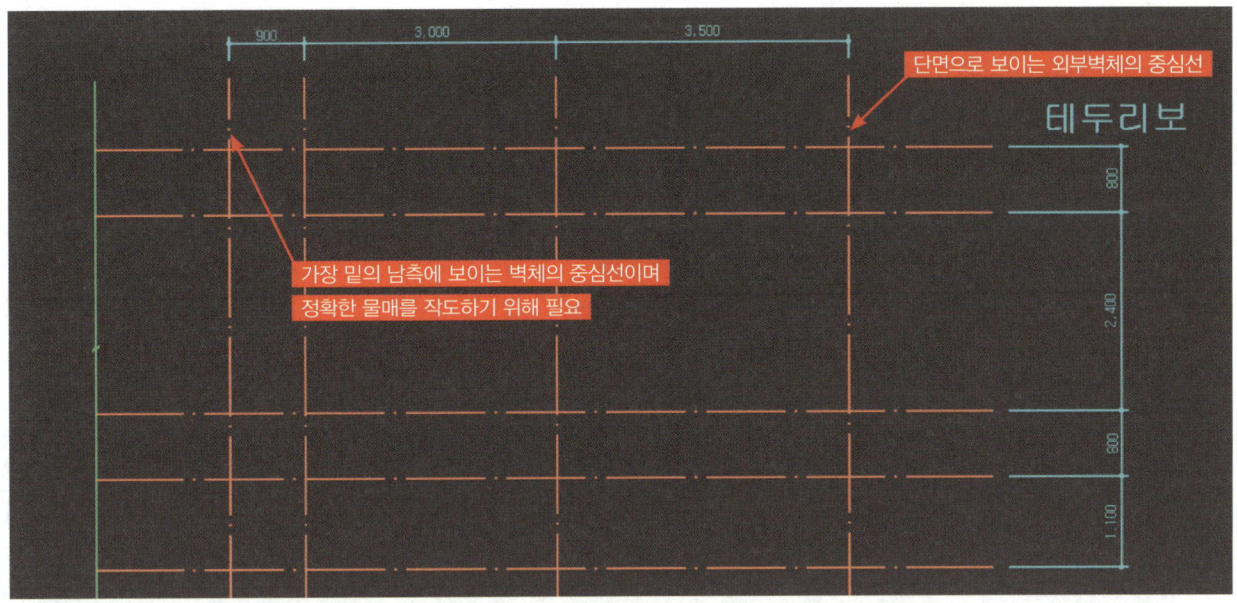

NO.	중점사항	핵심 내용

02	지붕
	구조
	그리기
		• 물매선을 그린 후 지붕 슬라브, 처마, 테두리보 구조를 그린다.
		• 테두리보 적정 높이 확인: 처마가 천장보다 내려온다면 테두리보를 더 올린다.
		• 물매선을 그릴 때 주의사항:
		  물매선은 마룻대를 기준으로 가장 멀리 떨어져 있는 벽체의 중심선을 기준으로 잡는다.
		• 외벽벽체 두께확인:
		  벽돌두께 및 단열재의 두께를 확인하여 전체벽체두께를 계산하여 테두리보의 두께를 동일하게 산정한다.

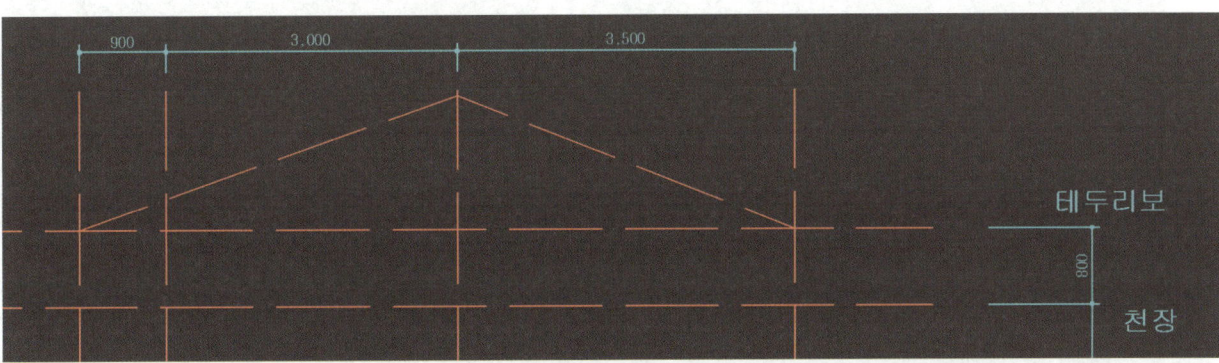

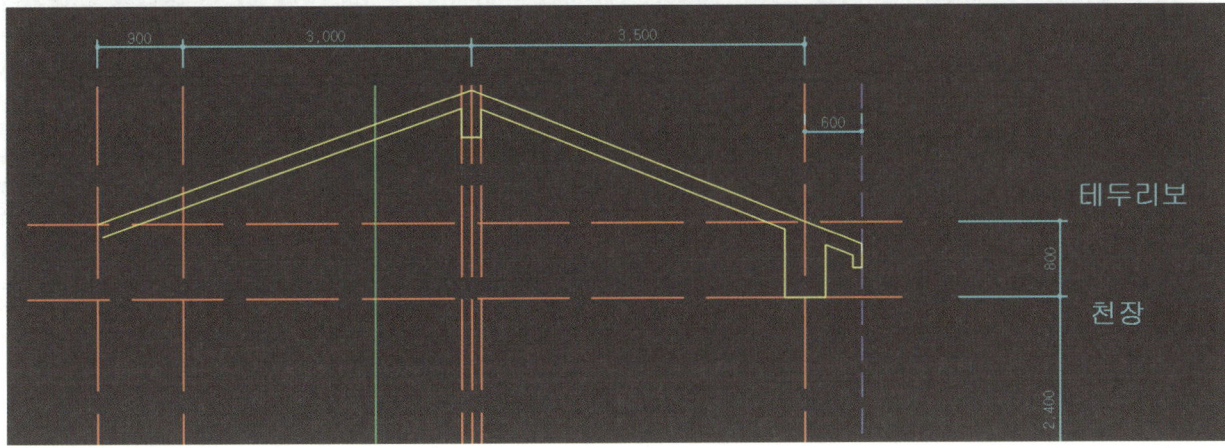

NO.	중점사항	핵심 내용
03	기초 그리기	• 벽체가 있는 곳을 체크하며 벽체 하부에 기초를 그린다. • 기초의 폭 체크: 요구사항의 벽체두께를 확인하여 기초의 폭을 정하여 그린다. • 중심선의 위치 확인: 중심선이 전체 벽체의 가운데에 있는지 또는 내벽의 가운데에 있는지 체크한다.
04	벽체 및 창호 그리기	• 외벽벽체 두께확인: 벽돌두께 및 단열재의 두께를 확인하여 두께를 산정한다. • 문의 단면을 그릴 때 체크사항: 문턱이 있는지 평면을 확인한다.
05	실내바닥 구조 그리기	• 방바닥 높이는 요구조건에 맞게 그리되 요구조건에 없을 경우 G.L선에서 현관을 거쳐 거실입구까지 계단높이를 참조하여 정한다. • 바닥슬라브 단열재 두께 요구사항을 확인하여 그린다.

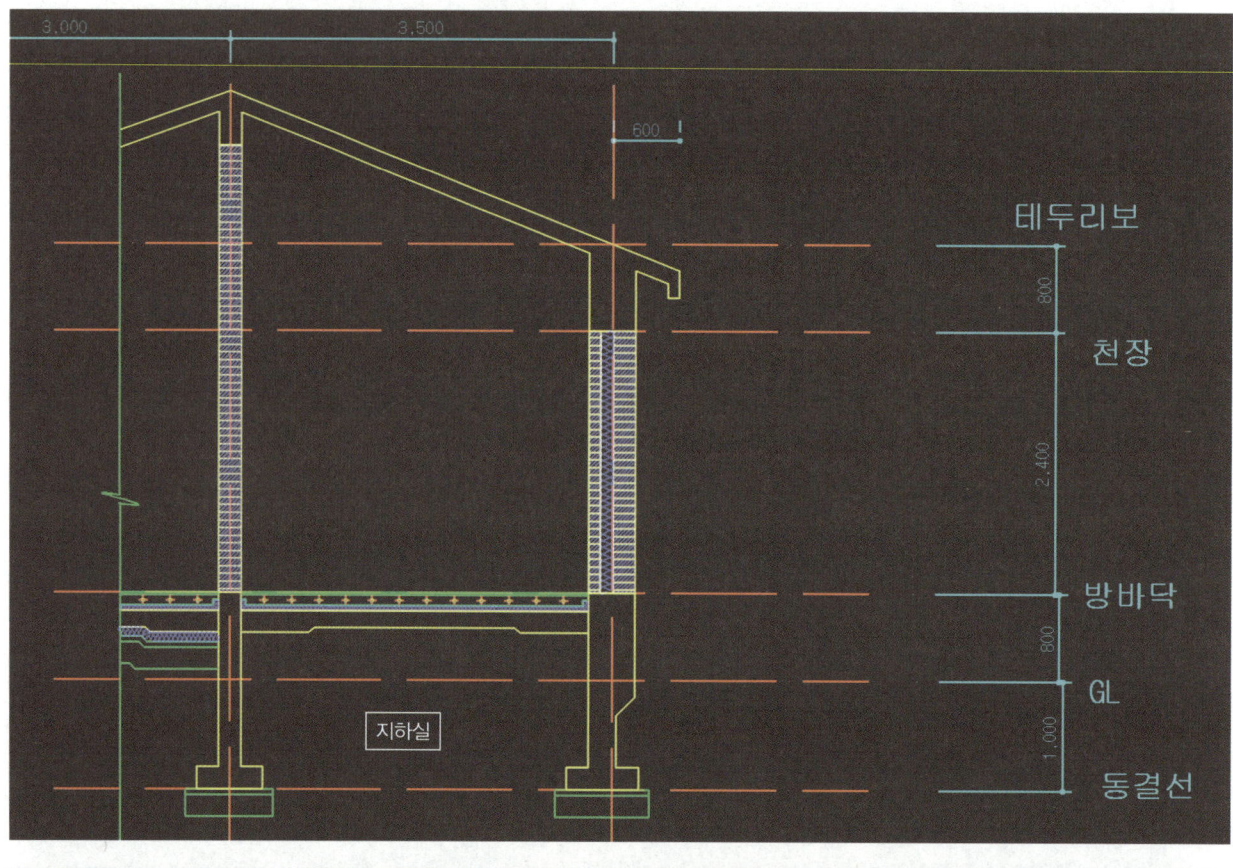

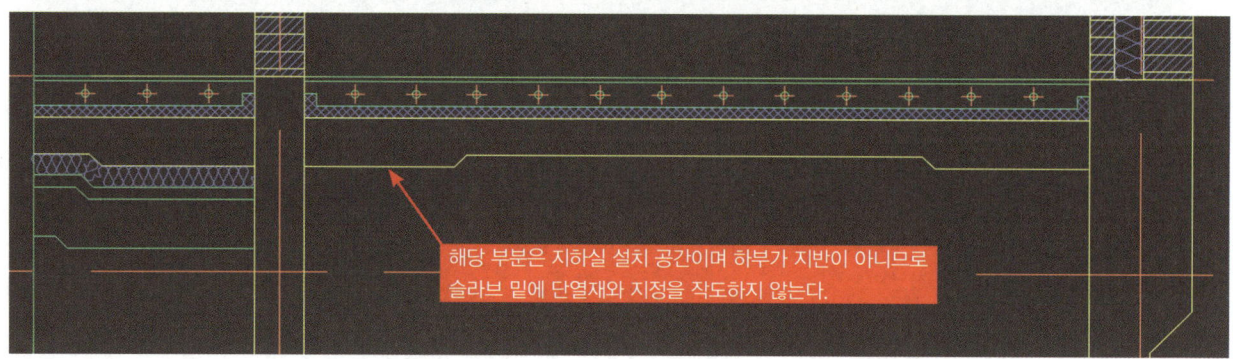

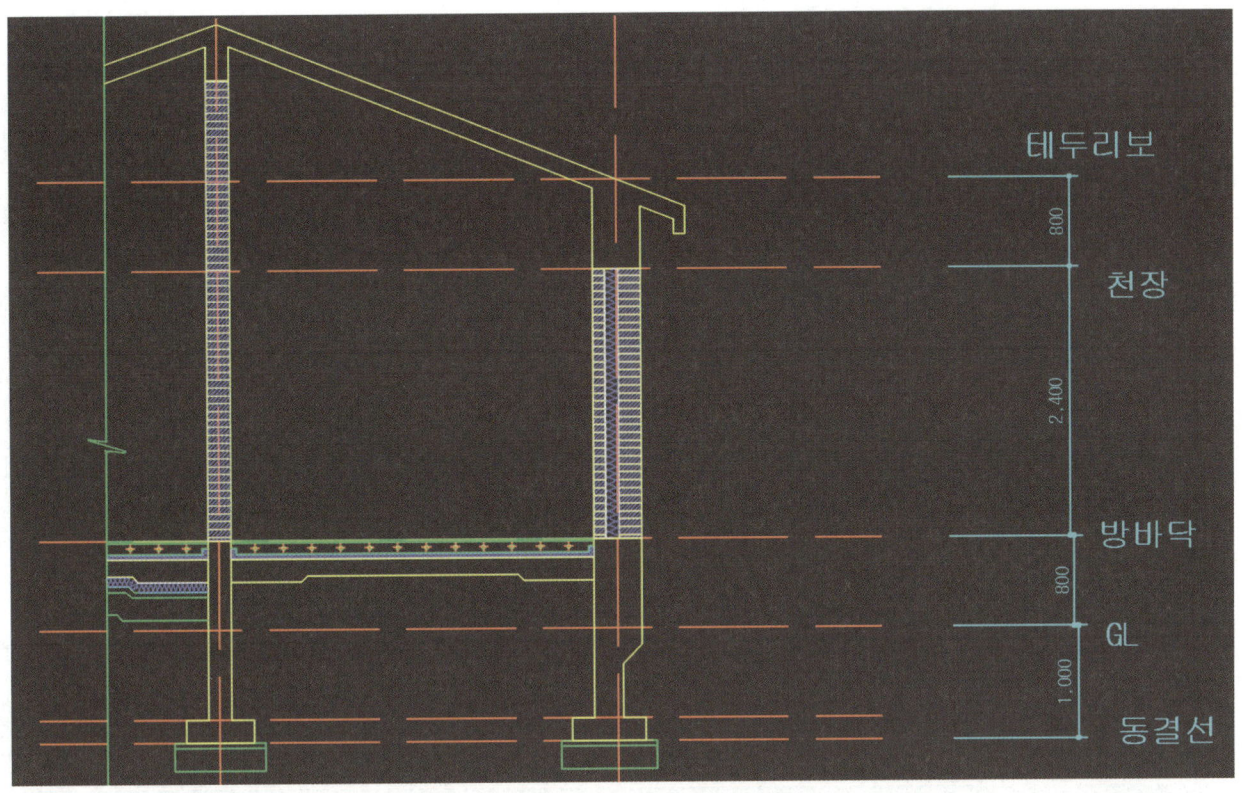

NO.	중점사항	핵심 내용
06	지하실 그리기	• 지하실 실내 높이를 고려하여 바닥라인 산정 • 바닥, 벽 방수 고려 • 지하실 외부 트렌치 고려 • 외기와 접하는 벽은 외기의 열손실 방지 차원에서 단열 고려

■ 지하실 바닥마감 라인 기준선 작도

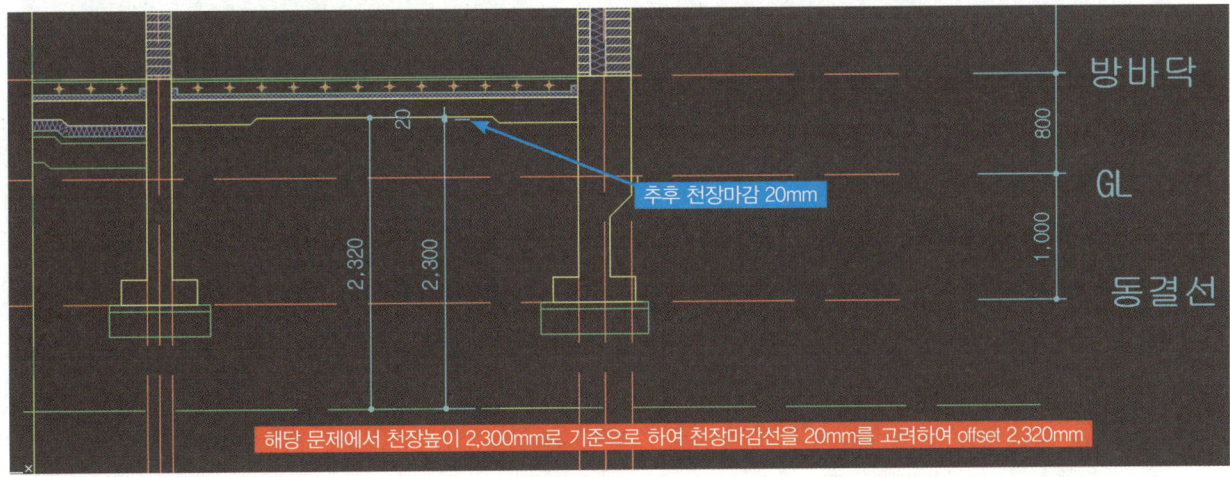

■ 지하실 기초를 지하실바닥까지 내리기

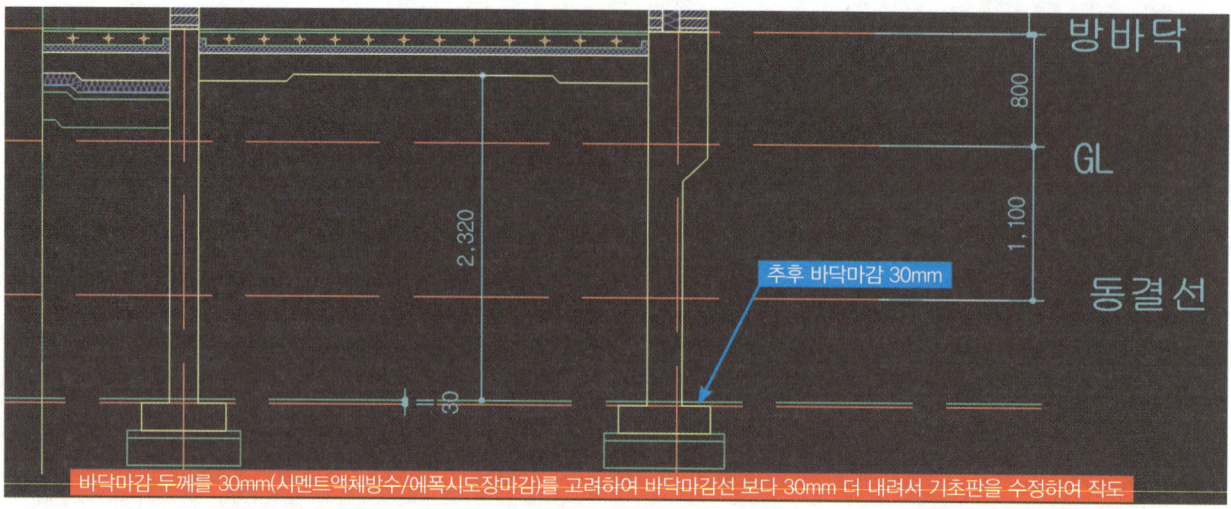

■ 지하실 도어 개구부 표현/옹벽구조 조성 외

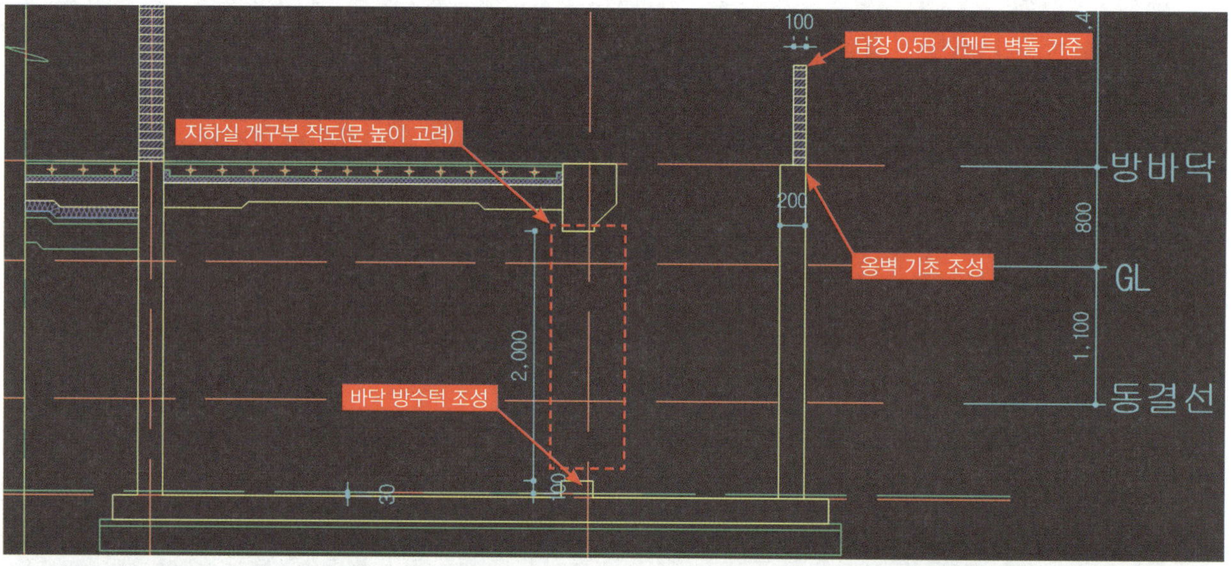

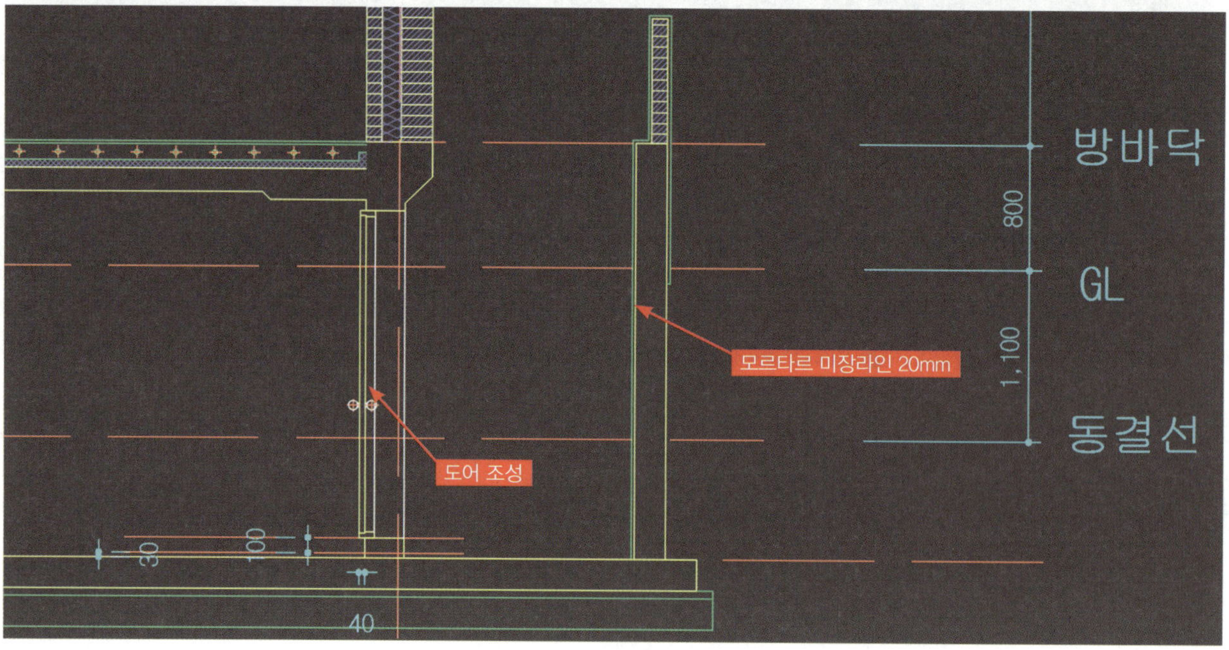

■ 지하실 벽체 및 천장공사

■ 지하실 바닥공사

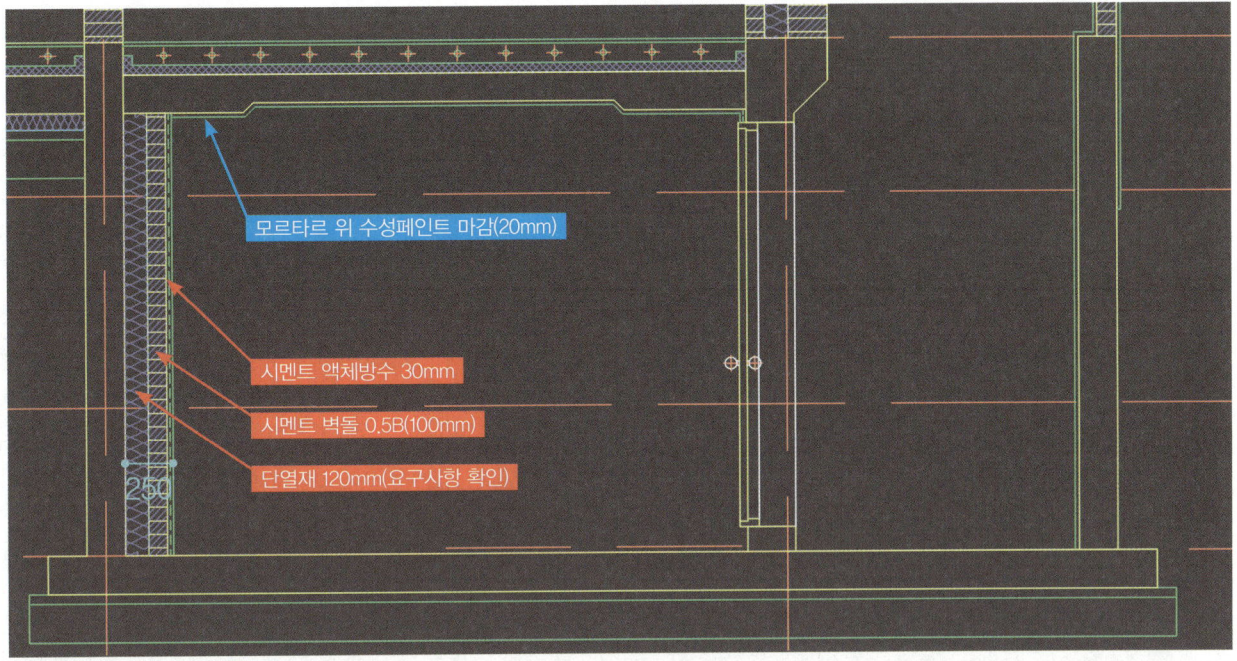

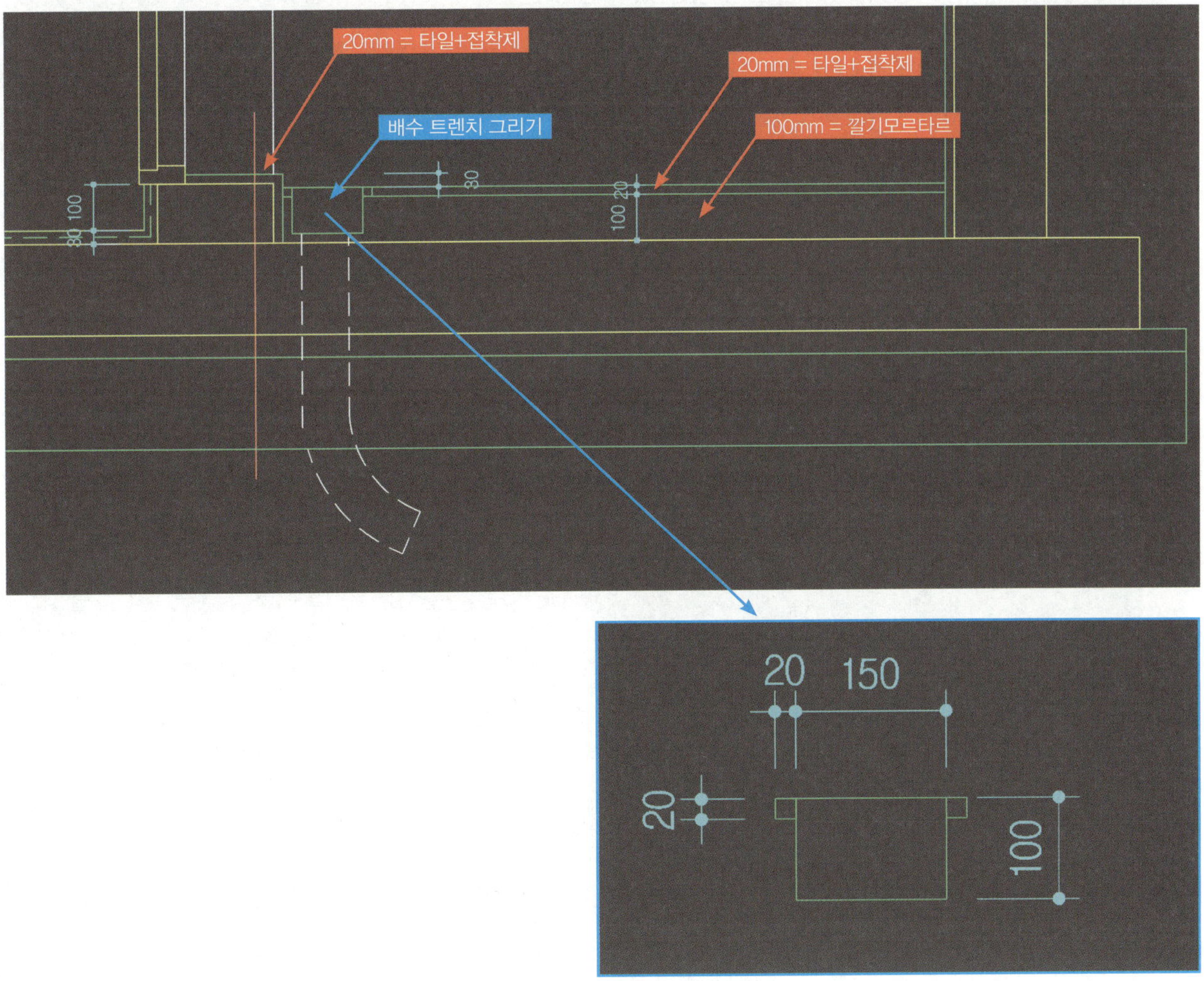

NO.	중점사항	핵심 내용
07	1층 실내 천장 그리기	• 지붕슬라브 단열재두께: 요구사항 확인 • 커튼박스가 평면도 및 시험요구조건에 명시되어 있을 경우 도면에 표기

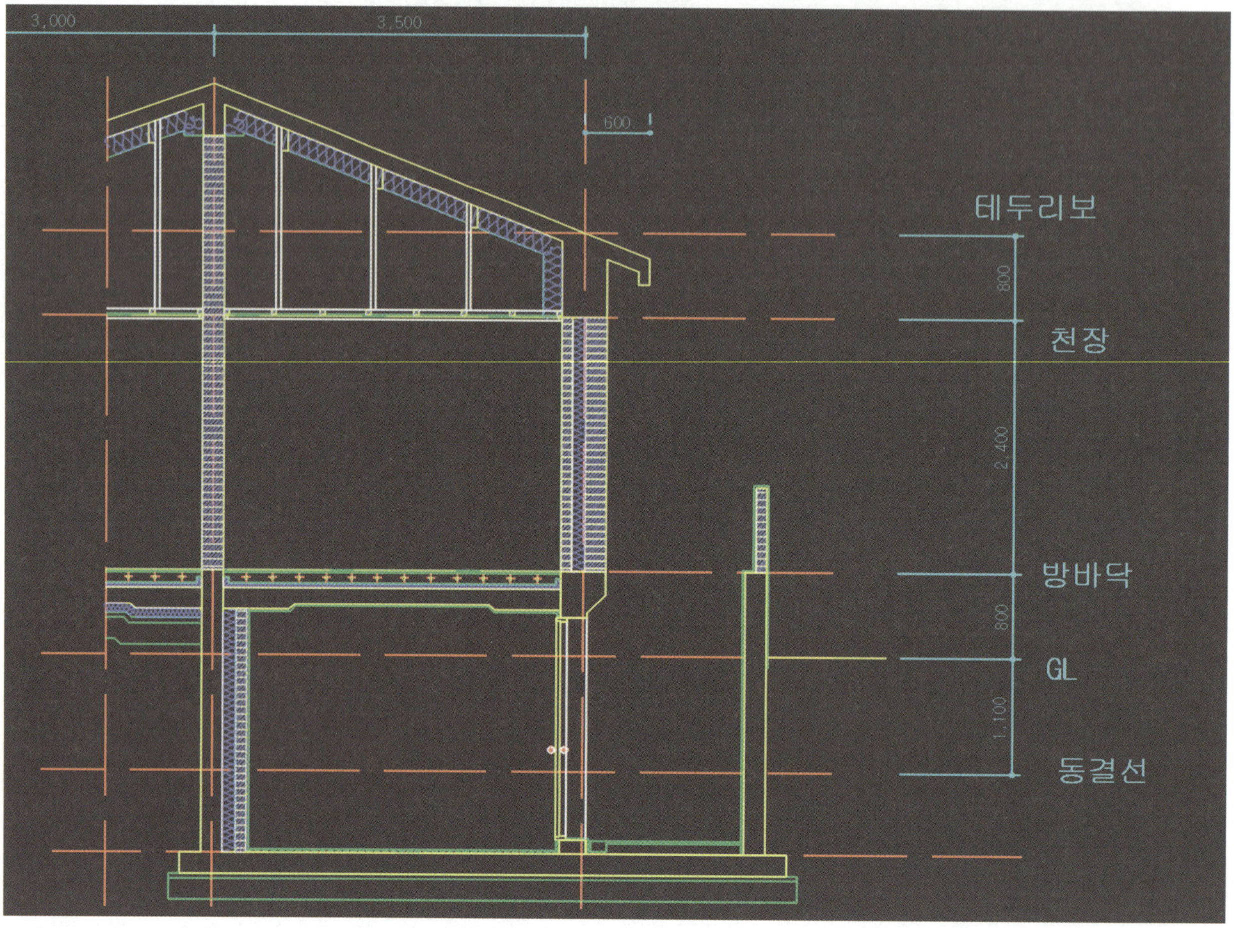

NO.	중점사항	핵심 내용
08	지붕 상세도 그리기	• 모르타르라인 두께: 방수하는 곳 30mm, 방수하지 않는 곳 20mm • 처마반자, 지붕기와 단면, 암마룻장, 숫마루장 단면, 용머리장식 입면 • 지붕의 박공부위 입면이 보이는 곳이 있는지 체크 • 굴뚝 그리기

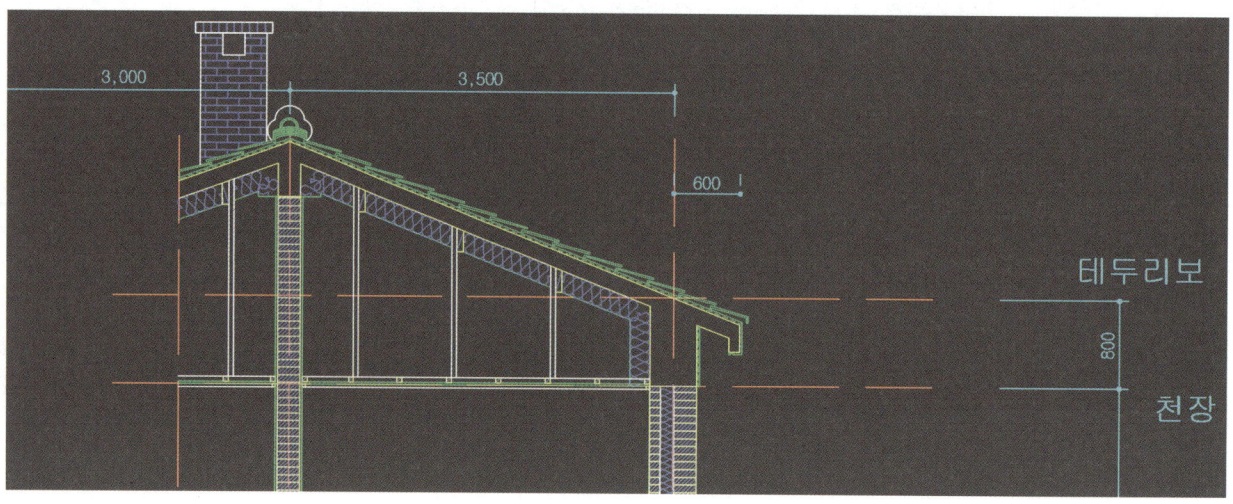

NO.	중점사항	핵심 내용
09	기타	• 실내: 도어, 걸레받이, 벽체입면, 창호, 재질표기 등 체크 • 실외: 벽체 입면, 난간, 홈통(캐노피가 있으면 표기), G.L선, 재질표기 등 • 마감선 표기: 모르타르 라인, 걸레받이 단면, 테라스 및 현관 바닥단면 등

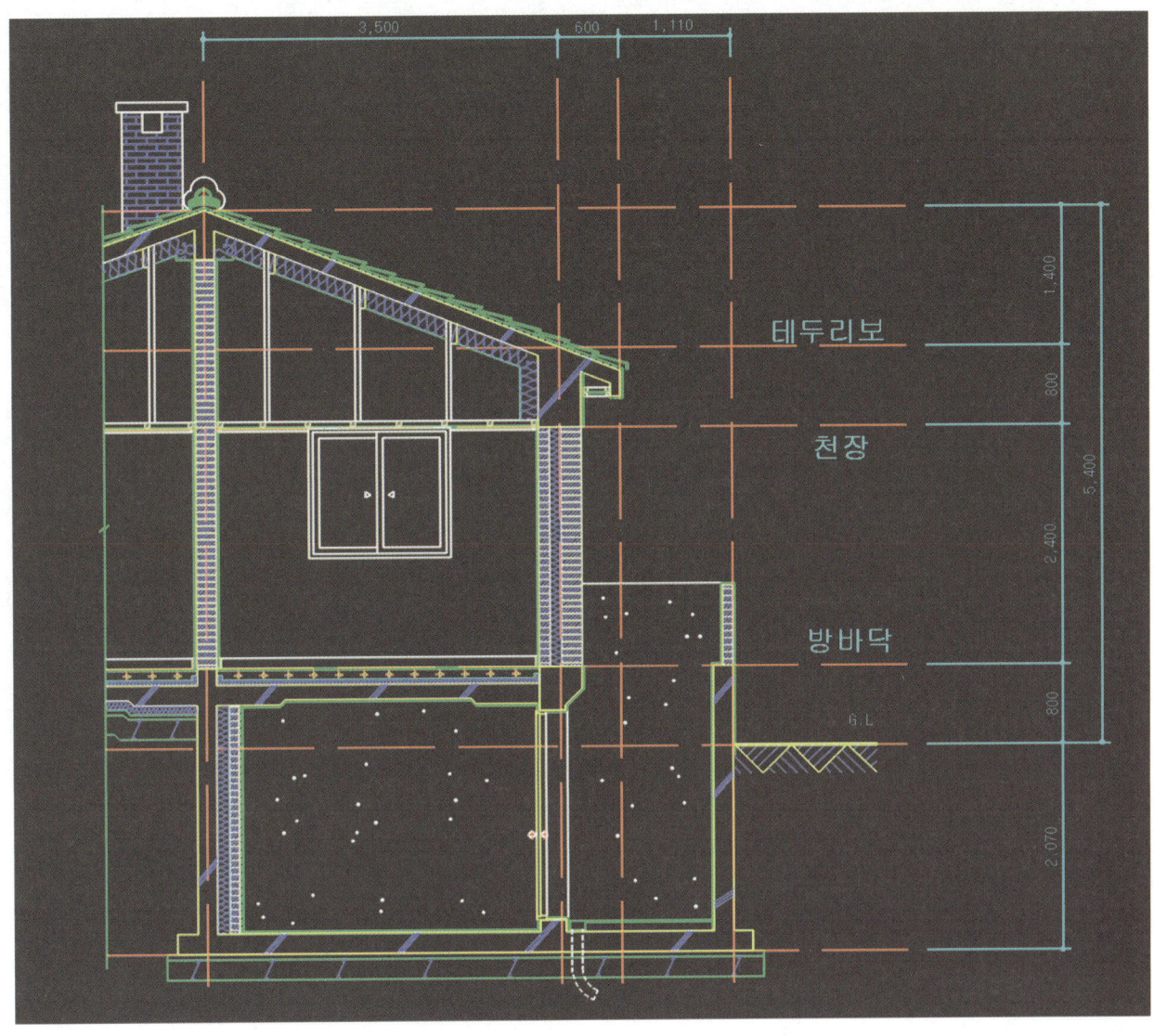

NO.	중점사항	핵심 내용
10	치수선 문자선	• 물매표기, 표제란, 도면명 등 표기 • 실명(방, 거실, 테라스 등) 표기

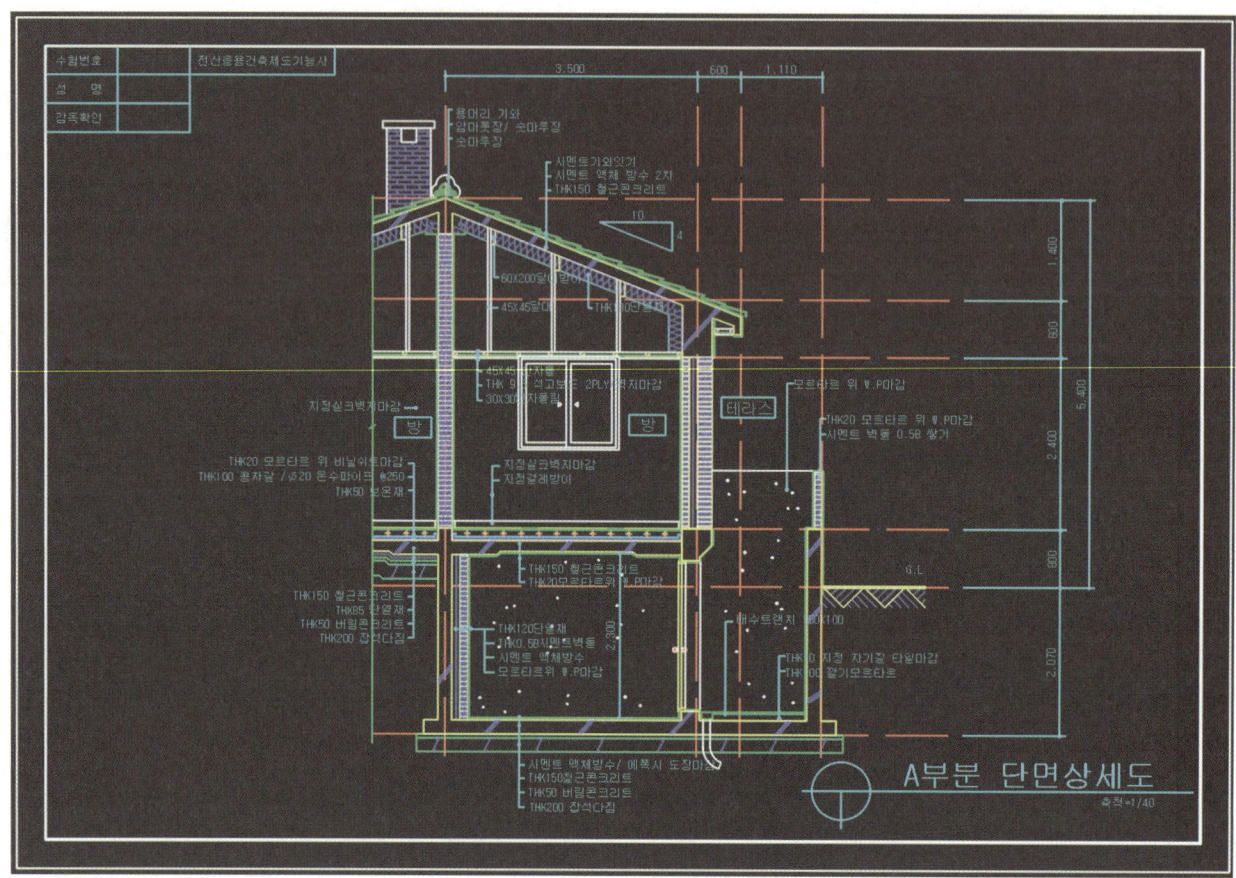

2 단면상세도

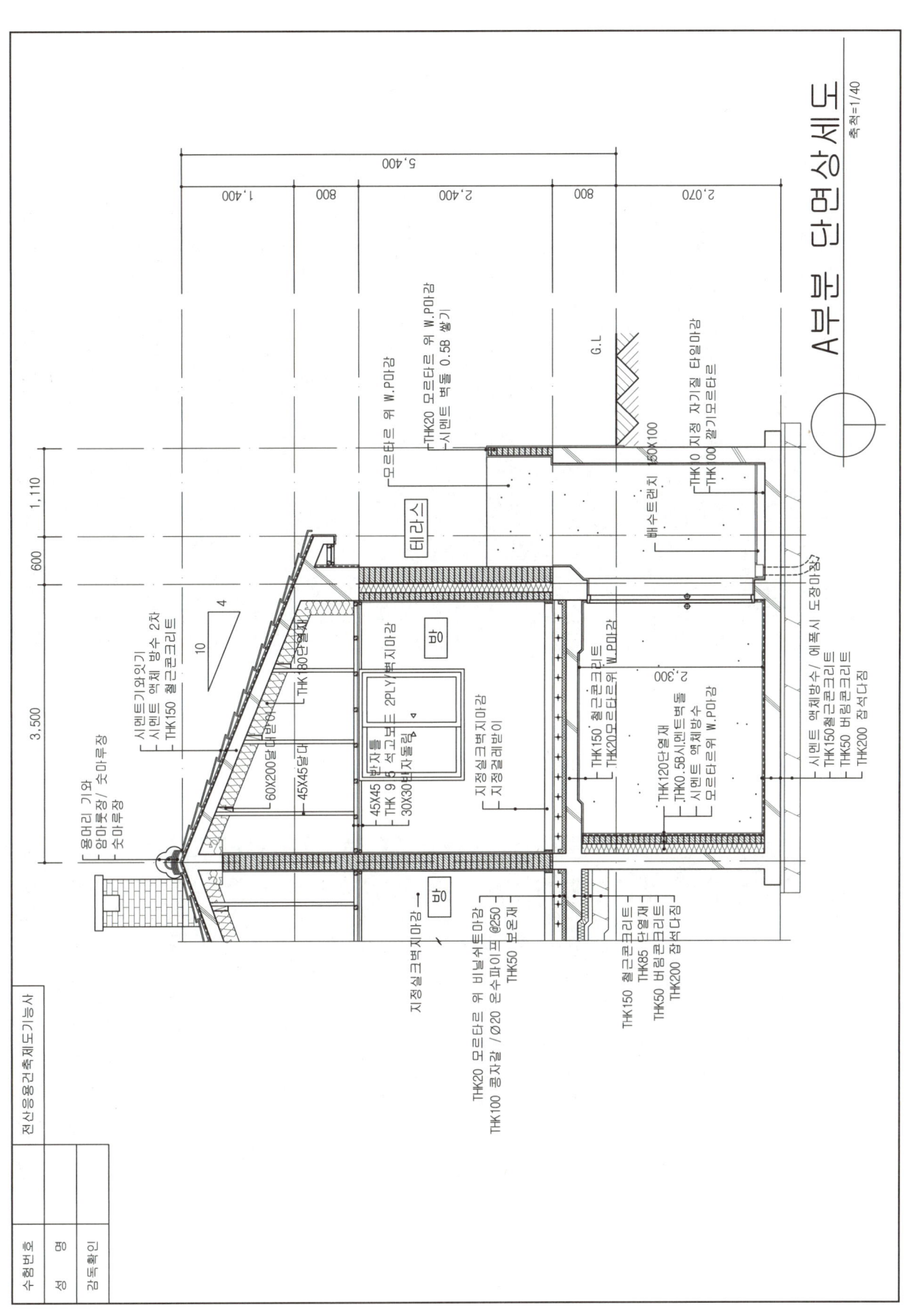

3 남측입면도 문제풀이

NO.	중점사항	핵심 내용
01	중심선 세팅	• 수평선 그리기: G.L선, 방바닥 높이, 반자 높이, 테두리보 높이 • 수직선 그리기: 벽체 중심선, 마룻대, 처마라인

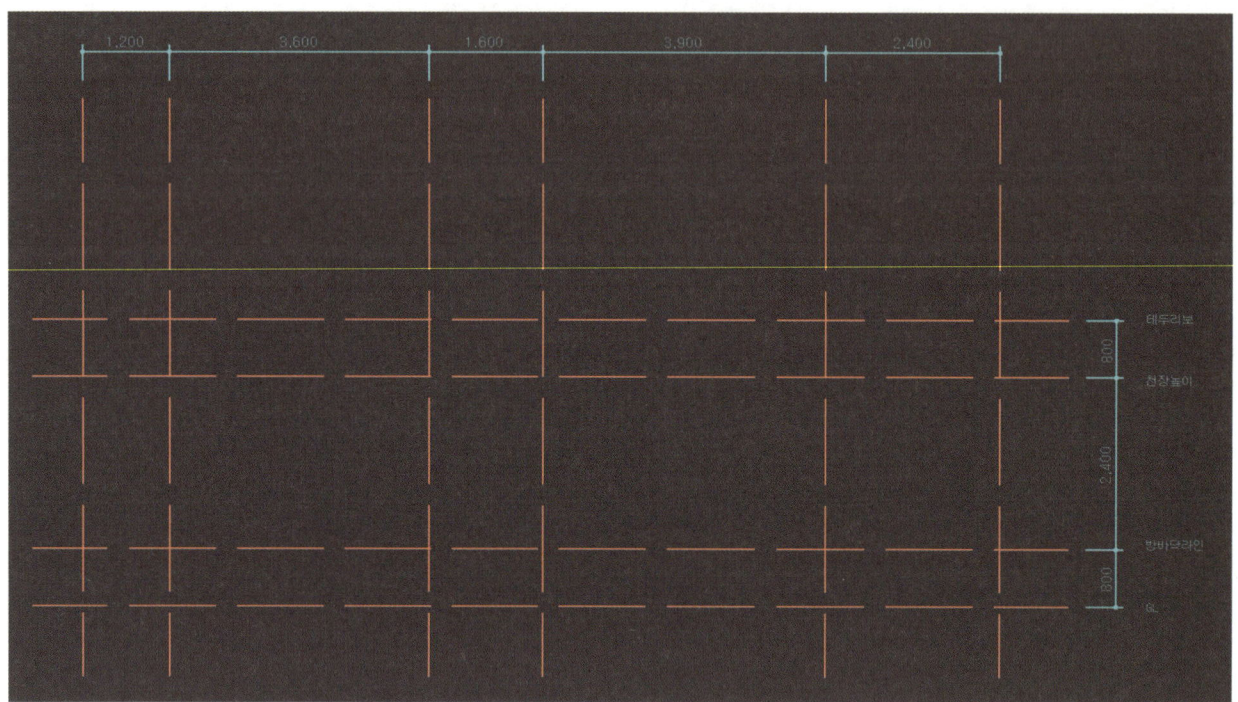

NO.	중점사항	핵심 내용
02	지붕구조 그리기	• 측면입면의 지붕구조를 그린 후 마룻대와 처마의 기준점을 찾아 정면입면도의 지붕구조 그리기 • 구조를 그리며 반대측 처마가 정면에서 보이는지 체크 • 기와 입면 그리기

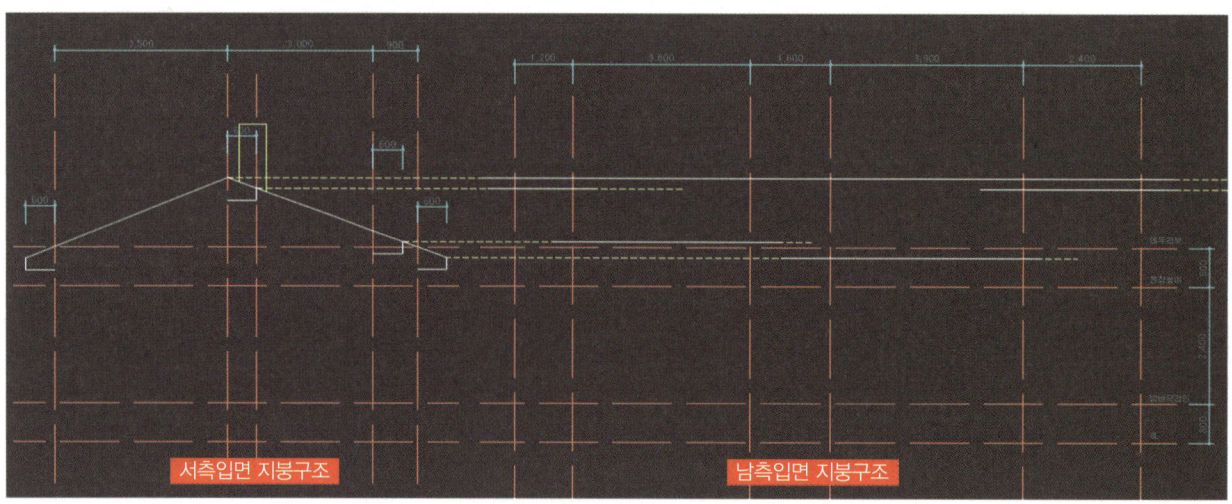

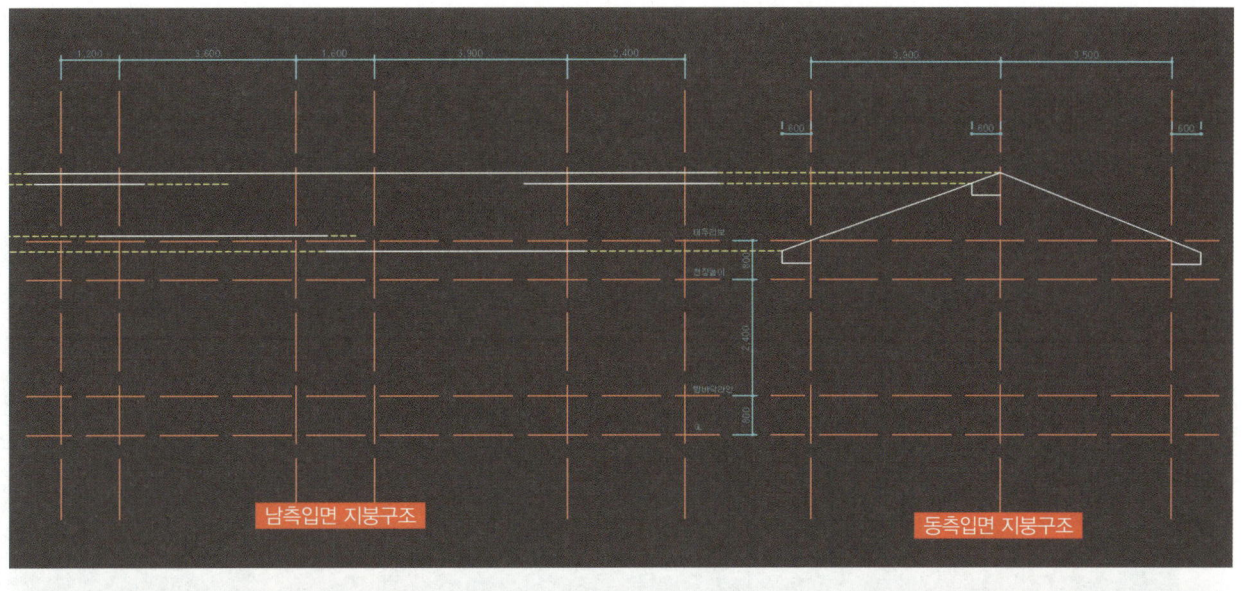

남측입면 지붕구조 / 동측입면 지붕구조

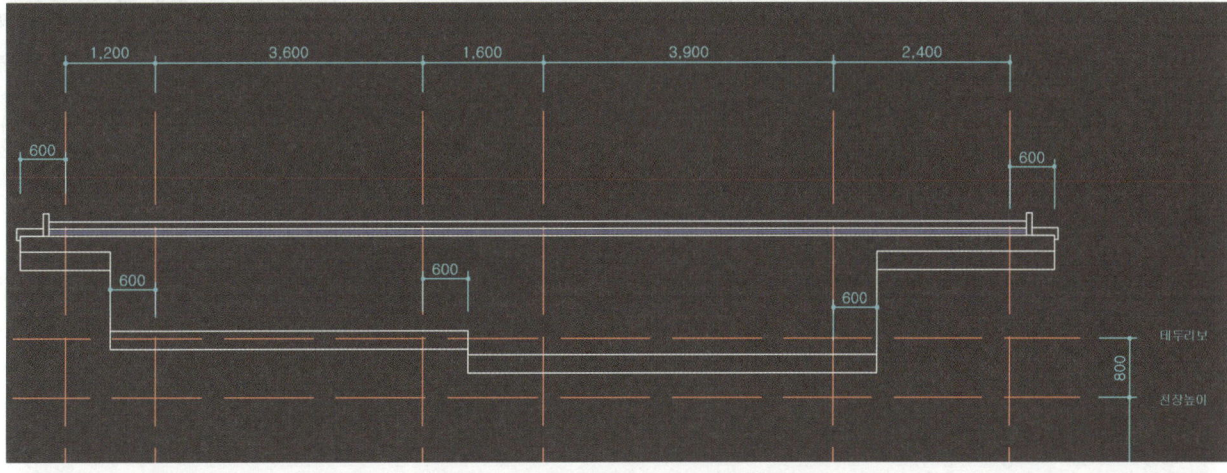

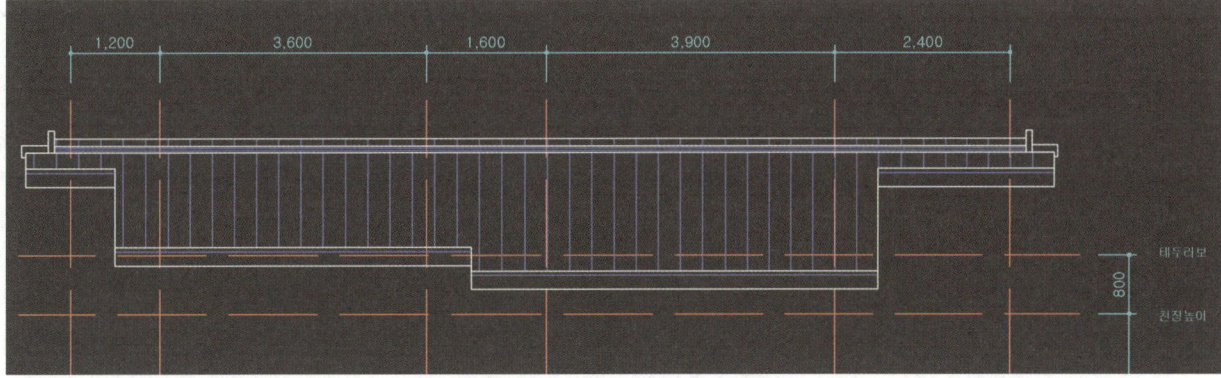

NO.	중점사항	핵심 내용
03	벽체구조	• G.L선 레이어 변경 • 벽체 입면선 그리기 • 기초 상단부와 테두리보 하단부 라인 그리기

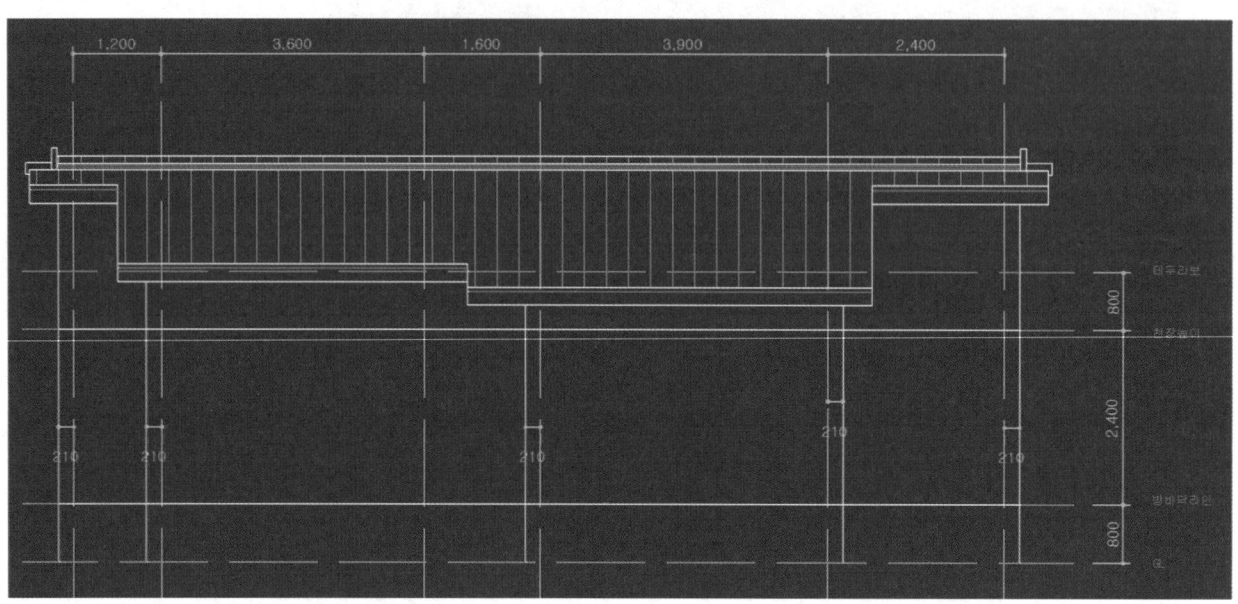

NO.	중점사항	핵심 내용
04	기타 입면 그리기	• 테라스 바닥 및 켄틸레버, 홈통그리기 • 창호 입면그리기 • 난간 그리기 • 굴뚝 및 처마반자 그리기(입면에서 보이는 경우) • 재질 표기 외

- 처마반자 남측입면 좌측: 서측입면 구조를 통해 처마반자를 검토하여 작도한다. 굴뚝은 평면을 확인하여 작도한다.

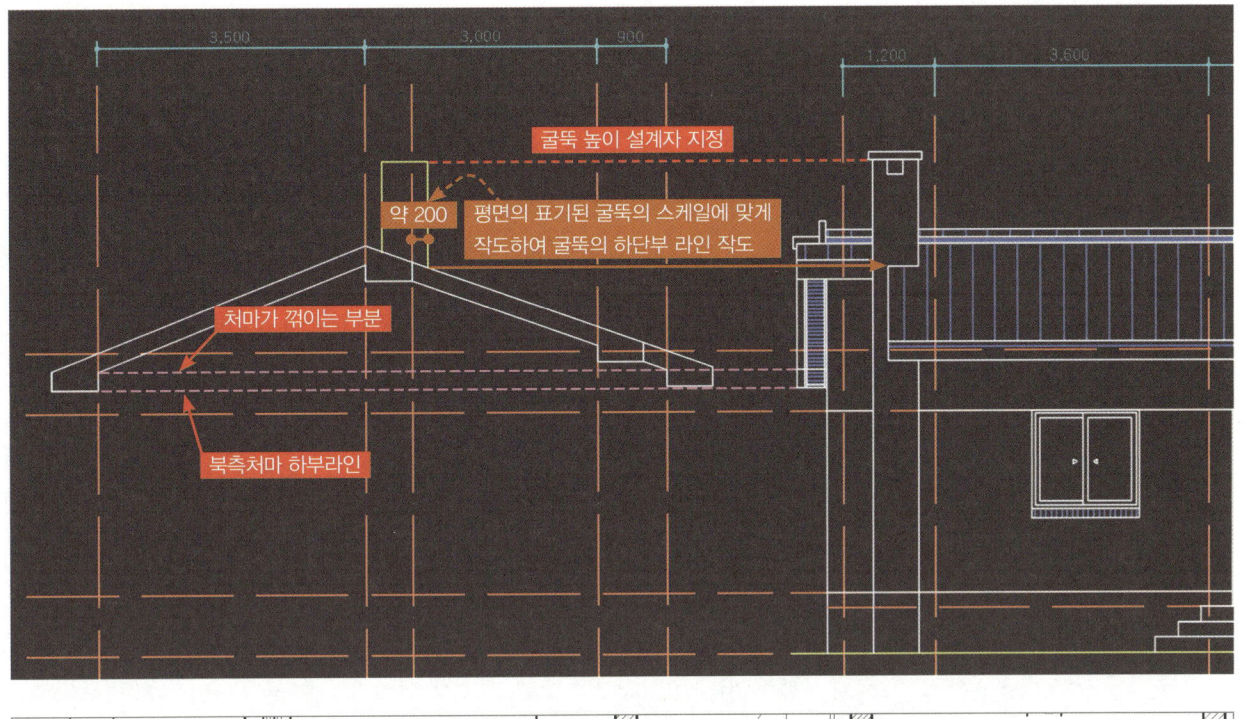

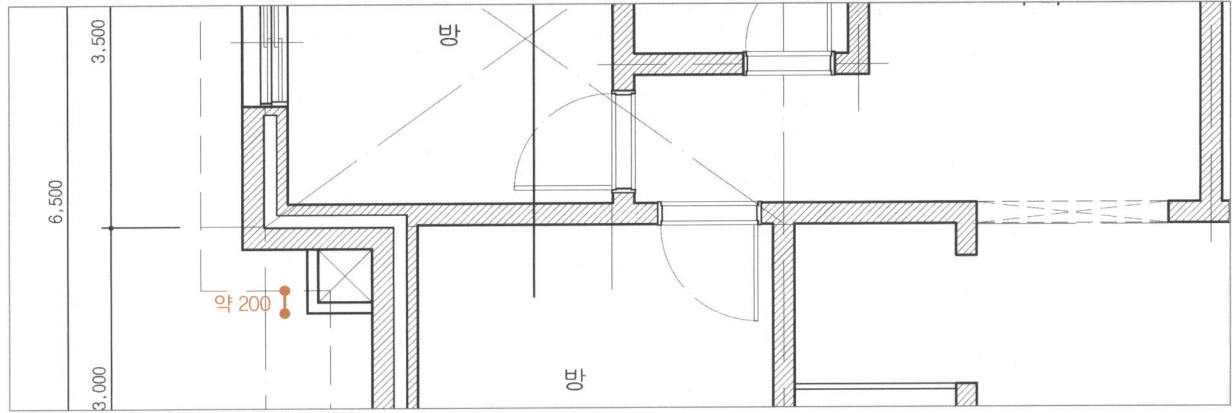

- 처마반자 남측입면 우측: 동측입면 구조를 통해 처마반자를 검토하여 작도한다.

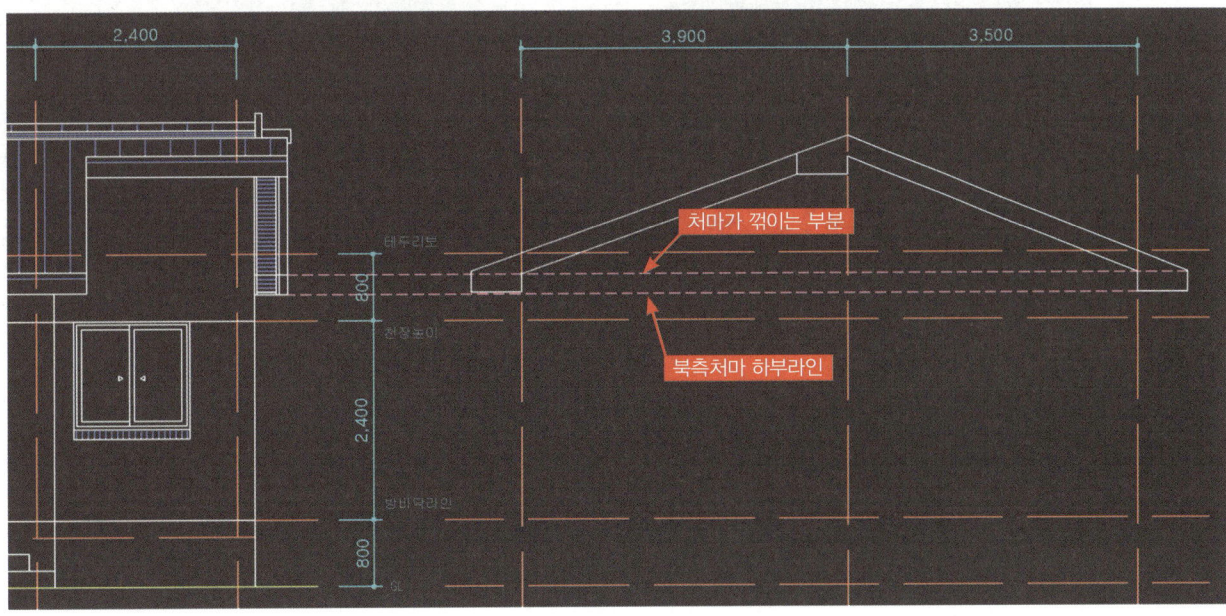

NO.	중점사항	핵심 내용
05	재질표기 문자선 외	• 나무 그리기 • 문자선 외

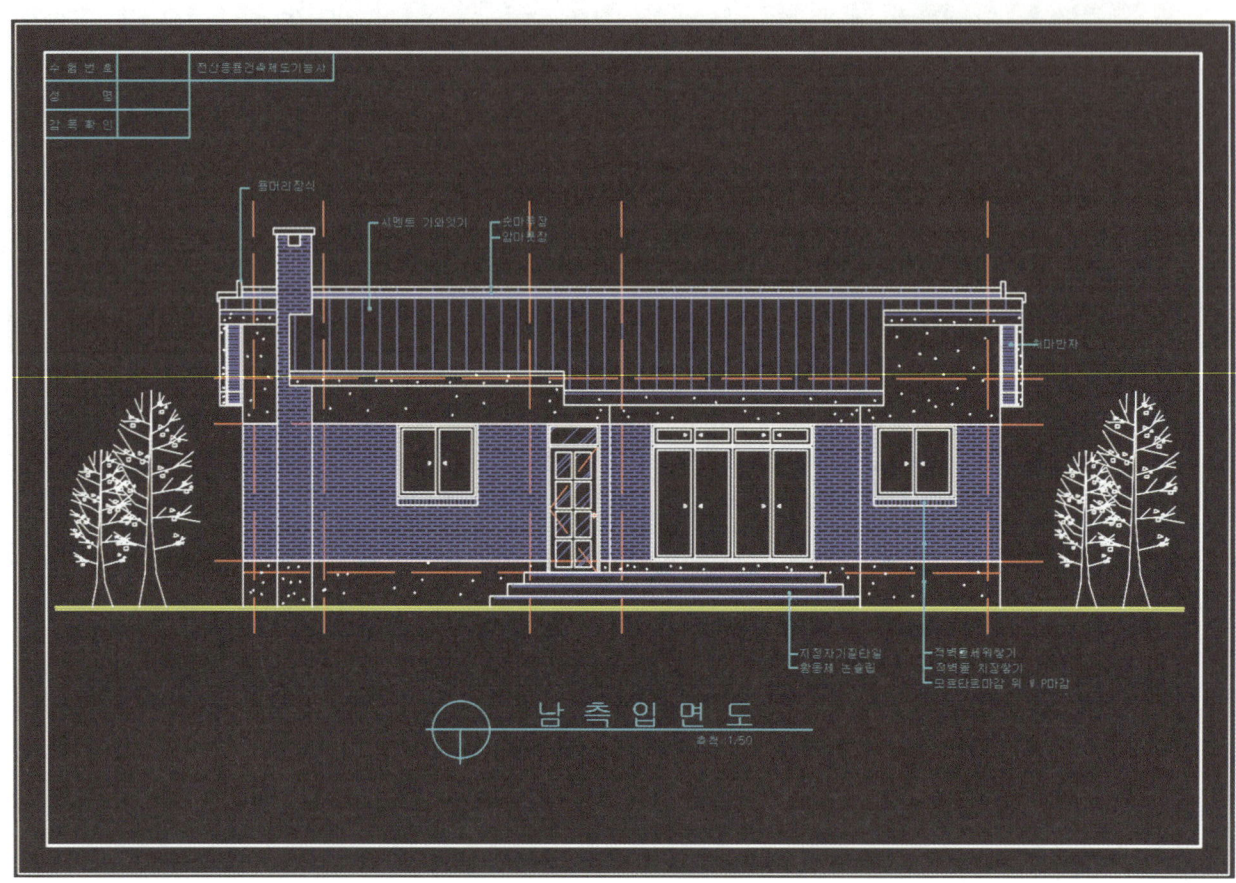

H유형 상세 남측입면도

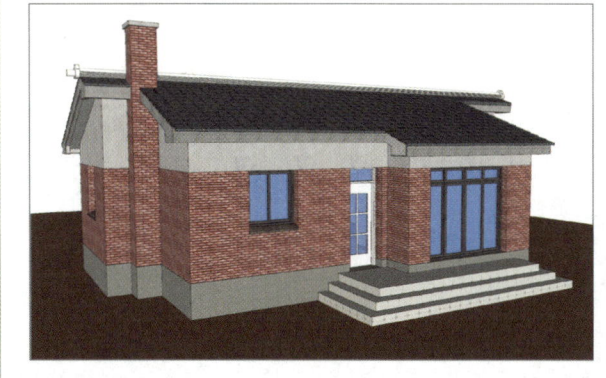
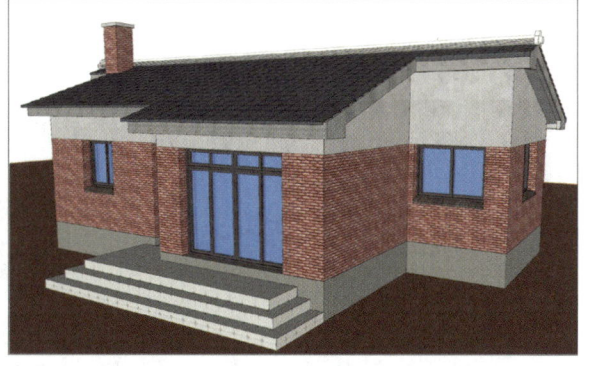

4 남측입면도

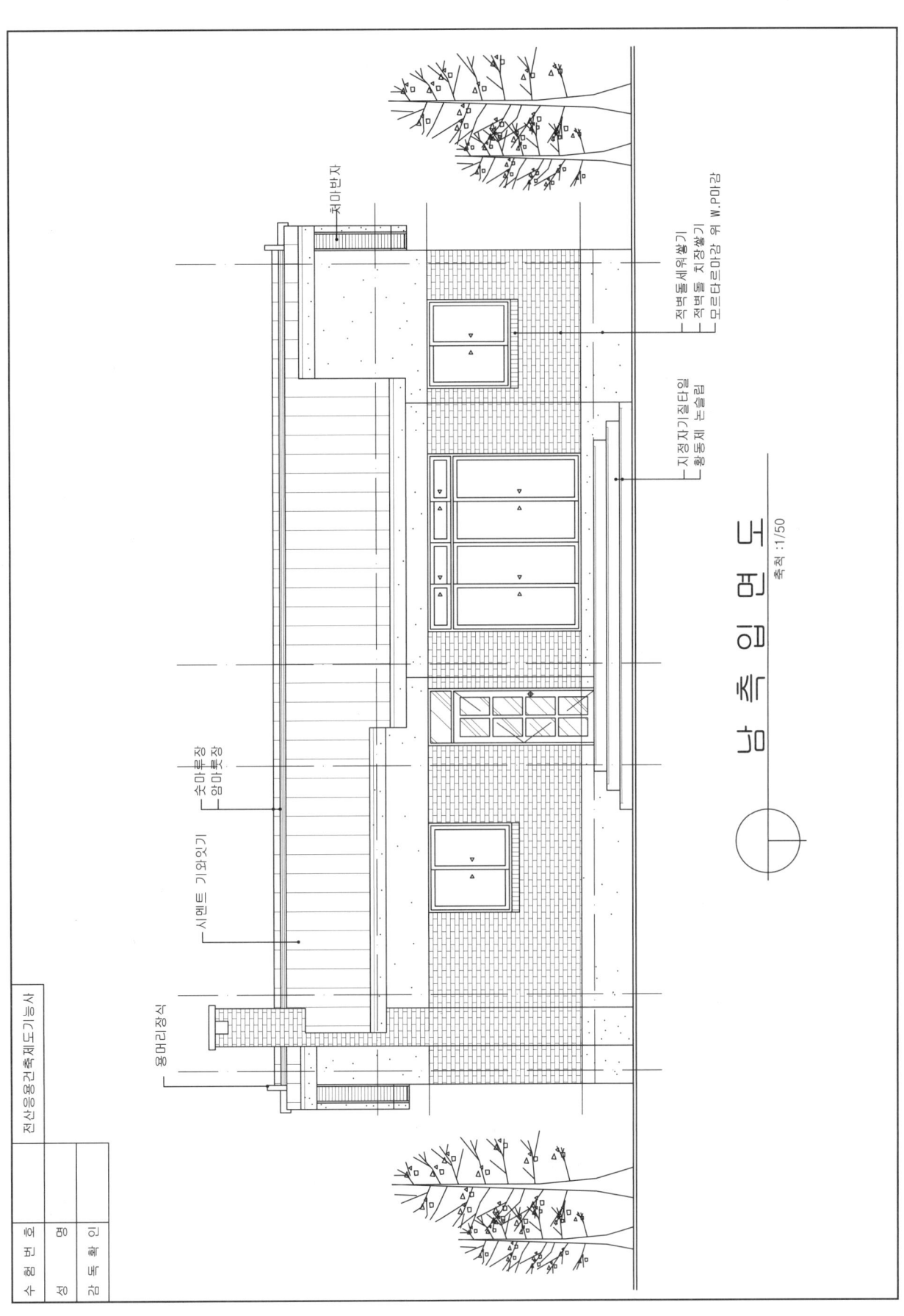

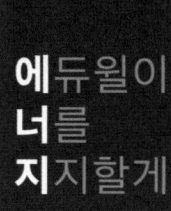

당신이 상상할 수 있다면 그것을 이룰 수 있고,
당신이 꿈꿀 수 있다면 그 꿈대로 될 수 있다.

PART

08

기출예제 문제풀이

출제유형 분석

대표유형에 따른 14개의 기출예제 문제풀이를 통해 제한시간 안에 정확하게 제도하는 연습을 합니다.

수험자 개인에게 맞는 작업환경을 세팅하고 기본적인 도면설정 항목들을 반복적으로 연습하여 숙달합니다.

유형별 제도 POINT

각 예제별 문제풀이과정에서 핵심내용의 항목들을 확인합니다.

본 실기시험의 가장 중요한 핵심은 요구조건에 맞는 도면작업과 제한시간 안에 완성된 캐드 파일과 올바르게 출력한 답안을 제출하는 것입니다.

프로그램 오류 등의 실전에서 발생할 수 있는 문제들을 감안하여 작업 중간 중간에 수시로 저장하는 습관을 들이는 것이 중요합니다.

국가기술자격 실기시험문제

| 자격종목 | 전산응용건축제도기능사 | 과제명 | 주택 |

※ 시험시간 표준시간 4시간 10분

> **2016년 A유형**
> - 방에 창호가 있는 벽체를 단면으로 표기
> - 화단을 단면으로 표기

01 요구사항

주어진 평면도를 보고 CAD를 이용하여 아래 조건에 맞게 다음 도면을 작도 한 후, 지급된 용지에 본인이 직접 흑백으로 출력하여 파일과 함께 제출하시오.

❶ A부분 단면 상세도를 축척 1/40으로 작도하시오.

❷ 남측입면도를 축척 1/50으로 작도하되 벽면의 마감재료 표시 및 주의의 배경 등 도면의 요소를 충분히 고려하시오.

> ─┤ 조건 ├─
> - 기초 및 지하실 벽체: 철근콘크리트 구조로 하시오.
> - 벽체: 외벽 – 외부로부터 붉은벽돌 0.5B, 단열재, 시멘트 벽돌 1.0B
>   내벽 – 시멘트 벽돌 1.0B
> - 단열재: 외벽 120mm, 바닥 85mm, 지붕 180mm
> - 지붕: 철근콘크리트 경사슬래브 위 시멘트 기와잇기 마감으로 하시오. (물매 3.5/10 이상)
> - 처마나옴: 벽체중심에서 600mm
> - 반자높이: 2,400mm, 처마반자 설치
> - 창호: 목재창호로 하되 2중창인 경우 알루미늄 새시로 하시오.
> - 각실의 난방: 온수파이프 온돌난방으로 하시오.
> - 1층 바닥슬래브와 기초는 일체식으로 표현하시오.
> - 평면도에 표시하지 않은 현관상부 캐노피는 작도하지 않는다.
> - 기타 각 부분의 마감, 치수 등 주어지지 않는 조건은 일반적인 시공수준으로 하시오.
> - 선의 통일을 기하기 위하여 아래와 같이 선의 색을 정리하여 출력하시오.
>   - 흰색 (7-White): 0.3mm
>   - 노랑 (2-Yellow): 0.4mm
>   - 빨강 (1-Red): 0.2mm
>   - 녹색 (3-Green): 0.2mm
>   - 하늘색 (4-Cyan): 0.3mm
>   - 파랑 (5-Blue): 0.1mm

02 수험자 유의사항

※다음 유의사항을 고려하여 요구사항을 완성하시오.

1) 명기되지 않은 조건은 건축법, 건축구조 및 건축제도 원칙에 따릅니다.

2) 시험시작 전 바탕화면에 본인 비밀번호로 폴더를 생성하고, 폴더 안의 작업내용을 저장하도록 합니다.

3) 정전 및 기계 고장 등에 의한 자료손실을 방지하기 위하여 수시로 저장합니다.

4) 다음과 같은 경우는 부정행위로 처리됩니다.
    가) 노트 및 서적, 디스켓을 소지하거나 주고받는 행위
    나) 건물의 구조부분의 상세나 글씨 등을 사전에 블록으로 설정하여 지참해 사용하는 경우

5) 작업이 끝나면 감독위원의 확인을 받은 후 문제지를 제출하고 본부요원 입회하에 본인이 직접 A3용지에 흑백으로 도면을 출력하도록 합니다. 이때 수험자의 운영 미숙으로 도면이 출력되지 않는 경우나 출력시간이 20분을 초과할 경우는 실격처리 됩니다.

6) 장비 조작 미숙으로 장비의 파손 및 고장을 일으킬 염려가 있을 경우 실격됩니다.

7) 다음과 같은 경우에는 채점대상에서 제외됩니다.
    가) 주어진 조건을 지키지 않고 작도한 경우
    나) 요구한 전도면을 작도하지 않은 경우
    다) 건축제도 통칙을 준수하지 않거나 건축 CAD의 기능이 없는 상태에서 완성된 도면

8) 수험번호, 성명은 도면 좌측 상단에 아래와 같이 표제란을 만들어 기재합니다.

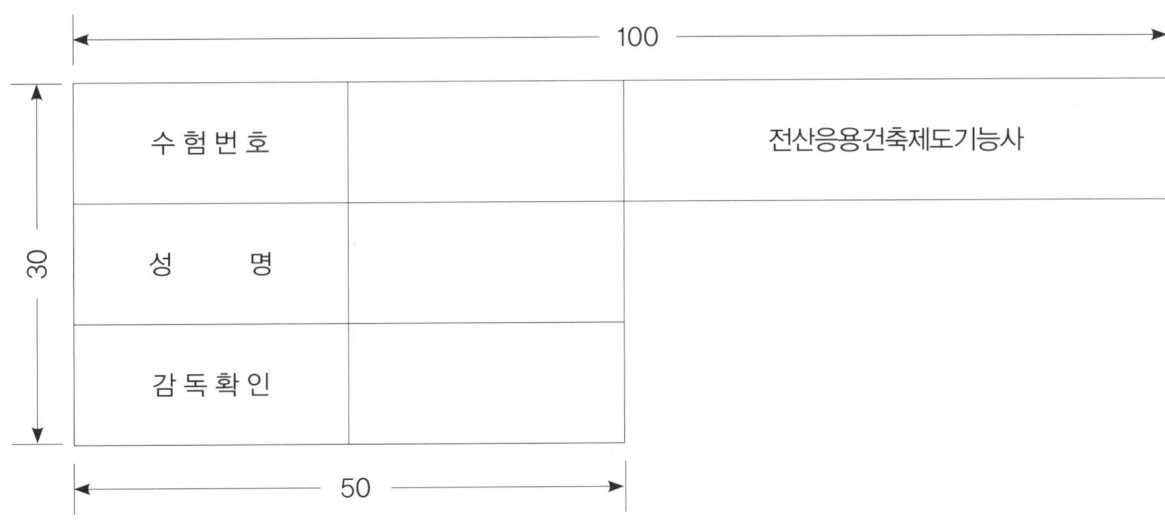

9) 감독위원은 시험시작 후 수검자에게 표제란을 우선 작도 후 도면을 작도하도록 하여야 하며, 수험자가 감독위원의 지시를 따르지 않을 경우 실격 처리됩니다.

10) 테두리선의 여백은 10mm로 합니다.

03 평면도

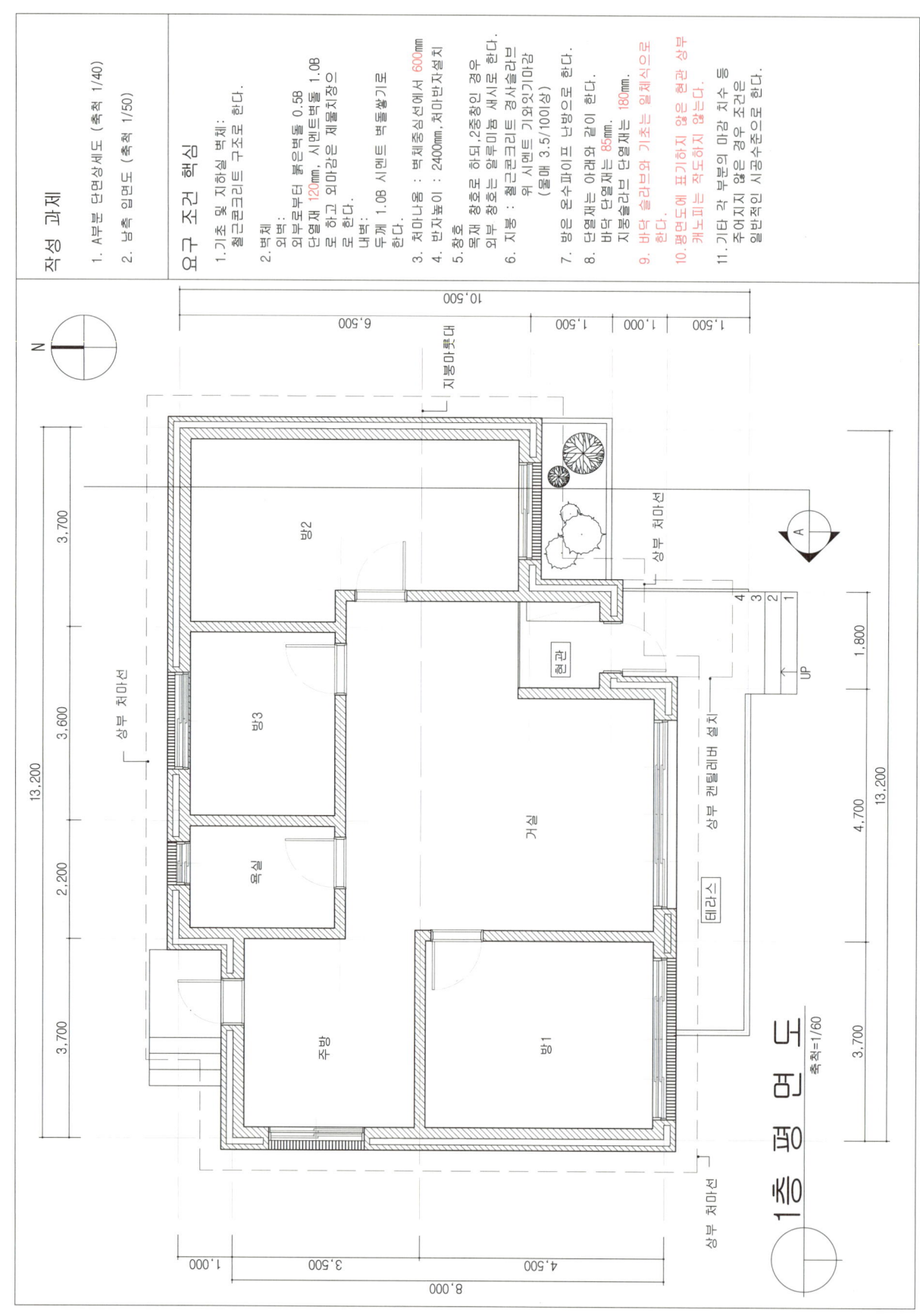

1 단면상세도 문제풀이

NO.	중점사항	핵심 내용
01	중심선 세팅 지붕구조	• 수평선 그리기: G.L선, 기초동결선, 방바닥 높이, 반자 높이, 테두리보 높이 • 수직선 그리기: 벽체중심선, 마룻대, 처마라인 • 지붕구조, 테두리보 외 그리기

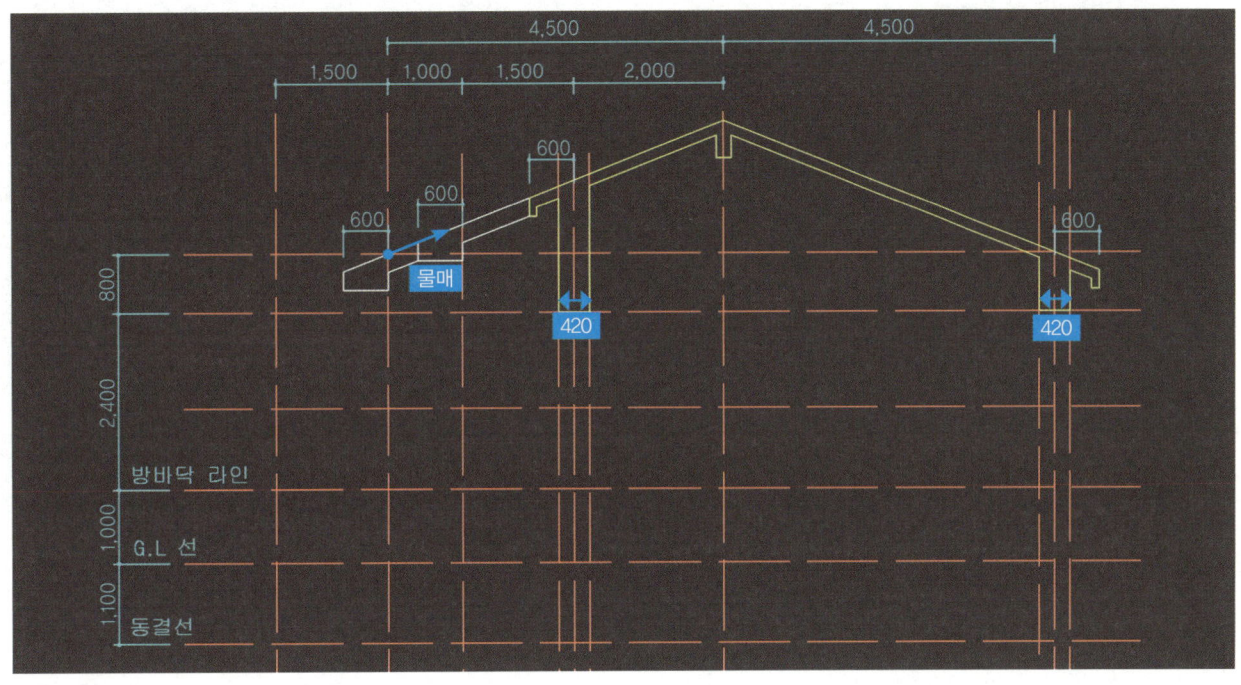

NO.	중점사항	핵심 내용
02	기본구조	• 기초 그리기 → 벽체 및 창호 • 테라스 바닥 및 캐노피, 실내바닥 구조 그리기 외

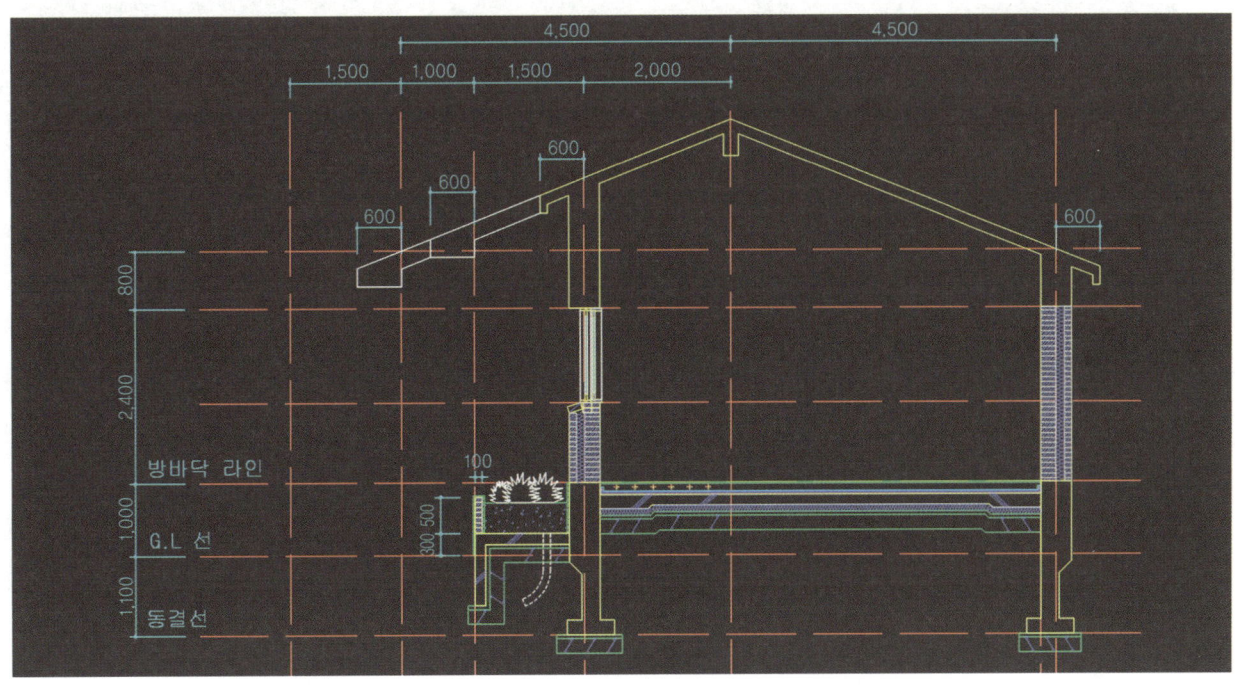

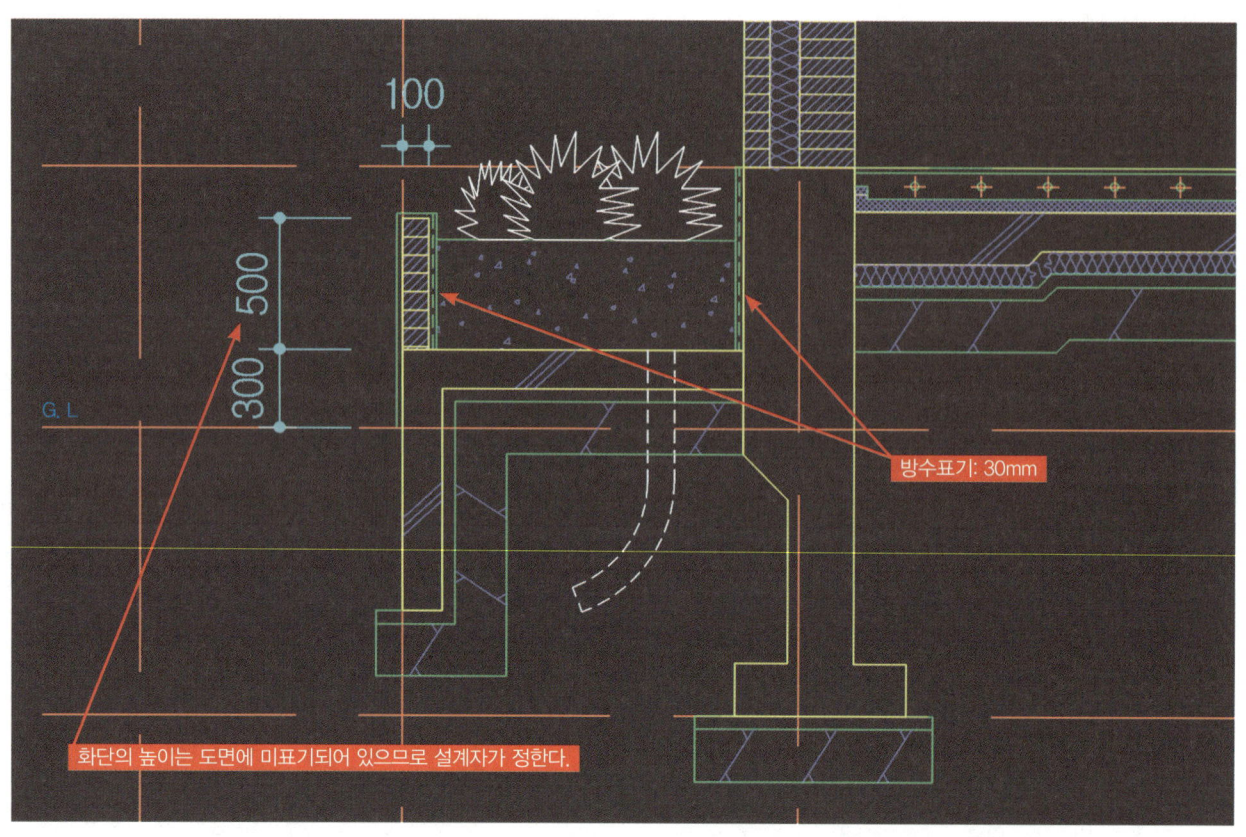

NO.	중점사항	핵심 내용
03	천장, 지붕 외 기타	• 실내천장 그리기 → 지붕상세도 • 기타: 실내외 입면, 난간, 홈통, 굴뚝, 걸레받이 단면 등 체크

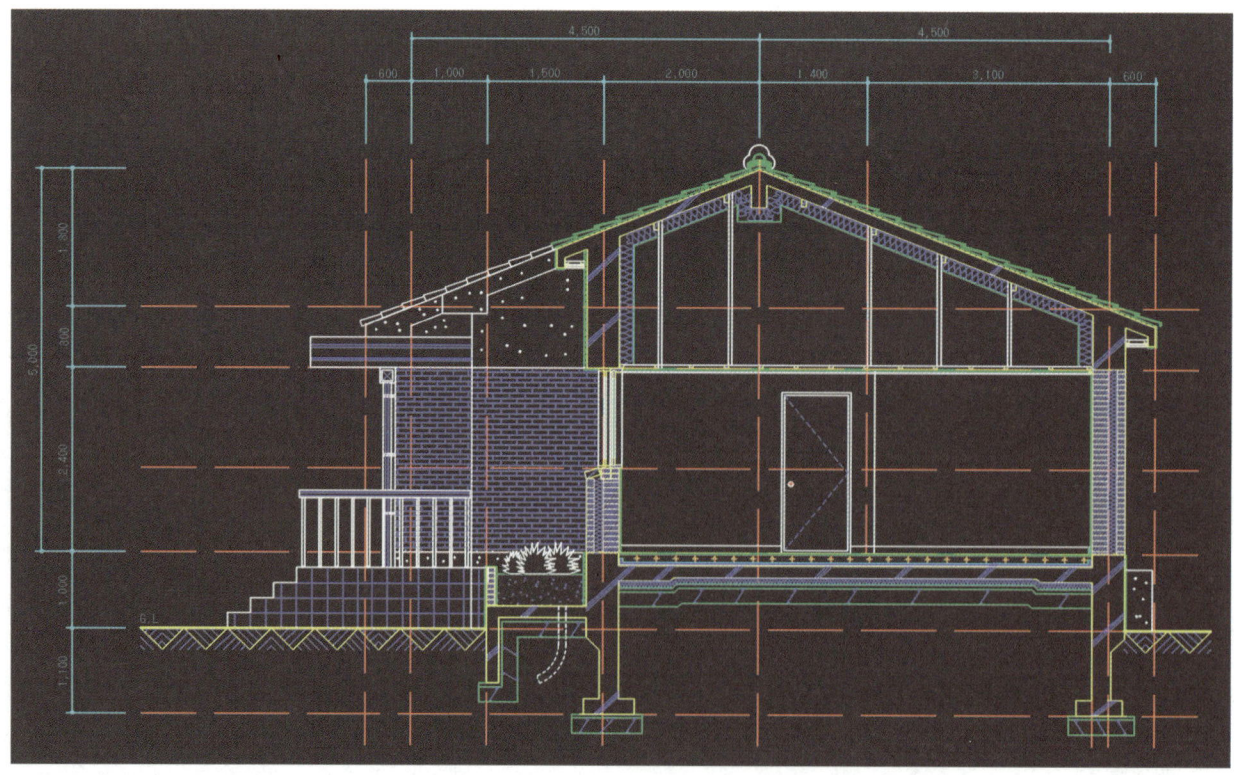

NO.	중점사항	핵심 내용
04	치수선 문자선	• 물매, 표제란, 도면명 등 표기 • 실명(방, 거실, 테라스 등) 표기

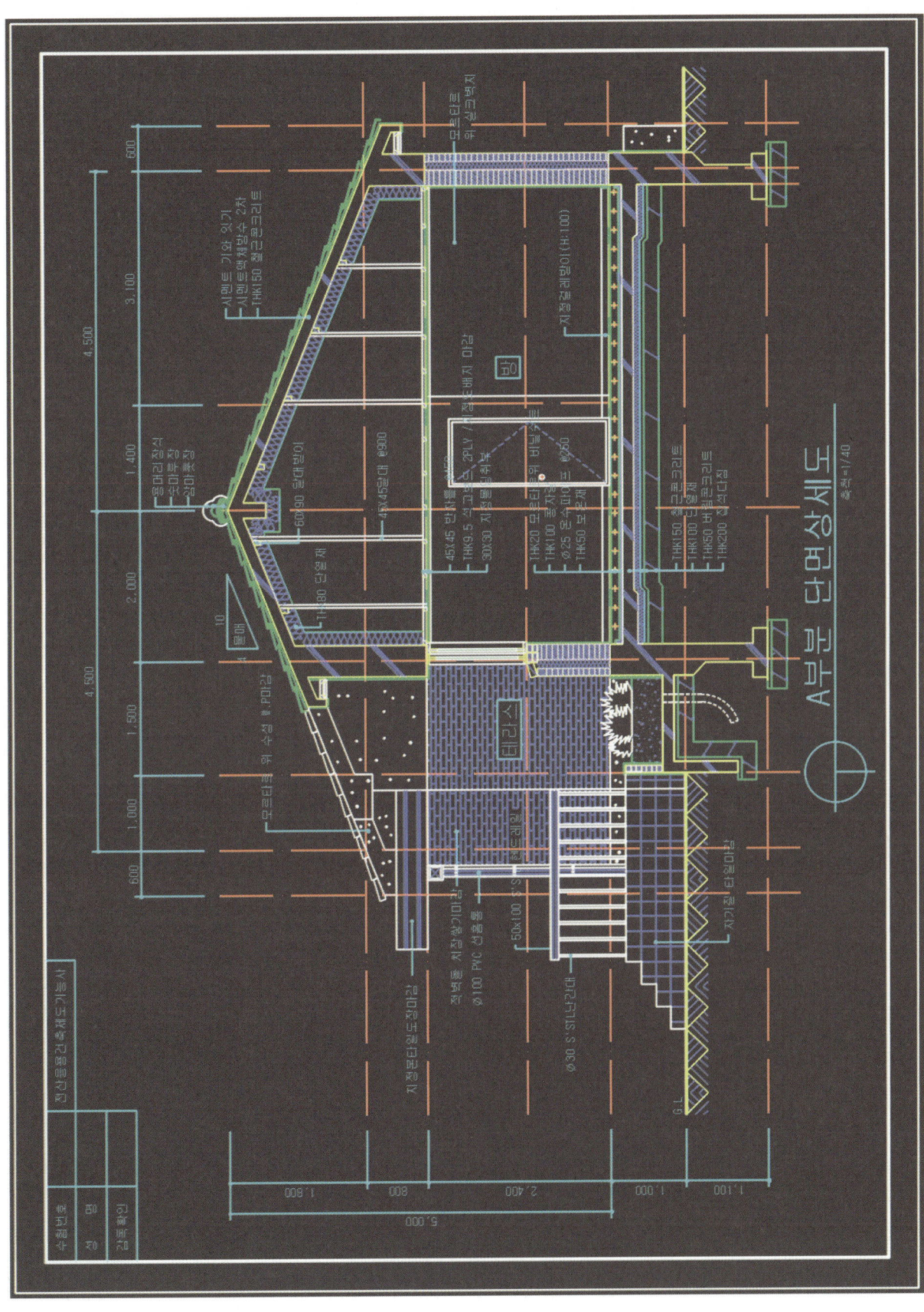

2 단면상세도

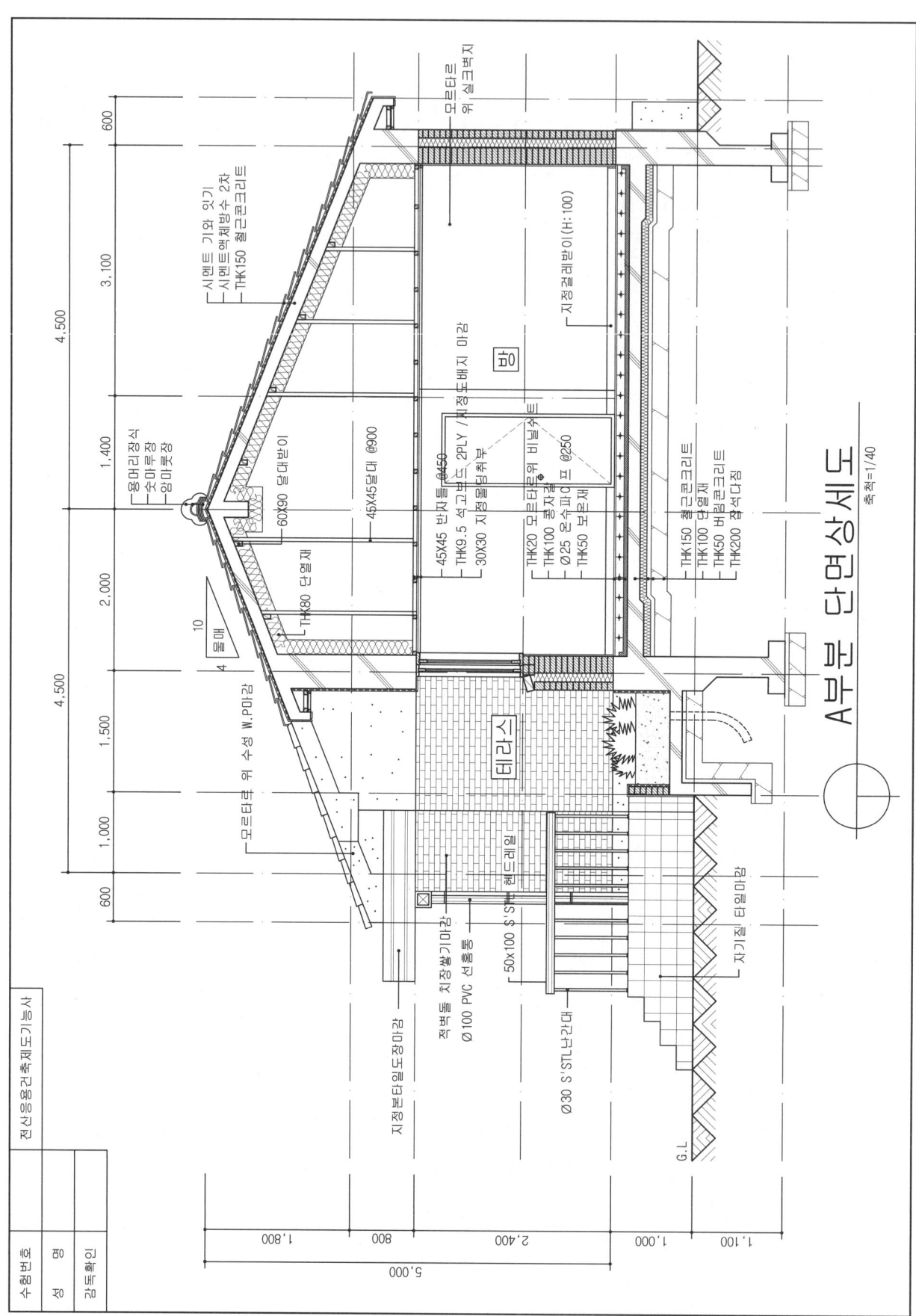

3 남측입면도 문제풀이

NO.	중점사항	핵심 내용
01	중심선 세팅	• 수평선 그리기: G.L선, 방바닥 높이, 반자 높이, 테두리보 높이 • 수직선 그리기: 벽체 중심선, 마룻대, 처마라인
02	지붕구조 그리기	• 측면입면의 지붕구조를 그린 후 마룻대와 처마의 기준점을 찾아 남측입면도의 지붕구조 그리기 • 구조를 그리며 반대측 처마가 정면에서 보이는지 체크 • 기와 입면 그리기

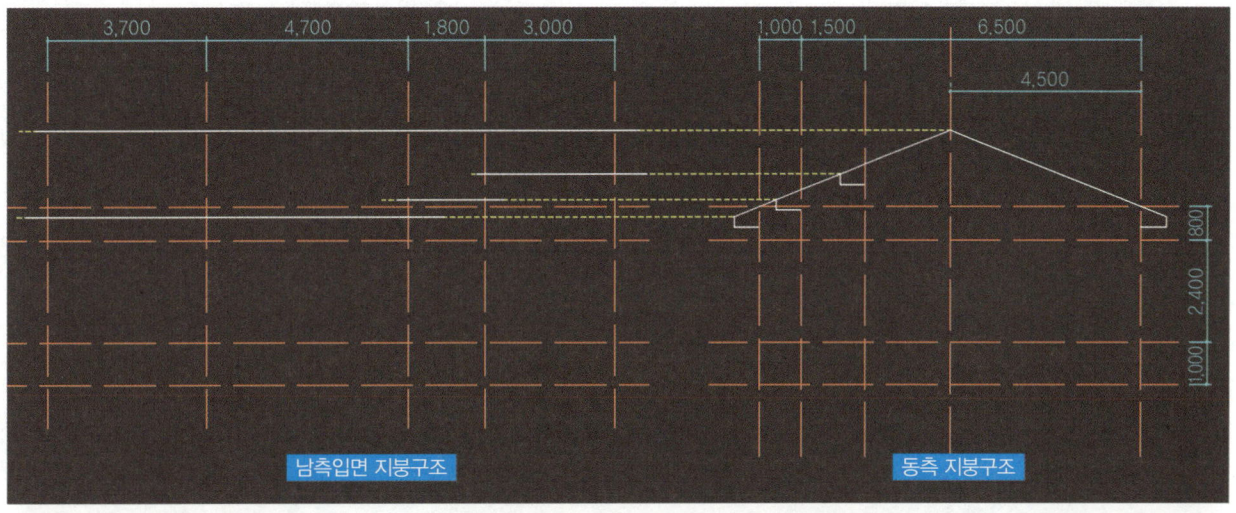

남측입면 지붕구조   동측 지붕구조

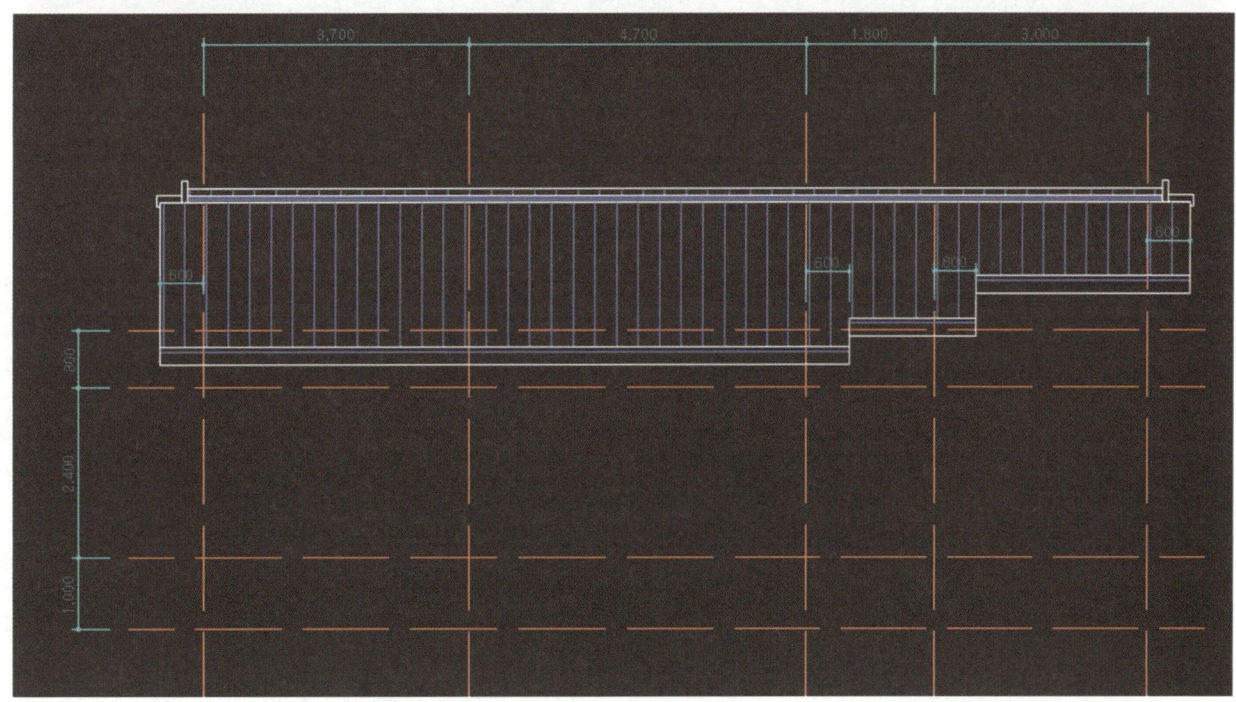

NO.	중점사항	핵심 내용
03	벽체구조	• G.L선 레이어 변경 • 벽체 입면선 그리기 • 기초 상단부와 테두리보 하단부 라인 그리기

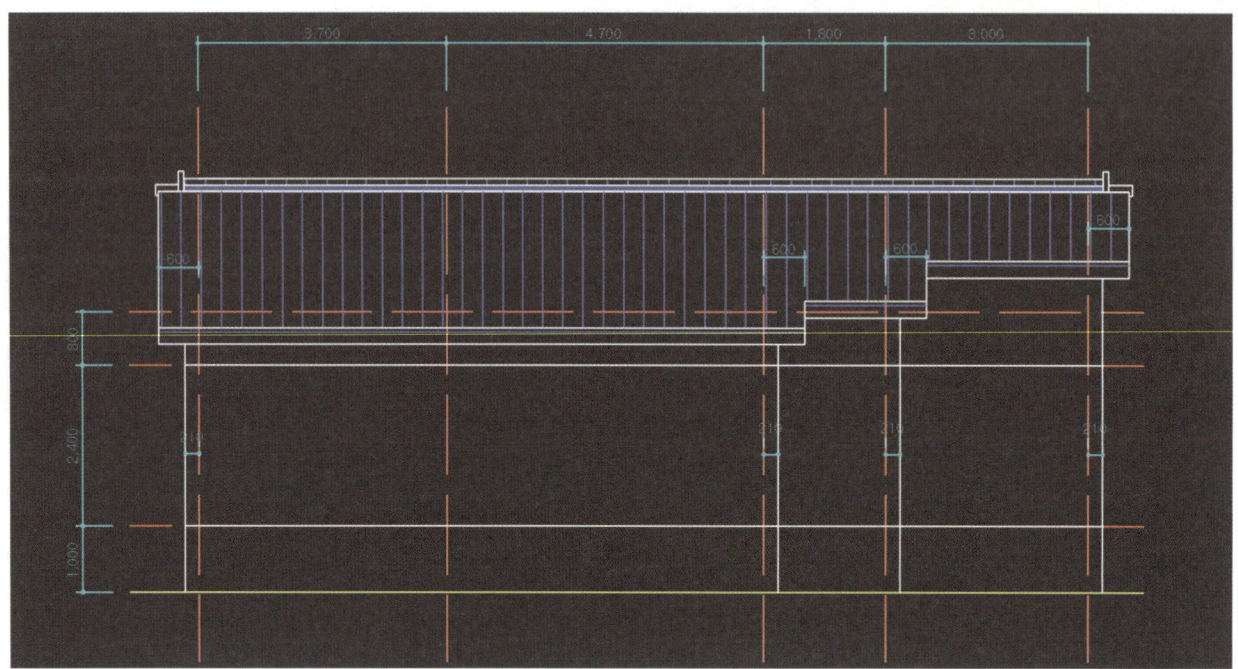

NO.	중점사항	핵심 내용
04	기타 입면 그리기	• 테라스 바닥 및 켄틸레버, 홈통 그리기 • 창호 입면 그리기 • 난간 그리기 • 굴뚝 및 처마반자 그리기(입면에서 보이는 경우) • 재질 표기 외

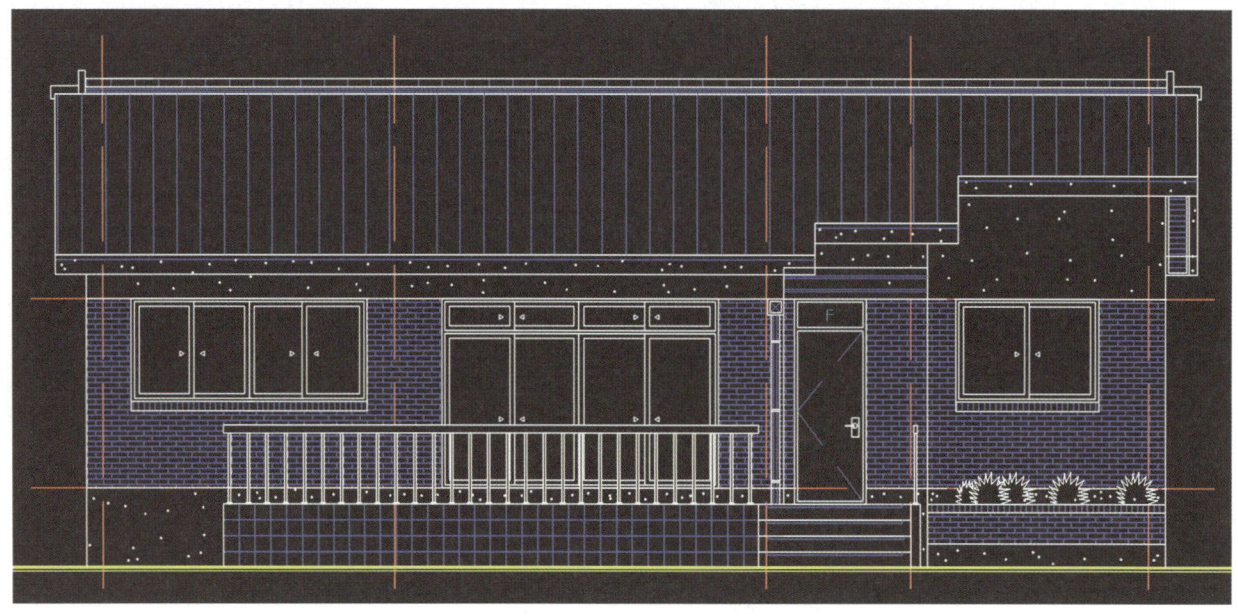

NO.	중점사항	핵심 내용
05	재질표기 문자선 외	• 나무 그리기 • 재질표기, 문자선 외

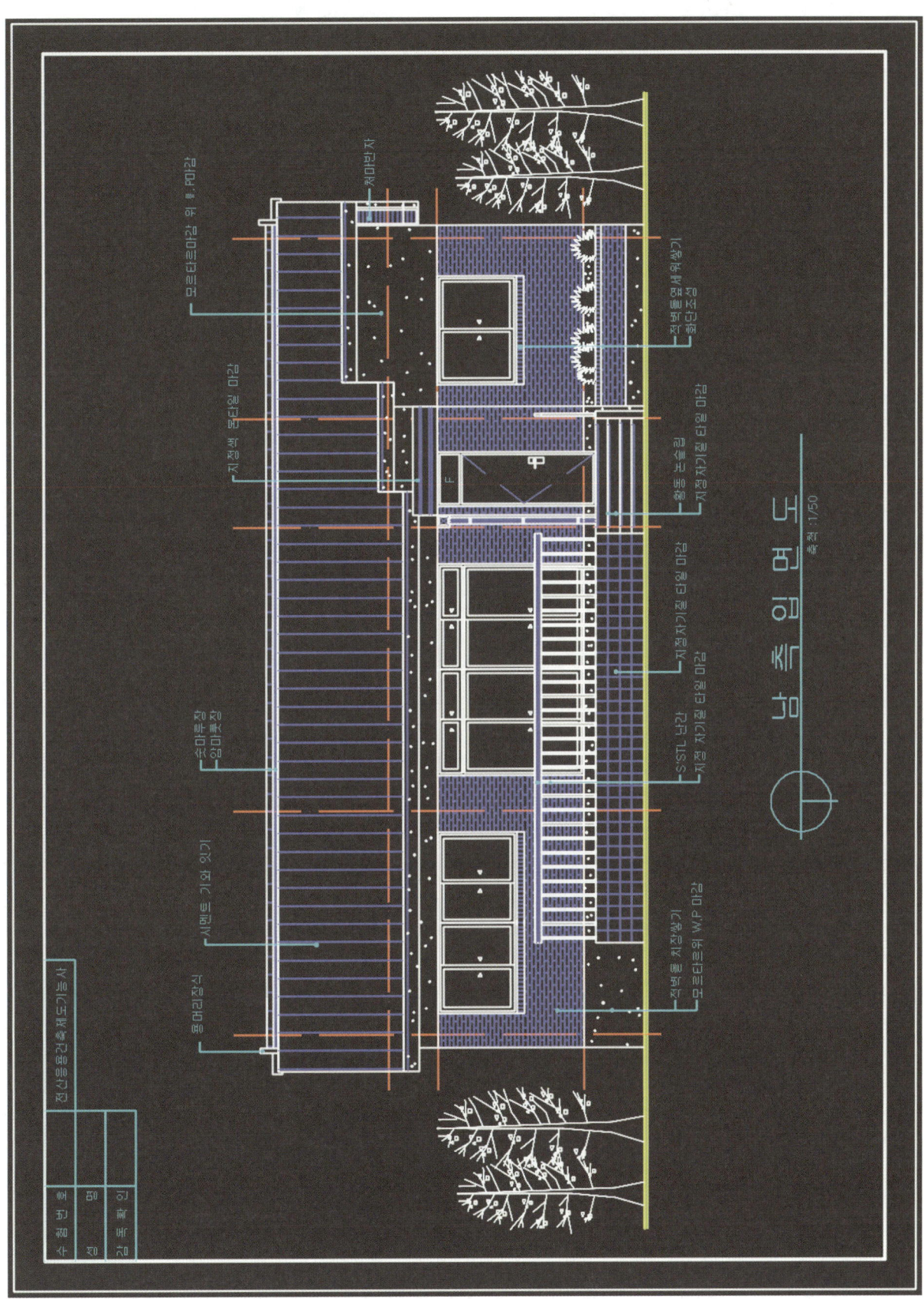

4 남측입면도

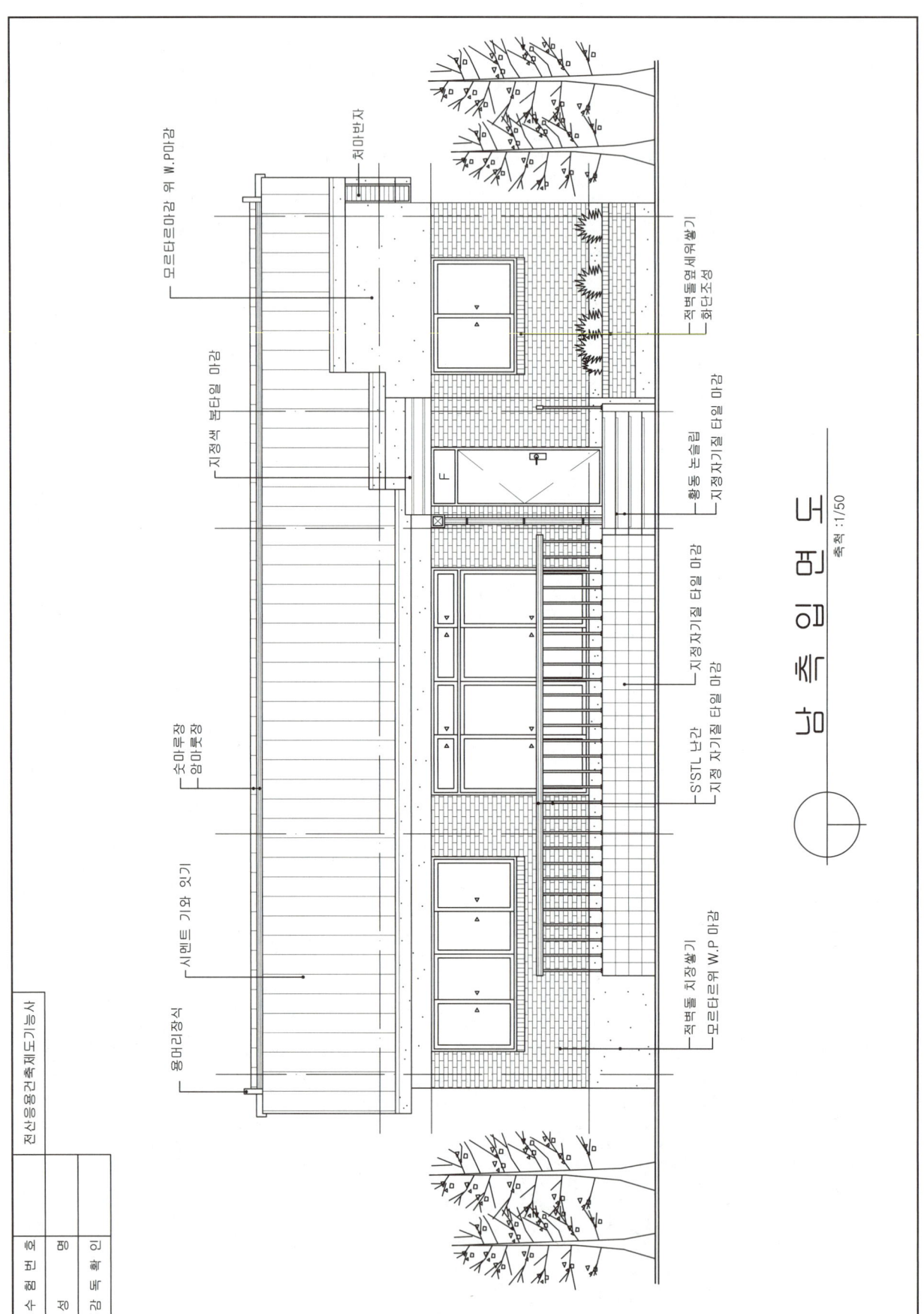

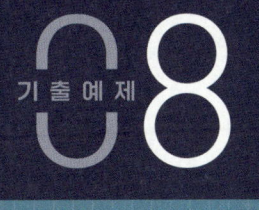

국가기술자격 실기시험문제

| 자격종목 | 전산응용건축기사 | 과제명 | 주택 |

※ 시험시간 표준시간 4시간, 연장시간 10분

> **2016년 B유형**
> - 현관을 단면으로 표기하는 유형
> - 욕실 단면 작도
> - 테라스 단면표기 시 아치의 입면 작도

01 요구사항

주어진 평면도를 보고 CAD를 이용하여 아래 조건에 맞게 다음 도면을 작도 한 후, 지급된 용지에 본인이 직접 흑백으로 출력하여 파일과 함께 제출하시오.

❶ A부분 단면 상세도를 축척 1/40으로 작도하시오.
❷ 남측입면도를 축척 1/50으로 작도하되 벽면의 마감재료 표시 및 주의의 배경 등 도면의 요소를 충분히 고려하시오.

⊢ 조건 ⊢
- 기초 및 지하실 벽체: 철근콘크리트 구조로 하시오.
- 벽체: 외벽 – 외부로부터 붉은벽돌 0.5B, 단열재, 시멘트 벽돌 1.0B
        내벽 – 시멘트 벽돌 1.0B
- 단열재: 외벽 120mm, 바닥 85mm, 지붕 180mm
- 지붕: 철근콘크리트 경사슬래브 위 시멘트 기와잇기 마감으로 하시오. (물매 3.5/10 이상)
- 처마나옴: 벽체중심에서 600mm
- 반자높이: 2,400mm, 처마반자 설치
- 창호: 목재창호로 하되 2중창인 경우 알루미늄 새시로 하시오.
- 각실의 난방: 온수파이프 온돌난방으로 하시오.
- 1층 바닥슬래브와 기초는 일체식으로 표현하시오.
- 평면도에 표시하지 않은 현관상부 캐노피는 작도하지 않는다.
- 기타 각 부분의 마감, 치수 등 주어지지 않는 조건은 일반적인 시공수준으로 하시오.
- 선의 통일을 기하기 위하여 아래와 같이 선의 색을 정리하여 출력하시오.
    - 흰색 (7-White): 0.3mm
    - 노랑 (2-Yellow): 0.4mm
    - 빨강 (1-Red): 0.2mm
    - 녹색 (3-Green): 0.2mm
    - 하늘색 (4-Cyan): 0.3mm
    - 파랑 (5-Blue): 0.1mm

02 수험자 유의사항

※다음 유의사항을 고려하여 요구사항을 완성하시오.

1) 명기되지 않은 조건은 건축법, 건축구조 및 건축제도 원칙에 따릅니다.

2) 시험시작 전 바탕화면에 본인 비밀번호로 폴더를 생성하고, 폴더 안의 작업내용을 저장하도록 합니다.

3) 정전 및 기계 고장 등에 의한 자료손실을 방지하기 위하여 수시로 저장합니다.

4) 다음과 같은 경우는 부정행위로 처리됩니다.
    가) 노트 및 서적, 디스켓을 소지하거나 주고받는 행위
    나) 건물의 구조부분의 상세나 글씨 등을 사전에 블록으로 설정하여 지참해 사용하는 경우

5) 작업이 끝나면 감독위원의 확인을 받은 후 문제지를 제출하고 본부요원 입회하에 본인이 직접 A3용지에 흑백으로 도면을 출력하도록 합니다. 이때 수험자의 운영 미숙으로 도면이 출력되지 않는 경우나 출력시간이 20분을 초과할 경우는 실격처리 됩니다.

6) 장비 조작 미숙으로 장비의 파손 및 고장을 일으킬 염려가 있을 경우 실격됩니다.

7) 다음과 같은 경우에는 채점대상에서 제외됩니다.
    가) 주어진 조건을 지키지 않고 작도한 경우
    나) 요구한 전도면을 작도하지 않은 경우
    다) 건축제도 통칙을 준수하지 않거나 건축 CAD의 기능이 없는 상태에서 완성된 도면

8) 수험번호, 성명은 도면 좌측 상단에 아래와 같이 표제란을 만들어 기재합니다.

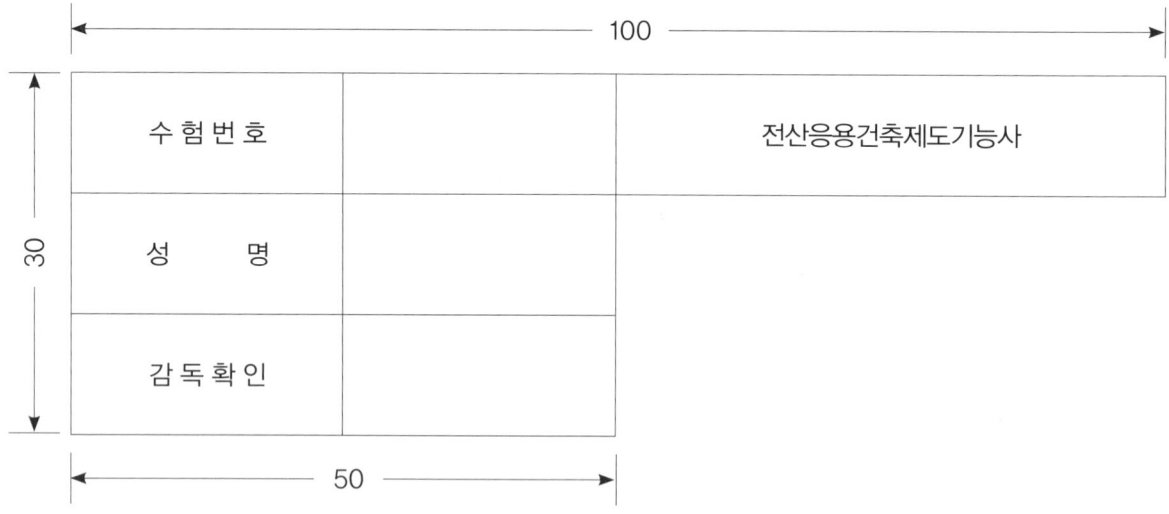

9) 감독위원은 시험시작 후 수검자에게 표제란을 우선 작도 후 도면을 작도하도록 하여야 하며, 수험자가 감독위원의 지시를 따르지 않을 경우 실격 처리됩니다.

10) 테두리선의 여백은 10mm로 합니다.

03 평면도

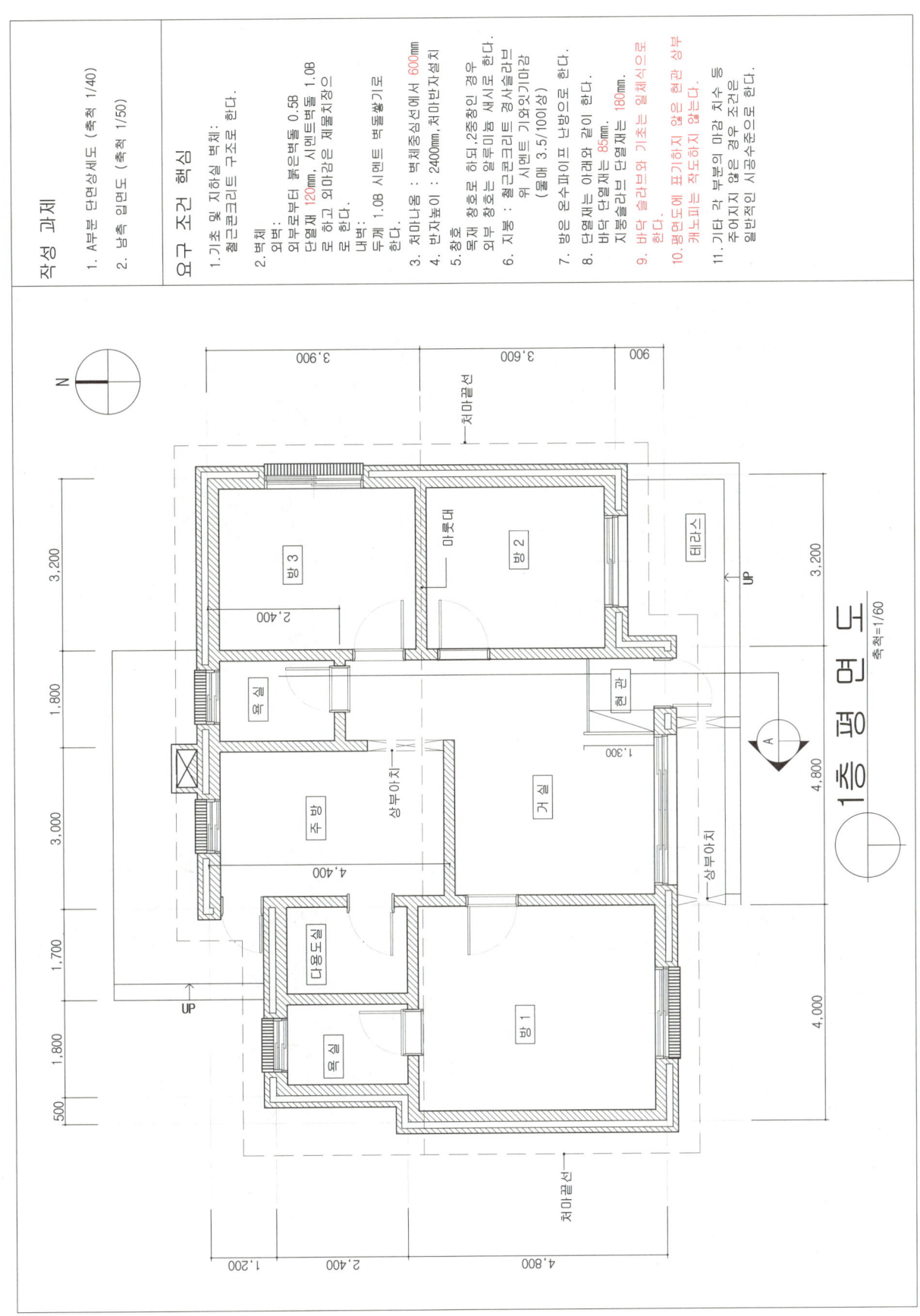

1 단면상세도 문제풀이

NO.	중점사항	핵심 내용
01	중심선 세팅 지붕구조	• 수평선 그리기: G.L선, 기초 동결선, 방바닥 높이, 반자 높이, 테두리보 높이 • 수직선 그리기: 벽체 중심선, 마룻대, 처마라인 • 지붕 구조, 테두리보 외 그리기

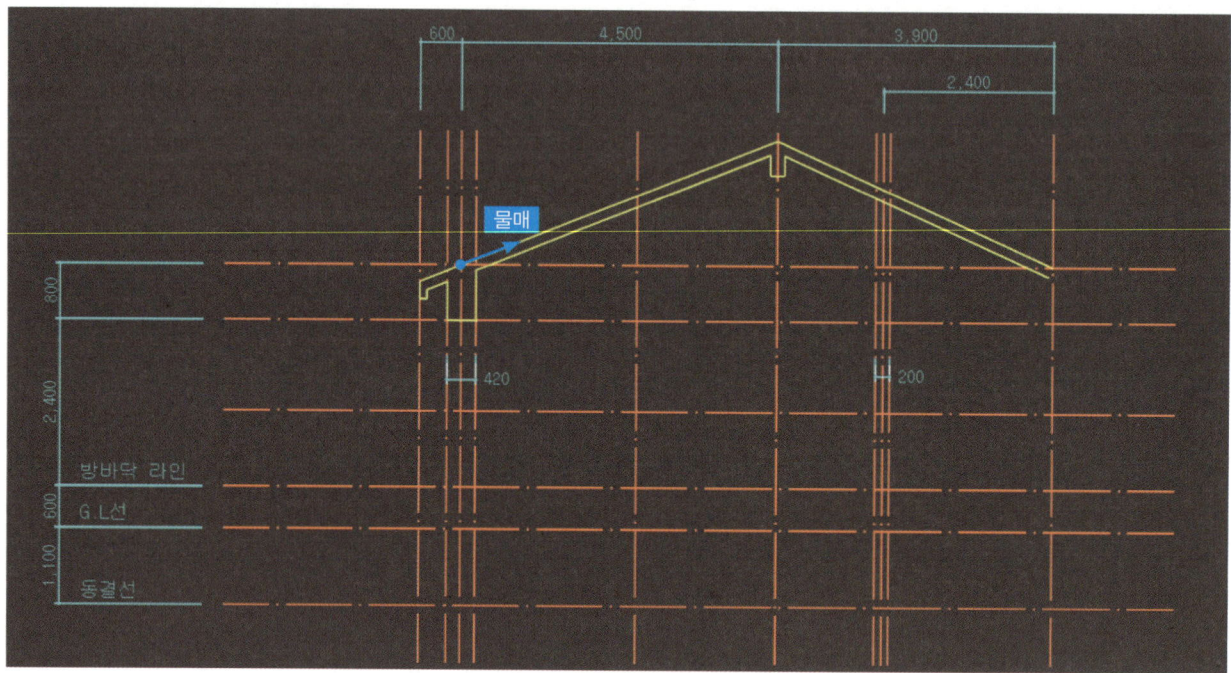

NO.	중점사항	핵심 내용
02	기본구조	• 기초 그리기 → 벽체 및 창호 • 테라스 바닥 및 캐노피, 실내바닥 구조그리기 외

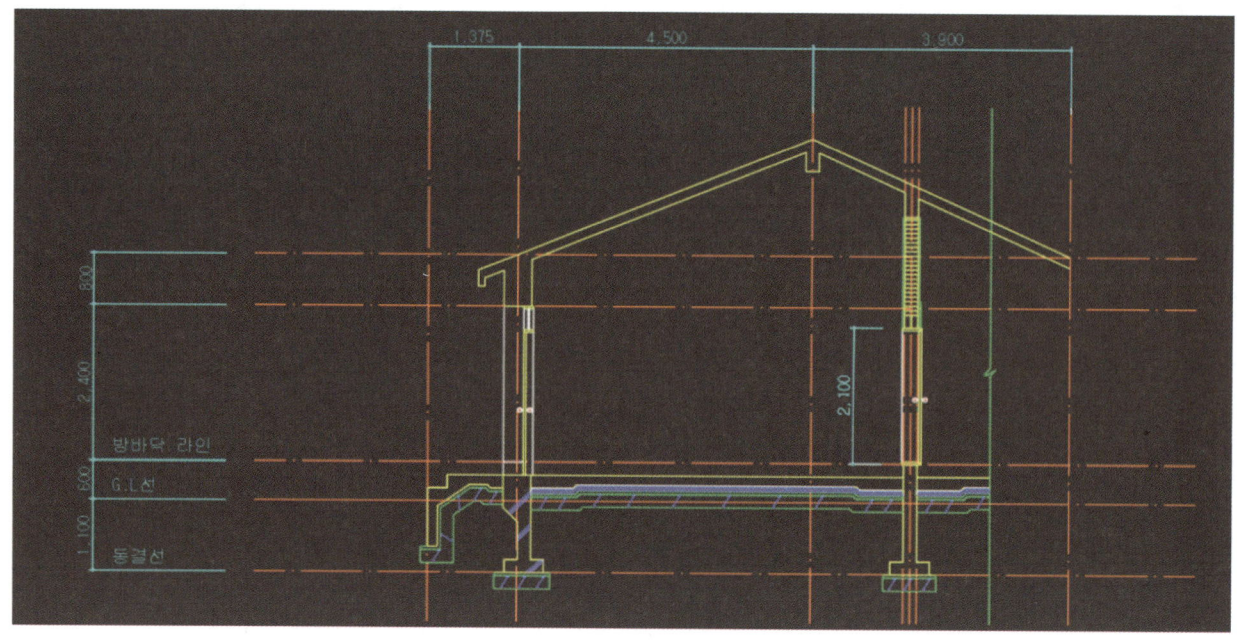

NO.	중점사항	핵심 내용
03	천장, 지붕 외 기타	• 실내 천장 그리기 → 지붕상세도 • 기타: 실내외 입면, 난간, 홈통, 굴뚝, 걸레받이 단면 등 체크

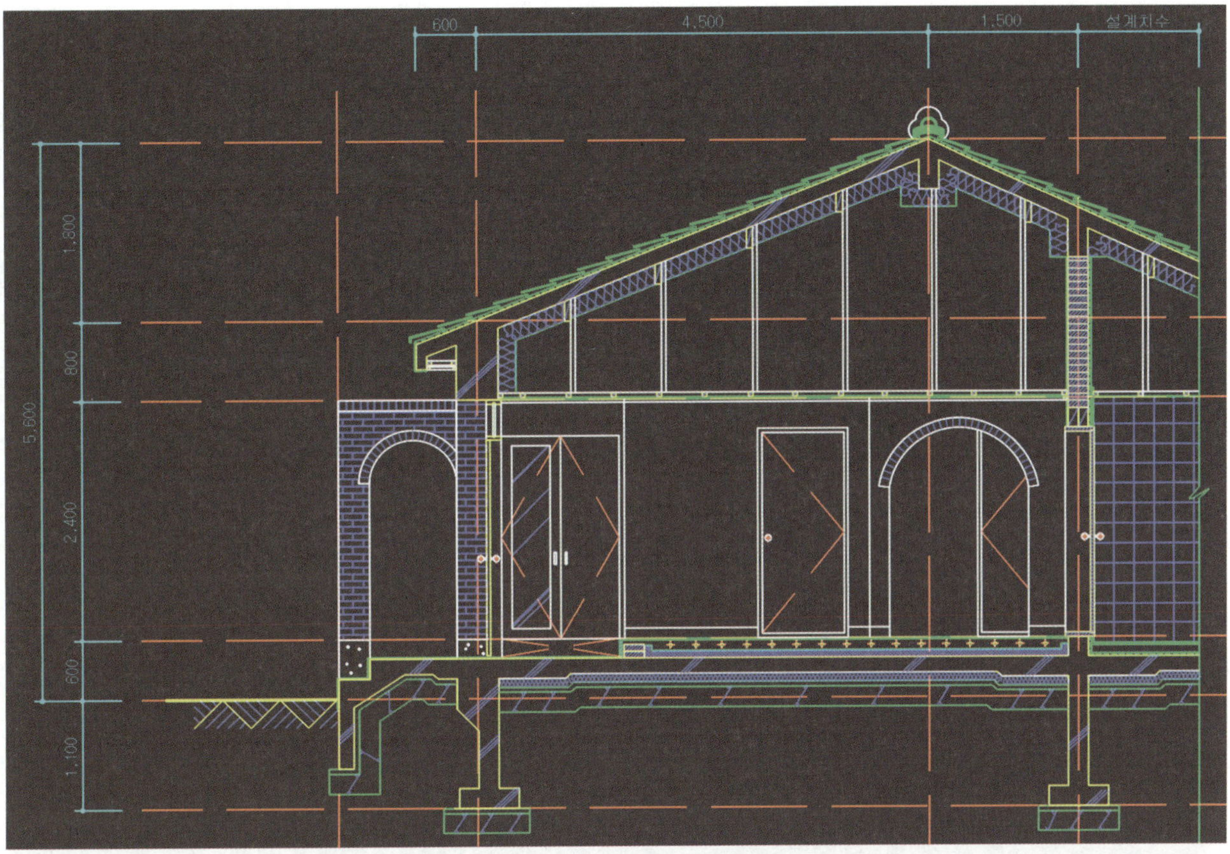

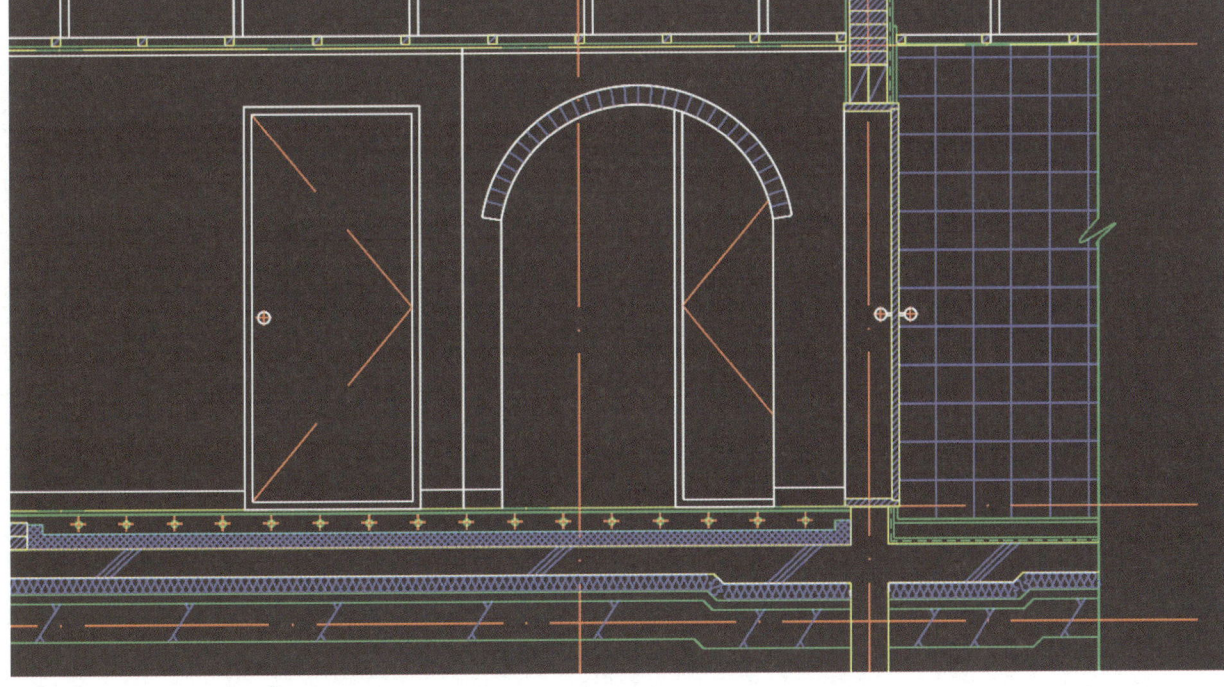

NO.	중점사항	핵심 내용
04	치수선 문자선	• 물매, 표제란, 도면명 등 표기 • 실명(방, 거실, 테라스 등) 표기

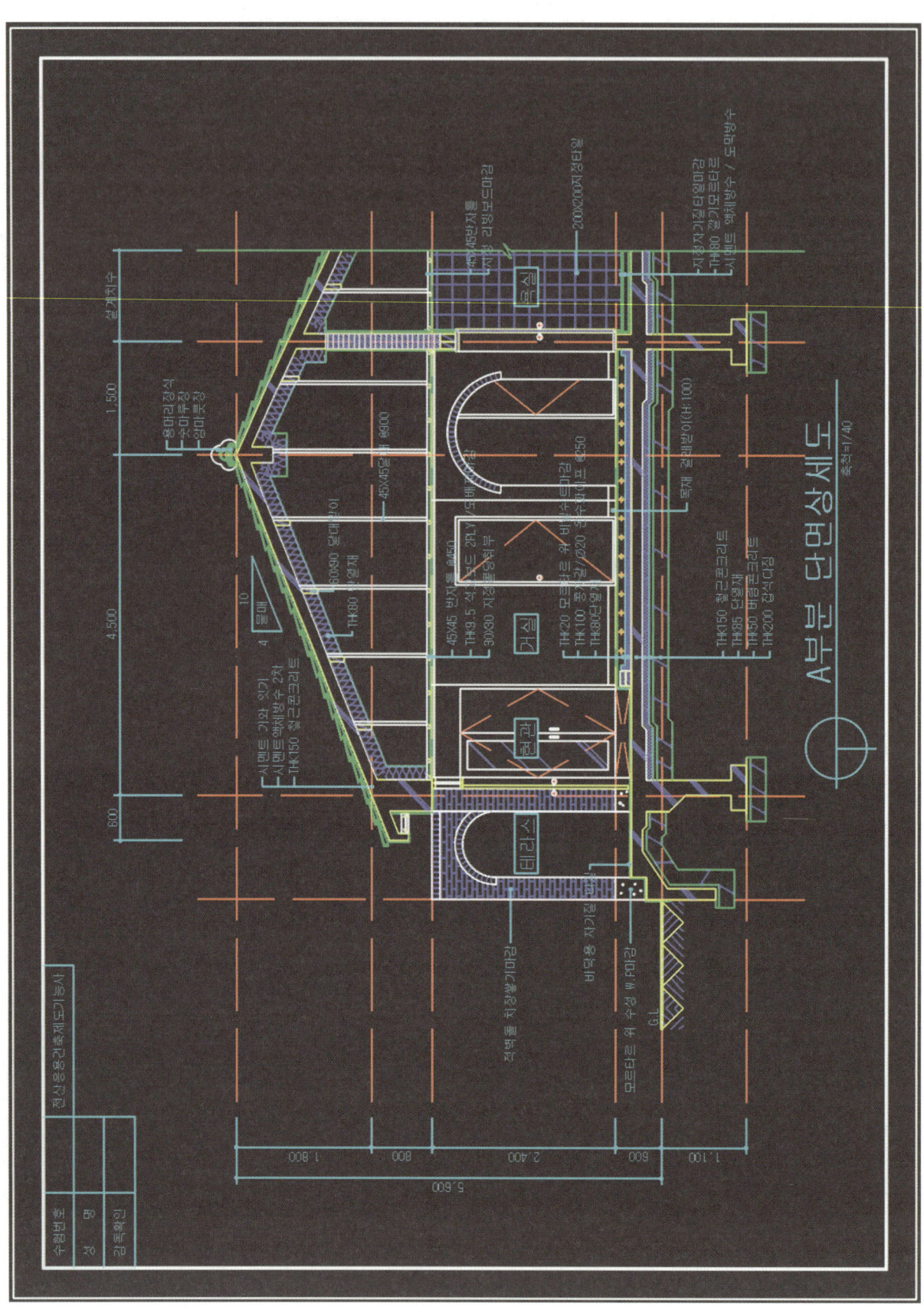

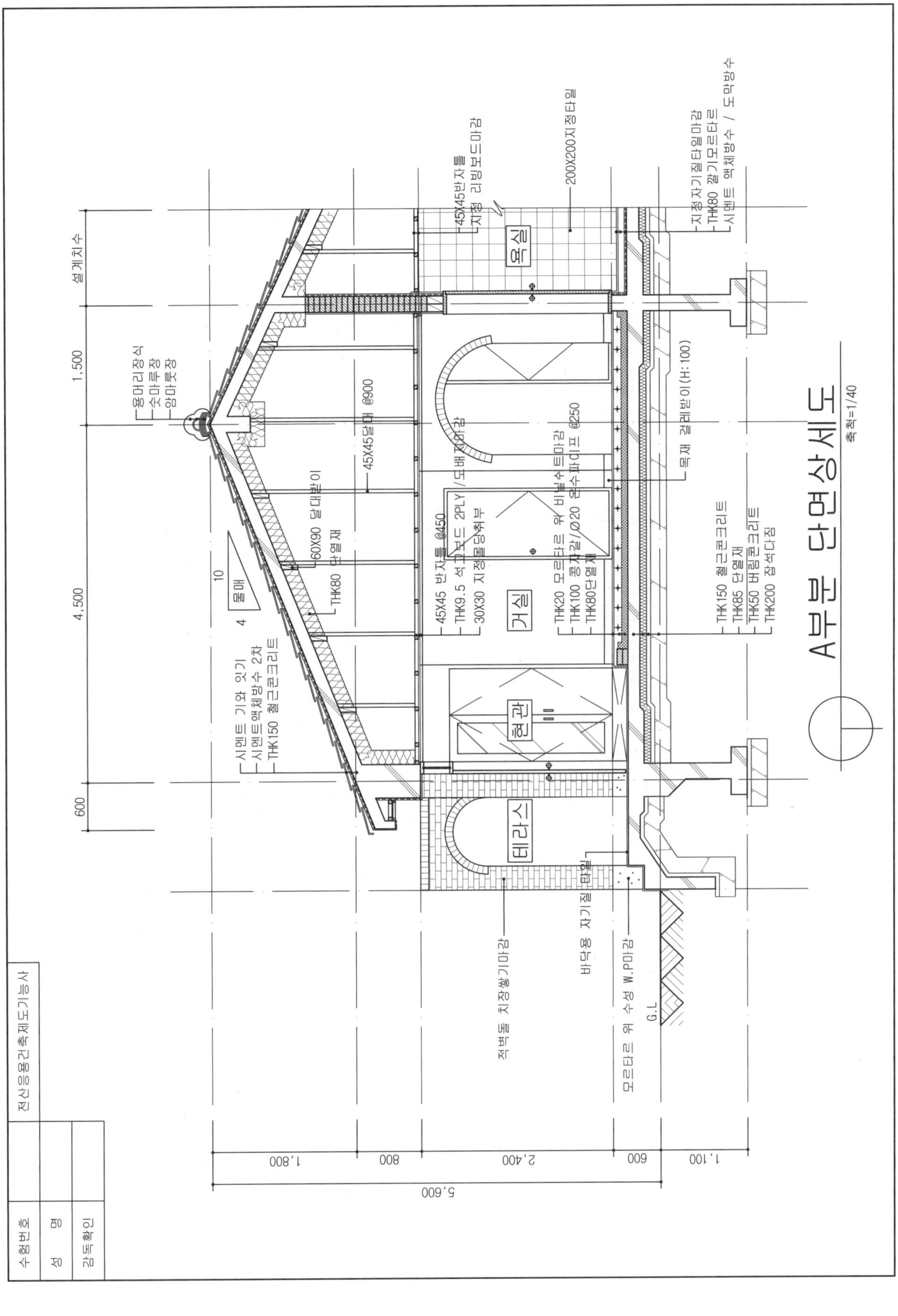
A부분 단면상세도
축척=1/40
설계치수
600
4,500
1,500
용머리장식
숫마루장
암마룻장
시멘트 기와 잇기
시멘트액체방수 2차
THK150 철근콘크리트
물매
10
4
THK80 단열재
60X90 달대받이
45X45달대 @900
45X45 반자틀 @450
THK9.5 석고보드 2PLY/도배지마감
30X30 지정몰딩처리
45X45반자틀
지정 리빙보드마감
200X200지정타일
욕실
거실
현관
테라스
THK20 모르타르 위 비닐쉬트마감
THK100 콩자갈/Ø20 온수파이프 @250
THK80단열재
목재 걸레받이(H:100)
THK150 철근콘크리트
THK85 단열재
THK50 버림콘크리트
THK200 잡석다짐
지정자기질타일마감
THK80 깔기모르타르
시멘트 액체방수 / 도막방수
적벽돌 치장쌓기마감
바닥용 자기질 타일
모르타르 위 수성 W.P마감
G.L
1,800
800
2,400
600
1,100
5,600
전산응용건축제도기능사
수험번호
성 명
감독확인

3 남측입면도 문제풀이

NO.	중점사항	핵심 내용
01	중심선 세팅	• 수평선 그리기: G.L선, 방바닥 높이, 반자 높이, 테두리보 높이 • 수직선 그리기: 벽체 중심선, 마룻대, 처마라인
02	지붕구조 그리기	• 측면입면의 지붕구조를 그린 후 마룻대와 처마의 기준점을 찾아 남측입면도의 지붕구조 그리기 • 구조를 그리며 반대측 처마가 정면에서 보이는지 체크 • 기와 입면 그리기

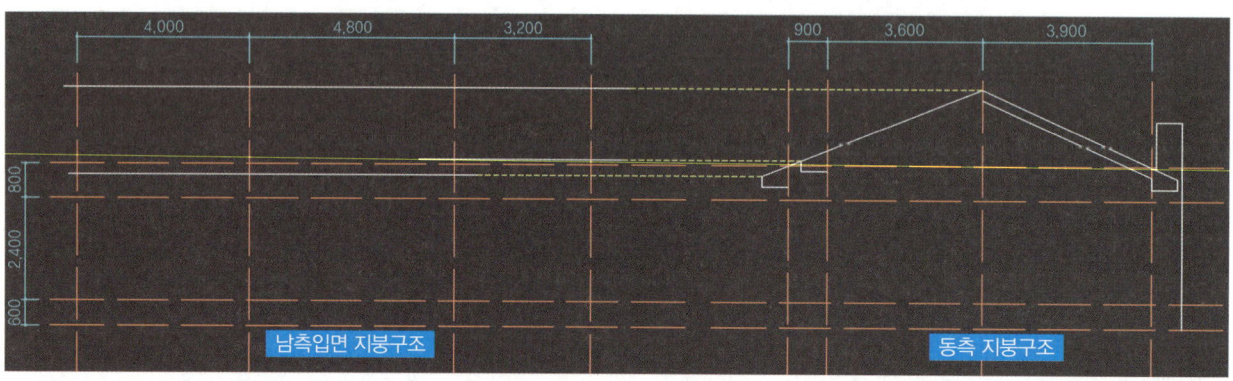

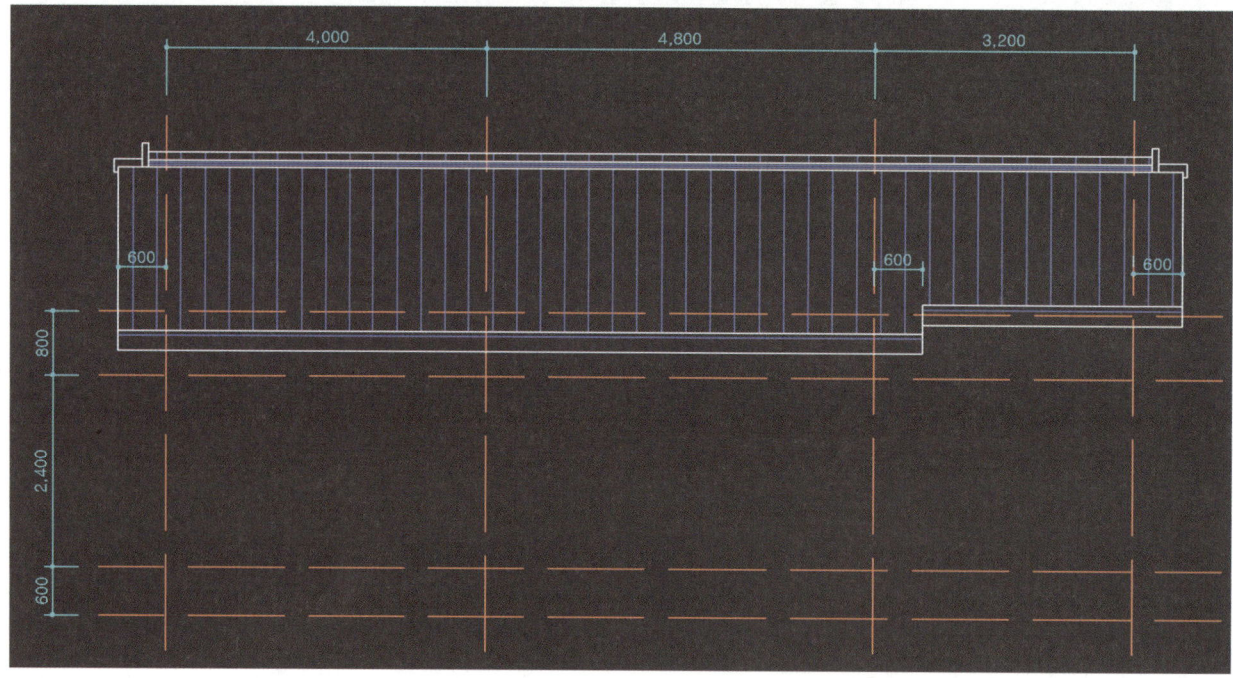

NO.	중점사항	핵심 내용
03	벽체구조	• G.L선 레이어 변경 • 벽체 입면선 그리기 • 기초 상단부와 테두리보 하단부 라인 그리기

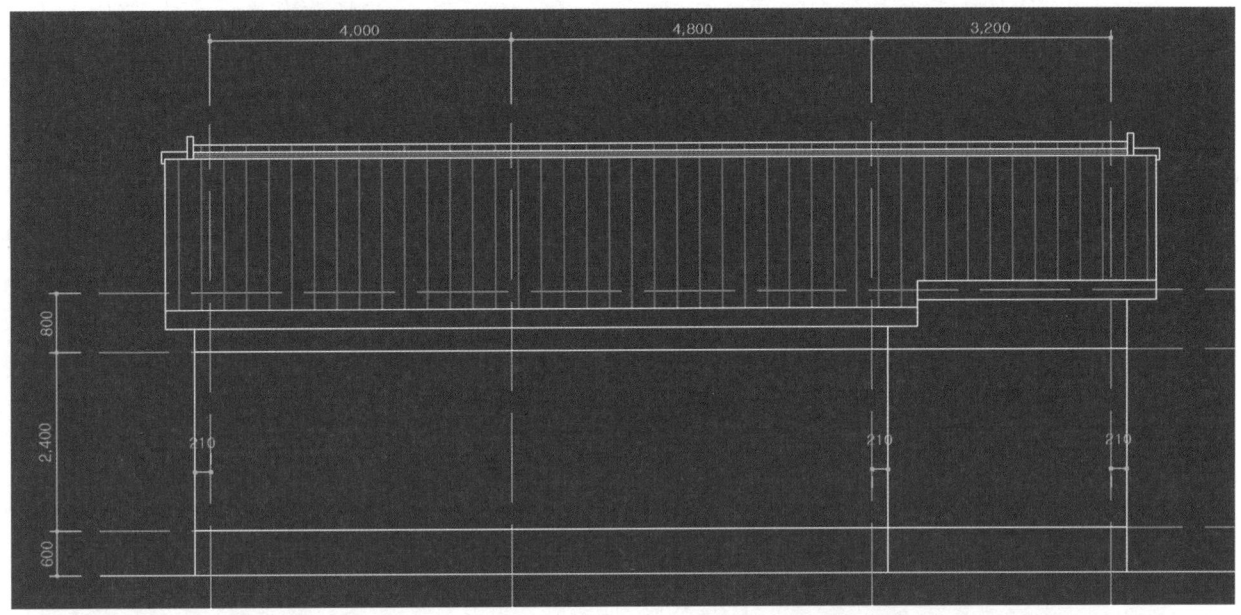

NO.	중점사항	핵심 내용
04	기타 입면 그리기	• 테라스 바닥 및 켄틸레버, 홈통 그리기 • 창호 입면 그리기 • 난간 그리기 • 굴뚝 및 처마반자 그리기(입면이 보이는 경우) • 재질 표기 외

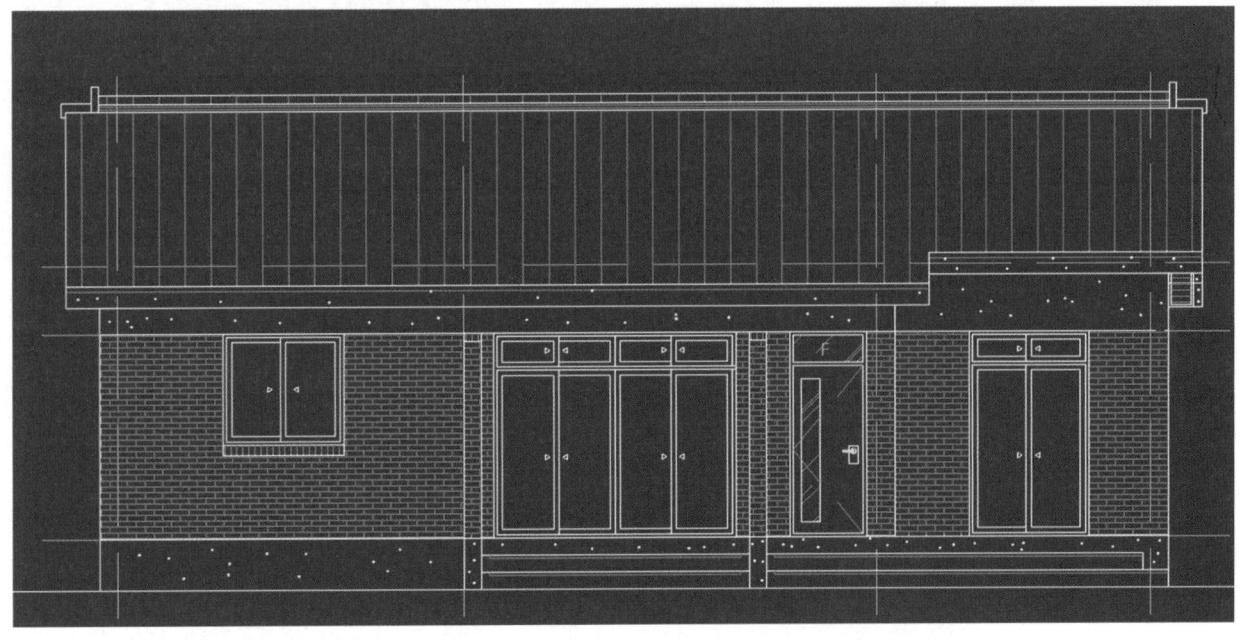

NO.	중점사항	핵심 내용
05	재질표기 문자선 외	• 나무 그리기 • 재질표기, 문자선 외

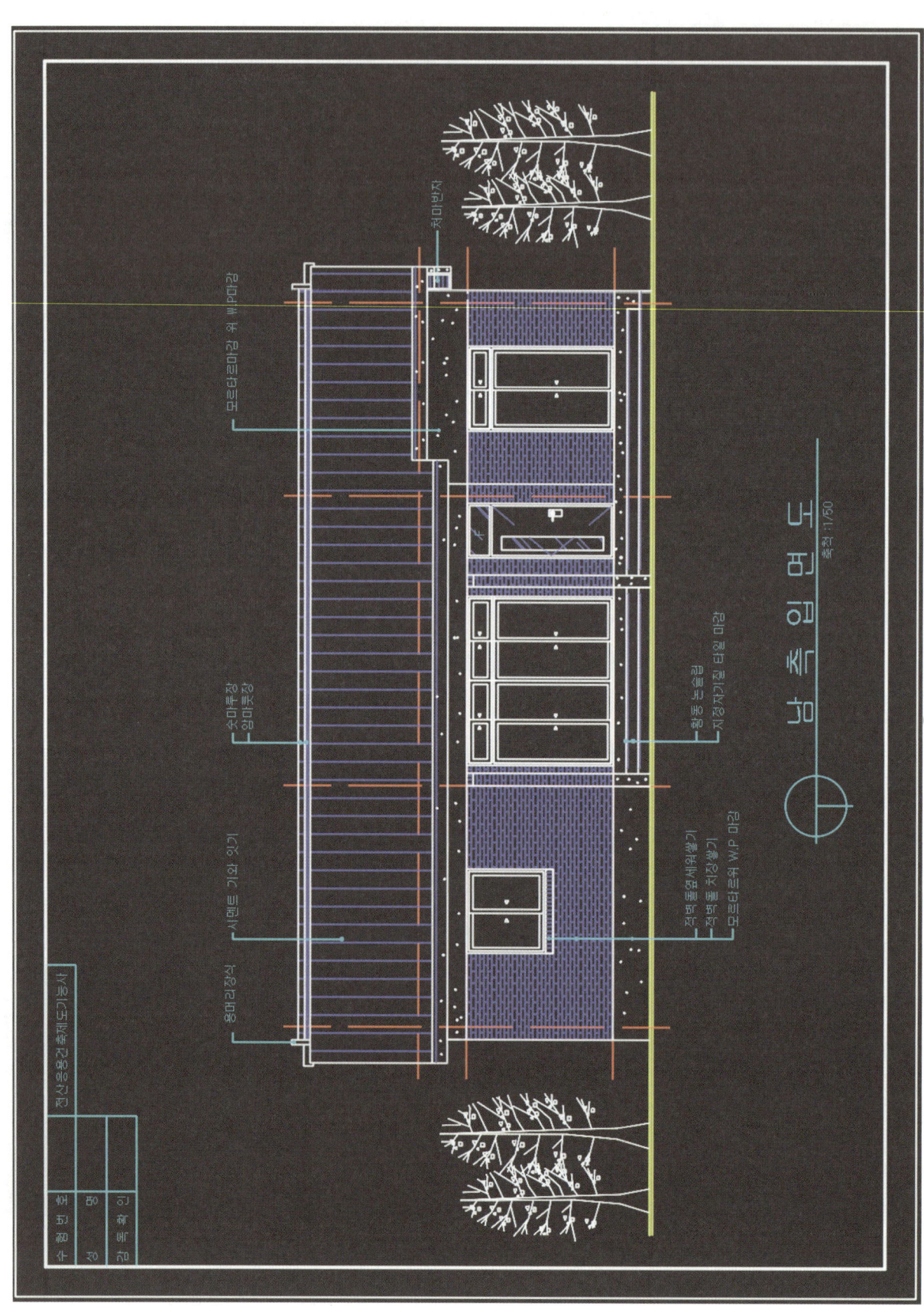

4 남측입면도

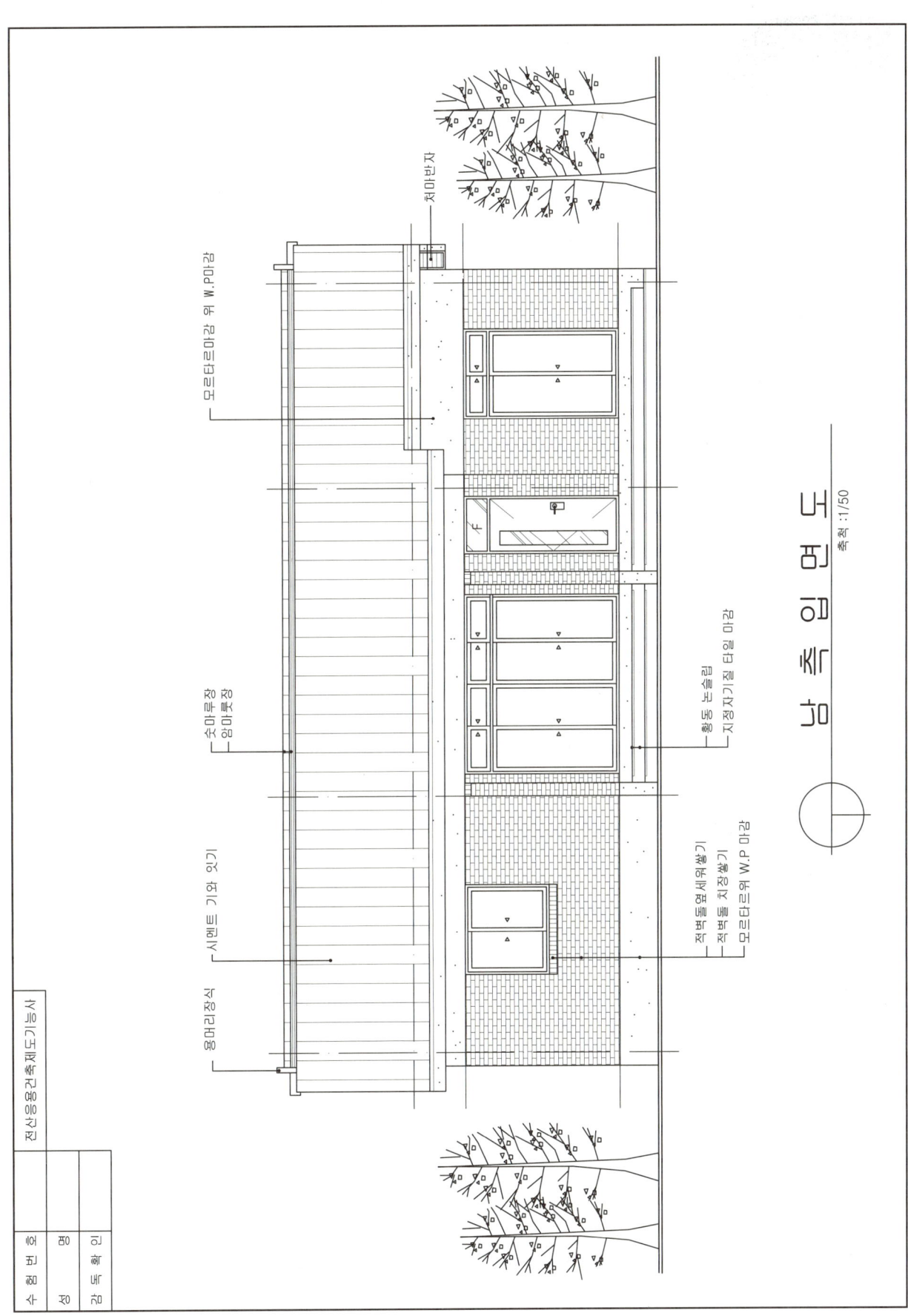

국가기술자격 실기시험문제

| 자격종목 | 전산응용건축제도기능사 | 과제명 | 주택 |

※ 시험시간 표준시간 4시간 10분

2017년 A유형
- 현관을 단면으로 표기
- 현관과 거실의 바닥 경계라인 작도
- 주방 입구 개구부를 단면으로 표기

01 요구사항

주어진 평면도를 보고 CAD를 이용하여 아래 조건에 맞게 다음 도면을 작도 한 후, 지급된 용지에 본인이 직접 흑백으로 출력하여 파일과 함께 제출하시오.

❶ A부분 단면 상세도를 축척 1/40으로 작도하시오.
❷ 남측입면도를 축척 1/50으로 작도하되 벽면의 마감재료 표시 및 주의의 배경 등 도면의 요소를 충분히 고려하시오.

┤ 조건 ├
- 기초 및 지하실 벽체: 철근콘크리트 구조로 하시오.
- 벽체: 외벽 – 외부로부터 붉은벽돌 0.5B, 단열재, 시멘트 벽돌 1.0B
  내벽 – 시멘트 벽돌 1.0B
- 단열재: 외벽 120mm, 바닥 85mm, 지붕 180mm
- 지붕: 철근콘크리트 경사슬래브 위 시멘트 기와잇기 마감으로 하시오. (물매 3.5/10 이상)
- 처마나옴: 벽체중심에서 600mm
- 반자높이: 2,400mm, 처마반자 설치
- 창호: 목재창호로 하되 2중창인 경우 알루미늄 새시로 하시오.
- 각실의 난방: 온수파이프 온돌난방으로 하시오.
- 1층 바닥슬래브와 기초는 일체식으로 표현하시오.
- 평면도에 표시하지 않은 현관상부 캐노피는 작도하지 않는다.
- 기타 각 부분의 마감, 치수 등 주어지지 않는 조건은 일반적인 시공수준으로 하시오.
- 선의 통일을 기하기 위하여 아래와 같이 선의 색을 정리하여 출력하시오.
  - 흰색 (7-White): 0.3mm
  - 노랑 (2-Yellow): 0.4mm
  - 빨강 (1-Red): 0.2mm
  - 녹색 (3-Green): 0.2mm
  - 하늘색 (4-Cyan): 0.3mm
  - 파랑 (5-Blue): 0.1mm

02 수험자 유의사항

※다음 유의사항을 고려하여 요구사항을 완성하시오.

1) 명기되지 않은 조건은 건축법, 건축구조 및 건축제도 원칙에 따릅니다.

2) 시험시작 전 바탕화면에 본인 비밀번호로 폴더를 생성하고, 폴더 안의 작업내용을 저장하도록 합니다.

3) 정전 및 기계 고장 등에 의한 자료손실을 방지하기 위하여 수시로 저장합니다.

4) 다음과 같은 경우는 부정행위로 처리됩니다.
   가) 노트 및 서적, 디스켓을 소지하거나 주고받는 행위
   나) 건물의 구조부분의 상세나 글씨 등을 사전에 블록으로 설정하여 지참해 사용하는 경우

5) 작업이 끝나면 감독위원의 확인을 받은 후 문제지를 제출하고 본부요원 입회하에 본인이 직접 A3용지에 흑백으로 도면을 출력하도록 합니다. 이때 수험자의 운영 미숙으로 도면이 출력되지 않는 경우나 출력시간이 20분을 초과할 경우는 실격처리 됩니다.

6) 장비 조작 미숙으로 장비의 파손 및 고장을 일으킬 염려가 있을 경우 실격됩니다.

7) 다음과 같은 경우에는 채점대상에서 제외됩니다.
   가) 주어진 조건을 지키지 않고 작도한 경우
   나) 요구한 전도면을 작도하지 않은 경우
   다) 건축제도 통칙을 준수하지 않거나 건축 CAD의 기능이 없는 상태에서 완성된 도면

8) 수험번호, 성명은 도면 좌측 상단에 아래와 같이 표제란을 만들어 기재합니다.

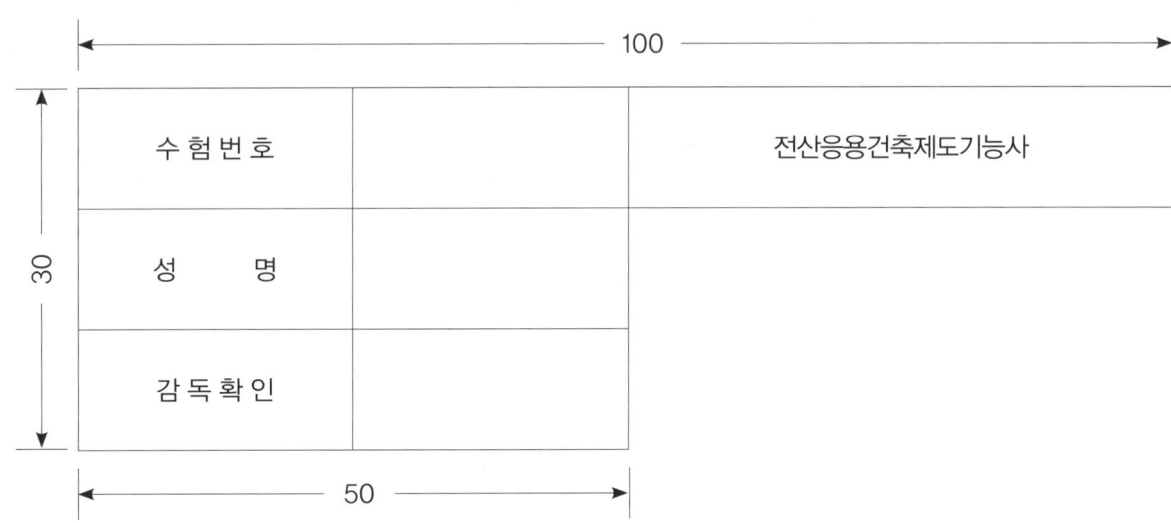

9) 감독위원은 시험시작 후 수검자에게 표제란을 우선 작도 후 도면을 작도하도록 하여야 하며, 수험자가 감독위원의 지시를 따르지 않을 경우 실격 처리됩니다.

10) 테두리선의 여백은 10mm로 합니다.

03 평면도

※ 위 자료에 작성과제 및 요구 조건 핵심은 수험자의 이해를 돕기 위한 보조 자료이며 실제시험에서는 표기되지 않습니다.

1 단면상세도 문제풀이

NO.	중점사항	핵심 내용
01	중심선 세팅 지붕구조	• 수평선 그리기: G.L선, 기초동결선, 방바닥 높이, 반자 높이, 테두리보 높이 • 수직선 그리기: 벽체 중심선, 마룻대, 처마라인 • 지붕 구조, 테두리 보 외 그리기

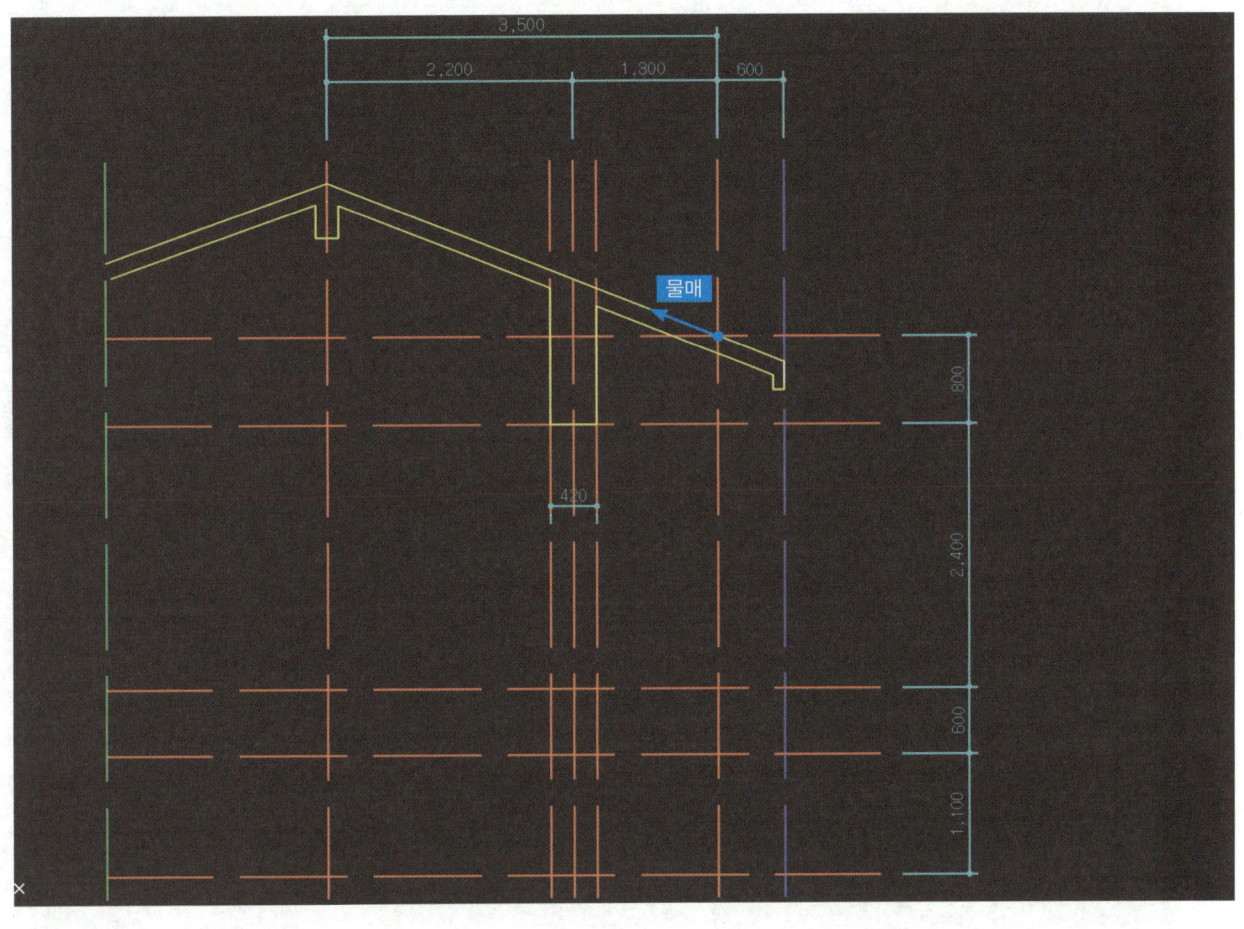

NO.	중점사항	핵심 내용
02	기본구조	• 기초 그리기 → 벽체 및 창호 • 테라스 바닥 및 캐노피, 실내바닥 구조 그리기 외

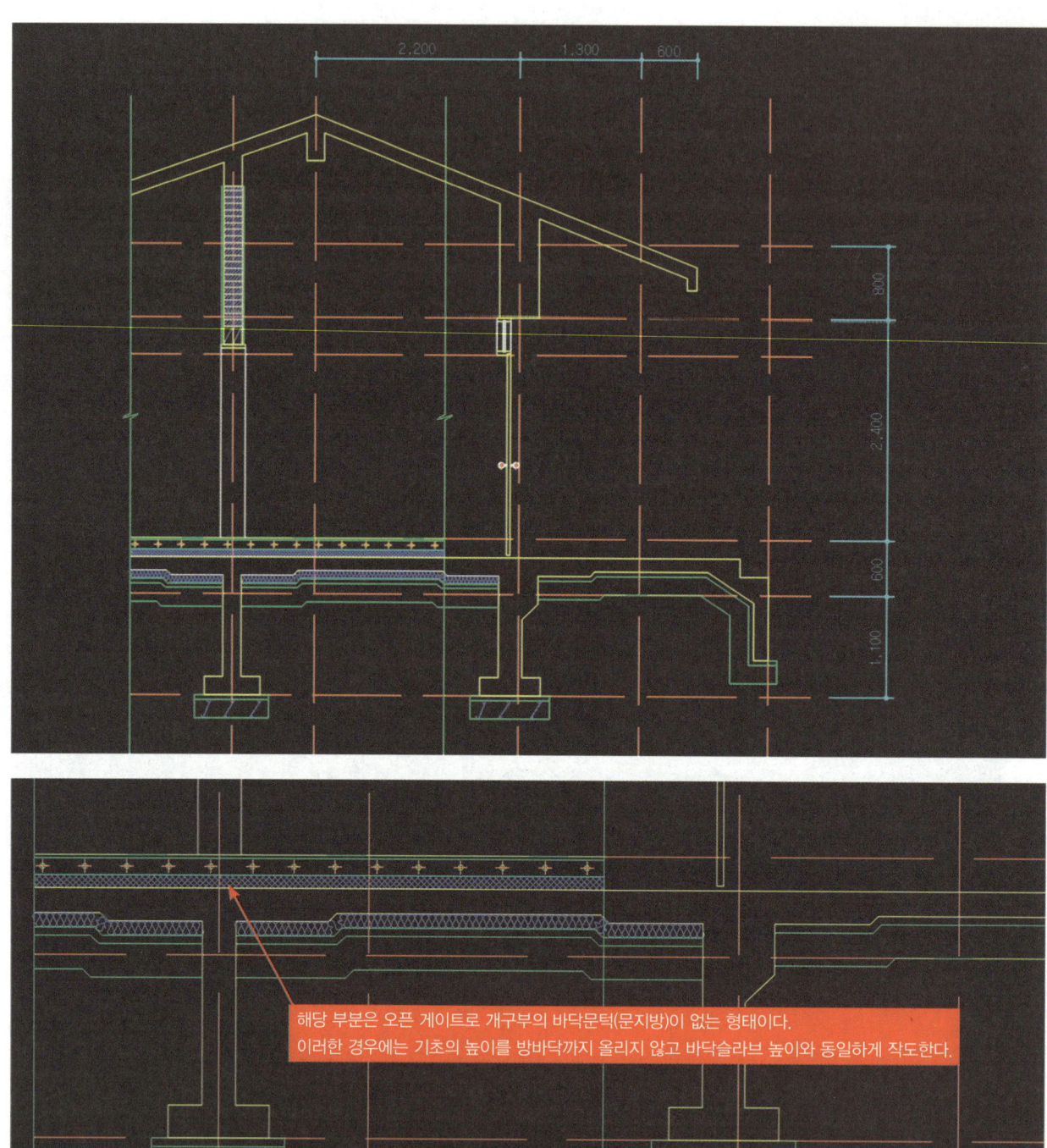

해당 부분은 오픈 게이트로 개구부의 바닥문턱(문지방)이 없는 형태이다.
이러한 경우에는 기초의 높이를 방바닥까지 올리지 않고 바닥슬라브 높이와 동일하게 작도한다.

NO.	중점사항	핵심 내용
03	천장, 지붕 외 기타	• 실내천장 그리기 → 지붕상세도 • 기타: 실내외 입면, 난간, 홈통, 굴뚝, 걸레받이 단면 등 체크

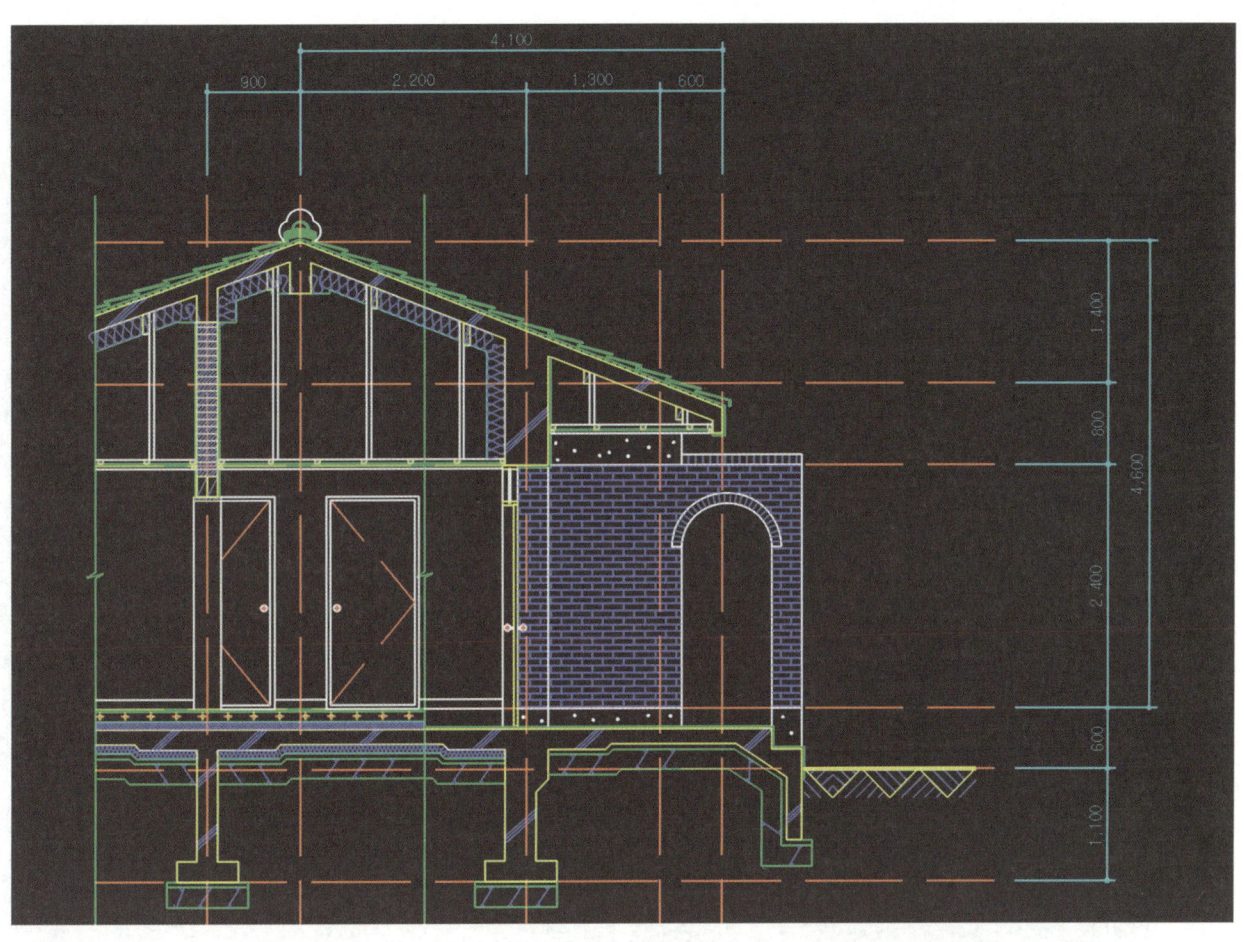

NO.	중점사항	핵심 내용
04	치수선 문자선	• 물매, 표제란, 도면명 등 표기 • 실명(방, 거실, 테라스 등) 표기

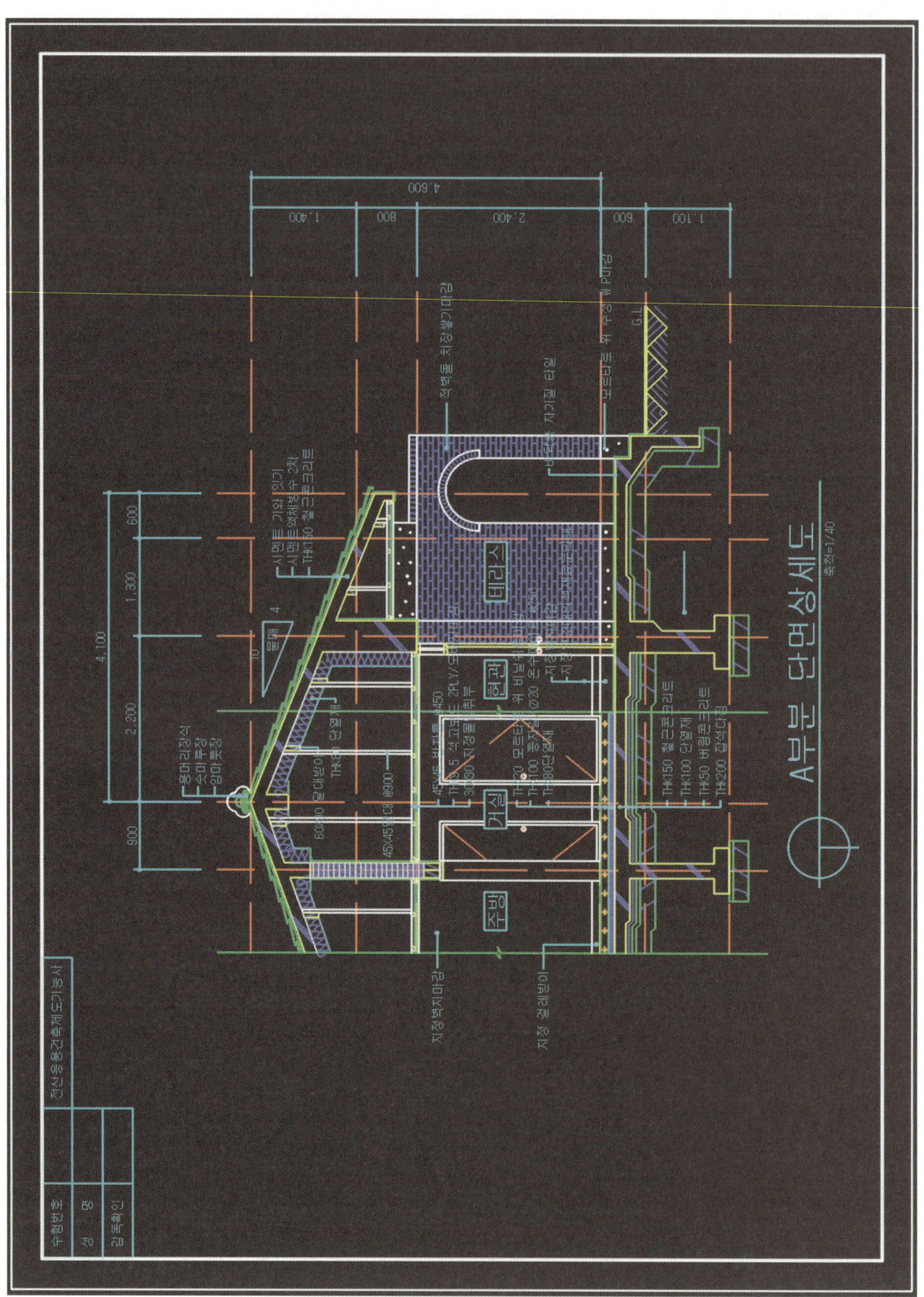

2 단면상세도

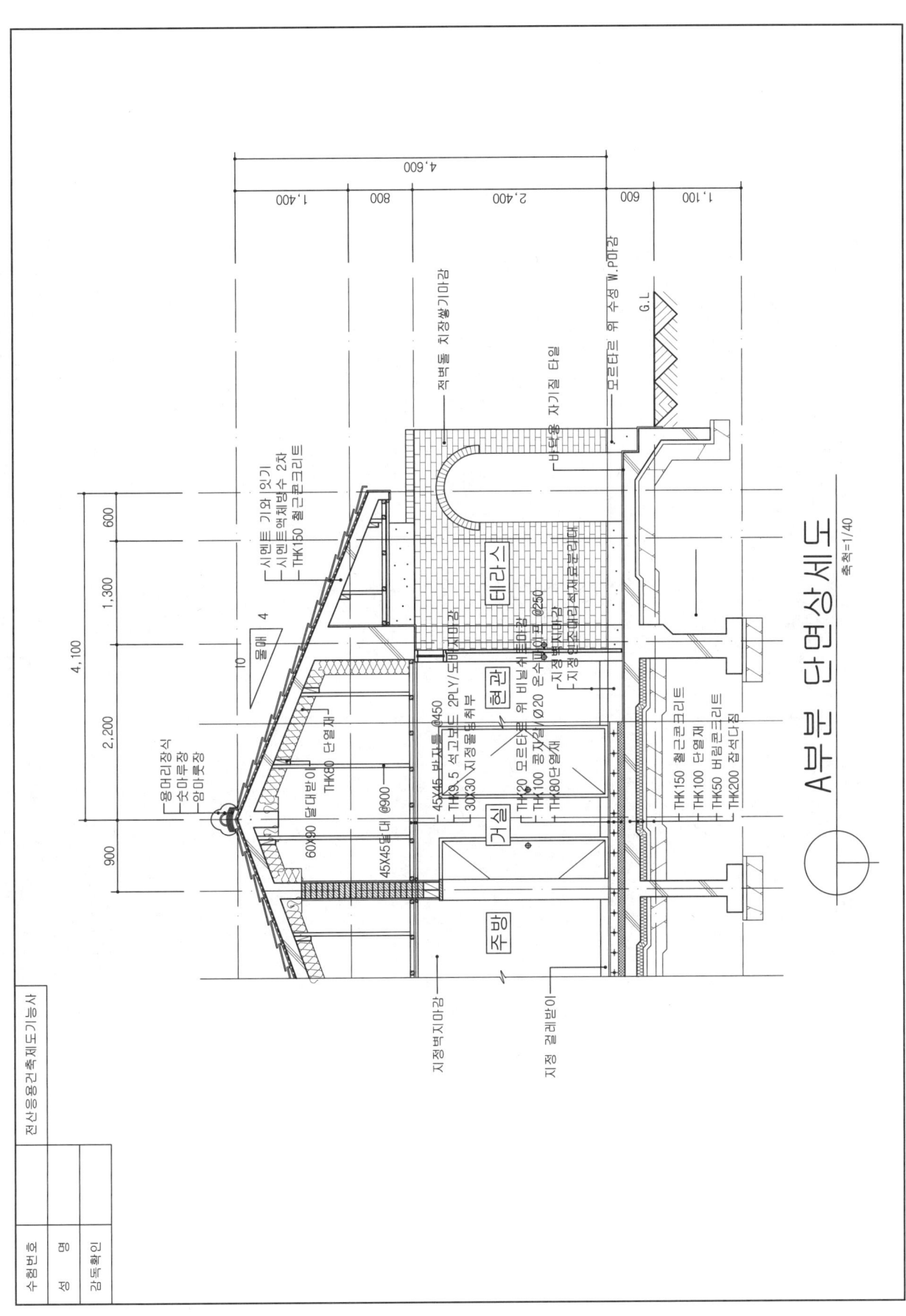

3 남측입면도 문제풀이

NO.	중점사항	핵심 내용
01	중심선 세팅	• 수평선 그리기: G.L선, 방바닥 높이, 반자 높이, 테두리보 높이 • 수직선 그리기: 벽체 중심선, 마룻대, 처마라인
02	지붕구조 그리기	• 측면입면의 지붕구조를 그린 후 마룻대와 처마의 기준점을 찾아 남측입면도의 지붕구조 그리기 • 구조를 그리며 반대측 처마가 정면에서 보이는지 체크 • 기와 입면 그리기

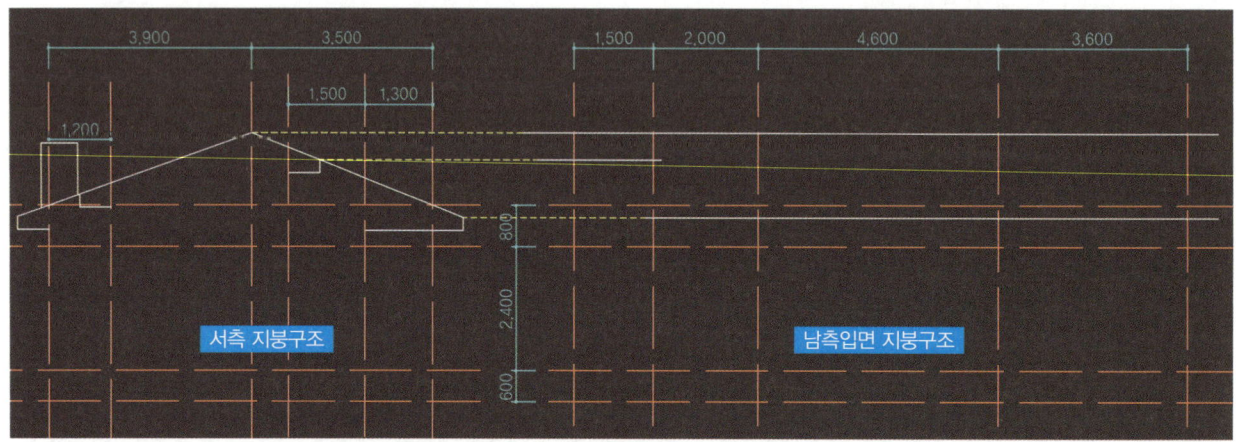

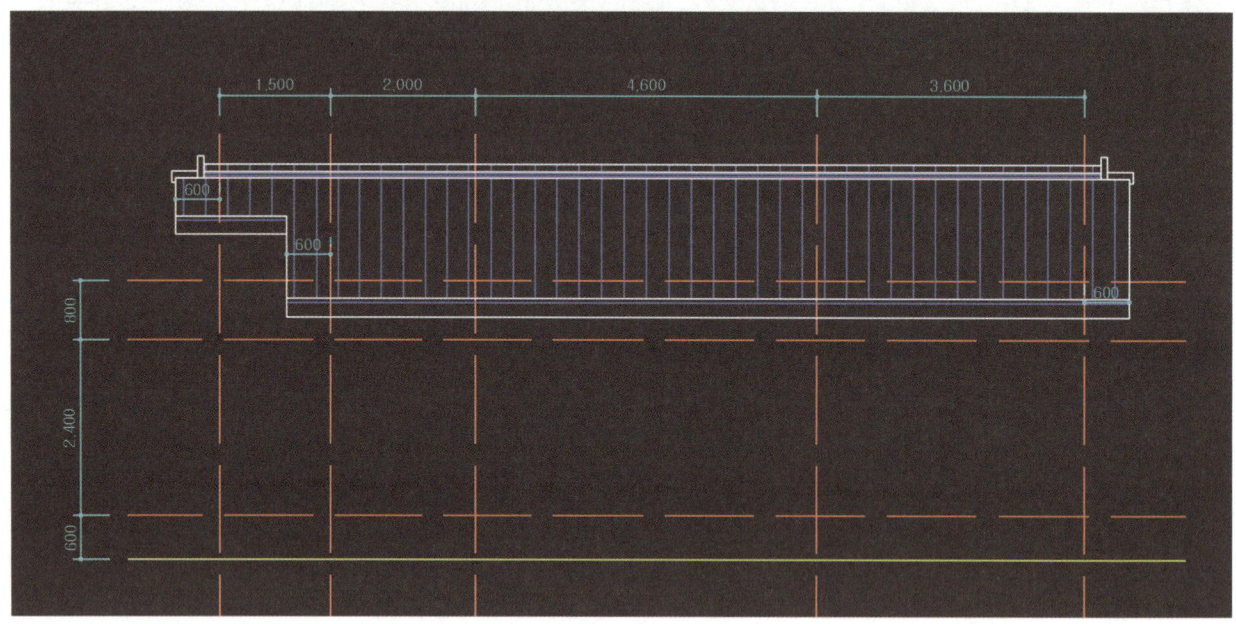

NO.	중점사항	핵심 내용
03	벽체구조	• G.L선 레이어 변경 • 벽체 입면선 그리기 • 기초 상단부와 테두리보 하단부 라인 그리기

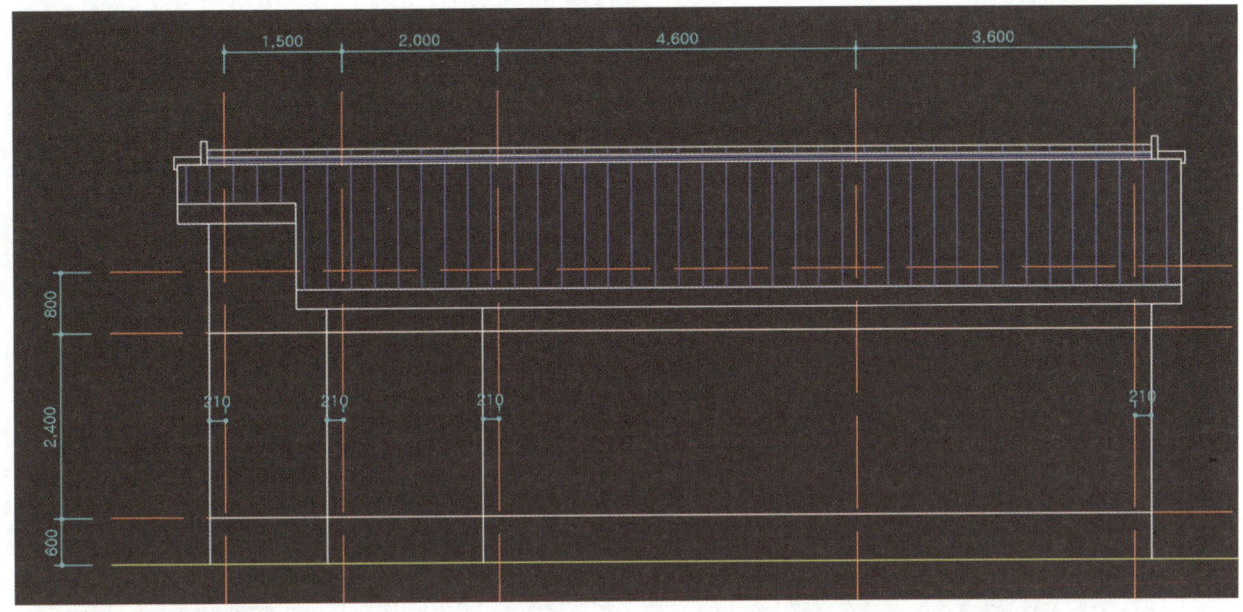

NO.	중점사항	핵심 내용
04	기타 입면 그리기	• 테라스 바닥 및 켄틸레버, 홈통 그리기 • 창호 입면 그리기 • 난간 그리기 • 굴뚝 및 처마반자 그리기(입면에서 보이는 경우) • 재질 표기 외

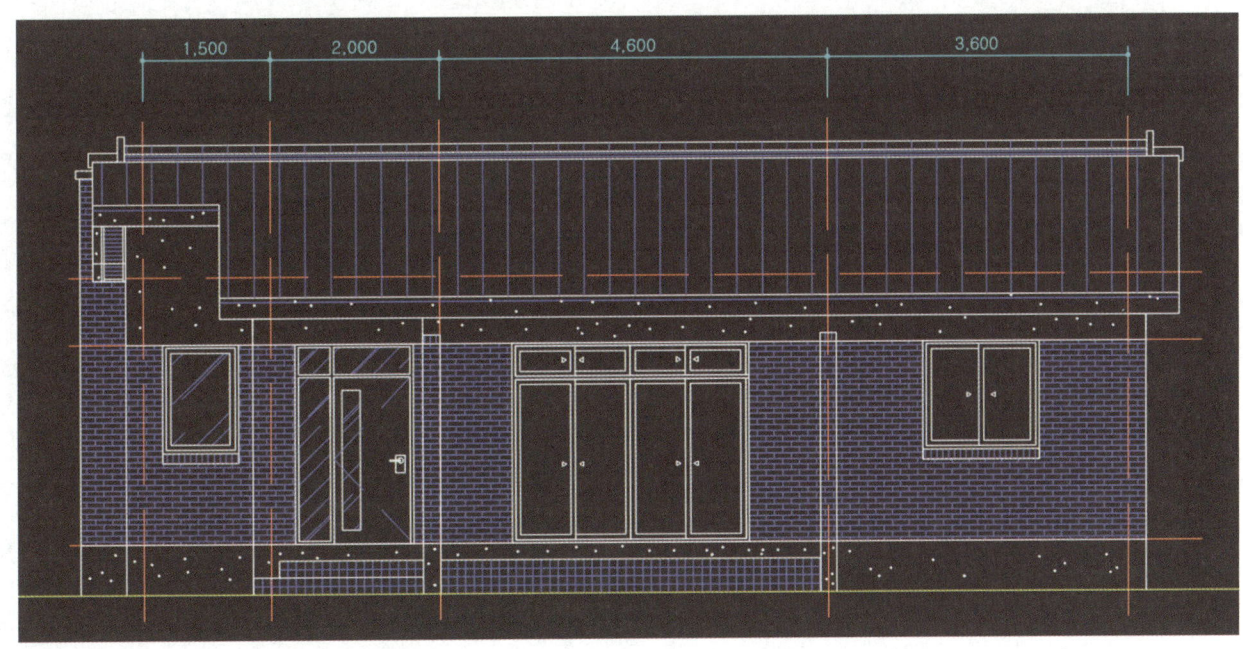

NO.	중점사항	핵심 내용
05	재질표기 문자선 외	• 나무 그리기 • 재질표기, 문자선 외

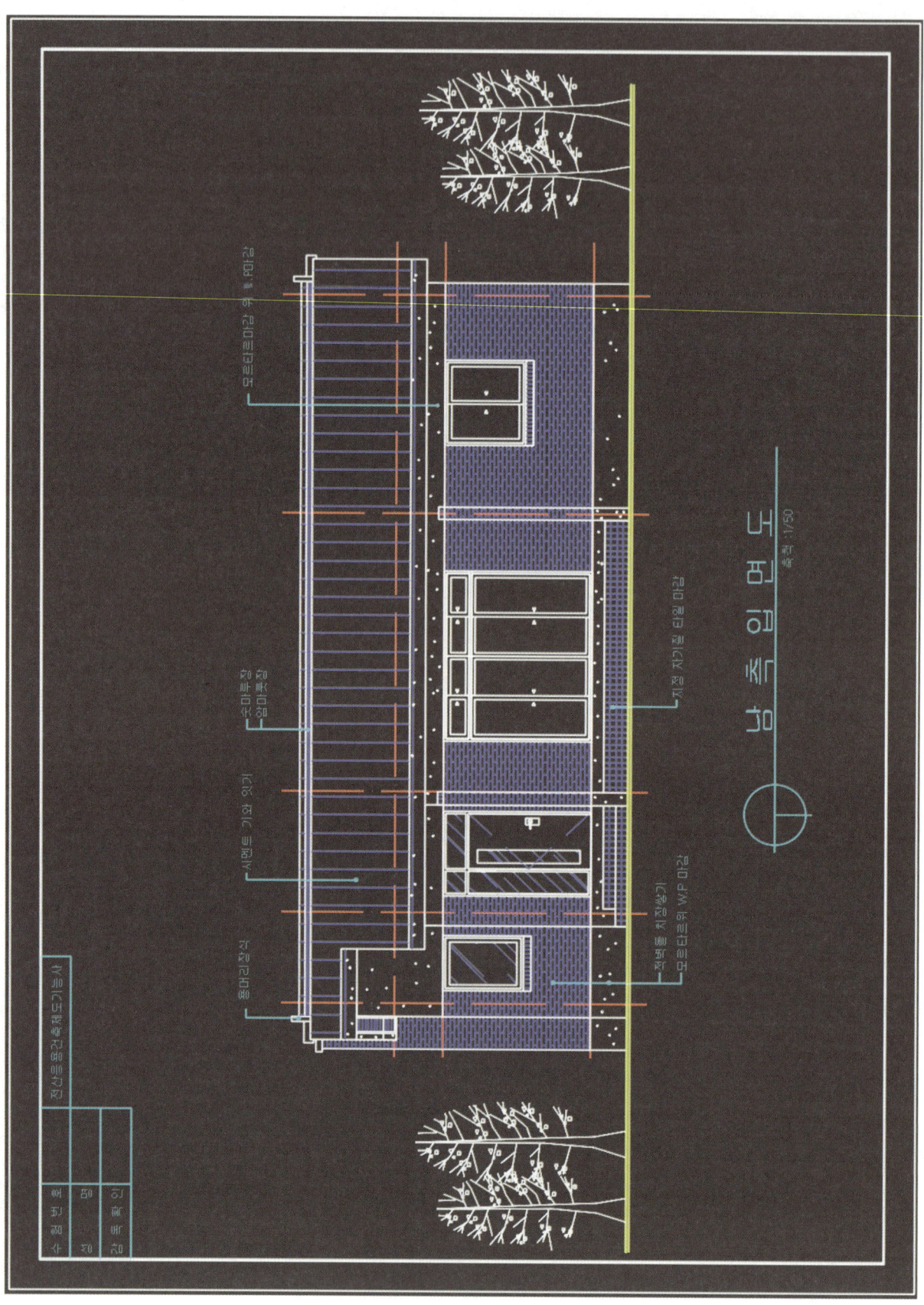

4 남측입면도

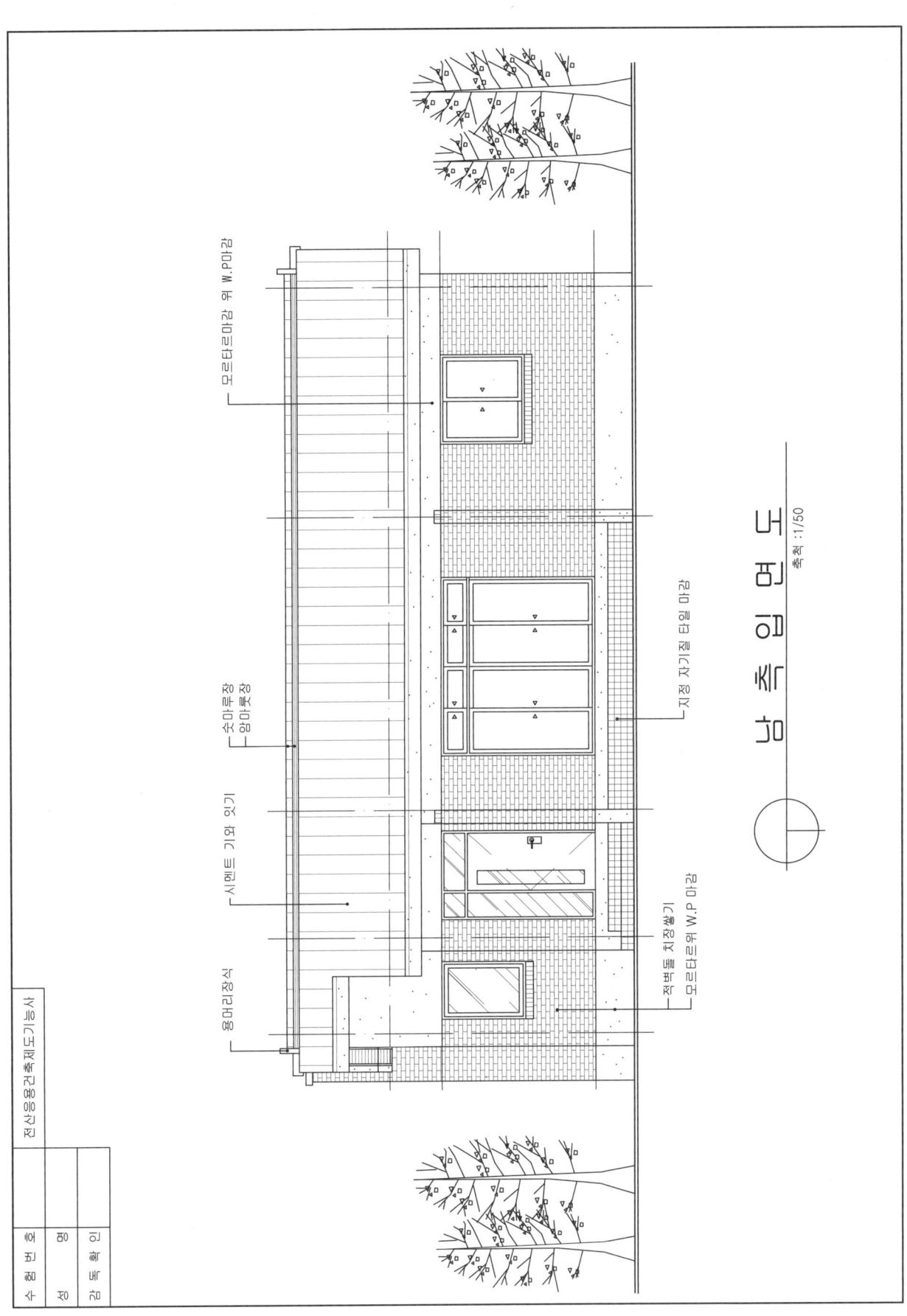

국가기술자격 실기시험문제

| 자격종목 | 전산응용건축제도기능사 | 과제명 | 주택 |

※ 시험시간 표준시간 4시간 10분

2017년 B유형
- 현관을 단면으로 표기
- 욕실의 단면 작도
- 처마가 길게 나온 부분을 평면에서 확인하여 작도
- 현관과 거실의 바닥경계라인 작도
- 테라스 아치 입면 작도

01 요구사항

주어진 평면도를 보고 CAD를 이용하여 아래 조건에 맞게 다음 도면을 작도 한 후, 지급된 용지에 본인이 직접 흑백으로 출력하여 파일과 함께 제출하시오.

❶ A부분 단면 상세도를 축척 1/40으로 작도하시오.
❷ 남측입면도를 축척 1/50으로 작도하되 벽면의 마감재료 표시 및 주의의 배경 등 도면의 요소를 충분히 고려하시오.

― 조건 ―
- 기초 및 지하실 벽체: 철근콘크리트 구조로 하시오.
- 벽체: 외벽 – 외부로부터 붉은벽돌 0.5B, 단열재, 시멘트 벽돌 1.0B
  내벽 – 시멘트 벽돌 1.0B
- 단열재: 외벽 120mm, 바닥 85mm, 지붕 180mm
- 지붕: 철근콘크리트 경사슬래브 위 시멘트 기와잇기 마감으로 하시오. (물매 3.5/10 이상)
- 처마나옴: 벽체중심에서 600mm
- 반자높이: 2,400mm, 처마반자 설치
- 창호: 목재창호로 하되 2중창인 경우 알루미늄 새시로 하시오.
- 각실의 난방: 온수파이프 온돌난방으로 하시오.
- 1층 바닥슬래브와 기초는 일체식으로 표현하시오.
- 평면도에 표시하지 않은 현관상부 캐노피는 작도하지 않는다.
- 기타 각 부분의 마감, 치수 등 주어지지 않는 조건은 일반적인 시공수준으로 하시오.
- 선의 통일을 기하기 위하여 아래와 같이 선의 색을 정리하여 출력하시오.
  - 흰색 (7–White): 0.3mm
  - 노랑 (2–Yellow): 0.4mm
  - 빨강 (1–Red): 0.2mm
  - 녹색 (3–Green): 0.2mm
  - 하늘색 (4–Cyan): 0.3mm
  - 파랑 (5–Blue): 0.1mm

02 수험자 유의사항

※다음 유의사항을 고려하여 요구사항을 완성하시오.

1) 명기되지 않은 조건은 건축법, 건축구조 및 건축제도 원칙에 따릅니다.

2) 시험시작 전 바탕화면에 본인 비밀번호로 폴더를 생성하고, 폴더 안의 작업내용을 저장하도록 합니다.

3) 정전 및 기계 고장 등에 의한 자료손실을 방지하기 위하여 수시로 저장합니다.

4) 다음과 같은 경우는 부정행위로 처리됩니다.
    가) 노트 및 서적, 디스켓을 소지하거나 주고받는 행위
    나) 건물의 구조부분의 상세나 글씨 등을 사전에 블록으로 설정하여 지참해 사용하는 경우

5) 작업이 끝나면 감독위원의 확인을 받은 후 문제지를 제출하고 본부요원 입회하에 본인이 직접 A3용지에 흑백으로 도면을 출력하도록 합니다. 이때 수험자의 운영 미숙으로 도면이 출력되지 않는 경우나 출력시간이 20분을 초과할 경우는 실격처리 됩니다.

6) 장비 조작 미숙으로 장비의 파손 및 고장을 일으킬 염려가 있을 경우 실격됩니다.

7) 다음과 같은 경우에는 체점대상에서 제외됩니다.
    가) 주어진 조건을 지키지 않고 작도한 경우
    나) 요구한 전도면을 작도하지 않은 경우
    다) 건축제도 통칙을 준수하지 않거나 건축 CAD의 기능이 없는 상태에서 완성된 도면

8) 수험번호, 성명은 도면 좌측 상단에 아래와 같이 표제란을 만들어 기재합니다.

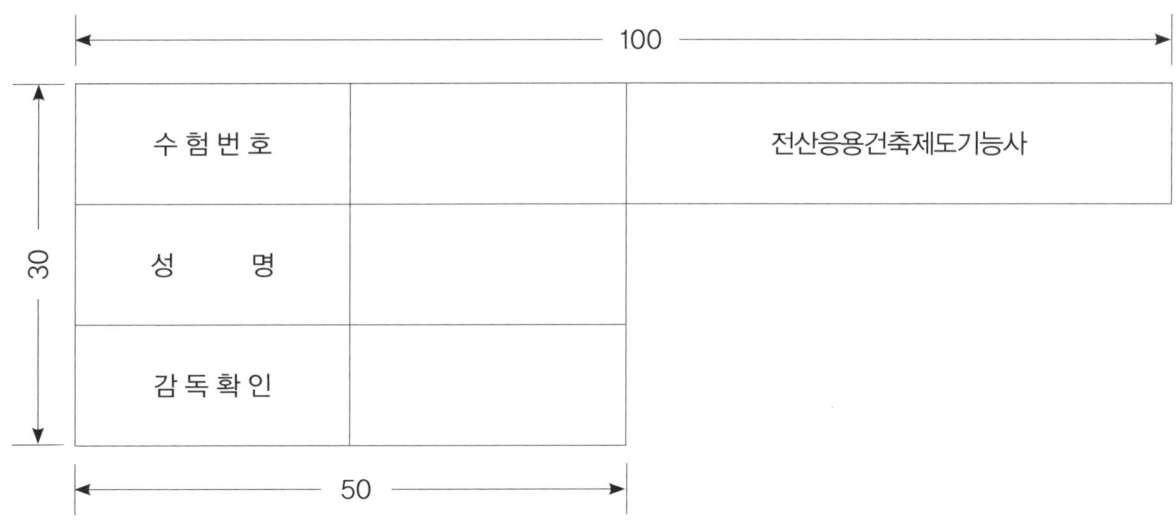

9) 감독위원은 시험시작 후 수검자에게 표제란을 우선 작도 후 도면을 작도하도록 하여야 하며, 수험자가 감독위원의 지시를 따르지 않을 경우 실격 처리됩니다.

10) 테두리선의 여백은 10mm로 합니다.

03 평면도

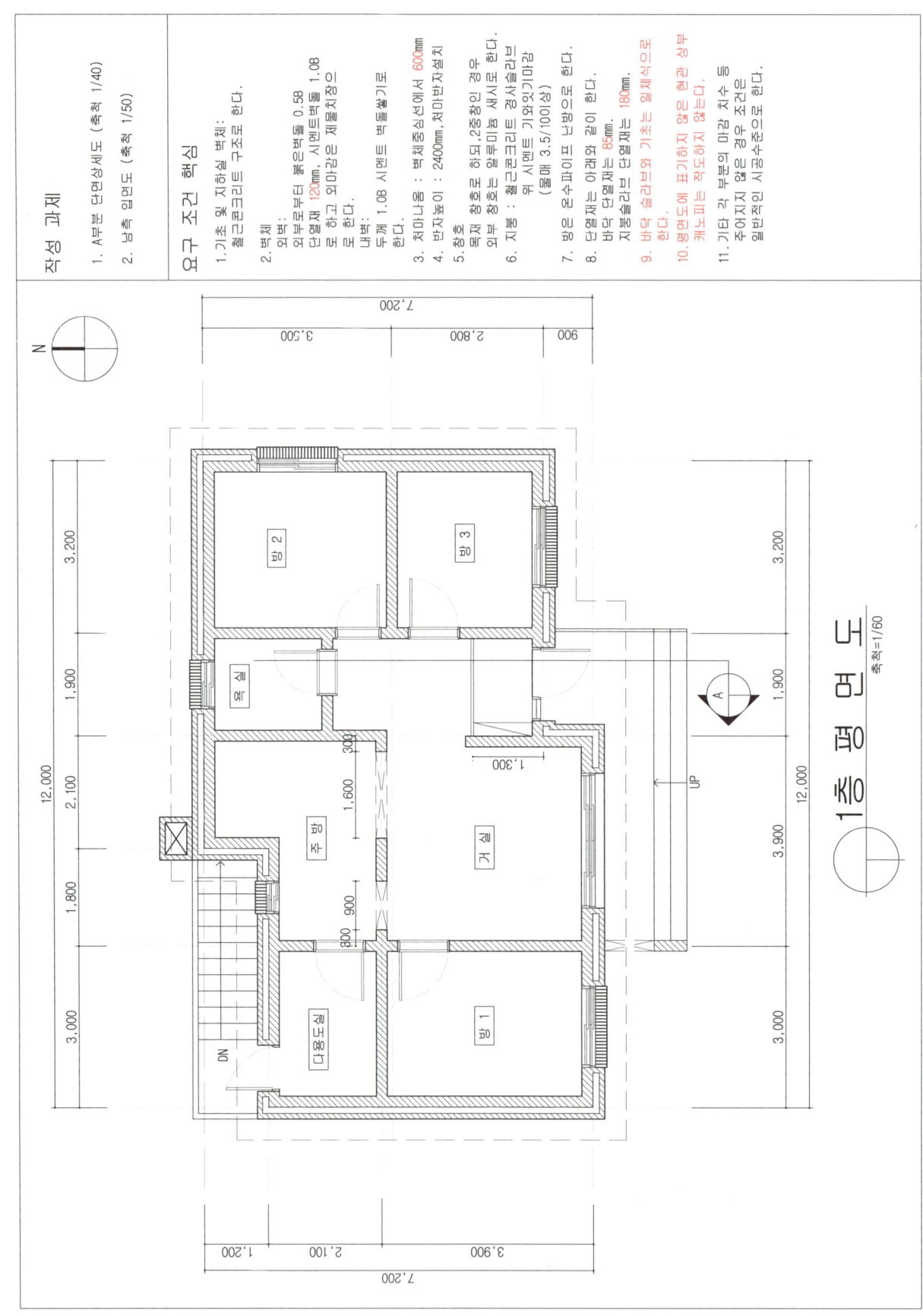

1 단면상세도 문제풀이

NO.	중점사항	핵심 내용
01	중심선 세팅 지붕구조	• 수평선 그리기: G.L, 기초동결선, 방바닥 높이, 반자 높이, 테두리보 높이 • 수직선 그리기: 벽체 중심선, 마룻대, 처마라인 • 지붕구조, 테두리보 외 그리기

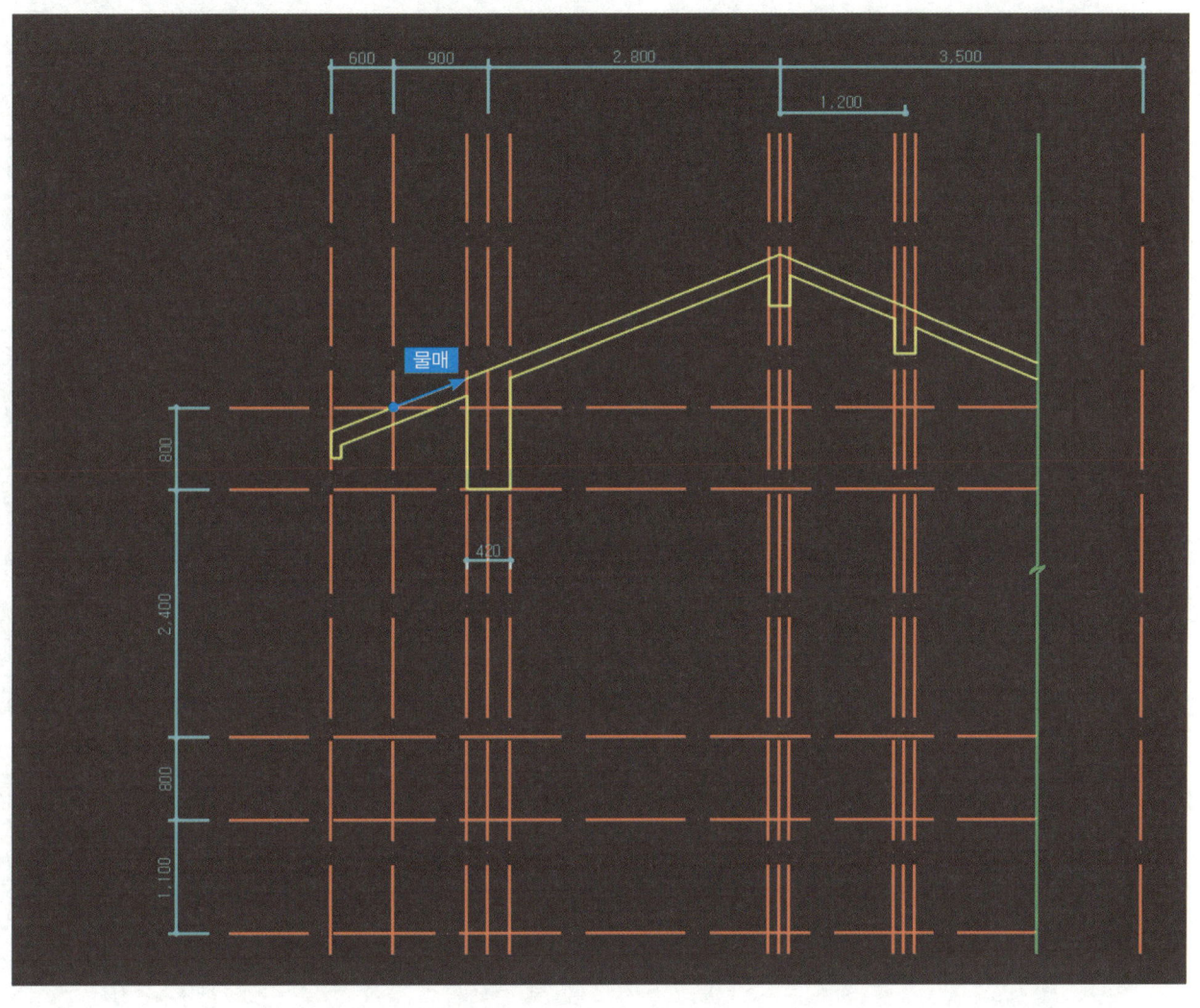

NO.	중점사항	핵심 내용
02	기본구조	• 기초 그리기 → 벽체 및 창호 • 테라스 바닥 및 캐노피, 실내바닥 구조 그리기 외

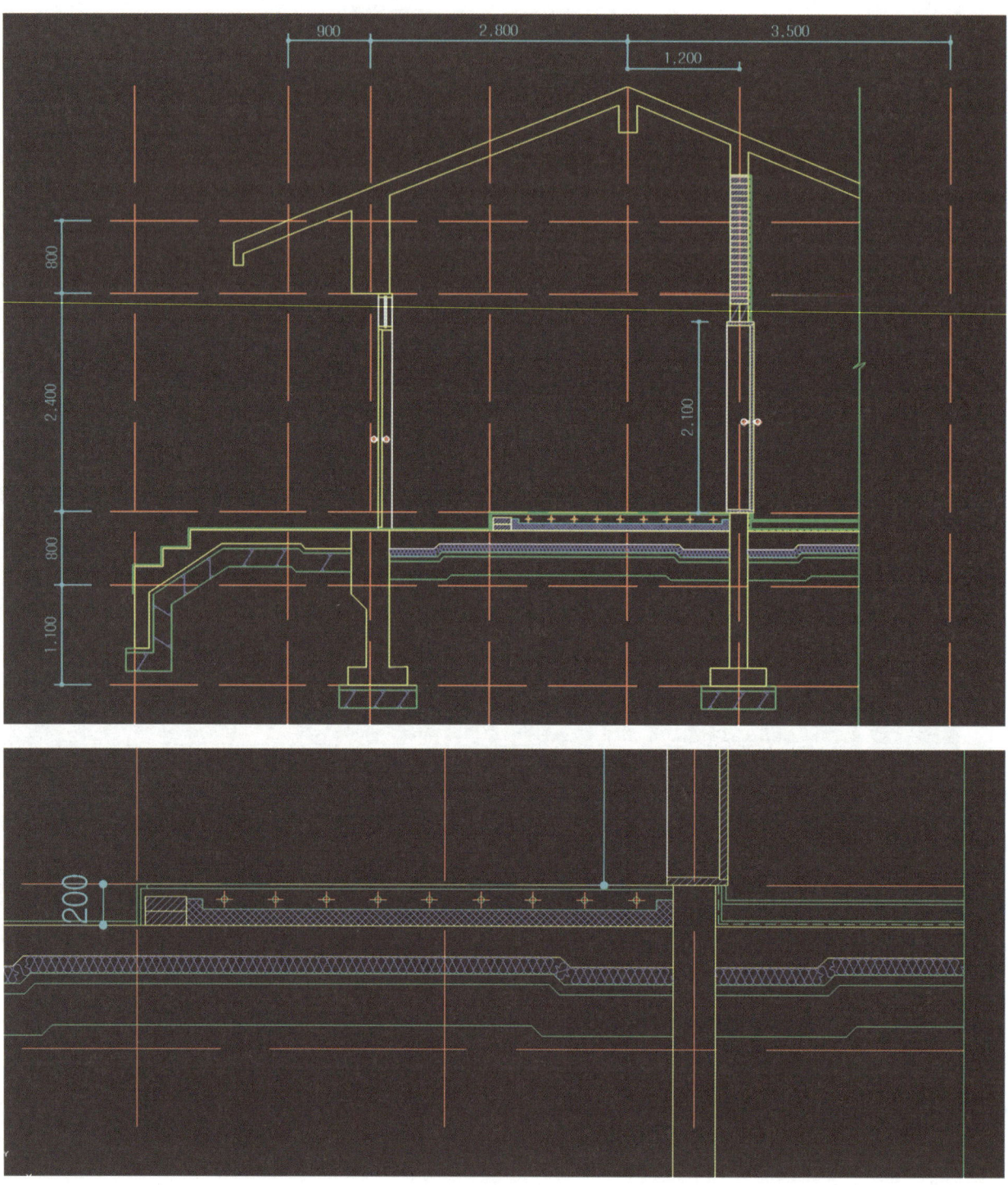

NO.	중점사항	핵심 내용
03	천장, 지붕 외 기타	• 실내천장 그리기 → 지붕상세도 • 기타: 실내외 입면, 난간, 홈통, 굴뚝, 걸레받이 단면 등 체크

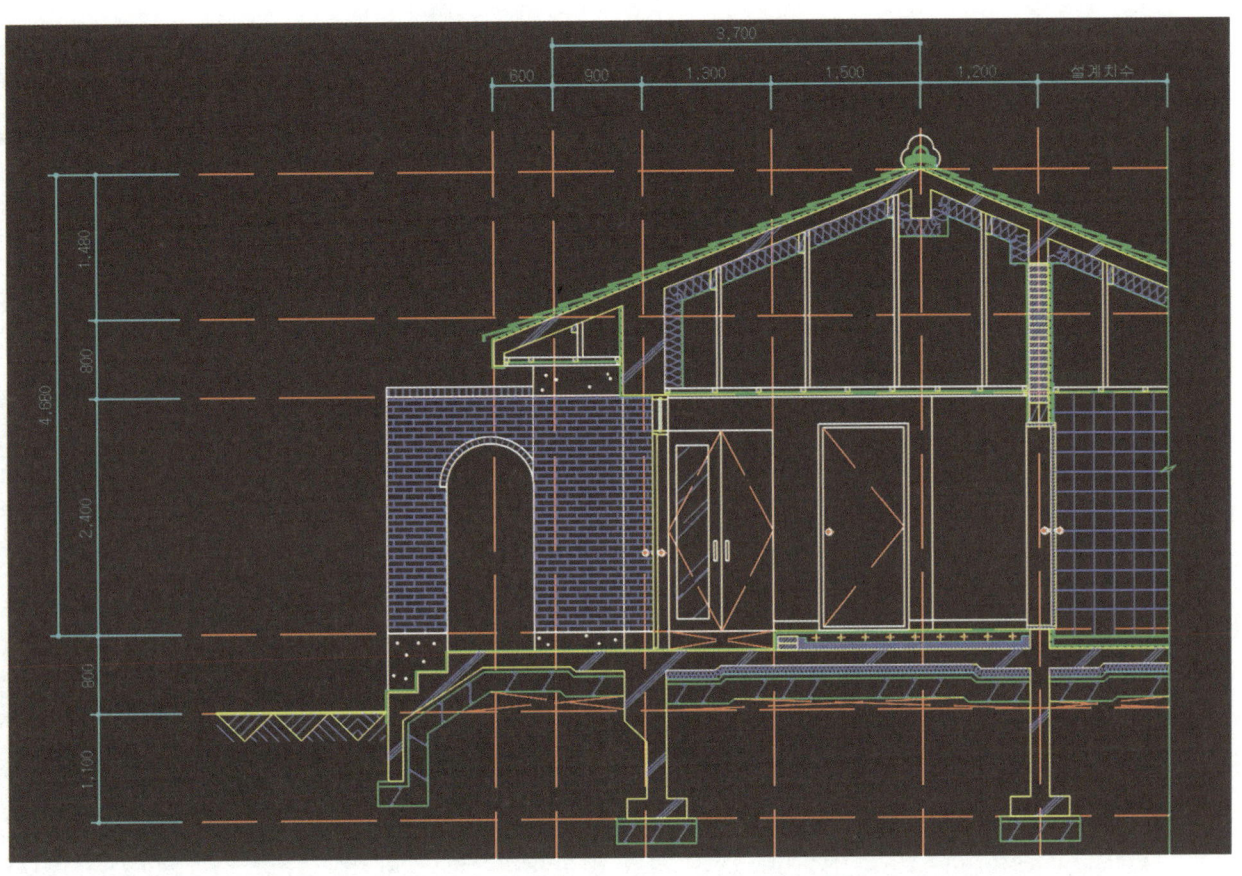

NO.	중점사항	핵심 내용
04	치수선 문자선	• 물매, 표제란, 도면명 등 표기 • 실명(방, 거실, 테라스 등) 표기

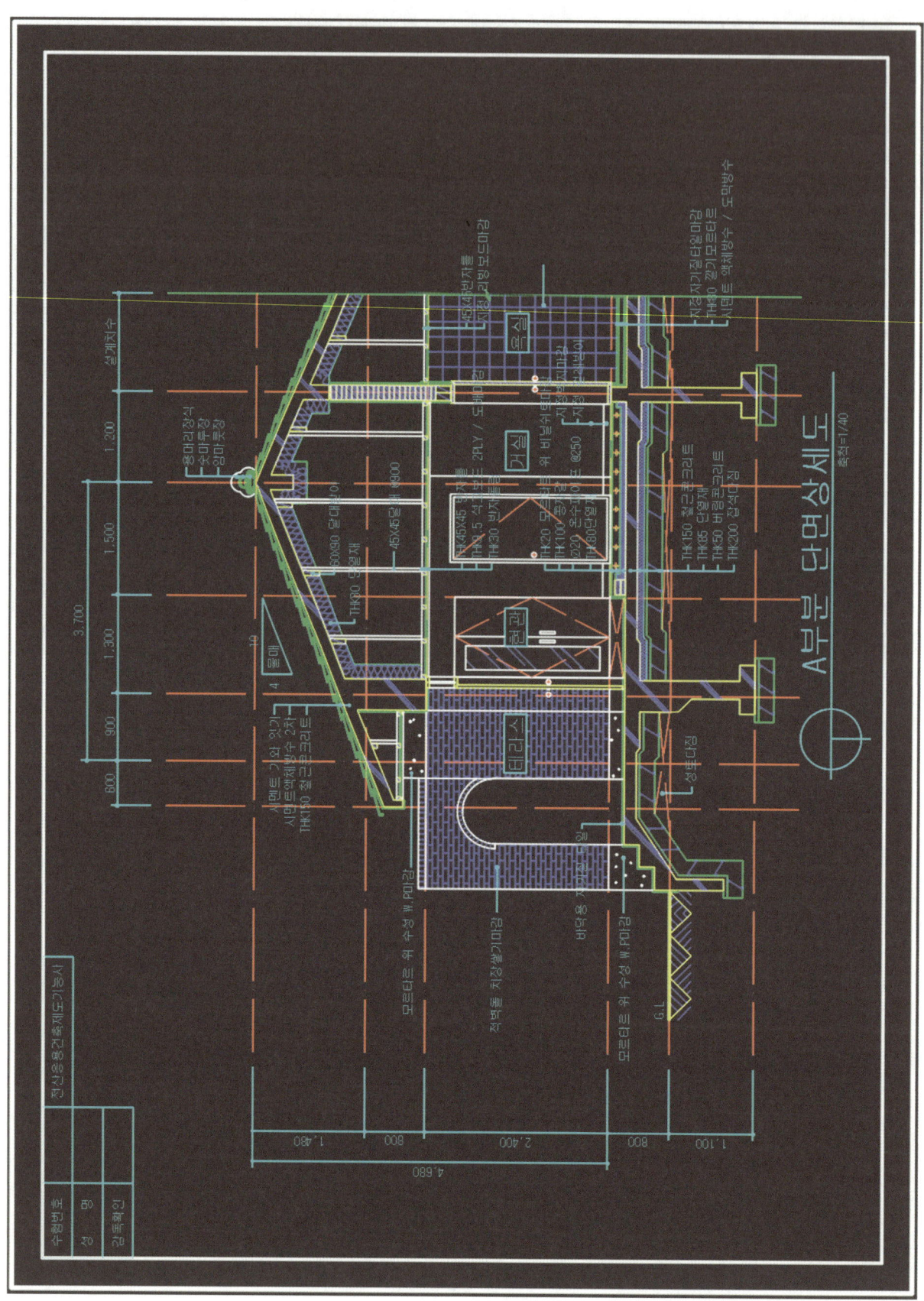

2 단면상세도

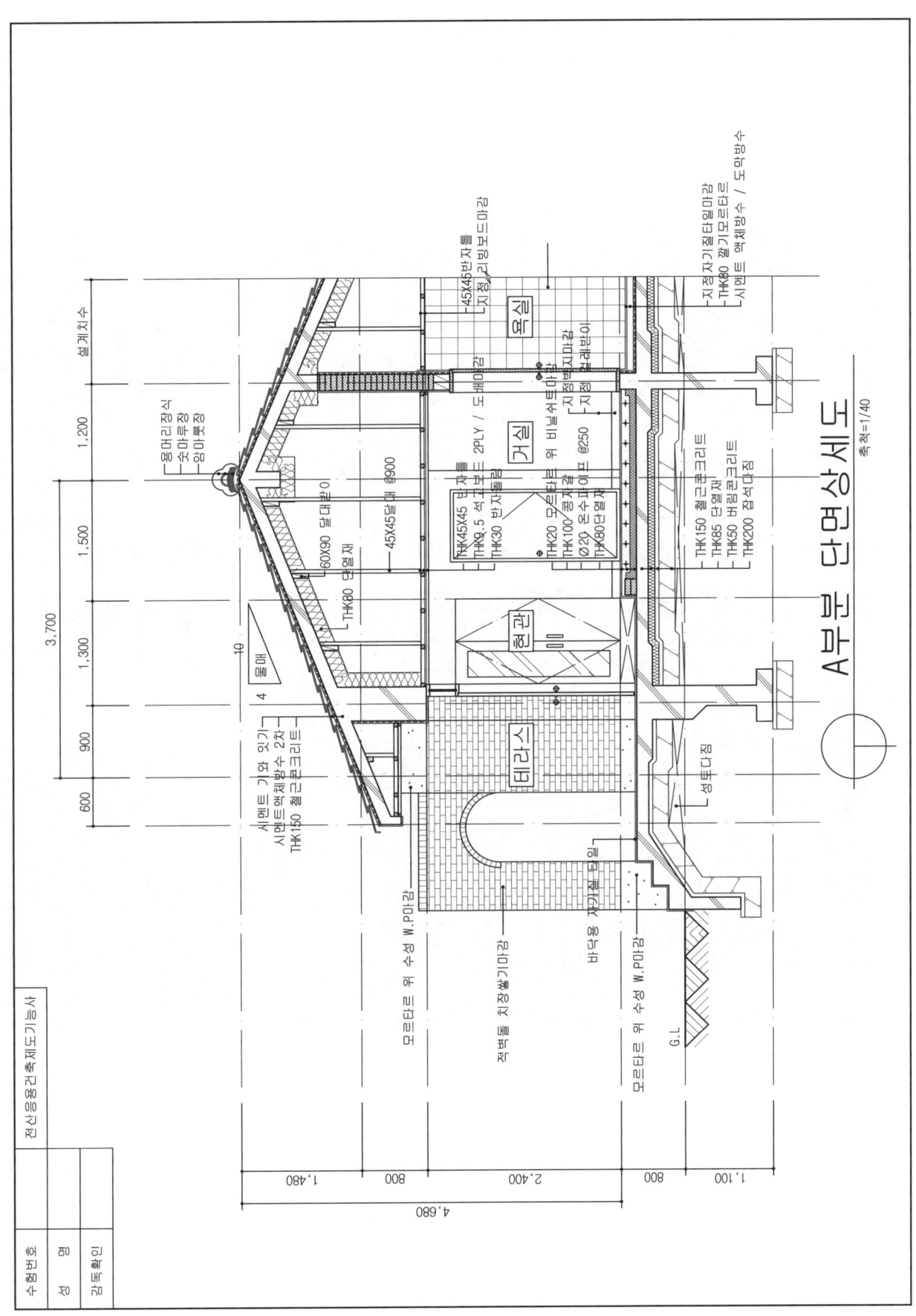

3 남측입면도 문제풀이

NO.	중점사항	핵심 내용
01	중심선 세팅	• 수평선 그리기: G.L선, 방바닥 높이, 반자 높이, 테두리보 높이 • 수직선 그리기: 벽체 중심선, 마룻대, 처마 라인
02	지붕구조 그리기	• 측면 입면의 지붕구조를 그린 후 마룻대와 처마의 기준점을 찾아 남측입면도의 지붕구조 그리기 • 구조를 그리며 반대측 처마가 정면에서 보이는지 체크 • 기와 입면 그리기

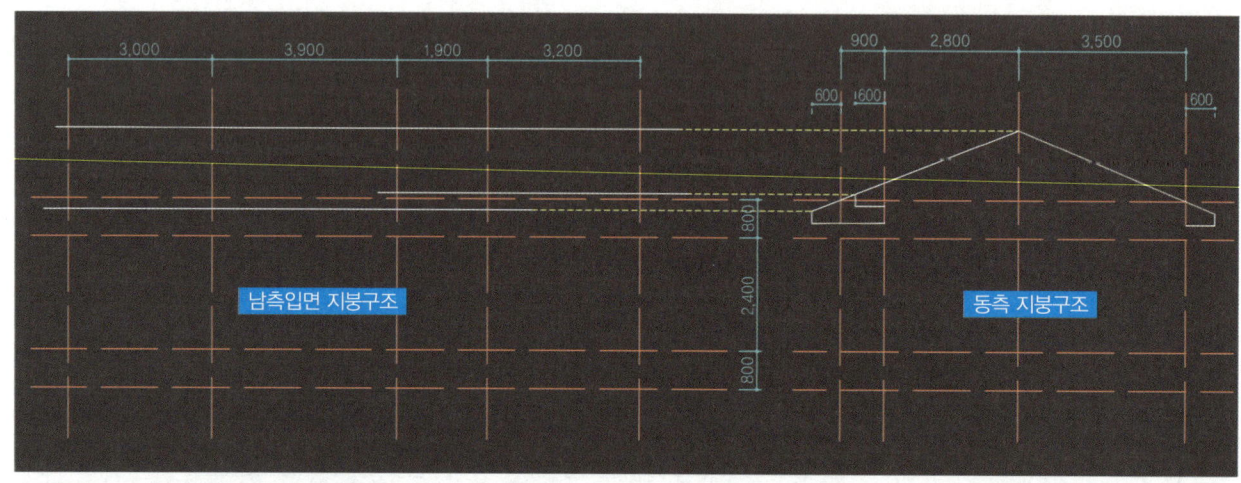

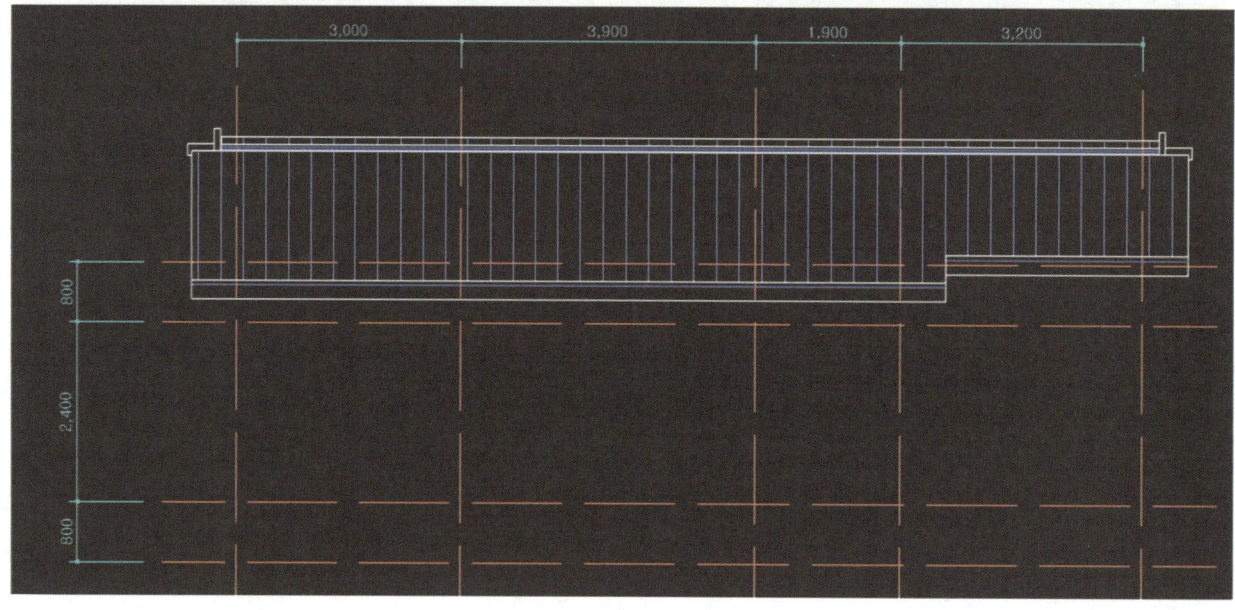

NO.	중점사항	핵심 내용
03	벽체구조	• G.L선 레이어 변경 • 벽체 입면선 그리기 • 기초 상단부와 테두리보 하단부 라인 그리기

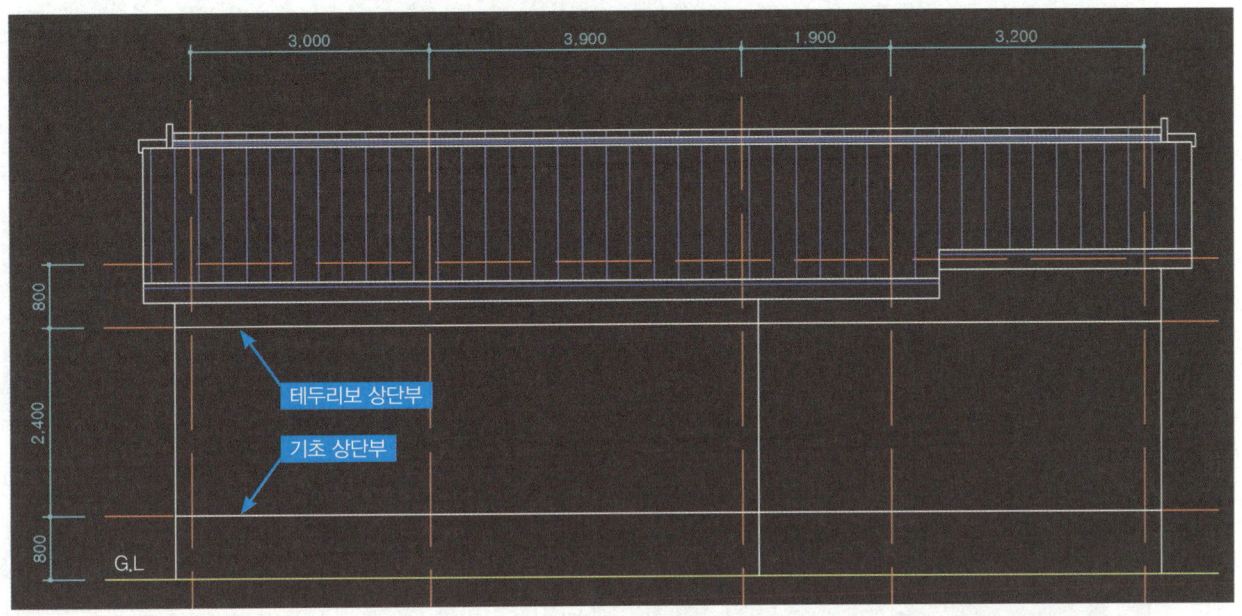

NO.	중점사항	핵심 내용
04	기타 입면 그리기	• 테라스 바닥 및 켄틸레버, 홈통 그리기 • 창호 입면 그리기 • 난간 그리기 • 굴뚝 및 처마반자 그리기(입면에서 보이는 경우) • 재질 표기 외

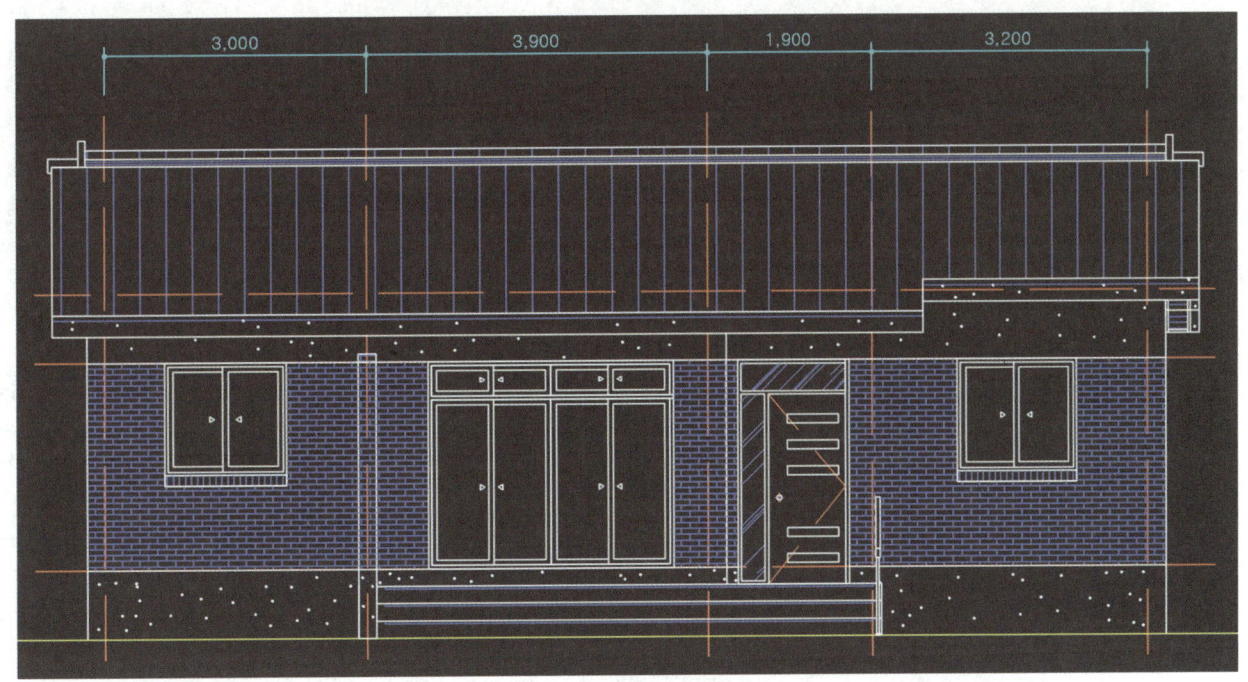

NO.	중점사항	핵심 내용
05	재질표기 문자선 외	• 나무 그리기 • 재질표기, 문자선 외

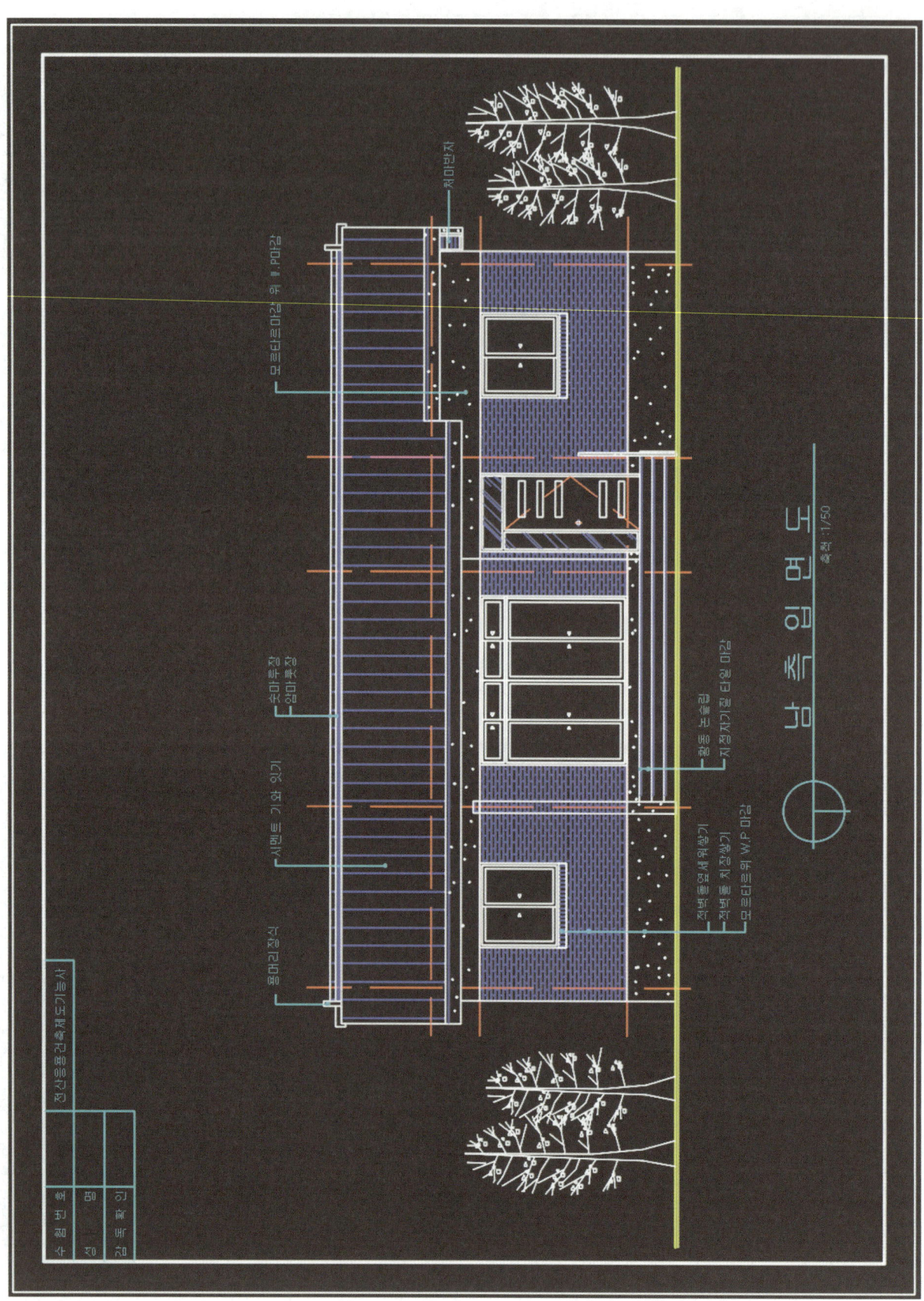

4 남측입면도

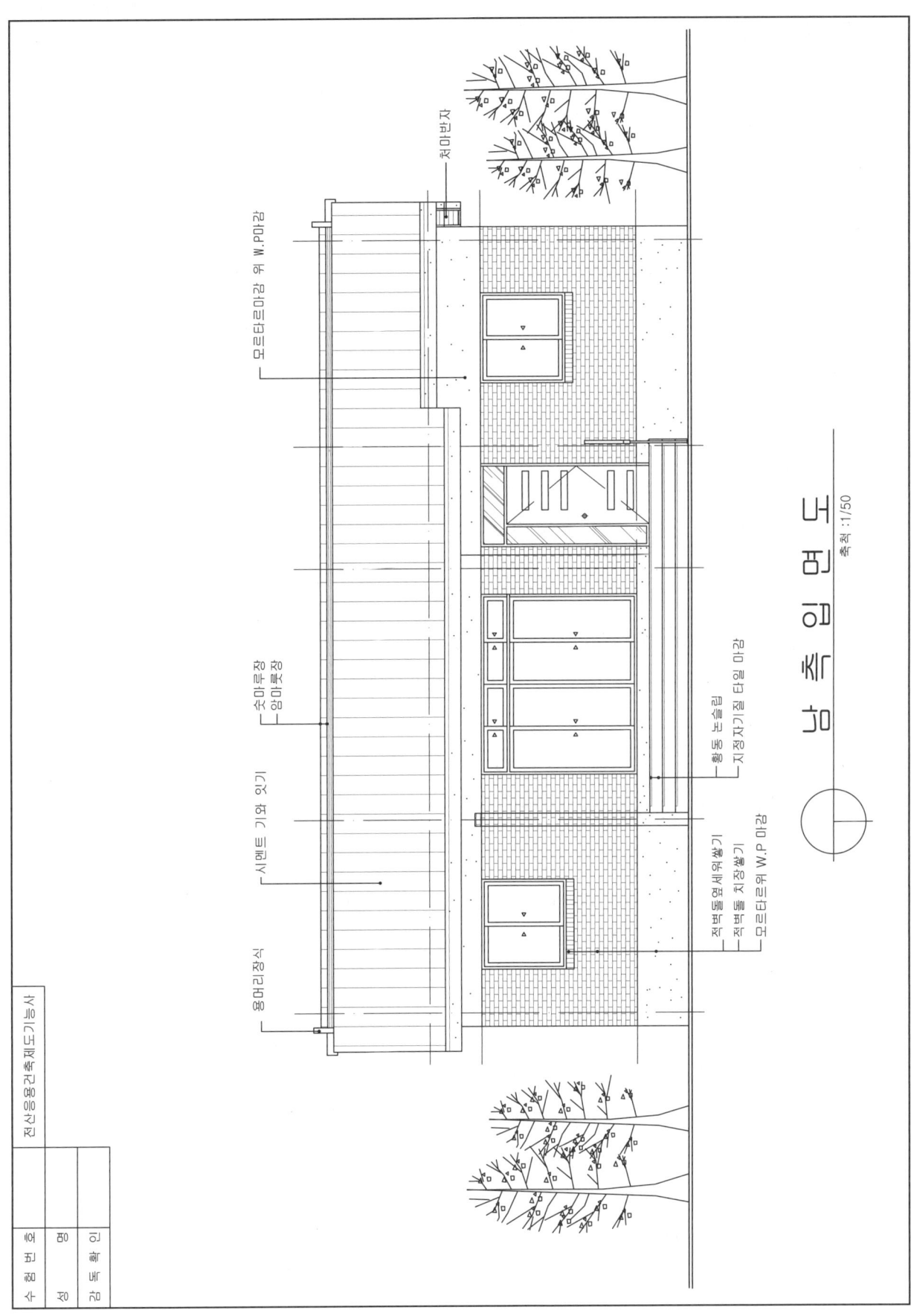

국가기술자격 실기시험문제

| 자격종목 | 전산응용건축제도기능사 | 과제명 | 주택 |

※ 시험시간 표준시간 4시간 10분

2018년 A유형
- 현관 창호가 있는 외부 벽체를 단면으로 표기
- 현관과 방의 단면 표기

01 요구사항

주어진 평면도를 보고 CAD를 이용하여 아래 조건에 맞게 다음 도면을 작도 한 후, 지급된 용지에 본인이 직접 흑백으로 출력하여 파일과 함께 제출하시오.

❶ A부분 단면 상세도를 축척 1/40으로 작도하시오.

❷ 남측입면도를 축척 1/50으로 작도하되 벽면의 마감재료 표시 및 주의의 배경 등 도면의 요소를 충분히 고려하시오.

┤ 조건 ├
- 기초 및 지하실 벽체: 철근콘크리트 구조로 하시오.
- 벽체: 외벽 – 외부로부터 붉은벽돌 0.5B, 단열재, 시멘트 벽돌 1.0B
  내벽 – 시멘트 벽돌 1.0B
- 단열재: 외벽 120mm, 바닥 85mm, 지붕 180mm
- 지붕: 철근콘크리트 경사슬래브 위 시멘트 기와잇기 마감으로 하시오. (물매 3.5/10 이상)
- 처마나옴: 벽체중심에서 600mm
- 반자높이: 2,400mm, 처마반자 설치
- 창호: 목재창호로 하되 2중창인 경우 알루미늄 새시로 하시오.
- 각실의 난방: 온수파이프 온돌난방으로 하시오.
- 1층 바닥슬래브와 기초는 일체식으로 표현하시오.
- 평면도에 표시하지 않은 현관상부 캐노피는 작도하지 않는다.
- 기타 각 부분의 마감, 치수 등 주어지지 않는 조건은 일반적인 시공수준으로 하시오.
- 선의 통일을 기하기 위하여 아래와 같이 선의 색을 정리하여 출력하시오.
  - 흰색 (7-White): 0.3mm
  - 노랑 (2-Yellow): 0.4mm
  - 빨강 (1-Red): 0.2mm
  - 녹색 (3-Green): 0.2mm
  - 하늘색 (4-Cyan): 0.3mm
  - 파랑 (5-Blue): 0.1mm

02 수험자 유의사항

※다음 유의사항을 고려하여 요구사항을 완성하시오.

1) 명기되지 않은 조건은 건축법, 건축구조 및 건축제도 원칙에 따릅니다.

2) 시험시작 전 바탕화면에 본인 비밀번호로 폴더를 생성하고, 폴더 안의 작업내용을 저장하도록 합니다.

3) 정전 및 기계 고장 등에 의한 자료손실을 방지하기 위하여 수시로 저장합니다.

4) 다음과 같은 경우는 부정행위로 처리됩니다.
   가) 노트 및 서적, 디스켓을 소지하거나 주고받는 행위
   나) 건물의 구조부분의 상세나 글씨 등을 사전에 블록으로 설정하여 지참해 사용하는 경우

5) 작업이 끝나면 감독위원의 확인을 받은 후 문제지를 제출하고 본부요원 입회하에 본인이 직접 A3용지에 흑백으로 도면을 출력하도록 합니다. 이때 수험자의 운영 미숙으로 도면이 출력되지 않는 경우나 출력시간이 20분을 초과할 경우는 실격처리 됩니다.

6) 장비 조작 미숙으로 장비의 파손 및 고장을 일으킬 염려가 있을 경우 실격됩니다.

7) 다음과 같은 경우에는 체점대상에서 제외됩니다.
   가) 주어진 조건을 지키지 않고 작도한 경우
   나) 요구한 전도면을 작도하지 않은 경우
   다) 건축제도 통칙을 준수하지 않거나 건축 CAD의 기능이 없는 상태에서 완성된 도면

8) 수험번호, 성명은 도면 좌측 상단에 아래와 같이 표제란을 만들어 기재합니다.

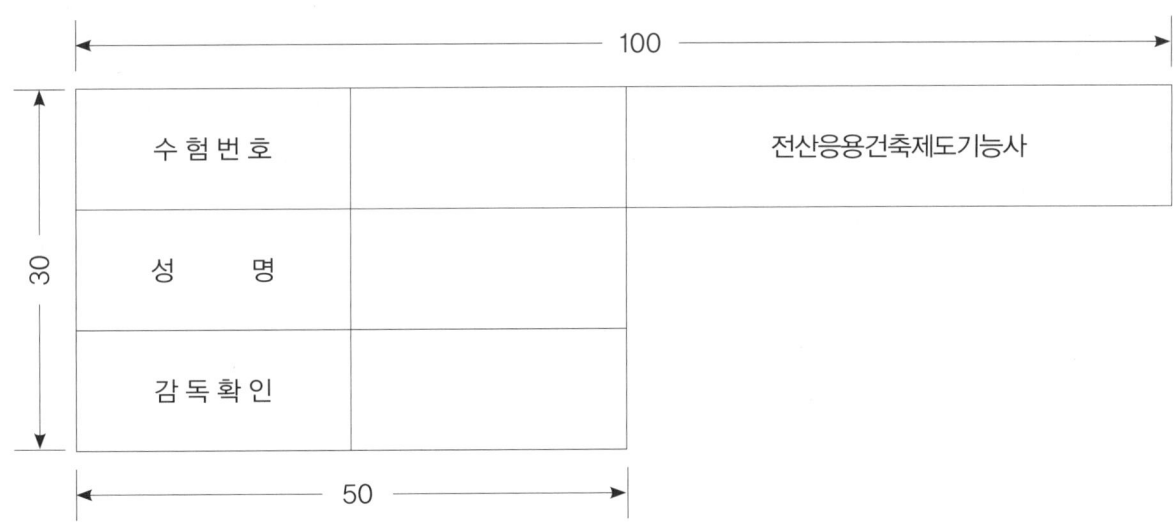

9) 감독위원은 시험시작 후 수검자에게 표제란을 우선 작도 후 도면을 작도하도록 하여야 하며, 수험자가 감독위원의 지시를 따르지 않을 경우 실격 처리됩니다.

10) 테두리선의 여백은 10mm로 합니다.

03 평면도

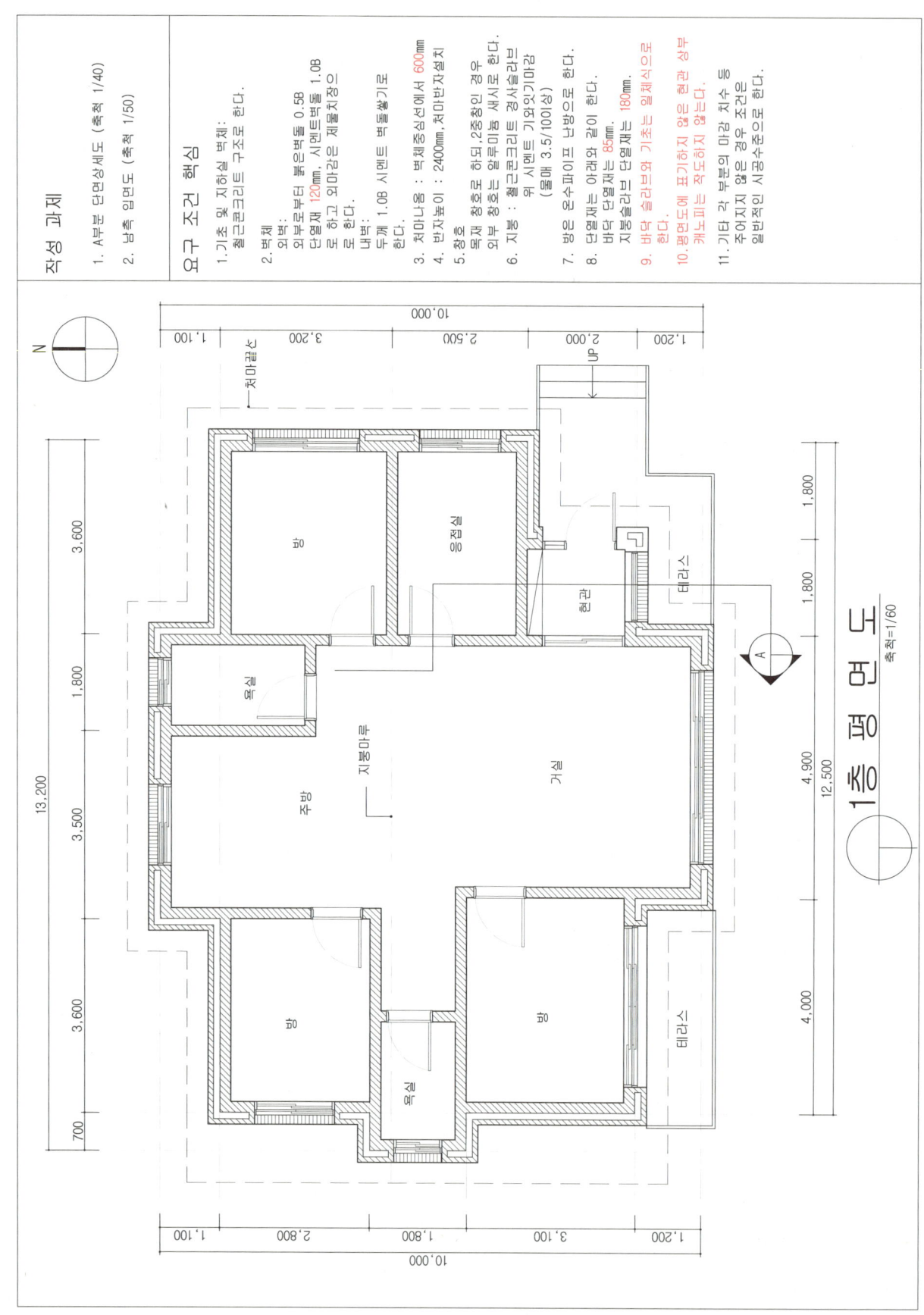

1 단면상세도 문제풀이

NO.	중점사항	핵심 내용
01	중심선 세팅 지붕구조	• 수평선 그리기: G.L선, 기초 동결선, 방바닥 높이, 반자 높이, 테두리보 높이 • 수직선 그리기: 벽체 중심선, 마룻대, 처마라인 • 지붕구조, 테두리보 외 그리기

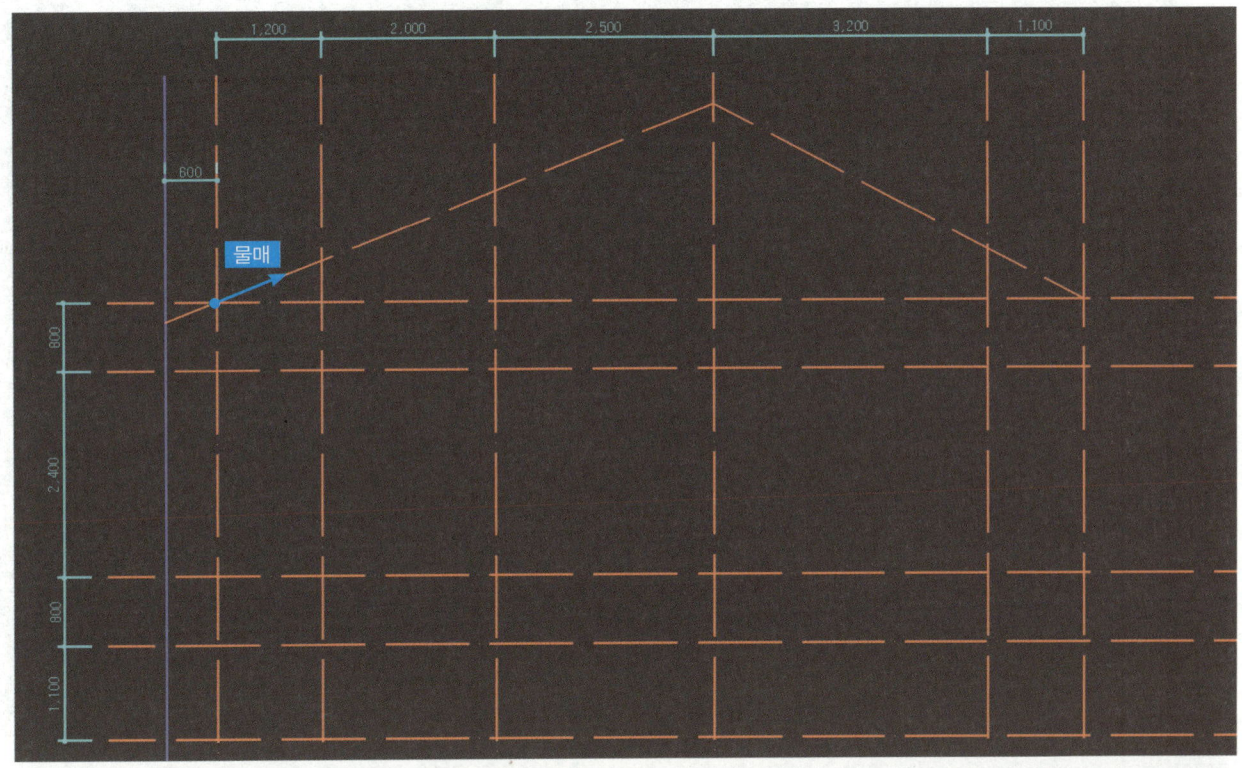

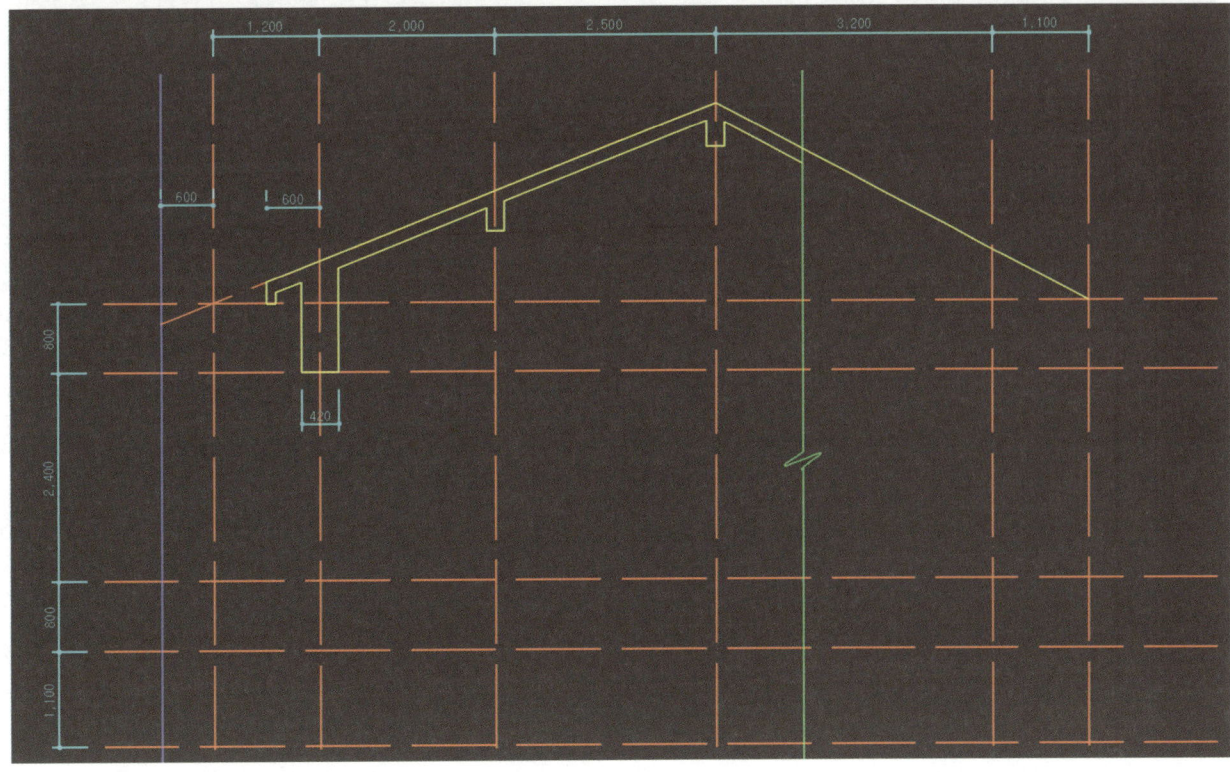

NO.	중점사항	핵심 내용
02	기본구조	• 기초 그리기 → 벽체 및 창호 • 테라스 바닥 및 캐노피, 실내바닥 구조 그리기 외

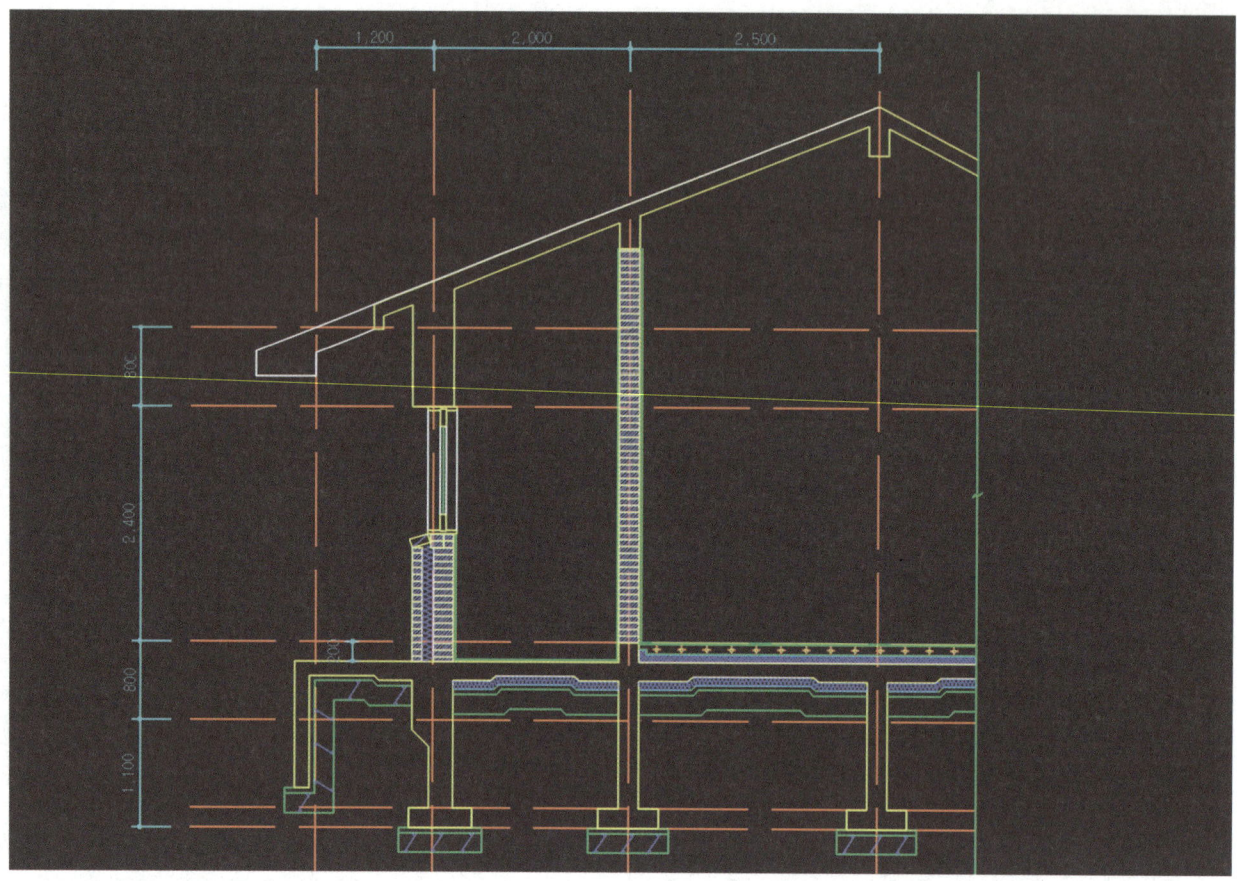

NO.	중점사항	핵심 내용
03	천장, 지붕 외 기타	• 실내천장 그리기 → 지붕상세도 • 기타: 실내외 입면, 난간, 홈통, 굴뚝, 걸레받이 단면 등 체크

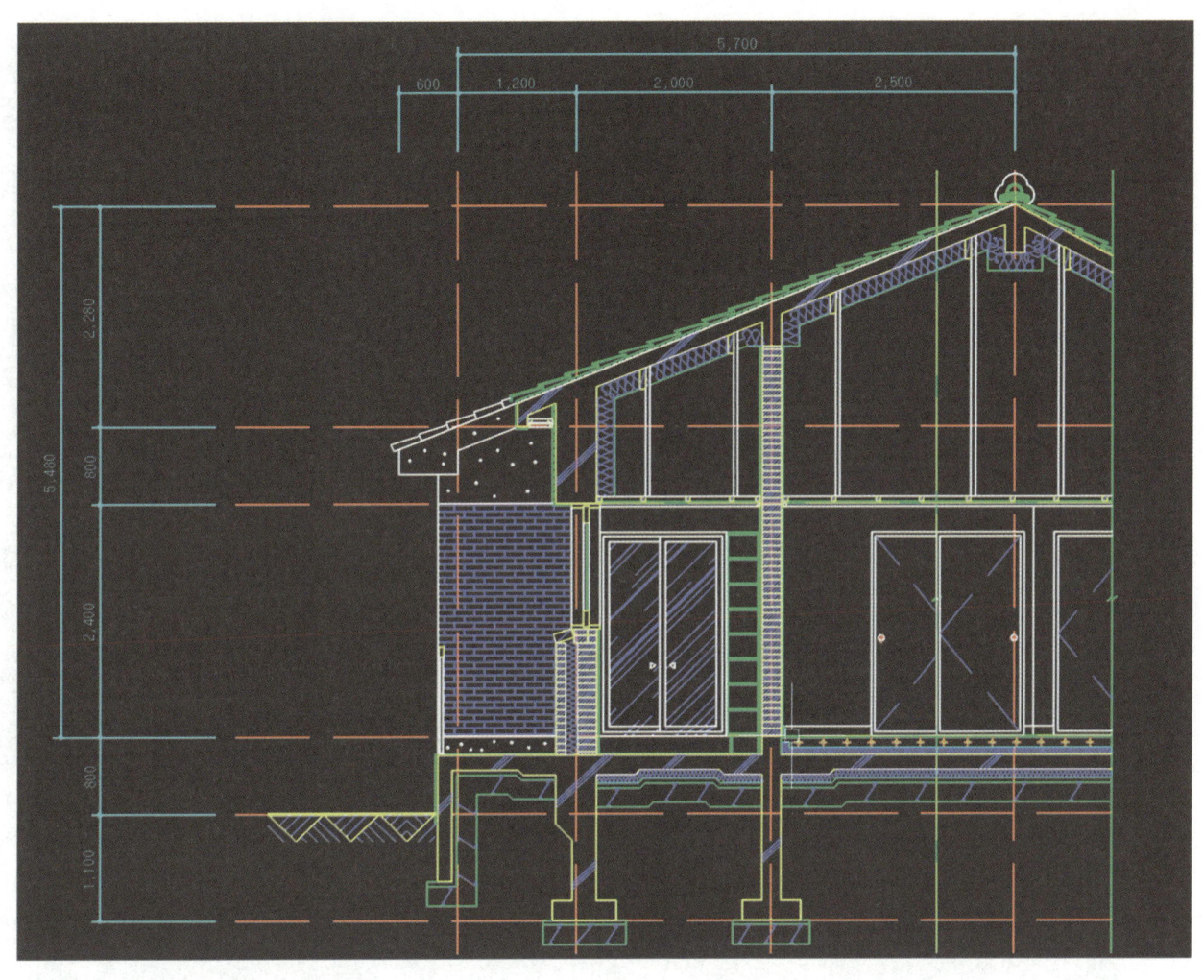

NO.	중점사항	핵심 내용
04	치수선 문자선	• 물매, 표제란, 도면명 등 표기 • 실명(방, 거실, 테라스 등) 표기

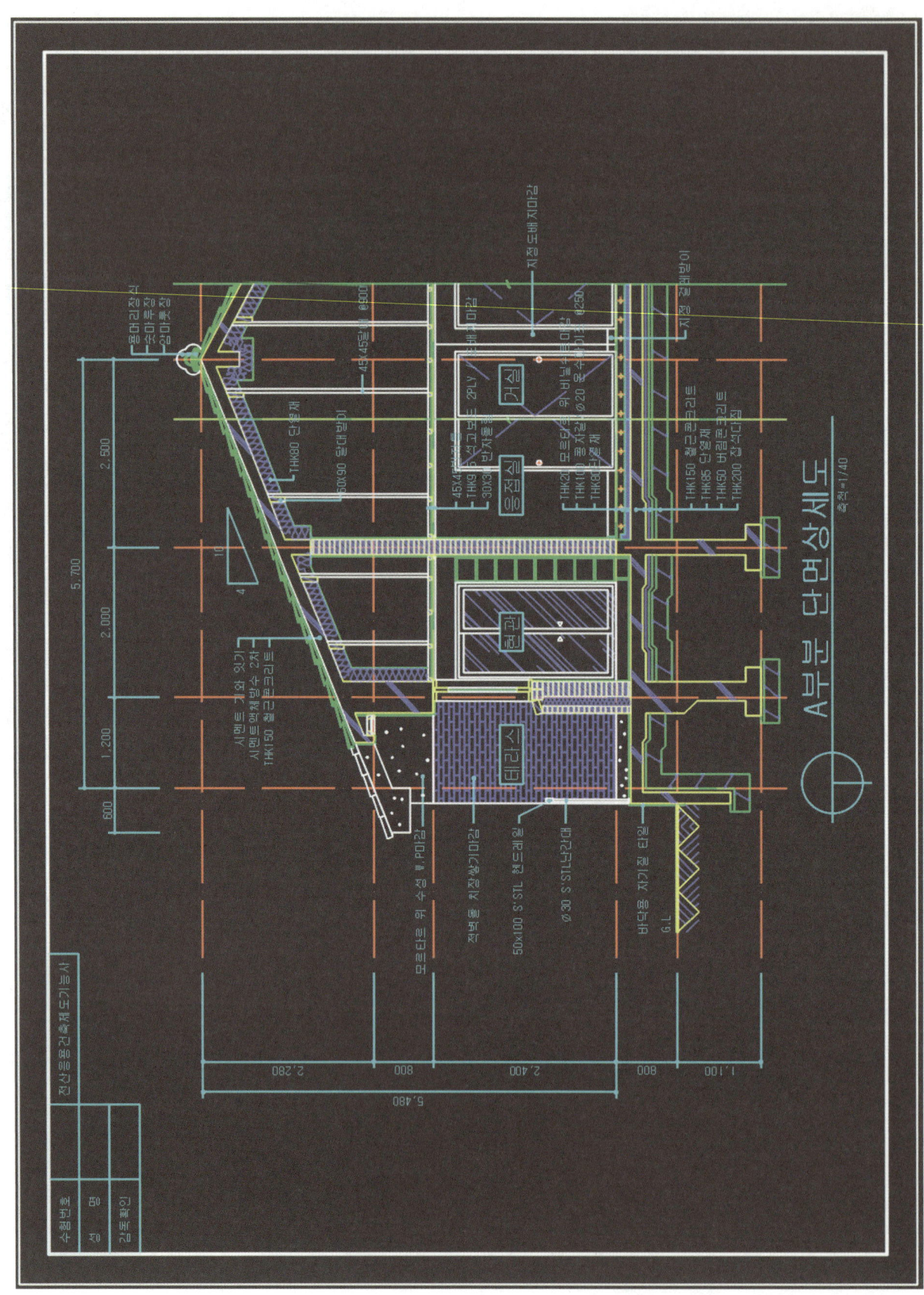

2 단면상세도

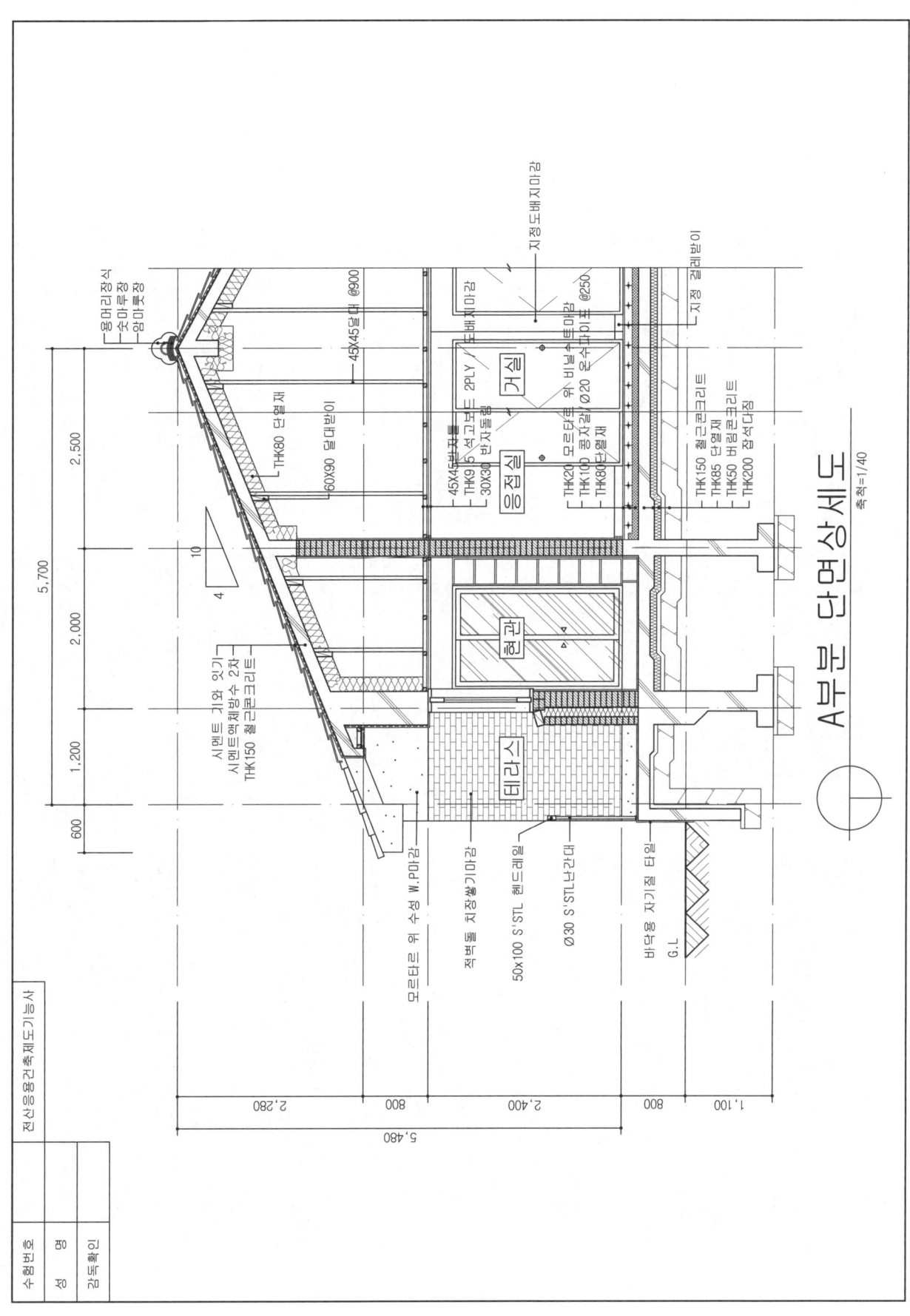

A부분 단면상세도
축척=1/40

3　남측입면도 문제풀이

NO.	중점사항	핵심 내용
01	중심선 세팅	• 수평선 그리기: G.L선, 방바닥 높이, 반자 높이, 테두리보 높이 • 수직선 그리기: 벽체 중심선, 마룻대, 처마라인
02	지붕구조 그리기	• 측면입면의 지붕구조를 그린 후 마룻대와 처마의 기준점을 찾아 남측입면도의 지붕구조 그리기 • 구조를 그리며 반대측 처마가 정면에서 보이는지 체크 • 기와 입면 그리기

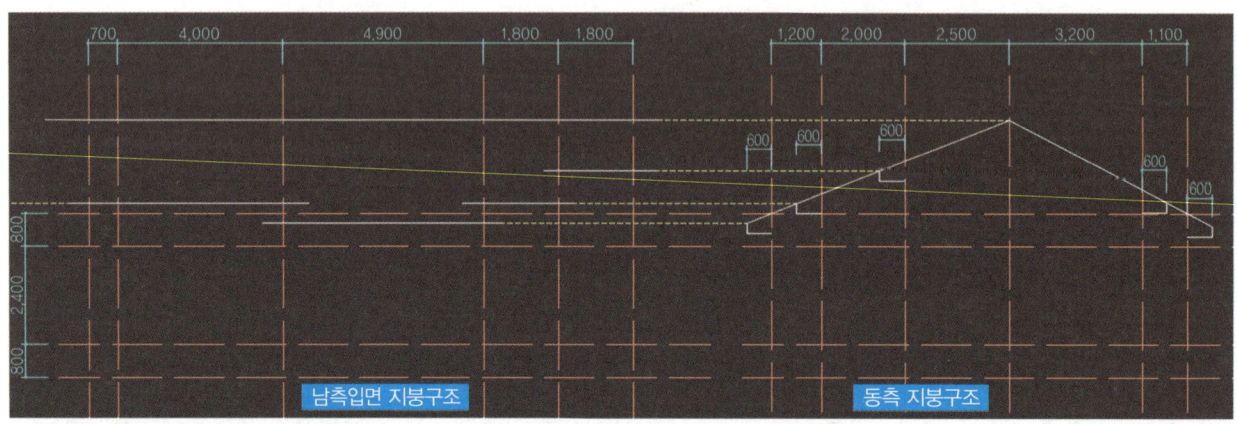

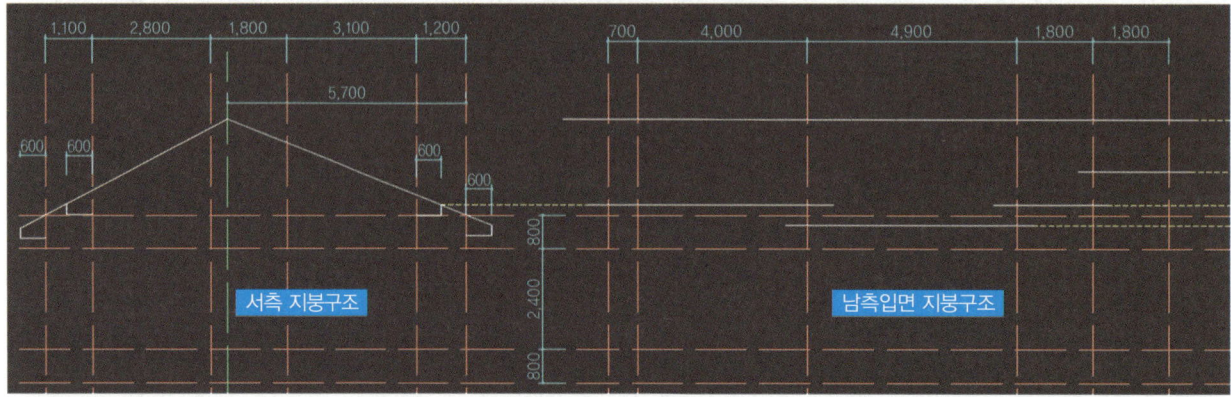

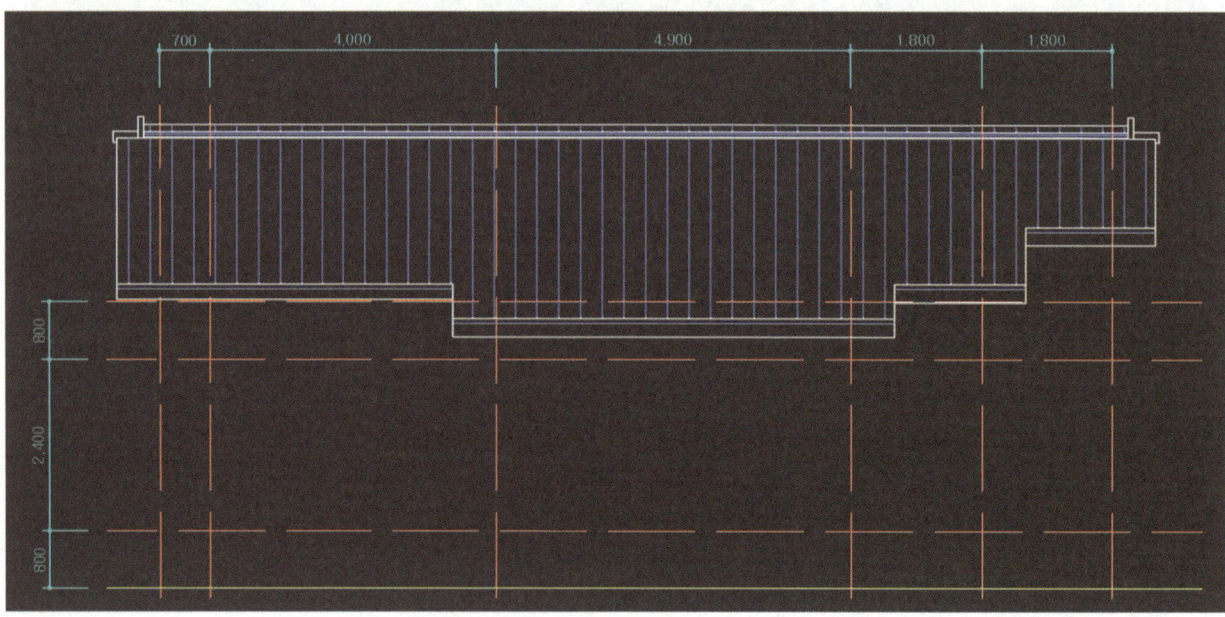

NO.	중점사항	핵심 내용
03	벽체구조	• G.L선 레이어 변경 • 벽체 입면선 그리기 • 기초 상단부와 테두리보 하단부 라인 그리기

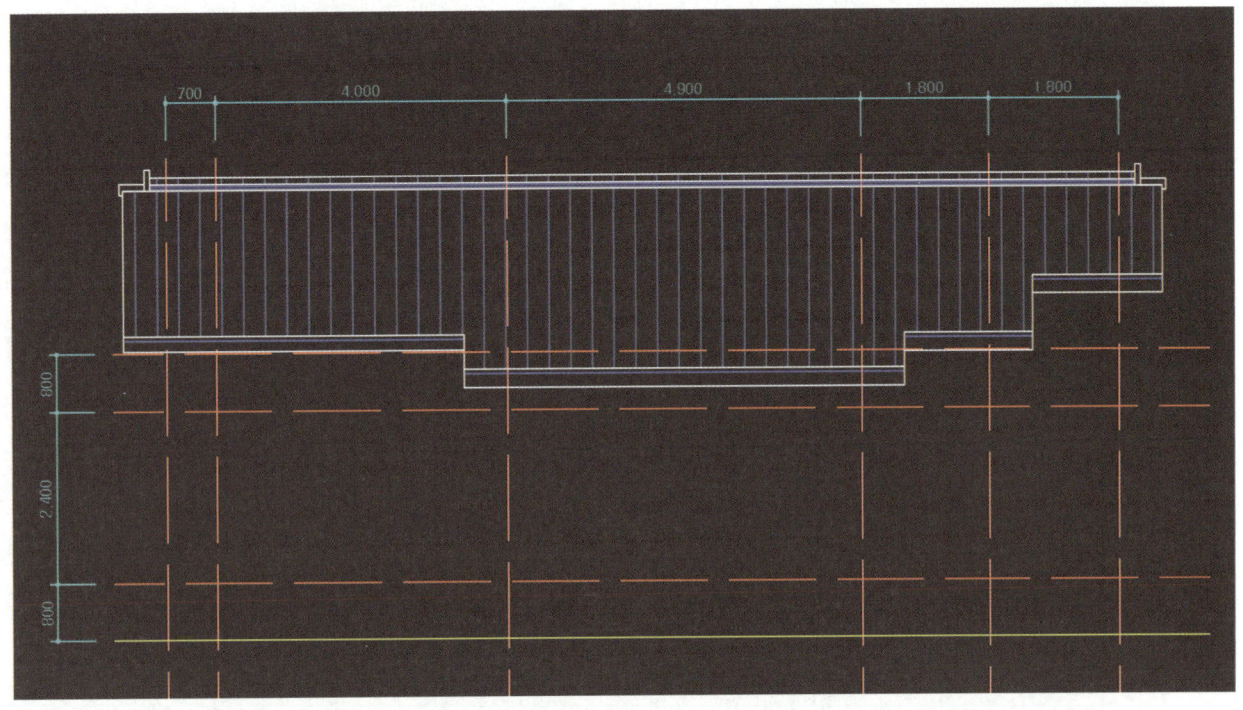

NO.	중점사항	핵심 내용
04	기타 입면 그리기	• 테라스 바닥 및 켄틸레버, 홈통 그리기 • 창호 입면 그리기 • 난간 그리기 • 굴뚝 및 처마반자 그리기(입면이 보이는 경우) • 재질 표기 외

NO.	중점사항	핵심 내용
05	재질표기 문자선 외	• 나무 그리기 • 재질표기, 문자선 외

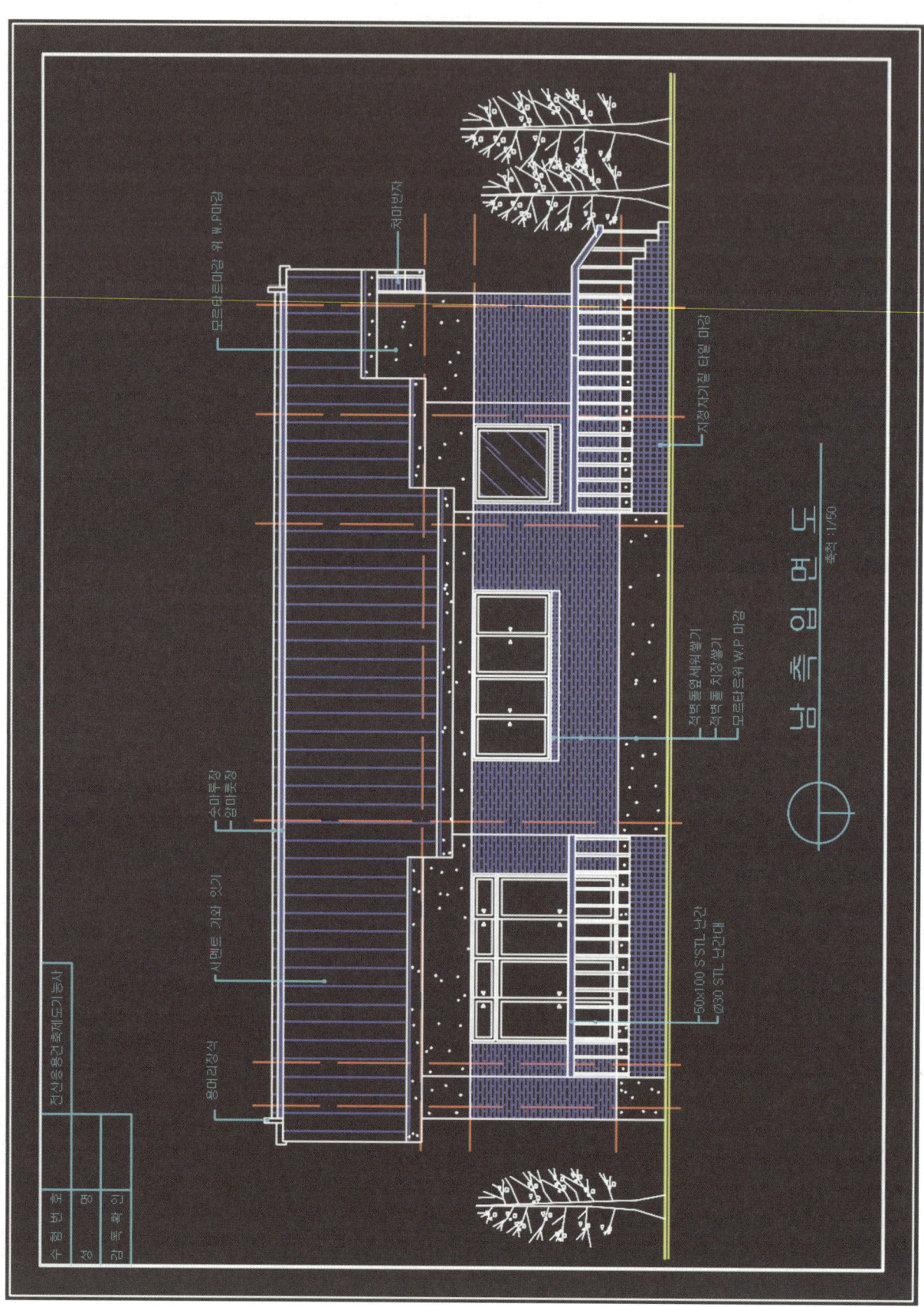

4 남측입면도

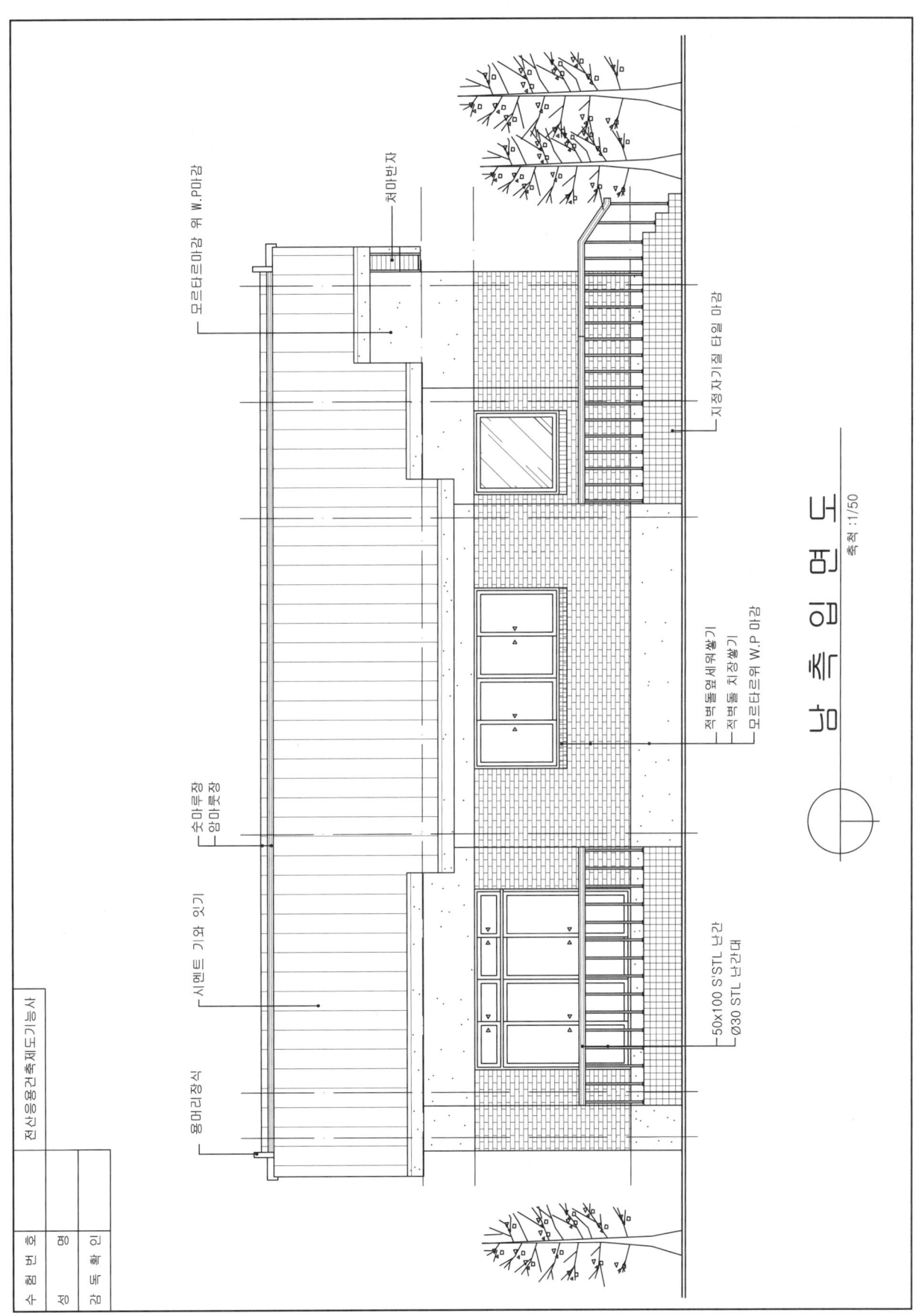

국가기술자격 실기시험문제

| 자격종목 | 전산응용건축제도기능사 | 과제명 | 주택 |

※ 시험시간 표준시간 4시간 10분

예제 06

2018년 B유형
- 거실의 창호가 있는 벽체를 단면으로 표기하는 유형

01 요구사항

주어진 평면도를 보고 CAD를 이용하여 아래 조건에 맞게 다음 도면을 작도 한 후, 지급된 용지에 본인이 직접 흑백으로 출력하여 파일과 함께 제출하시오.

❶ A부분 단면 상세도를 축척 1/40으로 작도하시오.
❷ 남측입면도를 축척 1/50으로 작도하되 벽면의 마감재료 표시 및 주의의 배경 등 도면의 요소를 충분히 고려하시오.

┤ 조건 ├

- 기초 및 지하실 벽체: 철근콘크리트 구조로 하시오.
- 벽체: 외벽 – 외부로부터 붉은벽돌 0.5B, 단열재, 시멘트 벽돌 1.0B
         내벽 – 시멘트 벽돌 1.0B
- 단열재: 외벽 120mm, 바닥 85mm, 지붕 180mm
- 지붕: 철근콘크리트 경사슬래브 위 시멘트 기와잇기 마감으로 하시오. (물매 3.5/10 이상)
- 처마나옴: 벽체중심에서 600mm
- 반자높이: 2,400mm, 처마반자 설치
- 창호: 목재창호로 하되 2중창인 경우 알루미늄 새시로 하시오.
- 각실의 난방: 온수파이프 온돌난방으로 하시오.
- 1층 바닥슬래브와 기초는 일체식으로 표현하시오.
- 평면도에 표시하지 않은 현관상부 캐노피는 작도하지 않는다.
- 기타 각 부분의 마감, 치수 등 주어지지 않는 조건은 일반적인 시공수준으로 하시오.
- 선의 통일을 기하기 위하여 아래와 같이 선의 색을 정리하여 출력하시오.
    - 흰색 (7-White): 0.3mm
    - 노랑 (2-Yellow): 0.4mm
    - 빨강 (1-Red): 0.2mm
    - 녹색 (3-Green): 0.2mm
    - 하늘색 (4-Cyan): 0.3mm
    - 파랑 (5-Blue): 0.1mm

02 수험자 유의사항

※다음 유의사항을 고려하여 요구사항을 완성하시오.

1) 명기되지 않은 조건은 건축법, 건축구조 및 건축제도 원칙에 따릅니다.

2) 시험시작 전 바탕화면에 본인 비밀번호로 폴더를 생성하고, 폴더 안의 작업내용을 저장하도록 합니다.

3) 정전 및 기계 고장 등에 의한 자료손실을 방지하기 위하여 수시로 저장합니다.

4) 다음과 같은 경우는 부정행위로 처리됩니다.
   가) 노트 및 서적, 디스켓을 소지하거나 주고받는 행위
   나) 건물의 구조부분의 상세나 글씨 등을 사전에 블록으로 설정하여 지참해 사용하는 경우

5) 작업이 끝나면 감독위원의 확인을 받은 후 문제지를 제출하고 본부요원 입회하에 본인이 직접 A3용지에 흑백으로 도면을 출력하도록 합니다. 이때 수험자의 운영 미숙으로 도면이 출력되지 않는 경우나 출력시간이 20분을 초과할 경우는 실격처리 됩니다.

6) 장비 조작 미숙으로 장비의 파손 및 고장을 일으킬 염려가 있을 경우 실격됩니다.

7) 다음과 같은 경우에는 체점대상에서 제외됩니다.
   가) 주어진 조건을 지키지 않고 작도한 경우
   나) 요구한 전도면을 작도하지 않은 경우
   다) 건축제도 통칙을 준수하지 않거나 건축 CAD의 기능이 없는 상태에서 완성된 도면

8) 수험번호, 성명은 도면 좌측 상단에 아래와 같이 표제란을 만들어 기재합니다.

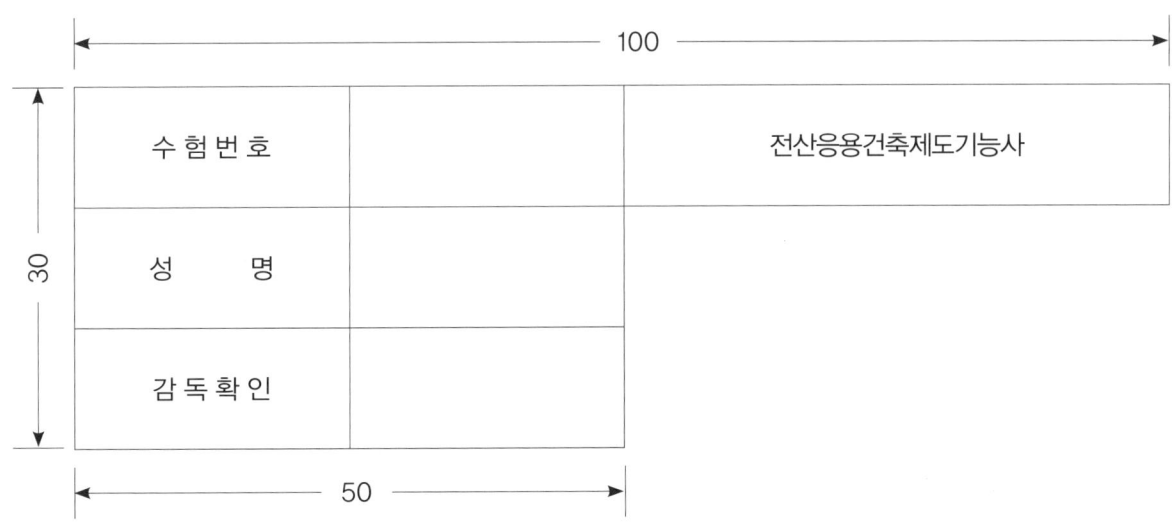

9) 감독위원은 시험시작 후 수검자에게 표제란을 우선 작도 후 도면을 작도하도록 하여야 하며, 수험자가 감독위원의 지시를 따르지 않을 경우 실격 처리됩니다.

10) 테두리선의 여백은 10mm로 합니다.

03 평면도

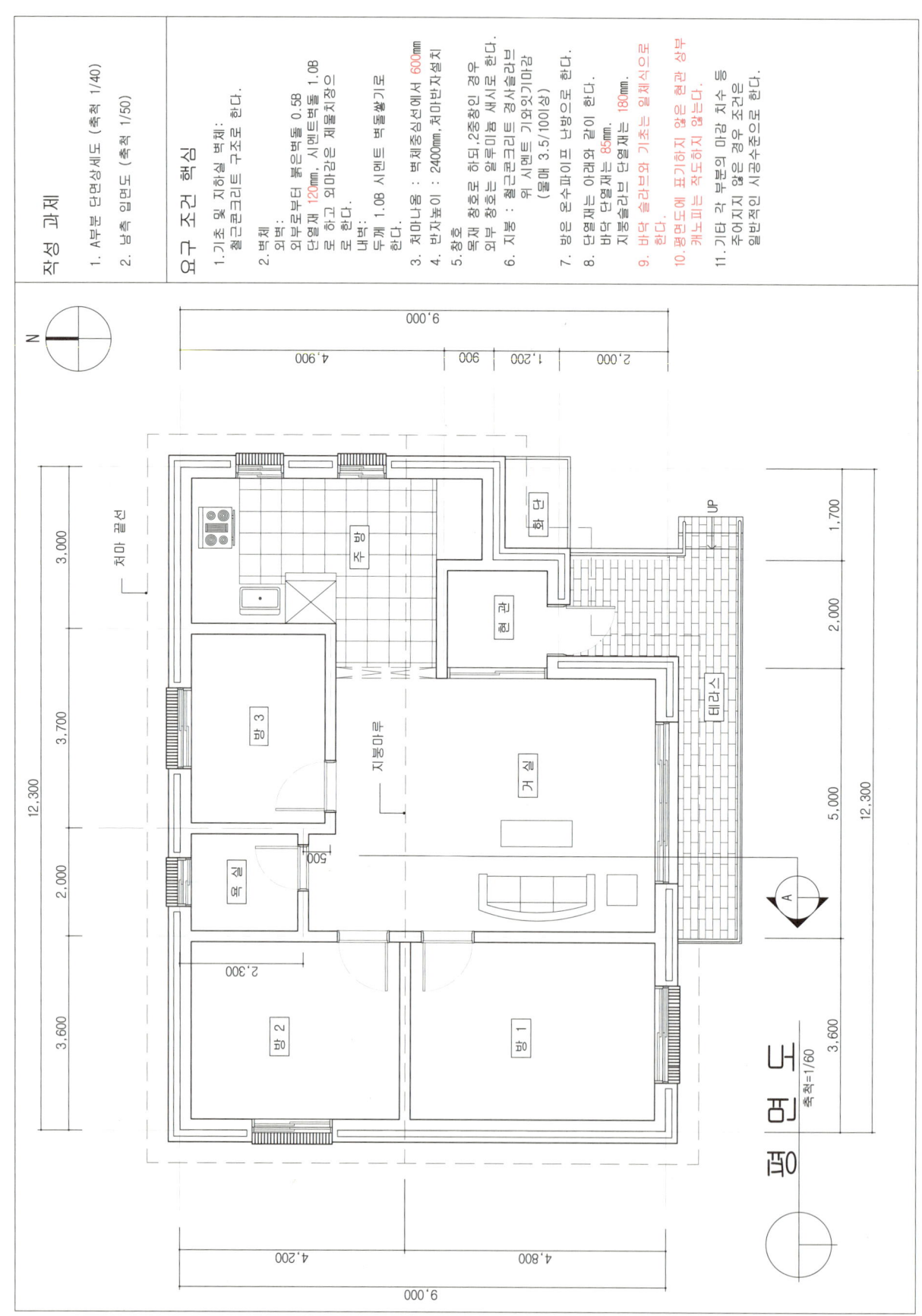

1 단면상세도 문제풀이

NO.	중점사항	핵심 내용
01	중심선 세팅 지붕구조	• 수평선 그리기: G.L선, 기초 동결선, 방바닥 높이, 반자 높이, 테두리보 높이 • 수직선 그리기: 벽체 중심선, 마룻대, 처마라인 • 지붕구조, 테두리보 외 그리기

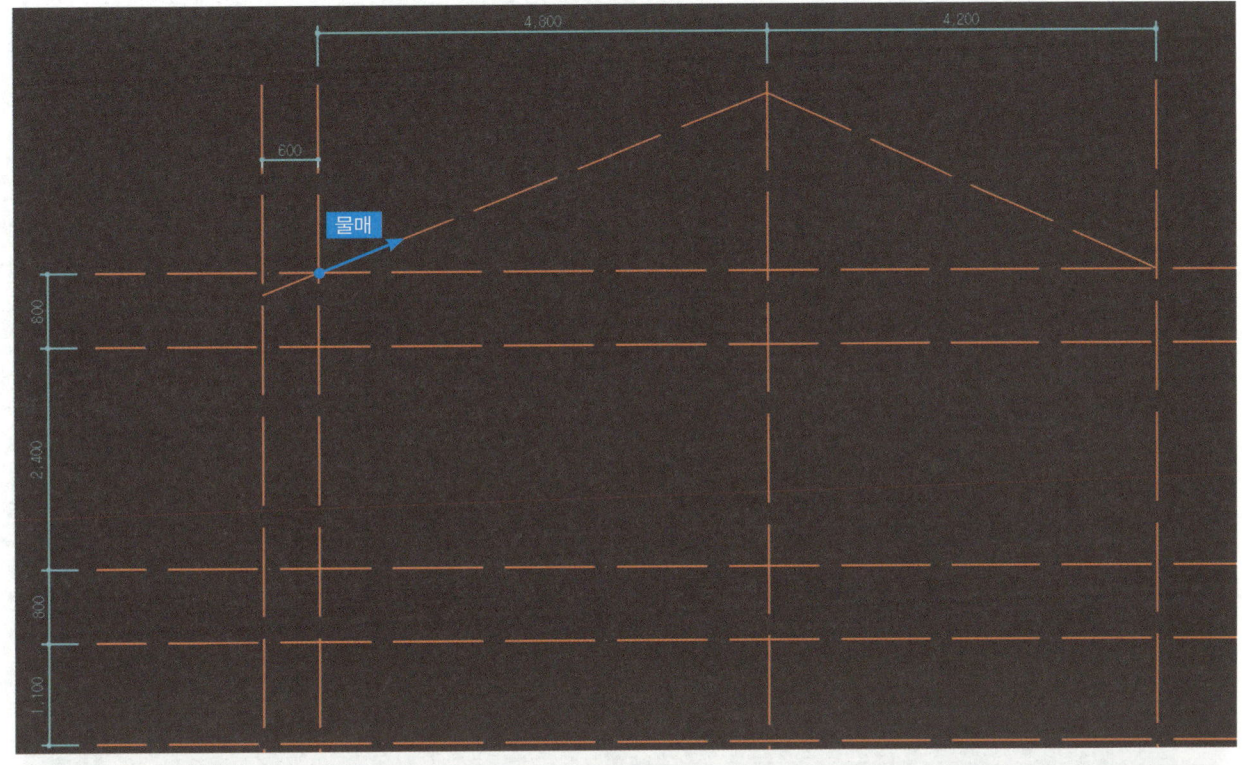

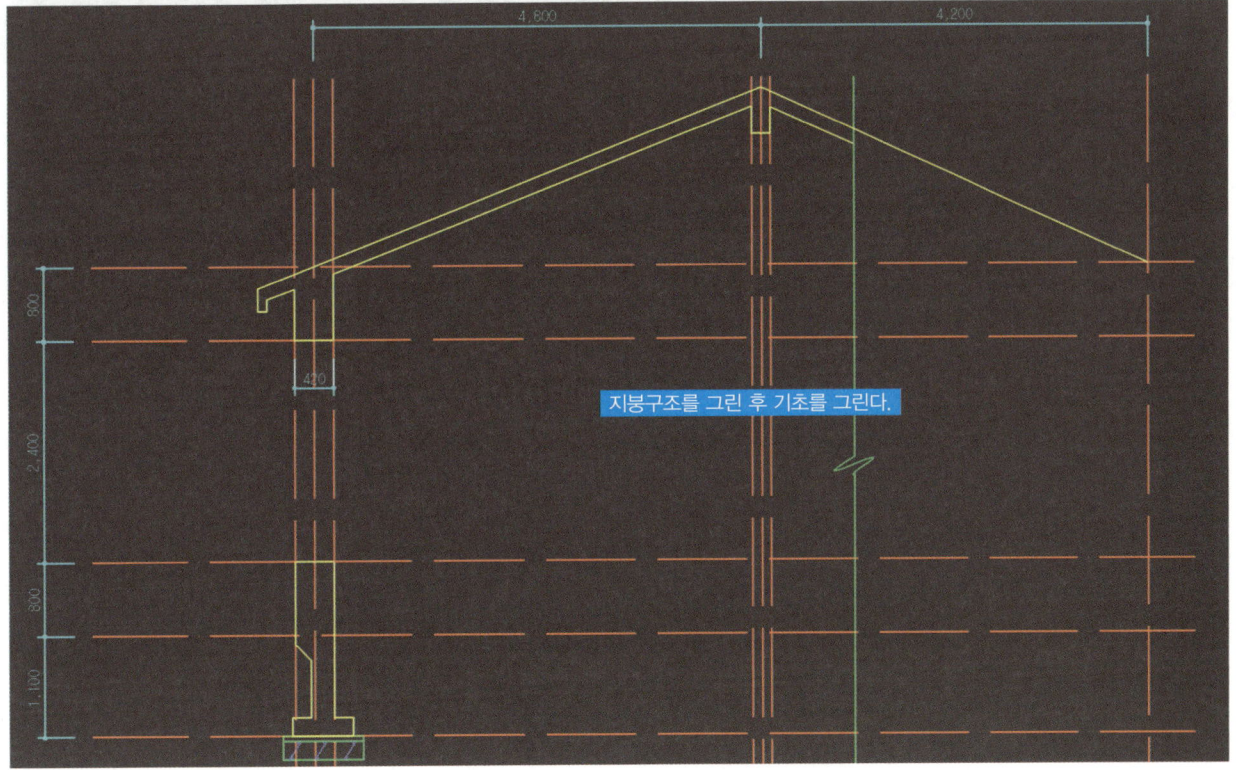

NO.	중점사항	핵심 내용
02	기본구조	• 기초 그리기 → 벽체 및 창호 • 테라스 바닥 및 캐노피, 실내바닥 구조 그리기 외

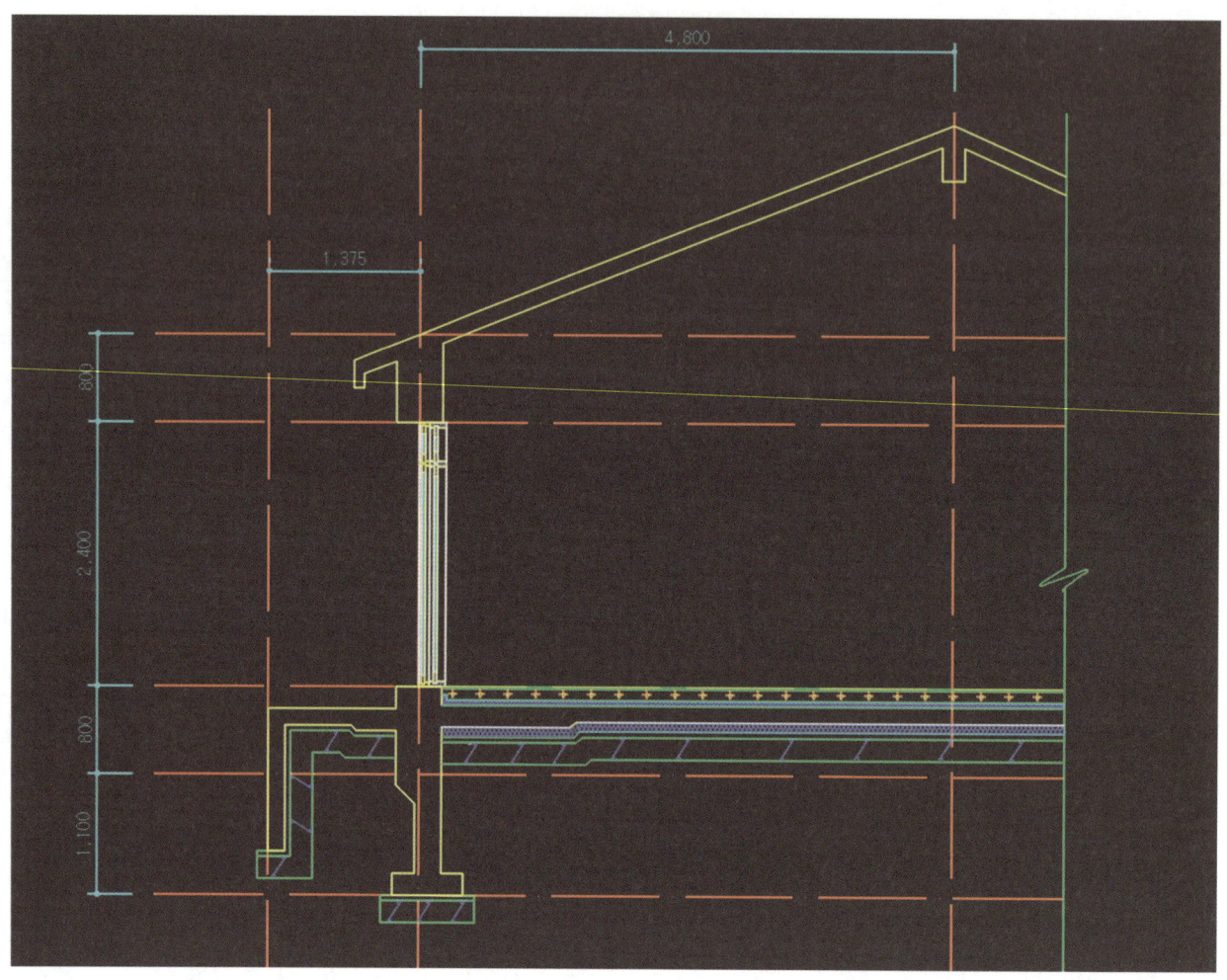

NO.	중점사항	핵심 내용
03	천장, 지붕 외 기타	• 실내 천장 그리기 → 지붕상세도 • 기타: 실내외 입면, 난간, 홈통, 굴뚝, 걸레받이 단면 등 체크

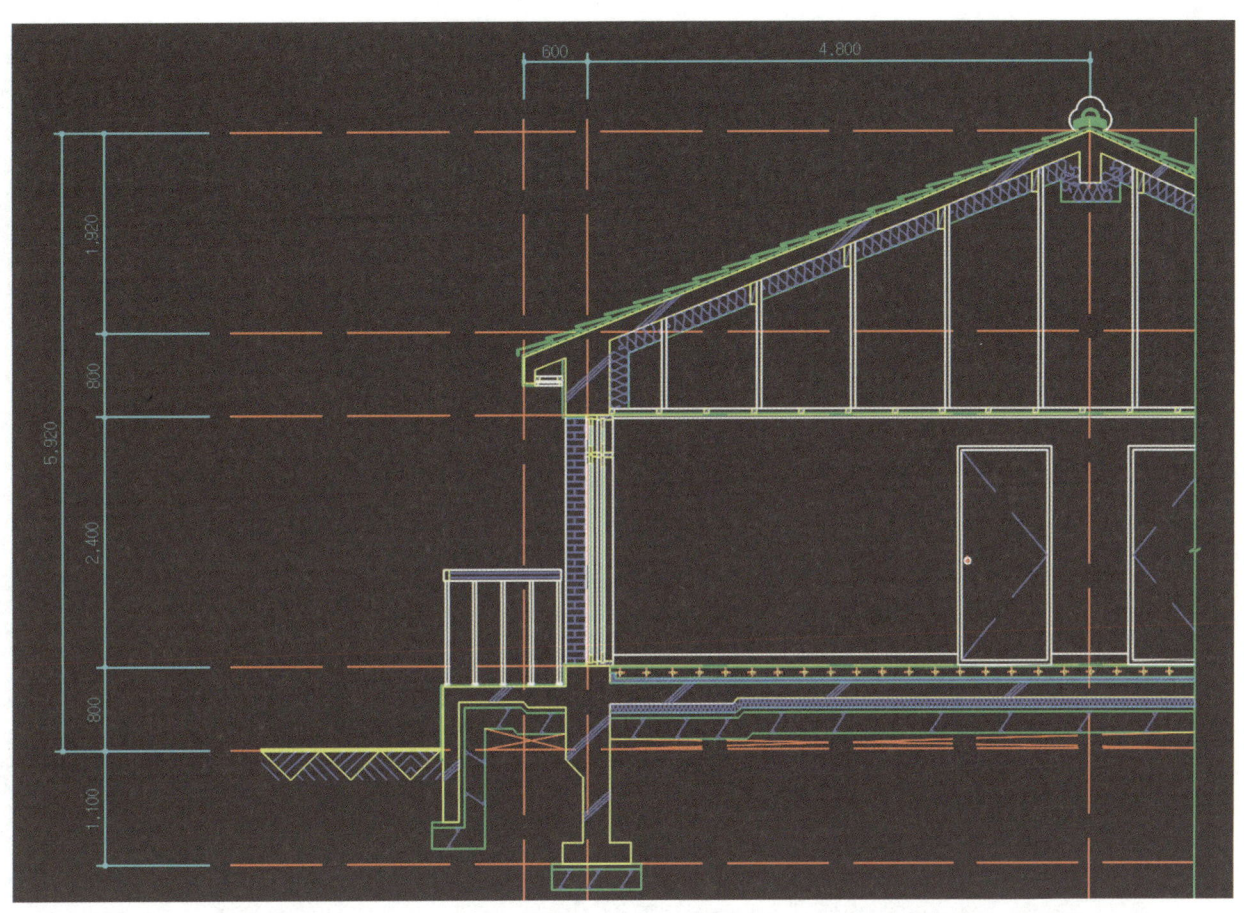

NO.	중점사항	핵심 내용
04	치수선 문자선	• 물매, 표제란, 도면명 등 표기 • 실명(방, 거실, 테라스 등) 표기

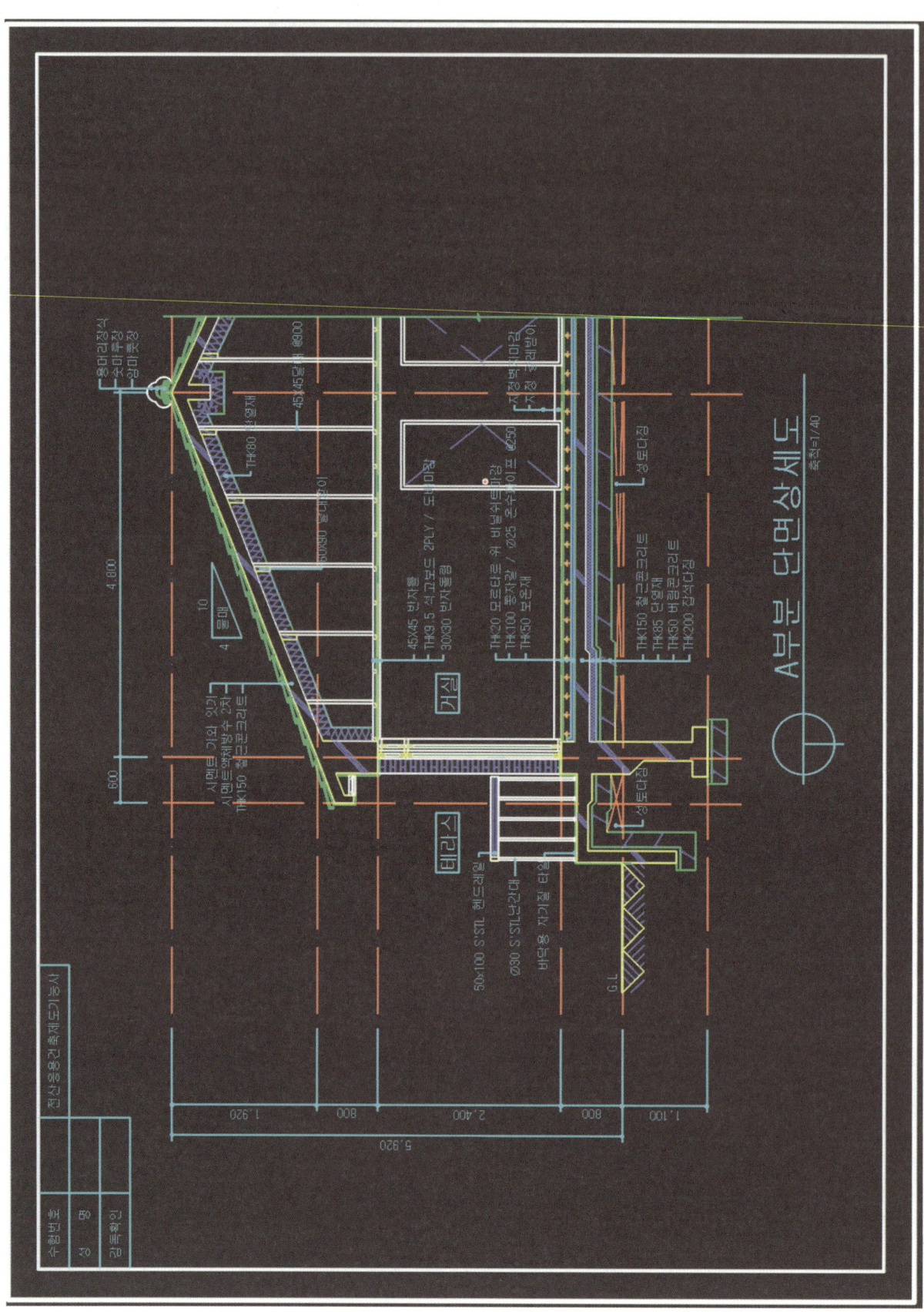

2 단면상세도

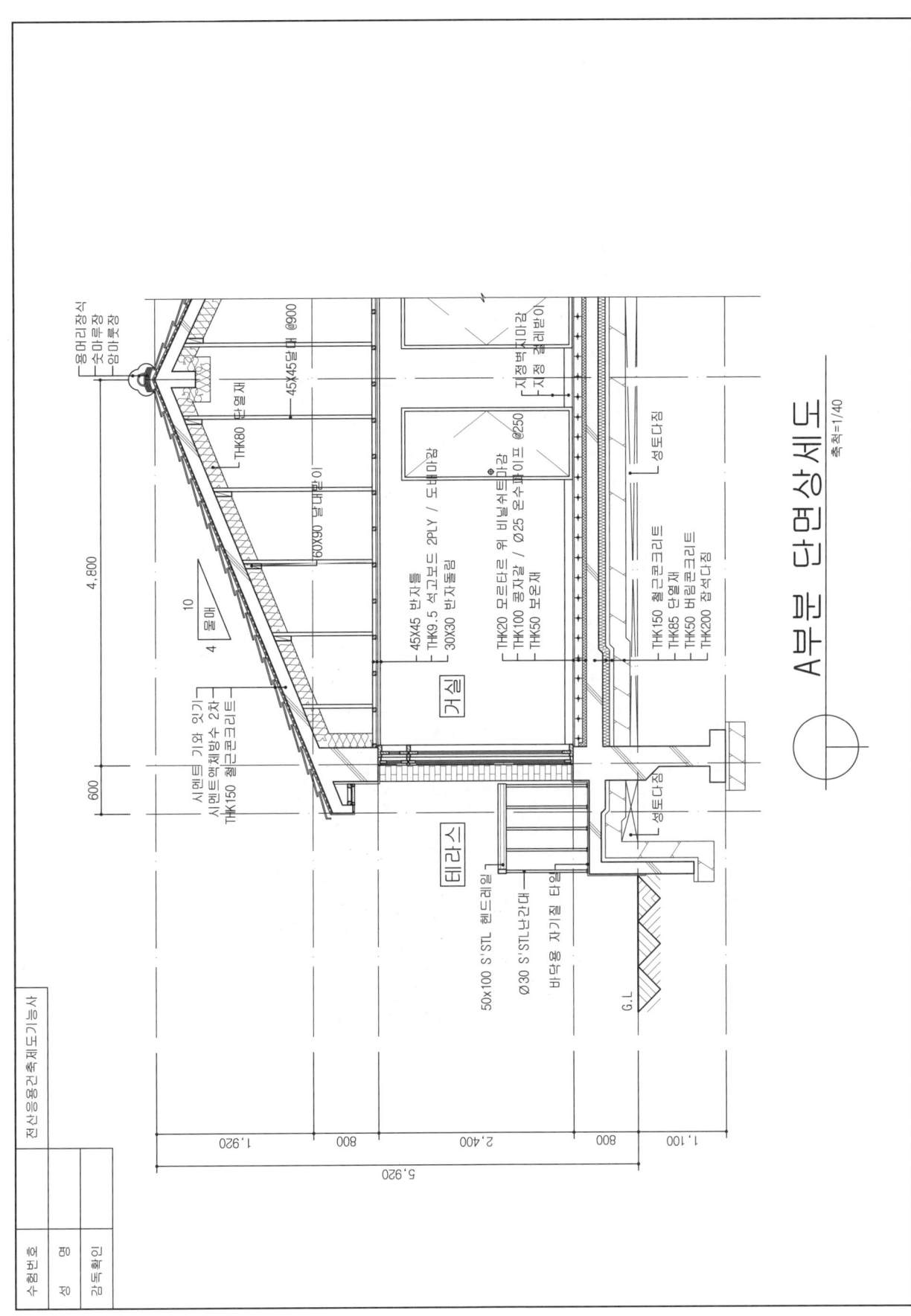

3 남측입면도 문제풀이

NO.	중점사항	핵심 내용
01	중심선 세팅	• 수평선 그리기: G.L선, 방바닥 높이, 반자 높이, 테두리보 높이 • 수직선 그리기: 벽체 중심선, 마룻대, 처마라인
02	지붕구조 그리기	• 측면 입면의 지붕구조를 그린 후 마룻대와 처마의 기준점을 찾아 남측입면도의 지붕구조 그리기 • 구조를 그리며 반대측 처마가 정면에서 보이는지 체크 • 기와 입면 그리기

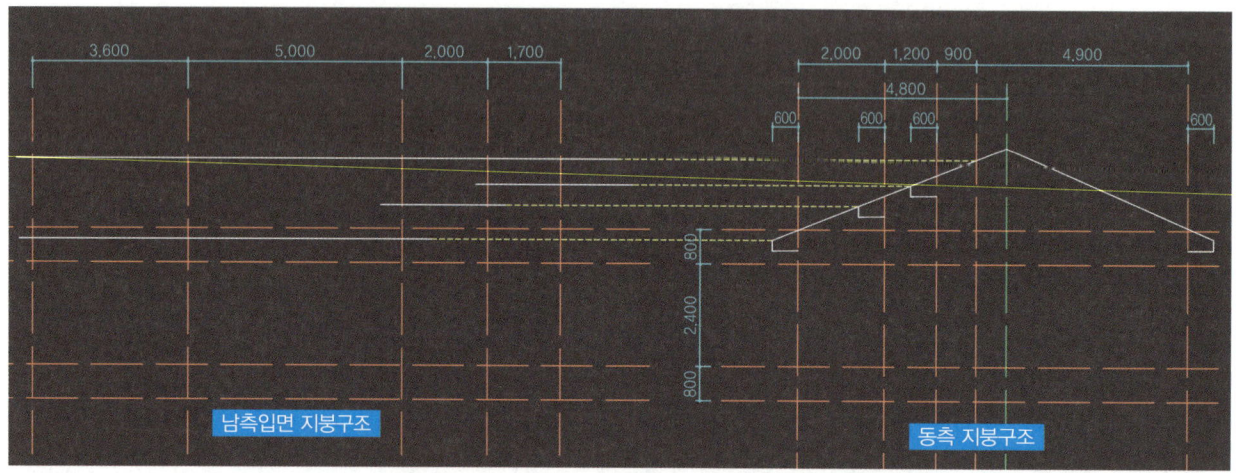

남측입면 지붕구조 / 동측 지붕구조

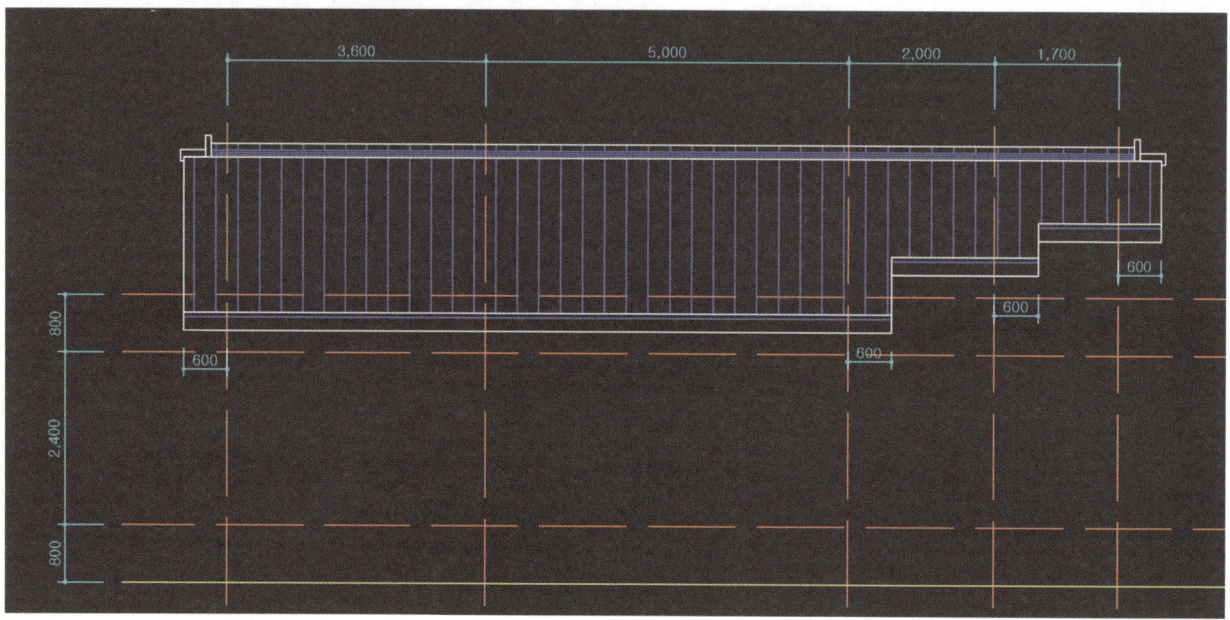

NO.	중점사항	핵심 내용
03	벽체구조	• G.L선 레이어 변경 • 벽체 입면선 그리기 • 기초 상단부와 테두리보 하단부 라인 그리기

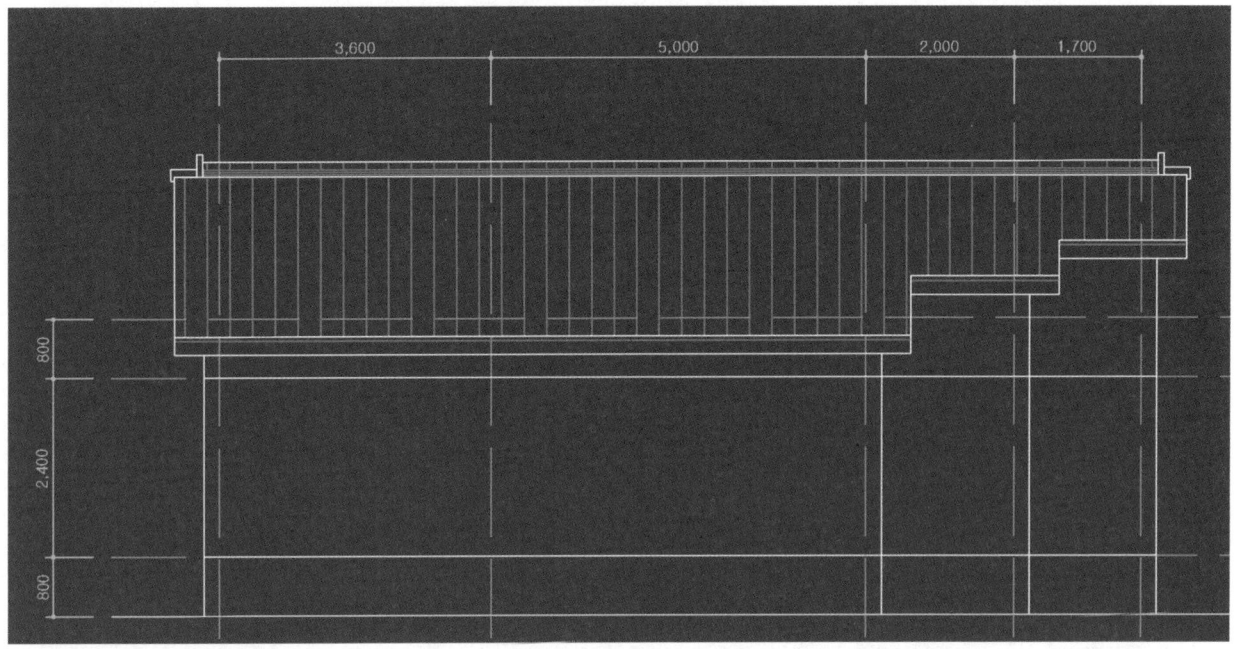

NO.	중점사항	핵심 내용
04	기타 입면 그리기	• 테라스바닥 및 켄틸레버, 홈통 그리기 • 창호 입면 그리기 • 난간 그리기 • 굴뚝 및 처마반자 그리기(입면에서 보이는 경우) • 재질 표기 외

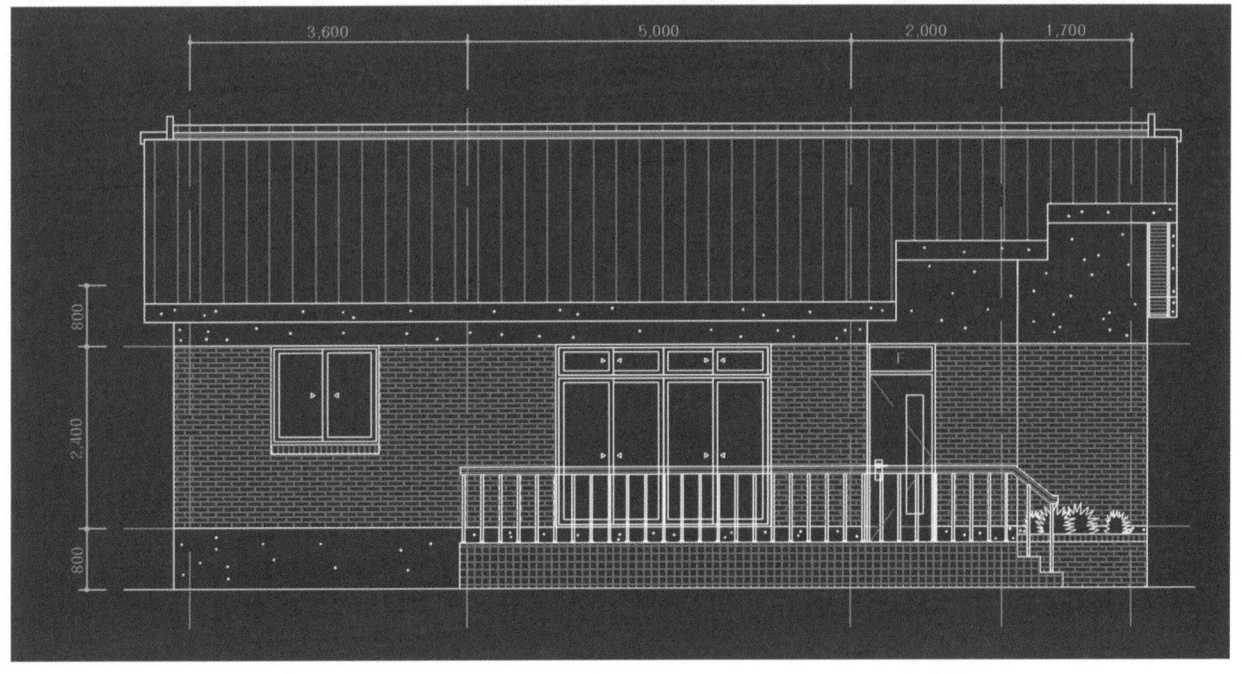

NO.	중점사항	핵심 내용
05	재질표기 문자선 외	• 나무 그리기 • 재질표기, 문자선 외

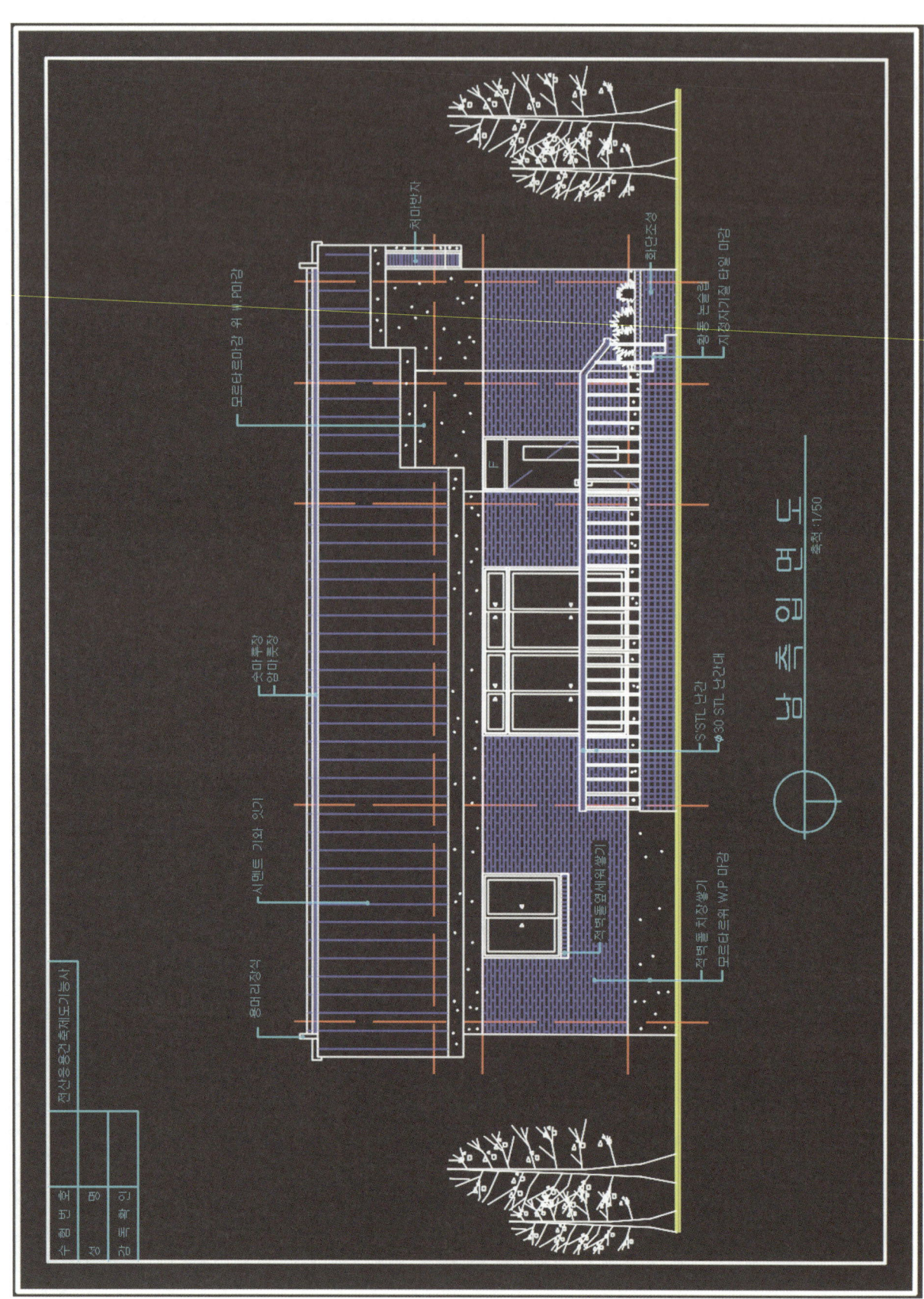

4 남측입면도

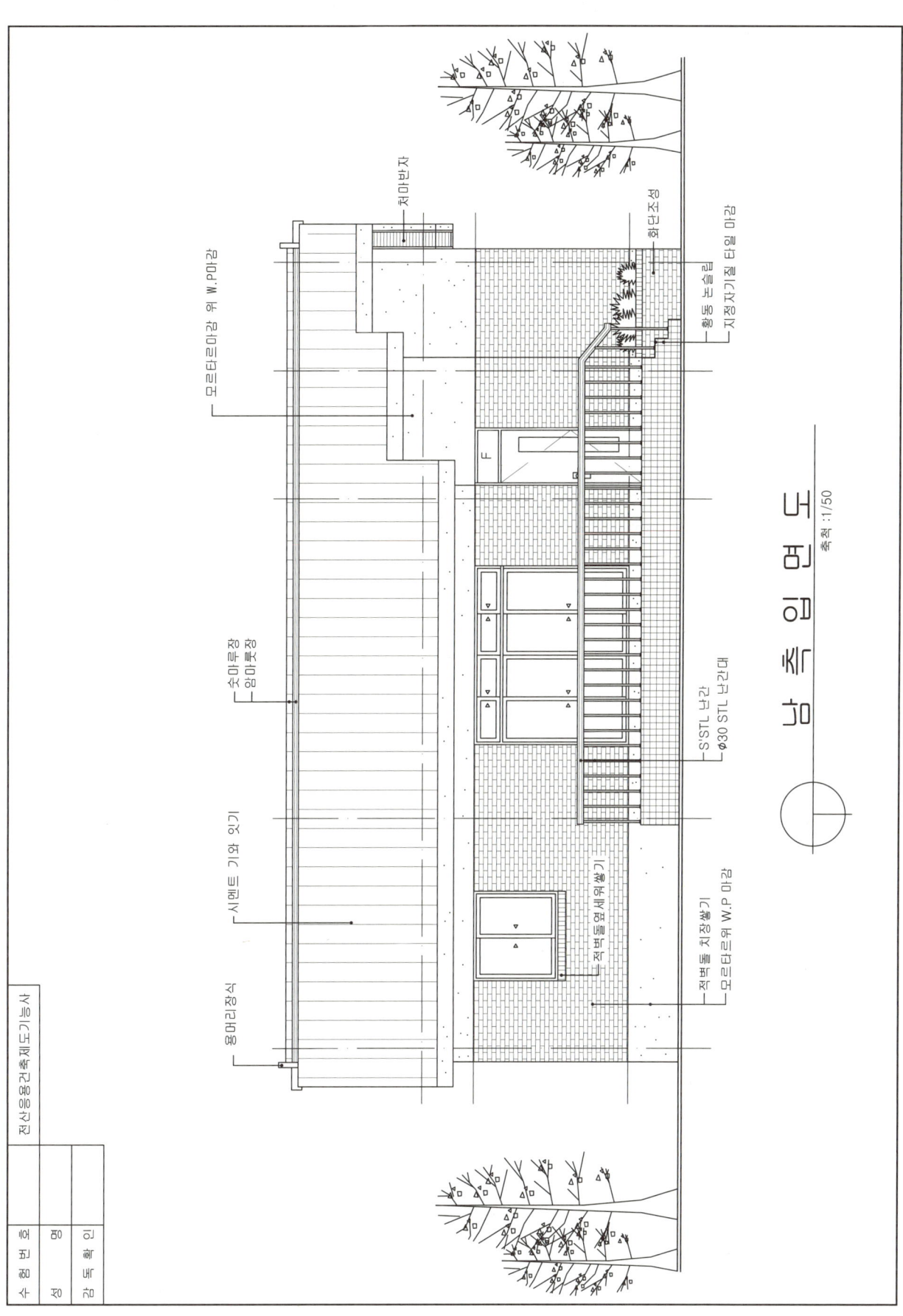

국가기술자격 실기시험문제

| 자격종목 | 전산응용건축제도기능사 | 과제명 | 주택 |

※ 시험시간 표준시간 4시간 10분

2018년 C유형
- 거실의 창호가 있는 벽체를 단면으로 표기
- 거실과 방사이의 벽체를 단면으로 표기
- 건축 중심선 위치를 유의하여 작도

01 요구사항

주어진 평면도를 보고 CAD를 이용하여 아래 조건에 맞게 다음 도면을 작도 한 후, 지급된 용지에 본인이 직접 흑백으로 출력하여 파일과 함께 제출하시오.

❶ A부분 단면 상세도를 축척 1/40으로 작도하시오.
❷ 남측입면도를 축척 1/50으로 작도하되 벽면의 마감재료 표시 및 주의의 배경 등 도면의 요소를 충분히 고려 하시오.

┤ 조건 ├

- 기초 및 지하실 벽체: 철근콘크리트 구조로 하시오.
- 벽체: 외벽 - 외부로부터 붉은벽돌 0.5B, 단열재, 시멘트 벽돌 1.0B
    내벽 - 시멘트 벽돌 1.0B
- 단열재: 외벽 120mm, 바닥 85mm, 지붕 180mm
- 지붕: 철근콘크리트 경사슬래브 위 시멘트 기와잇기 마감으로 하시오. (물매 3.5/10 이상)
- 처마나옴: 벽체중심에서 600mm
- 반자높이: 2,400mm, 처마반자 설치
- 창호: 목재창호로 하되 2중창인 경우 알루미늄 새시로 하시오.
- 각실의 난방: 온수파이프 온돌난방으로 하시오.
- 1층 바닥슬래브와 기초는 일체식으로 표현하시오.
- 평면도에 표시하지 않은 현관상부 캐노피는 작도하지 않는다.
- 기타 각 부분의 마감, 치수 등 주어지지 않는 조건은 일반적인 시공수준으로 하시오.
- 선의 통일을 기하기 위하여 아래와 같이 선의 색을 정리하여 출력하시오.
    - 흰색 (7-White): 0.3mm
    - 녹색 (3-Green): 0.2mm
    - 노랑 (2-Yellow): 0.4mm
    - 하늘색 (4-Cyan): 0.3mm
    - 빨강 (1-Red): 0.2mm
    - 파랑 (5-Blue): 0.1mm

02 수험자 유의사항

※다음 유의사항을 고려하여 요구사항을 완성하시오.

1) 명기되지 않은 조건은 건축법, 건축구조 및 건축제도 원칙에 따릅니다.

2) 시험시작 전 바탕화면에 본인 비밀번호로 폴더를 생성하고, 폴더 안의 작업내용을 저장하도록 합니다.

3) 정전 및 기계 고장 등에 의한 자료손실을 방지하기 위하여 수시로 저장합니다.

4) 다음과 같은 경우는 부정행위로 처리됩니다.
    가) 노트 및 서적, 디스켓을 소지하거나 주고받는 행위
    나) 건물의 구조부분의 상세나 글씨 등을 사전에 블록으로 설정하여 지참해 사용하는 경우

5) 작업이 끝나면 감독위원의 확인을 받은 후 문제지를 제출하고 본부요원 입회하에 본인이 직접 A3용지에 흑백으로 도면을 출력하도록 합니다. 이때 수험자의 운영 미숙으로 도면이 출력되지 않는 경우나 출력시간이 20분을 초과할 경우는 실격처리 됩니다.

6) 장비 조작 미숙으로 장비의 파손 및 고장을 일으킬 염려가 있을 경우 실격됩니다.

7) 다음과 같은 경우에는 체점대상에서 제외됩니다.
    가) 주어진 조건을 지키지 않고 작도한 경우
    나) 요구한 전도면을 작도하지 않은 경우
    다) 건축제도 통칙을 준수하지 않거나 건축 CAD의 기능이 없는 상태에서 완성된 도면

8) 수험번호, 성명은 도면 좌측 상단에 아래와 같이 표제란을 만들어 기재합니다.

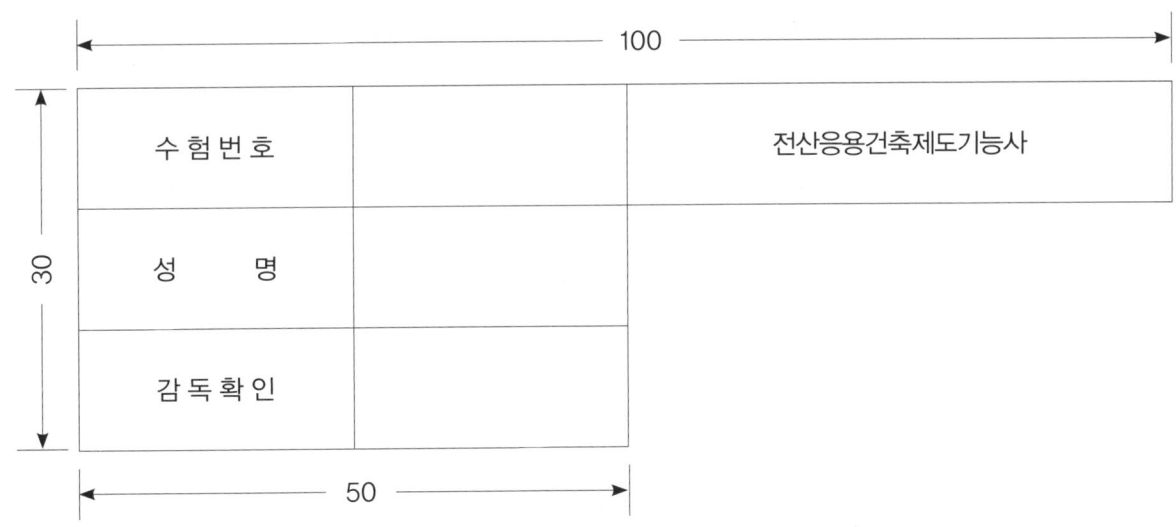

9) 감독위원은 시험시작 후 수검자에게 표제란을 우선 작도 후 도면을 작도하도록 하여야 하며, 수험자가 감독위원의 지시를 따르지 않을 경우 실격 처리됩니다.

10) 테두리선의 여백은 10mm로 합니다.

03 평면도

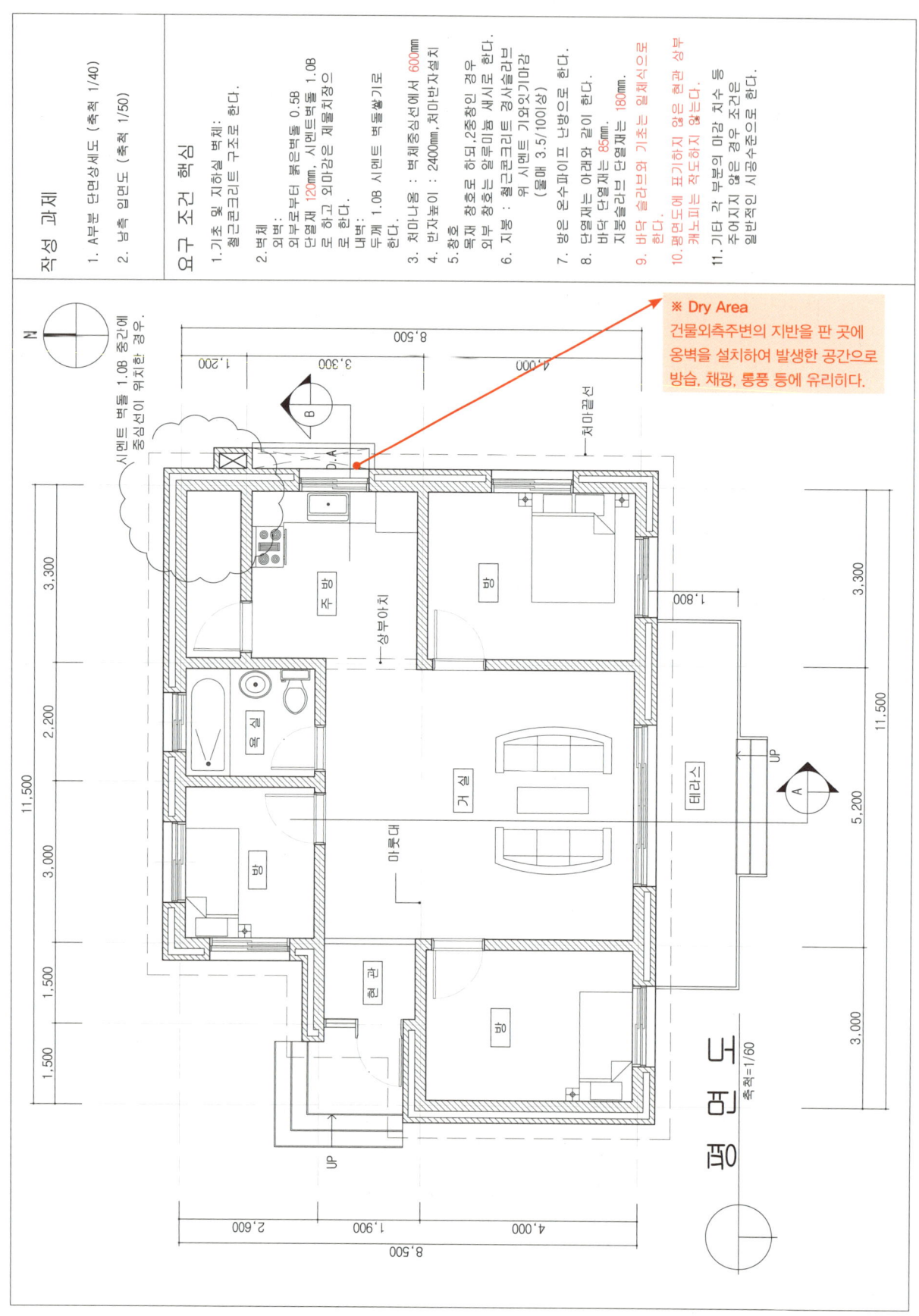

1 단면상세도 문제풀이

NO.	중점사항	핵심 내용
01	중심선 세팅 지붕구조	• 수평선 그리기: G.L선, 기초 동결선, 방바닥 높이, 반자 높이, 테두리보 높이 • 수직선 그리기: 벽체 중심선, 마룻대, 처마라인 • 지붕구조, 테두리보 외 그리기

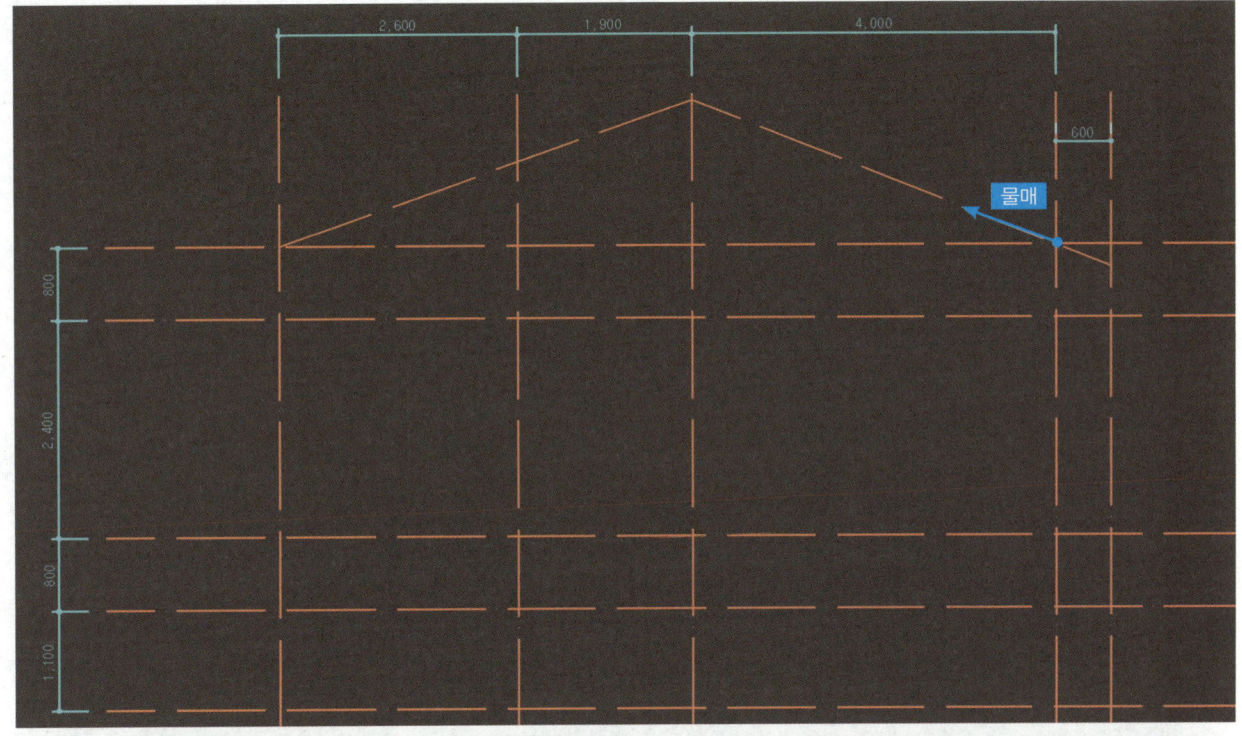

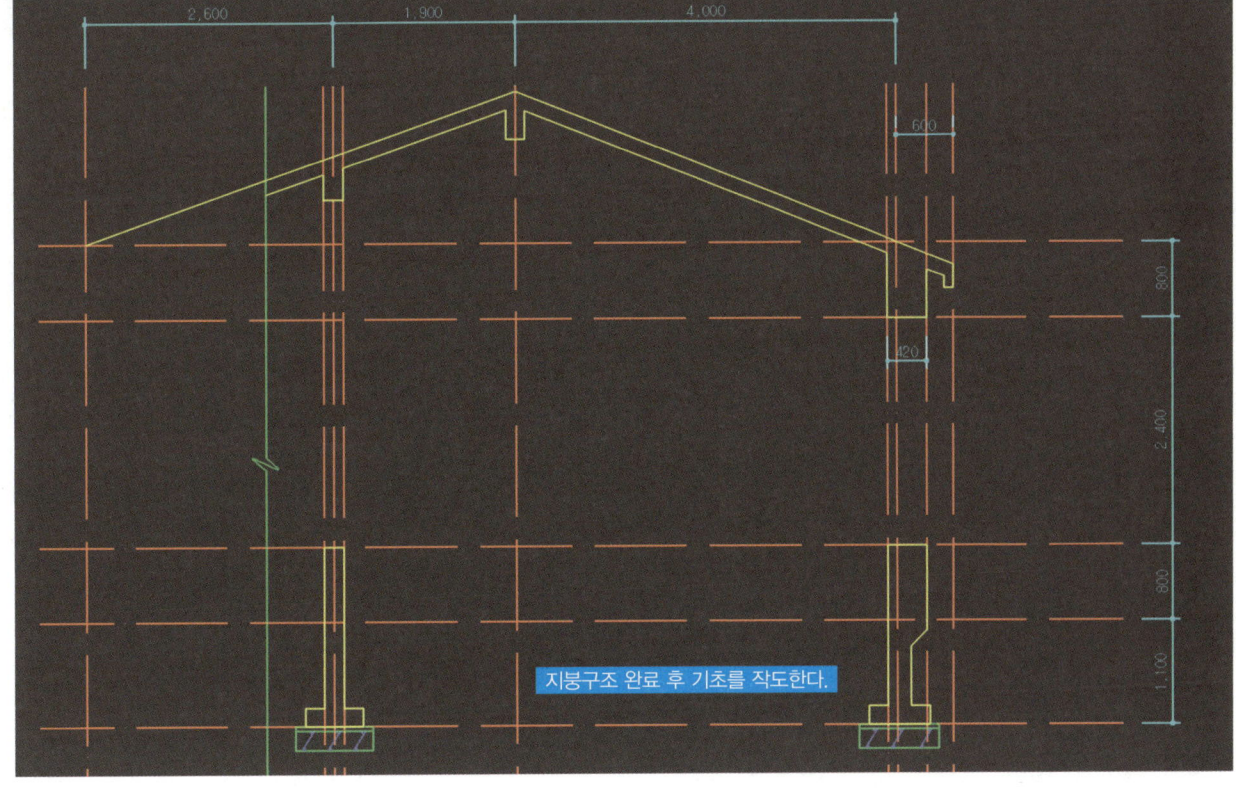

NO.	중점사항	핵심 내용
02	기본구조	• 기초 그리기 → 벽체 및 창호 • 테라스 바닥 및 캐노피, 실내 바닥 구조 그리기 외

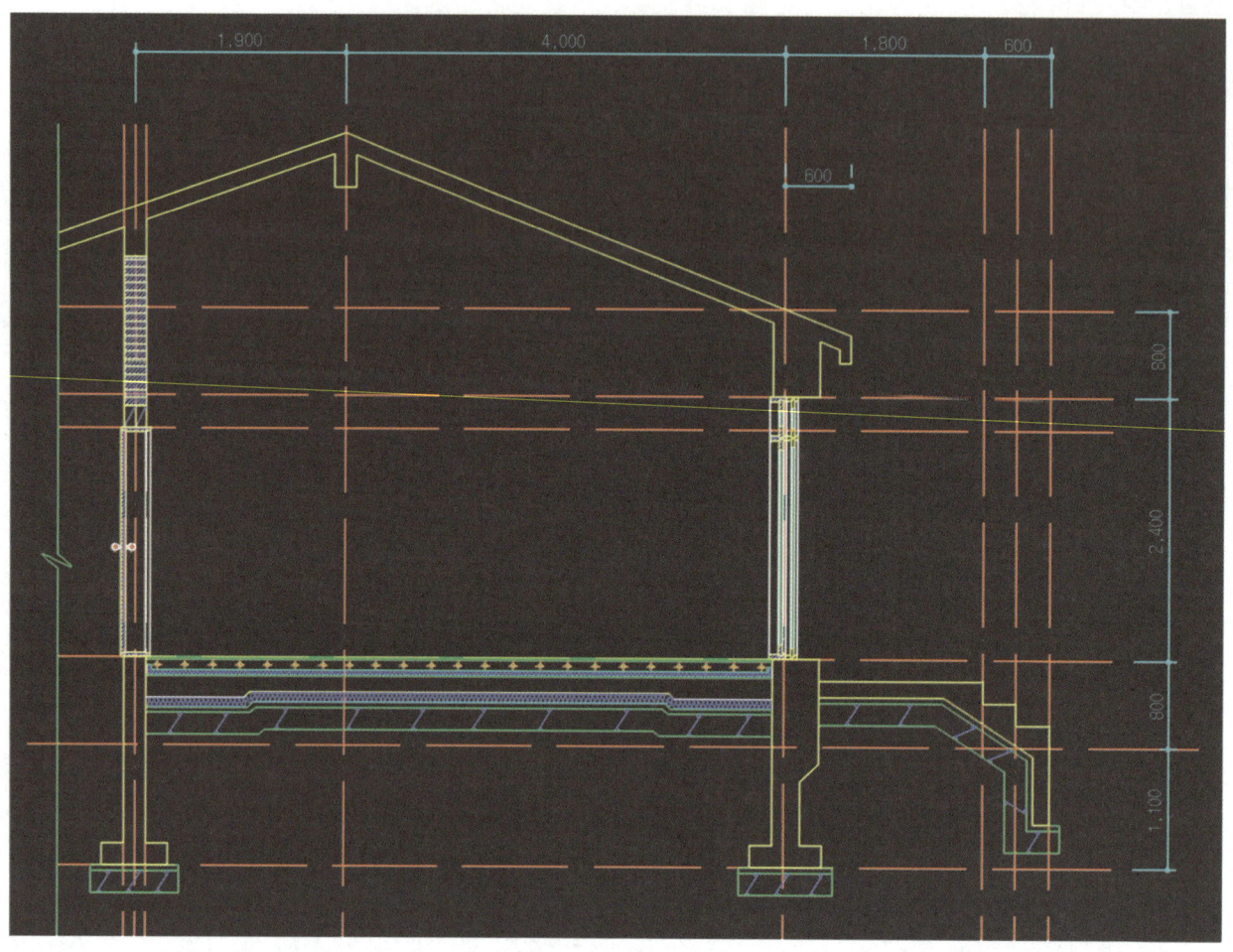

NO.	중점사항	핵심 내용
03	천장, 지붕 외 기타	• 실내 천장 그리기 → 지붕상세도 • 기타: 실내외 입면, 난간, 홈통, 굴뚝, 걸레받이 단면 등 체크

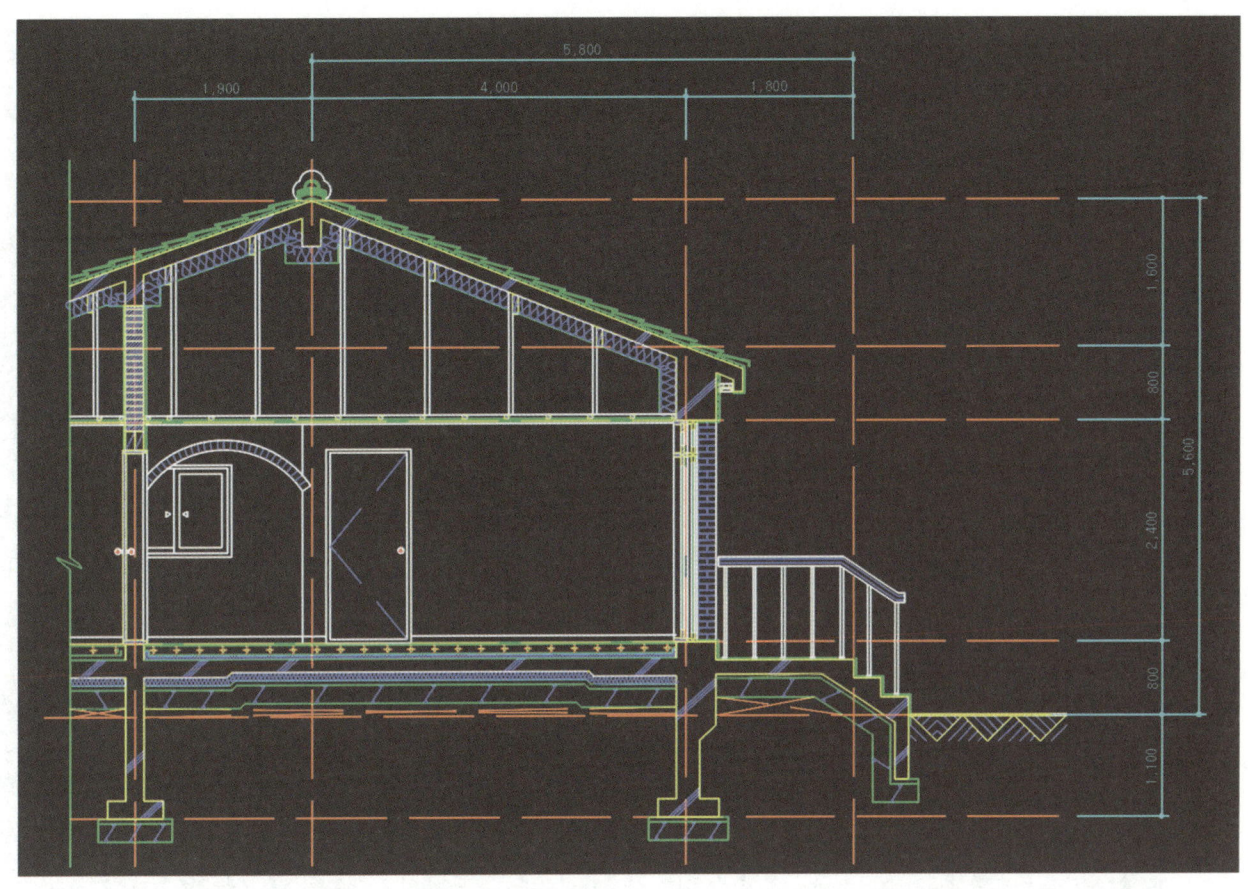

NO.	중점사항	핵심 내용
04	치수선 문자선	• 물매, 표제란, 도면명 등 표기 • 실명(방, 거실, 테라스 등) 표기

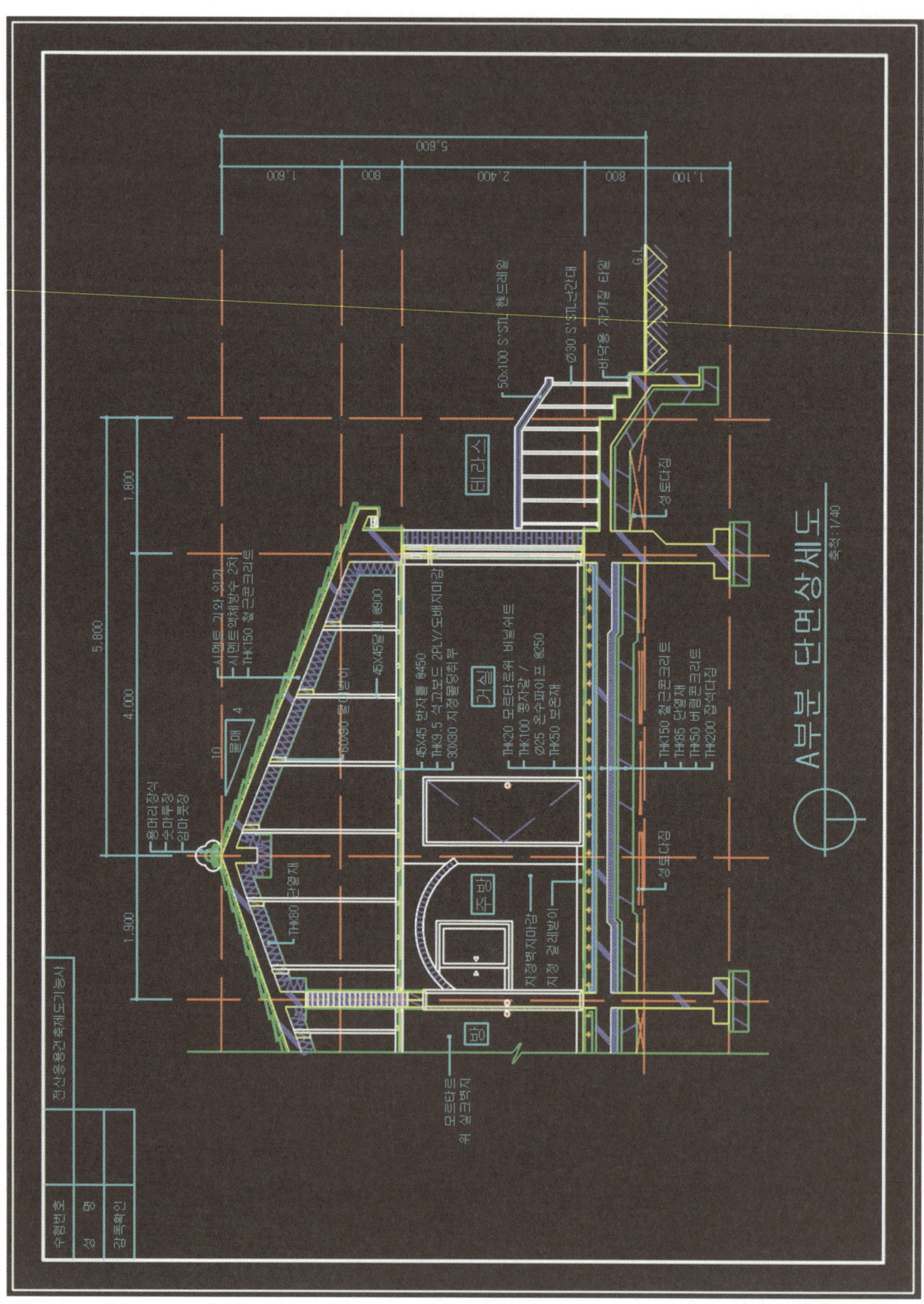

2 단면상세도

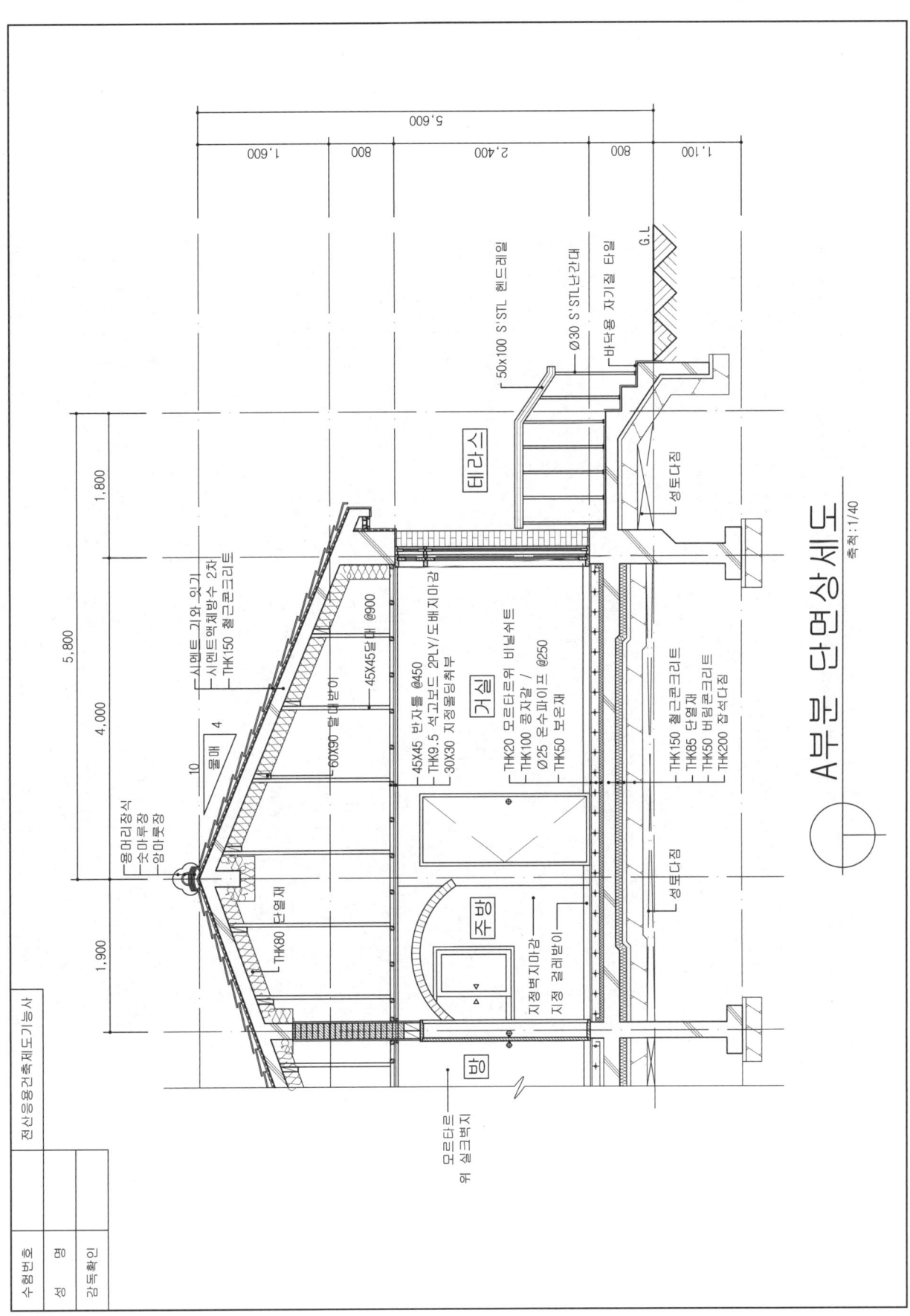

3 남측입면도 문제풀이

NO.	중점사항	핵심 내용
01	중심선 세팅	• 수평선 그리기: G.L선, 방바닥 높이, 반자 높이, 테두리보 높이 • 수직선 그리기: 벽체 중심선, 마룻대, 처마라인
02	지붕구조 그리기	• 측면입면의 지붕구조를 그린 후 마룻대와 처마의 기준점을 찾아 남측입면도의 지붕구조 그리기 • 구조를 그리며 반대측 처마가 정면에서 보이는지 체크 • 기와 입면 그리기

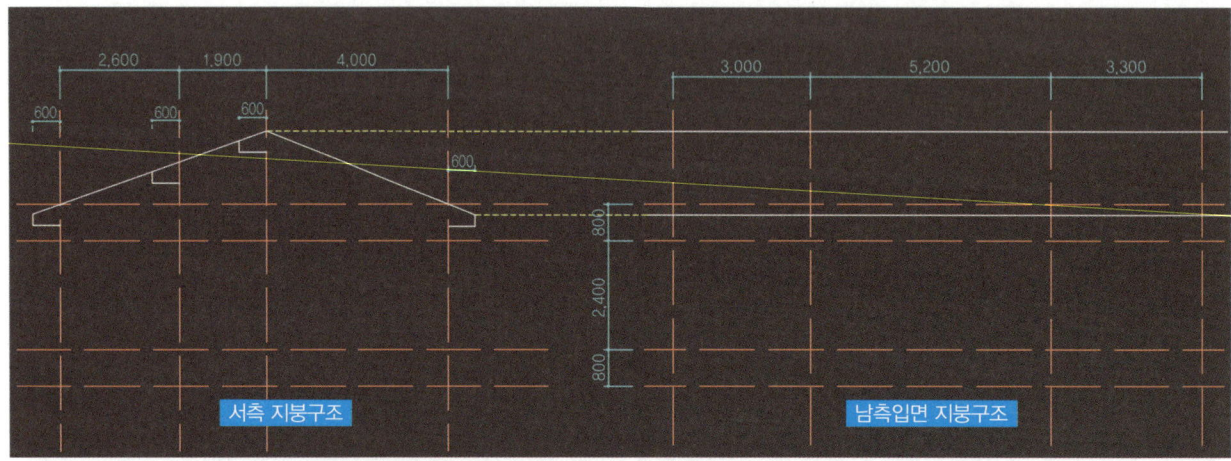

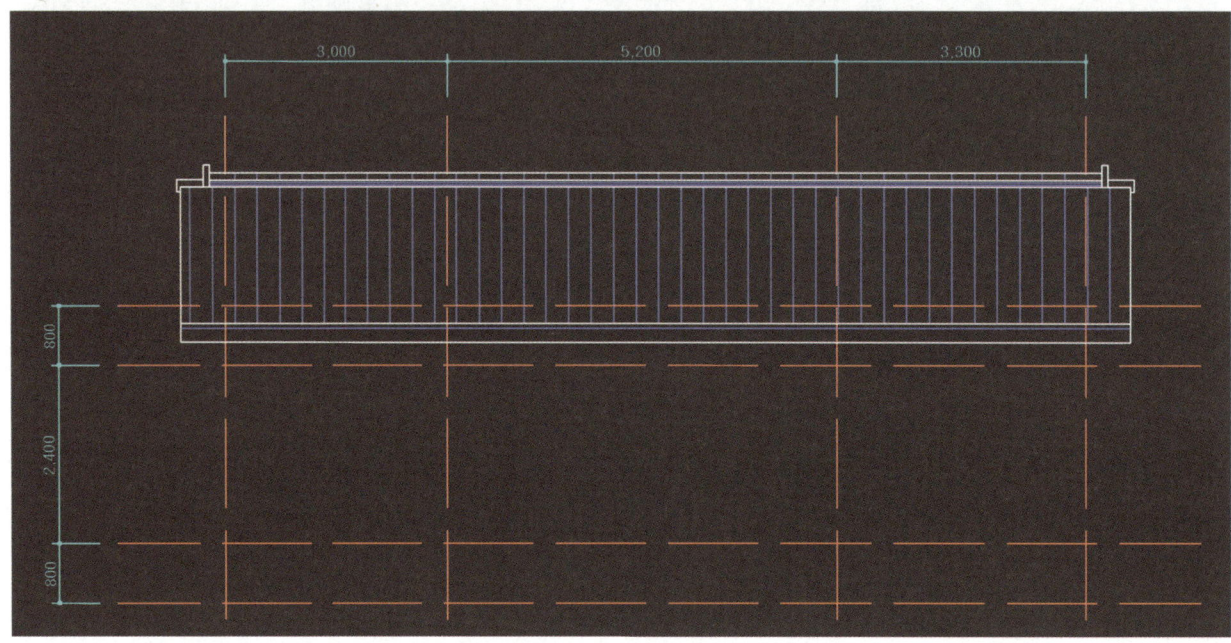

NO.	중점사항	핵심 내용
03	벽체구조	• G.L선 레이어 변경 • 벽체 입면선 그리기 • 기초 상단부와 테두리보 하단부 라인 그리기

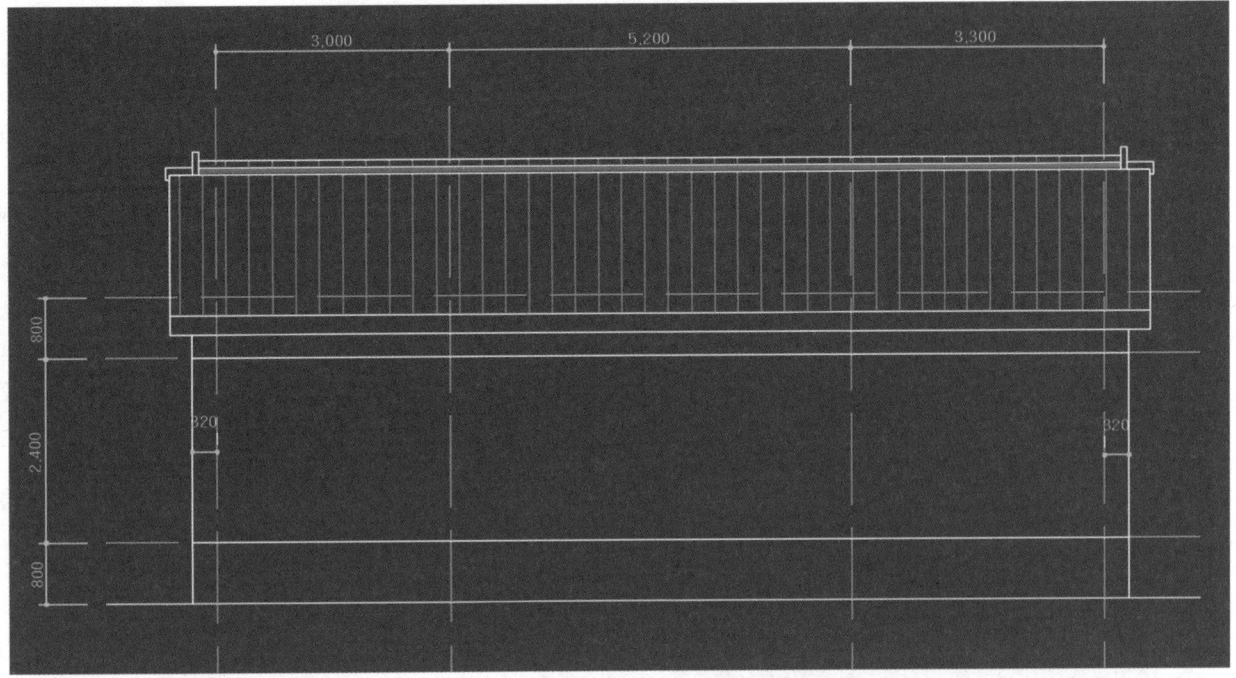

NO.	중점사항	핵심 내용
04	기타 입면 그리기	• 테라스 바닥 및 켄틸레버, 홈통 그리기 • 창호 입면 그리기 • 난간 그리기 • 굴뚝 및 처마반자 그리기(입면에서 보이는 경우) • 재질 표기 외

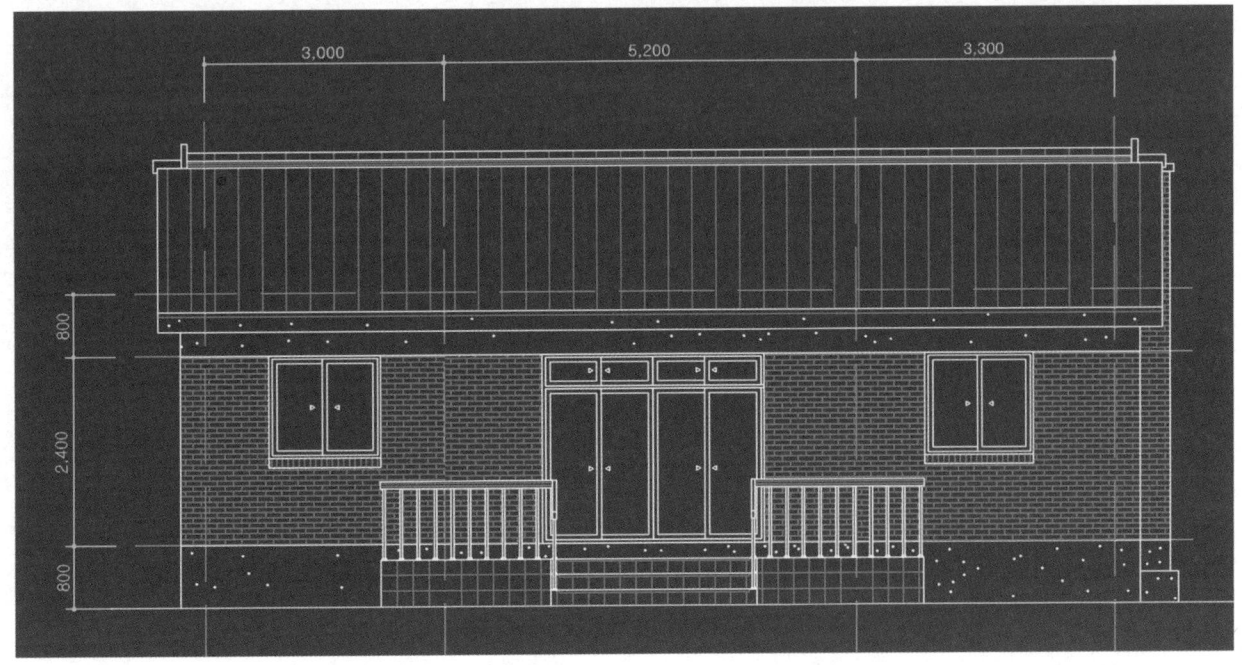

NO.	중점사항	핵심 내용
05	재질표기 문자선 외	• 나무 그리기 • 재질표기, 문자선 외

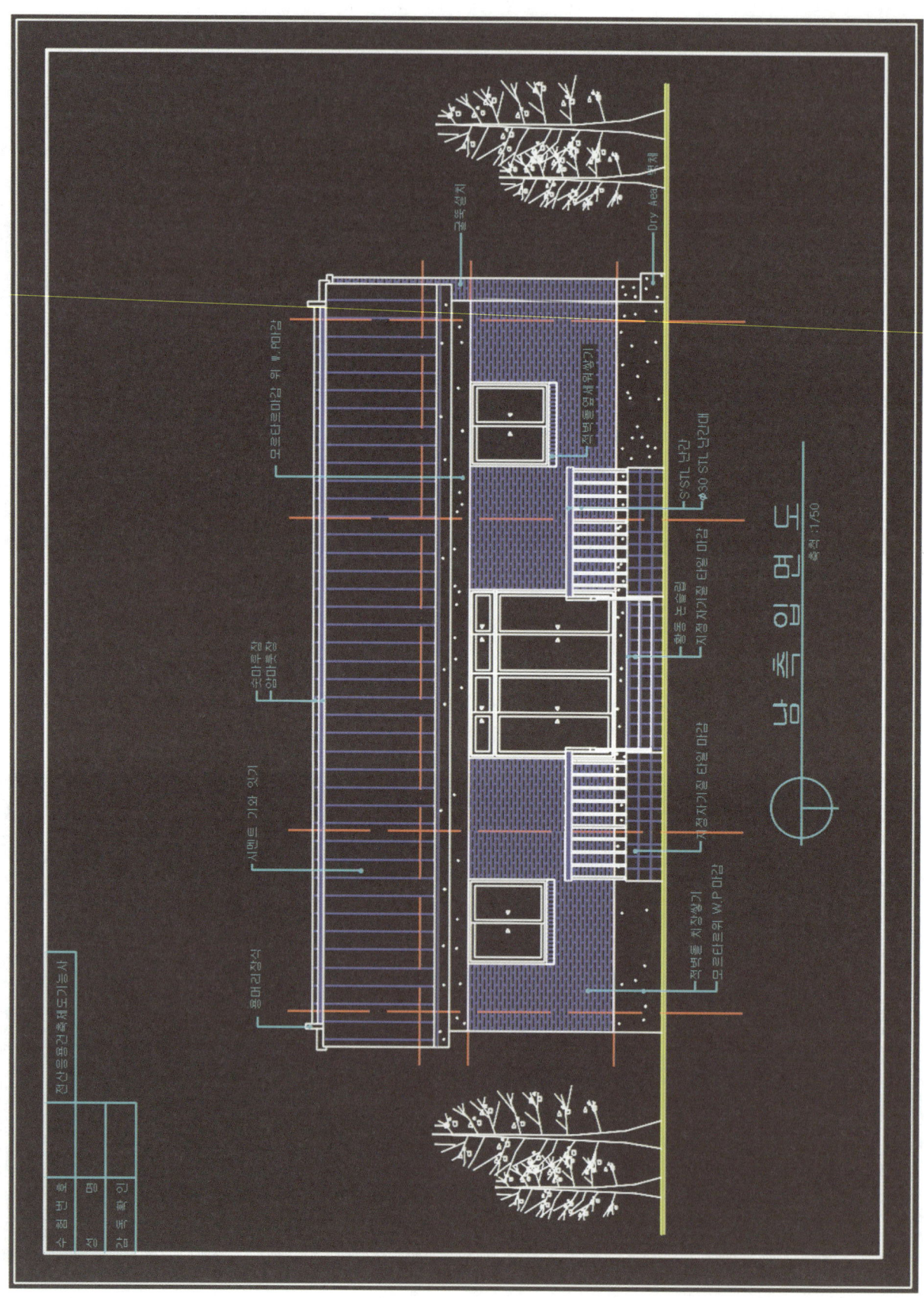

4 남측입면도

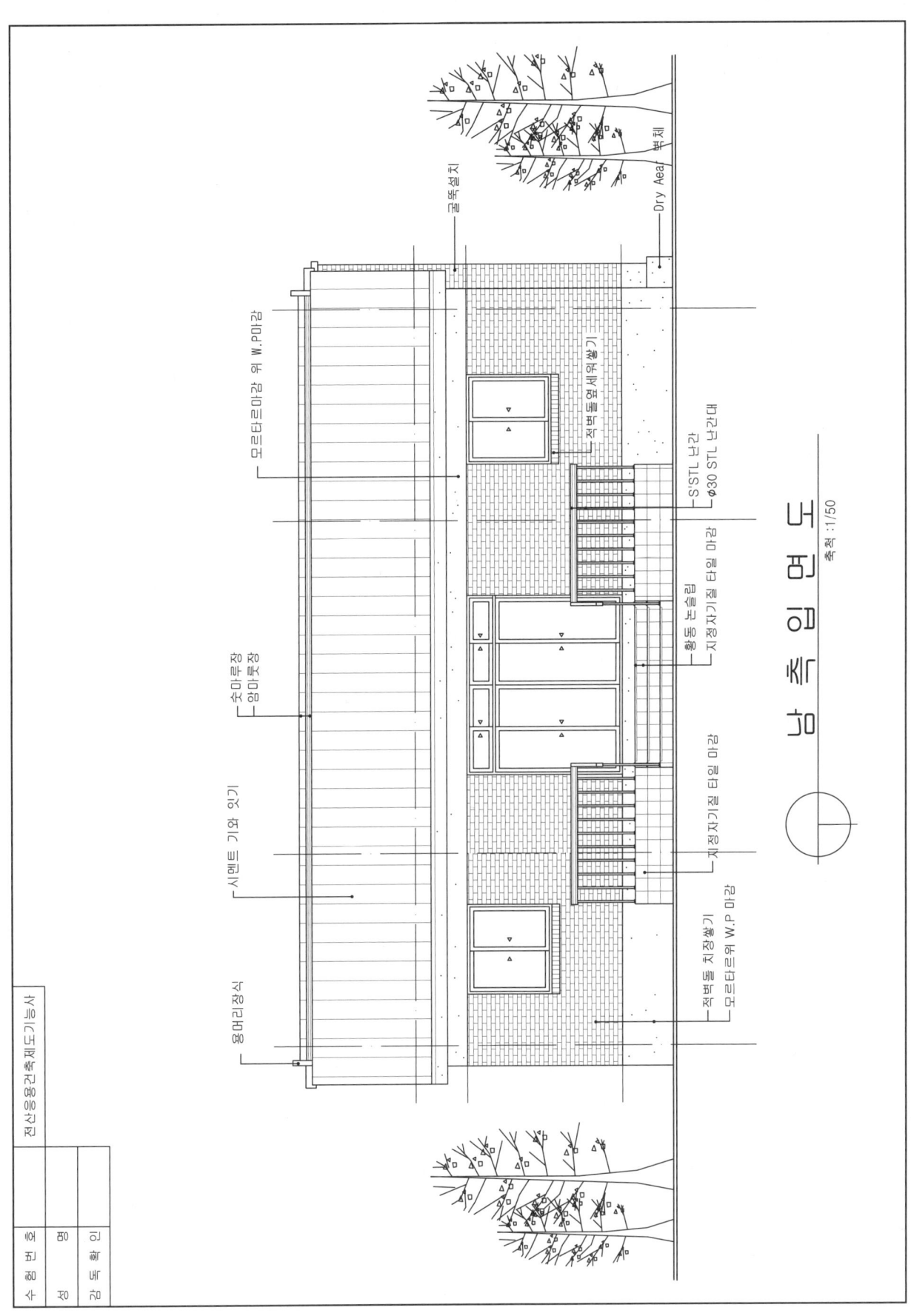

국가기술자격 실기시험문제

| 자격종목 | 전산응용건축제도기능사 | 과제명 | 주택 |

※ 시험시간 표준시간 4시간 10분

2019년 A유형
- 현관 벽체를 단면으로 표기
- 현관 앞의 처마가 길게 나온 유형으로 유의하여 작도

01 요구사항

주어진 평면도를 보고 CAD를 이용하여 아래 조건에 맞게 다음 도면을 작도 한 후, 지급된 용지에 본인이 직접 흑백으로 출력하여 파일과 함께 제출하시오.

❶ A부분 단면 상세도를 축척 1/40으로 작도하시오.
❷ 남측입면도를 축척 1/50으로 작도하되 벽면의 마감재료 표시 및 주의의 배경 등 도면의 요소를 충분히 고려하시오.

― 조건 ―
- 기초 및 지하실 벽체: 철근콘크리트 구조로 하시오.
- 벽체: 외벽 – 외부로부터 붉은벽돌 0.5B, 단열재, 시멘트 벽돌 1.0B
       내벽 – 시멘트 벽돌 1.0B
- 단열재: 외벽 120mm, 바닥 85mm, 지붕 180mm
- 지붕: 철근콘크리트 경사슬래브 위 시멘트 기와잇기 마감으로 하시오. (물매 3.5/10 이상)
- 처마나옴: 벽체중심에서 600mm
- 반자높이: 2,400mm, 처마반자 설치
- 창호: 목재창호로 하되 2중창인 경우 알루미늄 새시로 하시오.
- 각실의 난방: 온수파이프 온돌난방으로 하시오.
- 1층 바닥슬래브와 기초는 일체식으로 표현하시오.
- 평면도에 표시하지 않은 현관상부 캐노피는 작도하지 않는다.
- 기타 각 부분의 마감, 치수 등 주어지지 않는 조건은 일반적인 시공수준으로 하시오.
- 선의 통일을 기하기 위하여 아래와 같이 선의 색을 정리하여 출력하시오.
    - 흰색 (7–White): 0.3mm
    - 녹색 (3–Green): 0.2mm
    - 노랑 (2–Yellow): 0.4mm
    - 하늘색 (4–Cyan): 0.3mm
    - 빨강 (1–Red): 0.2mm
    - 파랑 (5–Blue): 0.1mm

02 수험자 유의사항

※다음 유의사항을 고려하여 요구사항을 완성하시오.

1) 명기되지 않은 조건은 건축법, 건축구조 및 건축제도 원칙에 따릅니다.

2) 시험시작 전 바탕화면에 본인 비밀번호로 폴더를 생성하고, 폴더 안의 작업내용을 저장하도록 합니다.

3) 정전 및 기계 고장 등에 의한 자료손실을 방지하기 위하여 수시로 저장합니다.

4) 다음과 같은 경우는 부정행위로 처리됩니다.
   가) 노트 및 서적, 디스켓을 소지하거나 주고받는 행위
   나) 건물의 구조부분의 상세나 글씨 등을 사전에 블록으로 설정하여 지참해 사용하는 경우

5) 작업이 끝나면 감독위원의 확인을 받은 후 문제지를 제출하고 본부요원 입회하에 본인이 직접 A3용지에 흑백으로 도면을 출력하도록 합니다. 이때 수험자의 운영 미숙으로 도면이 출력되지 않는 경우나 출력시간이 20분을 초과할 경우는 실격처리 됩니다.

6) 장비 조작 미숙으로 장비의 파손 및 고장을 일으킬 염려가 있을 경우 실격됩니다.

7) 다음과 같은 경우에는 채점대상에서 제외됩니다.
   가) 주어진 조건을 지키지 않고 작도한 경우
   나) 요구한 전도면을 작도하지 않은 경우
   다) 건축제도 통칙을 준수하지 않거나 건축 CAD의 기능이 없는 상태에서 완성된 도면

8) 수험번호, 성명은 도면 좌측 상단에 아래와 같이 표제란을 만들어 기재합니다.

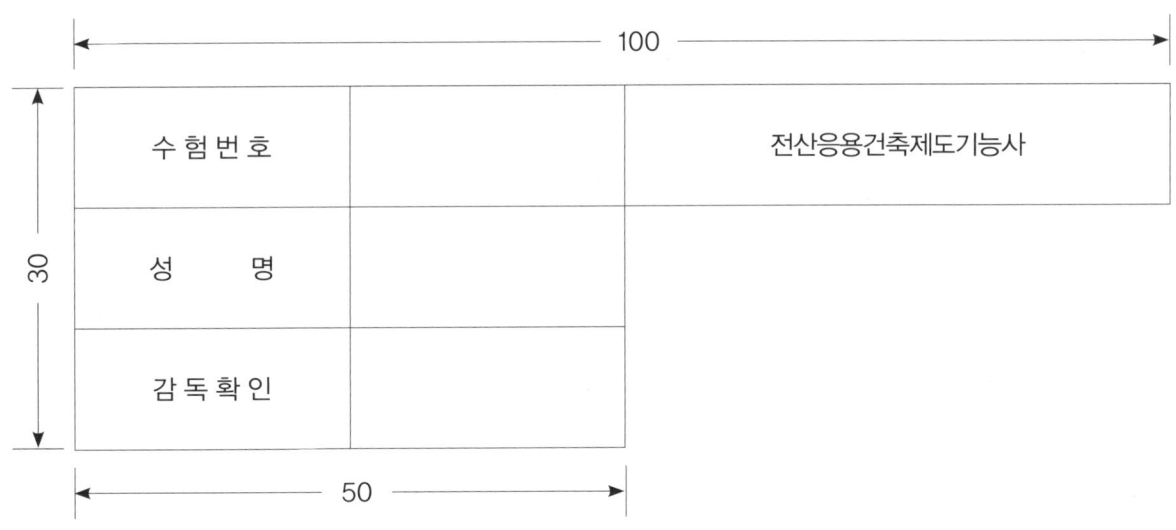

9) 감독위원은 시험시작 후 수검자에게 표제란을 우선 작도 후 도면을 작도하도록 하여야 하며, 수험자가 감독위원의 지시를 따르지 않을 경우 실격 처리됩니다.

10) 테두리선의 여백은 10mm로 합니다.

03 평면도

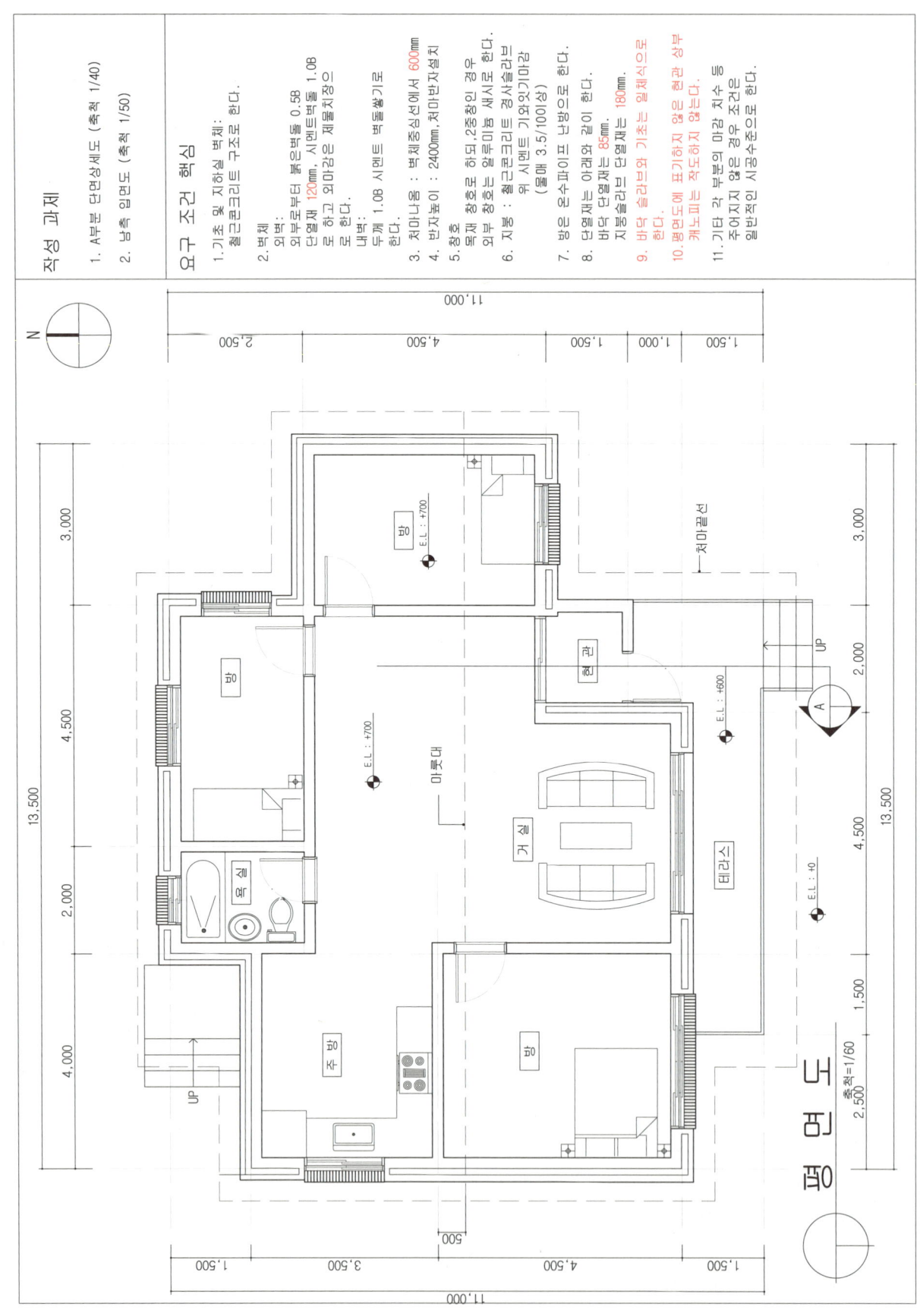

1 단면상세도 문제풀이

NO.	중점사항	핵심 내용
01	중심선 세팅	• 수평선 그리기: G.L선, 기초 동결선, 방바닥 높이, 반자 높이, 테두리보 높이 • 수직선 그리기: 벽체 중심선, 마룻대, 처마라인 • 지붕구조, 테두리보 외 그리기

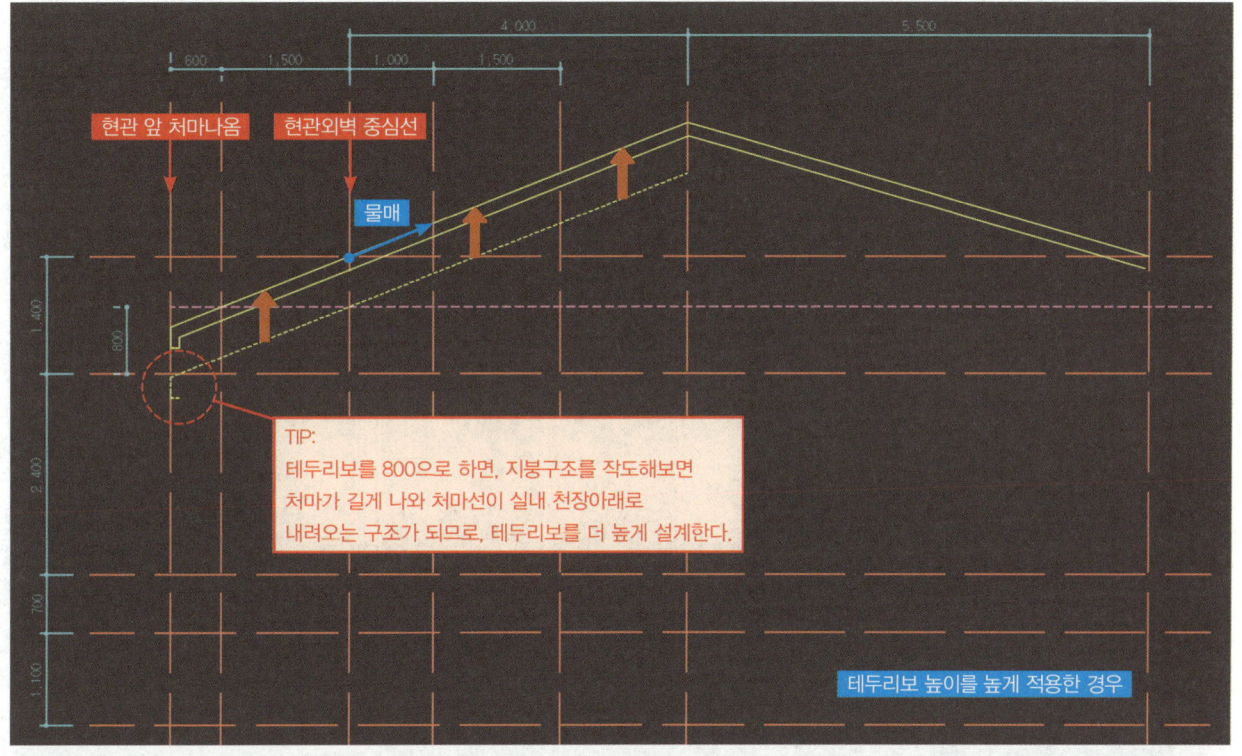

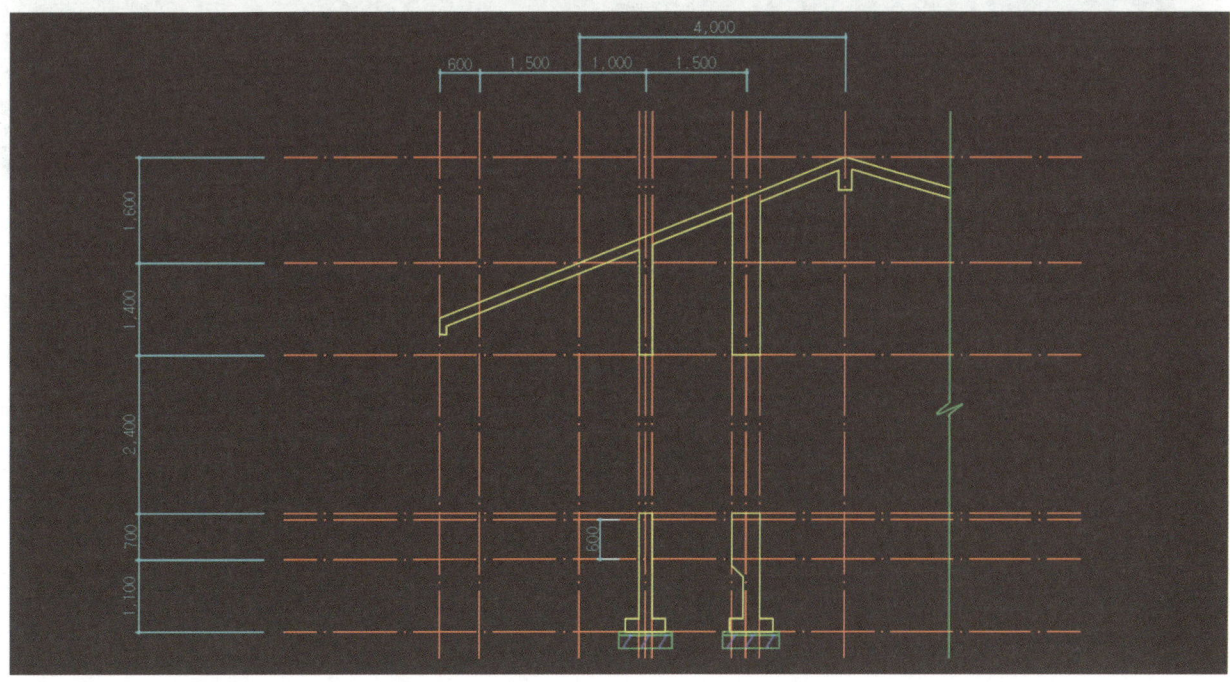

NO.	중점사항	핵심 내용
02	기본구조	• 기초 그리기 → 벽체 및 창호 • 테라스 바닥 및 캐노피, 실내바닥 구조 그리기 외

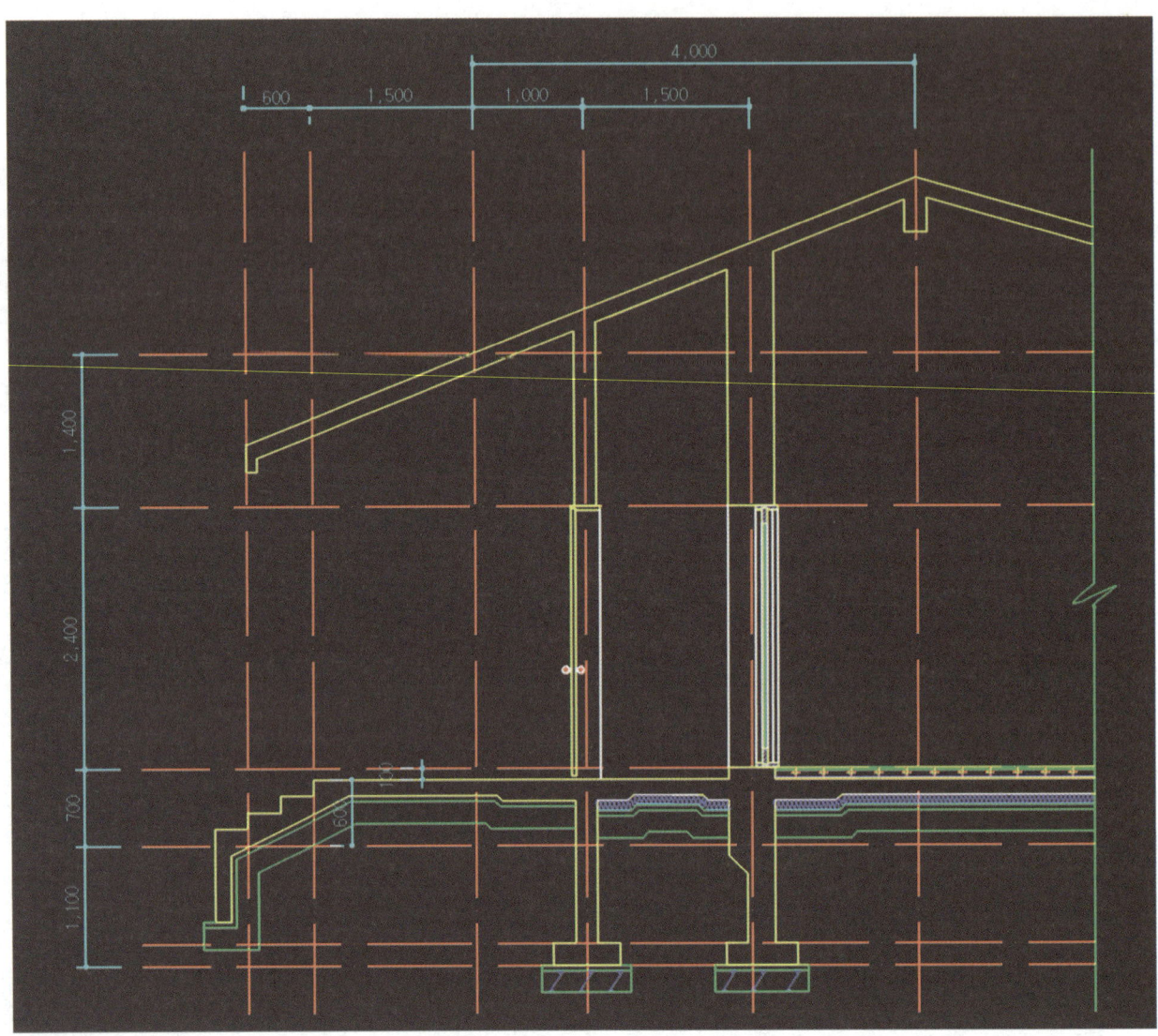

NO.	중점사항	핵심 내용
03	천장, 지붕 외 기타	• 실내 천장 그리기 → 지붕상세도 • 기타: 실내외 입면, 난간, 홈통, 굴뚝, 걸레받이 단면 등 체크

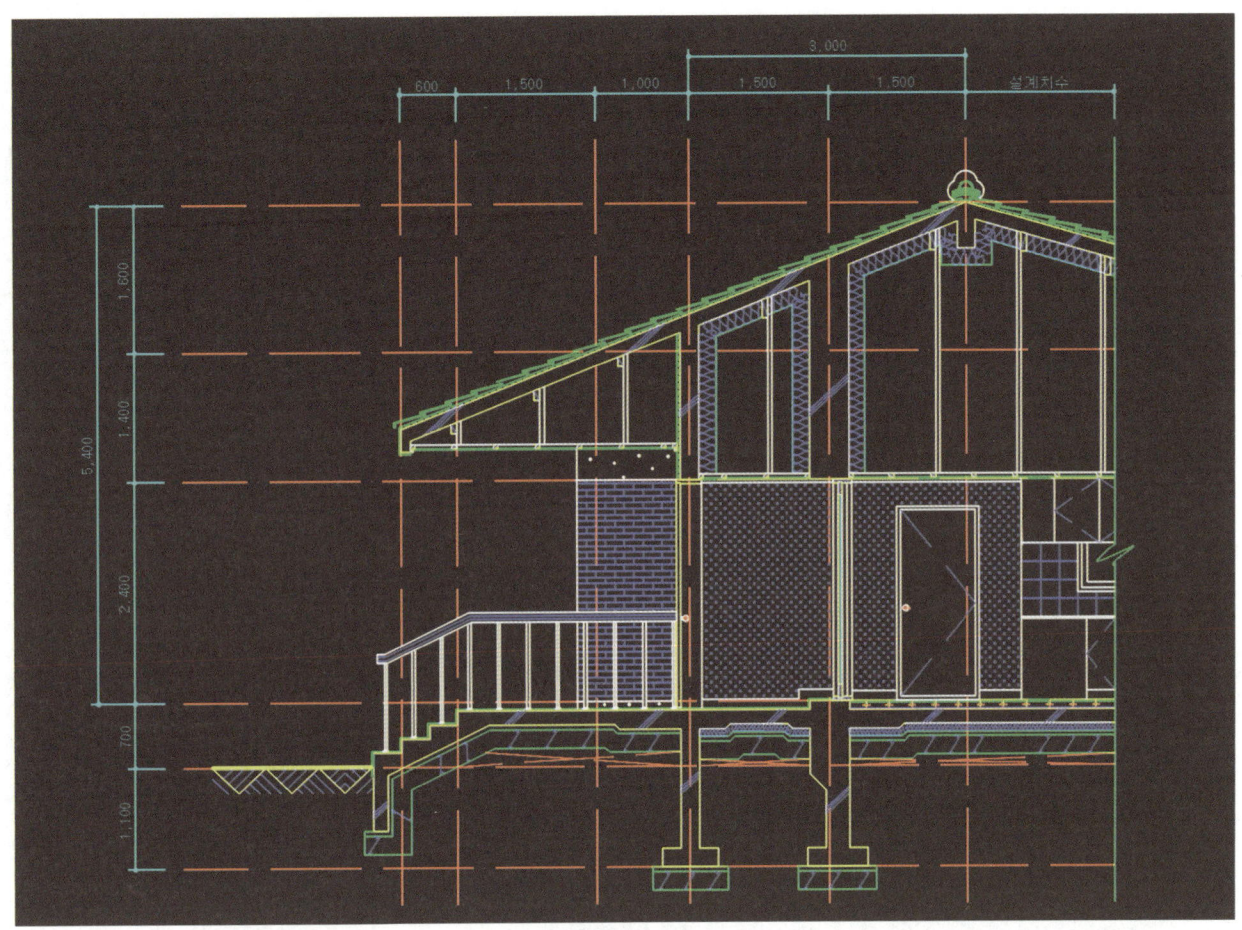

NO.	중점사항	핵심 내용
04	치수선 문자선	• 물매, 표제란, 도면명 등 표기 • 실명(방, 거실, 테라스 등) 표기

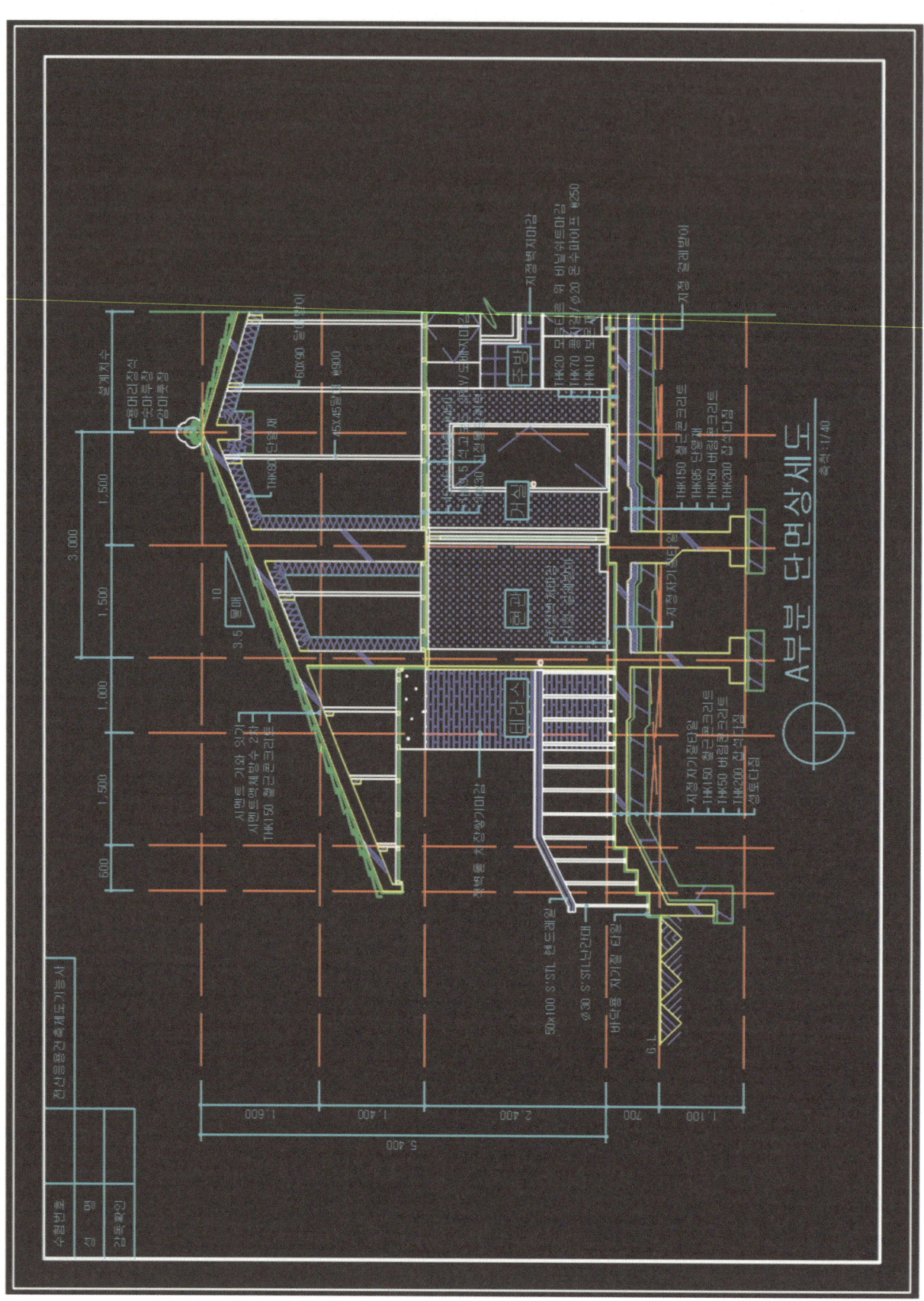

2. 단면상세도

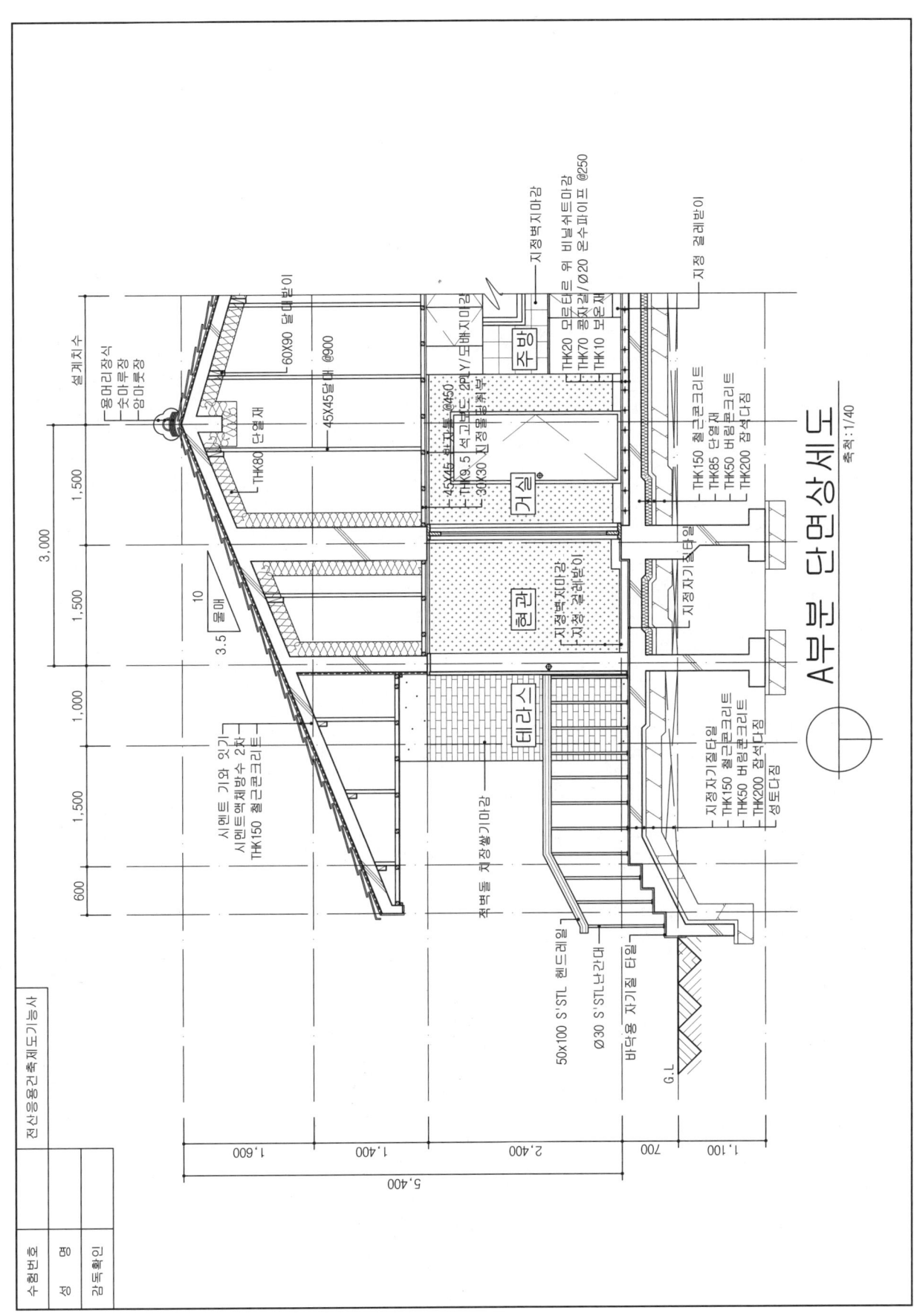

3. 남측입면도 문제풀이

NO.	중점사항	핵심 내용
01	중심선 세팅	• 수평선 그리기: G.L선, 방바닥 높이, 반자 높이, 테두리보 높이 • 수직선 그리기: 벽체 중심선, 마룻대, 처마라인
02	지붕구조 그리기	• 측면입면의 지붕구조를 그린 후 마룻대와 처마의 기준점을 찾아 남측입면도의 지붕구조 그리기 • 구조를 그리며 반대측 처마가 정면에서 보이는지 체크 • 기와 입면 그리기

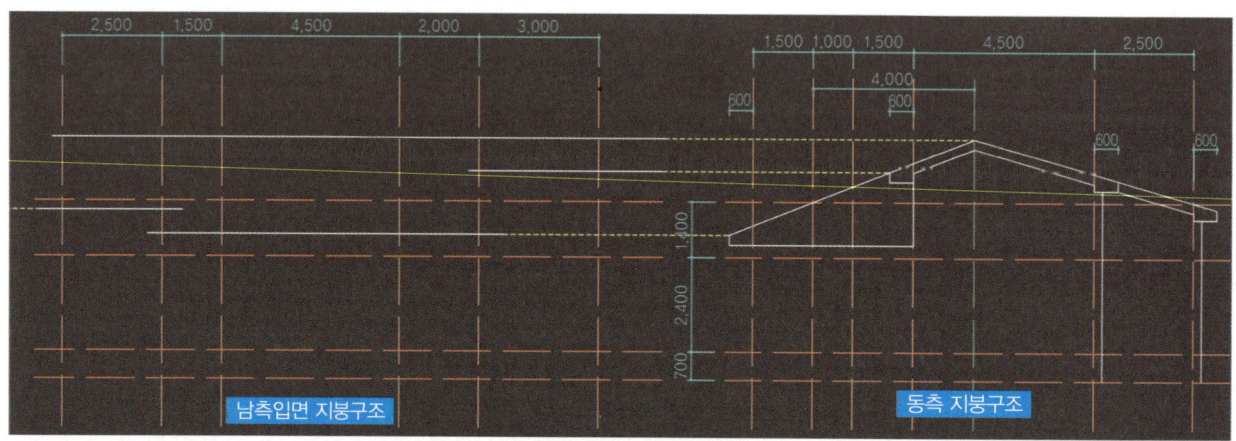

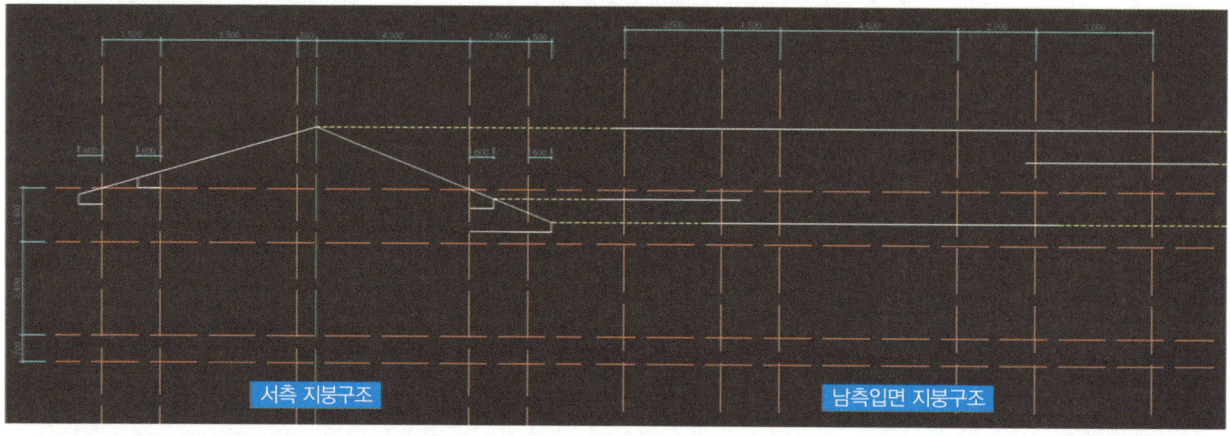

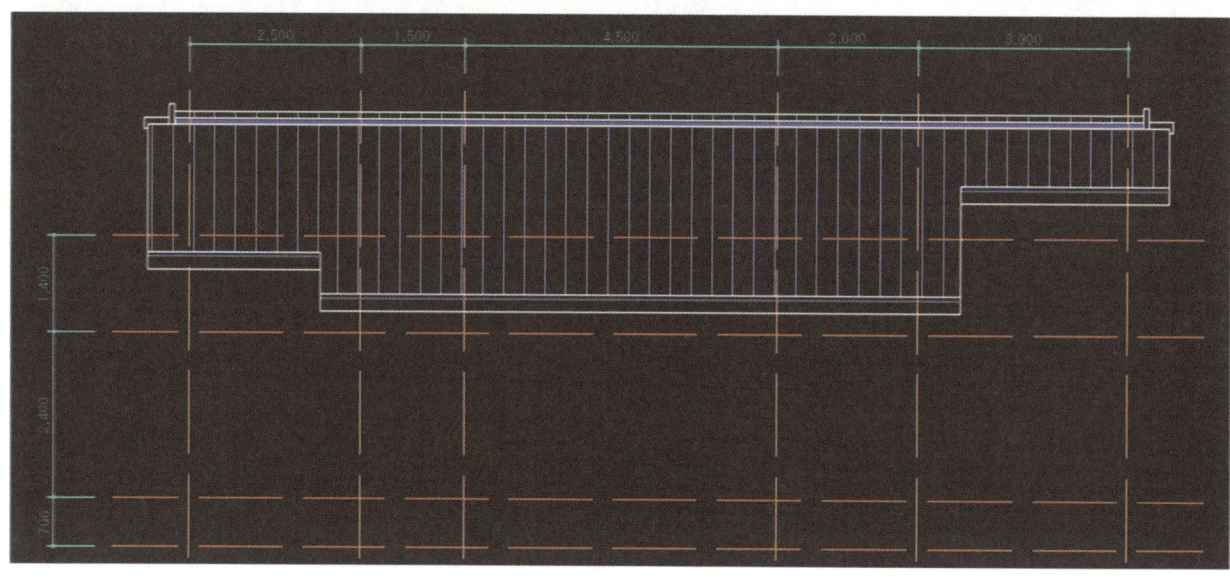

NO.	중점사항	핵심 내용
03	벽체구조	• G.L선 레이어 변경 • 벽체 입면선 그리기 • 기초 상단부와 테두리보 하단부 라인 그리기

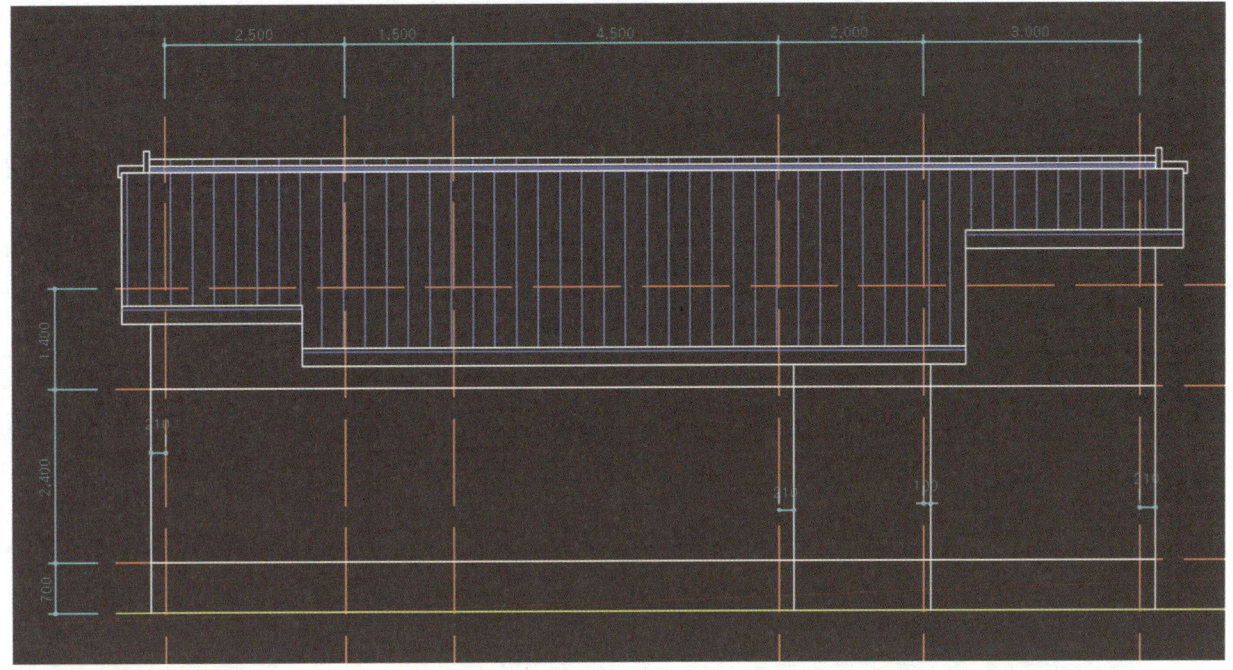

NO.	중점사항	핵심 내용
04	기타 입면 그리기	• 테라스 바닥 및 켄틸레버, 홈통 그리기 • 창호 입면 그리기 • 난간 그리기 • 굴뚝 및 처마반자 그리기(입면에서 보이는 경우) • 재질표기 외

NO.	중점사항	핵심 내용
05	재질표기 문자선 외	• 나무 그리기 • 재질표기, 문자선 외

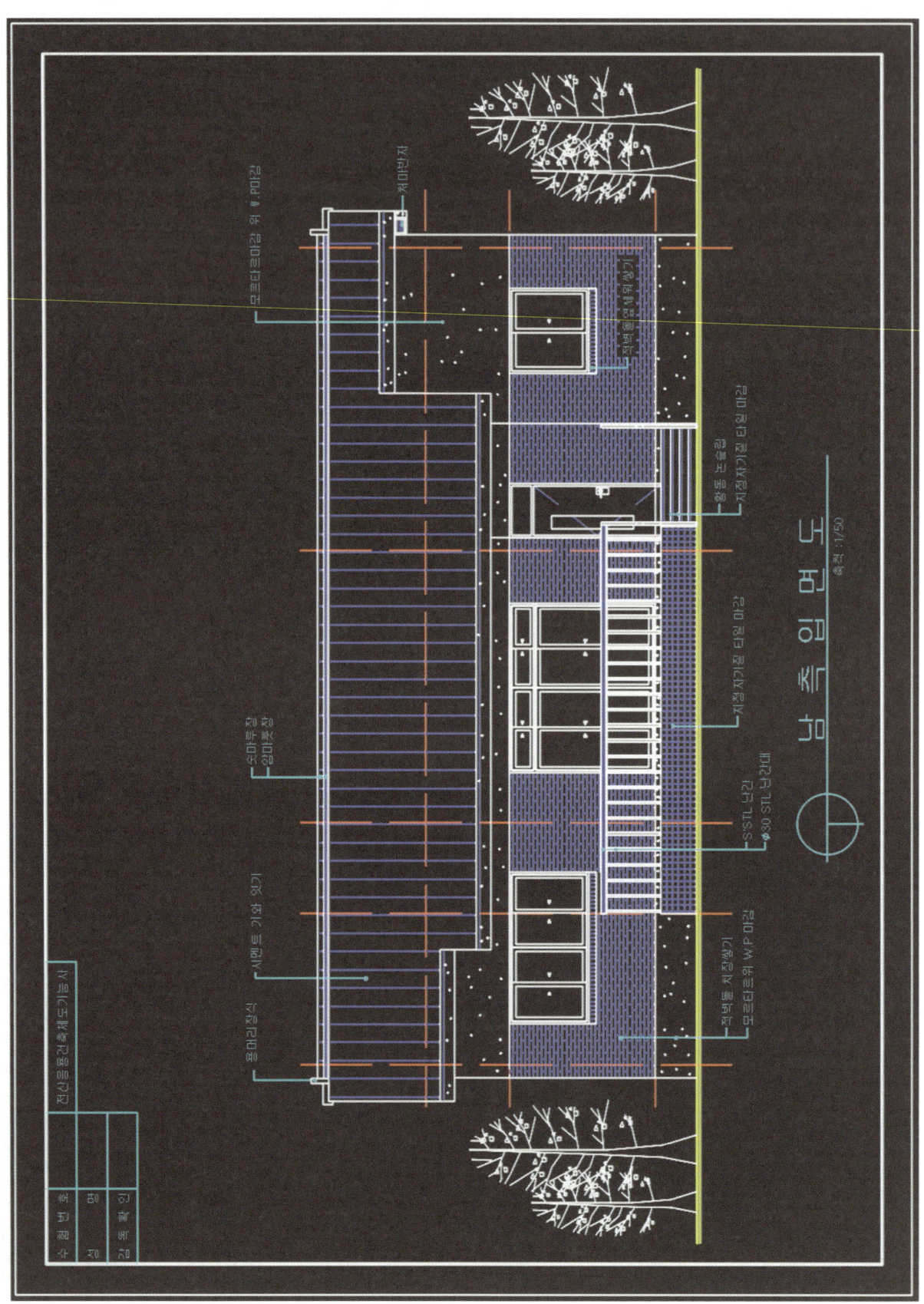

4 남측입면도

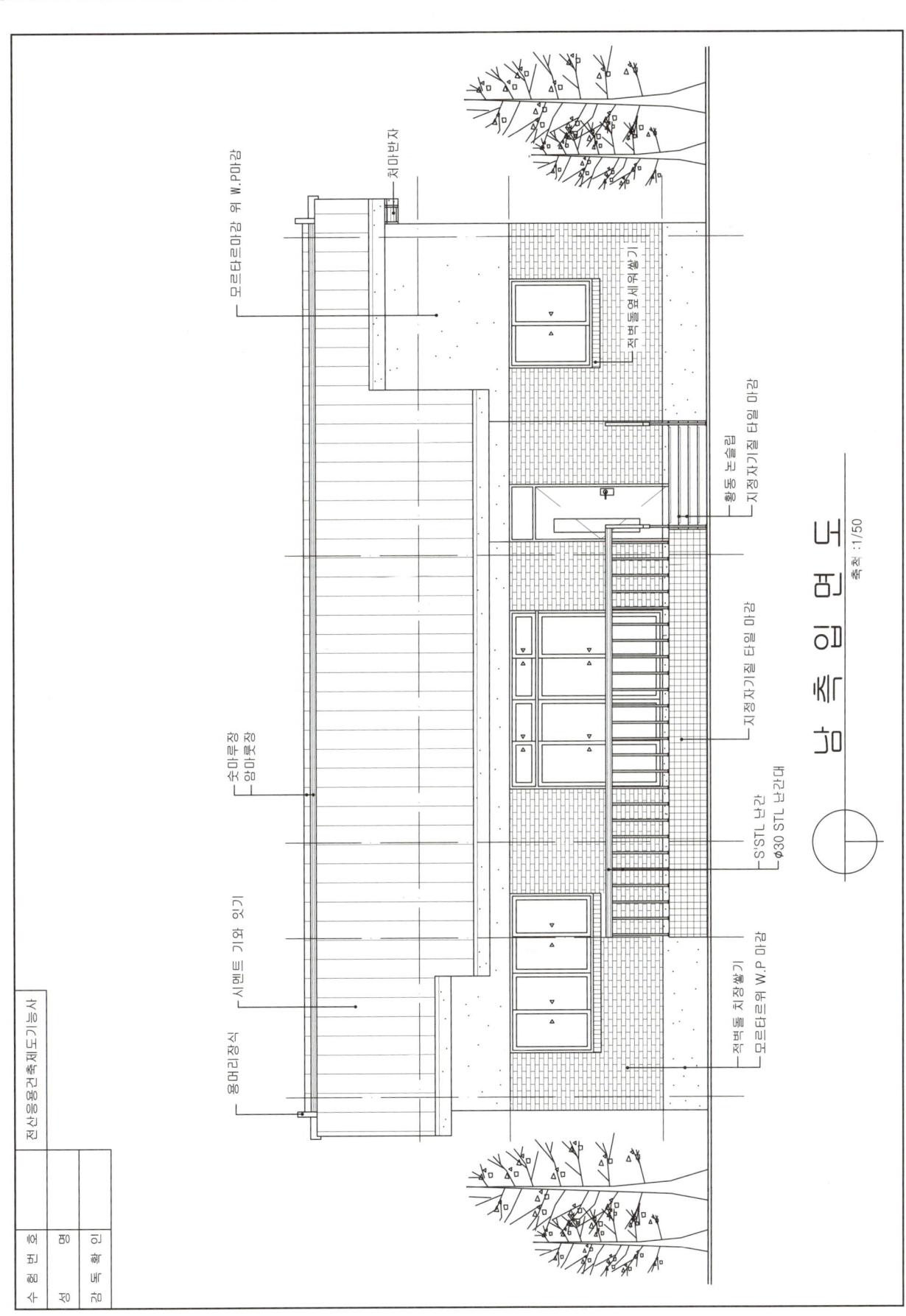

국가기술자격 실기시험문제

| 자격종목 | 전산응용건축제도기능사 | 과제명 | 주택 |

※ 시험시간 표준시간 4시간 10분

2020년 A유형
- 현관벽체를 단면으로 표기
- 현관바닥, 거실바닥과 연계하여 방의 벽체를 단면으로 표기

01 요구사항

주어진 평면도를 보고 CAD를 이용하여 아래 조건에 맞게 다음 도면을 작도 한 후, 지급된 용지에 본인이 직접 흑백으로 출력하여 파일과 함께 제출하시오.

❶ A부분 단면 상세도를 축척 1/40으로 작도하시오.

❷ 남측입면도를 축척 1/50으로 작도하되 벽면의 마감재료 표시 및 주의의 배경 등 도면의 요소를 충분히 고려하시오.

── 조건 ──

- 기초 및 지하실 벽체: 철근콘크리트 구조로 하시오.
- 벽체: 외벽 – 외부로부터 붉은벽돌 0.5B, 단열재, 시멘트 벽돌 1.0B
  내벽 – 시멘트 벽돌 1.0B
- 단열재: 외벽 120mm, 바닥 85mm, 지붕 180mm
- 지붕: 철근콘크리트 경사슬래브 위 시멘트 기와잇기 마감으로 하시오. (물매 3.5/10 이상)
- 처마나옴: 벽체중심에서 600mm
- 반자높이: 2,400mm, 처마반자 설치
- 창호: 목재창호로 하되 2중창인 경우 알루미늄 새시로 하시오.
- 각실의 난방: 온수파이프 온돌난방으로 하시오.
- 1층 바닥슬래브와 기초는 일체식으로 표현하시오.
- 평면도에 표시하지 않은 현관상부 캐노피는 작도하지 않는다.
- 기타 각 부분의 마감, 치수 등 주어지지 않는 조건은 일반적인 시공수준으로 하시오.
- 선의 통일을 기하기 위하여 아래와 같이 선의 색을 정리하여 출력하시오.
    - 흰색 (7–White): 0.3mm
    - 녹색 (3–Green): 0.2mm
    - 노랑 (2–Yellow): 0.4mm
    - 하늘색 (4–Cyan): 0.3mm
    - 빨강 (1–Red): 0.2mm
    - 파랑 (5–Blue): 0.1mm

02 수험자 유의사항

※다음 유의사항을 고려하여 요구사항을 완성하시오.

1) 명기되지 않은 조건은 건축법, 건축구조 및 건축제도 원칙에 따릅니다.

2) 시험시작 전 바탕화면에 본인 비밀번호로 폴더를 생성하고, 폴더 안의 작업내용을 저장하도록 합니다.

3) 정전 및 기계 고장 등에 의한 자료손실을 방지하기 위하여 수시로 저장합니다.

4) 다음과 같은 경우는 부정행위로 처리됩니다.
   가) 노트 및 서적, 디스켓을 소지하거나 주고받는 행위
   나) 건물의 구조부분의 상세나 글씨 등을 사전에 블록으로 설정하여 지참해 사용하는 경우

5) 작업이 끝나면 감독위원의 확인을 받은 후 문제지를 제출하고 본부요원 입회하에 본인이 직접 A3용지에 흑백으로 도면을 출력하도록 합니다. 이때 수험자의 운영 미숙으로 도면이 출력되지 않는 경우나 출력시간이 20분을 초과할 경우는 실격처리 됩니다.

6) 장비 조작 미숙으로 장비의 파손 및 고장을 일으킬 염려가 있을 경우 실격됩니다.

7) 다음과 같은 경우에는 채점대상에서 제외됩니다.
   가) 주어진 조건을 지키지 않고 작도한 경우
   나) 요구한 전도면을 작도하지 않은 경우
   다) 건축제도 통칙을 준수하지 않거나 건축 CAD의 기능이 없는 상태에서 완성된 도면

8) 수험번호, 성명은 도면 좌측 상단에 아래와 같이 표제란을 만들어 기재합니다.

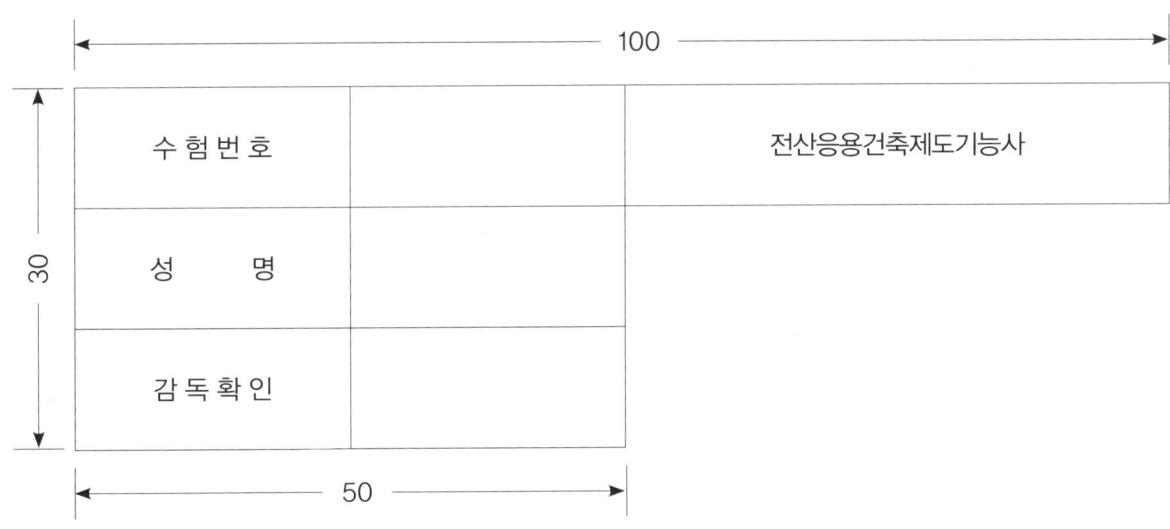

9) 감독위원은 시험시작 후 수검자에게 표제란을 우선 작도 후 도면을 작도하도록 하여야 하며, 수험자가 감독위원의 지시를 따르지 않을 경우 실격 처리됩니다.

10) 테두리선의 여백은 10mm로 합니다.

03 평면도

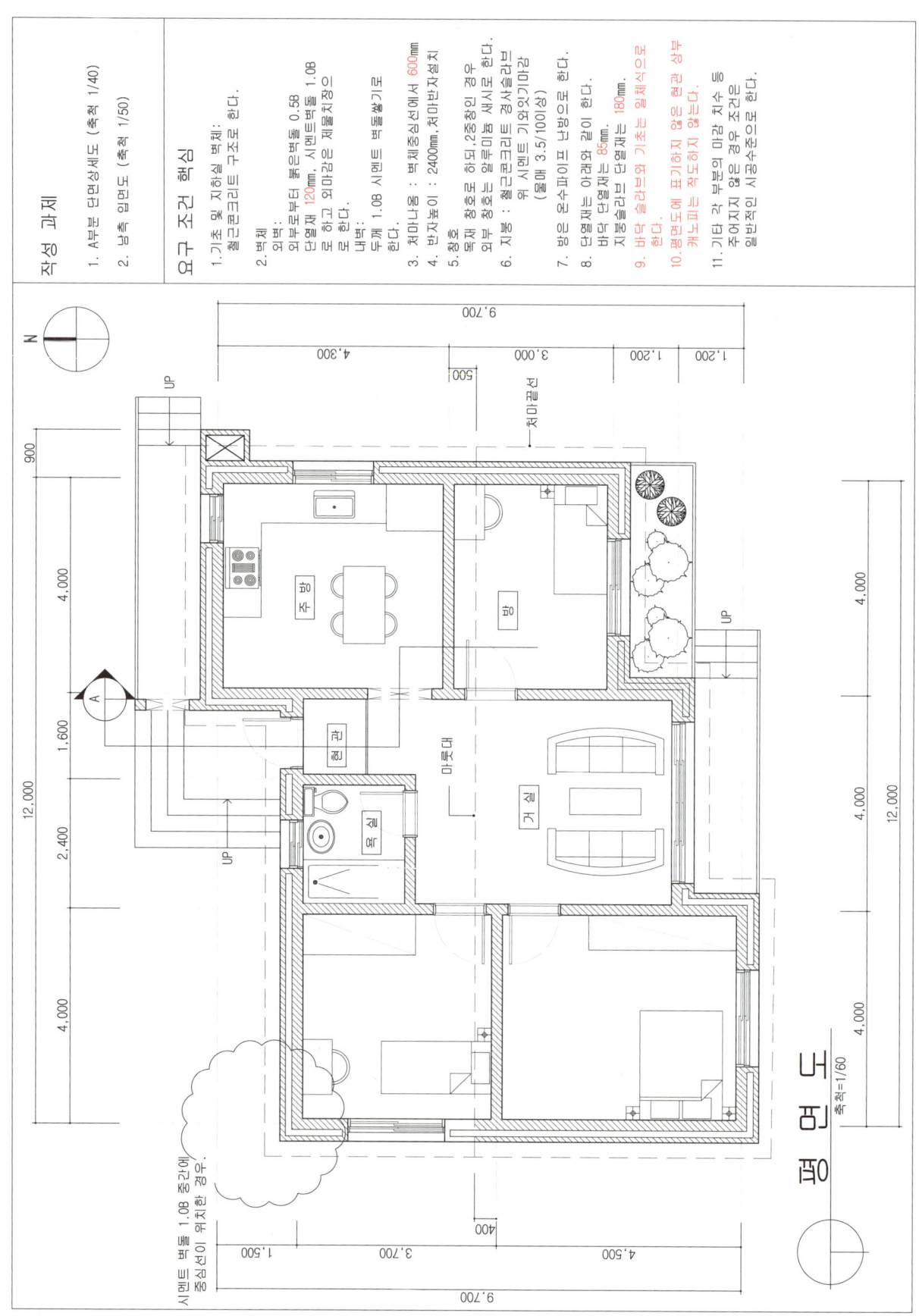

1 단면상세도 문제풀이

NO.	중점사항	핵심 내용
01	중심선 세팅 지붕구조	• 수평선 그리기: G.L선, 기초 동결선, 방바닥 높이, 반자 높이, 테두리보 높이 • 수직선 그리기: 벽체 중심선, 마룻대, 처마라인 • 지붕구조, 테두리보 외 그리기

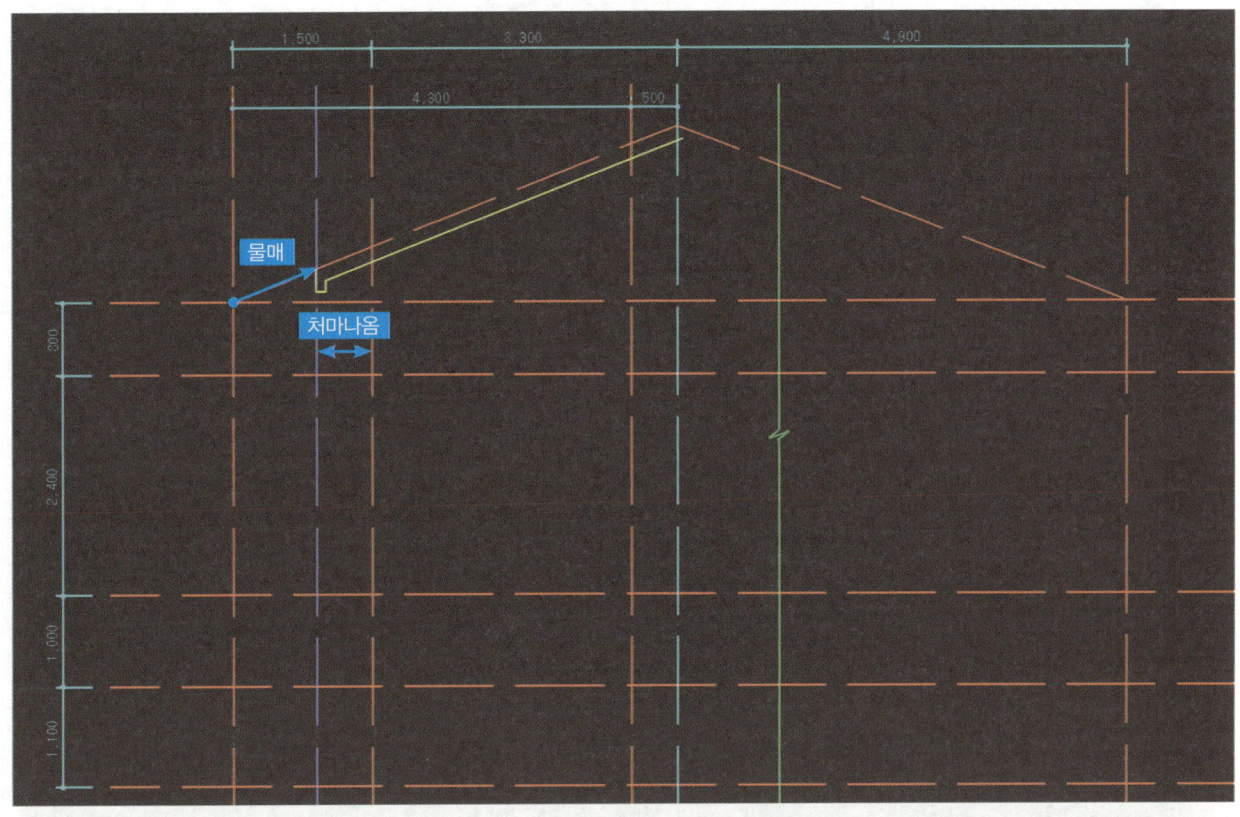

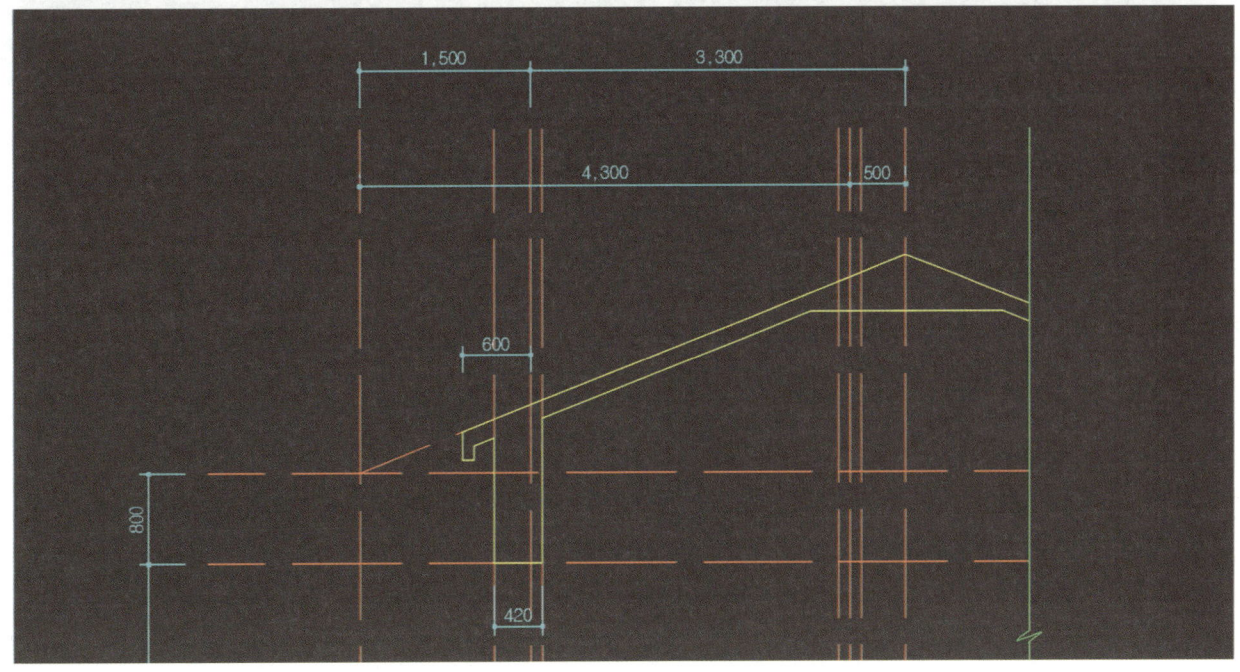

NO.	중점사항	핵심 내용
02	기본구조	• 기초 그리기 → 벽체 및 창호 • 테라스 바닥 및 캐노피, 실내바닥 구조 그리기 외

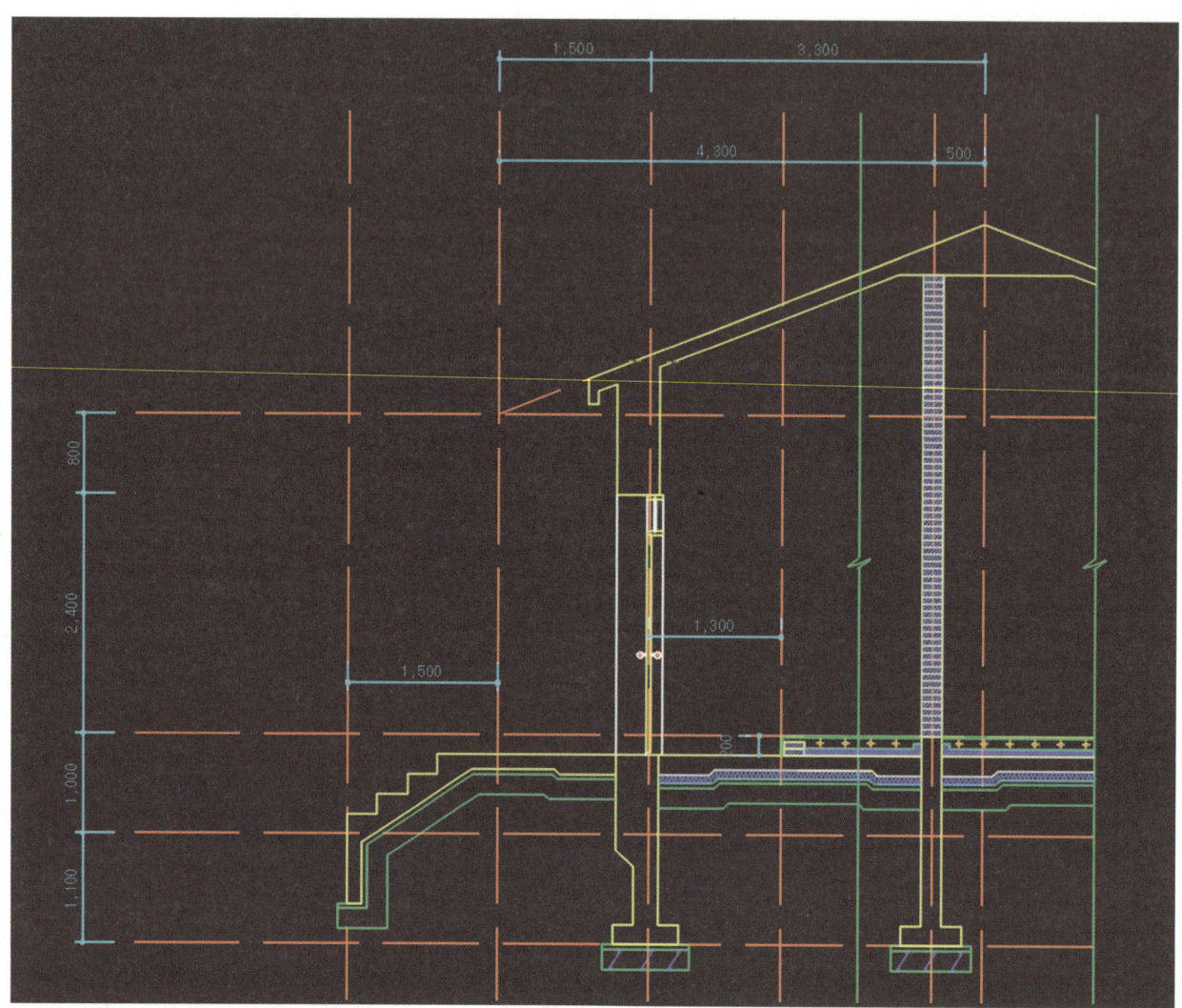

NO.	중점사항	핵심 내용
03	천장, 지붕 외 기타	• 실내 천장 그리기 → 지붕상세도 • 기타: 실내외 입면, 난간, 홈통, 굴뚝, 걸레받이 단면 등 체크

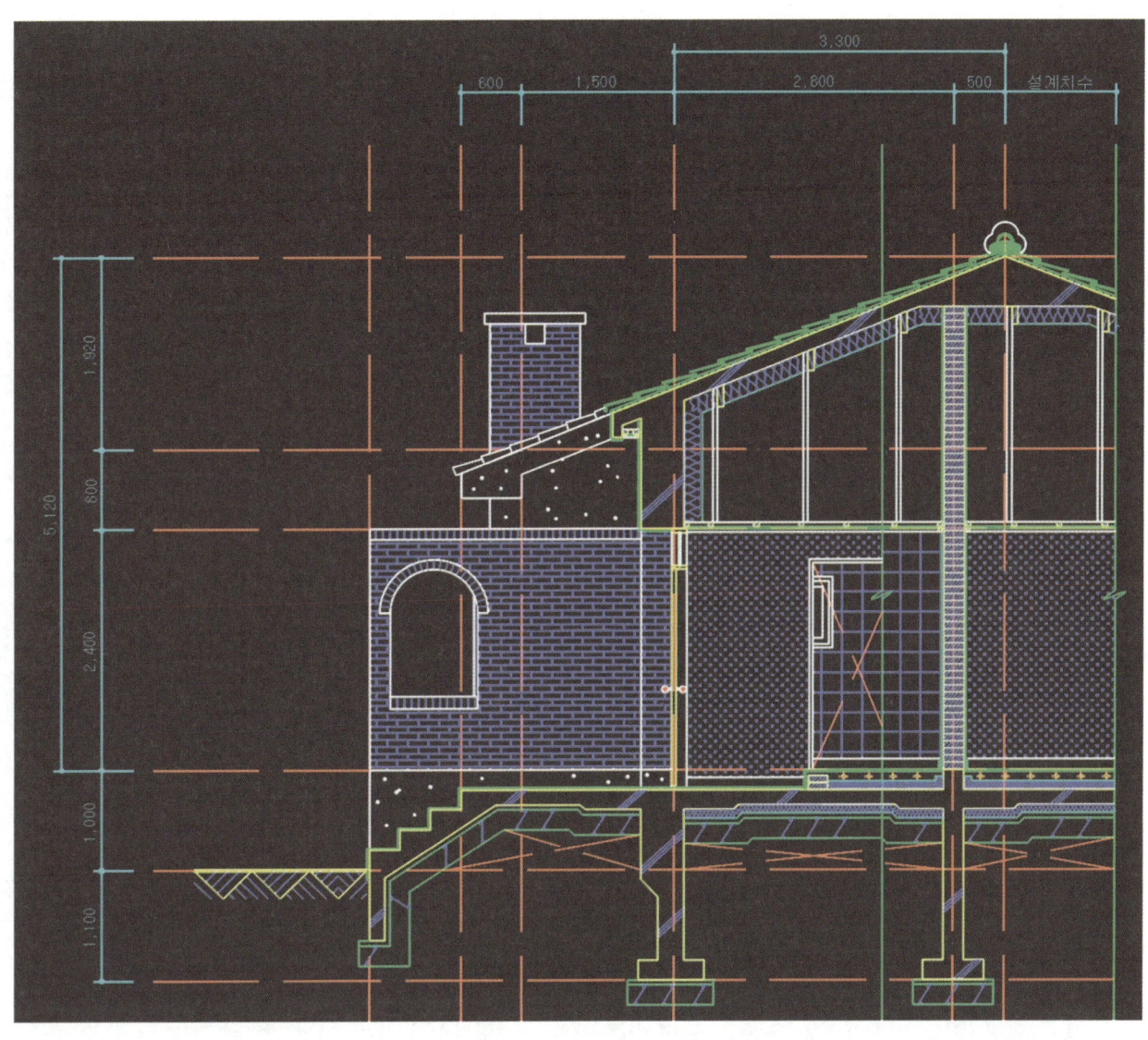

NO.	중점사항	핵심 내용
04	치수선 문자선	• 물매, 표제란, 도면명 등 표기 • 실명(방, 거실, 테라스 등) 표기

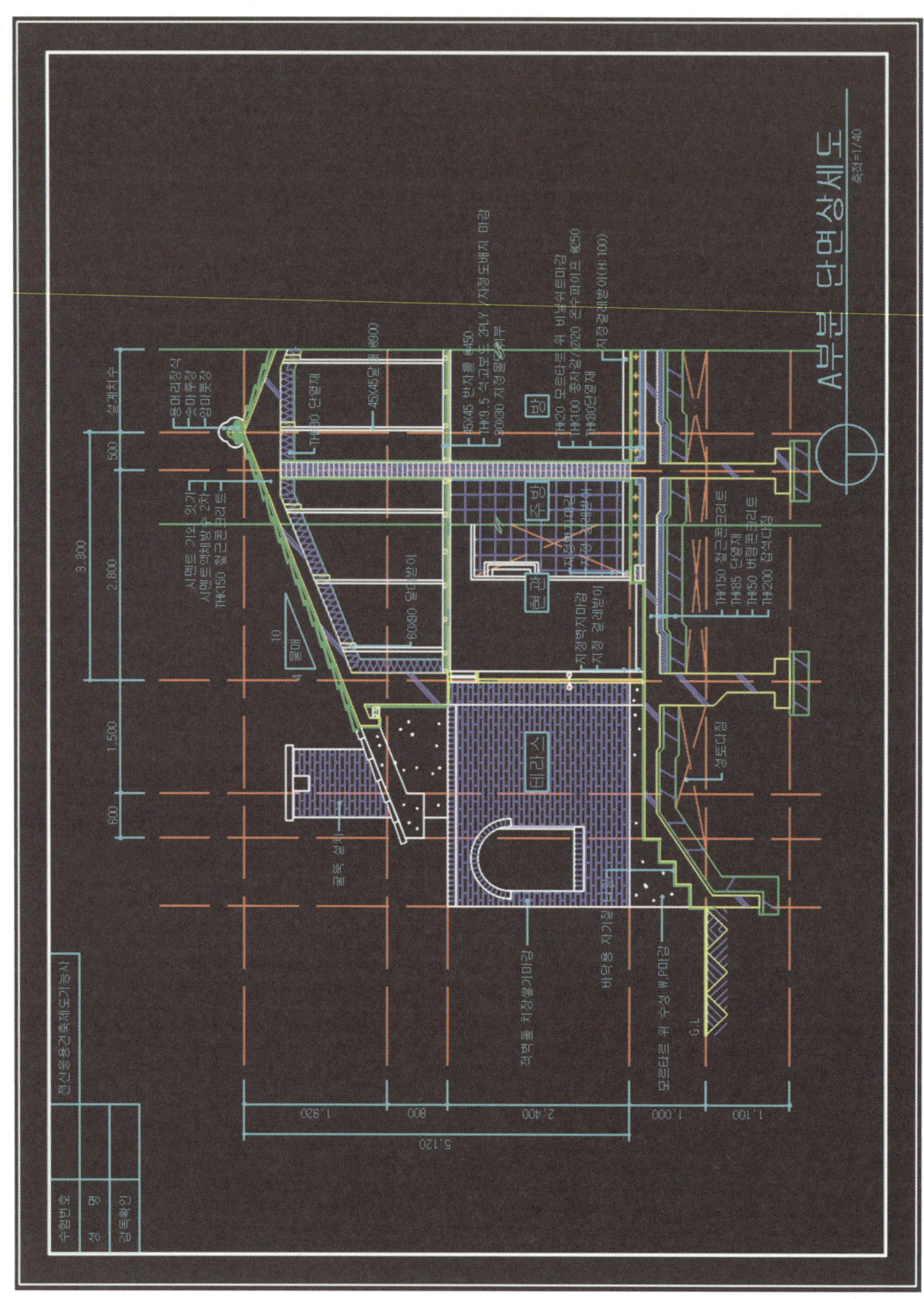

2 단면상세도

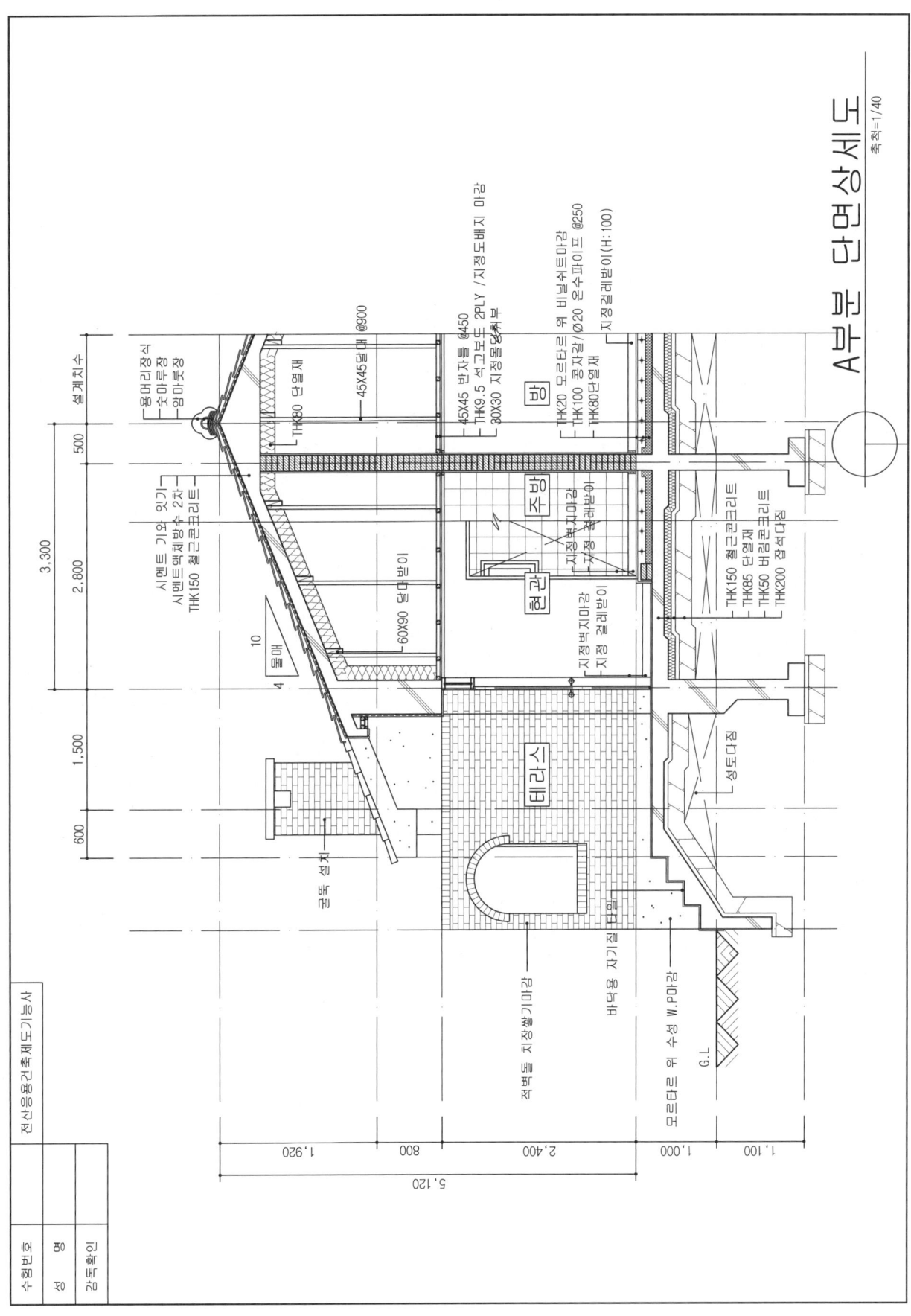

3 남측입면도 문제풀이

NO.	중점사항	핵심 내용
01	중심선 세팅	• 수평선 그리기: G.L선, 방바닥 높이, 반자 높이, 테두리보 높이 • 수직선 그리기: 벽체 중심선, 마룻대, 처마라인
02	지붕구조 그리기	• 측면 입면의 지붕구조를 그린 후 마룻대와 처마의 기준점을 찾아 남측입면도의 지붕구조 그리기 • 구조를 그리며 반대측 처마가 정면에서 보이는지 체크 • 기와 입면 그리기

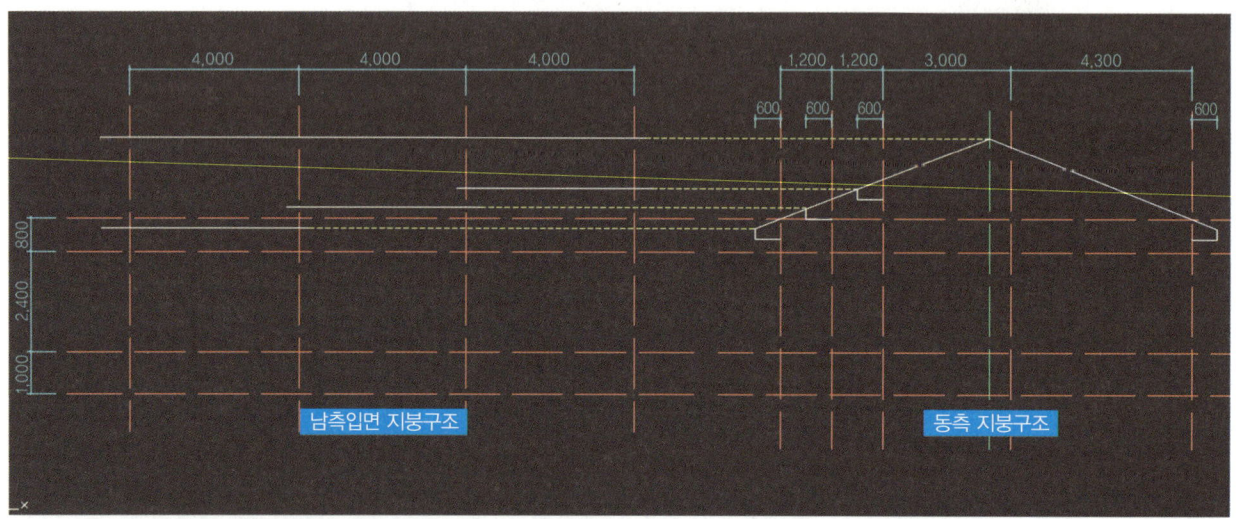

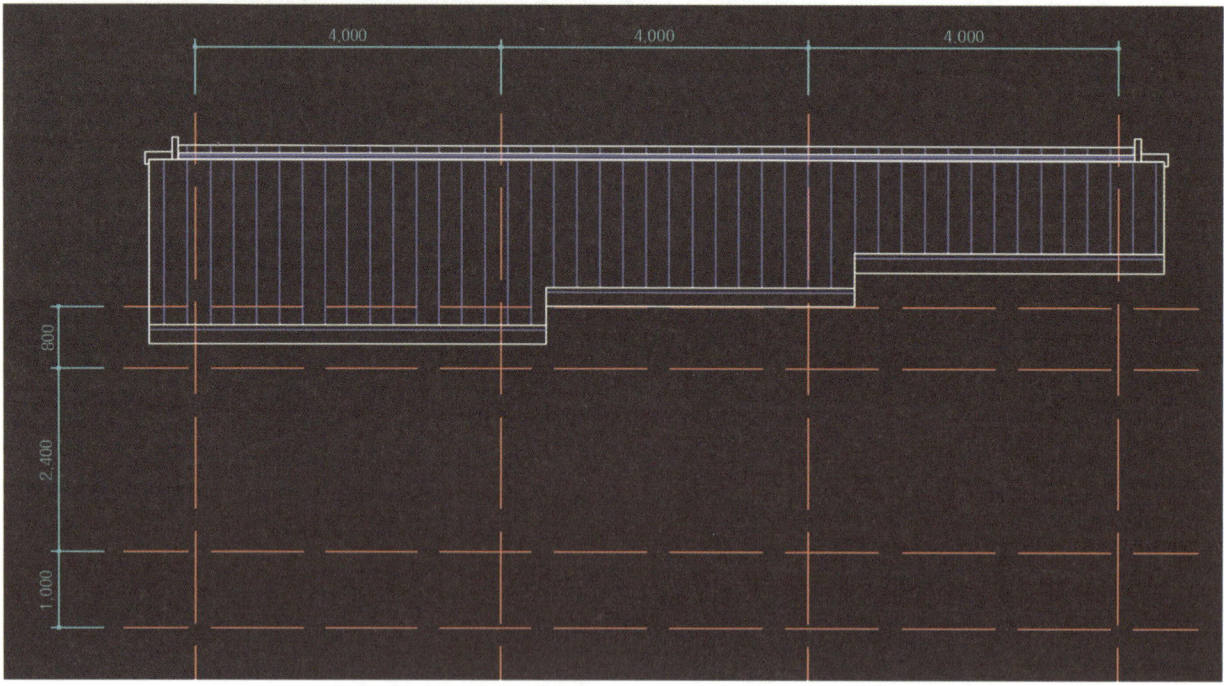

NO.	중점사항	핵심 내용
03	벽체구조	• G.L선 레이어 변경 • 벽체 입면선 그리기 • 기초 상단부와 테두리보 하단부 라인 그리기

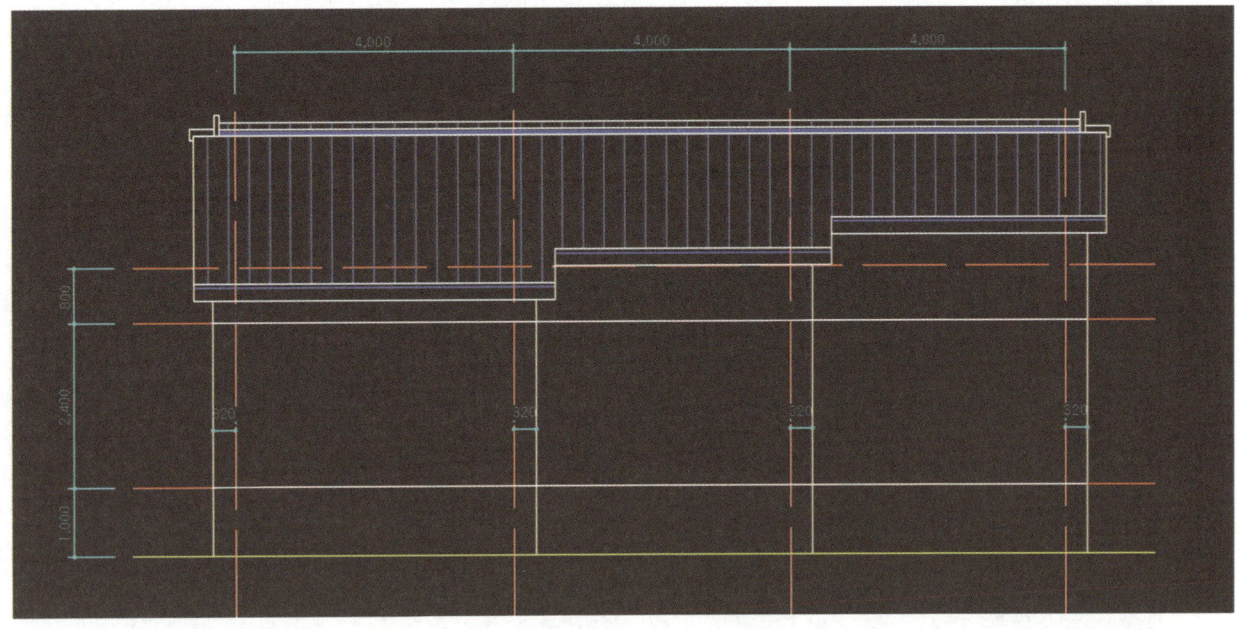

NO.	중점사항	핵심 내용
04	기타 입면 그리기	• 테라스 바닥 및 켄틸레버, 홈통 그리기 • 창호 입면 그리기 • 난간 그리기 • 굴뚝 및 처마반자 그리기(입면이 보이는 경우) • 재질 표기 외

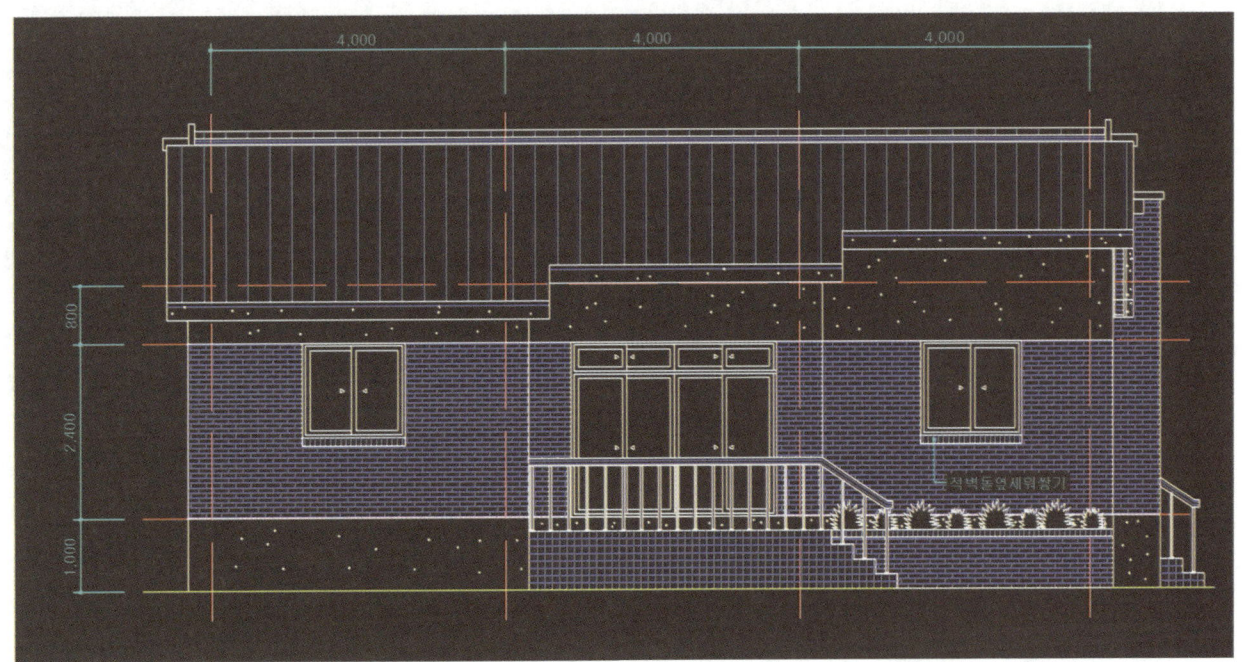

NO.	중점사항	핵심 내용
05	재질표기 문자선 외	• 나무 그리기 • 재질표기, 문자선 외

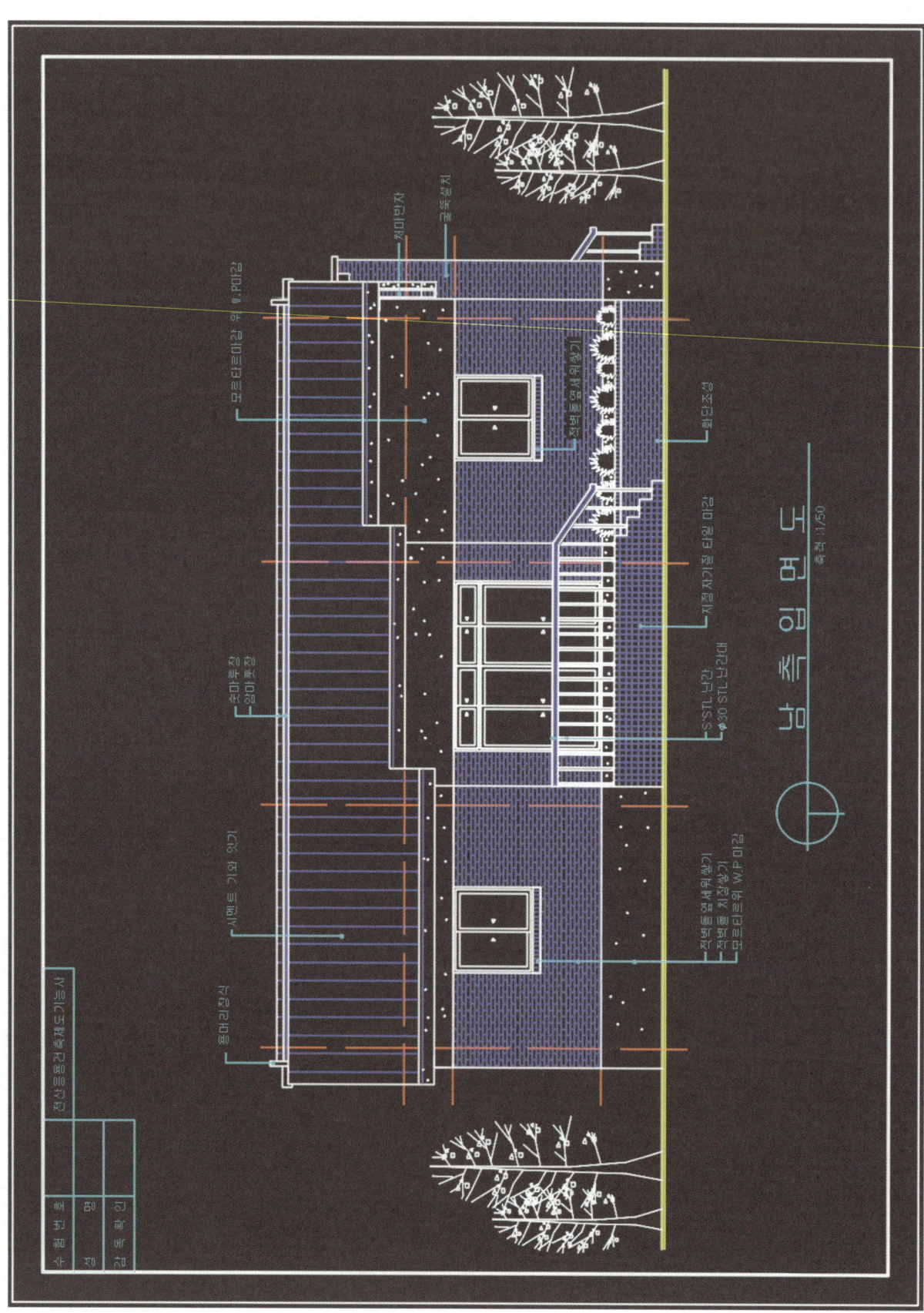

4 남측입면도

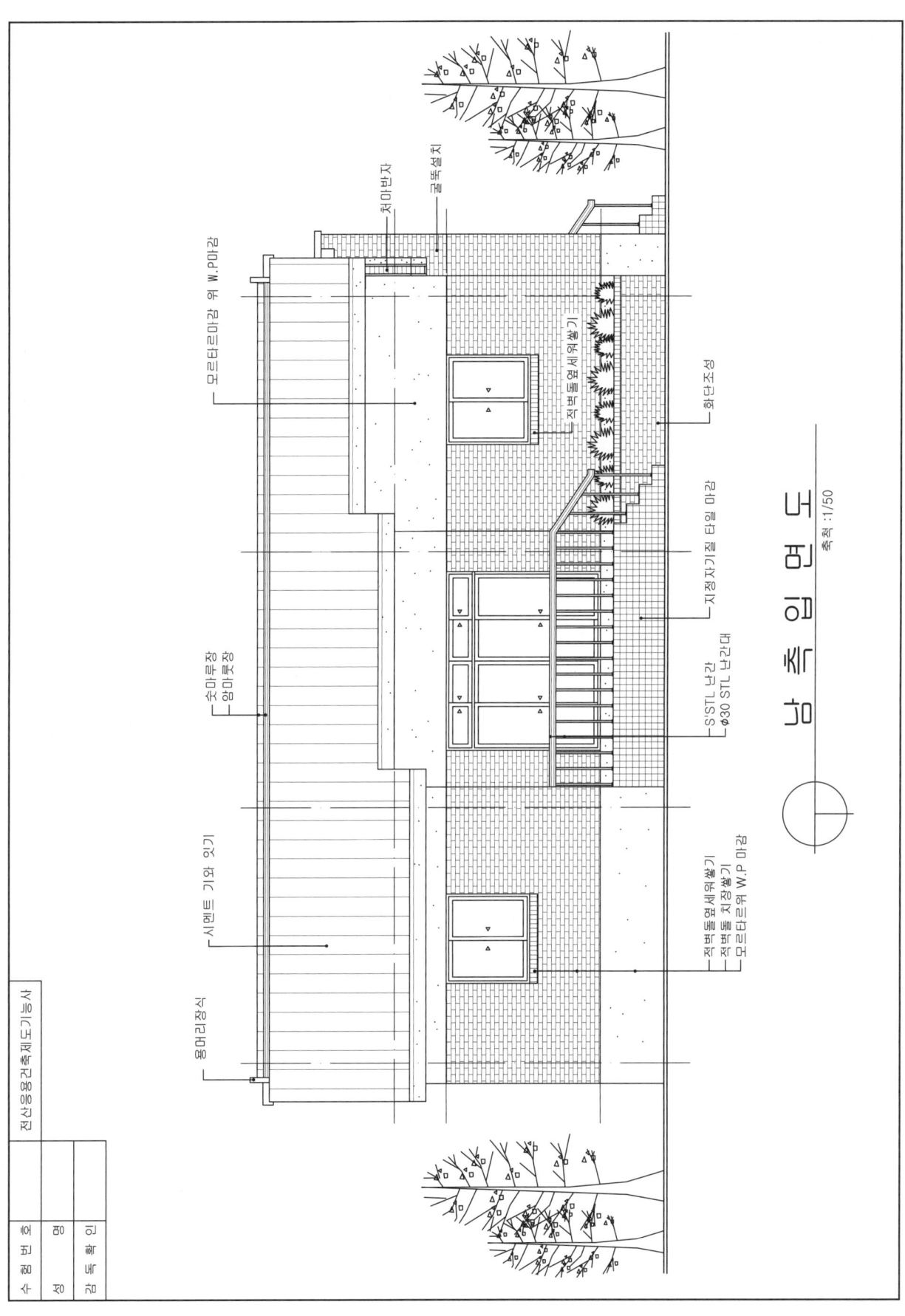

국가기술자격 실기시험문제

| 자격종목 | 전산응용건축제도기능사 | 과제명 | 주택 |

※ 시험시간 표준시간 4시간 10분

2020년 B유형
- 거실의 창호가 있는 벽체를 단면으로 표기
- 화장실측 파우더룸의 벽체를 단면으로 작도
- 평면을 보고 주방 아래층에 위치한 지하실 단면 작도

01 요구사항

주어진 평면도를 보고 CAD를 이용하여 아래 조건에 맞게 다음 도면을 작도 한 후, 지급된 용지에 본인이 직접 흑백으로 출력하여 파일과 함께 제출하시오.

❶ A부분 단면 상세도를 축척 1/40으로 작도하시오.
❷ 남측입면도를 축척 1/50으로 작도하되 벽면의 마감재료 표시 및 주의의 배경 등 도면의 요소를 충분히 고려하시오.

─┤ 조건 ├─

- 기초 및 지하실 벽체: 철근콘크리트 구조로 하시오.
- 벽체: 외벽 – 외부로부터 붉은벽돌 0.5B, 단열재, 시멘트 벽돌 1.0B
  내벽 – 시멘트 벽돌 1.0B
- 단열재: 외벽 120mm, 바닥 85mm, 지붕 180mm
- 지붕: 철근콘크리트 경사슬래브 위 시멘트 기와잇기 마감으로 하시오. (물매 3.5/10 이상)
- 처마나옴: 벽체중심에서 600mm
- 반자높이: 2,400mm, 처마반자 설치
- 창호: 목재창호로 하되 2중창인 경우 알루미늄 새시로 하시오.
- 각실의 난방: 온수파이프 온돌난방으로 하시오.
- 1층 바닥슬래브와 기초는 일체식으로 표현하시오.
- 평면도에 표시하지 않은 현관상부 캐노피는 작도하지 않는다.
- 기타 각 부분의 마감, 치수 등 주어지지 않는 조건은 일반적인 시공수준으로 하시오.
- 선의 통일을 기하기 위하여 아래와 같이 선의 색을 정리하여 출력하시오.
  - 흰색 (7–White): 0.3mm
  - 노랑 (2–Yellow): 0.4mm
  - 빨강 (1–Red): 0.2mm
  - 녹색 (3–Green): 0.2mm
  - 하늘색 (4–Cyan): 0.3mm
  - 파랑 (5–Blue): 0.1mm

02 수험자 유의사항

※다음 유의사항을 고려하여 요구사항을 완성하시오.

1) 명기되지 않은 조건은 건축법, 건축구조 및 건축제도 원칙에 따릅니다.

2) 시험시작 전 바탕화면에 본인 비밀번호로 폴더를 생성하고, 폴더 안의 작업내용을 저장하도록 합니다.

3) 정전 및 기계 고장 등에 의한 자료손실을 방지하기 위하여 수시로 저장합니다.

4) 다음과 같은 경우는 부정행위로 처리됩니다.
    가) 노트 및 서적, 디스켓을 소지하거나 주고받는 행위
    나) 건물의 구조부분의 상세나 글씨 등을 사전에 블록으로 설정하여 지참해 사용하는 경우

5) 작업이 끝나면 감독위원의 확인을 받은 후 문제지를 제출하고 본부요원 입회하에 본인이 직접 A3용지에 흑백으로 도면을 출력하도록 합니다. 이때 수험자의 운영 미숙으로 도면이 출력되지 않는 경우나 출력시간이 20분을 초과할 경우는 실격처리 됩니다.

6) 장비 조작 미숙으로 장비의 파손 및 고장을 일으킬 염려가 있을 경우 실격됩니다.

7) 다음과 같은 경우에는 체점대상에서 제외됩니다.
    가) 주어진 조건을 지키지 않고 작도한 경우
    나) 요구한 전도면을 작도하지 않은 경우
    다) 건축제도 통칙을 준수하지 않거나 건축 CAD의 기능이 없는 상태에서 완성된 도면

8) 수험번호, 성명은 도면 좌측 상단에 아래와 같이 표제란을 만들어 기재합니다.

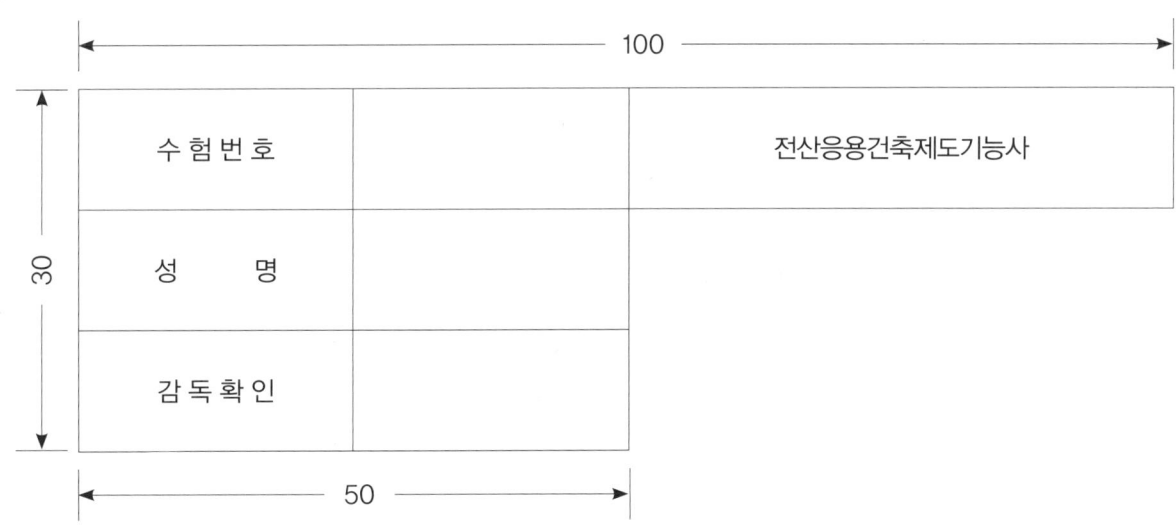

9) 감독위원은 시험시작 후 수검자에게 표제란을 우선 작도 후 도면을 작도하도록 하여야 하며, 수험자가 감독위원의 지시를 따르지 않을 경우 실격 처리됩니다.

10) 테두리선의 여백은 10mm로 합니다.

03 평면도

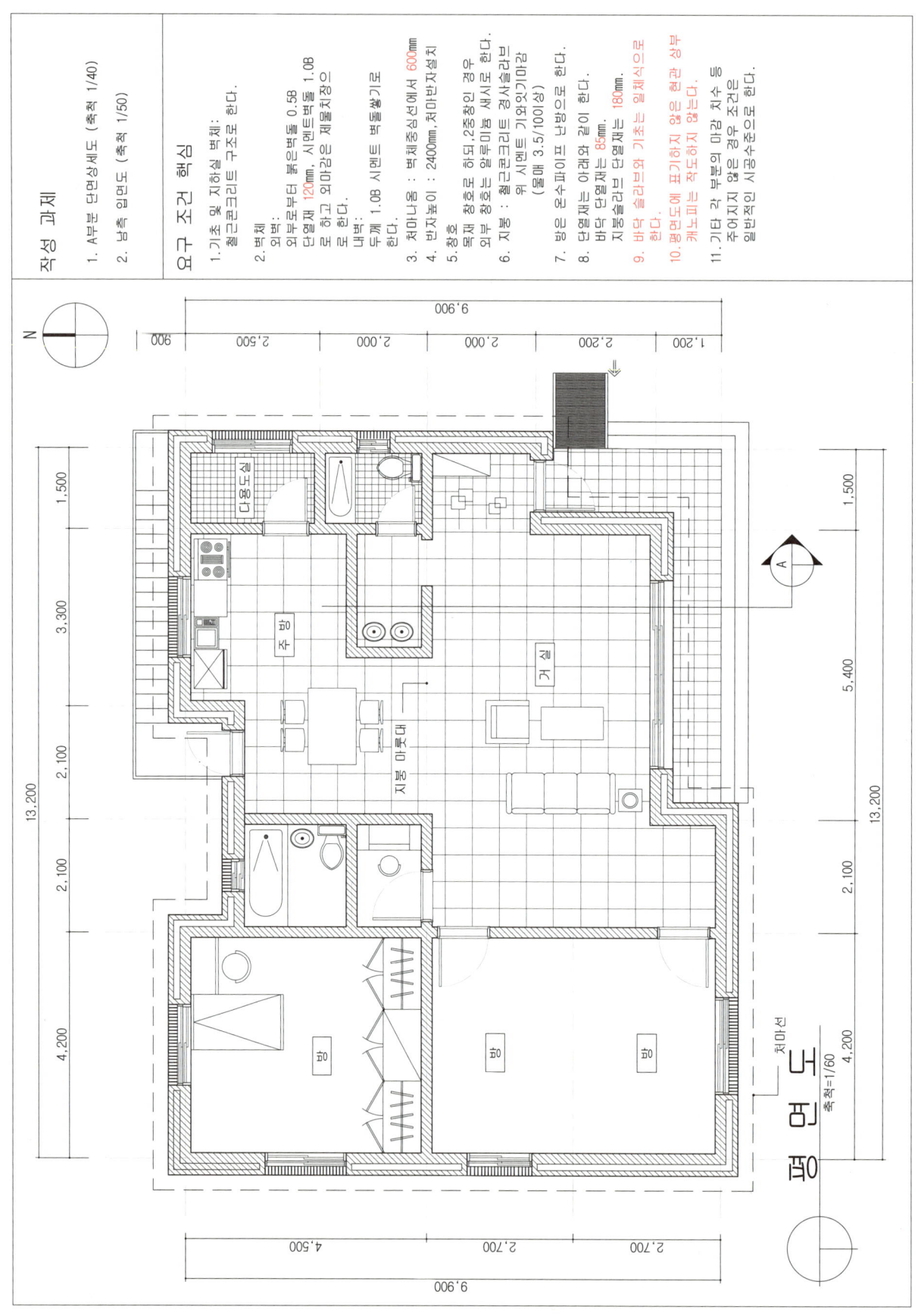

1 단면상세도 문제풀이

NO.	중점사항	핵심 내용
01	중심선 세팅 지붕구조	• 수평선 그리기: G.L선, 기초 동결선, 방바닥 높이, 반자 높이, 테두리보 높이 • 수직선 그리기: 벽체 중심선, 마룻대, 처마라인 • 지붕구조, 테두리보 외 그리기

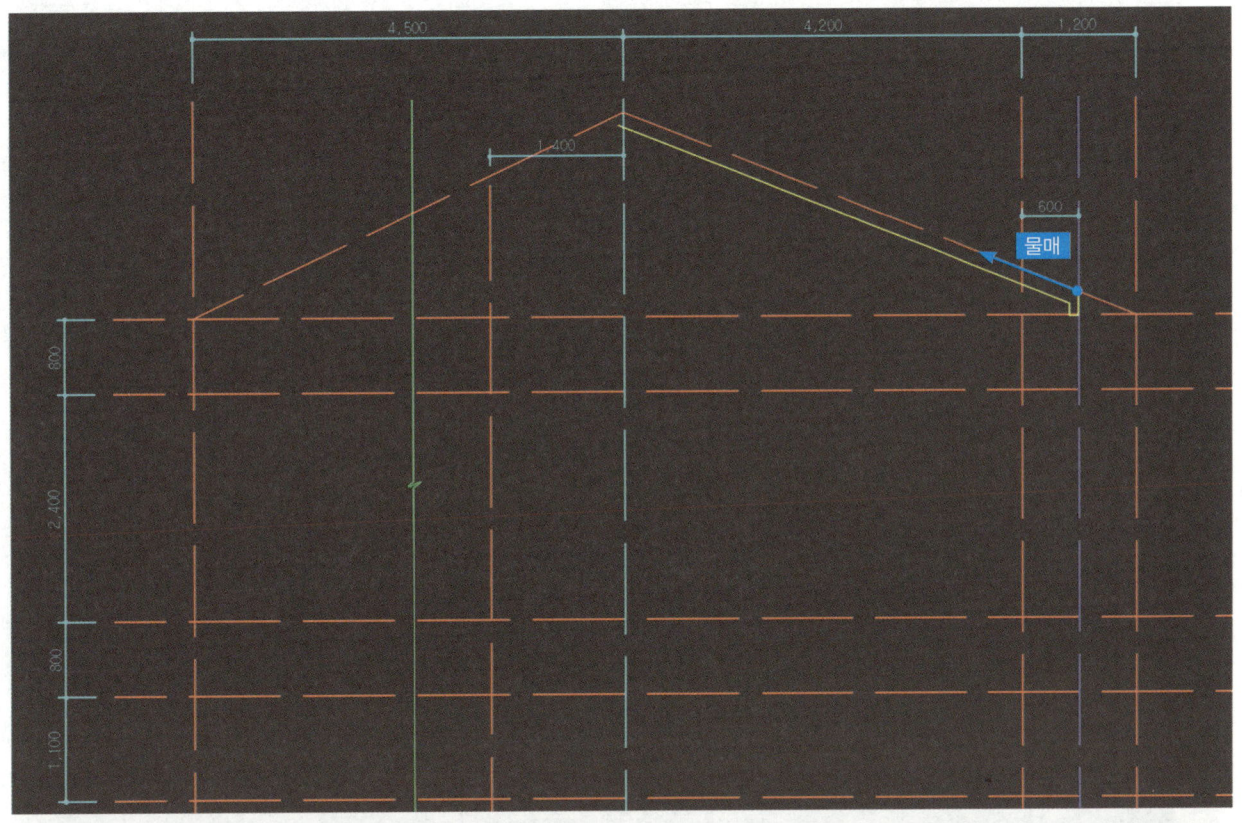

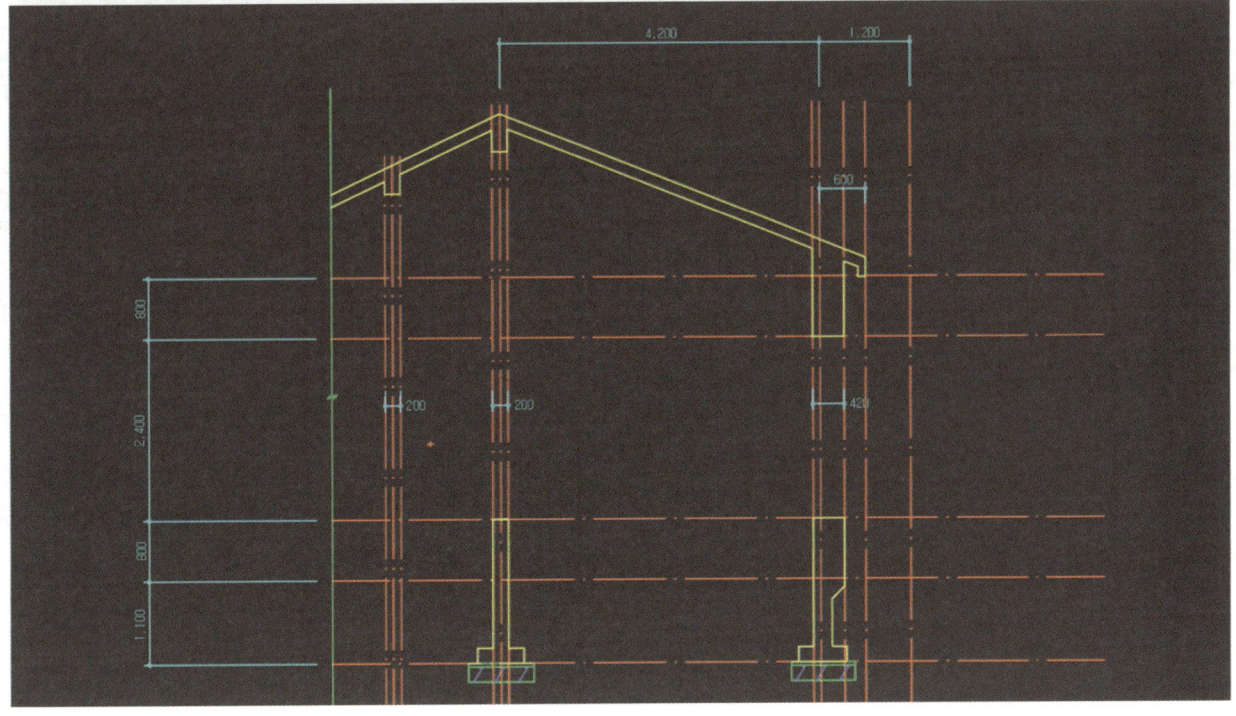

NO.	중점사항	핵심 내용
02	기본구조	• 기초 그리기 → 벽체 및 창호 • 테라스 바닥 및 캐노피, 실내바닥 구조 그리기 외

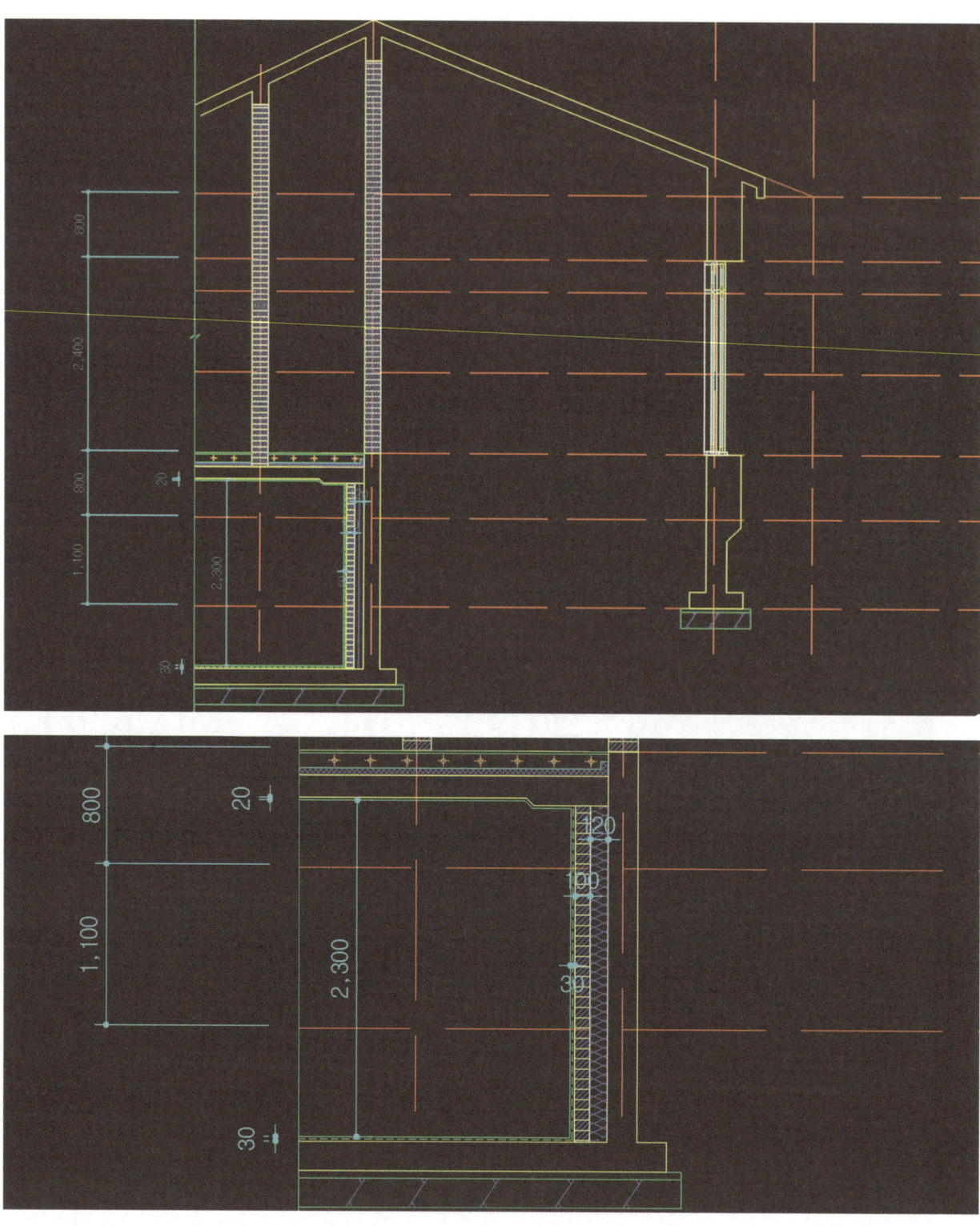

NO.	중점사항	핵심 내용
03	천장, 지붕 외 기타	• 실내 천장 그리기 → 지붕상세도 • 기타: 실내외 입면, 난간, 홈통, 굴뚝, 걸레받이 단면 등 체크

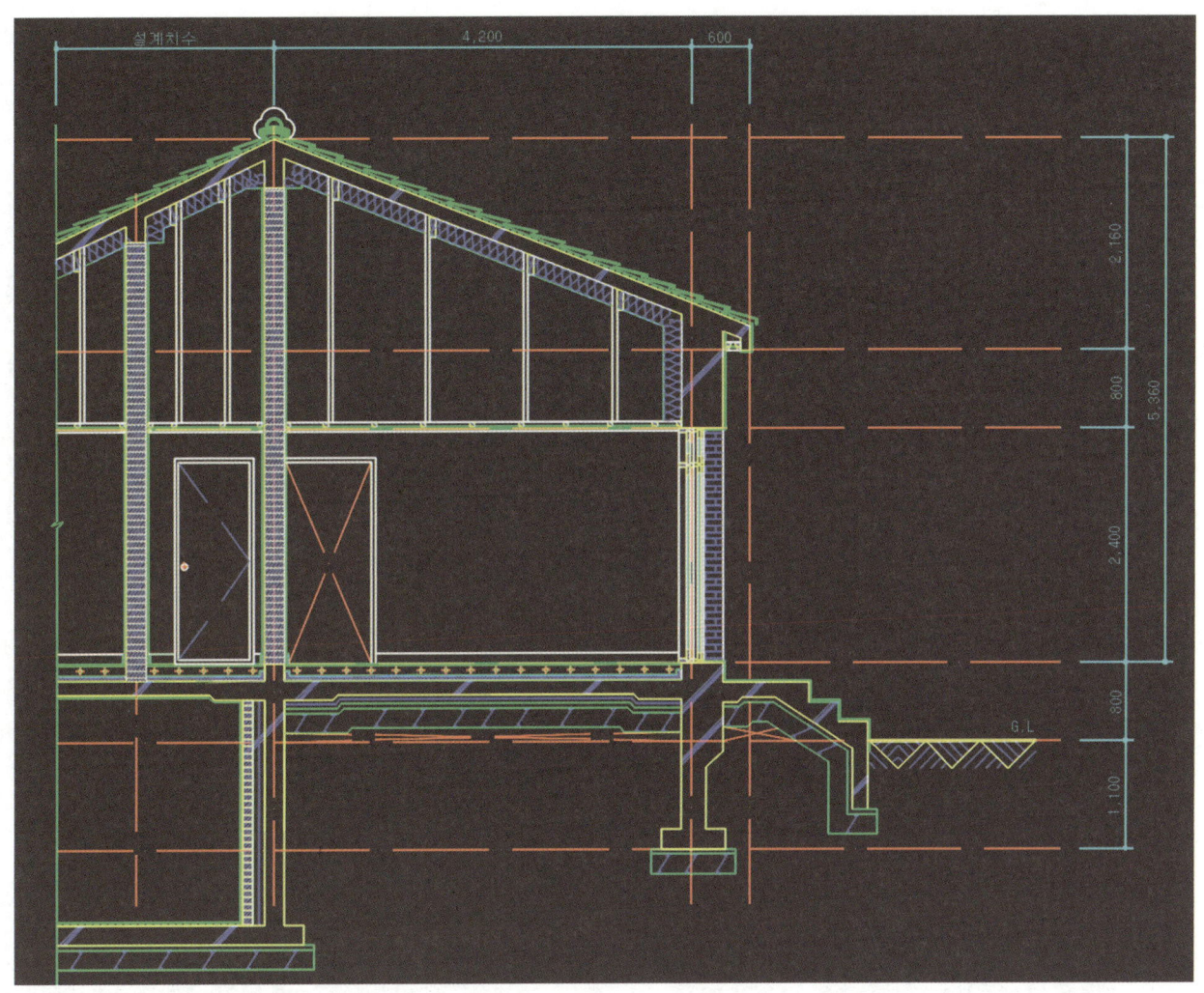

NO.	중점사항	핵심 내용
04	치수선 문자선	• 물매, 표제란, 도면명 등 표기 • 실명(방, 거실, 테라스 등) 표기

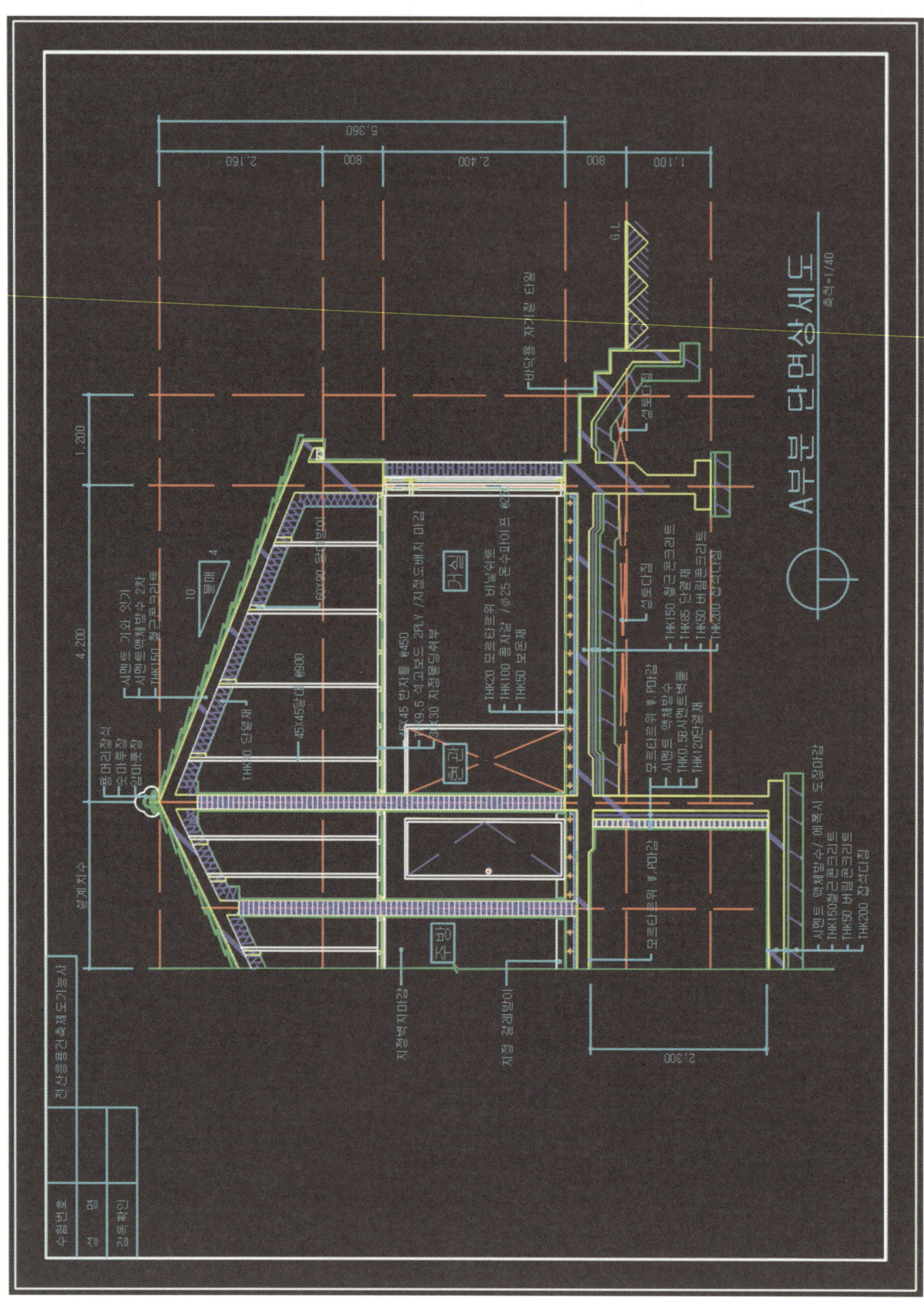

2 단면상세도

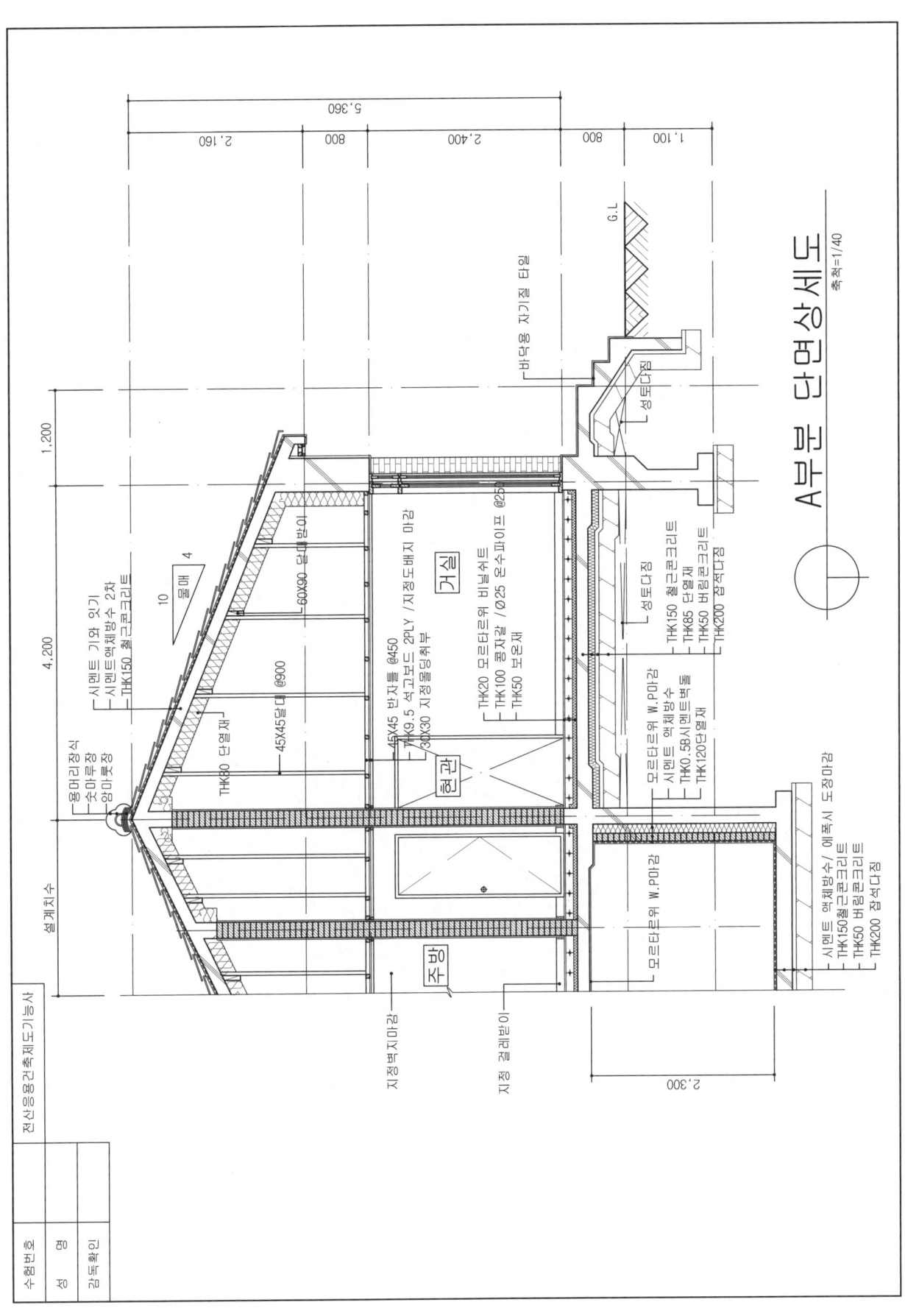

3 남측입면도 문제풀이

NO.	중점사항	핵심 내용
01	중심선 세팅	• 수평선 그리기: G.L선, 방바닥 높이, 반자 높이, 테두리보 높이 • 수직선 그리기: 벽체 중심선, 마룻대, 처마라인
02	지붕구조 그리기	• 측면 입면의 지붕구조를 그린 후 마룻대와 처마의 기준점을 찾아 남측입면도의 지붕구조 그리기 • 구조를 그리며 반대측 처마가 정면에서 보이는지 체크 • 기와 입면 그리기

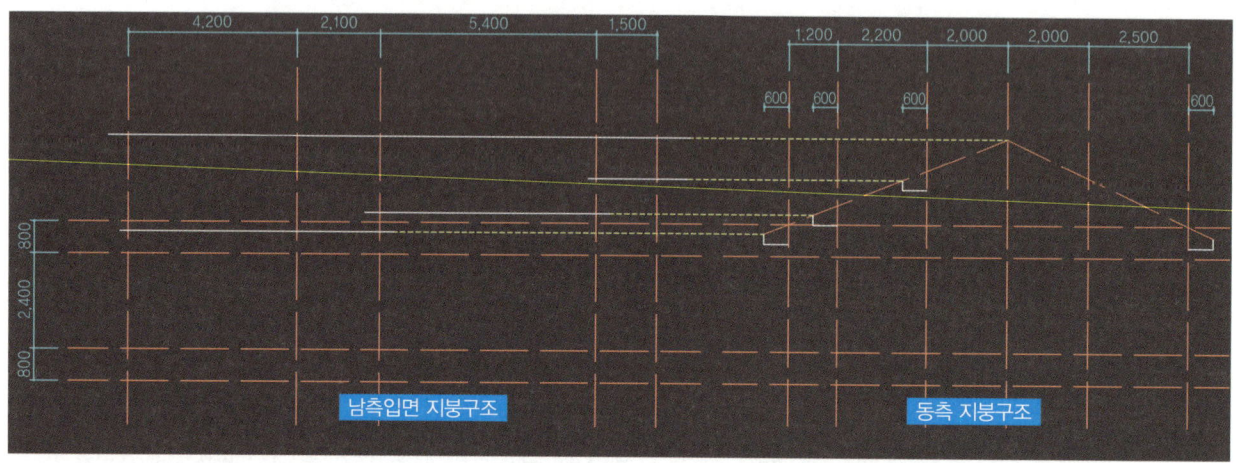

남측입면 지붕구조 / 동측 지붕구조

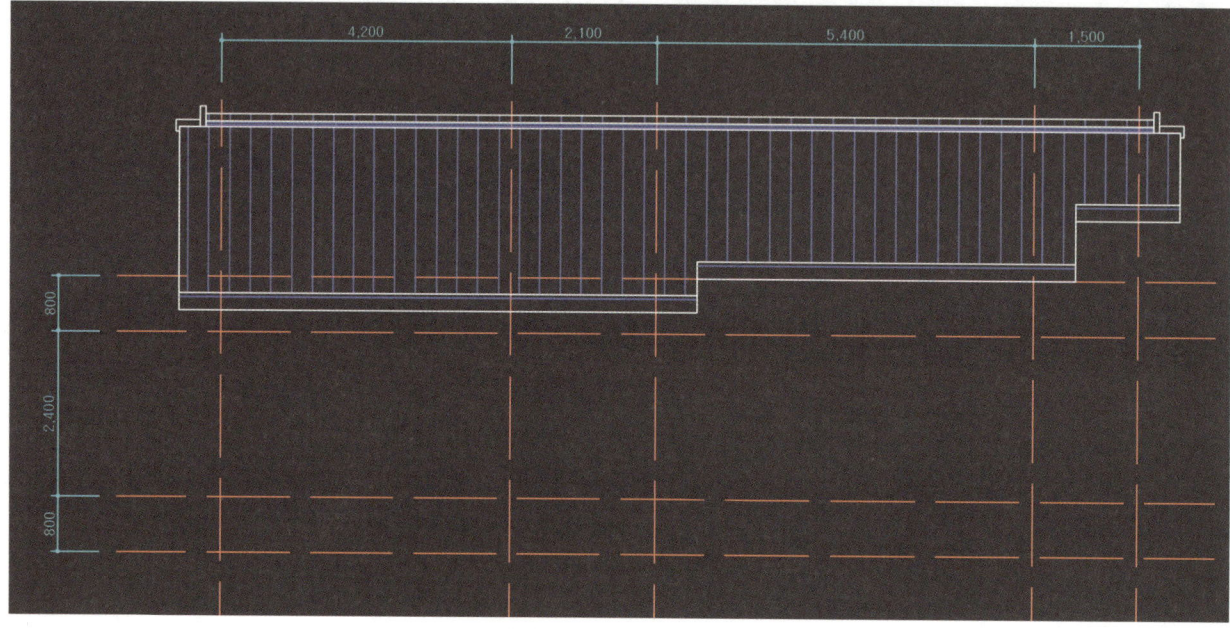

NO.	중점사항	핵심 내용
03	벽체구조	• G.L선 레이어 변경 • 벽체 입면선 그리기 • 기초 상단부와 테두리보 하단부 라인 그리기

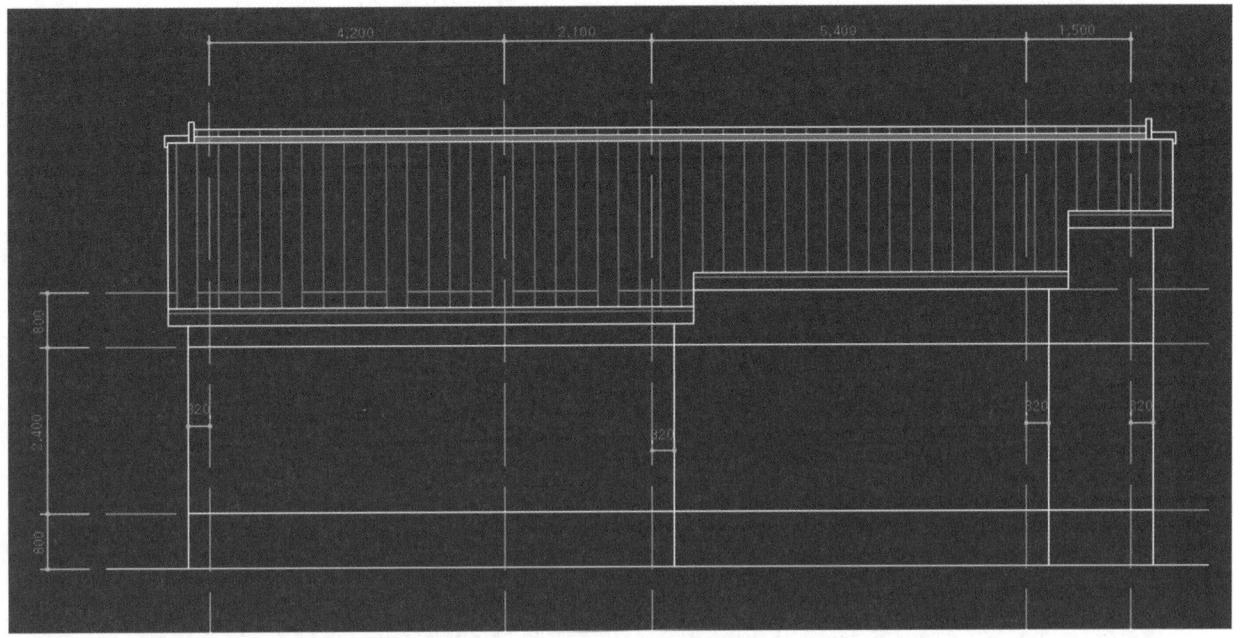

NO.	중점사항	핵심 내용
04	기타 입면 그리기	• 테라스 바닥 및 켄틸레버, 홈통 그리기 • 창호 입면 그리기 • 난간 그리기 • 굴뚝 및 처마반자 그리기(입면에서 보이는 경우) • 재질표기 외

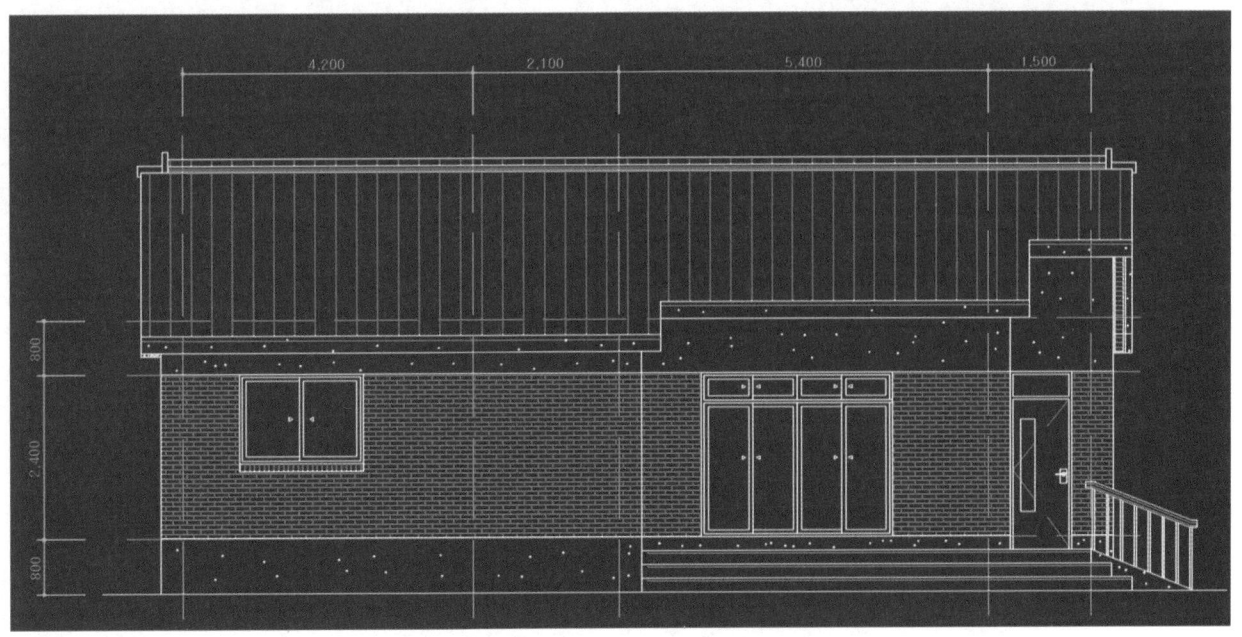

NO.	중점사항	핵심 내용
05	재질표기 문자선 외	• 나무 그리기 • 재질표기, 문자선 외

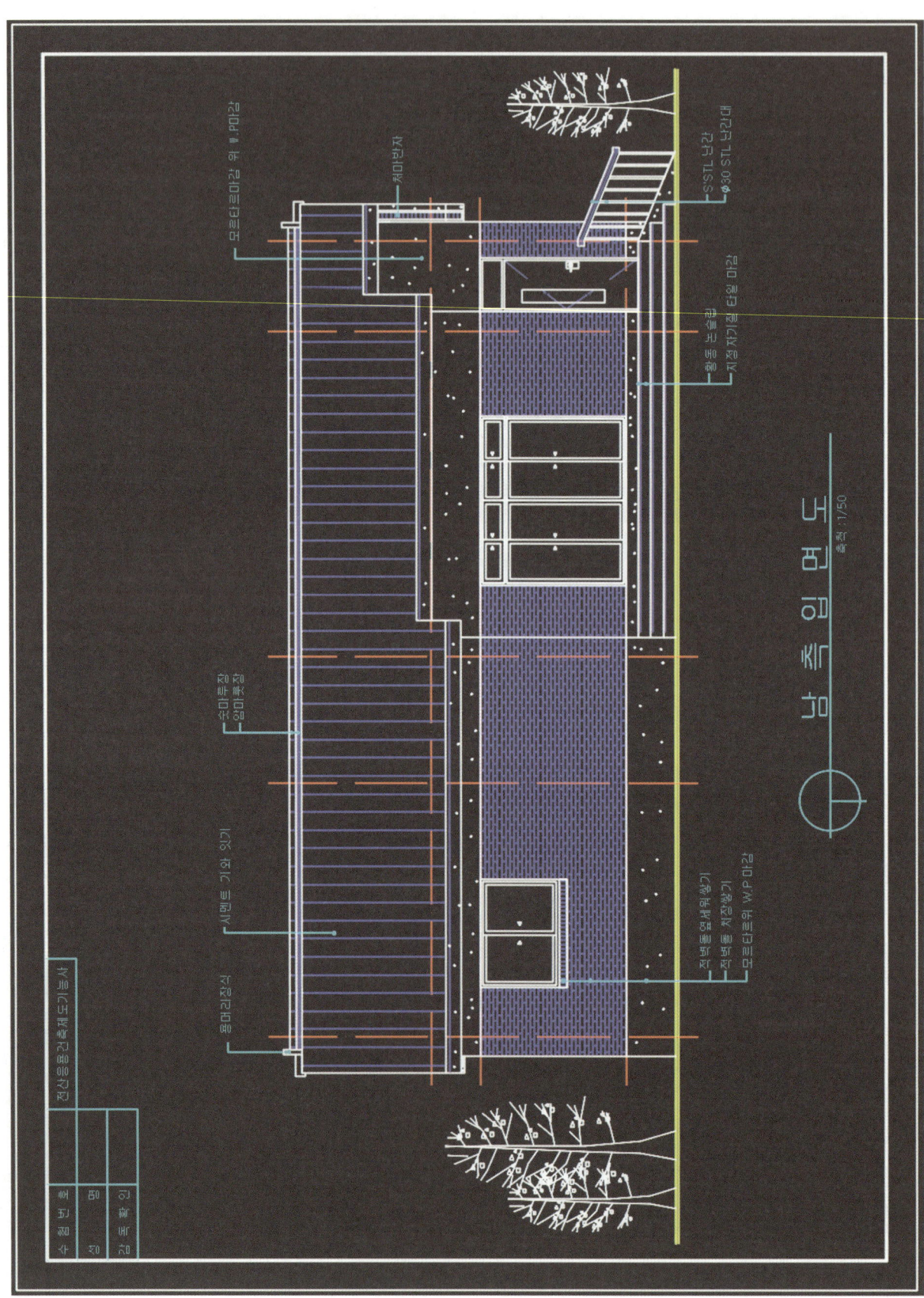

4 남측입면도

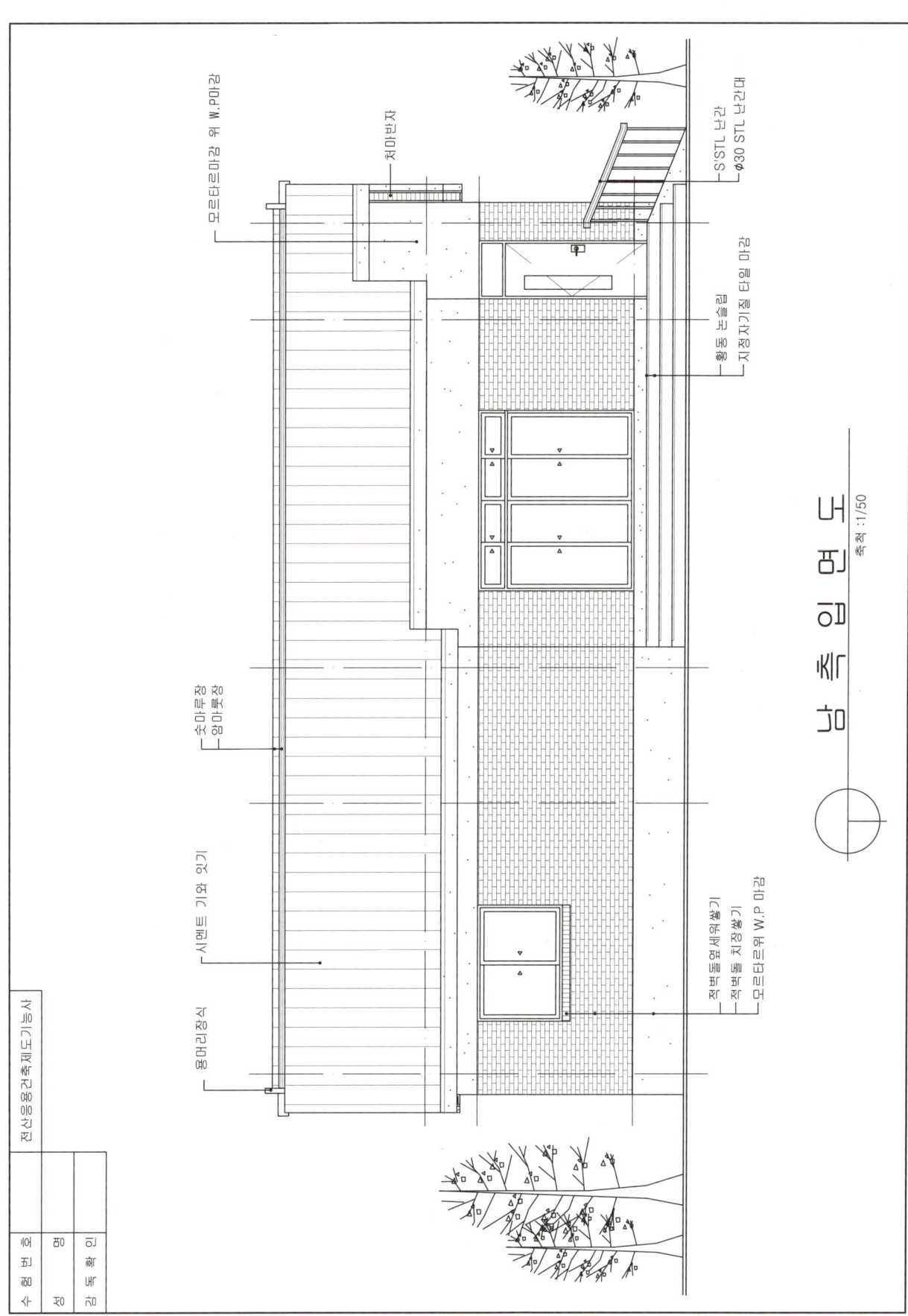

국가기술자격 실기시험문제

| 자격종목 | 전산응용건축제도기능사 | 과제명 | 주택 |

※ 시험시간 표준시간 4시간 10분

2021년 A유형
- 거실의 창호가 있는 벽체를 단면으로 표기
- 화장실 벽체를 단면으로 작도

01 요구사항

주어진 평면도를 보고 CAD를 이용하여 아래 조건에 맞게 다음 도면을 작도 한 후, 지급된 용지에 본인이 직접 흑백으로 출력하여 파일과 함께 제출하시오.

❶ A부분 단면 상세도를 축척 1/40으로 작도하시오.

❷ 남측입면도를 축척 1/50으로 작도하되 벽면의 마감재료 표시 및 주의의 배경 등 도면의 요소를 충분히 고려하시오.

┤ 조건 ├
- 기초 및 지하실 벽체: 철근콘크리트 구조로 하시오.
- 벽체: 외벽 – 외부로부터 붉은벽돌 0.5B, 단열재, 시멘트 벽돌 1.0B
  내벽 – 시멘트 벽돌 1.0B
- 단열재: 외벽 120mm, 바닥 85mm, 지붕 180mm
- 지붕: 철근콘크리트 경사슬래브 위 시멘트 기와잇기 마감으로 하시오. (물매 3.5/10 이상)
- 처마나옴: 벽체중심에서 600mm
- 반자높이: 2,400mm, 처마반자 설치
- 창호: 목재창호로 하되 2중창인 경우 알루미늄 새시로 하시오.
- 각실의 난방: 온수파이프 온돌난방으로 하시오.
- 1층 바닥슬래브와 기초는 일체식으로 표현하시오.
- 평면도에 표시하지 않은 현관상부 캐노피는 작도하지 않는다.
- 기타 각 부분의 마감, 치수 등 주어지지 않는 조건은 일반적인 시공수준으로 하시오.
- 선의 통일을 기하기 위하여 아래와 같이 선의 색을 정리하여 출력하시오.
    - 흰색 (7-White): 0.3mm
    - 녹색 (3-Green): 0.2mm
    - 노랑 (2-Yellow): 0.4mm
    - 하늘색 (4-Cyan): 0.3mm
    - 빨강 (1-Red): 0.2mm
    - 파랑 (5-Blue): 0.1mm

02 수험자 유의사항

※다음 유의사항을 고려하여 요구사항을 완성하시오.

1) 명기되지 않은 조건은 건축법, 건축구조 및 건축제도 원칙에 따릅니다.

2) 시험시작 전 바탕화면에 본인 비밀번호로 폴더를 생성하고, 폴더 안의 작업내용을 저장하도록 합니다.

3) 정전 및 기계 고장 등에 의한 자료손실을 방지하기 위하여 수시로 저장합니다.

4) 다음과 같은 경우는 부정행위로 처리됩니다.
   가) 노트 및 서적, 디스켓을 소지하거나 주고받는 행위
   나) 건물의 구조부분의 상세나 글씨 등을 사전에 블록으로 설정하여 지참해 사용하는 경우

5) 작업이 끝나면 감독위원의 확인을 받은 후 문제지를 제출하고 본부요원 입회하에 본인이 직접 A3용지에 흑백으로 도면을 출력하도록 합니다. 이때 수험자의 운영 미숙으로 도면이 출력되지 않는 경우나 출력시간이 20분을 초과할 경우는 실격처리 됩니다.

6) 장비 조작 미숙으로 장비의 파손 및 고장을 일으킬 염려가 있을 경우 실격됩니다.

7) 다음과 같은 경우에는 채점대상에서 제외됩니다.
   가) 주어진 조건을 지키지 않고 작도한 경우
   나) 요구한 전도면을 작도하지 않은 경우
   다) 건축제도 통칙을 준수하지 않거나 건축 CAD의 기능이 없는 상태에서 완성된 도면

8) 수험번호, 성명은 도면 좌측 상단에 아래와 같이 표제란을 만들어 기재합니다.

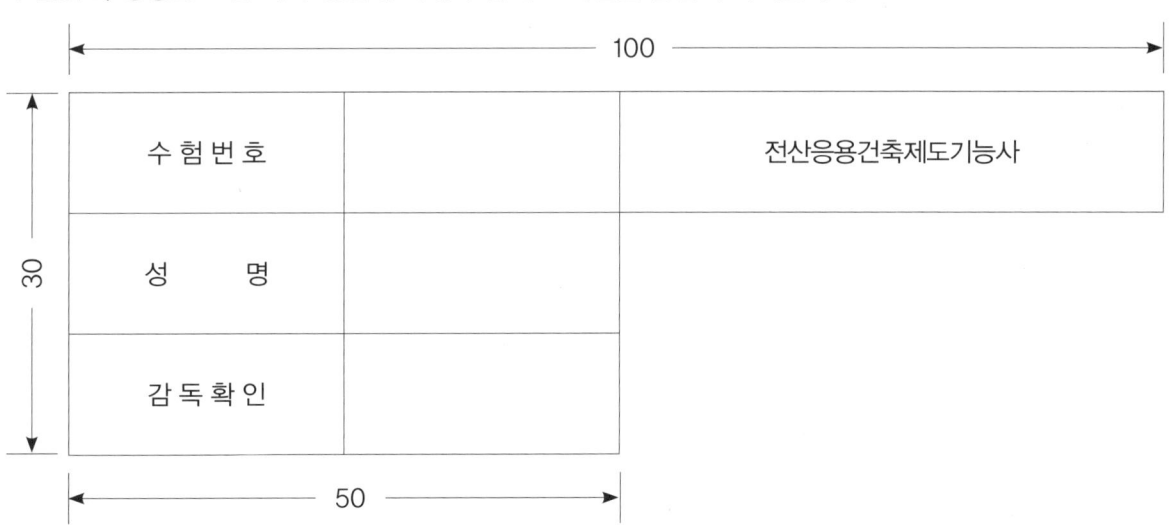

9) 감독위원은 시험시작 후 수검자에게 표제란을 우선 작도 후 도면을 작도하도록 하여야 하며, 수험자가 감독위원의 지시를 따르지 않을 경우 실격 처리됩니다.

10) 테두리선의 여백은 10mm로 합니다.

03 평면도

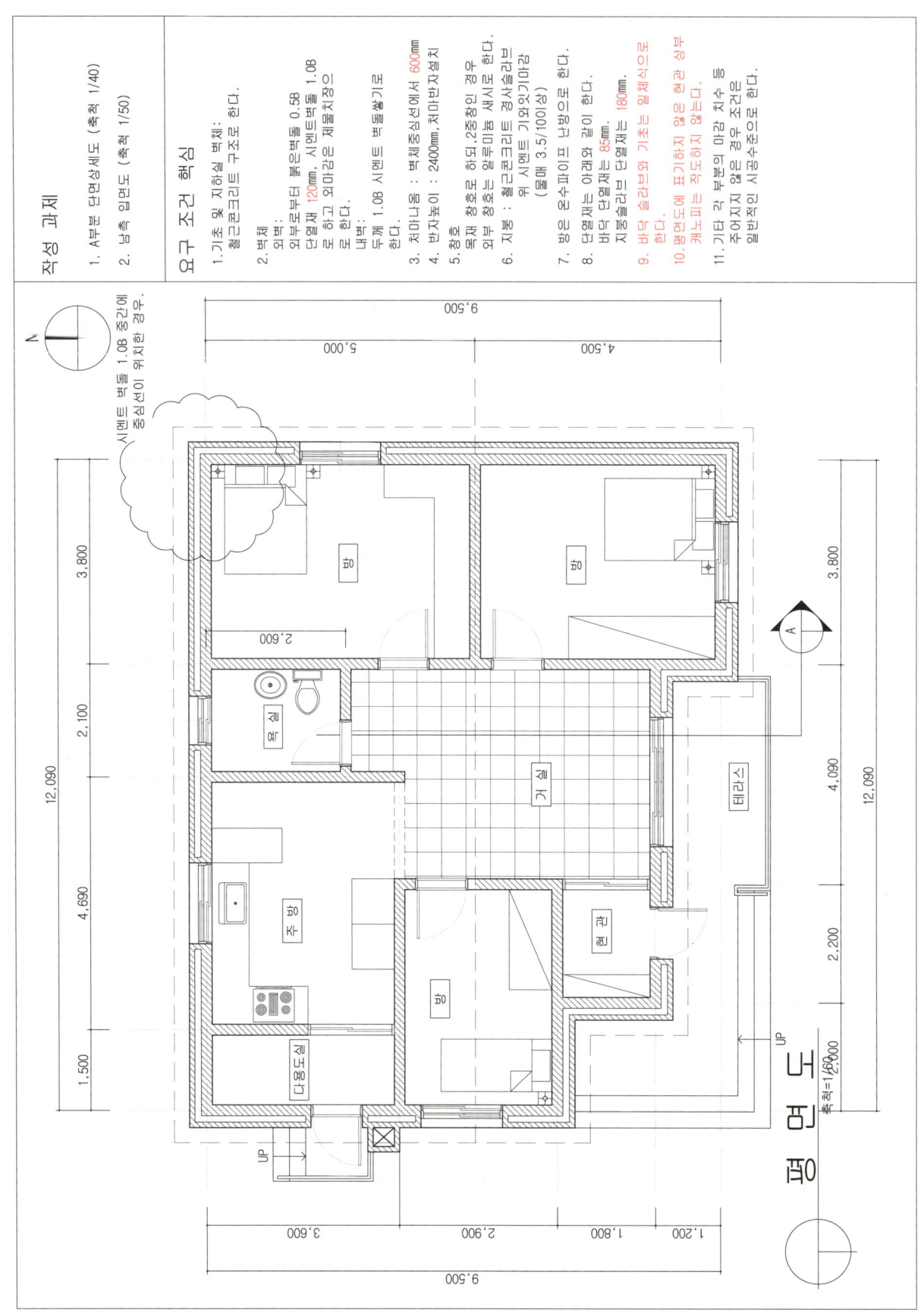

1 단면상세도 문제풀이

NO.	중점사항	핵심 내용
01	중심선 세팅 지붕구조	• 수평선 그리기: G.L선, 기초동결선, 방바닥 높이, 반자 높이, 테두리보 높이 • 수직선 그리기: 벽체 중심선, 마룻대, 처마라인 • 지붕구조, 테두리보 외 그리기

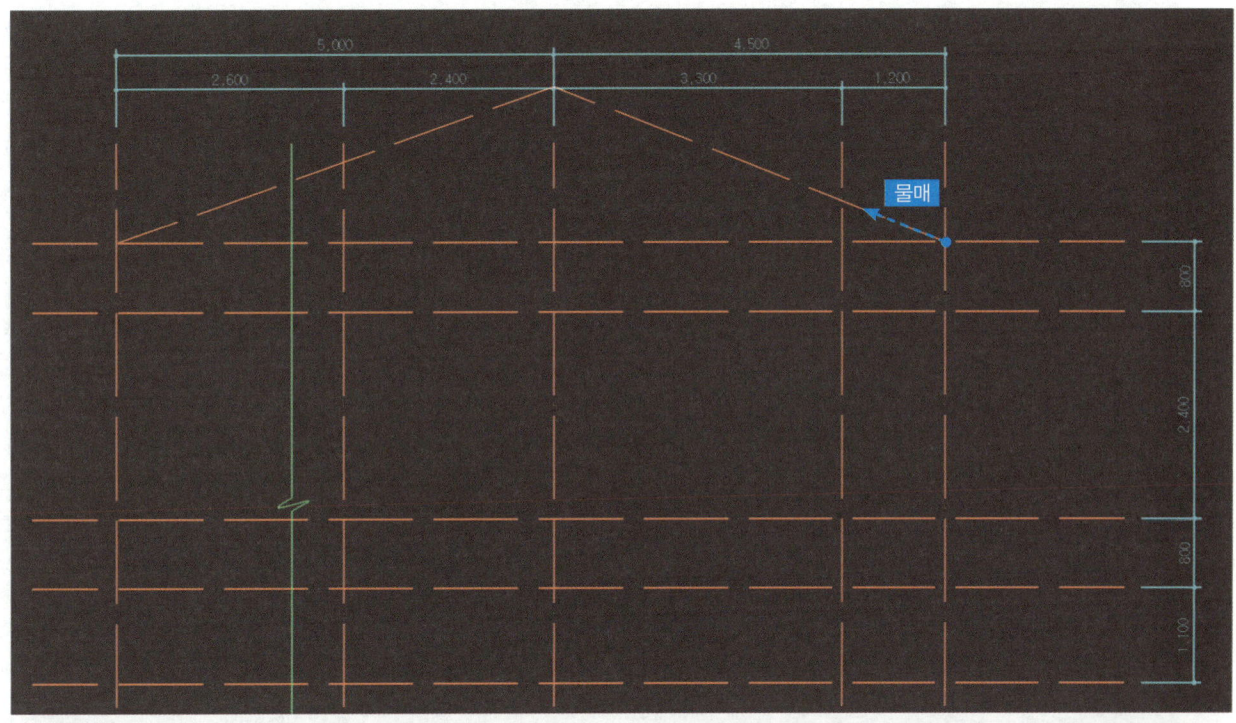

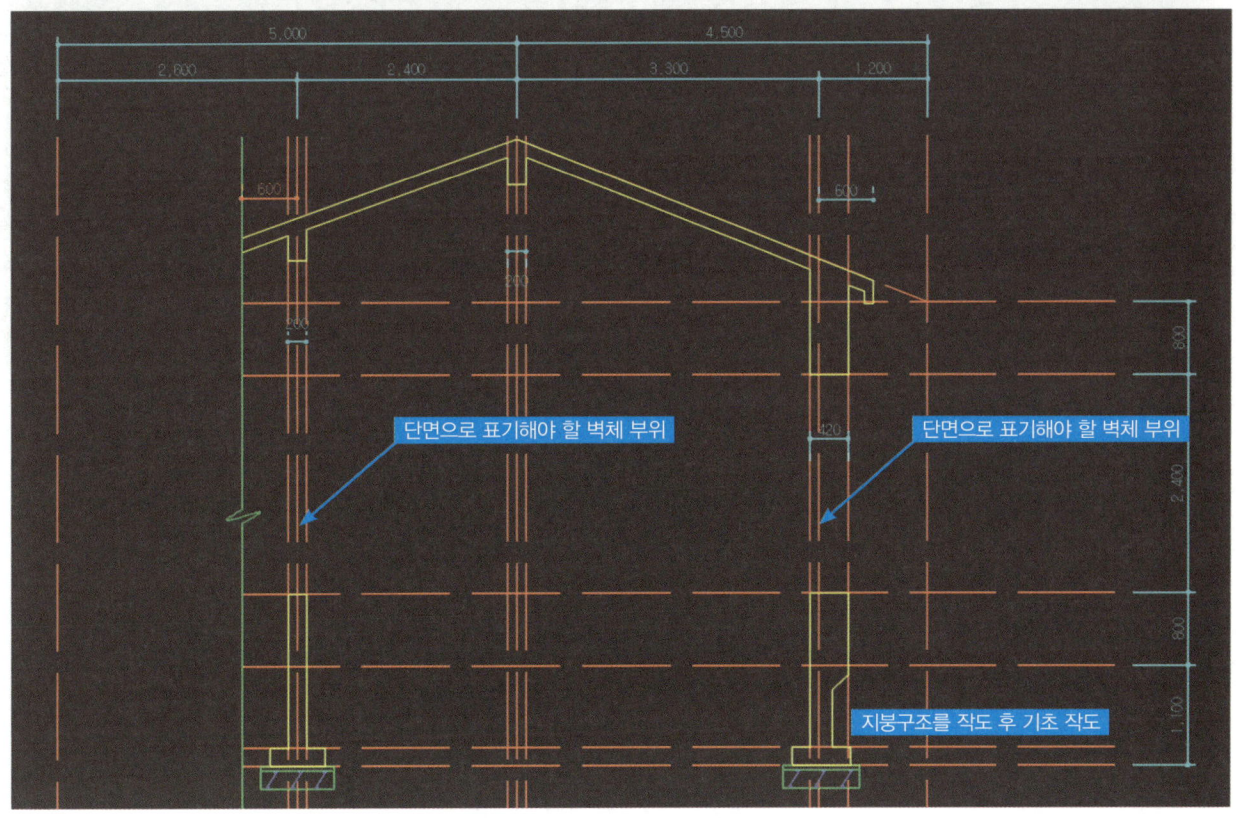

NO.	중점사항	핵심 내용
02	기본구조	• 기초 그리기 → 벽체 및 창호 • 테라스 바닥 및 캐노피, 실내바닥 구조그리기 외

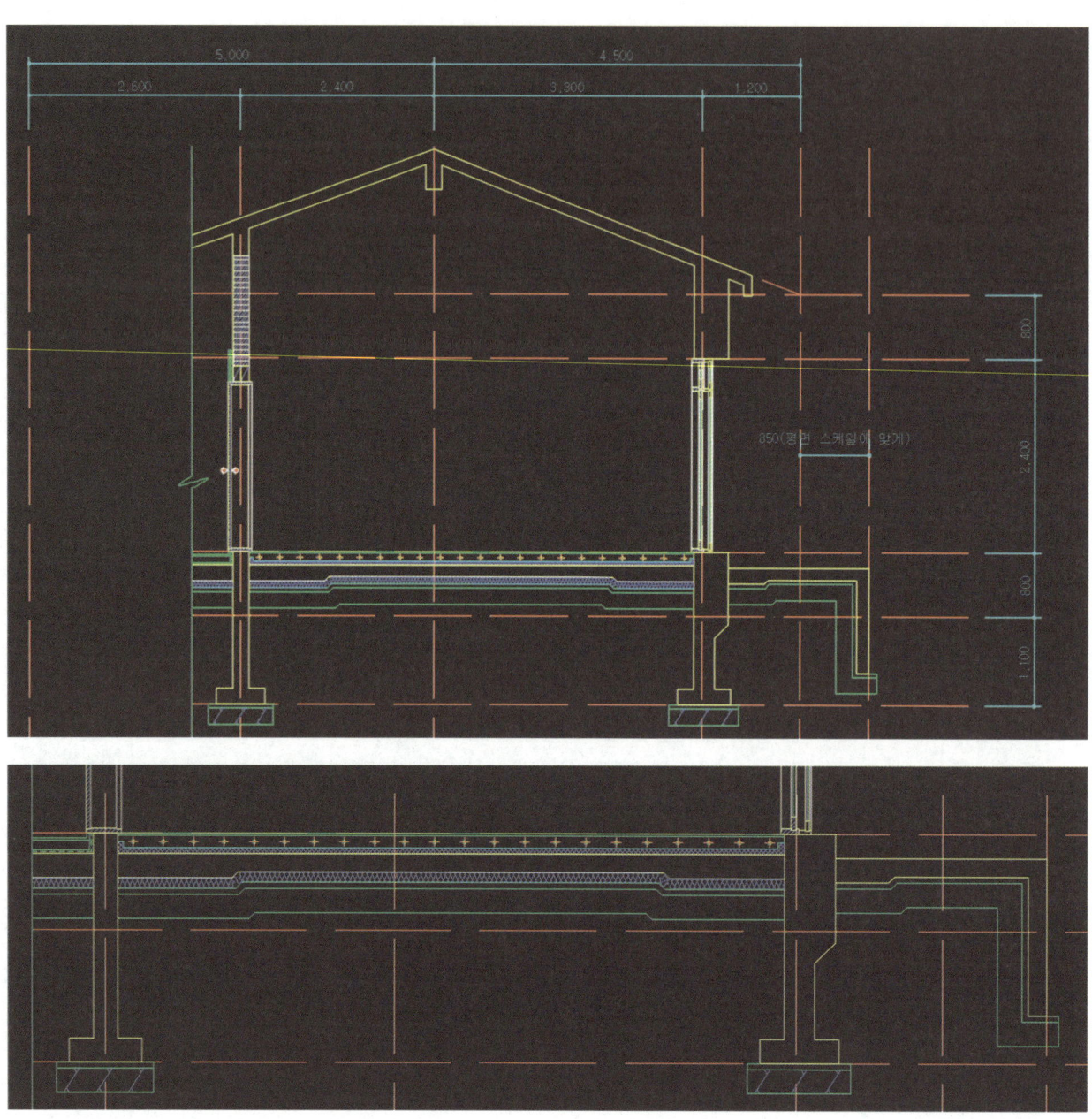

NO.	중점사항	핵심 내용
03	천장, 지붕 외 기타	• 실내 천장 그리기 → 지붕상세도 • 기타: 실내외 입면, 난간, 걸레받이 단면 등 체크

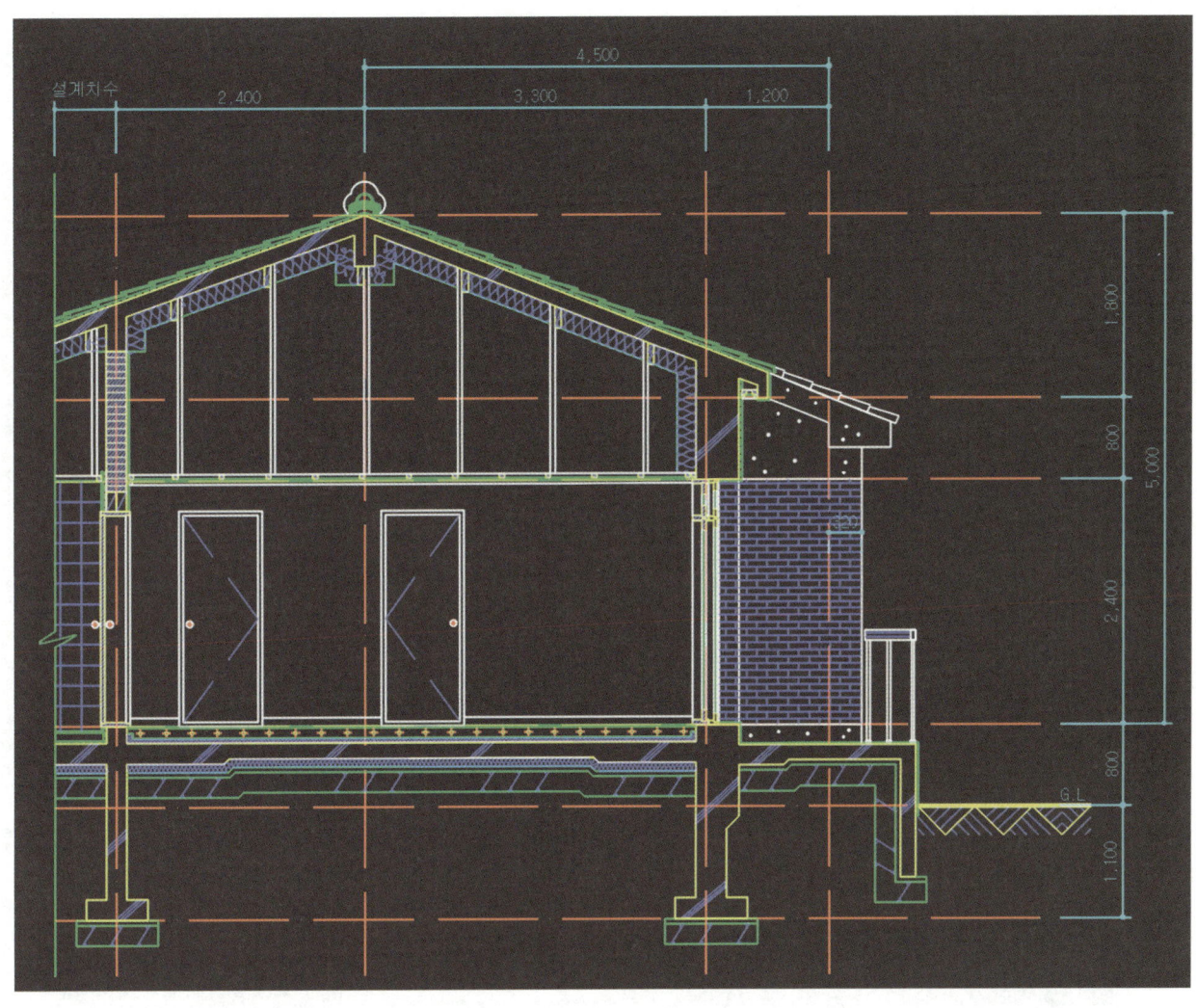

NO.	중점사항	핵심 내용
04	치수선 문자선	• 물매, 표제란, 도면명 등 표기 • 실명(방, 거실, 테라스 등) 표기

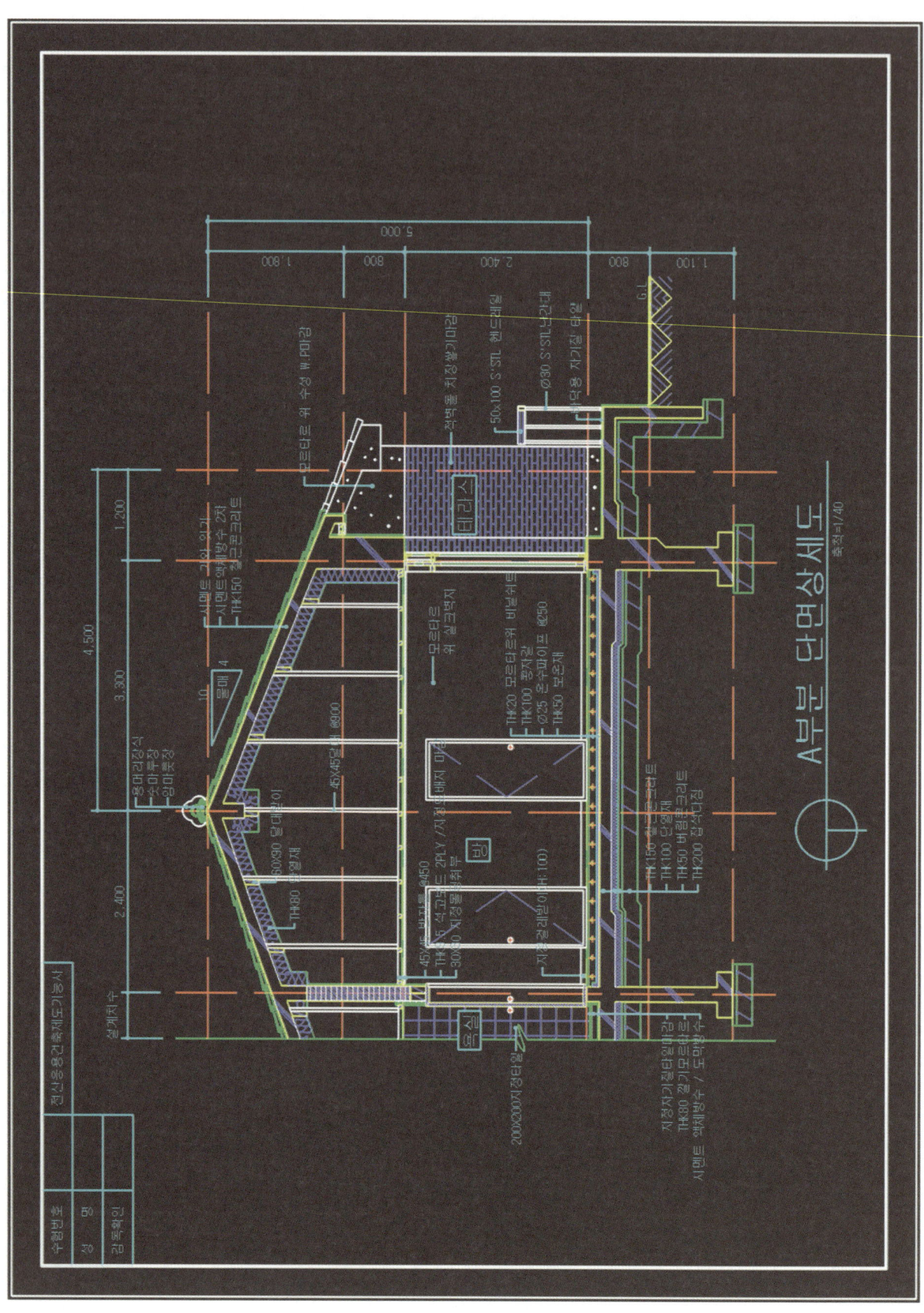

2 단면상세도

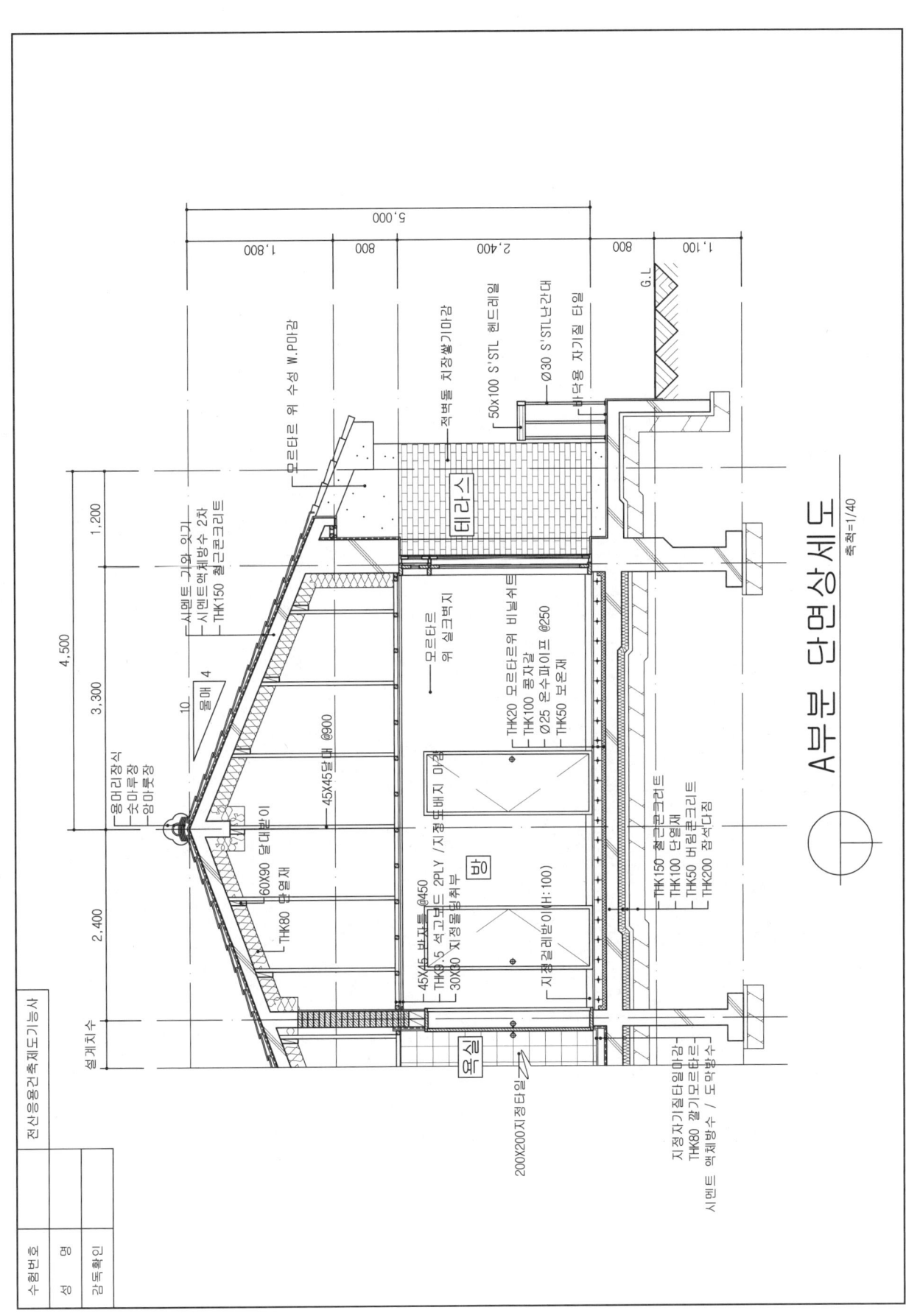

3 남측입면도 문제풀이

NO.	중점사항	핵심 내용
01	중심선 세팅	• 수평선 그리기: G.L선, 방바닥 높이, 반자 높이, 테두리보 높이 • 수직선 그리기: 벽체 중심선, 마룻대, 처마라인
02	지붕구조 그리기	• 측면 입면의 지붕구조를 그린 후 마룻대와 처마의 기준점을 찾아 남측입면도의 지붕구조 그리기 • 구조를 그리며 반대측 처마가 정면에서 보이는지 체크 • 기와 입면 그리기

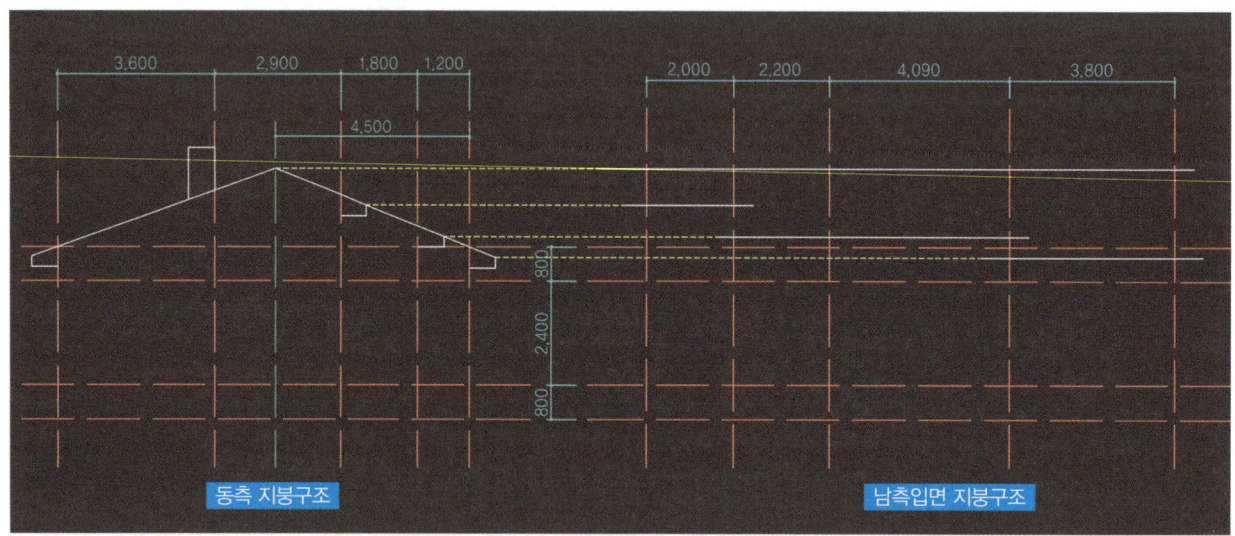

동측 지붕구조 / 남측입면 지붕구조

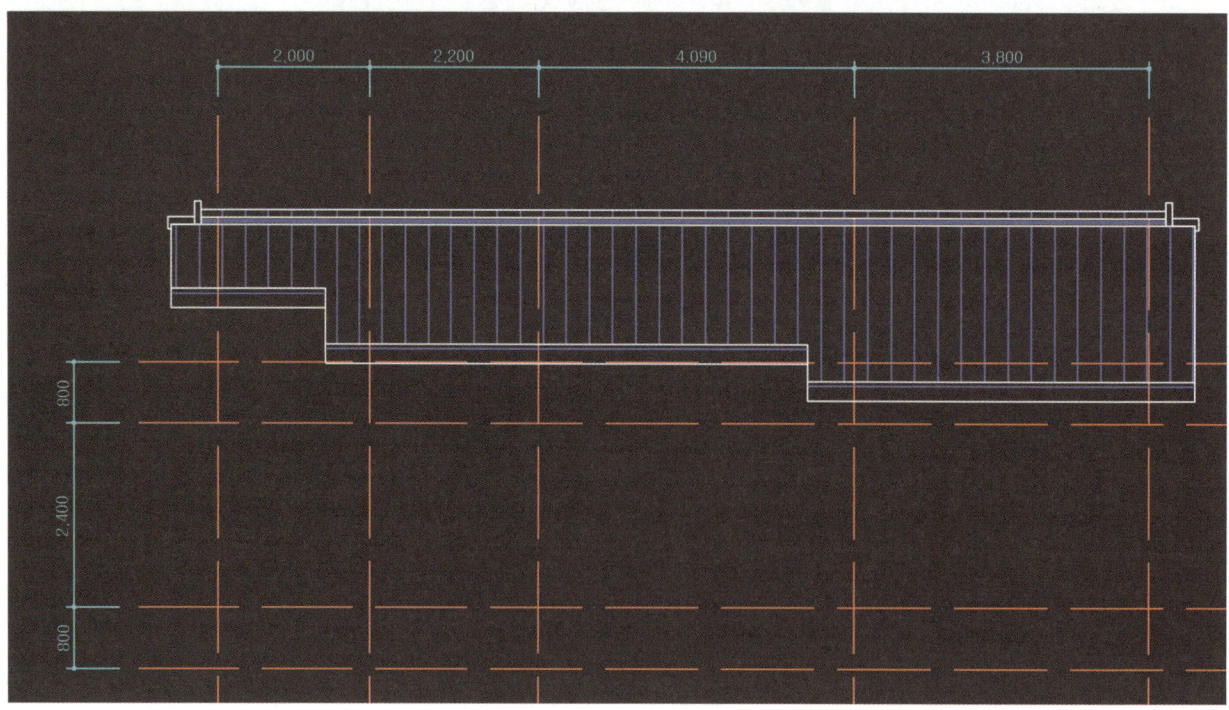

NO.	중점사항	핵심 내용
03	벽체구조	• G.L선 레이어 변경 • 벽체 입면선 그리기 • 기초 상단부와 테두리보 하단부 라인 그리기

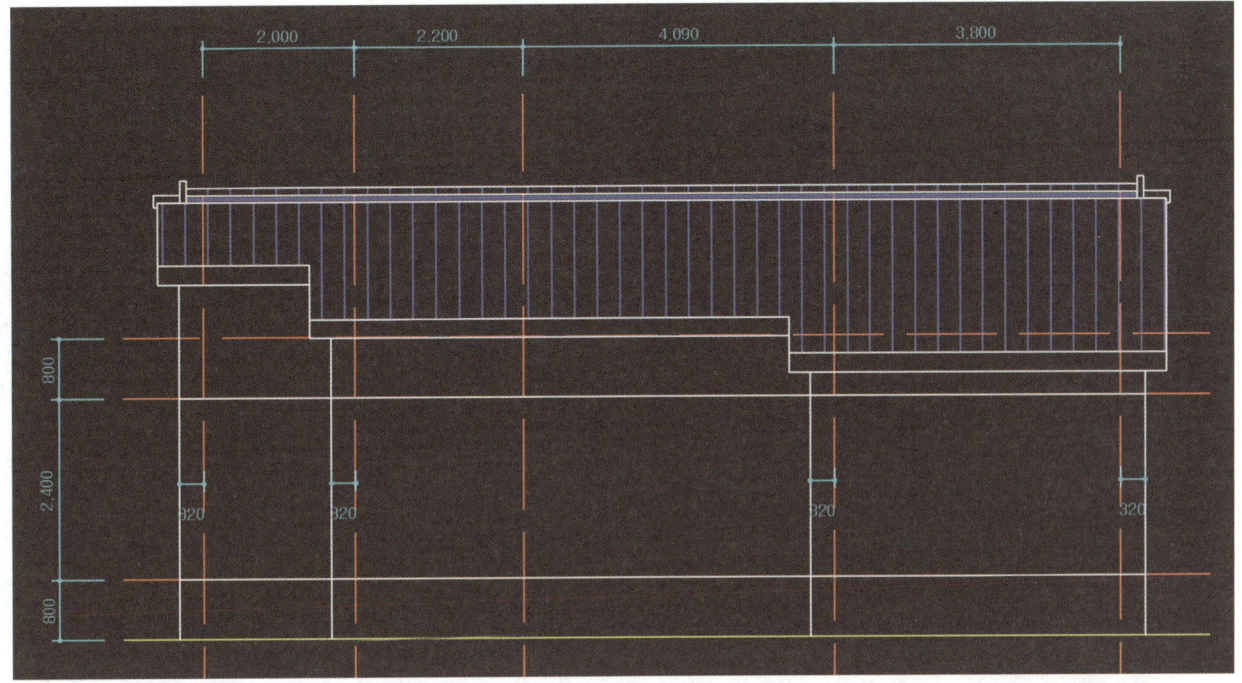

NO.	중점사항	핵심 내용
04	기타 입면 그리기	• 테라스 바닥 및 켄틸레버, 홈통 그리기 • 창호 입면 그리기 • 난간 그리기 • 굴뚝 및 처마반자 그리기(입면에서 보이는 경우) • 재질표기 외

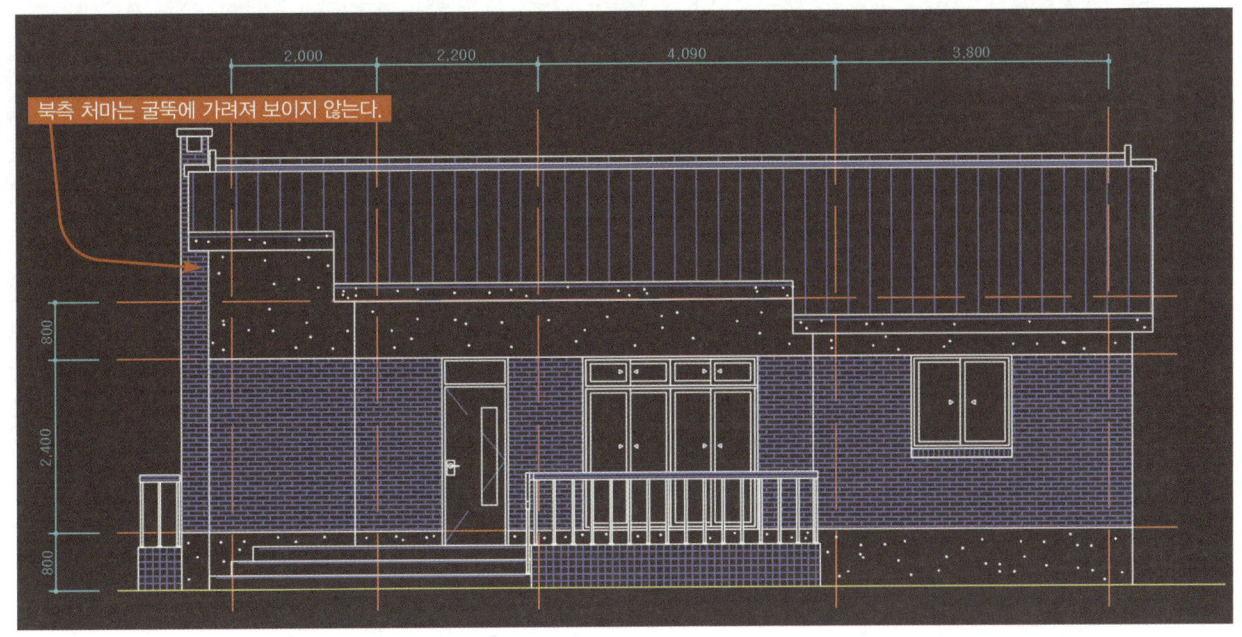

NO.	중점사항	핵심 내용
05	재질표기 문자선 외	• 나무 그리기 • 재질표기, 문자선 외

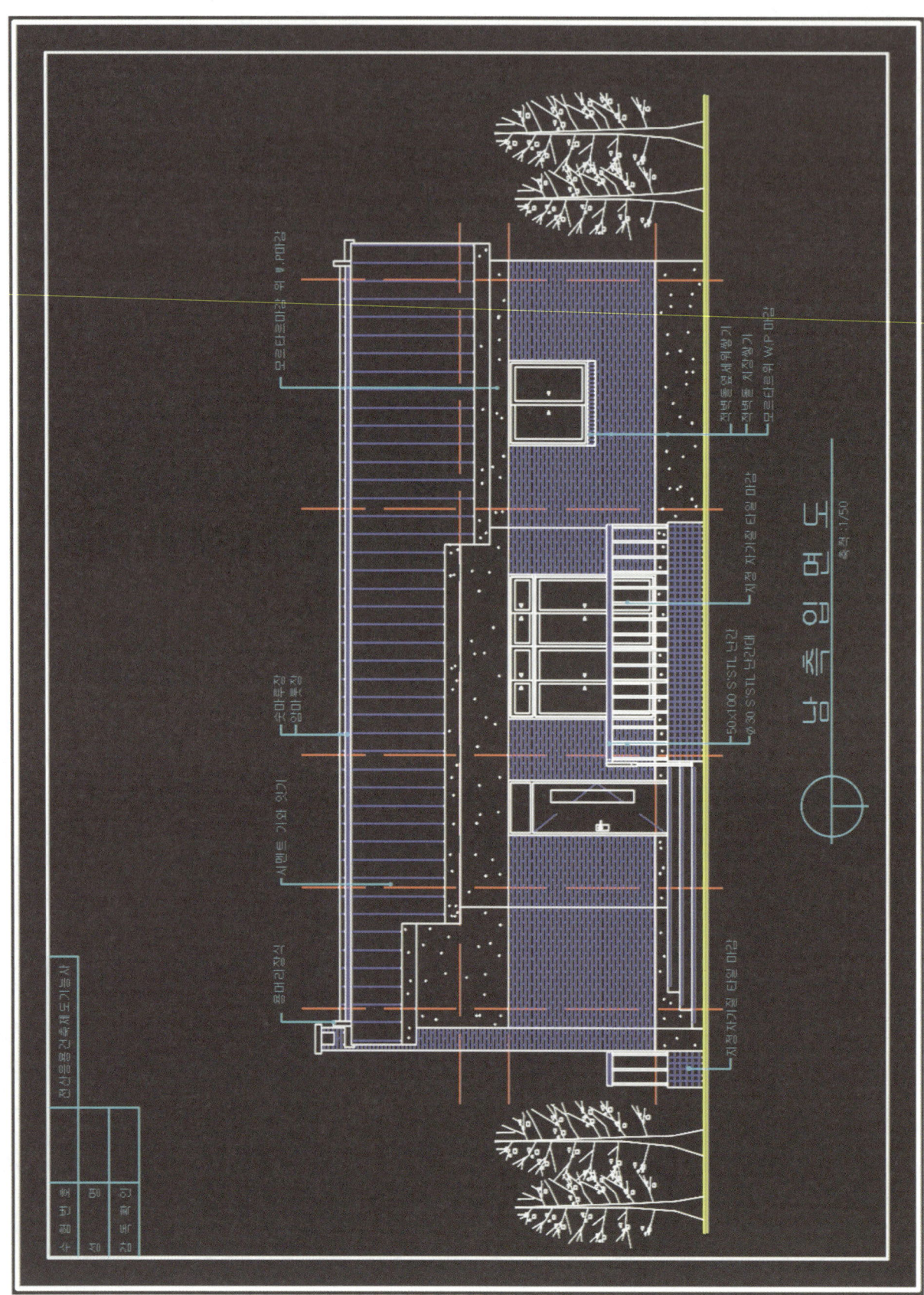

4 남측입면도

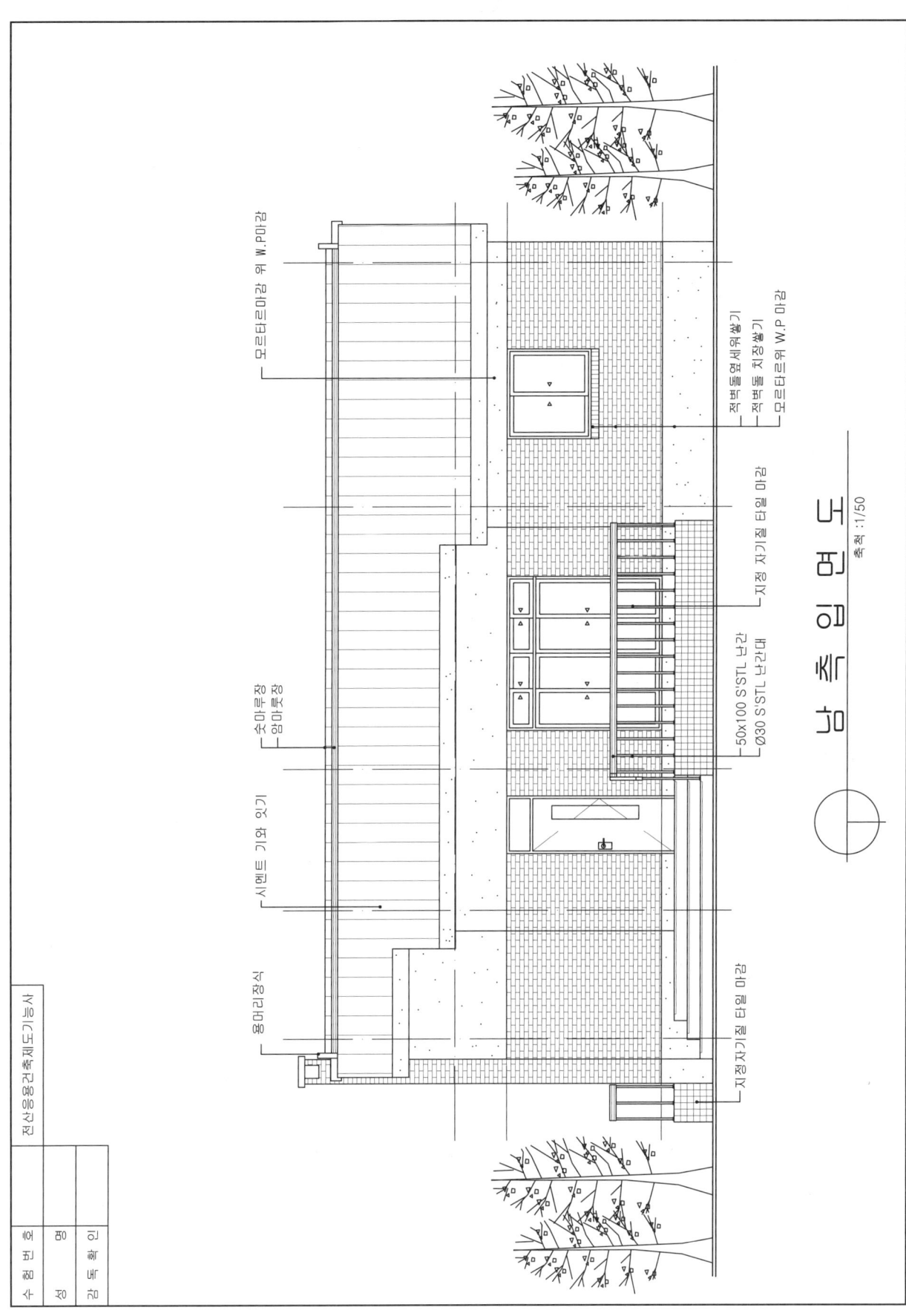

국가기술자격 실기시험문제

| 자격종목 | 전산응용건축제도기능사 | 과제명 | 주택 |

※ 시험시간 표준시간 4시간 10분

예제 12

2021년 B유형
- 현관 벽체 및 방 단면 표기
- 방과 현관의 바닥높이가 정해져 있는 유형
- 방과 현관의 단면뷰에서 보이는 뒤의 입면 작도
- 현관 앞 처마가 길게 형성되어 있는 유형 (테두리보 높이 선정 시 유의)

01 요구사항

주어진 평면도를 보고 CAD를 이용하여 아래 조건에 맞게 다음 도면을 작도 한 후, 지급된 용지에 본인이 직접 흑백으로 출력하여 파일과 함께 제출하시오.

❶ A부분 단면 상세도를 축척 1/40으로 작도하시오.
❷ 남측입면도를 축척 1/50으로 작도하되 벽면의 마감재료 표시 및 주의의 배경 등 도면의 요소를 충분히 고려하시오.

―| 조건 |―

- 기초 및 지하실 벽체: 철근콘크리트 구조로 하시오.
- 벽체: 외벽 – 외부로부터 붉은벽돌 0.5B, 단열재, 시멘트 벽돌 1.0B
        내벽 – 시멘트 벽돌 1.0B
- 단열재: 외벽 120mm, 바닥 85mm, 지붕 180mm
- 지붕: 철근콘크리트 경사슬래브 위 시멘트 기와잇기 마감으로 하시오. (물매 3.5/10 이상)
- 처마나옴: 벽체중심에서 600mm
- 반자높이: 2,400mm, 처마반자 설치
- 창호: 목재창호로 하되 2중창인 경우 알루미늄 새시로 하시오.
- 각실의 난방: 온수파이프 온돌난방으로 하시오.
- 1층 바닥슬래브와 기초는 일체식으로 표현하시오.
- 평면도에 표시하지 않은 현관상부 캐노피는 작도하지 않는다.
- 기타 각 부분의 마감, 치수 등 주어지지 않는 조건은 일반적인 시공수준으로 하시오.
- 선의 통일을 기하기 위하여 아래와 같이 선의 색을 정리하여 출력하시오.
    · 흰색 (7–White): 0.3mm   · 녹색 (3–Green): 0.2mm
    · 노랑 (2–Yellow): 0.4mm   · 하늘색 (4–Cyan): 0.3mm
    · 빨강 (1–Red): 0.2mm   · 파랑 (5–Blue): 0.1mm

02 수험자 유의사항

※다음 유의사항을 고려하여 요구사항을 완성하시오.

1) 명기되지 않은 조건은 건축법, 건축구조 및 건축제도 원칙에 따릅니다.

2) 시험시작 전 바탕화면에 본인 비밀번호로 폴더를 생성하고, 폴더 안의 작업내용을 저장하도록 합니다.

3) 정전 및 기계 고장 등에 의한 자료손실을 방지하기 위하여 수시로 저장합니다.

4) 다음과 같은 경우는 부정행위로 처리됩니다.
    가) 노트 및 서적, 디스켓을 소지하거나 주고받는 행위
    나) 건물의 구조부분의 상세나 글씨 등을 사전에 블록으로 설정하여 지참해 사용하는 경우

5) 작업이 끝나면 감독위원의 확인을 받은 후 문제지를 제출하고 본부요원 입회하에 본인이 직접 A3용지에 흑백으로 도면을 출력하도록 합니다. 이때 수험자의 운영 미숙으로 도면이 출력되지 않는 경우나 출력시간이 20분을 초과할 경우는 실격처리 됩니다.

6) 장비 조작 미숙으로 장비의 파손 및 고장을 일으킬 염려가 있을 경우 실격됩니다.

7) 다음과 같은 경우에는 체점대상에서 제외됩니다.
    가) 주어진 조건을 지키지 않고 작도한 경우
    나) 요구한 전도면을 작도하지 않은 경우
    다) 건축제도 통칙을 준수하지 않거나 건축 CAD의 기능이 없는 상태에서 완성된 도면

8) 수험번호, 성명은 도면 좌측 상단에 아래와 같이 표제란을 만들어 기재합니다.

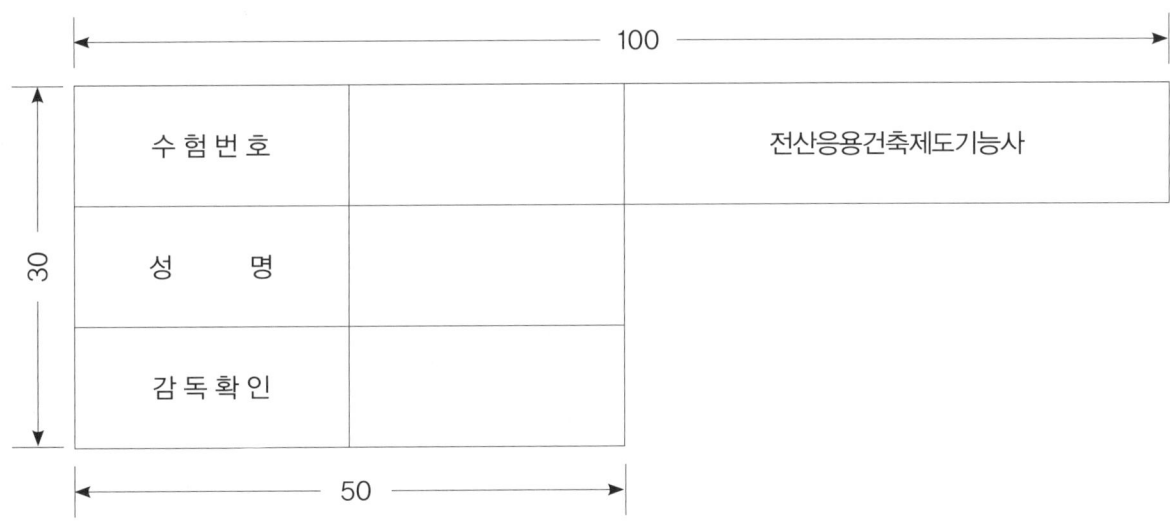

9) 감독위원은 시험시작 후 수검자에게 표제란을 우선 작도 후 도면을 작도하도록 하여야 하며, 수험자가 감독위원의 지시를 따르지 않을 경우 실격 처리됩니다.

10) 테두리선의 여백은 10mm로 합니다.

03 평면도

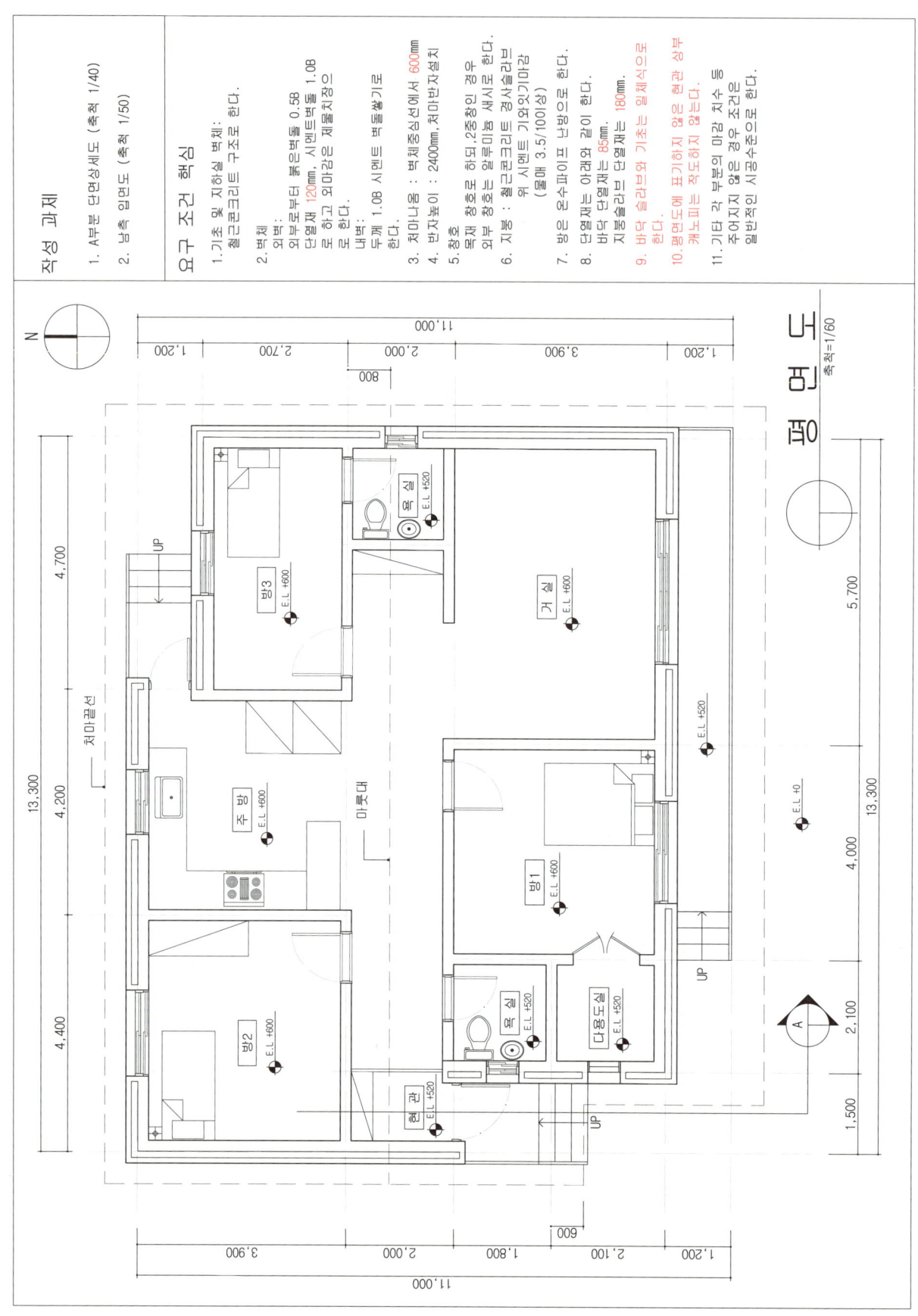

1 단면상세도 문제풀이

NO.	중점사항	핵심 내용
01	중심선 세팅 지붕구조	• 수평선 그리기: G.L선, 기초 동결선, 방바닥 높이, 반자 높이, 테두리보 높이 • 수직선 그리기: 벽체 중심선, 마룻대, 처마라인 • 지붕구조, 테두리보 외 그리기

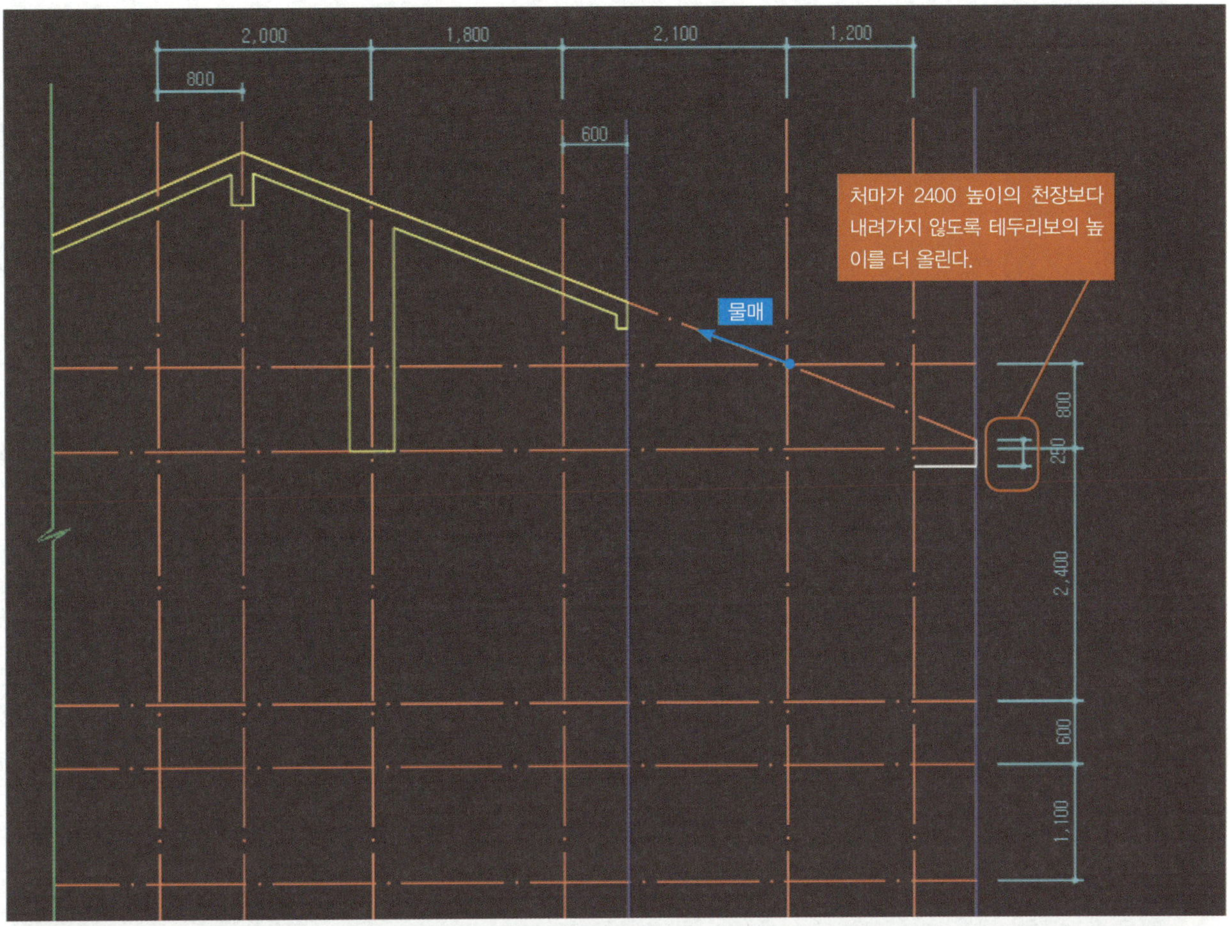

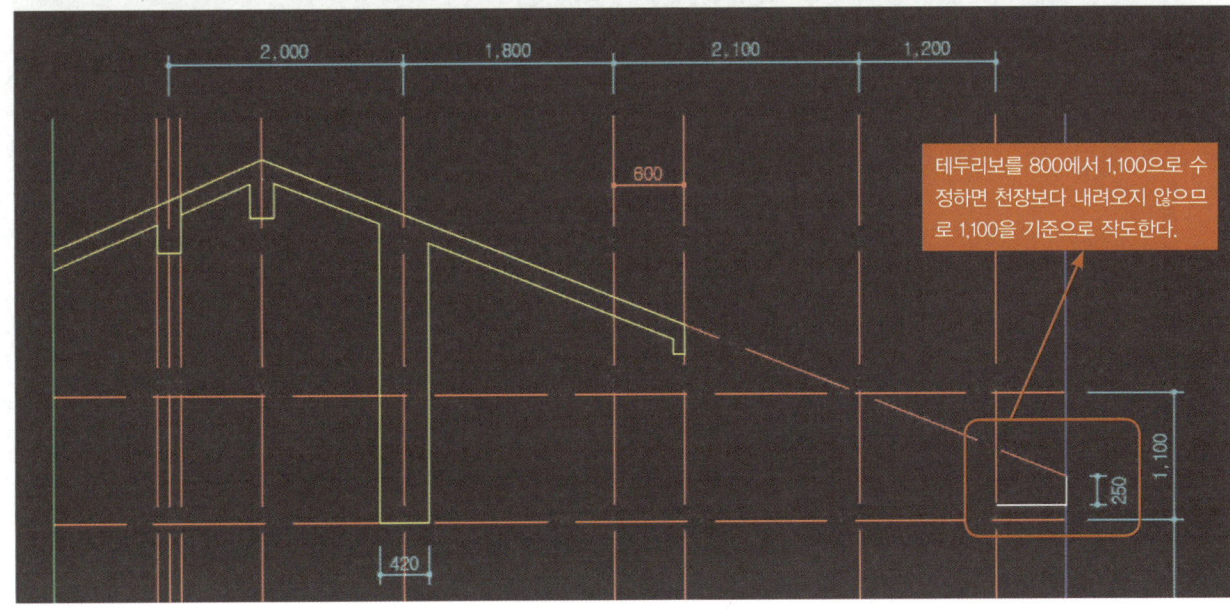

NO.	중점사항	핵심 내용
02	기본구조	• 기초 그리기 → 벽체 및 창호 • 테라스 바닥 및 캐노피, 실내바닥 구조 그리기 외

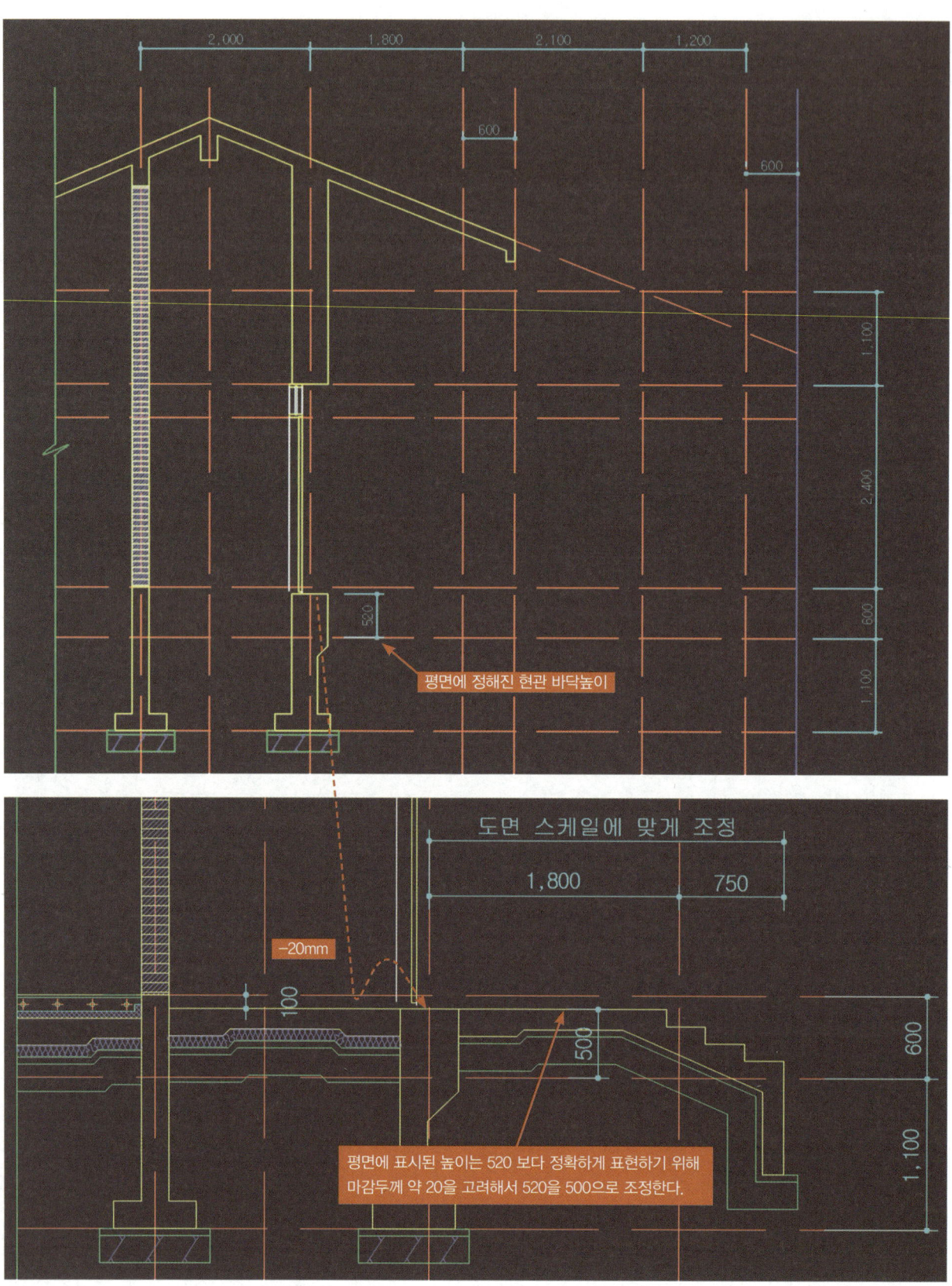

NO.	중점사항	핵심 내용
03	천장, 지붕 외 기타	• 실내 천장 그리기 → 지붕상세도 • 기타: 실내외 입면, 난간, 홈통, 굴뚝, 걸레받이 단면 등 체크

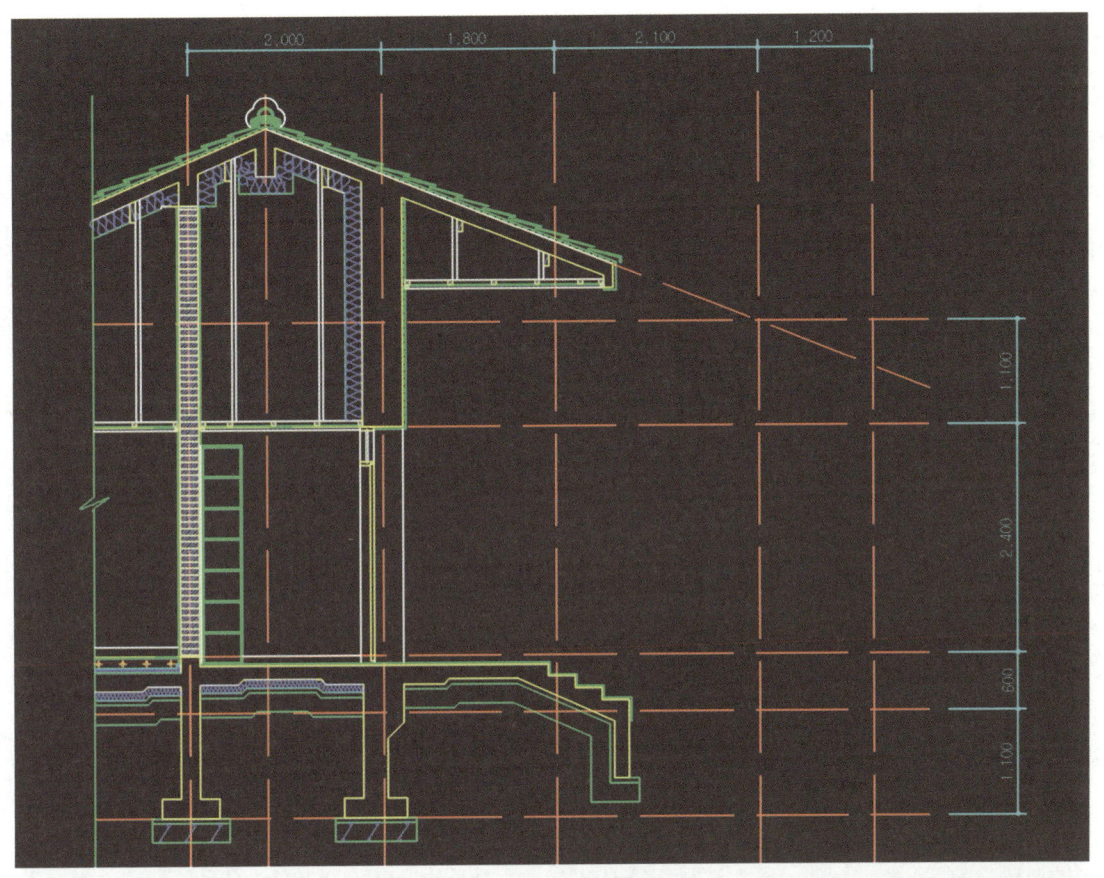

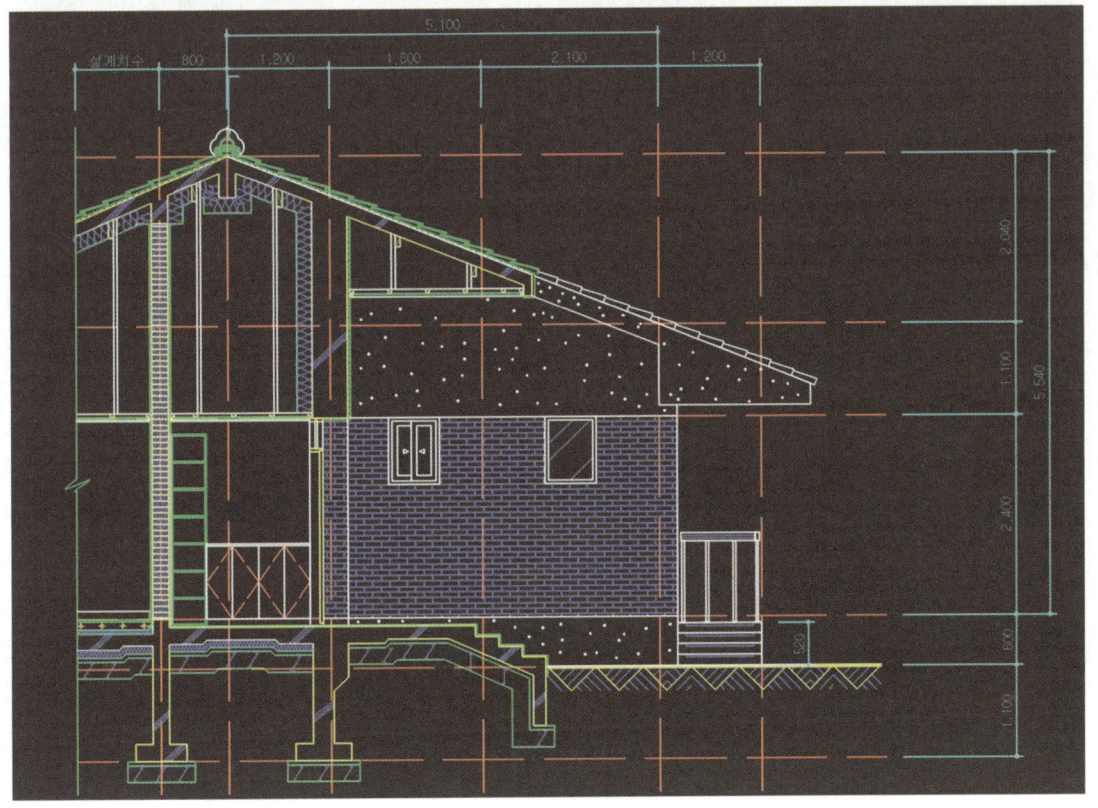

NO.	중점사항	핵심 내용
04	치수선 문자선	• 물매, 표제란, 도면명 등 표기 • 실명(방, 거실, 테라스 등) 표기

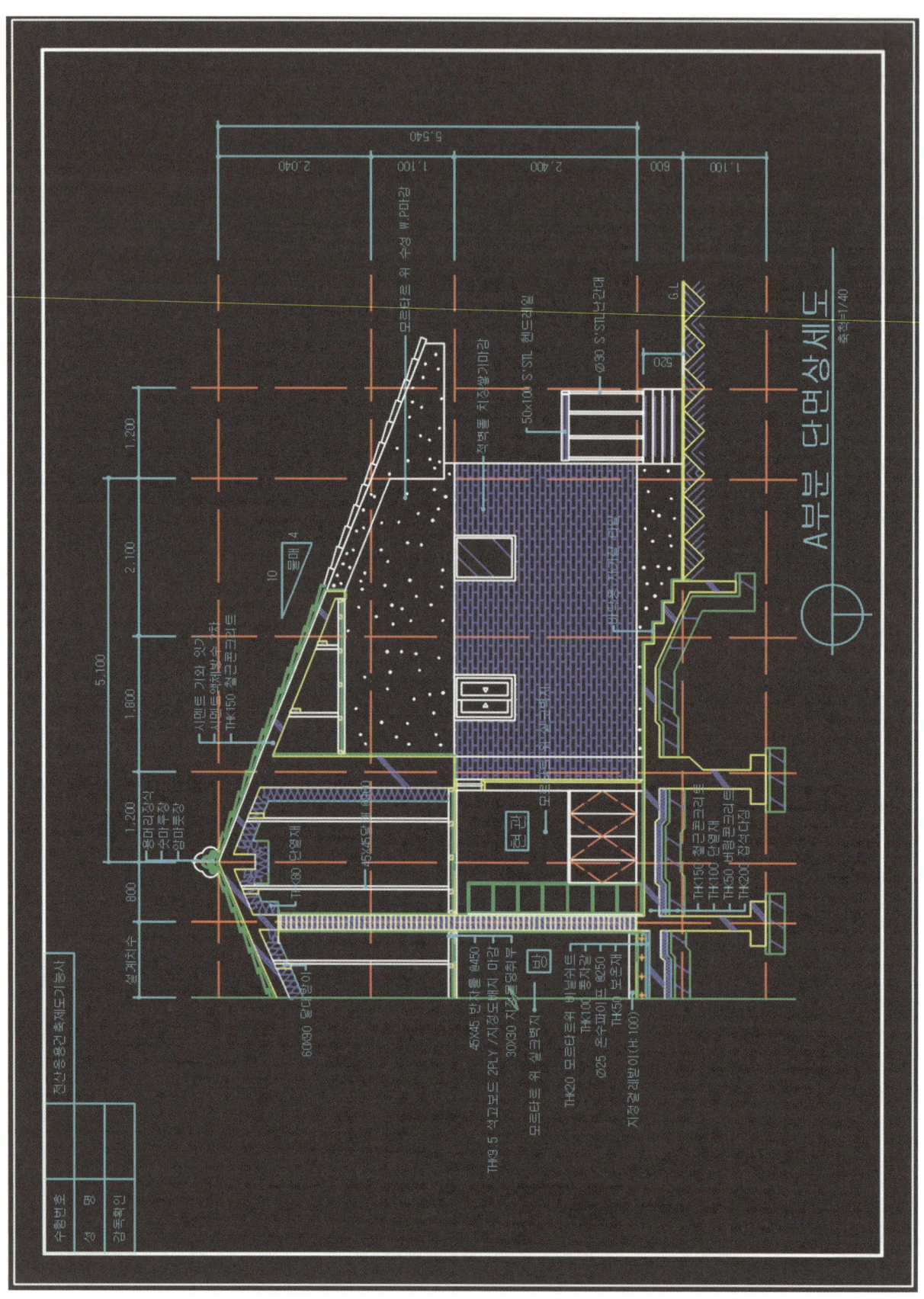

2 단면상세도

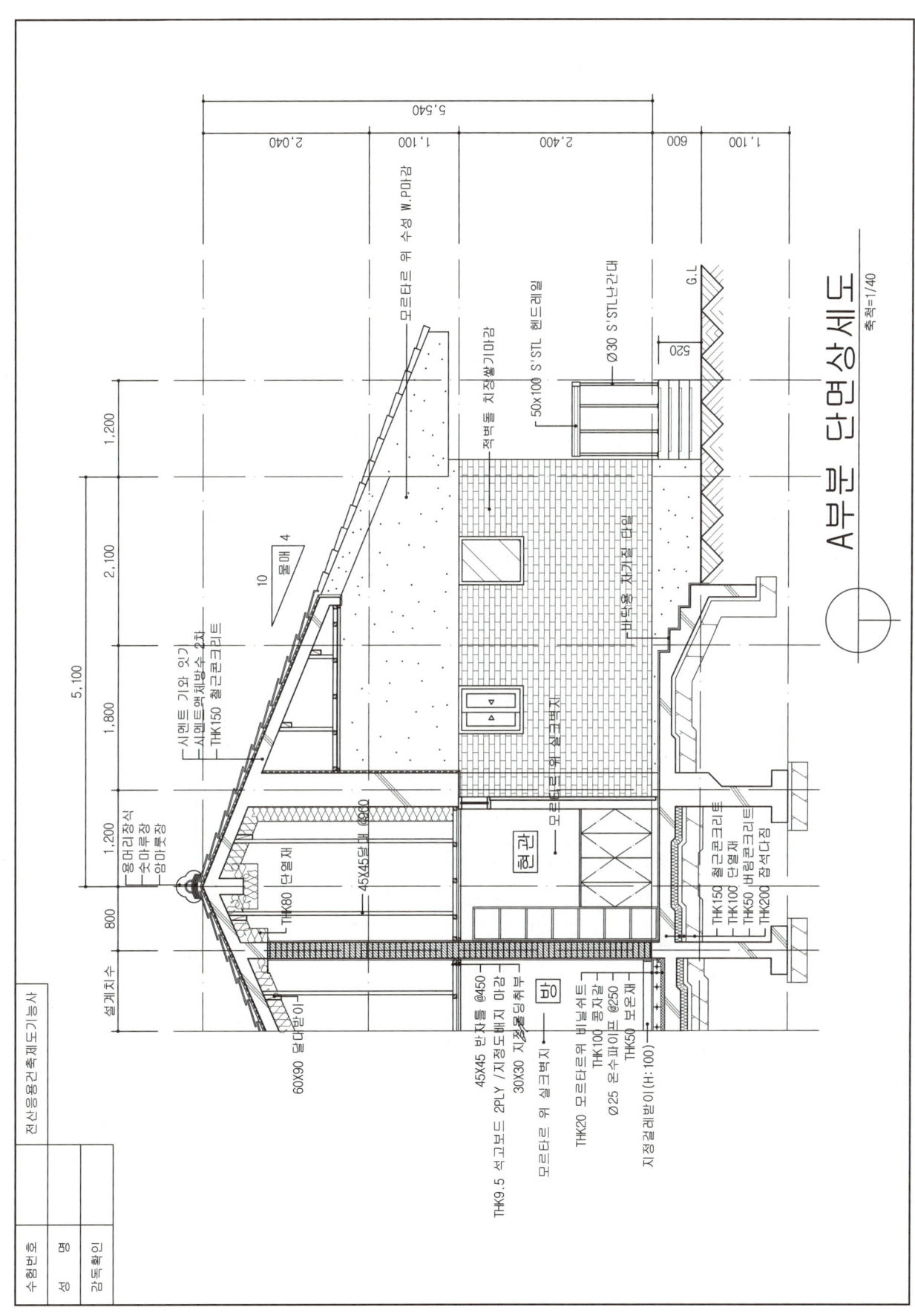

3 남측입면도 문제풀이

NO.	중점사항	핵심 내용
01	중심선 세팅	• 수평선 그리기: G.L선, 방바닥 높이, 반자 높이, 테두리보 높이 • 수직선 그리기: 벽체 중심선, 마룻대, 처마라인
02	지붕구조 그리기	• 측면입면의 지붕구조를 그린 후 마룻대와 처마의 기준점을 찾아 남측입면도의 지붕구조 그리기 • 구조를 그리며 반대측 처마가 정면에서 보이는지 체크 • 기와 입면 그리기

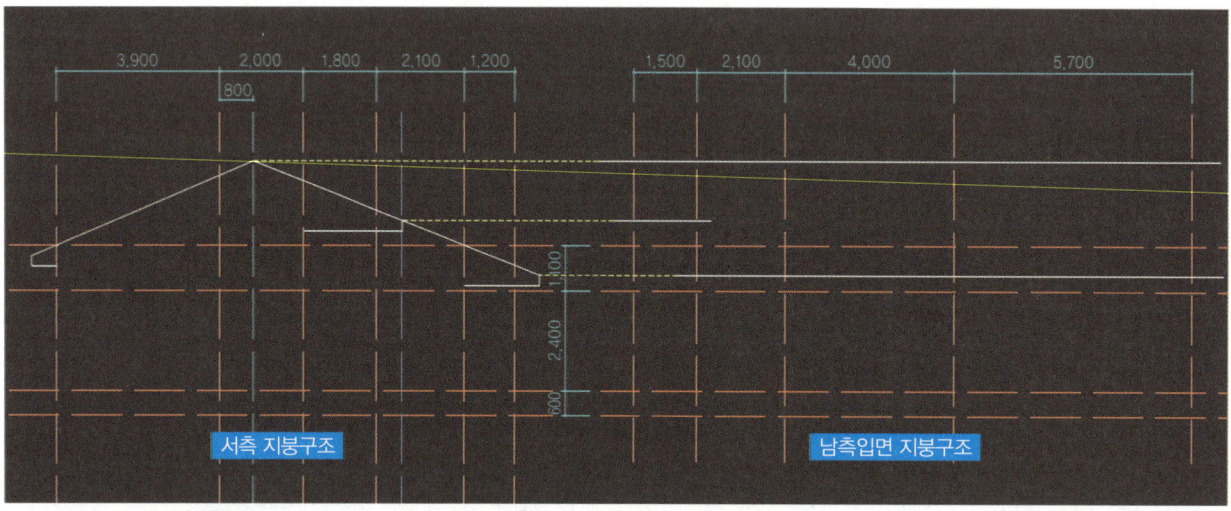

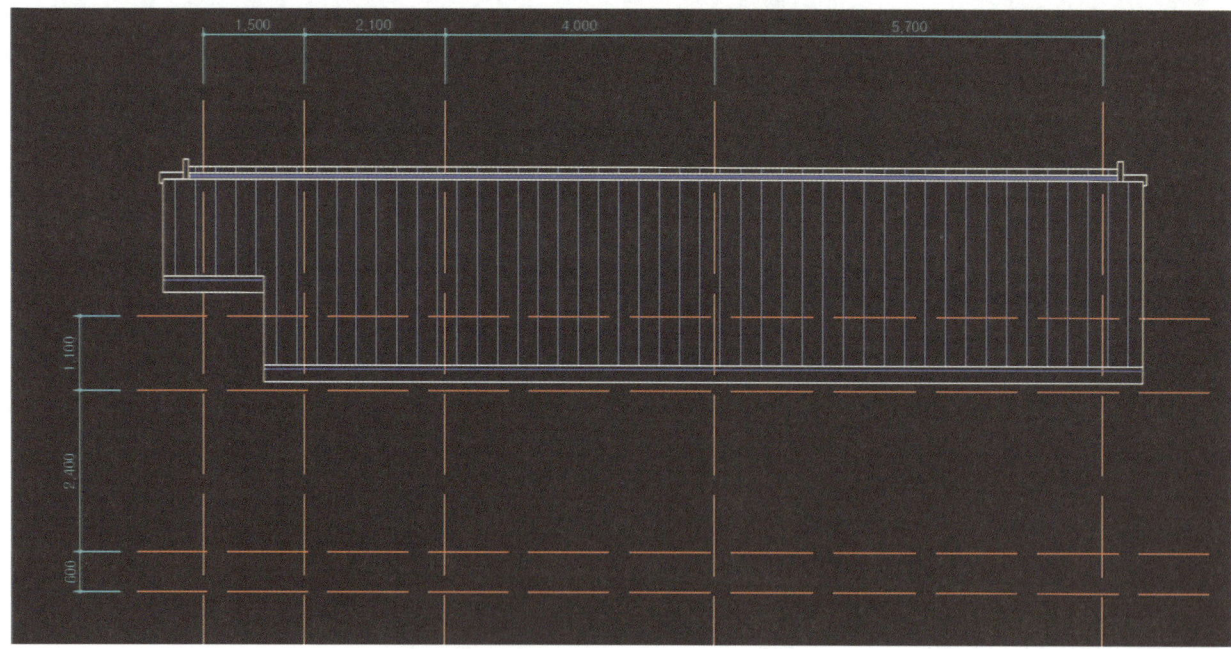

NO.	중점사항	핵심 내용
03	벽체구조	• G.L선 레이어 변경 • 벽체 입면선 그리기 • 기초 상단부와 테두리보 하단부 라인 그리기

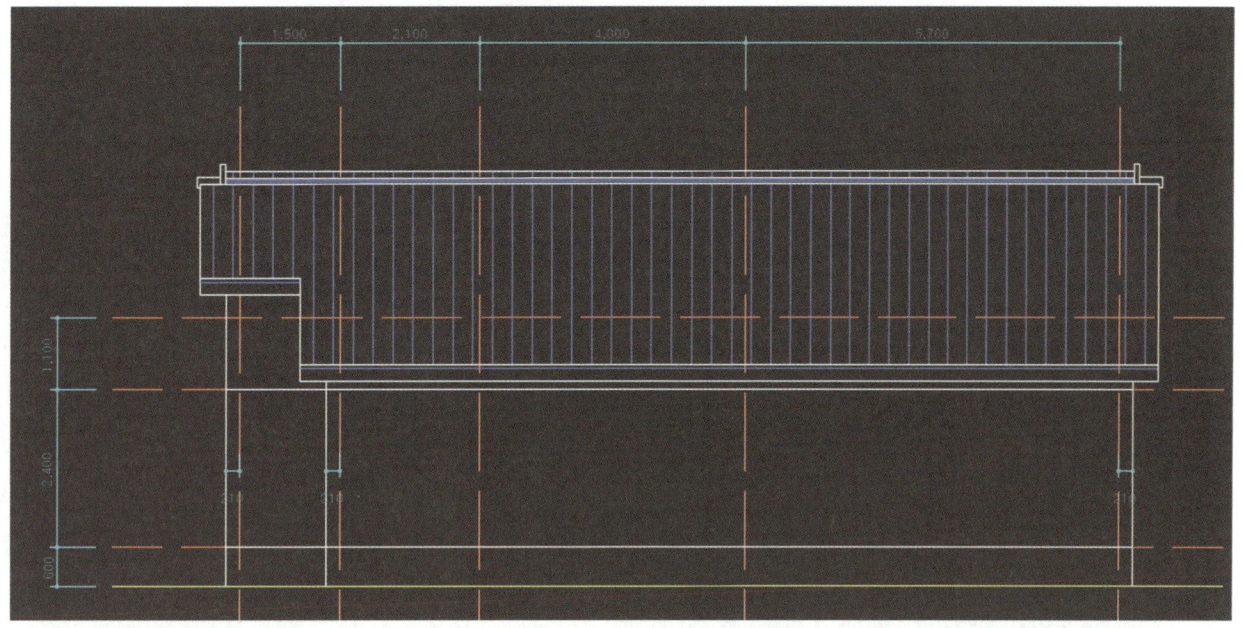

NO.	중점사항	핵심 내용
04	기타 입면 그리기	• 테라스 바닥 및 켄틸레버, 홈통 그리기 • 창호 입면 그리기 • 난간 그리기 • 굴뚝 및 처마반자 그리기(입면에서 보이는 경우) • 재질표기 외

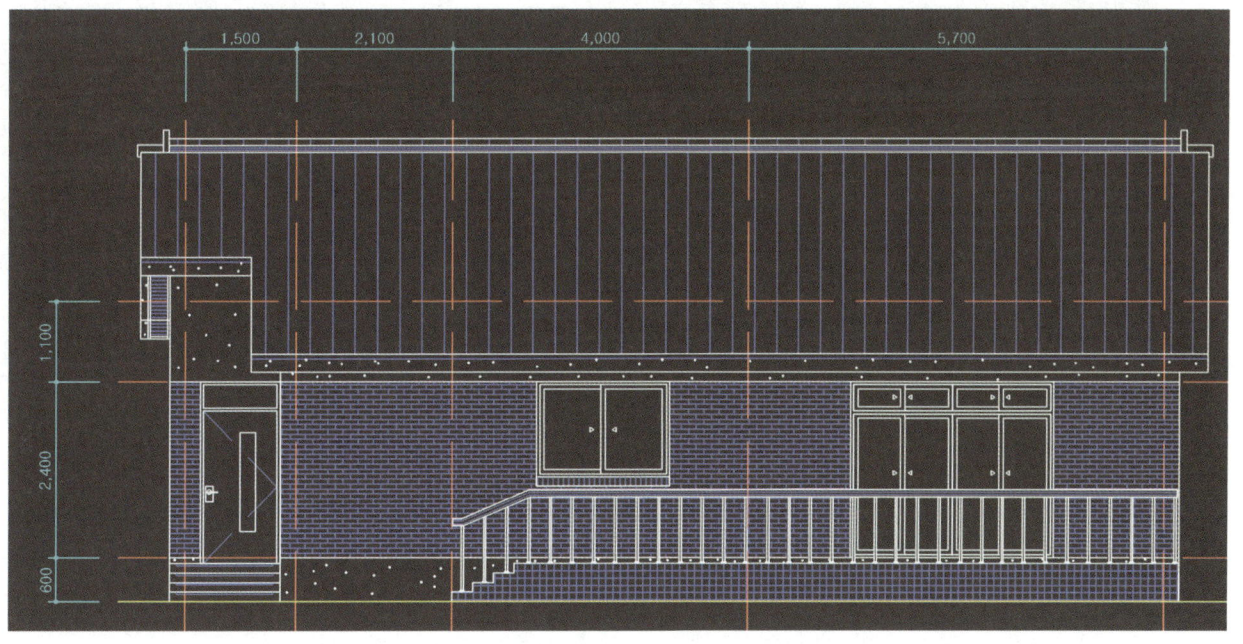

NO.	중점사항	핵심 내용
05	재질표기 문자선 외	• 나무 그리기 • 재질표기, 문자선 외

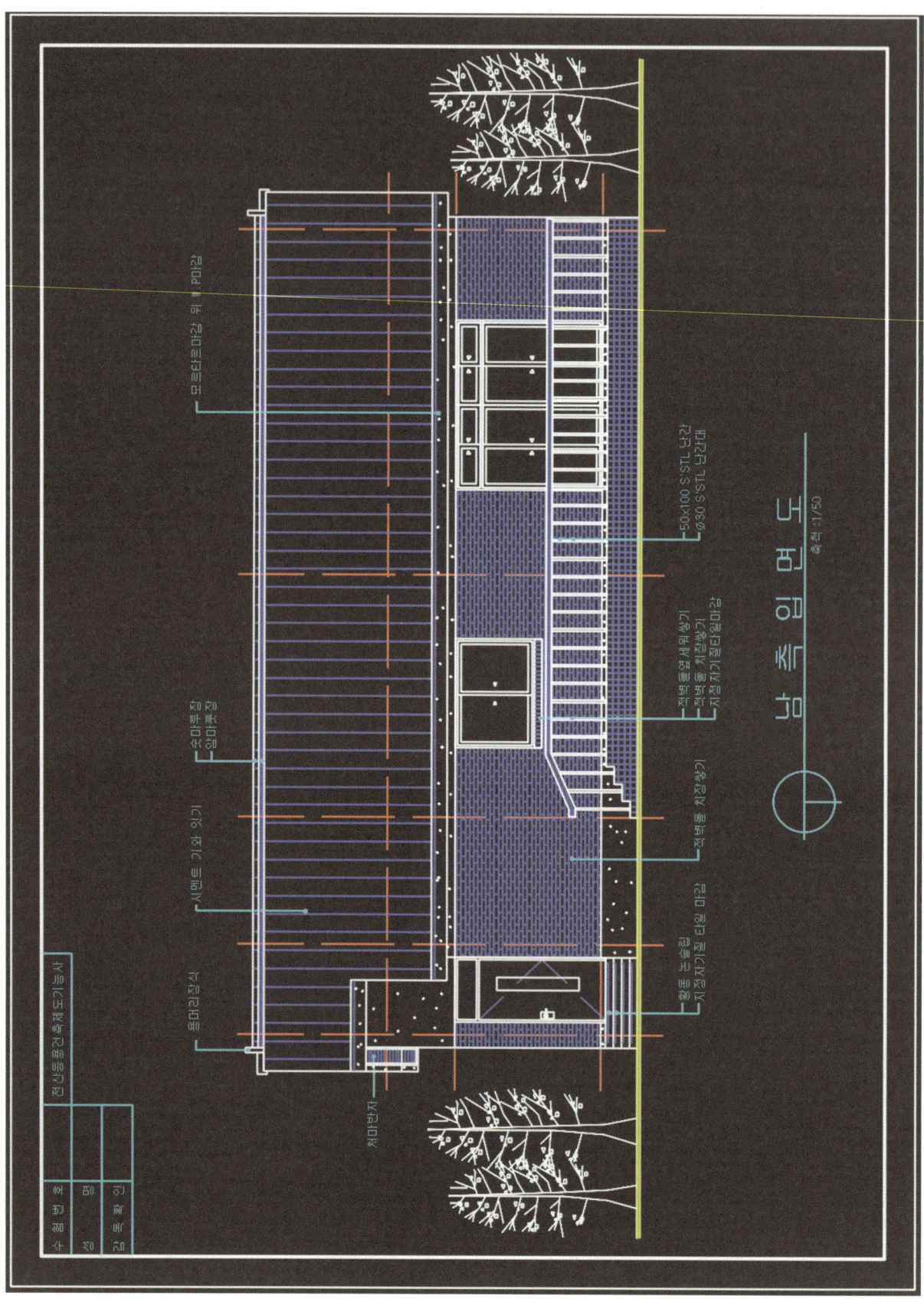

4 남측입면도

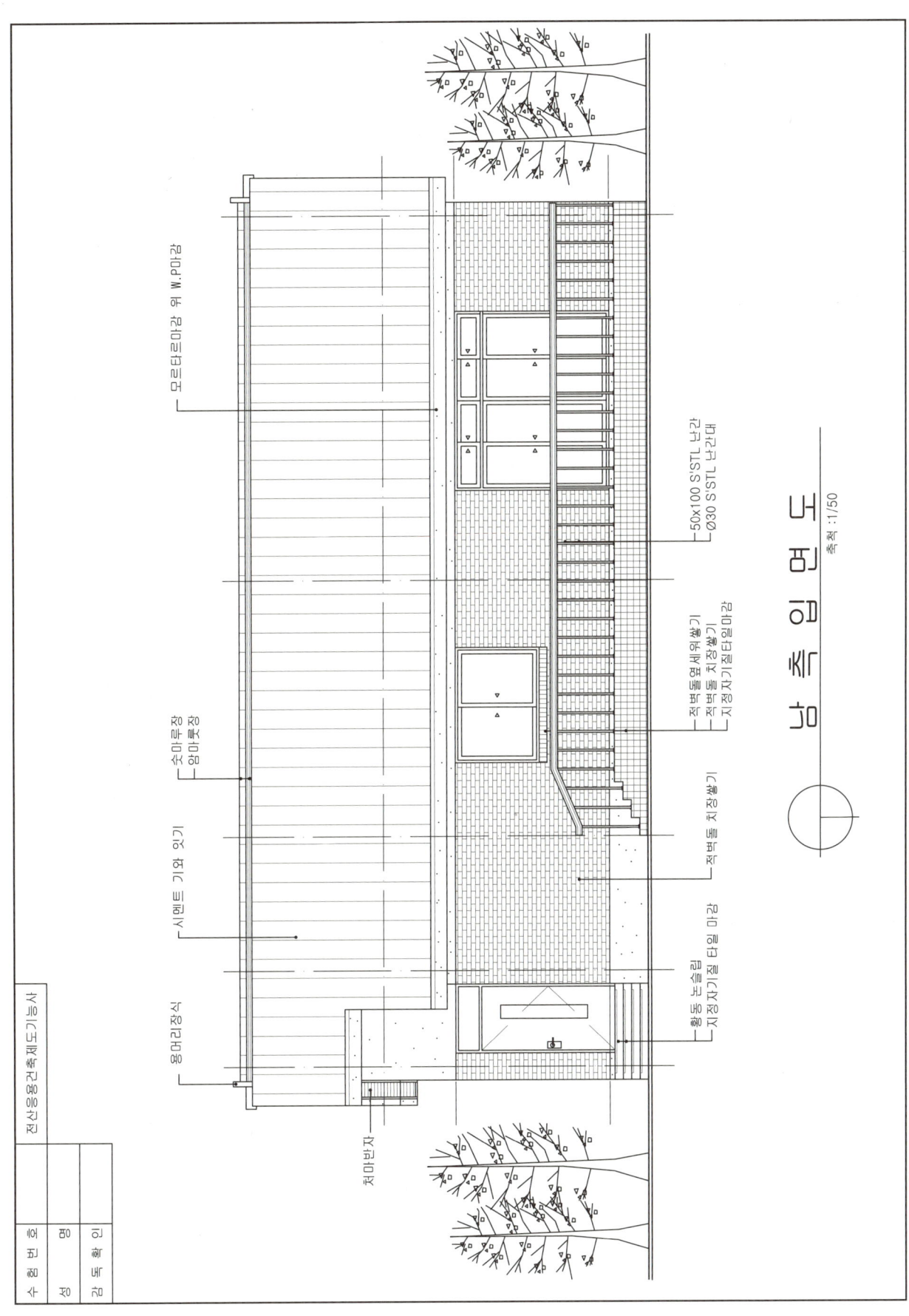

국가기술자격 실기시험문제

| 자격종목 | 전산응용건축제도기능사 | 과제명 | 주택 |

※ 시험시간 표준시간 4시간 10분

예제 13

2021년 C유형
- 현관 벽체를 단면으로 표기
- 방과 현관의 바닥 높이가 정해져 있는 유형
- 단면에서 보이는 주방입구 아치, 주방내부 창호 표현
- 캐노피 작도

01 요구사항

주어진 평면도를 보고 CAD를 이용하여 아래 조건에 맞게 다음 도면을 작도 한 후, 지급된 용지에 본인이 직접 흑백으로 출력하여 파일과 함께 제출하시오.

❶ A부분 단면 상세도를 축척 1/40으로 작도하시오.
❷ 서측입면도를 축척 1/50으로 작도하되 벽면의 마감재료 표시 및 주의의 배경 등 도면의 요소를 충분히 고려하시오.

┤ 조건 ├
- 기초 및 지하실 벽체: 철근콘크리트 구조로 하시오.
- 벽체: 외벽 – 외부로부터 붉은벽돌 0.5B, 단열재, 시멘트 벽돌 1.0B
      내벽 – 시멘트 벽돌 1.0B
- 단열재: 외벽 120mm, 바닥 85mm, 지붕 180mm
- 지붕: 철근콘크리트 경사슬래브 위 시멘트 기와잇기 마감으로 하시오. (물매 3.5/10 이상)
- 처마나옴: 벽체중심에서 600mm
- 반자높이: 2,400mm, 처마반자 설치
- 창호: 목재창호로 하되 2중창인 경우 알루미늄 새시로 하시오.
- 각실의 난방: 온수파이프 온돌난방으로 하시오.
- 1층 바닥슬래브와 기초는 일체식으로 표현하시오.
- 평면도에 표시하지 않은 현관상부 캐노피는 작도하지 않는다.
- 기타 각 부분의 마감, 치수 등 주어지지 않는 조건은 일반적인 시공수준으로 하시오.
- 선의 통일을 기하기 위하여 아래와 같이 선의 색을 정리하여 출력하시오.
    - 흰색 (7-White): 0.3mm
    - 노랑 (2-Yellow): 0.4mm
    - 빨강 (1-Red): 0.2mm
    - 녹색 (3-Green): 0.2mm
    - 하늘색 (4-Cyan): 0.3mm
    - 파랑 (5-Blue): 0.1mm

02 수험자 유의사항

※다음 유의사항을 고려하여 요구사항을 완성하시오.

1) 명기되지 않은 조건은 건축법, 건축구조 및 건축제도 원칙에 따릅니다.

2) 시험시작 전 바탕화면에 본인 비밀번호로 폴더를 생성하고, 폴더 안의 작업내용을 저장하도록 합니다.

3) 정전 및 기계 고장 등에 의한 자료손실을 방지하기 위하여 수시로 저장합니다.

4) 다음과 같은 경우는 부정행위로 처리됩니다.
   가) 노트 및 서적, 디스켓을 소지하거나 주고받는 행위
   나) 건물의 구조부분의 상세나 글씨 등을 사전에 블록으로 설정하여 지참해 사용하는 경우

5) 작업이 끝나면 감독위원의 확인을 받은 후 문제지를 제출하고 본부요원 입회하에 본인이 직접 A3용지에 흑백으로 도면을 출력하도록 합니다. 이때 수험자의 운영 미숙으로 도면이 출력되지 않는 경우나 출력시간이 20분을 초과할 경우는 실격처리 됩니다.

6) 장비 조작 미숙으로 장비의 파손 및 고장을 일으킬 염려가 있을 경우 실격됩니다.

7) 다음과 같은 경우에는 체점대상에서 제외됩니다.
   가) 주어진 조건을 지키지 않고 작도한 경우
   나) 요구한 전도면을 작도하지 않은 경우
   다) 건축제도 통칙을 준수하지 않거나 건축 CAD의 기능이 없는 상태에서 완성된 도면

8) 수험번호, 성명은 도면 좌측 상단에 아래와 같이 표제란을 만들어 기재합니다.

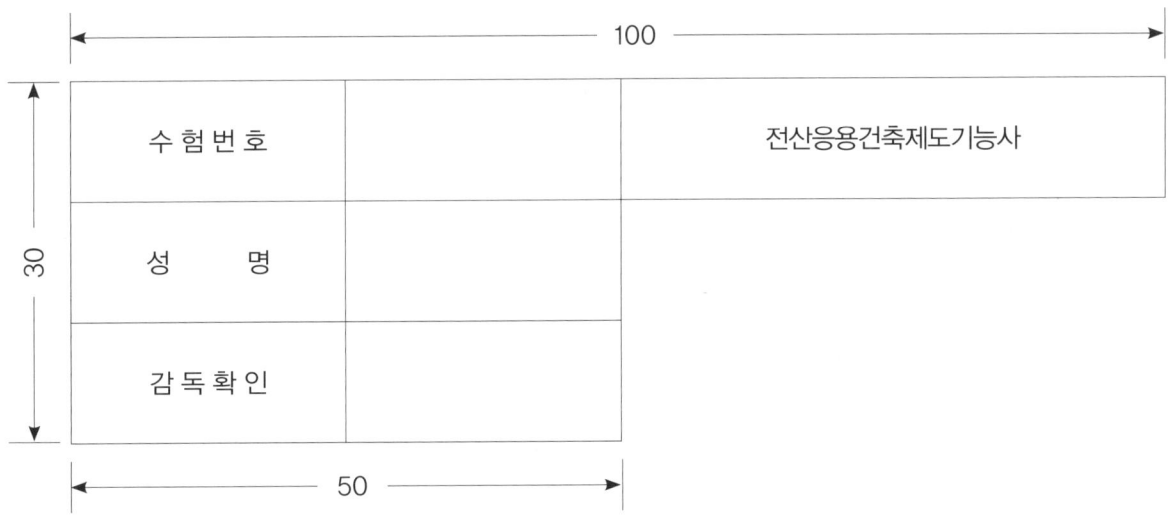

9) 감독위원은 시험시작 후 수검자에게 표제란을 우선 작도 후 도면을 작도하도록 하여야 하며, 수험자가 감독위원의 지시를 따르지 않을 경우 실격 처리됩니다.

10) 테두리선의 여백은 10mm로 합니다.

03 평면도

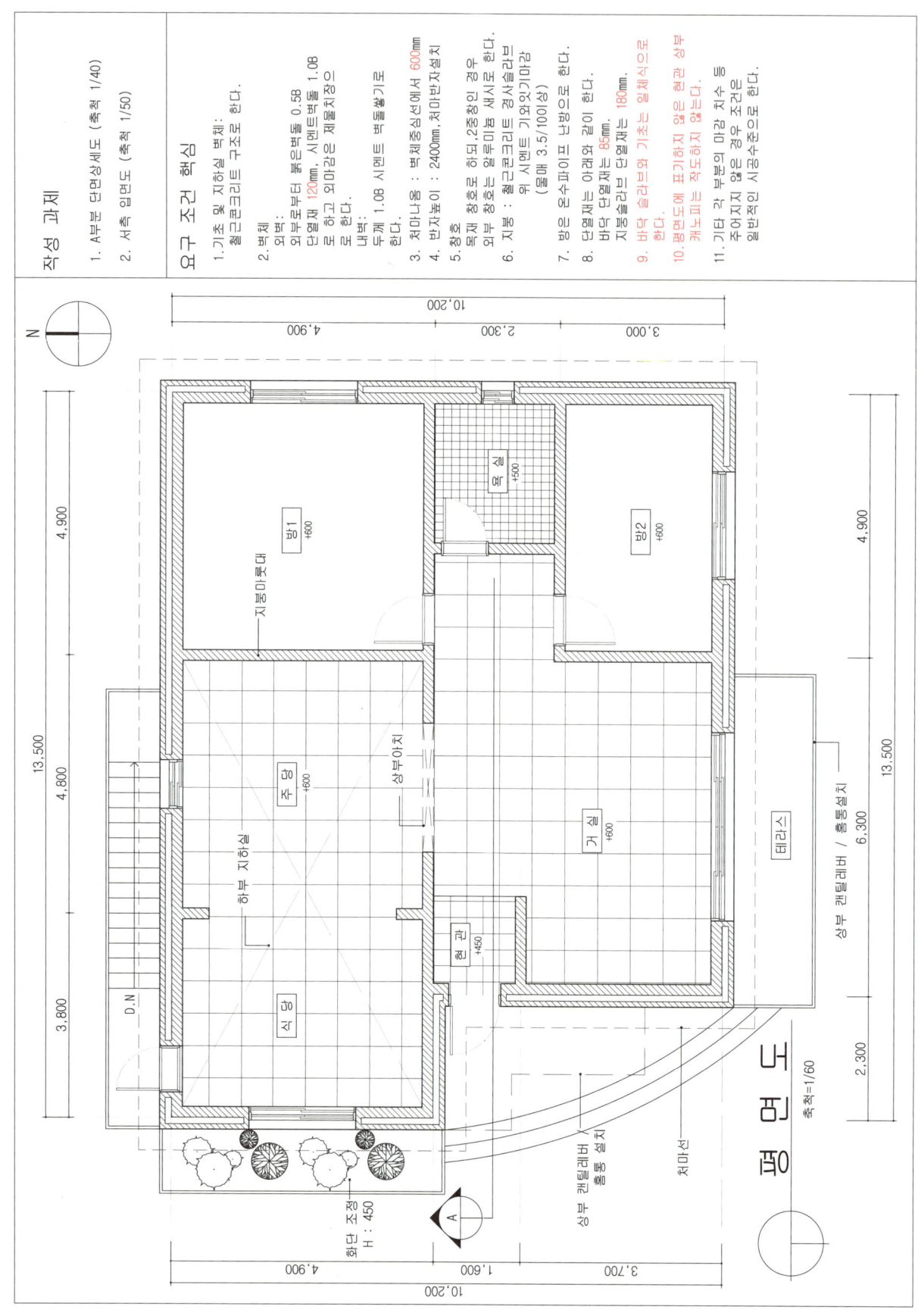

1 단면상세도 문제풀이

NO.	중점사항	핵심 내용
01	중심선 세팅 지붕구조	• 수평선 그리기: G.L선, 기초 동결선, 방바닥 높이, 반자 높이, 테두리보 높이 • 수직선 그리기: 벽체 중심선, 마룻대, 처마라인 • 지붕구조, 테두리보 외 그리기

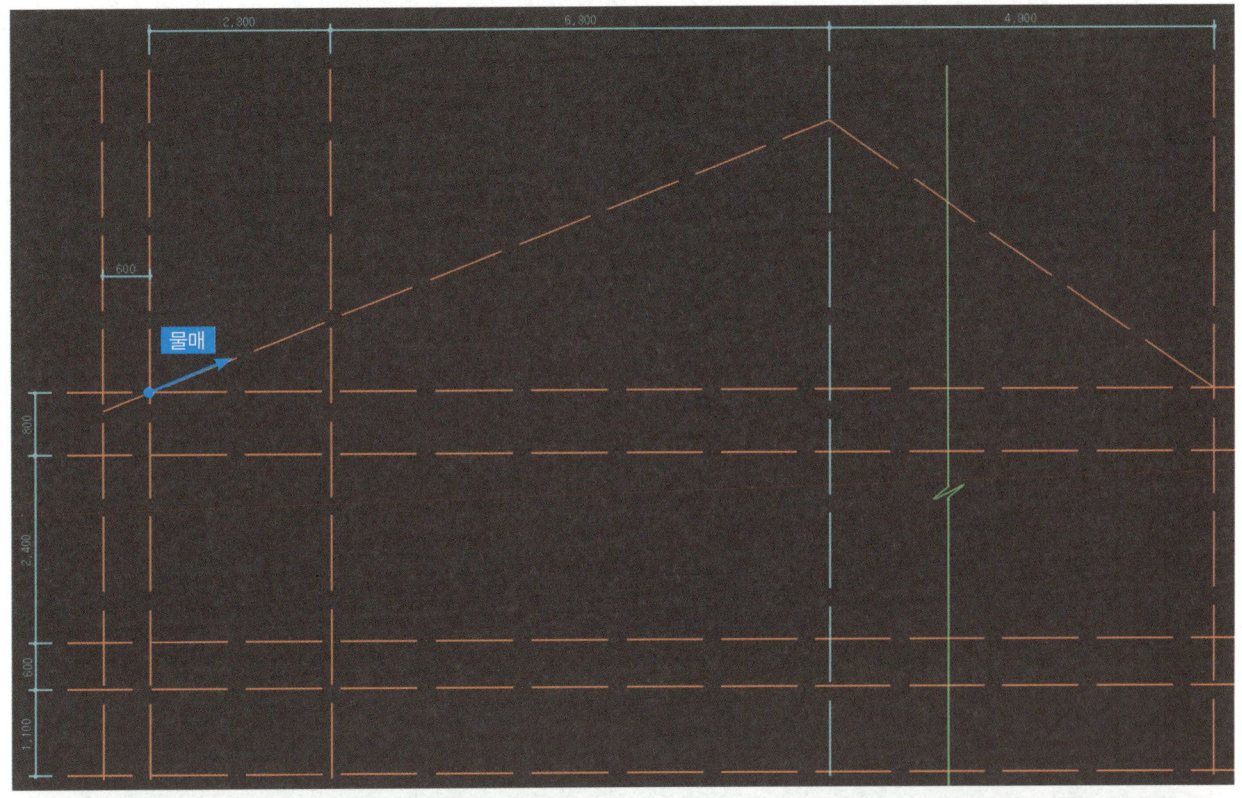

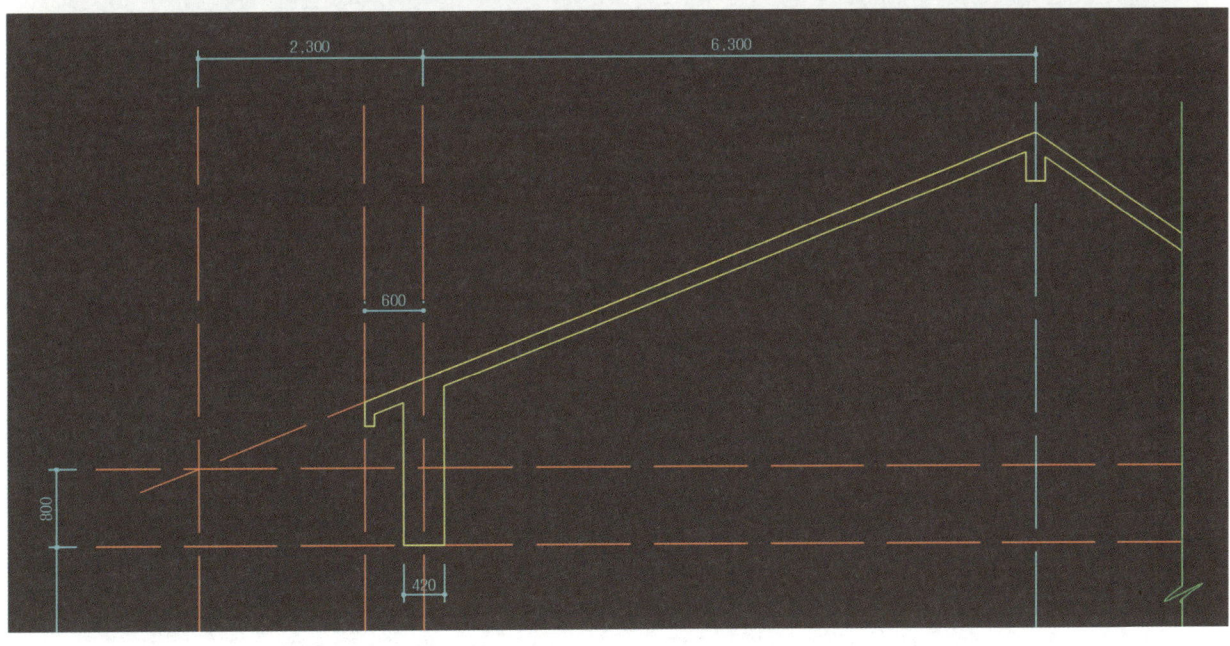

NO.	중점사항	핵심 내용
02	기본구조	• 기초 그리기 → 벽체 및 창호 • 테라스 바닥 및 캐노피, 실내 바닥 구조 그리기 외

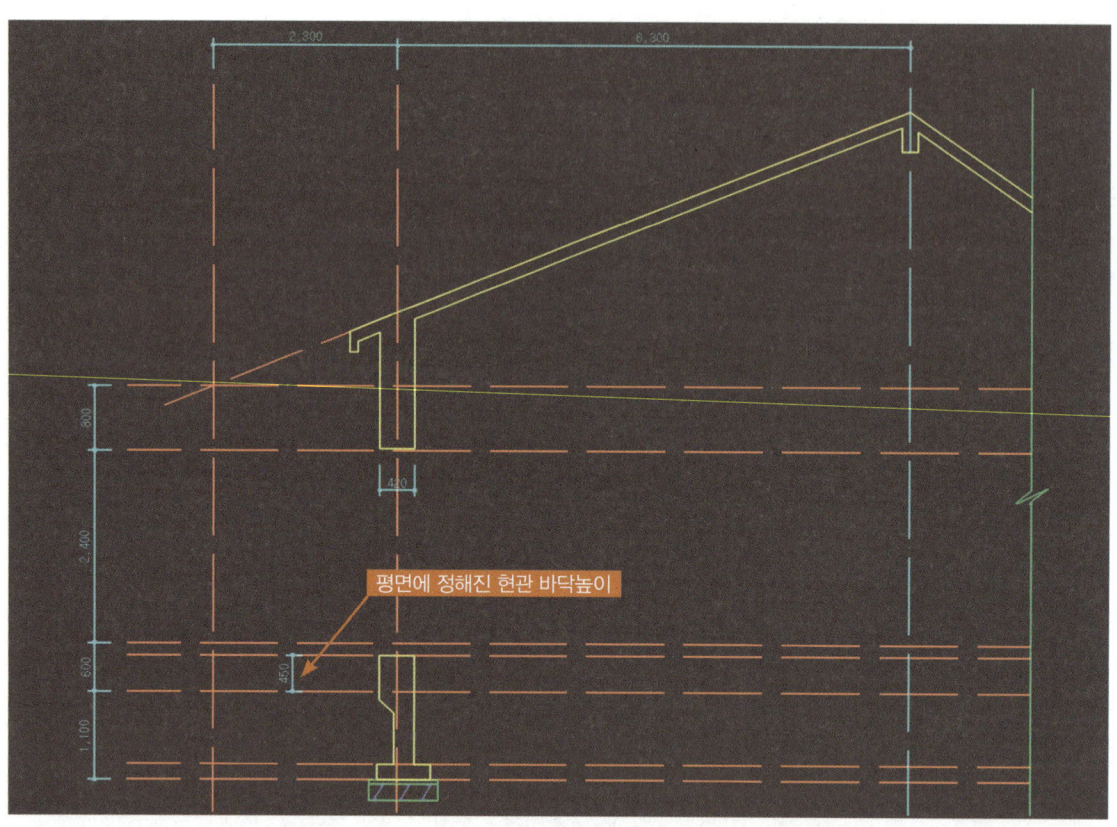

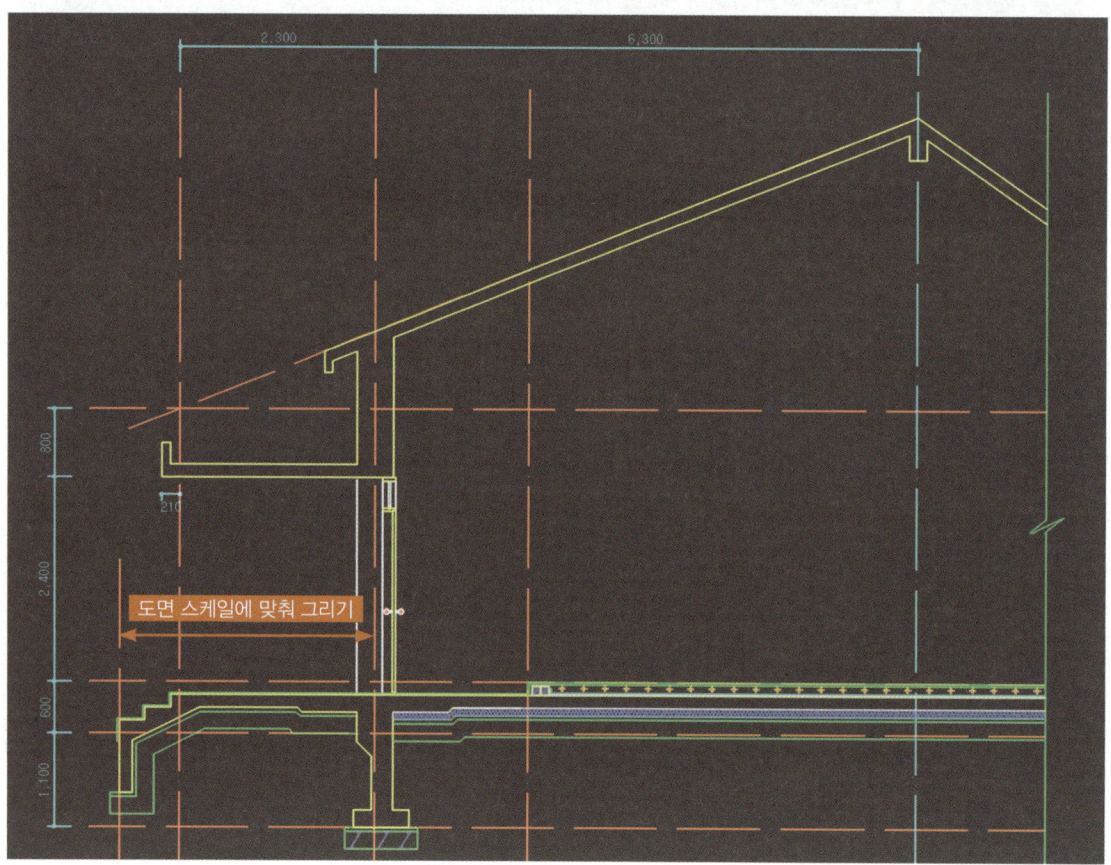

NO.	중점사항	핵심 내용
03	천장, 지붕 외 기타	• 실내 천장 그리기 → 지붕상세도 • 기타: 실내외 입면, 난간, 홈통, 굴뚝, 걸레받이 단면 등 체크

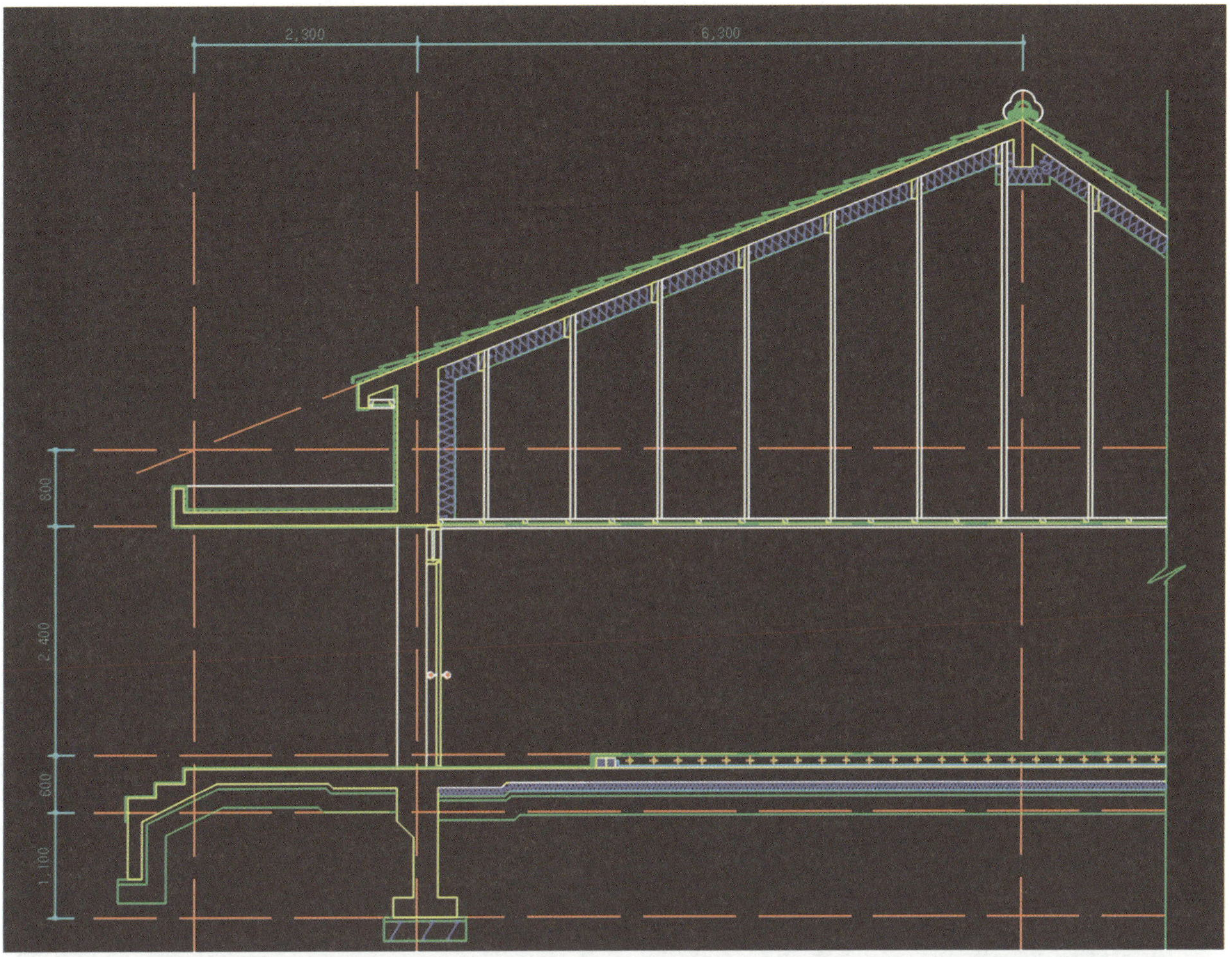

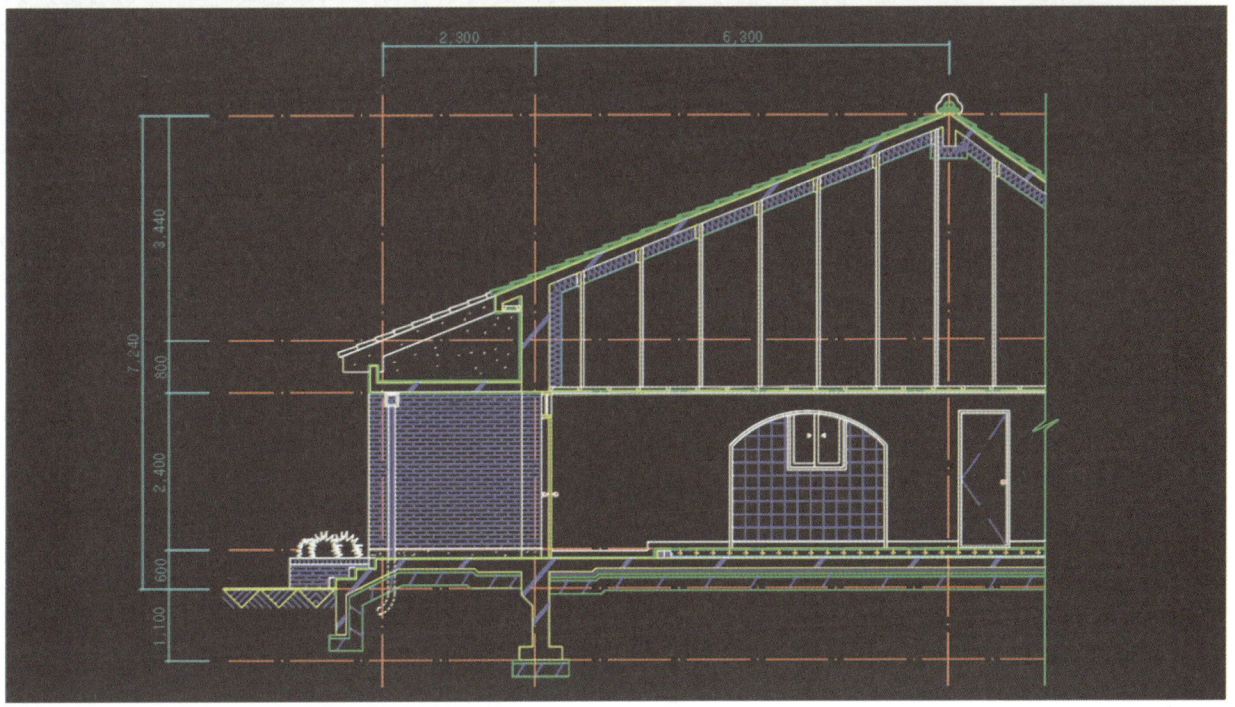

NO.	중점사항	핵심 내용
04	치수선 문자선	• 물매, 표제란, 도면명 표기 • 실명(방, 거실, 테라스 등) 표기

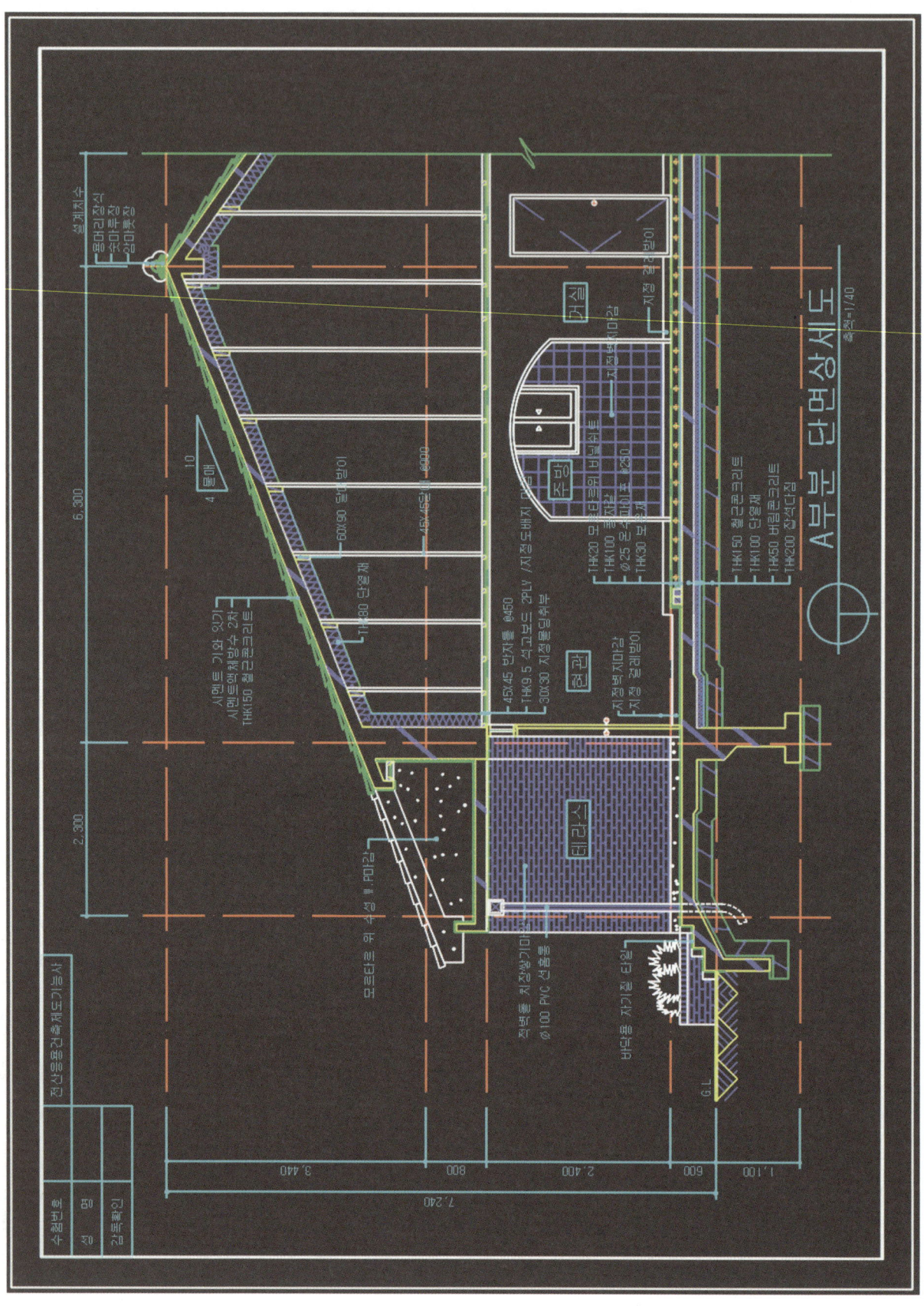

2 단면상세도

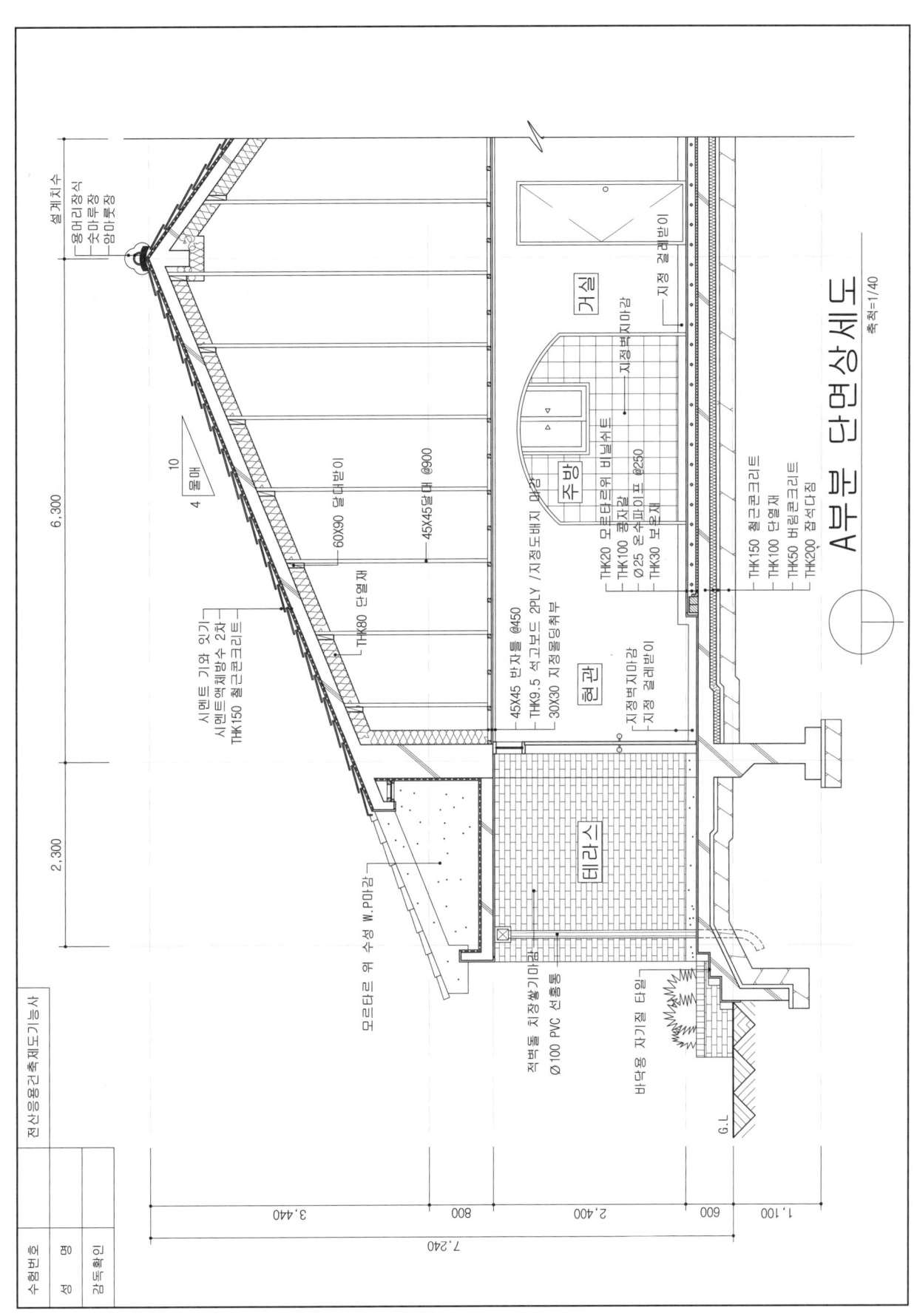

3 서측입면도 문제풀이

NO.	중점사항	핵심 내용
01	중심선 세팅	• 수평선 그리기: G.L선, 방바닥 높이, 반자 높이, 테두리보 높이 • 수직선 그리기: 벽체 중심선, 마룻대, 처마라인
02	지붕구조 그리기	• 측면 입면의 지붕구조를 그린 후 마룻대와 처마의 기준점을 찾아 남측입면도의 지붕구조 그리기 • 구조를 그리며 반대측 처마가 정면에서 보이는지 체크 • 기와 입면 그리기

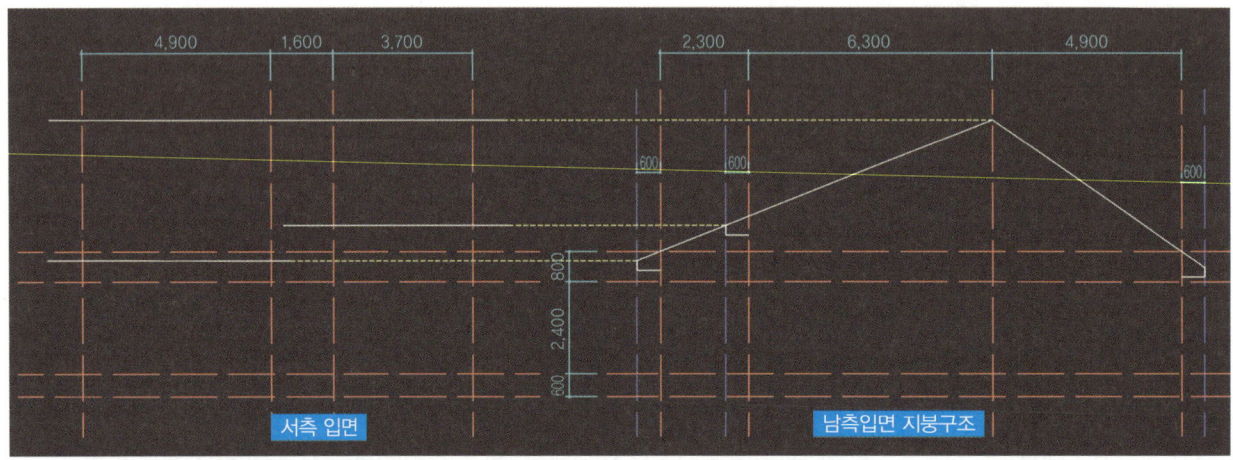

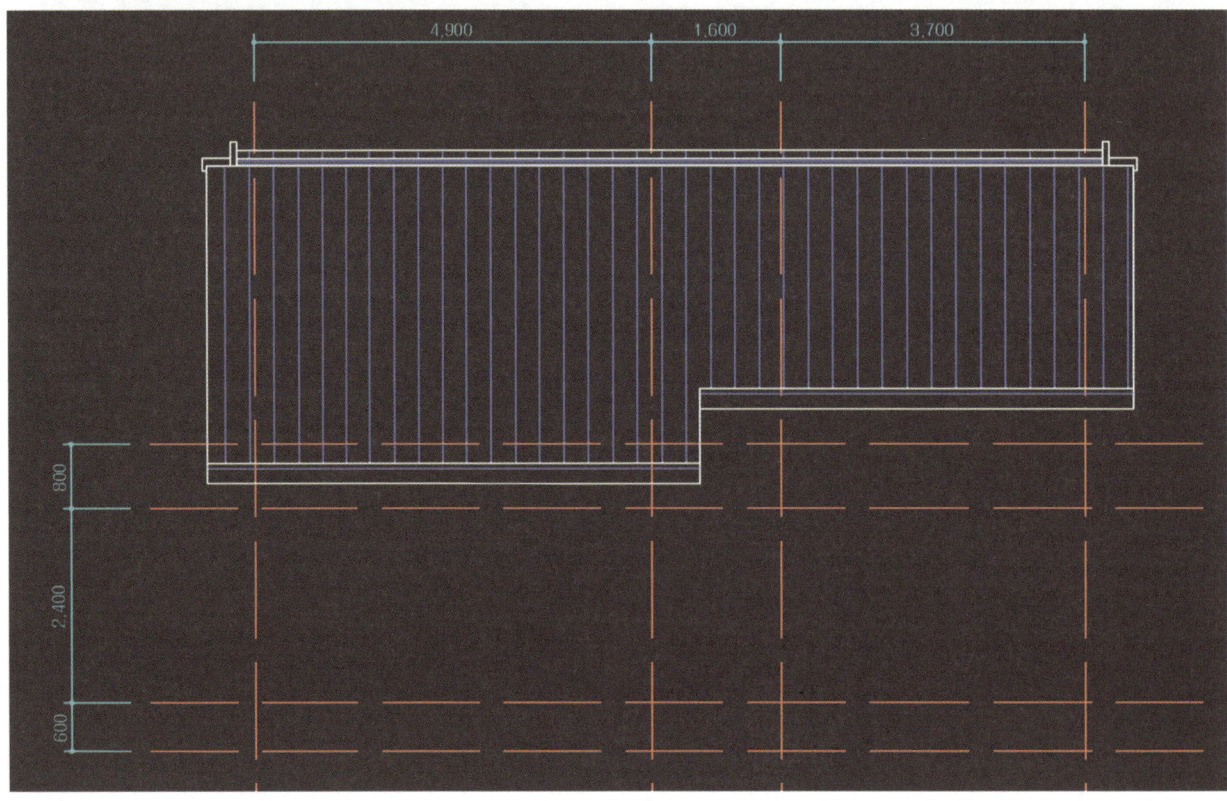

NO.	중점사항	핵심 내용
03	벽체구조	• G.L선 레이어 변경 • 벽체 입면선 그리기 • 기초 상단부와 테두리보 하단부 라인 그리기

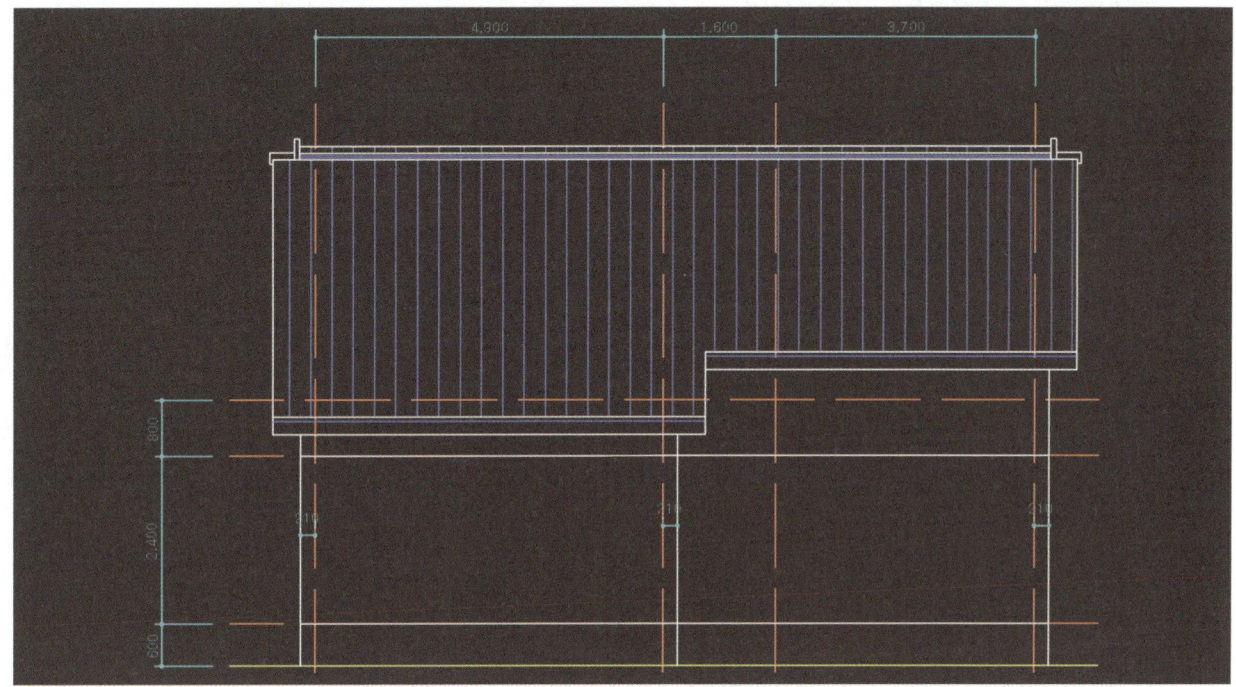

NO.	중점사항	핵심 내용
04	기타 입면 그리기	• 테라스 바닥 및 켄틸레버, 홈통 그리기 • 창호 입면 그리기 • 난간 그리기 • 굴뚝 및 처마반자 그리기(입면에서 보이는 경우) • 재질 표기 외

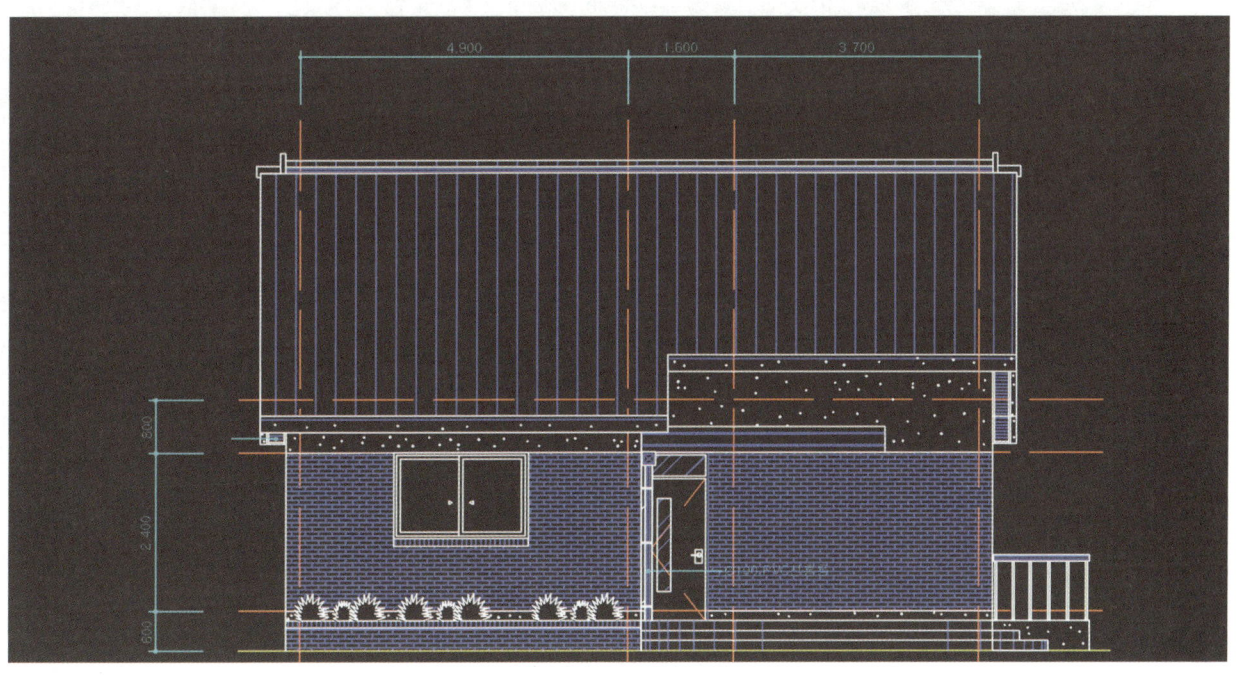

NO.	중점사항	핵심 내용
05	재질표기 문자선 외	• 나무 그리기 • 재질표기, 문자선 외

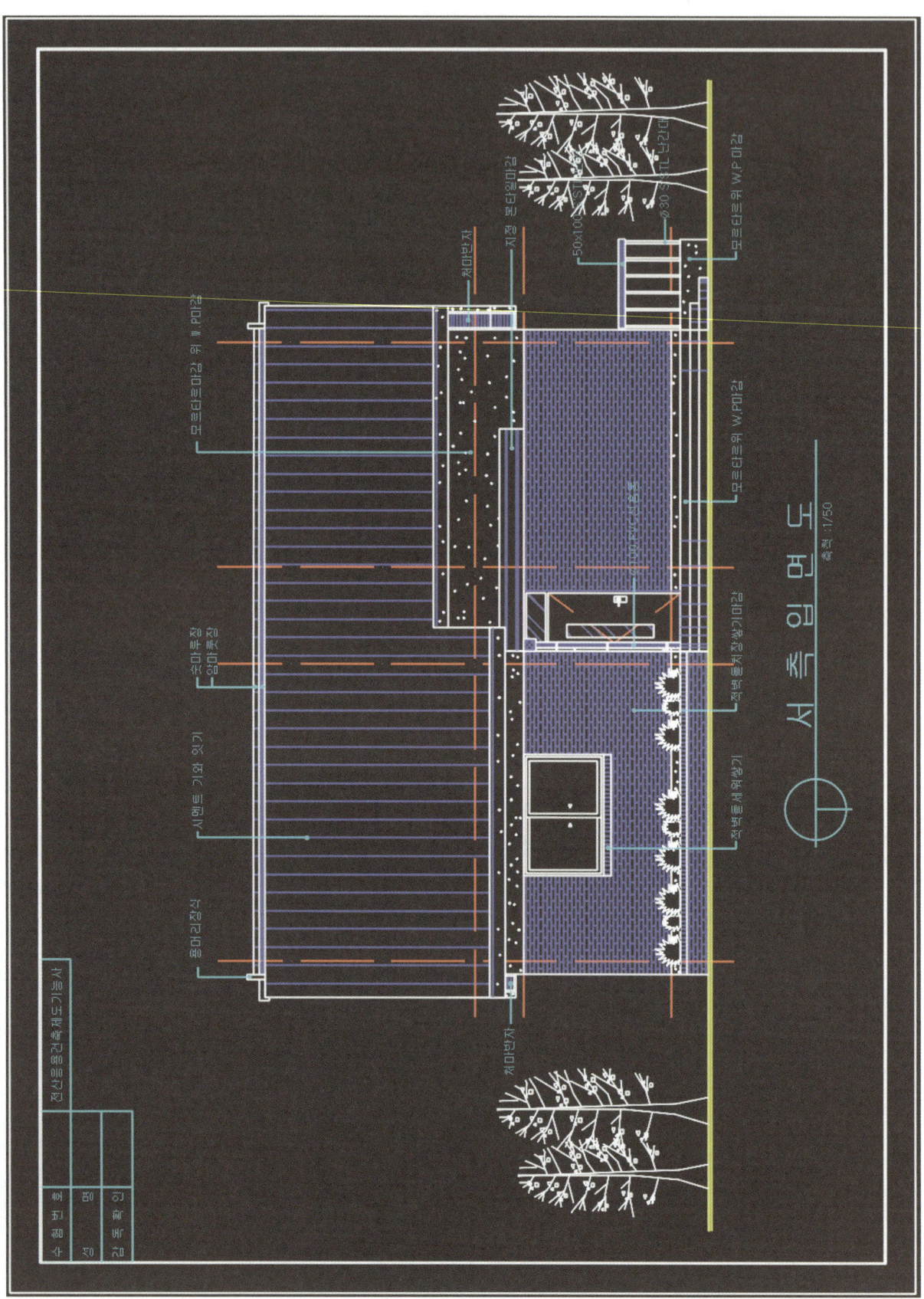

4 서측입면도

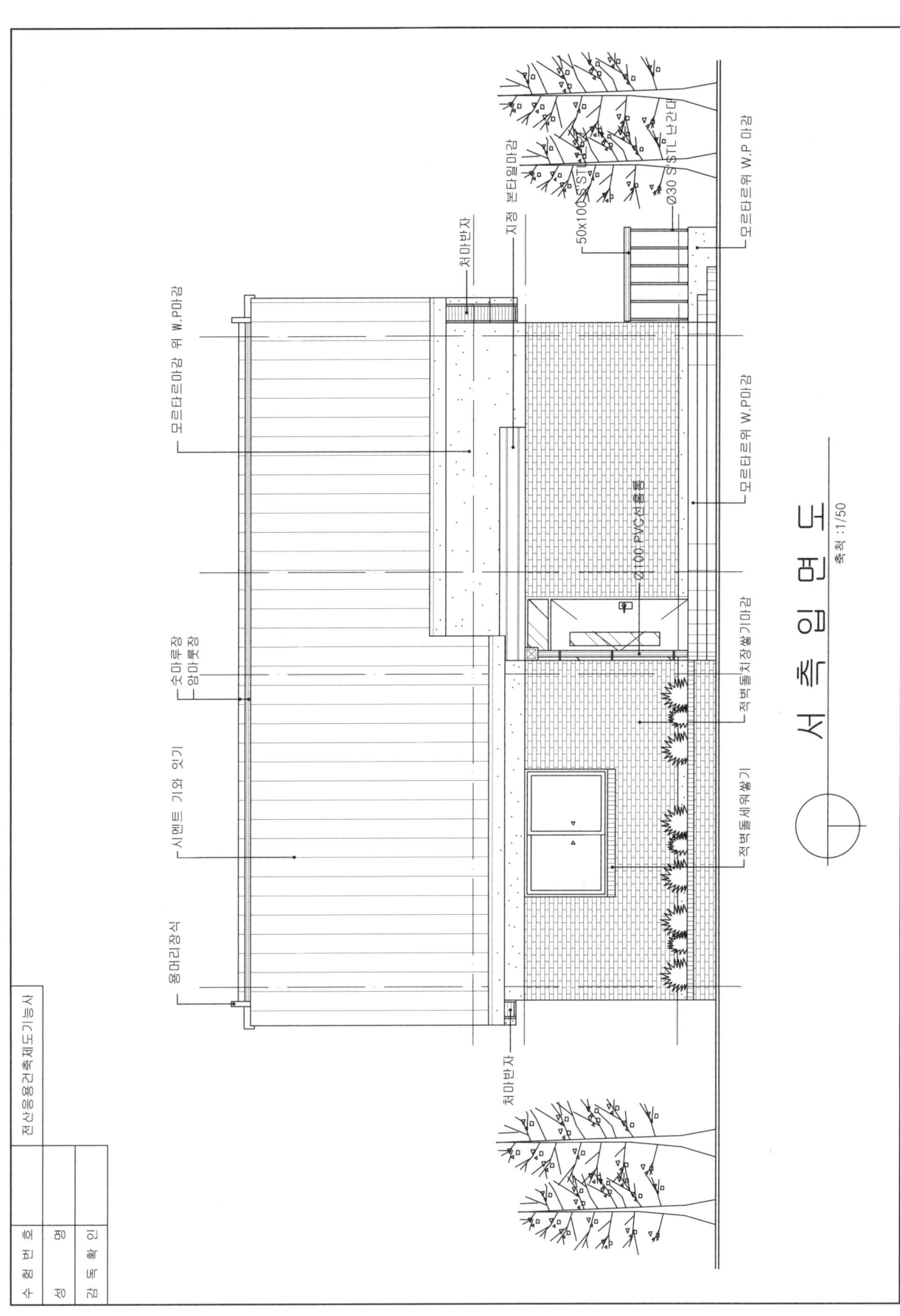

국가기술자격 실기시험문제

| 자격종목 | 전산응용건축제도기능사 | 과제명 | 주택 |

※ 시험시간 표준시간 4시간 10분

2022년 A유형
- 방바닥 높이가 각각 다른 경우
- 현관앞 처마가 길게 형성되어 있는 유형
- 현관과 방의 벽체부위를 단면으로 표기하는 유형

01 요구사항

주어진 평면도를 보고 CAD를 이용하여 아래 조건에 맞게 다음 도면을 작도 한 후, 지급된 용지에 본인이 직접 흑백으로 출력하여 파일과 함께 제출하시오.

❶ A부분 단면 상세도를 축척 1/40으로 작도하시오.
❷ 남측입면도를 축척 1/50으로 작도하되 벽면의 마감재료 표시 및 주의의 배경 등 도면의 요소를 충분히 고려하시오.

조건
- 기초 및 지하실 벽체: 철근콘크리트 구조로 하시오.
- 벽체: 외벽 – 외부로부터 붉은벽돌 0.5B, 단열재, 시멘트 벽돌 1.0B
   　　　내벽 – 시멘트 벽돌 1.0B
- 단열재: 외벽 120mm, 바닥 85mm, 지붕 180mm
- 지붕: 철근콘크리트 경사슬래브 위 시멘트 기와잇기 마감으로 하시오. (물매 3.5/10 이상)
- 처마나옴: 벽체중심에서 600mm
- 반자높이: 2,400mm, 처마반자 설치
- 창호: 목재창호로 하되 2중창인 경우 알루미늄 새시로 하시오.
- 각실의 난방: 온수파이프 온돌난방으로 하시오.
- 1층 바닥슬래브와 기초는 일체식으로 표현하시오.
- 평면도에 표시하지 않은 현관상부 캐노피는 작도하지 않는다.
- 기타 각 부분의 마감, 치수 등 주어지지 않는 조건은 일반적인 시공수준으로 하시오.
- 선의 통일을 기하기 위하여 아래와 같이 선의 색을 정리하여 출력하시오.
  - 흰색 (7–White): 0.3mm
  - 노랑 (2–Yellow): 0.4mm
  - 빨강 (1–Red): 0.2mm
  - 녹색 (3–Green): 0.2mm
  - 하늘색 (4–Cyan): 0.3mm
  - 파랑 (5–Blue): 0.1mm

02 수험자 유의사항

※다음 유의사항을 고려하여 요구사항을 완성하시오.

1) 명기되지 않은 조건은 건축법, 건축구조 및 건축제도 원칙에 따릅니다.

2) 시험시작 전 바탕화면에 본인 비밀번호로 폴더를 생성하고, 폴더 안의 작업내용을 저장하도록 합니다.

3) 정전 및 기계 고장 등에 의한 자료손실을 방지하기 위하여 수시로 저장합니다.

4) 다음과 같은 경우는 부정행위로 처리됩니다.
   가) 노트 및 서적, 디스켓을 소지하거나 주고받는 행위
   나) 건물의 구조부분의 상세나 글씨 등을 사전에 블록으로 설정하여 지참해 사용하는 경우

5) 작업이 끝나면 감독위원의 확인을 받은 후 문제지를 제출하고 본부요원 입회하에 본인이 직접 A3용지에 흑백으로 도면을 출력하도록 합니다. 이때 수험자의 운영 미숙으로 도면이 출력되지 않는 경우나 출력시간이 20분을 초과할 경우는 실격처리 됩니다.

6) 장비 조작 미숙으로 장비의 파손 및 고장을 일으킬 염려가 있을 경우 실격됩니다.

7) 다음과 같은 경우에는 채점대상에서 제외됩니다.
   가) 주어진 조건을 지키지 않고 작도한 경우
   나) 요구한 전도면을 작도하지 않은 경우
   다) 건축제도 통칙을 준수하지 않거나 건축 CAD의 기능이 없는 상태에서 완성된 도면

8) 수험번호, 성명은 도면 좌측 상단에 아래와 같이 표제란을 만들어 기재합니다.

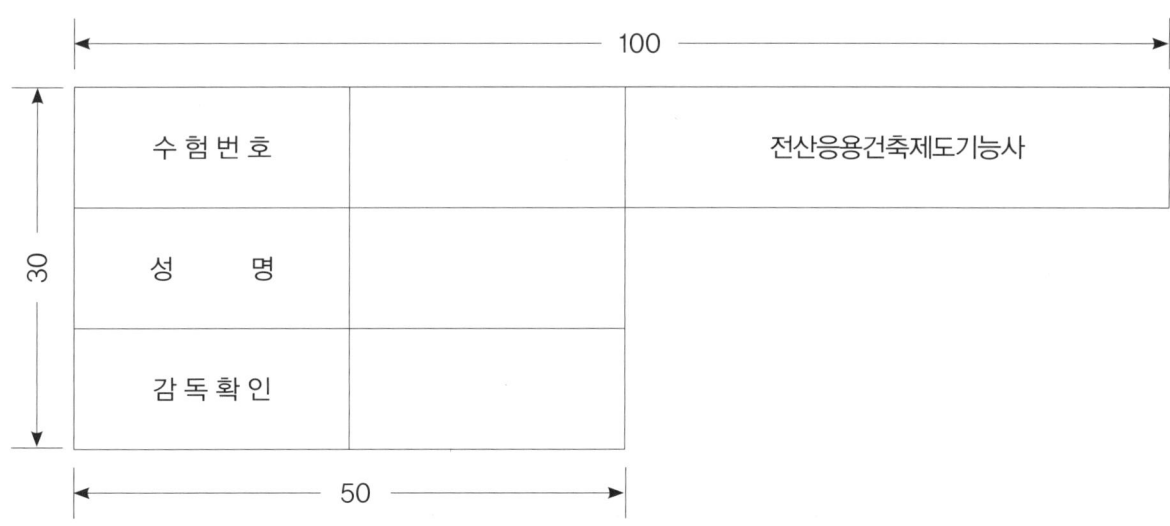

9) 감독위원은 시험시작 후 수검자에게 표제란을 우선 작도 후 도면을 작도하도록 하여야 하며, 수험자가 감독위원의 지시를 따르지 않을 경우 실격 처리됩니다.

10) 테두리선의 여백은 10mm로 합니다.

03 평면도

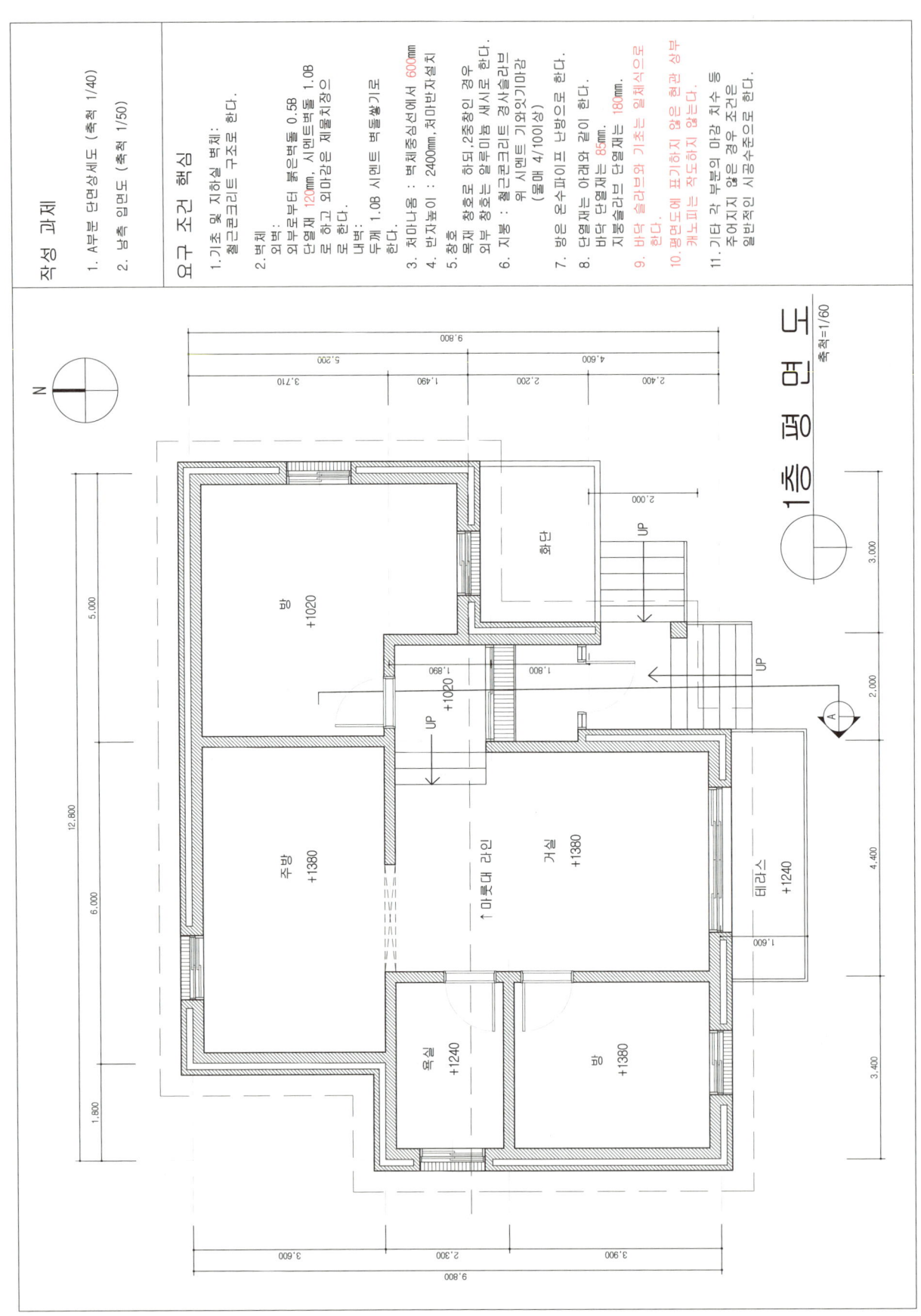

1 단면상세도 문제풀이

NO.	중점사항	핵심 내용
01	중심선 세팅 지붕구조	• 수평선 그리기: G.L선, 기초 동결선, 방바닥 높이, 반자 높이, 테두리보 높이 • 수직선 그리기: 벽체 중심선, 마룻대, 처마라인 • 지붕구조, 테두리보 외 그리기

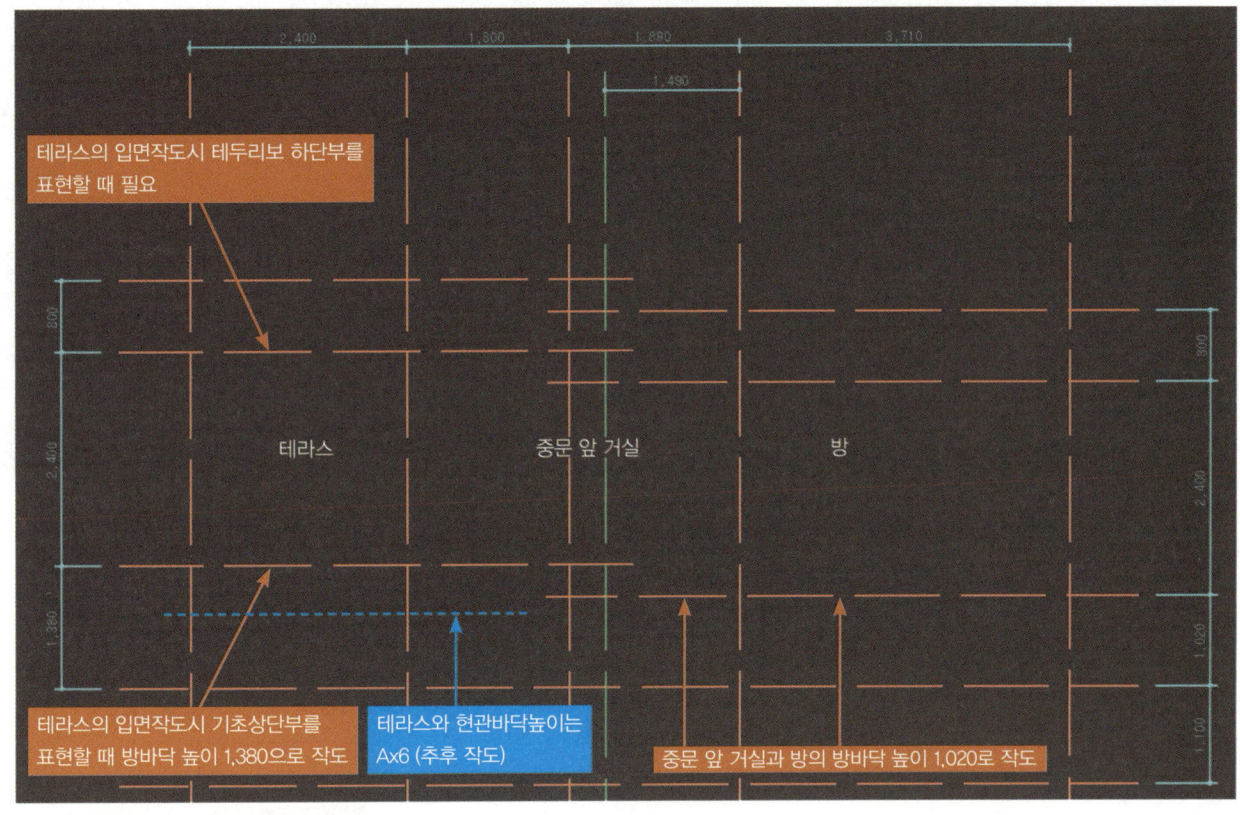

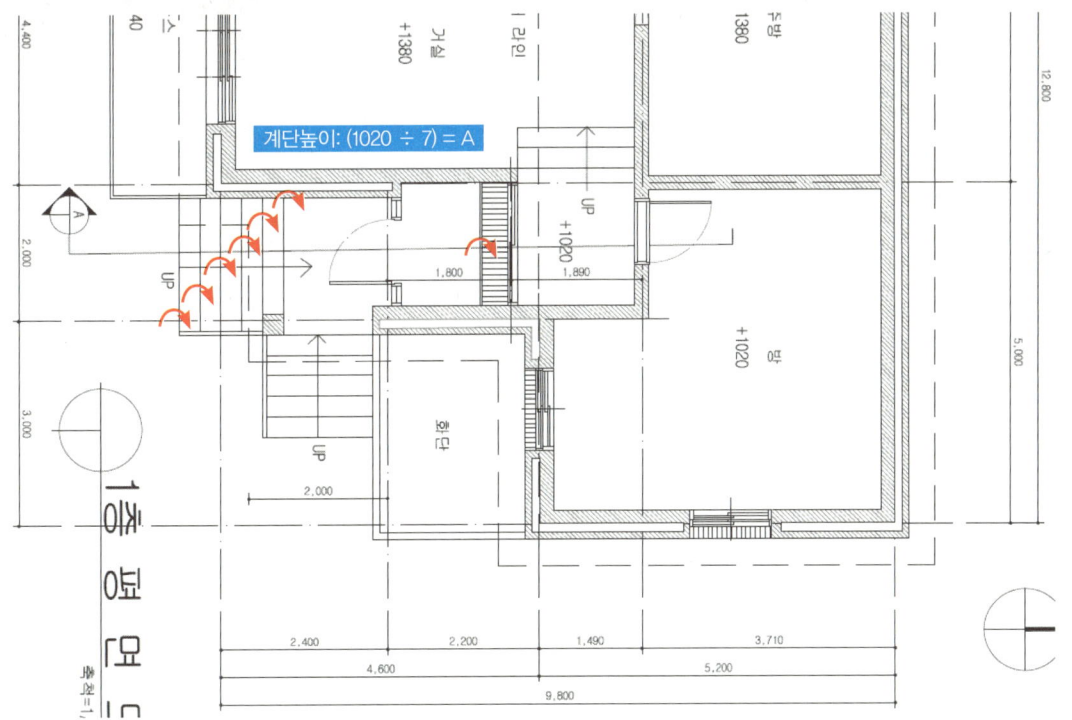

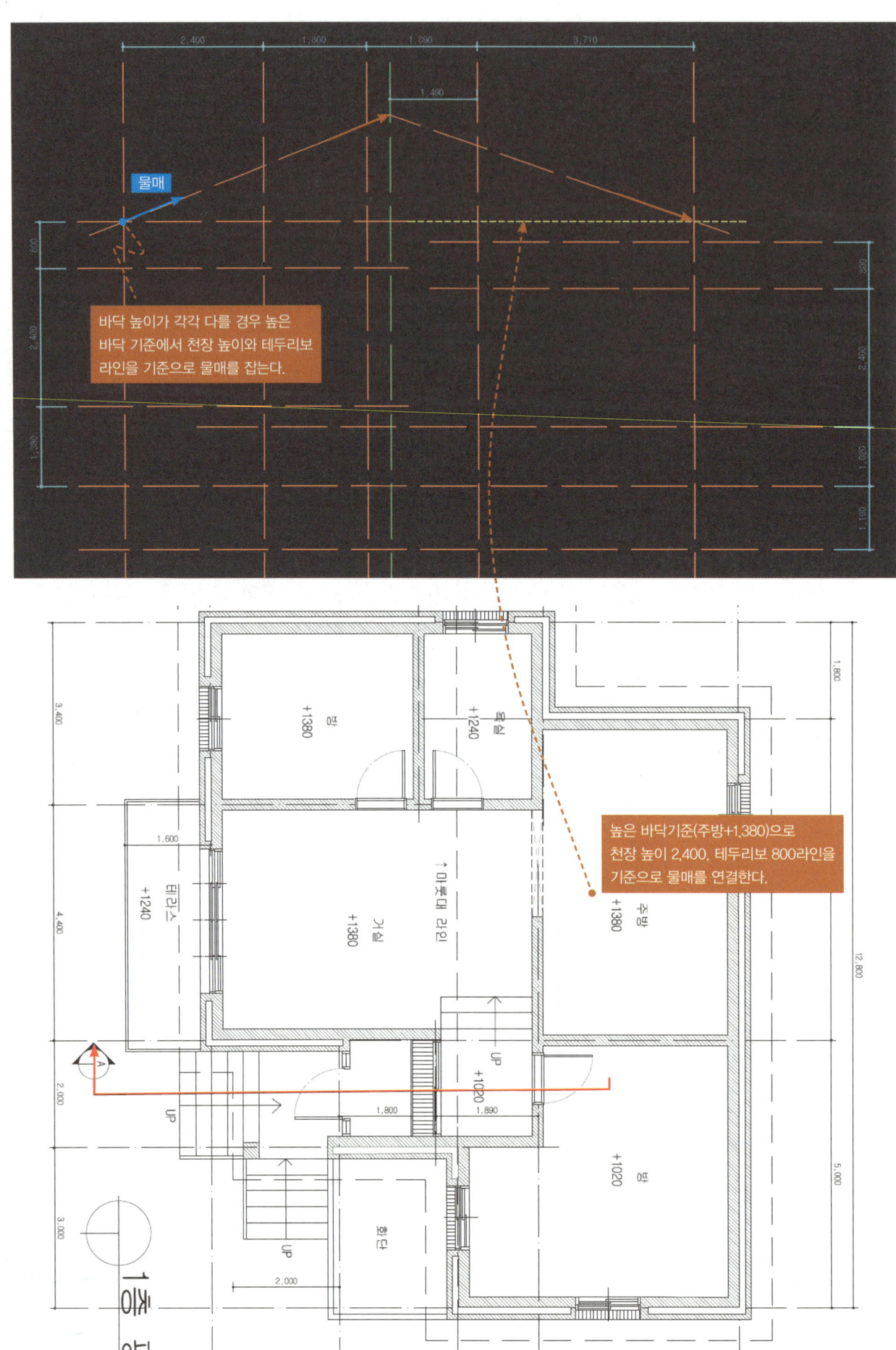

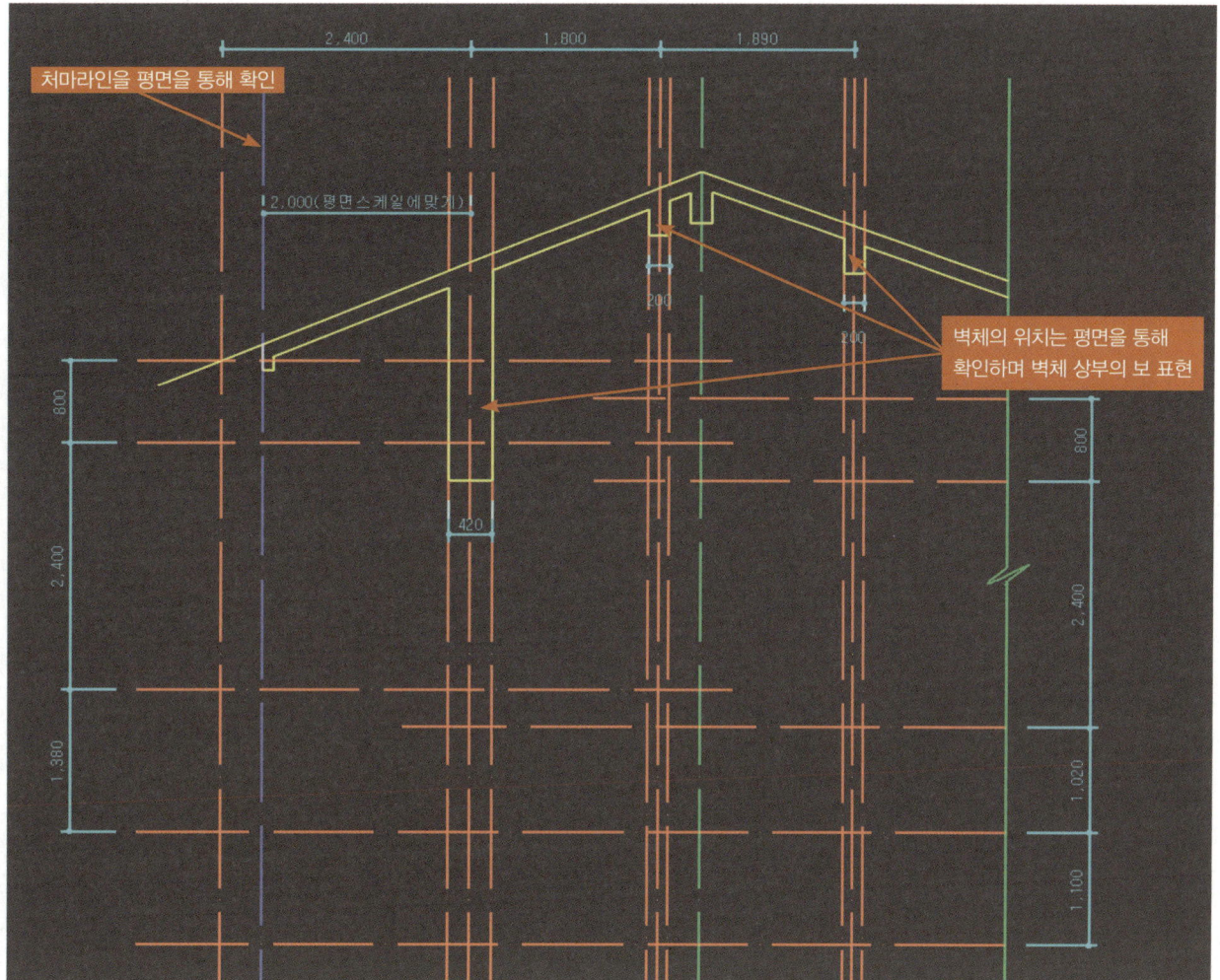

PART 08 기출예제 문제풀이 · 617

NO.	중점사항	핵심 내용
02	기본구조	• 기초 그리기 → 벽체 및 창호 • 테라스 바닥 및 캐노피, 실내바닥 구조 그리기 외

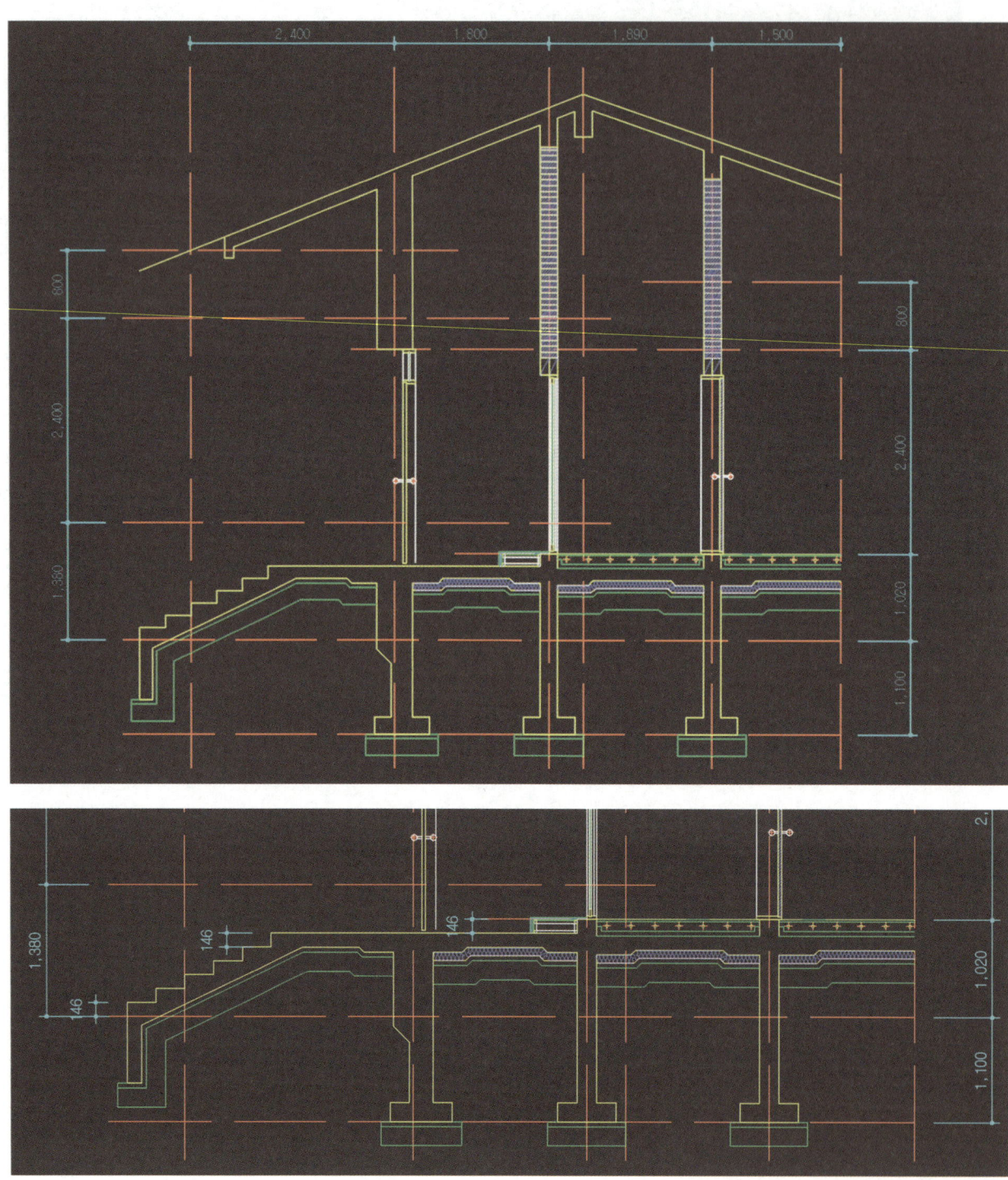

NO.	중점사항	핵심 내용
03	천장, 지붕 외 기타	• 실내천장 그리기 → 지붕상세도 • 기타: 실내외 입면, 난간, 홈통, 굴뚝, 걸레받이 단면 등 체크

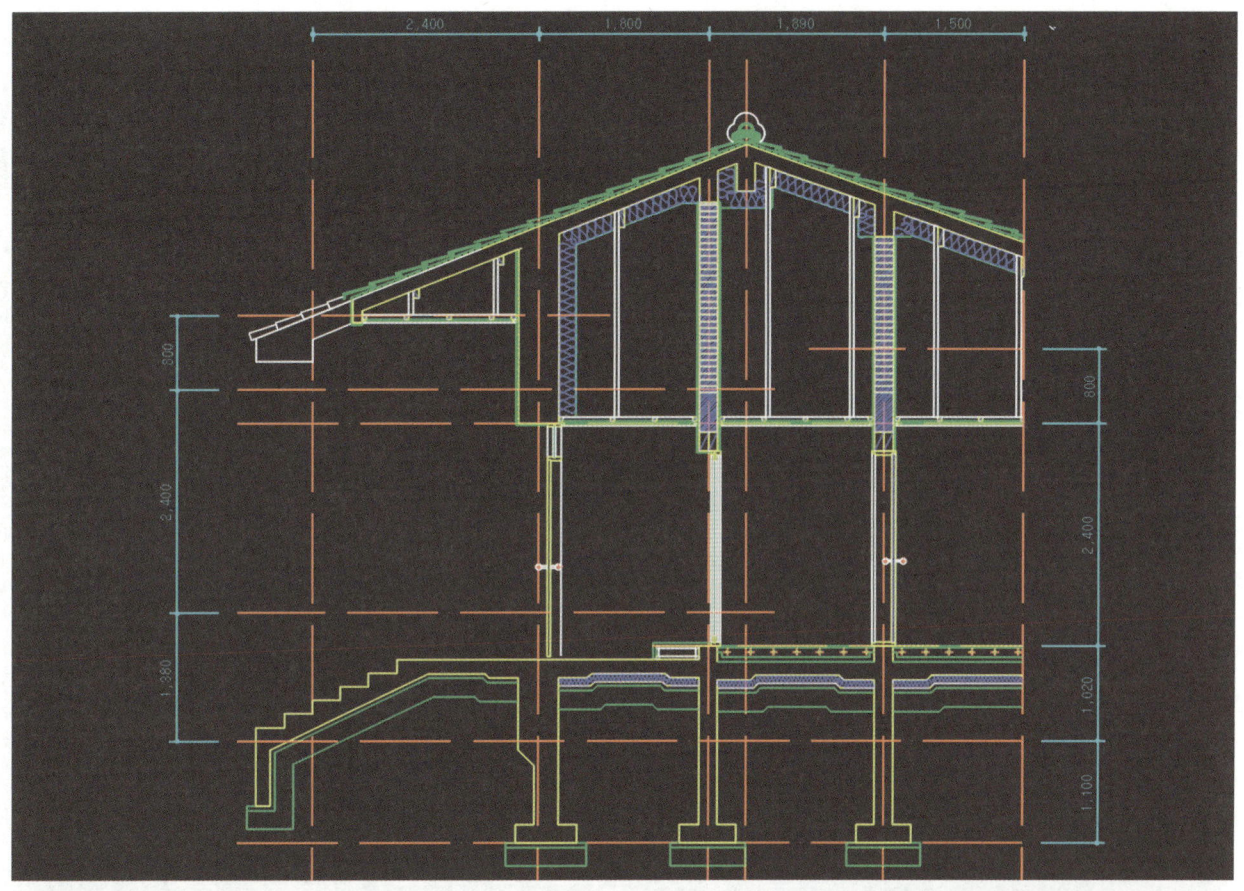

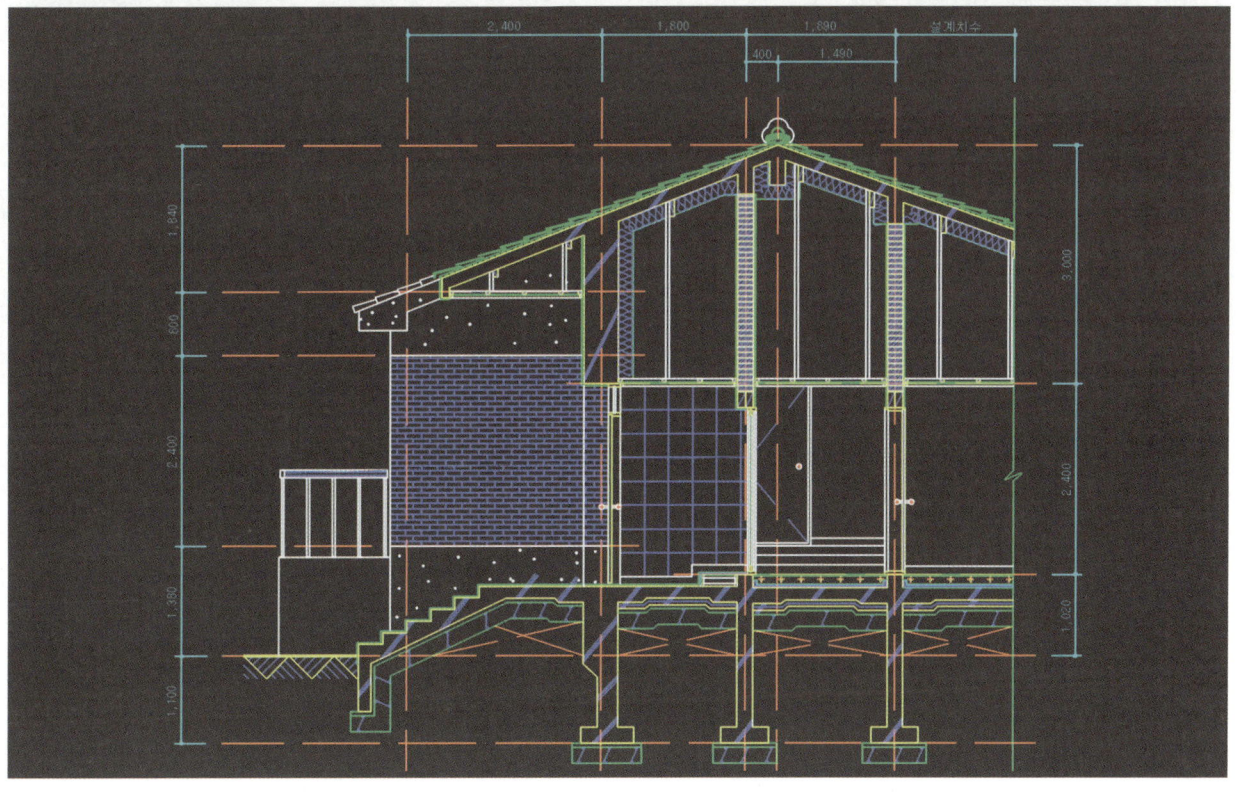

NO.	중점사항	핵심 내용
04	치수선 문자선	• 물매, 표제란, 도면명 등 표기 • 실명(방, 거실, 테라스 등) 표기

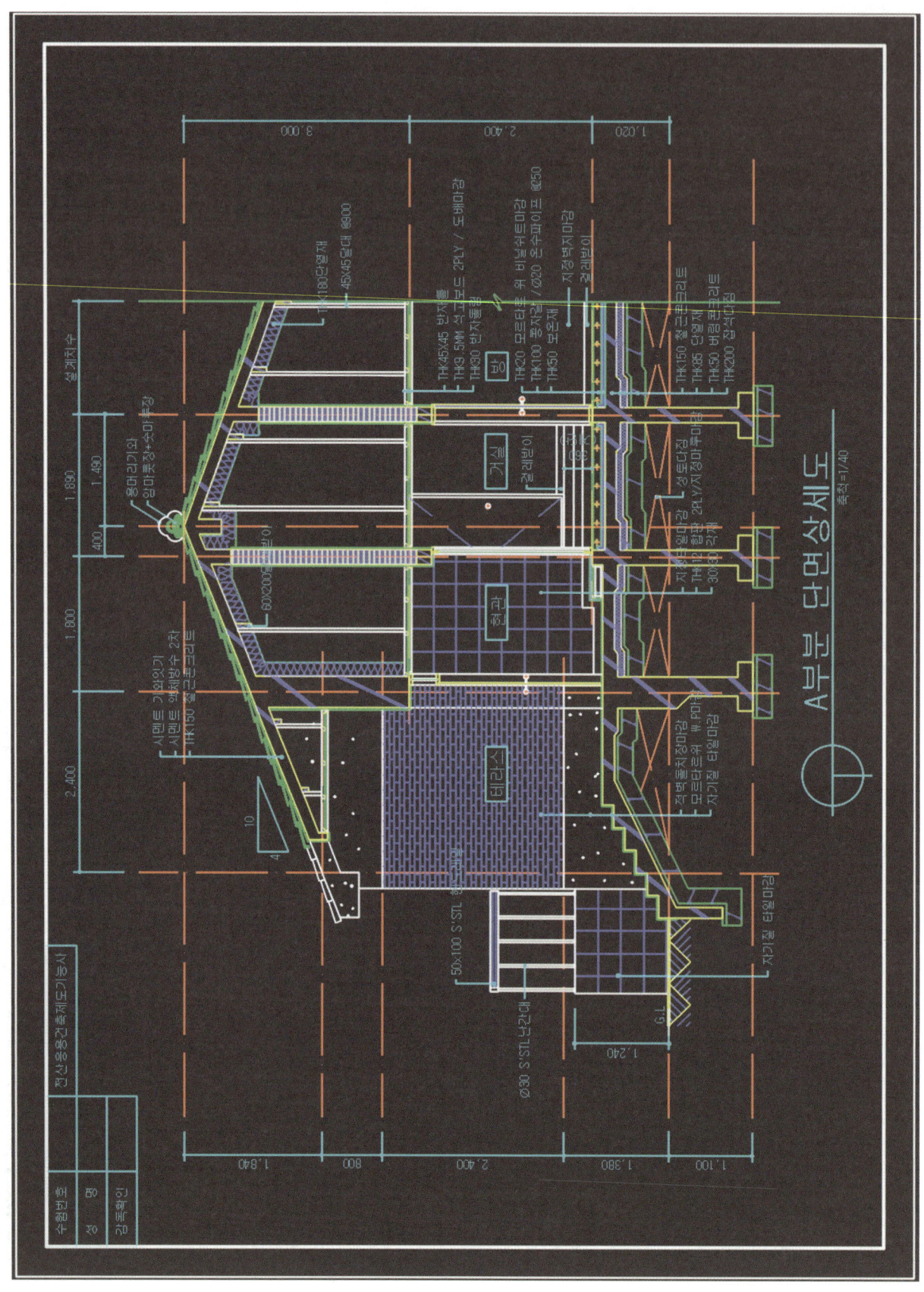

2 단면상세도

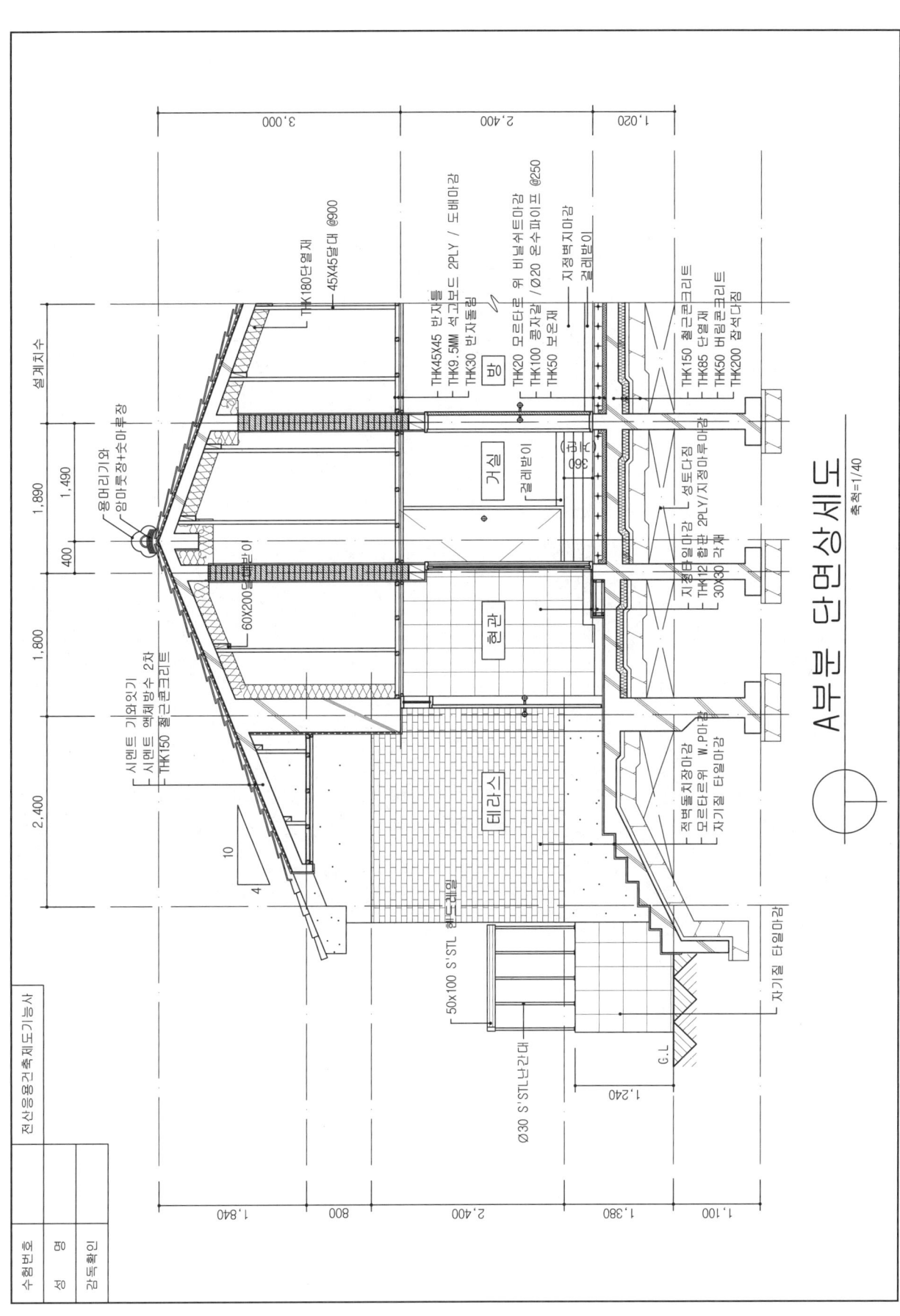

3 남측입면도 문제풀이

NO.	중점사항	핵심 내용
01	중심선 세팅	• 수평선 그리기: G.L선, 방바닥 높이, 반자 높이, 테두리보 높이 • 수직선 그리기: 벽체 중심선, 마룻대, 처마라인
02	지붕구조 그리기	• 측면입면의 지붕구조를 그린 후 마룻대와 처마의 기준점을 찾아 남측입면도의 지붕구조 그리기 • 구조를 그리며 반대측 처마가 정면에서 보이는지 체크 • 기와 입면 그리기

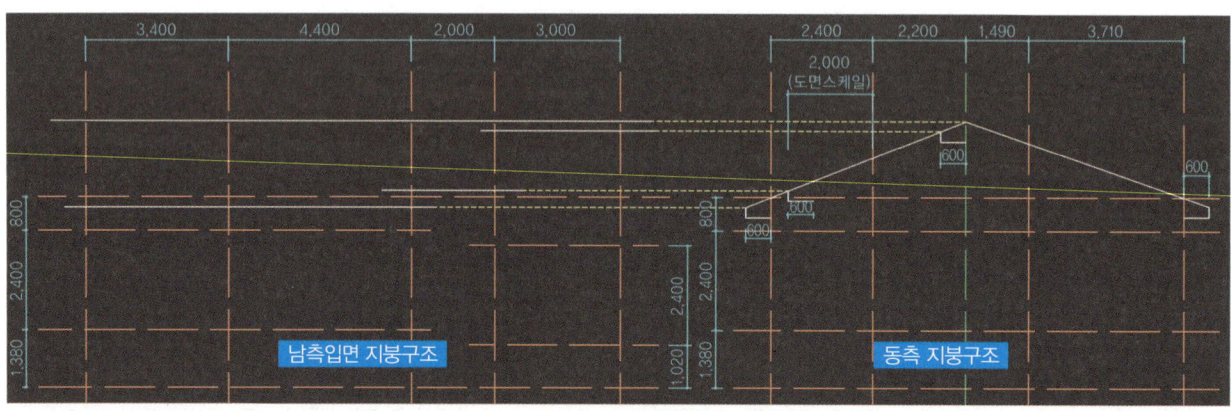

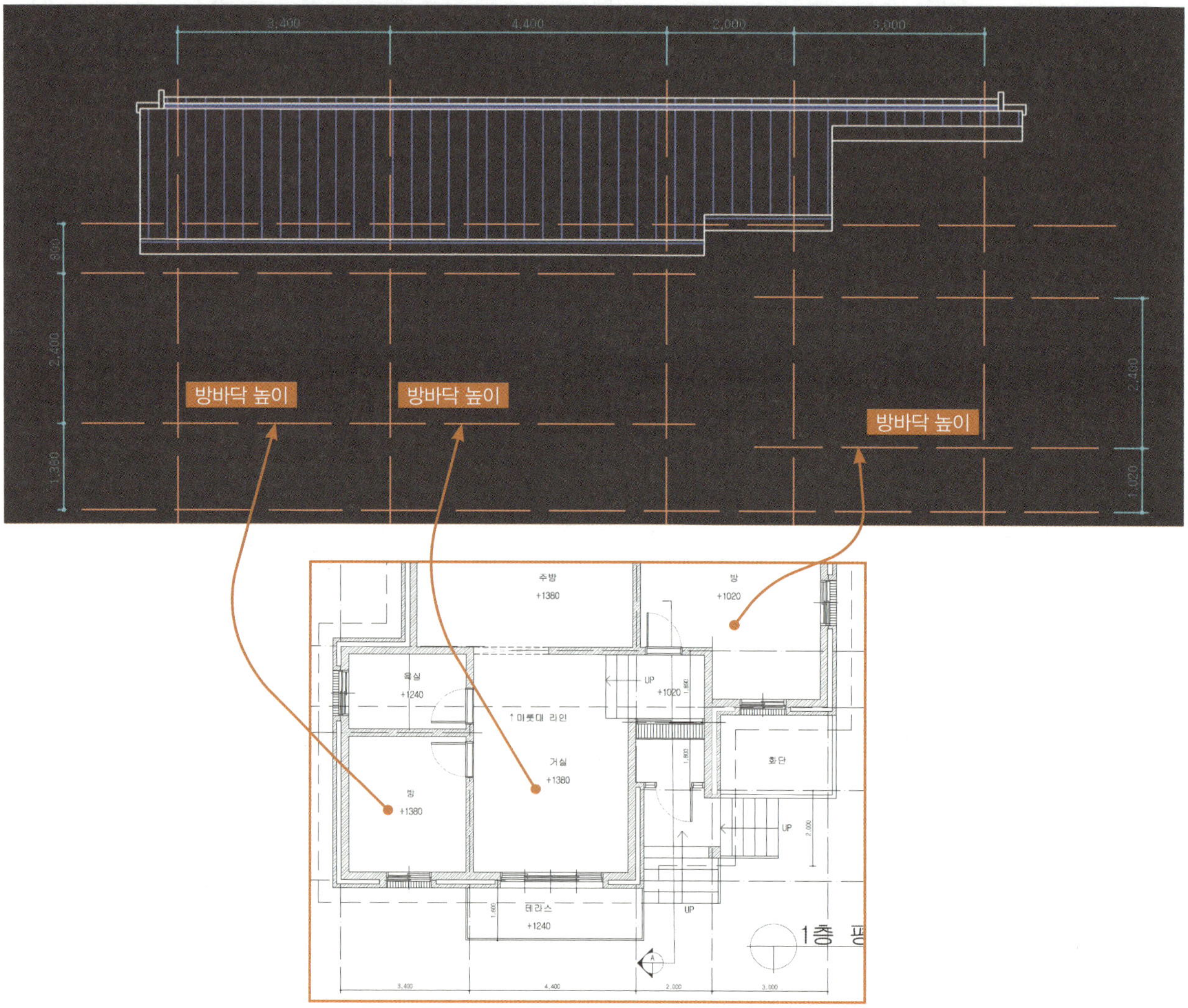

NO.	중점사항	핵심 내용
03	벽체구조	• G.L선 레이어 변경 • 벽체 입면선 그리기 • 기초 상단부와 테두리보 하단부 라인 그리기

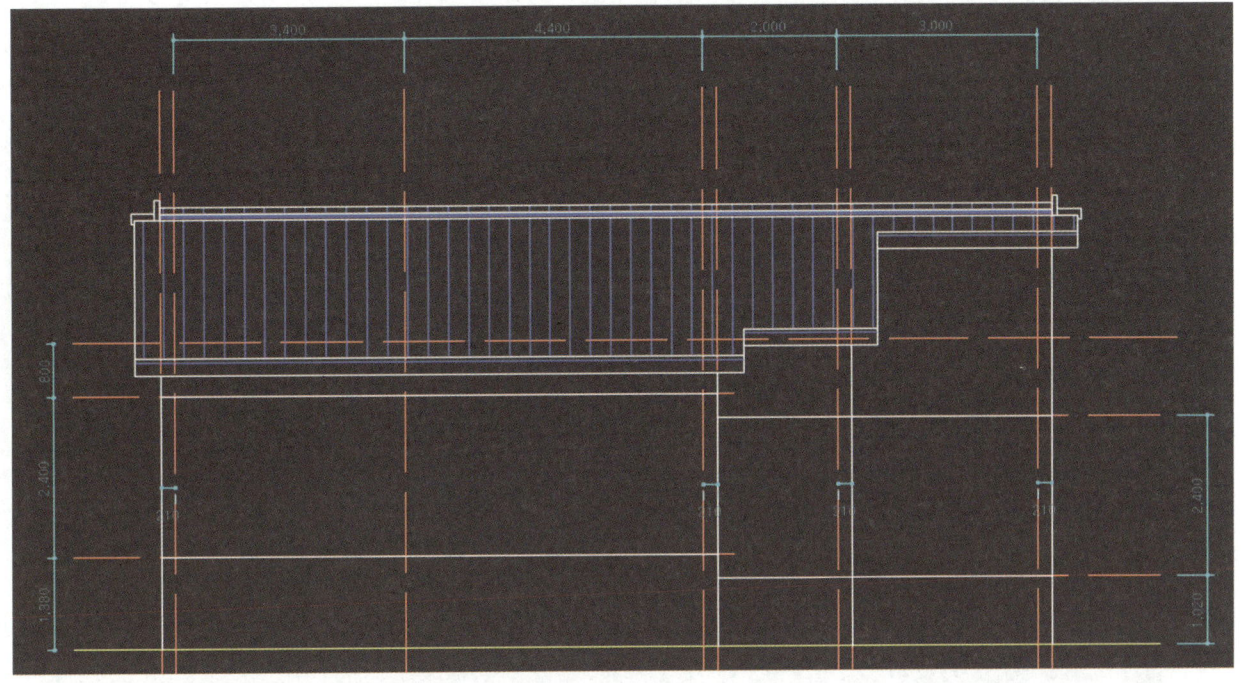

NO.	중점사항	핵심 내용
04	기타 입면 그리기	• 테라스 바닥 및 켄틸레버, 홈통 그리기 • 창호 입면 그리기 • 난간 그리기 • 굴뚝 및 처마반자 그리기(입면에서 보이는 경우) • 재질 표기 외

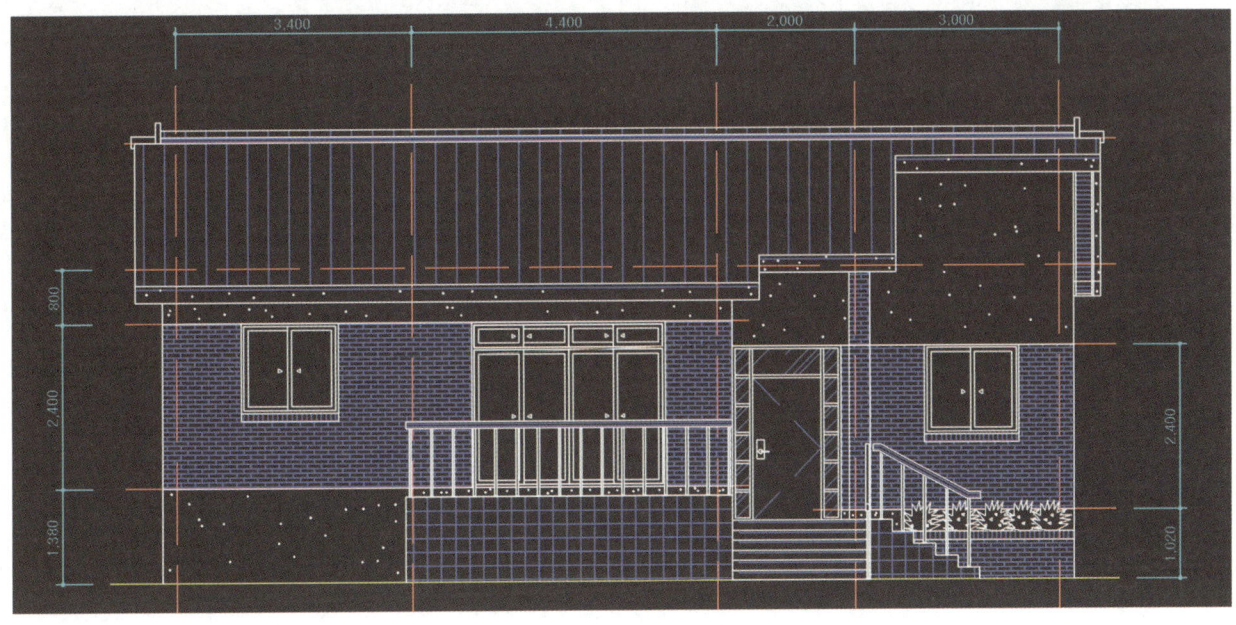

NO.	중점사항	핵심 내용
05	재질표기 문자선 외	• 나무 그리기 • 재질표기, 문자선 외

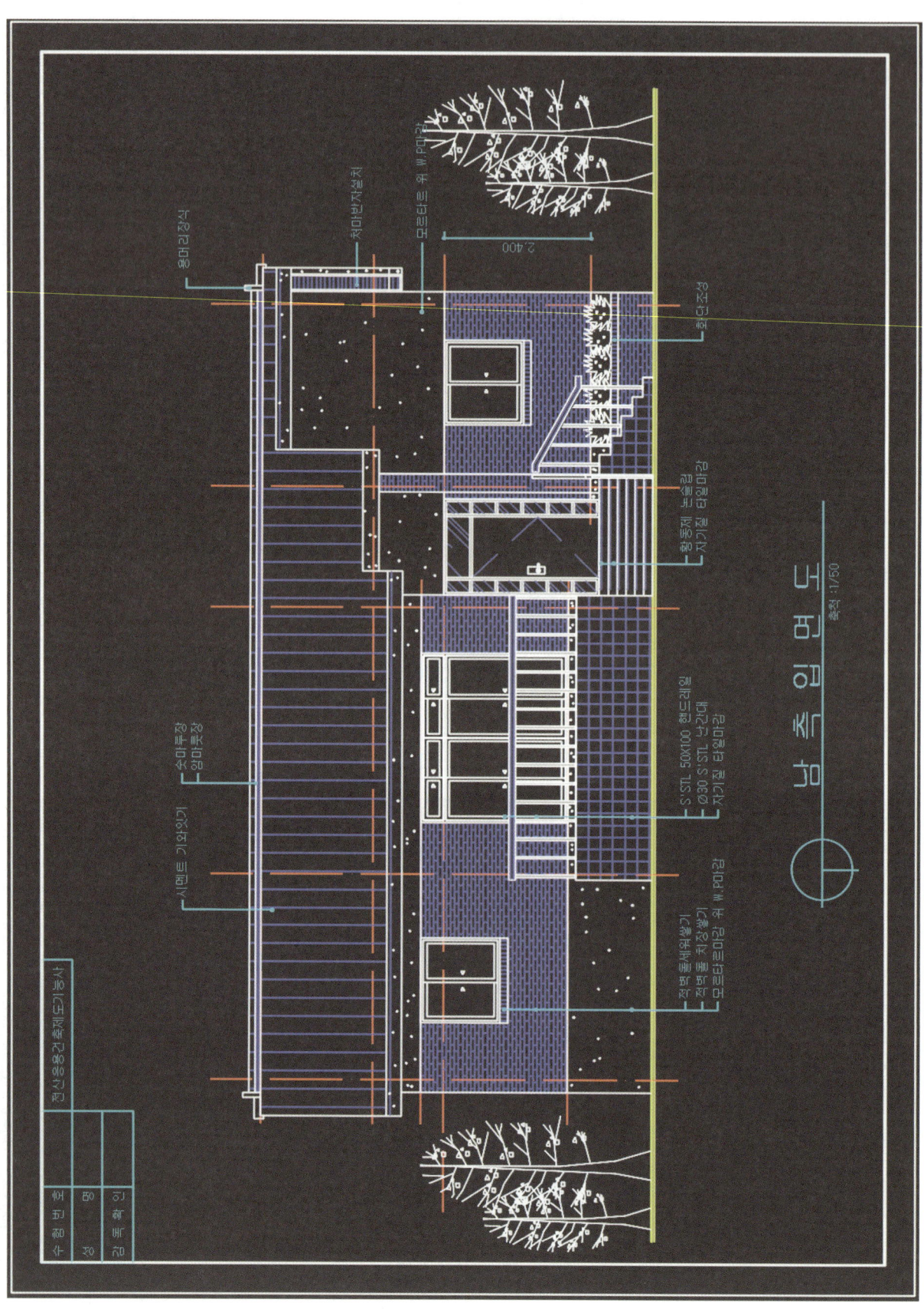

4 남측입면도

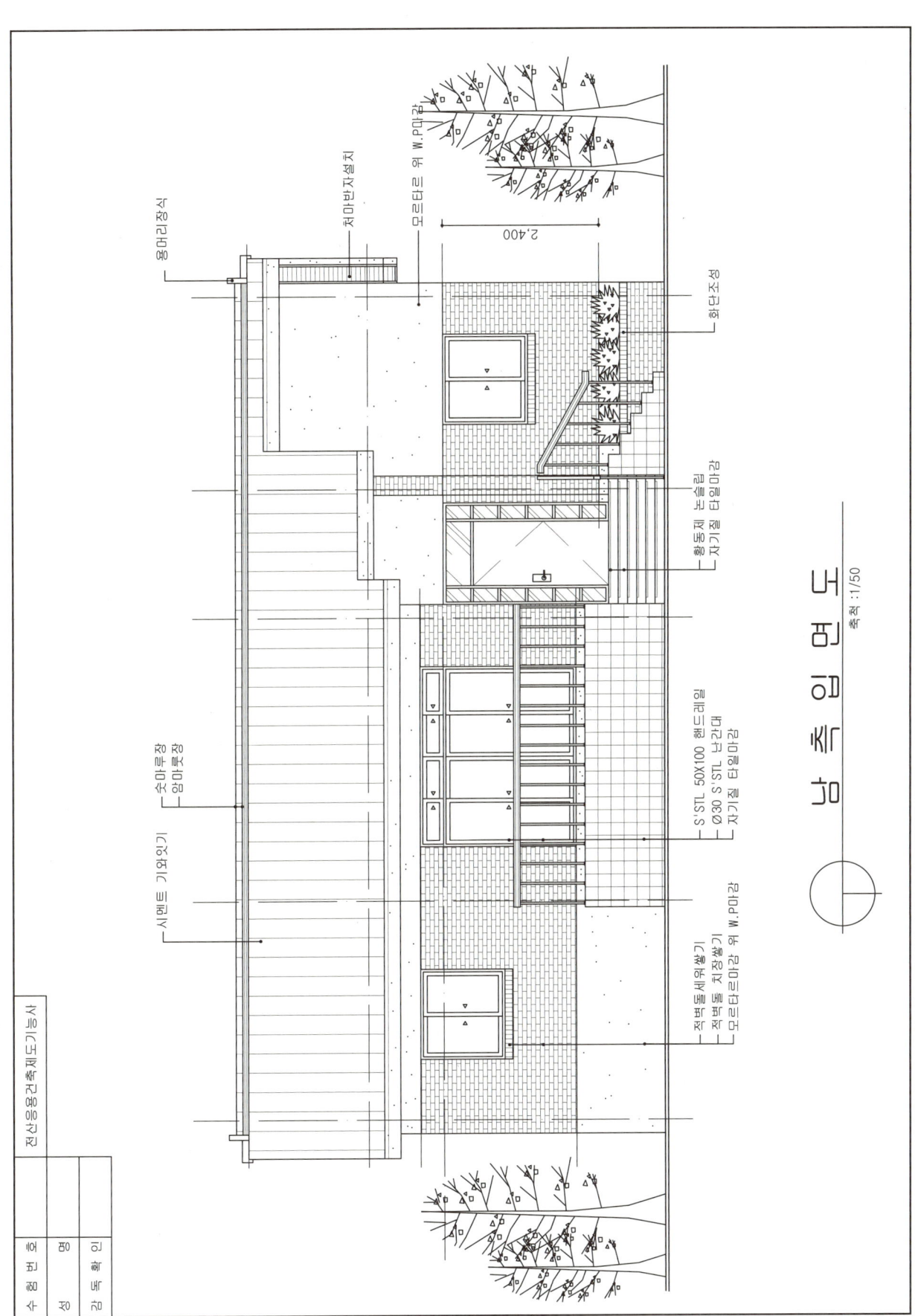

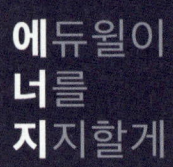

끝이 좋아야 시작이 빛난다.

– 마리아노 리베라(Mariano Rivera)

에듀윌 전산응용건축제도기능사 실기 2주끝장

발 행 일	2023년 2월 16일 초판
편 저 자	김호진
펴 낸 이	김재환
펴 낸 곳	(주)에듀윌
등록번호	제25100–2002–000052호
주　　소	08378 서울특별시 구로구 디지털로34길 55 코오롱싸이언스밸리 2차 3층

* 이 책의 무단 인용·전재·복제를 금합니다.

www.eduwill.net
대표전화 1600-6700

여러분의 작은 소리
에듀윌은 크게 듣겠습니다.

본 교재에 대한 여러분의 목소리를 들려주세요.
공부하시면서 어려웠던 점, 궁금한 점,
칭찬하고 싶은 점, 개선할 점, 어떤 것이라도 좋습니다.

에듀윌은 여러분께서 나누어 주신 의견을
통해 끊임없이 발전하고 있습니다.

에듀윌 도서몰 book.eduwill.net
- 부가학습자료 및 정오표: 에듀윌 도서몰 → 도서자료실
- 교재 문의: 에듀윌 도서몰 → 문의하기 → 교재(내용, 출간) / 주문 및 배송